高超声速气动热力学

王保国　黄伟光　著

科 学 出 版 社
北 京

内 容 简 介

本书是关于高超声速气动热力学的一部专著，共分3篇12章：第一篇张量分析与物理力学基础，包括四大力学；第二篇高超声速气动热力学的基本理论与基本方程，包括高温高速条件下多组元反应气体的输运特性、辐射输运方程、高温气体与固壁的相互作用、广义Navier-Stokes方程以及广义Boltzmann方程等；第三篇高超声速高温流场的数值方法及其典型算例，包括高精度有限差分法、小波探测技术、RKDG有限元法、DSMC算法、RANS与LES组合分析法等。典型算例选用了进入地球、火星、土卫六大气层的242个工况。全书以高超声速再入飞行问题为对象，紧扣微观物理与宏观力学的结合、针对18种著名飞行器，讨论了Navier-Stokes方程与DSMC两类数值方法的求解过程。书中对再入问题的物理描述清晰、逻辑推理严谨、注重揭示出流动特性与物理机理。

本书可供从事流体力学、航空航天飞行器设计、飞行器热防护研究、高温气体辐射等专业的研究生、博士生和相关科技人员参考。

图书在版编目(CIP)数据

高超声速气动热力学/王保国，黄伟光著. —北京：科学出版社，2014.1
ISBN 978-7-03-038901-5

Ⅰ.①高… Ⅱ.①王… ②黄… Ⅲ.①气动传热-热力学 Ⅳ.①TK124

中国版本图书馆CIP数据核字(2013)第245929号

责任编辑：刘宝莉 / 责任校对：郑金红 张凤琴
责任印制：张 倩 / 封面设计：陈 敬

科 学 出 版 社 出版
北京东黄城根北街16号
邮政编码：100717
http://www.sciencep.com

中国科学院印刷厂 印刷

科学出版社发行 各地新华书店经销

*

2014年1月第 一 版 开本：B5(720×1000)
2014年1月第一次印刷 印张：39
字数：786 000

定价：158.00元

(如有印装质量问题，我社负责调换)

前　言

这是探索微观物理与宏观力学相结合，求解高超声速再入飞行时遇到的气动热力学问题的一部专著。其中提出从一个力学基本方程出发、构建一个基本的求解框架、突出一个统计系综、立足一种普遍形态的基本思想方法，并借助于这一方法分析与求解了火星大气层、土卫六大气层以及地球大气层中18种国际上著名航天器与探测器的高超声速绕流问题，其中包括242个再入飞行典型工况的气动力、气动热以及飞行器热防护问题的分析，且有231个工况已在相关国际会议、学术杂志以及全国学术会议上发表。从这种意义上讲，本书是卞荫贵先生《气动热力学》一书的继续与发展，是对恩师长达27年，即1978～2005年培养与指导的感谢与追思。

高超声速气动热力学问题通常会涉及四个流区（即自由分子流区、过渡区、滑流区和连续介质区），适用于这四个流区的力学方程是Liouville方程。直接数值求解Liouville方程难度很大，然而由这个方程出发，引入适当的近似可以推出Boltzmann方程；再借助于Chapman-Enskog逐级逼近展开可得到Euler方程、Navier-Stokes方程以及Burnett方程等。因此，在某些近似假设下，不同流区所服从的Boltzmann方程或者Navier-Stokes方程在理论上是自洽的、协调的、统一的。这正如Balescu院士认为的那样，统计力学起着从微观层次向宏观层次间传递信息的作用，这种微观力学与宏观力学之间的相互沟通便是件很自然的事情。因此，在Bogoliubov院士提出的三个时间标度的思想框架下去认识非平衡统计中存在的三种不同层次（即微观力学层次、动理学层次、流体动力学层次）的描述，便显得格外清晰。

在高超声速气动热力学中，尤其是在研究进入火星大气层、土卫六大气层以及再入地球大气层问题时，往往会遇到10 000K以上的高温。在如此高温之下所产生的气体分子内能激发、离解甚至电离、组元间的化学反应、电子能级激发跃迁等气体内部的物理、化学过程，其中包含量子效应，都必然会影响到气体的热力学特性、输运特性以及输运系数的准确计算，会涉及量子力学与量子统计力学的基本理论，会涉及量子形式下分子配分函数的表达以及Gibbs统计系综的分布函数。理论上可以证明在Gibbs统计系综下可以实现从量子统计到经典统计的极限过渡。因此本书第一篇分别以经典力学、电动力学、量子力学和统计力学这四大力学中的最基础且又是本书要用到的重要概念与相关公式进行简要回顾是必要的。

非平衡是物质运动的一种普遍形态，平衡仅是它的特例，这是本书第二篇各章突出体现的主题思想。因此，热力学非平衡、化学反应非平衡、电离非平衡以及高超声速流动中所发生的各种非平衡现象便成为该篇各章研究的重点。以 Apollo AS202 返回舱再入地球大气层为例，当再入高度从 200km 降至 54.6km，再入速度从 8.29km/s 降至 5.07km/s，Kn 从 44.74 降至 4.35×10^{-5} 的过程中，Apollo 返回舱穿越了自由分子流区、过渡区、滑流区和连续介质区。随着飞行器再入高度、再入速度的变化，流动所处的热力学状态（包括平动、转动、振动、电子温度等热力参数）以及化学反应（包括离解、复合和电离等）过程在不断地变化，高温气体中的组分数在变化，电子数密度在变化，非平衡的过程也不断地变化着，书中给出衡量这些非平衡程度的多个无量纲特征参数。

辐射加热是高超声速飞行器常会出现的又一重要物理现象，以 Galileo 探测器以 14km/s 的速度进入木星（Jupiter）大气层为例，这时辐射热占总加热率的 95％以上，由此可见光量子的能量输运问题对航天器的辐射作用是绝对不能忽视的，所以辐射的气体动力学问题理应作为第二篇相应章节的研究内容。

2005 年 5 月中旬，卞荫贵先生最后一次审定本书的大纲和详细目录时指出，航天器姿控发动机的工作环境多处在 40～90km 高空，那里的气动问题应属于稀薄气体动力学的研究范畴；另外，进入宇宙其他星球时所发展的新型气动制动变轨技术（例如 Ballute 减速技术）需要准确知道在稀薄大气空间进行高超声速飞行时作用在飞行器上的气动力与气动热，因此卞先生建议在第二篇与第三篇中应增加稀薄气体动力学计算以及这方面的典型算例。我们采纳了先生的建议，增加了“高超声速高温稀薄流的 Boltzmann 方程”作为第 10 章放到第二篇，增加了“求解高超声速稀薄流的 DSMC 方法及其应用”作为第 12 章放到第三篇。第 10 章详细讨论 Boltzmann 方程的数学性质和适用范围，细致地讨论了多组元、单原子分子的 Boltzmann 方程，单组元、多原子分子、考虑量子数的 Boltzmann 方程，多组元、多原子分子、考虑量子数与简并度的 Boltzmann 方程等方面的内容，这些重要的方程和内容体现出我们最新的研究成果，本书中的许多内容在国内外的相关书籍中很难看到。另外，这里还必须指出的是：对于 DSMC 方法与 Boltzmann 方程间的关系，在这方面已有理论上的严格推导与证明，如 1989 年 Babovsky 证明了 Nanbu 的 DSMC 方法收敛于 Boltzmann 方程；1992 年和 1994 年 Wagner 证明了 Bird 的 DSMC 方法也收敛于 Boltzmann 方程。因此，在目前直接快速求解广义 Boltzmann 方程（generalized Boltzmann equation，GBE）有一定困难的情况下，我们优先发展 DSMC 方法是非常可取的。

本书的第三篇主要研究高超声速高温流场的数值方法及其典型算例，它集中展示在卞荫贵教授与吴仲华教授的直接指导下，我们在长达 35 年气动热力学外流与内流数值方法研究中所感受到的学无止境、自强不息做学问的亲身经历。以外流高速气动热力学研究为例，在卞荫贵先生长达 27 年的精心培育与直接指导下，我们渐渐认识与懂得了 Aerothermodynamics 一词的含义。在经历了 20 多年的知识储备之后，一丝不苟、矢志耕耘，真可谓钢梁磨绣针、厚积薄发，近 10 年来我们 AMME Lab(Aerothermodynamics and Man Machine Environment Laboratory，高速气动热与人机工程中心)成功完成了对 18 种国际著名航天器与探测器、进入 3 种大气层(即火星大气层、土卫六大气层以及地球大气层)、242 个典型飞行工况的数值计算与流场分析，这就为第三篇内容奠定了大量的、丰富的素材。对 Navier-Stokes 方程，在数值算法的选取上立足于高精度、高分辨率、高效率、低耗散和低色散算法，因此 ENO 格式、加权 ENO 格式、强紧致三点格式等高精度、高分辨率格式、优化(optimized)WENO 格式以及进行时间积分的多步 Runge-Kutta 法、双时间步长迭代格式等都作为本篇讨论数值方法时的研究内容。这里需要强调指出的是：在第 11 章中还着重讨论在流场中开展小波奇异分析新技术、间断 Galerkin 有限元技术、非结构网格快速生成技术等章节，并给出大量的算例，显然这些内容十分新颖，它反映出我们最新的科研工作。第 12 章集中讨论稀薄流的 DSMC 算法，详细讨论非结构网格下模拟分子的追踪方法、6 种热力学碰撞传能的处理、8 种化学反应类型的计算以及描述热力学与化学非平衡的 3 种典型无量纲特征数等章节，给出我们计算的 Apollo、Orion、Mars Pathfinder 以及 Mars Microprobe 四种航天器 42 个工况的三维稀薄流场(其中包括在地球大气层中，飞行高度从 250km 变到 90km，飞行攻角从 45°变到 −45°，Knudsen 数从 111.0 变到 0.0057，飞行速度从 9.6km/s 降到 7.6km/s；在火星大气层中，飞行高度从 141.8km 变到 80.28km，飞行攻角从 45°变到 0°，Knudsen 数从 100.0 变到 0.0546，飞行速度从 7.47km/s 变到 6.908km/s)的详细计算过程，这些结果对于指导航天飞行器的热防护和进行合理的气动设计十分有益。另外，在这一章中还计算了进入火星轨道探测器与环形气球组成的 Ballute 气动变轨减速装置，并与 NASA Langley 研究中心 Moss 先生于 2007 年的计算进行了详细比较。在第 12 章中还有一个非常重要的内容是我们提出再入飞行过程中“小 Knudsen 数特征区域(即$[Kn_1, Kn_2]$)”的概念，正是由于小 Knudsen 数特征区的存在，因此整个再入过程的所有飞行工况可以通过适当选用 DSMC 与 Navier-Stokes 两种计算模型来完成。显然，这个结论对再入飞行过程中的数值计算来讲是非常重要的，书中给出大量算例，充分显示上述方法的可行性与有效性。

全书分 3 篇共 12 章，十分注重理论论述和基本概念的准确性与严谨性、十分注重全书框架的整体性与统一性，整个研究针对航天器高超声速进入其他星球大气层或再入地球大气层的气动热力学问题展开讨论，全书的核心思想和内容可用下面的 5 点概括：

(1) Liouville 方程是全书最重要的力学基本方程，它支配着四个流区的流动。

(2) 在四个流区的具体处理上，构建了一个基本框架(即从严格的力学方程 Liouville 方程出发，通过引入适当的近似假设导出 Boltzmann 方程；而后再由 Chapman-Enskog 逐级逼近展开去获取相应流区的控制方程)；在具体的数值求解中采用了 DSMC 与 Navier-Stokes 两种计算模型。

(3) 在建立微观量与宏观量的联系上，突出一个统计系综(即 Gibbs 统计系综理论)。

(4) 在认识高超声速气动热力学的基本问题上，立足于一个基本思想，即非平衡是物质运动的一种普遍形态的思想。

(5) 以 18 种国际著名航天器、探测器以及载人飞船从飞行轨道返回地球表面过程的实际飞行参数为例，其飞行经历了高空稀薄流区(例如，飞行高度从 130km 变到 90km，飞行 Mach 数从 30 变到 26，飞行 Reynolds 数小于 10^4)、高空低 Reynolds 数区(例如，飞行高度从 90km 变到 50km，飞行 Mach 数从 26 变到 10，飞行 Reynolds 数的变化范围为 $10^4 \sim 10^6$)以及低空高 Reynolds 数区(例如，飞行高度 $H<50$km，飞行 Mach 数小于 10，飞行 Reynolds 数大于 10^6)。值得注意的是，低密度效应对飞行器的阻力、升阻比、操纵效率、压力中心、俯仰力矩特性有很大影响；当飞行器再入高度降至 83km 以后就会进入黏性干扰区，当飞行高度降至 50km 时便进入低空激波与边界层严重干扰区。在这两个区域飞行时会对航天器的气动特性产生严重的影响(例如，激波与边界层之间的强烈干扰效应，在分离再附区与激波撞击区处会产生高热，此处的热流要比无干扰时的热流高出 10～20 倍)。目前地面试验还很难模拟高空低 Reynolds 数区的黏性干扰以及真实气体效应。另外，在地面上进行低空高 Reynolds 数区的 Mach 数模拟目前也远低于实际飞行的 Mach 数范围，因此 CFD 技术是急需发展的。本书在数值求解算法上，对于高空稀薄流，则采用 DSMC 方法，并注意高超声速流动时热力学非平衡、化学反应非平衡以及热辐射与非弹性碰撞项的处理；对于弱电离的高温稀薄气体，由于混合气体流动中包含离子和电子，采用 DSMC 方法时还必须考虑远程力的作用；对连续流区，则采用 Navier-Stokes 方程，在数值求解上强调一类算法(即高精度、高分辨率、高效率、低耗散和低色散的算法)；另外，对于多尺度物理流动问题，强调了数值耗散的自适应控制技术，强调了在流场中开展小波奇异分析技术，并注意了 WENO 格式以及间断 Galerkin 有限元技术。此外，对于高超声速再入飞行、处于低空连续流区高 Reynolds 数流动工况，面对飞行器周围出现的十分复杂的大分离流动特征，还必须注意将 RANS(Reynolds averaged Navier-Stokes)方程与 LES (large eddy simulation，大涡模拟)相结合，去发展能够被工程所接受的快速、准确计算方法。书中给出高速可压缩流的湍流模型以及针对高速流的转捩模型；给出发展高效率、高精度、高分辨率 RANS/LES 组合杂交算法以及发展 RANS 全场计

算与 DES(detached eddy simulation,分离涡模拟)局部分析相结合的工程算法的相关细节。最后,书中还十分简明扼要地给出我们与美国 Washington 大学 Agarwal 教授合作,在广义 Boltzmann 方程(GBE)二维或三维、同时考虑振动与转动非平衡时,多组元、多原子分子、考虑量子数与简并度情况下的数值求解与源程序的编写工作以及在这方面我们所取得的突破性进展。因此,高超声速再入飞行过程的所有飞行工况便可以通过适当选用 GBE 与 Navier-Stokes 两种计算模型来完成。这种解决问题的思想方法体现了微观与宏观的结合、体现了还原论与整体论的优势互补与辩证统一,它有着坚实的哲学基础。

生正逢时、博采众长、自强不息,两位作者认为:全书整体框架的力学基础是四大力学(即经典力学、电动力学、量子力学和统计力学),是依靠前人积累下来的理论物理这个坚实的理论体系。这里不妨十分扼要地回顾一下这个理论体系的近代发展与验证:对于现代物理学,从研究的领域看,它涉及宇观天体、宏观物体和凝聚态物质、介观体系(即它所研究的对象包含 $10^8 \sim 10^{11}$ 个原子,在固体材料的观测中有 Aharonov-Bohm 效应),以及微观基本粒子以下的亚微观层次;从研究的物质质量来看,重到 10^{70} g 的总星系,轻到 10^{-27} g 的夸克(quark);从研究的广度来看,大到 10^{26} cm,小到 10^{-16} cm 的尺度量级;更为可喜的是,1970 年国际量子生物学会成立,将量子力学与分子生物学相结合,这有助于对生物大分子以及具有生物学活性的分子本身结构的研究,标志着当代生命科学从分子水平向更深的下一层次即电子或量子水平迈进,它促使了生物物理学的发展,有助于对生命现象本质的认识;从研究相互作用的关系来看,既要研究作用半径大到无穷时的引力相互作用,又要研究小到 10^{-13} cm 以下的强相互作用,以及介于它们之间的电磁相互作用和弱相互作用,还要研究这几种相互作用的统一问题,即统一场论。Albert Einstein(1879～1955),这位当时年仅 32 岁(1911 年时)就被德国最著名的理论物理学家 Planck(1858～1947)推荐为大学教授的相对论创始人,于 1905 年与 1916 年分别创立狭义和广义相对论,提出了质能等价原理(即所有质量都有能量,所有能量都有质量,质能关系公式为 $E=mc^2$,简单且玄妙;它暗示物质-反物质湮没过程的存在,同时也为 1967 年 Sakharov 提出宇宙大爆炸创生出普通物质与反物质相关的理论奠定了基础),尤其是 1912～1913 年在大数学家 Grossmann 的鼎力相助下,利用 Riemann 空间的张量运算建立了广义协变的引力理论;1914 年提出了广义协变性原理,1915 年在几经失败之后才获得了 Einstein 引力场方程的正确形式。通常 Einstein 引力场方程可表示为

$$R_{\mu\nu} - \frac{1}{2} g_{\mu\nu} R + \Lambda g_{\mu\nu} = -8\pi G T_{\mu\nu} \quad (\mu,\nu = 1,2,3,4)$$

式中:$g_{\mu\nu}$ 为二阶度规张量的协变分量;$R_{\mu\nu}$ 为 Ricci 张量的协变分量,并由 $g_{\mu\nu}$ 及其导数构成,它描述了时空的几何性质;R 为曲率标量(即 $R \equiv g^{\mu\nu} R_{\mu\nu} \equiv g_{\mu\nu} R^{\mu\nu}$);$T_{\mu\nu}$ 为

宇宙介质的能量动量张量的协变分量，它描述了宇宙介质的物理性质；G 为引力常量；Λ 为宇宙常数。在理论物理学界，是否保留 Λ 有过多次的争议，现在人们普遍认为：根据目前人们对亚原子尺度世界的理解，宇宙常数应该是存在的；另外，宇宙常数还将为我们理解宇宙及其运行法则提供更多的信息。仔细分析 Einstein 引力场方程可以发现，这里引力场的物理效果是通过 Riemann 空间的度规张量来体现的，而这个弯曲的 Riemann 空间是由四维物理时空构成的。Einstein 引力场方程是关于度规张量 $g_{\mu\nu}$ 的二阶非线性偏微分方程组，在已知的物质分布情况下，这个方程组具有 10 个未知函数 $g_{\mu\nu}$，尽管这个方程组含有 10 个方程，但仅有 6 个独立，因此加上四个坐标条件（如周培源先生的谐和坐标条件）便可以使方程组封闭。这个方程组体现了物质与引力场之间的相互作用，正如 Einstein 所指出的那样，物质告诉时空如何弯曲，时空告诉物质如何运动。还有一点必须说明的是，引力场本身也具有能量，此能量也就有质量，此质量反过来又要影响时空性质，这正是引力理论的复杂性所在。不过，引力场的质量并没有反映在引力场方程右端的 $T_{\mu\nu}$ 中，而是包含在方程等号左边的时空量中。$T_{\mu\nu}$ 包括一切粒子及粒子相互作用的能量总和，只是不包含引力场自身的能量。综上所述，Einstein 广义相对论的伟大功绩就在于找到了物质的存在和运动如何影响时空结构的方程，即著名的 Einstein 引力场方程。另外，Einstein 还建议了 6 个著名的实验验证（例如，谱线的引力红移、引力的时间延长等），而 Eddington 爵士（他预言了引力辐射，1969 年 Weber 探测到了引力波）在广义相对论方面的观测验证为相对论的成立做出了重大贡献。随着近些年来人们对超新星（supernova）爆炸的关注，由此产生了对相对论激波传播问题的研究，事实上这时引发的激波传播速度很高，可与光速比拟。另外，自 1963 年人们发现类星体（quasar）的射电发射源以来，如此巨大的能源来源及机制一直是个谜，而解开这个谜需要相对论磁流体力学方面科学家的参与和研究；更为有趣的是 Schwarzschild 黑洞（black hole），能从其周围的星际空间中吸入气体或尘埃，使其下落到接近表面。当质点下落到接近表面时，物质流的速度接近光速。总之，这些新开辟的天体物理的领域迫切需要相对论流体力学家的加盟。毫无疑问，1915 年是 Einstein 的丰收年，随着他那一年 6 篇论文的发表，Einstein 开辟了当时物理学的两个新分支即量子力学和相对论，并在统计力学中也做出了杰出的贡献；早在 1918 年，Einstein 就已经把宇宙作为广义相对论的应用对象进行研究了，今天由 Hubble-Friedmann-Gamow 开创的宇宙理论以及 Hartle 与 Hawking 创造的量子宇宙学理论也都与广义相对论密不可分。Einstein 用了他宝贵的后半生致力于统一场论，尤其是引力理论与电磁理论统一的研究，他的思想指导着整个物理学、指导与影响着整个现代物理与重大的技术革命。这里我们不妨以人们由于研究的不同领域去感受广义相对论和狭义相对论的适用范围为实际例子去说明一个大的、普遍的理论框架的重要性以及构建这样一个框架的艰辛：尽管在通常宏观物理学中，广义相对论或狭义相对论的影响作用人们都认为可以忽略不计，但在微观高能物理学的研究中人们普遍公认任何正确的基本粒子理论都必须满足 Lorentz 协变性要求，这就体现了狭义相对论在认识微观高能物理现象时的确是必不可少的重要基础理论；另外，引力相互作用比强相互作用、电磁相互作用和弱相互作用分别小 10^{38} 倍到 10^{25} 倍，这使得人们在通常微观领域中认为广义相对论或引力作用可以忽略不计，但在后来的研究中人们发现即使在微观领域如果宇宙曲率很大（例如，接近 Planck 曲率）时，广义相对论或引力仍会起着最重要的作用。现在人们普遍感到：研究宇观领域内的物质过程，广义相对论的作用越来越大，尤其是 1967 年英国剑桥射电天文学家 Hewish 教授发现了脉冲星（pulsar），为此他于 1974 年获得诺贝尔物理学奖。脉冲星的发现也为 Einstein 于 1916～1918 年在广义相对论所预言的引力辐射提供了坚实的依据。另外，美国的 Hulse 与 Taylor 发现了脉冲双星引力辐射（为此，两人同时荣获 1993 年诺贝尔物理学奖）进而为引力研究提供了新的机会。如果 Einstein 还活着的话，上述这些发现也会大大推动他的统一场论研究工作的进程。现在人们才逐渐认识到：一方面天体物理中所观测到的一系列现象已经成为校验现代理论物理的试金石；另一方面近代天体物理中的一些新的发现也成为整个物理知识体系变革的源泉。人们终于看清楚了广义相对论在恒星晚期演化（如白矮星、中子星等）问题和黑洞问题以及宇宙演化问题上发挥着十分重要的作用。由此，便不难使我们去理解伟大的物理学家 Einstein 在提出了相对论、构建了现代物理的基本框架之后为什么还要用后半生的宝贵时光去做统一场论的理论研究工作。这里要着重指出的是，随着物理学的发展与逐渐完善，人们渐渐认识到应该将现有的最大和最小两个尺度下的物理问题结合起来研究，并通过对内部与外部空间的共同探索解决问题。量子物理学的出现使物理学拥有了分解原子与原子核的能力，并得以研究由夸克、中微子和电子构成的亚原子世界。同时，广义相对论又在最大的尺度上描绘了一个全新的宇宙。在那里，空间与时间、物质与能量将被紧紧地联系在一起。当人们在宇宙深处探索过去 137 亿年间物质与能量在宇宙中留下的痕迹时，这时将需要得到粒子物理学的理论指导；与此同时，人们对宇宙的观测又会加深对微观世界的理解，即可以帮助人们揭示亚原子世界的隐藏区域，并对新粒子与新维度的提出和检验提供支持。因此，近年来人们抓住了太空与地面两大方面的研究与验证：

（1）借助于发射各种现代航天探测器、充分利用太空望远镜以及现代各种分析仪器，开展太空观测与太空分析、大力推行对广义相对论、引力波、宇宙星系、宇宙年龄（著名物理学家和宇宙学家 Stephen Hawking 指出：宇宙已有 137 亿年的历史，它至少还存在 280 亿年）、引力红移（又称 Doppler 效应）、引力坍缩天体（黑洞)、暗能量以及暗物质等方面的研究与验证工作,其中著名的探测器、太空望远镜以及大型实验计划,如 Gravity Probe B(2004 年 4 月搭乘 Delta II 火箭升空,用于验证 Einstein 广义相对论)、LISA Pathfinder(2010 年升空,用于万有引力波的验证)、Wilkinson 微波背景辐射各向异性探测器(即 WMAP,2001 年 6 月 30 日升空,观测服役期 6 年,得到了大量非常有价值的观测结果。发表的观测结果证实:暗能量占宇宙能量密度的 73%、暗物质占 23%、普通常规物质仅占 4%)、Planck 探测器(2008 年 7 月搭乘 Ariane 5 号火箭升空,用于高精度探测与分析大爆炸后留下的宇宙微波背景辐射)、激光干涉引力波探测器(laser interferometer gravitational wave observatory,LIGO,用于对引力波的直接探测)、Hubble 太空望远镜(它于 1990 年 4 月搭乘 Discovery 号航天飞机升空,一直到 2009 年最近一次修护时这台长 13.3m、直径 4.3m、质量 11.6t、最远已观测到 135 亿光年以外的星系、耗资 21 亿美元的太空望远镜还在正常工作,在 19 年的运行时间里它拍摄了大约 24 000 个天体,更为重要的是它拍摄到距离望远镜 6 亿光年远处两个螺旋星系相撞的照片以及 2003 年 8 月 8 日首次拍下大星系吞食小星系的照片;这台 Hubble 望远镜 2010 年左右退役,预计 2013 年 James E. Webb 太空望远镜升空成为 Hubble 的继任者)、Herschel 太空望远镜(2008 年 7 月搭乘 Ariane 5 型火箭升空,用于搜索宇宙中最远和最冷的物体产生的长波辐射)、Kepler 太空望远镜(2009 年 2 月搭乘 Delta II 型火箭升空,用于搜索爆炸行星)、Spitzer 太空红外望远镜(2003 年 8 月升空)以及高等暗能量物理望远镜(advanced dark energy physics telescope)、Chandra X 射线太空天文台(即 CXO,1999 年 7 月升空)、Compton 伽马射线太空观测台(CGRO)等;另外,由 NASA 与美国 DOE(Department of Energy)共同支持的 JDEM(Joint Dark Energy Mission)项目中的子项目:超新星加速探测器(Supernova Acceleration Probe)不久也将发射升空。此外,与搜索引擎业 Google 合作的 LSST(Large Synoptic Survey Telescope,大型巡天望远镜)项目还将把人类的视野带入一个全新的层次。LSST 每个月都将对半球天空进行多次扫描,并在每晚记录约 30 000G 的数据。Google 加入 LSST 项目后便可以帮助科学家们更有效地处理、储存和分析实验给出的大量天文数据,以便形成宇宙数据库。Google 还将开发一个面向公众的接入与搜索界面,为世界上的广大学生和研究人员提供宇宙数据库的信息。这里不妨以观测星系团为例说明一下使用不同观测仪器所看到的十分有趣的现象:从一台光学望远镜(如 Hubble 太空望远镜)望去,星系团是一大堆星系的集合,其中最亮的星系经常处于集合的中心位置;从一台 X 射线望远镜望去,星系团看起来像一大团热气;从引力透镜(gravitational lens)望去,星系团则是时空中的一个凹痕。值得注意的是,引力透镜是帮助我们全面理解物质与能量的重要工具,它最引人注目的效应之一是产生 Einstein Ring,在 Hubble 太空望远镜和SDSS(sloan digital sky survey)项目的帮助下,2006年人们从SDSS项目所收集的数百万个星系、类星体和恒星中,通过精确的数据图像分析,确定了透镜的候选者,而后再利用Hubble太空望远镜进行观测,得到8个新的Einstein Ring。引力透镜已成为寻找银河系中的暗物质、捕捉宇宙中暗能量的最新式搜索工具之一。当Einstein在1936年完成他关于透镜效应的论文时,曾提出这样一个验证实验,即通过监视100万颗恒星去看到某一颗恒星发生了透镜效应,这个实验对当时的任何一位天文学家来说都是不切实际的幻想。然而在50年后即1986年,当Princeton大学的Paczynski构想出一个可能实现的实验计划时,上述想法就不再是幻想了:以20世纪90年代初开展观测工作的MACHO(massive compact halo object)小组为例,截止到1999年差不多6年的时间里,他们监测了1200万颗恒星,最终发现了13次透镜事件。EROS(英文常译为dark object research experiment)小组在6年半的时间里监视了3300万颗恒星,也获得了丰硕的观测结果。这里还有一个重要的观测结果应该说明:2006年11月Riess作为高红移超新星计划(high-z supernova search Team,这里字母z代表红移率)的领导人,公布了他们团队对距离我们70亿光年以外23颗超新星的观测结果。这些数据显示,在宇宙演化的早些时候,的确存在一个由物质占主要组分的时期。在最初的大爆炸之后,由于物质之间的万有引力和辐射能量的阻滞作用,宇宙的膨胀速度逐渐变慢。直到大约50亿年之前的某个时候,暗能量才占据了主导地位,使得宇宙开始加速膨胀。超新星的观测结果为宇宙加速膨胀理论提供了强有力的证据,并且显示了某种暗能量的存在。这里要指出的是,仅仅这些数据并不能确认暗能量的数量。幸运的是,宇宙微波背景辐射的结果为超新星数据提供了很好的补充。正如人们所知道的,Hubble定律与微波背景辐射的发现,是宇宙学中两个重大进展。现在人们已明白了这样一个事实:微波背景辐射的温度在宇宙中几乎是均匀的,其平均值为2.725K(即−270.425℃)。但宇宙空间各处的温度并不是完全相同的,其变化范围在0.0002K上下。1992年George Smoot通过COBE(即cosmic background explorer)首次探测到这一微小的温度变化,并因此荣获2006年诺贝尔物理学奖。暗能量的发现被*Science*杂志评为1998年头条最大新闻,尤其是2001年6月30日发射WMAP(威尔金森微波背景各向异性探测器),在做了一年太空观测之后于2003年初发表了重要探测结果,它证实了宇宙中物质成分的组成:普通重子物质只占4%,而23%是非重子的暗物质,73%是暗能量;暗能量是近年来宇宙学研究中发现的一个里程碑式的重大成果。暗能量与暗物质的出现引发了人们对引力模型修改的念头,人们想对引力模型进行修正,其基本目的是弱化引力在宇宙过去的50亿年间以及大尺度空间上的效果。对Einstein方程的修正就等同于在方程中增加了一种新的力,并因此改变光偏转的方向,从而偏离时空曲率所标定的几何路径。然而近些年人们对太阳系的大量观测结果都显示这样一个偏离被限制在一个很小的范围内，换句话说，Einstein 引力场方程在现阶段仍然是相当可靠的，这里仅列举 2002 年由地球向 Cassini 土星轨道行星飞行器发射光信号的验证实例：1997 年 10 月 15 日 Cassini 搭乘 Titan IVB 运载火箭升空，在历经 7 年飞行之后于 2004 年到达土星轨道。2002 年当 Cassini 飞到太阳背面（即地球、太阳和 Cassini 近似呈一条直线）时，由地球向 Cassini 发射了一个光信号，并在信号返回时进行接收。太阳质量会引起周围时空的扭曲，因此光信号在来回路上从太阳身边擦过时会发生偏转。实验表明，这一旅程所耗费的实际时间符合 Einstein 广义相对论的预言（误差仅为±0.002%）。

（2）借助于建造各种粒子加速器，在地面实验室里开展对微观粒子的研究。例如，早在 1954 年欧洲 12 国就创建了 CERN（瑞士日内瓦的欧洲粒子物理研究中心，又称欧洲核子研究中心），其中包括 LEP（大型正负电子对撞机）与 SPS（超级质子同步加速器）。此外，德国汉堡 DESY（德国粒子物理研究中心电子同步加速器）HERA 储存环、瑞士日内瓦的大型强子对撞机（LHC，其主要目标是寻找超对称理论所预言的粒子；如果幸运的话，甚至可能直接找到暗物质粒子）、美国斯坦福大学的 SLAC（斯坦福直线加速器中心）、美国 Lawrence（1901～1958）的回旋加速器（他于 1930 年设计并完成一台回旋加速器，1937 年在这台机器上产生出人造放射元素锝，1939 年获诺贝尔物理学奖）、美国费米国家加速器实验室的 Cosmotron 同步加速器、英国 Cockcroft-Walton 静电加速器（他们的静电加速器于 1931 年投入运行、1932 年在 Rutherford 指导下，在剑桥大学 Cavendish 实验室首次用人工加速粒子使原子核蜕变，1951 年两位科学家因此同获诺贝尔物理学奖）以及英格兰卡勒姆的 JET（欧洲联合核聚变）实验室等；另外，Georges Charpak（法籍波兰人）发明与发展了粒子探测器，使探测物质内部的技术取得了突破性的进展，1976 年与 1984 年的诺贝尔物理学奖获得者均使用他发明的成果发现了粲夸克和中间玻色子。为此，Georges Charpak 荣获 1992 年诺贝尔物理学奖。显然，这些加速器的建立以及这些实验室的创建为人们开展粒子物理的研究搭建了国际平台。粒子基础物理的研究深化了人们对物质及其相互作用本源的认识，并且为考验一些新理论搭建了实验平台。于是从 20 世纪 70 年代起人们便对弱、电（指弱力与电磁力）统一理论进行了多方面关键性的实验，所以在 1979 年 Glashow，Weinberg 和 Salam 这三位弱、电统一理论的创始人便获得了诺贝尔物理学奖；在弱、电统一理论的鼓舞下，人们将强作用力与弱、电力进行了统一，甚至还试图将引力也统一在内。如果这种努力成功了，那意味着自然界的基本相互作用在本质上只有一种。值得注意的是，宏观物理规律是唯象性的，而不是本源性的，人们对本源性的探索从未停止过。1967 年和 1968 年 Weinberg 和 Salam 利用规范场和对称性自发破缺的 Higgs 机制提出了完整的 SU(2)×U(1)弱、电统一规范理论;这里应指出:对称性破缺的观念最早体现在 1956 年李政道和杨振宁提出的宇称不守恒规律中;此外,1954 年杨振宁和 Mills 发展了非 Abel 规范变换不变性原理,这个原理在后来 Glashow 等建立弱、电统一理论中起了关键作用。20 世纪 70 年代初人们又提出了强相互作用的量子色动力学,特别是 Gross 等三人发现了强相互作用的渐近自由现象,这对认识强相互作用的本质极为重要;另外,也奠定了量子色动力学的基础,他们也因此于 2004 年共同荣获诺贝尔物理学奖。1964 年英国爱丁堡大学 Higgs 教授和比利时布鲁塞尔自由大学 Brout 教授与 Englert 教授对 Higgs Bose 子的存在作出了预言并提出了 Higgs 机制。2012 年 7 月 4 日 CERN(欧洲核子研究中心)宣布了 Higgs Bose 子存在的坚实实验证据,从而粒子物理学标准模型所预言的 62 种基本粒子全部被实验证实。Higgs Bose 子被确认,这是 100 年来人类最伟大的发现之一,因此 2013 年 10 月 8 日,84 岁的 Higgs 教授和 81 岁的 Englert 教授荣获 2013 年诺贝尔物理学奖。Brout-Englert-Higgs Bose 子简称 Higgs 粒子,又称“上帝粒子”,它对解释为什么基本物质具有质量起着关键作用;另外,Higgs 机制也被认为是粒子物理学标准模型的重要理论基础。Higgs 粒子的确认是对粒子物理学标准模型理论的重大支持,粒子标准模型是关于强作用、弱作用和电磁力三种基本作用力以及组成所有物质的基本粒子领域的理论。在过去的 50 年间,这个理论在认识显物质世界方面发挥了重大作用,但它并不完整,它不包括引力作用,也无法解释引力与其他三种基本力相比为何如此微弱的原因。另外,也不能恰当的解释 1998 年科学家们发现的中微子的“振荡”现象。此外,这 62 种基本粒子到底与暗物质、暗能量之间是否存在着联系,目前人们还不清楚。所有这些不足,便促使人类进一步开展深入的科学研究。自 20 世纪 60 年代以来,人们已认识到四种基本作用(即引力作用、弱作用、电磁作用、强作用)可能有共同的本质、可能都是规范作用,它们可能与同一个物理原则相联系。Einstein 曾用很长时间致力于在经典物理的范围内去建立引力作用与电磁作用的统一理论,但始终没有成功;然而,在规范场理论建立后,弱作用与电磁作用的统一理论成功了,这是粒子物理中近年来的重大成果。弱、电统一理论之所以成功是由于引进了夸克,再加上带有真空破缺机制的规范场论。Weinberg-Salam 模型的成功以及强作用理论中 SU(3)色规范理论的发展很自然地又会促使人们去考虑强、电、弱三种相互作用的大统一规范理论的框架,甚至也试图发展包括引力作用在内的大统一理论。另外,人们相信建立正确的量子引力理论将对黑洞物理学的研究提供坚实的基础。这里还应当指出的是,正是基于弱、电统一理论和量子色动力学理论以及量子规范理论,才极为成功地构建了粒子物理标准模型;这个标准模型描述了夸克和轻子层次的电磁相互作用、弱相互作用和强相互作用的基本理论,并且成功地经历了三四十年实验的验证。应该看到,人们对统一理论的这种研究与执著精神,其动力是深深地植根于人类心中对真理的非功利的追求,为了阐述这一观点这里仅列举 7 个典型事例:①Rutherford(1871～1937,英籍新西兰人),是这位创立原子核物理学的世界著名物理学家,亲手培育出 11 位诺贝尔奖获得者。1925 年他当选为英国皇家学会主席,直到 1937 年逝世,他是一位杰出的研究集体的组织者。②世界著名理论物理学家 Dirac(1902～1984,英国人;他与我国著名理论物理学家王竹溪(1911～1983)为同门弟子;Dirac 于 1928 年预言正电子,并提出正负电子碰撞后湮灭变成光子)就曾考虑拒绝接受 1933 年授予他的诺贝尔物理学奖,其理由是他觉得获奖会带上引人注目的光环,将会耗费他从事物理研究的时间。③弱、电统一理论创始人之一的 Salam(生于巴基斯坦)将 1979 年所获诺贝尔奖金中属于他自己的那一份捐赠给在意大利的研究所,以便赞助来自发展中国家的科学家。④Hans Albrecht Bethe(1906～2005)是一位极具天才的杰出理论物理学家,1939 年他发现了恒星能源的热核反应循环,在核反应理论方面做出了重大贡献,因此于 1967 年荣获诺贝尔物理学奖。Bethe 是第二次世界大战期间美国 Manhattan Project(曼哈顿计划)的主要科学家成员,这一计划最终使美国研制出了氢弹,但 Bethe 主张人类应该以和平为目的进行核能的开发,他与 Einstein 等科学家一起坚决反对核武器。在 Bethe 的 60 年学术生涯中,他每 10 年才发表一篇重要论文,可见一篇重要的文章是需要大量艰辛的劳动与长期研究的积累。厚积薄发、一丝不苟、潜心专研、为学之谨的精神深深地体现在 Bethe 的学术作风中。⑤Albert Einstein,伟大的现代物理学家,对于他还有这样一件事:1952 年 11 月以色列第 1 任总统 Weizman 逝世后,以色列政府邀请 Einstein 先生担任以色列第 2 任总统,但是他拒绝了(Einstein 曾说过:"……方程却是一种永恒的东西"。是的,广义相对论的 Einstein 方程是他最好的墓志铭和纪念物,它们将与宇宙同在; Einstein 曾说过:"人只有献身于社会,才能够找到那实际上是短暂而有风险的生命的意义")。⑥Lise Meitner(1878～1968),奥地利犹太人,从 1907 年起就和 Hahn 一起在柏林做铀的核研究工作,她提出了核裂变的重要概念与过程,为物理学的研究与发展献出了自己的毕生。人们为了纪念这位伟大的核物理学家,将第 109 号元素以她的名字命名。⑦Stephen Hawking(1942 年生),1972 年起他一直担任英国剑桥大学 Lucasian 数学教授(这一教席曾由科学巨人 Newton 教授担任),Hawking 是患有肌萎缩性(脊椎)侧索硬化症被禁锢在轮椅上长达 40 多年之久的科学巨人。患病后,他不能写字,看书必须依赖一种翻书页的机器,读文献时必须让人将每一页摊平在一张大办公桌上,然后他驱动轮椅如蚕吃桑叶般地逐页阅读。正是在这种行动极端困难的情况下,他却对黑洞量子辐射(1973 年)、量子引力论(1974 年)、宇宙起源(1980 年)进行了深入细致的研究,对天体物理学和宇宙学做出了巨大贡献;他开创了引力热力学和量子宇宙学，是当代最重要的广义相对论家和宇宙学家；他著写的 *A Brief History of Time*（1988 年）和 *The Universe in a Nutshell*（2001 年）为世界畅销的两部巨著。寻求宇宙起源的答案是 Hawking 一生的动力。Hawking 说："也许正因为他的残疾，才使他拥有比其他科学家更多的用来思考的时间。"见贤思齐、科学家们所具有的那种崇高胸怀、那种淡泊名利的思想与举动才是后人应该学习与发扬的敬业执著精神！翻开历史，尤其是欧洲文艺复兴之后，彪炳物理史册的人物大都出自英、美、德、法、苏 5 国；打开诺贝尔物理学奖 1901～2011 年的获得者一览表也是如此，可见学术氛围、人的科学素质和强烈的责任心与使命感是极为重要的。历史的发展将越来越有力地证明，正是这种非功利的追求给人类带来了最大的收益。按照今天人们的认识：夸克和轻子代表着一种深层次的组元粒子；强相互作用与弱相互作用是短程力，其作用距离分别小于 10^{-15} m 与小于 10^{-17} m；电磁力与引力是长程力，其作用距离均为无穷大；弱力的传递者是 $W^{\pm}$ 与 Z^0 粒子；光子是电磁力的传递者；强力的传递者是胶子；这里胶子是不能单独出现的粒子，无法直接观测到它，而光子、$W^{\pm}$ 与 Z^0 为可以观测到的规范粒子。理论上应把引力的传递者叫引力子，但它的存在目前尚无实测证据。对于上述这四种基本力，在通常情况下，两个微观粒子之间的引力与其他三种基本力相比要弱得多。然而，实验与理论都指出一个明显的趋势：各种基本力之间的差别随着能量的增高而减小。如果能量更进一步提高，达到 Planck 能量，那么即使是通常情况下呈现很微弱的微观粒子之间的引力，这时也会变得与别的基本力一样强。换句话说，所有的基本力的强度在 Planck 尺度（它是 Planck 长度、Planck 时间以及 Planck 能量的总称）下大致相等。这也就是说，这些力是一个单一的基础力的不同侧面，显然这种统一在 Planck 尺度下变得格外清晰。然而，当今世界上高能加速器产生的微观事件的能量还远低于 Planck 能量，因此要观察两个微观粒子之间的引力现象，目前在实验室的高能加速器上进行引力子方面的研究是有困难的。但我们完全可以相信：在微观粒子的动力学理论以及粒子物理学规范场论的框架下，借助于太空观测、太空分析与地面实验室中的粒子分析相结合，人类探讨物理学中两个重要分支即宇宙学和粒子物理学间的关联、追求几种不同相互作用在超对称理论基础上的统一、探索物质及其相互作用本源的努力总会成功的；我们坚信：物理学的美、宇宙学的美，恰恰在于简单，在于对自然的领悟能够用最浅显的语言描绘出它的一切逻辑和法则。本书的工作仅仅是将微观物理与宏观力学密切结合起来并用于高超声速气动热力学的领域；如果用 von Bertalanffy（1901～1972）与钱学森（1911～2009）先生倡导的系统工程的观点来看，我们的工作应属人、机与环境系统工程的一部分，属于典型的机与环境问题里高超声速飞行器再入飞行时气动力与气动热的计算以及热防护小专题，从这个意义上讲这又是一项很有价值的创新性研究。因此，前面归纳概括的本书五个特点应该集中体现本书的重要特色以及我们 AMME Lab 团队所完成的工作;从哲学的角度来看,这种解决问题的思想方法体现了微观与宏观的结合,体现了还原论与整体论的优势互补与辩证统一,体现了宇宙间一切事物变化的和谐性与规律性,体现了物理学的美、宇宙学的美、高超声速气动热力学的美,恰恰在于简单、在于它的一切逻辑与法则可以用最朴素浅显的语言来描述。

本书第一作者王保国,北京市教学名师,曾在中国科学院工作 16 年并两次获中国科学院科技进步奖以及国家劳动人事部首届全国优秀博士后奖,后在清华大学力学系和北京理工大学宇航学院任教授、博士生导师、流体力学学科带头人并两次获清华大学教学优秀奖,发表学术论文 200 余篇,以第一作者出版学术专著与全国教材 12 部。另外,1998 年获英国剑桥 Gold Star Award;2000 年获美国 Barons Who's Who 颁发的 New Century Global 500 Award;2007 年获"北京市教学名师"荣誉称号。第二作者黄伟光,国家重点基础研究发展(973 计划)项目首席科学家,曾任中国科学院工程热物理研究所所长,先后于 2002 年获国家自然科学二等奖、2001 年与 2009 年两次获国家科技进步二等奖,北京理工大学特聘教授(兼职)、博士生导师,曾在日本留学 10 年并获博士学位。现任中国科学院上海高等研究院副院长、研究员、全国政协委员。两位作者衷心地向流体力学界和工程热物理界的老前辈,尤其是向卞荫贵教授和吴仲华教授致以诚挚的感谢!向书中参考文献里所列出的作者们与同仁们表示谢意!另外,本书的第一作者还要特别感谢季羡林先生,每次到先生家时,先生总是伏案耕耘,先生的亲身表率使作者懂得了"读书需要勤奋"的最朴素道理。在季先生的引荐下使作者有幸与王竹溪先生相识与请教并受益良多;这里还要向将作者领进统计物理大门的王竹溪先生以及亲授"统计力学"(1979 年夏季)课程的李政道先生表示深深的感谢!能得到理论物理界两位老前辈的亲身教诲,是作者的莫大荣幸,作者十分珍惜与难以忘怀那些宝贵的时光。

本书在出版期间得到科学出版社,尤其是该社刘宝莉编辑的大力支持,正是她一丝不苟的敬业精神才使本书得以如期出版,在此表示衷心的感谢。

最后,本书的第一作者还要特别祝福他的小孙女 Alice(小名筠溪)健康快乐。小筠溪的父母和姑姑 3 位都是北京大学优秀本科毕业生,他(她)们是在本科毕业后才去国外深造的。爷爷盼望 Alice 健康快乐地成长,长大后为人类航天航空科学的发展以及人类社会的和平与进步多做贡献。

虽然本书写作长达 10 年,为准备这部专著而进行的各方面知识储备 20 余年,但由于本书涉及面广、两位作者水平有限,书中仍可能会有疏漏与不妥,敬请广大读者及专家批评指教。E-mail:whaera@163. com。

作　者

2013 年 10 月 18 日

目　录

第二篇　高超声速气动热力学的基本理论与基本方程

第一篇　张量分析与物理力学基础

高超声速气动热力学(hypersonic aerothermodynamics)是研究气体在高超声速高温条件下所出现的高超声速气体动力学和高温气体热物理问题以及解决这些问题的方法。它涉及平衡态与非平衡态热力学、高超声速气体动力学、电磁流体力学、量子力学和统计力学等基础学科，涉及为表达上述复杂过程所使用的数学工具——张量分析与场论基础。因此，本篇针对上述所涉及并与本书内容密切相关的物理力学基础与数学工具作十分简明扼要的归纳与概括。这些知识对于力学相关专业的研究生来讲应该是已经具备的，个别地方略有提高，但它是全书的基础。

第 1 章　场论基础与张量分析初步

1.1　任意曲线坐标系及其基矢量

令(y^1,y^2,y^3)为 Euclid 空间 E^3 中的 Descartes 坐标系，$(\boldsymbol{i}_1,\boldsymbol{i}_2,\boldsymbol{i}_3)$为它的单位切矢量；$\Omega$ 为 E^3 中某一连通域，在 Ω 上给出三个连续可微并且是单值的函数

$$x^i = f_i(y^1,y^2,y^3) \quad (i=1,2,3) \tag{1.1.1}$$

如果从式(1.1.1)中可以求出其反函数 F_i，使得

$$y^i = F_i(x^1,x^2,x^3) \quad (i=1,2,3) \tag{1.1.2}$$

连续可微且是单值的，则这样的(x^1,x^2,x^3)为 Ω 上的曲线坐标系。值得注意的是，这里式(1.1.1)与式(1.1.2)所对应的正变换与逆变换，其 Jacobi 行列式均不为 0，即

$$\det\left(\frac{\partial x^i}{\partial y^j}\right)\neq 0, \quad \det\left(\frac{\partial y^i}{\partial x^j}\right)\neq 0 \tag{1.1.3}$$

显然，如果令

$$x^i = f_i(y^1,y^2,y^3) = \text{const} \tag{1.1.4}$$

则在 Ω 上便确定了一个曲面，称为 x^i 坐标面，它是一个单参数的曲面族。两个不同族的坐标面的交线，称为坐标线。令(x^1,x^2,x^3)为任意曲线坐标系，$(\boldsymbol{e}_1,\boldsymbol{e}_2,\boldsymbol{e}_3)$为该坐标系的基矢量[1-5]，并用$(\boldsymbol{u}_1,\boldsymbol{u}_2,\boldsymbol{u}_3)$为单位基矢量；令 $\boldsymbol{R}$ 为矢径，于是

$$\boldsymbol{e}_\alpha = \frac{\partial \boldsymbol{R}}{\partial x^\alpha} = \boldsymbol{i}_\beta \frac{\partial y^\beta}{\partial x^\alpha} \tag{1.1.5}$$

这里采用了 Einstein 求和规约。由于$\left(\dfrac{\partial y^\beta}{\partial x^\alpha}\right)$为非奇异矩阵，所以$(\boldsymbol{e}_1,\boldsymbol{e}_2,\boldsymbol{e}_3)$是线性独立的，它们构成局部标架。显然，局部标架 $\boldsymbol{e}_i(i=1,2,3)$的方向是沿 x^i 坐标线的切线方向。通常，$\boldsymbol{e}_i(i=1,2,3)$并不是单位向量，且它们不一定相互正交。基矢量 $\boldsymbol{e}_i$ 与单位基矢量 $\boldsymbol{u}_i$ 间的关系为

$$\boldsymbol{e}_i = \sqrt{g_{ii}}\,\boldsymbol{u}_i \quad (\text{注意这里不对 } i \text{ 作和}) \tag{1.1.6}$$

式中：$g_{ii}=\boldsymbol{e}_i\cdot\boldsymbol{e}_i$(注意这里不对 i 作和)。令 ε_{ijk} 与 ε^{ijk} 为 Eddington 张量，并且令曲线坐标系(x^1,x^2,x^3)与曲线坐标系(x_1,x_2,x_3)互易，故$(\boldsymbol{e}_1,\boldsymbol{e}_2,\boldsymbol{e}_3)$与$(\boldsymbol{e}^1,\boldsymbol{e}^2,\boldsymbol{e}^3)$构成对偶基矢量(又称倒易基矢量)，则有

$$\boldsymbol{e}_i\times\boldsymbol{e}_j = \varepsilon_{ijk}\boldsymbol{e}^k, \quad \boldsymbol{e}^i\times\boldsymbol{e}^j = \varepsilon^{ijk}\mathrm{e}_k \tag{1.1.7}$$

$$\boldsymbol{e}^\alpha = \frac{\partial \boldsymbol{R}}{\partial x_\alpha} = \boldsymbol{i}_\beta \frac{\partial y^\beta}{\partial x_\alpha} \tag{1.1.8}$$

$$\boldsymbol{e}^\alpha = \sqrt{g^{\alpha\alpha}}\boldsymbol{u}^\alpha \quad （注意这里不对\ \alpha\ 作和） \tag{1.1.9}$$

$$g^{\alpha\alpha} = \boldsymbol{e}^\alpha \cdot \boldsymbol{e}^\alpha \quad （注意这里不对\ \alpha\ 作和） \tag{1.1.10}$$

式中：$\boldsymbol{e}^\alpha$ 与 $\boldsymbol{u}^\alpha$ 分别为曲线坐标系(x_1, x_2, x_3)的基矢量与单位基矢量。这里 $\boldsymbol{e}^\alpha$ 为 $\boldsymbol{e}_\alpha$ 的共轭标架向量，并且有

$$\boldsymbol{e}^i = g^{ij}\boldsymbol{e}_j \tag{1.1.11}$$

$$\boldsymbol{e}_i = g_{ij}\boldsymbol{e}^j \tag{1.1.12}$$

式中：g_{ij} 与 g^{ij} 分别为曲线坐标系(x^1, x^2, x^3)与(x_1, x_2, x_3)的度量张量，则有

$$g_{ij} = \boldsymbol{e}_i \cdot \boldsymbol{e}_j = \frac{\partial y^k}{\partial x^i}\frac{\partial y^k}{\partial x^j} = g_{ji} \tag{1.1.13}$$

$$g^{ij} = \boldsymbol{e}^i \cdot \boldsymbol{e}^j = \frac{\partial x^i}{\partial y^k}\frac{\partial x^j}{\partial y^k} = g^{ji} \tag{1.1.14}$$

并且有

$$\begin{bmatrix} \boldsymbol{e}_1 \\ \boldsymbol{e}_2 \\ \boldsymbol{e}_3 \end{bmatrix} = \begin{bmatrix} \frac{\partial y^1}{\partial x^1} & \frac{\partial y^2}{\partial x^1} & \frac{\partial y^3}{\partial x^1} \\ \frac{\partial y^1}{\partial x^2} & \frac{\partial y^2}{\partial x^2} & \frac{\partial y^3}{\partial x^2} \\ \frac{\partial y^1}{\partial x^3} & \frac{\partial y^2}{\partial x^3} & \frac{\partial y^3}{\partial x^3} \end{bmatrix} \begin{bmatrix} \boldsymbol{i}_1 \\ \boldsymbol{i}_2 \\ \boldsymbol{i}_3 \end{bmatrix} \tag{1.1.15}$$

$$\begin{bmatrix} \boldsymbol{e}^1 \\ \boldsymbol{e}^2 \\ \boldsymbol{e}^3 \end{bmatrix} = \begin{bmatrix} \frac{\partial x^1}{\partial y^1} & \frac{\partial x^1}{\partial y^2} & \frac{\partial x^1}{\partial y^3} \\ \frac{\partial x^2}{\partial y^1} & \frac{\partial x^2}{\partial y^2} & \frac{\partial x^2}{\partial y^3} \\ \frac{\partial x^3}{\partial y^1} & \frac{\partial x^3}{\partial y^2} & \frac{\partial x^3}{\partial y^3} \end{bmatrix} \begin{bmatrix} \boldsymbol{i}_1 \\ \boldsymbol{i}_2 \\ \boldsymbol{i}_3 \end{bmatrix} \tag{1.1.16}$$

$$g \equiv \begin{vmatrix} g_{11} & g_{12} & g_{13} \\ g_{21} & g_{22} & g_{23} \\ g_{31} & g_{32} & g_{33} \end{vmatrix} = \det(g_{ij}) \tag{1.1.17}$$

$$\frac{1}{\sqrt{g}} \equiv \begin{vmatrix} g^{11} & g^{12} & g^{13} \\ g^{21} & g^{22} & g^{23} \\ g^{31} & g^{32} & g^{33} \end{vmatrix} = \det(g^{ij}) \tag{1.1.18}$$

$$g^{ij} = \frac{1}{g}\frac{\partial g}{\partial g_{ij}} = g^{ji} \tag{1.1.19}$$

$$\sqrt{g} = \boldsymbol{e}_i \cdot (\boldsymbol{e}_j \times \boldsymbol{e}_k) = \frac{\partial(y^1, y^2, y^3)}{\partial(x^1, x^2, x^3)} \equiv J \tag{1.1.20}$$

$$\frac{1}{\sqrt{g}} = \boldsymbol{e}^i \cdot (\boldsymbol{e}^j \times \boldsymbol{e}^k) = \frac{\partial(x^1, x^2, x^3)}{\partial(y^1, y^2, y^3)} \equiv \frac{1}{J} \tag{1.1.21}$$

$$\boldsymbol{e}_i \cdot \boldsymbol{e}^j = g_i^j = \delta_i^j = \boldsymbol{e}_i \cdot \nabla x^j, \quad \boldsymbol{e}^i \cdot \boldsymbol{e}_j = g_j^i = \delta_j^i \tag{1.1.22}$$

$$\boldsymbol{e}^j = \nabla x^j \tag{1.1.23}$$

式中：δ_i^j 与 δ_j^i 均为 Kronecker 记号[6,7]；$\dfrac{\partial(y^1, y^2, y^3)}{\partial(x^1, x^2, x^3)}$为 Jacobi 函数行列式[8]，其表达式为[9]

$$\frac{\partial(y^1, y^2, y^3)}{\partial(x^1, x^2, x^3)} = \begin{vmatrix} \dfrac{\partial y^1}{\partial x^1} & \dfrac{\partial y^1}{\partial x^2} & \dfrac{\partial y^1}{\partial x^3} \\ \dfrac{\partial y^2}{\partial x^1} & \dfrac{\partial y^2}{\partial x^2} & \dfrac{\partial y^2}{\partial x^3} \\ \dfrac{\partial y^3}{\partial x^1} & \dfrac{\partial y^3}{\partial x^2} & \dfrac{\partial y^3}{\partial x^3} \end{vmatrix} \tag{1.1.24}$$

需要指出的是，在式(1.1.20)与式(1.1.21)中，哑指标 i, j, k 应按 1,2,3 轮换。另外，容易证明 Kronecker 符号 δ_i^j 是一个二阶真张量，而不是一个二阶赝张量；Levi-Civita 张量是一个三阶张量并且是三阶赝张量[10]。

1.2 张量的并矢表示法以及张量的张量积与点积

令 $\boldsymbol{G}$ 表示度量张量(又称单位张量)，则在同一个坐标系中可有如下不同种类(协变或逆变)的分量表达式：

$$\boldsymbol{G} = g^{ij}\boldsymbol{e}_i\boldsymbol{e}_j = g_{ij}\boldsymbol{e}^i\boldsymbol{e}^j = \delta_j^i\boldsymbol{e}_i\boldsymbol{e}^j = \boldsymbol{e}_j\boldsymbol{e}^j = \delta_i^j\boldsymbol{e}^i\boldsymbol{e}_j = \boldsymbol{e}^j\boldsymbol{e}_j \tag{1.2.1}$$

令 $\boldsymbol{T}$ 与 $\boldsymbol{S}$ 为任意阶张量，这里不妨以二阶张量为例，令 $\boldsymbol{T} = T^{ij}\boldsymbol{e}_i\boldsymbol{e}_j$，而 $\boldsymbol{S} = S_{km}\boldsymbol{e}^k\boldsymbol{e}^m$，则 $\boldsymbol{T} \otimes \boldsymbol{S}$ 表示张量 $\boldsymbol{T}$ 与 $\boldsymbol{S}$ 的张量积(又称外积或两个张量并乘)。下面(凡不引起混淆的地方)均省略⊗号而简记为 $\boldsymbol{TS}$，于是其表达式为

$$\boldsymbol{TS} = T^{ij}S_{km}\boldsymbol{e}_i\boldsymbol{e}_j\boldsymbol{e}^k\boldsymbol{e}^m \tag{1.2.2}$$

而张量 $\boldsymbol{S}$ 与 $\boldsymbol{T}$ 的张量积为

$$\boldsymbol{ST} = S_{km}T^{ij}\boldsymbol{e}^k\boldsymbol{e}^m\boldsymbol{e}_i\boldsymbol{e}_j = S^{ij}T_{km}\boldsymbol{e}_i\boldsymbol{e}_j\boldsymbol{e}^k\boldsymbol{e}^m \tag{1.2.3}$$

这时的 $\boldsymbol{TS}$ 与 $\boldsymbol{ST}$ 都是四阶张量。显然，张量并乘时顺序不能任意交换，即

$$\boldsymbol{TS} \neq \boldsymbol{ST} \tag{1.2.4}$$

另外，对于两个张量的双点积有两种意义：一种叫并联式；另一种叫串联式。对于前面所定义的 $\boldsymbol{T}$ 与 $\boldsymbol{S}$，其表达式分别为

并联式 $$\boldsymbol{T} : \boldsymbol{S} = (T^{ij}\boldsymbol{e}_i\boldsymbol{e}_j) : (S_{km}\boldsymbol{e}^k\boldsymbol{e}^m) = T^{ij}S_{km}(\boldsymbol{e}_i \cdot \boldsymbol{e}^k)(\boldsymbol{e}_j \cdot e^m) = T^{ij}S_{ij} \tag{1.2.5}$$

串联式 $$\boldsymbol{T} \cdot\cdot \boldsymbol{S} = (T^{ij}\boldsymbol{e}_i\boldsymbol{e}_j) \cdot\cdot (S_{km}\boldsymbol{e}^k\boldsymbol{e}^m) = T^{ij}S_{km}(\boldsymbol{e}_j \cdot \boldsymbol{e}^k)(\boldsymbol{e}_i \cdot \boldsymbol{e}^m) = T^{ij}S_{ji} \tag{1.2.6}$$

令 $\boldsymbol{V}$ 表示矢量，则 $\boldsymbol{T}$ 与 $\boldsymbol{V}$ 的点积（又称内积）便为

$$\boldsymbol{T}\cdot\boldsymbol{V}=(T^{ij}\boldsymbol{e}_i\boldsymbol{e}_j)\cdot(\boldsymbol{v}_k\boldsymbol{e}^k)=T^{ij}\boldsymbol{v}_j\boldsymbol{e}_i \tag{1.2.7}$$

而 $\boldsymbol{V}$ 与 $\boldsymbol{T}$ 的点积应为

$$\boldsymbol{V}\cdot\boldsymbol{T}=(\boldsymbol{v}_k\boldsymbol{e}^k)\cdot(T^{ij}\boldsymbol{e}_i\boldsymbol{e}_j)=\boldsymbol{v}_iT^{ij}\boldsymbol{e}_j=T^{ji}\boldsymbol{v}_j\boldsymbol{e}_i \tag{1.2.8}$$

显然，当 $\boldsymbol{T}$ 不是对称张量时，则有

$$(\boldsymbol{T}\cdot\boldsymbol{V})\neq(\boldsymbol{V}\cdot\boldsymbol{T}) \tag{1.2.9}$$

转置张量乃是在保持基矢量的排列顺序不变的前提下，仅调换张量分量的两个哑指标顺序而得到的同阶的新张量。对于高阶张量来讲，必须指明是对哪两个哑指标的转置张量。例如，以五阶张量 $\boldsymbol{T}$ 为例，其表达式为

$$\boldsymbol{T}=T^{ij}_{\cdot\cdot klm}\boldsymbol{e}_i\boldsymbol{e}_j\boldsymbol{e}^k\boldsymbol{e}^l\boldsymbol{e}^m \tag{1.2.10}$$

如果令 $\boldsymbol{T}$ 的第 1，2 指标转置后所得新的张量为 $\boldsymbol{B}$，即

$$\boldsymbol{B}=T^{ji}_{\cdot\cdot klm}\boldsymbol{e}_i\boldsymbol{e}_j\boldsymbol{e}^k\boldsymbol{e}^l\boldsymbol{e}^m \tag{1.2.11}$$

令 $\boldsymbol{T}$ 的第 1，3 指标转置后所得的张量为 $\boldsymbol{R}$，即

$$\boldsymbol{R}=T_{k\cdot\cdot lm}^{\cdot ji}\boldsymbol{e}_i\boldsymbol{e}_j\boldsymbol{e}^k\boldsymbol{e}^l\boldsymbol{e}^m \tag{1.2.12}$$

在通常情况下，有

$$\boldsymbol{T}\neq\boldsymbol{B},\boldsymbol{T}\neq\boldsymbol{R} \tag{1.2.13}$$

很显然，如果将任一张量 $\boldsymbol{T}$ 的分量指标中某两个哑指标顺序互换，并将得到的张量记作 $\boldsymbol{B}$ 时，于是由式(1.2.14)便可以构成一个新的张量 $\boldsymbol{S}$，即

$$\boldsymbol{S}=\frac{1}{2}(\boldsymbol{T}+\boldsymbol{B}) \tag{1.2.14}$$

这里 $\boldsymbol{S}$ 对于上述两个互换的哑指标具有对称性。引进张量 $\boldsymbol{A}$，使其满足

$$\boldsymbol{A}=\frac{1}{2}(\boldsymbol{T}-\boldsymbol{B}) \tag{1.2.15}$$

这里 $\boldsymbol{A}$ 对于上述两个互换的哑指标具有反对称性。下面以二阶张量为例，令 $T=T^{ij}\boldsymbol{e}_i\boldsymbol{e}_j$，则张量 $\boldsymbol{T}$ 的转置张量 $\boldsymbol{T}^{\mathrm{T}}$ 为

$$\boldsymbol{T}^{\mathrm{T}}=T^{ji}\boldsymbol{e}_i\boldsymbol{e}_j=T^{j}_{\cdot i}\boldsymbol{e}^i\boldsymbol{e}_j=T_j^{\cdot i}\boldsymbol{e}_i\boldsymbol{e}^j=T_{ji}\boldsymbol{e}^i\boldsymbol{e}^j \tag{1.2.16}$$

1.3　张量的导数以及张量分量对坐标的协变导数

1.3.1　基矢量的导数以及 Christoffel 符号

在曲线坐标系 $\{x^i\}$ 中，协变基矢量 $\{\boldsymbol{e}_i\}$ 以及其互易基 $\{\boldsymbol{e}^i\}$（又称对偶基）都是曲线坐标系 $\{x^i\}$ 的函数，因此 $\boldsymbol{e}_i$ 与 $\boldsymbol{e}^i$ 的全微分分别为

$$\mathrm{d}\boldsymbol{e}_i=\frac{\partial\boldsymbol{e}_i}{\partial x^j}\mathrm{d}x^j \tag{1.3.1}$$

$$\mathrm{d}\boldsymbol{e}^i=\frac{\partial\boldsymbol{e}^i}{\partial x^j}\mathrm{d}x^j \tag{1.3.2}$$

令Γ_{ij}^{k}与$\Gamma_{ij,k}$分别代表第二类与第一类Christoffel符号，则$\frac{\partial \boldsymbol{e}_i}{\partial x^j}$与$\frac{\partial \boldsymbol{e}^i}{\partial x^j}$可分别表示为

$$\frac{\partial \boldsymbol{e}_i}{\partial x^j} = \Gamma_{ij}^{k}\boldsymbol{e}_k = \Gamma_{ij,k}\boldsymbol{e}^k \tag{1.3.3}$$

$$\frac{\partial \boldsymbol{e}^i}{\partial x^j} = -\Gamma_{jk}^{i}\boldsymbol{e}^k \tag{1.3.4}$$

$$\Gamma_{ij}^{k} \equiv \boldsymbol{e}^k \cdot \frac{\partial \boldsymbol{e}_i}{\partial x^j} = -\boldsymbol{e}_i \cdot \frac{\partial \boldsymbol{e}^k}{\partial x^j} = \boldsymbol{e}^k \cdot \frac{\partial \boldsymbol{e}_j}{\partial x^i} \equiv \Gamma_{ji}^{k} \tag{1.3.5}$$

$$\Gamma_{ij,k} \equiv \boldsymbol{e}_k \cdot \frac{\partial \boldsymbol{e}_i}{\partial x^j} = \boldsymbol{e}_k \cdot \frac{\partial \boldsymbol{e}_j}{\partial x^i} = \Gamma_{ji,k} \tag{1.3.6}$$

$$\Gamma_{ij}^{k} = \frac{1}{2}g^{k\beta}\left(\frac{\partial g_{i\beta}}{\partial x^j} + \frac{\partial g_{j\beta}}{\partial x^i} - \frac{\partial g_{ij}}{\partial x^\beta}\right) = g^{k\beta}\Gamma_{ij,\beta} \tag{1.3.7}$$

$$\Gamma_{ij,k} = \frac{1}{2}\left(\frac{\partial g_{jk}}{\partial x^i} + \frac{\partial g_{ik}}{\partial x^j} - \frac{\partial g_{ij}}{\partial x^k}\right) \tag{1.3.8}$$

特别是

$$\Gamma_{ij}^{i} = \frac{1}{2g}\frac{\partial g}{\partial x^j} = \frac{1}{\sqrt{g}}\frac{\partial \sqrt{g}}{\partial x^j} = \frac{\partial \ln \sqrt{g}}{\partial x^j} \tag{1.3.9}$$

$$\Gamma_{ij,k} = g_{k\beta}\Gamma_{ij}^{\beta} \tag{1.3.10}$$

$$\frac{\partial g_{ij}}{\partial x^k} = \frac{\partial(\boldsymbol{e}_i \cdot \boldsymbol{e}_j)}{\partial x^k} = \Gamma_{ik,j} + \Gamma_{jk,i} = \frac{\partial g_{ji}}{\partial x^k} \tag{1.3.11}$$

$$\frac{\partial \sqrt{g}}{\partial x^i} = \Gamma_{ji}^{j}\sqrt{g} \tag{1.3.12}$$

注意，Christoffel符号不构成张量。在笛卡儿直角坐标系下，Christoffel符号恒为零。

1.3.2　张量函数的导数以及张量分量对坐标的协变导数

1. 张量函数的导数

令$\boldsymbol{A}$为n阶任意张量，$\boldsymbol{T}(\boldsymbol{A})$为$m$阶任意张量函数，张量函数$\boldsymbol{T}(\boldsymbol{A})$的导数记作

$$\frac{\mathrm{d}\boldsymbol{T}(\boldsymbol{A})}{\mathrm{d}\boldsymbol{A}} \equiv \boldsymbol{T}'(\boldsymbol{A}) \tag{1.3.13}$$

式中：$\boldsymbol{T}'(\boldsymbol{A})$为$(m+n)$阶张量。下面列举几种张量函数的导数：

(1) 矢量$\boldsymbol{V}$的标量函数$\varphi=f(\boldsymbol{V})$，其导数为

$$f'(\boldsymbol{V}) = \frac{\mathrm{d}f}{\mathrm{d}\boldsymbol{V}} \tag{1.3.14}$$

是一个矢量。

(2) 矢量 $\boldsymbol{V}$ 的矢量函数 $\boldsymbol{W}=\boldsymbol{F}(\boldsymbol{V})$，其导数为

$$\boldsymbol{F}'(\boldsymbol{V}) = \frac{\mathrm{d}\boldsymbol{F}}{\mathrm{d}\boldsymbol{V}} \tag{1.3.15}$$

是二阶张量。

(3) 矢量 $\boldsymbol{V}$ 的二阶张量函数 $\boldsymbol{H}=\boldsymbol{T}(\boldsymbol{V})$，其导数为

$$\boldsymbol{T}'(\boldsymbol{V}) = \frac{\mathrm{d}\boldsymbol{T}}{\mathrm{d}\boldsymbol{V}} \tag{1.3.16}$$

是三阶张量。

(4) 二阶张量 $\boldsymbol{S}$ 的标量函数 $\varphi=f(\boldsymbol{S})$，其导数为

$$f'(\boldsymbol{S}) = \frac{\mathrm{d}f}{\mathrm{d}\boldsymbol{S}} \tag{1.3.17}$$

是二阶张量。

(5) 二阶张量 $\boldsymbol{S}$ 的二阶张量函数 $\boldsymbol{H}=\boldsymbol{T}(\boldsymbol{S})$，其导数为

$$\boldsymbol{T}'(\boldsymbol{S}) = \frac{\mathrm{d}\boldsymbol{T}}{\mathrm{d}\boldsymbol{S}} \tag{1.3.18}$$

是四阶张量。

(6) 对于复合张量函数

$$\boldsymbol{H}(\boldsymbol{T}) = \boldsymbol{G}(\boldsymbol{F}(\boldsymbol{T})) \tag{1.3.19}$$

式中：$\boldsymbol{T}$ 为 m 阶张量；$\boldsymbol{F}$ 是 n 阶张量函数；$\boldsymbol{H}$ 与 $\boldsymbol{G}$ 是 p 阶张量函数。其复合张量函数为

$$\boldsymbol{H}'(\boldsymbol{T}) = \frac{\mathrm{d}\boldsymbol{H}}{\mathrm{d}\boldsymbol{T}} = \boldsymbol{G}'(\boldsymbol{F})\overset{*}{n}\boldsymbol{F}'(\boldsymbol{T}) \tag{1.3.20}$$

式中：$\overset{*}{n}$ 表示 n 重点积；$\boldsymbol{H}'(\boldsymbol{T})$是$(p+m)$阶张量；$\boldsymbol{G}'(\boldsymbol{F})$是$(p+n)$阶张量；$\boldsymbol{F}'(\boldsymbol{T})$是$(n+m)$阶张量。

2. 张量场函数对矢径的导数以及右梯度与左梯度

在三维曲线坐标系$\{x^i\}$中，讨论 n 阶张量场函数 $\boldsymbol{T}(\boldsymbol{r})$ 对矢径 $\boldsymbol{r}$ 的导数，这里矢径 $\boldsymbol{r}$ 是曲线坐标 $x^i(i=1,2,3)$ 的函数

$$\boldsymbol{r} = \boldsymbol{r}(x^1,x^2,x^3) = y^1\boldsymbol{i}_1 + y^2\boldsymbol{i}_2 + y^3\boldsymbol{i}_3 = y^\beta\boldsymbol{i}_\beta \tag{1.3.21}$$

式中：$\boldsymbol{i}_1$、$\boldsymbol{i}_2$、$\boldsymbol{i}_3$ 是 Descartes 坐标轴上的单位矢量；y^1、y^2、y^3 为矢径 $\boldsymbol{r}$ 在 Descartes 坐标系(y^1,y^2,y^3)中的坐标。根据张量分析中的商规则，$\boldsymbol{T}(\boldsymbol{r})$对 $\boldsymbol{r}$ 的导数为 $n+1$ 阶张量。该导数为

$$\boldsymbol{T}'(\boldsymbol{r}) = \frac{\mathrm{d}\boldsymbol{T}}{\mathrm{d}\boldsymbol{r}} = \frac{\partial\boldsymbol{T}}{\partial x^i}\boldsymbol{e}^i = \frac{\partial T}{\partial x_i}\boldsymbol{e}_i \tag{1.3.22}$$

这里曲线坐标系(x_1,x_2,x_3)与曲线坐标系(x^1,x^2,x^3)互易。

通常，将张量场函数对矢径的导数定义为场函数的右梯度，记作

$$\boldsymbol{T}\nabla = \boldsymbol{T}'(\boldsymbol{r}) = \frac{\partial \boldsymbol{T}}{\partial x^i}\boldsymbol{e}^i \tag{1.3.23}$$

而张量场 $\boldsymbol{T}$ 的左梯度，记作

$$\nabla\boldsymbol{T} = \boldsymbol{e}^i\frac{\partial \boldsymbol{T}}{\partial x^i} \tag{1.3.24}$$

根据商法则，n 阶张量场 $\boldsymbol{T}$ 的右梯度与左梯度都是$(n+1)$阶张量。但通常 $\boldsymbol{T}\nabla$ 与 $\nabla\boldsymbol{T}$ 是不同的张量。在无特殊说明的情况下，本书采用左梯度的概念。

3. 张量场函数的分量对坐标的协变导数

不妨以三阶张量 $\boldsymbol{T}(\boldsymbol{r})$ 为例，在任意曲线坐标系中 $\boldsymbol{T}$ 的并矢表达式为

$$\boldsymbol{T} = \boldsymbol{T}^{ijk}\boldsymbol{e}_i\boldsymbol{e}_j\boldsymbol{e}_k = T_{ijk}\boldsymbol{e}^i\boldsymbol{e}^j\boldsymbol{e}^k = T^{ij}_{\cdot\cdot k}\boldsymbol{e}_i\boldsymbol{e}_j\boldsymbol{e}^k = T_i^{\cdot jk}\boldsymbol{e}^i\boldsymbol{e}_j\boldsymbol{e}_k \tag{1.3.25}$$

于是 $\dfrac{\partial \boldsymbol{T}}{\partial x^\beta}$ 的表达式为

$$\frac{\partial \boldsymbol{T}}{\partial x^\beta} = (\nabla_\beta T^{ijk})\boldsymbol{e}_i\boldsymbol{e}_j\boldsymbol{e}_k = (\nabla_\beta T_{ijk})\boldsymbol{e}^i\boldsymbol{e}^j\boldsymbol{e}^k = (\nabla_\beta T^{ij}_{\cdot\cdot k})\boldsymbol{e}_i\boldsymbol{e}_j\boldsymbol{e}^k = (\nabla_\beta T_i^{\cdot jk})\boldsymbol{e}^i\boldsymbol{e}_j\boldsymbol{e}_k \tag{1.3.26}$$

式中：$\nabla_\beta T^{ijk}$，$\nabla_\beta T_{ijk}$ 等分别为 T^{ijk}，T_{ijk} 等对坐标 x^β 的一阶协变导数。例如，$\nabla_\beta T^{ijk}$ 的具体表达式为

$$\nabla_\beta T^{ijk} = \frac{\partial T^{ijk}}{\partial x^\beta} + \Gamma^i_{\beta\alpha}T^{\alpha jk} + \Gamma^j_{\beta\alpha}T^{i\alpha k} + \Gamma^k_{\beta\alpha}T^{ij\alpha} \tag{1.3.27}$$

逆变导数可以用协变导数指标上升来定义。例如

$$\nabla^\beta T^{ijk} = g^{\alpha\beta}\,\nabla_\alpha T^{ijk} \tag{1.3.28}$$

式中：$\nabla^\beta T^{ijk}$ 为 T^{ijk} 的一阶逆变导数。总之有如下结论：一个张量的一阶协变导数仍然是一个张量，它比原来张量多一个协变指标；一个张量的一阶逆变导数也是一个张量，它比原来张量多一个逆变指标。

4. 度量张量与置换张量的协变导数

在任意曲线坐标系 $\{x^i\}$ 中，度量张量 $\boldsymbol{G}$ 的任何分量（协变、逆变或者混合分量）的协变导数恒为零，即

$$\nabla_k g_{ij} = 0,\quad \nabla_k g^{ij} = 0,\quad \nabla_k g^i_j = 0 \tag{1.3.29}$$

并且在任意曲线坐标系中，Eddington 张量（又称置换张量）的分量，其协变导数也恒为零，即

$$\nabla_m \varepsilon^{ijk} = 0,\quad \nabla_m \varepsilon_{ijk} = 0 \tag{1.3.30}$$

因此，度量张量 $\boldsymbol{G}$ 与置换张量 $\boldsymbol{\varepsilon}$ 对矢径 $\boldsymbol{r}$ 的导数分别是三阶零张量与四阶零张量，即

$$\frac{\mathrm{d}\boldsymbol{G}}{\mathrm{d}\boldsymbol{r}} = 0,\quad \frac{\mathrm{d}\boldsymbol{\varepsilon}}{\mathrm{d}\boldsymbol{r}} = 0 \tag{1.3.31}$$

下面给出关于度量张量 $\boldsymbol{G}$ 的几个重要恒等式(这里 $\boldsymbol{T}$ 为任意二阶张量，$\boldsymbol{a}$ 与 $\boldsymbol{b}$ 为矢量，φ 为任意标量)

$$\left\{\begin{array}{l}\boldsymbol{a}\cdot\boldsymbol{G}=\boldsymbol{G}\cdot\boldsymbol{a}=\boldsymbol{a}\\ \boldsymbol{T}\cdot\boldsymbol{G}=\boldsymbol{G}\cdot\boldsymbol{T}=\boldsymbol{T}\\ \boldsymbol{a}\times\boldsymbol{G}=\boldsymbol{G}\times\boldsymbol{a}\\ \boldsymbol{a}\cdot(\boldsymbol{G}\times\boldsymbol{b})=(\boldsymbol{G}\times\boldsymbol{a})\cdot\boldsymbol{b}=\boldsymbol{a}\times\boldsymbol{b}\\ \boldsymbol{G}\times(\boldsymbol{a}\times\boldsymbol{b})=\boldsymbol{ba}-\boldsymbol{ab}\\ (\boldsymbol{a}\times\boldsymbol{G})\cdot\boldsymbol{T}=(\boldsymbol{G}\times\boldsymbol{a})\cdot\boldsymbol{T}=\boldsymbol{a}\times\boldsymbol{T}\\ \nabla\cdot(\varphi\boldsymbol{G})=\nabla\varphi\\ \nabla\cdot(\boldsymbol{G}\times\boldsymbol{a})=\nabla\times\boldsymbol{a}\\ \nabla\times(\varphi\boldsymbol{G})=(\nabla\varphi)\times\boldsymbol{G}\end{array}\right. \tag{1.3.32}$$

式中：∇为 Hamilton 微分算子。

1.4　微分算子以及张量的梯度、散度和旋度等运算

1. 张量的梯度以及矢径的梯度

引进 Hamilton 微分算子，在任意曲线坐标系$\{x^i\}$中，其定义为

$$\nabla\equiv\boldsymbol{e}^k\frac{\partial}{\partial x^k} \tag{1.4.1}$$

令 $\boldsymbol{T}$ 为 n 阶任意张量，则 $\boldsymbol{T}$ 的梯度便为$(n+1)$阶张量，其右梯度为

$$\boldsymbol{T}\nabla=\frac{\partial\boldsymbol{T}}{\partial x^k}\boldsymbol{e}^k \tag{1.4.2}$$

其左梯度为

$$\nabla\boldsymbol{T}=\boldsymbol{e}^k\frac{\partial\boldsymbol{T}}{\partial x^k} \tag{1.4.3}$$

通常 $\boldsymbol{T}\nabla$与$\nabla\boldsymbol{T}$ 是不同的两个张量。例如令 $\boldsymbol{T}=T_{ij}\boldsymbol{e}^i\boldsymbol{e}^j$，于是有

$$\boldsymbol{T}\nabla=\boldsymbol{e}^i\boldsymbol{e}^j\boldsymbol{e}^k\ \nabla_k T_{ij} \tag{1.4.4}$$

$$\nabla\boldsymbol{T}=\boldsymbol{e}^k\boldsymbol{e}^i\boldsymbol{e}^j\ \nabla_k T_{ij} \tag{1.4.5}$$

式中：∇_k为张量对坐标 x^k 的协变导数，又称协变微分算子。

下面对矢径 $\boldsymbol{r}$ 求左梯度，即

$$\nabla\boldsymbol{r}=\boldsymbol{e}^k\frac{\partial\boldsymbol{r}}{\partial x^k}=\boldsymbol{e}^k\boldsymbol{e}_k=g_{ij}\boldsymbol{e}^i\boldsymbol{e}^j=g^{ij}\boldsymbol{e}_i\boldsymbol{e}_j \tag{1.4.6}$$

也就是说，矢径 $\boldsymbol{r}$ 的梯度是度量张量 $\boldsymbol{G}$；在三维空间中，$x^i=$const 曲面的单位法矢量为 $\boldsymbol{u}^i$，即

$$\boldsymbol{u}^i=\frac{\nabla x^i}{\sqrt{g^{ii}}}=\frac{\boldsymbol{e}^i}{\sqrt{g^{ii}}}\quad(\text{这里不对 } i \text{ 作和}) \tag{1.4.7}$$

$$\boldsymbol{e}_i = g_{ij}\boldsymbol{e}^j, \quad \boldsymbol{e}^i = g^{ij}\boldsymbol{e}_j \tag{1.4.8}$$

$$\boldsymbol{e}_\beta = \boldsymbol{u}_\beta \sqrt{g_{\beta\beta}}, \quad \boldsymbol{e}^\beta = \boldsymbol{u}^\beta \sqrt{g^{\beta\beta}} \tag{1.4.9}$$

式中：$\boldsymbol{u}^\beta$ 与 $\boldsymbol{u}_\beta$ 都是单位矢量，但在一般曲线坐标系中 $\boldsymbol{u}^\beta$ 通常并不与 $\boldsymbol{u}_\beta$ 平行；只有在正交曲线坐标系中，这时 $\boldsymbol{u}^\beta$ 与 $\boldsymbol{u}_\beta$ 才平行并且模相等，这时还有 $\boldsymbol{e}_i \parallel \boldsymbol{e}^i$（但这里两者的模通常并不相等）。令 h_i 为 Lame 系数，即 $h_i=\sqrt{g_{ii}}=1/\sqrt{g^{ii}}$，于是在正交曲线坐标系中便有[11]

$$\begin{cases} \boldsymbol{e}_i = \boldsymbol{u}_i \sqrt{g_{ii}} = h_i\boldsymbol{u}_i & \text{（这里不对 } i \text{ 作和）} \\ \boldsymbol{e}^i = \boldsymbol{u}^i \sqrt{g^{ii}} = \dfrac{\boldsymbol{u}_i}{h_i} & \text{（这里不对 } i \text{ 作和）} \\ \sqrt{g} = h_1h_2h_3 \end{cases} \tag{1.4.10}$$

作为正交曲线坐标系的特例，这里给出圆柱坐标系和球面坐标系中的一些重要关系。对于圆柱坐标系，令(r,θ,z)为圆柱坐标系，(y^1,y^2,y^3)为笛卡儿直角坐标系，则有

$$\begin{cases} y^1 = r\cos\theta \\ y^2 = r\sin\theta \\ y^3 = z \end{cases} \tag{1.4.11}$$

其 Lame 系数为

$$\begin{cases} h_r = h_1 = 1 \\ h_\theta = h_2 = r \\ h_z = h_3 = 1 \end{cases} \tag{1.4.12}$$

令 $\boldsymbol{u}_r$、$\boldsymbol{u}_\theta$、$\boldsymbol{u}_z$ 为圆柱坐标系的单位切矢量，而 $\boldsymbol{e}_r$、$\boldsymbol{e}_\theta$、$\boldsymbol{e}_z$ 为柱坐标系的基矢量，则有

$$\begin{cases} \dfrac{\partial \boldsymbol{u}_r}{\partial\theta} = \boldsymbol{u}_\theta \\ \dfrac{\partial \boldsymbol{u}_\theta}{\partial\theta} = -\boldsymbol{u}_r \end{cases} \quad \text{或者} \quad \begin{cases} \dfrac{\partial \boldsymbol{e}_r}{\partial\theta} = \dfrac{\boldsymbol{e}_\theta}{r} \\ \dfrac{\partial \boldsymbol{e}_\theta}{\partial\theta} = -r\boldsymbol{e}_r \end{cases} \tag{1.4.13}$$

对于球面坐标系(r,θ,φ)，它与(y^1,y^2,y^3)间有如下关系[12]：

$$\begin{cases} y^1 = r\sin\theta\cos\varphi \\ y^2 = r\sin\theta\sin\varphi \\ y^3 = r\cos\theta \end{cases} \tag{1.4.14}$$

此球面坐标系的 Lame 系数为

$$\begin{cases} h_r = h_1 = 1 \\ h_\theta = h_2 = r \\ h_\varphi = h_3 = r\sin\theta \end{cases} \tag{1.4.15}$$

令 $\boldsymbol{u}_r$、$\boldsymbol{u}_\theta$、$\boldsymbol{u}_\varphi$ 为球面坐标系的单位切矢量，则有

$$\begin{cases} \dfrac{\partial \boldsymbol{u}_r}{\partial \theta} = \boldsymbol{u}_\theta, \dfrac{\partial \boldsymbol{u}_\theta}{\partial \theta} = -\boldsymbol{u}_r \\ \dfrac{\partial \boldsymbol{u}_r}{\partial \varphi} = \boldsymbol{u}_\varphi \sin\theta, \quad \dfrac{\partial \boldsymbol{u}_\theta}{\partial \varphi} = \boldsymbol{u}_\varphi \cos\theta, \quad \dfrac{\partial \boldsymbol{u}_\varphi}{\partial \varphi} = -(\boldsymbol{u}_r \sin\theta + \boldsymbol{u}_\theta \cos\theta) \end{cases} \tag{1.4.16}$$

2. 张量场函数的散度与旋度

今以三阶张量场为例,其并矢表达式为

$$\boldsymbol{T} = T_i^{\cdot jk} \boldsymbol{e}^i \boldsymbol{e}_j \boldsymbol{e}_k = T_{ij}^{\cdot\cdot k} \boldsymbol{e}^i \boldsymbol{e}^j \boldsymbol{e}_k = T^{ij}_{\cdot\cdot k} \boldsymbol{e}_i \boldsymbol{e}_j \boldsymbol{e}^k \tag{1.4.17}$$

定义 $\boldsymbol{T}$ 的右散度与左散度分别为[12]

$$\begin{aligned} \boldsymbol{T} \cdot \nabla &= \frac{\partial \boldsymbol{T}}{\partial x^\beta} \cdot \boldsymbol{e}^\beta = (\nabla_\beta T_i^{\cdot jk}) \boldsymbol{e}^i \boldsymbol{e}_j \boldsymbol{e}_k \cdot \boldsymbol{e}^\beta \\ &= (\nabla_k T_i^{\cdot jk}) \boldsymbol{e}^i \boldsymbol{e}_j = (\nabla_k T_{ij}^{\cdot\cdot k}) \boldsymbol{e}^i \boldsymbol{e}^j \end{aligned} \tag{1.4.18}$$

$$\begin{aligned} \nabla \cdot \boldsymbol{T} &= \boldsymbol{e}^\beta \cdot \frac{\partial \boldsymbol{T}}{\partial x^\beta} = \boldsymbol{e}^\beta \cdot \boldsymbol{e}^i \boldsymbol{e}_j \boldsymbol{e}_k \, \nabla_\beta T_i^{\cdot jk} \\ &= \boldsymbol{e}_j \boldsymbol{e}_k \, \nabla^i T_i^{\cdot jk} = \boldsymbol{e}^j \boldsymbol{e}_k \, \nabla^i T_{ij}^{\cdot\cdot k} = \boldsymbol{e}_j \boldsymbol{e}^k \, \nabla_i T^{ij}_{\cdot\cdot k} \end{aligned} \tag{1.4.19}$$

式中:算子∇_i与∇^i分别表示协变导数与逆变导数。显然一般来说,有

$$\boldsymbol{T} \cdot \nabla \neq \nabla \cdot \boldsymbol{T} \tag{1.4.20}$$

当 $\boldsymbol{S}$ 为二阶对称张量场函数时,如 $\boldsymbol{S} = S^{ij} \boldsymbol{e}_i \boldsymbol{e}_j$,则有

$$\boldsymbol{S} \cdot \nabla = (\nabla_j S^{ij}) \boldsymbol{e}_i = (\nabla_i S^{ji}) \boldsymbol{e}_j \tag{1.4.21}$$

$$\nabla \cdot \boldsymbol{S} = (\nabla_i S^{ij}) \boldsymbol{e}_j \tag{1.4.22}$$

显然,在 $S^{ij} = S^{ji}$ 的情况下,此时才有 $\boldsymbol{S} \cdot \nabla = \nabla \cdot \boldsymbol{S}$ 的结论。

令 $\boldsymbol{T}$ 为三阶张量场[见式(1.4.17)],定义 $\boldsymbol{T}$ 的右旋度与左旋度分别为

$$\boldsymbol{T} \times \nabla = \frac{\partial \boldsymbol{T}}{\partial x^\beta} \times \boldsymbol{e}^\beta = (\boldsymbol{T} \nabla) : \boldsymbol{\varepsilon} \tag{1.4.23}$$

$$\nabla \times \boldsymbol{T} = \boldsymbol{e}^\beta \times \frac{\partial \boldsymbol{T}}{\partial x^\beta} = \boldsymbol{\varepsilon} : (\nabla \boldsymbol{T}) \tag{1.4.24}$$

式中:$\boldsymbol{\varepsilon}$ 为 Eddington 张量;$(\boldsymbol{T}\nabla)$与$(\nabla \boldsymbol{T})$分别为张量 $\boldsymbol{T}$ 的右梯度与左梯度。

如果 $\boldsymbol{a}$ 为矢量,则 $\boldsymbol{a}$ 的旋度为

$$\begin{aligned} \nabla \times \boldsymbol{a} &= (\nabla_i a_j) \boldsymbol{e}^i \times \boldsymbol{e}^j = \varepsilon^{ijk} (\nabla_i a_j) \boldsymbol{e}_k \\ &= \frac{1}{\sqrt{g}} \begin{vmatrix} \boldsymbol{e}_1 & \boldsymbol{e}_2 & \boldsymbol{e}_3 \\ \nabla_1 & \nabla_2 & \nabla_3 \\ a_1 & a_2 & a_3 \end{vmatrix} = \frac{1}{\sqrt{g}} \begin{vmatrix} \boldsymbol{e}_1 & \boldsymbol{e}_2 & \boldsymbol{e}_3 \\ \dfrac{\partial}{\partial x^1} & \dfrac{\partial}{\partial x^2} & \dfrac{\partial}{\partial x^3} \\ a_1 & a_2 & a_3 \end{vmatrix} \end{aligned} \tag{1.4.25}$$

3. 二阶反对称张量及其反偶矢量

首先讨论任意一阶张量 $\boldsymbol{V}$ 的梯度,即

$$\nabla \boldsymbol{V} = \boldsymbol{e}^i \boldsymbol{e}^j \nabla_i v_j = \boldsymbol{e}^i \boldsymbol{e}_j \nabla_i v^j = \boldsymbol{e}_i \boldsymbol{e}_j \nabla^i v^j = \boldsymbol{e}_i \boldsymbol{e}^j \nabla^i v_j \tag{1.4.26}$$

式中：算子∇_i与∇^i分别表示协变导数与逆变导数；$\nabla \boldsymbol{V}$ 为二阶张量，它的转置（又称共轭张量）记作$(\nabla \boldsymbol{V})_c$，即

$$(\nabla \boldsymbol{V})_c \equiv \boldsymbol{e}^i \boldsymbol{e}^j \nabla_j v_i = \boldsymbol{e}^i \boldsymbol{e}_j \nabla_j v^i \tag{1.4.27}$$

于是$\frac{1}{2}[\nabla \boldsymbol{V} + (\nabla \boldsymbol{V})_c]$变成一个对称张量（不妨将这个对称张量记为 $\boldsymbol{N}$）。可以证明：对于任意矢量 $\boldsymbol{a}$，有

$$\boldsymbol{N} \cdot \boldsymbol{a} = \boldsymbol{a} \cdot \boldsymbol{N} \tag{1.4.28}$$

而 $\boldsymbol{V}$ 的左梯度$\nabla \boldsymbol{V}$ 与 $\boldsymbol{V}$ 的右梯度 $\boldsymbol{V}\nabla$可分别分解为

$$\nabla \boldsymbol{V} = \frac{1}{2}(\nabla \boldsymbol{V} + \boldsymbol{V}\nabla) - \frac{1}{2}(\boldsymbol{V}\nabla - \nabla \boldsymbol{V}) \equiv \boldsymbol{N} - \boldsymbol{\Omega} \tag{1.4.29}$$

$$\boldsymbol{V}\nabla = (\nabla \boldsymbol{V})_c = \frac{1}{2}(\nabla \boldsymbol{V} + \boldsymbol{V}\nabla) + \frac{1}{2}(\boldsymbol{V}\nabla - \nabla \boldsymbol{V}) \equiv \boldsymbol{N} + \boldsymbol{\Omega} = (\nabla \boldsymbol{V})_c \tag{1.4.30}$$

式中：$\boldsymbol{N}$ 与 $\boldsymbol{\Omega}$ 分别为二阶对称张量与二阶反对称张量。这里 $\boldsymbol{\Omega}$ 定义为

$$\boldsymbol{\Omega} = \frac{1}{2}(\boldsymbol{V}\nabla - \nabla \boldsymbol{V}) \tag{1.4.31}$$

引入反对称张量 $\boldsymbol{\Omega}$ 的反偶矢量$\boldsymbol{\omega}$，其定义为

$$\boldsymbol{\omega} = -\frac{1}{2}\boldsymbol{\varepsilon} : \boldsymbol{\Omega} \tag{1.4.32}$$

容易证明式(1.4.33)成立：

$$\begin{cases} \boldsymbol{\Omega} = -\boldsymbol{\varepsilon} \cdot \boldsymbol{\omega} = -\boldsymbol{\omega} \cdot \boldsymbol{\varepsilon} \\ \boldsymbol{\Omega}_{ij} = -\boldsymbol{\Omega}_{ji} \\ \boldsymbol{\Omega} \cdot \boldsymbol{a} = -\boldsymbol{a} \cdot \boldsymbol{\Omega} \\ \boldsymbol{N} : \boldsymbol{\Omega} = 0 \\ \boldsymbol{N} : \boldsymbol{ab} = \boldsymbol{ba} : \boldsymbol{N} \\ \boldsymbol{\Omega} : \boldsymbol{ab} = -\boldsymbol{ba} : \boldsymbol{\Omega} \end{cases} \tag{1.4.33}$$

4. 张量的 Laplace 算子

令 $\boldsymbol{T}$ 为任意二阶张量，$\boldsymbol{T} = \boldsymbol{e}^k \boldsymbol{e}^m T_{km}$，于是 Laplace 算子作用于 $\boldsymbol{T}$ 时便有

$$\begin{aligned} \nabla^2 \boldsymbol{T} = \nabla \cdot \nabla \boldsymbol{T} &= \boldsymbol{e}^i \cdot \frac{\partial}{\partial x^i}\left[\boldsymbol{e}^j \frac{\partial(\boldsymbol{e}^k \boldsymbol{e}^m T_{km})}{\partial x^j}\right] \\ &= g^{ij} \boldsymbol{e}^k \boldsymbol{e}^m \nabla_i \nabla_j T_{km} = \boldsymbol{e}^i \boldsymbol{e}^j \nabla^k \nabla_k T_{ij} \end{aligned} \tag{1.4.34}$$

式中：∇^k为逆变导数。同样，Laplace 算子作用于任意矢量 $\boldsymbol{V}$ 与任意标量 φ 时有

$$\nabla^2 \boldsymbol{V} = g^{ij} \boldsymbol{e}^k \nabla_i \nabla_j v_k = \boldsymbol{e}^i \nabla^j \nabla_j v_i \tag{1.4.35}$$

$$\nabla^2 \varphi = \nabla \cdot (\nabla \varphi) = g^{ij} \nabla_i \nabla_j \varphi = \nabla^j \nabla_j \varphi = \frac{1}{\sqrt{g}} \frac{\partial}{\partial x^i}\left(g^{ij} \sqrt{g} \frac{\partial \varphi}{\partial x^j}\right) \tag{1.4.36}$$

1.5 张量的两次协变导数以及曲率张量

张量的两次算子作用有多种情况，这里先给出一组在工程计算与理论推导中常用的两次与一次微分算子的作用公式（这里令 φ、φ_1 与 φ_2 分别为任意标量，$\boldsymbol{a}$ 与 $\boldsymbol{b}$ 分别为任意矢量：$\nabla \cdot \nabla = \nabla^2$）：

$$\begin{cases} \nabla \times (\nabla \varphi) = 0 \\ \nabla \cdot (\nabla \times \boldsymbol{a}) = 0 \\ \nabla \times (\nabla \times \boldsymbol{a}) = \nabla(\nabla \cdot \boldsymbol{a}) - \nabla \cdot (\nabla \boldsymbol{a}) = \nabla(\nabla \cdot \boldsymbol{a}) - \nabla^2 \boldsymbol{a} \\ \nabla^2(\varphi_1 \varphi_2) = \varphi_1 \nabla^2 \varphi_2 + 2(\nabla \varphi_1) \cdot (\nabla \varphi_2) + \varphi_2 \nabla^2 \varphi_1 \\ \nabla^2(\varphi \boldsymbol{a}) = \varphi \nabla^2 \boldsymbol{a} + 2(\nabla \varphi) \cdot (\nabla \boldsymbol{a}) + \boldsymbol{a} \nabla^2 \varphi \\ \nabla \cdot (\boldsymbol{a} \times \boldsymbol{b}) = \boldsymbol{b} \cdot (\nabla \times \boldsymbol{a}) - \boldsymbol{a} \cdot (\nabla \times \boldsymbol{b}) \\ \nabla(\boldsymbol{a} \times \boldsymbol{b}) = (\nabla \boldsymbol{a}) \times \boldsymbol{b} - (\nabla \boldsymbol{b}) \times \boldsymbol{a} \\ \nabla(\varphi \boldsymbol{a}) = (\nabla \varphi) \boldsymbol{a} + \varphi(\nabla \boldsymbol{a}) \\ \nabla \times (\varphi \boldsymbol{a}) = \varphi(\nabla \times \boldsymbol{a}) + (\nabla \varphi) \times \boldsymbol{a} \\ \nabla \times (\boldsymbol{a} \times \boldsymbol{b}) = \boldsymbol{b} \cdot (\nabla \boldsymbol{a}) - \boldsymbol{a} \cdot (\nabla \boldsymbol{b}) + \boldsymbol{a}(\nabla \cdot \boldsymbol{b}) - \boldsymbol{b}(\nabla \cdot \boldsymbol{a}) \\ \nabla(\boldsymbol{a} \cdot \boldsymbol{b}) = \boldsymbol{b} \cdot (\nabla \boldsymbol{a}) + \boldsymbol{a} \cdot (\nabla \boldsymbol{b}) + \boldsymbol{b} \times (\nabla \times \boldsymbol{a}) + \boldsymbol{a} \times (\nabla \times \boldsymbol{b}) \\ \nabla \cdot (\varphi \boldsymbol{a}) = \varphi(\nabla \cdot \boldsymbol{a}) + (\nabla \varphi) \cdot \boldsymbol{a} \\ \nabla(\varphi_1 \varphi_2) = \varphi_1(\nabla \varphi_2) + \varphi_2(\nabla \varphi_1) \end{cases} \tag{1.5.1}$$

令 $\boldsymbol{ab}$ 为并矢张量，$\boldsymbol{T}$ 为二阶张量，$\boldsymbol{r}$ 与 $\boldsymbol{G}$ 分别代表矢径与度量张量，则应用算子运算的相关法则很容易得到下面几个重要关系式：

$$\begin{cases} \nabla \cdot (\nabla \times \boldsymbol{T}) = 0 \\ \nabla \times (\nabla \boldsymbol{a}) = 0 \\ \nabla \times (\nabla \times \boldsymbol{T}) = \nabla(\nabla \cdot \boldsymbol{T}) - \nabla^2 \boldsymbol{T} \\ \nabla \cdot (\boldsymbol{ab}) = \boldsymbol{a} \cdot (\nabla \boldsymbol{b}) + \boldsymbol{b}(\nabla \cdot \boldsymbol{a}) \\ \nabla \times (\boldsymbol{ab}) = (\nabla \times \boldsymbol{a}) \boldsymbol{b} - \boldsymbol{a} \times (\nabla \boldsymbol{b}) \\ \nabla \cdot (\varphi \boldsymbol{ab}) = (\nabla \varphi) \cdot \boldsymbol{ab} + \varphi(\nabla \cdot \boldsymbol{a}) \boldsymbol{b} + \varphi \boldsymbol{a} \cdot (\nabla \boldsymbol{b}) \\ \nabla \cdot [\varphi \boldsymbol{a}(\boldsymbol{r} \times \boldsymbol{b})] = \boldsymbol{r} \times [\nabla \cdot (\varphi \boldsymbol{ab})] + \varphi \boldsymbol{a} \times \boldsymbol{b} \\ \nabla \cdot (\boldsymbol{ab} \times \boldsymbol{r}) = -\boldsymbol{r} \times [\nabla \cdot (\boldsymbol{ab})] \\ \nabla \cdot [(\nabla a)_{\mathrm{c}}] = \nabla(\nabla \cdot \boldsymbol{a}) \\ \nabla \cdot (\varphi \boldsymbol{G}) = \nabla \varphi \end{cases} \tag{1.5.2}$$

式中：下标 c 表示张量的转置（又称张量的共轭），如用 $\boldsymbol{T}$ 代表 $\boldsymbol{ab}$ 时则 $\boldsymbol{T}_{\mathrm{c}} = \boldsymbol{ba}$。显然，对于任意矢量 $\boldsymbol{V}$ 和这里所定义的二阶张量 $\boldsymbol{T}$，恒有

$$\boldsymbol{T} \cdot \boldsymbol{V} = \boldsymbol{V} \cdot \boldsymbol{T}_{\mathrm{c}} \tag{1.5.3}$$

另外，对于任意的二阶张量，它还可以用一个矩阵来表达。例如，对于二阶张量 $\nabla \boldsymbol{V}$

来讲，当它的并矢表达式为$\nabla \boldsymbol{V}=\boldsymbol{e}^i\boldsymbol{e}^j\ \nabla_i v_j$ 时，它也可以像目前许多书中所采用的那样省略并矢标架 $\boldsymbol{e}^i\boldsymbol{e}^j$，而简单的采用矩阵表示，这时$\nabla \boldsymbol{V}$ 可表示为

$$\begin{bmatrix} \nabla_1 v_1 & \nabla_1 v_2 & \nabla_1 v_3 \\ \nabla_2 v_1 & \nabla_2 v_2 & \nabla_2 v_3 \\ \nabla_3 v_1 & \nabla_3 v_2 & \nabla_3 v_3 \end{bmatrix} \tag{1.5.4}$$

同样，如果将$\nabla \boldsymbol{V}$ 表示为 $\boldsymbol{e}_i\boldsymbol{e}_j\ \nabla^i v^j$，则$\nabla \boldsymbol{V}$ 省略并矢标架 $\boldsymbol{e}_i\boldsymbol{e}_j$ 后用矩阵表示便为

$$\begin{bmatrix} \nabla^1 v^1 & \nabla^1 v^2 & \nabla^1 v^3 \\ \nabla^2 v^1 & \nabla^2 v^2 & \nabla^2 v^3 \\ \nabla^3 v^1 & \nabla^3 v^2 & \nabla^3 v^3 \end{bmatrix} \tag{1.5.5}$$

式中：$\nabla^i = g^{\alpha i}\nabla_\alpha$，显然式(1.5.4)和式(1.5.5)在表达$\nabla \boldsymbol{V}$ 时省略了并矢标架，一个省了 $\boldsymbol{e}^i\boldsymbol{e}^j$，一个省了 $\boldsymbol{e}_i\boldsymbol{e}_j$，它们并不相同，应格外注意。

下面简单讨论一下张量二阶协变导数的次序可否交换的问题。首先计算一下$\nabla_k(\nabla_j\alpha_i)-\nabla_j(\nabla_k\alpha_i)$ 的值：

$$\nabla_k(\nabla_j\alpha_i)-\nabla_j(\nabla_k\alpha_i)=\alpha_\beta\left(\frac{\partial}{\partial x^j}\Gamma^\beta_{ki}-\frac{\partial}{\partial x^k}\Gamma^\beta_{ji}+\Gamma^\alpha_{ki}\Gamma^\beta_{j\alpha}-\Gamma^\alpha_{ji}\Gamma^\beta_{k\alpha}\right)=\alpha_\beta R^\beta_{ijk} \tag{1.5.6}$$

式中：R^β_{ijk}是四阶混合张量，它完全由度量张量的一阶与二阶偏导数构成，显然在 Euclid 空间中由于 $\Gamma^\alpha_{mn}=0$，因此 R^β_{ijk} 也恒为零，表明这时张量二阶协变导数的次序可交换。例如，平面或任意二维可展曲面(柱面、锥面等)都是二维欧氏空间；球面是二维 Riemann 空间，这时 R^β_{ijk} 不恒为零；因此 R^β_{ijk} 常定义为曲率张量(又称 Riemann-Christoffel 张量)。在 Riemann 空间中，张量二阶协变导数的次序不可交换。通常，Riemann 空间是无挠的，它的性质完全由度规决定。令 $R_{\lambda\tau\mu\nu}$、$R_{\mu\nu}$ 与 R 分别代表 Riemann 空间的曲率张量、Ricci 曲率张量与曲率标量，并且有

$$R_{\mu\nu}=g^{\lambda\tau}R_{\lambda\mu\tau\nu},R=g^{\mu\nu}R_{\mu\nu}=g_{\mu\nu}R^{\mu\nu} \tag{1.5.7}$$

另外，凡是满足

$$R^{\mu\nu}=\frac{1}{2}g^{\mu\nu}R \tag{1.5.8}$$

的空间，称作 Einstein 空间。按照广义相对论，四维物理时空是一个弯曲的 Riemann 空间，这时著名的 Einstein 引力场方程可表示为

$$R_{\mu\nu}-\frac{1}{2}g_{\mu\nu}R+\Lambda g_{\mu\nu}=-8\pi GT_{\mu\nu}\quad(\mu,\nu=1,2,3,4) \tag{1.5.9}$$

它是关于度规张量 $g_{\mu\nu}$ 的二阶非线性偏微分方程组。尽管这个方程组含有 10 个方程，但仅有 6 个独立。式中 $T_{\mu\nu}$ 代表宇宙介质的能量动量张量的协变分量，它描述了宇宙介质的物理性质；G 为引力常量；Λ 为宇宙常数。

1.6 张量场函数的导数及其具体表达形式

本节讨论自变量 $\boldsymbol{T}$ 为张量时，张量场函数 $\boldsymbol{F}(\boldsymbol{T})$ 的导数计算。以二阶张量 $\boldsymbol{T}=T_{ij}\boldsymbol{e}^i\boldsymbol{e}^j=T^{ij}\boldsymbol{e}_i\boldsymbol{e}_j$ 与二阶张量函数 $F=F^{ij}\boldsymbol{e}_i\boldsymbol{e}_j=F_{ij}\boldsymbol{e}^i\boldsymbol{e}^j$ 为例说明张量场函数导数(或梯度)$\mathrm{d}\boldsymbol{F}/\mathrm{d}\boldsymbol{T}$ 的表达式，即

$$\frac{\mathrm{d}\boldsymbol{F}}{\mathrm{d}\boldsymbol{T}}=\frac{\partial(F^{ij}\boldsymbol{e}_i\boldsymbol{e}_j)}{\partial T_{km}}\boldsymbol{e}_k\boldsymbol{e}_m=\frac{\partial(F^{ij}\boldsymbol{e}_i\boldsymbol{e}_j)}{\partial T^{km}}\boldsymbol{e}^k\boldsymbol{e}^m=\frac{\partial(F^{ij}\boldsymbol{e}_i\boldsymbol{e}_j)}{\partial T^{k}_{\cdot m}}\boldsymbol{e}^k\boldsymbol{e}_m \tag{1.6.1}$$

式中：$\mathrm{d}\boldsymbol{F}/\mathrm{d}\boldsymbol{T}$ 为四阶张量。如果令 $\boldsymbol{T}$ 为 n 阶张量，$\boldsymbol{F}$ 为 m 阶张量，则 $\mathrm{d}\boldsymbol{F}/\mathrm{d}\boldsymbol{T}$ 为$(m+n)$阶张量。令 $\boldsymbol{V}$ 为一阶张量，即 $\boldsymbol{V}=v^i\boldsymbol{e}_i=v_i\boldsymbol{e}^i$，令 $\boldsymbol{F}(\boldsymbol{V})$ 为二阶张量 $\boldsymbol{F}(\boldsymbol{V})=F^{ij}\boldsymbol{e}_i\boldsymbol{e}_j=F_{ij}\boldsymbol{e}^i\boldsymbol{e}^j$，于是 $\mathrm{d}\boldsymbol{F}/\mathrm{d}\boldsymbol{V}$ 的表达式为

$$\frac{\mathrm{d}\boldsymbol{F}}{\mathrm{d}\boldsymbol{V}}=\frac{\partial(F^{ij}\boldsymbol{e}_i\boldsymbol{e}_j)}{\partial v^k}\boldsymbol{e}^k=\frac{\partial(F^{ij}\boldsymbol{e}_i\boldsymbol{e}_j)}{\partial v_k}\boldsymbol{e}_k \tag{1.6.2}$$

令 f 为标量函数(即 $f(\boldsymbol{T})$)，而 $\boldsymbol{T}$ 为二阶张量(即 $\boldsymbol{T}=T_{ij}\boldsymbol{e}^i\boldsymbol{e}^j=T^{ij}\boldsymbol{e}_i\boldsymbol{e}_j$)，于是 $\mathrm{d}f/\mathrm{d}\boldsymbol{T}$ 的表达式为

$$\frac{\mathrm{d}f}{\mathrm{d}\boldsymbol{T}}=\frac{\partial f}{\partial T^{ij}}\boldsymbol{e}^i\boldsymbol{e}^j=\frac{\partial f}{\partial T_{ij}}\boldsymbol{e}_i\boldsymbol{e}_j \tag{1.6.3}$$

如果张量 $\boldsymbol{F}$(这里令 $\boldsymbol{F}$ 为 m 阶张量)为矢径 $\boldsymbol{r}$ 的函数，于是便引进 $\boldsymbol{F}$ 的右梯度而左梯度的概念，便有

右梯度
$$\boldsymbol{F}\nabla=\frac{\partial \boldsymbol{F}}{\partial x^i}\boldsymbol{e}^i \tag{1.6.4}$$

左梯度
$$\nabla\boldsymbol{F}=\boldsymbol{e}^i\frac{\partial \boldsymbol{F}}{\partial x^i} \tag{1.6.5}$$

式中：$\boldsymbol{F}\nabla$与$\nabla\boldsymbol{F}$ 都是$(m+1)$阶张量。因此，$\boldsymbol{F}$ 对 $\boldsymbol{r}$ 的导数便为

$$\frac{\mathrm{d}\boldsymbol{F}}{\mathrm{d}\boldsymbol{r}}=\boldsymbol{F}\nabla \tag{1.6.6}$$

式中：矢径 $\boldsymbol{r}$ 可表达为

$$\boldsymbol{r}=x^i\boldsymbol{e}_i \tag{1.6.7}$$

1.7 两种坐标系下张量函数的物质导数

在流体力学和连续介质力学中，许多张量场除了是空间位置(坐标)的函数之外还随时间 t(在本节中又称时间 t 为参数)而变化，因此本节在两种坐标系下讨论张量随 t 变化时的物质导数问题。

1. 两种坐标系以及相互间的转换

在连续介质力学中，常采用两种坐标体系：一种是 Euler 坐标体系，它是固定

在空间中的参考坐标，又称空间坐标或称固定坐标，记作 x^i 。它不随质点运动或时间参数 t 而变化，是一种描述物质运动的静止的空间背景且每组 Euler 坐标值 $x^i(i=1,2,3)$定义了一个固定点位。另一种是 Lagrange 坐标体系，它是嵌在物质质点上、随物体一起运动和变形的坐标，又称随体坐标或嵌入坐标，记作 ξ^i。无论物体怎样运动和变形，每个质点变到什么位置，但同一质点的 Lagrange 坐标值是始终保持不变的，因此每组 Lagrange 坐标值 $\xi^i(i=1,2,3)$定义了一个运动着的质点。

对于 Euler 坐标体系，可用矢径 $\boldsymbol{r}$ 表示空间点位，即任意空间点的位置可用矢径 $\boldsymbol{r}=\boldsymbol{r}(x^1,x^2,x^3)=\boldsymbol{r}(x^i)$来表示，相邻两空间点的矢径差为

$$\mathrm{d}\boldsymbol{r}=\frac{\partial \boldsymbol{r}}{\partial x^i}\mathrm{d}x^i=\boldsymbol{e}_i\mathrm{d}x^i \tag{1.7.1}$$

其中

$$\boldsymbol{e}_i=\frac{\partial \boldsymbol{r}}{\partial x^i}=\boldsymbol{e}_i(x^k) \tag{1.7.2}$$

当采用 Euler 坐标体系时，取曲线坐标系的度量张量 $\boldsymbol{G}$ 为

$$\boldsymbol{G}=g_{ij}\boldsymbol{e}^i\boldsymbol{e}^j \tag{1.7.3}$$

其中

$$g_{ij}=\boldsymbol{e}_i\cdot\boldsymbol{e}_j \tag{1.7.4}$$

质点的运动在 Euler 坐标体系中表现为同一质点在不同时刻占有不同的空间点位，因此与质点瞬时位置相关的基矢量、度量张量等也都是通过质点坐标 $x^i(t)$间接地与参数 t 发生联系。

对于 Lagrange 坐标体系，常用来研究物体变形后的构形。变形使组成物体的各个质点运动到新的空间位置。相应地，矢径 $\boldsymbol{r}$ 由初始位置变为

$$\boldsymbol{r}=\hat{\boldsymbol{r}}(\xi^i,t) \tag{1.7.5}$$

式中：$\hat{\boldsymbol{r}}$ 是坐标 ξ^i与时间 t 的函数。值得注意的是，坐标 ξ^i本身与 t 无关。现在把 t 固定，即考虑变形过程中 t 时刻的物体的构形，则连接相邻两质点的线段为

$$\mathrm{d}\hat{\boldsymbol{r}}=\left(\frac{\partial \hat{\boldsymbol{r}}}{\partial \xi^i}\right)_t\mathrm{d}\xi^i=\hat{\boldsymbol{e}}_i\mathrm{d}\xi^i \tag{1.7.6}$$

其中

$$\hat{\boldsymbol{e}}_i=\left(\frac{\partial \hat{\boldsymbol{r}}}{\partial \xi^i}\right)_t=\hat{\boldsymbol{e}}_i(\xi^k,t) \tag{1.7.7}$$

这时 Lagrange 坐标体系的度量张量 $\hat{\boldsymbol{G}}$ 为

$$\hat{\boldsymbol{G}}=\hat{g}_{ij}\hat{\boldsymbol{e}}^i\hat{\boldsymbol{e}}^j \tag{1.7.8}$$

其中

$$\hat{g}_{ij}=\hat{\boldsymbol{e}}_i\cdot\hat{\boldsymbol{e}}_j \tag{1.7.9}$$

Euler 坐标体系与 Lagrange 标体系是用来描述同一个物理现象（即物体的运动与变形）的两种坐标体系，物体的 Euler 坐标 x^i 是因质点而异的，每个质点的 Euler

坐标又是随时间而变化的，所以 Euler 坐标 x^i 是质点和时间的函数。在 Lagrange 坐标体系中，质点和时间分别用坐标 ξ^i 和参数 t 来表示，因此式(1.7.5)可变为

$$x^i = x^i(\xi^j, t) \tag{1.7.10}$$

式(1.7.10)给出两种坐标系的转换关系。对于两种坐标系下的基矢量，其转换关系为

$$\hat{\boldsymbol{e}}_i = \boldsymbol{e}_j \frac{\partial x^j}{\partial \xi^i}, \quad \boldsymbol{e}_i = \hat{\boldsymbol{e}}_j \frac{\partial \xi^j}{\partial x^i} \tag{1.7.11}$$

$$\hat{\boldsymbol{e}}^i = \boldsymbol{e}^j \frac{\partial \xi^i}{\partial x^j}, \quad \boldsymbol{e}^i = \hat{\boldsymbol{e}}^j \frac{\partial x^i}{\partial \xi^j} \tag{1.7.12}$$

2. 两种坐标体系下的物质导数以及全导数

令运动质点的矢径 $\boldsymbol{r}$ 为

$$\boldsymbol{r} = \boldsymbol{r}(x^i) \tag{1.7.13}$$

将式(1.7.10)代入式(1.7.13)后变为

$$\boldsymbol{r} = \boldsymbol{r}(x^i(\xi^j, t)) \tag{1.7.14}$$

因此，为了求以 Lagrange 坐标值 ξ^i 所标志的那个质点的速度，可以令 ξ^j 保持不变(即观察同一个质点)而仅对 t 求偏导数

$$\mathbf{V} = \left(\frac{\partial \boldsymbol{r}}{\partial t}\right)_{\xi^j} = \frac{\partial \boldsymbol{r}}{\partial x^i}\left(\frac{\partial x^i}{\partial t}\right)_{\xi^j} = \boldsymbol{e}_i v^i \tag{1.7.15}$$

式中：$\boldsymbol{e}_i$ 为 Euler 坐标体系下的协变基矢量；v^i 的表达式为

$$v^i = \left(\frac{\partial x^i}{\partial t}\right)_{\xi^j} \tag{1.7.16}$$

通常把保持质点坐标 ξ^j 不变，对时间 t 的偏导数定义为物质导数(material derivative)，并记作

$$\left(\frac{\partial}{\partial t}\right)_{\xi^j} = \frac{\mathrm{d}}{\mathrm{d}t} \tag{1.7.17}$$

它表示定义在质点上且跟随质点运动的物理量对 t 的导数。于是式(1.7.16)可写为

$$v^i = \left(\frac{\partial x^i}{\partial t}\right)_{\xi^j} = \frac{\mathrm{d}x^i}{\mathrm{d}t} = v^i(\xi^j, t) \tag{1.7.18}$$

1) Lagrange 坐标体系下基矢量的物质导数

在 Lagrange 坐标体系下，矢径与基矢量分别为

$$\begin{cases} \hat{\boldsymbol{r}} = \hat{\boldsymbol{r}}(\xi^i, t) \\ \hat{\boldsymbol{e}}_i = \left(\dfrac{\partial \hat{\boldsymbol{r}}}{\partial \xi^i}\right)_t \end{cases} \tag{1.7.19}$$

于是对 $\hat{\boldsymbol{e}}_i$ 求物质导数，得

$$\frac{\mathrm{d}\hat{\boldsymbol{e}}_i}{\mathrm{d}t} = \left(\frac{\partial \hat{\boldsymbol{e}}_i}{\partial t}\right)_{\xi^j} = \frac{\partial}{\partial t}\left(\frac{\partial \hat{\boldsymbol{r}}}{\partial \xi^i}\right) = \frac{\partial}{\partial \xi^i}\left(\frac{\partial \hat{\boldsymbol{r}}}{\partial t}\right) = \frac{\partial}{\partial \xi^i}\mathbf{V}$$

$$= \frac{\partial}{\partial \xi^i}(\hat{v}^k \hat{\boldsymbol{e}}_k) = (\hat{\nabla}_i \hat{v}^k)\hat{\boldsymbol{e}}_k \tag{1.7.20}$$

式中：$\hat{\nabla}_i$ 为 Lagrange 坐标体系下的协变导数算子。注意到 Lagrange 在坐标系下 t 时刻速度矢量 $\boldsymbol{V}$ 的左梯度与右梯度分别为

$$\hat{\nabla}\boldsymbol{V} = \hat{\boldsymbol{e}}^i\hat{\boldsymbol{e}}_k\ \nabla_i\hat{v}^k = \hat{\boldsymbol{e}}^i\hat{\boldsymbol{e}}^k\ \nabla_i\hat{v}_k \tag{1.7.21}$$

$$\boldsymbol{V}\ \hat{\nabla} = \hat{\boldsymbol{e}}_i\hat{\boldsymbol{e}}^k\ \nabla_k\hat{v}^i = \hat{\boldsymbol{e}}^i\hat{\boldsymbol{e}}^k\ \nabla_k\hat{v}_i \tag{1.7.22}$$

于是式(1.7.20)又可写为

$$\frac{\mathrm{d}\hat{\boldsymbol{e}}_i}{\mathrm{d}t} = \hat{\boldsymbol{e}}_i \cdot (\hat{\nabla}\boldsymbol{V}) = (\boldsymbol{V}\ \hat{\nabla}) \cdot \hat{\boldsymbol{e}}_i \tag{1.7.23}$$

$$\frac{\mathrm{d}\hat{\boldsymbol{e}}_i}{\mathrm{d}t} = -\hat{\boldsymbol{e}}^i \cdot (\boldsymbol{V}\ \hat{\nabla}) = -(\hat{\nabla}\boldsymbol{V}) \cdot \hat{\boldsymbol{e}}^i \tag{1.7.24}$$

借助于度量张量 $\hat{g}_{ij}$ 的协变导数为零的特点，又可得到

$$\frac{\mathrm{d}\hat{g}_{ij}}{\mathrm{d}t} = \hat{\boldsymbol{e}}_i \cdot \frac{\mathrm{d}\hat{\boldsymbol{e}}_j}{\mathrm{d}t} + \frac{\mathrm{d}\hat{\boldsymbol{e}}_i}{\mathrm{d}t} \cdot \hat{\boldsymbol{e}}_j = (\hat{\nabla}_i\hat{v}^k)\hat{g}_{kj} + (\hat{\nabla}_j\hat{v}^k)\hat{g}_{ik} = \hat{\nabla}_i\hat{v}_j + \nabla\hat{\nabla}_j\hat{v}_i \tag{1.7.25}$$

式中：$\hat{\nabla}$表示在 Lagrange 坐标体系 ξ^i 中的 Hamilton 算子。带上并矢的逆变基矢量标架后，式(1.7.25)又可变为

$$\left(\frac{\mathrm{d}\hat{g}_{ij}}{\mathrm{d}t}\right)\hat{\boldsymbol{e}}^i\hat{\boldsymbol{e}}^j = \boldsymbol{V}\ \hat{\nabla} + \hat{\nabla}\boldsymbol{V} \tag{1.7.26}$$

另外，容易证明度量张量$(\hat{g}^{ij}\hat{\boldsymbol{e}}_i\hat{\boldsymbol{e}}_j)$的物质导数等于零，即

$$\frac{\mathrm{d}}{\mathrm{d}t}(\hat{g}^{ij}\hat{\boldsymbol{e}}_i\hat{\boldsymbol{e}}_j) = 0 \tag{1.7.27}$$

2) Lagrange 坐标体系下矢量函数的物质导数

令 $\boldsymbol{b}$ 为任意矢量，借助于 Lagrange 坐标体系的基矢量可表达为

$$\boldsymbol{b} = \hat{b}^i(\xi^k,t)\hat{\boldsymbol{e}}_i(\xi^k,t) = \hat{b}_i(\xi^k,t)\hat{\boldsymbol{e}}^i(\xi^k,t) \tag{1.7.28}$$

对式(1.7.28)求物质导数并注意使用式(1.7.20)，得

$$\begin{aligned}\frac{\mathrm{d}\boldsymbol{b}}{\mathrm{d}t} &= \frac{\mathrm{d}\hat{b}^i}{\mathrm{d}t}\hat{\boldsymbol{e}}_i + \hat{b}^i\ \frac{\mathrm{d}\hat{\boldsymbol{e}}_i}{\mathrm{d}t} = \left(\frac{\mathrm{d}\hat{b}^i}{\mathrm{d}t} + \hat{b}^k\ \hat{\nabla}_k\hat{v}^i\right)\hat{\boldsymbol{e}}_i \\ &= \hat{\boldsymbol{e}}_i\ \frac{\mathrm{d}\hat{b}^i}{\mathrm{d}t} + (\boldsymbol{V}\ \hat{\nabla}) \cdot \boldsymbol{b} = \left(\frac{\mathrm{d}\hat{b}_i}{\mathrm{d}t} - \hat{b}_k\ \hat{\nabla}_i\hat{v}^k\right)\hat{\boldsymbol{e}}^i = \hat{\boldsymbol{e}}^i\ \frac{\mathrm{d}\hat{b}_i}{\mathrm{d}t} - \boldsymbol{b} \cdot (\boldsymbol{V}\ \hat{\nabla})\end{aligned} \tag{1.7.29}$$

式(1.7.29)还可写为

$$\frac{\mathrm{d}\boldsymbol{b}}{\mathrm{d}t} = \hat{\boldsymbol{e}}_i\ \frac{\mathrm{d}\hat{b}^i}{\mathrm{d}t} + \boldsymbol{S} \cdot \boldsymbol{b} + \boldsymbol{\Omega} \cdot \boldsymbol{b} = \hat{\boldsymbol{e}}^i\ \frac{\mathrm{d}\hat{b}_i}{\mathrm{d}t} - \boldsymbol{S} \cdot \boldsymbol{b} + \boldsymbol{\Omega} \cdot \boldsymbol{b} \tag{1.7.30}$$

其中

$$\boldsymbol{S} = \frac{1}{2}(\boldsymbol{V}\ \hat{\nabla} + \hat{\nabla}\boldsymbol{V}), \quad \boldsymbol{\Omega} = \frac{1}{2}(\boldsymbol{V}\ \hat{\nabla} - \hat{\nabla}\boldsymbol{V}) \tag{1.7.31}$$

3) Lagrange 坐标体系下任意阶张量函数的物质导数

以三阶张量 $\boldsymbol{T}$ 为例去说明高阶张量函数物质导数的计算公式。在 Lagrange 坐标体系下三阶张量 $\boldsymbol{T}$ 为

$$\boldsymbol{T} = \hat{T}^{ijk}\hat{\boldsymbol{e}}_i\hat{\boldsymbol{e}}_j\hat{\boldsymbol{e}}_k \tag{1.7.32}$$

式中 $\hat{T}^{ijk}$ 以及 Lagrange 坐标体系的基矢量均为质点坐标 ξ^m 和时间 t 的函数,即

$$\hat{T}^{ijk} = \hat{T}^{ijk}(\xi^m, t), \quad \hat{\boldsymbol{e}}_i = \hat{\boldsymbol{e}}_i(\xi^m, t) \tag{1.7.33}$$

于是张量 $\boldsymbol{T}$ 的物质导数为

$$\frac{\mathrm{d}\boldsymbol{T}}{\mathrm{d}t} = \frac{\mathrm{d}}{\mathrm{d}t}(\hat{T}^{ijk}\hat{\boldsymbol{e}}_i\hat{\boldsymbol{e}}_j\hat{\boldsymbol{e}}_k) = \left(\frac{\mathrm{d}\hat{T}^{ijk}}{\mathrm{d}t} + \hat{T}^{sjk}\,\hat{\nabla}_s\hat{v}^i + \hat{T}\,\hat{\nabla}^l sk\,\hat{\nabla}_s\hat{v}^j + \hat{T}^{ijs}\,\hat{\nabla}_s\hat{v}^k\right)\hat{\boldsymbol{e}}_i\hat{\boldsymbol{e}}_j\hat{\boldsymbol{e}}_k \tag{1.7.34}$$

式中:$\hat{\nabla}_s$ 为 Lagrange 坐标体系下的协变导数算子。

4) Euler 坐标体系下基矢量的物质导数

Euler 坐标体系下的基矢量本来是固定在空间、与时间参数 t 无关的,但对运动质点(ξ^k)来说,在不同时刻 t,它占有不同的空间点位(x^j),因此与运动质点各瞬间位置所对应的 Euler 坐标体系下的基矢量便间接与 t 有关,即

$$\boldsymbol{e}_i = \boldsymbol{e}_i(x^j(\xi^k, t)) \tag{1.7.35}$$

对它求物质导数,得

$$\frac{\mathrm{d}\boldsymbol{e}_i}{\mathrm{d}t} = \frac{\partial\boldsymbol{e}_i}{\partial x^j}\frac{\mathrm{d}x^j}{\mathrm{d}t} = v^j\Gamma^k_{ji}\boldsymbol{e}_k \tag{1.7.36}$$

其中

$$v^j = \frac{\mathrm{d}x^j}{\mathrm{d}t} \tag{1.7.37}$$

另外,还容易推出式(1.7.38)成立:

$$\frac{\mathrm{d}\boldsymbol{e}^i}{\mathrm{d}t} = -v^j\Gamma^i_{jk}\boldsymbol{e}^k \tag{1.7.38}$$

5) Euler 坐标体系下矢量函数的物质导数以及全导数

质点的 Euler 坐标是该质点的 Lagrange 坐标 ξ^i 和时间 t 的函数,即

$$x^k = x^k(\xi^j, t) \tag{1.7.39}$$

因此对于任意一个矢量 $\boldsymbol{b}$,在 Euler 坐标体系下便可表示为

$$\begin{aligned}\boldsymbol{b} &= b^i(x^k(\xi^j, t), t)\boldsymbol{e}_i(x^k(\xi^j, t)) \\ &= b_i(x^k(\xi^j, t), t)\boldsymbol{e}^i(x^k(\xi^j, t))\end{aligned} \tag{1.7.40}$$

对式(1.7.40)求物质导数,得

$$\begin{aligned}\frac{\mathrm{d}\boldsymbol{b}}{\mathrm{d}t} &= \frac{\mathrm{d}b^i}{\mathrm{d}t}\boldsymbol{e}_i + b^i\frac{\mathrm{d}\boldsymbol{e}_i}{\mathrm{d}t} = \left(\frac{\mathrm{d}b^i}{\mathrm{d}t} + b^k v^j\Gamma^i_{jk}\right)\boldsymbol{e}_i = \boldsymbol{e}_i\frac{\mathrm{D}b^i}{\mathrm{D}t} \\ &= \left(\frac{\mathrm{d}b_i}{\mathrm{d}t} - b_k v^j\Gamma^k_{ji}\right)\boldsymbol{e}^i = \boldsymbol{e}^i\frac{\mathrm{D}b_i}{\mathrm{D}t}\end{aligned} \tag{1.7.41}$$

式中：$\frac{Db^i}{Dt}$与$\frac{Db_i}{Dt}$分别表示在 Euler 坐标体系下 b^i 对参数 t 的全导数与 b_i 对 t 的全导数，即

$$\frac{Db^i}{Dt}=\frac{db^i}{dt}+b^k v^j \Gamma^i_{jk}=\left(\frac{\partial b^i}{\partial t}\right)_{x^k}+v^k(\nabla_k b^i) \tag{1.7.42}$$

$$\frac{Db_i}{Dt}=\frac{db_i}{dt}-b_k v^j \Gamma^k_{ji}=\left(\frac{\partial b_i}{\partial t}\right)_{x^k}+v^k(\nabla_k b_i) \tag{1.7.43}$$

借助于式(1.7.42)与式(1.7.43)，则式(1.7.41)又可变为

$$\frac{d\boldsymbol{b}}{dt}=\left(\frac{\partial \boldsymbol{b}}{\partial t}\right)_{x^k}+\boldsymbol{V}\cdot(\nabla \boldsymbol{b})=\left(\frac{\partial \boldsymbol{b}}{\partial t}\right)_{x^k}+(\boldsymbol{b}\,\nabla)\cdot \boldsymbol{V} \tag{1.7.44}$$

6) Euler 坐标体系下任意阶张量函数的物质导数以及全导数

以三阶张量 $\boldsymbol{T}$ 为例去说明高阶张量函数物质函数与全导数在 Euler 坐标体系下的计算公式。在这种情况下，三阶张量 $\boldsymbol{T}$ 为

$$\boldsymbol{T}=T^{ijk}\boldsymbol{e}_i\boldsymbol{e}_j\boldsymbol{e}_k \tag{1.7.45}$$

对式(1.7.45)求物质导数，得

$$\frac{d\boldsymbol{T}}{dt}=\boldsymbol{e}_i\boldsymbol{e}_j\boldsymbol{e}_k\frac{D\boldsymbol{T}^{ijk}}{Dt} \tag{1.7.46}$$

式中全导数(intrinsic derivative 或 absolute derivative)$\frac{DT^{ijk}}{Dt}$的表达式为

$$\begin{aligned}\frac{DT^{ijk}}{Dt}&=\frac{dT^{ijk}}{dt}+v^m\Gamma^i_{mn}T^{njk}+v^m\Gamma^j_{mn}T^{ink}+v^m\Gamma^k_{mn}T^{ijn}\\&=\left(\frac{\partial T^{ijk}}{\partial t}\right)_{x^s}+v^m\,\nabla_m T^{ijk}\end{aligned} \tag{1.7.47}$$

式中：∇_m为协变导数算子；偏导数$\left(\frac{\partial T^{ijk}}{\partial t}\right)_{x^s}$的含义为

$$\left(\frac{\partial T^{ijk}}{\partial t}\right)_{x^s}=\frac{\partial T^{ijk}(x^s,t)}{\partial t} \tag{1.7.48}$$

借助于式(1.7.47)，则式(1.7.46)式可写为

$$\frac{d\boldsymbol{T}}{dt}=\left(\frac{\partial \boldsymbol{T}}{\partial t}\right)_{x^s}+\boldsymbol{V}\cdot(\nabla \boldsymbol{T})=\left(\frac{\partial \boldsymbol{T}}{\partial t}\right)_{x^s}+(\boldsymbol{T}\,\nabla)\cdot \boldsymbol{V} \tag{1.7.49}$$

1.8　张量场函数对时间的绝对导数与相对导数

1. 惯性参考系与非惯性参考系

力学运动是物体位置的移动。对位置的描述需要选取某一个三维的、不变形的物体作为参考体，并在参考体上选取不共面的三维标架。这个标架和参考体是固连在一起的，称它为参考系。在经典力学中，参考系和坐标系是两个不同的概

念[13]。在同一个参考系中可以安置许多不同的坐标系(例如,直角坐标系、圆柱坐标系、正交曲线坐标系和非正交曲线坐标系等),所有的力学运动都是相对于某个参考系而言的。通常,参考系可以分为两类:一类是惯性参考系,一类是非惯性参考系。牛顿定律只在惯性参考系中才能适用,对于非惯性参考系,则需要引进适当的惯性力后牛顿定律才能成立。

2. 刚体一般运动的分析以及绝对导数与相对导数的初步概念

通常,刚体的一般运动需要有 6 个独立的变量来描述,即空间的自由刚体具有 6 个自由度。例如,要确定一个飞行器的全部运动状态,可在飞行器上取一点 O(见图 1.1)(如它的重心),过 O 点作一平动坐标架 $Ox'y'z'$,它与固定的惯性坐标系保持平行。另外,过 O 点作一坐标架 $O\xi\eta\zeta$ 固连于飞行器上(通常取飞行器的对称平面为 $O\eta\zeta$,取飞行器的轴(如航天飞机的机身轴)为 ζ 轴,这样构成的坐标系称为固连系或为机体坐标系或称弹体坐标系),于是 $O\xi\eta\zeta$ 的方向便构成了三个欧拉角(Eulerian angle):令 $O\xi\eta$ 平面与 $Ox'y'$ 平面的交线为 On,进动角(angle of precession)$\psi=\angle x'On$,章动角(angle of nutation)$\theta=\angle z'O\zeta$,自转角(angle of rotation)$\varphi=\angle nO\xi$;因此,刚体的全部运动方程为

$$\begin{cases} x_0 = x_0(t), \quad y_0 = y_0(t) \quad , z_0 = z_0(t) \\ \psi = \psi(t), \quad \theta = \theta(t), \quad \varphi = \varphi(t) \end{cases} \tag{1.8.1}$$

式(1.8.1)中的前三个式子可写成向量形式

$$\boldsymbol{r} = \boldsymbol{r}_0(t) \tag{1.8.2}$$

下面分析刚体上任意一点 M 的速度和加速度,如图 1.2 所示。对于固定坐标系 $Axyz$,其坐标原点为点 A,单位基矢量为 $\boldsymbol{i}_1$、$\boldsymbol{i}_2$、$\boldsymbol{i}_3$,为描述方便起见,用符号 $\{A,\boldsymbol{i}_1,\boldsymbol{i}_2,\boldsymbol{i}_3\}$ 表示这个固定系。对于固连坐标系 $O\xi\eta\zeta$,其基矢量为 $\boldsymbol{e}_1$、$\boldsymbol{e}_2$、$\boldsymbol{e}_3$,坐标系原点为 O,因此符号 $\{O,\boldsymbol{e}_1,\boldsymbol{e}_2,\boldsymbol{e}_3\}$ 便表示了这个固连系。同样,对于平动坐标系 $Ox'y'z'$,其单位基矢量为 $\boldsymbol{i}_1,\boldsymbol{i}_2,\boldsymbol{i}_3$,于是用符号 $\{O,\boldsymbol{i}_1,\boldsymbol{i}_2,\boldsymbol{i}_3\}$ 便表示了该平动系。

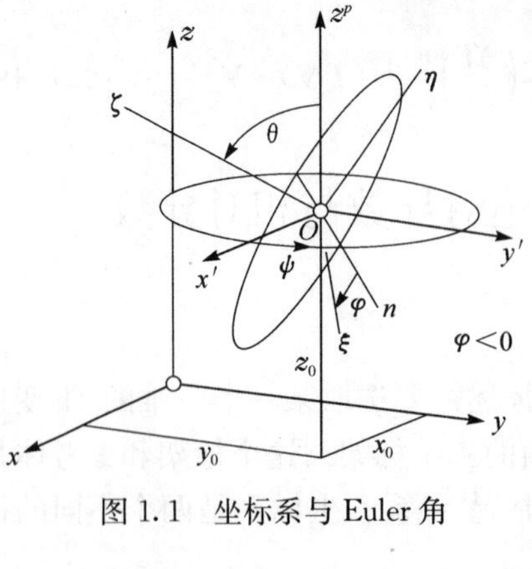

图 1.1 坐标系与 Euler 角

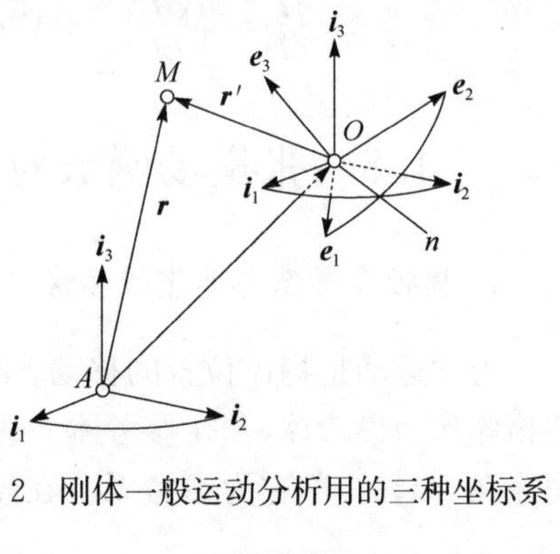

图 1.2 刚体一般运动分析用的三种坐标系

设刚体上任意点 M 的矢径为 $\boldsymbol{r}$，于是有

$$\boldsymbol{r} = \boldsymbol{r}_0 + \boldsymbol{r}' \tag{1.8.3}$$

M 点的绝对速度为

$$\boldsymbol{V}_{\mathrm{a}} = \frac{\mathrm{d_a}\boldsymbol{r}}{\mathrm{d}t} = \boldsymbol{V}_{\mathrm{e}} + \boldsymbol{V}_{\mathrm{r}} = \frac{\mathrm{d_a}\boldsymbol{r}_0}{\mathrm{d}t} + \frac{\mathrm{d_a}\boldsymbol{r}'}{\mathrm{d}t} \tag{1.8.4}$$

式中：$\boldsymbol{V}_{\mathrm{e}}$ 与 $\boldsymbol{V}_{\mathrm{r}}$ 分别表示在 t 瞬时，M 点的牵连速度（convected velocity，$\boldsymbol{V}_{\mathrm{e}}$ 中的下角标为法文 entrainement 的第一个字母）与在动参考系中的观察者看到的点 M 的速度称为相对速度（relative velocity）；$\boldsymbol{V}_{\mathrm{a}}$ 为在静止的空间坐标系中，观察者看到的点 M 的速度称为绝对速度（absolute velocity）；$\frac{\mathrm{d_a}}{\mathrm{d}t}$表示求绝对导数。

令$\frac{\mathrm{d}_R}{\mathrm{d}t}$表示观察者跟随动参考系一起运动时观察到的矢量变化速率，称为求相对导数。注意到

$$\frac{\mathrm{d_a}q}{\mathrm{d}t} = \frac{\mathrm{d}_R q}{\mathrm{d}t} \tag{1.8.5}$$

$$\frac{\mathrm{d_a}\boldsymbol{B}}{\mathrm{d}t} = \frac{\mathrm{d}_R\boldsymbol{B}}{\mathrm{d}t} + \boldsymbol{\omega} \times \boldsymbol{B} \tag{1.8.6}$$

式中：q 与 $\boldsymbol{B}$ 分别代表任意标量与任意矢量。

借助于式(1.8.6)，则式(1.8.4)变为

$$\begin{aligned}\boldsymbol{V}_{\mathrm{a}} &= \boldsymbol{V}_{\mathrm{e}} + \boldsymbol{V}_{\mathrm{r}} = \frac{\mathrm{d_a}\boldsymbol{r}_0}{\mathrm{d}t} + \frac{\mathrm{d}_R\boldsymbol{r}'}{\mathrm{d}t} + \boldsymbol{\omega} \times \boldsymbol{r}' = \left(\frac{\mathrm{d_a}\boldsymbol{r}_0}{\mathrm{d}t} + \boldsymbol{\omega} \times \boldsymbol{r}'\right) + \frac{\mathrm{d}_R\boldsymbol{r}'}{\mathrm{d}t} \\ &= (\boldsymbol{V}_0 + \boldsymbol{\omega} \times \boldsymbol{r}') + \boldsymbol{V}_{\mathrm{r}}\end{aligned} \tag{1.8.7}$$

这里牵连速度 $\boldsymbol{V}_{\mathrm{e}}$ 为（见图 1.2）

$$\boldsymbol{V}_{\mathrm{e}} = \boldsymbol{V}_0 + \boldsymbol{\omega} \times \boldsymbol{r}' \tag{1.8.8}$$

而 $\boldsymbol{V}_{\mathrm{r}}$ 为

$$\boldsymbol{V}_{\mathrm{r}} = \frac{\mathrm{d}_R\boldsymbol{r}'}{\mathrm{d}t} \tag{1.8.9}$$

显然，将式(1.8.7)求绝对导数便得到点 M 处的加速度

$$\boldsymbol{a} = \frac{\mathrm{d_a}\boldsymbol{V}}{\mathrm{d}t} = \frac{\mathrm{d_a}\boldsymbol{V}_{\mathrm{r}}}{\mathrm{d}t} + \frac{\mathrm{d_a}\boldsymbol{V}_{\mathrm{e}}}{\mathrm{d}t} \tag{1.8.10}$$

注意到

$$\frac{\mathrm{d_a}\boldsymbol{V}_{\mathrm{r}}}{\mathrm{d}t} = \frac{\mathrm{d}_R\boldsymbol{V}_{\mathrm{r}}}{\mathrm{d}t} + \boldsymbol{\omega} \times \boldsymbol{V}_{\mathrm{r}} = \boldsymbol{a}_{\mathrm{r}} + \boldsymbol{\omega} \times \boldsymbol{V}_{\mathrm{r}} \tag{1.8.11}$$

$$\begin{aligned}\frac{\mathrm{d_a}\boldsymbol{V}_{\mathrm{e}}}{\mathrm{d}t} &= \frac{\mathrm{d_a}}{\mathrm{d}t}(\boldsymbol{V}_0 + \boldsymbol{\omega} \times \boldsymbol{r}') = \frac{\mathrm{d_a}\boldsymbol{V}_0}{\mathrm{d}t} + \frac{\mathrm{d_a}\boldsymbol{\omega}}{\mathrm{d}t} \times \boldsymbol{r}' + \boldsymbol{\omega} \times \frac{\mathrm{d_a}\boldsymbol{r}'}{\mathrm{d}t} \\ &= \frac{\mathrm{d_a}\boldsymbol{V}_0}{\mathrm{d}t} + \left(\frac{\mathrm{d}_R\boldsymbol{\omega}}{\mathrm{d}t} + \boldsymbol{\omega} \times \boldsymbol{\omega}\right) \times \boldsymbol{r}' + \boldsymbol{\omega} \times \left(\frac{\mathrm{d}_R\boldsymbol{r}'}{\mathrm{d}t} + \boldsymbol{\omega} \times \boldsymbol{r}'\right)\end{aligned}$$

$$= \left[\frac{\mathrm{d_a}\boldsymbol{V}_0}{\mathrm{d}t} + \frac{\mathrm{d}_R\boldsymbol{\omega}}{\mathrm{d}t}\times\boldsymbol{r}' + \boldsymbol{\omega}\times(\boldsymbol{\omega}\times\boldsymbol{r}')\right] + \boldsymbol{\omega}\times\frac{\mathrm{d}_R\boldsymbol{r}'}{\mathrm{d}t}$$
$$= \boldsymbol{a}_\mathrm{e} + \boldsymbol{\omega}\times\boldsymbol{V}_\mathrm{r} \tag{1.8.12}$$

式中：$\boldsymbol{a}_\mathrm{r}$ 与 $\boldsymbol{a}_\mathrm{e}$ 分别为相对加速度与牵连加速度，其表达式为

$$\boldsymbol{a}_\mathrm{r} = \frac{\mathrm{d}_R\boldsymbol{V}_\mathrm{r}}{\mathrm{d}t} \tag{1.8.13}$$

$$\boldsymbol{a}_\mathrm{e} = \boldsymbol{a}_0 + \frac{\mathrm{d}_R\boldsymbol{\omega}}{\mathrm{d}t}\times\boldsymbol{r}' + \boldsymbol{\omega}\times(\boldsymbol{\omega}\times\boldsymbol{r}') \tag{1.8.14}$$

$$\boldsymbol{V}_\mathrm{r} = \frac{\mathrm{d}_R\boldsymbol{r}'}{\mathrm{d}t},\quad \boldsymbol{a}_0 = \frac{\mathrm{d_a}\boldsymbol{V}_0}{\mathrm{d}t} \tag{1.8.15}$$

引进 Coriolis 加速度 $\boldsymbol{a}_\mathrm{c}$，其表达式为

$$\boldsymbol{a}_\mathrm{c} = 2\boldsymbol{\omega}\times\boldsymbol{V}_\mathrm{r} \tag{1.8.16}$$

借助于 $\boldsymbol{a}_\mathrm{r}$、$\boldsymbol{a}_\mathrm{e}$ 与 $\boldsymbol{a}_\mathrm{c}$，于是式(1.8.10)变为

$$\boldsymbol{a} = \boldsymbol{a}_\mathrm{r} + \boldsymbol{a}_\mathrm{e} + \boldsymbol{a}_\mathrm{c} \tag{1.8.17}$$

式中 $\boldsymbol{a}_\mathrm{r}$、$\boldsymbol{a}_\mathrm{e}$ 与 $\boldsymbol{a}_\mathrm{c}$ 分别由式(1.8.13)，式(1.8.14)与式(1.8.16)给出。在上述表达式中，$\boldsymbol{\omega}$ 为动坐标系的瞬时角速度向量。如果刚体的运动方程由式(1.8.1)给出，则 $\boldsymbol{\omega}$ 为

$$\boldsymbol{\omega} = \dot{\psi}\boldsymbol{i}_3 + \dot{\theta}\boldsymbol{n}_0 + \dot{\varphi}\frac{\boldsymbol{e}_3}{|\boldsymbol{e}_3|} \tag{1.8.18}$$

式中：ψ、θ 与 φ 均为 Euler 角；$\dot{\psi}$、$\dot{\theta}$ 与 $\dot{\varphi}$ 均为 Euler 角对时间的导数；$\boldsymbol{n}_0$ 为图 1.2 中的 On 线上的单位矢量。

3. 分析流体微团运动的 Helmholtz 速度分解定理

由 Helmholtz 速度分解定理，流体微团的运动可分解为平动、转动和变形三部分之和，即

$$\boldsymbol{V}_B = \boldsymbol{V}_O + \frac{1}{2}(\nabla\times\boldsymbol{V})_O\times(\boldsymbol{r}_B - \boldsymbol{r}_O) + (\boldsymbol{r}_B - \boldsymbol{r}_O)\cdot\boldsymbol{S}_O \tag{1.8.19}$$

式中：下标 B 为运动流体微团中的任意点；下标 O 为该微团上的参考点；$\boldsymbol{r}_B$ 与 $\boldsymbol{r}_O$ 分别为点 B 与点 O 处的矢径；$\boldsymbol{S}_O$ 为参考点 O 处流体微团的变形速率张量，其表达式为

$$\boldsymbol{S} = \frac{1}{2}(\boldsymbol{V}\nabla + \nabla\boldsymbol{V}) \tag{1.8.20}$$

式(1.8.19)清楚地表明流体微团上点 O 邻近的任意点 B 上的速度可以分成三个部分：①与点 O 相同的平动速度 V_O；②绕点 O 转动在点 B 引起的速度$\frac{1}{2}(\nabla\times\boldsymbol{V})_O\times(\boldsymbol{r}_B-\boldsymbol{r}_O)$；③因流体微团变形在点 B 引起的速度$(\boldsymbol{r}_B-\boldsymbol{r}_O)\cdot\boldsymbol{S}$。显然，流体微团的速度分解定理[见式(1.8.19)]与刚体运动的速度分解定理相比至少存在着如下

两点重要差别：一是刚体的速度分解定理是对整个刚体成立的，因此它是整体性的定理；流体速度分解定理只在流体微团内成立，它是局部性的定理。例如，刚体的角速度 $\boldsymbol{\omega}$ 是刻画整个刚体转动的一个整体特征量，而流体的速度旋度 $\nabla\times\boldsymbol{V}$ 却是刻画流体微团转动的一个局部性的特征量。二是流体微团运动多了由于微团变形所引起的速度项。事实上，对于速度梯度可作如下分解：

$$\nabla\boldsymbol{V} = \boldsymbol{S} - \boldsymbol{\Omega}, \quad \boldsymbol{V}\nabla = \boldsymbol{S} + \boldsymbol{\Omega} \tag{1.8.21}$$

式中：$\boldsymbol{S}$ 为变形率张量，它由式(1.8.20)所定义；$\boldsymbol{\Omega}$ 为旋率张量，其定义式为

$$\boldsymbol{\Omega} = \frac{1}{2}(\boldsymbol{V}\nabla - \nabla\boldsymbol{V}) \tag{1.8.22}$$

$\boldsymbol{\Omega}$ 为反对称张量，引进它的反偶矢量 $\boldsymbol{\omega}$，即

$$\boldsymbol{\omega} = -\frac{1}{2}\boldsymbol{\varepsilon} : \boldsymbol{\Omega} = \frac{1}{2}(\nabla\times\boldsymbol{V}) \tag{1.8.23}$$

这里 $\boldsymbol{\omega}$ 又称作角速度矢量。显然 $\boldsymbol{\omega}$ 与 $\boldsymbol{\Omega}$ 间还有如下关系成立：

$$\boldsymbol{\Omega} = -\boldsymbol{\varepsilon}\cdot\boldsymbol{\omega} = -\boldsymbol{\omega}\cdot\boldsymbol{\varepsilon} \tag{1.8.24}$$

$$\boldsymbol{\Omega}\cdot\boldsymbol{B} = \boldsymbol{\omega}\times\boldsymbol{B} = -\boldsymbol{B}\cdot\boldsymbol{\Omega} \tag{1.8.25}$$

$$\boldsymbol{\Omega}\cdot\mathrm{d}\boldsymbol{r} = \boldsymbol{\omega}\times\mathrm{d}\boldsymbol{r} \tag{1.8.26}$$

式中：$\boldsymbol{B}$ 为任意矢量；$\boldsymbol{r}$ 为矢径；$\boldsymbol{\varepsilon}$ 为 Eddington 张量。

对于速度的微分，还有如下加法分解式：

$$\mathrm{d}\boldsymbol{V} = (\boldsymbol{V}\nabla)\cdot\mathrm{d}\boldsymbol{r} = \boldsymbol{S}\cdot\mathrm{d}\boldsymbol{r} + \boldsymbol{\Omega}\cdot\mathrm{d}\boldsymbol{r} = \boldsymbol{S}\cdot\mathrm{d}\boldsymbol{r} + \boldsymbol{\omega}\times\mathrm{d}\boldsymbol{r} \tag{1.8.27}$$

4. 张量场函数的相对导数

所谓绝对导数乃是观察者位于静止的空间坐标系中，观察张量 $\boldsymbol{T}$ 随时间的变化速率。显然，物质导数是绝对导数。所谓相对导数乃是观察者随活动坐标系一起运动时观察张量 $\boldsymbol{T}$ 随时间 t 相对于活动参考架的变化速率。为了讨论几种含义下的相对导数，先以二阶张量 $\boldsymbol{T}$ 为例，讨论它的绝对导数在 Lagrange 坐标体系下的实体记法表达式。在 Lagrange 坐标体系与 Euler 坐标体系下二阶张量 $\boldsymbol{T}$ 可表示为

$$\boldsymbol{T} = \hat{T}^{ij}\hat{\boldsymbol{e}}_i\hat{\boldsymbol{e}}_j = \hat{T}_{ij}\hat{\boldsymbol{e}}^i\hat{\boldsymbol{e}}^j = \hat{T}^{i}_{\cdot j}\hat{\boldsymbol{e}}_i\hat{\boldsymbol{e}}^j = \hat{T}_i^{\cdot j}\hat{\boldsymbol{e}}^i\hat{\boldsymbol{e}}_j \tag{1.8.28}$$

$$\boldsymbol{T} = T^{ij}\boldsymbol{e}_i\boldsymbol{e}_j = T_{ij}\boldsymbol{e}^i\boldsymbol{e}^j = T^{i}_{\cdot j}\boldsymbol{e}_i\boldsymbol{e}^j = T_i^{\cdot j}\boldsymbol{e}^i\boldsymbol{e}_j \tag{1.8.29}$$

如果将 $\boldsymbol{T}$ 的物质导数 $\dfrac{\mathrm{d}\boldsymbol{T}}{\mathrm{d}t}$ 记为 $\dot{\boldsymbol{T}}$，于是在 Lagrange 坐标体系中 $\dot{\boldsymbol{T}}$ 可表示为

$$\begin{aligned}\dot{\boldsymbol{T}} = \frac{\mathrm{d}\boldsymbol{T}}{\mathrm{d}t} &= \left(\frac{\mathrm{d}\hat{T}^{ij}}{\mathrm{d}t} + \hat{T}^{kj}\,\hat{\nabla}_k\hat{v}^i + \hat{T}^{ik}\,\hat{\nabla}_k\hat{v}^j\right)\hat{\boldsymbol{e}}_i\hat{\boldsymbol{e}}_j \\ &= \left(\frac{\mathrm{d}\hat{T}_{ij}}{\mathrm{d}t} - \hat{T}_{kj}\,\hat{\nabla}_i\hat{v}^k - \hat{T}_{ik}\,\hat{\nabla}_j\hat{v}^k\right)\hat{\boldsymbol{e}}^i\hat{\boldsymbol{e}}^j \\ &= \left(\frac{\mathrm{d}\hat{T}^{i}_{\cdot j}}{t} + \hat{T}^{k}_{\cdot j}\,\hat{\nabla}_k\hat{v}^i - \hat{T}^{i}_{\cdot k}\,\hat{\nabla}_j\hat{v}^k\right)\hat{\boldsymbol{e}}_i\hat{\boldsymbol{e}}^j\end{aligned}$$

$$= \left(\frac{\mathrm{d}\hat{T}_i^{\cdot j}}{\mathrm{d}t} - \hat{T}_k^{\cdot j}\,\hat{\nabla}_i\,\hat{\nabla}^k + \hat{T}_i^{\cdot k}\,\hat{\nabla}_k \hat{v}^j\right)\hat{\boldsymbol{e}}^i\hat{\boldsymbol{e}}_j \tag{1.8.30}$$

将式(1.8.30)用实体记法表示为

$$\begin{aligned}\dot{\boldsymbol{T}} = \frac{\mathrm{d}\boldsymbol{T}}{\mathrm{d}t} &= \dot{\boldsymbol{T}}_{(1)} + (\boldsymbol{V}\,\nabla)\cdot\boldsymbol{T} + \boldsymbol{T}\cdot(\nabla\boldsymbol{V})\\ &= \dot{\boldsymbol{T}}_{(2)} - (\nabla\boldsymbol{V})\cdot\boldsymbol{T} - \boldsymbol{T}\cdot(\boldsymbol{V}\,\nabla)\\ &= \dot{\boldsymbol{T}}_{(3)} + (\boldsymbol{V}\,\nabla)\cdot\boldsymbol{T} - \boldsymbol{T}\cdot(\boldsymbol{V}\,\nabla)\\ &= \dot{\boldsymbol{T}}_{(4)} - (\nabla\boldsymbol{V})\cdot\boldsymbol{T} + \boldsymbol{T}\cdot(\nabla\boldsymbol{V})\end{aligned} \tag{1.8.31}$$

其中

$$\begin{cases}\dot{\boldsymbol{T}}_{(1)} = \dfrac{\mathrm{d}\hat{T}^{ij}}{\mathrm{d}t}\hat{\boldsymbol{e}}_i\hat{\boldsymbol{e}}_j, \quad \dot{\boldsymbol{T}}_{(2)} = \dfrac{\mathrm{d}\hat{T}_{ij}}{\mathrm{d}t}\hat{\boldsymbol{e}}^i\hat{\boldsymbol{e}}^j\\ \dot{\boldsymbol{T}}_{(3)} = \dfrac{\mathrm{d}\hat{T}^{i}_{\cdot j}}{\mathrm{d}t}\hat{\boldsymbol{e}}_i\hat{\boldsymbol{e}}^j, \quad \dot{\boldsymbol{T}}_{(4)} = \dfrac{\mathrm{d}\hat{T}_i^{\cdot j}}{\mathrm{d}t}\hat{\boldsymbol{e}}^i\hat{\boldsymbol{e}}_j\end{cases} \tag{1.8.32}$$

借助于式(1.8.21),则式(1.8.31)又可进一步整理为

$$\begin{aligned}\dot{\boldsymbol{T}} = \frac{\mathrm{d}\boldsymbol{T}}{\mathrm{d}t} &= \dot{\boldsymbol{T}}_{(1)} + (\boldsymbol{S}\cdot\boldsymbol{T} + \boldsymbol{T}\cdot\boldsymbol{S}) + (\boldsymbol{\Omega}\cdot\boldsymbol{T} - \boldsymbol{T}\cdot\boldsymbol{\Omega})\\ &= \dot{\boldsymbol{T}}_{(2)} - (\boldsymbol{S}\cdot\boldsymbol{T} + \boldsymbol{T}\cdot\boldsymbol{S}) + (\boldsymbol{\Omega}\cdot\boldsymbol{T} - \boldsymbol{T}\cdot\boldsymbol{\Omega})\\ &= \dot{\boldsymbol{T}}_{(3)} + (\boldsymbol{S}\cdot\boldsymbol{T} - \boldsymbol{T}\cdot\boldsymbol{S}) + (\boldsymbol{\Omega}\cdot\boldsymbol{T} - \boldsymbol{T}\cdot\boldsymbol{\Omega})\\ &= \dot{\boldsymbol{T}}_{(4)} - (\boldsymbol{S}\cdot\boldsymbol{T} - \boldsymbol{T}\cdot\boldsymbol{S}) + (\boldsymbol{\Omega}\cdot\boldsymbol{T} - \boldsymbol{T}\cdot\boldsymbol{\Omega})\end{aligned} \tag{1.8.33}$$

引进 Jaumann 导数,记作$\dfrac{\mathscr{D}\boldsymbol{T}}{\mathscr{D}t}$或者$\dot{\boldsymbol{T}}_J$,即

$$\dot{\boldsymbol{T}}_J = \frac{\mathscr{D}\boldsymbol{T}}{\mathscr{D}t} = \dot{\boldsymbol{T}} - \boldsymbol{\Omega}\cdot\boldsymbol{T} + \boldsymbol{T}\cdot\boldsymbol{\Omega} = \frac{\mathrm{d}\boldsymbol{T}}{\mathrm{d}t} - \boldsymbol{\omega}\times\boldsymbol{T} + \boldsymbol{T}\times\boldsymbol{\omega} \tag{1.8.34}$$

式(1.8.34)给出 Jaumann 导数与绝对导数间的关系,这里 $\boldsymbol{T}$ 为二阶张量场函数。Jaumann 导数是一种能反映张量客观性的导数,它是观测者在刚性转动参考架上且该参考架的转动角速度取作所研究的流体微团的角速度 $\boldsymbol{\omega}$ 时,观测者所看到的张量 $\boldsymbol{T}$ 相对于该参考架的变化率。显然,这里选取的刚性转动参考架(又称动坐标系)与经典力学中常用刚性转动参考架(又称转动参考系)有相似之处。

如果 $\boldsymbol{T}$ 为一阶张量(这里用 $\boldsymbol{B}$ 表示该张量)时,对矢量 $\boldsymbol{B}$ 求绝对导数,则有

$$\frac{\mathrm{d}\boldsymbol{B}}{\mathrm{d}t} = \frac{\mathrm{d}\hat{\boldsymbol{B}}^i}{\mathrm{d}t}\hat{e}_i + \boldsymbol{S}\cdot\boldsymbol{B} + \boldsymbol{\Omega}\cdot\boldsymbol{B} = \frac{\mathrm{d}\hat{\boldsymbol{B}}_i}{\mathrm{d}t}\hat{e}^i - \boldsymbol{S}\cdot\boldsymbol{B} + \boldsymbol{\Omega}\cdot\boldsymbol{B} \tag{1.8.35}$$

式中 $\boldsymbol{S}$ 与 $\boldsymbol{\Omega}$ 已由式(1.8.21)所定义。引进 Jaumann 导数的概念并注意使用式(1.8.25)后,则有

$$\dot{\boldsymbol{B}}_J \equiv \frac{\mathrm{d}\boldsymbol{B}}{\mathrm{d}t} - \boldsymbol{\Omega}\cdot\boldsymbol{B} = \frac{\mathrm{d}\boldsymbol{B}}{\mathrm{d}t} - \boldsymbol{\omega}\times\boldsymbol{B} = \frac{\mathrm{d_a}\boldsymbol{B}}{\mathrm{d}t} - \boldsymbol{\omega}\times\boldsymbol{B} \tag{1.8.36}$$

比较式(1.8.36)与式(1.8.6),显然这里所定义的 $\boldsymbol{B}$ 矢量的 Jaumann 导数 $\dot{\boldsymbol{B}}_J$ 就是

式(1.8.6)中的$\frac{\mathrm{d}_R \boldsymbol{B}}{\mathrm{d}t}$,它们具有相类似的含义。

对于 Oldroyd 导数、Cotter-Rivlin 导数等,这些都是不同参考系(或称参考架)下的相对导数,这里因篇幅所限不作介绍,感兴趣者可参阅文献[3]等。

1.9　场论分析中几个重要的积分关系式

1. 梯度、旋度、散度定义的统一形式及广义奥-高公式

令 τ 为闭曲面 σ 所包围的体积,$\boldsymbol{n}$ 为曲面 σ 的单位外法矢量,φ 与 $\boldsymbol{a}$ 为定义在 σ 内的任意一个标量与任意一个矢量,于是便有一组关于矢量与标量的广义奥-高(Остроградский-Gauss)公式[4,12]

$$\begin{cases} \iiint\limits_{\tau} (\nabla \varphi)\mathrm{d}\tau = \oiint\limits_{\sigma} \boldsymbol{n}\varphi \mathrm{d}\sigma \\ \iiint\limits_{\tau} (\nabla \cdot \boldsymbol{a})\mathrm{d}\tau = \oiint\limits_{\sigma} \boldsymbol{n} \cdot \boldsymbol{a} \mathrm{d}\sigma \\ \iiint\limits_{\tau} (\nabla \times \boldsymbol{a})\mathrm{d}\tau = \oiint\limits_{\sigma} \boldsymbol{n} \times \boldsymbol{a} \mathrm{d}\sigma \end{cases} \tag{1.9.1}$$

因此,又可得到梯度、散度与旋度定义的统一形式:

$$\begin{cases} \nabla \varphi = \lim\limits_{\tau \to 0} \frac{1}{\tau} \oiint\limits_{\sigma} \boldsymbol{n}\varphi \mathrm{d}\sigma \\ \nabla \cdot \boldsymbol{a} = \lim\limits_{\tau \to 0} \frac{1}{\tau} \oiint\limits_{\sigma} \boldsymbol{n} \cdot \boldsymbol{a} \mathrm{d}\sigma \\ \nabla \times \boldsymbol{a} = \lim\limits_{\tau \to 0} \frac{1}{\tau} \oiint\limits_{\sigma} \boldsymbol{n} \times \boldsymbol{a} \mathrm{d}\sigma \end{cases} \tag{1.9.2}$$

下面给出张量的散度、梯度和旋度的定义(这里仍以任意二阶张量 $\boldsymbol{T} = \boldsymbol{e}_i \boldsymbol{e}_j T^{ij} = \boldsymbol{e}^i \boldsymbol{e}^j T_{ij}$ 为例):

$$\begin{cases} \nabla \cdot \boldsymbol{T} = \lim\limits_{\tau \to 0} \frac{1}{\tau} \oiint\limits_{\sigma} \boldsymbol{n} \cdot \boldsymbol{T} \mathrm{d}\sigma \\ \nabla \boldsymbol{T} = \lim\limits_{\tau \to 0} \frac{1}{\tau} \oiint\limits_{\sigma} \boldsymbol{n}\boldsymbol{T} \mathrm{d}\sigma \\ \nabla \times \boldsymbol{T} = \lim\limits_{\tau \to 0} \frac{1}{\tau} \oiint\limits_{\sigma} \boldsymbol{n} \times \boldsymbol{T} \mathrm{d}\sigma \end{cases} \tag{1.9.3}$$

相应地,便有关于张量的广义奥-高公式

$$
\begin{cases}
\iiint\limits_{\tau} \nabla\cdot \boldsymbol{T}\mathrm{d}\tau = \oiint\limits_{\sigma}\boldsymbol{n}\cdot\boldsymbol{T}\mathrm{d}\sigma \\
\iiint\limits_{\tau} \nabla\boldsymbol{T}\mathrm{d}\tau = \oiint\limits_{\sigma}\boldsymbol{n}\boldsymbol{T}\mathrm{d}\sigma \\
\iiint\limits_{\tau} \nabla\times \boldsymbol{T}\mathrm{d}\tau = \oiint\limits_{\sigma}\boldsymbol{n}\times\boldsymbol{T}\mathrm{d}\sigma
\end{cases}
\tag{1.9.4}
$$

特别是当 $\boldsymbol{T}=\boldsymbol{ab}$ 时，则有

$$
\oiint\limits_{\sigma}\boldsymbol{b}(\boldsymbol{n}\cdot\boldsymbol{a})\mathrm{d}\sigma = \iiint\limits_{\tau}[(\boldsymbol{a}\cdot\nabla)\boldsymbol{b}+\boldsymbol{b}(\nabla\cdot\boldsymbol{a})]\mathrm{d}\tau = \iiint\limits_{\tau}\nabla\cdot(\boldsymbol{ab})\mathrm{d}\tau = \oiint\limits_{\sigma}\boldsymbol{n}\cdot(\boldsymbol{ab})\mathrm{d}\sigma
\tag{1.9.5}
$$

注意到

$$
\frac{\partial}{\partial n} = \boldsymbol{n}\cdot\nabla
\tag{1.9.6}
$$

式中：$\boldsymbol{n}$ 为单位矢量，又可很方便得到 Green 第一、第二等有关公式：

$$
\begin{cases}
\oiint\limits_{\sigma}\varphi\frac{\partial\psi}{\partial n}\mathrm{d}\sigma = \oiint\limits_{\sigma}\boldsymbol{n}\cdot(\varphi\nabla\psi)\mathrm{d}\sigma = \iiint\limits_{\tau}[\varphi\nabla^2\psi+(\nabla\varphi)\cdot(\nabla\psi)]\mathrm{d}\tau \\
\oiint\limits_{\sigma}\left(\varphi\frac{\partial\psi}{\partial n}-\psi\frac{\partial\varphi}{\partial n}\right)\mathrm{d}\sigma = \iiint\limits_{\tau}(\varphi\nabla^2\psi-\psi\nabla^2\varphi)\mathrm{d}\tau \\
\oiint\limits_{\sigma}\boldsymbol{n}\cdot[\boldsymbol{a}\times(\nabla\times\boldsymbol{b})]\mathrm{d}\sigma = \iiint\limits_{\tau}[(\nabla\times\boldsymbol{a})\cdot(\nabla\times\boldsymbol{b})-\boldsymbol{a}\cdot(\nabla\times(\nabla\times\boldsymbol{b}))]\mathrm{d}\tau \\
\oiint\limits_{\sigma}\boldsymbol{n}\cdot\boldsymbol{a}(\nabla\cdot\boldsymbol{b})\mathrm{d}\sigma = \iiint\limits_{\tau}[(\nabla\cdot\boldsymbol{a})(\nabla\cdot\boldsymbol{b})+\boldsymbol{a}\cdot(\nabla(\nabla\cdot\boldsymbol{b}))]\mathrm{d}\tau \\
\oiint\limits_{\sigma}\boldsymbol{n}\cdot\varphi(\nabla\times\boldsymbol{a})\mathrm{d}\sigma = \iiint\limits_{\tau}(\nabla\varphi)\cdot(\nabla\times\boldsymbol{a})\mathrm{d}\tau
\end{cases}
\tag{1.9.7}
$$

式中：φ 与 ψ 为任意标量；$\boldsymbol{a}$ 与 $\boldsymbol{b}$ 为任意矢量。对于任意张量 $\boldsymbol{T}$，则上面的有关公式又可被推广：

$$
\begin{cases}
\oiint\limits_{\sigma}\boldsymbol{n}\cdot[\boldsymbol{a}\times(\nabla\times\boldsymbol{T})]\mathrm{d}\sigma = \iiint\limits_{\tau}[(\nabla\times\boldsymbol{a})\cdot(\nabla\times\boldsymbol{T})-\boldsymbol{a}\cdot(\nabla\times(\nabla\times\boldsymbol{T}))]\mathrm{d}\tau \\
\oiint\limits_{\sigma}(\boldsymbol{n}\cdot\boldsymbol{a})\boldsymbol{T}\mathrm{d}\sigma = \iiint\limits_{\tau}[\boldsymbol{a}\cdot\nabla\boldsymbol{T}+(\nabla\cdot\boldsymbol{a})\boldsymbol{T}]\mathrm{d}\tau \\
\oiint\limits_{\sigma}\boldsymbol{n}\cdot\varphi(\nabla\times\boldsymbol{T})\mathrm{d}\sigma = \iiint\limits_{\tau}(\nabla\varphi)\cdot(\nabla\times\boldsymbol{T})\mathrm{d}\tau
\end{cases}
\tag{1.9.8}
$$

2. 线积分与面积分间的相互关系以及广义 Stokes 公式

令曲面 σ(非封闭面)以曲线 $\boldsymbol{L}$ 为边界,$\mathrm{d}\boldsymbol{R}$ 为沿环路方向的线积分元;$\boldsymbol{n}$ 为 σ 的单位法矢量且 $\mathrm{d}\boldsymbol{R}$ 与 $\boldsymbol{n}$ 构成右手螺旋关系;因此一组广义 Stokes 公式为

$$\begin{cases}\oint_L \boldsymbol{a}\cdot\mathrm{d}\boldsymbol{R}=\iint_\sigma(\nabla\times\boldsymbol{a})\cdot\boldsymbol{n}\mathrm{d}\sigma\\ \oint_L \varphi\mathrm{d}\boldsymbol{R}=\iint_\sigma(\boldsymbol{n}\times\nabla\varphi)\mathrm{d}\sigma\\ \oint_L \boldsymbol{a}\times\mathrm{d}\boldsymbol{R}=-\iint_\sigma(\boldsymbol{n}\times\nabla)\times\boldsymbol{a}\mathrm{d}\sigma\\ \oint_L \varphi\boldsymbol{a}\cdot\mathrm{d}\boldsymbol{R}=\iint_\sigma[\varphi(\nabla\times\boldsymbol{a})+(\nabla\varphi)\times\boldsymbol{a}]\cdot\boldsymbol{n}\mathrm{d}\sigma\\ \oint_L(\varphi\nabla\psi)\cdot\mathrm{d}\boldsymbol{R}=\iint_\sigma(\nabla\varphi)\times(\nabla\psi)\cdot\boldsymbol{n}\mathrm{d}\sigma=-\oint_L(\psi\nabla\varphi)\cdot\mathrm{d}\boldsymbol{R}\end{cases}\tag{1.9.9}$$

式中:φ 与 ψ 为任意标量;$\boldsymbol{a}$ 为任意矢量。对于任意二阶张量 $\boldsymbol{T}$,则上述部分公式又可被推广为

$$\oint_L \boldsymbol{T}_{\mathrm{c}}\cdot\mathrm{d}\boldsymbol{R}=\iint_\sigma\boldsymbol{n}\cdot(\nabla\times\boldsymbol{T})\mathrm{d}\sigma\tag{1.9.10}$$

式中:$\boldsymbol{T}_{\mathrm{c}}$ 为 $\boldsymbol{T}$ 的转置张量。

第 2 章　经典力学基础

在现代高超声速气动热力学的研究中，要涉及大量的理论物理基础方面的知识。理论物理是一个整体，经典力学（又称广义 Newton 力学，还常称为理论力学）是它的基础。经典力学的发展可以划分为 Newton 力学、Lagrange 力学和 Hamilton 力学三个阶段[7,14]。Newton 力学是以 Newton 定律和力的独立作用原理为力学的基本原理，应用矢量方法去处理力学问题的一种力学体系；Lagrange 力学是以 Hamilton 原理为力学的基本原理，采用广义坐标和广义速度的方法去描述系统的力学状态，其运动为二阶的常微分方程组；Hamilton 力学是在 Lagrange 力学的基础上采用广义坐标和广义动量去描述系统的力学状态，以 Hamilton 正则方程作为运动方程，因此微分方程由二阶降为一阶。表面上从数学上看，系统的力学状态由广义坐标与广义速度换成广义坐标与广义动量去描述，无非是借助于数学上的 Legendre 变换从一组独立变量变到另一组独立变量而已，但是 Hamilton 力学所建立的许多基本成果，如力学量的正则共轭对、Hamilton 函数与能量的关系、正则方程组的 Poisson 形式、Hamilton 主函数以及 Hamilton-Jacobi 方程所引入的“波动”等的确有更普遍的意义，这就使得 Hamilton 力学成为由经典力学通向近代物理学过渡（尤其是量子力学、统计力学等）的桥梁。另外，Hamilton 力学中关于正则方程相体积不变的 Liouville 定理，在统计物理中成为系综理论基本假设的出发点。因此，对经典力学中的相关内容作简明扼要的讨论是十分必要的。本书采用理论物理中常用的手段将经典力学与 Einstein 的相对论力学作区分。本章以 Hamilton 原理为力学的基本原理，首先导出了 Newton 方程、Lagrange 方程以及 Hamilton 正则运动方程。然后对 Poisson 括号的主要性质以及相空间 Liouville 定理等作了简要的介绍与讨论。

2.1　动力学虚位移原理以及 d’Alembert 原理的几种形式

考虑一个由 n 个质点组成的质点系，其运动方程有如下形式：

$$m_k \ddot{\boldsymbol{r}}_k = \boldsymbol{F}_k + \boldsymbol{R}_k + \widetilde{\boldsymbol{R}}_k \quad (k = 1,2,\cdots,n) \tag{2.1.1}$$

式中：m_k 与 $\ddot{\boldsymbol{r}}_k$ 分别为第 k 个质点的质量与矢径的二阶导数；$\boldsymbol{F}_k$、$\boldsymbol{R}_k$ 与 $\widetilde{\boldsymbol{R}}_k$ 分别表示作用在第 k 个质点上所有主动力（包括内力与外力）、理想约束的约束力与非理想约束的约束力。在假定产生位形 $[u_1,u_2,\cdots,u_{3n}]^{\mathrm{T}}$ 的笛卡儿空间为惯性空间的条件下，于是式(2.1.1)又可改写为

$$m_s \ddot{u}_s = F_s + R_s + \widetilde{R}_s \quad (s = 1,2,\cdots,3n) \tag{2.1.2}$$

式(2.1.2)中理想约束力$[R_1, R_2, \cdots, R_{3n}]^{\mathrm{T}}$与非理想约束力$[\widetilde{R}_1, \widetilde{R}_2, \cdots, \widetilde{R}_{3n}]^{\mathrm{T}}$的表达式为

$$R_s = \sum_{r=1}^{L} (\lambda_r A_{rs}) \quad (s = 1,2,\cdots,3n) \tag{2.1.3}$$

$$\widetilde{R}_s = \psi_s(R_1, R_2, \cdots, R_{3n}) = \psi_s\left(\sum_{r=1}^{L}(\lambda_r A_{r1}), \sum_{r=1}^{L}(\lambda_r A_{r2}), \cdots, \sum_{r=1}^{L}(\lambda_r A_{r,3n})\right)$$

$$(s = 1,2,\cdots,3n) \tag{2.1.4}$$

其中$\lambda_1, \lambda_2, \cdots, \lambda_L$为$L$个乘子(即约束的 Lagrange 乘子)。而$A_{rs}$定义为

$$A_{rs} = \frac{\partial \Phi_r}{\partial \dot{u}_s} \quad (r = 1,2,\cdots,L; s = 1,2,\cdots,3n) \tag{2.1.5}$$

注意这里函数$\Phi_r = \Phi_r(u_1, u_2, \cdots, u_{3n}, \dot{u}_1, \dot{u}_2, \cdots, \dot{u}_{3n}, t)$，并且假定系统的约束可以化为如下一阶约束形式：

$$\Phi_r(u_1, u_2, \cdots, u_{3n}, \dot{u}_1, \dot{u}_2, \cdots, \dot{u}_{3n}, t) = 0 \quad (r = 1,2,\cdots,L \text{ 且 } L < 3n) \tag{2.1.6}$$

或者

$$\Phi_r(x_1, y_1, z_1, \cdots, x_n, y_n, z_n, \dot{x}_1, \dot{y}_1, \dot{z}_1, \cdots, \dot{x}_n, \dot{y}_n, \dot{z}_n, t) = 0 \tag{2.1.7}$$

或

$$\Phi_r(r_1, r_2, \cdots, r_n, \dot{r}_1, \dot{r}_2, \cdots, \dot{r}_n, t) = 0 \tag{2.1.8}$$

方程(2.1.2)与方程(2.1.6)合在一起便构成约束系统的封闭动力学方程组，这里共有$(3n+L)$个未知量，即

$$u_1, u_2, \cdots, u_{3n}; \lambda_1, \lambda_2, \cdots, \lambda_L$$

将式(2.1.3)与式(2.1.4)代入式(2.1.2)后，得

$$m_s \ddot{u}_s = F_s + \sum_{r=1}^{L}(\lambda_r A_{rs}) + \psi_s = F_s + R_s + \psi_s \tag{2.1.9}$$

这里方程(2.1.9)与约束组(2.1.6)便构成约束系统的封闭动力学方程组，称之为第一类 Lagrange 方程。对于仅有理想约束的质点系统，则式(2.1.9)可退化为

$$m_s \ddot{u}_s = F_s + R_s \quad (s = 1,2,\cdots,3n) \tag{2.1.10}$$

或者

$$m_k \ddot{\boldsymbol{r}}_k = \boldsymbol{F}_k + \boldsymbol{R}_k \quad (k = 1,2,\cdots,n) \tag{2.1.11}$$

将每一个运动方程(2.1.11)与相应的虚位移$\delta \boldsymbol{r}_k$作点积，然后相加，得

$$\sum_{k=1}^{n}[(\boldsymbol{F}_k - m_k \ddot{\boldsymbol{r}}_k) \cdot \delta \boldsymbol{r}_k] = -\sum_{k=1}^{n}(\boldsymbol{R}_k \cdot \delta \boldsymbol{r}_k) \tag{2.1.12}$$

因为是理想约束，因此有

$$\sum_{k=1}^{n}(\boldsymbol{R}_k \cdot \delta \boldsymbol{r}_k) = 0 \tag{2.1.13}$$

借助式(2.1.13),则式(2.1.12)变为

$$\sum_{k=1}^{n}[(\boldsymbol{F}_k - m_k\ddot{\boldsymbol{r}}_k)\cdot\delta\boldsymbol{r}_k) = 0 \tag{2.1.14}$$

式(2.1.14)便为理想约束下,质点系的动力学虚位移原理。引进 d'Alembert 惯性力 $\boldsymbol{J}_k$,即

$$\boldsymbol{J}_k = -m_k\ddot{\boldsymbol{r}}_k \tag{2.1.15}$$

此时式(2.1.11)与式(2.1.14)分别变为

$$\boldsymbol{F}_k + \boldsymbol{R}_k + \boldsymbol{J}_k = 0 \tag{2.1.16}$$

$$\sum_{k=1}^{n}[(\boldsymbol{F}_k + \boldsymbol{J}_k)\cdot\delta\boldsymbol{r}_k] = 0 \tag{2.1.17}$$

式(2.1.17)便是著名的 d'Alembert 原理,它表明在理想约束下,质点系的惯性力与它所受作用力之和的虚功为零。引进质点体系的总动能 $T=\frac{1}{2}\sum\limits_{k=1}^{n}(m_i\dot{\boldsymbol{r}}_i\cdot\dot{\boldsymbol{r}}_i)$,在广义坐标$(q_1,q_2,\cdots,q_m)$中便有

$$T = \frac{1}{2}\sum_{j=1}^{m}\sum_{k=1}^{m}(a_{jk}\dot{q}_j\dot{q}_k) + \sum_{j=1}^{m}(b_j\dot{q}_j) + \frac{1}{2}c \equiv T_2 + T_1 + T_0 \tag{2.1.18}$$

其中

$$a_{jk} = \sum_{i=1}^{n}\left(m_i\frac{\partial\boldsymbol{r}_i}{\partial q_j}\cdot\frac{\partial\boldsymbol{r}_i}{\partial q_k}\right),\quad b_j = \sum_{i=1}^{n}\left(m_i\frac{\partial\boldsymbol{r}_i}{\partial t}\cdot\frac{\partial\boldsymbol{r}_i}{\partial q_j}\right) \tag{2.1.19}$$

$$c = \sum_{i=1}^{n}\left(m_i\frac{\partial\boldsymbol{r}_i}{\partial t}\cdot\frac{\partial\boldsymbol{r}_i}{\partial t}\right) \tag{2.1.20}$$

$$\boldsymbol{r}_i = \boldsymbol{r}_i(q_1,q_2,\cdots,q_m,t) \equiv \boldsymbol{r}_i(q,t) \tag{2.1.21}$$

$$\dot{\boldsymbol{r}}_i = \frac{\mathrm{d}\boldsymbol{r}}{\mathrm{d}t},\quad \ddot{\boldsymbol{r}} = \frac{\mathrm{d}^2\boldsymbol{r}}{\mathrm{d}t^2} \tag{2.1.22}$$

$$\dot{\boldsymbol{r}}_i = \frac{\partial\boldsymbol{r}_i}{\partial t} + \sum_{s=1}^{m}\frac{\partial\boldsymbol{r}_i}{\partial q_s}\dot{q}_s \tag{2.1.23}$$

$$\ddot{\boldsymbol{r}}_i = \frac{\partial^2\boldsymbol{r}_i}{\partial t^2} + 2\sum_{s=1}^{m}\left(\frac{\partial^2\boldsymbol{r}_i}{\partial q_s\partial t}\dot{q}_s\right) + \sum_{s=1}^{m}\sum_{k=1}^{m}\left(\frac{\partial^2\boldsymbol{r}_i}{\partial q_s\partial q_k}\dot{q}_s\dot{q}_k\right) + \sum_{s=1}^{m}\left(\frac{\partial\boldsymbol{r}_i}{\partial q_s}\ddot{q}_s\right) \tag{2.1.24}$$

$$\frac{\partial\dot{\boldsymbol{r}}_i}{\partial\dot{q}_s} = \frac{\partial\boldsymbol{r}_i}{\partial q_s},\qquad \frac{\mathrm{d}}{\mathrm{d}t}\frac{\partial\boldsymbol{r}_i}{\partial q_s} = \frac{\partial\dot{\boldsymbol{r}}_i}{\partial q_s} \tag{2.1.25}$$

$$\frac{\partial\ddot{\boldsymbol{r}}_i}{\partial\ddot{q}_s} = \frac{\partial\boldsymbol{r}_i}{\partial q_s} \tag{2.1.26}$$

并注意到

$$\sum_{k=1}^{n}(m_k\ddot{\boldsymbol{r}}_k\cdot\delta\boldsymbol{r}_k) = \sum_{s=1}^{m}\left(\frac{\mathrm{d}}{\mathrm{d}t}\frac{\partial T}{\partial\dot{q}_s} - \frac{\partial T}{\partial q_s}\right)\delta q_s \tag{2.1.27}$$

于是式(2.1.17)可表为 Euler-Lagrange 形式的 d'Alembert 原理,即

$$\sum_{s=1}^{m}\left(\frac{\partial T}{\partial q_s}-\frac{\mathrm{d}}{\mathrm{d}t}\frac{\partial T}{\partial \dot{q}_s}+Q_s\right)\delta q_s=0 \tag{2.1.28}$$

其中

$$Q_s=\sum_{k=1}^{n}\boldsymbol{F}_k\cdot\frac{\partial \boldsymbol{r}_k}{\partial q_s} \tag{2.1.29}$$

称它为广义力。注意到

$$\sum_{k=1}^{n}(m_k\ddot{\boldsymbol{r}}_k\cdot\delta\boldsymbol{r}_k)=\sum_{s=1}^{m}\left(\frac{\partial\dot{T}}{\partial\dot{q}_s}-2\frac{\partial T}{\partial q_s}\right)\partial q_s \tag{2.1.30}$$

$$\sum_{k=1}^{n}(m_k\ddot{\boldsymbol{r}}_k\cdot\delta\boldsymbol{r}_k)=\sum_{s=1}^{m}\frac{\partial S}{\partial\ddot{q}_s}\partial q_s \tag{2.1.31}$$

这里系统的加速度能量 S 定义为

$$S=\frac{1}{2}\sum_{k=1}^{n}(m_k\ddot{\boldsymbol{r}}_k\cdot\ddot{\boldsymbol{r}}_k) \tag{2.1.32}$$

于是借助于式(2.1.30)与式(2.1.31)，则式(2.1.17)分别变为

$$\sum_{s=1}^{m}\left(2\frac{\partial T}{\partial q_s}-\frac{\partial\dot{T}}{\partial\dot{q}_s}+Q_s\right)\delta q_s=0 \tag{2.1.33}$$

$$\sum_{s=1}^{m}\left(-\frac{\partial S}{\partial\ddot{q}_s}+Q_s\right)\delta q_s=0 \tag{2.1.34}$$

式(2.1.33)和式(2.1.34)分别称为 Nielsen 形式与 Appell 形式的 d'Alembert 原理。对于完整约束系统，则 $\delta q_1,\delta q_2,\cdots,\delta q_m$ 彼此是独立的、任意的，并且还有

$$\delta\boldsymbol{r}_i=\sum_{s=1}^{m}\frac{\partial\boldsymbol{r}_i}{\partial q_s}\delta q_s \tag{2.1.35}$$

2.2　Hamilton 原理

考虑具有双面、理想、完整约束的力学系统。系统的位形由 m 个广义坐标 q_s $(s=1,2,\cdots,m)$确定。系统的 Lagrange 函数为 $L=T-V=L(q_1,\cdots,q_m,\dot{q}_1,\cdots,\dot{q}_m,t)$，其中 T 为系统的动能，V 为从广义力 Q_s 中分出的有势部分，即 Q_s 分解为

$$Q_s=\sum_{k=1}^{n}\left(\boldsymbol{F}_k\cdot\frac{\partial\boldsymbol{r}_k}{\partial q_s}\right)=-\frac{\partial V}{\partial q_s}+Q_s' \tag{2.2.1}$$

式中：Q_s'为非有势力。借助于 Lagrange 函数以及式(2.2.1)，于是式(2.1.28)变为

$$\sum_{s=1}^{m}\left[Q_s'+\frac{\partial L}{\partial q_s}-\frac{\mathrm{d}}{\mathrm{d}t}\left(\frac{\partial L}{\partial\dot{q}_s}\right)\right]\delta q_s=0 \tag{2.2.2}$$

这个方程对所有时刻 t 都是正确的，因此可将式(2.2.2)乘以 $\mathrm{d}t$ 并从 t_0 积分到 t_1，得

$$\int_{t_0}^{t_1}\sum_{s=1}^{m}\left\{\left[\frac{\partial L}{\partial q_s}-\frac{\mathrm{d}}{\mathrm{d}t}\left(\frac{\partial L}{\partial\dot{q}_s}\right)\right]\delta q_s\right\}\mathrm{d}t=-\int_{t_0}^{t_1}\sum_{s=1}^{m}(Q_s'\delta q_s)\mathrm{d}t \tag{2.2.3}$$

引入 Hamilton 意义下的作用量 S：

$$S \equiv \int_{t_0}^{t_1} L\mathrm{d}t = \int_{t_0}^{t_1} L(q_s, \dot{q}_s, t)\mathrm{d}t \tag{2.2.4}$$

它是 Lagrange 函数对时间从 t_0 到 t_1 的积分。将式(2.2.4)变分，得

$$\delta S = \int_{t_0}^{t_1} \sum_{s=1}^{m} \left(\frac{\partial L}{\partial q_s} \delta q_s + \frac{\partial L}{\partial \dot{q}_s} \delta \dot{q}_s \right) \mathrm{d}t \tag{2.2.5}$$

注意到对独立变量的变分运算与微分运算的可交换性：

$$\delta \dot{q}_s = \frac{\mathrm{d}}{\mathrm{d}t} \delta q_s \tag{2.2.6}$$

并对式(2.2.5)的第二项进行分部积分，于是式(2.2.5)变为

$$\delta S = \int_{t_0}^{t_1} \delta L\mathrm{d}t = \int_{t_0}^{t_1} \sum_{s=1}^{m} \left[\frac{\partial L}{\partial q_s} - \frac{\mathrm{d}}{\mathrm{d}t}\left(\frac{\partial L}{\partial \dot{q}_s} \right) \right] \delta q_s \mathrm{d}t + \left[\sum_{s=1}^{m} \left(\frac{\partial L}{\partial \dot{q}_s} \delta q_s \right) \right] \Bigg|_{t_0}^{t_1} \tag{2.2.7}$$

令 $(\delta q_s)_{t=t_0} = \delta q_{s0}$，$(\delta q_s)_{t=t1} = \delta q_{s1}$，借助于式(2.2.7)，于是式(2.2.3)变为

$$\delta S - \left[\sum_{s=1}^{m} \left(\frac{\partial L}{\partial \dot{q}_s} \delta q_s \right) \right] \Bigg|_{t_0}^{t_1} = -\int_{t_0}^{t_1} \sum_{s=1}^{m} (Q'_s \delta q_s) \mathrm{d}t \tag{2.2.8}$$

在

$$\delta t_0 = 0, \quad \delta t_1 = 0 \tag{2.2.9}$$

$$\delta q_{s0} = 0, \quad \delta q_{s1} = 0 \quad (s = 1, 2, \cdots, m) \tag{2.2.10}$$

条件下，式(2.2.8)变为

$$\delta S = -\int_{t_0}^{t_1} \sum_{s=1}^{m} (Q'_s \delta q_s) \mathrm{d}t \tag{2.2.11}$$

这样，Hamilton 原理表述为：在相同的始终位置与等时变分条件下，对于一个理想完整非有势力不存在(即 $Q'_s = 0$)时的保守系统，在所有可能的各种运动中真实运动是使 Hamilton 作用量 S 取极值，即

$$\delta S = \delta \int_{t_0}^{t_1} L(q_s, \dot{q}_s, t)\mathrm{d}t = 0 \tag{2.2.12}$$

式(2.2.12)具有坐标变换的不变性。

2.3 Newton 方程、Lagrange 方程与 Hamilton 正则方程

本节由 Hamilton 原理出发，导出 Newton 方程、Lagrange 方程以及 Hamilton 正则方程。

1. 在保守系条件下导出 Newton 方程

设体系具有 n 个自由质点，在保守系条件下 T 与 V 的变分为

$$\delta T = \delta\left[\sum_{i=1}^{n}\left(\frac{1}{2}m_i|\dot{\boldsymbol{r}}_i|^2\right)\right] = \sum_{i=1}^{n}(m_i\dot{\boldsymbol{r}}_i \cdot \delta\dot{\boldsymbol{r}}_i) \tag{2.3.1}$$

$$\delta V = -\sum_{i=1}^{n}(\boldsymbol{F}_i \cdot \delta\boldsymbol{r}_i) \tag{2.3.2}$$

由 Hamilton 原理对于单个质点有

$$\begin{aligned}\delta\int_{t_1}^{t_2} L\mathrm{d}t &= \int_{t_1}^{t_2}(\delta T - \delta V)\mathrm{d}t \\ &= \int_{t_1}^{t_2}\left[\delta\left(\frac{1}{2}m|\dot{r}|^2\right) - \delta\left(-\int_{\gamma_0}^{\gamma}\boldsymbol{F}\cdot \mathrm{d}r\right)\right]\mathrm{d}t \\ &= \int_{t_1}^{t_2}\left[m\dot{\boldsymbol{r}}\cdot\delta\dot{\boldsymbol{r}} + \frac{\mathrm{d}}{\mathrm{d}\gamma}\left(\int_{\gamma_0}^{\gamma}\boldsymbol{F}\cdot \mathrm{d}r\right)\cdot\delta\boldsymbol{r}\right]\mathrm{d}t \\ &= \int_{t_1}^{t_2}\left[m\frac{\mathrm{d}}{\mathrm{d}t}(\dot{\boldsymbol{r}}\cdot\delta r) - m\ddot{\boldsymbol{r}}\cdot\delta\boldsymbol{r} + \boldsymbol{F}\cdot\delta\boldsymbol{r}\right]\mathrm{d}t \\ &= \int_{t_1}^{t_2}(F - m\ddot{\boldsymbol{r}})\cdot\delta\boldsymbol{r}\mathrm{d}t = 0\end{aligned} \tag{2.3.3}$$

式(2.3.3)推导中用到不动边界条件。注意到式(2.3.3)中 $\delta\boldsymbol{r}$ 是独立的与任意的，于是推出 Newton 方程，即

$$\boldsymbol{F} = m\ddot{\boldsymbol{r}} \tag{2.3.4}$$

2. 在保守系下导出 Lagrange 方程

对于完整保守系统，在式(2.2.9)与式(2.2.10)的条件下，式(2.2.7)变为

$$\delta S = \int_{t_0}^{t_1}\delta L\mathrm{d}t = \int_{t_0}^{t_1}\left\{\sum_{s=1}^{m}\left[\frac{\partial L}{\partial q_s} - \frac{\mathrm{d}}{\mathrm{d}t}\left(\frac{\mathrm{d}L}{\partial\dot{q}_s}\right)\right]\delta q_s\right\}\mathrm{d}t \tag{2.3.5}$$

由 Hamilton 原理，则式(2.3.5)中 δS 应为零，即

$$\delta S = \int_{t_0}^{t_1}\left\{\sum_{s=1}^{m}\left[\frac{\partial L}{\partial q_s} - \frac{\mathrm{d}}{\mathrm{d}t}\left(\frac{\mathrm{d}L}{\partial\dot{q}_s}\right)\right]\delta q_s\right\}\mathrm{d}t = 0 \tag{2.3.6}$$

上述等式对任何的积分区间都成立，因此被积函数为零，即

$$\sum_{s=1}^{m}\left[\frac{\partial L}{\partial q_s}-\frac{\mathrm{d}}{\mathrm{d}t}\left(\frac{\partial L}{\partial \dot{q}_s}\right)\right]\delta q_s=0 \tag{2.3.7}$$

因所研究的系统是完整的，式(2.3.7)中的 δq_s 是彼此独立的、任意的，于是得到 Lagrange 方程

$$\frac{\mathrm{d}}{\mathrm{d}t}\left(\frac{\partial L}{\partial \dot{q}_s}\right)-\frac{\partial L}{\partial q_s}=0 \quad (s=1,2,\cdots,m) \tag{2.3.8}$$

3. 在非保守系下导出非保守系的 Lagrange 方程

在非保守系下，力做的功不能写成一个函数的全微分，虚功也一样。于是在非保守系下元虚功 δA 与广义力 Q_i 间的关系为

$$\delta A=\sum_{i=1}^{n}\boldsymbol{F}_i\cdot\delta\boldsymbol{r}_i=\sum_{s=1}^{m}Q_s\delta q_s \tag{2.3.9}$$

在保守系下 Hamilton 原理的表达式为

$$\delta S=\int_{t_0}^{t_1}\delta L\mathrm{d}t=\int_{t_0}^{t_1}(\delta T-\delta V)\mathrm{d}t=0 \tag{2.3.10}$$

在非保守系情况下，应该用 δA 代替($-\delta V$)作为力做的虚功，于是在式(2.2.9)与式(2.2.10)的条件下，此时 Hamilton 原理推广为

$$\delta S=\delta\int_{t_0}^{t_1}T\mathrm{d}t+\int_{t_0}^{t_1}\delta A\mathrm{d}t=0 \tag{2.3.11}$$

式(2.3.11)右端第一项可以化为

$$\delta\int_{t_0}^{t_1}T\mathrm{d}t=\int_{t_0}^{t_1}\left\{\sum_{s=1}^{m}\left[\frac{\partial T}{\partial q_s}-\frac{\mathrm{d}}{\mathrm{d}t}\left(\frac{\partial T}{\partial \dot{q}_s}\right)\right]\delta q_s\right\}\mathrm{d}t \tag{2.3.12}$$

将式(2.3.9)与式(2.3.12)代入到式(2.3.11)后得

$$\int_{t_0}^{t_1}\left\{\sum_{s=0}^{m}\left[\frac{\partial T}{\partial q_s}-\frac{\mathrm{d}}{\mathrm{d}t}\left(\frac{\partial T}{\partial \dot{q}_s}\right)+Q_s\right]\delta q_s\right\}\mathrm{d}t=0 \tag{2.3.13}$$

由于是完整约束，δq_s 应该是独立的，故被积函数各项的系数应为零，即

$$\frac{\mathrm{d}}{\mathrm{d}t}\left(\frac{\partial T}{\partial \dot{q}_s}\right)-\frac{\partial T}{\partial q_s}=Q_s \tag{2.3.14}$$

这就是非守恒系下的 Lagrange 方程。

另外，考虑第一类 Lagrange 方程(2.1.2)或(2.1.9)，以及约束方程(2.1.3)与(2.1.4)，很容易推出用广义坐标表达的动力学基本方程，又常称之为 Lagrange 力学基本方程，即

$$\sum_{s=1}^{m}\left[\frac{\mathrm{d}}{\mathrm{d}t}\left(\frac{\partial T}{\partial \dot{q}_s}\right)-\frac{\partial T}{\partial q_s}-Q_s-P_s\right]\delta q_i=0 \tag{2.3.15}$$

其中

$$Q_s = \sum_{i=1}^{3n} \left(F_i \frac{\partial u_i}{\partial q_s} \right) \quad (s = 1, 2, \cdots, m) \tag{2.3.16}$$

$$P_s = \sum_{i=1}^{3n} \left(\widetilde{R}_i \frac{\partial u_i}{\partial q_s} \right) \quad (s = 1, 2, \cdots, m) \tag{2.3.17}$$

式中：F_i 与 $\widetilde{R}_i$ 的定义同式(2.1.2)与式(2.1.4)。当质点系的描述从空间 C 变换到空间 C^q 之后，已知的几何约束组被自动满足，而不对广义坐标及其微变空间有任何限制；其余的约束也转换到广义坐标空间，不失一般性，这里不妨假定这些相互独立的约束为

一阶线性约束组

$$\sum_{s=1}^{m} (B_{rs}(q_1, \cdots, q_m, t)\, \dot{q}_s) + B_r(q_1, \cdots, q_m, t) = 0 \quad (r = 1, 2, \cdots, g) \tag{2.3.18}$$

一般性的一阶约束组

$$\varphi_r(q_1, \cdots, q_m, \dot{q}_1, \cdots, \dot{q}_m, t) = 0 \quad (r = g+1, g+2, \cdots, g+h) \tag{2.3.19}$$

这时，第二类 Lagrange 方程便可表示为

$$\frac{\mathrm{d}}{\mathrm{d}t}\left(\frac{\partial T}{\partial \dot{q}_s}\right) - \frac{\partial T}{\partial q_s} = Q_s + P_s + \sum_{r=1}^{g} (\lambda_r B_{rs}) + \sum_{r=g+1}^{g+h} \left(\lambda_r \frac{\partial \varphi_r}{\partial \dot{q}_s} \right) \tag{2.3.20}$$

式(2.3.20)与约束组(2.3.18)、(2.3.19)一起，构成该质点系以广义坐标 $q_1, \cdots, q_m$ 以及未定 Lagrange 乘子 $\lambda_1, \lambda_2, \cdots, \lambda_{g+h}$ 为变量的封闭动力学方程组。当质点系具有完整约束时，则式(2.3.20)便退化为

$$\frac{\mathrm{d}}{\mathrm{d}t}\left(\frac{\partial T}{\partial \dot{q}_s}\right) - \frac{\partial T}{\partial q_s} = Q_s + P_s \tag{2.3.21}$$

4. 由 Hamilton 原理导出完整系统的正则方程

假定系统含 n 个质点、k 个完整约束、$m = 3n - k$ 个自由度，正则变量 $q_1, q_2, \cdots, q_m$ 互相独立。系统的 Hamilton 函数 H 和 Lagrange 函数 L 分别为

$$H = \sum_{j=1}^{m} (p_j \dot{q}_j) - L \equiv H(q, p, t) \tag{2.3.22}$$

$$L = \sum_{j=1}^{m} (p_j \dot{q}_j) - H \equiv L(q, \dot{q}, t) \tag{2.3.23}$$

式中：q_j 与 p_j 分别为广义坐标与广义动量。由 Hamilton 原理，得

$$\delta S = \delta \int_{t_1}^{t_2} L \mathrm{d}t = \delta \int_{t_1}^{t_2} \left[\sum_{s=1}^{m} (p_s \dot{q}_s) - H \right] \mathrm{d}t$$

$$=\int_{t_1}^{t_2}\Big[\sum_{s=1}^{m}\Big(\dot{q}_s\delta p_s+p_s\delta\dot{q}_s-\frac{\partial H}{\partial q_s}\delta q_s-\frac{\partial H}{\partial p_s}\delta p_s\Big)\Big]\mathrm{d}t=0 \tag{2.3.24}$$

其中

$$\begin{aligned}\int_{t_1}^{t_2}\Big(\sum_{s=1}^{m}p_s\delta\dot{q}_s\Big)\mathrm{d}t&=\int_{t_1}^{t_2}\Big[\sum_{s=1}^{m}p_s\Big(\frac{\mathrm{d}}{\mathrm{d}t}\delta q_s\Big)\Big]\mathrm{d}t\\&=\int_{t_1}^{t_2}\Big\{\sum_{s=1}^{m}\Big[\frac{\mathrm{d}}{\mathrm{d}t}(p_s\delta q_s)-\dot{p}_s\delta q_s\Big]\Big\}\mathrm{d}t=-\int_{t_1}^{t_2}\Big[\sum_{s=1}^{m}(\dot{p}_s\delta q_s)\Big]\mathrm{d}t\end{aligned} \tag{2.3.25}$$

将式(2.3.25)代入式(2.3.24)，得

$$\delta S=\sum_{s=1}^{m}\int_{t_1}^{t_2}\Big[\Big(-\dot{p}_s-\frac{\partial H}{\partial q_s}\Big)\delta q_s+\Big(\dot{q}_s-\frac{\partial H}{\partial p_s}\Big)\delta p_s\Big]\mathrm{d}t=0 \tag{2.3.26}$$

由于 δq_s 与 δp_s 都是独立的，因此式(2.3.26)中它们的系数应为零，即

$$\dot{q}_s=\frac{\partial H}{\partial p_s},\quad \dot{p}_s=-\frac{\partial H}{\partial q_s}\quad (s=1,2,\cdots,m) \tag{2.3.27}$$

这就是著名的 Hamilton 正则方程，这里 $q_1,\cdots,q_m$ 与 $p_1,\cdots,p_m$ 称为正则变量，每一对 q_s 与 p_s 则称为共轭变量。

另外，对应于第二类 Lagrange 方程(2.3.20)，也可以得相应的非完整系统的 Hamilton 正则方程，其表达式为

$$\dot{q}_s=\frac{\partial H}{\partial p_s},\quad \dot{p}_s=-\frac{\partial H}{\partial q_s}+\sum_{r=1}^{g}(\lambda_r B_{rs})+\sum_{r=g+1}^{g+h}\Big(\lambda_r\frac{\partial\varphi_r}{\partial\dot{q}_s}\Big) \tag{2.3.28}$$

综上所述，把 Hamilton 原理作为力学的基本原理可以建立整个力学的基本体系，它与 Newton 定律等效，可以处理力学中的相关问题。

Hamilton 正则方程的构造是简单和对称的，这种形式在数学上称为"耦对方程"。Hamilton 正则方程的耦对性，决定了相空间存在一个独特的"辛几何结构"，同时这种结构在一大类相当广泛的变换(如接触变换)下保持不变。另外，Hamilton 在经典力学中所引入的力学量的"正则共轭对"，不仅使经典力学在表述上深刻与简明，而且在量子力学中很有用。在量子力学中，正是这些"正则共轭对"的力学量，其算符之间才具有不可交换的重要特征。

5. 广义能量积分

对于 n 个质点其体系的动能 T 为

$$T=\frac{1}{2}\sum_{j=1}^{m}\sum_{k=1}^{m}(a_{jk}\dot{q}_j\dot{q}_k)+\sum_{j=1}^{m}(b_j\dot{q}_j)+\frac{1}{2}c\equiv T_2+T_1+T_0 \tag{2.3.29}$$

其中

$$T_2 = \frac{1}{2}\sum_{j=1}^{m}\sum_{k=1}^{m}(a_{jk}\dot{q}_j\dot{q}_k) \tag{2.3.30}$$

$$T_1 = \sum_{j=1}^{m}(b_j\dot{q}_j)$$

$$T_0 = \frac{1}{2}c \tag{2.3.31}$$

其中 a_{jk}、b_j 与 c 的定义同式(2.1.19)与式(2.1.20)且矢径 $\boldsymbol{r}_i=\boldsymbol{r}_i(q_1,\cdots,q_m,t)$。今考虑保守系下约束是完整、理想的质点系，其 Lagrange 方程由式(2.3.8)给出，注意到

$$L = T - V = L(q,t) \tag{2.3.32}$$

式中：q 是 $q_1,q_2,\cdots,q_m$ 的缩写；V 为保守力所确定的势能；T 为体系的动能。注意到

$$\frac{\partial V}{\partial \dot{q}_s} = 0 \tag{2.3.33}$$

于是式(2.3.8)变为

$$\frac{\mathrm{d}}{\mathrm{d}t}\left(\frac{\partial T}{\partial \dot{q}_s}\right) - \frac{\partial T}{\partial q_s} = -\frac{\partial V}{\partial q_s} \tag{2.3.34}$$

将式(2.3.34)两边乘以 $\dot{q}_s$ 并对 s 求和，得

$$\sum_{s=1}^{m}\left[\dot{q}_s\frac{\mathrm{d}}{\mathrm{d}t}\left(\frac{\partial T}{\partial \dot{q}_s}\right)\right] - \sum_{s=1}^{m}\left(\dot{q}_s\frac{\partial T}{\partial q_s}\right) = -\sum_{s=1}^{m}\left(\dot{q}_s\frac{\partial V}{\partial q_s}\right) \tag{2.3.35}$$

或者

$$\frac{\mathrm{d}}{\mathrm{d}t}\left[\sum_{s=1}^{m}\left(\frac{\partial T}{\partial \dot{q}_s}\dot{q}_s\right)\right] - \sum_{s=1}^{m}\left(\frac{\partial T}{\partial \dot{q}_s}\ddot{q}_s\right) - \sum_{s=1}^{m}\left(\dot{q}_s\frac{\partial T}{\partial q_s}\right) + \sum_{s=1}^{m}\left(\dot{q}_s\frac{\partial V}{\partial q_s}\right) = 0 \tag{2.3.36}$$

注意到 T_2、T_1 与 T_0 分别是 $\dot{q}$ 的二次、一次与零次齐次函数，应用 Euler 齐次函数定理，并再次假定 T 与 V 不显含 t $\left(\text{即}\frac{\partial L}{\partial t}=0\right)$时，于是有

$$\frac{\mathrm{d}}{\mathrm{d}t}\left[\sum_{s=1}^{m}\left(\frac{\partial T}{\partial \dot{q}_s}\dot{q}_s\right)\right] = \frac{\mathrm{d}}{\mathrm{d}t}\left[\sum_{s=1}^{m}\left(\frac{\partial T_2}{\partial \dot{q}_s}\dot{q}_s\right) + \sum_{s=1}^{m}\left(\frac{\partial T_1}{\partial \dot{q}_s}\dot{q}_s\right)\right] = \frac{\mathrm{d}}{\mathrm{d}t}(2T_2 + T_1) \tag{2.3.37}$$

$$\sum_{s=1}^{m}\left(\frac{\partial T}{\partial \dot{q}_s}\ddot{q}_s\right) + \sum_{s=1}^{m}\left(\frac{\partial T}{\partial q_s}\dot{q}_s\right) = \frac{\mathrm{d}T}{\mathrm{d}t} = \frac{\mathrm{d}}{\mathrm{d}t}(T_2 + T_1 + T_0) \tag{2.3.38}$$

$$\sum_{s=1}^{m}\left(\frac{\partial V}{\partial q_s}\dot{q}_s\right) = \frac{\mathrm{d}V}{\mathrm{d}t} \tag{2.3.39}$$

将式(2.3.37)～式(2.3.39)代入式(2.3.36)并整理后得

$$\frac{\mathrm{d}}{\mathrm{d}t}(T_2 - T_0 + V) = 0 \tag{2.3.40}$$

或者

$$T_2 - T_0 + V = \text{常数} \tag{2.3.41}$$

值得注意的是,T_2-T_0+V 并不是质点的机械能,但由于形式上式(2.3.41)类似于能量积分,因此式(2.3.41)称为广义能量积分,或称 Jacobi 积分。另外,Hamilton 函数 H 定义为

$$H \equiv \sum_{s=1}^{m}(p_s\dot{q}_s) - L = \sum_{s=1}^{m}\left(\frac{\partial L}{\partial \dot{q}_s}\dot{q}_s\right) - L \tag{2.3.42}$$

注意到式(2.3.33)和式(2.3.43),即

$$\sum_{s=1}^{m}\left(\frac{\partial T}{\partial \dot{q}_s}\dot{q}_s\right) = 2T_2 + T_1 \tag{2.3.43}$$

在 $\boldsymbol{r}_i=\boldsymbol{r}_i(q,t)$ 的情况下,于是式(2.3.42)可变为

$$H = (2T_2 + T_1) - (T_2 + T_1 + T_0 - V) = T_2 - T_0 + V \tag{2.3.44}$$

2.4 Poisson 括号以及接触变换

1. Poisson 括号及其性质

设 $f(q,p,t)$ 是一动力学变量,这里 q 与 p 为正则变量,f 是 q,p 与 t 的函数。于是 f 对时间的全微商为

$$\frac{\mathrm{d}f}{\mathrm{d}t} = \frac{\partial f}{\partial t} + \sum_{s=1}^{m}\left(\frac{\partial f}{\partial q_s}\dot{q}_s + \frac{\partial f}{\partial p_s}\dot{p}_s\right) \tag{2.4.1}$$

应用 Hamilton 正则方程(2.3.27),则式(2.4.1)变为

$$\frac{\mathrm{d}f}{\mathrm{d}t} = \frac{\partial f}{\partial t} + \sum_{s=1}^{m}\left(\frac{\partial f}{\partial q_s}\frac{\partial H}{\partial p_s} - \frac{\partial f}{\partial p_s}\frac{\partial H}{\partial q_s}\right) \tag{2.4.2}$$

引进关于 f 与 H 的 Poisson 括号,即

$$[f,H] = \sum_{s=1}^{m}\left(\frac{\partial f}{\partial q_s}\frac{\partial H}{\partial p_s} - \frac{\partial f}{\partial p_s}\frac{\partial H}{\partial q_s}\right) = \sum_{s=1}^{m}\frac{\partial(f,H)}{\partial(q_s,p_s)} \tag{2.4.3}$$

这里$\dfrac{\partial(f,H)}{\partial(q_s,p_s)}$为 Jacobi 行列式。于是式(2.4.2)可写为

$$\frac{\mathrm{d}f}{\mathrm{d}t} = \frac{\partial f}{\partial t} + [f,H] \tag{2.4.4}$$

令 $\varphi=\varphi(q,p,t)$ 与 $\psi=\psi(q,p,t)$ 为任意的两个动力学变量,这里 q 与 p 为正则变量,则它们的 Poisson 括号具有如下性质:

(1)
$$[q_i,q_j]=0,\quad [p_i,p_j]=0 \tag{2.4.5}$$

$$[q_i,p_j]=\delta_{ij},\quad [p_i,q_j]=-\delta_{ij} \tag{2.4.6}$$

(2)
$$[\varphi,\psi]=-[\psi,\varphi] \tag{2.4.7}$$

(3) 加法分配律

$$[\theta,\varphi+\psi]=[\theta,\varphi]+[\theta,\psi] \tag{2.4.8}$$

(4) 乘法分配律

$$[\theta,\varphi\psi]=[\theta,\varphi]\psi+\varphi[\theta,\psi] \tag{2.4.9}$$

(5) 当 c 为常数时

$$c[\varphi,\psi]=[c\varphi,\psi]=[\varphi,c\psi] \tag{2.4.10}$$

$$[c,\varphi]=0 \tag{2.4.11}$$

(6) 对时间(或任何标量)的偏导

$$\frac{\partial}{\partial t}[\varphi,\psi]=\left[\frac{\partial\varphi}{\partial t},\psi\right]+\left[\varphi,\frac{\partial\psi}{\partial t}\right] \tag{2.4.12}$$

$$\frac{\partial}{\partial q_s}[\varphi,\psi]=\left[\frac{\partial\varphi}{\partial q_s},\psi\right]+\left[\varphi,\frac{\partial\psi}{\partial q_s}\right] \tag{2.4.13}$$

$$\frac{\partial}{\partial p_s}[\varphi,\psi]=\left[\frac{\partial\varphi}{\partial p_s},\psi\right]+\left[\varphi,\frac{\partial\psi}{\partial p_s}\right] \tag{2.4.14}$$

(7) Jacobi 恒等式

$$[\theta,[\varphi,\psi]]+[\varphi,[\psi,\theta]]+[\psi,[\theta,\varphi]]\equiv 0 \tag{2.4.15a}$$

$$[[\varphi,\psi],\theta]+[[\psi,\theta],\varphi]+[[\theta,\varphi],\psi]\equiv 0 \tag{2.4.15b}$$

正则方程(2.3.27)用 Poisson 括号表示时变为

$$\dot{q}_s=[q_s,H],\quad \dot{p}_s=[p_s,H] \tag{2.4.16}$$

显然,这时方程具有更明显的对称性,而且与量子力学中的运动方程形式上一致。注意到量子力学的 Heisenberg 方程

$$\frac{\mathrm{d}\hat{q}_s}{\mathrm{d}t}=\frac{1}{i\hbar}[\hat{q}_s,\hat{H}],\quad \frac{\mathrm{d}\hat{p}_s}{\mathrm{d}t}=\frac{1}{i\hbar}[\hat{p}_s,\hat{H}] \tag{2.4.17}$$

其中方括号运算是算符的对易子。根据 Dirac 证明的定理有

$$\lim_{\hbar\to 0}\frac{1}{i\hbar}[\hat{A},\hat{B}]=[A,B] \tag{2.4.18}$$

由此可见,当 $\hbar\to 0$ 时,Heisenberg 方程便变为 Hamilton 正则方程的 Poisson 形式。这表明,经典动力学是量子力学在 $\hbar\to 0$ 时的极限。在研究宏观客体的运动中,由于 $\hbar$ 与宏观尺度相比要小得多,因此经典动力学规律是精确成立的。

2. Poisson 括号在接触变换下的不变性

设系统用正则变量 $q_1,q_2,\cdots,q_m,p_1,p_2,\cdots,p_m$ 来描述,它的动力学方程由 Hamilton 正则方程(2.3.27)所规定。这里仍以 q 与 p 分别代表 $q_1,q_2,\cdots,q_m$ 与 $p_1,p_2,\cdots,p_m$ 的缩写,今研究由变量 q,p 向新变量 Q,P 的变换,即

$$Q_s=Q_s(q,p,t),\quad P_s=P_s(q,p,t)\quad (s=1,2,\cdots,m) \tag{2.4.19}$$

如果函数行列式满足

$$\frac{\partial(Q_1, Q_2, \cdots, Q_m, P_1, P_2, \cdots, P_m)}{\partial(q_1, q_2, \cdots, q_m, p_1, p_2, \cdots, p_m)} \neq 0 \tag{2.4.20}$$

并且还满足 Pfaff 方程时则式(2.4.19)的变换是正则变换。这里 Pfaff 方程为

$$\sum_{s=1}^{m}(P_s \mathrm{d}Q_s) - \lambda \sum_{s=1}^{m}(p_s \mathrm{d}q_s) = R\mathrm{d}t - \mathrm{d}W \tag{2.4.21}$$

式中:λ 为正则变换的"价";R 与 W 是任意连续可微函数,其中 W 称为正则变换的生成函数或母函数。通常将 $\lambda=1$ 时的正则变换称为接触变换,这时式(2.4.21)退化为变换接触性的 Lie 条件,即

$$\sum_{s=1}^{m}(P_s \mathrm{d}Q_s) - \sum_{s=1}^{m}(p_s \mathrm{d}q_s) = R\mathrm{d}t - \mathrm{d}W \tag{2.4.22}$$

在相空间(q,p)内,引进两个任意函数 u 与 v,即

$$\begin{cases} u = u(q_1, q_2, \cdots, q_m, p_1, p_2, \cdots, p_m, t) \\ v = v(q_1, q_2, \cdots, q_m, p_1, p_2, \cdots, p_m, t) \end{cases} \tag{2.4.23}$$

于是以 q,p 为变量对函数 u 与 v 的 Poisson 括号为

$$[u,v] = \sum_{s=1}^{m} \frac{\partial(u,v)}{\partial(q_s, p_s)} \equiv [u,v]_{q_s, p_s} \tag{2.4.24}$$

当空间(q,p)经过接触变换变到空间(Q,P)之后,则有

$$\begin{cases} u = U(Q_1, Q_2, \cdots, Q_m, P_1, P_2, \cdots, P_m, t) \\ v = V(Q_1, Q_2, \cdots, Q_m, P_1, P_2, \cdots, P_m, t) \end{cases} \tag{2.4.25}$$

于是以 Q,P 为变量对函数 U 与 V 的 Poisson 括号为

$$[U,V] = \sum_{s=1}^{m} \frac{\partial(U,V)}{\partial(Q_s, P_s)} \equiv [U,V]_{Q_s, P_s} \tag{2.4.26}$$

可以证明:Poisson 括号在接触变换下具有不变性,即

$$[u,v]_{q_s, p_s} = [U,V]_{Q_s, P_s} \tag{2.4.27}$$

2.5 相空间和 Liouville 定理

用 $q_1, q_2, \cdots, q_m$ 和 $p_1, p_2, \cdots, p_m$ 为直角坐标构成一个 $2m$ 维空间,这个空间称为相空间(又称为相宇)。这个名词是由 Gibbs 首次引进的,相空间任一点代表力学系统确定的运动状态,这个点称为这个系统的代表点或相点。当时间改变时,力学系统的运动状态改变,因此代表点将在相空间中运动,画出一条线来,称为相轨道[15]。Liouville 定理表明:对于保守力学体系来说,在相宇中代表点的密度在运动中保持不变。设相空间的体积元为

$$\mathrm{d}\Omega = \mathrm{d}q_1 \mathrm{d}q_2 \cdots \mathrm{d}q_m \mathrm{d}p_1 \mathrm{d}p_2 \cdots \mathrm{d}p_m \tag{2.5.1}$$

引进相密度 ρ,于是位于相空间体积元 $\mathrm{d}\Omega$ 内代表点的数目为 $\mathrm{d}N$,即

$$\mathrm{d}N = \rho\mathrm{d}\Omega \tag{2.5.2}$$

一般情况下,代表点密度可以表示为

$$\rho = \rho(q_1, q_2, \cdots, q_m, p_1, p_2, \cdots, p_m, t) \tag{2.5.3}$$

为写书方便,仍用 q 与 p 分别作为 $q_1, q_2, \cdots, q_m$ 与 $p_1, p_2, \cdots, p_m$ 的缩写,于是式(2.5.3)可简写为

$$\rho = \rho(q, p, t) \tag{2.5.4}$$

将式(2.5.4)对 t 微分可得到

$$\frac{\mathrm{d}\rho}{\mathrm{d}t} = \frac{\partial\rho}{\partial t} + \sum_{s=1}^{m}\left(\frac{\partial\rho}{\partial q_i}\dot{q}_i + \frac{\partial\rho}{\partial p_i}\dot{p}_i\right) = \frac{\partial\rho}{\partial t} + [\rho, H] \tag{2.5.5}$$

另外,假设体积元 $\mathrm{d}\Omega$ 是由下列各平面所构成的:

$$q_s, q_s + \mathrm{d}q_s; p_s, p_s + \mathrm{d}p_s \quad (s = 1, 2, \cdots, m) \tag{2.5.6}$$

在时间 $\mathrm{d}t$ 之后,有一些代表点走出这个体积元,另有一些代表点走进这个体积元,使得在这个固定的体积元中的代表点数由 $\rho\mathrm{d}\Omega$ 变为 $\left(\rho + \frac{\partial\rho}{\partial t}\mathrm{d}t\right)\mathrm{d}\Omega$,增加了 $\frac{\partial\rho}{\partial t}\mathrm{d}t\mathrm{d}\Omega$;另外,从代表点在运动中通过这个固定的体积元的边界的数目也可计算出在 $\mathrm{d}t$ 时间内的增加数。先考虑通过平面 q_i 进入 $\mathrm{d}\Omega$ 的代表点数。该平面的面积为

$$\mathrm{d}A = \mathrm{d}q_1\mathrm{d}q_2\cdots\mathrm{d}q_{i-1}\mathrm{d}q_{i+1}\cdots\mathrm{d}q_m \tag{2.5.7}$$

于是体积元可表示为 $\mathrm{d}\Omega = \mathrm{d}q_i\mathrm{d}A$;在 $\mathrm{d}t$ 时间内通过 $\mathrm{d}A$ 进入 $\mathrm{d}\Omega$ 的代表点数为 $\rho\dot{q}_i\mathrm{d}t\mathrm{d}A$;同样在 $\mathrm{d}t$ 时间内通过平面 $q_i + \mathrm{d}q_i$ 而走出 $\mathrm{d}\Omega$ 的代表点数为

$$(\rho\dot{q}_i)_{q_i+dq_i}\mathrm{d}t\mathrm{d}A = \left[(\rho\dot{q}_i)_{q_i} + \frac{\partial}{\partial q_i}(\rho\dot{q}_i)\mathrm{d}q_i\right]\mathrm{d}t\mathrm{d}A \tag{2.5.8}$$

两者相减便得到通过一对平面 q_i 与 $q_i + \mathrm{d}q_i$ 进入 $\mathrm{d}\Omega$ 的代表点数为

$$-\frac{\partial(\rho\dot{q}_i)}{\partial q_i}\mathrm{d}t\mathrm{d}\Omega \tag{2.5.9}$$

同样,在 $\mathrm{d}t$ 时间内通过一对平面 p_i 与 $p_i + \mathrm{d}p_i$ 进入 $\mathrm{d}\Omega$ 的代表点数为

$$-\frac{\partial(\rho\dot{p}_i)}{\partial p_i}\mathrm{d}t\mathrm{d}\Omega \tag{2.5.10}$$

把式(2.5.9)和式(2.5.10)相加并对 i 求和便得到在 $\mathrm{d}t$ 时间内由于代表点的运动穿过 $\mathrm{d}\Omega$ 的边界进入 $\mathrm{d}\Omega$ 内的净增加数,于是有

$$\frac{\partial\rho}{\partial t}\mathrm{d}t\mathrm{d}\Omega = -\sum_{s=1}^{m}\left[\frac{\partial(\rho\dot{q}_i)}{\partial q_i} + \frac{\partial(\rho\dot{p}_i)}{\partial p_i}\right]\mathrm{d}t\mathrm{d}\Omega \tag{2.5.11}$$

消去 $\mathrm{d}t\mathrm{d}\Omega$ 后得

$$\frac{\partial\rho}{\partial t} + \sum_{s=1}^{m}\left[\frac{\partial(\rho\dot{q}_i)}{\partial q_i} + \frac{\partial(\rho\dot{p}_i)}{\partial p_i}\right] = 0 \tag{2.5.12}$$

由式(2.5.5)与式(2.5.12)中消去$\frac{\partial\rho}{\partial t}$,得

$$\frac{\mathrm{d}\rho}{\mathrm{d}t}=-\rho\sum_{s=1}^{m}\left(\frac{\partial\dot{q}_i}{\partial q_i}+\frac{\partial\dot{p}_i}{\partial p_i}\right) \tag{2.5.13}$$

借助于式(2.3.27),则式(2.5.13)变为

$$\frac{\mathrm{d}\rho}{\mathrm{d}t}=0 \tag{2.5.14}$$

于是 Liouville 定理得到证明。Liouville 定理的另一个表达形式是相体积不变定理。下面证明这个定理:

令

$$\Gamma=\int_{\Gamma}\mathrm{d}q_1\mathrm{d}q_2\cdots\mathrm{d}q_m\mathrm{d}p_1\mathrm{d}p_2\cdots\mathrm{d}p_m \tag{2.5.15}$$

代表在时刻 t 的体积元,$\Gamma=\Gamma(t)$;体积 Γ 内的点 q_i, p_i 在时间 $\mathrm{d}t$ 后占据相空间的位置 q_i', p_i':

$$q_i'=q_i+\dot{q}_i\mathrm{d}t,\quad p_i'=p_i+\dot{p}_i\mathrm{d}t \tag{2.5.16}$$

此时体积 Γ 也将移动并占据位置 $\Gamma'=\Gamma(t+\mathrm{d}t)$:

$$\Gamma'=\int_{\Gamma'}\mathrm{d}q_1'\mathrm{d}q_2'\cdots\mathrm{d}q_m'\mathrm{d}p_1'\mathrm{d}p_2'\cdots\mathrm{d}p_m' \tag{2.5.17}$$

由于变量 q_i', p_i'是 q_i, p_i 的函数,于是便可用换元积分法计算式(2.5.12),即

$$\Gamma(t+\mathrm{d}t)=\int_{\Gamma}\frac{\partial(q_1',q_2',\cdots,q_m',p_1',p_2',\cdots,p_m')}{\partial(q_1,q_2,\cdots,q_m,p_1,p_2,\cdots,p_m)}\mathrm{d}q_1\mathrm{d}q_2\cdots\mathrm{d}q_m\mathrm{d}p_1\mathrm{d}p_2\cdots\mathrm{d}p_m \tag{2.5.18}$$

令

$$D=\frac{\partial(q_1',q_2',\cdots,q_m',p_1',p_2',\cdots,p_m')}{\partial(q_1,q_2,\cdots,q_m,p_1,p_2,\cdots,p_m)} \tag{2.5.19}$$

利用式(2.5.16),则 D 可表为

$$D=\begin{vmatrix} 1+\frac{\partial\dot{q}_1}{\partial q_1}\mathrm{d}t & \frac{\partial\dot{q}_2}{\partial q_1}\mathrm{d}t & \cdots & \frac{\partial\dot{p}_m}{\partial q_1}\mathrm{d}t \\ \frac{\partial\dot{q}_1}{\partial q_2}\mathrm{d}t & 1+\frac{\partial\dot{q}_2}{\partial q_2}\mathrm{d}t & \cdots & \frac{\partial\dot{p}_m}{\partial q_2}\mathrm{d}t \\ \vdots & \vdots & & \vdots \\ \frac{\partial\dot{q}_1}{\partial p_m}\mathrm{d}t & \frac{\partial\dot{q}_2}{\partial p_m}\mathrm{d}t & \cdots & 1+\frac{\partial\dot{p}_m}{\partial p_m}\mathrm{d}t \end{vmatrix} \tag{2.5.20}$$

在计算上面的行列式时,只保留 $\mathrm{d}t$ 的一次项,于是这些项仅由主对角线元素的乘积构成,即

$$D = 1 + (\mathrm{d}t)\sum_{s=1}^{m}\left(\frac{\partial \dot{q}_i}{\partial q_i} + \frac{\partial \dot{p}_i}{\partial p_i}\right) \tag{2.5.21}$$

借助于正则运动方程(2.3.27)，得

$$\frac{\partial \dot{q}_i}{\partial q_i} + \frac{\partial \dot{p}_i}{\partial p_i} = 0 \tag{2.5.22}$$

于是将式(2.5.22)代入式(2.5.21)中便推出 $D=1$，即

$$\int_{\Gamma} \mathrm{d}q_1 \mathrm{d}q_2 \cdots \mathrm{d}q_m d p_1 \mathrm{d}p_2 \cdots \mathrm{d}p_m = \int_{\Gamma'} \mathrm{d}q'_1 dq'_2 \cdots \mathrm{d}q'_m \mathrm{d}p'_1 \mathrm{d}p'_2 \cdots \mathrm{d}p'_m \tag{2.5.23}$$

或

$$\Gamma(t) = \Gamma(t + \mathrm{d}t) \tag{2.5.24}$$

也就是说，对于所有的 t，都有

$$\frac{\mathrm{d}\Gamma}{\mathrm{d}t} = 0 \tag{2.5.25}$$

这里还有两个推论：

(1) 考虑相宇中的任何一个区域，当这个区域的边界点与区域内的点依照 Hamilton 正则运动方程运动时，区域的体积在运动中不变。

(2) 相宇的体积元在正则变换下不变。

第3章　电动力学基础

当一个物体的运动速度大于周围介质的声速时，假如分子间有关的碰撞长度的量级等于或小于物体直径的量级，那么在物体的前面就会形成激波。例如，该物体是一枚导弹，周围介质是空气，那么当飞行 Mach 数大于 1、飞行高度低于 90km 时，物体的前面将形成激波。假如周围介质是电离层或者是存在于外层空间的等离子体(plasma)，并且物体具有表面静电荷，那么这时的碰撞长度就是 Debye 长度。在电离层中，Debye 长度有几厘米的量级，因此只要物体的速度大于离子声速就可能有条件形成激波。如果这样的激波形成了，就将它称为电流体动力学激波。同样，在有磁场存在的等离子体中，扰动也可能导致磁流体动力学激波的形成。对于 80km 或者更高的高空再入地球大气层的航天飞行器，其飞行 Mach 数可达 20～30，在这样的条件下，飞行器与大气层相互作用，在头部周围形成一个弓形强激波，其前缘驻点温度可高达 10 000K 以上。在如此高的温度下，空气分子产生离解与电离、热防护材料烧蚀，在再入飞行器周围形成一个高温的电离气体层，这就是通常所说的等离子鞘(sheath)层。在等离子鞘中电子数密度一般可达 $10^{11}\sim10^{15}\text{cm}^{-3}$。等离子鞘的出现使通信遇到困难，当电磁波进入等离子体时，其电场使电子发生振荡，电子与等离子体中的粒子碰撞，造成入射电磁波自身能量的衰减。另外，当存在磁场时，在等离子体中沿磁场方向传播的电磁波的极化方向也会产生所谓的 Faraday 旋转，造成极化失真。此外，流场中弓形强激波的形成，导致大量的温度梯度、压强梯度和密度梯度，再加上电子质量与离子质量差别很大，于是会使电子向激波波阵面作相对扩散并且在波阵面内部还会存在扩散电流。因此，激波波阵面内部的混合空气(或等离子体)是一种具有各种受激电子态的电子、离子和中性原子所组成的多组元气体，它对激波的结构以及激波波阵面的辐射热交换都会产生很大影响。在本书的"前言"中，曾多次提到类星体、脉冲星的射电发射源问题，显然研究这些巨大能量的来源与机制离不开电动力学和量子力学的知识。综上所述，要深入研究上述现象与相关问题，电动力学方面的基础知识是必不可少的。

本章紧紧扣住电动力学的基本方程以及带电粒子在电磁场中的运动，并以此作为主线深入研究 Maxwell 方程组以及磁流体力学方程组的数学结构与定解条件，并对 Vlasov 方程以及耦合方程组进行简明的讨论。另外还将上述内容推广到狭义相对论，使之成为相对论协变形式的方程。对于量子电动力学，因篇幅所限未作讨论。

3.1　电磁场的能量守恒与动量守恒定律

电流本质上是电荷的流动，因此电流密度 $\boldsymbol{J}$ 为

$$\boldsymbol{J} = \rho\boldsymbol{v} \tag{3.1.1}$$

式中：$\boldsymbol{v}$ 为电荷运动的速度。设 $\mathrm{d}\Omega$ 处电荷的速度为 $\boldsymbol{v}$，则 $\rho\mathrm{d}\Omega$ 所受电磁场的作用力为

$$\mathrm{d}\boldsymbol{F} = \rho(\boldsymbol{E} + \boldsymbol{v}\times\boldsymbol{B})\mathrm{d}\Omega = (\rho\boldsymbol{E} + \boldsymbol{J}\times\boldsymbol{B})\mathrm{d}\Omega \tag{3.1.2}$$

式中：$\boldsymbol{E}$ 和 $\boldsymbol{B}$ 分别为电场强度与磁感强度。单位体积带电体所受力为

$$\boldsymbol{f}_{\mathrm{e}} = \frac{\mathrm{d}\boldsymbol{F}}{\mathrm{d}\Omega} = \rho\boldsymbol{E} + \boldsymbol{J}\times\boldsymbol{B} \tag{3.1.3}$$

称 $\boldsymbol{f}_{\mathrm{e}}$ 为 Lorentz 力密度。在空间区域 Ω 内，电磁场对运动电荷的做功率为

$$\frac{\mathrm{d}W}{\mathrm{d}t} = \int_{\Omega}\boldsymbol{f}_{\mathrm{e}}\cdot\boldsymbol{v}\mathrm{d}\Omega = \int_{\Omega}\rho(\boldsymbol{E} + \boldsymbol{v}\times\boldsymbol{B})\cdot\boldsymbol{v}\mathrm{d}\Omega = \int_{\Omega}\boldsymbol{J}\cdot\boldsymbol{E}\mathrm{d}\Omega \tag{3.1.4}$$

由 Maxwell 方程组

$$\nabla\times\boldsymbol{H} = \frac{\partial\boldsymbol{D}}{\partial t} + \boldsymbol{J} \tag{3.1.5}$$

$$\nabla\times\boldsymbol{E} = -\frac{\partial\boldsymbol{B}}{\partial t}\quad\text{(Faraday 定律)} \tag{3.1.6}$$

$$\nabla\cdot\boldsymbol{D} = \rho\quad\text{(Coulomb 定律)} \tag{3.1.7}$$

$$\nabla\cdot\boldsymbol{B} = 0 \tag{3.1.8}$$

式中：$\boldsymbol{D}$ 与 $\boldsymbol{H}$ 分别为电感应强度（或电位移矢量）与磁场强度。$\boldsymbol{D}$ 与 $\boldsymbol{E}$ 以及 $\boldsymbol{B}$ 与 $\boldsymbol{H}$ 间的关系为

$$\boldsymbol{D} = \varepsilon\boldsymbol{E},\quad \boldsymbol{B} = \mu\boldsymbol{H} \tag{3.1.9}$$

式中：ε 与 μ 分别为介电常数（又称电容率）与磁导率。另外，将式(3.1.5)点乘 $\boldsymbol{E}$，将式(3.1.6)点乘 $\boldsymbol{H}$，然后将两式相减，并注意使用式(3.1.9)，便可得到 Poynting 定理

$$\boldsymbol{J}\cdot\boldsymbol{E} = \boldsymbol{E}\cdot(\nabla\times\boldsymbol{H}) - \boldsymbol{H}\cdot(\nabla\times\boldsymbol{E}) - \left(\boldsymbol{E}\cdot\frac{\partial\boldsymbol{D}}{\partial t} + \boldsymbol{H}\cdot\frac{\partial\boldsymbol{B}}{\partial t}\right) = -\frac{\partial u}{\partial t} - \nabla\cdot\boldsymbol{S} \tag{3.1.10}$$

式中：u 与 $\boldsymbol{S}$ 分别为电磁场的能量密度与能流密度矢量（又称 Poynting 矢量），其表示式为

$$u = \frac{1}{2}(\boldsymbol{E}\cdot\boldsymbol{D} + \boldsymbol{H}\cdot\boldsymbol{B}) = \frac{1}{2}\left(\varepsilon E^2 + \frac{1}{\mu}B^2\right) \tag{3.1.11}$$

$$\boldsymbol{S} = \boldsymbol{E}\times\boldsymbol{H} = \frac{1}{\mu}\boldsymbol{E}\times\boldsymbol{B} \tag{3.1.12}$$

其中

$$E=|\boldsymbol{E}|,\quad B=|\boldsymbol{B}|$$

如果将式(3.1.10)两端对区域 Ω 积分,并注意使用 Gauss 定理,得 Poynting 定理的积分形式,即

$$\int_{\Omega}\boldsymbol{J}\cdot\boldsymbol{E}\mathrm{d}\Omega=-\oint\!\!\!\oint_{\sigma}\boldsymbol{S}\cdot\boldsymbol{n}\mathrm{d}\sigma-\frac{\partial}{\partial t}\int_{\Omega}u\,\mathrm{d}\Omega \tag{3.1.13}$$

或者

$$\frac{\mathrm{d}W}{\mathrm{d}t}=-\frac{\partial}{\partial t}\int_{\Omega}u\,\mathrm{d}\Omega-\oint\!\!\!\oint_{\sigma}\boldsymbol{S}\cdot\boldsymbol{n}\mathrm{d}\sigma \tag{3.1.14}$$

这里 $\mathrm{d}W/\mathrm{d}t$ 由式(3.1.4)定义,它表示单位时间内电磁场对带电物体所做的功。注意到电磁场能量密度 u 可以分为两个部分:一部分为电场能量密度 $\frac{1}{2}\boldsymbol{D}\cdot\boldsymbol{E}$(记作 u_{e});另一部分为磁场能量密度 $\frac{1}{2}\boldsymbol{B}\cdot\boldsymbol{H}$(记作 u_{m}),即

$$u=u_{\mathrm{e}}+u_{\mathrm{m}} \tag{3.1.15}$$

式(3.1.14)可以解释为:电磁场对带电物体所做的功在数值上等于区域 Ω 内电磁场能量的减少以及单位时间经过该体积 Ω 的边界流入的能量之和。这正是能量守恒定律在由电磁场以及带电物体所组成系统上的具体表示。

对于 Lorentz 力 $\boldsymbol{f}_{\mathrm{e}}$,如果将式(3.1.7)中的 ρ 与式(3.1.5)中的 $\boldsymbol{J}$ 代入式(3.1.3),并注意使用式(3.1.6)和式(3.1.16),即

$$\nabla\cdot(\boldsymbol{EE})=(\nabla\cdot\boldsymbol{E})\boldsymbol{E}+\boldsymbol{E}\cdot(\nabla\boldsymbol{E})=(\nabla\cdot\boldsymbol{E})\boldsymbol{E}+(\nabla\times\boldsymbol{E})\times\boldsymbol{E}+\frac{1}{2}\nabla E^2 \tag{3.1.16}$$

于是得到

$$\boldsymbol{f}_{\mathrm{e}}=\nabla\cdot\hat{\boldsymbol{T}}-\frac{\partial\boldsymbol{g}_{\mathrm{e}}}{\partial t} \tag{3.1.17}$$

其中

$$\begin{aligned}\hat{\boldsymbol{T}}&=\varepsilon\left(\boldsymbol{EE}-\frac{1}{2}\boldsymbol{E}^2\boldsymbol{I}\right)+\mu\left(\boldsymbol{HH}-\frac{1}{2}\boldsymbol{H}^2\boldsymbol{I}\right)\\&=(\boldsymbol{ED}+\boldsymbol{HB})-\frac{1}{2}(\boldsymbol{E}\cdot\boldsymbol{D}+\boldsymbol{H}\cdot\boldsymbol{B})\boldsymbol{I}\\&=\varepsilon\left[(\boldsymbol{EE}+c^2\boldsymbol{BB})-\frac{1}{2}(\boldsymbol{E}\cdot\boldsymbol{E}+c^2\boldsymbol{B}\cdot\boldsymbol{B})\boldsymbol{I}\right]\end{aligned} \tag{3.1.18}$$

$$\boldsymbol{g}_{\mathrm{e}}=\boldsymbol{D}\times\boldsymbol{B}=\frac{S}{c^2}=\frac{\boldsymbol{E}\times\boldsymbol{H}}{c^2} \tag{3.1.19}$$

式中:$\hat{\boldsymbol{T}}$ 为电磁场应力张量(又称 Maxwell 应力张量或称电磁动量流密度张量),为二阶张量;$\boldsymbol{g}_{\mathrm{e}}$ 称为电磁场动量密度,为一阶张量;c 与 $\boldsymbol{I}$ 分别为电磁波传播的速度

与单位并矢张量，即

$$c = \frac{1}{\sqrt{\varepsilon\mu}} \tag{3.1.20}$$

$$\boldsymbol{I} = \boldsymbol{ii} + \boldsymbol{jj} + \boldsymbol{kk} \tag{3.1.21}$$

对于电磁场应力张量 $\hat{\boldsymbol{T}}$，通常可分为两个部分：一部分为电场应力张量 $\hat{\boldsymbol{T}}_{\mathrm{e}}$，另一部分为磁场应力张量 $\hat{\boldsymbol{T}}_{\mathrm{m}}$，其表达式分别为

$$\hat{\boldsymbol{T}}_{\mathrm{e}} = \boldsymbol{ED} - \frac{1}{2}(\boldsymbol{E} \cdot \boldsymbol{D})\boldsymbol{I} \tag{3.1.22}$$

$$\hat{\boldsymbol{T}}_{\mathrm{m}} = \boldsymbol{HB} - \frac{1}{2}(\boldsymbol{H} \cdot \boldsymbol{B})\boldsymbol{I} \tag{3.1.23}$$

令在体积 Ω 内作用在运动电荷的机械动量为 $\boldsymbol{G}_{\mathrm{m}}$，由 Newton 定律有

$$\frac{\mathrm{d}\boldsymbol{G}_{\mathrm{m}}}{\mathrm{d}t} = \int_{\Omega} \boldsymbol{f}_{\mathrm{e}} \mathrm{d}\Omega = \int_{\Omega} (\rho\boldsymbol{E} + \boldsymbol{J} \times \boldsymbol{B}) \mathrm{d}\Omega \tag{3.1.24}$$

将式(3.1.17)代入式(3.1.24)，便得电磁场的动量方程，即

$$\frac{\mathrm{d}\boldsymbol{G}_{\mathrm{m}}}{\mathrm{d}t} + \frac{\partial \boldsymbol{G}_{\mathrm{e}}}{\partial t} = \oint_{\sigma} \hat{\boldsymbol{T}} \cdot \boldsymbol{n} \mathrm{d}\sigma \tag{3.1.25}$$

式中：$\boldsymbol{G}_{\mathrm{e}}$ 为电磁场的总动量，其定义为

$$\boldsymbol{G}_{\mathrm{e}} = \int_{\Omega} \boldsymbol{g}_{\mathrm{e}} \mathrm{d}\Omega \tag{3.1.26}$$

3.2　电磁场的规范变换以及 d'Alembert 方程

引入矢势 $\boldsymbol{A}$，令

$$\boldsymbol{B} = \nabla \times \boldsymbol{A} \tag{3.2.1}$$

于是式(3.1.8)自动满足。将式(3.2.1)代入式(3.1.6)，得

$$\nabla \times \left(\boldsymbol{E} + \frac{\partial \boldsymbol{A}}{\partial t}\right) = 0 \tag{3.2.2}$$

由式(3.2.2)可引入标势 φ，令

$$\boldsymbol{E} + \frac{\partial \boldsymbol{A}}{\partial t} = -\nabla\varphi \tag{3.2.3}$$

这样式(3.2.2)便自动满足。借助于 $\boldsymbol{A}$ 与 φ，则电磁场的 $\boldsymbol{B}$ 与 $\boldsymbol{E}$ 量可表示为

$$\begin{cases} \boldsymbol{E} = -\nabla\varphi - \dfrac{\partial \boldsymbol{A}}{\partial t} \\ \boldsymbol{B} = \nabla \times \boldsymbol{A} \end{cases} \tag{3.2.4}$$

按上述办法引入的矢势 $\boldsymbol{A}$ 与标势 φ 所描写的电磁场并不唯一。从数学上讲，任一向量场均可分解为纵场和横场两个部分的叠加(即分解为无旋场与无源场的叠加)。对于磁感强度 $\boldsymbol{B}$，由于式(3.1.8)成立，因此 $\boldsymbol{B}$ 为横场(即$\nabla \cdot \boldsymbol{B}=0$)，它一

定可表示为另一个向量场 $\boldsymbol{A}$ 的旋度(即 $\boldsymbol{B}=\nabla\times\boldsymbol{A}$),但这时 $\boldsymbol{A}$ 的决定不是唯一的,可以有相差一个梯度函数 $\nabla\theta$ 的自由度,其中 θ 为任意标量函数。由于 $\nabla\theta$ 是一个纵场(即这个矢量场的旋度为零),$\boldsymbol{A}+\nabla\theta$ 仍具有与 $\boldsymbol{A}$ 同样的性质,这说明 $\boldsymbol{A}$ 可以加上任一纵场而不改变其性质。事实上作如下变化:ψ 为任意函数,令

$$\begin{cases}\boldsymbol{A}'=\boldsymbol{A}+\nabla\psi\\ \varphi'=\varphi-\dfrac{\partial\psi}{\partial t}\end{cases}\tag{3.2.5}$$

将式(3.2.5)中的 $\boldsymbol{A}'$ 与 φ' 代入 $\nabla\times\boldsymbol{A}'$ 与 $\left(-\nabla\varphi'-\dfrac{\partial\boldsymbol{A}'}{\partial t}\right)$ 后分别得到 $\boldsymbol{B}$ 与 $\boldsymbol{E}$。因此,只要 φ 与 $\boldsymbol{A}$ 作式(3.2.5)的变换,则变换后的 $\boldsymbol{A}'$ 和 φ' 所确定的电磁场与 $\boldsymbol{A}$ 和 φ 的相同。于是式(3.2.5)的变换称为规范变换。在规范变换下矢势、标势所描写的电磁场保持不变,称规范不变性。显然,由电磁场的规范不变性可知,φ、$\boldsymbol{A}$ 与 $\boldsymbol{E}$、$\boldsymbol{B}$ 不是唯一对应的。将式(3.2.4)代入式(3.1.5)与式(3.1.7)后,得

$$\left(\nabla^2-\mu\varepsilon\frac{\partial^2}{\partial t^2}\right)\boldsymbol{A}=-\mu\boldsymbol{J}+\nabla\left(\nabla\cdot\boldsymbol{A}+\mu\varepsilon\frac{\partial\varphi}{\partial t}\right)\tag{3.2.6}$$

$$\left(\nabla^2-\mu\varepsilon\frac{\partial^2}{\partial t^2}\right)\varphi=-\frac{\rho}{\varepsilon}-\frac{\partial}{\partial t}\left(\nabla\cdot\boldsymbol{A}+\mu\varepsilon\frac{\partial\varphi}{\partial t}\right)\tag{3.2.7}$$

为了化简上述两个方程,可以引进 Coulomb 条件[见式(3.2.8)]与 Lorentz 条件[见式(3.2.9)],其表达式为

$$\nabla\cdot\boldsymbol{A}=0\tag{3.2.8}$$

$$\nabla\cdot\boldsymbol{A}+\mu\varepsilon\frac{\partial\varphi}{\partial t}=0\quad 或\quad \nabla\cdot\boldsymbol{A}+\frac{1}{c^2}\frac{\partial\varphi}{\partial t}=0\tag{3.2.9}$$

在 Lorentz 条件(又称 Lorentz 规范)下,式(3.2.6)与式(3.2.7)变为 d'Alembert 方程,即

$$\begin{cases}\left(\nabla^2-\mu\varepsilon\dfrac{\partial^2}{\partial t^2}\right)\boldsymbol{A}=-\mu\boldsymbol{J}\\ \left(\nabla^2-\mu\varepsilon\dfrac{\partial^2}{\partial t^2}\right)\varphi=-\dfrac{\rho}{\varepsilon}\end{cases}\tag{3.2.10}$$

显然,这方程的解可以用推迟势表达。

3.3 Maxwell 方程组的数学结构以及介质交界面上的条件

1. Maxwell 方程组的数学结构

在真空中的 Maxwell 方程组为

$$\frac{1}{c^2}\frac{\partial\boldsymbol{E}}{\partial t}-\nabla\times\boldsymbol{B}=-\mu_0\boldsymbol{J}\tag{3.3.1}$$

$$\frac{\partial \boldsymbol{B}}{\partial t}+\nabla\times\boldsymbol{E}=0 \tag{3.3.2}$$

$$\nabla\cdot\boldsymbol{E}=\frac{\rho}{\varepsilon_0} \tag{3.3.3}$$

$$\nabla\cdot\boldsymbol{B}=0 \tag{3.3.4}$$

$$\frac{1}{c^2}=\varepsilon_0\mu_0 \tag{3.3.5}$$

与其相伴的还有电荷守恒方程

$$\frac{\partial \rho}{\partial t}+\nabla\cdot\boldsymbol{J}=0 \tag{3.3.6}$$

显然，式(3.3.2)与式(3.3.3)决定了电场的旋度和散度，式(3.3.1)与式(3.3.4)决定了磁场的旋度和散度，并通过式(3.3.2)与式(3.3.1)把电场与磁场联系起来。这种联系是电磁场以波动形式运动的基础。值得注意的是，只要在 $t=0$ 时，式(3.3.4)成立，则它对一切时间 t 必自动满足。这只要在式(3.3.2)两边作用散度即可得证。另外，只要 $t=0$ 时式(3.3.3)成立，则借助于式(3.3.6)可以由式(3.3.1)推出对一切时间 t 必有式(3.3.3)成立。因此式(3.3.3)与式(3.3.4)可以认为是对初值应满足的附加要求，所以讨论 Maxwell 方程组的数学结构时可以仅对式(3.3.1)与式(3.3.2)进行。

引进向量 $\boldsymbol{U}$

$$\boldsymbol{U}=[E_x,E_y,E_z,B_x,B_y,B_z]^{\mathrm{T}} \tag{3.3.7}$$

于是方程组(3.3.1)和(3.3.2)可表示为

$$\boldsymbol{A}_0\cdot\frac{\partial \boldsymbol{U}}{\partial t}+\boldsymbol{A}_1\cdot\frac{\partial \boldsymbol{U}}{\partial x}+\boldsymbol{A}_2\cdot\frac{\partial \boldsymbol{U}}{\partial y}+\boldsymbol{A}_3\cdot\frac{\partial \boldsymbol{U}}{\partial z}=\boldsymbol{F} \tag{3.3.8}$$

其中

$$\boldsymbol{A}_0=\mathrm{diag}\left(\frac{1}{c^2},\frac{1}{c^2},\frac{1}{c^2},1,1,1\right) \tag{3.3.9}$$

$$\boldsymbol{F}=-\mu_0[J_x,J_y,J_z,0,0,0]^{\mathrm{T}} \tag{3.3.10}$$

因篇幅所限，矩阵 $\boldsymbol{A}_1$、$\boldsymbol{A}_2$、$\boldsymbol{A}_3$ 的表达式不再给出。很容易看出：$\boldsymbol{A}_0$ 为对称正定阵；$\boldsymbol{A}_1$、$\boldsymbol{A}_2$、$\boldsymbol{A}_3$ 都为对称阵。由式(3.3.1)和式(3.3.2)组成的方程组为一阶对称双曲型方程组。对于这类方程组，文献[16,17]分别对线性及拟线性的情况作了理论上的细致讨论。

2. 电磁场的波动性

假定介质是均匀各向同性的，$\boldsymbol{D}=\varepsilon\boldsymbol{E}$，$\boldsymbol{B}=\mu\boldsymbol{H}$，并且 ε 与 μ 为常量，则 Maxwell 方程组可写为

$$\nabla\times\boldsymbol{H}=\varepsilon\frac{\partial \boldsymbol{E}}{\partial t}+\boldsymbol{J}=\frac{\partial \boldsymbol{D}}{\partial t}+\boldsymbol{J} \tag{3.3.11}$$

$$\nabla \times \boldsymbol{E} = -\mu \frac{\partial \boldsymbol{H}}{\partial t} = -\frac{\partial \boldsymbol{B}}{\partial t} \tag{3.3.12}$$

$$\nabla \cdot \boldsymbol{E} = \frac{\rho}{\varepsilon} \quad 或者 \quad \nabla \cdot \boldsymbol{D} = \rho \tag{3.3.13}$$

$$\nabla \cdot \boldsymbol{H} = 0 \quad 或者 \quad \nabla \cdot \boldsymbol{B} = 0 \tag{3.3.14}$$

对式(3.3.12)或式(3.3.11)取旋度,并注意使用$\nabla \times (\nabla \times \boldsymbol{A}) = \nabla(\nabla \cdot \boldsymbol{A}) - \nabla^2 \boldsymbol{A}$这一恒等式,消去 $\boldsymbol{H}$ 或 $\boldsymbol{E}$ 后便得到

$$\begin{cases} \nabla^2 \boldsymbol{E} - \dfrac{1}{\upsilon^2} \dfrac{\partial^2 \boldsymbol{E}}{\partial t^2} = \dfrac{1}{\varepsilon} \nabla \rho + \mu \dfrac{\partial \boldsymbol{J}}{\partial t} \\ \nabla^2 \boldsymbol{H} - \dfrac{1}{\upsilon^2} \dfrac{\partial^2 \boldsymbol{H}}{\partial t^2} = -\nabla \times \boldsymbol{J} \end{cases} \tag{3.3.15}$$

其中

$$\upsilon = \frac{1}{\sqrt{\varepsilon \mu}} \tag{3.3.16}$$

由式(3.3.15)可知,$\boldsymbol{E}$ 与 $\boldsymbol{H}$ 满足波动方程所描述的性质,而电荷以及电流作为非齐次项即为它们的源,可以激发或吸收电磁波。电磁场可以脱离电荷与电流而单独存在,并以波的形式运动和传播;它可以与电荷及电流相互作用,但它的存在并不以电荷及电流的存在为前提[18]。在真空中电磁波的传播速度为光速 c。

3. 介质交界面上的条件——边值关系

令 Ω 为空间的有限体积,S 为该空间体的闭合界面,$\mathrm{d}a$ 为界面的面元,$\boldsymbol{n}$ 为面元 $\mathrm{d}a$ 处界面的外法线单位矢量,将式(3.3.13)与式(3.3.14)在 Ω 上积分并注意用 Gauss 公式,则有

$$\oiint_S \boldsymbol{D} \cdot \boldsymbol{n} \mathrm{d}a = \iiint_\Omega \rho \mathrm{d}\Omega \tag{3.3.17}$$

$$\oiint_S \boldsymbol{B} \cdot \boldsymbol{n} \mathrm{d}a = 0 \tag{3.3.18}$$

在交界面上它们则变为

$$\boldsymbol{n} \cdot (\boldsymbol{D}_2 - \boldsymbol{D}_1) = \sigma \tag{3.3.19}$$

$$\boldsymbol{n} \cdot (\boldsymbol{B}_2 - \boldsymbol{B}_1) = 0 \tag{3.3.20}$$

式中:σ 为自由电荷的面密度。另外,在交界面的两侧作一环形回路,使其回路的两侧边平行于交界面,另两侧边与交界面相垂直;令该环形回路所围区域为 S',其面元矢 $\mathrm{d}\boldsymbol{S}' = \boldsymbol{N}\mathrm{d}S'$,这里 $\boldsymbol{N}$ 是环形回路的法线单位矢量。将式(3.3.11)与式(3.3.12)的两边分别点乘 $\boldsymbol{N}$,而后对 S' 作面积分并注意使用 Stokes 公式,于是得

$$\oint_L \boldsymbol{H} \cdot \mathrm{d}\boldsymbol{l} = \iint_{S'} \left(\frac{\partial \boldsymbol{D}}{\partial t} + \boldsymbol{J} \right) \cdot \mathrm{d}\boldsymbol{S}' = \iint_{S'} \left(\frac{\partial \boldsymbol{D}}{\partial t} + \boldsymbol{J} \right) \cdot \boldsymbol{N} \mathrm{d}S' \tag{3.3.21}$$

$$\oint_L \boldsymbol{E} \cdot \mathrm{d}\boldsymbol{l} = \iint_{S'} \left(-\frac{\partial \boldsymbol{B}}{\partial t}\right) \cdot \mathrm{d}\boldsymbol{S}' = \iint_{S'} \left(-\frac{\partial \boldsymbol{B}}{\partial t}\right) \cdot \boldsymbol{N} \mathrm{d}S' \tag{3.3.22}$$

仍然令 $\boldsymbol{n}$ 为介质交界面上外法线单位矢量，于是在交界面上它们则变为

$$\boldsymbol{n} \times (\boldsymbol{H}_2 - \boldsymbol{H}_1) = \boldsymbol{\alpha} \tag{3.3.23}$$

$$\boldsymbol{n} \times (\boldsymbol{E}_2 - \boldsymbol{E}_1) = \boldsymbol{0} \tag{3.3.24}$$

式中：$\boldsymbol{\alpha}$ 为面电流密度矢量。综上所述，从数学上说电磁场量的微分方程只有两类：一类为散度型方程[即式(3.3.13)与式(3.3.14)]；另一类为旋度型方程[即式(3.3.11)与式(3.3.12)]。与散度型方程对应的是法向分量边值关系[即式(3.3.19)与式(3.3.20)]。从式(3.3.19)可以表明：当 $\sigma \neq 0$ 时，$\boldsymbol{D}$ 的法向分量经过分界面后出现一个跳跃，跃变值为 σ；当 $\sigma = 0$ 时，$\boldsymbol{D}$ 的法向分量连续(但不是 $\boldsymbol{D}$ 连续)；与旋度型方程对应的是切向分量边值关系[即式(3.3.23)与式(3.3.24)]。从式(3.3.23)可以表明：当 $\alpha \neq 0$ 时，交界面两侧的 $\boldsymbol{H}$ 在与 $\boldsymbol{N}$ 正交的切向分量出现跳跃，跃变值为 $\boldsymbol{\alpha} \cdot \boldsymbol{N}$；当 $\boldsymbol{\alpha} \cdot \boldsymbol{N} = 0$ 时，则该方向 $\boldsymbol{H}$ 的切向分量连续(但不是 $\boldsymbol{H}$ 连续)。

4. Maxwell 方程组的一个定解问题

这里仅讨论如下问题的定解条件：设 Ω 为一有界空间域，其外部为理想导体，即 $\sigma = +\infty$；在 Ω 中电磁场满足的 Maxwell 方程组如式(3.3.11)～式(3.3.14)所示，其中 $\boldsymbol{J}$ 与 ρ 还应满足连续性方程式(3.3.6)。

现在讨论在边界 $\partial\Omega$ 上，$\boldsymbol{E}$ 与 $\boldsymbol{B}$ 应满足的边界条件。对于理想导体，由 Ohm 定律 $\boldsymbol{J} = \sigma\boldsymbol{E}$ 可得 $\boldsymbol{E} = \boldsymbol{0}$，于是 $\partial\Omega$ 作为不同介质的交界面，在其外侧有 $\boldsymbol{E} = \frac{\partial \boldsymbol{B}}{\partial t} = \boldsymbol{0}$，再利用在介质交界面上电磁场应满足的条件(3.3.20)与(3.3.24)，可得

$$\boldsymbol{E} \times \boldsymbol{n} = 0 \quad 在\ \partial\Omega\ 上 \tag{3.3.25}$$

$$\frac{\partial}{\partial t}(\boldsymbol{B} \cdot \boldsymbol{n}) = 0 \quad 在\ \partial\Omega\ 上 \tag{3.3.26}$$

另外假设 $\boldsymbol{E}$ 与 $\boldsymbol{B}$ 还满足初始条件

$$t = 0: \quad \boldsymbol{E} = \boldsymbol{E}_0, \quad \boldsymbol{B} = \boldsymbol{B}_0 \tag{3.3.27}$$

其中 $\boldsymbol{E}_0$ 与 $\boldsymbol{B}_0$ 满足如下相容性条件[19]：

$$\nabla \cdot \boldsymbol{E}_0 = \frac{\rho_0}{\varepsilon}, \quad \rho_0 = \rho(0, x, y, z) \tag{3.3.28}$$

$$\nabla \cdot \boldsymbol{B}_0 = 0 \tag{3.3.29}$$

$$\boldsymbol{E}_0 \times \boldsymbol{n} = 0 \quad 在\ \partial\Omega\ 上 \tag{3.3.30}$$

可以证明，在上述初边值的条件下，Maxwell 方程组是适定的。

3.4 电磁流体力学基本方程组及其数学结构

1. 电磁流体力学基本方程及守恒形式

电磁流体力学研究导电流体与电磁场之间的相互作用。一方面导电流体在磁场中的运动可以感应电动势，从而改变电磁场的位形；另一方面电磁力与 Joule 热使导电流体的受力状况与能量关系发生变化，从而影响流体的平衡与运动。

质量守恒定律仍为连续性方程

$$\frac{\partial \rho}{\partial t} + \nabla \cdot (\rho \boldsymbol{V}) = 0 \tag{3.4.1}$$

式中：ρ 与 $\boldsymbol{V}$ 分别为流体密度与流体速度。如果由于化学反应或其他过程有质量源时，则式(3.4.1)的右端还应增加质量生成率项。对于动量守恒方程，应在对单纯流体力学的动量守恒方程中加入由于电磁动量流所带来的流入所考察区域中的动量项，于是借助于式(3.1.17)则流体力学的动量方程变为

$$\frac{\partial}{\partial t}(\rho \boldsymbol{V} + \boldsymbol{g}_e) + \nabla \cdot \boldsymbol{\Pi} = \boldsymbol{f} \tag{3.4.2}$$

式中：$\boldsymbol{f}$ 为除电磁力以外的体积力（如重力或其他力等）；$\boldsymbol{g}_e$ 为电磁场动量密度向量，它由式(3.1.19)定义；$\boldsymbol{\Pi}$ 为二阶张量，即

$$\boldsymbol{\Pi} \equiv \rho \boldsymbol{V}\boldsymbol{V} - \boldsymbol{\Pi}_f - \boldsymbol{\Pi}_{em} \tag{3.4.3}$$

$$\boldsymbol{\Pi}_f = \bar{\mu}[\nabla \boldsymbol{V} + (\nabla \boldsymbol{V})_c] - p\boldsymbol{I} + \bar{\mu}'\left(-\frac{2}{3}\bar{\mu}\right)(\nabla \cdot \boldsymbol{V})\boldsymbol{I} \tag{3.4.4}$$

$$\begin{aligned}\boldsymbol{\Pi}_{em} &= (\boldsymbol{E}\boldsymbol{D} + \boldsymbol{H}\boldsymbol{B}) - \frac{1}{2}(\boldsymbol{E} \cdot \boldsymbol{D} + \boldsymbol{H} \cdot \boldsymbol{B})\boldsymbol{I} \\ &= (\varepsilon \boldsymbol{E}\boldsymbol{E} + \mu \boldsymbol{H}\boldsymbol{H}) - \frac{1}{2}(\varepsilon \boldsymbol{E} \cdot \boldsymbol{E} + \mu \boldsymbol{H} \cdot \boldsymbol{H})\boldsymbol{I} \\ &= \varepsilon\left(\boldsymbol{E}\boldsymbol{E} - \frac{1}{2}|\boldsymbol{E}|^2 \boldsymbol{I}\right) + \mu\left(\boldsymbol{H}\boldsymbol{H} - \frac{1}{2}|\boldsymbol{H}|^2 \boldsymbol{I}\right)\end{aligned} \tag{3.4.5}$$

$\bar{\mu}$ 与 $\bar{\mu}'$ 分别为流体的动力黏性系数（又称第一黏性系数）与第二黏性系数（又称膨胀黏性系数）；$\boldsymbol{I}$ 为二阶单位张量；$\boldsymbol{\Pi}_f$ 与 $\boldsymbol{\Pi}_{em}$ 分别为流体的应力张量与 Maxwell 应力张量。显然，这里 $\boldsymbol{\Pi}_{em}$ 就是式(3.1.18)中的 $\hat{\boldsymbol{T}}$；对于能量方程，应在原来流体能量平衡式中加入电磁能量密度以及 Poynting 矢量（又称能流密度矢量）的贡献，于是借助于式(3.1.10)的流体力学的能量方程变为

$$\frac{\partial}{\partial t}(e + u) + \nabla \cdot (e\boldsymbol{V} - \boldsymbol{\Pi}_f \cdot \boldsymbol{V} + \boldsymbol{S}_{em}) = \boldsymbol{f} \cdot \boldsymbol{V} - \nabla \cdot \boldsymbol{q} + Q \tag{3.4.6}$$

式中：e 为单位体积流体所具有的广义内能；u 为电磁能量密度，其表达式已由式(3.1.11)给出；$\boldsymbol{S}_{em}$ 为 Poynting 矢量，显然这里 $\boldsymbol{S}_{em}$ 就是式(3.1.12)中的 $\boldsymbol{S}$；Q 为非

电磁热源；$\boldsymbol{f}$ 为除电磁力外的体积力(注意：它是单位体积流体所具有的体积力)；$\boldsymbol{q}$ 为矢量，在仅考虑热传导时，则热流矢量 $\boldsymbol{q}$ 为

$$\boldsymbol{q}=-\lambda\nabla T \tag{3.4.7}$$

λ 与 T 分别表示流体的导热系数与流体的温度。描述介质电磁状态的方程有三个关系式：

$$\boldsymbol{D}=\varepsilon\boldsymbol{E} \tag{3.4.8}$$

$$\boldsymbol{B}=\mu\boldsymbol{H} \tag{3.4.9}$$

$$\boldsymbol{J}=\rho_{\mathrm{e}}\boldsymbol{V}+\sigma(\boldsymbol{E}+\boldsymbol{V}\times\boldsymbol{B}+\boldsymbol{E}^{*}) \tag{3.4.10}$$

式中：σ、μ 与 ε 分别为电导率、磁导率与介电系数，它们均由物质的电磁特性所确定。方程(3.4.10)也称为运动介质的 Ohm 定律，$\boldsymbol{E}^{*}$ 是其他的感应电场。对于给定的电流 $\boldsymbol{J}$ 和电荷分布 ρ_{e}，电磁场的方程是完备的。Maxwell 方程为

$$\begin{cases}\nabla\cdot\boldsymbol{D}=\rho_{\mathrm{e}}\\ \nabla\times\boldsymbol{E}=-\dfrac{\partial\boldsymbol{B}}{\partial t}\\ \nabla\cdot\boldsymbol{B}=0\\ \nabla\times\boldsymbol{H}=\boldsymbol{J}+\dfrac{\partial\boldsymbol{D}}{\partial t}\end{cases} \tag{3.4.11}$$

综上所述，守恒关系(3.4.1)、(3.4.2)与(3.4.6)以及 Maxwell 方程组(3.4.11)，再加上热力学状态方程和电磁状态方程，便构成电磁流体力学的完整方程组。

2. 磁流体力学方程组

如果相对于 $\boldsymbol{H}$ 而言，$\boldsymbol{E}$ 是一个小量，对这样的电磁流体的力学通称为磁流体力学。因此对于磁流体力学，则电磁动量密度向量 $\boldsymbol{g}_{\mathrm{e}}$[见式(3.1.19)]变为 0；电磁动量流密度张量 $\hat{\boldsymbol{T}}$[见式(3.1.18)]变为 $\mu\left(\boldsymbol{HH}-\dfrac{1}{2}|\boldsymbol{H}|^{2}\boldsymbol{I}\right)$；电磁能量密度 u[见式(3.1.11)]变为$\dfrac{1}{2}\mu|\boldsymbol{H}|^{2}$；能量密度矢量 $\boldsymbol{S}$ 为 $\boldsymbol{E}\times\boldsymbol{H}$，仍用式(3.1.12)表示。而这时动量方程[见式(3.4.2)]与能量方程[见式(3.4.6)]变为

$$\frac{\partial(\rho\boldsymbol{V})}{\partial t}+\nabla\cdot\boldsymbol{\Pi}=\boldsymbol{f} \tag{3.4.12}$$

$$\frac{\partial}{\partial t}(e+u)+\nabla\cdot(e\boldsymbol{V}-\boldsymbol{\Pi}_{\mathrm{f}}\cdot\boldsymbol{V}+\boldsymbol{S}_{\mathrm{em}})=\boldsymbol{f}\cdot\boldsymbol{V}-\nabla\cdot\boldsymbol{q}+Q \tag{3.4.13}$$

其中

$$\boldsymbol{\Pi}\equiv\rho\boldsymbol{VV}-\boldsymbol{\Pi}_{\mathrm{f}}-\boldsymbol{\Pi}_{\mathrm{em}} \tag{3.4.14}$$

$$\boldsymbol{\Pi}_{\mathrm{f}}=\bar{\mu}[\nabla\boldsymbol{V}+(\nabla\boldsymbol{V})_{\mathrm{c}}]-p\boldsymbol{I}+(\bar{\mu}'-\frac{2}{3}\bar{\mu})(\nabla\cdot\boldsymbol{V})\boldsymbol{I} \tag{3.4.15}$$

$$\boldsymbol{\Pi}_{\mathrm{em}}=\mu\left(\boldsymbol{H}\boldsymbol{H}-\frac{1}{2}|\boldsymbol{H}|^{2}\boldsymbol{I}\right) \tag{3.4.16}$$

$$u=\frac{1}{2}\mu\boldsymbol{H}\cdot\boldsymbol{H} \tag{3.4.17}$$

$$\boldsymbol{S}_{\mathrm{em}}=\boldsymbol{E}\times\boldsymbol{H} \tag{3.4.18}$$

注意到矢量分析中常用的公式

$$\nabla\cdot\left[\boldsymbol{H}\boldsymbol{H}-\frac{1}{2}(\boldsymbol{H}\cdot\boldsymbol{H})\boldsymbol{I}\right]=(\nabla\times\boldsymbol{H})\times\boldsymbol{H}+(\nabla\cdot\boldsymbol{H})\boldsymbol{H} \tag{3.4.19}$$

将式(3.3.14)代入式(3.4.19)后，得

$$\nabla\cdot\left[\boldsymbol{H}\boldsymbol{H}-\frac{1}{2}(\boldsymbol{H}\cdot\boldsymbol{H})\boldsymbol{I}\right]=(\nabla\times\boldsymbol{H})\times\boldsymbol{H} \tag{3.4.20}$$

借助于式(3.4.20)，则式(3.4.12)变为

$$\frac{\partial}{\partial t}(\rho\boldsymbol{V})+\nabla\cdot(\rho\boldsymbol{V}\boldsymbol{V}-\boldsymbol{\Pi}_{\mathrm{f}})-\mu(\nabla\times\boldsymbol{H})\times\boldsymbol{H}=\boldsymbol{f} \tag{3.4.21}$$

或者

$$\rho\frac{\mathrm{d}\boldsymbol{V}}{\mathrm{d}t}-\nabla\cdot\boldsymbol{\Pi}_{\mathrm{f}}-\mu(\nabla\times\boldsymbol{H})\times\boldsymbol{H}=\boldsymbol{f} \tag{3.4.22}$$

假设电磁场为准静态的，则有[20,21]

$$\boldsymbol{J}=\sigma(\boldsymbol{E}+\boldsymbol{V}\times\boldsymbol{B}) \tag{3.4.23}$$

$$\nabla\times\boldsymbol{H}=\sigma(\boldsymbol{E}+\mu\boldsymbol{V}\times\boldsymbol{H}) \tag{3.4.24}$$

$$\boldsymbol{E}=\frac{1}{\sigma}\nabla\times\boldsymbol{H}-\mu\boldsymbol{V}\times\boldsymbol{H} \tag{3.4.25}$$

将式(3.4.25)代入式(3.4.18)中，得

$$\boldsymbol{S}_{\mathrm{em}}=\boldsymbol{E}\times\boldsymbol{H}=\frac{1}{\sigma}(\nabla\times\boldsymbol{H})\times\boldsymbol{H}-\mu(\boldsymbol{V}\times\boldsymbol{H})\times\boldsymbol{H} \tag{3.4.26}$$

于是式(3.4.13)便可写为

$$\begin{aligned}&\frac{\partial}{\partial t}\left(e+\frac{1}{2}\mu\boldsymbol{H}\cdot\boldsymbol{H}\right)+\nabla\cdot(e\boldsymbol{V}-\boldsymbol{\Pi}_{\mathrm{f}}\cdot\boldsymbol{V})\\&\quad+\nabla\cdot\left[\frac{1}{\sigma}(\nabla\times\boldsymbol{H})\times\boldsymbol{H}-\mu(\boldsymbol{V}\times\boldsymbol{H})\times\boldsymbol{H}\right]=\boldsymbol{f}\cdot\boldsymbol{V}-\nabla\cdot\boldsymbol{q}+Q\end{aligned} \tag{3.4.27}$$

式中：e 为单位体积流体所具有的广义内能，即

$$e=\rho\tilde{e}+\frac{1}{2}\rho\boldsymbol{V}\cdot\boldsymbol{V} \tag{3.4.28}$$

$\tilde{e}$ 为单位质量流体所具有的狭义热力学内能。利用式(3.4.22)以及式(3.4.29)与式(3.4.30)所给出的两个矢量分析中的公式

$$\boldsymbol{H}\cdot[\nabla\times(\nabla\times\boldsymbol{H})]-\nabla\cdot[(\nabla\times\boldsymbol{H})\times\boldsymbol{H}]=(\nabla\times\boldsymbol{H})\cdot(\nabla\times\boldsymbol{H}) \tag{3.4.29}$$

$$\boldsymbol{H}\cdot[\nabla\times(\boldsymbol{V}\times\boldsymbol{H})]-\nabla\cdot[(\boldsymbol{V}\times\boldsymbol{H})\times\boldsymbol{H}]-[\boldsymbol{H}\times(\nabla\times\boldsymbol{H})]\cdot\boldsymbol{V}=0 \tag{3.4.30}$$

于是式(3.4.27)又可整理为

$$\rho\frac{\mathrm{d}\tilde{e}}{\mathrm{d}t}+p\nabla\cdot\boldsymbol{V}-\Phi-\frac{1}{\sigma}(\nabla\times\boldsymbol{H})\cdot(\nabla\times\boldsymbol{H})=Q-\nabla\cdot\boldsymbol{q} \tag{3.4.31}$$

式中：Φ 为耗散函数，即

$$\Phi=\boldsymbol{\Pi}':\nabla\boldsymbol{V} \tag{3.4.32}$$

$\boldsymbol{\Pi}'$为流体的黏性应力张量。

下面扼要推导磁场强度 $\boldsymbol{H}$ 所满足的方程。首先将式(3.4.25)代入式(3.3.12)并注意到

$$\nabla\times(\nabla\times\boldsymbol{H})=\nabla(\nabla\cdot\boldsymbol{H})-\nabla\cdot\nabla\boldsymbol{H} \tag{3.4.33}$$

以及式(3.3.12)，于是有

$$\frac{\partial\boldsymbol{H}}{\partial t}-\nabla\times(\boldsymbol{V}\times\boldsymbol{H})=\frac{1}{\sigma\mu}\nabla\cdot\nabla\boldsymbol{H} \tag{3.4.34}$$

显然式(3.4.34)不能单独求解，它必须与流体力学方程组联立解算。

综上所述，方程(3.4.34)、(3.4.1)、(3.4.21)、(3.4.27)以及状态方程，即

$$p=p(\rho,T) \tag{3.4.35}$$

共有五个方程，并有 ρ、p、T、$\boldsymbol{V}$ 与 $\boldsymbol{B}$ 五个未知量，因此问题是完备的。这里式(3.3.14)是作为对初始条件的要求，可以作为补充条件处理。

3. 磁流体力学方程组的数学结构

为了便于数学上的讨论，这里仅讨论电导率 σ 为无穷大时理想磁流体力学的方程组。所谓理想磁流体是指流体中没有任何耗散过程，此时，$\bar{\mu}=0$，$\bar{\mu}'=0$，$\lambda=0$，并且 $\sigma=+\infty$时的情况。在这种情况下动量方程(3.4.22)退化为

$$\rho\frac{\partial v_i}{\partial t}+\sum_{k=1}^{3}\left(\rho v_k\frac{\partial v_i}{\partial x_k}\right)+\frac{\partial p}{\partial x_i}+\mu[\boldsymbol{H}\times(\nabla\times\boldsymbol{H})]_i=f_i \tag{3.4.36}$$

对于连续方程，可引入局部声速的概念，即令

$$a^2=\left(\frac{\partial p}{\partial\rho}\right)_s \tag{3.4.37}$$

于是式(3.4.1)变为

$$\frac{1}{\rho a^2}\frac{\partial p}{\partial t}+\sum_{k=1}^{3}\frac{\partial v_k}{\partial x_k}+\sum_{k=1}^{3}\left(\frac{v_k}{\rho a^2}\frac{\partial p}{\partial x_k}\right)=0 \tag{3.4.38}$$

另外，注意到

$$\nabla\times(\boldsymbol{V}\times\boldsymbol{H})=\boldsymbol{H}\cdot\nabla\boldsymbol{V}-\boldsymbol{V}\cdot\nabla\boldsymbol{H}-(\nabla\cdot\boldsymbol{V})\boldsymbol{H}+(\nabla\cdot\boldsymbol{H})\boldsymbol{V} \tag{3.4.39}$$

考虑到式(3.3.14)，则式(3.4.39)变为

$$\nabla\times(\boldsymbol{V}\times\boldsymbol{H})=\boldsymbol{H}\cdot\nabla\boldsymbol{V}-\boldsymbol{V}\cdot\nabla\boldsymbol{H}-(\nabla\cdot\boldsymbol{V})\boldsymbol{H} \tag{3.4.40}$$

借助于式(3.4.40),则式(3.4.34)可写为

$$\frac{\mathrm{d}\boldsymbol{H}}{\mathrm{d}t} - \boldsymbol{H} \cdot \nabla \boldsymbol{V} + \boldsymbol{H}(\nabla \cdot \boldsymbol{V}) = \frac{1}{\sigma\mu} \nabla \cdot \nabla \boldsymbol{H} \tag{3.4.41}$$

对于理想磁流体,则式(3.4.41)便退化为

$$\mu \frac{\partial H_i}{\partial t} + \sum_{k=1}^{3} \left(\mu v_k \frac{\partial H_i}{\partial x_k} \right) + \mu [\boldsymbol{H}(\nabla \cdot \boldsymbol{V}) - \boldsymbol{H} \cdot \nabla \boldsymbol{V}]_i = 0 \quad (i = 1,2,3) \tag{3.4.42}$$

对于能量方程,这里可简单采用熵守恒方程代替,即

$$\frac{\partial \tilde{S}}{\partial t} + \sum_{k=1}^{3} \left(v_k \frac{\partial \tilde{S}}{\partial x_k} \right) = 0 \tag{3.4.43}$$

式中:$\tilde{S}$ 为流体的熵。

综上所述,方程(3.4.36)、(3.4.38)、(3.4.42)以及(3.4.43)以 v_1、v_2、v_3、p、H_1、H_2、H_3、$\tilde{S}$ 为未知数,构成了一个完备的理想磁流体力学的方程组。这个方程组可以写成如下矩阵表达的形式:

$$\boldsymbol{A}_0 \cdot \frac{\partial \boldsymbol{U}}{\partial t} + \boldsymbol{A}_1 \cdot \frac{\partial \boldsymbol{U}}{\partial x_1} + \boldsymbol{A}_2 \cdot \frac{\partial \boldsymbol{U}}{\partial x_2} + \boldsymbol{A}_3 \cdot \frac{\partial \boldsymbol{U}}{\partial x_3} = \boldsymbol{C} \tag{3.4.44}$$

式中:$\boldsymbol{C}$ 为 8×1 的列向量;$\boldsymbol{A}_0$、$\boldsymbol{A}_1$、$\boldsymbol{A}_2$、$\boldsymbol{A}_3$ 均为 8×8 的矩阵,其中 $\boldsymbol{A}_0$ 为对称正定阵,而 $\boldsymbol{A}_1$、$\boldsymbol{A}_2$、$\boldsymbol{A}_3$ 均为对称阵;$\boldsymbol{U}$ 为列向量,即

$$\boldsymbol{U} = [v_1, v_2, v_3, p, H_1, H_2, H_3, \tilde{S}]^{\mathrm{T}} \tag{3.4.45}$$

$\boldsymbol{A}_0$ 为对角阵,即

$$\boldsymbol{A}_0 = \mathrm{diag}(\rho, \rho, \rho, \rho^{-1} a^{-2}, \mu, \mu, \mu, 1) \tag{3.4.46}$$

数学上可以证明式(3.4.44)是一阶拟线性对称双曲型方程组。以上是针对非守恒形式的方程组进行讨论的,由于电磁激波的存在,所以应该考虑间断解。因此应把上述方程组变为守恒律的形式,这里因篇幅所限不再给出。

3.5 狭义相对论下 Maxwell 方程组的协变性

1. Einstein 理论的基本假设以及 Lorentz 变换

Einstein 提出的狭义相对论其基本假设有两条:①相对性原理即物理定律在所有惯性系中具有相同的形式;②光速不变原理,即对所有的惯性系,光在真空中沿一切方向的传播速度都相等,与光源和观察者的运动状态无关。作为基本物理常量,真空中的光速 $c=2.997\,924\,58\times10^8\,\mathrm{m/s}$。

Einstein 在上面两条假设下,考察从一个惯性系 K 变换到另一个惯性系 $\overline{K}$ 时其相应的时空坐标(t,x,y,z)与$(\bar{t},\bar{x},\bar{y},\bar{z})$之间满足式(3.5.1),即

$$\bar{x}_\alpha = \sum_{\beta=0}^{3} (a_{\alpha\beta} x_\beta) \quad (\alpha = 0,1,2,3) \tag{3.5.1}$$

其中

$$x_0 = t,\quad \bar{x}_0 = \bar{t},\quad x_1 = x,\quad x_2 = y,\quad x_3 = z,\quad \bar{x}_1 = x,\quad \bar{x}_2 = y,\quad \bar{x}_3 = z$$

显然,只有当 $a_{\alpha\beta}$ 为常数时才能保证相对于 K 做匀速直线运动的任何物体相对于 $\overline{K}$ 也做匀速直线运动。

根据光速不变原理,数学上容易推出

$$\sum_{i=1}^{3}(\mathrm{d}\bar{x}_i)^2-(c\mathrm{d}\bar{t})^2=k\Big[\sum_{i=1}^{3}(\mathrm{d}x_i)^2-(c\mathrm{d}t)^2\Big] \tag{3.5.2}$$

成立,其中 k 为一常数。因为两个惯性系 K 和 $\overline{K}$ 的地位完全是对称的,因此应有

$$\sum_{i=1}^{3}(\mathrm{d}x_i)^2-(c\mathrm{d}t)^2=k\Big[\sum_{i=1}^{3}(\mathrm{d}\bar{x}_i)^2-(c\mathrm{d}\bar{t})^2\Big] \tag{3.5.3}$$

成立。由此得到 $k=\pm1$;注意到式(3.5.2)是一个二次型在线性变换式(3.5.1)下的变换关系,由二次型惯性定理应有 $k=1$,也就是说应有

$$\sum_{i=1}^{3}(\mathrm{d}\bar{x}_i)^2-(c\mathrm{d}\bar{t})^2=\sum_{i=1}^{3}(\mathrm{d}x_i)^2-(c\mathrm{d}t)^2 \tag{3.5.4}$$

成立。因此,所谓 Lorentz 变换就是满足式(3.5.4)的线性变换[也就是说,既满足式(3.5.1),又要满足式(3.5.4)的变换]。另外,可以证明:当某一时刻惯性系 K 与 $\overline{K}$ 的时空坐标系重合,而后 $\overline{K}$ 以常速度 $\mathbf{V}=(v_1,v_2,v_3)$ 相对于 K 做直线运动时,如果以 (x_0,x_1,x_2,x_3) 与 $(\bar{x}_0,\bar{x}_1,\bar{x}_2,\bar{x}_3)$ 分别表示这里 K 与 $\overline{K}$ 中的时空坐标,则它们间的 Lorentz 变换为

$$\begin{cases}\bar{x}_0=\gamma\Big[x_0-\dfrac{1}{c^2}\displaystyle\sum_{i=1}^{3}(v_ix_i)\Big]\\ \bar{x}_i=-\gamma v_ix_0+\displaystyle\sum_{j=1}^{3}\Big[\Big(\dfrac{\gamma-1}{V^2}v_iv_j+\delta_{ij}\Big)x_j\Big]\quad(i=1,2,3)\end{cases} \tag{3.5.5}$$

其中

$$\gamma=\Big[1-\Big(\frac{V}{c}\Big)^2\Big]^{-\frac{1}{2}},\quad V=|\mathbf{V}|$$

式中:δ_{ij} 为 Kronecker 符号。很显然,式(3.5.6),即

$$\begin{cases}\bar{x}=\gamma(x-Vt)\\ \bar{y}=y\\ \bar{z}=z\\ \bar{t}=\gamma\Big(t-\dfrac{xV}{c^2}\Big)\end{cases} \tag{3.5.6}$$

为式(3.5.5)的特例,它是 Lorentz 变换的一种形式。式(3.5.6)中 γ 为

$$\gamma=\Big[1-\Big(\frac{V}{c}\Big)^2\Big]^{-\frac{1}{2}} \tag{3.5.7}$$

2. Minkowski 四维时空中的张量

为便于讨论，如同一般相对论文献中那样[22]，记

$$x^0 = ct, \quad x^i = x_i \quad (i = 1,2,3) \tag{3.5.8}$$

或者取

$$x^0 = \mathrm{i}ct, \quad x^j = x_j \quad (j = 1,2,3) \tag{3.5.8a}$$

式中：i 为虚数。如采用 ct、x、y、z 作四维空间坐标，则称该空间为实四维赝 Euclid 空间；如果采用 ict、x、y、z 作为四维空间坐标，则称该空间为复四维 Euclid 空间。四维空间（又称四维时空）的这种描述方法是 1907 年 Minkowski 提出的，因此上述四维空间又称为 Minkowski 四维时空，记作 M；另外，在四维空间中还约定，凡是用希腊字母作下标时，则取值为 0、1、2、3；凡是用拉丁字母作下标时，则取值为 1、2、3；而且两个量的乘积中出现重复的上、下标时采用 Einstein 求和规约。在 Minkowski 四维时空 M 中，对其元素 $\boldsymbol{x}=(x^0,x^1,x^2,x^3)$，$\boldsymbol{y}=(y^0,y^1,y^2,y^3)$，定义内积为

$$\langle \boldsymbol{x},\boldsymbol{y}\rangle = x^0y^0 - x^1y^1 - x^2y^2 - x^3y^3 \tag{3.5.9}$$

或

$$\langle \boldsymbol{x},\boldsymbol{y}\rangle = g_{\alpha\beta}x^\alpha y^\beta \tag{3.5.9a}$$

其中

$$(g_{\alpha\beta}) = \mathrm{diag}(1,-1,-1,-1) \tag{3.5.10}$$

引进线性变换 L，对于 Minkowski 空间中的任意两个元素 $\boldsymbol{x}$ 与 $\boldsymbol{y}$，如果在 L 作用下内积具有不变性，即

$$\langle L\boldsymbol{x},L\boldsymbol{y}\rangle = \langle \boldsymbol{x},\boldsymbol{y}\rangle, \quad \forall\, \boldsymbol{x},\boldsymbol{y}\in M \tag{3.5.11}$$

则称线性变换 L 为 Minkowski 时空 M 中的正交变换。设 $\{\boldsymbol{e}_0,\boldsymbol{e}_1,\boldsymbol{e}_2,\boldsymbol{e}_3\}$ 为 M 中的一组标准正交基，则有

$$\langle \boldsymbol{e}_\alpha,\boldsymbol{e}_\beta\rangle = g_{\alpha\beta} \quad (\alpha,\beta = 0,1,2,3) \tag{3.5.12}$$

成立；对 M 中的正交变换 L，记

$$\bar{\boldsymbol{e}}_\alpha = L\boldsymbol{e}_\alpha \quad (\alpha = 0,1,2,3) \tag{3.5.13}$$

则 $(\bar{\boldsymbol{e}}_0,\bar{\boldsymbol{e}}_1,\bar{\boldsymbol{e}}_2,\bar{\boldsymbol{e}}_3)$ 也是 M 中的一组标准正交基。注意到线性变换 L 由矩阵 $\boldsymbol{A}=(a^\alpha_\beta)$ 表示，于是有

$$\boldsymbol{e}_\alpha = a^\beta_\alpha \bar{\boldsymbol{e}}_\beta \tag{3.5.14}$$

将 M 中的一个元素 $\boldsymbol{x}$ 在上述两组标准正交基下表示，便为

$$\boldsymbol{x} = x^\alpha \boldsymbol{e}_\alpha = \bar{x}^\beta \bar{\boldsymbol{e}}_\beta \tag{3.5.15}$$

注意到式(3.5.14)，于是由式(3.5.15)得到

$$\bar{x}^\beta = a^\beta_\alpha x^\alpha \tag{3.5.16}$$

并且还可以有

$$d\bar{x}^{\beta} = a^{\beta}_{\alpha} dx^{\alpha} \tag{3.5.17}$$

注意到 M 中的内积在 Lorentz 变换下的不变性，有

$$(dx^0)^2 - \sum_{i=1}^{3}(dx^i)^2 = (d\bar{x}^0)^2 - \sum_{i=1}^{3}(d\bar{x}^i)^2 \tag{3.5.18}$$

若 $\boldsymbol{P}$ 为四维二阶张量，在上述两组标准正交基下可以表示为

$$\boldsymbol{P} = p^{\alpha\beta}\boldsymbol{e}_{\alpha}\boldsymbol{e}_{\beta} = \bar{p}^{\alpha\beta}\bar{\boldsymbol{e}}_{\alpha}\bar{\boldsymbol{e}}_{\beta} \tag{3.5.19}$$

显然有

$$\bar{p}^{\alpha\beta} = a^{\alpha}_{\gamma}a^{\beta}_{\delta}p^{\gamma\delta} \tag{3.5.20}$$

值得注意的是，如按式(3.5.8)选取(x^0, x^1, x^2, x^3)去讨论由坐标系 x^{β} 变换到坐标系 $\bar{x}^{\beta}$，这种取法的好处是避免了虚数，但由坐标系 x^{β} 到坐标系 $\bar{x}^{\beta}$ 的变换不再是正交变换；如按式(3.5.8a)选取(x^0, x^1, x^2, x^3)去讨论由坐标系 x^{β} 到坐标系 $\bar{x}^{\beta}$ 的变换，这就使 x^0 为一虚数，而同时使 Lorentz 变换成为正交变换。

3. 固有时间间隔以及四维速度

由式(3.5.17)可知 $dx=(dx^0, dx^1, dx^2, dx^3)$为 M 中的向量。但由于时间 t 的微分 dt 不是四维标量，因此 $d\boldsymbol{x}/dt$ 便不是四维速度。引入固有时间间隔 $d\tau$，它是四维标量，其表达式为

$$d\tau = (dt)\sqrt{1-\left(\frac{V}{c}\right)^2} \tag{3.5.21}$$

$d\boldsymbol{x}/d\tau$ 为四维速度，并记为

$$(u^0, u^1, u^2, u^3) = \left(\frac{dx^0}{d\tau}, \frac{dx^1}{d\tau}, \frac{dx^2}{d\tau}, \frac{dx^3}{d\tau}\right) = \left(c\,\frac{dt}{d\tau}, \frac{d\boldsymbol{r}}{d\tau}\right) = \gamma(c, v^1, v^2, v^3) \tag{3.5.22}$$

或者

$$\frac{d\boldsymbol{x}}{d\tau} = u^{\alpha}\boldsymbol{e}_{\alpha} = \boldsymbol{u} \tag{3.5.23}$$

其中

$$\gamma = \left[1-\left(\frac{V}{c}\right)^2\right]^{-\frac{1}{2}}, \quad V = |\mathbf{V}| \tag{3.5.24}$$

$$\mathbf{V} = (v^1, v^2, v^3) \equiv \left(\frac{dx^1}{dt}, \frac{dx^2}{dt}, \frac{dx^3}{dt}\right) \tag{3.5.25}$$

式中：$\boldsymbol{r}$ 为三维欧氏空间中的矢径。类似地，可定义

$$\left(\frac{du^0}{d\tau}, \frac{du^1}{d\tau}, \frac{du^2}{d\tau}, \frac{du^3}{d\tau}\right) = \left(c\,\frac{d^2 t}{d\tau^2}, \frac{d^2\boldsymbol{r}}{d\tau^2}\right) \tag{3.5.26}$$

为四维加速度。另外，式(3.5.18)还可以写为

$$(ds)^2 = (c\,dt)^2 - |d\boldsymbol{r}|^2 \tag{3.5.27}$$

4. Maxwell 方程组的 Lorentz 不变性

在 Minkowski 四维时空 M 中，引进四维电流密度(J^0, J^1, J^2, J^3)，即

$$\begin{aligned}(J^0, J^1, J^2, J^3) &= (\rho c, \rho v_1, \rho v_2, \rho v_3) = (\rho c, \rho \boldsymbol{V}) \\ &= \rho_0(u^0, u^1, u^2, u^3)\end{aligned} \tag{3.5.28}$$

式中：u^α $(\alpha=0\sim3)$由(3.5.22)式定义；$\rho=\gamma\rho_0$，这里 γ 由式(3.5.24)给出。于是描述电荷守恒定律的连续方程(3.4.1)在四维时空 M 中变为四维电流密度的四维散度等于零，即

$$\frac{\partial J^\alpha}{\partial x^\alpha} = 0 \tag{3.5.29}$$

注意到电磁场的标势 φ 与矢势 $\boldsymbol{A}$[它们满足式(3.2.10)]以及 Lorentz 规范条件[它满足式(3.2.7)]，引进四维势(A^0, A^1, A^2, A^3)其表达式为

$$(A^0, A^1, A^2, A^3) = \left(\frac{1}{c}\varphi, \boldsymbol{A}\right) \tag{3.5.30}$$

它是一个四维向量。借助于式(3.5.30)，则式(3.2.10)与式(3.2.7)分别可以改写为关于四维势的方程，即

$$\Box A^\alpha = \mu J^\alpha \tag{3.5.31}$$

$$\frac{\partial A^\beta}{\partial x^\beta} = 0 \quad (\text{Lorentz 条件}) \tag{3.5.32}$$

式中：$\Box$为 d'Alembert 算符(又称波动算子)，其定义为

$$\Box = g^{\alpha\beta} \frac{\partial}{\partial x^\alpha} \frac{\partial}{\partial x^\beta} \tag{3.5.33}$$

而 $g^{\alpha\beta}$为度量张量的逆变分量，用$(g^{\alpha\beta})$表示相应的矩阵，有

$$(g^{\alpha\beta}) = \mathrm{diag}(1, -1, -1, -1) \tag{3.5.34}$$

对于真空中的 Maxwell 方程组，引进四维时空中电磁场的场强张量 $\boldsymbol{F}$，它是一个二阶反对称张量，其逆变分量 $F^{\alpha\beta}$的表达式为

$$F^{\alpha\beta} = g^{\beta\delta} \frac{\partial A^\alpha}{\partial x^\delta} - g^{\alpha\gamma} \frac{\partial A^\beta}{\partial x^\gamma} \quad (\alpha, \beta = 0, 1, 2, 3) \tag{3.5.35}$$

$$F^{\alpha\beta} = -F^{\beta\alpha} \tag{3.5.36}$$

令 $\boldsymbol{F}$ 的对偶张量为 $\boldsymbol{F}^*$，其逆变分量记作 $\widetilde{F}^{\alpha\beta}$，于是式(3.3.2)与式(3.3.4)可改写为

$$\frac{\partial(\widetilde{F}^{\alpha\beta})}{\partial x^\beta} = 0 \tag{3.5.37}$$

而式(3.3.1)与式(3.3.3)可以改写为

$$\frac{\partial F^{\alpha\beta}}{\partial x^\beta} = \mu J^\alpha \quad (\alpha = 0, 1, 2, 3) \tag{3.5.38}$$

当考虑介质中的电磁场时，由于这时 Maxwell 方程组为式(3.4.11)，因此要引进场强张量 $\boldsymbol{G}$ 去代替 $\boldsymbol{F}$；$\boldsymbol{G}$ 的表达式为

$$(G^{\alpha\beta})=\begin{bmatrix}0 & D_1 & D_2 & D_3\\ -D_1 & 0 & \frac{1}{c}H_3 & -\frac{1}{c}H_2\\ -D_2 & -\frac{1}{c}H_3 & 0 & \frac{1}{c}H_1\\ -D_3 & \frac{1}{c}H_2 & -\frac{1}{c}H_1 & 0\end{bmatrix} \tag{3.5.39}$$

式中：D_1、D_2、D_3 为电位移向量的分量；H 为电磁场强度。$\boldsymbol{G}$ 的对偶张量为 $\boldsymbol{G}^*$，其逆变分量记作 $(\widetilde{G^{\alpha\beta}})$；借助于 $\boldsymbol{G}$ 与 $\boldsymbol{G}^*$，则在四维时空中式(3.4.11)可写为

$$\frac{\partial G^{\alpha\beta}}{\partial x^\beta}=\frac{1}{c}J^\alpha\quad(\alpha=0,1,2,3) \tag{3.5.40}$$

$$\frac{\partial(\widetilde{G^{\alpha\beta}})}{\partial x^\beta}=0\quad(\alpha=0,1,2,3) \tag{3.5.41}$$

5. 电磁场能量守恒与动量守恒的协变性

单位体积元中的电荷、电流受到电磁场作用力已由式(3.1.3)给出，这里写为

$$\boldsymbol{f}=(f_1,f_2,f_3)=\rho\boldsymbol{E}+\boldsymbol{J}\times\boldsymbol{B}=\rho\boldsymbol{E}+\rho\boldsymbol{V}\times\boldsymbol{B} \tag{3.5.42}$$

其中

$$\boldsymbol{J}=\rho\boldsymbol{V}$$

单位时间内场对单位体积元的运动电荷(令速度为 $\boldsymbol{V}$)做的功为

$$W=\boldsymbol{f}\cdot\boldsymbol{V}=\boldsymbol{J}\cdot\boldsymbol{E} \tag{3.5.43}$$

令

$$\begin{cases}f^0=-\dfrac{\boldsymbol{J}\cdot\boldsymbol{E}}{c}\\ f^i=-f_i\end{cases} \tag{3.5.44}$$

这里 f_1、f_2、f_3 满足：

$$f_1\boldsymbol{i}+f_2\boldsymbol{j}+f_3\boldsymbol{k}=\boldsymbol{f} \tag{3.5.45}$$

于是(f^0,f^1,f^2,f^3)为四维时空 M 中的力密度(又称 Lorentz 力密度)。电磁场的能量守恒方程与动量守恒方程分别由式(3.1.10)与式(3.1.17)给出，这里将它们分别写为

$$\frac{\partial u}{c\partial t}+\nabla\cdot\left(\frac{\boldsymbol{S}}{c}\right)=-\frac{\boldsymbol{J}\cdot\boldsymbol{E}}{c} \tag{3.5.46}$$

$$\frac{\partial(c\boldsymbol{g}_{\mathrm{e}})}{c\partial t}+\nabla\cdot(-\hat{\boldsymbol{T}})=-\boldsymbol{f} \tag{3.5.47}$$

式中：u 为电磁场的能量密度；$\boldsymbol{g}_e$ 为电磁场动量密度向量；$\hat{\boldsymbol{T}}$ 为电磁动量流密度张量；$\boldsymbol{S}$ 为电磁能量流密度向量。引进四维时空 M 中的电磁场应力能量动量张量（又称 Minkowski 应力张量）$\hat{\boldsymbol{\tau}}$，其逆变分量$\hat{\tau}^{\alpha\beta}$的表达式为

$$\hat{\tau}^{00}=\frac{1}{2}(\varepsilon E^2+\mu H^2) \tag{3.5.48}$$

$$\hat{\tau}^{0i}=\hat{\tau}^{i0}=\frac{1}{c}(\boldsymbol{E}\times\boldsymbol{H})^i \tag{3.5.49}$$

$$\hat{\tau}^{ij}=-(\varepsilon E^iE^j+\mu H^iH^j)+\frac{1}{2}(\varepsilon E^2+\mu H^2)\delta^{ij} \tag{3.5.50}$$

或者将上述诸式统一写为

$$\hat{\tau}^{\alpha\beta}=-cg_{\delta\gamma}F^{\alpha\delta}G^{\beta\gamma}+\frac{1}{2}g^{\alpha\beta}(\mu H^2+\varepsilon E^2) \tag{3.5.51}$$

式中：δ^{ij} 为 Kronecker 记号；$F^{\alpha\beta}$ 与 $G^{\alpha\beta}$ 的定义分别同式（3.5.35）与式（3.5.39）。显然 $\hat{\boldsymbol{\tau}}$ 可表示为

$$(\hat{\tau}^{\alpha\beta})=(\hat{\tau}^{\beta\alpha})=\begin{bmatrix} u & s^k/c \\ c\,(g_e)^i & -T^{ik}\end{bmatrix} \tag{3.5.52}$$

$$(\alpha,\beta=0,1,2,3;i,k=1,2,3)$$

在四维时空 M 中，借助于 Minkowski 应力张量 $\hat{\boldsymbol{\tau}}$，于是式（3.5.46）与式（3.5.47）合并为对 $\hat{\boldsymbol{\tau}}$ 求四维散度的形式：

$$\frac{\partial\hat{\tau}^{\alpha\beta}}{\partial x^\beta}=f^\alpha \tag{3.5.53}$$

如果令 $\boldsymbol{\pi}$ 与 $\boldsymbol{\Pi}$ 分别代表流体力学中流体的应力张量与黏性应力张量[3,4]，令 $\hat{\boldsymbol{T}}$ 代表 Maxwell 应力张量，于是考虑到电磁场存在对流体力学方程的影响之后，这时动量方程为

$$\rho\frac{\mathrm{d}\boldsymbol{V}}{\mathrm{d}t}=\rho\hat{\boldsymbol{f}}+\nabla\cdot(\boldsymbol{\pi}+\hat{\boldsymbol{T}})=\rho\hat{\boldsymbol{f}}+\nabla\cdot\boldsymbol{T} \tag{3.5.54}$$

其中

$$\boldsymbol{T}=\boldsymbol{\pi}+\hat{\boldsymbol{T}} \tag{3.5.55}$$

$$\boldsymbol{\pi}=\boldsymbol{\Pi}-p\boldsymbol{I} \tag{3.5.56}$$

式中：$\hat{\boldsymbol{f}}$ 为通常流体力学中常讲的体积力（如重力等，但电磁力除外）；p 为流体的压强。

3.6 电磁场中带电粒子运动的 Lagrange 函数与 Hamilton 函数

本节采用分析力学的 Lagrange 与 Hamilton 两种形式，去研究带电粒子在电

磁场中的运动方程。在高超声速气动热力学以及微观分析领域内，研究带电粒子的运动问题十分重要。在微观领域内需要用量子力学来解决粒子的运动问题，而量子力学是用 Hamilton 量或 Lagrange 量来解决粒子运动问题的。因此，讨论电磁场中带电粒子运动的 Lagrange 函数与 Hamilton 函数，正是为讨论从经典电动力学过渡到量子力学的量而奠定的必要基础。对于如何构造这两个函数，以下分非相对论与相对论两种情况进行讨论。

1. 四维能量-动量向量以及四维力

以 m_0 表示粒子在静止时的质量，因此称 m_0 为静止质量。引进四维动量，记作 (p^0,p^1,p^2,p^3)，即

$$(p^0,p^1,p^2,p^3)=m_0(u^0,u^1,u^2,u^3) \tag{3.6.1}$$

其中 $u^\alpha(\alpha=0,1,2,3)$ 已由式(3.5.22)定义。令

$$\boldsymbol{p}=m\mathbf{V}=(p^1,p^2,p^3) \tag{3.6.2}$$

其中

$$m=\gamma m_0 \tag{3.6.3}$$

这里 γ 由式(3.5.24)定义；m 称为粒子的惯性质量；显然，m 并不是 Lorentz 变换下的不变量，即它不是一个四维标量。另外，p^0 为

$$p^0=\frac{E}{c} \tag{3.6.4}$$

其中

$$E=mc^2 \tag{3.6.5}$$

式中：E 为粒子的总能量。借助于式(3.6.4)与式(3.6.2)，则式(3.6.1)可以写为

$$(p^0,p^1,p^2,p^3)=\left(\frac{E}{c},\boldsymbol{p}\right) \tag{3.6.6}$$

显然式(3.6.6)既含有粒子的动量 $\boldsymbol{p}$，又含有粒子的总能量 E，所以这里四维动量又称为四维能量-动量向量。粒子的静止能量 E_0 是四维时空 M 中的标量，其表达式为

$$E_0=m_0c^2 \tag{3.6.7}$$

由式(3.6.6)与式(3.6.7)便可得到

$$(p^0)^2-(p^1)^2-(p^2)^2-(p^3)^2=\frac{1}{c^2}E_0^2 \tag{3.6.8}$$

$$E^2-c^2|\boldsymbol{p}|^2=E_0^2 \tag{3.6.9}$$

式(3.6.9)称为能量-动量公式。将粒子的四维动量对固有时间 τ 求导数，便得到四维力(又称 Minkowski 力)，并记为 $(\hat{g}^0,\hat{g}^1,\hat{g}^2,\hat{g}^3)$

$$(\hat{g}^0,\hat{g}^1,\hat{g}^2,\hat{g}^3)=\left(\frac{\mathrm{d}p^0}{\mathrm{d}\tau},\frac{\mathrm{d}p^1}{\mathrm{d}\tau},\frac{\mathrm{d}p^2}{\mathrm{d}\tau},\frac{\mathrm{d}p^3}{\mathrm{d}\tau}\right) \tag{3.6.10}$$

而普通力向量 $\boldsymbol{f}$ 为

$$\boldsymbol{f} = (f^1, f^2, f^3) = \frac{\mathrm{d}\boldsymbol{p}}{\mathrm{d}t} \tag{3.6.11}$$

注意这里 $\boldsymbol{f}$ 并不是四维力的空间分量。如果对式(3.6.9)两边对 t 求导数,并注意使用式(3.6.2)、式(3.6.5)和式(3.6.11)便可得到

$$\frac{\mathrm{d}E}{\mathrm{d}t} = \boldsymbol{V} \cdot \boldsymbol{f} \tag{3.6.12}$$

借助于式(3.6.10),则 $\hat{g}^0$ 为

$$\hat{g}^0 = \frac{\gamma}{c}\boldsymbol{V} \cdot \boldsymbol{f} \tag{3.6.13}$$

于是四维力的表达式可以写为

$$(\hat{g}^0, \hat{g}^1, \hat{g}^2, \hat{g}^3) = \gamma\left(\frac{1}{c}\boldsymbol{V} \cdot \boldsymbol{f}, \boldsymbol{f}\right) \tag{3.6.14}$$

其中 γ 由式(3.5.24)定义。

2. 非相对论情况下电磁场中带电粒子的运动

带电质点在电磁中运动时受到的电磁力已由式(3.5.42)给出。令 q 为带电质点的电量,则所受电磁力的表达式为

$$\boldsymbol{f} = q(\boldsymbol{E} + \boldsymbol{V} \times \boldsymbol{B}) \tag{3.6.15}$$

由分析力学知道,只要质点系的约束是完整、理想约束,则 Lagrange 方程(2.3.14)对任意形式的外力都成立。也就是说,存在一个函数 $U(q_1, \cdots, q_m, \dot{q}_1, \cdots, \dot{q}_m)$ 使式(3.6.16)成立

$$\frac{\mathrm{d}}{\mathrm{d}t}\left(\frac{\partial U}{\partial \dot{q}_s}\right) - \frac{\partial U}{\partial q_s} = Q_s \quad (s = 1, 2, \cdots, m) \tag{3.6.16}$$

式中:Q_s 为系统的广义力。由式(2.3.14)减去式(3.6.16),得

$$\frac{\mathrm{d}}{\mathrm{d}t}\left[\frac{\partial}{\partial \dot{q}_s}(T-U)\right] - \frac{\partial}{\partial q_s}(T-U) = 0 \tag{3.6.17}$$

定义 Lagrange 函数 L 为

$$L = T - U \tag{3.6.18}$$

式中:T 为动能;于是式(3.6.17)为

$$\frac{\mathrm{d}}{\mathrm{d}t}\left(\frac{\partial L}{\partial \dot{q}_s}\right) - \frac{\partial L}{\partial q_s} = 0 \tag{3.6.19}$$

在电动力学中,电磁场 $\boldsymbol{E}$、$\boldsymbol{B}$ 可用标势 φ 与矢势 $\boldsymbol{A}$ 即式(3.2.1)与式(3.2.3)表示。将这两式代入式(3.6.15)中就得到

$$\boldsymbol{f} = q\left[-\nabla\varphi - \frac{\partial \boldsymbol{A}}{\partial t} + \boldsymbol{V} \times (\nabla \times \boldsymbol{A})\right] \tag{3.6.20}$$

在直角坐标系中则式(3.6.20)可写为

$$f_i = q\left(-\frac{\partial \varphi}{\partial x_i} - \frac{\partial A_i}{\partial t} + v_j \frac{\partial A_j}{\partial x_i} - v_j \frac{\partial A_i}{\partial x_j}\right) \tag{3.6.21}$$

如果令

$$\begin{cases} U \equiv q(\varphi - \boldsymbol{V} \cdot \boldsymbol{A}) = q(\varphi - v_j A_j) \\ v_j = \dot{x}_j \end{cases} \tag{3.6.22}$$

则容易证明：

$$\frac{\mathrm{d}}{\mathrm{d}t}\left(\frac{\partial U}{\partial \dot{x}_i}\right) - \frac{\partial U}{\partial x_i} = q\left(-\frac{\partial \varphi}{\partial x_i} - \frac{\partial A_i}{\partial t} + v_j \frac{\partial A_j}{\partial x_i} - v_j \frac{\partial A_i}{\partial x_j}\right) = f_i \tag{3.6.23}$$

成立。这就表明：只要按式(3.6.22)定义广义势函数 U，则式(3.6.16)便能成立，因而可按式(3.6.18)定义 Lagrange 函数并由式(3.6.19)去求带电粒子在电磁场中的运动微分方程。也就是说，这时 Lagrange 函数 L 为

$$L = T - U = \frac{1}{2} m \boldsymbol{V} \cdot \boldsymbol{V} - q(\varphi - \boldsymbol{V} \cdot \boldsymbol{A}) \tag{3.6.24}$$

由式(3.6.24)可求出正则动量

$$\begin{cases} P_i = \dfrac{\partial L}{\partial v_i} = m v_i + q A_i \\ \boldsymbol{P} = m\boldsymbol{V} + q\boldsymbol{A} \end{cases} \tag{3.6.25}$$

于是 Hamilton 函数 $H = v_i P_i - L = \frac{1}{2} m \boldsymbol{V} \cdot \boldsymbol{V} + q\varphi$，借助于式(3.6.25)消去 $\boldsymbol{V}$，则 H 可表示为

$$H = \frac{1}{2m}(\boldsymbol{P} - q\boldsymbol{A})^2 + q\varphi \tag{3.6.26}$$

注意式(3.6.26)中的 $\boldsymbol{P}$ 是正则动量。将式(3.6.26)所定义的 Hamilton 函数代入正则方程

$$\dot{x}_i = \frac{\partial H}{\partial P_i}, \quad \dot{P}_i = -\frac{\partial H}{\partial x_i} \tag{3.6.27}$$

容易证明，式(3.6.27)中第一式实际上表示动量 $\boldsymbol{P} = m\boldsymbol{V}$，第二式写成矢量便为

$$\dot{\boldsymbol{P}} = -\nabla H \tag{3.6.28}$$

用式(3.6.25)消去式(3.6.28)左端的 $\boldsymbol{P}$，用式(3.6.26)去消式(3.6.28)右端的 H，并适当整理后得

$$\frac{\mathrm{d}}{\mathrm{d}t}(m\boldsymbol{V}) = q(\boldsymbol{E} + \boldsymbol{V} \times \boldsymbol{B})$$

这正是带电粒子在电磁场中的运动方程。可见，式(3.6.24)与式(3.6.26)便为非相对论情况下电磁场中带电粒子的 Lagrange 函数与 Hamilton 函数。

3. 狭义相对论情况下电磁场中带电粒子的运动

在狭义相对论下，正确的运动方程应该为

$$\frac{\mathrm{d}}{\mathrm{d}t}(\gamma m_0 \boldsymbol{V}) = q(\boldsymbol{E} + \boldsymbol{V} \times \boldsymbol{B}) \tag{3.6.29}$$

因为 $\gamma m_0 v_i = \frac{\partial}{\partial v_i}[-\gamma^{-1} m_0 c^2]$，于是可取 Lagrange 函数为

$$L = -\gamma^{-1} m_0 c^2 - q(\varphi - \boldsymbol{V} \cdot \boldsymbol{A}) \tag{3.6.30}$$

其中 γ 的定义同式(3.5.24)。相应的正则动量是

$$\begin{cases} P_i = \dfrac{\partial L}{\partial v_i} = \gamma m_0 v_i + qA_i \\ \boldsymbol{P} = \tilde{\boldsymbol{p}} + q\boldsymbol{A} \end{cases} \tag{3.6.31}$$

其中

$$\tilde{\boldsymbol{p}} = \gamma m_0 \boldsymbol{V} \tag{3.6.32}$$

Hamilton 函数是 $H = \boldsymbol{P} \cdot \boldsymbol{V} - L$，将式(3.6.30)与式(3.6.31)代入后得到

$$H = \gamma m_0 c^2 + q\varphi \tag{3.6.33}$$

借助于式(3.6.3)与式(3.6.5)，将能量-动量关系式(3.6.9)改写为

$$\gamma m_0 c^2 = [(\boldsymbol{p} - q\boldsymbol{A})^2 c^2 + m_0^2 c^4]^{\frac{1}{2}} \tag{3.6.34}$$

利用式(3.6.34)则式(3.6.33)变为

$$H = mc^2 + q\varphi = [(\boldsymbol{p} - q\boldsymbol{A})^2 c^2 + m_0^2 c^4]^{\frac{1}{2}} + q\varphi \tag{3.6.35}$$

综上所述，在狭义相对论下，带电粒子在电磁场中运动时的 Lagrange 函数与 Hamilton 函数分别由式(3.6.30)与式(3.6.35)规定。

3.7 运动点电荷的电磁场以及加速运动时的辐射能量

1. 运动点电荷的电磁场以及电磁势

现在考查运动点电荷所激发的电动势。设一运动的点电荷 e(令其电量为 q)，在 t' 时刻其运动状态用位置 $\boldsymbol{r}_\mathrm{e}(t')$ 和速度 $\boldsymbol{V}(t')$ 描述。现在要研究这一运动的点电荷在空间一点 $\boldsymbol{r}, t$ 时刻的场(见图 3.1)。由于运动电荷激发的场是以有限速度 c 传播的，所以 $\boldsymbol{r}$ 点 t 时刻的场应该是在较早时刻 t' 运动电荷在 $\boldsymbol{r}_\mathrm{e}(t')$ 处激发的，即应满足推迟条件

$$R(t') = |\boldsymbol{r} - \boldsymbol{r}_\mathrm{e}(t')| = c(t - t') \tag{3.7.1}$$

可以证明，在 $\boldsymbol{r}$ 点 t 时刻的矢势 $\boldsymbol{A}$ 与标势 φ 分别为

$$A(\boldsymbol{r}, t) = \frac{q}{4\pi\varepsilon_0 c}\left(\frac{\boldsymbol{\beta}}{KR}\right)_{\mathrm{ret}} = \frac{\mu_0}{4\pi}\frac{q\boldsymbol{V}^*}{S^*} \tag{3.7.2}$$

$$\varphi(\boldsymbol{r}, t) = \frac{q}{4\pi\varepsilon_0}\left(\frac{1}{KR}\right)_{\mathrm{ret}} = \frac{1}{4\pi\varepsilon_0}\frac{q}{S^*} \tag{3.7.3}$$

式中：方括号[…]中的量 $\boldsymbol{\beta}$、K、R 都是 t' 的函数；下标“ret”表示[…]中的 t' 应按式

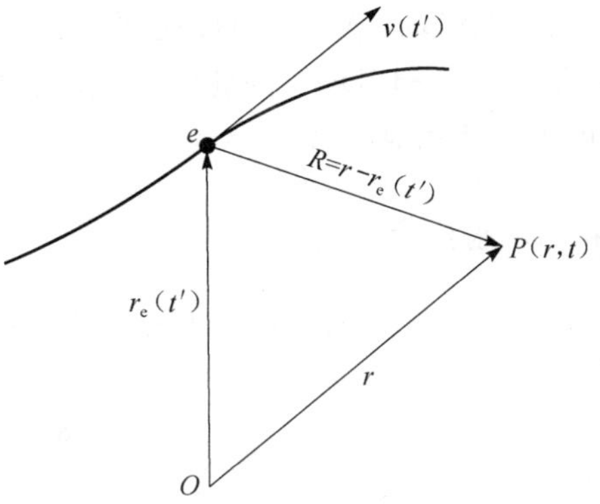

图 3.1　运动点电荷所激发的电磁势

(3.7.1)的推迟条件,即

$$t' = t - \frac{1}{c}R(t') = t - \frac{1}{c}|\boldsymbol{r} - \boldsymbol{r}_e(t')| \tag{3.7.4}$$

取值;标有 * 号的量表示该量应取 t'时刻的值;标号 $\boldsymbol{\beta}$、K、S 等的定义分别为

$$\boldsymbol{\beta} = \frac{\mathbf{V}(t')}{c}, \quad K = 1 - \boldsymbol{n}\cdot\boldsymbol{\beta}, \quad \boldsymbol{n} \equiv \frac{\boldsymbol{R}}{R} \tag{3.7.5a}$$

$$\boldsymbol{R} = \boldsymbol{r} - \boldsymbol{r}_e(t'), \quad R = |\boldsymbol{R}|, \quad \mathbf{V}^* = \frac{\mathrm{d}\boldsymbol{r}_e(t')}{\mathrm{d}t'} \tag{3.7.5b}$$

$$S = R - \frac{\boldsymbol{R}\cdot\mathbf{V}}{c}, \quad S^* = R^* - \frac{\boldsymbol{R}^*\cdot\mathbf{V}^*}{c} \tag{3.7.5c}$$

$$\boldsymbol{R}^* = \boldsymbol{r} - \boldsymbol{r}_e(t') = \boldsymbol{R} \tag{3.7.5d}$$

式中:$\mathbf{V}$ 为带电粒子对观测者的速度;μ_0 与 ε_0 分别为真空磁导率与真空介电常数。式(3.7.2)与式(3.7.3)常称为 Lienard-Wiechert 势。将运动点电荷的电磁势(即 Lienard-Wiechert 势)直接代入式(3.2.4),得

$$\boldsymbol{E} = \frac{q}{4\pi\varepsilon_0}\left\{\frac{(\boldsymbol{n}-\boldsymbol{\beta})(1-\boldsymbol{\beta}\cdot\boldsymbol{\beta})}{K^3R^2} + \frac{\boldsymbol{n}\times[(\boldsymbol{n}-\boldsymbol{\beta})\times\dot{\boldsymbol{\beta}}]}{cK^3R}\right\}_{\mathrm{ret}} \tag{3.7.6}$$

$$\boldsymbol{B} = \frac{1}{c}(\boldsymbol{n}\times\boldsymbol{E})_{\mathrm{ret}} \tag{3.7.7}$$

其中

$$\dot{\boldsymbol{\beta}} = \frac{1}{c}\frac{\mathrm{d}\mathbf{V}(t')}{\mathrm{d}t'} \tag{3.7.8}$$

式(3.7.6)与式(3.7.7)就是任意运动的点电荷所激发的电磁场。显然,只要给定点电荷的运动 $\boldsymbol{r}_e(t')$,则利用式(3.7.6)和式(3.7.7)以及推迟条件(3.7.1)便可以得到它所激发的电磁场 $\boldsymbol{E}(\boldsymbol{r},t)$与 $\boldsymbol{B}(\boldsymbol{r},t)$;另外,从式(3.7.6)中可以看出:运动电荷所激发的电磁场可以分解为两个部分:第一项只与速度有关,是随 $1/R^2$ 变

化的,并且不是辐射能量,是似稳场;第二项与加速度[见式(3.7.8)式]有关,是随 $1/R$ 变化,有能量辐射,是典型的辐射场。因此,匀速直线运动的点电荷是不辐射能量的,只有加速运动的电荷才辐射能量。

2. 加速运动点电荷的辐射能量

这里只讨论加速运动点电荷的辐射问题。由式(3.7.6)与式(3.7.7)可知辐射场为

$$\begin{cases} \boldsymbol{E}(\boldsymbol{r},t) = \dfrac{q}{4\pi\varepsilon_0 c}\left\{\dfrac{\boldsymbol{n}\times[(\boldsymbol{n}-\boldsymbol{\beta})\times\dot{\boldsymbol{\beta}}]}{k^3 R}\right\}_{\text{ret}} \\ \boldsymbol{B}(\boldsymbol{r},t) = \dfrac{1}{c}[\boldsymbol{n}\times\boldsymbol{E}]_{\text{ret}} \end{cases} \tag{3.7.9}$$

令 $\boldsymbol{S}$ 为能流密度矢量,则 $\boldsymbol{S}$ 沿 $\boldsymbol{R}$ 方向上的分量为

$$\begin{aligned}[\boldsymbol{S}\cdot\boldsymbol{n}]_{\text{ret}} &= \frac{1}{\mu_0}[(\boldsymbol{E}\times\boldsymbol{B})\cdot\boldsymbol{n}]_{\text{ret}} = \frac{1}{\mu_0 c}|\boldsymbol{E}|^2_{\text{ret}} \\ &= \left\{\frac{q^2\,|\boldsymbol{n}\times[(\boldsymbol{n}-\boldsymbol{\beta})\times\dot{\boldsymbol{\beta}}]|^2}{16\pi^2\varepsilon_0 c k^6 R^2}\right\}_{\text{ret}}\end{aligned} \tag{3.7.10}$$

式中:$[\boldsymbol{S},\boldsymbol{n}]_{\text{ret}}$ 是 t 时刻在场点垂直 $\boldsymbol{n}$ 方向的单位面积上所接收的功率。$[\boldsymbol{S}\cdot\boldsymbol{n}]\dfrac{\partial t}{\partial t'}$ 是运动点电荷在 t' 时刻沿 $\boldsymbol{n}$ 方向单位面积所发射的功率,因此运动电荷在 t' 时刻辐射到立体角 $\mathrm{d}\Omega$ 内的功率应为

$$\mathrm{d}p(t') = (\boldsymbol{S}\cdot\boldsymbol{n})\frac{\partial t}{\partial t'}R^2\mathrm{d}\Omega = (\boldsymbol{S}\cdot\boldsymbol{n})KR^2\mathrm{d}\Omega \tag{3.7.11}$$

将式(3.7.10)代入式(3.7.11)得瞬时辐射功率角分布为

$$\frac{\mathrm{d}p(t')}{\mathrm{d}\Omega} = \frac{q^2\,|\boldsymbol{n}\times(\boldsymbol{n}-\boldsymbol{\beta})\times\dot{\boldsymbol{\beta}}|^2}{16\pi^2\varepsilon_0 c(1-\boldsymbol{n}\cdot\boldsymbol{\beta})^5} \tag{3.7.12}$$

将式(3.7.12)对 $\mathrm{d}\Omega$ 积分便得到辐射总功率 $p(t')$,下面分两种情况给出 $p(t')$ 的表达式。

1) 非相对论时低速带电粒子辐射的能量

对于 $|\boldsymbol{V}|\ll c$ 的低速带电粒子,其辐射总功率可由 Larmor 公式决定,其表达式为

$$p(t') = \frac{q^2\dot{\boldsymbol{V}}\cdot\dot{\boldsymbol{V}}}{6\pi\varepsilon_0 c^3} \tag{3.7.13}$$

2) 狭义相对论时任意速度带电粒子辐射的能量和动量

令 $x_0=\mathrm{i}ct, x_1=x, x_2=y, x_3=z$;在复四维 Euclid 空间中,能量与动量构成一个四维矢量,于是

$$\mathrm{d}p_\mu=\left(\frac{\mathrm{id}W}{c},\mathrm{d}\boldsymbol{p}\right) \tag{3.7.14}$$

注意到四维加速度与四维速度分别为

$$a_\mu=\frac{\mathrm{d}u_\mu}{\mathrm{d}\tau}=\left(\frac{\mathrm{i}}{c}\gamma^4\mathbf{V}\cdot\dot{\mathbf{V}}\gamma^2\dot{\mathbf{V}}+\frac{\gamma^4}{c^2}\mathbf{V}\mathbf{V}\cdot\dot{\mathbf{V}}\right) \tag{3.7.15}$$

$$u_\mu=(\mathrm{i}\gamma c,\gamma\mathbf{V}) \tag{3.7.16}$$

因此,在任一惯性系中应有

$$\frac{\mathrm{d}p_\mu}{\mathrm{d}\tau}=-\frac{q^2}{6\pi\varepsilon_0c^5}(a_\nu)^2u_\mu \tag{3.7.17}$$

式中:τ 为固有时间;a_ν 为四维加速度。并且$(a_\nu)^2$ 为

$$(a_\nu)^2=a_\nu a_\nu=\frac{\dot{\mathbf{V}}\cdot\dot{\mathbf{V}}-\left(\frac{\mathbf{V}}{c}\times\dot{\mathbf{V}}\right)^2}{(1-\beta^2)^3} \tag{3.7.18}$$

$$\beta=\frac{|\mathbf{V}|}{c} \tag{3.7.19}$$

于是式(3.7.17)的空间部分与时间部分可分别写为

$$\frac{\mathrm{d}\boldsymbol{p}}{\mathrm{d}t}=-\frac{q^2}{6\pi\varepsilon_0c^5}\left[\frac{\dot{\mathbf{V}}\cdot\dot{\mathbf{V}}-\left(\frac{\mathbf{V}}{c}\times\dot{\mathbf{V}}\right)^2}{(1-\beta^2)^3}\right]\mathbf{V}=-\frac{q^2\gamma^6}{6\pi\varepsilon_0c^3}[\dot{\boldsymbol{\beta}}\cdot\dot{\boldsymbol{\beta}}-(\boldsymbol{\beta}\times\dot{\boldsymbol{\beta}})^2]\mathbf{V} \tag{3.7.20}$$

$$\frac{\mathrm{d}W}{\mathrm{d}t}=-\frac{q^2}{6\pi\varepsilon_0c^3}\left[\frac{\dot{\mathbf{V}}\cdot\dot{\mathbf{V}}-\left(\frac{\mathbf{V}}{c}\times\dot{\mathbf{V}}\right)^2}{(1-\beta^2)^3}\right]=-\frac{q^2\gamma^6}{6\pi\varepsilon_0c}[\dot{\boldsymbol{\beta}}\cdot\dot{\boldsymbol{\beta}}-(\boldsymbol{\beta}\times\dot{\boldsymbol{\beta}})^2] \tag{3.7.21}$$

其中 γ 由式(3.5.24)定义。式(3.7.20)与式(3.7.21)就是以任意速度运动的带电粒子在单位时间内向整个空间辐射电磁波的动量与能量的方程,它们分别等于带电粒子受到的辐射反作用力与能量损失的速率。

3.8　电子的电磁质量与辐射阻尼力

由 3.7 节可知,任意运动的带电粒子所激发的电磁场可分为两个部分:一部分与速度有关的,主要是依附于带电粒子周围的速度场,也称自有场;另一部分是与加速度有关的辐射场。应该知道,对于匀速运动的电子,除了电子本身的能量和动量外,其周围的自有场对能量和动量也有贡献,也就是说,自有场对电子的反作用

表现为电子的电磁质量 m_{em}。另外，对于受外力作用而加速运动的电子，除了自有场变化外，还有辐射场，这部分也要带走能量与动量；辐射场对电子的反作用表现在场对电子的辐射阻尼力 $\boldsymbol{F}_r$，下面扼要讨论 m_{em} 与 $\boldsymbol{F}_r$ 的计算。

1. 电子的电磁质量

现在讨论自有场对能量与动量的贡献。为了简化，假定电子的速度 $|\boldsymbol{V}| \ll c$，则电子的机械动量 $\boldsymbol{G}_m = m_0\boldsymbol{V}$，电子的机械动能 $U_m = \dfrac{1}{2}m_0\boldsymbol{V}\cdot\boldsymbol{V}$，并设自有场的动量为 $\hat{\boldsymbol{G}}$，自有场的能量为 U，因此电子机械的与自有场的总动量与总能量分别为

$$\begin{cases}\boldsymbol{G}_m + \hat{\boldsymbol{G}} = m\boldsymbol{V} \\ U_m + U = U_0 + \dfrac{1}{2}m\boldsymbol{V}\cdot\boldsymbol{V}\end{cases} \tag{3.8.1}$$

其中

$$\hat{\boldsymbol{G}} = \varepsilon_0\int_\Omega(\boldsymbol{E}\times\boldsymbol{B})\mathrm{d}\Omega = \frac{4U_0}{3c}\boldsymbol{\beta} = \frac{4U_0}{3c^2}\boldsymbol{V} \tag{3.8.2}$$

$$U = \frac{1}{2}\int_\Omega\left(\varepsilon_0\boldsymbol{E}\cdot\boldsymbol{E} + \frac{1}{\mu_0}\boldsymbol{B}\cdot\boldsymbol{B}\right)\mathrm{d}\Omega = \left(1 + \frac{2}{3c^2}\boldsymbol{V}\cdot\boldsymbol{V}\right)U_0 \tag{3.8.3}$$

式中：U_0 为静止点电荷的电场能量，即

$$U_0 = \frac{\varepsilon_0}{2}\int_\Omega\boldsymbol{E}_0\cdot\boldsymbol{E}_0\mathrm{d}\Omega \tag{3.8.4}$$

借助于式(3.8.2)～式(3.8.4)，则式(3.8.1)变为

$$\begin{cases}\boldsymbol{G}_m + \hat{\boldsymbol{G}} = m\boldsymbol{V} = \left(m_0 + \dfrac{4U_0}{3c^2}\right)\boldsymbol{V} \\ U_m + U = U_0 + \dfrac{1}{2}m\boldsymbol{V}\cdot\boldsymbol{V} = U_0 + \dfrac{1}{2}\left(m_0 + \dfrac{4U_0}{3c^2}\right)\boldsymbol{V}\cdot\boldsymbol{V}\end{cases} \tag{3.8.5}$$

其中

$$m = m_0 + \frac{4U_0}{3c^2} = m_0 + m_{em}, \quad m_{em} = \frac{4U_0}{3c^2} \tag{3.8.6}$$

应该指出的是，由于运动电子与自有场是不可分割的，所以实验上实际测量的电子质量 m 应该是非电磁的质量 m_0 与电磁质量 m_{em} 之和，即 $m = m_0 + m_{em}$。

2. 辐射阻尼力

电子做加速运动时激发电磁场，向外辐射能量和动量，因此外力 $\boldsymbol{F}_e$ 的作用不仅使电子加速而且还要克服辐射场对电子的反作用，这种辐射场的反作用称为辐射阻尼力 $\boldsymbol{F}_r$，于是电子的运动方程为

$$\frac{\mathrm{d}(m\boldsymbol{V})}{\mathrm{d}t} = \boldsymbol{F}_e + \boldsymbol{F}_r \tag{3.8.7}$$

式中：m 为电子质量，它应该由式(3.8.6)定义。为简单起见，在 $\beta \ll 1$ 的条件下，这时辐射功率可由 Larmor 公式[即式(3.7.13)]给出：

$$P = \frac{q^2}{6\pi\varepsilon_0 c^3}\dot{\boldsymbol{V}} \cdot \dot{\boldsymbol{V}} \tag{3.8.8}$$

辐射功率损失应由外力克服辐射力做功来补偿，故有

$$\boldsymbol{F}_{\mathrm{r}} \cdot \boldsymbol{V} + \frac{q^2}{6\pi\varepsilon_0 c^3}(\dot{\boldsymbol{V}} \cdot \dot{\boldsymbol{V}}) = 0 \tag{3.8.9}$$

对式(3.8.9)积分，得

$$\int_{t_1}^{t_2} \boldsymbol{F}_{\mathrm{r}} \cdot \boldsymbol{V} \mathrm{d}t + \int_{t_1}^{t_2} \left(\frac{q^2}{6\pi\varepsilon_0 c^3}\dot{\boldsymbol{V}} \cdot \dot{\boldsymbol{V}}\right)\mathrm{d}t = 0 \tag{3.8.10}$$

对式(3.8.10)左边第二项作分部积分后得到

$$\int_{t_1}^{t_2} \left(\boldsymbol{F}_{\mathrm{r}} - \frac{q^2 \ddot{\boldsymbol{V}}}{6\pi\varepsilon_0 c^3}\right) \cdot \boldsymbol{V} \mathrm{d}t + \left(\frac{q^2}{6\pi\varepsilon_0 c^3}\boldsymbol{V} \cdot \dot{\boldsymbol{V}}\right)\Bigg|_{t_1}^{t_2} = 0 \tag{3.8.11}$$

如果电子做周期运动或者加速度只存在一段时间，则式(3.8.11)左边第二项为 0，所以平均地讲当

$$\boldsymbol{F}_{\mathrm{r}} = \frac{q^2 \ddot{V}}{6\pi\varepsilon_0 c^3} \tag{3.8.12}$$

时，能量得到平衡。因此，式(3.8.12)只是表示一种平均的效果。将式(3.8.12)代入式(3.8.7)便得到考虑电磁场反作用后的电子运动方程，即

$$m\dot{\boldsymbol{V}} = \boldsymbol{F}_{\mathrm{e}} + \frac{q^2}{6\pi\varepsilon_0 c^3}\ddot{\boldsymbol{V}} \tag{3.8.13}$$

这就是 Abraham-Lorentz 运动方程，它仅适用于 $|\boldsymbol{V}| \ll c$ 时的情形。

3.9　Vlasov 方程以及耦合方程组

1. Vlasov 方程

在气体分子运动论(又称气体动理论)中，Boltzmann 方程是重要方程之一。对于 Boltzmann 方程所描述的气体分子群体而言，通常假定其粒子(分子)之间除了碰撞(近程作用力)之外没有其他的作用力，认为任何一个粒子在不发生碰撞时的运动状态是完全独立的。在等离子体或电动力学中，带电粒子间作用的 Coulomb 力是一种长程力，任一带电粒子在任何时刻都与其他粒子发生相互作用，而不可能存在独立的运动状态。此外，对宇宙星系而言，其星体之间由于(长程的)引力而相互作用。因此，所有这些都不符合 Boltzmann 方程成立的条件。但在许多情况下，可以近似地认为粒子之间相互作用的结果能够用一个平均外加力场来表

述，即每个粒子在该场的作用下运动，而这个平均场又由全部粒子的运动状态决定。于是这样便可用一个平均的外加力场去代替粒子间的长程相互作用，于是便可以继续使用 Boltzmann 方程的基本框架来处理相关的问题。

现考察一个粒子群体，其粒子之间的相互作用力是长程的，且设无碰撞发生。假设由全体粒子运动状态所决定的平均力场对每个粒子的作用力为 $\hat{\boldsymbol{g}}(t,\boldsymbol{x})$，于是引进粒子的分布函数 $f(t,\boldsymbol{x},\boldsymbol{v})$，它满足如下方程：

$$\frac{\partial f}{\partial t}+\boldsymbol{v}\cdot\nabla_x f+\hat{\boldsymbol{g}}\cdot\nabla_v f=0 \tag{3.9.1}$$

这里算子∇_x与∇_v分别为（这里以直角坐标系为例）

$$\nabla_{\boldsymbol{x}}=\left(\frac{\partial}{\partial x_1},\frac{\partial}{\partial x_2},\frac{\partial}{\partial x_3}\right) \tag{3.9.2}$$

$$\nabla_v=\left(\frac{\partial}{\partial v_1},\frac{\partial}{\partial v_2},\frac{\partial}{\partial v_3}\right) \tag{3.9.3}$$

式中：$\hat{\boldsymbol{g}}$ 为单位质量上的作用力。方程式(3.9.1)称 Vlasov 方程，它作为 Boltzmann 方程的一种特殊形式，是等离子体研究中的基本方程之一。

2. Vlasov-Poisson 方程组

现研究带电粒子群体（如等离子体中的电子群体等）的运动。假定过程进行得不太快，这时电磁效应可以忽略，即可作静电近似。设粒子的质量为 m，所带电荷为 q，并假定这些带电粒子所形成的（平均）电场 $\boldsymbol{E}(t,\boldsymbol{x})$。由于这里磁场已被忽略，故一个粒子单位质量上所受到的电场力 $\bar{\boldsymbol{g}}=\frac{q}{m}\boldsymbol{E}(t,\boldsymbol{x})$，这时这些带电粒子的分布函数 $f(t,\boldsymbol{x},\boldsymbol{v})$ 应满足如下的 Vlasov 方程：

$$\frac{\partial f}{\partial t}+\boldsymbol{v}\cdot\nabla_x f+\frac{q}{m}\boldsymbol{E}\cdot\nabla_v f=0 \tag{3.9.4}$$

对于 $\boldsymbol{E}$ 还满足如下方程：

$$\nabla\cdot\boldsymbol{E}=\frac{\rho}{\varepsilon_0} \tag{3.9.5}$$

式中：ε_0 为真空中的介电常数；ρ 为电荷密度。另外，由分布函数 $f(t,\boldsymbol{x},\boldsymbol{v})$ 的定义，电荷密度即单位体积中的电荷为

$$\rho(t,\boldsymbol{x})=q\int f(t,\boldsymbol{x},\boldsymbol{v})\mathrm{d}v \tag{3.9.6}$$

在静电近似下，可以引进电场 $\boldsymbol{E}$ 的势 φ，使其满足

$$\boldsymbol{E}=-\nabla_x\varphi \tag{3.9.7}$$

并注意到

$$\nabla\cdot\boldsymbol{E}=\frac{\rho}{\varepsilon_0} \tag{3.9.8}$$

成立，于是借助于式(3.9.6)与式(3.9.7)，则式(3.9.8)便可改写为

$$-\nabla \cdot \nabla \varphi = -\Delta \varphi = \frac{q}{\varepsilon_0}\int f(t, \boldsymbol{x}, \boldsymbol{v})\mathrm{d}v \tag{3.9.9}$$

借助于式(3.9.7)，则式(3.9.4)变为

$$\frac{\partial f}{\partial t} + \boldsymbol{v} \cdot \nabla_x f - \frac{q}{m}(\nabla_x \varphi) \cdot \nabla_v f = 0 \tag{3.9.10}$$

方程组(3.9.9)与(3.9.10)便构成 Vlasov-Poisson 方程组。在这个方程组中，方程(3.9.10)是关于未知函数 f 的一阶双曲型偏微分方程，其系数依赖于另一个未知数 φ 对 $\boldsymbol{x}$ 的梯度；方程(3.9.9)是关于未知函数 φ 的 Poisson 方程，其右端由未知函数 f 的积分给出。因此，这个方程组是一个非线性双曲-椭圆耦合的积分微分方程组。

3. Vlasov-Maxwell 方程组

通常，在运动的带电粒子群体(如等离子体)中，磁场效应是不能忽略的。在这种情况下，带电粒子群体便处在由全体粒子的宏观运动所产生的电磁场中。设所考察的粒子质量为 m，电量为 q，又设电磁场的电场强度与磁感强度分别为 $\boldsymbol{E}(t, \boldsymbol{x})$ 与 $\boldsymbol{B}(t, \boldsymbol{x})$，于是带电粒子所受的 Lorentz 力为

$$\boldsymbol{f}_{\mathrm{L}} = q(\boldsymbol{E} + \boldsymbol{v} \times \boldsymbol{B}) \tag{3.9.11}$$

因此粒子的分布函数 $f(t, \boldsymbol{x}, \boldsymbol{v})$所满足的 Vlasov 方程变为

$$\frac{\partial f}{\partial t} + \boldsymbol{v} \cdot \nabla_x f + \frac{q}{m}(E + \boldsymbol{v} \times \boldsymbol{B}) \cdot \nabla_v f = 0 \tag{3.9.12}$$

同时，为简单起见，假设 $\boldsymbol{E}$ 与 $\boldsymbol{B}$ 满足真空中的 Maxwell 方程组，即

$$\varepsilon_0 \mu_0 \frac{\partial \boldsymbol{E}}{\partial t} = \nabla \times \boldsymbol{B} - \mu_0 \boldsymbol{J} \tag{3.9.13}$$

$$\frac{\partial \boldsymbol{B}}{\partial t} = -\nabla \times \boldsymbol{E} \tag{3.9.14}$$

$$\nabla \cdot \boldsymbol{E} = \frac{\rho}{\varepsilon_0} \tag{3.9.15}$$

$$\nabla \cdot \boldsymbol{B} = 0 \tag{3.9.16}$$

式中：ρ 为电荷密度；$\boldsymbol{J}$ 为电流密度；ε_0 与 μ_0 分别为真空中的介电常数与磁导率。电荷密度 ρ 与电流密度 $\boldsymbol{J}$ 可由分布函数 f 分别表示，即

$$\rho(t, \boldsymbol{x}) = q\int f(t, \boldsymbol{x}, \boldsymbol{v})\mathrm{d}v \tag{3.9.17}$$

$$\boldsymbol{J} = q\int \boldsymbol{v} f(t, \boldsymbol{x}, \boldsymbol{v})\mathrm{d}v \tag{3.9.18}$$

应该指出的是，电流是由带电粒子群体的宏观运动形成的，而带电粒子的宏观运动

速度就是粒子的平均速度 $\boldsymbol{V}$，即

$$\boldsymbol{V}(t,\boldsymbol{x}) = \frac{1}{n}\int \boldsymbol{v} f(t,\boldsymbol{x},\boldsymbol{v})\mathrm{d}v \tag{3.9.19}$$

式中：n 为 t 时刻在 $\boldsymbol{x}$ 处单位体积内的分子总数，即

$$n(t,\boldsymbol{x}) = \int f(t,\boldsymbol{x},\boldsymbol{v})\mathrm{d}v \tag{3.9.20}$$

因此 $\boldsymbol{V}$ 的方向与电流密度 $\boldsymbol{J}$ 的方向相同，而 $\boldsymbol{J}$ 在数值上等于单位时间内通过垂直于 $\boldsymbol{V}$ 方向上的单位面积的电荷量。综上所述，由方程(3.9.12)～(3.9.18)所构成的方程组称为 Vlasov-Maxwell 方程组。显然，它是由描述粒子守恒的 Vlasov 方程与描述电磁场变化的 Maxwell 方程组耦合而成。

4. Vlasov-Maxwell 方程组的数学结构及其定解问题

由式(3.9.12)～式(3.9.18)组成的 Vlasov-Maxwell 方程组中，式(3.9.15)与式(3.9.16)可以化为对初始条件的要求。事实上，如果 $t=0$ 时，

$$f = f^0(\boldsymbol{x},\boldsymbol{v}),\quad \boldsymbol{E} = \boldsymbol{E}^0(\boldsymbol{x}),\quad \boldsymbol{B} = \boldsymbol{B}^0(\boldsymbol{x}) \tag{3.9.21}$$

且这些初始时应满足相容性条件

$$\nabla\cdot\boldsymbol{E}^0 = \frac{q}{\varepsilon_0}\int f^0(\boldsymbol{x},\boldsymbol{v})\mathrm{d}v \tag{3.9.22}$$

$$\nabla\cdot\boldsymbol{B}^0 = \boldsymbol{0} \tag{3.9.23}$$

那么在数学上可以证明：当 $t>0$ 时恒有

$$\nabla\cdot\boldsymbol{E} = \frac{q}{\varepsilon_0}\int f(t,\boldsymbol{x},\boldsymbol{v})\mathrm{d}v \tag{3.9.24}$$

$$\nabla\cdot\boldsymbol{B} = \boldsymbol{0} \tag{3.9.25}$$

成立。因此对 Vlasov-Maxwell 方程组来讲，只需要考虑由式(3.9.12)～式(3.9.14)与式(3.9.18)构成的方程组。注意到 Vlasov 方程(3.9.12)是关于 f 的一阶双曲型偏微分方程，其系数还依赖于未知函数 $\boldsymbol{E}$ 与 $\boldsymbol{B}$；而 Maxwell 方程组(3.9.13)～(3.9.14)则是关于未知函数 $\boldsymbol{E}$ 与 $\boldsymbol{B}$ 的一阶对称双曲型方程组，其中含有的 $\boldsymbol{J}$ 是通过对未知函数 f 的积分由式(3.9.18)给出。因此，Vlasov-Maxwell 方程组是一个一阶非线性双曲型积分偏微分方程组。

对于 Vlasov 方程(3.9.1)的定解问题可分为初值问题(又称 Cauchy 问题)及初边值问题两类处理。对于 Vlasov-Poisson 方程组以及 Vlasov-Maxwell 方程组的定解问题是近些年来应用偏微分方程领域中一个十分热门的研究课题之一。对于 Vlasov-Maxwell 方程组，在小初值情况时数学上已证明了其 Cauchy 问题整体经典解的存在性；但对于一般初值情况，仍是一个尚待完全解决的问题。虽然其整体弱解的存在性已得到证明，但弱解的唯一性尚未解决[23]。

第 4 章　量子力学基础

作为 20 世纪物理学两个重要成就之一的量子力学，对现代物理学以及整个人类的文明产生了巨大影响。量子力学的规律不仅支配着微观世界而且支配着宏观世界，因此可以说全部物理学都是量子物理的。那些已被长期实践所证实的描述宏观自然现象的经典力学规律，实质上只不过是量子力学规律的一个近似。事实上，有许多的宏观现象，量子效应也在直接而明显地表现出来，如高超声速飞行器所遇到的许多气动热力学问题就是其中一例。

高超声速飞行器是运动在空间环境中的。空间环境（space environment），尤其是在临近空间（near space）环境对航天器有极其重要的影响，其中重力场、高层大气、太阳辐射影响航天器的轨道与寿命；地球磁场、高层大气、太阳辐射、重力梯度影响航天器的姿态；地球辐射带、太阳宇宙线、银河宇宙线、太阳辐射对航天器材料与涂层等造成辐射损伤；空间碎片、微流星对航天器的光学镜头等造成损伤；原子氧等使航天器的材料与涂层造成化学损伤；磁层等离子体、太阳电磁辐射影响航天器表面的电位；地球电离层影响航天器的通信与测控；太阳电磁辐射、冷黑环境、高层大气的真空环境影响着航天器的热状态。此外，对于飞行器的发射与再入大气的过程，气动加热问题更为突出。在高超声速飞行器的气动热力学研究中，高温、高速、非平衡态流动是这类流动的重要特征之一。在这种情况下，气体分子内态激发、化学反应、电子能级激发跃迁等气体内部的物理、化学过程便成为研究的重要方面之一，而量子力学为进行这些方面的研究提供了重要的理论基础。另外，尤其重要的是在本书“前言”中所着重指出的 Hawking 等提出的量子宇宙学理论，使量子力学在浩瀚宇宙研究中发挥了重要作用。将量子场论与 Einstein 的广义相对论统一于量子引力中，正是当代伟大物理学家 Hawking 所追寻的目标。

量子力学是一门高度发展的学科，早在 1925 年与 1926 年之交，量子力学诞生之后短短几年便有一批出色的专著问世（例如，Dirac（1930 年）、Wigner（1931 年）、Fock（1932 年）和 Pauli（1933 年）等写的名著）。时至今日，量子力学的理论框架已经完全定型，波动力学、矩阵力学和路径积分三种概念完全不同但结果又彼此等价的表达形式从多方面丰富着量子力学的内容。从本质上讲，量子力学是以观测与实验为基础的实验科学，量子力学的概念与图像，都是在微观物理经验的基础上建立起来的，其主要内容表现在如下三个方面：①微观现象的基本特征是波粒二象性，而 Schrödinger 给出的描述这种波动性的波函数满足波的叠加原理。②Born 给出的波函数统计诠释改变了物理学的基本观念：一是关于物理世界的描述方式在量子力学中不再能在时空中描绘一幅既直观形象而又具有物理实在的图像;另一个是关于物理规律的表达形式在量子力学表达的物理规律是统计性的,在原因与结果之间不能再给出明确肯定的联系,对于一定的物理条件,它只能预言可以测到哪些结果,以及测到每一种可能结果的概率是多少。③微观现象的波粒二象性其根源是微观现象的测不准,也就是说 Heisenberg 的测不准原理是量子力学的基本原理之一。当代物理学的研究领域,在大的方面从天体到宇宙的宇观世界,在小的方面从亚原子到亚核的超微观世界,在这两个方面其尺度的变化都相当于甚至超过了从宏观世界到微观世界的数量级。迄今为止,人们所获取的新的物理经验仍然可以纳入量子力学或量子色动力学的框架中。特别是,量子力学仍然是我们用来分析与综合这些物理经验的最基本物理理论。面对如此厚重的内容,本章仅能从量子力学的三大基本原理即态的叠加原理、波函数的统计诠释与 Heisenberg 测不准原理出发,给出它的最基础且与本书密切相关的部分,为此本章首先引入 Hilbert 空间,借助于 H 空间线性算子理论去看待矩阵力学、波动力学以及 Feynman 路径积分数学表达手段的等价性;接着以量子力学的基本原理作为分析与讨论问题的出发点,紧紧围绕着 Schrödinger 方程与 Dirac 方程组展开简明扼要的讨论,并给出它们的数学结构与特征,这对数值求解这类方程与方程组提供了坚实的理论基础。最后本章还分别讨论粒子在电磁场中运动、散射理论的基本方程以及非弹性散射的 Lippmann-Schwinger 方程等。显然,上述所讨论的这些方面是量子力学的重要基础内容之一。

4.1 Hilbert 空间以及量子力学的基本原理

1. Hilbert 空间的内积、基矢组以及幺正变换

在量子力学中,所用的主要数学工具多在 Hilbert 空间的范畴中。Hilbert 空间即满足一定要求的多维矢量空间。通常称具有加法、数乘与内积三种运算的空间为内积空间;而称完全的内积空间为 Hilbert 空间,并常记作 H 空间。应指出的是,本章是在复数域上的矢量空间中去定义内积的。显然,对任意两个矢量 $\boldsymbol{\psi}$ 与 $\boldsymbol{\varphi}$ 作内积,可写为

$$(\boldsymbol{\psi},\boldsymbol{\varphi}) = c \tag{4.1.1}$$

规定两个函数 $f(x)$与 $g(x)$的内积为

$$(f(x),g(x)) = \int_a^b f^*(x)g(x)\mathrm{d}x \tag{4.1.2}$$

这样的函数全体构成一个内积空间,平方可积的含义为

$$\int_a^b f^*(x)f(x)\mathrm{d}x < \infty \tag{4.1.3}$$

这个空间称为函数空间。式(4.1.2)和式(4.1.3)中 $f^*(x)$代表 $f(x)$的复共轭函数。

在 n 维空间中,可以有多组完全集,通常取一组正交归一的完全集作为该空间的一个基矢组。令$\{\boldsymbol{v}_1,\boldsymbol{v}_2,\cdots,\boldsymbol{v}_n\}$为 n 维空间中的一组基矢,于是有

$$(\boldsymbol{v}_i,\boldsymbol{v}_j) = \delta_{ij} \quad (i,j=1,2,\cdots,n) \tag{4.1.4}$$

对于 Hilbert 空间,每一个 Hermite 算符的全部线性无关的本征矢量可以构成一个正交归一的完备集。也就是说,在 n 维空间中,不论 Hermite 算符的本征值有无简并,总有 n 个线性无关的本征矢量存在,总可以构成空间的一组正交完全集。引进 Dirac 符号,可以定义一个左矢$\langle\psi|$与一个右矢$|\varphi\rangle$的内积为$\langle\psi|\varphi\rangle$,即

$$\langle\psi|\varphi\rangle = (\boldsymbol{\psi},\boldsymbol{\varphi}) = c \tag{4.1.5}$$

或者

$$\langle\psi|\varphi\rangle = \int\psi^*\varphi\mathrm{d}\boldsymbol{r} \tag{4.1.6}$$

并规定内积的运算满足下述条件:

(1)
$$\langle\psi|\psi\rangle = \int|\psi|^2\mathrm{d}\boldsymbol{r} \geqslant 0 \tag{4.1.7}$$

(2)
$$\langle\psi|\varphi\rangle^* = \langle\varphi|\psi\rangle \tag{4.1.8}$$

(3) 若 c_1,c_2 为常数,则有

$$\langle\psi|c_1\varphi_1 + c_2\varphi_2\rangle = c_1\langle\psi|\varphi_1\rangle + c_2\langle\psi|\varphi_2\rangle \tag{4.1.9}$$

$$\langle c_1\psi_1 + c_2\psi_2|\varphi\rangle = c_1^*\langle\psi_1|\varphi\rangle + c_2^*\langle\psi_2|\varphi\rangle \tag{4.1.10}$$

引进两个算符 $\hat{A}$ 与 $\hat{B}$ 的和 $\hat{A}+\hat{B}$ 以及它们的乘积 $\hat{B}\hat{A}$,其定义为

$$(\hat{A}+\hat{B})|\psi\rangle = \hat{A}|\psi\rangle + \hat{B}|\psi\rangle \tag{4.1.11}$$

$$\hat{B}\hat{A}|\psi\rangle = \hat{B}(\hat{A}|\psi\rangle) \tag{4.1.12}$$

如果算符 $\hat{A}$ 与 $\hat{B}$ 满足

$$\hat{A}\hat{B} = \hat{B}\hat{A} \tag{4.1.13}$$

则称 $\hat{A}$ 与 $\hat{B}$ 是对易的。如果 $\hat{A}$ 与 $\hat{B}$ 不对易,则引入对易式

$$[\hat{A},\hat{B}] = \hat{A}\hat{B} - \hat{B}\hat{A} \tag{4.1.14}$$

表示这两个算符的对易关系。如果算符 $\hat{H}$ 为 Hermite 算符,则有

$$\hat{H}^+ = \hat{H} \tag{4.1.15}$$

式中:$\hat{H}^+$ 为 $\hat{H}$ 的伴算符。令$|\psi\rangle$为算符 $\hat{H}$ 定义域内的任一矢量,显然 $\hat{H}$ 为 Hermite 算符的充要条件为

$$\langle\psi|\hat{H}|\psi\rangle = \text{real(实数)} \tag{4.1.16}$$

另外,令$\{|v_i\rangle\}$与$\{|\mu_i\rangle\}$是同一空间的两组基矢,则两者必能由一个幺正算符联系起来,即存在一个幺正算符 $\hat{U}$,使得

$$|\mu_i\rangle = \hat{U}|v_i\rangle \tag{4.1.17}$$

设$|\psi\rangle$与$|\varphi\rangle$为某一矢量空间的两个矢量，如果用幺正算符$\hat{U}$对该空间中全部矢量进行幺正变换：

$$|\psi'\rangle = \hat{U}|\psi\rangle, \quad |\varphi'\rangle = \hat{U}|\varphi\rangle \tag{4.1.18}$$

设联系$|\psi\rangle$与$|\varphi\rangle$以及$|\psi'\rangle$与$|\varphi'\rangle$间的算符分别是$\hat{A}$以及$\hat{A}'$，则$\hat{A}'$与$\hat{A}$间应有

$$\hat{A}' = \hat{U}\hat{A}\hat{U}^{-1} \tag{4.1.19}$$

其中

$$\hat{A}|\psi\rangle = |\varphi\rangle, \quad \hat{A}'|\psi'\rangle = |\varphi'\rangle \tag{4.1.20}$$

式(4.1.18)与式(4.1.19)就是矢量与算符的幺正变换。

2. 态的叠加原理

若态$|\mu\rangle$与态$|\varphi\rangle$是系统的可能态，则它们的叠加态

$$|\psi\rangle = c_1|\mu\rangle + c_2|\varphi\rangle \tag{4.1.21}$$

也是系统的可能态，而且在不受外界干扰的情况下，它们的这种叠加关系保持不变。当然，这里叠加态$|\psi\rangle$既不是$|\mu\rangle$态，也不是$|\varphi\rangle$态，它是一个新的状态，因此叠加原理反映了量子力学的一个重要的与根本的实质内容，它是一个普遍的物理原理。由上述原理还可推出：若$\{l_n\}=(l_1,l_2,\cdots)$是观测量L的所有可能测得值的集合，$|l_n\rangle$是测得值为l_n的态，则系统的任一可测量L的态$|\psi\rangle$都可写为

$$|\psi\rangle = \sum_n \psi_n |l_n\rangle \tag{4.1.22}$$

3. 波函数的统计诠释

在量子力学中，通常将态矢量$|\psi\rangle$在某一个方向$|q\rangle$的投影$\langle q|\psi\rangle$称为态在该方向的波函数，并记为$\psi(q)$，即

$$\psi(q) = \langle q|\psi\rangle \tag{4.1.23}$$

例如

$$\psi(\boldsymbol{r}) = \langle \boldsymbol{r}|\psi\rangle, \quad \psi(\boldsymbol{p}) = \langle \boldsymbol{p}|\psi\rangle \tag{4.1.24}$$

Born 给出波函数的统计诠释是：波函数在某一时刻在空间中某一点的强度(即其振幅绝对值的平方和)与该时刻该点粒子呈现的概率成正比；与粒子相联系的波是概率波。换句话说，在量子态$|\psi\rangle$上测得$|q\rangle$的概率$W(q)$正比于波函数$\psi(q)$的模的平方，即

$$W(q) \propto |\psi(q)|^2 = |\langle q|\psi\rangle|^2 \tag{4.1.25}$$

或者

$$\mathrm{d}W(\boldsymbol{r},t) = c|\psi(\boldsymbol{r},t)|^2\mathrm{d}^3x = c\psi^*(\boldsymbol{r},t)\psi(\boldsymbol{r},t)\mathrm{d}^3x \tag{4.1.26}$$

式中：$\mathrm{d}W(\boldsymbol{r},t)$为 t 时刻、$\boldsymbol{r}$ 处附近 $\mathrm{d}^3x\equiv \mathrm{d}x\mathrm{d}y\mathrm{d}z$ 体积元内粒子呈现的概率；c 为比例常量；ψ^* 为 ψ 的复共轭函数。概率密度 $W(\boldsymbol{r},t)$为

$$W(\boldsymbol{r},t)=\frac{\mathrm{d}W(\boldsymbol{r},t)}{\mathrm{d}^3x}=c|\psi(\boldsymbol{r},t)|^2 \tag{4.1.27}$$

4. Heisenberg 测不准原理

1929 年 Robertson 证明两个观测量不相容的程度，给出测不准定理：对于任意两个物理观测量 A 与 B，在任一态$|\psi\rangle$上同时测量它们，所得结果的均方差满足不等式

$$\langle(\Delta\hat{A})^2\rangle\langle(\Delta\hat{B})^2\rangle\geqslant\frac{1}{4}\langle\mathrm{i}[\hat{A},\hat{B}]\rangle^2 \tag{4.1.28}$$

其中

$$\Delta\hat{A}=\hat{A}-\langle\hat{A}\rangle,\quad \Delta\hat{B}=\hat{B}-\langle\hat{B}\rangle \tag{4.1.29}$$

式中：$\hat{A}$ 与 $\hat{B}$ 分别表示这两个观测量的算符。

用尖括号括起来的量表示该量在态$|\psi\rangle$上的平均，例如

$$\langle\hat{A}\rangle=\langle\psi|\hat{A}|\psi\rangle,\quad \langle\hat{B}\rangle=\langle\psi|\hat{B}|\psi\rangle \tag{4.1.30}$$

$[\hat{A},\hat{B}]$定义同式(4.1.14)。值得注意的是，上述测不准定理只告诉我们，如果两个观测量算符不对易，则它们不能同时测准。但并没有告诉我们系统的哪些物理观测量是不能同时测准的，Heisenberg 的测不准原理回答了这个问题，该原理说：对于一个力学系统，其正则坐标 $q_1,q_2,\cdots,q_N$ 的测量是相容的，其正则共轭动量 $p_1,p_2,\cdots,p_N$ 的测量也是相容的，而对任何一对正则坐标 q_r 与正则动量 p_s 来说，当 $r\neq s$时是相容的，当 $r=s$ 时不相容。根据 Heisenberg 的测不准原理，可得如下对易关系：

$$[\hat{q}_r,\hat{q}_s]=0,\quad [\hat{p}_r,\hat{p}_s]=0,\quad [\hat{q}_r,\hat{p}_s]=\mathrm{i}\hbar\delta_{rs} \tag{4.1.31}$$

式中：i 为虚数单位；$\hbar$ 为约化 Planck 常量，即

$$\hbar=\frac{h}{2\pi} \tag{4.1.32}$$

h 为 Planck 常数。将式(4.1.31)代入式(4.1.28)后便得到 Heisenberg 测不准关系

$$\Delta q\cdot\Delta p\geqslant\frac{\hbar}{2} \tag{4.1.33}$$

或者

$$\langle(\Delta\hat{q})^2\rangle\langle(\Delta\hat{p})^2\rangle\geqslant\frac{\hbar^2}{4} \tag{4.1.34}$$

同理，取 $\hat{A}=\hat{E}=\mathrm{i}\hbar\dfrac{\partial}{\partial t}$，$\hat{B}=t$，由$[\hat{E},t]=\left[\mathrm{i}\hbar\dfrac{\partial}{\partial t},t\right]=\mathrm{i}\hbar$ 以及式(4.1.28)可得

$$\langle (\Delta t)^2 \rangle \langle (\Delta \hat{E})^2 \rangle \geqslant \frac{\hbar^2}{4} \tag{4.1.35}$$

或者

$$\Delta t \cdot \Delta E \geqslant \frac{\hbar}{2} \tag{4.1.36}$$

式(4.1.28)可简记为

$$\Delta A \cdot \Delta B \geqslant \frac{1}{2} \langle [\hat{A}, \hat{B}] \rangle \tag{4.1.37}$$

在式(4.1.37)、式(4.1.33)与式(4.1.36)中，ΔA、ΔB、Δq、Δp、Δt 与 ΔE 均表示这些量的均方根值。显然，式(4.1.35)与式(4.1.36)就是人们常称的 Heisenberg 测不准关系。

综上所述，量子力学对微观世界的物理图像与微观规律的因果关系方面给物理学基本观念带来了巨大改变，究其物理基础来源于微观现象的测不准。因此，量子力学是围绕观测量及其测量的概率这一核心问题展开的。既然微观系统的正则坐标与其正则共轭动量不能同时测准，那么所观测的结果便表现为统计的分布，量子力学便必然采用统计的描述。量子力学的基本原理和定律，既包括如何确定观测量的测得值的原理，也包括如何确定测得某一结果的概率的原理，即波函数的统计诠释，以及这种波函数随时间变化的动力学规律(即 Schrödinger 方程)。所以，测量的概念在量子力学的整个理论体系中占有核心地位，态的叠加原理、波函数的统计诠释与 Heisenberg 测不准原理这三条量子力学的基本原理都直接与测量有关。事实上，量子力学只是给出一套计算观测量的测量概率的规则，而不像其他物理学理论那样给出观测量测量值之间的定量关系。

5. 无限小幺正变换的 Hermite 算符以及时间发展算符应具有的性质

设算符 $\hat{A}$ 的本征函数为 $\psi_1(x)$，$\psi_2(x)$，…；算符 $\hat{B}$ 的本征函数为 $\varphi_1(x)$，$\varphi_2(x)$，…；算符 $\hat{F}$ 在 A 表象与 B 表象中的矩阵元分别为

$$F_{mn} = \int \psi_m^*(x) \hat{F} \psi_n(x) \mathrm{d}x \quad (m, n = 1, 2, \cdots) \tag{4.1.38}$$

$$F'_{\alpha\beta} = \int \varphi_\alpha^*(x) \hat{F} \varphi_\beta(x) \mathrm{d}x \quad (\alpha, \beta = 1, 2, \cdots) \tag{4.1.39}$$

A 表象与 B 表象之间的关系可以通过将 $\hat{B}$ 表象中的本征函数 $\varphi_\beta(x)$ 以及 $\varphi_\beta^*(x)$ 按 $\hat{A}$ 表象的本征函数展开，即

$$\varphi_\beta(x) = \sum_n S_{n\beta} \psi_n(x) \quad (\beta = 1, 2, \cdots) \tag{4.1.40}$$

$$\varphi_\alpha^*(x) = \sum_m \psi_m^*(x) S_{m\alpha}^* \quad (\beta = 1, 2, \cdots) \tag{4.1.41}$$

式中展开系数 $S_{n\beta}$ 与 $S_{m\alpha}^*$ 满足

$$S_{n\beta}=\int\psi_n^*(x)\varphi_\beta(x)\mathrm{d}x \tag{4.1.42}$$

$$S_{m\alpha}^*=\int\psi_m(x)\varphi_\alpha^*(x)\mathrm{d}x \tag{4.1.43}$$

令

$$\begin{cases}\boldsymbol{\Phi}=[\varphi_1(x),\varphi_2(x),\cdots,\varphi_n(x),\cdots]^{\mathrm{T}}\\ \boldsymbol{\Psi}=[\psi_1(x),\psi_2(x),\cdots,\psi_n(x),\cdots]^{\mathrm{T}}\\ \boldsymbol{\Phi}^+=[\varphi_1^*(x),\varphi_2^*(x),\cdots,\varphi_n^*(x),\cdots]\\ \boldsymbol{\Psi}^+=[\psi_1^*(x),\psi_2^*(x),\cdots,\psi_n^*(x),\cdots]\end{cases} \tag{4.1.44}$$

于是有

$$\boldsymbol{\Phi}=\tilde{\boldsymbol{S}}\cdot\boldsymbol{\Psi} \tag{4.1.45}$$

式中：$\tilde{\boldsymbol{S}}$ 是 $\boldsymbol{S}$ 的转置矩阵，而矩阵 $\boldsymbol{S}$ 是矩阵元，已由式(4.1.42)定义。如果两个表象之间的变换矩阵 $\boldsymbol{S}$ 满足

$$\boldsymbol{S}^+=\boldsymbol{S}^{-1}\quad 或者\quad \boldsymbol{S}^+\cdot\boldsymbol{S}=\boldsymbol{I} \tag{4.1.46}$$

时，则称 $\boldsymbol{S}$ 为幺正矩阵；从一个表象到另一个表象之间的变换为幺正变换。显然，如果矩阵 $\boldsymbol{S}=\{s_{jk}\}$，则 $\boldsymbol{S}^+=\{s_{kj}^*\}$，这里上标 * 表示复共轭，上标＋表示 Hermite 共轭(又称复共轭转置)，于是 $\boldsymbol{S}^+$ 称为 $\boldsymbol{S}$ 的 Hermite 共轭矩阵(又称为复共轭转置矩阵)。值得注意的是，幺正矩阵的条件(4.1.46)不同于 Hermite 矩阵的条件，因为一般 $\boldsymbol{S}$ 并不等于 $\boldsymbol{S}^{-1}$；注意到式(4.1.38)与式(4.1.39)，于是可以推出

$$F'_{\alpha\beta}=\sum_{mn}S_{\alpha m}^+F_{mn}S_{n\beta} \tag{4.1.47}$$

写为矩阵形式[这里为书写简洁，省略了表示矩阵相乘的“·”(点乘符号)，以下在不造成误会之处也均采用这种简洁写法]便是

$$\boldsymbol{F}'=\boldsymbol{S}^+\boldsymbol{F}\boldsymbol{S}=\boldsymbol{S}^{-1}\boldsymbol{F}\boldsymbol{S} \tag{4.1.48}$$

或者

$$\boldsymbol{F}=\boldsymbol{S}\boldsymbol{F}'\boldsymbol{S}^{-1} \tag{4.1.49}$$

容易证明，幺正变换具有下列四点性质：①态的内积不变；②Hermite 性不变；③本征值不变；④矩阵的迹不变。

今考虑下列无限小的幺正变换

$$\hat{U}=1+\mathrm{i}\varepsilon\hat{F} \tag{4.1.50}$$

式中：$\hat{F}$ 为 Hermite 算符；ε 为一无限小的实数。显然，对于任一算符 $\hat{A}$，在无限小幺正变换下的改变为

$$\hat{A}'-\hat{A}=\mathrm{i}\varepsilon[\hat{F},\hat{A}] \tag{4.1.51}$$

设系统在不受外界干扰的情况下，从初始时刻 t_0 到某一时刻 t，态矢量从 $|\psi(t_0)\rangle$ 变换为 $|\psi(t)\rangle$；这种变化可以看成是发生于态矢量空间中的一个变换，即

$$|\psi(t_0)\rangle\rightarrow|\psi(t)\rangle=\hat{T}(t,t_0)\,|\psi(t_0)\rangle \tag{4.1.52}$$

式中：$\hat{T}(t,t_0)$为时间发展算符（又称时间演化算符），它满足下列初条件：

$$\hat{T}(t_0,t_0) = 1 \tag{4.1.53}$$

于是，系统物理态随时间的变化便可以由系统的时间发展算符来确定。值得注意的是，系统的时间发展算符 $\hat{T}$ 应该由系统所应满足的一般物理原理与系统的动力学性质去确定。概括起来 $\hat{T}$ 应该具有下列三点性质：

(1) 应有逆算符

$$\hat{T}^{-1}(t,t_0) = \hat{T}(t_0,t) \tag{4.1.54}$$

(2) 应为线性算符，如在 t_0 时刻有叠加关系

$$|R(t_0)\rangle = c_1|A(t_0)\rangle + c_2|B(t_0)\rangle$$

则在 t 时刻有

$$|R(t)\rangle = c_1|A(t)\rangle + c_2|B(t)\rangle$$

另外，t 时刻的态也可由算符 $\hat{T}$ 作用于$|R(t_0)\rangle$，所以有

$$\begin{aligned}|R(t)\rangle &= \hat{T}|R(t_0)\rangle = c_1\hat{T}|A(t_0)\rangle + c_2\hat{T}|B(t_0)\rangle \\ &= \hat{T}[c_1|A(t_0)\rangle + c_2|B(t_0)\rangle]\end{aligned} \tag{4.1.55}$$

这就表明 $\hat{T}$ 应为线性算符。

(3) 应具有幺正性，即要求 $\hat{T}$ 满足

$$\bar{\hat{T}}\hat{T} = 1 \tag{4.1.56}$$

或者

$$\bar{\hat{T}} = \hat{T}^{-1} \tag{4.1.57}$$

6. 运动方程的两种形式

1) Schrödinger 运动方程

当 $t \to t_0$ 时，无限小时间发展算符 $\hat{T}$ 依赖于 $t-t_0$，保留到一次项可以写为

$$\hat{T} = 1 + \frac{1}{\mathrm{i}\hbar}\hat{H}(t_0)(t-t_0) \quad (t \to t_0) \tag{4.1.58}$$

这里引入虚数 i 的目的在于使 $\hat{H}$ 为 Hermite 算符。将式(4.1.58)代入式(4.1.52)并注意取极限 $t \to t_0$ 便有

$$\mathrm{i}\hbar\frac{\partial}{\partial t}|\psi(t)\rangle = \hat{H}(t)|\psi(t)\rangle \tag{4.1.59}$$

这就是 Schrödinger 方程，它是量子力学中确定系统的物理态随时间变化的基本动力学方程。另外，把时间发展算符(4.1.52)代入式(4.1.59)便可得到关于 $\hat{T}$ 的方程

$$\mathrm{i}\hbar\frac{\partial\hat{T}}{\partial t} = \hat{H}(t)\hat{T} \tag{4.1.60}$$

这个方程的解还应满足初始条件(4.1.53)。另外，在系统的态随时间变化的情况

下，系统任一观测量 A 的平均值也随时间变化，容易得出下列关系，即

$$\frac{\mathrm{d}}{\mathrm{d}t}\langle\hat{A}\rangle=\left\langle\frac{\partial\hat{A}}{\partial t}\right\rangle+\frac{1}{\mathrm{i}\hbar}\langle\psi|\hat{A}\hat{H}-\hat{H}\hat{A}|\psi\rangle$$

$$=\left\langle\frac{\partial\hat{A}}{\partial t}+\frac{1}{\mathrm{i}\hbar}[\hat{A},\hat{H}]\right\rangle \tag{4.1.61}$$

2）Heisenberg 运动方程

在量子力学中，常以基矢是否随时间改变来作为分类的依据，这种分类的方法称为绘景(picture，又称图景或图像)。因此，相当于经典力学中的实验室坐标或固定坐标系的，称为 Schrödinger 绘景；相当于经典力学中的随动坐标系的，称为 Heisenberg 绘景。如同在经典力学中选定实验室坐标或随动坐标系后仍可选取不同的直角坐标、球坐标等一样，在量子力学中选定 Schrödinger 绘景或 Heisenberg 绘景之后也可选不同的表象(representation)，如坐标表象、动量表象等。这里从 Schrödinger 绘景出发，作时间发展的幺正变换 $\hat{U}=\hat{T}^{-1}(t,t_0)$便可得到 Heisenberg 绘景。在这个变换下，系统的态矢量从 t 时刻的运动态$|\psi(t)\rangle$变回到初始时刻 t_0 的静止态$|\psi(t_0)\rangle$，即

$$|\psi_{\mathrm{S}}(t)\rangle\rightarrow|\psi_{\mathrm{H}}(t)\rangle=T^{-1}(t,t_0)|\psi_{\mathrm{S}}(t)\rangle=|\psi_{\mathrm{S}}(t_0)\rangle \tag{4.1.62}$$

式中：下标 H 与 S 分别表示 Heisenberg 绘景与 Schrödinger 绘景中的量。同时，在这一幺正变换下，Schrödinger 绘景中不随时间变化的线性算符 $\hat{A}_{\mathrm{S}}$ 变成随时间变化的线性算符 $\hat{A}_{\mathrm{H}}$，即

$$\hat{A}_{\mathrm{S}}\rightarrow\hat{A}_{\mathrm{H}}=\hat{T}^{-1}A_{\mathrm{S}}\hat{T} \tag{4.1.63}$$

将式(4.1.63)对时间求导，并注意使用式(4.1.60)，便得

$$\frac{\partial}{\partial t}\hat{A}_{\mathrm{H}}=\frac{1}{\mathrm{i}\hbar}[\hat{A}_{\mathrm{H}},\hat{H}_{\mathrm{H}}] \tag{4.1.64}$$

这就是观测量算符 $\hat{A}_{\mathrm{H}}$ 的 Heisenberg 运动方程，其中

$$\hat{H}_{\mathrm{H}}=\hat{T}^{-1}\hat{H}_{\mathrm{S}}\hat{T},\qquad \hat{A}_{\mathrm{H}}=\hat{T}^{-1}\hat{A}_{\mathrm{S}}\hat{T} \tag{4.1.65}$$

4.2　力学量的测量以及力学量随时间的变化

1. Q 表象下力学量的平均值

首先讨论力学量的平均值。在量子力学中，态与力学量的具体表达方式称为表象。为了表达态与算符，需要在 Hilbert 空间中选定一组正交、归一、完备的基底。值得注意的是，Hermite 算符的本征函数系具有正交、归一、完备与封闭性，因此常选取 Hermite 算符的本征函数作为基底，将任意态矢量在这组基底中展开，并用展开的系数(即态矢量在这个特定的“坐标系”的分量)来表示态基矢，这与数

学中一个矢量的表示方法相类似。所不同的是，现在的“基底”可以是复函数，是某个 Hermite 算符的本征态，而且这里的空间不是普通的矢量空间而是函数空间，是 Hilbert 空间。对选定的表象（即给定 Hilbert 空间的一组基底），算符便可用相应的矩阵表示。当然，不同的表象，Hilbert 空间的基底不同（即坐标系不同），虽然针对同一个算符，其矩阵表示也就不同。另外，波函数在不同表象中的表示（即波函数在表象的本征函数系上进行展开时的展开系数）也就不同。在坐标表象中，对以波函数 $\psi(\boldsymbol{r},t)$ 描述的状态，按照波函数的统计诠释，$|\psi(\boldsymbol{r},t)|^2\mathrm{d}\boldsymbol{r}$ 表示在 t 时刻在 $\boldsymbol{r}$ 到 $\boldsymbol{r}+\mathrm{d}\boldsymbol{r}$ 中找到粒子的概率，因此坐标 $\boldsymbol{r}$ 的平均值为

$$\langle \boldsymbol{r}\rangle = \int_{-\infty}^{\infty} |\psi(\boldsymbol{r},t)|^2 \boldsymbol{r}\mathrm{d}\boldsymbol{r} = \int_{-\infty}^{\infty} \psi^*(\boldsymbol{r},t)\boldsymbol{r}\psi(\boldsymbol{r},t)\mathrm{d}\boldsymbol{r} \tag{4.2.1}$$

坐标 $\boldsymbol{r}$ 的函数 $f(\boldsymbol{r})$ 的平均值为

$$\langle f(\boldsymbol{r})\rangle = \int_{-\infty}^{\infty} \psi^*(\boldsymbol{r},t) f(\boldsymbol{r})\psi(\boldsymbol{r},t)\mathrm{d}\boldsymbol{r} \tag{4.2.2}$$

引进动量算符 $\hat{\boldsymbol{p}}$ 为

$$\hat{\boldsymbol{p}} = -\mathrm{i}\hbar\nabla \tag{4.2.3}$$

于是动量 $\boldsymbol{p}$ 的平均值 $\langle \boldsymbol{p}\rangle$ 为

$$\langle \boldsymbol{p}\rangle = \int \psi^*(\boldsymbol{r},t)\hat{\boldsymbol{p}}\psi(\boldsymbol{r},t)\mathrm{d}\boldsymbol{r} \tag{4.2.4}$$

同理，对于动量 $\boldsymbol{p}$ 的任意解析函数 $f(\boldsymbol{p})$，求其平均值便有

$$\langle f(\boldsymbol{p})\rangle = \int \psi^*(\boldsymbol{r},t) f(\hat{\boldsymbol{p}})\psi(\boldsymbol{r},t)\mathrm{d}\boldsymbol{r} \tag{4.2.5}$$

特别是，动能 T 的平均值便为

$$\langle T\rangle = \left\langle \frac{p^2}{2m}\right\rangle = \int \psi^*\left(-\frac{\hbar^2}{2m}\nabla^2\right)\psi\mathrm{d}\boldsymbol{r} \tag{4.2.6}$$

角动量 $\boldsymbol{L}$ 的平均值为

$$\langle \boldsymbol{L}\rangle = \langle \boldsymbol{r}\times\boldsymbol{p}\rangle = \int \psi^*[\boldsymbol{r}\times(-\mathrm{i}\hbar\nabla)]\psi\mathrm{d}\boldsymbol{r} \tag{4.2.7}$$

令 A 为粒子的任意一个力学量，则 A 的平均值总可以表示为

$$\langle A\rangle = \int \psi^*\hat{A}\psi\mathrm{d}\boldsymbol{r} \tag{4.2.8}$$

相应的坐标算符 $\hat{\boldsymbol{r}}$、动量算符 $\hat{\boldsymbol{p}}$、Hamilton 算符 $\hat{H}$、轨道角动量算符 $\hat{\boldsymbol{L}}$ 分别为

$$\hat{\boldsymbol{r}} = \boldsymbol{r},\qquad \hat{\boldsymbol{p}} = -\mathrm{i}\hbar\nabla_r \tag{4.2.9}$$

$$\hat{H} = \frac{\hat{\boldsymbol{p}}^2}{2m} + U(\hat{\boldsymbol{r}}) = -\frac{\hbar^2}{2m}\nabla_r^2 + U(\hat{\boldsymbol{r}}) \tag{4.2.10}$$

$$\hat{\boldsymbol{L}} = \hat{\boldsymbol{r}}\times\hat{p} = \hat{\boldsymbol{r}}\times(-\mathrm{i}\hbar\nabla_r) \tag{4.2.11}$$

其中

$$\nabla_r = \boldsymbol{i}\frac{\partial}{\partial x} + \boldsymbol{j}\frac{\partial}{\partial y} + \boldsymbol{k}\frac{\partial}{\partial z} \tag{4.2.12}$$

在动量表象中,可以证明坐标算符为

$$\hat{\boldsymbol{r}} = \mathrm{i}\hbar\nabla_{\boldsymbol{p}} \tag{4.2.13}$$

其中

$$\nabla_{\boldsymbol{p}} = \boldsymbol{i}\frac{\partial}{\partial p_x} + \boldsymbol{j}\frac{\partial}{\partial p_y} + \boldsymbol{k}\frac{\partial}{\partial p_z} \tag{4.2.14}$$

在动量表象中 $\boldsymbol{r}$ 与 $f(\boldsymbol{r})$ 的平均值分别为

$$\langle \boldsymbol{r} \rangle = \int c^*(\boldsymbol{p},t)(\mathrm{i}\hbar\nabla_{\boldsymbol{p}})c(\boldsymbol{p},t)\mathrm{d}\boldsymbol{p} \tag{4.2.15}$$

$$\langle f(\boldsymbol{r}) \rangle = \int c^*(\boldsymbol{p},t)f(\mathrm{i}\hbar\nabla_{\boldsymbol{p}})c(\boldsymbol{p},t)\mathrm{d}\boldsymbol{p} \tag{4.2.16}$$

式中:$c(\boldsymbol{p},t)$为动量表象中的波函数。在动量表象中,动量 $\boldsymbol{p}$ 的算符为

$$\hat{\boldsymbol{p}} = \boldsymbol{p} \tag{4.2.17}$$

于是有

$$\langle \boldsymbol{p} \rangle = \int c^*(\boldsymbol{p},t)\boldsymbol{p}c(\boldsymbol{p},t)\mathrm{d}\boldsymbol{p} \tag{4.2.18}$$

设 $\hat{Q}$ 为任意线性 Hermite 算符。为便于叙述,假定算符 $\hat{Q}$ 具有分立本征值谱,它的本征方程为

$$\hat{Q}u_n(\boldsymbol{r}) = Q_n u_n(\boldsymbol{r}) \tag{4.2.19}$$

将波函数 $\psi(\boldsymbol{r},t)$按 $\hat{Q}$ 算符的本征函数系$\{u_n(\boldsymbol{r})\}$展开为

$$\psi(\boldsymbol{r},t) = \sum_n a_n(t)u_n(\boldsymbol{r}) \tag{4.2.20}$$

展开系数$\{a_n(t)\}$就是波函数 $\psi(\boldsymbol{r},t)$在 $\hat{Q}$ 表象中的表示,并且 $a_n(t)$可由式(4.2.21)定出

$$a_n(t) = \int \psi(\boldsymbol{r},t)u_n^*(\boldsymbol{r})\mathrm{d}\boldsymbol{r} = \sum_m \int u_n^*(\boldsymbol{r})u_m(\boldsymbol{r})a_m(t)\mathrm{d}\boldsymbol{r} \tag{4.2.21}$$

使用式(4.2.21)时应注意 $u_n(x)$的正交归一性。因此 $\psi(\boldsymbol{r},t)$在 $\hat{Q}$ 表象中可表示为

$$\boldsymbol{\psi} = [a_1(t), a_2(t), \cdots, a_n(t), \cdots]^{\mathrm{T}} \tag{4.2.22}$$

它的共轭矩阵为

$$\boldsymbol{\psi}^+ = [a_1^*(t), a_2^*(t), \cdots, a_n^*(t), \cdots] \tag{4.2.23}$$

归一条件为

$$\boldsymbol{\psi}^+\boldsymbol{\psi} = \boldsymbol{1} \tag{4.2.24}$$

若算符 $\hat{Q}$ 具有连续的本征谱,则相应的表示式为

$$\psi(\boldsymbol{r},t) = \int a_\lambda(t)u_\lambda(\boldsymbol{r})\mathrm{d}\lambda \tag{4.2.25}$$

$$a_\lambda(t) = \int u_\lambda^*(\boldsymbol{r})\psi(\boldsymbol{r},t)\mathrm{d}\boldsymbol{r} \tag{4.2.26}$$

设 $\hat{F}$ 为 Hermite 算符，则它在 $\hat{Q}$ 表象中所对应的矩阵为 Hermite 矩阵，其矩阵单元 F_{mn} 为

$$F_{mn} = \int u_m^*(x)\hat{F}u_n(x)\mathrm{d}x \tag{4.2.27}$$

这里 u_n 与 u_m 的定义同式(4.2.19)；对式(4.2.27)取复数共轭并注意 $\hat{F}$ 的 Hermite 性，得

$$F_{mn}^* = \int u_n^*\hat{F}u_m\mathrm{d}x = F_{nm} \tag{4.2.28}$$

这说明矩阵 $\boldsymbol{F}$(即$\{F_{mn}\}$)与它的复共轭转置矩阵 $\boldsymbol{F}^+ \equiv \widetilde{\boldsymbol{F}}^*$ 相等，即

$$\boldsymbol{F} = \boldsymbol{F}^+ \tag{4.2.29}$$

这里上标"＋"表示 Hermite 共轭(又称复共轭转置)，因此 $\boldsymbol{F}$ 是 Hermite 矩阵。

在 $\hat{Q}$ 表象中，相应的 $\hat{F}$ 的平均值为

$$\begin{aligned}\langle F\rangle &= \int\psi^*(\boldsymbol{r},t)\hat{F}\psi(\boldsymbol{r},t)\mathrm{d}\boldsymbol{r} \\ &= \sum_{m,n}a_m^*F_{mn}a_n = \psi^+\hat{F}\psi \\ &= [a_1^*(t),\cdots,a_m^*(t),\cdots]\begin{bmatrix}F_{11} & F_{12} & \cdots & F_{1n} & \cdots \\ \vdots & \vdots & & \vdots & \\ F_{m1} & F_{m2} & \cdots & F_{mn} & \cdots \\ \vdots & \vdots & & \vdots & \end{bmatrix}\begin{bmatrix}a_1(t) \\ \vdots \\ a_n(t) \\ \vdots\end{bmatrix}\end{aligned} \tag{4.2.30}$$

式中 a_n 与 F_{mn} 分别由式(4.2.20)与式(4.2.27)定义。另外，在 $\hat{Q}$ 表象中，算符 $\hat{F}$ 的本征值方程为

$$\begin{bmatrix}F_{11} & F_{12} & \cdots & F_{1n} & \cdots \\ F_{21} & F_{22} & \cdots & F_{2n} & \cdots \\ \vdots & \vdots & & \vdots & \\ F_{n1} & F_{n2} & \cdots & F_{nn} & \cdots \\ \vdots & \vdots & & \vdots & \end{bmatrix}\begin{bmatrix}a_1(t) \\ a_2(t) \\ \vdots \\ a_n(t) \\ \vdots\end{bmatrix} = \lambda\begin{bmatrix}a_1(t) \\ a_2(t) \\ \vdots \\ a_n(t) \\ \vdots\end{bmatrix} \tag{4.2.31}$$

或改写为

$$\sum_n F_{mn}a_n = \lambda a_m \tag{4.2.32}$$

或者

$$\sum_n (F_{mn} - \lambda\delta_{mn})a_n = 0 \tag{4.2.33}$$

显然，方程组(4.2.33)是关于 $a_1, a_2, \cdots$ 的齐次线性代数方程组，它具有非零解的条件是它的系数行列式为零，即

$$\det|F_{mn}-\lambda\delta_{mn}|=0 \tag{4.2.34}$$

式(4.2.34)称为久期方程。解久期方程便得到一组 λ 的值：$\lambda_1,\lambda_2,\cdots$，它们就是算符 $\hat{F}$ 的本征值。将求得的 λ_i 值代入式(4.2.33)后便可解出一组对应的本征函数，而后将它们归一化后就可得到 $\hat{F}$ 的本征值与本征函数。

2. Hermite 算符的重要性质以及两类本征函数系

令 $\hat{A}$ 为任意算符，则$\widetilde{A}$为 $\hat{A}$ 的转置算符；如果算符 $\hat{A}$ 所对应的矩阵为$\{A_{mn}\}$，则$\widetilde{A}$所对应的矩阵便为$\{A_{nm}\}$；令 $\hat{A}$ 与 $\hat{B}$ 为任意的两个算符并令 $\hat{C}=\hat{A}\hat{B}$，则它们乘积 $\hat{A}\hat{B}$ 的转置便为

$$\widetilde{C}=\widetilde{B}\widetilde{A} \tag{4.2.35}$$

这里也省略了算符的上标"ˆ"；令 $\hat{A}^*$ 与$\widetilde{A}$分别为 $\hat{A}$ 的复共轭算符与 $\hat{A}$ 的转置算符，令 $\hat{A}^+$ 为 Hermite 共轭算符，则有

$$A^+=\widetilde{A}^* \tag{4.2.36}$$

这里省略了算符的上标"ˆ"；同样，如果$(\hat{A}\hat{B}\hat{C}\cdots)^+$便有

$$(\hat{A}\hat{B}\hat{C}\cdots)^+=\cdots\hat{C}^+\hat{B}^+\hat{A}^+ \tag{4.2.37}$$

如果 $\hat{A}^+=\hat{A}$，则称算符 $\hat{A}$ 为自 Hermite 共轭算符，简称 Hermite 算符。Hermite 算符具有如下七点主要性质：

(1) 两个 Hermite 算符之和仍为 Hermite 算符。

(2) 当且仅当两个 Hermite 算符 $\hat{A}$ 与 $\hat{B}$ 对易时，它们的积才为 Hermite 算符；也就是说，只有在$[\hat{A},\hat{B}]=0$ 时，$\hat{A}\hat{B}$ 才为 Hermite 算符。

(3) 无论 Hermite 算符 $\hat{A}$ 与 $\hat{B}$ 是否对易，则算符$\frac{1}{2}(\hat{A}\hat{B}+\hat{B}\hat{A})$与$\frac{1}{2i}(\hat{A}\hat{B}-\hat{B}\hat{A})$必定为 Hermite 算符。

(4) 任何算符 $\hat{A}$ 总可以分解为

$$\hat{A}=\hat{A}_++\mathrm{i}\hat{A}_- \tag{4.2.38}$$

其中

$$\hat{A}_+\equiv\frac{1}{2}(\hat{A}+\hat{A}^+),\quad \hat{A}_-\equiv\frac{1}{2\mathrm{i}}(\hat{A}-\hat{A}^+) \tag{4.2.39}$$

式中：$\hat{A}_+$ 与 $\hat{A}_-$ 均为 Hermite 算符。

(5) Hermite 算符的平均值与本征值均为实数，并且 Hermite 算符在本征态中的平均值就等于本征值。

(6) 一般说当本征值有简并时，这些简并的本征函数并不相互正交。但总可以经过重新组合后使简并的本征函数正交归一，因此无论是否简并，Hermite 算符的本征函数系总可正交归一。

(7) 设$\{\psi_n(\boldsymbol{r})\}$为某一 Hermite 算符的本征函数系，则它正交、归一并具有完

备性;用它可作一组基矢,可以构成 Hilbert 空间,因此这个空间中定义的任意波函数 $\varphi(\boldsymbol{r},t)$都可按$\{\psi_n(\boldsymbol{r})\}$展开,得

$$\varphi(\boldsymbol{r},t)=\sum_n c_n(t)\psi_n(\boldsymbol{r}) \tag{4.2.40}$$

$$c_n(t)=\int\psi_n^*(\boldsymbol{r})\varphi(\boldsymbol{r},t)\mathrm{d}\boldsymbol{r} \tag{4.2.41}$$

并且有

$$\sum_n\psi_n^*(\boldsymbol{r}')\psi_n(\boldsymbol{r})=\delta(\boldsymbol{r}-\boldsymbol{r}') \tag{4.2.42}$$

式(4.2.42)表明 Hermite 的本征函数系具有封闭性。应指出的是,式(4.2.40)~式(4.2.42)是针对本征值有分立谱而言的,如果本征值有连续谱,则这时本征函数系为$\{\psi_\lambda(\boldsymbol{r})\}$,相应的有

$$\varphi(\boldsymbol{r},t)=\int c_\lambda(t)\psi_\lambda(\boldsymbol{r})\mathrm{d}\lambda \tag{4.2.43}$$

$$c_\lambda(t)=\int\psi_\lambda^*(\boldsymbol{r})\varphi(\boldsymbol{r},t)\mathrm{d}\boldsymbol{r} \tag{4.2.44}$$

$$\int\psi_\lambda^*(\boldsymbol{r}')\psi_\lambda(\boldsymbol{r})\mathrm{d}\lambda=\delta(\boldsymbol{r}-\boldsymbol{r}') \tag{4.2.45}$$

3. 量子力学中力学量的测量

在量子力学中,力学量的测量是个比较复杂的问题,不妨分两种情况作扼要讨论:

(1) 令某一力学量 F,其相应的算符为 $\hat{F}$,这里 $\hat{F}$ 为 Hermite 算符。如果将 F 的平均值记为$\langle F\rangle$,很显然,在 $\hat{F}$ 的本征态 ψ 中测量 $\hat{F}$,这时有确定值,这个值就是 $\hat{F}$ 在这个态 ψ 的平均值$\langle F\rangle$,并且有

$$\hat{F}\psi=\langle F\rangle\psi \tag{4.2.46}$$

式(4.2.46)实质上就是 $\hat{F}$ 的本征方程,它表明 $\hat{F}$ 在态 ψ 的平均值$\langle F\rangle$等于它的本征值。

若 ψ_1 与 ψ_2 是属于 $\hat{F}$ 同一个本征值的两个不同的简并态,令它们的线性组合给出的态 ψ 为 $c_1\psi_1+c_2\psi_2$,则在 ψ 中测量 $\hat{F}$ 也有确定值,而且这个确定值就是它的本征值,也等于 $\hat{F}$ 在 ψ 态中的平均值。

令$\{\psi_n\}$为 $\hat{F}$ 的本征函数系,它正交、归一、完备,令 φ 不是 $\hat{F}$ 的本征态,容易证明:$\hat{F}$ 在 φ 态中测量,没有确定值,但有平均值,而且这个平均值可以借助于 $\hat{F}$ 的本征值通过统计平均得到。令 $\hat{F}$ 的本征方程为

$$\hat{F}\psi_n=F_n\psi_n \tag{4.2.47a}$$

将 φ 按$\{\psi_n\}$展开

$$\varphi=\sum_n c_n\psi_n \tag{4.2.47b}$$

则 $\hat{F}$ 的平均值 $\langle F\rangle$ 为

$$\langle F\rangle=\sum_{n}|c_n|^2F_n=\sum_{m,n}c_m^*c_nF_n\delta_{mn} \tag{4.2.47c}$$

(2) 令 F 与 G 为两个不同的力学量，相应的算符分别为 $\hat{F}$ 与 $\hat{G}$；如果 $\hat{F}$ 与 $\hat{G}$ 可对易，即它们有不止一个共同的本征函数，并且这些本征函数可以构成完备系。但是应当知道，$\hat{F}$ 的本征函数并不一定总是 $\hat{G}$ 的本征函数。只有当 $\hat{F}$ 的本征值无简并时，$\hat{F}$ 的本征函数才一定是 $\hat{G}$ 的本征函数；在有简并时，则需要将属于同一个本征值的不同本征函数重新作线性组合，才能得出 $\hat{G}$ 的本征函数。容易证明：当两个或多个力学量相互对易时，它们有完备的共同本征函数系。在这些共同的本征态下测量这些力学量，它们将同时具有确定值。

当两个力学量算符 $\hat{F}$ 与 $\hat{G}$ 相互不对易时，则一般不能同时具有确定值，Heisenberg 的测不准原理在这方面作了概括，因此这里不再讨论，可参阅本章的 4.1 节。

4. 力学量随时间的变化和守恒定律

令 F 为力学量，其算符为 $\hat{F}$，令 $\{\psi_n\}$ 为 $\hat{F}$ 的本征函数系，$\hat{F}$ 在任一态 $\psi(\boldsymbol{r},t)$ 中的平均值为

$$\langle\hat{F}\rangle=\int\psi^*(\boldsymbol{r},t)\hat{F}\psi(\boldsymbol{r},t)\mathrm{d}\boldsymbol{r} \tag{4.2.48}$$

将式(4.2.48)对时间求导并注意到 Schrödinger 方程(4.1.59)，即

$$\begin{cases}\dfrac{\partial\psi}{\partial t}=\dfrac{1}{\mathrm{i}\hbar}\hat{H}\psi\\[2mm] \dfrac{\partial\psi^*}{\partial t}=-\dfrac{1}{\mathrm{i}\hbar}(\hat{H}\psi)^*\end{cases} \tag{4.2.49}$$

于是有

$$\frac{\mathrm{d}\langle\hat{F}\rangle}{\mathrm{d}t}=\left\langle\frac{\mathrm{d}\hat{F}}{\mathrm{d}t}\right\rangle=\left\langle\frac{\partial\hat{F}}{\partial t}+\frac{1}{\mathrm{i}\hbar}[\hat{F},\hat{H}]\right\rangle \tag{4.2.50}$$

考虑到 ψ 是任意的波函数，于是由式(4.2.50)可得

$$\frac{\mathrm{d}\hat{F}}{\mathrm{d}t}=\frac{\partial\hat{F}}{\partial t}+\frac{1}{\mathrm{i}\hbar}[\hat{F},\hat{H}] \tag{4.2.51}$$

这就是算符 $\hat{F}$ 的运动方程。这里 $[\hat{F},\hat{H}]$ 为 Poisson 括号，定义

$$\{\hat{F},\hat{H}\}\equiv\frac{1}{\mathrm{i}\hbar}[\hat{F},\hat{H}] \tag{4.2.52}$$

为 $\hat{F}$ 与 $\hat{H}$ 的量子 Poisson 括号。容易证明，量子 Poisson 括号具有如下性质：

(1)
$$\{\hat{A}\hat{B},\hat{C}\}=\{\hat{A},\hat{C}\}\hat{B}+\hat{A}\{\hat{B},\hat{C}\} \tag{4.2.53}$$

(2)
$$\{\hat{A},\hat{B}\hat{C}\}=\{\hat{A},\hat{B}\}\hat{C}+\hat{B}\{\hat{A},\hat{C}\} \tag{4.2.54}$$

(3) $$\{\hat{A},\{\hat{B},\hat{C}\}\}+\{\hat{B},\{\hat{C},\hat{A}\}\}+\{\hat{C},\{\hat{A},\hat{B}\}\}=0 \tag{4.2.55}$$

通常式(4.2.55)被称为 Jacobi 恒等式。

如果

$$\frac{\mathrm{d}\hat{F}}{\mathrm{d}t}=0 \tag{4.2.56}$$

则算符 $\hat{F}$ 所表示的力学量为运动积分,这时的 $\hat{F}$ 为守恒量。体系的守恒量具有如下两点重要性质:

(1) 守恒量在任意态下的平均量都不随时间变化。

(2) 若体系有两个或两个以上的守恒量,而且这些守恒量彼此不对易,则一般说体系的能级是简并的。

在物理学中,对称性有非常重要的作用。所谓对称性,是指体系的 Lagrange 量或者 Hamilton 量在某种变换下的不变性。这些变换,一般可分为连续变换、分立变换和对于内禀参数的变换。通常,每一种变换下的不变性,都对应一种守恒律,并且意味着存在某种不可观测量。比如,时间平移不变性,对应着能量守恒,这意味着时间的原点不可观测;如空间平移不变性,对应着动量守恒,这意味着空间的绝对位置不可观测;再如空间旋转不变性,对应着角动量守恒,这意味着空间的绝对方向不可观测。另外,空间反演的不变性,对应着宇称守恒,这意味着绝对的右或绝对的左不可观测。关于守恒律和对称性更多的细节,可参见文献[24]等,这里不予赘述。

4.3 表象变换以及 Schrödinger 绘景与 Heisenberg 绘景

1. 幺正变换以及算符与波函数的变换

设算符 $\hat{A}$ 与 $\hat{B}$ 的本征函数系分别为 $\{\psi_m\}$ 与 $\{\varphi_\beta\}$,算符 $\hat{F}$ 在 A 表象与 B 表象中的矩阵元分别为 F_{mn} 与 $F'_{\alpha\beta}$,其表达式已分别由式(4.1.38)与式(4.1.39)给出。另外,将 $\varphi_\beta(x)$ 及 $\varphi_\alpha^*(x)$ 按表象 $\hat{A}$ 的本征函数系展开,便容易得到 $\varphi_\beta(x)$ 与 ψ_m 以及 $\varphi_\alpha^*(x)$ 与 ψ_m^* 间的关系式,即

$$\begin{bmatrix}\varphi_1(x)\\ \varphi_2(x)\\ \vdots\\ \varphi_n(x)\\ \vdots\end{bmatrix}=\begin{bmatrix}S_{11} & S_{21} & \cdots & S_{n1} & \cdots\\ S_{12} & S_{22} & \cdots & S_{n2} & \cdots\\ \vdots & \vdots & & \vdots & \\ S_{1n} & S_{2n} & & S_{nn} & \\ \vdots & \vdots & & \vdots & \end{bmatrix}\begin{bmatrix}\psi_1(x)\\ \psi_2(x)\\ \vdots\\ \psi_n(x)\\ \vdots\end{bmatrix} \tag{4.3.1}$$

$$\begin{bmatrix}\varphi_1^*(x)\\ \varphi_2^*(x)\\ \vdots\\ \varphi_n^*(x)\\ \vdots\end{bmatrix}^{\mathrm{T}}=\begin{bmatrix}\psi_1^*(x)\\ \psi_2^*(x)\\ \vdots\\ \psi_n^*(x)\\ \vdots\end{bmatrix}^{\mathrm{T}}\begin{bmatrix}S_{11}^* & S_{12}^* & \cdots & S_{1n}^* & \cdots\\ S_{21}^* & S_{22}^* & \cdots & S_{2n}^* & \cdots\\ \vdots & \vdots & & \vdots & \\ S_{n1}^* & S_{n2}^* & \cdots & S_{nn}^* & \cdots\\ \vdots & \vdots & & \vdots & \end{bmatrix} \tag{4.3.2}$$

其中

$$\varphi_\beta(x)=\sum_n S_{n\beta}\psi_n(x) \tag{4.3.3}$$

$$\varphi_\alpha^*(x)=\sum_m \psi_m^*(x)S_{m\alpha}^* \tag{4.3.4}$$

注意到本征函数系$\{\varphi_\alpha(x)\}$的正交、归一性，有

$$\begin{aligned}\delta_{\alpha\beta}&=\int\varphi_\alpha^*(x)\varphi_\beta(x)\mathrm{d}x=\sum_{m,n}\int\psi_m^*(x)S_{m\alpha}^*\psi_n(x)S_{n\beta}\mathrm{d}x\\&=\sum_m S_{\alpha m}^+S_{m\beta}=(S^+S)_{\alpha\beta}\end{aligned} \tag{4.3.5}$$

或者写为

$$\boldsymbol{S}^+\boldsymbol{S}=\boldsymbol{I} \tag{4.3.6}$$

由式(4.3.6)又可得

$$\boldsymbol{S}^+=\boldsymbol{S}^{-1} \tag{4.3.7}$$

也就是说两个表象之间的变换矩阵 $\boldsymbol{S}$ 为幺正矩阵，即它满足式(4.3.7)。令算符 $\hat{F}$ 在 B 表象与 A 表象中的矩阵分别为 $\boldsymbol{F}'$ 与 $\boldsymbol{F}$，于是有

$$\boldsymbol{F}=\boldsymbol{S}\boldsymbol{F}'\boldsymbol{S}^{-1},\quad \boldsymbol{F}'=\boldsymbol{S}^{-1}\boldsymbol{F}\boldsymbol{S} \tag{4.3.8}$$

其中 $\boldsymbol{F}'$ 的矩阵单元 $F'_{\alpha\beta}$ 可由式(4.1.47)定出。

对于波函数 $\psi(\boldsymbol{r},t)$，分别按 A 表象的本征函数系$\{\psi_n(\boldsymbol{r})\}$与 B 表象的本征函数系$\{\varphi_\alpha(\boldsymbol{r})\}$展开

$$\psi(\boldsymbol{r},t)=\sum_n a_n(t)\psi_n(\boldsymbol{r})=\sum_\alpha b_\alpha(t)\varphi_\alpha(\boldsymbol{r}) \tag{4.3.9}$$

令

$$\boldsymbol{a}=[a_1(t),a_2(t),\cdots,a_n(t),\cdots]^{\mathrm{T}} \tag{4.3.10}$$

$$\boldsymbol{b}=[b_1(t),b_2(t),\cdots,b_n(t),\cdots]^{\mathrm{T}} \tag{4.3.11}$$

于是有

$$\boldsymbol{b}=\boldsymbol{S}^+\boldsymbol{a}=\boldsymbol{S}^{-1}\boldsymbol{a} \tag{4.3.12}$$

$$\boldsymbol{a}=\boldsymbol{S}\boldsymbol{b} \tag{4.3.13}$$

式中：$\boldsymbol{S}$ 为两表象之间变换的幺正矩阵，其含义同式(4.3.5)。这里列矩阵 $\boldsymbol{a}$ 与 $\boldsymbol{b}$ 分别为波函数在 A 表象与 B 表象的表示。

2. Schrödinger 绘景

Schrödinger 绘景的特点是态矢量$|\psi_S(t)\rangle$是含时的，并且服从 Schrödinger 方程：

$$\mathrm{i}\hbar\frac{\partial}{\partial t}|\psi_{\mathrm{S}}(t)\rangle = H_{\mathrm{S}}|\psi_{\mathrm{S}}(t)\rangle \tag{4.3.14}$$

而算符一般是不含时的(一些含时的微扰除外),于是有

$$\mathrm{i}\hbar\frac{\partial}{\partial t}A_{\mathrm{S}} = 0 \tag{4.3.15}$$

在式(4.3.14)与式(4.3.15)中,$|\psi_{\mathrm{S}}(t)\rangle$以及 A_{S} 的下标 S 代表 Schrödinger 绘景中的矢量以及算符。在 Schrödinger 绘景中还可以取各种表象,每一种表象都同一组特定的基矢相联系,而基矢是不含时的。在 Hilbert 空间,描写状态的态矢量都是按一定的规律运动的,而每一组基矢则是静止的。态矢量的各种表象,不论写成矩阵形式或者函数形式都是随时间变化的,因为它们是运动的态矢量在静止的基矢上的分量。因此,Schrödinger 绘景相当于经典力学中的实验室坐标系或者固定坐标系。

3. Heisenberg 绘景

Heisenberg 绘景的重要特点是,态矢量$|\psi_{\mathrm{H}}\rangle$不随时间变化,这是由于时间演化算符(它是含时的幺正算符)把任何时刻的态矢量都变换到初态的态矢量。在 Heisenberg 绘景中,描写物理量的算符则是随时间变化的,它服从 Heisenberg 方程:

$$\mathrm{i}\hbar\frac{\partial}{\partial t}A_{\mathrm{H}}(t) = [A_{\mathrm{H}}(t), H_{\mathrm{H}}] \tag{4.3.16}$$

而态矢量不含时,于是有

$$\mathrm{i}\hbar\frac{\partial}{\partial t}|\psi_{\mathrm{H}}\rangle = 0 \tag{4.3.17}$$

在式(4.3.16)与式(4.3.17)中,$|\psi_{\mathrm{H}}\rangle$以及 $A_{\mathrm{H}}(t)$的下标 H 代表 Heisenberg 绘景中的矢量以及算符。由这里含时的幺正变换(即时间演化算符)可知

$$H_{\mathrm{H}} = H_{\mathrm{S}} \tag{4.3.18}$$

因此可以将 Hamilton 算符右下角表示绘景的标记略去。值得注意的是,Heisenberg 绘景的选取与系统的 Hamilton 量有关,不同的 Hamilton 量将得到不同的 Heisenberg 绘景。这里对 Heisenberg 绘景作一点直观解释:在 Hilbert 空间中取一组 Hermite 算符完备组 $\boldsymbol{K}$,用 $\boldsymbol{K}$ 的本征矢量$\{|v_i\rangle\}$建立一组基矢,作为一个固定的框架。某系统的状态的 Heisenberg 绘景$|\psi\rangle_{\mathrm{H}} = |\psi(0)\rangle_{\mathrm{S}}$ 是不含时的,而$\langle v_i|\psi\rangle_{\mathrm{H}}$ 就是 ψ 态在 Heisenberg 绘景中的 $\boldsymbol{K}$ 表象,它也是不含时的;也就是说,Heisenberg 绘景中也可以建立各种表象,写成矩阵形式,但这些列矩阵也都是不含时的。另外,也可以换一个角度来看:保持基矢$\{|v_i\rangle\}$不动,再复制一组与$\{|v_i\rangle\}$一样的基矢,让这组新的基矢在 $t=0$ 时与原来的基矢完全重合,而在 t 增加时开始动起来,成为动基矢$\{|v_i(t)\rangle_{\mathrm{S}}\}$;这里规定基矢的运动规律与系统的态矢量运动规律一样,

即

$$|v_i(t)\rangle_{\mathrm{S}} = \exp\left(-\frac{\mathrm{i}}{\hbar}tH\right)|v_i\rangle \tag{4.3.19}$$

这样$\{|v_i(t)\rangle_{\mathrm{S}}\}$成为一组动基矢，构成空间中一组动的框架。这时系统的态矢量$|\psi(t)\rangle_{\mathrm{S}}$在动基矢上的分量就是 Heisenberg 绘景中态矢量的 $\boldsymbol{K}$ 表象，即

$$\langle v_i|\exp\left(+\frac{i}{\hbar}tH\right)|\psi(t)\rangle_{\mathrm{S}} = \langle v_i|\psi\rangle_{\mathrm{H}} \tag{4.3.20}$$

用经典力学来比喻就是这里建立了一个与动矢量相“固连”的动坐标系，观察者“站在”动坐标系上去观察那个动矢量，他看到的这个矢量将是静止的。从动坐标系上看静止的算符 A，则看到的是一个运动的算符，即静止算符 A 在动坐标系中的矩阵元是含时的。因此，Heisenberg 绘景相当于经典力学中的随动坐标系。

最后还应指出的是，正如在经典力学中选定了固定坐标或者随动坐标系之后仍可选取不同的直角坐标、球坐标等一样，在量子力学中当选定了 Schrödinger 绘景或者是 Heisenberg 绘景之后也可以选用不同的表象如坐标表象或动量表象。关于各种表象的选取，感兴趣者可进一步去参见文献[25]等相关内容，这里因篇幅所限不多讨论。

4.4　统计系综的密度算符以及 Liouville 方程

为了说明密度矩阵 $\boldsymbol{\rho}$ 的概念，首先引入矩阵张量积的定义：令

$$|\psi\rangle \to \begin{bmatrix}\psi_1\\ \psi_2\\ \vdots\\ \psi_n\end{bmatrix},\quad \langle\varphi| = [\varphi_1^*, \varphi_2^*, \cdots, \varphi_n^*] \tag{4.4.1}$$

则

$$|\psi\rangle\langle\varphi| \to \begin{bmatrix}\psi_1\\ \psi_2\\ \vdots\\ \psi_n\end{bmatrix}[\varphi_1^*, \varphi_2^*, \cdots, \varphi_n^*] = \begin{bmatrix}\psi_1\varphi_1^* & \psi_1\varphi_2^* & \cdots & \psi_1\varphi_n^*\\ \psi_2\varphi_1^* & \psi_2\varphi_2^* & \cdots & \psi_2\varphi_n^*\\ \vdots & \vdots & & \vdots\\ \psi_n\varphi_1^* & \psi_n\varphi_2^* & \cdots & \psi_n\varphi_n^*\end{bmatrix} \tag{4.4.2}$$

借助于上述定义便可去说明密度算符与密度矩阵的概念，下面分纯系综与混合系综两种情况讨论：对于系综状态为纯态，这时系综用一个态矢量$|\psi\rangle$来描写，于是密度算符 ρ 定义为

$$\rho = |\psi\rangle\langle\psi| \tag{4.4.3}$$

另外，密度算符 ρ 在一个具体表象中的矩阵便定义为密度矩阵。在量子力学中的密度矩阵 $\boldsymbol{\rho}$，容易证明，对于纯态系综满足

$$\boldsymbol{\rho}^2 = \boldsymbol{\rho} \tag{4.4.4}$$

对于系综状态为混合态，令系统处于$|\psi_1\rangle$态、$|\psi_2\rangle$态等的概率分别为 $p_1, p_2, \cdots$，即

$$\begin{cases} |\psi_1\rangle: & p_1 \\ |\psi_2\rangle: & p_2 \qquad \sum_i p_i = 1 \\ \vdots & \vdots \end{cases} \tag{4.4.5}$$

于是混合态的密度算符为

$$\begin{cases} \rho = \sum_i |\psi_i\rangle p_i \langle \psi_i| \\ \sum_i p_i = 1 \end{cases} \tag{4.4.6}$$

对于混合态系综(简称混合系综)，这时 ρ 一般不满足式(4.4.4)。

在 Heisenberg 绘景中，态矢量$|\psi\rangle^{\mathrm{H}}$ 不含时，因此密度算符是一个不随时间而变的算符，即

$$\rho^{\mathrm{H}} = \sum_i |\psi_i\rangle^{\mathrm{H}} p_i{}^{\mathrm{H}} \langle \psi_i| \tag{4.4.7}$$

而在 Schrödinger 绘景中，密度算符则是一个含时算符：

$$\rho^{\mathrm{S}}(t) = \sum_i |\psi_i(t)\rangle^{\mathrm{S}} p_i^{\mathrm{S}} \langle \psi_i(t)| \tag{4.4.8}$$

式(4.4.7)与式(4.4.8)中的上标 H 与上标 S 分别代表 Heisenberg 绘景与 Schrödinger 绘景。将式(4.4.8)对时间求导数并且注意利用 Schrödinger 方程(4.3.14)，得

$$\mathrm{i}\hbar \frac{\partial \rho^{\mathrm{S}}(t)}{\partial t} = [H, \rho^{\mathrm{S}}(t)] \tag{4.4.9}$$

这是密度算符的运动方程，称为 Liouville 方程，又称为 von Neumann 方程，它表示系综随时间的变化规律。

4.5 Schrödinger 方程及其数学结构

设粒子在势场中势能为$U(\boldsymbol{r})$，这时粒子的非相对论下能量动量关系为

$$H = \frac{1}{2m}|\boldsymbol{p}|^2 + U(\boldsymbol{r}) \tag{4.5.1}$$

注意到能量算符与动量算符分别为

$$H \to -\frac{\hbar^2}{2m}\nabla^2 + U(\boldsymbol{r}) \tag{4.5.2}$$

$$\boldsymbol{p} \to -\mathrm{i}\hbar\nabla \tag{4.5.3}$$

于是 Schrödinger 方程(4.3.14)可写为

$$\mathrm{i}\hbar \frac{\partial}{\partial t}\psi(t, \boldsymbol{r}) = -\frac{\hbar^2}{2m}\nabla^2\psi(t, \boldsymbol{r}) + U(\boldsymbol{r})\psi(t, \boldsymbol{r}) \tag{4.5.4}$$

如果作用在粒子上的力场是随时间 t 而变化的，则式(4.5.4)又可变为

$$\mathrm{i}\hbar \frac{\partial}{\partial t}\psi(t,\boldsymbol{r}) = -\frac{\hbar^2}{2m}\nabla^2\psi(t,\boldsymbol{r}) + U(t,\boldsymbol{r})\psi(t,\boldsymbol{r}) \tag{4.5.5}$$

值得注意的是，由于导数 $\partial\psi/\partial t$ 前有虚数单位 i，因此波函数 ψ 一般是复数。为了简单起见，讨论自由粒子(即 $U(t,\boldsymbol{r})\equiv 0$)的情况，这时 Schrödinger 方程(4.5.5)变为

$$\frac{\partial\psi}{\partial t} - \mathrm{i}a^2\nabla^2\psi = 0 \tag{4.5.6}$$

其中

$$a^2 = \frac{\hbar}{2m} \tag{4.5.7}$$

令

$$\psi(t,\boldsymbol{r}) = u_1(t,\boldsymbol{r}) + \mathrm{i}u_2(t,\boldsymbol{r}) \tag{4.5.8}$$

式中：实值函数 u_1 与 u_2 分别为 ψ 的实部与虚部。将式(4.5.8)代入式(4.5.6)后，得

$$\begin{cases} \dfrac{\partial u_1}{\partial t} + a^2\nabla^2 u_2 = 0 \\ \dfrac{\partial u_2}{\partial t} - a^2\nabla^2 u_1 = 0 \end{cases} \tag{4.5.9}$$

令 $\boldsymbol{U}=[u_1,u_2]^{\mathrm{T}}$，于是式(4.5.9)可改写为

$$\frac{\partial U}{\partial t} = \sum_{j,k=1}^{3}\left(A_{jk}\frac{\partial^2 U}{\partial x_j\partial x_k}\right) \tag{4.5.10}$$

其中

$$A_{11} = A_{22} = A_{33} = \begin{bmatrix} 0 & -a^2 \\ a^2 & 0 \end{bmatrix} \tag{4.5.11}$$

而

$$A_{jk} = 0 \quad (j \neq k) \tag{4.5.12}$$

对于任意给定的 $\xi\in R^3$，$|\xi|=1$，有

$$\sum_{j,k=1}^{3}(\xi_j\xi_k A_{jk}) = \begin{bmatrix} 0 & -a^2 \\ a^2 & 0 \end{bmatrix} \tag{4.5.13}$$

由偏微分方程组的判型理论：对形如式(4.5.10)的偏微分方程组，如果对于任意给定的 $\xi\in R^3$，$|\xi|=1$，在式(4.5.13)左端矩阵的特征值 λ 恒满足 $\mathrm{Re}\,\lambda>0$ 时，则称这时式(4.5.10)为在 Petrovsky 意义下的抛物型方程组。但对于 Schrödinger 方程组(4.5.9)，相应矩阵式(4.5.13)的特征值却为 $\lambda=\pm\mathrm{i}a^2$，从而 $\mathrm{Re}\,\lambda=0$，因此 Schrödinger 方程组(4.5.9)不是 Petrovsky 意义下的抛物型方程组。

对方程(4.5.6)两边取复共轭，得

$$\frac{\partial \bar{\psi}}{\partial t} + \mathrm{i}a^2 \nabla^2 \bar{\psi} = 0 \tag{4.5.14}$$

再对时间作反演变换,即令 $t' = -t$,便有

$$-\frac{\partial \bar{\psi}(-t', \boldsymbol{r})}{\partial t'} + \mathrm{i}a^2 \nabla^2 \bar{\psi}(-t', \boldsymbol{r}) = 0 \tag{4.5.15}$$

将式(4.5.15)中的 t' 改写为 t 后,得

$$\frac{\partial \bar{\psi}(-t, \boldsymbol{r})}{\partial t} - \mathrm{i}a^2 \nabla^2 \bar{\psi}(-t, \boldsymbol{r}) = 0 \tag{4.5.16}$$

$\bar{\psi}(-t,\boldsymbol{r})$满足的方程(4.5.16)与 $\psi(t,\boldsymbol{r})$满足的方程(4.5.6)形式上完全一样,这说明如果 $\psi(t,\boldsymbol{r})$是 Schrödinger 方程(4.5.6)的一个解,那么相应的 $\bar{\psi}(-t,\boldsymbol{r})$也是式(4.5.6)的解。也就是说,Schrödinger 方程在时间 t 的两个方向上的可解性是一样的。这就表明 Schrödinger 方程关于时间反演具有不变性。显然,该方程的这一特点与波动方程相似。

下面考察 Schrödinger 方程的基本解。为了简单起见,这里仅讨论一维情况,即

$$\frac{\partial \psi}{\partial t} - \mathrm{i}a^2 \frac{\partial^2 \psi}{\partial x^2} = 0 \tag{4.5.17}$$

其基本解为

$$E(t,x) = H(t) \frac{1-\mathrm{i}}{2a\sqrt{2\pi t}} \exp\left(\mathrm{i} \frac{x^2}{4a^2 t}\right) \tag{4.5.18}$$

其中 $H(t)$为 Heaviside 函数,即

$$H(t) = \begin{cases} 1 & (t > 0) \\ 0 & (t \leqslant 0) \end{cases} \tag{4.5.19}$$

而对于热传导方程

$$\frac{\partial u}{\partial t} - a^2 \frac{\partial^2 u}{\partial x^2} = 0 \tag{4.5.20}$$

的基本解为

$$E(t,x) = H(t) \frac{1}{2a\sqrt{\pi t}} \exp\left(-\frac{x^2}{4a^2 t}\right) \tag{4.5.21}$$

容易证明,对于热传导方程的基本解式(4.5.21)有 $E \in C^\infty$;而对于 Schrödinger 方程的基本解式(4.5.18),其 E 不是 C^∞ 函数。也就是说,Schrödinger 算子$\left(\mathrm{i}\hbar \frac{\partial}{\partial t} + \frac{\hbar}{2m} \frac{\partial^2}{\partial x^2}\right)$不是次椭圆的,这是 Schrödinger 方程与热传导方程的另一个重要区别。另外,对于 Schrödinger 方程可以提如下的 Cauchy 问题:在 $t=0$ 时满足初始条件

$$\psi(0,\boldsymbol{r}) = \psi_0(\boldsymbol{r}) \tag{4.5.22}$$

式中：$\psi_0(\boldsymbol{r})$为给定的函数。对于一维情况，其问题的解为

$$\psi(t,x)=\frac{1-\mathrm{i}}{2a\sqrt{2\pi t}}\int_{-\infty}^{+\infty}\left\{\psi_0(\xi)\exp\left[\mathrm{i}\frac{(x-\xi)^2}{4a^2t}\right]\right\}\mathrm{d}\xi \tag{4.5.23}$$

显然，初始函数 $\psi_0(x)$在任何一点附近的扰动均以无穷大的速度传播，这点与热传导方程类似，而与扰动具有有限传播速度的波动方程有本质的区别。此外，Schrödinger 方程还可以提初-边值问题（例如，对于一些常见的边界条件，如 Dirichlet 或 Neumann 的边界条件，相应的定解问题均是适定的）。

显然，Schrödinger 方程不是双曲型方程，但由于它能够描述粒子概率波的演化，因此许多书上常将 Schrödinger 方程称为波动方程。但需要指出的是，它的解所描述的波动不是双曲波，而属于色散波。

4.6　相对论下 Klein-Gordon 方程以及 Bose 子

Schrödinger 方程(4.5.4)，关于时间 t 是一阶偏导数而关于空间变量是二阶偏导数，正是由于这种形式上的不对称，所以这个方程在 Lorentz 变换下不具有不变性。换句话说，它不满足相对论协变性原理，不能描述高速的相对论性微观粒子。由狭义相对论中的能量-动量关系：

$$E^2-c^2|\boldsymbol{p}|^2=E_0^2\quad 或\quad E^2=c^2|\boldsymbol{p}|^2+m_0^2c^4 \tag{4.6.1}$$

式中：E 与 $\boldsymbol{p}$ 分别为粒子的总能量和动量；$E_0^2=m_0c^2$ 为粒子的静止能量；c 为光速；m_0 为粒子的静止质量。在式(4.6.1)中可以由式(4.6.2)替换，即

$$E\rightarrow \mathrm{i}\hbar\frac{\partial}{\partial t},\quad \boldsymbol{p}\rightarrow -\mathrm{i}\hbar\nabla \tag{4.6.2}$$

并将所得的算子作用于波函数 ψ，得

$$\Box\psi-\frac{m^2c^2}{\hbar^2}\psi=0 \tag{4.6.3}$$

这里式(4.6.3)便称为 Klein-Gordon 方程。式中□为 d'Alembert 算符，即

$$\Box\equiv\nabla^2-\frac{1}{c^2}\frac{\partial^2}{\partial t^2} \tag{4.6.4}$$

在 Minkowski 四维时空中，如果引进 x^μ 与 x_μ，使

$$\begin{cases}x^\mu=(ct,x,y,z)=(x^0,x^1,x^2,x^3)=(ct,\boldsymbol{r})\\ x_\mu=(ct,-x,-y,-z)=(x_0,x_1,x_2,x_3)=(ct,-\boldsymbol{r})\end{cases} \tag{4.6.5}$$

而 p^μ、p_μ 以及 ∂^μ、∂_μ 分别为

$$\begin{cases}p^\mu=\left(\dfrac{E}{c},\boldsymbol{p}\right)=-\dfrac{\hbar}{\mathrm{i}}\dfrac{\partial}{\partial x_\mu}=-\dfrac{\hbar}{\mathrm{i}}\partial^\mu\\ p_\mu=\left(\dfrac{E}{c},-\boldsymbol{p}\right)=-\dfrac{\hbar}{\mathrm{i}}\dfrac{\partial}{\partial x^\mu}=-\dfrac{\hbar}{\mathrm{i}}\partial_\mu\end{cases} \tag{4.6.6}$$

$$\begin{cases} \partial^\mu \equiv \dfrac{\partial}{\partial x_\mu} = \left(\dfrac{\partial}{c\partial t}, -\dfrac{\partial}{\partial x}, -\dfrac{\partial}{\partial y}, -\dfrac{\partial}{\partial z}\right) = (\partial_0, -\nabla) \\ \partial_\mu \equiv \dfrac{\partial}{\partial x^\mu} = \left(\dfrac{\partial}{c\partial t}, \dfrac{\partial}{\partial x}, \dfrac{\partial}{\partial y}, \dfrac{\partial}{\partial z}\right) = (\partial_0, \nabla) \end{cases} \tag{4.6.7}$$

时，显然有

$$\partial_\mu \partial^\mu = \frac{\partial^2}{c^2 \partial t^2} - \frac{\partial^2}{\partial x^2} - \frac{\partial^2}{\partial y^2} - = \frac{1}{c^2}\frac{\partial^2}{\partial t^2} - \nabla^2 = -\square \tag{4.6.8}$$

引进概率流密度 $\boldsymbol{j}$ 与概率密度 ρ 的定义式，即

$$\boldsymbol{j} = -\frac{\mathrm{i}\hbar}{2m}(\psi^* \nabla\psi - \psi\nabla\psi^*) \tag{4.6.9}$$

$$\rho = \frac{\mathrm{i}\hbar}{2mc^2}\left(\psi^* \frac{\partial\psi}{\partial t} - \psi\frac{\partial\psi^*}{\partial t}\right) \tag{4.6.10}$$

将 ψ^* 乘以式(4.6.3)，ψ 乘以式(4.6.3)的共轭复式，然后将两式相减，于是便有

$$\frac{\partial\rho}{\partial t} + \nabla \cdot \boldsymbol{j} = 0 \tag{4.6.11}$$

其中 ρ 与 $\boldsymbol{j}$ 分别由式(4.6.10)与式(4.6.9)所定义。式(4.6.11)表明 Klein-Gordon 方程满足概率流连续方程。

对于电磁场中的带电粒子，设粒子的电荷为 q，电磁场的磁矢势与电标势分别为 $\boldsymbol{A}$ 与 Ve，在这种情况下 Hamilton 函数与动量的关系为

$$(H - qVe)^2 = c^2(\boldsymbol{p} - q\boldsymbol{A})^2 + m_0^2 c^4 \tag{4.6.12}$$

作通常的代换

$$H \to \mathrm{i}\hbar\frac{\partial}{\partial t}, \quad \boldsymbol{p} \to -\mathrm{i}\hbar\nabla \tag{4.6.13}$$

于是电磁场中带电粒子的 Klein-Gordon 方程为

$$\left(\mathrm{i}\hbar\frac{\partial}{\partial t} - qVe\right)^2 \psi = [c^2(-\mathrm{i}\hbar\nabla - q\boldsymbol{A})^2 + m_0^2 c^4]\psi \tag{4.6.14}$$

另外，也容易证明在非相对论的极限情况下，Klein-Gordon 方程可以过渡到 Schrödinger 方程。此外，借助于波动方程

$$\frac{1}{c^2}\frac{\partial^2\psi}{\partial t^2} - \nabla^2\psi = 0 \tag{4.6.15}$$

关于 Lorentz 变换下的不变性便可以推出 Klein-Gordon 方程在 Lorentz 变换下也具有不变性。

1935 年 Yukawa 提出的有关核力的理论可以作为 Klein-Gordon 场方程应用的一个范例。借助于有源项的 Klein-Gordon 方程，即

$$(\square - \chi^2)\psi = -4\pi G(\boldsymbol{r}, t) \tag{4.6.16}$$

Yukawa 预言了“介子”的存在。1947 年 Powel 在宇宙线中发现了 Yukawa 所预言

的粒子，并命名为 π 介子。在式(4.6.16)中 $G(\boldsymbol{r},t)$ 为核子场源，χ定义为

$$\chi \equiv \frac{mc}{\hbar} \tag{4.6.17}$$

现在看来，自旋为 $\hbar$ 整数倍的 Bose 子满足 Klein-Gordon 方程，关于 Bose 子的相关内容可参见文献[19]，这里因篇幅所限不作赘述。

4.7　Fermi 子以及 Dirac 方程组与它的数学结构

1. Fermi 子与 Bose 子

实验指出，自然界中存在两类粒子：一类是 Fermi 子；另一类是 Bose 子。实验证明，由电子、质子、中子这些自旋为$\frac{\hbar}{2}$的粒子以及其他自旋为$\frac{\hbar}{2}$的奇数倍粒子组成的全同粒子体系，它的波函数是反对称的。这些自旋为$\frac{\hbar}{2}$奇数倍的粒子便称为 Fermi 子，在量子统计中由 Fermi 子组成的体系服从 Fermi-Dirac 统计；由光子、介子等自旋为 $\hbar$ 的偶数倍的粒子组成的全同粒子体系，它的波函数是对称的。这些自旋为 $\hbar$ 偶数倍的粒子称为 Bose 子，在量子统计中由 Bose 子组成的体系服从 Bose-Einstein 统计。

2. 构造 Dirac 方程的基本思想

首先分析 Klein-Gordon 方程出现负概率的原因。由式(4.6.3)知，该方程是关于时间的二次微分，因此初始条件必须同时由 $\psi|_{t=0}$ 与 $\frac{\partial \psi}{\partial t}|_{t=0}$ 决定，而概率流守恒定律(4.6.11)是 ρ 对时间的一次微分，显然在$\frac{\partial \psi}{\partial t}|_{t=0}$任意给定的情况下，出现负概率是不可避免的。为了克服 Klein-Gordon 方程出现负概率的困难，Dirac 认为必须把方程中对时间的微商由二阶改为一阶。另外，由于方程必须具有 Lorentz 不变性，又要时、空平权，也就是说方程对空间的微商也只能是一阶的。于是 Dirac 认为，相对论波动方程仍然应具有

$$\mathrm{i}\hbar \frac{\partial \psi}{\partial t} = H\psi \tag{4.7.1}$$

的形式，但这里算符 H 只含对空间坐标的一次微商与常数项。注意到相对论中的质能关系

$$E = \sqrt{c^2 p^2 + m^2 c^4} \tag{4.7.2}$$

但将相应的量改成算符时，式(4.7.2)的右端虽是非线性的但仍然将它写成 $c\boldsymbol{\alpha} \cdot \boldsymbol{p}$

$+\boldsymbol{\beta}mc^2$ 的形式,这里 $\boldsymbol{\alpha}$ 和 $\boldsymbol{\beta}$ 均与坐标、动量无关,于是有

$$H = c\boldsymbol{\alpha}\cdot\boldsymbol{p} + \boldsymbol{\beta}mc^2 = -\mathrm{i}\hbar c\boldsymbol{\alpha}\cdot\nabla + \boldsymbol{\beta}mc^2 \tag{4.7.3}$$

代入式(4.7.1)后,得

$$\mathrm{i}\hbar\frac{\partial\psi}{\partial t} = H\psi = (-\mathrm{i}\hbar c\boldsymbol{\alpha}\cdot\nabla + \boldsymbol{\beta}mc^2)\psi \tag{4.7.4}$$

这里 $\boldsymbol{\alpha}$ 与 $\boldsymbol{\beta}$ 应该都是算符,否则式(4.7.4)便无法满足 Lorentz 不变性。由于 $\boldsymbol{\alpha}$ 与 $\boldsymbol{\beta}$ 均为算符,也就是说它们可以用矩阵表示,于是由式(4.7.4)可知这时 $\boldsymbol{\psi}$ 不能再是个标量函数,而是个列矩阵,即

$$\boldsymbol{\psi}(\boldsymbol{r},t) = [\psi_1(\boldsymbol{r},t), \psi_2(\boldsymbol{r},t), \cdots, \psi_N(\boldsymbol{r},t)]^{\mathrm{T}} \tag{4.7.5}$$

称这里 $\boldsymbol{\psi}(\boldsymbol{r},t)$ 为旋量波函数。为保证概率密度正定,则概率密度的形式必然是

$$\rho(\boldsymbol{r},t) = \boldsymbol{\psi}^{+}\cdot\boldsymbol{\psi} = [\psi_1^*, \psi_2^*, \cdots, \psi_N^*]\begin{bmatrix}\psi_1\\ \psi_2\\ \vdots\\ \psi_N\end{bmatrix} = \sum_{i=1}^{N}\psi_i^*\psi_i \tag{4.7.6}$$

因 $\boldsymbol{\psi}$ 有 N 个分量,因此 $\boldsymbol{\alpha}$ 与 $\boldsymbol{\beta}$ 必然是 $N\times N$ 的方矩阵。在 Minkowski 空间中引入四维坐标,令

$$x^{\mu} \equiv (x^0, x^1, x^2, x^3) \equiv (ct, x, y, z) \tag{4.7.7}$$

$$x_{\mu} \equiv (x_0, x_1, x_2, x_3) \equiv (ct, -x, -y, -z) \tag{4.7.8}$$

注意到相对论的四维不变线元是

$$\mathrm{d}x^{\mu}\mathrm{d}x_{\mu} = g_{\mu v}\mathrm{d}x^{\mu}\mathrm{d}x^{v} \tag{4.7.9}$$

$$g_{\mu v} = \mathrm{diag}(1, -1, -1, -1) = g^{\mu v} \tag{4.7.10}$$

显然,式(4.7.4)的第 v 分量的方程为

$$\begin{aligned}\mathrm{i}\hbar\frac{\partial\psi_v}{\partial t} &= -\mathrm{i}\hbar c\sum_{\mu=1}^{N}\left(\alpha_1\frac{\partial}{\partial x^1} + \alpha_2\frac{\partial}{\partial x^2} + \alpha_3\frac{\partial}{\partial x^3}\right)_{v\mu}\psi_{\mu} + mc^2\sum_{\mu=1}^{N}(\beta_{v\mu}\psi_{\mu})\\ &= \sum_{\mu=1}^{N}(H_{v\mu}\psi_{\mu}) \quad (v = 1, 2, \cdots, N)\end{aligned} \tag{4.7.11}$$

注意到算符 $\boldsymbol{\alpha}$ 与 $\boldsymbol{\beta}$ 必须满足如下三个条件:

(1) 能给出正确的质能关系,即式(4.7.2)。

(2) 算符 H 应为 Hermite 算符。

(3) 应使式(4.7.4)具有 Lorentz 不变性。

借助于上述三个条件,容易推出 $\boldsymbol{\alpha}_i$ 与 $\boldsymbol{\beta}$ 必须满足如下关系:

$$\boldsymbol{\alpha}_i\cdot\boldsymbol{\alpha}_j + \boldsymbol{\alpha}_j\cdot\boldsymbol{\alpha}_i = 2\delta_{ij}\boldsymbol{I} \tag{4.7.12a}$$

$$\boldsymbol{\alpha}_i\cdot\boldsymbol{\beta} + \boldsymbol{\beta}\cdot\boldsymbol{\alpha}_i = 0 \tag{4.7.12b}$$

$$\alpha_i^2 = \boldsymbol{I}, \quad \beta^2 = \boldsymbol{I} \tag{4.7.12c}$$

$$\boldsymbol{\alpha}_i^{+} = \boldsymbol{\alpha}_i, \quad \boldsymbol{\beta}^{+} = \boldsymbol{\beta} \tag{4.7.12d}$$

$$\mathrm{tr}\boldsymbol{\alpha}_i = 0,\quad \mathrm{tr}\boldsymbol{\beta} = 0 \tag{4.7.12e}$$

引进 Pauli 矩阵 $\boldsymbol{\sigma}$ 与单位矩阵 $\boldsymbol{I}$，于是在 Dirac-Pauli 表象下，算符 $\boldsymbol{\alpha}$ 与 $\boldsymbol{\beta}$ 的矩阵表示为

$$\boldsymbol{\alpha} = \begin{bmatrix} 0 & \boldsymbol{\sigma} \\ \boldsymbol{\sigma} & 0 \end{bmatrix},\quad \boldsymbol{\alpha}_i = \begin{bmatrix} 0 & \boldsymbol{\sigma}_i \\ \boldsymbol{\sigma}_i & 0 \end{bmatrix} \tag{4.7.13}$$

$$\boldsymbol{\beta} = \begin{bmatrix} \boldsymbol{I} & 0 \\ 0 & -\boldsymbol{I} \end{bmatrix} \tag{4.7.14}$$

式中 $\boldsymbol{\sigma}_i(i=1,2,3)$及 $\boldsymbol{I}$ 在选 σ_z 表象中分别为

$$\boldsymbol{\sigma}_1 = \begin{bmatrix} 0 & 1 \\ 1 & 0 \end{bmatrix},\qquad \boldsymbol{\sigma}_2 = \begin{bmatrix} 0 & -i \\ i & 0 \end{bmatrix}$$

$$\boldsymbol{\sigma}_3 = \begin{bmatrix} 1 & 0 \\ 0 & -1 \end{bmatrix},\quad \boldsymbol{I} = \begin{bmatrix} 1 & 0 \\ 0 & 1 \end{bmatrix} \tag{4.7.15}$$

$\boldsymbol{\sigma}_i$ 与 $\boldsymbol{\sigma}_j$ 满足

$$\boldsymbol{\sigma}_i \cdot \boldsymbol{\sigma}_j + \boldsymbol{\sigma}_j \cdot \boldsymbol{\sigma}_i = 2\delta_{ij}\boldsymbol{I} \tag{4.7.16}$$

如果 N 取为 4，则式(4.7.4)便称为 Dirac 方程。对于自由电子的 Dirac 方程，在 Dirac-Pauli 表象中，这时式(4.7.4)中的态函数是 $\boldsymbol{\psi}$ 函数空间与四维自旋空间所构成的直积空间中的矢量，其一般形式可写为一个列矩阵，即

$$\boldsymbol{\psi} = \begin{bmatrix} \psi_1 \\ \psi_2 \\ \psi_3 \\ \psi_4 \end{bmatrix} = \begin{bmatrix} \varphi_1 \\ \varphi_2 \end{bmatrix} \tag{4.7.17}$$

应说明的是，电子不是一个简单的仅具有三个自由度的粒子，它还具有自旋这个自由度，因此波函数中还应包括自旋投影这个变量(习惯上取为 S_z)，这时波函数应记为 $\boldsymbol{\psi}(\boldsymbol{r},S_z)$。引进自旋算符 $\boldsymbol{S}$，它与 Pauli 算符 $\boldsymbol{\sigma}$ 间有如下关系：

$$\boldsymbol{S} = \frac{\hbar}{2}\boldsymbol{\sigma} \tag{4.7.18}$$

$\boldsymbol{S}$ 与 $\boldsymbol{\sigma}$ 的三个分量分别满足如下对易关系：

$$[S_j, S_k] = S_jS_k - S_kS_j = \mathrm{i}\hbar\varepsilon_{jkm}S_m \tag{4.7.19}$$

$$[\sigma_j, \sigma_k] = \sigma_j\sigma_k - \sigma_k\sigma_j = 2\mathrm{i}\varepsilon_{jkm}\sigma_m \tag{4.7.20}$$

$$\sigma_j\sigma_k + \sigma_k\sigma_j = 0 \tag{4.7.21}$$

$$\sigma_x^2 = 1,\quad \sigma_y^2 = 1,\quad \sigma_z^2 = 1 \tag{4.7.22}$$

注意到式(4.7.21)，于是便得到 $\boldsymbol{\sigma}$ 的三个分量彼此反对易，有

$$\begin{cases} \sigma_x\sigma_y = -\sigma_y\sigma_x = \mathrm{i}\sigma_z \\ \sigma_y\sigma_z = -\sigma_z\sigma_y = \mathrm{i}\sigma_x \\ \sigma_z\sigma_x = -\sigma_x\sigma_z = \mathrm{i}\sigma_y \end{cases} \tag{4.7.23}$$

注意式(4.7.22)与式(4.7.23)刻画了 Pauli 算符 $\boldsymbol{\sigma}$ 的代数性质，而当选定一个表象后便可写成矩阵形式。习惯上选 σ_z 表象，即 σ_z 对角化的表象。于是在 σ_z 表象中，式(4.7.15)便是算符 $\boldsymbol{\sigma}$ 在这一表象中的矩阵形式，它常称为 Pauli 矩阵。

3. Dirac 方程组的数学结构

令矩阵 $\boldsymbol{A}_j\,(j=1,2,3)$ 及 $\boldsymbol{B}$ 均为无量纲的四阶方阵，在 Dirac-Pauli 表象中其表达式分别为

$$\boldsymbol{A}_1=\begin{bmatrix}0 & \boldsymbol{\sigma}_1\\ \boldsymbol{\sigma}_1 & 0\end{bmatrix},\quad \boldsymbol{A}_2=\begin{bmatrix}0 & \boldsymbol{\sigma}_2\\ \boldsymbol{\sigma}_2 & 0\end{bmatrix} \tag{4.7.24a}$$

$$\boldsymbol{A}_3=\begin{bmatrix}0 & \boldsymbol{\sigma}_3\\ \boldsymbol{\sigma}_3 & 0\end{bmatrix}\quad 或者\quad \boldsymbol{A}_j=\begin{bmatrix}0 & \boldsymbol{\sigma}_j\\ \boldsymbol{\sigma}_j & 0\end{bmatrix}\qquad (j=1,2,3) \tag{4.7.24b}$$

$$\boldsymbol{B}=\begin{bmatrix}\boldsymbol{I} & 0\\ 0 & -\boldsymbol{I}\end{bmatrix} \tag{4.7.24c}$$

式中 $\boldsymbol{\sigma}_1$、$\boldsymbol{\sigma}_2$、$\boldsymbol{\sigma}_3$ 以及 $\boldsymbol{I}$ 均由式(4.7.15)给出。借助上面几个表达式，则式(4.7.4)便可写为

$$\frac{1}{c}\frac{\partial \boldsymbol{\psi}}{\partial t}+\sum_{j=1}^{3}\boldsymbol{A}_j\cdot\frac{\partial \boldsymbol{\psi}}{\partial x_j}+\frac{\mathrm{i}mc}{\hbar}\boldsymbol{B}\cdot\boldsymbol{\psi}=0 \tag{4.7.25}$$

式中 $\boldsymbol{\psi}$ 由式(4.7.17)定义并用黑体给出，之所以这样做是为使式(4.7.25)的表达更严谨。这里 $\boldsymbol{\psi}$ 为复值的未知向量函数，系数矩阵 $\boldsymbol{A}_j\,(j=1\sim3)$ 均为 Hermite 阵，$\frac{\partial \boldsymbol{\psi}}{\partial t}$ 的系数阵 $\frac{1}{c}\boldsymbol{I}$ 为实对称正定阵。这种形式的一阶偏微分方程组称为一阶 Hermite 双曲型偏微分方程组，其性质与一阶对称双曲型偏微分方程组几乎完全一样，其定解问题的提法也与一阶对称双曲型方程组一致，这里不再赘述。

4. Dirac 方程的协变形式

由式(4.7.4)出发，方程两边同乘以 $\frac{\beta}{c}$ 后，得

$$\left[\beta\mathrm{i}\hbar\frac{\partial}{\partial(ct)}+\sum_{k=1}^{3}\beta\mathrm{i}\alpha_k\hbar\frac{\partial}{\partial x^k}-mc\right]\psi=0 \tag{4.7.26}$$

式中 x^μ 满足式(4.7.7)。为书写简洁起见，定义符号 γ^μ，并且不再用黑体，于是有

$$\gamma^\mu\equiv(\gamma^0,\gamma^1,\gamma^2,\gamma^3)\equiv(\gamma^0,\boldsymbol{\gamma}) \tag{4.7.27a}$$

其中

$$\gamma^0=\beta,\quad \boldsymbol{\gamma}=\beta\boldsymbol{\alpha},\quad \gamma^i=\beta\alpha_i\quad (i=1,2,3) \tag{4.7.27b}$$

于是式(4.7.26)变为

$$\mathrm{i}\hbar\left(\gamma^0\frac{\partial}{\partial x^0}+\gamma^1\frac{\partial}{\partial x^2}+\gamma^2\frac{\partial}{\partial x^2}+\gamma^3\frac{\partial}{\partial x^3}\right)\psi-mc\psi=0 \tag{4.7.28}$$

按照式(4.7.27a)与式(4.7.27b)，则 $\gamma^\mu(\mu=0,1,2,3)$ 是 4×4 的矩阵，借助于式(4.7.12a)、式(4.7.12b)以及式(4.7.12c)，便有

$$\gamma^\mu\gamma^\alpha+\gamma^\alpha\gamma^\mu=2g^{\mu\alpha} \tag{4.7.29}$$

而且 $\gamma^i(i=1\sim3)$ 为幺正矩阵

$$(\gamma^i)^+=(\gamma^i)^{-1} \tag{4.7.30}$$

并且是反 Hermite 阵

$$(\gamma^i)^+=-\gamma^i\quad(i=1,2,3) \tag{4.7.31}$$

但 γ^0 矩阵为 Hermite 阵

$$(\gamma^0)^+=\gamma^0 \tag{4.7.32}$$

而且满足

$$(\gamma^0)^2=1 \tag{4.7.33}$$

由式(4.7.27a)与式(4.7.27b)，则得 γ^μ 矩阵的表达形式为

$$\gamma^i=\begin{bmatrix}0 & \sigma^i\\ -\sigma^i & 0\end{bmatrix},\quad \gamma^0=\begin{bmatrix}I & 0\\ 0 & -I\end{bmatrix} \tag{4.7.34}$$

引入相同指标求和的 Einstein 规约，即

$$\gamma^\mu\frac{\partial}{\partial x^\mu}\equiv\gamma^0\frac{\partial}{\partial x^0}+\gamma^1\frac{\partial}{\partial x^1}+\gamma^2\frac{\partial}{\partial x^2}+\gamma^3\frac{\partial}{\partial x^3} \tag{4.7.35}$$

于是式(4.7.28)可写为协变形式：

$$\left(\frac{\hbar}{i}\gamma^\mu\frac{\partial}{\partial x^\mu}+p_m\right)\psi=0 \tag{4.7.36}$$

其中

$$p_m\equiv mc;\quad x^\mu\equiv\{x^0,x^1,x^2,x^3\}=\{ct,x,y,z\}=\{ct,\boldsymbol{r}\}$$

容易证明 Dirac 方程(4.7.36)在 Lorentz 变换下具有不变性。

4.8　带电粒子在电磁场中的运动以及 Pauli 方程

1. 不考虑自旋时电磁场中带电粒子的 Schrödinger 方程

在经典电动力学中，一个质量为 m，带电荷为 q 的粒子在电磁场以及有心力场中运动时其 Hamilton 函数为

$$H=\frac{1}{2m}(\boldsymbol{p}-q\boldsymbol{A})^2+q\varphi+U(\boldsymbol{r}) \tag{4.8.1}$$

在量子力学中，将经典的 Hamilton 中的 $\boldsymbol{p}$ 改为算符 $\hat{p}=-\mathrm{i}\hbar\nabla$，于是式(4.8.1)变为

$$\hat{H}=\frac{1}{2m}(\hat{p}-q\boldsymbol{A})^2+q\varphi+U(\boldsymbol{r}) \tag{4.8.2}$$

式中：$\boldsymbol{A}$ 与 φ 分别为电磁场的磁矢势与电标势。相应的 Schrödinger 方程为

$$\mathrm{i}\hbar\frac{\partial\psi}{\partial t}=\left[\frac{1}{2m}(\hat{p}-q\boldsymbol{A})^2+q\varphi+U(\boldsymbol{r})\right]\psi \tag{4.8.3}$$

注意到一般 $\hat{p}$ 与 $\boldsymbol{A}$ 不对易，于是有

$$\hat{p}\cdot\boldsymbol{A}-\boldsymbol{A}\cdot\hat{p}=-\mathrm{i}\hbar\nabla\cdot\boldsymbol{A} \tag{4.8.4}$$

借助于式(4.8.4)，则式(4.8.2)变为

$$\hat{H}=-\frac{\hbar}{2m}\nabla^2+\frac{\mathrm{i}q\hbar}{m}\boldsymbol{A}\cdot\nabla+\frac{\mathrm{i}q\hbar}{2m}\nabla\cdot\boldsymbol{A}+\frac{q^2A^2}{2m}+q\varphi+U(\boldsymbol{r}) \tag{4.8.5}$$

相应的 Schrödinger 方程为

$$\mathrm{i}\hbar\frac{\partial}{\partial t}\psi=\left(-\frac{\hbar^2}{2m}\nabla^2+\frac{\mathrm{i}q\hbar}{m}\boldsymbol{A}\cdot\nabla+\frac{\mathrm{i}q\hbar}{2m}\nabla\cdot\boldsymbol{A}+\frac{q^2A^2}{2m}+q\varphi+U(\boldsymbol{r})\right)\psi \tag{4.8.6}$$

2. Pauli 方程

设 $\boldsymbol{E}$ 与 $\boldsymbol{B}$ 分别是电场强度与磁感应强度，一个质量为 m、电荷为 q 的电子在电磁场中运动，今考虑电子的自旋。自旋是表征微观粒子内禀属性的量，它不能用坐标、动量、时间等变量表示；它完全是一种量子效应，没有经典的对应量(也就是说，当 $\hbar\to0$ 时，自旋效应消失)；它是角动量，满足角动量算符的最一般对易关系，即

$$\hat{L}\times\hat{L}=\mathrm{i}\hbar\hat{L} \tag{4.8.7}$$

式中：L 为角动量；$\hat{L}$ 为角动量算符。在量子力学中，千万不可误认为角动量就是 $\boldsymbol{r}\times\boldsymbol{p}$，其实 $\boldsymbol{r}\times\boldsymbol{p}$ 只是轨道角动量，它仅是角动量的一种。注意在量子力学中，角动量的定义是通过对易子给出的。按定义，凡满足对易关系(4.8.7)的算符都称为角动量，因此自旋算符 $\hat{S}$ 也必须满足

$$\hat{S}\times\hat{S}=\mathrm{i}\hbar\hat{S} \tag{4.8.8}$$

其分量形式已由式(4.7.19)给出。Uhlenbeck 与 Goudsmit 认为：①每个电子都具有自旋角动量 $\boldsymbol{S}$，并且 $\boldsymbol{S}$ 在空间任意方向上的投影只能取两个；②每个电子具有自旋磁矩 $\boldsymbol{M}_{\mathrm{s}}$。例如，$z$ 方向的自旋角动量为

$$S_z=\pm\frac{\hbar}{2} \tag{4.8.9}$$

自旋磁矩为

$$\boldsymbol{M}_{\mathrm{s}}=-\frac{q}{m}\boldsymbol{S} \tag{4.8.10}$$

必须指出的是，电子自旋及其相应的自旋磁矩是电子本身的内禀属性，它的存在标志着电子还有一个新的自由度即自旋变量的存在，因此包含自旋在内的电子波函数应表示为

$$\boldsymbol{\psi}=\begin{bmatrix}\psi_1(\boldsymbol{r},t)\\ \psi_2(\boldsymbol{r},t)\end{bmatrix} \tag{4.8.11}$$

其中

$$\psi_1(\boldsymbol{r},t)=\psi\left(\boldsymbol{r},\frac{\hbar}{2},t\right) \tag{4.8.12}$$

$$\psi_2(\boldsymbol{r},t)=\psi\left(\boldsymbol{r},-\frac{\hbar}{2},t\right) \tag{4.8.13}$$

电子波函数(4.8.11)的归一化必须同时对空间和对自旋求和,即

$$\int\boldsymbol{\psi}^{+}\cdot\boldsymbol{\psi}\mathrm{d}\boldsymbol{r}=\int[\psi_1^*,\psi_2^*]\begin{bmatrix}\psi_1\\ \psi_2\end{bmatrix}\mathrm{d}\boldsymbol{r}=\int(|\psi_1|^2+|\psi_2|^2)\mathrm{d}\boldsymbol{r}=1 \tag{4.8.14}$$

由 $\boldsymbol{\psi}$ 所给出的概率密度

$$\boldsymbol{\psi}^{+}\cdot\boldsymbol{\psi}=|\psi_1|^2+|\psi_2|^2 \tag{4.8.15}$$

表示在 t 时刻,在(x,y,z)点周围单位体积内找到电子的概率。其中$|\psi_1|^2$与$|\psi_2|^2$分别表示在(x,y,z)点周围单位体积内找到自旋 $S_z=\frac{\hbar}{2}$ 与自旋 $S_z=-\frac{\hbar}{2}$ 的电子概率。另外,由于电子的自旋磁矩 $\boldsymbol{M}$ 的存在,所以在外磁场中的势能为

$$U'=-\boldsymbol{M}\cdot\boldsymbol{B}=\frac{q\hbar}{2m}(\boldsymbol{\sigma}\cdot\boldsymbol{B}) \tag{4.8.16}$$

其中

$$\boldsymbol{M}=-\frac{q}{m}\boldsymbol{S}=-\frac{q\hbar}{2m}\boldsymbol{\sigma} \tag{4.8.17}$$

这里 $\boldsymbol{\sigma}$ 为 Pauli 算符,它与自旋角动量算符 $\boldsymbol{S}$ 间的关系已由式(4.7.18)给出;在式(4.8.16)中,$\boldsymbol{B}$ 为外电磁场的磁感应强度。因此考虑自旋后电子的 Hamilton 算符 $\hat{H}$ 为

$$\begin{aligned}\hat{H}&=\frac{1}{2m}(\hat{\boldsymbol{p}}-q\boldsymbol{A})^2+q\varphi+U(\boldsymbol{r})+U'\\ &=\frac{1}{2m}(\hat{\boldsymbol{p}}=-q\boldsymbol{A})^2+q\varphi+U(\boldsymbol{r})+\frac{q\hbar}{2m}(\boldsymbol{\sigma}\cdot\boldsymbol{B})\\ &=\hat{H}_0+\frac{q\hbar}{2m}(\boldsymbol{\sigma}\cdot\boldsymbol{B})\end{aligned} \tag{4.8.18}$$

式中:$\hat{H}_0$ 为不考虑电子自旋时的 Hamilton 算符,其表达式为

$$\hat{H}_0=\frac{1}{2m}(\hat{\boldsymbol{p}}-q\boldsymbol{A})^2+q\varphi+U(\boldsymbol{r}) \tag{4.8.19}$$

于是,考虑电子自旋时的波函数方程为

$$\mathrm{i}\hbar\frac{\partial\boldsymbol{\psi}}{\partial t}=\left(\hat{H}_0+\frac{q\hbar}{2m}\boldsymbol{\sigma}\cdot\boldsymbol{B}\right)\boldsymbol{\psi} \tag{4.8.20}$$

注意，在式(4.8.20)中的 $\boldsymbol{\psi}$ 应由式(4.8.11)定义。式(4.8.20)称为 Pauli 方程，它实际上是由两个方程组成。如果按式(4.8.21)和式(4.8.22)分别定义概率密度 ρ 与概率流密度矢量 $\boldsymbol{J}$，并采用如下量子力学中的习惯性写法：

$$\rho = \psi^{+} \psi \tag{4.8.21}$$

$$\boldsymbol{J} = \frac{\mathrm{i}\hbar}{2m}\left[(\nabla\psi^{+})\psi - \psi^{+}\nabla\psi\right] - \frac{q}{m}\mathbf{A}\psi^{+}\psi \tag{4.8.22}$$

式中 ψ 的定义同式(4.8.11)中的 $\boldsymbol{\psi}$，则可以证明：借助于式(4.8.20)能够推出概率流守恒方程，即

$$\frac{\partial\rho}{\partial t} + \nabla\cdot\boldsymbol{J} = 0 \tag{4.8.23}$$

4.9 散射理论的基本方程以及 *T* 矩阵与 *S* 矩阵

1. 微分散射截面以及散射振幅

散射现象常在自然界中发生，也可以人为地在实验室中实现。散射实验在近代物理学的发展中起着特别重要的作用。从量子力学理论的角度看，散射态是一种非束缚态，涉及体系能谱的连续区部分，人们可以自由地控制入射粒子的能量，这与处理束缚态的着眼点有所不同。束缚态理论的兴趣在于求体系的分立的能量本征值与本征态，以及在外界作用下它们之间的量子跃迁概率；在实验上则主要是通过光谱线的波长(频率)以及谱线强度的观测来获取有关的信息。在散射问题中，人们感兴趣的不是能量本征值而是散射粒子的角分布以及散射过程中粒子各种性质的变化。由于角分布等的实验观测都是在离开靶子“很远”的地方($r\gg\lambda$，这里 λ 是入射粒子波长)进行的，所以散射理论的兴趣在于研究波函数在 $r\to\infty$ 处的渐近行为。另外，在微观物理学中，人们主要通过各种类型的散射(如弹性、非弹性、反应)实验去研究粒子之间的相互作用以及它们的内部结构。

在经典力学中，弹性散射是按照粒子在散射过程中同时满足动量守恒与能量守恒来定义的。在量子力学中，一般说来除非完全略去粒子之间的相互作用能，否则动量将不守恒。动量算符 $\hat{p}$ 与势能算符 $U(\boldsymbol{r})$ 不对易，动量不是守恒量。因此在量子力学中，不可能按经典力学的方式定义弹性散射。散射的物理过程是，一束入射粒子束沿一定方向行进，受到另一靶粒子的作用，使入射束偏离原运动方向的现象。通常将散射分为两类：①弹性散射。入射粒子和靶粒子在散射过程中不发生内部运动状态的改变，仅有入射粒子与靶粒子之间发生的动量交换(转移)。②非弹性散射。在散射过程中入射粒子或靶粒子的内部运动状态有改变(如原子被激发或电离)。

引进入射粒子数 $\mathrm{d}N$ 以及微分散射截面 $\sigma(\theta,\varphi)$ 的概念，便有如下关系式：

$$dN = \sigma(\theta,\varphi) N d\Omega \tag{4.9.1}$$

$$\sigma(\theta,\varphi) = \frac{dN}{N d\Omega} \tag{4.9.2}$$

式中：N 为入射粒子流强度[它是单位时间内通过垂直于 z 轴(见图 4.1)的单位面积上的粒子数]；$d\Omega$ 为立体角；$\sigma(\theta,\varphi)$ 表示一个入射粒子被散射到(θ,φ)附近立体角中的概率。因此散射理论的核心问题之一是确定 $\sigma(\theta,\varphi)$的值。

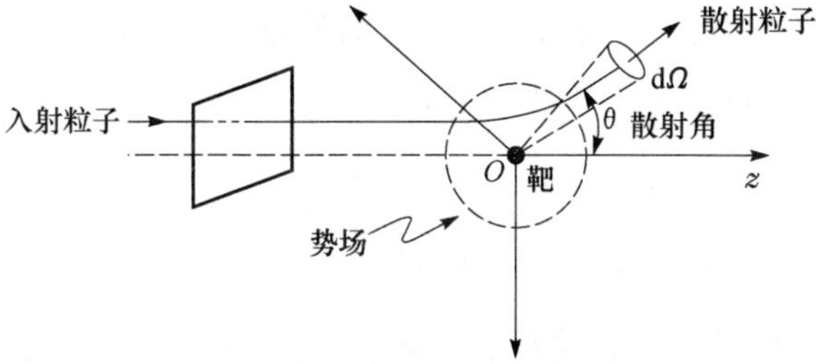

图 4.1　散射过程示意图

在经典力学中，粒子具有确定的轨道，所以碰撞参量 $b=b(\theta)$可求出，并注意到

$$\sigma(\theta) d\Omega = \sigma(\theta) \sin\theta d\theta d\varphi = b|db|d\varphi \tag{4.9.3}$$

它给出 $b(\theta)$与 $\sigma(\theta)$间的关系。将式(4.9.3)适当变形后再作如下积分：

$$\int_0^{2\pi}\int_0^{\pi} \sigma(\theta) \sin\theta d\theta d\varphi = \int_0^{2\pi}\int_0^{b} b db d\varphi = \pi b^2 \tag{4.9.4}$$

式(4.9.4)给出积分散射截面的值；式中 b 为碰撞参量，如图 4.2 所示。在量子力学中，粒子是波粒二象性的，由测不准原理，所以要么确定位置(在坐标表象中)，要么确定动量(在动量表象中)，而散射问题是自由态运动可以借助于 Schrödinger 方程来求得散射截面。

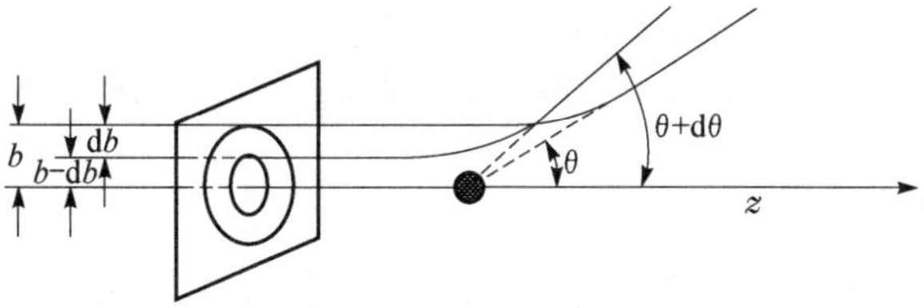

图 4.2　散射截面示意图

在辏力场 $U(r)$中，取质心坐标系，相对运动的定态 Schrödinger 方程为

$$-\frac{\hbar^2}{2m} \nabla^2 \psi(\boldsymbol{r}) + U(\boldsymbol{r})\psi(\boldsymbol{r}) = E\psi(\boldsymbol{r}) \tag{4.9.5}$$

引入

$$k^2 = \frac{2mE}{\hbar^2} = \frac{p^2}{\hbar^2}, \quad V(\boldsymbol{r}) = \frac{2m}{\hbar^2} U(\boldsymbol{r}) \tag{4.9.6}$$

于是式(4.9.5)变为

$$\nabla^2\psi+(k^2-V(\boldsymbol{r}))\psi=0 \tag{4.9.7}$$

设入射粒子流的方向为 z,沿 z 方向行进的平面入射波为

$$\psi_1=A\mathrm{e}^{ikz} \tag{4.9.8}$$

式中:A 为振幅。粒子进入势场,经散射中心散射后,波函数会发生变化。在远离散射中心处,粒子间的相互作用可略去,而且当 $r\to\infty$ 时 $V(\boldsymbol{r})\to 0$,因此在 $r\to\infty$ 处波函数可由两个部分组成:一部分仍沿 z 方向的透射波 ψ_1,另一部分是散射波 ψ_2。可以证明,在 $r\to\infty$ 时,ψ_2 具有如下形式:

$$\psi_2=f(\theta,\varphi)\frac{\mathrm{e}^{ikr}}{r} \tag{4.9.9}$$

显然,入射粒子流的概率密度(沿 z 方向)为

$$J_z=\frac{\mathrm{i}\hbar}{2m}\left(\psi_1\frac{\partial\psi_1^*}{\partial z}-\psi_1^*\frac{\partial\psi_1}{\partial z}\right)=\frac{k\hbar}{m}|A|^2=v|A|^2=N,\quad v=\frac{k\hbar}{m} \tag{4.9.10}$$

散射粒子流的概率密度为

$$J_r=\frac{\mathrm{i}\hbar}{2m}\left(\psi_2\frac{\partial\psi_2^*}{\partial r}-\psi_2^*\frac{\partial\psi_2}{\partial r}\right)=\frac{\hbar k}{r^2m}|A|^2|f(\theta,\varphi)|^2=\frac{v}{r^2}|A|^2|f(\theta,\varphi)|^2 \tag{4.9.11}$$

注意到

$$\begin{cases}\mathrm{d}N=J_r\mathrm{d}S\\ \mathrm{d}\Omega=\dfrac{\mathrm{d}S}{r^2}\end{cases} \tag{4.9.12}$$

借助于式(4.9.12)、式(4.9.11)以及式(4.9.2)便可得到

$$\sigma(\theta,\varphi)=|f(\theta,\varphi)|^2 \tag{4.9.13}$$

式中:$f(\theta,\varphi)$为散射振幅;$\sigma(\theta,\varphi)$为微分散射截面。

2. Lippmann-Schwinger 方程

正如式(4.9.7)给出的,粒子被势场 $U(\boldsymbol{r})$的散射可以归结为求解如下形式的 Schrödinger 方程:

$$(\nabla^2+k^2)\psi(\boldsymbol{r})=V(\boldsymbol{r})\psi(\boldsymbol{r}) \tag{4.9.14}$$

由微分方程的理论可知:式(4.9.14)的通解可以通过式(4.9.14)的一个特解与齐次方程[即式(4.9.15)]的通解叠加得到。式(4.9.15)的齐次方程为

$$(\nabla^2+k^2)\psi^{(0)}(\boldsymbol{r})=0 \tag{4.9.15}$$

而式(4.9.14)的一个特解可以通过求解式(4.9.16)的 Green 函数 $G(\boldsymbol{r},\boldsymbol{r}')$得到,即

$$(\nabla^2+k^2)G(\boldsymbol{r},\boldsymbol{r}')=\delta(\boldsymbol{r}-\boldsymbol{r}') \tag{4.9.16}$$

可以证明

$$\psi_S(\boldsymbol{r}) = \int G(\boldsymbol{r},\boldsymbol{r}')V(\boldsymbol{r}')\psi(\boldsymbol{r}')\mathrm{d}\boldsymbol{r}'$$
$$= -\frac{1}{4\pi}\int \frac{\exp(\mathrm{i}k|\boldsymbol{r}-\boldsymbol{r}'|)}{|\boldsymbol{r}-\boldsymbol{r}'|}V(\boldsymbol{r}')\psi(\boldsymbol{r}')\mathrm{d}\boldsymbol{r}' \tag{4.9.17}$$

满足式(4.9.14)。设粒子以动量 $\hbar\boldsymbol{k}$ 入射，入射波为 $\exp(\mathrm{i}\boldsymbol{k}\cdot\boldsymbol{r})$，因此式(4.9.14)的通解为

$$\psi(\boldsymbol{r}) = \psi^{(0)}(\boldsymbol{r}) + \psi_S(\boldsymbol{r})$$
$$= \exp(\mathrm{i}\boldsymbol{k}\cdot\boldsymbol{r}) - \frac{1}{4\pi}\int \frac{\exp(\mathrm{i}k|\boldsymbol{r}-\boldsymbol{r}'|)}{|\boldsymbol{r}-\boldsymbol{r}'|}V(\boldsymbol{r}')\psi(\boldsymbol{r}')\mathrm{d}\boldsymbol{r}' \tag{4.9.18}$$

它是关于 ψ 的积分方程，是 Lippmann-Schwinger 方程的一种具体表示。这种形式的方程便于迭代，这时可以写为

$$\psi(\boldsymbol{r}) = \exp(\mathrm{i}\boldsymbol{k}\cdot\boldsymbol{r}) + \sum_{v=1}^{\infty}\psi_S^{(v)}(\boldsymbol{r}) \tag{4.9.19a}$$

$$\psi_S^{(v)}(\boldsymbol{r}) = -\frac{1}{4\pi}\int \frac{\exp(\mathrm{i}k|\boldsymbol{r}-\boldsymbol{r}'|)}{|\boldsymbol{r}-\boldsymbol{r}'|}V(\boldsymbol{r}')\psi^{(v-1)}(\boldsymbol{r}')\mathrm{d}\boldsymbol{r}' \quad (v=2,3,\cdots) \tag{4.9.19b}$$

式(4.9.19a)每项都具有简单的意义：它右端第一项为入射波；$\psi_S^{(1)}(\boldsymbol{r})$是波源 $V\exp(\mathrm{i}\boldsymbol{k}\cdot\boldsymbol{r})$发出的散射波，它表示势场作用在入射波上引起的散射，常称为直接散射或一次散射；式(4.9.19b)表示，当 $v\geqslant 2$ 时，$\psi_S^{(v)}$ 是波源 $V\psi_S^{(v-1)}$ 发出的散射波，因此表示势场作用在 $\psi_S^{(v-1)}$ 上引起的散射。数值分析表明：要使级数式(4.9.19a)很快收敛，则 $\psi_S^{(v)}$ 必须随 v 的增加而迅速减小。由递推关系式(4.9.19b)可知，这就要求引起散射的势场 $U(\boldsymbol{r})$要弱。如果令

$$R = |\boldsymbol{r}-\boldsymbol{r}'| \tag{4.9.20}$$

于是式(4.9.18)又可写为

$$\psi(\boldsymbol{r}) = \exp(\mathrm{i}\boldsymbol{k}\cdot\boldsymbol{r}) - \frac{1}{4\pi}\int \frac{1}{R}\exp(\mathrm{i}kR)V(\boldsymbol{r}')\psi(\boldsymbol{r}')\mathrm{d}\boldsymbol{r}' \tag{4.9.21}$$

为了给出 Lippmann-Schwinger 方程的一般形式，设体系的 Hamilton 量为

$$H = H_0 + U \tag{4.9.22}$$

这里 H_0 可以只含动能项，也可以包含某些相互作用，但 H_0 的本征值 E_n 与本征函数 ψ_n 是已知的。将 H 的本征函数 ψ 用 H_0 的本征函数 ψ_n 展开为

$$\psi(t) = \sum c_n(t)\exp\left(-\frac{\mathrm{i}}{\hbar}E_n t\right)\psi_n \tag{4.9.23}$$

其中 H_0 与本征函数 ψ_n 之间，有

$$H_0\psi_n = E_n\psi_n \tag{4.9.24}$$

将式(4.9.23)代入 Schrödinger 方程

$$\mathrm{i}\hbar\frac{\partial\psi}{\partial t}=H\psi \tag{4.9.25}$$

注意到 ψ_n 的正交归一性后，得

$$\mathrm{i}\hbar\frac{\mathrm{d}c_r}{\mathrm{d}t}=\sum_n U_{rn}c_n\exp(\mathrm{i}t\omega)_{rn} \tag{4.9.26}$$

其中

$$U_{rn}=\langle\psi_r|U|\psi_n\rangle,\quad \omega_{rn}=\frac{E_r-E_n}{\hbar} \tag{4.9.27}$$

以 s 记作入射波的状态，初始条件为

$$c_s(-\infty)=1 \tag{4.9.28}$$

$$c_r(-\infty)=0\quad(r\neq s) \tag{4.9.29}$$

由于$U(\boldsymbol{r})$不含时间 t，于是满足方程(4.9.26)以及初始条件(4.9.28)与(4.9.29)的解为

$$c_r(t)=-\frac{\mathrm{i}}{\hbar}T_{rs}\int_{t_0}^{t}\exp(\mathrm{i}t'\omega_{rs}+\alpha t')\mathrm{d}t'+\delta_{rs} \tag{4.9.30}$$

式中：α 为消除积分的本性奇点而引入的一个正数。显然，在完成式(4.9.30)的积分后，再去令 $t_0\to-\infty$，再令 $\alpha\to0$，以此保证积分的收敛。在完成式(4.9.30)的积分后并令 $t_0\to-\infty$，得

$$c_r(t)=\frac{T_{rs}\exp(\mathrm{i}t\omega_{rs}+\alpha t)}{\hbar(-\omega_{rs}+\mathrm{i}\alpha)}+\delta_{rs} \tag{4.9.31}$$

将式(4.9.30)代入式(4.9.26)并令 $\alpha t\to0$，便得到 $\boldsymbol{T}$ 矩阵的矩阵元

$$T_{rs}=\frac{1}{\hbar}\sum_n\frac{U_{rn}T_{ns}}{-\omega_{rs}+\mathrm{i}\alpha}+U_{rs} \tag{4.9.32}$$

定义一个正频散射态$|\psi_s^{(+)}\rangle$，令

$$T_{rs}\equiv\langle\psi_r|U|\psi_s^{(+)}\rangle \tag{4.9.33}$$

将式(4.9.33)代入式(4.9.32)中，得

$$\langle\psi_r|U|\psi_s^{(+)}\rangle=\langle\psi_r|U|\psi_s\rangle+\sum_n\frac{\langle\psi_r|U|\psi_n\rangle\langle\psi_n|U|\psi_s^{(+)}\rangle}{E_s-E_n+\mathrm{i}\hbar\alpha} \tag{4.9.34}$$

注意到式(4.9.34)对所有$\langle\psi_r|$均成立，因此有

$$|\psi_s^{(+)}\rangle=|\psi_s\rangle+\frac{1}{E_s-H_0+\mathrm{i}\hbar\alpha}U|\psi_s^{(+)}\rangle \tag{4.9.35a}$$

或者

$$\psi_s^{(+)}=\psi_s+\frac{1}{E_s-H_0+\mathrm{i}\hbar\alpha}U\psi_s^{(+)} \tag{4.9.35b}$$

式(4.9.35)就是著名的 Lippmann-Schwinger 方程，它是散射理论的最基本

方程式。显然，利用式(4.9.35)求出 $\psi_s^{(+)}$ 后，便可以由式(4.9.33)求出 $\boldsymbol{T}$ 矩阵(又称跃迁矩阵)的矩阵元，进而得到 $\boldsymbol{T}$ 矩阵。

为了使散射理论的公式更具有明显的对称性，引进散射矩阵 $\boldsymbol{S}$，它与矩阵 $\boldsymbol{T}$ 间的关系为

$$S_{rq} = \delta_{rq} - 2\pi i\delta(E_r - E_q)T_{rq} \tag{4.9.36}$$

$\boldsymbol{S}$ 矩阵具有幺正性、空间转动不变性；$\boldsymbol{S}$ 矩阵对应的算符等于体系从 $t\to-\infty$ 开始，经散射后演化到 $t\to+\infty$ 的演化算符。所以，算符 $\hat{S}$ 称为幺正散射算符。它的矩阵元 S_{rq} 表示体系在 $t\to-\infty$ 时处在无微扰的本征态 ψ_q，经过散射和相互作用后，在 $t\to+\infty$ 时体系处在 ψ_r 态的概率振幅。显然，将式(4.9.36)写为算符形式，便为

$$S = 1 - 2\pi i\delta(E_r - E_q)T \tag{4.9.37}$$

这是一个非常重要的关系[26]。

为了由式(4.9.35)中求出 ψ_s^+，所以在式(4.9.35)两边乘以 $(E_s - H_0 + i\hbar\alpha)$ 并且适当整理后得到

$$(E_s - H + i\hbar\alpha)\psi_s^{(+)} = (E_s - H + i\hbar\alpha)\psi_s + U\psi_s \tag{4.9.38}$$

即

$$\psi_s^{(+)} = \psi_s + \frac{1}{E_s - H + i\hbar\alpha}U\psi_s \tag{4.9.39}$$

应特别指出的是，式(4.9.35)与式(4.9.39)之间的区别。在式(4.9.35)的分母中含 H_0，态是 ψ_s^+，这是 H 的本征态。在式(4.9.39)的分母中含 H，态是 ψ_s，这是 H_0 的本征态。显然，如果将式(4.9.39)代入式(4.9.33)，得

$$T_{rs} = \left\langle \psi_r|U|\psi_s\rangle + \langle\psi_r|U\frac{1}{E_s - H + i\hbar\alpha}U|\psi_s\right\rangle \tag{4.9.40}$$

当然，也可以用式(4.9.35)代入式(4.9.33)，得

$$\begin{aligned} T_{rs} &= \left\langle \psi_r|U|\psi_s\rangle + \langle\psi_r|U\frac{1}{E_s - H_0 + i\hbar\alpha}U|\psi_s^{(+)}\right\rangle \\ &= \left\langle \psi_r|U|\psi_s\rangle + \langle\psi_r|U\frac{1}{E_s - H_0 + i\hbar\alpha}U|\psi_s\right\rangle \\ &\quad + \left\langle \psi_r|U\frac{1}{E_s - H_0 + i\hbar\alpha}U\frac{1}{E_s - H_0 + i\hbar\alpha}U|\psi_s\right\rangle + \cdots \end{aligned} \tag{4.9.41}$$

写成算符的形式后，得

$$T = U + U\frac{1}{E_s - H_0 + i\hbar\alpha}T \tag{4.9.42}$$

式(4.9.42)称为算符的 Dyson 方程。对于波函数的 Dyson 方程以及 Green 函数

的 Dyson 方程，这里因篇幅所限不再赘述。

最后还应该强调的是，量子现象的揭示是从原子、分子等微观范围的现象开始的，量子力学是处理空间尺度在 10^{-8} cm 的客体的理论工具。从量子力学基本原理出发所给出的许多结论，都和微观领域的实验结果相符，因此量子力学与相对论一起构成了现代物理学的两大基石。经典物理学的描述仅涉及自然界中与物质的细微结构没有直接关系那个侧面上的问题，它属于对整体进行描述，因此无论它的描述如何精确，也只是量子物理学的一个极限近似。所谓完全符合经典物理学的规律，也仅意味着"量子"效应在这一过程中没有被察觉到，所以不应该认为量子物理学与宏观问题毫无关系。事实上，在一些宏观现象中，如磁通量量子化、BEC（Bose-Einstein condensation）以及超导现象等使用经典物理学是无法描述它们的，因此从这个意义上讲，整个物理学都是量子物理学。但另一方面，正如本书"前言"中所扼要阐述的，近代理论物理与量子力学又都在不断发展与完善。在1927～1929年量子力学建立以后，Fock、Weyl 和 Pauli 等发现带点粒子与电磁场作用的量子力学是一种规范不变的理论，因为在这种理论中运动方程在带电粒子波函数的定域位相变换下保持不变。位相变换群是内部对称群，数学上它属于一种 Abel 群，即可交换群。1954 年杨振宁先生和 Mills 把规范不变的理论推广到内部对称非 Abel 群，即不可交换群。1956 年 Utiyama 阐明了 Einstein 的广义相对论也是一种规范理论，相应的规范变换是广义坐标变换和各时空点上的局部 Lorentz 标架的变换，是属于定域时空变换。1964 年人们发现了对称性自发破缺使规范场得到 Higgs 机制；1967 年和 1971 年人们用泛函积分方法首次得到正确的规范场量子化规则并证明了规范场理论是可重整的，这就使得规范场的量子理论臻于完善。1961 年 Glashow 提出一个把弱作用和电磁作用联系在一起的 SU(2)×U(1)规范场模型；1967 年和 1968 年 Weinberg 和 Salam 利用自发破缺的 Higgs 机制提出了完整的 SU(2)×U(1)弱、电统一规范理论。20 世纪 70 年代初，人们又提出关于强相互作用的量子色动力学。这个理论描述夸克和相应于"色"量子数的 SU(3)群规范场的相互作用，是一种没有对称性自发破缺的规范场论；没有破缺的非 Abel 规范场论具有渐近自由的独特性质，利用这个性质成功地解释了近年来高能实验中发现的一系列重要现象。20 世纪 60 年代以来的理论和实验的重要进展表明四种基本作用（引力作用、电磁作用、弱作用和强作用）可能都是规范作用，它们可能有共同的本质，可能与同一物理原则相联系，关于这一点十分重要。显然，在人们探讨弱、电作用与强作用统一的大统一理论中，规范场论与量子力学、量子色动力学、量子场论都起着十分关键的支撑作用；另外，对 Einstein 引力场方程在本书"前言"中作了扼要的介绍，人们还想把引力作用与其他三种基本作用统一起来描述，还试图将量子场论和 Einstein 的广义相对论统一于量子引力中，关于这方面更多的内容因篇幅所限不再更多讨论。

第 5 章　热力学与统计物理学基础

统计力学是以宏观现象窥视微观规律的窗口。人类对物质世界的认识总是先宏观，后微观，人们是借助于对宏观物质的认识规律去进一步认识微观物质规律的，也就是说宏观规律成为人们认识微观规律的经验基础。正如本书“前言”中写道的：物理学的美，恰恰在于简单，在于对自然的领悟能够用最浅显的语言描绘出它的一切逻辑和法则。理所当然，统计物理理论应该而且必须能够严格导出热力学诸定律，能够导出严格的热力学关系。所以李政道先生认为：统计力学是理论物理中最完美的学科之一，因为它的基本假设是简单的，但它的应用却十分广泛。统计物理学的根本任务就是从物质的微观结构与微观运动出发去说明体系的宏观性质。首先，可按照粒子所遵循的力学规律是经典力学还是量子力学将统计系统划分为经典力学系统与量子力学系统，相应的将统计方法划分为经典统计方法与量子统计方法。值得注意的是，量子统计力学与经典统计力学的主要差别仅在于对微观运动状态的描述，而不在于统计原理，经典统计与量子统计在统计原理上是相同的。其次，可按照粒子之间的相互作用情况将统计系统划分为近独立粒子系统与非独立粒子系统，因此分别产生了 Boltzmann 统计方法与 Gibbs 统计系综方法。需要强调的是，系综是统计理论的一种表达方法，它仅仅是一个系统所有可能实现的微观状态总和的形象化身，它不是实际客体。实际客体只是组成系综的单元——系统，因此系综中的系统必定是互不相关的，或者说是彼此独立的。另外还可按照粒子系统是否处于平衡状态而把统计系统划分为平衡系统与非平衡系统。相应的把统计力学划分为平衡态统计力学与非平衡态统计力学。显然，统计物理学所涵盖的内容是十分丰富的。

王竹溪先生指出[27]：“平衡态是物质的一种特殊情况，物质的状态是经常在变动之中的，平衡态只是暂时现象”。非平衡统计力学是当前统计物理中最活跃的前沿，因此在章节的安排中充分注意了这一点。本章始终以 Liouville 方程为基础，紧紧围绕着量子统计下的统计算符以及经典统计下的分布函数作为主要工具，对本书所遇到的统计力学中的最基础部分作以简明扼要的讨论。

5.1　经典体系的平衡统计力学基础

1. 相互作用粒子体系的分布函数

今考虑有相互作用的 N 个全同粒子所组成的体系，为简单起见，假定粒子不具有内部自由度。在经典力学中，各个粒子的力学状态由粒子的坐标 $\boldsymbol{q}$ 和动量 $\boldsymbol{p}$ 确定，整个体系的力学状态是由所有粒子的坐标 $\boldsymbol{q}_1,\cdots,\boldsymbol{q}_N$ 和动量 $\boldsymbol{p}_1,\cdots,\boldsymbol{p}_N$ 的集合或由 $6N$ 维相空间的一个点 $(\boldsymbol{q}_1,\cdots,\boldsymbol{q}_N;\boldsymbol{p}_1,\cdots,\boldsymbol{p}_N)$ 来定义。该体系的力学运动状态由下面的 Hamilton 正则方程(2.3.27)确定，即

$$\dot{\boldsymbol{q}}_k \equiv \frac{\mathrm{d}\boldsymbol{q}_k}{\mathrm{d}t} = \frac{\partial H}{\partial \boldsymbol{p}_k}, \quad \dot{\boldsymbol{p}}_k \equiv \frac{\mathrm{d}\boldsymbol{p}_k}{\mathrm{d}t} = -\frac{\partial H}{\partial \boldsymbol{q}_k} \tag{5.1.1}$$

其中

$$H = H(\boldsymbol{q}_1,\cdots,\boldsymbol{q}_N;\boldsymbol{p}_1,\cdots,\boldsymbol{p}_N;t) \tag{5.1.2}$$

为整个体系的 Hamilton 函数，并假设它是已知的。对于具有中心对称二体相互作用的 N 个粒子体系，其 Hamilton 函数为

$$H = \sum_{k=1}^{N} \frac{\boldsymbol{p}_k^2}{2m} + \frac{1}{2}\sum_{i\neq k}\phi(|\boldsymbol{q}_i - \boldsymbol{q}_k|) = T + U_{\mathrm{r}}(\boldsymbol{q}_1,\cdots,\boldsymbol{q}_N) \tag{5.1.3}$$

式中：T 与 U_{r} 分别表示体系的动能和势能，与此对应的运动方程为

$$\dot{\boldsymbol{q}}_k = \frac{\boldsymbol{p}_k}{m}, \quad \dot{\boldsymbol{p}}_k = -\sum_{i\neq k}\frac{\partial\phi(|\boldsymbol{q}_i - \boldsymbol{q}_k|)}{\partial \boldsymbol{q}_k} = \boldsymbol{F}_k \quad (k = 1,2,\cdots,N) \tag{5.1.4}$$

式中：$\boldsymbol{F}_k$ 为除 k 以外的所有粒子作用于粒子 k 的相互作用力。

在统计力学中，常用概率去解释力学过程。仿照 Gibbs 的做法，这里所考虑的不是一个给定的体系，而是处在相同宏观条件下，与给定体系完全相同的许多体系所构成的统计系综。在统计系综中所包含的每个体系都对应于相空间里的一个点 $(\boldsymbol{q}_1,\cdots,\boldsymbol{q}_N;\boldsymbol{p}_1,\cdots,\boldsymbol{p}_N)$ 或者简单地说为 (q,p)；根据式(5.1.1)与式(5.1.4)，相空间每个相点将随时间变化，在相空间中描绘出固有轨道。

引进相空间中体系的概率密度分布函数 $f(q,p,t)$，并注意分布函数的归一条件，于是便有

$$\mathrm{d}w = f(q,p,t)\frac{\mathrm{d}p\mathrm{d}q}{N!h^{3N}} \tag{5.1.5}$$

表示 t 时刻、体系在 (q,p) 处相体积元 $\mathrm{d}p\mathrm{d}q$ 中的概率。在这种情况下分布函数 f 的归一化条件为

$$\int f(q,p,t)\mathrm{d}\Gamma = 1 \tag{5.1.6}$$

其中

$$\mathrm{d}\Gamma = \frac{\mathrm{d}p\mathrm{d}q}{N!h^{3N}} \tag{5.1.7}$$

式中：h 为 Planck 常量。令 $A(q,p)$ 为任意一个力学量，在分布函数 $f(q,p,t)$ 已知的条件下，则 $A(q,p)$ 的平均值为

$$\langle A\rangle = \int A(q,p)f(q,p,t)\mathrm{d}\Gamma \tag{5.1.8}$$

2. Liouville 定理以及经典统计下的 Liouville 方程

在统计物理中，对单个粒子运动状态的经典描述常引入 μ 空间(又称 μ 相宇)，而对于体系微观运动状态的经典描述则引进 Γ 空间的概念。Γ 空间是相空间，在这个空间中体系的运动态只用一个点表示。在 $2n$ 维相空间中，如果在初始时刻 t_0，相点 (q^0,p^0)(即 $(q_1^0,\cdots,q_n^0;p_1^0,\cdots,p_n^0)$)处于相空间的某一初始区域 G_0，则在时刻 t，相点移到区域 G，注意到

$$\begin{cases} q_i = q_i(q_k^0,p_k^0,t) \\ p_i = p_i(q_k^0,p_k^0,t) \end{cases} \quad (i,k=1,2,\cdots,n) \tag{5.1.9}$$

根据式(5.1.9)，设 t_0 时的初始状态所组成的任意相体积为 G_0，在 $t>t_0$ 时刻，G_0 将转变为由相应状态所组成的相体积 G；根据体积元转换体公式，有

$$G=\int_{G_0}\cdots\int \frac{\partial(q_1,\cdots,q_n;p_1,\cdots,p_n)}{\partial(q_1^0,\cdots,q_n^0;p_1^0,\cdots,p_n^0)}\mathrm{d}q_1^0\cdots\mathrm{d}q_n^0\mathrm{d}p_1^0\cdots\mathrm{d}p_n^0 \tag{5.1.10}$$

式(5.1.10)又可简化为

$$G=\iint_{G_0}\frac{\partial(q,p)}{\partial(q^0,p^0)}\mathrm{d}q^0\mathrm{d}p^0 \tag{5.1.11}$$

现在计算 G 随时间的变化，并注意使用式(5.1.1)，于是有

$$\begin{aligned}\left(\frac{\mathrm{d}G}{\mathrm{d}t}\right)_{t=t_0} &= \iint_{G_0}\frac{\mathrm{d}}{\mathrm{d}t}\left[\frac{\partial(q,p)}{\partial(q^0,p^0)}\right]_{t=t_0}\mathrm{d}q^0\mathrm{d}p^0 \\ &= \sum_{i=1}^{n}\left[\frac{\partial(q_1,\cdots,\dot{q}_i,\cdots,q_n;p_1,\cdots,p_n)}{\partial(q_1^0,\cdots,q_n^0;p_1^0,\cdots,p_n^0)}\right]_{t=t_0} \\ &\quad +\sum_{i=1}^{n}\left[\frac{\partial(q_1,\cdots,q_n;p_1,\cdots,\dot{p}_i,\cdots,p_n)}{\partial(q_1^0,\cdots,q_n^0;p_1^0,\cdots,p_n^0)}\right]_{t=t_0} \\ &= \sum_{i=1}^{n}\left(\frac{\partial\dot{q}_i}{\partial q_i^0}+\frac{\partial\dot{p}_i}{\partial p_i^0}\right)_{t=t_0} \\ &= \sum_{i=1}^{n}\left[\frac{\partial}{\partial q_i^0}\left(\frac{\partial H(q_k^0,p_k^0,t)}{\partial p_k^0}\right)-\frac{\partial}{\partial p_i^0}\left(\frac{\partial H(q_k^0,p_k^0,t)}{\partial q^0}\right)\right]=0\end{aligned}$$

因此有

$$\left(\frac{\mathrm{d}G}{\mathrm{d}t}\right)_{t=t_0}=0$$

由于初时刻 t_0 可以任意选择，故对于任意时刻 t，恒有

$$\left(\frac{\mathrm{d}G}{\mathrm{d}t}\right)=0 \tag{5.1.12}$$

即

$$\iint\limits_{G_0} \mathrm{d}p^0 \mathrm{d}q^0 = \iint\limits_{G} \mathrm{d}p\mathrm{d}q \quad 或者 \quad \mathrm{d}q^0 \mathrm{d}p^0 = \mathrm{d}q\mathrm{d}p \tag{5.1.13}$$

这就表明,当相体积 G 中的一切代表点由时刻 t_0 所具有的状态进入任意的另一时刻 t 所具有的状态时,这个体积是不变的(但要注意,体积的形状可以改变),这就是关于相体积不变的 Liouville 定理。令 f 为概率密度分布函数,于是由 Liouville 定理便可推知沿着相轨迹,分布函数 f 不变,即

$$f(q,p,t)\mathrm{d}q\mathrm{d}p = f(q',p',t')\mathrm{d}q'\mathrm{d}p' \tag{5.1.14}$$

注意到式(5.1.13),由式(5.1.14)便有

$$f(q,p,t) = f(q',p',t') \tag{5.1.14a}$$

当 t 无限接近于 $t'=t+\mathrm{d}t$ 时,由式(5.1.14a)得

$$f(q,p,t) = f(q+\dot{q}\mathrm{d}t, p+\dot{p}\mathrm{d}t, t+\mathrm{d}t)$$

如果假定 f 可微,则对 f 可得到如下微分方程:

$$\frac{\mathrm{d}f}{\mathrm{d}t} = \frac{\partial f}{\partial t} + \sum_k \left(\frac{\partial f}{\partial q_k}\dot{q}_k + \frac{\partial f}{\partial p_k}\dot{p}_k\right) = 0 \tag{5.1.15}$$

注意到式(5.1.1),则式(5.1.15)变为

$$\frac{\mathrm{d}f}{\mathrm{d}t} = [H,f] \tag{5.1.16}$$

这就是经典体系下的 Liouville 方程。式中$[H,f]$为关于 H 与 f 的 Poisson 括号,即

$$[H,f] = \sum_k \left(\frac{\partial H}{\partial q_k}\frac{\partial f}{\partial p_k} - \frac{\partial H}{\partial p_k}\frac{\partial f}{\partial q_k}\right) \equiv \frac{\partial H}{\partial q}\frac{\partial f}{\partial p} - \frac{\partial H}{\partial p}\frac{\partial f}{\partial q} \tag{5.1.17}$$

应该指出的是,无论是对于平衡情况还是非平衡情况,式(5.1.16)都是建立统计系综所需的基本方程。在统计平衡时,Liouville 方程此时退化为

$$[H,f] = 0 \tag{5.1.18}$$

也就是说,概率密度分布函数 f 是一个运动积分。

3. 分布函数 f 的时间演化

引进 Liouville 算符 L,其定义为

$$\mathrm{i}Lf = [H,f] \tag{5.1.19}$$

如果 Hamilton 函数为式(5.1.3)时,则这时的 Liouville 算符 L 为

$$L = \mathrm{i}\sum_k \left(\frac{\boldsymbol{p}_k}{m}\cdot\frac{\partial}{\partial \boldsymbol{q}_k} + \boldsymbol{F}_k\cdot\frac{\partial}{\partial \boldsymbol{p}_k}\right) \tag{5.1.20}$$

这里 L 不依赖于时间。令 $t=0$ 时 f 的初始条件为 $f(q,p,0)$,于是利用关于 Liouville 算符的式(5.1.19)便可得到 Liouville 方程的形式解。若 L 不依赖于时间,

则这个解为

$$f(q,p,t)=\exp(\mathrm{i}Lt)f(q,p,0) \tag{5.1.21}$$

引进时间演化算符 $\exp(-\mathrm{i}Lt)$，令 $\varphi(q(0),p(0))$ 为任意函数，借助于 Liouville 算符的性质，很容易证明：时间演化算符作用 $\varphi(q(0),p(0))$ 后便使之变为 $\varphi(q(t),p(t))$，即

$$\exp(-\mathrm{i}Lt)\varphi(q(0),p(0))=\varphi(q(t),p(t)) \tag{5.1.22}$$

式中：L 为 Liouville 算符。

令 $A(q(t),p(t),t)$（以下简记为 $A(q,p,t)$）为任一力学量，今考虑它的运动方程。将 $A(q,p,t)$ 对时间求导便有

$$\frac{\mathrm{d}A}{\mathrm{d}t}=\frac{\partial A}{\partial t}+[A,H] \tag{5.1.23}$$

如果 A 不明显依赖于时间（这里不妨记为 $A(q(t),p(t))$），并注意到 Liouville 算符 L 的定义，于是有

$$\frac{\mathrm{d}A}{\mathrm{d}t}=[A,H]=-\mathrm{i}LA \tag{5.1.24}$$

式(5.1.24)的形式解为

$$A(q(t),p(t))=\exp(-\mathrm{i}Lt)A(q(0),p(0)) \tag{5.1.25}$$

显然，式(5.1.25)的结果与式(5.1.22)等价。

令 $A(q,p,t)$ 为任一力学量，则 t 时刻 A 的平均值可由式(5.1.8)定义，即

$$\langle A\rangle=\int A(q,p,t)f(q,p,t)\mathrm{d}\Gamma \tag{5.1.26}$$

其中 $f(q,p,t)$ 满足式(5.1.16)。

4. Gibbs 熵以及 Boltzmann 熵

令 f 为分布函数，在统计力学中，常定义位相指数 η 为

$$\eta=-\ln f(q,p,t) \tag{5.1.27}$$

显然，η 与 f 一样满足 Liouville 方程：

$$\frac{\partial\eta}{\partial t}=[H,\eta] \tag{5.1.28}$$

其中 η 的平均值便称为 Gibbs 熵，即

$$\begin{aligned}S=\langle\eta\rangle&=-\iint f(q,p,t)\ln f(q,p,t)\frac{\mathrm{d}q\mathrm{d}p}{N!h^{3N}}\\&=-\int f\ln f\mathrm{d}\Gamma\end{aligned} \tag{5.1.29}$$

其中 $\mathrm{d}\Gamma$ 的含义同式(5.1.7)。

对于稀薄气体，这时所有粒子的状态都可以看成统计上独立的，因此总的分布

函数等于每一个粒子分布函数的乘积，即

$$f(q,p,t)=\frac{N!}{N^N}\prod_{i=1}^{N}f_1(\boldsymbol{q}_i,\boldsymbol{p}_i,t) \tag{5.1.30}$$

这里 $f(q,p,t)$ 满足分布函数的归一化条件(5.1.6)；单粒子分布函数 $f_1(\boldsymbol{q}_i,\boldsymbol{p}_i,t)$ 归一化为

$$\iint f_1(\boldsymbol{q}_1,\boldsymbol{p}_1,t)\frac{\mathrm{d}\boldsymbol{q}_1\mathrm{d}\boldsymbol{p}_1}{h^3}=N \tag{5.1.31}$$

引进 Boltzmann 熵 S_B，其定义为

$$S_B=-\iint f_1(\boldsymbol{q}_1,\boldsymbol{p}_1,t)\ln\frac{f_1(\boldsymbol{q}_1,\boldsymbol{p}_1,t)}{e}\frac{\mathrm{d}\boldsymbol{q}_1\mathrm{d}\boldsymbol{p}_1}{h^3} \tag{5.1.32}$$

显然，对于分布函数满足式(5.1.30)的气体来讲，借助于式(5.1.29)Gibbs 熵 S 的定义以及式(5.1.32)Boltzmann 熵 S_B 的定义，则由式(5.1.30)可推出

$$S=S_B \tag{5.1.33}$$

注意，式(5.1.33)仅适用于分布函数满足式(5.1.30)的气体。另外，对于式(5.1.32)中的 $f_1(\boldsymbol{q}_1,\boldsymbol{p}_1,t)$ 可由式(5.1.34)定出：

$$f_1(\boldsymbol{q}_1,\boldsymbol{p}_1,t)=\int f(\boldsymbol{q}_1,\boldsymbol{p}_1,\cdots,\boldsymbol{q}_N,\boldsymbol{p}_N;t)\frac{\mathrm{d}\boldsymbol{q}_2\mathrm{d}\boldsymbol{p}_2\cdots\mathrm{d}\boldsymbol{q}_N\mathrm{d}\boldsymbol{p}_N}{(N-1)!h^{3N-3}} \tag{5.1.34}$$

当然，这里 $f_1(\boldsymbol{q}_1,\boldsymbol{p}_1,t)$ 的归一化服从式(5.1.31)。

最后需要指出的是，对于平衡态的情况，Gibbs 熵 S[见式(5.1.29)]可以给出热力学函数熵的正确表达式；但对于 f 随时间变化的情况，则 Gibbs 熵 S 便不再适用。Boltzmann 熵 S_B 只适用于处于平衡态的理想气体；对于一般体系，不能将 S_B 作为体系的熵。

5. Gibbs 统计系综

统计系综是满足相同宏观约束条件的大量彼此独立体系的集合，其中每个体系各处在一个可及微观力学态上。统计系综是为求统计平均而设计出来的体系集合，它是概念化体系的集合，不是所研究的实际体系，实际体系是组成系综的一个单元——标本力学体系。这里仅讨论三种最常用的系综：

(1) 微正则系综，它是由具有同样 E、V、N 值的体系所组成的系综，其标本体系是孤立体系。

(2) 正则系综，它是由具有同样 T、V、N 值的体系所组成的系综，其标本体系是与热源接触的封闭体系；这时有热量交换。

(3) 巨正则系综，它是由具有同样 T、V、μ 值的体系所组成的系综，其标本体系是一个热源与一个粒子源接触的开放体系，这时既有热量交换，又有粒子交换。

这里 E、V、T、μ 与 N 分别代表能量、体积、温度、化学势与粒子数。Gibbs 认

为，平衡态的统计分布函数 f 只依赖于单值累加的运动积分。作为这种运动积分已知的有三个：能量 H、总动量 $\boldsymbol{P}$ 和总角动量 $\boldsymbol{M}$；因而有

$$f = f(H, \boldsymbol{P}, \boldsymbol{M}) \tag{5.1.35}$$

另外，f 的普遍性质有两点：①对于定态或平衡体系，分布函数 f 与 t 无关；②对于多个彼此独立的系综集合，其统计分布函数 f 的对数即 $\ln f$ 是可加性的量。此外，借助于 Liouville 定理又可以知道，f 是力学不变量，它是力学运动方程的首次积分或运动积分。将其与 $\ln f$ 的可加性质相结合便得到一个非常重要的结论：统计分布函数 f 的对数是具有可加性的运动积分。

对于微正则系综，由于这时考虑的是平衡态的孤立体系，因此微正则系综的分布函数 f 必不显含 t，而且 f 在相空间能量曲面上运动中保持不变。显然，在考虑处于一定体积 V 中的热封闭孤立体系的统计系综，借助于等概率原理（其含义为"对于平衡态的孤立体系，其各个可能到达的微观量子态出现的概率彼此相等；或者在可及的相空间中，相等的相体积具有相同出现的概率"），于是微正则系综的分布函数 f 为

$$f(q,p) = \begin{cases} (\Omega(E,N,V))^{-1} & (E \leqslant H(q,p) \leqslant E + \Delta E) \\ 0 & (H(q,p) < E, H(q,p) > E + \Delta E) \end{cases} \tag{5.1.36}$$

式中：$\Omega(E,N,V)$ 为统计权重，其定义为

$$\Omega(E,N,V) = \frac{1}{N!h^{3N}} \iint \mathrm{d}q\mathrm{d}p \tag{5.1.37}$$

式中的积分域为 $E \leqslant H(q,p) \leqslant E + \Delta E$；$h$ 为 Planck 常量。

微正则系综的熵仍应由式(5.1.29)给出。注意到此时的 f 由式(5.1.36)定义，于是微正则系综的熵 $S(E,N,V)$ 为

$$S(E,N,V) = \ln \Omega(E,N,V) \tag{5.1.38}$$

注意：这里 $\Omega(E,N,V)$ 中含有 Planck 常量 h。另外，由于微正则系综是表示能量上封闭的孤立体系，因此系综中的物理量 $A(q,p)$ 的平均值应等于物理量的观测值，即认为式(5.1.39)成立：

$$\frac{1}{\tau}\int_0^\tau A(q(t),p(t))\mathrm{d}t = \frac{1}{N!h^{3N}} \iint f(q,p)A(q,p)\mathrm{d}q\mathrm{d}p \tag{5.1.39}$$

应当指出的是，这一假设是相当重要的，它是统计力学的基本公理之一，它涉及"各态历经问题"的相关内容，这里不多作赘述。

对于正则系综，讨论的是一个力学体系与一个大热源接触而达到平衡的情形。这里不妨把给定的体系（令它的 Hamilton 函数为 H_1）与大热源（令它的 Hamilton 的函数为 H_2）看成一个大的封闭的孤立体系，并令这个大的体系的 Hamilton 函数为 H，于是

$$H = H_1(q,p) + H_2(q',p') \tag{5.1.40}$$

再假设整个大体系具有微正则分布，即

$$f(q,p,q',p') = \begin{cases} (\Omega(E))^{-1} & (E \leqslant H \leqslant E + \Delta E) \\ 0 & (H < E, H > E + \Delta E) \end{cases} \tag{5.1.41}$$

可以证明：子系 1（即 Hamilton 函数为 H_1 的那个力学体系）的分布函数 $f_1(q,p)$为

$$f_1(q,p) = [Q_1(\lambda_1)]^{-1}\exp[-\lambda_1 H_1(q,p)] \tag{5.1.42}$$

其中

$$\lambda_1 = \frac{1}{\theta} \tag{5.1.43}$$

这里 θ 代表与温度相关的一个参量。于是正则系综的分布函数为

$$f(q,p) = (Q(\theta,V,N))^{-1}\exp\left(\frac{-H(q,p)}{\theta}\right) \tag{5.1.44}$$

式中：$Q(\theta,V,N)$为经典统计时的配分函数。它是借助于归一化条件(5.1.6)确定的，即

$$Q(\theta,V,N) = \int \exp\left(\frac{-H(q,p)}{\theta}\right)\mathrm{d}\Gamma \tag{5.1.45}$$

其中的 $\mathrm{d}\Gamma$ 的定义同式(5.1.7)。

正则系综的熵仍由式(5.1.29)定义，适中的 f 由式(5.1.44)给出，关于熵的详细表达式，这里不再给出。

对于巨正则系综，由于体系与热源之间有能量交换，又有粒子交换，所以情况比正则系综复杂，但如果将所讨论的体系（令其 Hamilton 函数为 H_1，粒子数为 N_1，并令它为子系 1)与热源（令其 Hamilton 函数为 H_2，粒子数为 N_2，并且令该体系为子系 2)组合成一个大的封闭孤立体系，则有

$$H = H_1 + H_2, \quad N = N_1 + N_2 \tag{5.1.46}$$

式中：H 与 N 分别为大的封闭孤立体系的 Hamilton 函数与总的粒子数。假设整个体系具有微正则分布：

$$f_N = \begin{cases} (\Omega(E,N))^{-1} & (E \leqslant H \leqslant E + \Delta E) \\ 0 & (H < E, H > E + \Delta E) \end{cases} \tag{5.1.47}$$

另外，容易证明子系 1 的分布函数为

$$f_{N_1}(q,p) = \frac{\Omega_2(E - H_1(q,p), N - N_1)}{\Omega(E,N)} \tag{5.1.48}$$

注意到

$$S_2(E,N) = \ln\Omega_2(E,N), \quad S(E,N) = \ln\Omega(E,N) \tag{5.1.49}$$

并把式(5.1.48)改写为

$$f_{N_1}(q,p) = \exp[S_2(E - H_1(q,p), N - N_1) - S(E,N)] \tag{5.1.50}$$

考虑到子系 1 比热源小得多(即 $H_1 \ll E, N_1 \ll N$),因此可以将函数 $S_2(E-H_1, N-N_1)$在 E 与 N 处作 Taylor 级数展开,于是有

$$S_2(E - H_1, N - N_1) \approx S_2(E,N) - \frac{\partial S_2}{\partial E}H_1 - \frac{\partial S_2}{\partial N}N_1 - \cdots \tag{5.1.51}$$

借助于式(5.1.51),并注意使用将 f_N 归一化的条件后,则式(5.1.50)变为

$$f_{N_1}(q,p) = (Q(\theta,\mu,V))^{-1}\exp\left(\frac{-H_1(q,p) + \mu N_1}{\theta}\right) \tag{5.1.52}$$

式中:θ 为温度;μ 为化学势。θ 与 μ 分别满足:

$$\frac{1}{\theta} = \frac{\partial S_2}{\partial E}, \quad \frac{\mu}{\theta} = -\frac{\partial S_2}{\partial N} \tag{5.1.53}$$

式(5.1.52)中的 Q 为配分函数,它的定义式为

$$Q(\theta,\mu,V) = \sum\int\exp\left(\frac{-H_1(q,p) + \mu N_1}{\theta}\right)\mathrm{d}\Gamma_{N_1} \tag{5.1.54}$$

其中

$$\mathrm{d}\Gamma_{N_1} = \frac{\mathrm{d}\boldsymbol{q}_1\mathrm{d}\boldsymbol{p}_1\cdots\mathrm{d}\boldsymbol{q}_{N_1}\mathrm{d}\boldsymbol{p}_{N_1}}{(N_1)!h^{3N_1}} \tag{5.1.55}$$

5.2　量子体系的平衡统计力学基础

1. 混合系综以及统计算符 ρ

在经典统计力学中,体系的状态由 $6N$ 维相空间中的点(q,p)表示,而状态的时间演化服从于经典力学中的 Hamilton 正则方程(5.1.1)。这时的力学变量,如能量、总的动量便均为坐标 q 和动量 p 的函数,于是它们便为力学体系的态函数。量子统计力学是从量子力学的基本概念出发的。在量子力学中,力学体系的状态由波函数 $\psi(\boldsymbol{x}_1,\boldsymbol{x}_2,\cdots,\boldsymbol{x}_N,t)$(或者简记为 $\psi(\boldsymbol{x},t)$)表示。状态的时间演化由 Schrödinger 方程决定:

$$\mathrm{i}\hbar\frac{\partial\psi}{\partial t} = H\psi \tag{5.2.1}$$

式中:$\hbar$ 为约化 Planck 常量,即 $\hbar = \dfrac{h}{2\pi}$,而 h 为 Planck 常量;H 为作用于波函数 ψ 的线性 Hermite 算符。应该指出的是,系统的 Hamilton 算符也可以是非 Hermite 的(即可以是含虚部的 Hamilton 算符),但本节不讨论这种情况。

今考虑有相互作用的不具有内部自由度的 N 个全同粒子,对于这个力学体系的 Schrödinger 方程为

$$i\hbar \frac{\partial \psi}{\partial t} = \left(\frac{-\hbar^2}{2m}\sum_{j=1}^{N} \nabla_j^2 + \frac{1}{2}\sum_{j\neq k}\phi(|\boldsymbol{x}_j - \boldsymbol{x}_k|)\right)\psi \tag{5.2.2}$$

式中：ϕ 为势。对于不明显依赖于时间的孤立体系而言，Schrödinger 方程的形式解为

$$\psi(t) = \exp\left(\frac{Ht}{i\hbar}\right)\psi(0) \tag{5.2.3}$$

式中：$\psi(0)$为 $t=0$ 时刻的 ψ 值。量子力学中的力学变量并不是力学体系的状态函数，而是作用于波函数空间的线性 Hermite 算符。对于给定体系的状态，即给出 ψ 并不意味着给出力学变量的准确值。对于任意的力学变量 A 在状态 ψ 中的平均值为

$$\overline{A} = (\psi^*, A\psi) \tag{5.2.4}$$

式中波函数 ψ 满足的归一化条件为

$$(\psi^*, \psi) = 1 \tag{5.2.5}$$

式(5.2.4)和式(5.2.5)中的括号表示 Hilbert 空间中函数的标积，即

$$(\psi^*, \varphi) = \int \psi^*(x)\varphi(x)\mathrm{d}x \tag{5.2.6}$$

这里 x 表示整个坐标 $\boldsymbol{x}_1, \boldsymbol{x}_2, \cdots, \boldsymbol{x}_N$；对于纯系综，在 x 表象时，线性算符 A 可用矩阵元表示为

$$A\psi(x) = \int A(x, x')\psi(x')\mathrm{d}x' \tag{5.2.7}$$

将式(5.2.7)代入式(5.2.4)后，得

$$\overline{A} = \int A(x, x')\,\wp(x', x)\mathrm{d}x\mathrm{d}x' = \mathrm{tr}(A\wp) \tag{5.2.8}$$

式中：$\wp(x', x)$为投影算符，即

$$\wp(x', x) = \psi(x')\psi^*(x) \tag{5.2.9}$$

值得注意的是，投影算符 $\wp$ 为 Hermite 算符：

$$\wp^*(x, x') = \wp(x', x) \tag{5.2.10}$$

并且还有

$$\wp^2 = \wp \tag{5.2.11}$$

投影算符 $\wp$ 作用于任意函数 φ，则有

$$\wp\varphi = \int \wp(x, x')\varphi(x')\mathrm{d}x' = (\psi^*, \varphi)\psi(x) \tag{5.2.12}$$

注意这里假定波函数 ψ 已被归一化。对于混合系综，今考虑体系在各种物理状态 $\psi_1, \psi_1, \cdots$中所出现的概率为 $w_1, w_2, \cdots$，在此混合系综中，任意物理量 A 的平均值可定义为

$$\langle A\rangle = \sum_k w_k(\psi_k^*, A\psi_k) \tag{5.2.13}$$

并且 w_k 满足

$$\sum_k w_k = 1 \tag{5.2.14}$$

其中(ψ_k^* ,$A\psi_k$)是在状态 ψ_k 中,算符 A 的量子力学平均值。值得注意的是,在混合系综中,各种量子态是彼此不相关的。

在混合系综的研究中,常引进统计算符 ρ 的概念[28],定义

$$\rho(x,x') = \sum_k (w_k\psi_k(x)\psi_k^*(x')) \tag{5.2.15}$$

为 x 表象中的统计算符,即密度矩阵。显然,统计算符 $\rho(x,x')$依赖于 $2N$ 个变量,即 $\boldsymbol{x}_1,\boldsymbol{x}_2,\cdots,\boldsymbol{x}_N,\boldsymbol{x}_1',\boldsymbol{x}_2',\cdots,\boldsymbol{x}_N'$;统计算符满足如下归一化条件:

$$\mathrm{tr}\rho = 1 \tag{5.2.16}$$

这是因为

$$\mathrm{tr}\rho = \int\rho(x,x)\mathrm{d}x = \sum_k w_k(\psi_k^*,\psi_k) \tag{5.2.17}$$

并且式(5.2.17)中的波函数与概率 w_k 的归一化条件分别为

$$(\psi_k^*,\psi_k) = 1,\quad \sum_k w_k = 1 \tag{5.2.18}$$

另外,对于任意的线性算符 A,将它在 x 表象中的矩阵(5.2.7)代入式(5.2.13)后,得

$$\langle A\rangle = \int A(x,x')\rho(x',x)\mathrm{d}x\mathrm{d}x' \tag{5.2.19}$$

或者

$$\langle A\rangle = \mathrm{tr}(A\rho) \tag{5.2.20}$$

于是借助于式(5.2.18)以及式(5.2.20),便可推出式(5.2.16),显然,式(5.2.16)的归一化条件是经典体系中平衡态情况下分布函数 f 的归一化条件[即式(5.1.6)]在量子力学中的改写。

统计算符 ρ 是 Hermite 算符:

$$\rho^*(x,x') = \rho(x',x) \tag{5.2.21}$$

另外,统计算符是正定的,统计算符的矩阵元都是有界的,并且还有

$$\mathrm{tr}\rho^2 = \sum_{m,n}|\rho_{mn}|^2 \leqslant 1 \tag{5.2.22}$$

2. 量子情形下的 Liouville 方程

现讨论统计算符 ρ 随时间的演化。时刻 t 的统计算符取式(5.2.15)时为

$$\rho(x,x',t) = \sum_k w_k\psi_k(x,t)\psi_k^*(x',t) \tag{5.2.23}$$

注意式(5.2.23)中 ψ_k 依赖于时间;w_k 是对应于 $t=0$ 时的概率分布。状态 $\psi_k(x,t)$随时间的变化服从于 Schrödinger 方程:

$$i\hbar\frac{\partial\psi_k(x,t)}{\partial t}=H\psi_k(x,t) \tag{5.2.24}$$

借助于式(5.2.7)，在 x 表象中式(5.2.24)可改写为

$$i\hbar\frac{\partial\psi_k(x,t)}{\partial t}=\int H(x,x'')\psi_k(x'',t)\mathrm{d}x'' \tag{5.2.25}$$

对式(5.2.25)取复共轭方程，并以 x' 代替 x，得

$$\begin{aligned}i\hbar\frac{\partial\psi_k^*(x',t)}{\partial t}&=-\int H^*(x',x'')\psi_k^*(x'',t)\mathrm{d}x''\\&=-\int H(x'',x')\psi_k^*(x'',t)\mathrm{d}x''\end{aligned} \tag{5.2.26}$$

因此有

$$\begin{aligned}i\hbar\frac{\partial}{\partial t}\Big[\sum_k(w_k\psi_k(x,t)\psi_k^*(x',t))\Big]=&\sum_k\int H(x,x'')w_k\psi_k(x'',t)\psi_k{}^*(x',t)\mathrm{d}x''\\&-\sum_k\int w_k\psi_k(x,t)\psi_k{}^*(x'',t)H(x'',x')\mathrm{d}x''\end{aligned} \tag{5.2.27}$$

借助于式(5.2.15)，则式(5.2.27)变为

$$i\hbar\frac{\partial\rho(x,x',t)}{\partial t}=\int(H(x,x'')\rho(x'',x',t)-\rho(x,x'',t)H(x'',x'))\mathrm{d}x'' \tag{5.2.28}$$

这里应用了 Hamilton 函数的 Hermite 性质，即

$$H^*(x,x')=H^*(x',x) \tag{5.2.29}$$

显然，式(5.2.28)就是矩阵形式的 Liouville 方程。它的算符形式为

$$i\hbar\frac{\partial\rho}{\partial t}=[H,\rho] \tag{5.2.30}$$

其中

$$[H,\rho]=H\rho-\rho H \tag{5.2.31}$$

而 $\frac{1}{i\hbar}[H,\rho]$ 为量子 Poisson 括号。很明显，关于统计算符 ρ 的量子 Liouville 方程(5.2.30)类似于关于分布函数 f 的经典 Liouville 方程(5.1.16)。但是，$\rho(x,x',t)$ 与 $f(q,p,t)$ 间存在着重要的差异：ρ 是与粒子 $\boldsymbol{x}_1,\boldsymbol{x}_2,\cdots,\boldsymbol{x}_N$ 和 $\boldsymbol{x}_1',\boldsymbol{x}_2',\cdots,\boldsymbol{x}_N'$ 的坐标有关的复数函数，而 $f(q,p,t)$ 是与所有坐标和所有动量有关的实函数。

令 $t=0$ 时的统计算符为 $\rho(0)$，则当 Hamilton 函数不依赖于 t 时，时刻 t 的统计算符为

$$\rho(t)=\exp\Big(-\frac{iHt}{h}\Big)\rho(0)\exp\Big(\frac{iHt}{h}\Big) \tag{5.2.32}$$

式(5.2.32)便为量子 Liouville 方程(5.2.30)的形式解。显然,它与经典 Liouville 方程(5.1.16)的形式解(5.1.21)相类似。

如果 Hamilton 函数明显依赖于时间(不妨将这时的 Hamilton 函数记为 H_t),则可利用时间演化算符 $U(t,0)$可得量子 Liouville 方程的形式积分。时间演化算符 $U(t,0)$是幺正算符,它满足下列方程以及初始条件:

$$\mathrm{i}\hbar\frac{\partial U(t,0)}{\partial t}=H_tU(t,0) \tag{5.2.33}$$

$$U(0,0)=1 \tag{5.2.34}$$

注意到

$$U^{+}(t_1,t_2)=U^{-1}(t_1,t_2) \tag{5.2.35}$$

于是时刻 t 的统计算符 $\rho(t)$为

$$\rho(t)=U(t,0)\rho(0)U^{-1}(t,0) \tag{5.2.36}$$

这里 $\rho(t)$满足量子 Liouville 方程,即

$$\frac{\partial\rho(t)}{\partial t}=\frac{1}{\mathrm{i}\hbar}[H_t,\rho(t)] \tag{5.2.37}$$

3. 力学量的平均值及其运动方程

令 A 为任意力学量,ρ 为统计算符,于是 A 的平均值为[29]

$$\langle A\rangle=\mathrm{tr}(\rho(t)A) \tag{5.2.38}$$

将式(5.2.32)代入式(5.2.38)后,得

$$\langle A\rangle=\mathrm{tr}\left(\rho(0)\exp\left(\frac{\mathrm{i}Ht}{h}\right)A\exp\left(\frac{-\mathrm{i}Ht}{h}\right)\right)=\mathrm{tr}(\rho(0)A(t)) \tag{5.2.39}$$

其中

$$A(t)=\exp\left(\frac{\mathrm{i}Ht}{h}\right)A\exp\left(\frac{-\mathrm{i}Ht}{h}\right) \tag{5.2.40}$$

或者

$$A(t)=U^{-1}(t,0)AU(t,0) \tag{5.2.41}$$

$$U(t,0)=\exp\left(\frac{-\mathrm{i}Ht}{h}\right) \tag{5.2.42}$$

显然,式(5.2.40)与式(5.2.41)为 Heisenberg 表象中的算符 A;将式(5.2.38)对时间求导,得

$$\frac{\mathrm{d}}{\mathrm{d}t}\langle A\rangle=\mathrm{tr}\left(\frac{\partial\rho}{\partial t}A+\rho\frac{\partial A}{\partial t}\right) \tag{5.2.43}$$

借助于式(5.2.30)或消去式(5.2.43)中的$\frac{d\rho}{dt}$项,得

$$\frac{d}{dt}\langle A\rangle = \mathrm{tr}\left(\frac{dA}{dt}\rho\right) = \left\langle \frac{dA}{dt} \right\rangle \tag{5.2.44}$$

其中

$$\frac{dA}{dt} = \frac{\partial A}{\partial t} + \frac{1}{i\hbar}[A,H] \tag{5.2.45}$$

4. 熵算符 η 与 Gibbs 熵

在量子统计力学中,熵算符 η 定义为

$$\eta = -\ln\rho \tag{5.2.46}$$

式中:ρ 为统计算符。注意到这里熵算符 η 是正定的 Hermite 算符,而且熵算符 η 也满足量子 Liouville 方程,即

$$i\hbar\frac{\partial\eta}{\partial t} = [H,\eta] \tag{5.2.47}$$

在量子统计学中,Gibbs 熵 S 定义为

$$S = \langle\eta\rangle = -\langle\ln\rho\rangle = -\mathrm{tr}(\rho\ln\rho) \tag{5.2.48}$$

值得注意的是,对于量子体系来说式(5.2.48)不适于作非平衡态过程中熵的定义式。

5. 量子情形下三种统计系综的概率分布

在统计平衡的状态中,统计算符 ρ 值依赖于 Liouville 量子方程的可加性运动积分。这样的运动积分用 Hamilton 算符 H 表示时便涉及(与时间无关的)总能量、总动量 $\boldsymbol{P}$ 与总角动量 $\boldsymbol{M}$。显然,这些量都是具有量子力学意义的力学量,它们是作用于波函数空间的 Hermite 算符。也就是说,在 Gibbs 系综中 ρ 为 H、$\boldsymbol{P}$ 与 $\boldsymbol{M}$ 的函数:

$$\rho = \rho(H,\boldsymbol{P},\boldsymbol{M}) \tag{5.2.49}$$

对于微正则系综,其概率分布为

$$w(E_k) = \begin{cases} (\Omega(E,N,V))^{-1} & (E \leqslant E_k \leqslant E+\Delta E) \\ 0 & (E_k < E, E_k > E+\Delta E) \end{cases} \tag{5.2.50}$$

这里式(5.2.50)是经典统计力学下微正则分布(5.1.36)在量子情形下的推广。它们之间的重要差异是统计权重 $\Omega(E,N,V)$ 不同,它不是单纯等于相体积[见式(5.1.37)],而是等于粒子数为 N、体积为 V 的体系在 E 与 $E+\Delta E$ 间能量层内的量子态数目。对于完全孤立体系而言,$\Omega(E,N,V)$ 等于粒子数为 N、体积为 V 的体系在能量 E 的简并度。若 N 很大,则 $\Omega(E,N,V)$ 非常大。另外,概率 w_k 的归一条件为

$$\sum_k w(E_k) = 1 \tag{5.2.51}$$

在统计平衡情况下，由式(5.2.15)所定义的统计算符 ρ 对应于微正则分布(5.2.50)时，ρ 的矩阵表达式为

$$\rho(x,x') = (\Omega(E,N,V))^{-1}\sum_{k=1}^{\Omega}(\psi_k(x)\psi_k^*(x')) \tag{5.2.52}$$

式中：x 为 N 个粒子坐标(或自旋)的总称；$\psi_1,\cdots,\psi_\Omega$ 是对应于能量 E 的 Hamilton 算符 H 本征函数。式(5.2.52)所对应的算符形式为

$$\rho = (\Omega(E,N,V))^{-1}\Delta(H-E) \tag{5.2.53}$$

式中：H 为体系的 Hamilton 函数；$\Delta(y)$是关于 y 的函数(其取值为：在 $0\leqslant y\leqslant \Delta E$ 的狭小能量层内取 1，而在层外取零)。在量子力学中，力学量用算符表示，在选定了特定的表象后，它对应一个矩阵。熵在对角化表象中为

$$S = \langle \eta \rangle = -\operatorname{tr}(\rho\ln\rho) = -\sum_k (w_k \ln w_k) \tag{5.2.54}$$

对于微正则系综，则式(5.2.54)退化为

$$S = \ln\Omega(E,N,V) \tag{5.2.55}$$

这里式(5.2.55)是经典体系下熵[见式(5.1.38)]在量子体系中的推广，并且这里式(5.2.55)给出的形式与 Zubarev 的结果一致。

对于正则系综，其概率分布为

$$w(E_k) = (Q(\theta,V,N))^{-1}\exp\left(\frac{-E_k}{\theta}\right) \tag{5.2.56}$$

式中：θ 代表与温度相关的一个参量；$Q(\theta,V,N)$为配分函数，它是由归一化条件决定的，即

$$Q(\theta,V,N) = \sum_k \exp\left(\frac{-E_k}{\theta}\right) \tag{5.2.57}$$

$$\sum_k w(E_k) = 1 \tag{5.2.58}$$

这时对应于正则系综的统计算符为

$$\rho(x,x') = (Q(\theta,V,N))^{-1}\sum_k \exp\left(\frac{-E_k}{\theta}\right)\psi_k(x)\psi_k^*(x') \tag{5.2.59}$$

式中：x 为粒子坐标(包含自旋)$x_1,x_2,\cdots,x_N$ 的总称；$\psi_k(x)$为 Hamilton 函数 H 的本征函数。

引入算符 $\exp(-H/\theta)$，并假设它不是作用于所有波函数空间，而只是作用于对称性所允许的波函数空间。这时式(5.2.59)以及式(5.2.57)可用更简单的算符形式表示：

$$\rho = (Q(\theta,V,N))^{-1}\exp\left(\frac{-H}{\theta}\right) \tag{5.2.60}$$

$$Q(\theta,V,N)=\mathrm{tr}\left(\exp\left(\frac{-H}{\theta}\right)\right)=\sum_k\int\psi_k^*(x)\exp\left(\frac{-H}{\theta}\right)\psi_k(x)\mathrm{d}x \tag{5.2.61}$$

注意到这里求迹的运算与矩阵表象的取法无关，所以计算配分函数 Q[即式(5.2.61)]时也可以取不是 H 本征函数的那些波函数 $\psi_k(x)$。显然，这点对计算格外方便。

对于巨正则系综，相应的概率分布为

$$w_N(E_k)=(Q(\theta,\mu,V))^{-1}\exp\left[\frac{-(E_k-\mu N)}{\theta}\right] \tag{5.2.62}$$

式中：θ 为与温度相关的一个参量；$Q(\theta,\mu,V)$ 为配分函数，它是由归一化条件决定的，即

$$Q(\theta,\mu,V)=\sum_{N,k}\exp\left[\frac{-(E_k-\mu N)}{\theta}\right] \tag{5.2.63}$$

$$\sum_{k,N}w_N(E_k)=1 \tag{5.2.64}$$

其中 E_k 依赖于 N；这里值得注意的是，虽然巨正则系综的配分函数[即式(5.2.63)]与正则系综的配分函数[即式(5.2.57)]都是用同一个字母 Q 表示，但它们之间是有差异的，其差异可以通过它们所依赖的变量去体现。

引进热力势 $\widetilde{\Omega}(\theta,\mu,V)$，其定义式为

$$\widetilde{\Omega}(\theta,\mu,V)=-\theta\ln Q(\theta,\mu,V) \tag{5.2.65}$$

对应于 Gibbs 巨正则系综[其分布函数为式(5.2.62)]的统计算符为

$$\rho(x,x')=\sum_{N,k}\exp\left(\frac{\widetilde{\Omega}-E_k+\mu N}{\theta}\right)\psi_k(x)\psi_k^*(x') \tag{5.2.66}$$

式中：x 为粒子坐标与自旋的总称；$\psi_k(x)$ 为关于 H 与 N 的本征函数，即 $\psi_k(x)=\psi_{k,N}(x)$，这里算符 H 与总粒子数算符 N 是可对易的，所以函数 $\psi_k(x)$ 同时又是算符 N 的本征函数。

如果引进作用于所考虑体系波函数空间中的算符 $\exp[-(H-\mu N)/\theta]$，于是式(5.2.66)与式(5.2.63)便可写成更简洁的算符形式：

$$\rho=\exp\left(\frac{\widetilde{\Omega}+\mu N-H}{\theta}\right) \tag{5.2.67}$$

$$\begin{aligned}\mathrm{e}^{-\frac{\widetilde{\Omega}}{\theta}}&=\exp\left(-\frac{\widetilde{\Omega}}{\theta}\right)=\mathrm{tr}\left(\exp\left[\frac{-(H-\mu N)}{\theta}\right]\right)\\&=\sum_{k,N}\int\psi_k^*(x)\exp\left[\frac{-(H-\mu N)}{\theta}\right]\psi_k(x)\mathrm{d}x\end{aligned} \tag{5.2.68}$$

式中：μ 为化学势。对于多种粒子所组成的体系，则这时系综的统计算符为

$$\rho=\exp\left(\frac{\widetilde{\Omega}-H+\sum_\alpha\mu_\alpha N_\alpha}{\theta}\right) \tag{5.2.69}$$

式中：μ_α 为对应于第 α 种粒子的化学势；θ 为与温度相关的一个参量，将它与热力学比较，可得

$$\theta = kT \tag{5.2.70}$$

式中：T 为热力学温度；k 为 Boltzmann 常量。

5.3　从量子统计到经典统计的极限过渡

本节仅想以十分扼要的方式，说明一下从量子力学到经典力学极限过渡的问题，因篇幅所限，以下仅讨论两个小问题：①配分函数的极限过渡；②平衡统计算符的极限过渡。

1. 配分函数的极限过渡

为简化起见，只限于考虑在体积 V 中通过势 ν，即

$$\nu(\boldsymbol{x}_1, \boldsymbol{x}_2, \cdots, \boldsymbol{x}_N) = \frac{1}{2}\sum_{i\neq j}\varphi(\boldsymbol{x}_i - \boldsymbol{x}_j) \tag{5.3.1}$$

产生相互作用的体系，该体系由 N 个质量为 m 的单原分子组成。采用 Gibbs 正则系综情况下其量子统计的配分函数 Q 为

$$Q = \sum_k \int \psi_k^*(\boldsymbol{x}_1, \cdots, \boldsymbol{x}_N) \mathrm{e}^{-\beta H} \psi_k(\boldsymbol{x}_1, \cdots, \boldsymbol{x}_N) \mathrm{d}\boldsymbol{x} \cdots \mathrm{d}\boldsymbol{x}_N \tag{5.3.2}$$

其中

$$\beta = \frac{1}{\theta} \tag{5.3.3}$$

$$H = -\sum_j \frac{\hbar^2}{2m}\nabla_j^2 + v(\boldsymbol{x}_1, \cdots, \boldsymbol{x}_N) = -\sum_j \frac{\hbar^2}{2m}\nabla_j^2 + v(x) \tag{5.3.4}$$

当然，式(5.3.2)中的 Q 依赖于独立变量 θ、V、N，在本节中为书写简洁起见略去了这些依赖变量。注意到式(5.3.2)中 Q 与 ψ_k 的选定方式无关，因此对于所选定的 ψ_k 去构成正交完备系时，可以是 Bose 体系（这时具有对称的波函数），也可以是 Fermi 体系（这时具有反对称的波函数）。可以证明式(5.3.2)又可以变为如下形式：

$$Q = \int \sum_g (\pm 1)^g \exp\left[\frac{-\mathrm{i}g}{\hbar}\sum_j (\boldsymbol{p}_j \cdot \boldsymbol{x}_j)\right] \exp(-\beta H) \exp\left[\frac{\mathrm{i}}{\hbar}\sum_j (\boldsymbol{p}_j \cdot \boldsymbol{x}_j)\right] \mathrm{d}\Gamma \tag{5.3.5}$$

式中：g 为粒子坐标的置换算符；$\mathrm{d}\Gamma$ 为

$$\mathrm{d}\Gamma = \frac{\mathrm{d}p\,\mathrm{d}x}{N!(2\pi\hbar)^{3N}} \tag{5.3.6}$$

$$\mathrm{d}x\,\mathrm{d}p \equiv \mathrm{d}\boldsymbol{x}_1 \cdots \mathrm{d}\boldsymbol{x}_N \mathrm{d}\boldsymbol{p}_1 \cdots \mathrm{d}\boldsymbol{p}_N \tag{5.3.7}$$

显然，为了计算式(5.3.5)的积分，必须给出算符 $\exp(-\beta H)$ 作用于函数 $\exp\left[\frac{i}{\hbar}\sum_j(\boldsymbol{p}_j\cdot\boldsymbol{x}_j)\right]$ 的显式形式。为此，令函数 u 定义为

$$u(g)=\exp(-\beta H)\exp\left[\frac{ig}{\hbar}(\overline{px})\right] \tag{5.3.8}$$

式中：u 是关于 g 的函数；这里 g 的定义同式(5.3.5)。显然，当 $g=1$ 时便为

$$u(1)=\exp(-\beta H)\exp\left[\frac{i}{\hbar}(\overline{px})\right] \tag{5.3.9}$$

另外，式(5.3.8)中，$(\overline{px})$ 定义为

$$(\overline{px})\equiv\sum_j(\boldsymbol{p}_j\cdot\boldsymbol{x}_j) \tag{5.3.10}$$

引进 Bloch 方程：

$$\frac{\partial u}{\partial\beta}=-Hu \tag{5.3.11}$$

初始条件

$$u|_{\beta=0}=\exp\left[\frac{ig}{\hbar}(\overline{px})\right] \tag{5.3.12}$$

其中

$$\beta=\frac{1}{\theta} \tag{5.3.13}$$

因此可以将式(5.3.11)中的未知函数 u 变换为

$$u(g)=\exp(-\beta H(p,x))\exp\left[\frac{ig}{\hbar}(\overline{px})\right]w(p,x,\beta) \tag{5.3.14}$$

式中：$w(p,x,\beta)$ 为变数 p、x、β 的函数。将式(5.3.14)代入式(5.3.11)后，得

$$\begin{aligned}\frac{\partial w}{\partial\beta}&=\exp(\beta H(p,x))\left[\frac{\hbar^2}{2m}\nabla^2(\exp(-\beta H(p,x))w)+\frac{i\hbar}{m}g(\overline{p\,\nabla})\exp(-\beta H(p,x))w\right]\\&=\exp(\beta v(x))\left[\frac{i\hbar g}{m}(\overline{p\,\nabla})\exp(-\beta v(x))w+\frac{\hbar^2}{2m}\nabla^2(\exp(-\beta v(x))w)\right]\end{aligned} \tag{5.3.15}$$

其中 $(\overline{p\,\nabla})$ 的含义类似于式(5.3.10)，这里 ∇ 为

$$\nabla\equiv\left(\frac{\partial}{\partial\boldsymbol{x}_1},\frac{\partial}{\partial\boldsymbol{x}_2},\cdots,\frac{\partial}{\partial\boldsymbol{x}_N}\right)$$

将式(5.3.15)变为积分形式，有

$$\begin{aligned}w=1&+\frac{i\hbar}{m}\int_0^\beta\exp(v(x)\tau)[g(\overline{p\,\nabla})\exp(-v(x)\tau)w]\mathrm{d}\tau\\&+\frac{\hbar^2}{m}\int_0^\beta\exp(v(x)\tau)\,\nabla^2[\exp(v(x)\tau)w]\mathrm{d}\tau\end{aligned} \tag{5.3.16}$$

令式(5.3.15)具有如下关于 $\hbar$ 的幂展开方式(即量子力学中著名的 WKB (Wentzel-Kramers-Brillouin)幂级数展开逐级近似方法,它属于一种半经典的近似方法)的形式解,即

$$w = \sum_{n=0}(\hbar^n w_n) \tag{5.3.17}$$

于是借助于式(5.3.17)与式(5.3.16)便可用逐次近似法得到 w_0、w_1、w_2、…。将上面得到的结果,借助于式(5.3.14)代入式(5.3.5)并适当整理后得到配分函数 Q 为

$$\begin{aligned} Q = & \frac{(2\pi m\theta)^{\frac{3N}{2}}}{(2\pi\hbar)^{3N}N!}\int \exp(-\beta v)\left\{1 - \frac{\hbar^2\beta^2}{12m}\sum_j\left[\nabla_j^2 v - \frac{\beta}{2}(\nabla_i v)^2\right]\right. \\ & \left. \pm \sum_{i\neq k}\exp\left(\frac{-m\mid \boldsymbol{x}_{ik}\mid^2}{\beta\hbar^2}\right)\left[1 + \frac{\beta}{2}\boldsymbol{x}_{ik}\cdot(\nabla_i v - \nabla_k v) + \cdots\right]\right\}\mathrm{d}\boldsymbol{x}_1\mathrm{d}\boldsymbol{x}_2\cdots\mathrm{d}\boldsymbol{x}_N \end{aligned} \tag{5.3.18}$$

其中

$$\boldsymbol{x}_{ik} = \boldsymbol{x}_i - \boldsymbol{x}_k \tag{5.3.19}$$

在式(5.3.18)中只限于考虑第一项时,则这时配分函数将变成经典统计力学的配分函数(5.1.45)

$$Q_1 = \frac{(2\pi m\theta)^{3N/2}}{(2\pi\hbar)^{3N}N!}\int \exp(-\beta v)\mathrm{d}\boldsymbol{x}_1\mathrm{d}\boldsymbol{x}_2\cdots\mathrm{d}\boldsymbol{x}_N = \int \exp(-\beta H)\mathrm{d}\Gamma \tag{5.3.20}$$

因此,要把经典统计力学看成量子统计力学的极限情形时,就能得到统计积分即这里的配分函数(5.1.45)的正确表达式。另外,式(5.3.18)中的大括号内共含三项,其中第二项给出与相互作用有关的量子修正,而第三项关系到交换性与相互作用。显然,由于粒子交换条件的关系,第三项在没有相互作用(如理想量子气体)时也不为零。

2. 平衡统计算符的极限过渡

在 x 表象中统计算符可写成如下形式:

$$\rho(\boldsymbol{x}_1,\cdots\boldsymbol{x}_N,\boldsymbol{x}'_1,\cdots\boldsymbol{x}'_N) = \sum_p \psi_p^*(\boldsymbol{x}'_1,\cdots\boldsymbol{x}'_N)\exp\left[\frac{-(H-F)}{\theta}\right]\psi_P(\boldsymbol{x}_1,\cdots\boldsymbol{x}_N) \tag{5.3.21}$$

式中:F 为 Helmholtz 自由能。在坐标与动量混合表象中,统计算符为

$$\begin{aligned} & \rho(\boldsymbol{x}_1,\cdots\boldsymbol{x}_N,\boldsymbol{p}_1\cdots\boldsymbol{p}_N) \\ = & \frac{1}{(2\pi\hbar)^{3N}}\int \rho(\boldsymbol{x}_1,\cdots\boldsymbol{x}_N,\boldsymbol{x}'_1,\cdots\boldsymbol{x}'_N)\exp\left[\frac{-1}{\mathrm{i}\hbar}\sum_j(\boldsymbol{p}_j\cdot\boldsymbol{x}_j)\right]\mathrm{d}\boldsymbol{x}'_1,\cdots\mathrm{d}\boldsymbol{x}'_N \end{aligned} \tag{5.3.22}$$

或者

$$\rho(\boldsymbol{x}_1,\cdots\boldsymbol{x}_N,\boldsymbol{p}_1\cdots\boldsymbol{p}_N)$$
$$=\frac{1}{N!(2\pi\hbar)^{3N}}\sum_g(\pm 1)^g\exp\left[\frac{-(H-F)}{\theta}\right]\exp\left[\frac{\mathrm{i}g}{\hbar}(\overline{px})\right] \tag{5.3.23}$$

其中 g 的含义同式(5.3.5)。借助于式(5.3.8)与式(5.3.14),则统计算符可变为

$$\rho(\boldsymbol{x}_1,\cdots\boldsymbol{x}_N,\boldsymbol{p}_1\cdots\boldsymbol{p}_N)$$
$$=\frac{1}{N!(2\pi\hbar)^{3N}}\exp\left[\frac{-(H-F)}{\theta}\right]\sum_g(\pm 1)^g\exp\left[\frac{\mathrm{i}g}{\hbar}(\overline{px})\right](1+w_1\hbar+w_2\hbar^2+\cdots) \tag{5.3.24}$$

其中 $w_1,w_2,\cdots$的含义同式(5.3.17)。若保留式(5.3.24)的第一项,则有

$$\rho(\boldsymbol{x}_1,\cdots\boldsymbol{x}_N,\boldsymbol{p}_1\cdots\boldsymbol{p}_N)$$
$$=\frac{1}{N!(2\pi\hbar)^{3N}}\exp\left[\frac{-(H-F)}{\theta}\right]\exp\left[\frac{\mathrm{i}}{\hbar}(\overline{px})\right]|\rho(x,p)|\ \mathrm{d}x\mathrm{d}p$$
$$=\exp\left[\frac{-(H-F)}{\theta}\right]\mathrm{d}\Gamma \tag{5.3.25}$$

Wigner 对式(5.3.25)中的统计算符做了更进一步处理,从而借助于 Wigner 表象中的统计算符,成功地完成了从量子统计向经典统计的极限过渡。

综上所述,当 $\hbar\to 0$ 时 Gibbs 的量子力学正则系综过渡到经典正则系综,并且量子 Poisson 括号便可过渡到经典 Poisson 括号,统计算符便可以过渡到分布函数。

5.4 力学微扰所引起的不可逆过程以及熵产生率

不可逆过程理论的基本问题之一,是考查引起平衡破坏的各种微扰因素对统计系综所带来的影响。本节首先从经典统计与量子统计两个方面讨论体系的线性响应以及非线性响应问题;接着讨论平衡态与非平衡态统计力学中常用的双时 Green 函数;讨论由于外界驱动力的作用所引起的能量增加;最后讨论非平衡态中,熵的普遍定义以及熵产生率等基本概念。

1. 经典统计下体系的线性响应

考虑具有 Hamilton 函数 $H(q,p)$的体系,这里 q,p 是所有粒子的坐标与动量的总称,Hamilton 函数包含所有粒子间的相互作用并且 $H(q,p)$与时间无关。令力学变量 $H_t^1(q,p)$表示体系与外场之间的相互作用,这里用下角标 t 表示微扰明显与时间有关,通常假定引起相互作用 $H_t^1(q,p)$的外场是给定的,因此体系以及体系与外场相互作用的总 Hamilton 函数为

$$\widetilde{H}\equiv H(q,p)+H_t^1(q,p) \tag{5.4.1}$$

假定在 $t=-\infty$ 时，不存在外界微扰，即

$$H_t^1(q,p)\mid_{t=-\infty}=0 \tag{5.4.2}$$

在许多情形下，微扰 $H_t^1(q,p)$ 可用如下求和形式表示：

$$H_t^1(q,p)=-\sum_j B_{\mathrm{j}}(q,p)F_j(t) \tag{5.4.3}$$

式中：$F_j(t)$ 是与粒子的坐标以及动量无关的时间函数，是外界驱动力；$B_j(q,p)$ 是与时间无关的力学变量。

在经典统计下，分布函数 f 满足 Liouville 方程[即式(5.1.16)]，在体系考虑外界力学量的微扰时相应的 Liouville 方程为

$$\frac{\partial f}{\partial t}=[\widetilde{H},f] \tag{5.4.4}$$

同时 f 满足初始条件，如对于正则系综则

$$f(t)\mid_{t=-\infty}=f_0=(Q(\theta,V,N))^{-1}\exp\left(\frac{-H}{\theta}\right) \tag{5.4.5}$$

$$Q(\theta,V,N)=\int\exp\left(\frac{-H}{\theta}\right)\mathrm{d}\Gamma \tag{5.4.6}$$

这个条件表明，当 $t=-\infty$ 时，体系处于统计平衡态。为了求解初始条件为式(5.4.5)时方程(5.4.4)的解，今引进如下的变换，将函数 f 变换为 f_1，即

$$f_1=-\exp(-\mathrm{i}tL)f \tag{5.4.7}$$

式中：L 为 Liouville 算符，此时 Liouville 方程变为

$$\frac{\partial f_1}{\partial t}=\exp(-\mathrm{i}tL)[H_{\mathrm{t}}^1,\exp(-\mathrm{i}tL)f_1]=[H_{\mathrm{t}}^1(t),f_1] \tag{5.4.8}$$

其中

$$H_t^1(t)=\exp(-\mathrm{i}tL)H_t^1 \tag{5.4.9}$$

初始条件为

$$f_1(t)\mid_{t=-\infty}=f_0 \tag{5.4.10}$$

将方程(5.4.8)及初始条件(5.4.10)写成积分方程的形式，即

$$f_1(t)=f_0+\int_{-\infty}^{t}[H_{t'}^1(t'),f_1(t')]\mathrm{d}t' \tag{5.4.11}$$

或者

$$f(t)=f_0+\int_{-\infty}^{t}\exp[\mathrm{i}(t-t')L][H_{t'}^1,f(t')]\mathrm{d}t' \tag{5.4.12}$$

在式(5.4.12)中注意了 f_0 为 Liouville 方程的积分，因此初始条件应为 $\exp(\mathrm{i}tL)f_0=f_0$；另外，在式(5.4.11)与式(5.4.12)的积分式里括号为 Poisson 括号。

若微扰 H_t^1 很小，则把 f_0 作为零级近似用逐次逼近法式(5.4.12)。在一级近

似中,可得

$$f(t)=f_0+\int_{-\infty}^{t}[H_{t'}^{1}(t'-t),f_0]\mathrm{d}t' \tag{5.4.13}$$

令 β 为

$$\beta=\frac{1}{\theta} \tag{5.4.14}$$

于是式(5.4.13)可写为

$$f(t)=f_0\left(1-\beta\int_{-\infty}^{t}[H_{t'}^{1}(t'-t),H]\mathrm{d}t'\right) \tag{5.4.15}$$

令 A 为任意一个力学量,于是借助于式(5.1.26)以及式(5.4.13)便可得到 $A(q,p)$ 的平均值:

$$\langle A\rangle=\langle A\rangle_0+\int_{-\infty}^{t}\langle[A,H_{t'}^{1}(t'-t)]\rangle_0\mathrm{d}t' \tag{5.4.16}$$

其中 $\langle\cdots\rangle_0$ 为对平衡分布函数的平均,其表达式为

$$\langle\cdots\rangle_0=\int\cdots f_0\mathrm{d}\Gamma \tag{5.4.17}$$

引入阶跃函数 $\theta(t-t')$:

$$\theta(t)=\begin{cases}1 & (t>0)\\ 0 & (t<0)\end{cases} \tag{5.4.18}$$

并把式(5.4.16)的积分上限扩大到 $+\infty$,则式(5.4.16)可写为

$$\langle A\rangle=\langle A\rangle_0+\int_{-\infty}^{+\infty}\ll AH_{t'}^{1}(t'-t)\gg\mathrm{d}t' \tag{5.4.19}$$

式中将 $H_t^{1\prime}(t'-t)$ 简记为 $\widetilde{B}(t'-t)$

$$\begin{aligned}\langle\langle A\widetilde{B}(t'-t)\rangle\rangle&\equiv\theta(t-t')\langle[A,\widetilde{B}(t-t')]\rangle_0\\&=\theta(t-t')\langle[A(t),\widetilde{B}(t')]\rangle_0=\langle\langle A(t)\widetilde{B}(t')\rangle\rangle\end{aligned} \tag{5.4.20}$$

式(5.4.20)便称为经典统计力学中的推迟双时 Green 函数。

若外界微扰 $H_t^1(q,p)$ 具有式(5.4.3)的形式时,经适当整理之后式(5.4.19)变为[30]

$$\langle A\rangle=\langle A\rangle_0-\sum_j\int_{-\infty}^{+\infty}\langle\langle A(t)B_j(t')\rangle\rangle F_j(t')\mathrm{d}t' \tag{5.4.21}$$

这就是经典统计下线性响应的 Kubo 关系式。显然,式(5.4.21)的最大特点是用统计平衡态的平均形式去表达非平衡。它是经典统计下,体系线性响应问题研究中常会遇到的重要关系式之一。

2. 量子统计下体系的线性响应

令外界扰动时体系的总 Hamilton 函数仍用式(5.4.1)表示，在 $t=-\infty$ 时 $H_t^1(q,p)$ 值由式(5.4.2)给出。另外，微扰 H_t^1 仍认为具有式(5.4.3)的形式。另外，注意到在量子统计中统计算符 ρ 满足 Liouville 方程。在考虑外界微扰时，则有

$$\mathrm{i}\hbar\frac{\partial\rho}{\partial t}=[H+H_t^1,\rho] \tag{5.4.22}$$

初始条件

$$\rho|_{t=-\infty}=\rho_0=[Q(\theta,V,N)]^{-1}\exp\left(\frac{-H}{\theta}\right) \tag{5.4.23}$$

式(5.4.23)表明，在 $t=-\infty$ 时，体系处于统计平衡态，并且它可由 Gibbs 正则系综表示。引入正则变换

$$\rho_1=\exp\left(\frac{\mathrm{i}Ht}{\hbar}\right)\rho\exp\left(\frac{-\mathrm{i}Ht}{\hbar}\right) \tag{5.4.24}$$

此时式(5.4.22)变为

$$\mathrm{i}\hbar\frac{\partial\rho_1}{\partial t}=[H_t^1(t),\rho_1] \tag{5.4.25}$$

初始条件

$$\rho_1|_{t=-\infty}=\rho_0 \tag{5.4.26}$$

式(5.4.25)中的 $H_t^1(t)$ 为

$$H_t^1(t)=\exp\left(\frac{\mathrm{i}Ht}{\hbar}\right)H_t^1\exp\left(\frac{-\mathrm{i}Ht}{\hbar}\right) \tag{5.4.27}$$

式中：$H_t^1(t)$ 是 Heisenberg 表象中的微扰算符。

仿照式(5.4.11)的做法，将方程(5.4.25)以及初始条件(5.4.26)写成如下形式的积分方程：

$$\rho_1(t)=\rho_0+\frac{1}{\mathrm{i}\hbar}\int_{-\infty}^{t}[H_{t'}^1(t'),\rho_1(t')]\mathrm{d}t' \tag{5.4.28}$$

或者

$$\rho(t)=\rho_0+\int_{-\infty}^{t}\exp\left[\frac{\mathrm{i}H(t-t')}{\hbar}\right]\frac{1}{\mathrm{i}\hbar}[H_{t'}^1,\rho]\exp\left[\frac{-\mathrm{i}H(t-t')}{\hbar}\right]\mathrm{d}t' \tag{5.4.29}$$

显然，这些方程相当于经典统计情形下的式(5.4.11)与式(5.4.12)。如果微扰 H_t^1 很小，则 ρ_0 作为零级近似，用逐次逼近式(5.4.28)的解法可得到它的一次近似为

$$\rho=\rho_0+\int_{-\infty}^{t}\frac{1}{\mathrm{i}\hbar}[H_{t'}^1(t'-t),\rho_0]\mathrm{d}t' \tag{5.4.30}$$

令 A 为任意算符，引入 Kubo 恒等式：

$$[A,\exp(-\beta H)] = -\exp(-\beta H)\int_0^\beta \exp(\lambda H)[A,H]\exp(-\lambda H)\,\mathrm{d}\lambda \quad (5.4.31)$$

借助于式(5.4.31)，则式(5.4.30)可写为

$$\rho = \rho_0\left[1 - \int_0^\beta\int_{-\infty}^t \exp(\lambda H)\dot{H}_{t'}^1(t'-t)\exp(-\lambda H)\,\mathrm{d}\lambda\,\mathrm{d}t'\right] \quad (5.4.32)$$

其中

$$\beta = \frac{1}{\theta} \quad (5.4.33)$$

$$\dot{H}_{t'}^1(t'-t) = \frac{1}{\mathrm{i}\hbar}[H_{t'}^1(t'-t),H] \quad (5.4.34)$$

注意到由任意算符 A 表示的任意观测量的平均值为

$$\langle A\rangle = \mathrm{tr}(\rho A) \quad (5.4.35)$$

于是当 ρ 取作一级近似[即式(5.4.30)]时，$\langle A\rangle$ 可以写为

$$\langle A\rangle = \langle A\rangle_0 + \int_{-\infty}^t \frac{1}{\mathrm{i}\hbar}\langle[A(t),H_{t'}^1(t')]\rangle_0\,\mathrm{d}t' \quad (5.4.36)$$

其中

$$A(t) = \exp\left(\frac{\mathrm{i}Ht}{\hbar}\right)A\exp\left(\frac{-\mathrm{i}Ht}{\hbar}\right) \quad (5.4.37)$$

它是 Heisenberg 表象中的算符 A，并且

$$\langle\cdots\rangle_0 = \mathrm{tr}(\rho_0\cdots) \quad (5.4.38)$$

是对平衡态统计算符的平均。仿照经典统计时的做法，也可以引入阶跃函数(5.4.18)，可得到与式(5.4.19)相对应的量子统计时的表达式：

$$\langle A\rangle = \langle A\rangle_0 + \int_{-\infty}^{\infty} \langle\langle A(t)H_{t'}^1(t')\rangle\rangle\,\mathrm{d}t' \quad (5.4.39)$$

如果用 $\widetilde{B}(t')$ 代表 $H_{t'}^1(t')$，于是有

$$\langle\langle A(t)\widetilde{B}(t')\rangle\rangle \equiv \theta(t-t')\,\frac{1}{\mathrm{i}\hbar}\langle[A(t),\widetilde{B}(t')]\rangle_0 \quad (5.4.40)$$

显然，式(5.4.40)对应于经典统计下的式(5.4.20)。如果外界微扰 H_t^1 为

$$H_t^1 = -\sum_j B_j F_j(t) \quad (5.4.41)$$

则 $\langle A\rangle$ 又可以写为

$$\langle A\rangle = \langle A\rangle_0 - \sum_j \int_{-\infty}^{+\infty} \ll A(t)B_j(t')\gg F_j(t')\,\mathrm{d}t' \quad (5.4.42)$$

这就是量子统计下线性响应的 Kubo 关系式。

3. 体系的非线性响应

这里只考虑量子统计的情形。对于经典统计，只要把量子 Poisson 括号换成经典的，把量子的平均换成经典的平均，就会过渡到经典的情形。

引进演化算符 $U(t)$ 的运动方程，在体系的非线性响应下，$U(t)$ 的运动方程为

$$i\hbar\frac{\partial U(t)}{\partial t}=(H+H_t^1)U(t) \tag{5.4.43}$$

当 $H_t^1=0$ 时，式(5.4.43)的解为

$$U(t)=\exp\left(\frac{-iHt}{\hbar}\right) \tag{5.4.44}$$

另外，对式(5.4.43)还应附加初始条件

$$\exp\left(\frac{iHt}{\hbar}\right)U(t)|_{t=-\infty}=1 \tag{5.4.45}$$

显然，如果 $U(t)$ 满足式(5.4.43)和初始条件(5.4.45)，则可以证明这时

$$\rho(t)=U(t)\rho_0U^+(t) \tag{5.4.46}$$

满足 Liouville 方程(5.4.22)和初始条件(5.4.23)。当然，式(5.4.46)可以写为如下明显形式，如对于 Gibbs 正则系综，则式(5.4.46)变为

$$\rho(t)=U(t)\exp[-\beta(H-F)]U^+(t) \tag{5.4.47}$$

另外，对任意算符 A 的任意函数 $f(A)$，恒有如下关系式成立：

$$Uf(A)U^+=f(UAU^+) \tag{5.4.48}$$

式中的 U 为任意的幺正变函数(即 $U^+U=1$ 或 $U^+=U^{-1}$)。借助于式(5.4.48)，则式(5.4.47)又可变为

$$\rho(t)=\exp[-\beta(U(t)HU^+(t)-F)] \tag{5.4.49}$$

值得注意的是，在非线性响应理论中，外界微扰 H_t^1 与体系对微扰的响应(即 $\langle A\rangle-\langle A\rangle_0$)之间不一定存在唯一的关系。假如采用非线性自动控制系统理论的术语，则可以认为微扰 H_t^1 为输入信号，$\langle A\rangle-\langle A\rangle_0$ 为输出信号，在具有反馈的非线性自动控制系统中，输入信号与输出信号之间不存在唯一关系。在统计力学中也会存在反馈机制，如在湍流中发生的自激振荡现象等。在线性响应理论中，推动力 $F(t)$(这里为输入信号)与体系的响应 ΔA(这里 $\Delta A\equiv\langle A\rangle-\langle A\rangle_0$，即输出信号)之间的关系可由式(5.4.42)给出的线性积分表示：

$$\Delta A(t)=\int_{-\infty}^{t}L(t-t')F(t')\mathrm{d}t' \tag{5.4.50}$$

其中

$$L(t-t')=-\langle\langle A(t)B(t')\rangle\rangle \tag{5.4.51}$$

对于具有反馈的自激系统非线性理论，输入信号 $F(t)$ 与输出信号 ΔA 间通过

如下的非线性积分方程彼此联系：

$$\Delta A(t)=\int L(t,t')f\left(F(t')-\int_{-\infty}^{\infty}K(t',t'')\Delta A(t'')\mathrm{d}t''\right)\mathrm{d}t' \quad (5.4.52)$$

式中：函数 $L(t,t')$决定体系的响应，$K(t',t)$为反馈响应，$f[\cdots]$为 $f[0]=0$ 的非线性变换。在没有反馈的线性理论中，即有

$$f[F(t)]=F(t),\quad L(t,t')=L(t-t'),\quad K(t',t'')=0 \quad (5.4.53)$$

成立，于是可将式(5.4.52)变为式(5.4.50)。另外，当非线性系统具有正反馈时也会出现不稳定现象。同样，在非平衡统计力学中有时也会产生不稳定状态。在具有反馈的非线性体系中，不能得出输入信号与输出信号之间的明显关系。在这种体系中，小的微扰增大到某个值时，体系便在相应的值附近涨落。

4. 双时 Green 函数及其对称性

在统计力学中常引进如下三种 Green 函数：推迟 Green 函数 $Gr(t,t')$，超前 Green 函数 $Ga(t,t')$和因果 Green 函数 $Gc(t,t')$，其表达式为

$$Gr(t,t')=\langle\langle A(t)B(t')\rangle\rangle_r=\frac{1}{\mathrm{i}\hbar}\theta(t-t')\langle[A(t),B(t')]\rangle \quad (5.4.54)$$

$$Ga(t,t')=\langle\langle A(t)B(t')\rangle\rangle_a=\frac{-1}{\mathrm{i}\hbar}\theta(t'-t)\langle[A(t),B(t')]\rangle \quad (5.4.55)$$

$$Gc(t,t')=\langle\langle A(t)B(t')\rangle\rangle_c=\frac{1}{\mathrm{i}\hbar}\langle TA(t)B(t')\rangle \quad (5.4.56)$$

其中$\langle\cdots\rangle$的含义类似于式(5.4.40)，因这里仅考虑平衡态系综的平均，因此省略了括号下角标 0；式中 $\theta(t)$为阶跃函数，其含义同式(5.4.18)；式中 T 是按时间顺序排列的算符，这里 $TA(t)B(t')$为

$$TA(t)B(t')=\theta(t-t')A(t)B(t')+\eta\theta(t'-t)B(t')A(t) \quad (5.4.57)$$

另外，$[A,B]$按 η 的正与负将成为对易子或反对易子：

$$[A,B]=AB-\eta BA \quad (5.4.58)$$

即当 $\eta=1$ 时为对易子，当 $\eta=-1$ 时为反对易子。当然，式(5.4.57)与式(5.4.58)中 η 值的正负应根据所讨论的问题而定。若 A 与 B 是 Bose 算符，则 η 取正号；若 A 与 B 是 Fermi 算符，则 η 取负号。

在上述三个 Green 函数的定义中，算符 $A(t)$与 $B(t)$满足如下运动方程（这里以 $A(t)$为例）：

$$\mathrm{i}\hbar\frac{\mathrm{d}A}{\mathrm{d}t}=A\mathfrak{R}-\mathfrak{R}A \quad (5.4.59)$$

式中：A 是 Heisenberg 表象式(5.4.59)中的算符，式(5.4.59)为

$$A(t)=\exp\left(\frac{\mathrm{i}\mathfrak{R}t}{\hbar}\right)A\exp\left(\frac{-\mathrm{i}\mathfrak{R}t}{\hbar}\right) \quad (5.4.60)$$

将三个 Green 函数对 t 微商，可得到 Gr、Ga 与 Gc 共同满足的方程，其形式为

$$
\begin{aligned}
\mathrm{i}\hbar\frac{\mathrm{d}G(t-t')}{\mathrm{d}t} &= \mathrm{i}\hbar\frac{\mathrm{d}}{\mathrm{d}t}\langle\langle A(t)B(t')\rangle\rangle \\
&= \frac{\mathrm{d}\theta(t-t')}{\mathrm{d}t}\langle[A(t),B(t')]\rangle + \left\langle\!\!\left\langle \mathrm{i}\hbar\frac{\mathrm{d}A(t)}{\mathrm{d}t}B(t')\right\rangle\!\!\right\rangle
\end{aligned} \tag{5.4.61}
$$

借助于式(5.4.59)，则式(5.4.61)可变为

$$
\mathrm{i}\hbar\frac{\mathrm{d}G(t-t')}{\mathrm{d}t} = \delta(t-t')\langle[A(0),B(0)]\rangle + \langle\langle(A(t)\Re-\Re A(t))B(t')\rangle\rangle \tag{5.4.62}
$$

式中利用了阶跃函数 $\theta(t)$ 与 t 的 δ 函数之间的如下关系：

$$
\theta(t) = \int_{-\infty}^{t}\delta(t)\mathrm{d}t \tag{5.4.63}
$$

为了求解式(5.4.62)，常将 Green 函数用谱表示。

下面扼要讨论一下 Green 函数的对称性。从推迟与超前 Green 函数的定义[即式(5.4.54)与式(5.4.55)]可以导出

$$
\langle\langle A(t)B(t')\rangle\rangle_r = \eta\langle\langle B(t')A(t)\rangle\rangle_a \tag{5.4.64}
$$

如果取推迟与超前 Green 函数表达式(5.4.54)与式(5.4.55)的共轭复数，则得到

$$
\langle\langle A(t)B(t')\rangle\rangle^* = \eta\langle\langle A^+(t)B^+(t')\rangle\rangle \tag{5.4.65}
$$

这是一个很有用的对称关系式。对于 Hermite 算符，在 Green 函数被当成对易子定义(即当 $A=A^+$，$B=B^+$，$\eta=1$)时，得到

$$
\langle\langle A(t)B(t')\rangle\rangle^* = \langle\langle A(t)B(t')\rangle\rangle \tag{5.4.66}
$$

5. 流与力之间的线性关系

力学变量 α_j 对时间的导数 $\dot{\alpha}_j$ 称为流算符，其平均值 $\langle\dot{\alpha}_j\rangle$ 称为流。注意到

$$
\langle\dot{\alpha}_j\rangle_0 = \frac{\mathrm{d}}{\mathrm{d}t}\langle\alpha_j\rangle_0 = 0 \tag{5.4.67}
$$

因此在统计平衡态中不存在流。流是非平衡态特有的量。引入流的 n 维矢量算符：

$$
\dot{\boldsymbol{\alpha}} = (\dot{\alpha}_1,\cdots,\dot{\alpha}_n) \tag{5.4.68}
$$

若力 $F(t)$ 足够小时，则用线性响应理论便可得到流与力之间的关系。设体系在受到微扰时 H_t^1 可以表示为

$$
H_t^1 = -\sum_{j=1}^{n}F_j(t)\alpha_j = -\boldsymbol{F}(t)\cdot\boldsymbol{\alpha} \tag{5.4.69}
$$

式中：α_j 为力学变量；$\boldsymbol{\alpha}$ 为

$$\boldsymbol{\alpha} = (\alpha_1, \alpha_2, \cdots, \alpha_n) \tag{5.4.70}$$

$F_j(t)$为作用在 α_j 上的外场的"力",它的矢量形式记作 $\boldsymbol{F}(t)$。借助于式(5.4.39)可得到在该体系中产生的流为

$$\langle \dot{\alpha}_i \rangle = \sum_k \int_{-\infty}^{t} L_{ik}(t-t')F_k(t')\mathrm{d}t' \tag{5.4.71}$$

或者

$$\langle \dot{\boldsymbol{\alpha}} \rangle = \int_{-\infty}^{t} \boldsymbol{L}(t-t') \cdot \boldsymbol{F}(t')\mathrm{d}t' \tag{5.4.72}$$

其中

$$\boldsymbol{L}(t-t') = -\langle\langle \dot{\boldsymbol{\alpha}}(t)\boldsymbol{\alpha}(t')\rangle\rangle \tag{5.4.73}$$

为并矢张量,其分量为

$$L_{ik}(t-t') = -\langle\langle \dot{\alpha}_i(t)\alpha_k(t)\rangle\rangle \tag{5.4.74}$$

关系式(5.4.71)与式(5.4.72)常称为力与流之间的线性关系。

6. 外界力学微扰而引起体系的能量变化

受外界驱动力 $F_1(t),\cdots,F_n(t)$的作用,体系的能量与熵将会增加。借助于式(5.2.44)可得

$$\left\langle \frac{\mathrm{d}H}{\mathrm{d}t} \right\rangle = \mathrm{tr}\left(\rho \frac{\mathrm{d}H}{\mathrm{d}t}\right) = \frac{\mathrm{d}}{\mathrm{d}t}\langle H \rangle = \frac{1}{\mathrm{i}\hbar}\langle [H, H_t^1] \rangle \tag{5.4.75}$$

式中:ρ 为统计算符,它满足如下的量子 Liouville 方程:

$$\mathrm{i}\hbar \frac{\partial \rho}{\partial t} = [H + H_t^1, \rho] \tag{5.4.76}$$

这里引入记号 $\dot{H}_t^1$ 为

$$\dot{H}_t^1 = \frac{1}{\mathrm{i}\hbar}[H_t^1, H] \tag{5.4.77}$$

于是式(5.4.75)可改写为

$$\frac{\mathrm{d}}{\mathrm{d}t}\langle H \rangle = -\langle \dot{H}_t^1 \rangle \tag{5.4.78}$$

另外,可以证明式(5.4.78)能变为如下形式:

$$\frac{\mathrm{d}}{\mathrm{d}t}\langle H \rangle = \sum_i \langle \dot{\alpha}_i \rangle F_i(t) = \langle \dot{\boldsymbol{\alpha}} \rangle \cdot \boldsymbol{F}(t) \tag{5.4.79}$$

式中:$\boldsymbol{F}(t)$为力;$\langle \dot{\boldsymbol{\alpha}} \rangle$为流。

7. 熵产生率

对于平衡态,熵算符 η 已由式(5.2.46)定义,因此借助于式(5.2.48)便可得到

平衡态下的熵。对于非平衡过程，则要引进局部平衡分布的统计算符 ρ_l，于是局部平衡分布的熵便可定义为

$$S = -\operatorname{tr}(\rho_l \ln \rho_l) \tag{5.4.80}$$

令 σ_S 为熵产生率，$\boldsymbol{J}_i$ 为局部流，$\boldsymbol{X}_i$ 为与 $\boldsymbol{J}$ 共轭的热力学力，于是熵产生率 σ_S 为

$$\sigma_S = \sum_i \sum_j (\boldsymbol{L}_{ij} \cdot \boldsymbol{X}_i \cdot \boldsymbol{X}_j) \tag{5.4.81}$$

其中 $\boldsymbol{L}_{ij}$ 满足

$$\boldsymbol{J}_i = \sum_j (\boldsymbol{L}_{ij} \cdot \boldsymbol{X}_j) \tag{5.4.82}$$

Prigogine 已经证明：当体系达到稳定的非平衡态时，其熵产生率最小[31]，这就是著名的最小熵产原理。

5.5　非平衡统计算符

1. 经典力学与量子力学中的局部守恒律

在整个理论物理中，守恒律是最基本的，也是最重要的。例如，粒子数、能量和动量等物理量平均值的守恒律是不可逆过程的唯象热力学的基础。再如讨论非平衡过程的统计热力学也是从守恒律出发的，但此时应用的不是力学量平均值的守恒律，而是力学量本身的守恒律[32]。

讨论经典力学情形下具有局部形式能量、动量和粒子数的守恒律。设彼此相互作用的全同粒子体系的 Hamilton 函数已由式(5.1.3)给出，即

$$H = \sum_i \left(\frac{\boldsymbol{p}_i^2}{2m} + \frac{1}{2} \sum_{j \neq i} \phi(|\boldsymbol{x}_i - \boldsymbol{x}_j|) \right) \tag{5.5.1}$$

式中：$\phi(|\boldsymbol{x}_i - \boldsymbol{x}_j|)$ 为粒子间的相互作用势能；m 为粒子质量。满足粒子运动的 Hamilton 正则方程为

$$\dot{\boldsymbol{x}}_i = \frac{\partial H}{\partial \boldsymbol{p}_i} = \frac{\boldsymbol{p}_i}{m}, \quad \dot{\boldsymbol{p}}_i = -\frac{\partial H}{\partial \boldsymbol{x}_i} = \sum_{j \neq i} \boldsymbol{F}_{ij} \tag{5.5.2}$$

式中：$\boldsymbol{F}_{ij}$ 表示第 i 个粒子与第 j 个粒子间的相互作用力，并且有

$$\boldsymbol{F}_{ij} = -\boldsymbol{F}_{ji} = -\frac{\partial \phi(|\boldsymbol{x}_i - \boldsymbol{x}_j|)}{\partial \boldsymbol{x}_i} \tag{5.5.3}$$

粒子数密度 $n(x)$ 可用如下函数表示：

$$n(\boldsymbol{x}) = \sum_i \delta(\boldsymbol{x}_i - \boldsymbol{x}) \tag{5.5.4}$$

式中求和是对所有粒子进行的。由于式(5.5.4)的粒子坐标 $\boldsymbol{x}_i$ 是按照运动方程式(5.5.2)随时间变化，因此 $n(\boldsymbol{x})$ 对时间的导数为

$$\frac{\partial n(\boldsymbol{x})}{\partial t}=\sum_i \delta(\boldsymbol{x}_i(t)-\boldsymbol{x})=\sum_i \dot{\boldsymbol{x}}_i\cdot\nabla_i\delta(\boldsymbol{x}_i-\boldsymbol{x}) \tag{5.5.5}$$

即

$$\frac{\partial n(\boldsymbol{x})}{\partial t}=-\nabla\cdot\boldsymbol{j}(\boldsymbol{x}) \tag{5.5.6}$$

式(5.5.6)就是局部形式的粒子数守恒律。式中 $\boldsymbol{j}(\boldsymbol{x})$ 为粒子数的流密度,其表达式为

$$\boldsymbol{j}(\boldsymbol{x})=\sum_i\left(\frac{\boldsymbol{p}_i}{m}\delta(\boldsymbol{x}_i-\boldsymbol{x})\right) \tag{5.5.7}$$

引进动量密度 $\boldsymbol{p}(\boldsymbol{x})$,即

$$\boldsymbol{p}(\boldsymbol{x})=m\boldsymbol{j}(\boldsymbol{x})=\sum_i(\boldsymbol{p}_i\delta(\boldsymbol{x}_i-\boldsymbol{x})) \tag{5.5.8}$$

将式(5.5.8)对时间求导数,便有

$$\frac{\partial \boldsymbol{p}(\boldsymbol{x})}{\partial t}=\boldsymbol{B}(\boldsymbol{x})-\nabla\cdot\sum_i\left(\frac{1}{m}\boldsymbol{p}_i\boldsymbol{p}_i\delta(\boldsymbol{x}_i-\boldsymbol{x})\right) \tag{5.5.9}$$

其中

$$\boldsymbol{B}(\boldsymbol{x})=\frac{1}{2}\sum_{\substack{i,j\\ i\neq j}}\boldsymbol{F}_{ij}[\delta(\boldsymbol{x}_i-\boldsymbol{x})-\delta(\boldsymbol{x}_j-\boldsymbol{x})] \tag{5.5.10}$$

式中:$\boldsymbol{p}_i\boldsymbol{p}_i$ 为并矢张量。

容易证明,式(5.5.10)可以变为如下散度形式:

$$\boldsymbol{B}(\boldsymbol{x})=-\nabla\cdot\left[\frac{1}{2}\sum_{i,j}(\boldsymbol{F}_{ij}\boldsymbol{x}_{ij}\delta(\boldsymbol{x}_i-\boldsymbol{x}))\right] \tag{5.5.11}$$

或者

$$\boldsymbol{B}^{\alpha}(\boldsymbol{x})=-\sum_{\beta}\frac{\partial}{\partial x^{\beta}}\left[\frac{1}{2}\sum_{i,j}(F_{ij}^{\alpha}x_{ij}^{\beta}\delta(\boldsymbol{x}_i-\boldsymbol{x}))\right] \tag{5.5.12}$$

式中:$\boldsymbol{F}_{ij}\boldsymbol{x}_{ij}$ 为并矢张量。令 $\boldsymbol{x}_{ij}=\boldsymbol{x}_i-\boldsymbol{x}_j$;$T^{\beta\alpha}(\boldsymbol{x})$ 为二阶张量 $\boldsymbol{T}$ 的逆变分量,即

$$T^{\beta\alpha}(\boldsymbol{x})=\sum_i\left(\frac{1}{m}p_i^{\alpha}p_i^{\beta}+\frac{1}{2}\sum_{j\neq i}F_{ij}^{\alpha}x_{ij}^{\beta}\right)\delta(\boldsymbol{x}_i-\boldsymbol{x}) \tag{5.5.13}$$

显然,$\boldsymbol{T}$ 为二阶对称动量流张量(又称动量通量密度张量)。于是式(5.5.9)可写为如下局部动量守恒律的形式:

$$\frac{\partial p^{\alpha}(\boldsymbol{x})}{\partial t}=-\sum_{\beta}\frac{\partial T^{\beta\alpha}(\boldsymbol{x})}{\partial x^{\beta}} \tag{5.5.14}$$

令如下形式表示能流密度的力学量:

$$H(\boldsymbol{x})=\sum_i\left(\frac{p_i^2}{2m}+\frac{1}{2}\sum_{j\neq i}\phi(|\boldsymbol{x}_i-\boldsymbol{x}_j|)\right)\delta(\boldsymbol{x}_i-\boldsymbol{x}) \tag{5.5.15}$$

引进能量密度矢量 $\boldsymbol{J}_H(\boldsymbol{x})$,其表达式为

$$\boldsymbol{J}_H(\boldsymbol{x})=\sum_i\left(\frac{p_i^2}{2m}+\frac{1}{2}\sum_{j\neq i}\phi(|\boldsymbol{x}_i-\boldsymbol{x}_j|)\right)\frac{\boldsymbol{p}_i}{m}\delta(\boldsymbol{x}_i-\boldsymbol{x})+\frac{1}{4}\sum_{i,j}\left[\frac{1}{m}(\boldsymbol{p}_i+\boldsymbol{p}_j)\cdot\boldsymbol{F}_{ij}\boldsymbol{x}_{ij}\delta(\boldsymbol{x}_i-\boldsymbol{x})\right]\tag{5.5.16}$$

在近似计算中,式(5.5.16)又可写为

$$\boldsymbol{J}_H(\boldsymbol{x})=\sum_i\left[\frac{\boldsymbol{p}_i\boldsymbol{p}_i}{2m}+\frac{1}{2}\sum_{j\neq i}\phi(|\boldsymbol{x}_i-\boldsymbol{x}_j|)\boldsymbol{U}+\frac{1}{2}\sum_{j\neq i}(\boldsymbol{x}_{ij}\boldsymbol{F}_{ij})\right]\cdot\frac{\boldsymbol{p}_i}{m}\delta(\boldsymbol{x}_i-\boldsymbol{x})\tag{5.5.17}$$

式中:$\left[\frac{\boldsymbol{p}_i\boldsymbol{p}_i}{2m}+\frac{1}{2}\sum_{j\neq i}\phi(|\boldsymbol{x}_i-\boldsymbol{x}_j|)\boldsymbol{U}+\frac{1}{2}\sum_{j\neq i}(\boldsymbol{x}_{ij}\boldsymbol{F}_{ij})\right]$为二阶张量;$\boldsymbol{U}$ 为单位张量。于是局部能量守恒律为

$$\frac{\partial H(\boldsymbol{x})}{\partial t}=-\nabla\cdot\boldsymbol{J}_H(\boldsymbol{x})\tag{5.5.18}$$

下面讨论量子力学中的局部守恒律。考虑具有相互作用的质量为 m 的全同粒子所组成的量子力学体系。令该体系 Hamilton 函数 H 为

$$H=\int\psi^+(\boldsymbol{x})\left[\frac{-\hbar^2}{2m}\nabla^2+\frac{1}{2}\int\phi(\boldsymbol{x}-\boldsymbol{x}')\psi^+(\boldsymbol{x}')\psi(\boldsymbol{x}')\mathrm{d}\boldsymbol{x}'\right]\psi(\boldsymbol{x})\mathrm{d}\boldsymbol{x}\tag{5.5.19}$$

这里在占有数表象中,作用于波函数的算符 $\psi(\boldsymbol{x})$与 $\psi^+(\boldsymbol{x})$满足如下两种情况中的一种情况:

(1) 对于 Fermi 统计有

$$\begin{cases}\psi(\boldsymbol{x})\psi^+(\boldsymbol{x}')+\psi^+(\boldsymbol{x}')\psi(\boldsymbol{x})=\delta(\boldsymbol{x}-\boldsymbol{x}')\\ \psi(\boldsymbol{x})\psi(\boldsymbol{x}')+\psi(\boldsymbol{x}')\psi(\boldsymbol{x})=0\\ \psi^+(\boldsymbol{x})\psi^+(\boldsymbol{x}')+\psi^+(\boldsymbol{x}')\psi^+(\boldsymbol{x})=0\end{cases}\tag{5.5.20}$$

(2) 对于 Bose 统计有

$$\begin{cases}\psi(\boldsymbol{x})\psi^+(\boldsymbol{x}')-\psi^+(\boldsymbol{x}')\psi(\boldsymbol{x})=\delta(\boldsymbol{x}-\boldsymbol{x}')\\ \psi(\boldsymbol{x})\psi(\boldsymbol{x}')-\psi(\boldsymbol{x}')\psi(\boldsymbol{x})=0\\ \psi^+(\boldsymbol{x})\psi^+(\boldsymbol{x}')-\psi^+(\boldsymbol{x}')\psi^+(\boldsymbol{x})=0\end{cases}\tag{5.5.21}$$

另外,若粒子具有自旋时,则除应考虑坐标 $\boldsymbol{x}$ 外,还应考虑粒子的自旋变数。设 Hamilton 函数(5.5.19)写成如下形式:

$$H=\int H(\boldsymbol{x})\mathrm{d}\boldsymbol{x}\tag{5.5.22}$$

其中能量密度算符 $H(\boldsymbol{x})$满足 Hermite 条件,$H(\boldsymbol{x})$可取为

$$H(\boldsymbol{x})=\frac{\hbar^2}{2m}\nabla^2\psi^+(\boldsymbol{x})\cdot\nabla\psi(\boldsymbol{x})+\frac{1}{2}\int\phi(\boldsymbol{x}-\boldsymbol{x}')\psi^+(\boldsymbol{x})\psi^+(\boldsymbol{x}')\psi(\boldsymbol{x}')\psi(\boldsymbol{x})\mathrm{d}\boldsymbol{x}'\tag{5.5.23}$$

引进粒子数密度算符 $n(\boldsymbol{x})$，即

$$n(\boldsymbol{x}) = \psi^{+}(\boldsymbol{x})\psi(\boldsymbol{x}) \tag{5.5.24}$$

而算符 $\psi(\boldsymbol{x})$ 服从如下形式的运动方程：

$$\begin{aligned} \mathrm{i}\hbar \frac{\partial \psi(\boldsymbol{x})}{\partial t} &= [\psi(\boldsymbol{x}), H] \\ &= -\frac{\hbar^2}{2m}\nabla^2\psi(\boldsymbol{x}) + \int \phi(\boldsymbol{x}) n(\boldsymbol{x}')\psi(\boldsymbol{x})\mathrm{d}\boldsymbol{x}' \end{aligned} \tag{5.5.25}$$

其中 $\psi(\boldsymbol{x})$ 当然还应服从式(5.5.20)或式(5.5.21)中的一种情况。因此，粒子数守恒方程为

$$\frac{\partial n(\boldsymbol{x})}{\partial t} + \nabla \cdot \boldsymbol{J}(\boldsymbol{x}) = 0 \tag{5.5.26}$$

式中：$\boldsymbol{J}(\boldsymbol{x})$ 为粒子数流算符，其表达式为

$$\boldsymbol{J}(\boldsymbol{x}) = \frac{\hbar}{2\mathrm{i}m}(\psi^{+}(\boldsymbol{x})\nabla\psi(\boldsymbol{x}) - \nabla\psi^{+}(\boldsymbol{x})\psi(\boldsymbol{x})) \tag{5.5.27}$$

引进动量流张量算符 $T^{\beta\alpha}(\boldsymbol{x})$，其表达式为

$$\begin{aligned} T^{\beta\alpha}(\boldsymbol{x}) = {} & \frac{\hbar^2}{2m}\left(\frac{\partial\psi^{+}(\boldsymbol{x})}{\partial x^{\beta}}\frac{\partial\psi(\boldsymbol{x})}{\partial x^{\alpha}} + \frac{\partial\psi^{+}(\boldsymbol{x})}{\partial x^{\alpha}}\frac{\partial\psi(\boldsymbol{x})}{\partial x^{\beta}} - \frac{1}{2}\frac{\partial^2 n(\boldsymbol{x})}{\partial x^{\beta}\partial x^{\alpha}}\right) \\ & - \frac{1}{2}\int [x^{\beta} - (x')^{\beta}][x^{\alpha} - (x')^{\alpha}]\frac{1}{r}\frac{\mathrm{d}\phi(r)}{\mathrm{d}r}\psi^{+}(\boldsymbol{x})\psi^{+}(\boldsymbol{x}')\psi(\boldsymbol{x}')\psi(\boldsymbol{x})\mathrm{d}\boldsymbol{x}' \end{aligned} \tag{5.5.28}$$

式中：$T^{\beta\alpha}(\boldsymbol{x})$ 为二阶对称张量 $\boldsymbol{T}$ 的逆变分量；x^{α} 与 x^{β} 为相应坐标。显然式(5.5.28)是与经典情形中式(5.5.13)相类似的动量流张量算符，借助于它则动量守恒方程便为

$$\frac{\partial p^{\alpha}(\boldsymbol{x})}{\partial t} + \sum_{\beta}\frac{\partial T^{\beta\alpha}(\boldsymbol{x})}{\partial x^{\beta}} = 0 \tag{5.5.29}$$

式中：$p^{\alpha}(\boldsymbol{x})$ 为动量密度算符 $\boldsymbol{p}(\boldsymbol{x})$ 的逆变分量。而 $\boldsymbol{p}(\boldsymbol{x})$ 定义为

$$\boldsymbol{p}(\boldsymbol{x}) = m\boldsymbol{J}(\boldsymbol{x}) \tag{5.5.30}$$

式(5.5.30)中的 $\boldsymbol{J}(\boldsymbol{x})$ 由式(5.5.27)给出。类似地，引进能量流算符 $\boldsymbol{J}_H(\boldsymbol{x})$：

$$\begin{aligned} \boldsymbol{J}_H(\boldsymbol{x}) = {} & \frac{-\hbar^3}{4\mathrm{i}m^2}(\nabla^2\psi^{+}(\boldsymbol{x})\nabla\psi(\boldsymbol{x}) - \nabla\psi^{+}(\boldsymbol{x})\nabla^2\psi(\boldsymbol{x})) \\ & + \frac{1}{2}\int \phi(\boldsymbol{x} - \boldsymbol{x}')\psi^{+}(\boldsymbol{x}')\boldsymbol{J}(\boldsymbol{x})\psi(\boldsymbol{x}')\mathrm{d}\boldsymbol{x}' \\ & - \frac{1}{4}\int [(\boldsymbol{x} - \boldsymbol{x}')\nabla\phi(\boldsymbol{x} - \boldsymbol{x}')] \cdot (\psi^{+}(\boldsymbol{x}')\boldsymbol{J}(\boldsymbol{x})\psi(\boldsymbol{x}') + \psi^{+}(\boldsymbol{x})\boldsymbol{J}(\boldsymbol{x}')\psi(\boldsymbol{x}))\mathrm{d}\boldsymbol{x}' \end{aligned} \tag{5.5.31}$$

显然，式(5.5.31)与经典的式(5.5.17)相对应。因此能量守恒方程为

$$\frac{\partial H(\boldsymbol{x})}{\partial t}+\nabla\cdot\boldsymbol{J}_H(\boldsymbol{x})=0 \tag{5.5.32}$$

其中 $H(\boldsymbol{x})$由式(5.5.23)定义。至此，由全同粒子组成的量子力学体系的能量、粒子数与动量的守恒方程已分别由式(5.5.32)、式(5.5.26)与式(5.5.29)给出，将这三个方程汇总起来便为

$$\begin{cases}\dfrac{\partial H(\boldsymbol{x})}{\partial t}=-\nabla\cdot\boldsymbol{J}_H(\boldsymbol{x})\\ \dfrac{\partial \boldsymbol{p}(\boldsymbol{x})}{\partial t}=-\nabla\cdot\boldsymbol{T}(\boldsymbol{x})\\ \dfrac{\partial n(\boldsymbol{x})}{\partial t}=-\nabla\cdot\boldsymbol{J}(\boldsymbol{x})\end{cases} \tag{5.5.33}$$

其中 $H(\boldsymbol{x})$、$n(\boldsymbol{x})$、$\boldsymbol{p}(\boldsymbol{x})$、$\boldsymbol{J}_H(\boldsymbol{x})$、$\boldsymbol{J}(\boldsymbol{x})$与 $\boldsymbol{T}(\boldsymbol{x})$分别由式(5.5.23)、式(5.5.24)、式(5.5.30)、式(5.5.31)、式(5.5.27)与式(5.5.28)定义。为方便起见，式(5.5.33)又可归并成一个方程，即

$$\frac{\partial P_m(\boldsymbol{x})}{\partial t}+\nabla\cdot\boldsymbol{J}_m(\boldsymbol{x})=0\quad(m=0,1,2) \tag{5.5.34}$$

其中 $P_m(\boldsymbol{x})$与 $\boldsymbol{J}_m(\boldsymbol{x})$的定义为

$$P_0(\boldsymbol{x})\equiv H(\boldsymbol{x}),\quad P_1(\boldsymbol{x})\equiv\boldsymbol{p}(\boldsymbol{x}),\quad P_2(\boldsymbol{x})\equiv n(\boldsymbol{x}) \tag{5.5.35}$$

$$\boldsymbol{J}_0(\boldsymbol{x})\equiv\boldsymbol{J}_H(\boldsymbol{x}),\quad \boldsymbol{J}_1(\boldsymbol{x})\equiv\boldsymbol{T}(\boldsymbol{x}),\quad \boldsymbol{J}_2(\boldsymbol{x})\equiv\boldsymbol{J}(\boldsymbol{x}) \tag{5.5.36}$$

还需要指出的是，对于粒子间的相互作用如果在有效范围内不能忽略体系的不均匀性，则力学量的平衡方程应写为如下更为普通的形式：

$$\frac{\partial P_m(\boldsymbol{x},t)}{\partial t}=\frac{1}{\mathrm{i}\hbar}[P_m(\boldsymbol{x},t),H] \tag{5.5.37}$$

另外，对于气体混合体系守恒律的相应表达形式，这里因篇幅所限不再给出。

2. 在空间非均匀情况下 Virial 定理的普遍形式

引进压强张量算符 $P_{\alpha\beta}(\boldsymbol{x})$，它与动量流张量算符 $T_{\alpha\beta}(\boldsymbol{x})$间的关系为

$$P_{\alpha\beta}(\boldsymbol{x})=T_{\alpha\beta}(\boldsymbol{x})-m(v_\alpha J_\beta(\boldsymbol{x})+v_\beta J_\alpha(\boldsymbol{x}))+mn(\boldsymbol{x})v_\alpha v_\beta \tag{5.5.38}$$

式中：$J_\alpha(\boldsymbol{x})$与 $J_\beta(\boldsymbol{x})$为矢量 $\boldsymbol{J}(\boldsymbol{x})$的分量；$v_\alpha$ 与 v_β 为平均速度$\boldsymbol{v}(\boldsymbol{x})$的分量。这里$\boldsymbol{v}(\boldsymbol{x})$的定义为

$$\boldsymbol{v}(\boldsymbol{x})=\frac{\langle\boldsymbol{J}(\boldsymbol{x})\rangle}{\langle n(\boldsymbol{x})\rangle} \tag{5.5.39}$$

与普通流体力学一样，压强算符 $p(\boldsymbol{x})$可定义为张量 $P_{\alpha\beta}(\boldsymbol{x})$的对角和为$\frac{1}{3}$，即

$$p(\boldsymbol{x})=\frac{1}{3}\sum_\alpha P_{\alpha\alpha}(\boldsymbol{x}) \tag{5.5.40}$$

显然这里 $p(\boldsymbol{x})$ 为标量算符，并且

$$p(\boldsymbol{x})=\frac{\hbar^2}{3m}\left(\nabla\psi^+(\boldsymbol{x})\cdot\nabla\psi(\boldsymbol{x})-\frac{1}{4}\nabla^2 n(\boldsymbol{x})\right)$$
$$-\frac{1}{6}\int(\boldsymbol{x}-\boldsymbol{x}')\cdot\nabla\phi(\boldsymbol{x}-\boldsymbol{x}')\psi^+(\boldsymbol{x})\psi^+(\boldsymbol{x}')\psi(\boldsymbol{x}')\psi(\boldsymbol{x})\mathrm{d}\boldsymbol{x}'$$
$$-\frac{2}{3}m\boldsymbol{v}(\boldsymbol{x})\cdot\boldsymbol{J}(\boldsymbol{x})+\frac{2}{3}mn(\boldsymbol{x})\boldsymbol{v}^2(\boldsymbol{x}) \tag{5.5.41}$$

求式(5.5.41)得平均值，便得到不均匀空间情况时的 Virial 定理：

$$\langle p(\boldsymbol{x})\rangle=\frac{\hbar^2}{3m}\left(\langle\nabla\psi^+(\boldsymbol{x})\cdot\nabla\psi(\boldsymbol{x})\rangle-\frac{1}{4}\nabla^2\langle n(\boldsymbol{x})\rangle\right)-\frac{2}{3}m\frac{\boldsymbol{v}^2(\boldsymbol{x})}{2}$$
$$-\frac{1}{6}\int(\boldsymbol{x}-\boldsymbol{x}')\cdot\nabla\phi(\boldsymbol{x}-\boldsymbol{x}')\langle\psi^+(\boldsymbol{x})\psi^+(\boldsymbol{x}')\psi(\boldsymbol{x}')\psi(\boldsymbol{x})\rangle\mathrm{d}\boldsymbol{x}' \tag{5.5.42}$$

最后应该指出的是，Virial 定理（在国内一些书中，常译为维里定理或者位力定理）在热力学与统计物理中是很重要的。

3. 局部平衡体系的统计算符以及分布函数

设非平衡状态是由能量和粒子数的不均匀分布决定的。在量子情况下，令 $H(\boldsymbol{x})$ 与 $n(\boldsymbol{x})$ 分别为能量密度算符与粒子数密度算符，于是局部平衡分布的统计算符 ρ_l 为

$$\rho_l=Q_l^{-1}\exp\left[-\int\beta(\boldsymbol{x})(H(\boldsymbol{x})-\mu(\boldsymbol{x})n(\boldsymbol{x}))\mathrm{d}\boldsymbol{x}\right] \tag{5.5.43}$$

式中：Q_l 为配分函数，其表达式为

$$Q_l=\mathrm{tr}\left(\exp\left[-\int\beta(\boldsymbol{x})(H(\boldsymbol{x})-\mu(\boldsymbol{x})n(\boldsymbol{x}))\mathrm{d}\boldsymbol{x}\right]\right) \tag{5.5.44}$$

$$\beta(\boldsymbol{x})=\sum_k\beta_k\exp[\mathrm{i}(\boldsymbol{k}\cdot\boldsymbol{x})],\quad \beta(\boldsymbol{x})\mu(\boldsymbol{x})=\sum_k\dot{v}_k\exp[\mathrm{i}(\boldsymbol{k}\cdot\boldsymbol{x})] \tag{5.5.45}$$

这里 $\beta(\boldsymbol{x})$ 起着局部温度倒数的作用，而 $\mu(\boldsymbol{x})$ 起着局部化学势的作用。引入局部平衡分布的熵：

$$S=-\mathrm{tr}(\rho_l\ln\rho_l)=\ln Q_l+\int\beta(\boldsymbol{x})(\langle H(\boldsymbol{x})\rangle_l-\mu(\boldsymbol{x})\langle n(\boldsymbol{x})\rangle_l)\mathrm{d}\boldsymbol{x} \tag{5.5.46}$$

在经典情况下，局部平衡分布函数 f_l 以及经典配分函数 Q_l 分别为

$$f_l=Q_l^{-1}\exp\left[-\int\beta(\boldsymbol{x})(H(\boldsymbol{x})-\mu(\boldsymbol{x})n(\boldsymbol{x}))\mathrm{d}\boldsymbol{x}\right] \tag{5.5.47}$$

$$Q_l=\int\exp\left[-\int\beta(\boldsymbol{x})(H(\boldsymbol{x})-\mu(\boldsymbol{x})n(\boldsymbol{x}))\mathrm{d}\boldsymbol{x}\right]\mathrm{d}\Gamma \tag{5.5.48}$$

显然，这里经典情况下的式(5.5.47)与量子情况时的式(5.5.43)在表面上看

具有相同的形式。

4. 非平衡统计算符

令 $H(\boldsymbol{x})$、$n_i(\boldsymbol{x})$与 $\boldsymbol{p}(\boldsymbol{x})$分别为能量、粒子数与动量的密度算符;$\boldsymbol{J}_H(\boldsymbol{x})$为能流密度,$\boldsymbol{J}_i(\boldsymbol{x})$为粒子数流密度,$\boldsymbol{T}(\boldsymbol{x})$为动量流张量;并假定所考查的体系有 l 种分子的多组元混合体系。设在量子情形下,所有算符都按 Heisenberg 表象写出。例如:

$$H(\boldsymbol{x},t)=\exp\left(\frac{\mathrm{i}Ht}{\hbar}\right)H(\boldsymbol{x})\exp\left(\frac{-\mathrm{i}Ht}{\hbar}\right)$$

$$H(\boldsymbol{x},0)=H(\boldsymbol{x}) \tag{5.5.49}$$

在经典力学情形下,与 Heisenberg 表象(5.5.49)对应的是如下演化算符:

$$\boldsymbol{H}(\boldsymbol{x},t)=\exp(-\mathrm{i}Ht)\boldsymbol{H}(\boldsymbol{x}) \tag{5.5.50}$$

于是能量、粒子数与动量的局部形式守恒律为

$$\begin{cases}\dfrac{\partial H(\boldsymbol{x},t)}{\partial t}+\nabla\cdot\boldsymbol{J}_H(\boldsymbol{x},t)=0\\ \dfrac{\partial n_i(\boldsymbol{x},t)}{\partial t}+\nabla\cdot\boldsymbol{J}_i(\boldsymbol{x},t)=0\quad(i=1,2,\cdots,l)\\ \dfrac{\partial \boldsymbol{p}(\boldsymbol{x},t)}{\partial t}+\nabla\cdot\boldsymbol{T}(\boldsymbol{x},t)=0\end{cases} \tag{5.5.51}$$

其中

$$\boldsymbol{p}(\boldsymbol{x},t)=\sum_i m_i\boldsymbol{J}_i(\boldsymbol{x},t) \tag{5.5.52}$$

为方便起见,将式(5.5.51)写为如下更简单形式:

$$\frac{\partial P_m(\boldsymbol{x},t)}{\partial t}+\nabla\cdot\tilde{\boldsymbol{J}}_m(\boldsymbol{x},t)=0\quad(m=0,1,\cdots,l+1) \tag{5.5.53}$$

当 m 分别取 0,1 与 $i+1$ 时,还有

$$\begin{cases}P_0(\boldsymbol{x},t)=H(\boldsymbol{x},t),\tilde{\boldsymbol{J}}_0(\boldsymbol{x},t)=\boldsymbol{J}_H(\boldsymbol{x},t)\\ P_1(\boldsymbol{x},t)=\boldsymbol{p}(\boldsymbol{x},t),\tilde{\boldsymbol{J}}_1(\boldsymbol{x},t)=\boldsymbol{T}(\boldsymbol{x},t)\qquad(i=1,2,\cdots,l)\\ P_{i+1}(\boldsymbol{x},t)=n_i(\boldsymbol{x},t),\tilde{\boldsymbol{J}}_{i+1}(\boldsymbol{x},t)=\boldsymbol{J}_i(\boldsymbol{x},t)\end{cases} \tag{5.5.54}$$

令 τ 为整个体系达到统计平衡的弛豫时间,并且令 $t\gg\tau$,引进非平衡过程的统计算符 ρ,其表达式为

$$\rho(t)=\boldsymbol{Q}^{-1}\exp\left(-\sum_m\int B_m(\boldsymbol{x},t)\mathrm{d}\boldsymbol{x}\right) \tag{5.5.55}$$

其中

$$\boldsymbol{Q}=\mathrm{tr}\left(\exp\left(-\sum_m\int B_m(\boldsymbol{x},t)\mathrm{d}\boldsymbol{x}\right)\right) \tag{5.5.56}$$

$$B_m(\boldsymbol{x},t)=\overline{F_m(\boldsymbol{x},t)P_m(\boldsymbol{x})}$$

$$=\varepsilon\int_{-\infty}^{0}\exp(\varepsilon t_1)F_m(\boldsymbol{x},t+t_1)P_m(\boldsymbol{x},t_1)\mathrm{d}t_1 \tag{5.5.57}$$

式中 $\varepsilon\to 0$,并且 $B_m(\boldsymbol{x},t)$满足方程

$$\frac{\partial B_m(\boldsymbol{x},t)}{\partial t}+\frac{1}{\mathrm{i}\hbar}[B_m(\boldsymbol{x},t),H]=0 \tag{5.5.58}$$

式(5.5.57)中参数 $F_m(\boldsymbol{x},t)$可以取为具有时间的热力学参量,即

$$\begin{cases}F_0(\boldsymbol{x},t)=\beta(\boldsymbol{x},t)\\ F_1(\boldsymbol{x},t)=-\beta(\boldsymbol{x},t)\boldsymbol{v}(\boldsymbol{x},t)\\ F_{i+1}(\boldsymbol{x},t)=-\beta(\boldsymbol{x},t)\left[\mu_i(\boldsymbol{x},t)-\dfrac{m_i}{2}v^2(\boldsymbol{x},t)\right]\end{cases} \tag{5.5.59}$$

式中:$\beta(\boldsymbol{x},t)$为温度的倒数;$\mu_i(\boldsymbol{x},t)$为化学势;$\boldsymbol{v}(\boldsymbol{x},t)$为多组元混合气的质量速度。式(5.5.57)中的算符 $P_m(\boldsymbol{x},t_1)$的时间变数指的是利用不依赖于时间的 H 的 Heisenberg 表象。式(5.5.57)中的 ε 为参量。将式(5.5.55)写得更具体一些,便为

$$\rho(t)=Q^{-1}\exp\left[-\sum_m\left(\varepsilon\int\int_{-\infty}^{0}\exp(\varepsilon t_1)F_m(\boldsymbol{x},t+t_1)P_m(\boldsymbol{x},t_1)\mathrm{d}x\mathrm{d}t_1\right)\right]$$

$$=Q^{-1}\exp\left\{-\sum_m\int\left[F_m(\boldsymbol{x},t)P_m(\boldsymbol{x})-\int_{-\infty}^{0}\exp(\varepsilon t_1)\left(F_m(\boldsymbol{x},t+t_1)\dot{P}_m(\boldsymbol{x},t_1)\right.\right.\right.$$

$$\left.\left.\left.+\frac{\partial F_m(\boldsymbol{x},t+t_1)}{\partial t}P_m(\boldsymbol{x},t_1)\right)\mathrm{d}t_1\right]\mathrm{d}\boldsymbol{x}\right\} \tag{5.5.60}$$

在经典情况下,与式(5.5.55)和式(5.5.56)相对应的分布函数以及配分函数分别为

$$f(t)=Q^{-1}\exp\left(-\sum_m\int B_m(\boldsymbol{x},t)\mathrm{d}\boldsymbol{x}\right) \tag{5.5.61}$$

$$Q=\int\exp\left(-\sum_m\int B_m(\boldsymbol{x},t)\mathrm{d}\boldsymbol{x}\right)\mathrm{d}\Gamma \tag{5.5.62}$$

注意,形式上式(5.5.61)与式(5.5.55)等号右边相同,但在式(5.5.61)中的函数不是算符,而是粒子的坐标以及动量的函数。另外,可以证明:当 $\varepsilon\to 0$ 时,式(5.5.60)中的 $\rho(t)$满足 Liouville 方程,关于这点是非常重要的。

5.6 多组元系统的输运问题

1. 多组元流体输运过程中的统计算符

今考虑各向同性的多组元体系(如气体或液体),假定统计算符 $\rho(t)$由式

(5.5.60)定义，于是在适当整理与忽略了面积分的情况下式(5.5.60)可写为

$$\rho(t)=Q^{-1}\exp\left\{-\sum_m\int\left[F_m(\boldsymbol{x},t)P_m(\boldsymbol{x})-\int_{-\infty}^{0}\exp(\varepsilon t_1)\left(\boldsymbol{J}_m(\boldsymbol{x},t_1)\cdot\nabla F_m(\boldsymbol{x},t+t_1)+P_m(\boldsymbol{x},t_1)\frac{\partial F_m(\boldsymbol{x},t+t_1)}{\partial t}\right)\mathrm{d}t_1\right]\mathrm{d}\boldsymbol{x}\right\}\tag{5.6.1}$$

当式(5.6.1)中 m 取 $0,1,\cdots,i+1$ 时，有

$$\begin{cases}F_0(\boldsymbol{x},t)=\beta(\boldsymbol{x},t)\\ F_1(\boldsymbol{x},t)=-\beta(\boldsymbol{x},t)v(\boldsymbol{x},t)\\ F_{i+1}(\boldsymbol{x},t)=-\beta(\boldsymbol{x},t)\left(\mu_i(\boldsymbol{x},t)-\dfrac{m_i}{2}v^2(\boldsymbol{x},t)\right)\\ P_0(\boldsymbol{x})=H(\boldsymbol{x}),P_1(\boldsymbol{x})=p(\boldsymbol{x}),P_{i+1}(\boldsymbol{x})=n_i(\boldsymbol{x})\end{cases}\tag{5.6.2a}$$

另外，如果令

$$\tilde{\boldsymbol{J}}_0(\boldsymbol{x})=\boldsymbol{J}_H(\boldsymbol{x}),\quad \tilde{\boldsymbol{J}}_1(\boldsymbol{x})=\boldsymbol{T}(\boldsymbol{x}),\tilde{\boldsymbol{J}}_{i+1}(\boldsymbol{x})=\boldsymbol{J}_i(\boldsymbol{x})\tag{5.6.2b}$$

容易证明有如下等式成立：

$$\sum_m\left(\tilde{\boldsymbol{J}}_m(\boldsymbol{x})\cdot\nabla F_m+P_m(\boldsymbol{x})\frac{\partial F_m}{\partial t}\right)=\sum_m(\boldsymbol{J}^m(\boldsymbol{x})\cdot\boldsymbol{X}_m(\boldsymbol{x}))\tag{5.6.3}$$

式中：$\boldsymbol{J}^0(\boldsymbol{x})$表示热流的算符；$\boldsymbol{J}^1(\boldsymbol{x})$表示黏滞性流的算符；$\boldsymbol{J}^{i+1}(\boldsymbol{x})$(这里 $i\geqslant1$ 时)表示扩散流的算符；$\boldsymbol{X}_0(\boldsymbol{x})$、$\boldsymbol{X}_1(\boldsymbol{x})$、$\boldsymbol{X}_{i+1}(\boldsymbol{x})$分别对应于它们的热力学力。对于式(5.6.3)中 $\boldsymbol{J}^m$ 与 $\boldsymbol{X}_m$ 的具体表达式这里不再列出。借助于式(5.6.3)，则统计算符(5.6.1)又可以写为

$$\rho(t)=Q^{-1}\exp\left[-\sum_m\int\left(F_m(\boldsymbol{x},t)P_m(\boldsymbol{x})-\int_{-\infty}^{0}\exp(\varepsilon t_1)\boldsymbol{J}^m(\boldsymbol{x},t_1)\cdot\boldsymbol{X}_m(\boldsymbol{x},t+t_1)\mathrm{d}t_1\right)\mathrm{d}\boldsymbol{x}\right]\tag{5.6.4}$$

2. 流与热力学力之间的线性关系

为便于讨论，将统计算符(5.6.4)写成

$$\rho=Q^{-1}\exp(-A-B)\tag{5.6.5}$$

其中

$$A=\sum_m(F_m(\boldsymbol{x},t)P_m(\boldsymbol{x})\mathrm{d}\boldsymbol{x})\tag{5.6.6a}$$

$$B=-\sum_m\int\int_{-\infty}^{0}\exp(\varepsilon t_1)\boldsymbol{J}^m(\boldsymbol{x},t_1)\cdot\boldsymbol{X}_m(\boldsymbol{x},t+t_1)\mathrm{d}\boldsymbol{x}\mathrm{d}x_1\tag{5.6.6b}$$

将 $\exp(-A-B)$展成关于 B 的幂函数，于是式(5.6.5)可近似为

$$\rho \approx \left\{1 - \int_0^1 [\exp(-A\tau)B\exp(A\tau) - \langle \exp(-A\tau)B\exp(A\tau)\rangle_l]\mathrm{d}\tau\right\}\rho_l \tag{5.6.7}$$

其中

$$\rho_l = \frac{\exp(-A)}{\mathrm{tr}(\exp(-A))} \tag{5.6.8}$$

式(5.6.7)中$\langle \exp(-A\tau)B\exp(A\tau)\rangle_l$ 定义为

$$\langle \exp(-A\tau)B\exp(A\tau)\rangle_l = \mathrm{tr}(\rho_l \exp(-A\tau)B\exp(A\tau)) \tag{5.6.9}$$

它表示对局部平衡分布的平均,这里 ρ_l 为局部平衡分布的统计算符。借助于式(5.6.7)对流作平均,可得

$$\langle \boldsymbol{J}^m(\boldsymbol{x})\rangle = \langle \boldsymbol{J}^m(\boldsymbol{x})\rangle_l + \sum_n \iint_{-\infty}^{t} \exp[\varepsilon(t'-t)](\boldsymbol{J}^m(\boldsymbol{x}), \boldsymbol{J}^n(\boldsymbol{x}', t'-t)) \cdot \boldsymbol{X}_n(\boldsymbol{x}', t')\mathrm{d}t'\mathrm{d}\boldsymbol{x}' \tag{5.6.10}$$

其中

$$(\boldsymbol{J}^m(\boldsymbol{x}), \boldsymbol{J}^n(\boldsymbol{x}', t'-t)) = \beta^{-1}\int_0^\beta \langle \boldsymbol{J}^m(\boldsymbol{x})(\boldsymbol{J}^n(\boldsymbol{x}', t, \mathrm{i}\tau) - \langle \boldsymbol{J}^n(\boldsymbol{x}', t)\rangle_l)\rangle_l \mathrm{d}\tau \tag{5.6.11}$$

为量子时间相关函数,这里 $\boldsymbol{J}^n(\boldsymbol{x}', t, \mathrm{i}\tau)$为

$$\boldsymbol{J}^n(\boldsymbol{x}', t, \mathrm{i}\tau) = \exp\left(\frac{-A\tau}{\beta}\right)\boldsymbol{J}^n(\boldsymbol{x}', t)\exp\left(\frac{A\tau}{\beta}\right) \tag{5.6.12}$$

式(5.6.10)便给出流与热力学力之间的线性关系,显然这里考虑了热力学力与流之间的推迟。若忽略推迟,则式(5.6.10)可变为

$$\langle \boldsymbol{J}^m(\boldsymbol{x})\rangle = \langle \boldsymbol{J}^m(\boldsymbol{x})\rangle_l + \sum_n \int \boldsymbol{L}_{mn}(\boldsymbol{x}, \boldsymbol{x}') \cdot \boldsymbol{X}_n(\boldsymbol{x}', t)\mathrm{d}\boldsymbol{x}' \tag{5.6.13}$$

式中:$\boldsymbol{L}_{mn}(\boldsymbol{x}, \boldsymbol{x}')$为动力学系数,其表达式为

$$\boldsymbol{L}_{mn}(\boldsymbol{x}, \boldsymbol{x}') = \int_{-\infty}^{0} \exp(\varepsilon t)(\boldsymbol{J}^m(\boldsymbol{x}), \boldsymbol{J}^n(\boldsymbol{x}', t))\mathrm{d}t \tag{5.6.14}$$

3. 非平衡过程的熵产生率

为了定义非平衡状态的熵,通常要借助于局部平衡的概念,先按照式(5.6.15)定义 ρ_l,即

$$\rho_l = Q_l^{-1}\exp\left(-\sum_m \int F_m(\boldsymbol{x}, t)P_m(\boldsymbol{x})\mathrm{d}\boldsymbol{x}\right) \tag{5.6.15}$$

其中 $F_m(\boldsymbol{x}, t)$与 $P_m(\boldsymbol{x})$的定义同式(5.6.1)。于是熵 S 定义为

$$S = -\langle \ln\rho_l\rangle_l = -\langle \ln\rho_l\rangle \tag{5.6.16}$$

或者

$$S=\Phi+\sum_m\int F_m(\boldsymbol{x},t)\langle P_m(\boldsymbol{x})\rangle_l\mathrm{d}\boldsymbol{x}=\Phi+\sum_m\int F_m(\boldsymbol{x},t)\langle P_m(\boldsymbol{x})\rangle\mathrm{d}\boldsymbol{x}\tag{5.6.17}$$

式中:Φ 为局部平衡状态的 Massieu-Planck 函数,其表达式为

$$\Phi=\ln Q_l\tag{5.6.18}$$

式(5.6.16)和式(5.6.17)中$\langle\cdots\rangle_l$ 的定义与式(5.6.9)的定义相类似。引进熵密度 $S(\boldsymbol{x})$,它与熵 S 间的关系为

$$S=\int S(\boldsymbol{x})\mathrm{d}\boldsymbol{x}\tag{5.6.19}$$

注意到 Φ 与 β、p 间的关系为

$$\Phi=\int\beta(\boldsymbol{x},t)p(\boldsymbol{x},t)\mathrm{d}\boldsymbol{x}\tag{5.6.20}$$

于是由式(5.6.17)便得到熵密度 $S(\boldsymbol{x})$的一个重要表达式,即

$$S(\boldsymbol{x})=\sum_m(F_m(\boldsymbol{x},t)\langle P_m(\boldsymbol{x})\rangle)+\beta(\boldsymbol{x},t)p(\boldsymbol{x},t)\tag{5.6.21}$$

将式(5.6.17)对时间求导,并注意利用式(5.6.19)以及式(5.6.21),于是很容易得到熵流密度 $\boldsymbol{J}_S(\boldsymbol{x})$以及熵源密度 $\sigma(\boldsymbol{x})$表达的熵平衡方程:

$$\frac{\partial S(\boldsymbol{x})}{\partial t}=-\nabla\cdot\boldsymbol{J}_s(\boldsymbol{x})+\sigma(\boldsymbol{x})\tag{5.6.22}$$

式中:$S(\boldsymbol{x})$为熵密度。熵流密度与熵源密度的定义式分别为

$$\begin{aligned}\boldsymbol{J}_S(\boldsymbol{x})&=\sum_m(F_m(\boldsymbol{x},t)\langle\boldsymbol{J}_m(\boldsymbol{x})\rangle)+\beta(\boldsymbol{x},t)\boldsymbol{v}(\boldsymbol{x},t)p(\boldsymbol{x})\\&=S(\boldsymbol{x})\boldsymbol{v}(\boldsymbol{x},t)+\beta(\boldsymbol{x},t)\langle\boldsymbol{J}_Q(\boldsymbol{x})\rangle\\&\quad-\sum_i\left[\langle\boldsymbol{J}_d^i(\boldsymbol{x})\rangle\beta(\boldsymbol{x},t)\left(\mu_i(\boldsymbol{x},t)-\frac{m_iv^2(\boldsymbol{x},t)}{2}\right)\right]\end{aligned}\tag{5.6.23}$$

式中:$\boldsymbol{J}_Q(\boldsymbol{x})$为热流密;$\boldsymbol{J}_d^i(\boldsymbol{x})$为扩散流密度。$\boldsymbol{J}_Q(\boldsymbol{x})$和 $\boldsymbol{J}_d^i(\boldsymbol{x})$平均的表达式分别为

$$\langle\boldsymbol{J}_Q(\boldsymbol{x})\rangle=\sum_n\int\boldsymbol{L}_{on}(\boldsymbol{x},\boldsymbol{x}')\cdot\boldsymbol{X}_n(\boldsymbol{x}',t)\mathrm{d}\boldsymbol{x}'\tag{5.6.24}$$

$$\langle\boldsymbol{J}_d^i(\boldsymbol{x})\rangle=\sum_n\int\boldsymbol{L}_{in}(\boldsymbol{x},\boldsymbol{x}')\cdot\boldsymbol{X}_n(\boldsymbol{x}',t)\mathrm{d}\boldsymbol{x}'\tag{5.6.25}$$

$$\begin{aligned}\sigma(\boldsymbol{x})&=\sum_m[(\langle\boldsymbol{J}_m(\boldsymbol{x})\rangle-\langle\boldsymbol{J}_m(\boldsymbol{x})\rangle_l)\cdot\nabla F_m(\boldsymbol{x},t)]\\&=\sum_m[(\langle\boldsymbol{J}_m(\boldsymbol{x})\rangle-\langle\boldsymbol{J}_m(\boldsymbol{x})\rangle_l)\cdot\boldsymbol{X}_m(\boldsymbol{x})]\\&=\sum_{m,n}\int\boldsymbol{L}_{mn}(\boldsymbol{x},\boldsymbol{x}'):\boldsymbol{X}_n(\boldsymbol{x}',t)\boldsymbol{X}_m(\boldsymbol{x},t)\mathrm{d}\boldsymbol{x}'\end{aligned}\tag{5.6.26}$$

式中:$\boldsymbol{X}_n$、$\boldsymbol{X}_m$ 为热力学力;$\boldsymbol{L}_{mn}$ 为动力学系数。

4. 多组元体系输运过程的几个动力学系数

引进黏性应力张量$\langle \boldsymbol{\pi} \rangle$以及它的无散部分$\langle \mathring{\boldsymbol{\pi}} \rangle$与它的有散部分$\langle \Pi \rangle \boldsymbol{I}$，它们之间的关系为

$$\langle \boldsymbol{\pi} \rangle = \langle \boldsymbol{T}(\boldsymbol{x}) \rangle - \langle \boldsymbol{T}(\boldsymbol{x}) \rangle_l = \langle \mathring{\boldsymbol{\pi}} \rangle + \langle \Pi \rangle \boldsymbol{I} \tag{5.6.27}$$

其中

$$\langle \Pi \rangle = \frac{1}{3} \sum_{\alpha} \langle \pi_{\alpha\alpha} \rangle \tag{5.6.28}$$

式中：$\boldsymbol{T}(\boldsymbol{x})$为动量流张量；$\boldsymbol{I}$为单位张量。

引进并矢张量$\nabla \boldsymbol{v}$，它分解为

$$\nabla \boldsymbol{v} = \mathring{\nabla} \boldsymbol{v} + \frac{1}{3}(\nabla \cdot \boldsymbol{v}) \boldsymbol{I} \tag{5.6.29}$$

式中：$\mathring{\nabla} \boldsymbol{v}$为对角和为零的张量。借助于式(5.6.27)和式(5.6.29)，显然有

$$\langle \boldsymbol{\pi} \rangle : \nabla \boldsymbol{v} = \langle \mathring{\boldsymbol{\pi}} \rangle : \mathring{\nabla} \boldsymbol{v} + \langle \Pi \rangle \nabla \cdot \boldsymbol{v} \tag{5.6.30}$$

注意到$\langle \boldsymbol{\pi} \rangle$为对称张量，因此式(5.6.30)又可进一步化简为

$$\langle \boldsymbol{\pi} \rangle : \nabla \boldsymbol{v} = \langle \mathring{\boldsymbol{\pi}} \rangle : (\mathring{\nabla} \boldsymbol{v})^S + \langle \Pi \rangle \nabla \cdot \boldsymbol{v} \tag{5.6.31}$$

式中：右上角标 S 表示张量的对称部分。另外，对于$\boldsymbol{T}(\boldsymbol{x})$也可分解为

$$\boldsymbol{T}(\boldsymbol{x}) = \mathring{\boldsymbol{T}}(\boldsymbol{x}) + p(\boldsymbol{x}) \boldsymbol{I} \tag{5.6.32}$$

式中：$\mathring{\boldsymbol{T}}$为$\boldsymbol{T}$的无散部分；$p(\boldsymbol{x})$为压强算符，即

$$p(\boldsymbol{x}) = \frac{1}{3} \sum_{\alpha} T_{\alpha\alpha}(\boldsymbol{x}) \tag{5.6.33}$$

此外，还容易证明熵产生率[见式(5.6.24)]可变为如下形式：

$$\sigma(\boldsymbol{x}) = \langle \boldsymbol{J}_Q(\boldsymbol{x}) \rangle \cdot \nabla \beta - \sum_{i=1} \langle \boldsymbol{J}_d^i(\boldsymbol{x}) \rangle \cdot m_i \nabla \left(\frac{\tilde{v}_i}{m_i} - \frac{\tilde{v}_l}{m_l} \right)$$
$$- \beta \langle \mathring{\pi} \rangle : (\mathring{\nabla} \boldsymbol{v})^S - \beta \langle \Pi \rangle \nabla \cdot \boldsymbol{v} \tag{5.6.34}$$

其中

$$\tilde{v}_i = \beta(\boldsymbol{x}, t) \mu_i(\boldsymbol{x}, t) \tag{5.6.35}$$

$$\tilde{v}_l = \beta(\boldsymbol{x}, t) \mu_l(\boldsymbol{x}, t) \tag{5.6.36}$$

这里假设所考虑的多组元体系有 l 种组元，并且 i 满足 $1 \leqslant i \leqslant l$；$\mu_i$ 与 μ_l 分别为化学势。在各向同性的假设下，借助于 Curie 定理便可得到

$$\langle \boldsymbol{J}_Q \rangle = -\lambda \nabla T - \sum_i L_i \nabla \left(\frac{\mu_i}{T} \right) \tag{5.6.37}$$

$$\langle \boldsymbol{J}_d^i \rangle = -L_i \frac{\nabla T}{T^2} - \sum_j L_{ij} \nabla \left(\frac{\mu_j}{T} \right) \tag{5.6.38}$$

$$\langle \mathring{\pi}_{\alpha\beta} \rangle = -\eta\left(\frac{\partial v_\alpha}{\partial x_\beta} + \frac{\partial v_\beta}{\partial x_\alpha} - \frac{2}{3}\delta_{\alpha\beta}\,\nabla\cdot \boldsymbol{v}\right) \tag{5.6.39}$$

$$\langle \Pi \rangle = -\zeta\,\nabla\cdot \boldsymbol{v} \tag{5.6.40}$$

式中：λ、η 与 ζ 分别为热传导系数、切变黏度系数与体黏度系数，其表达式分别为

$$\lambda = \frac{L_0}{T^2},\quad \eta = \frac{L_{11}^{(1)}}{2T},\quad \zeta = \frac{L_{11}^{(2)}}{T} \tag{5.6.41}$$

因篇幅所限，这里 L_0、$L_{11}^{(1)}$ 以及 $L_{11}^{(2)}$ 的详细表达式不再给出。

5. 单组元流体输运过程的基本方程

对于局部平衡状态而言，此时能量、动量和粒子数的流密度分别为

$$\langle \boldsymbol{J}_H \rangle_l = \left(u + p + \rho\frac{v^2}{2}\right)\boldsymbol{v} \tag{5.6.42}$$

$$\langle \boldsymbol{T}_{\alpha\beta} \rangle_l = p\delta_{\alpha\beta} + \rho v_\alpha v_\beta \tag{5.6.43}$$

$$\langle \boldsymbol{J} \rangle_l = \rho\boldsymbol{v},\quad \rho = \langle \rho(\boldsymbol{x}) \rangle_l,\quad u = \langle H'(\boldsymbol{x}) \rangle_l \tag{5.6.44}$$

式中：$\boldsymbol{v}$ 为混合气的质量速度；$H'(\boldsymbol{x})$ 为以速度 $\boldsymbol{v}(\boldsymbol{x})$ 运动的动坐标系中的能量密度。另外，还有熵流 $\boldsymbol{J}_S$ 以及熵密度 $\boldsymbol{S}(\boldsymbol{x})$ 间的关系为

$$\boldsymbol{J}_S = \boldsymbol{S}(\boldsymbol{x})\boldsymbol{v} \tag{5.6.45}$$

其中 $\boldsymbol{S}(\boldsymbol{x})$ 由式(5.6.21)给出。此外，局部平衡态的熵输运方程为

$$\frac{\partial \boldsymbol{S}(\boldsymbol{x})}{\partial t} = -\nabla\cdot \boldsymbol{J}_S = -\nabla\cdot [S(x)\boldsymbol{v}] \tag{5.6.46}$$

对于单组元流体来讲，热力学力与流之间的线性关系式[即式(5.6.37)～式(5.6.40)]此时可变为

$$\langle \boldsymbol{J}_Q \rangle = -\lambda\,\nabla T \tag{5.6.47}$$

$$\langle \mathring{\pi}_{\alpha\beta} \rangle = -\eta\left(\frac{\partial v_\alpha}{\partial x_\beta} + \frac{\partial v_\beta}{\partial x_\alpha} - \frac{2}{3}\delta_{\alpha\beta}\,\nabla\cdot \boldsymbol{v}\right) \tag{5.6.48}$$

$$\langle \Pi \rangle = -\zeta\,\nabla\cdot \boldsymbol{v} \tag{5.6.49}$$

$$\langle T_{\alpha\beta} \rangle - \langle T_{\alpha\beta} \rangle_l = \langle \mathring{\pi}_{\alpha\beta} \rangle + \langle \Pi \rangle\delta_{\alpha\beta} \tag{5.6.50}$$

质量、能量与动量的守恒定律以及熵的平衡方程分别为

$$\frac{\partial \rho}{\partial t} + \nabla\cdot(\rho\boldsymbol{v}) = 0 \tag{5.6.51}$$

$$\frac{\partial \langle H(\boldsymbol{x}) \rangle}{\partial t} + \nabla\cdot \langle \boldsymbol{J}_H \rangle = 0 \tag{5.6.52}$$

$$\frac{\partial \langle p_\alpha \rangle}{\partial t} + \sum_\beta \frac{\partial \langle T_{\beta\alpha} \rangle}{\partial x_\beta} = 0 \tag{5.6.53}$$

$$\frac{\partial S(\boldsymbol{x})}{\partial t} + \nabla\cdot(\boldsymbol{J}_s) = \sigma \tag{5.6.54}$$

式中：p_α 为动量 $\boldsymbol{p}$ 的分量；σ 为熵产生率，即

$$\sigma = \langle \boldsymbol{J}_Q \rangle \cdot \nabla\beta - \beta\langle \mathring{\boldsymbol{\pi}} \rangle : (\mathring{\nabla}\boldsymbol{v})^s - \beta\langle \Pi \rangle\, \nabla\cdot \boldsymbol{v} \tag{5.6.55}$$

并且这时熵流 $\boldsymbol{J}_S$ 为

$$\boldsymbol{J}_S = S(\boldsymbol{x})\boldsymbol{v} + \beta\langle \boldsymbol{J}_Q \rangle \tag{5.6.56}$$

借助于式(5.6.47)～式(5.6.49)，则式(5.6.55)与式(5.6.56)又可以分别变为

$$\sigma = \frac{\lambda}{T^2}(\nabla T)^2 + \frac{2\eta}{T}(\mathring{\nabla}\boldsymbol{v})^S : (\mathring{\nabla}\boldsymbol{v})^S + \frac{\zeta}{T}(\nabla\cdot \boldsymbol{v})^2 \tag{5.6.57}$$

$$\boldsymbol{J}_S = S(\boldsymbol{x})\boldsymbol{v} - \frac{\lambda}{T}\nabla T \tag{5.6.58}$$

因此，基于前面列出的关系式，则动量、能量与熵的各个平衡方程便可写为

$$\frac{\partial(\rho v_\alpha)}{\partial t} + \sum_\beta\left[\frac{\partial}{\partial x_\beta}(\rho v_\alpha v_\beta)\right] + \frac{\partial p}{\partial x_\alpha} = \sum_\beta \frac{\partial}{\partial x_\beta}\left[\eta\left(\frac{\partial v_\alpha}{\partial x_\beta} + \frac{\partial v_\beta}{\partial x_\alpha} - \frac{2}{3}\delta_{\alpha\beta}\,\nabla\cdot \boldsymbol{v}\right)\right] + \frac{\partial}{\partial x_\alpha}(\zeta\,\nabla\cdot \boldsymbol{v}) \tag{5.6.59}$$

$$\frac{\partial}{\partial t}\left(u + \rho\frac{v^2}{2}\right) + \nabla\cdot\left[\left(u + p + \frac{\rho v^2}{2}\right)\boldsymbol{v}\right] = \nabla\cdot(\lambda\,\nabla T) + 2\,\nabla\cdot\left[\eta(\mathring{\nabla}\boldsymbol{v})^s\cdot \boldsymbol{v}\right] + \nabla\cdot\left[\zeta\boldsymbol{v}(\nabla\cdot \boldsymbol{v})\right] \tag{5.6.60}$$

$$\frac{\partial S(\boldsymbol{x})}{\partial t} + \nabla\cdot\left[S(\boldsymbol{x})\boldsymbol{v}\right] = \nabla\cdot\left(\frac{\lambda}{T}\nabla T\right) + \frac{\lambda}{T^2}(\nabla T)^2 + \frac{2\eta}{T}(\mathring{\nabla}\boldsymbol{v})^s : (\mathring{\nabla}\boldsymbol{v})^s + \frac{\zeta}{T}(\nabla\cdot \boldsymbol{v})^2 \tag{5.6.61}$$

如果假定动力学系数 λ、η 与 ζ 不依赖于空间位置的变化，则式(5.6.59)～式(5.6.61)还可以进一步化简为

$$\rho\left(\frac{\partial \boldsymbol{v}}{\partial t} + \boldsymbol{v}\cdot\nabla\boldsymbol{v}\right) + \nabla p = \eta\,\nabla^2\boldsymbol{v} + \left(\zeta + \frac{1}{3}\eta\right)\nabla(\nabla\cdot \boldsymbol{v}) \tag{5.6.62}$$

$$\frac{\partial}{\partial t}\left(u + \rho\frac{v^2}{2}\right) + \nabla\cdot\left[\left(u + p + \frac{\rho v^2}{2}\right)\boldsymbol{v}\right] = \lambda\,\nabla^2 T + 2\eta\,\nabla\cdot\left[(\mathring{\nabla}\boldsymbol{v})^s\cdot \boldsymbol{v}\right] + \zeta\,\nabla\cdot\left[\boldsymbol{v}(\nabla\cdot \boldsymbol{v})\right] \tag{5.6.63}$$

$$\rho\left(\frac{\partial s}{\partial t} + \boldsymbol{v}\cdot\nabla s\right) = \frac{\lambda}{T}\nabla^2 T + \frac{2\eta}{T}(\mathring{\nabla}\boldsymbol{v})^s : (\mathring{\nabla}\boldsymbol{v})^s + \frac{\zeta}{T}(\nabla\cdot \boldsymbol{v})^2 \tag{5.6.64}$$

式中：s 为单位质量流体所具有的熵，即

$$s \equiv \frac{S(\boldsymbol{x})}{\rho} \tag{5.6.65}$$

其中 $S(\boldsymbol{x})$ 的定义同式(5.6.61)。

5.7　弛豫过程普遍理论的概述

前几节均讨论的是，当给定组元的温度、质量速度和化学势场时体系的宏观状态已完全可以表达的情况。然而，对实际情况来说不一定总是如此。例如，当体系由彼此弱相互作用的子系组成时，子系间的能量交换变得困难，因此弛豫过程便发生。对此可以首先建立子系的局部平衡，而后这个局部平衡再缓慢地走向整体的统计平衡。所以，要想表示这种体系的状态，只有一个温度是不够的，还必须引入各个子系的温度。为了将 5.5 节的方法推广到弛豫体系，首先讨论子系 i 的能量、粒子数和动能的守恒律，其具体形式为

$$\frac{\partial H_i(\boldsymbol{x})}{\partial t}+\nabla\cdot \boldsymbol{J}_{Hi}(\boldsymbol{x})=J'_{Hi}(\boldsymbol{x}) \tag{5.7.1}$$

$$\frac{\partial n_i(\boldsymbol{x})}{\partial t}+\nabla\cdot \boldsymbol{J}_i(x)=J'_i(\boldsymbol{x}) \tag{5.7.2}$$

$$\frac{\partial \boldsymbol{p}_i(\boldsymbol{x})}{\partial t}+\nabla\cdot \boldsymbol{T}_i(\boldsymbol{x})=\boldsymbol{f}_i(\boldsymbol{x}) \tag{5.7.3}$$

式中：$H_i(\boldsymbol{x})$、$n_i(\boldsymbol{x})$与 $\boldsymbol{p}_i(\boldsymbol{x})$分别为子系 i 的能量、粒子数与动量密度；$\boldsymbol{J}_{Hi}(\boldsymbol{x})$、$\boldsymbol{J}_i(\boldsymbol{x})$与 $\boldsymbol{T}_i(\boldsymbol{x})$分别为对于子系 i 而言它们所对应的流；$J'_{Hi}(\boldsymbol{x})$为子系 i 的能量变化；$J'_i(\boldsymbol{x})$为粒子源的密度；$\boldsymbol{f}_i(\boldsymbol{x})$为子系 i 与其余所有子系间的相互作用力密度。此外，体系总的能量密度、质量密度与动量密度分别为

$$H(\boldsymbol{x})=\sum_i H_i(\boldsymbol{x}) \tag{5.7.4}$$

$$\rho(\boldsymbol{x})=\sum_i m_i n_i(\boldsymbol{x}) \tag{5.7.5}$$

$$\boldsymbol{p}(\boldsymbol{x})=\sum_i \boldsymbol{p}_i(\boldsymbol{x}) \tag{5.7.6}$$

它们满足如下的守恒律：

$$\frac{\partial H(\boldsymbol{x})}{\partial t}+\nabla\cdot \boldsymbol{J}_H(\boldsymbol{x})=0 \tag{5.7.7}$$

$$\frac{\partial \boldsymbol{p}(\boldsymbol{x})}{\partial t}+\nabla\cdot \boldsymbol{T}(\boldsymbol{x})=0 \tag{5.7.8}$$

$$\frac{\partial \rho(\boldsymbol{x})}{\partial t}+\nabla\cdot \boldsymbol{p}(\boldsymbol{x})=0 \tag{5.7.9}$$

针对子系 i 而言，式(5.7.1)～式(5.7.3)又可概括为

$$\frac{\partial P_{mi}(\boldsymbol{x})}{\partial t}+\nabla\cdot \boldsymbol{J}_{mi}(\boldsymbol{x})=J'_{mi}(\boldsymbol{x})\quad (m=0,1,2) \tag{5.7.10}$$

式(5.7.10)中 m 分别取 0、1 和 2 时，得

$$\begin{cases} P_{0i}(\boldsymbol{x}) = H_i(\boldsymbol{x}), & \boldsymbol{J}_{0i}(\boldsymbol{x}) = \boldsymbol{J}_{Hi}(\boldsymbol{x}), & J'_{0i} = J'_{Hi}(\boldsymbol{x}) \\ P_{1i}(\boldsymbol{x}) = \boldsymbol{p}_i(\boldsymbol{x}), & \boldsymbol{J}_{1i}(\boldsymbol{x}) = \boldsymbol{T}_i(\boldsymbol{x}), & J'_{1i} = \boldsymbol{f}_i(\boldsymbol{x}) \\ P_{2i}(\boldsymbol{x}) = m_i n_i(\boldsymbol{x}), & \boldsymbol{J}_{2i}(\boldsymbol{x}) = m_i \boldsymbol{J}_i(\boldsymbol{x}), & J'_{2i} = m_i J'_i(\boldsymbol{x}) \end{cases} \tag{5.7.11}$$

算符 $J'_{mi}(\boldsymbol{x})$ 满足如下附加条件:

$$\begin{cases} \sum_i J'_{Hi}(\boldsymbol{x}) = 0, \quad \sum_i \boldsymbol{f}_i(\boldsymbol{x}) = 0 \\ \sum_i (m_i J'_i(\boldsymbol{x})) = 0 \end{cases} \tag{5.7.12}$$

或者写为

$$\sum_i J'_{mi}(\boldsymbol{x}) = 0 \tag{5.7.13}$$

如果子系 i 可以用量 $P_{mi}(\boldsymbol{x})$ 表达的话,则体系的非平衡统计算符 ρ 为

$$\begin{aligned} \rho &= Q^{-1}\exp\Big[-\sum_{m,i}\Big(\varepsilon\iint_{-\infty}^{0}\exp(\varepsilon t_1)F_{im}(\boldsymbol{x},t+t_1)P_{mi}(\boldsymbol{x},t_1)\mathrm{d}t_1\mathrm{d}\boldsymbol{x}\Big)\Big] \\ &= Q^{-1}\exp\Big[-\sum_{m,i}\int F_{im}(\boldsymbol{x},t)P_{mi}(\boldsymbol{x})\mathrm{d}\boldsymbol{x} \\ &\quad + \sum_{m,i}\iint_{-\infty}^{0}\exp(\varepsilon t_1)(\boldsymbol{J}_{mi}(\boldsymbol{x},t_1)\cdot\nabla F_{im}(\boldsymbol{x},t+t_1) \\ &\quad + P_{mi}(\boldsymbol{x},t_1)\frac{\partial F_{im}(\boldsymbol{x},t+t_1)}{\partial t_1} \\ &\quad + J'_{mi}(\boldsymbol{x},t_1)F_{im}(\boldsymbol{x},t+t_1)\mathrm{d}t_1\mathrm{d}\boldsymbol{x})\Big] \end{aligned} \tag{5.7.14}$$

注意将式(5.7.14)与式(5.5.60)比较,可以发现:在忽略了面积分的情况下,前者比后者多出中括号里面的最后一项。显然,这一项与 J'_{mi} 有关。另外,分析弛豫体系中熵产生率 $\sigma(\boldsymbol{x})$ 的表达式时也会发现,它的表达式也有所变化,它增加了反映子系间能量交换和粒子交换有关的熵源项。这里因篇幅所限,不再给出它们的具体表达式。

最后需要特别指出的是,在非平衡过程的理论分析中,统计算符 ρ 或分布函数 f 是两个最重要的概念。在量子统计中,统计算符 ρ 满足量子 Liouville 方程,即

$$\frac{\partial\rho}{\partial t} + \frac{1}{\mathrm{i}\hbar}[\rho, H] = 0 \tag{5.7.15}$$

在经典统计中,分布函数 f 满足经典 Liouville 方程,即

$$\frac{\partial f}{\partial t} + [f, H] = 0 \tag{5.7.16}$$

可以证明:当 $\varepsilon\to 0$ 时,非平衡统计算符(5.5.60)以及弛豫过程的式(5.7.14)都是 Liouville 方程的积分。

5.8　约化分布函数的时间演化以及广义 Liouville 方程

Liouville 方程是统计力学中最基本最主要的方程之一。统计力学通过对微观动力学函数的统计平均，得到相应的宏观可观测量，使宏观的热力学描述与微观统计描述相沟通。在统计力学中，假定了每个微观客体的运动要么服从量子力学的运动方程，要么服从经典的 Newton 力学运动方程。本节准备以经典力学为基础，借助于 Wigner 所建立起来的对应理论，把这一框架推广到量子系统。

正由于 Liouville 方程是微观动力学描述的出发点，因此本节从 Liouville 方程出发，导出关于约化分布函数的 BBGKY 方程链以及广义 Liouville 方程。显然，借助于忽略三体碰撞和混沌性假设等条件，可以很方便地导出 Boltzmann 方程、Landau 方程和Vlasov方程。这三个方程既是研究输运过程的理论基础，又是检验经典关联动力学理论正确性与可行性的依据。

1. 约化分布函数

令 $B(\boldsymbol{r},t)$为任意一个宏观量，它是物理空间 $\boldsymbol{r}$ 与时间 t 的函数。考虑宏观系统含有 N 个全同的经典分子，那么该系统的平动可用 $2N$ 维($\boldsymbol{q}^1,\boldsymbol{q}^2,\cdots,\boldsymbol{q}^N,\boldsymbol{p}^1,\boldsymbol{p}^2,\cdots,\boldsymbol{p}^N$)相空间来描述，并用简化算符$\{q,p\}$代表$\{\boldsymbol{q}^1,\boldsymbol{q}^2,\cdots,\boldsymbol{q}^N;\boldsymbol{p}^1,\boldsymbol{p}^2,\cdots,\boldsymbol{p}^N\}$，即

$$\{q,p\}\equiv\{\boldsymbol{q}^1,\boldsymbol{q}^2,\cdots,\boldsymbol{q}^N;\boldsymbol{p}^1,\boldsymbol{p}^2,\cdots,\boldsymbol{p}^N\} \tag{5.8.1}$$

因此每个微观动力学函数便为相空间中广义坐标 q 与广义动量 p 的函数。令 $b(q,p)$为对应于宏观量 $B(\boldsymbol{r},t)$的微观动力学函数，该函数可能同参数 $\boldsymbol{r},t$ 有关，因此微观动力学函数通常记为 $b(q,p;\boldsymbol{r},t)$，并可用

$$b(q,p;\boldsymbol{r},t)\rightarrow B(\boldsymbol{r},t) \tag{5.8.2}$$

表示从相空间到物理空间的一种对应映射。令 $F(q,p)$表示相空间分布函数，于是有

$$B(\boldsymbol{r},t)=\iint F(q,p)b(q,p;\boldsymbol{r},t)\mathrm{d}q\mathrm{d}p \tag{5.8.3}$$

而且分布函数 $F(q,p)$还必须满足归一化条件，即

$$\iint F(q,p)\mathrm{d}q\mathrm{d}p=1 \tag{5.8.4}$$

为了讨论微观动力学函数的普遍特性，设系统中任意一个微观动力学函数都可以用正则变量 $x_1,x_2,\cdots,x_N$ 的函数来表示，于是 $F(q,p)$与 $b(q,p)$可分别写为 $F(x_1,x_2,\cdots,x_N)$与 $b(x_1,x_2,\cdots,x_N)$。可以证明：微观动力学函数具有对称性，而且可以展成如下多项式形式：

$$b(x_1,x_2,\cdots,x_N)=b_0+\sum_{j=1}^{N}b_1(x_j)\sum_{j<n}^{N}\sum b_2(x_j,x_n)$$

$$+\sum_{j_1<j_2<\cdots<j_s}^{N}\sum\cdots\sum b_s(x_{j_1},x_{j_2},\cdots,x_{j_s})+\cdots+b_N(x_1,\cdots,x_N)$$

$$=b_0+\sum_{j=1}^{N}b_1(x_j)+(2!)^{-1}\sum_{j\neq n=1}^{N}\sum b_2(x_j,x_n)$$

$$+\cdots+(s!)^{-1}\sum_{j_1\neq j_2\neq\cdots\neq j_s}^{N}\cdots\sum\sum b_s(x_{j_1},x_{j_2},\cdots,x_{j_s})+\cdots$$

$$+b_N(x_1,\cdots,x_N) \tag{5.8.5}$$

注意这里为了便于书写，采用如下缩写算符：

$$x_j=\{\boldsymbol{q}^j,\boldsymbol{p}^j\} \tag{5.8.5a}$$

另外，Hamilton 函数 $H(\boldsymbol{q},\boldsymbol{p};\boldsymbol{r},t)$，即

$$H(\boldsymbol{q},\boldsymbol{p};\boldsymbol{r},t)=H^0+H'+H^F \tag{5.8.5b}$$

其中

$$\begin{cases}H^0=\sum\limits_{i=1}^{N}\dfrac{p_i^2}{2m}\\ H'=\sum\limits_{j<n=1}^{N}\sum V(|\boldsymbol{q}_j-\boldsymbol{q}_n|)=\sum\limits_{j<n=1}^{N}\sum V(\boldsymbol{r}_{jn})\\ H^F=\sum\limits_{j=1}^{N}H_j^F\end{cases} \tag{5.8.5c}$$

采用式(5.8.5a)中的缩写符号 x_j 后，则式(5.8.5b)可以写为如下更紧凑的形式：

$$H(x_1,x_2,\cdots,x_N)=\sum_{j=1}^{N}H_1(x_j)+\sum_{j<n=1}^{N}\sum H_2(x_j,x_n) \tag{5.8.5d}$$

其中

$$\begin{cases}H_1(x_j)=H_j^0+H_j^F\\ H_2(x_j,x_n)=V(\boldsymbol{r}_{jn})\end{cases} \tag{5.8.5e}$$

因此，可以把微观动力学函数(5.8.5)看成 N 维形式的矢量，即

$$\boldsymbol{b}\equiv b(x_1,x_2,\cdots,x_N)\equiv\{b_0,b_1(x_1),\cdots,b_N(x_1,x_2,\cdots,x_N)\} \tag{5.8.6}$$

注意这里 x_j 采用了式(5.8.5a)中的缩写符号。引进 S 个粒子的约化分布函数 f_S，其定义为

$$f_S(x_1,x_2,\cdots,x_N)=\frac{N!}{(N-S)!}\int F(x_1,\cdots,x_S,x_{S+1},\cdots,x_N)\mathrm{d}x_{S+1}\mathrm{d}x_{S+2}\cdots\mathrm{d}x_N \tag{5.8.7}$$

于是单粒子的约化分布函数 $f_1(x_1)$ 为

$$f_1(x_1) = N\int F(x_1, \cdots, x_N)\mathrm{d}x_2\mathrm{d}x_3\cdots\mathrm{d}x_N \tag{5.8.8}$$

约化分布函数 f_S 的归一化条件为

$$f_0 \equiv 1 \tag{5.8.9a}$$

$$\int f_S(x_1, x_2, \cdots, x_S)\mathrm{d}x_1\mathrm{d}x_2\cdots\mathrm{d}x_S = \frac{N!}{(N-S)!} \tag{5.8.9b}$$

令 $\boldsymbol{f}$ 为

$$\boldsymbol{f} \equiv \{f_0, f_1(x_1), \cdots, f_S(x_1, \cdots, x_S), \cdots, f_N(x_1, x_2, \cdots, x_N)\} \tag{5.8.10}$$

容易证明 $\boldsymbol{f}$ 与 $\boldsymbol{b}$ 的标积(即$(\boldsymbol{b},\boldsymbol{f})$)正好等于微观动力学函数 b 的平均值：

$$\langle b\rangle = (\boldsymbol{b},\boldsymbol{f}) = \sum_{S=0}^{N}\left[(S!)^{-1}\int b_S(x_1, \cdots, x_S) f_S(x_1, x_2, \cdots, x_S)\mathrm{d}x_1\cdots\mathrm{d}x_S\right] \tag{5.8.11}$$

值得注意的是，动力学函数 $\boldsymbol{b}$ 所对应的 b_S 的分量数目是十分有限的(在一般情况下，当 S 满足 $m<S\leqslant N$ 时，则 $b_S\equiv 0$，其中 m 是一个非常有限的数。例如，如果所研究的问题只涉及两两粒子间的相互作用时，则有 $m=2$；通常 $S\geqslant 3$ 时则 $b_S\equiv 0$)，这使得式(5.8.11)中标积的计算大大简化。

2. Liouville 方程

相空间中的分布函数 $F(q,p,t)$满足

$$\frac{\mathrm{d}F(q,p;t)}{\mathrm{d}t} = 0 \tag{5.8.12}$$

的条件，由此便可得到法国著名物理学家 Liouville 给出的方程：

$$\begin{aligned}\frac{\partial F(q,p;t)}{\partial t} &= [H(q,p), F(q,p;t)] \\ &= \sum_{n=1}^{N}\left(\frac{\partial H}{\partial q_n}\frac{\partial F}{\partial p_n} - \frac{\partial H}{\partial p_n}\frac{\partial F}{\partial q_n}\right) = LF(q,p;t)\end{aligned} \tag{5.8.13}$$

式中：[…]为 Poisson 括号；L 为 Liouville 算子。令 Hamilton 函数 H 表示为

$$H(q,p;\boldsymbol{r},t) = H^0 + H^F + H' \tag{5.8.14}$$

式中：H^0 为无相互作用及无外场作用时的自由运动能量算子；H^F 为外场对系统作用的能量算子；H' 为 N 个粒子之间相互作用的能量算子。显然，这里 H^0、H^F 与 H' 的含义与式(5.8.5b)相同。于是式(5.8.13)又可变为

$$\frac{\partial F}{\partial t} = \sum_{j=1}^{N}(L_j^0 + L_j^F)F + \sum_{j<n=1}^{N}\sum(L'_{jn}F) \tag{5.8.15}$$

式中：L_j^0 为自由运动的 Liouville 算子；L_j^F 为外场作用算子；L'_{jn} 为相互作用算子。其具体表达式为

$$\begin{cases} L_j^0 = -\boldsymbol{v}_j \cdot \nabla_j \\ L_j^F = (\nabla_j H_j^F) \cdot \hat{\partial}_j - (\hat{\partial}_j H_j^F) \cdot \nabla_j \\ L'_{jn} = (\nabla_j V_{jn}) \cdot \hat{\partial}_{jn} \end{cases} \tag{5.8.16}$$

$$\begin{cases} \nabla_j \equiv \dfrac{\partial}{\partial \boldsymbol{q}_j}, \hat{\partial}_j \equiv \dfrac{\partial}{\partial \boldsymbol{p}_j}, \hat{\partial}_{jn} \equiv \dfrac{\partial}{\partial \boldsymbol{p}_j} - \dfrac{\partial}{\partial \boldsymbol{p}_n} \\ V_{jn} \equiv V(|\boldsymbol{q}_j - \boldsymbol{q}_n|) \end{cases} \tag{5.8.17}$$

借助于式(5.8.16)与式(5.8.17),则式(5.8.15)变为

$$\partial_t F = \left(\sum_{j=1}^{N} L'_j + \sum_{j<n=1}^{N} \sum L'_{jn} \right) F \tag{5.8.18}$$

其中 L'_{jn} 定义同式(5.8.16);∂_t 与 L'_j 分别为

$$\begin{cases} \partial_t \equiv \dfrac{\partial}{\partial t} \\ L'_j = -\boldsymbol{v}_j \cdot \nabla_j + L_j^F \end{cases} \tag{5.8.19}$$

Liouville 方程(5.8.18)是关于时间的一阶偏微分方程,它的形式与 Schrödinger 方程很相近。

3. BBGKY 方程链以及广义 Liouville 方程

将式(5.8.7)两边对时间求偏导数,并注意使用式(5.8.18),便可得到

$$\begin{aligned} \partial_t f_S &= \frac{N!}{(N-S)!} \int \left(\sum_{j=1}^{N} L'_j + \sum_{j<n=1}^{N} \sum L'_{jn} \right) F \mathrm{d}x_{S+1} \mathrm{d}x_{S+2} \cdots \mathrm{d}x_N \\ &= \sum_{j=1}^{S} L'_j f_S + \sum_{j<n=1}^{S} \sum L'_{jn} f_S + \sum_{j=1}^{S} \int (L'_{jk} f_k) \mathrm{d}x_k \end{aligned} \tag{5.8.20}$$

其中 L'_i 的定义同式(5.8.19);L'_{jn} 与 L'_{jk} 的定义均同式(5.8.16);式(5.8.20)中的定义 k 为

$$k \equiv S + 1 \tag{5.8.21}$$

如果将 Hamilton 函数[即式(5.8.5b)]写成

$$H(\boldsymbol{q}, \boldsymbol{p}; \boldsymbol{r}, t) = \sum_{i=1}^{N} \left(\frac{\boldsymbol{p}_i^2}{2m} + \Phi(\boldsymbol{r}_i) \right) + \sum_{1 \leqslant i < j \leqslant N} V_{ij}(\boldsymbol{r}_i, \boldsymbol{r}_j) \tag{5.8.5f}$$

式中:$\Phi(\boldsymbol{r}_i)$ 为第 i 个粒子受到外场的作用;$V_{ij}(\boldsymbol{r}_i, \boldsymbol{r}_j)$ 为第 i 个粒子与第 j 个粒子间的相互作用势,其中 $\boldsymbol{r}_i$ 与 $\boldsymbol{r}_j$ 为相应粒子的空间坐标。则式(5.8.20)又可改写为

$$\frac{\partial f_S}{\partial t} = [H_S, f_S] + (N-S) \int \sum_{i=1}^{S} (\nabla_{r_i} V_{ik}) \cdot (\nabla_{p_i} f_k) \mathrm{d}x_k \tag{5.8.22}$$

式中:$[H_S, f_S]$ 为关于 H_S 与 f_S 的 Poisson 括号,其定义与式(2.4.3)相同,即

$$[H_S, f_S] = \sum_{n=1}^{3N} \left(\frac{\partial H_S}{\partial q_n} \frac{\partial f_S}{\partial p_n} - \frac{\partial H_S}{\partial p_n} \frac{\partial f_S}{\partial q_n} \right) \tag{5.8.22a}$$

另外，式(5.8.22)中的∇_{r_i}与∇_{p_i}分别定义为

$$\nabla_{r_i} \equiv \frac{\partial}{\partial \boldsymbol{q}_i}, \quad \nabla_{p_i} \equiv \frac{\partial}{\partial \boldsymbol{p}_i} \tag{5.8.22b}$$

此外，式(5.8.22)中的下标 k 服从式(5.8.21)的定义；另外，式中的 x_k 服从式(5.8.5a)的符号缩写约定；式(5.8.22)中的 S 取值为 $1\sim(N-1)$的范围。显然，式(5.8.20)与式(5.8.22)就是著名的 BBGKY 方程链，它是由 Bogolyubov(1946年)、Born 和 Green(1946 年)、Kirkwood(1946 年)和 Yvon(1937 年)独立导出的。这个方程与 Liouville 方程等价，它包含系统的所有微观信息。但需要指出的是，Liouville 方程是封闭的，而 BBGKY 方程链是不封闭的，这是由于相互作用，使约化分布函数 f_S 的演化方程[即式(5.8.20)或式(5.8.22)]中出现了 f_{S+1}项。值得注意的是，对于微观动力学函数 b_S，当 $S\geqslant 3$ 时便有 $b_S\equiv 0$，因此在计算标积$(\boldsymbol{b},\boldsymbol{f})$时求出头几个 f_S 便显得特别重要。这里给出 BBGKY 方程链的头四个方程，其具体形式为

$$\partial_t f_0 = 0 \tag{5.8.23}$$

$$(\partial_t - L_1^0 - L_1^F) f_1(x_1) = \int (L'_{12} f_2(x_1, x_2)) \mathrm{d}x_2 \tag{5.8.24}$$

$$\begin{aligned}&(\partial_t - L_1^0 - L_2^0 - L_1^F - L_2^F) f_2(x_1, x_2)\\ =& L'_{12} f_2(x_1, x_2) + \int [(L'_{13} + L'_{23}) f_3(x_1, x_2, x_3)] \mathrm{d}x_3\end{aligned} \tag{5.8.25}$$

$$\begin{aligned}&\left(\partial_t - \sum_{j=0}^{3} L_j^0 - \sum_{j=1}^{3} L_j^F\right) f_3(x_1, x_2, x_3)\\ =& (L'_{12} + L'_{13} + L'_{23}) f_3(x_1, x_2, x_3)\\ &+ \int [(L'_{14} + L'_{24} + L'_{34}) f_4(x_1, x_2, x_3, x_4)] \mathrm{d}x_4\end{aligned} \tag{5.8.26}$$

式中：f_0、f_1、f_2、f_3、f_4 均为约化分布函数。注意这里 x_j 采用式(5.8.5a)中的缩写符号。另外，当 S 取 1 与 2 时，借助于式(5.8.22)便分别可以得到

$$\frac{\partial f_1}{\partial t} = [H_1, f_1] + \left(\frac{\partial f_1}{\partial t}\right)_{\mathrm{c}} \tag{5.8.27}$$

$$\begin{aligned}\frac{\partial f_2}{\partial t} =& [H_2, f_2] + (N-2) \iint \Big\{ \left(\nabla_{r_1} V_{13}(\boldsymbol{r}_1, \boldsymbol{r}_3)\right) \cdot (\nabla_{p_1} f_3)\\ &+ (\nabla_{r_2} V_{23}(\boldsymbol{r}_2, \boldsymbol{r}_3)) \cdot (\nabla_{p_2} f_3) \Big\} \mathrm{d}\boldsymbol{r}_3 \mathrm{d}\boldsymbol{p}_3\end{aligned} \tag{5.8.28}$$

式中：$[H_1, f_1]$为 H_1 与 f_1 的 Poisson 括号；$[H_2, f_2]$为关于 H_2 与 f_2 的 Poisson 括号；$\left(\frac{\partial f_1}{\partial t}\right)_{\mathrm{c}}$ 为碰撞积分，其具体表达式为

$$\left(\frac{\partial f_1}{\partial t}\right)_c = (N-1)\iint\left[(\nabla_{r_1}V_{12}(\boldsymbol{r}_1,\boldsymbol{r}_2))\cdot(\nabla_{p_1}f_2)\right]\mathrm{d}\boldsymbol{r}_2\mathrm{d}\boldsymbol{p}_2 \tag{5.8.29a}$$

$$\left(\frac{\partial f_1}{\partial t}\right)_c \approx N\iint\left[(\nabla_{r_1}V_{12}(\boldsymbol{r}_1,\boldsymbol{r}_2))\cdot(\nabla_{p_1}f_2)\right]\mathrm{d}\boldsymbol{r}_2\mathrm{d}\boldsymbol{p}_2 \tag{5.8.29b}$$

方程(5.8.27)与(5.8.28)都是由 Liouville 方程导出的，它们是精确的，关于这一点十分重要。

引进广义 Liouville 算子 $\hat{L}$

$$\hat{L} = \hat{L}^0 + \hat{L}^F + \hat{L}' \tag{5.8.30}$$

式中：$\hat{L}^0$、$\hat{L}^F$ 与 $\hat{L}'$ 分别代表广义自由 Liouville 算子、外场作用 Liouville 算子和相互作用 Liouville 算子。

于是借助于约化分布矢量 $\boldsymbol{f}$[它已由式(5.8.10)定义]便可写出 $\boldsymbol{f}$ 的运动方程：

$$\partial_t \boldsymbol{f} = \hat{L}\boldsymbol{f} \tag{5.8.31}$$

式(5.8.31)称为广义 Liouville 方程。方程(5.8.31)是一个矢量方程，为了使它的投影方程同式(5.8.20)完全一致，则 $\hat{L}$ 矩阵应该由式(5.8.32)确定：首先 $\hat{L}$ 矩阵是一个$(N+1)$行、$(N+1)$列的方阵，该矩阵的头一行对应的元素为 $L_{00}, L_{01}, \cdots, L_{0N'}$；第一列所对应的元素为 $L_{00}, L_{10}, \cdots, L_{N'0}$，这里 $N' \equiv N+1$；$\hat{L}$ 矩阵只有对角线及对角线右邻的矩阵元才不为零(注意头一行对应的元素除外)，其他的矩阵元均为零，对照式(5.8.23)～式(5.8.26)便可得到头几个矩阵元的具体表示式为

$$\begin{cases} L_{00} = 0, \quad L_{01} = 0 \\ L_{11} = L_1^0 + L_1^F \\ L_{12} = \int L'_{12}\mathrm{d}x_2 \\ L_{22} = L_1^0 + L_2^0 + L_1^F + L_2^F + L'_{12} \\ L_{23} = \int (L'_{13} + L'_{23})\mathrm{d}x_3 \\ L_{33} = \sum\limits_{j=1}^{3} L_j^0 + \sum\limits_{j=1}^{3} L_j^F + L'_{12} + L'_{13} + L'_{23} \\ L_{34} = \int (L'_{14} + L'_{24} + L'_{34})\mathrm{d}x_4 \end{cases} \tag{5.8.32}$$

5.9 Boltzmann 方程以及关联动力学分量

在 5.8 节中，从 Liouville 方程出发，通过引入各阶约化分布函数(如 f_1, f_2,

$f_3,\cdots$)，导出一组与 Liouville 方程完全等价的关于约化分布函数时间发展行为的方程——BBGKY 方程链，即方程(5.8.20)或者(5.8.22)。虽然这个方程链同 Liouville 方程等价，但两者有很大的差别：Liouville 方程是线性的封闭方程，具有时间反演的对称性；BBGKY 方程链虽然也是线性方程，并且也具有时间反演对称性，但它是不封闭的，也就是说由于相互作用，使约化分布函数 f_s 的演化方程出现了 f_{s+1} 项，因此，除非采用某种技术把方程链切断，否则无法从这个方程链得到关于 f_s 的明确结果。本节则针对两种特殊情况，引入适当的近似，将方程链截断，得到了两种特殊情况下的方程，即 Boltzmann 方程与 Landau 方程。

在常温常压下，气体分子之间的作用只涉及短程的 van der Waals 作用力。一般来说，在两个粒子相遇而处于相互作用的短暂时间间隔内，第三个粒子同时处于这个作用范围内的概率是很小的。这也就是说，在这种情况下三个分子一起碰撞(即三体碰撞)的概率是很小的，因此三体碰撞的作用一般可以忽略。忽略三体碰撞的作用意味着约化分布函数 $f_3\approx 0$，因此式(5.8.28)可简化为

$$\frac{\partial f_2}{\partial t}=[H_2,f_2] \tag{5.9.1}$$

于是方程(5.8.27)与方程(5.9.1)便组成一个封闭的方程组，原则上讲这个方程组是可以求解的。为了便于书写，下面将$(\boldsymbol{r}_2,\boldsymbol{p}_2)$与$(\boldsymbol{r}_1,\boldsymbol{p}_1)$简单地写为$(\boldsymbol{r},\boldsymbol{p})$与$(\boldsymbol{r}_1,\boldsymbol{p}_1)$，因此两个粒子间相互作用的位势$V_{12}(\boldsymbol{r}_1,\boldsymbol{r}_2)$便可简单地写为$V(|\boldsymbol{r}-\boldsymbol{r}_1|)$。另外，假定外场是一种保守场(这种场的梯度等于力)，因此可把$\nabla_r\Phi(\boldsymbol{r})$记作$-m\boldsymbol{F}(\boldsymbol{r})$，即

$$\boldsymbol{F}(\boldsymbol{r})=\frac{-\nabla_r\Phi(\boldsymbol{r})}{m} \tag{5.9.2}$$

式中：$\boldsymbol{F}(\boldsymbol{r})$为单位质量受到外力。在上述情况下，方程(5.8.27)与(5.8.28)可写为

$$\left(\frac{\partial}{\partial t}+\frac{\boldsymbol{p}}{m}\cdot\nabla_r+m\boldsymbol{F}(\boldsymbol{r})\cdot\nabla_p\right)f_1(\boldsymbol{r},\boldsymbol{p},t)=\left(\frac{\partial f_1}{\partial t}\right)_{\mathrm{c}} \tag{5.9.3}$$

$$\left[\frac{\partial}{\partial t}-\nabla_r(\Phi(\boldsymbol{r})+V(|\boldsymbol{r}-\boldsymbol{r}_1|))\cdot\nabla_p-\nabla_{r_1}(\Phi(\boldsymbol{r}_1)+V(|\boldsymbol{r}-\boldsymbol{r}_1|))\cdot\nabla_{p_1}\right.$$
$$\left.+\frac{\boldsymbol{p}}{m}\cdot\nabla_r+\frac{\boldsymbol{p}_1}{m}\cdot\nabla_{r_1}\right]f_2(\boldsymbol{r},\boldsymbol{p},\boldsymbol{r}_1,\boldsymbol{p}_1,t)=0 \tag{5.9.4}$$

其中

$$\left(\frac{\partial f_1}{\partial t}\right)_{\mathrm{c}}=N\iint(\nabla_rV(|\boldsymbol{r}-\boldsymbol{r}_1|))\cdot(\nabla_pf_2(\boldsymbol{r},\boldsymbol{p},\boldsymbol{r}_1,\boldsymbol{p}_1,t))\,\mathrm{d}\boldsymbol{r}_1\mathrm{d}\boldsymbol{p}_1 \tag{5.9.5}$$

虽然方程(5.9.3)与(5.9.4)组成了关于约化分布函数 f_1 与 f_2 的封闭方程

组，原则上可以通过求解这个方程组得到 f_1 与 f_2，但由于该方程组是一个涉及 13 个变量（即 6 个位置变量，6 个动量变量再加上一个时间变量）的偏微分方程组，求解起来并不太容易，因此还需要进一步引入近似使之得以简化。一个最简化的办法是假定两个粒子的运动是互不相关的（或者引入分子混沌性的假设），于是便有

$$f_2(\boldsymbol{r},\boldsymbol{p},\boldsymbol{r}_1,\boldsymbol{p}_1,t)=f_1(\boldsymbol{r},\boldsymbol{p},t)f_1(\boldsymbol{r}_1,\boldsymbol{p}_1,t) \tag{5.9.6}$$

显然，这样的假定不会总能成立，因此不能简单地采用将式（5.9.6）代入式（5.9.5）的办法由式（5.9.3）去得到关于单粒子约化分布函数 f_1 的方程。Boltzmann 等从微分散射截面 $\sigma(\Omega)$ 的基本概念出发，细致地研究了碰撞积分项，得到如下形式的 Boltzmann 微分积分型方程：

$$\left(\frac{\partial}{\partial t}+\boldsymbol{v}\cdot\nabla_r+\boldsymbol{F}\cdot\nabla_v\right)\bar{f}(\boldsymbol{r},\boldsymbol{v},t)=\iint|\boldsymbol{v}-\boldsymbol{v}_1|(\bar{f}(\boldsymbol{r},\boldsymbol{v}',t)\bar{f}(\boldsymbol{r},\boldsymbol{v}'_1,t)$$
$$-\bar{f}(\boldsymbol{r},\boldsymbol{v},t)\bar{f}(\boldsymbol{r},\boldsymbol{v}_1,t))2\pi b\mathrm{d}\boldsymbol{v}_1\mathrm{d}b \tag{5.9.7}$$

式中：$\boldsymbol{v}$、$\boldsymbol{v}_1$ 与 $\boldsymbol{v}'$、$\boldsymbol{v}'_1$分别为两个粒子在碰撞前与碰撞后的速度；b 为碰撞参数。引入普遍关联动力学理论中的分布矢量 $\boldsymbol{f}$、动力学分量 $\bar{\boldsymbol{f}}$ 以及非动力学分量 $\hat{f}$，它们之间的相互关系为[33,34]

$$\boldsymbol{f}=\bar{\boldsymbol{f}}+\hat{\boldsymbol{f}} \tag{5.9.8}$$

因此式（5.9.7）中的 $\bar{f}(\boldsymbol{r},\boldsymbol{v},t)$ 为式（5.9.8）中 $\bar{\boldsymbol{f}}$ 的一个特殊分量，$\bar{f}$ 是约化单粒子分布函数 $f_1(\boldsymbol{r},\boldsymbol{p},t)$ 的泛函；关于关联动力学的更多讨论，将在本书 10.5 节中进行。在式（5.9.7）中 $\bar{f}(\boldsymbol{r},\boldsymbol{v},t)$ 与单粒子约化分布函数 $f_1(\boldsymbol{r},\boldsymbol{p},t)$ 间的关系为

$$\iint f_1(\boldsymbol{r},\boldsymbol{p},t)\mathrm{d}\boldsymbol{r}\mathrm{d}\boldsymbol{p}=m^3\iint\bar{f}(\boldsymbol{r},\boldsymbol{v},t)\mathrm{d}\boldsymbol{r}\mathrm{d}\boldsymbol{v} \tag{5.9.9}$$

为便于书写，式（5.9.7）又可记为

$$\left(\frac{\partial}{\partial t}+\boldsymbol{v}\cdot\nabla_r+\boldsymbol{F}\cdot\nabla_v\right)\bar{f}=C(\bar{f},\bar{f}_1) \tag{5.9.10}$$

或者

$$\frac{\partial\bar{f}}{\partial t}+\boldsymbol{v}\cdot\frac{\partial\bar{f}}{\partial\boldsymbol{r}}+\boldsymbol{F}\cdot\frac{\partial\bar{f}}{\partial\boldsymbol{v}}=C(\bar{f},\bar{f}_1) \tag{5.9.11}$$

其中

$$C(\bar{f},\bar{f}_1)\equiv\iint|\boldsymbol{v}-\boldsymbol{v}_1|(\overline{f'f'_1}-\overline{ff_1})2\pi b\mathrm{d}\boldsymbol{v}_1\mathrm{d}b \tag{5.9.12}$$

$$\begin{cases}\bar{f}'\equiv\bar{f}(\boldsymbol{r},\boldsymbol{v}',t),\bar{f}'_1\equiv\bar{f}(\boldsymbol{r},\boldsymbol{v}'_1,t)\\ \bar{f}\equiv\bar{f}(\boldsymbol{r},\boldsymbol{v},t),\bar{f}_1\equiv\bar{f}(\boldsymbol{r},\boldsymbol{v}_1,t)\end{cases} \tag{5.9.13}$$

值得注意的是，上述 Boltzmann 方程（5.9.10）以及碰撞积分式（5.9.12）只适用于单组分的气体。在多组分情形下，则 Boltzmann 方程可写为

$$\frac{\partial\bar{f}_i}{\partial t}+\boldsymbol{v}_i\cdot\frac{\partial\bar{f}_i}{\partial\boldsymbol{r}}+\boldsymbol{F}_i(\boldsymbol{r})\cdot\frac{\partial\bar{f}_i}{\partial\boldsymbol{v}_i}=\sum_j C(\bar{f}_i,\bar{f}_j) \tag{5.9.14}$$

式中：$\boldsymbol{F}_i(\boldsymbol{r})$为单位质量的第 i 个组分的分子所受到外场的作用力；$C(\bar{f}_i,\bar{f}_j)$定义为

$$C(\bar{f}_i,\bar{f}_j)=\iint g_{ij}(\bar{f}_i(\boldsymbol{r},\boldsymbol{v}'_i,t)\bar{f}_j(\boldsymbol{r},\boldsymbol{v}'_j,t) - \bar{f}_i(\boldsymbol{r},\boldsymbol{v}_i,t)\bar{f}_j(\boldsymbol{r},\boldsymbol{v}_j,t))\sigma(\chi_{ij},g_{ij})(\mathrm{d}\boldsymbol{v}_j)\cdot(\mathrm{d}\boldsymbol{k}'_{ij}) \tag{5.9.15}$$

式中：χ_{ij}为第 i 种分子与第 j 种分子在碰撞前后相对速度的夹角；$\boldsymbol{k}'_{ij}$为第 i 种分子与第 j 种分子在碰撞后相对速度的单位矢量；g_{ij}为

$$g_{ij}=|\boldsymbol{v}_i-\boldsymbol{v}_j| \tag{5.9.16}$$

因此原则上，有了 Boltzmann 方程[如式(5.9.11)或者式(5.9.14)]，便可以求解该方程并得到$\bar{f}$，于是便得到单粒子约化分布函数 $f_1(\boldsymbol{r},\boldsymbol{p},t)$；所以这时通过统计平均便可以得到各种宏观量的统计表达式，其中包括这些物理量随时间和空间的变化行为。但是应该看到：上述方程的求解并不太容易，其原因之一是含有多变量，如式(5.9.11)便包含 7 个自变量(即 1 个时间变量，3 个坐标变量与 3 个速度变量或者 3 个动量，)而且涉及偏导数与多重积分，尤其是方程对于未知的分布函数$\bar{f}$来讲是非线性的。

还应该说明的是，上面给出的思路并不是 Boltzmann 的原始方法。Boltzmann 的原始方法是从物理图像出发，采用了比较直观清晰的处理办法，但它难以推广到包含多体碰撞作用的情形，因而就难以推广应用于稠密气体。而这里采用的从 BBGKY 方程链出发的方法，通过保留更高阶的约化分布函数的办法便可以讨论多体碰撞的作用，所以原则上可以把 Boltzmann 方程推广到包括稠密气体的情形。另外还有一点应特别说明的是，1951 年王承书在 Uhlenbeck 的指导下给出考虑单组分、多原子分子、考虑分子内部量子数及简并度的 Boltzmann 方程，但这篇优秀的文章一直推迟到 1964 年才公开发表。当今国际上常说 Wang Chang-Uhlenbeck 主方程，正是在她(他)们的思想框架下考虑多组分、多原子分子、考虑分子内部量子数及简并度之后而得到的方程，这个方程又称为广义 Boltzmann 方程，即 GBE(generalized Boltzmann equation)。这种半经典的方程可以考虑非弹性碰撞，可以考虑分子内部态的简并度，可以考虑化学反应问题，可以考虑气体的离解、电离以及气体的辐射输运问题，显然使用 GBE 处理高空再入飞行问题中过渡区域的流动要比 BGK(即以 Bhatnagar、Gross 和 Krook 三人姓氏所命名)方程给出更多的流场细节，是一个值得大力研究的方程。对于数值求解 GBE，我们已于 2010 年初开始与美国 Washington 大学 Agarwal 教授以及俄罗斯科学院莫斯科 Dorodnicyn 计算中心著名科学家 Tcheremissine 先生合作开展这一方面的研究工作；另外，我们 AMME Lab 团队还独立开展了 UFS(Unified Flow Solver)方法的研究，这是一种重要的新方法，对此在本书第 12 章中还将作简单介绍。

由于篇幅所限，均匀弱耦合气体的 Landau 方程这里就不再讨论了。需要指

出的是，在等离子体流体力学研究中 Landau 方程非常重要，而且 Landau 方程所反映的微观动力学的本质要比 Fokker-Planck 方程深刻得多。但另外也应看到，Boltzmann 方程与 Landau 方程在计算碰撞积分时在本质上引进了混沌性假设，这就掩盖了大量的动力学细节，因此它们并不是真正的动力学方程。不过，这两个方程都是严格遵守 BBGKY 方程链且是在一定的辅助条件下所获得的近似结果。

第二篇　高超声速气动热力学的基本理论与基本方程

第 6 章 高超声速流动的主要特征以及飞行器的运动分析

高超声速(hypersonic)这一名词是钱学森先生于 1946 年首先提出的,15 年后即 1961 年 Gagarin 乘坐由 Korolev 设计的 Vostok I 宇宙飞船以 Mach 数为 25 的飞行速度绕地球一圈;1969 年 Apollo 登月舱以 Mach 数为 36 的飞行速度返回地球大气层。现在,高超声速飞行器已成为人类进行太空科学研究不可缺少的重要工具,对此在本书的"前言"中曾给出大量高超声速飞行器与探测器发射的实例。高超声速气动热力学是研究气体与高超声速飞行器相对运动时产生的力、热和其他物理现象的科学,是一门新兴的分支学科。高超声速飞行器的飞行其中包括穿越大气层的发射与上升段,在大气层外的轨道飞行段以及再入大气层的返回段[这些航天飞行器(space vehicle)可以是卫星、飞船、航天飞机和空天飞机以及弹道式导弹等]。事实上,高超声速飞行器在它飞行的全过程中,要遇到各种速度范围,其中包括从亚声速、跨声速、超声速到高超声速范围内的气体动力学问题,而且还要涉及四个流区(即自由分子流区、过渡区、滑流区和连续介质区)的流动。正如本书第一篇所指出的,适用于这四个流区统一的力学方程是 Liouville 方程,它是本书基本理论框架的基础。因此,高超声速气动热力学是建筑在四大力学的基础上,它经常需要将微观描述与宏观描述结合起来,才能有效地服务于高超声速气动热力学问题的物理实际,才有可能有效解决高超声速气动热力学领域的实际问题[35]。因此,准确认识高超声速气动热力学中的基本概念,全面了解高超声速气动热力学在航天器轨道飞行与再入过程中的物理背景,深入掌握高超声速流动的基本特征是十分重要的,本章主要围绕上述这三大方面的内容展开讨论。

6.1 高超声速流动的基本概念与基本特征

1. 高超声速流动的主要特征及 Knudsen 数

19 世纪人类太空飞行梦想的实现常与 3 位太空先驱(苏联 Tsiolkovsky、美国 Goddard 和德国 Oberth)联系在一起。换句话说,高超声速气动热力学的兴起是与火箭、导弹、卫星、载人飞船、航天飞机的发展密切相关的。自 1942 年 10 月,З V -2 型火箭的发射试验,引起了人们对高超声气动问题的关注。1945 年钱学森先生发表了著名的《高超声速流动的相似律》,与此同时,美国与苏联的一些空气动力学家们对高超声速的流动问题进行了理论上的系统研究。进入 20 世纪 50 年代以来，航天技术有了新的飞跃。1957 年 10 月 4 日苏联发射了世界上第一颗人造地球卫星；1958 年 1 月 31 日美国第一颗地球轨道卫星 Explorer 1 号由 von Braun 设计的 Jupiter C 型火箭发射升空，在围绕地球运行了 58 000 圈以后于 1970 年 3 月 31 日在地球大气层中烧毁。1961 年 4 月 12 日，世界上第一位航天员 Yuri Gagarin 乘 Vostok-1 号飞船绕地球做轨道飞行一圈后返回地面；月球是地球的卫星，它离地球 384 401km。1969 年 7 月 16 日，美国用 Saturn 5 号运载火箭将 Apollo-11 号飞船及两名航天员送入登月轨道，经过四天的航行后于 1969 年 7 月 20 日该飞船登月舱抵达月面。第一位踏上月面的是 Armstrong，当时说出了一句永载史册的名言："对于我个人来说这只是一小步，但对全人类来说却是一大步"。自 1961 年 4 月 12 日人类首次进入太空，到 2003 年 4 月底，全世界共进行了 238 次载人航天飞行，其中美国 142 次，苏联/俄罗斯 96 次，总计 958 人次，累计 400 多人进入太空，这些人员来自 29 个国家，其中女性 40 人。这里简单介绍 5 位航天英雄，其中三位都与我国有缘：①1943 年 1 月 14 日出生于我国上海的 Lucid，在中国生活了 6 年，一直到 6 岁才随父母定居美国。她 1963 年大学化学专业本科毕业，1970 年获生物化学博士学位。1978 年 35 岁的 Lucid 被选入航天员，1996 年已经有过 4 次太空飞行经历的 Lucid 被选为第一个到俄罗斯和平号空间站上长期飞行的美国女航天员，一直到同年 9 月 26 日她离开和平号空间站乘航天飞机从太空中归来，Lucid 创造了妇女在太空飞行 188 天的世界纪录。②1940 年出生于江西省赣县，祖籍江苏盐城的王赣骏，在上海度过了自己的童年，1963 年在美国加州大学洛杉矶分校攻读物理专业，1967 年本科毕业，1974 年在数百名科学家的竞争中入选航天员；1985 年 4 月 29 日，45 岁的王赣骏乘挑战者号航天飞机升空，飞行历经 7 天，绕地球 111 圈，行程 460 多万千米，成为第一个进入太空的华裔航天员。③1950 年出生，祖籍广东的张福林，1977 年在 MIT 获应用物理学博士学位，1980 年他以渊博的空间科学知识和强健的体魄在 4500 名选手中被遴选为 24 名高级科学家资格的航天员之一；从 1986 年乘哥伦比亚号航天飞机首飞太空，到 2002 年乘奋进号航天飞机从太空归来，他圆满完成了 7 次太空飞行任务，成为世界上第 2 个到太空次数最多的航天员。④Polyakov，1942 年生、医学博士；1972 年开始选入航天员队伍，在以后的 16 年航天征途中，他经历了两次长期太空飞行：第一次在 1988 年 8 月 29 日至 1989 年 4 月 27 日长达 239 天的太空飞行，第二次是 1994 年 1 月 8 日至 1995 年 3 月 22 日，在轨道持续飞行了 437 天 17 小时 58 分钟之后，这位著名的俄罗斯航天员 Polyakov 离开了和平号空间站，乘联盟 TM-20 号在哈萨克斯坦草原上平安着陆，从而创造了航天历史上持续飞行最长的纪录。⑤John H Glenn，1921 年生、1939 年考入密歇根大学，1959 年 3 月入选航天员，1965 年退役；退役后从 1974 年起经公众选举连任四届参议员，他非常热心于环境保护工作。1962 年 2 月 20 日，John H. Glenn 乘水星号飞船环绕地球 3 圈，成为第一位进入太空的美国人；1998 年 10 月 29 日，已 77 岁高龄的 John H. Glenn 又乘发现号航天飞机重返太空，进行了为期 9 天的太空飞行并完成了 10 项医学实验，用实验证实了高龄不是宇航的禁区，成为进入太空年龄最大的航天员。自 1962 年钱学森先生在他的《星际航行概论》一书中提出了如今的所谓空天飞机的概念以来，19 年后即 1981 年 4 月 12 日美国 Columbia 航天飞机(space shuttle)从地面升空，绕地球 36 圈后成功地降落在地球上。更为有趣的是，文献[36]第 174～175 页详细介绍了 20 世纪 70 年代期间美国发射的四个航天探测器的飞行史，这四个探测器是：①"先驱者"(Pioneer)10 号；②"先驱者"11 号；③"旅行者"(Voyager)1 号；④"旅行者"2 号。它们分别于 1972 年 3 月 2 日、1973 年 4 月 5 日、1977 年 9 月 5 日和 1977 年 8 月 20 日发射，并分别于 1989 年 6 月、1990 年 2 月、1988 年 11 月和 1989 年 10 月越过冥王星轨道飞出太阳系，飞到银河系去为人类探测宇宙的奥秘。发射一个航天探测器，科研人员竟跟踪了它 30 多年，这种敬业与执著精神是非常可贵的。航空航天事业的迅速发展拉动了近代空气动力学各方面的研究工作，尤其是高超声速气动热力学的发展。总之，半个世纪以来在航天事业的推动下，特别是迈进 21 世纪以来一系列大型高超声速飞行器频频升空，使得高超声速气动热力学的理论和实验技术得到迅速发展。

所谓高超声速是指速度远远大于声速的流动，通常用自由来流 Mach 数 $Ma_\infty>5$ 作为高超声速流的一种标志，但这种 Ma_∞ 的界限不是很绝对的，流动是否属于高超声速流还与飞行器的具体形状有关，如对于钝体，当 $Ma_\infty>3$ 时就开始出现高超声速流的特征，而对细长体，有时 Ma_∞ 要高达 10 时才会出现这些特征。事实上，正如卞荫贵在文献[37]指出的，要给高超声速流动下一个简明而准确的定义是较为困难的，因此研究高超声速流动所具有的特征更显得重要。通常，高超声速气动热力学从工程应用的侧面上看，它主要涉及：①气动力计算与分析(包括升力、阻力、力矩、压力中心等)；②气动热计算与分析(包括壁面热流分布、热防护设计等)；③流场的光电特性与热辐射的计算与分析(这主要涉及气动物理)等方面。下面分五个方面介绍高超声速流动的主要特征。

1) 薄激波层(thin shock layer)和激波前后小密度比

根据斜激波理论，在气流偏转角给定的情况下，激波后的密度增量是随来流 Mach 数的增加而迅速增大的。由质量守恒定律可知，波后气体密度越高，所需面积越小。这意味着在高超声速流动中，激波与物面之间的距离很小。通常将激波与物面之间的流场定义为激波层。高超声速流绕物体流动的基本特征之一是激波层很薄。例如，$Ma_\infty=36$ 绕半楔角为 15°的高超声速流动，假定气体的比热比 $\gamma=1.4$，则按照完全气体的斜激波理论可得到这时激波倾角仅为 18°，如图 6.1 所示。如果计及高温化学反应的影响，考虑真实气体效应，则激波角将变得更小。另外,对于高超声速流动,激波前后密度之比是个小量,如 Apollo 飞船再入大气飞行时脱体激波前后的密度比约为 1∶20。

2) 存在着熵层(entropy layer),在这个区域内熵的梯度很大

高超声速飞行器通常都做成钝头体,这是因为头部驻点处的对流传热与头部曲率半径的平方根成反比,因此将头部钝化后便可以减轻头部的热载荷。在高 Mach 数流动时,钝头体前的脱体激波层很薄,而且脱体激波离头部的距离 d(见图 6.2)也很小。对于气体通过激波后引起熵增,激波越强,熵增越大。在飞行器的头部区域,激波强烈弯曲。在流动的中心线附近,弯曲激波几乎与流线垂直,因此中心线附近的熵增较大。距流动中心线较远处,激波较弱,相应的熵增也较小。也就是说,穿过弯曲激波不同位置的流线经历了不同的熵增,于是具有熵梯度很大的气体层将覆盖在物体的表面上构成熵层,并伸展到头部下游的一个相当大的区域。由可压缩流的 Crocco 定理:对于均能流动,有

$$\mathbf{V}\times(\nabla\times\mathbf{V})=-T\,\nabla S \tag{6.1.1}$$

式(6.1.1)表明熵的梯度是与旋度联系在一起的,也就是说强熵梯度的熵层是与强旋度联系在一起的,即熵层为强旋涡区,有时又把熵层影响称为“涡干扰”。显然,熵层的存在给物面边界层的计算带来困难。熵层处在激波层的内层,它和边界层是两个不同的概念,它是一层低密度、高熵、大的熵梯度、具有强旋涡的气体层。熵层的存在是高超声速流动的又一个重要特征。

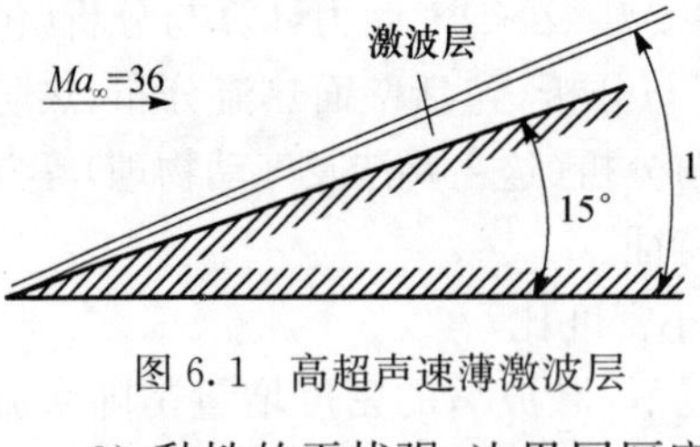

图 6.1　高超声速薄激波层

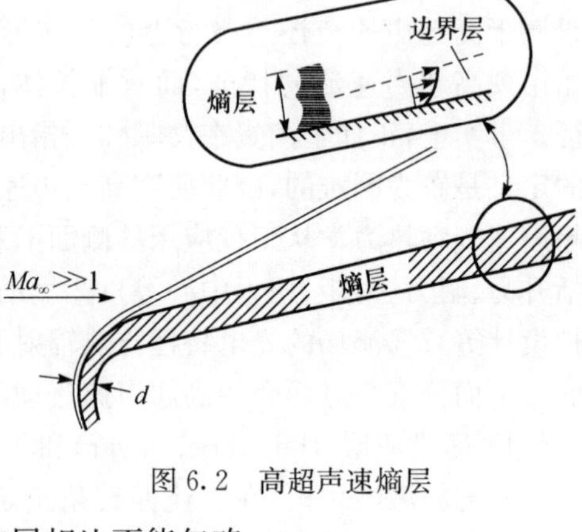

图 6.2　高超声速熵层

3) 黏性的干扰强、边界层厚度与激波层相比不能忽略

可以证明:在高超声速条件下,层流边界层厚度 δ 与自由来流 Mach 数 Ma_∞ 及雷诺数 Re_x 间的关系可简化为

$$\frac{\delta}{x}\propto\frac{Ma_\infty^2}{\sqrt{Re_x}} \tag{6.1.2}$$

这里符号$\propto$表示比例关系。利用上述关系式可以对高超声速平板边界层的流动问

题予以定性说明：高超声速流动具有很大的动能，在边界层内，黏性效应使流速变慢时损失的动能部分将转变为气体的内能，并且导致边界层内温度的升高。图 6.3 给出典型的温度分布剖面。这种温度升高控制了高超声速边界层的特征，如随着温度的升高气体的黏性系数增大，密度减小边界层变厚；所以在高超声速流动下，边界层变厚的现象应当予以重视。边界层的变厚对外部无黏流产生影响，外部无黏流的变化又反过来影响边界层的增长，于是出现了高超声速外部无黏流动与边界层黏性之间的相互作用，这种作用常称为黏性干扰。而这种黏性干扰对物面压力分布有重要影响，尤其是对高超声速飞行器的升力、阻力和稳定性造成重要的影响；另外，黏性干扰还会使物面的摩擦力和传热率增大。在某些流动的情况下，使得边界层的厚度变得与激波层的厚度相当。显然在这种情况下，激波层中的黏性作用不容忽视。对于大钝头体的飞行器，在许多情况下流动分离现象十分严重，因此由层流变到湍流的转捩问题，湍流模式问题以及流动分离与再附问题都是分析黏性作用问题时不容忽视的。

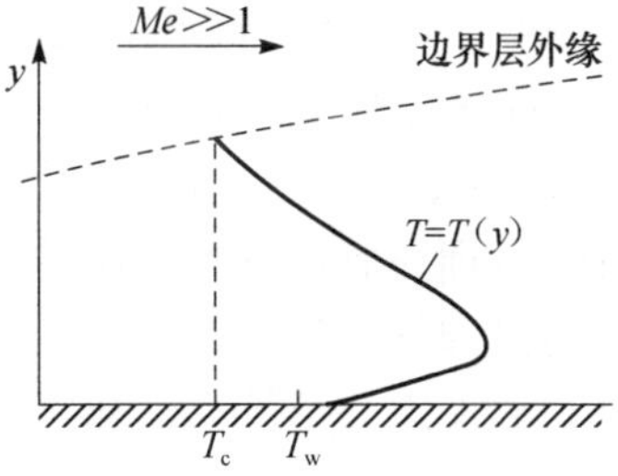

图 6.3　高超声速边界层内的温度剖面

4）高温激波层内存在高温效应

当高超声速气流通过激波压缩或黏性阻滞而导致减速时，极大的黏性耗散使得高超声速边界层内达到非常高的温度，它足以激发分子内的振动能并引起边界层内气体的离解，甚至电离。如图 6.4 给出的高温激波层所示。例如，1969 年 7 月 24 日 Apollo-11 号飞船在完成了人类历史上第一次登月飞行之后重返地球大

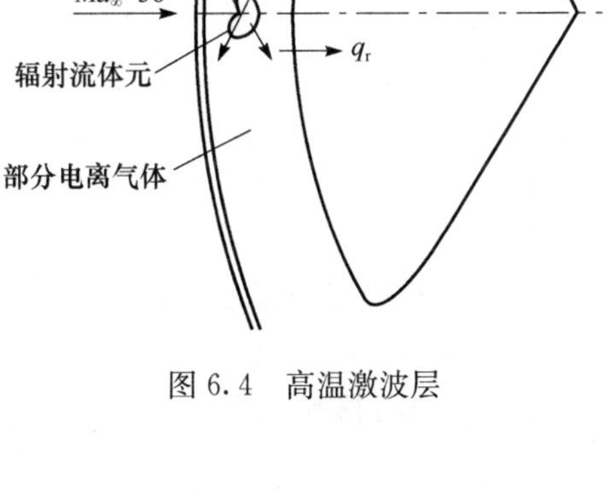

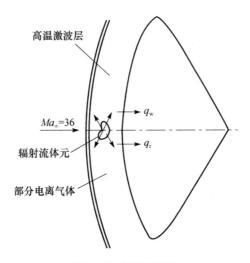

图 6.4　高温激波层

气层。在其飞行轨道上选取一个给定的空间点作计算，如取高度为 53km 飞行，Mach 数 $Ma_\infty=32.5$；如果飞船弓形激波后的温度 T_2 采用比热比 $\gamma=1.4$ 的完全气体正激波关系式进行计算，这时得到的温度 $T_2=58\,128$K，而考虑到气体的高温效应(即注意到真实气体的效应)之后，按照平衡流计算得到的 T_2 仅为 11 600K，显然这时的温度与实际情况较为贴近。事实上，对于空气来讲当温度低于 800K 时，要考虑分子的移动和转动自由度的激发；当温度 T 超过 800K，这时气体分子的振动自由度被激发；当温度达到 2000K(在一个大气压下)，空气中的氧气开始离解($O_2 \longrightarrow O+O$)；达到 4000K 时氧分子全部离解；在此温度下，氮气开始离解($N_2 \longrightarrow N+N$)；当达到 9000K 时，氮分子全部离解；在 9000K 以上时则会出现电离($N \longrightarrow N^+ + e^-$，$O \longrightarrow O^+ + e^-$)，气体变成部分电离的等离子体。所有这些现象被通称为高温效应，又称为真实气体效应(real gas effect)。很显然这种高温化学反应流动对高超声速飞行器的升力、阻力和力矩均会有重要影响，而且会产生对物面的高传热率。另外，如果激波层的温度够高，则辐射加热量 q_R 便是一个不容忽视的量。例如，Apollo 飞船再入地球大气层时，辐射传热占加热率的 30%左右，而以 14km/s 的速度进入木星(Jupiter)大气层的空间探测器(space probe)其辐射热竟占总加热率的 95%以上，因此辐射传热在能量方程中不可省略。此外，对于高超声速飞行器，高温流动产生的另一个物理现象是：当飞行器再入大气层期间，在某一个高度和某一速度下将出现"通信中断"(communications blackout)，这时飞行器不能向外发射或接收无线电波。这种现象是由于高温气体的电离反应造成的，是电离反应所产生的自由电子吸收了无线电波的缘故，因此精确地预测流场中的电子密度也是一项非常重要的工作。

5) 高空、高超声速流动时存在低密度效应

飞行器在高空进行高超声速飞行时，还会遇到稀薄气体动力学方面的问题。对于稀薄气体动力学来讲 Knudsen 数 Kn 是一个十分重要的相似参数[38,39]。Kn 定义为

$$Kn = \frac{\lambda}{l} \tag{6.1.3}$$

式中：l 是飞行器的特征长度；λ 是气体分子撞击的平均自由程(mean free path)。根据气体的稀薄程度，将气体流动分为四种情况，即常讲的四个流区：

(1) $Kn \leqslant 0.03$ 时为连续介质区域，对于这个区域 Navier-Stokes 方程(简称 N-S 方程)、Fourier 热传导关系以及 Fick 质量扩散关系都适用，并且在物面处满足速度无滑移和温度无跳跃的假定。

(2) $0.03 < Kn \leqslant 0.2$ 时为速度滑移和温度跳跃区。在这个区域内 N-S 方程、Fourier关系和 Fick 扩散关系仍然适用，但在物面出现了速度滑移(velocity slip)、温度跳跃(temperature jump)和热滑移等现象。

(3) $0.03<Kn<1.0$ 时为过渡(transition)区域，这时气体分子的平均自由程与流动特征长度为同一量级，所以连续介质的假设不再成立，流动要用 Boltzmann 方程描述。

(4) $Kn>1.0$ 时为自由分子(free molecule)区域，在这个区域中气体分子的平均自由程远大于流动问题的特征长度，所以流动也要用 Boltzmann 方程予以描述。

因此在 $Kn\leqslant 0.2$ 的区域可用 Navier-Stokes 方程计算，而在 $Kn>0.2$ 的区域，应属于稀薄流，则可用 Boltzmann 方程或者 DSMC 方法去完成这个区域的流场计算。综上所述，可以给高超声速流动定义为这样的一种流动，在这种流动中除了对 Mach 数有限制之外，上述物理化学现象的全部或者部分变得十分重要。为了说明这个定义，这里不妨给出图 6.5，它总结了相关的一些重要物理现象以及与高超声速飞行之间的密切关系。

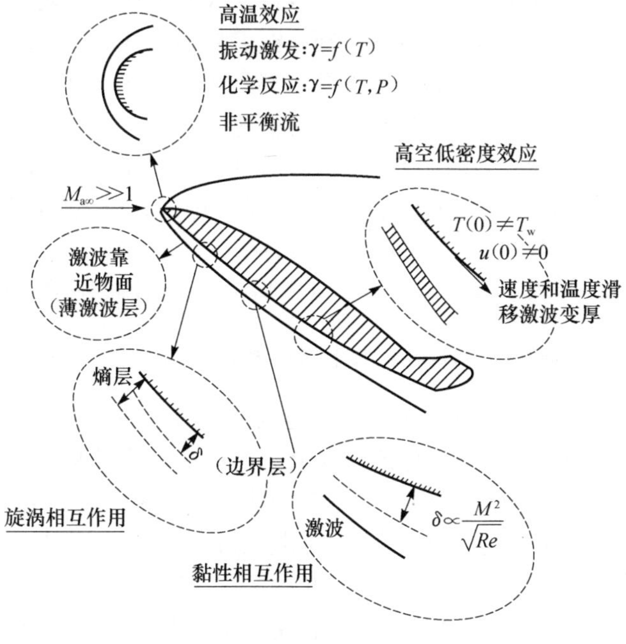

图 6.5　高超声速流动的物理特征

最后顺便说一下几种飞行器的一般飞行高度以及为飞行器实验而配备的高超声速风洞：首先，人们普遍认为 20～100km 是临近空间(near space)，也是空天过渡区；国际民航组织 ICAO 将 18.3km 高度以下的空域划为航空管辖范围，而某些高空侦察机飞行的高度已接近 30km；国际航空联合会 FAI 将 100km 作为航天的下界，这一高度也称为卡门(von Karman，1981～1963)线；人们有时也将距离地面 100km 至地球静止轨道(同步轨道)高度 35 786km 的空间称为航天空间，也称近地空间；从气体动力学尤其是空气动力学的角度，将地球大气层分为连续流区、过渡区和自由分子流区。通常将 70km 以下认为是连续流区，130km 以上是自由分子流区；另外还认为，40～70km 属于低密度流区，相应的在这个区域飞行的飞行器其雷诺数很小；在 70～100km 为滑移流区（这时在这个区域仍可用 N-S 方程描述，但固壁边界条件需用滑移条件代替）；在 100～130km 属于过渡流区。从 50km 高空开始，部分大气分子由于受太阳电磁辐射和其他粒子的辐射而电离，形成自由电子、正离子、负离子以及中性粒子组成的电离介质区，形成电离层。显然，电离层的存在使高超声速问题的计算更为复杂。另外，在 180～650km 高度范围内，大气的主要成分为氧原子。当飞行器以 8km/s 的速度飞行时会导致航天器表面材料的氧化、溅散、腐蚀等损伤结果。美国航天飞机经常在 360km 高度地球近地轨道位置再入大气层，这时飞行 Mach 数多为 25 左右；战略导弹的飞行高度通常在 100km 以上，人造地球卫星多在 150～1000km 的高度；载人飞船返回舱通常在 80～120km 的高度再入地球大气层。此外，备受人们关注的高超声速巡航飞行器（hypersonic cruise vehicle，HCV）、高升阻比的乘波体（waverider）以及通用航空航天飞行器（common aero vehicle，CAV）也都是在临近空间中飞行。

为了进行高超声速飞行器的研制，高超声速风洞是必备的实验设备。目前国际上比较著名的风洞，如美国波音公司的 B30 HST 风洞，其 Mach 数范围为 8～20；俄罗斯理论与应用力学研究所 AT-303 风洞，其 Mach 数范围为 14～20；比利时 VKI 的 Longshot 风洞，其 Mach 数范围为 15～20；法国 Onera 的 F4 风洞，其 Mach 数范围为 9～21；英国帝国学院低密度高超声速风洞，其 Mach 数高达 25。

2. 气动热力学研究的基本内容及本书的特色

气动热力学（aerothermodynamics）是近代流体力学与空气动力学的一个重要分支，它主要是研究高超声速流体或高温流体的运动规律及其流体与飞行器壁面（或者一般物体表面）的相互作用。空气动力学与经典热力学相结合，便形成气体动力学，对于它来讲主要是研究亚声速、跨声速、超声速的流动问题。而空气动力学与基础物理力学（其中包括经典力学、电动力学、量子力学以及热力学与统计物理）、化学热力学、化学动力学相结合，便形成气动热力学，它主要研究高速流动或者高超声速流动与传热问题。von Karman 称这种流动为气动热化学（aerothermochemistry），卞荫贵定名为气动热力学[37]，本书采纳了卞荫贵的称法。高超声速气动热力学（hypersonic aerothermodynamics）是气动热力学领域中最活跃的一个分支，主要研究气体与高超声速飞行器相对运动时产生的力、热和其他物理现象，尤其是高超声速飞行器的再入问题是一门新兴的流体力学、应用物理、应用化学以及理论物理四大力学领域中交叉的综合问题，它所涉及的既有宏观物理，又有微观物理，还有介观物理学的问题。按照卞荫贵先生在 2005 年 5 月 28 日审定本书大纲及详细目录时的建议:“高超声速气动热力学应该是宏观力学与微观力学的结合,它不能仅包含适用于连续流区域的 Navier-Stokes 方程组的求解计算,还应该包括能够描述稀薄流区的广义 Boltzmann 方程以及 DSMC 算法”,本书完全采纳了卞先生的提议。事实上,高超声速飞行器,尤其是航天飞行器所涉及的气动热力学问题是非常复杂的。高超声速飞行器按其飞行特点可分为跨大气层飞行的飞行器与在大气层内飞行的飞行器。前者的飞行轨迹又可分为穿越大气层的发射与上升段以及在大气层外飞行的轨道飞行段与再入大气层的再入与返回段。迄今为止,高超声速飞行器尤其是航天飞行器在上升段都以火箭发动机为动力。火箭飞行的特点是以很大的推力进行加速,用很短的时间穿越稠密的大气层,因此在发射、上升段的气动热力学问题与再入、返回段相比还相对容易些。当典型的再入体(如航天飞机、飞船、返回式卫星、洲际弹道导弹等)以高超声速返回地球大气层时,由于高温电离和烧蚀以及物理化学反应等方面的作用,其气动热力学问题是十分复杂的。另外,高超声速飞行要涉及四个流区(即自由分子流区、过渡区、滑流区和连续介质区),相应地 Knudsen 数从 0.001 到 1000 变化;介质的温度也从 3K 到 2×10^4K变化;所考察系统或系统的状态也往往处于平衡态或者非平衡态。以载人飞船返回舱再入大气层为例,Apollo 登月飞船指令舱以 11.2km/s 的第二宇宙速度返回地球,Gemini(双子星座)和 Soyuz(联盟)等地球轨道载人飞船返回舱以 7.9km/s 的第一宇宙速度再入地球大气层。返回舱再入大气层经过自由分子流区、过渡流区、滑移流区和连续流区。这四个区域的再入过程中,空气会发生振动、离解、电离和复合等化学物理反应的真实气体效应。另外,再入过程也会经过化学冻结流、化学非平衡流和化学平衡流区。因此,面对如此复杂的物理问题的确需要一个能普遍描述上述物理现象的基础力学方程作理论支撑。本书以 Liouville 方程作为描述四个流区的统一力学方程,以经典统计(即分布函数)与量子统计(即统计算符)为基本工具,突出了一个基本框架(即从严格的力学方程 Liouville 方程出发,通过引入适当的近似导出 Boltzmann 方程;而后再进行 Chapman-Enskog 展开去获得相应流区的控制方程),紧紧扣住了平衡态与非平衡态两个过程作为主要研究对象,始终注意将宏观力学描述与微观力学分析密切结合便构成了本书的一大特色。因此,在本书的“前言”中归纳出 5 个特点,如果用一句话描述,便可以用“一个方程、两个模型、一个系综、一个基本思想、一类飞行问题”来概括本书的特点,换句话说,可以概述为:①突出了一个力学方程,即 Liouville 方程;②狠抓了两个基本模型,即 Naiver-Stokes 方程模型和广义 Boltzmann 方程模型;③采用了一个统计系综,即 Gibbs 系综;④立足于一个基本思想,即非平衡态是物质运动普遍形态的思想;⑤紧紧扣住了一类飞行问题,即国际上 18 种著名航天器与探测器的高超声速再入飞行问题。从这个意义上讲,本书可认为是文献[37]的进一步发展与开拓,是一部航空航天工程领域中急需的重要专著,它反映了流体力学与工程热物理两个学科中极富有挑战性的新领域及其我们团队在这个领域中所取得的一些最新成果。

6.2 高超声速飞行器的运动方程以及典型飞行过程的初步分析

通常，飞行器可分为两大类：一类是航空飞行器，它是在大气中飞行的飞行器；另一类是航天器(又称为空间飞行器)，它主要是在大气层以外飞行。目前航天器的主要类型有卫星、载人飞船、空间探测器、运载火箭、航天飞机以及空间站等。航天器也有在大气层内飞行的区段，即从地面到太空的发射段与从太空到地面的再入返回段。对于在大气中飞行的航空飞行器来讲，空气动力与依赖于空气的发动机推力对于飞行起着决定性的作用；对于航天器，这里主要讨论近地航天器(near-earth spacecraft orbit)，在地球的大气层外与引力影响范围内，近地航天器的飞行基本上是遵照天体力学的运行规律。要细致的去研究航天器在轨运行的无摄运动(二体问题)、受摄运动、第三体引力摄动(例如，以人造地球卫星的运动而言，第三体主要指太阳和月球)以及深空探测器的轨道运动等都会涉及对 Kepler 轨道的精细修正问题。在天体力学中，将天体偏离二体问题的现象称为摄动。事实上仅以近地航天器为例，它所受的摄动力就很多种，其中主要包括地球扁率、大气阻力、太阳光压的摄动影响。显然，如此复杂的摄动影响不可能在本节中作详细讨论。因此本节在讨论空间飞行器在大气层以外的运动特性时，主要以 Kepler 运行轨道为主并适当考虑地球扁率的摄动与地球大气的摄动效果。本节主要讨论以下六个方面的问题：①坐标变换中一些符号的约定以及常用坐标系；②采用平面大地假设时飞行器的运动方程；③采用圆球形大地假设时飞行器的运动方程；④椭球形地球情况下飞行器的运动；⑤空间飞行器的在轨运行以及 Kepler 方程；⑥发射段与再入段飞行特点的初步分析。

1. 坐标变换中一些符号的约定以及常用坐标系

为简单起见，这里仅以直角坐标系为例。今选定一个直角坐标系 $Ox_my_mz_m$(这里记作 S_m)，其单位矢量为 $\boldsymbol{i}_m$、$\boldsymbol{j}_m$、$\boldsymbol{k}_m$；令 $\boldsymbol{u}$ 为任意矢量，它在坐标系 S_m 中的分量为(u_{xm}, u_{ym}, u_{zm})，于是 $\boldsymbol{u}$ 可表示为

$$\boldsymbol{u} = [\boldsymbol{i}_m, \boldsymbol{j}_m, \boldsymbol{k}_m][u_{xm}, u_{ym}, u_{zm}]^{\mathrm{T}} \tag{6.2.1}$$

令 $\boldsymbol{B}_m$ 代表坐标系 S_m 的单位矢量所组成的列阵，即

$$\boldsymbol{B}_m \equiv [\boldsymbol{i}_m, \boldsymbol{j}_m, \boldsymbol{k}_m]^{\mathrm{T}} \tag{6.2.2}$$

又矢量 $\boldsymbol{u}$ 在坐标系 S_m 中的分量组成的列阵为

$$(\boldsymbol{u})_m = [u_{xm}, u_{ym}, u_{zm}]^{\mathrm{T}} \tag{6.2.3}$$

借助于式(6.2.2)与式(6.2.3)，则式(6.2.1)可写为

$$\boldsymbol{u}=\boldsymbol{B}_m^{\mathrm{T}}\circ(\boldsymbol{u}_m)=(\boldsymbol{u})_m^{\mathrm{T}}\circ\boldsymbol{B}_m \tag{6.2.4}$$

式中：符号“∘”表示通常“线性代数”课程里两个矩阵相乘的含义；之所以在本节中要特别加入这个符号是因为本书中矩阵与张量符号都用黑体表示，而且本书还使用了并矢张量的概念，因此如果不用这个符号则在两个矩阵相乘时便容易与并矢张量发生混淆。在两个矩阵相乘(当两个矩阵都用黑体表示)时，使用了这个符号“∘”后，便完全避免了上述混淆现象。因此，在本节中引入了这个符号“∘”是非常必要的。引进矢量 $\boldsymbol{u}$ 在任意坐标系 S_m 的叉乘矩阵 $\boldsymbol{u}_m^{\times}$，其表达式为

$$(\boldsymbol{u})_m^{\times}=\begin{bmatrix}0 & -u_{zm} & u_{ym}\\ u_{zm} & 0 & -u_{xm}\\ -u_{ym} & u_{xm} & 0\end{bmatrix} \tag{6.2.5}$$

令矢量 $\boldsymbol{u}$ 与矢量 $\boldsymbol{v}$ 的矢量积为 $\boldsymbol{w}$，于是借助于式(6.2.3)与式(6.2.5)的符号约定，便有

$$(\boldsymbol{w})_m=(\boldsymbol{u}\times\boldsymbol{v})_m=(\boldsymbol{u})_m^{\times}\circ(\boldsymbol{v})_m \tag{6.2.6}$$

而矢量 $\boldsymbol{u}$ 与矢量 $\boldsymbol{v}$ 的标量积为

$$\boldsymbol{u}\cdot\boldsymbol{v}=(\boldsymbol{u})_m^{\mathrm{T}}\circ(\boldsymbol{v})_m=(\boldsymbol{v})_m^{\mathrm{T}}\circ(\boldsymbol{u})_m \tag{6.2.7}$$

令 $\boldsymbol{B}_m$ 与 $\boldsymbol{B}_n$ 分别代表在坐标系 S_m 与 S_n 下的单位矢量所组成的列阵，并定义 $\boldsymbol{L}_{nm}$ 为

$$\boldsymbol{L}_{nm}\equiv\boldsymbol{B}_n\circ\boldsymbol{B}_m^{\mathrm{T}}=\begin{bmatrix}(\boldsymbol{i}_n\cdot\boldsymbol{i}_m) & (\boldsymbol{i}_n\cdot\boldsymbol{j}_m) & (\boldsymbol{i}_n\cdot\boldsymbol{k}_m)\\ (\boldsymbol{j}_n\cdot\boldsymbol{i}_m) & (\boldsymbol{j}_n\cdot\boldsymbol{j}_m) & (\boldsymbol{j}_n\cdot\boldsymbol{k}_m)\\ (\boldsymbol{k}_n\cdot\boldsymbol{i}_m) & (\boldsymbol{k}_n\cdot\boldsymbol{j}_m) & (\boldsymbol{k}_n\cdot\boldsymbol{k}_m)\end{bmatrix} \tag{6.2.8}$$

显然，这个矩阵的元素是相应坐标轴之间夹角的方向余弦。另外，坐标变换矩阵还具有如下重要性质：

$$\boldsymbol{L}_{mn}=(\boldsymbol{L}_{nm})^{-1}=(\boldsymbol{L}_{nm})^{\mathrm{T}} \tag{6.2.9}$$

它是规范化的正交矩阵，即 $\boldsymbol{L}_{nm}\circ\boldsymbol{L}_{mn}$ 等于单位矩阵；此外，对于三个坐标系 S_m、S_n、S_c，则还有

$$\boldsymbol{L}_{cm}=\boldsymbol{L}_{cn}\circ\boldsymbol{L}_{nm} \tag{6.2.10}$$

式(6.2.8)称为由坐标系 S_m 到坐标系 S_n 的变换矩阵，对于任意矢量 $\boldsymbol{u}$，则它在 S_m 与 S_n 中的列阵(即 $(\boldsymbol{u})_m$ 与 $(\boldsymbol{u})_n$)之间便有如下关系：

$$(\boldsymbol{u})_n=\boldsymbol{L}_{nm}\circ(\boldsymbol{u})_m \tag{6.2.11}$$

令坐标系绕它的一个轴的旋转定义为基元旋转，并且用符号 $\boldsymbol{L}_x(\alpha)$、$\boldsymbol{L}_y(\beta)$ 与 $\boldsymbol{L}_z(\gamma)$ 分别表示绕 x 轴转过 α 角、绕 y 轴转过 β 角与绕 z 轴转过 γ 角的基元旋转矩阵，即

$$\boldsymbol{L}_x(\alpha)=\begin{bmatrix}1 & 0 & 0\\ 0 & \cos\alpha & \sin\alpha\\ 0 & -\sin\alpha & \cos\alpha\end{bmatrix} \tag{6.2.12}$$

$$\boldsymbol{L}_y(\beta)=\begin{bmatrix}\cos\beta & 0 & -\sin\beta\\ 0 & 1 & 0\\ \sin\beta & 0 & \cos\beta\end{bmatrix} \tag{6.2.13}$$

$$\boldsymbol{L}_z(\gamma)=\begin{bmatrix}\cos\gamma & \sin\gamma & 0\\ -\sin\gamma & \cos\gamma & 0\\ 0 & 0 & 1\end{bmatrix} \tag{6.2.14}$$

如果假定坐标系 S_m 通过如下三次旋转才变为坐标系 S_n（见图 6.6），这三次相继的旋转为：首先坐标系 $Ox_my_mz_m$（即坐标系 S_m）绕 z_m 轴转过 Ψ 角后成为 $Ox'y'z_m$；然后它绕 y' 轴转过角 θ 变为 $Ox_ny'z''$；最后它绕 x_n 转过角 Φ 变为 $Ox_ny_nz_n$（即坐标系 S_n）。于是由坐标系 S_m 变到 S_n 的变换矩阵 $\boldsymbol{L}_{nm}$ 为

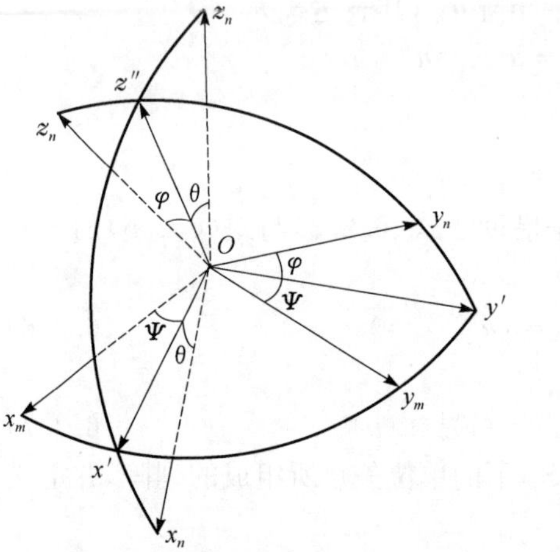

图 6.6 坐标系的转动（以 z-y-x 为例）

$$\boldsymbol{L}_{nm}=\boldsymbol{L}_x(\phi)\circ\boldsymbol{L}_y(\theta)\circ\boldsymbol{L}_z(\psi) \tag{6.2.15}$$

由式(6.2.15)可以看出，基元旋转矩阵相乘的顺序是与上面所述的三次相继旋转的顺序相反。

令 $\boldsymbol{T}$ 为二阶张量，在本书 1.2 节中曾给出张量的并矢表示法，在张量 $\boldsymbol{T}$ 选取坐标系 S_m 的单位矢量 $\boldsymbol{i}_m$、$\boldsymbol{j}_m$、$\boldsymbol{k}_m$ 作标架的情况下，张量 $\boldsymbol{T}$ 的表达式为

$$\boldsymbol{T}=\boldsymbol{B}_m^{\mathrm{T}}\circ(\boldsymbol{T})_m\circ\boldsymbol{B}_m \tag{6.2.16}$$

式中：$(\boldsymbol{T})_m$ 为张量 $\boldsymbol{T}$ 在坐标系 S_m 中的分量矩阵，显然它是 3×3 的矩阵。

对于旋转坐标系，在本书 1.8 节中曾作过研究。令坐标系 S_m 是以角速度 $\boldsymbol{\omega}_n$ 旋转的坐标系，而任意矢量 $\boldsymbol{u}$ 用 S_n 表示时，便有

$$\boldsymbol{u}=u_{xn}\boldsymbol{i}_n+u_{yn}\boldsymbol{j}_n+u_{zn}\boldsymbol{k}_n \tag{6.2.17}$$

而 $\boldsymbol{\omega}_n$ 为

$$\boldsymbol{\omega}_n=\omega_{xn}\boldsymbol{i}_n+\omega_{yn}\boldsymbol{j}_n+\omega_{zn}\boldsymbol{k}_n \tag{6.2.18}$$

因此，矢量 $\boldsymbol{u}$ 对时间 t 的绝对导数为

$$\frac{\mathrm{d}\boldsymbol{u}}{\mathrm{d}t}\equiv\left(\frac{\mathrm{d}u_{xn}}{\mathrm{d}t}\boldsymbol{i}_n+\frac{\mathrm{d}u_{yn}}{\mathrm{d}t}\boldsymbol{j}_n+\frac{\mathrm{d}u_{zn}}{\mathrm{d}t}\boldsymbol{k}_n\right)+\boldsymbol{\omega}_n\times\boldsymbol{u}=\frac{\mathrm{d}_n\boldsymbol{u}}{\mathrm{d}t}+\boldsymbol{\omega}_n\times\boldsymbol{u} \tag{6.2.19}$$

式中：$\dfrac{\mathrm{d}_n\boldsymbol{u}}{\mathrm{d}t}$ 为在 S_n 坐标系的相对导数，其表达式为

$$\frac{\mathrm{d}_n\boldsymbol{u}}{\mathrm{d}t}\equiv\frac{\mathrm{d}u_{xn}}{\mathrm{d}t}\boldsymbol{i}_n+\frac{\mathrm{d}u_{yn}}{\mathrm{d}t}\boldsymbol{j}_n+\frac{\mathrm{d}u_{zn}}{\mathrm{d}t}\boldsymbol{k}_n \tag{6.2.20}$$

以上分别给出坐标系变换矩阵(如 $\boldsymbol{L}_{nm}$)、基元旋转矩阵(如 $\boldsymbol{L}_x(\phi)$等)以及矢量相对导数的定义式,下面定义飞行力学[40]中习惯使用的几个坐标系及常用的坐标系符号约定:

(1) 地面坐标系(或称大地坐标系),常用符号 S_g 表示。通常是将该坐标系原点 O_g 选在大地(地球)表面的某点上;轴 z_g 是铅垂向下,轴 x_g 在水平面内,而轴 y_g 则按右手法则确定。地面坐标系的主要作用是作为衡量飞行器位置与姿态的基准,这里坐标系 S_g 是与大地(地球)固定联的。

(2) 本体坐标系,常用符号 S_b 表示,见图 6.7。它是与飞行器本体固定联结的,坐标系的原点通常取在飞行器的质心;纵向轴 x_b 沿飞行器的结构纵轴,方向指向前;竖向轴 z_b 在对称平面内、垂直于纵轴,方向指向下;横向轴 y_b 垂直于对称平面,方向指向右方。本体坐标系 S_b 与地面坐标系 S_g 间的关系,可以用图 6.7 中的偏航角 Ψ、俯仰角 θ 与滚转角 Φ 来表示。借助于前面所定义的坐标系变换矩阵与基元旋转矩阵的符号,于是便有

$$
\begin{aligned}
\boldsymbol{L}_{bg} &= \boldsymbol{L}_x(\phi)\circ\boldsymbol{L}_y(\theta)\circ\boldsymbol{L}_z(\psi)\\
&=\begin{bmatrix}\cos\theta\cos\psi & \cos\theta\sin\psi & -\sin\theta\\ \sin\phi\sin\theta\cos\psi-\cos\phi\sin\psi & \sin\phi\sin\theta\sin\psi+\cos\phi\cos\psi & \sin\phi\cos\theta\\ \cos\phi\sin\theta\cos\psi+\sin\phi\sin\psi & \cos\phi\sin\theta\sin\psi-\sin\phi\cos\psi & \cos\phi\cos\theta\end{bmatrix}
\end{aligned}
\tag{6.2.21}
$$

显然,S_b 是个运动着的坐标系。

(3) 气流速度坐标系(或空气动力学坐标系),常用符号 S_a 表示。坐标系原点取在飞行器的质心处,并且令 $\boldsymbol{V}_a$ 为飞行器与空气之间的相对速度;令轴 x_a 与 $\boldsymbol{V}_a$ 一致;轴 z_a 在飞行器对称平面内,垂直于 $\boldsymbol{V}_a$,并且方向指向下;轴 y_a 垂直于轴 x_a 与 z_a,方向由右手定则确定。令 α 为攻角(或称迎角),β 为侧滑角(见图 6.8),于是从坐标系 S_b 到坐标系 S_a 的坐标变换矩阵 $\boldsymbol{L}_{ab}$ 为

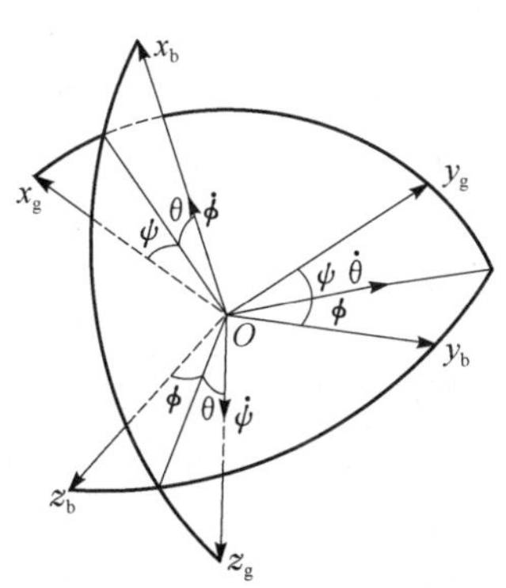

图 6.7　本体坐标系 S_b 与地面坐标系 S_g 间的关系

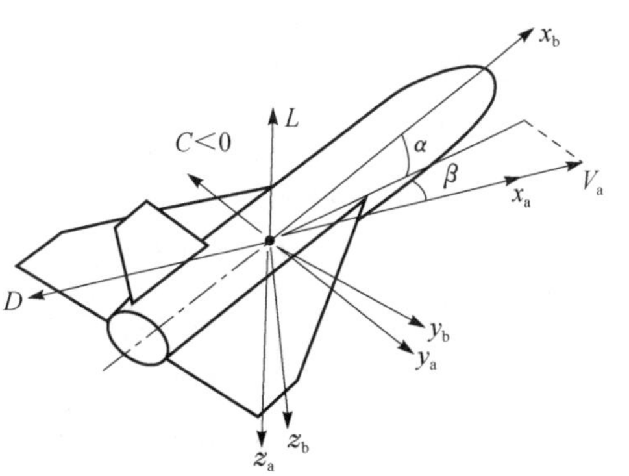

图 6.8　气流速度坐标系与本体坐标系间的关系

$$
\begin{aligned}
\boldsymbol{L}_{\mathrm{ab}} &= \boldsymbol{L}_z(\beta) \circ \boldsymbol{L}_y(-\alpha) \\
&= \begin{bmatrix} \cos\beta\cos\alpha & \sin\beta & \cos\beta\sin\alpha \\ -\sin\beta\cos\alpha & \cos\beta & -\sin\beta\sin\alpha \\ -\sin\alpha & 0 & \cos\alpha \end{bmatrix}
\end{aligned} \tag{6.2.22}
$$

(4) 迹坐标系，常用符号 S_k 表示。它是由飞行器航迹速度 $\boldsymbol{V}_k$ 决定的，与本体坐标系无关。该坐标系原点取在飞行器的质心，轴 x_k 沿航迹速度矢量 $\boldsymbol{V}_k$；轴 z_k 在通过航迹速度矢量的铅垂平面内，垂直于航迹速度矢量，其方向指向下（见图 6.9）；轴 y_k 垂直于平面 $x_k z_k$，并由右手定则确定。这里航迹速度 $\boldsymbol{V}_k$ 是指飞行器质心相对于大地的速度；如果仍然用 $\boldsymbol{V}_a$ 表示飞行器质心相对于大气的速度（即前面所称的气流速度），用 $\boldsymbol{V}_w$ 为风速时，则这三个速度构成"速度三角形"（见图 6.10），其关系为

$$
\boldsymbol{V}_k = \boldsymbol{V}_a + \boldsymbol{V}_w \tag{6.2.23}
$$

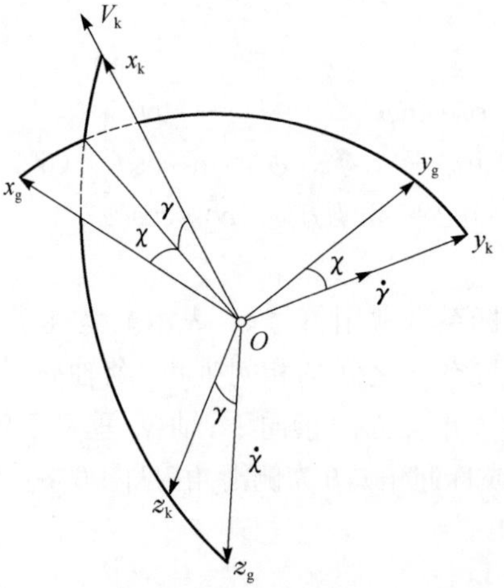

图 6.9　航迹坐标系与地面坐标系间的关系

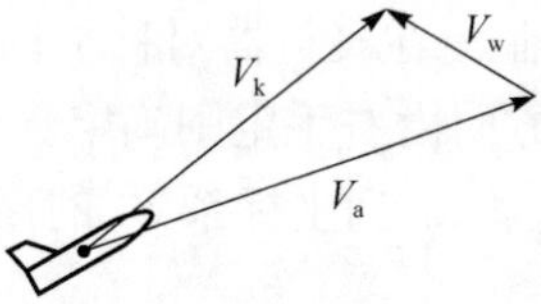

图 6.10　$\boldsymbol{V}_k$、$\boldsymbol{V}_a$ 与 $\boldsymbol{V}_w$ 间的速度三角形

令 χ 与 γ 分别表示航迹方位角与航迹倾斜角（或称爬升角），于是从坐标系 S_g 变换到 S_k 的坐标变换矩阵为

$$
\begin{aligned}
\boldsymbol{L}_{\mathrm{kg}} &= \boldsymbol{L}_y(\gamma) \circ \boldsymbol{L}_z(\chi) \\
&= \begin{bmatrix} \cos\gamma\cos\chi & \cos\gamma\sin\chi & -\sin\gamma \\ -\sin\chi & \cos\chi & 0 \\ \sin\gamma\cos\chi & \sin\gamma\sin\chi & \cos\gamma \end{bmatrix}
\end{aligned} \tag{6.2.24}
$$

另外，航迹坐标系 S_k 与气流速度坐标系 S_a 间的坐标变换矩阵为

$$
\boldsymbol{L}_{\mathrm{ak}} = \boldsymbol{L}_z(\beta) \circ \boldsymbol{L}_y(-\alpha) \circ \boldsymbol{L}_x(\phi) \circ \boldsymbol{L}_y(\theta) \circ \boldsymbol{L}_z(\psi) \circ \boldsymbol{L}_z(-\chi) \circ \boldsymbol{L}_y(-\gamma) \tag{6.2.25}
$$

显然这里涉及 β、α、ϕ、θ、ψ、χ 与 γ 这七个角。

2. 平面大地时飞行器的运动方程

所谓平面大地，就是把地球当成平面，也就是说暂时不考虑地球的曲率与旋转，于是在这种假设下地球便成为惯性参考系。这种处理对于飞行 Mach 数不超过 5 的飞行器(如普通飞机或战术导弹)来讲是允许的。下面讨论飞行器的动力学方程与运动学方程。

(1) 飞行器质心运动的动力学方程与运动学方程——飞行器质心运动的动力学方程用矢量表达时为

$$m\frac{\mathrm{d}\boldsymbol{V}_{\mathrm{k}}}{\mathrm{d}t}=\boldsymbol{F}+m\boldsymbol{g}=\boldsymbol{P}_1+\boldsymbol{P}_2+m\boldsymbol{g} \tag{6.2.26}$$

式中：$m\boldsymbol{g}$ 为地球引力；$\boldsymbol{F}$ 是推进力 $\boldsymbol{P}_1$ 与空气动力 $\boldsymbol{P}_2$ 的合力。今取任一个活动坐标系 $\boldsymbol{S}_n$ 作为参考系，借助于式(6.2.19)则式(6.2.26)在 S_n 坐标系中写为矢量形式便为

$$\frac{\mathrm{d}_n}{\mathrm{d}t}\boldsymbol{V}_{\mathrm{k}}+\boldsymbol{\omega}\times\boldsymbol{V}_{\mathrm{k}}=\frac{\boldsymbol{F}}{m}+\boldsymbol{g} \tag{6.2.27}$$

式中：$\boldsymbol{\omega}$ 为活动参考系 S_n 的转动角速度；$\frac{\mathrm{d}_n}{\mathrm{d}t}\boldsymbol{V}_{\mathrm{k}}$ 为在活动坐标系 S_n 中的相对导数。为了与本书 1.8 节的符号统一，可以将这里的 $\frac{\mathrm{d}_n}{\mathrm{d}t}$ 改成 $\frac{\mathrm{d}_R}{\mathrm{d}t}$，但其含义仍表示针对活动参考系 S_n 的相对导数。于是式(6.2.27)又可写为

$$\frac{\mathrm{d}_R}{\mathrm{d}t}\boldsymbol{V}_{\mathrm{k}}+\boldsymbol{\omega}\times\boldsymbol{V}_{\mathrm{k}}=\frac{\boldsymbol{F}}{m}+\boldsymbol{g} \tag{6.2.28}$$

将式(6.2.28)在 S_n 坐标系中写为矩阵形式为

$$\frac{\mathrm{d}_R}{\mathrm{d}t}(\boldsymbol{V}_{\mathrm{k}})_n+(\boldsymbol{\omega})_n^{\times}\circ(\boldsymbol{V}_{\mathrm{k}})_n=\frac{(\boldsymbol{F})_n}{m}+(\boldsymbol{g})_n \tag{6.2.29}$$

式中矩阵 $(\boldsymbol{\omega})_n^{\times}$ 的含义类似于式(6.2.5)，是矢量 $\boldsymbol{\omega}$ 在坐标系 S_n 的叉乘矩阵；列阵 $(\boldsymbol{F})_n$ 与 $(\boldsymbol{g})_n$ 的含义类似于式(6.2.3)，分别是矢量 $\boldsymbol{F}$ 与矢量 $\boldsymbol{g}$ 在坐标系 S_n 中的分量所组成的列阵。注意到 $(\boldsymbol{F})_n$ 为

$$(\boldsymbol{F})_n=(\boldsymbol{P}_1)_n+(\boldsymbol{P}_2)_n \tag{6.2.30}$$

通常，推进力 $\boldsymbol{P}_1$ 的分量在本体坐标系 S_{b} 中给出，空气动力 $\boldsymbol{P}_2$ 在气流速度坐标系 S_{a} 中给出，而重力加速度 $\boldsymbol{g}$ 在地面坐标系 S_{g} 中给出，于是式(6.2.29)最后可变为

$$\begin{aligned}\frac{\mathrm{d}_R}{\mathrm{d}t}(\boldsymbol{V}_{\mathrm{k}})_n=&-(\boldsymbol{\omega})_n^{\times}\circ(\boldsymbol{V}_{\mathrm{k}})_n\\&+\frac{1}{m}[\boldsymbol{L}_{n\mathrm{b}}\circ(\boldsymbol{P}_1)_{\mathrm{b}}+\boldsymbol{L}_{n\mathrm{a}}\circ(\boldsymbol{P}_2)_{\mathrm{a}}]+\boldsymbol{L}_{n\mathrm{g}}\circ(\boldsymbol{g})_{\mathrm{g}}\end{aligned} \tag{6.2.31}$$

这就是在以角速度 $\boldsymbol{\omega}$ 转动的参考系 S_n 中飞行器质心运动的动力学方程的矩阵形式。飞行器质心运动的运动学方程把质心位置的变化率与速度 $\boldsymbol{V}_\mathrm{k}$ 联系起来，其基本方程为

$$\frac{\mathrm{d}}{\mathrm{d}t}\boldsymbol{r} = \boldsymbol{V}_\mathrm{k} \tag{6.2.32}$$

式中：$\boldsymbol{r}$ 为飞行器质心的位置矢量。通常是需要知道飞行器质心在地面坐标系 S_g 中的坐标，因此在 S_g 坐标系中，式(6.2.32)变为

$$\frac{\mathrm{d}}{\mathrm{d}t}(\boldsymbol{r})_\mathrm{g} = \boldsymbol{L}_{gn} \circ (\boldsymbol{V}_\mathrm{k})_n \tag{6.2.33}$$

其中

$$(\boldsymbol{r})_\mathrm{g} = [x_\mathrm{g}, y_\mathrm{g}, z_\mathrm{g}]^\mathrm{T} \tag{6.2.34}$$

(2) 飞行器的旋转运动方程。飞行器的旋转运动方程也包括动力学方程和运动学方程两大部分。首先定义刚体的惯性张量 $\boldsymbol{J}$，它是一个二阶张量，其表达式为

$$\boldsymbol{J} = \int (\boldsymbol{r}^2\boldsymbol{I} - \boldsymbol{r}\boldsymbol{r})\mathrm{d}m \tag{6.2.35}$$

式中：$\boldsymbol{I}$ 为单位张量；$\boldsymbol{r}$ 为从质心到质量为 $\mathrm{d}m$ 的那点的距离矢量；$\boldsymbol{rr}$ 为二阶并矢张量。对于具有惯性张量为 $\boldsymbol{J}$ 的刚体，当它具有 $\boldsymbol{\omega}$ 的角速度时，则它的动量矩 $\boldsymbol{h}$ 为

$$\boldsymbol{h} = \boldsymbol{J} \cdot \boldsymbol{\omega} \tag{6.2.36}$$

因此，飞行器旋转运动的动力学方程为

$$\frac{\mathrm{d}\boldsymbol{h}}{\mathrm{d}t} = \boldsymbol{M} \tag{6.2.37}$$

式中：$\boldsymbol{M}$ 为作用于飞行器上的力矩矢量。在本体坐标系 S_b 中，式(6.2.36)的矩阵形式为

$$(\boldsymbol{h})_\mathrm{b} = (\boldsymbol{J})_\mathrm{b} \circ (\boldsymbol{\omega})_\mathrm{b} \tag{6.2.38}$$

式中：$(\boldsymbol{J})_\mathrm{b}$ 为惯性矩阵(又称惯量矩阵)，即

$$(\boldsymbol{J})_\mathrm{b} = \begin{bmatrix} J_x & -J_{xy} & -J_{zx} \\ -J_{xy} & J_y & -J_{yz} \\ -J_{zx} & -J_{yz} & J_z \end{bmatrix} \tag{6.2.39}$$

式中：J_x、J_y 与 J_z 为惯性矩；J_{xy}、J_{yz} 与 J_{zx} 为惯性积。显然，惯性矩阵$(\boldsymbol{J})_\mathrm{b}$ 是个对称方阵。另外，由于本体坐标系 S_b 具有 $\boldsymbol{\omega}$ 的角速度，因此在活动坐标系 S_b 中，方程(6.2.37)可写为如下矩阵形式：

$$\frac{\mathrm{d}_R}{\mathrm{d}t}(\boldsymbol{h})_\mathrm{b} + (\boldsymbol{\omega})_\mathrm{b}^\times \circ (\boldsymbol{h})_\mathrm{b} = (\boldsymbol{M})_\mathrm{b} \tag{6.2.40}$$

或者

$$\frac{\mathrm{d}_R}{\mathrm{d}t}(\boldsymbol{\omega})_\mathrm{b} = (\boldsymbol{J})_\mathrm{b}^{-1} \circ [(\boldsymbol{M})_\mathrm{b} - (\boldsymbol{\omega})_\mathrm{b}^\times \circ (\boldsymbol{J})_\mathrm{b} \circ (\boldsymbol{\omega})_\mathrm{b}] \tag{6.2.41}$$

式中：$\frac{\mathrm{d}_R}{\mathrm{d}t}$均表示在活动参考系 S_b 中的相对导数。

飞行器旋转运动的运动学方程将姿态的变化率与角速度分量联系起来。令飞行器角速度 $\boldsymbol{\omega}$ 在本体坐标系 S_b 中的分量为 $\omega_{x\mathrm{b}}$、$\omega_{y\mathrm{b}}$ 与 $\omega_{z\mathrm{b}}$，于是 $\boldsymbol{\omega}$ 与姿态角的变化率（即 $\mathrm{d}\psi/\mathrm{d}t$、$\mathrm{d}\theta/\mathrm{d}t$ 与 $\mathrm{d}\phi/\mathrm{d}t$）的关系为

$$\begin{bmatrix}\omega_{x\mathrm{b}}\\ \omega_{y\mathrm{b}}\\ \omega_{z\mathrm{b}}\end{bmatrix}=\begin{bmatrix}\frac{\mathrm{d}\phi}{\mathrm{d}t}\\ 0\\ 0\end{bmatrix}+\begin{bmatrix}0\\ \cos\phi\,\frac{\mathrm{d}\theta}{\mathrm{d}t}\\ -\sin\phi\,\frac{\mathrm{d}\theta}{\mathrm{d}t}\end{bmatrix}+\boldsymbol{L}_\mathrm{bg}\circ\begin{bmatrix}0\\ 0\\ \frac{\mathrm{d}\psi}{\mathrm{d}t}\end{bmatrix}\tag{6.2.42}$$

或者

$$\begin{bmatrix}\frac{\mathrm{d}\phi}{\mathrm{d}t}\\ \frac{\mathrm{d}\theta}{\mathrm{d}t}\\ \frac{\mathrm{d}\psi}{\mathrm{d}t}\end{bmatrix}=\begin{bmatrix}\omega_{x\mathrm{b}}+(\omega_{y\mathrm{b}}\sin\phi+\omega_{z\mathrm{b}}\cos\phi)\tan\phi\\ \omega_{y\mathrm{b}}\cos\phi-\omega_{z\mathrm{b}}\sin\phi\\ \frac{\omega_{y\mathrm{b}}\sin\phi+\omega_{z\mathrm{b}}\cos\phi}{\cos\theta}\end{bmatrix}\tag{6.2.43}$$

式中：ϕ、θ 与 ψ 分别为飞行器的滚转角、俯仰角与偏航角。

最后应该指出的是，上面仅建立了飞行器质心的运动方程与转动运动方程。为了使方程组封闭，还需要补充一些关系式，即质量与惯量特性、发动机推力特性、空气动力特性和大气特性等，这里因篇幅所限不作说明。

3. 圆球形地球情况下飞行器的运动方程

对于 Mach 数超过 5 的高超声速飞行器来讲，建立运动方程时通常不能再把大地当成平坦的、不旋转的，这里常假设地球为圆球形并以 ω_E 的角速度旋转。下面讨论在这种情况下飞行器质心的运动方程以及飞行器旋转运动的方程，下面分三个小问题作扼要说明。

(1) 六个坐标系的建立。为了研究圆球形大地下飞行器的运动，首先要建立地心赤道惯性坐标系 S_i，又简称惯性坐标系（见图 6.11）。该坐标系的原点 E 取在地球中心，z_i 轴垂直于地球赤道平面（与地球自转轴重合），方向指向北极；轴 x_i 与轴 y_i 位于赤道平面内，其中 x_i 轴指向春分点的方向。地球绕太阳的运动是处在黄道面上；地球绕太阳运动所引起的惯性力是极微小的，所以可以将 S_i 坐标系取作惯性基准是允许的。在惯性坐标系 S_i 中，飞行器的位置可以用直角坐标（x_i，y_i，z_i）表示，也可以用球坐标（r，α，δ）来表示。这里球坐标中的 r 为由飞行器到地心的

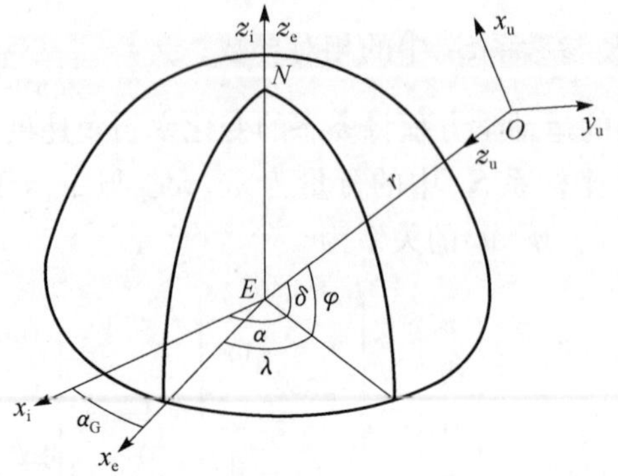

图 6.11　惯性坐标系 S_i、地球坐标系 S_e 与当地铅垂坐标系

距离，而 α 与 δ 分别为赤经与赤纬。这两组坐标间的关系为

$$\begin{cases} r^2 = x_i^2 + y_i^2 + z_i^2 \\ \tan\alpha = \dfrac{y_i}{x_i}, \quad \sin\delta = \dfrac{z_i}{r} \end{cases} \tag{6.2.44}$$

对于地心赤道旋转坐标系 S_e（又称地球坐标系或地心坐标系），该坐标系原点 E 取在地球的中心处，z_e 轴垂直于地球赤道平面，方向指向北极，因此 z_e 轴与轴 z_i 重合。轴 x_e 与轴 y_e 也位于赤道平面内，但其中轴 x_e 是沿着赤道平面与 Greenwich子午面的相交线，而轴 y_e 则由右手法则确定。显然，S_e 坐标系是随地球一起旋转，因此它是一个动参考系其转动角速度 ω_E 为

$$\omega_E = \frac{2\pi \text{rad}}{86\,164\text{s}} = 7.292\,116 \times 10^{-5}\,\text{rad/s} \tag{6.2.45}$$

令 α_G 为 Greenwich 赤经，它是轴 x_i 与轴 x_e 之间的夹角。由于地球的旋转，故角 α_G 随时间 t 在不断变化，即

$$\alpha_G = \alpha_{G0} + \omega_E (t - t_0) \tag{6.2.46a}$$

式中：α_{G0} 为初始时刻 t_0 的 Greenwich 赤经。显然，由坐标系 S_i 到坐标系 S_e 的坐标变换矩阵 $\boldsymbol{L}_{ei}$ 为

$$\boldsymbol{L}_{ei} = \boldsymbol{L}_z(\alpha_G) = \begin{bmatrix} \cos\alpha_G & \sin\alpha_G & 0 \\ -\sin\alpha_G & \cos\alpha_G & 0 \\ 0 & 0 & 1 \end{bmatrix} \tag{6.2.46b}$$

飞行器在地球上的位置可以用直角坐标（x_e，y_e，z_e）表示，也可用球坐标（r，λ，ϕ_c）表示。这里 r 为由飞行器到地心的距离，λ 与 ϕ_c 分别为地理经度与地理纬度。

对于当地铅垂坐标系 S_u，又称为飞行器牵连铅垂坐标系（见图 6.11）。该坐标系原点 O 取在飞行器的质心处，由于这里假设地球为圆球，因此指向地心的线就是铅垂线。取平面 Ox_uy_u 为当地铅垂平面，轴 x_u 指向北方，轴 y_u 指向东方；轴 z_u

为铅垂向下(即指向地球中心)。显然,由 S_e 到 S_u 的坐标变换矩阵 $\boldsymbol{L}_{ue}$ 为

$$\boldsymbol{L}_{ue}=\boldsymbol{L}_y\left(-\phi_c-\frac{\pi}{2}\right)\circ\boldsymbol{L}_z(\lambda)$$

$$=\begin{bmatrix}-\sin\phi_c\cos\lambda & -\sin\phi_c\sin\lambda & \cos\phi_c\\ -\sin\lambda & \cos\lambda & 0\\ -\cos\phi_c\cos\lambda & -\cos\phi_c\sin\lambda & -\sin\phi_c\end{bmatrix} \tag{6.2.47}$$

对于本体坐标系 S_b,其定义如图 6.7 所示。这时飞行器的姿态角即偏航角 ψ、俯仰角 θ 与滚转角 ϕ 是当地铅垂坐标系 S_u 与本体坐标系 S_b 之间的 Euler 角(见图 6.12)。显然,由 S_u 到 S_b 的坐标变换矩阵为

$$\boldsymbol{L}_{bu}=\boldsymbol{L}_x(\phi)\circ\boldsymbol{L}_y(\theta)\circ\boldsymbol{L}_z(\psi) \tag{6.2.48}$$

还需说明的是,这里姿态角的定义和物理含义与平面大地情况下是一样的,只不过这里衡量姿态的基准是活动的当地铅垂坐标系(而在平面大地情况时基准是固定的地面坐标系)。对于气流速度坐标系 S_a 如图 6.8 所示。这时从坐标系 S_b 到 S_a 的坐标变换矩阵 $\boldsymbol{L}_{ab}$ 同式(6.2.22)。对于航迹坐标系 S_k 是由飞行器航迹速度 $\boldsymbol{V}_k$ 决定的。原点 O 取在飞行器质心处;轴 x_k 沿航迹速度 $\boldsymbol{V}_k$;轴 z_k 在通过航迹速度矢量的铅垂平面内,它垂直于航迹速度矢量,方向指向下;轴 y_k 垂直于平面 Ox_kz_k,方向由右手定则确定(见图 6.13)。另外,坐标系 S_k 与 S_u 是通过航迹方位角 χ 与航迹倾斜角 γ 将它们联系起来。显然,从 S_u 到 S_k 的坐标变换矩阵 $\boldsymbol{L}_{ku}$ 为

$$\boldsymbol{L}_{ku}=\boldsymbol{L}_y(\gamma)\circ\boldsymbol{L}_z(\chi)=\begin{bmatrix}\cos\gamma\cos\chi & \cos\gamma\sin\chi & -\sin\gamma\\ -\sin\chi & \cos\chi & 0\\ \sin\gamma\cos\chi & \sin\gamma\sin\chi & \cos\gamma\end{bmatrix} \tag{6.2.49}$$

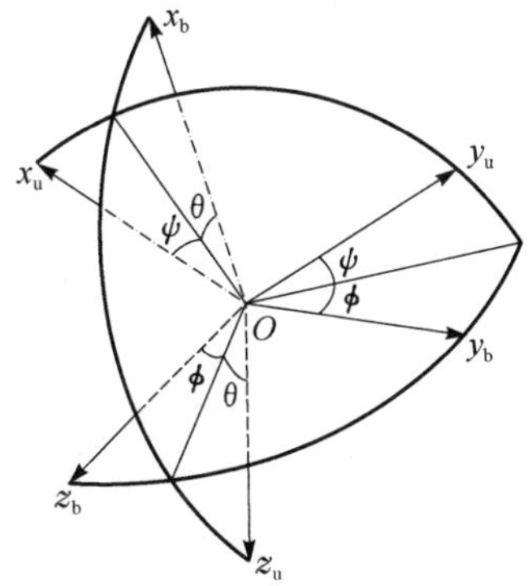

图 6.12　圆球形大地情况下姿态角 ψ、θ 与 ϕ 中的定义

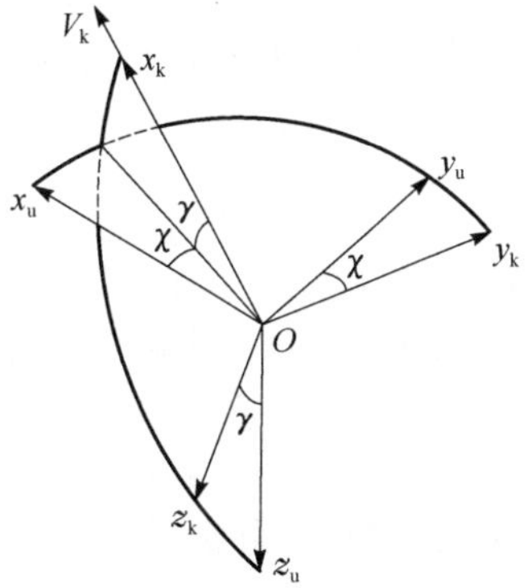

图 6.13　圆球形大地情况下航迹角与倾斜角 γ 的定义

显然,式(6.2.49)与式(6.2.24)相类似。

以上给出 S_i、S_e、S_u、S_b、S_a 和 S_k 这六个坐标系，其中 S_i 为惯性坐标系。另外，还定义了一些状态角。所有这些都为在圆球形大地情况下分析飞行器的质心运动与飞行器旋转运动奠定了分析与计算的基础。

（2）飞行器质心的运动方程。飞行器的质心在惯性空间中运动的矢量方程为

$$m\boldsymbol{a}_i = \boldsymbol{F} + m\boldsymbol{g} = \boldsymbol{P}_1 + \boldsymbol{P}_2 + m\boldsymbol{g} \tag{6.2.50}$$

式中：$\boldsymbol{P}_1$、$\boldsymbol{P}_2$、$\boldsymbol{F}$ 与 $m\boldsymbol{g}$ 的含义同式(6.2.26)；m 为飞行器质量；$\boldsymbol{a}_i$ 为绝对加速度。如果令飞行器相对于地球的速度（即相对速度）为 $\boldsymbol{V}_k$，注意到地球有旋转角速度 $\boldsymbol{\omega}_E$，并且地球坐标系 S_e 不是惯性参考系，因此借助于式(1.8.17)便有如下矢量表达式：

$$\boldsymbol{a}_i = \frac{d_R}{dt}\boldsymbol{V}_k + \boldsymbol{a}_e + \boldsymbol{a}_C \tag{6.2.51}$$

式中：$\boldsymbol{a}_i$ 为绝对加速度；$\frac{d_R}{dt}$ 为相对导数；$\boldsymbol{V}_k$ 为相对速度（即飞行器质心相对于地球的速度）；$\boldsymbol{a}_e$ 与 $\boldsymbol{a}_C$ 分别为牵连加速度与 Coriolis 加速度，其表达式分别为

$$\boldsymbol{a}_e = \frac{d_R\boldsymbol{\omega}_E}{dt} \times \boldsymbol{r} + \boldsymbol{\omega}_E \times (\boldsymbol{\omega}_E \times \boldsymbol{r}) = \boldsymbol{\omega}_E \times (\boldsymbol{\omega}_E \times \boldsymbol{r}) \tag{6.2.52}$$

$$\boldsymbol{a}_e = 2\boldsymbol{\omega}_E \times \boldsymbol{V}_k \tag{6.2.53}$$

值得特别注意的是，在式(6.2.51)中的相对导数$\left(即\frac{d_R}{dt}\right)$是指飞行器相对于地球坐标系 S_e 而言的相对导数。为了更准确起见，借助于式(6.2.52)与式(6.2.53)之后，应将式(6.2.51)改写为式(6.2.54)会更确切些，即

$$\boldsymbol{a}_i = \frac{d_e\boldsymbol{V}_k}{dt} + \boldsymbol{\omega}_E \times (\boldsymbol{\omega}_E \times \boldsymbol{r}) + 2\boldsymbol{\omega}_E \times \boldsymbol{V}_k \tag{6.2.54}$$

式中：$\frac{d_e}{dt}$为飞行器相对于 S_e 坐标系而言的相对导数，即

$$\frac{d_R\boldsymbol{V}_k}{dt} \equiv \frac{dv_{kxe}}{dt}\boldsymbol{i}_e + \frac{dv_{kye}}{dt}\boldsymbol{j}_e + \frac{dv_{kze}}{dt}\boldsymbol{k}_e \tag{6.2.55}$$

式中：$\boldsymbol{i}_e$、$\boldsymbol{j}_e$ 与 $\boldsymbol{k}_e$ 为 S_e 坐标系的单位矢量；v_{kxe}、v_{kye} 与 v_{kze} 为矢量 $\boldsymbol{V}_k$ 在 S_e 坐标系下的分量；圆球形地球产生的引力加速度为

$$\boldsymbol{g} = -\frac{\mu}{r^3}\boldsymbol{r} \tag{6.2.56}$$

式中：μ 为地球引力常数，$\mu = 3.986\ 005 \times 10^{14}\ m^3/s^2$。将式(6.2.54)代入式(6.2.50)后得到如下形式的矢量方程，它是飞行器相对于地球坐标系 S_e 做相对运动的动力学方程，其表达式为

$$\frac{d_e\boldsymbol{V}_k}{dt} = -2\boldsymbol{\omega}_E \times \boldsymbol{V}_k - \boldsymbol{\omega}_E \times (\boldsymbol{\omega}_E \times \boldsymbol{r}) + \frac{\boldsymbol{P}_1 + \boldsymbol{P}_2}{m} - \frac{\mu}{r^3}\boldsymbol{r} \tag{6.2.57}$$

显然，上面这个矢量形式的方程在不同的坐标系中会有不同的矩阵表达形式，这里因篇幅所限不再作更多讨论。为了较好的说明在不同飞行高度、不同飞行速度下地球曲率、地球吸力、Coriolis 惯性力与牵连（离心）惯性力项的数量级，今定义四个特征量 C_1、C_2、C_3 与 C_4，其含义为

$$\begin{cases} C_1 = \dfrac{V_k^2}{r} \\ C_2 = \dfrac{\mu}{r^2} \\ C_3 = 2\omega_E V_k \\ C_4 = \omega_E^2 r \end{cases} \tag{6.2.58}$$

显然，C_1、C_2、C_3 与 C_4 分别估计了地球曲率项、地球吸力项、Coriolis 惯性力项与牵连惯性力项的数量级，而且它们的单位都是 m/s^2；这里选取三个典型飞行状态的数据：

状态 1，r=6381km，$\boldsymbol{V}_k$=300m/s，相当于在 10km 高空，以高亚声速飞行。

状态 2，r=6400km，$\boldsymbol{V}_k$=1500m/s，相当于在 30km 高空，以 Mach 数 5 飞行。

状态 3，r=6570km，$\boldsymbol{V}_k$=7800m/s，相当于在 200km 高空，以轨道速度飞行。

上述三个状态下计算出的 C_1 依次为 0.014、0.352、9.121；C_2 依次为 9.789、9.732、8.960；C_3 依次为 0.044、0.219、1.138；C_4 依次为 0.034、0.034、0.036。这里省略了 C_1、C_2、C_3 与 C_4 的单位 m/s^2。很显然，在所有状态下 C_4 值都非常小，因此可以忽略不计。另外，对于高亚声速飞行的飞行器，地球的曲率和旋转项也可以忽略。此外，从上面的计算中也可以看出：飞行器在 200km 高空的轨道飞行中，地球的曲率项以及地球的吸力项都比其他两项大得多。

（3）飞行器的旋转运动方程。飞行器作为刚体，其旋转运动动力学方程的矩阵形式为

$$(\boldsymbol{J})_b \circ \frac{d_R}{dt}(\boldsymbol{\omega})_b + (\boldsymbol{\omega})_b^{\times} \circ (\boldsymbol{J})_b \circ \boldsymbol{\omega}_b = \boldsymbol{M}_b \tag{6.2.59}$$

注意这里的 $\boldsymbol{\omega}$ 是绝对角速度。显然式(6.2.59)与式(6.2.41)是一致的。飞行器的绝对角速度 $\boldsymbol{\omega}$ 应由如下三部分构成：地球旋转的角速度 $\boldsymbol{\omega}_E$、坐标系 S_u 相对于坐标系 S_e 的角速度（记作 $\boldsymbol{\omega}_{ue}$）和坐标系 S_b 相对于坐标系 S_u 的角速度（记作 $\boldsymbol{\omega}_{bu}$，这个角速度又称作相对于角速度并特记作 $\boldsymbol{\omega}_r$），于是 $\boldsymbol{\omega}$ 为

$$\boldsymbol{\omega} = \boldsymbol{\omega}_E + \boldsymbol{\omega}_{ue} + \boldsymbol{\omega}_r \tag{6.2.60}$$

显然，相对角速度 $\boldsymbol{\omega}_r$ 在坐标系 S_b 中的分量列阵为

$$(\boldsymbol{\omega}_r)_b = (\boldsymbol{\omega})_b - \boldsymbol{L}_{bu} \circ [(\boldsymbol{\omega}_E)_u + (\boldsymbol{\omega}_{ue})_u] \tag{6.2.61}$$

式中：$(\boldsymbol{\omega}_E)_u$ 与 $(\boldsymbol{\omega}_{ue})_u$ 都是列阵，其表达式为

$$(\boldsymbol{\omega}_E)_u = \boldsymbol{L}_{bu} \circ (\boldsymbol{\omega}_E)_e = [\omega_E \cos\phi_c, 0, -\omega_E \sin\phi_c]^T \tag{6.2.62}$$

$$\boldsymbol{\omega}_{ue} = \left(\frac{d}{dt}\lambda\right)\boldsymbol{k}_e - \left(\frac{d}{dt}\phi_c\right)\boldsymbol{j}_u \tag{6.2.63}$$

式中：$\boldsymbol{i}$、$\boldsymbol{j}$、$\boldsymbol{k}$ 代表坐标轴 x、y、z 的单位矢量；坐标系 S_u 相对于坐标系 S_e 的角速度（即 $\boldsymbol{\omega}_{ue}$）是由经度 λ 和纬度 ϕ_c 的变化率引起的。于是列阵$(\boldsymbol{\omega}_{ue})_u$ 为

$$(\boldsymbol{\omega}_{ue})_u = \left[\frac{d\lambda}{dt}\cos\phi_c, -\frac{d\phi_c}{dt}, -\frac{d\lambda}{dt}\sin\phi_c\right]^T \tag{6.2.64}$$

对于飞行器旋转运动时运动微分方程的建立，所使用的姿态角 ϕ、θ、ψ 应该是飞行器本体 S_b 相对于当地铅垂坐标系 S_u 的，所以在这点上不同于平面大地情况下的式(6.2.43)。因篇幅所限，这里不再给出相对姿态角的变化率与相对角速度的关系式，但应指出的是：对于平面大地情况时，姿态角取的是绝对姿态角；对于圆球形大地情况时姿态角为相对姿态角，对于这点应格外注意。

4. 椭球形地球情况下飞行器的运动方程

为了较准确地描述飞行器的运动，除了应计入地球的旋转外还应该考虑地球形状的扁平率。这里将地球取为参考椭球，垂直于地球轴的剖面为圆，而通过地球轴的剖面，即纵剖面为椭圆（其长半轴 R_E 为 6378.140km，短半轴 R_P 为 6356.755km)，地球的扁平率为

$$f = \frac{R_E - R_P}{R_E} = \frac{1}{298.257} \tag{6.2.65}$$

地球的平均半径 $R_m = 6371.004\text{km}$；椭球形地球的引力势为

$$U(\gamma,\phi) = \frac{\mu}{r}\left[1 - J_2\left(\frac{R_E}{r}\right)^2 \frac{1}{2}(3\sin^2\phi - 1)\right] \tag{6.2.66}$$

式中：$J_2 = 1082.636\times10^{-6}$，它是二阶带谐(zonal harmonic)系数。令地球引力加速度的径向分量(向上)记为 g_r、子午向的分量(水平向北)记为 g_m、纬线向的分量(水平向东)记为 g_p 时，则它们的表达式便分别为

$$\begin{cases} g_r = \dfrac{\partial U(r,\phi)}{\partial r} \\ g_m = \dfrac{\partial U(r,\phi)}{r\partial\phi} \\ g_p = \dfrac{\partial U(r,\phi)}{r\cos\phi\,\partial\lambda} = 0 \end{cases} \tag{6.2.67}$$

而圆球形地球时引力势 U 与引力加速度分量 g_r、g_m、g_p 分别为

$$\begin{cases} U = \dfrac{\mu}{r} \\ g_r = -\dfrac{\mu}{r^2} \\ g_m = 0 \\ g_p = 0 \end{cases} \tag{6.2.68}$$

显然，在椭球形大地的情况下，地球引力加速度并不指向地心，因而在圆球形大地情况时所定义的坐标系 S_u 它的 Z_u 轴这时便不是真正铅垂方向了，所以在椭球形大地的情况下应将 S_u 称为拟铅垂坐标系。今补充定义一个真正的铅直坐标系 S_v，其坐标系原点 c 取为飞行器的质心，Z_v 轴为当地铅垂向下；轴 x_v 与 y_v 在当地水平面内，轴 x_v 向北，y_v 轴向东，如图 6.14 所示，图中点 E 为地心。相应的从 S_e 到 S_v 得坐标系变换矩阵 $\boldsymbol{L}_{ve}$ 为

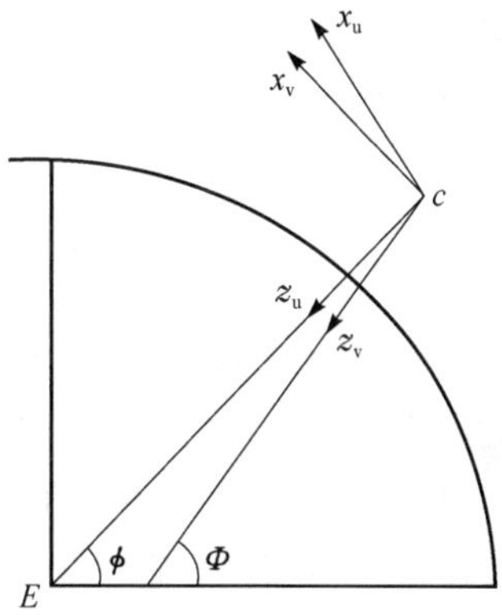

图 6.14　坐标系 S_v 与坐标系 S_u 间的关系

$$\boldsymbol{L}_{ve} = \boldsymbol{L}_y\left(-\phi - \frac{\pi}{2}\right) \circ \boldsymbol{L}_z(\Lambda) \tag{6.2.69}$$

式中：Λ 为当地点的经度；ϕ 为大地纬度。

令飞行器的绝对运动速度为 $\boldsymbol{V}$，于是质心运动的动力学方程的矢量形式为

$$\frac{\mathrm{d}\boldsymbol{V}}{\mathrm{d}t} = \boldsymbol{g} + \frac{\boldsymbol{P}_1 + \boldsymbol{P}_2}{m} \tag{6.2.70}$$

式中 $\boldsymbol{P}_1$ 与 $\boldsymbol{P}_2$ 的含义同式(6.2.50)。注意到飞行器相对于地球的运动速度 $\boldsymbol{V}_k$（它是相对速度），因此质心运动的动力学方程的矢量形式又可写为

$$\frac{\mathrm{d}_R}{\mathrm{d}t}\boldsymbol{V}_k = \boldsymbol{g} + \frac{\boldsymbol{P}_1 + \boldsymbol{P}_2}{m} - 2\boldsymbol{\omega}_E \times \boldsymbol{V}_k - \boldsymbol{\omega}_E \times (\boldsymbol{\omega}_E \times \boldsymbol{r}) \tag{6.2.71}$$

式中：$\dfrac{\mathrm{d}_R}{\mathrm{d}t}$为求相对导数，其含义同式(6.2.51)。飞行器质心的运动方程可以有多种不同的坐标系作为参考基准，这里仅以地面坐标系 S_g 为参考基准为例扼要说明一下飞行器质心运动的动力学方程。由于地面坐标系 S_g 是与地球固联的，因此它是个运动的非惯性系，所以方程(6.2.71)在 S_g 下的矩阵形式应为

$$\frac{\mathrm{d}}{\mathrm{d}t}(\boldsymbol{V}_k)_g = (\boldsymbol{g})_g + \frac{1}{m}\boldsymbol{L}_{gb} \circ [(\boldsymbol{P}_1)_b + \boldsymbol{L}_{ba} \circ (\boldsymbol{P}_2)_a] - 2(\boldsymbol{\omega})_g^{\times} \circ (\boldsymbol{V}_k)_g - (\boldsymbol{\omega}_E)_g^{\times} \circ (\boldsymbol{\omega}_E)_g^{\times} \circ (\boldsymbol{r})_g \tag{6.2.72}$$

式中：$(\boldsymbol{V}_k)_g$、$(\boldsymbol{r})_g$、$(\boldsymbol{g})_g$、$(\boldsymbol{P}_1)_b$ 与$(\boldsymbol{P}_2)_a$ 都是列阵；$\boldsymbol{L}_{gb}$为坐标变换矩阵；$(\boldsymbol{\omega}_E)_g^{\times}$ 为矢

量 $\boldsymbol{\omega}_{\mathrm{E}}$ 在坐标系 S_{g} 中的叉乘矩阵；$\boldsymbol{\omega}_{\mathrm{E}}$ 为地球旋转的角速度，它在 S_{g} 中的分量 $(\boldsymbol{\omega}_{\mathrm{E}})_{\mathrm{g}}$ 为

$$(\boldsymbol{\omega}_{\mathrm{E}})_{\mathrm{g}} = L_{\mathrm{ge}} \circ [0,0,\omega_{\mathrm{E}}]^{\mathrm{T}} \tag{6.2.73}$$

在式(6.2.72)中 $\boldsymbol{r}$ 为从地心到飞行器质心 c 的矢量。令从地心 E 到飞行器起飞点的距离矢量为 $\boldsymbol{r}_G$，并令点 G 到点 c 得距离矢量为 $\boldsymbol{r}_1$，于是 $\boldsymbol{r}$、$\boldsymbol{r}_1$ 与 $\boldsymbol{r}_G$ 三者的关系为

$$\boldsymbol{r} = \boldsymbol{r}_G + \boldsymbol{r}_1 \tag{6.2.74}$$

考虑到在 S_{e} 坐标系中矢量 $\boldsymbol{r}_G$ 的分量列阵(即 $(\boldsymbol{r}_G)_{\mathrm{e}}$)容易得到，而 $\boldsymbol{r}_1$ 在 S_{g} 坐标系中的分量列阵为

$$(\boldsymbol{r}_1)_{\mathrm{g}} = [x_{\mathrm{g}}, y_{\mathrm{g}}, z_{\mathrm{g}}]^{\mathrm{T}} \tag{6.2.75}$$

注意到式(6.2.74)，于是有

$$(\boldsymbol{r})_{\mathrm{g}} = [r_{x\mathrm{g}}, r_{y\mathrm{g}}, r_{z\mathrm{g}}]^{\mathrm{T}} = \boldsymbol{L}_{\mathrm{ge}} \circ (\boldsymbol{r}_G)_{\mathrm{e}} + (\boldsymbol{r}_1)_{\mathrm{g}} \tag{6.2.76}$$

因此式(6.2.76)为式(6.2.72)提供了所需要的坐标列阵。另外，将 $(\boldsymbol{r}_1)_{\mathrm{g}}$ 对时间求导数便得到相对速度 $\boldsymbol{V}_{\mathrm{k}}$ 在 S_{g} 中的分量。显然，这对建立运动学方程是必要的。

对于飞行器旋转时的动力学方程仍可以用式(6.2.59)表达，这里因篇幅所限，不再作进一步叙述。在结束本段讨论之前，扼要说明一下运载火箭坐标系选定的两个特点：①对于运载火箭，通常采用地球参考椭球模型。因此上面讨论的运动方程原则上也都适用于运载火箭。但火箭技术的传统习惯是在发射坐标系中描述火箭的运动。令发射坐标系为 S_1，该坐标系原点取在发射点，y_1 轴为当地铅垂向上；x_1 轴为当地水平且在名义射击平面内，其方向指向前方；z_1 轴垂直于射击平面，其方向指向右方。显然，这里定义的发射坐标系 S_1 与前面定义的地面坐标系 S_{g} 没有实质差别，仅仅是轴的方向规定有所不同。②对于运载火箭，形成姿态角的转动顺序是：俯仰—偏航—滚转，而不是通常的偏航—俯仰—滚转。另外，火箭的姿态角与其他类型飞行器的姿态角的定义也有所不同，这种差别并不是来自人为规定，而是由于火箭具有垂直发射飞行段这一运动特点而决定的。

5. 空间飞行器的在轨运行以及 Kepler 方程

飞行器分为两类：一类是航空飞行器，它在大气层中飞行，其中空气动力与依赖于空气的发动机的推力对于飞行起着决定性的作用；另一类是空间飞行器(又称航天器)，它主要在大气层以外飞行。当然，航天器也有在大气层内飞行的区段，即从地面到太空的发射段与从太空到地面的再入飞行返回段。以下主要讨论飞行器在大气层以外飞行的原理。下面主要讨论两个问题：

1) Kepler 运动以及二体问题的有关积分

通常，总将地球或任何一个探测目标天体(如大行星、小行星等)看成一个质量密度均匀分布的球体，因此它对绕其运行的航天器的引力作用便可等效于一个质点(即相对于质量全部集中到该天体的质心上)，于是一个中心天体与一个绕其运

动的天体便构成了一个简单的二体系统(又称二体问题)。当然,在天体的运动中还有 $N(N\geqslant 3)$ 体问题,如深空探测器(指飞离地球引力作用范围的月球探测器或星际探测器)运动的基本动力学模型就是一个受摄的限制性三体问题。

对于 N 体问题,设有 N 个质量分别为 $m_i(i=1,2,\cdots,N)$ 的质点,取某惯性坐标系 $Oxyz$。在该坐标系中质点 m_i 的位置矢量为 $\boldsymbol{r}_i$,令 $\boldsymbol{r}_{ij}$ 代表从质点 m_i 到质点 m_j 的位置矢量,即

$$\boldsymbol{r}_{ij}=\boldsymbol{r}_j-\boldsymbol{r}_i \tag{6.2.77}$$

由 Newton 万有引力定律,m_i 作用在 m_j 上的力为

$$\boldsymbol{F}_i=\frac{Gm_im_j}{|r_{ij}|^3}\boldsymbol{r}_{ij}\quad(\text{这里不对 } i,j \text{ 求和}) \tag{6.2.78}$$

式中:G 为万有引力常数。因此,作用在 m_i 上所有力的矢量和 $\boldsymbol{F}$ 为

$$\boldsymbol{F}=\sum_{\substack{j=1\\ j\neq i}}^{N}\left(\frac{Gm_im_j}{|r_{ij}|^3}\boldsymbol{r}_{ij}\right)=\sum_{\substack{j=1\\ j\neq i}}^{N}\left(\frac{Gm_im_j}{r_{ij}^3}\boldsymbol{r}_{ij}\right) \tag{6.2.79}$$

其中

$$r_{ij}=|\boldsymbol{r}_{ij}|$$

对质点 m_i 写出 Newton 力学第二定律,有

$$m_i\frac{\mathrm{d}^2}{\mathrm{d}t^2}\boldsymbol{r}_i\equiv m_i\ddot{\boldsymbol{r}}_i=\boldsymbol{F}=\nabla_iU \tag{6.2.80}$$

式中已引入天体之间引力为保守力的概念,因此便有力势函数 U 存在且为

$$U=\frac{1}{2}G\sum_{i=1}^{N}\sum_{j>i}^{N}\frac{m_im_j}{r_{ij}} \tag{6.2.81}$$

式中:U 为 N 体系统的力势函数。

式(6.2.80)中∇_i为关于矢量 $\boldsymbol{r}_i$ 的三个坐标分量(x_i,y_i,z_i)的梯度算子,如写为矩阵的形式便为

$$\nabla_i=\left[\frac{\partial}{\partial x_i},\frac{\partial}{\partial y_i},\frac{\partial}{\partial z_i}\right]^{\mathrm{T}} \tag{6.2.82}$$

注意到 $\boldsymbol{r}_{ij}=-\boldsymbol{r}_{ji}$,于是由式(6.2.80)可得

$$\sum_{i=1}^{N}\left(m_i\frac{\mathrm{d}^2\boldsymbol{r}_i}{\mathrm{d}t^2}\right)\equiv\sum_{i=1}^{N}(m_i\ddot{\boldsymbol{r}}_i)=\sum_{i=1}^{N}\boldsymbol{F}=0 \tag{6.2.83}$$

式中 $\boldsymbol{F}$ 定义同式(6.2.79)。将式(6.2.83)对时间 t 积分一次,得

$$\sum_{i=1}^{N}(m_i\dot{\boldsymbol{r}}_i)=\boldsymbol{c}_1 \tag{6.2.84}$$

式中:$\boldsymbol{c}_1$ 为积分常数,它是一个常矢量。显然,式(6.2.84)体现了 N 体系统的总动量守恒。还可以对式(6.2.84)进行一次时间积分,得

$$\sum_{i=1}^{N} m_i \boldsymbol{r}_i = \boldsymbol{c}_1 t - \boldsymbol{c}_2 \tag{6.2.85}$$

式中：$\boldsymbol{c}_2$ 为积分常数，$\boldsymbol{c}_1$ 与 $\boldsymbol{c}_2$ 均为常矢量。令 $\boldsymbol{r}_0$ 为上述 N 个质点质心处的矢量，于是式(6.2.85)变为

$$M\boldsymbol{r}_0 = \boldsymbol{c}_1 t - \boldsymbol{c}_2 \tag{6.2.86}$$

其中

$$M \equiv \sum_{i=1}^{N} m_i$$

显然式(6.2.86)是 N 体系统的质心运动守恒的体现，它表明了 N 体的质心在惯性坐标系中静止或做等速直线运动。如果用 $\boldsymbol{r}_i$ 左叉乘式(6.2.80)并注意到 $\boldsymbol{r}_i \times \boldsymbol{r}_{ij} = -\boldsymbol{r}_i \times \boldsymbol{r}_{ji}$，于是得

$$\sum_{i=1}^{N}\left(m_i \boldsymbol{r}_i \times \frac{\mathrm{d}^2 \boldsymbol{r}_i}{\mathrm{d}t^2}\right) \equiv \sum_{i=1}^{N}(m_i \boldsymbol{r}_i \times \ddot{\boldsymbol{r}}_i) = 0$$

即

$$\frac{\mathrm{d}}{\mathrm{d}t}\left[\sum_{i=1}^{N}\left(m_i \boldsymbol{r}_i \times \frac{\mathrm{d}\boldsymbol{r}_i}{\mathrm{d}t}\right)\right] \equiv \frac{\mathrm{d}}{\mathrm{d}t}\left[\sum_{i=1}^{N}(m_i \boldsymbol{r}_i \times m_i \dot{\boldsymbol{r}}_i)\right] = 0 \tag{6.2.87}$$

将式(6.2.87)对时间 t 积分一次，得

$$\sum_{i=1}^{N}\left(m_i \boldsymbol{r}_i \times \frac{\mathrm{d}\boldsymbol{r}_i}{\mathrm{d}t}\right) \equiv \sum_{i=1}^{N}(m_i \boldsymbol{r}_i \times \dot{\boldsymbol{r}}_i) = \boldsymbol{c}_3 \tag{6.2.88}$$

式中：$\boldsymbol{c}_3$ 为积分常数，它是一个常矢量。式(6.2.88)体现了 N 体系统运动的总动量矩守恒。总动量矩矢量 $\boldsymbol{c}_3$ 在惯性系统中有固定指向，因此通过质量中心且与常矢量 $\boldsymbol{c}_3$ 垂直的平面也是固定的，该平面称为总动量矩平面。太阳系可以看成一个 N 体动力系统，它的总动量矩平面称为 Laplace 不变平面。另外，如果用 $\dot{\boldsymbol{r}}_i$ 点乘式(6.2.80)便得到

$$\frac{\mathrm{d}}{\mathrm{d}t}\left[\sum_{i=1}^{N}\left(\frac{m_i}{2}\frac{\mathrm{d}\boldsymbol{r}_i}{\mathrm{d}t}\cdot\frac{\mathrm{d}\boldsymbol{r}_i}{\mathrm{d}t}\right)\right] \equiv \frac{\mathrm{d}}{\mathrm{d}t}\left[\sum_{i=1}^{N}\left(\frac{m_i}{2}\dot{\boldsymbol{r}}_i \cdot \dot{\boldsymbol{r}}_i\right)\right] = \sum_{i=1}^{N}\left(\frac{\mathrm{d}\boldsymbol{r}_i}{\mathrm{d}t}\cdot \nabla_i U\right) = \frac{\mathrm{d}U}{\mathrm{d}t} \tag{6.2.89}$$

将式(6.2.89)对 t 积分一次，得

$$\boldsymbol{T} \equiv \sum_{i=1}^{N}(m_i \dot{\boldsymbol{r}}_i \cdot \dot{\boldsymbol{r}}_i) = U + \boldsymbol{c}_4 \tag{6.2.90}$$

式中：$\boldsymbol{c}_4$ 为积分常数，它是一个数而不是常矢量。这里 T 定义为 N 体系统的总动能。注意到 U 为力函数，而$(-U)$为 N 体的总位能，因此$(T-U)$代表 N 体系统的总机械能，所以式(6.2.90)是 N 体系统总机械能守恒定律的体现。至此，N 体问题的四个积分常数(即 $\boldsymbol{c}_1$、$\boldsymbol{c}_2$、$\boldsymbol{c}_3$ 与 $\boldsymbol{c}_4$)全部给出了，前三个积分常数为常矢量，最后一个为标量常数。

值得注意的是，二体问题可以得到形式简单的解析解，并且二体问题还构成了天体力学的基础，同时也是近地航天器轨道理论的基础，所以下面扼要讨论一下二体问题。对二体问题，则式(6.2.80)退化为

$$\frac{\mathrm{d}^2}{\mathrm{d}t^2}\boldsymbol{r}+\frac{\mu}{r^3}\boldsymbol{r}\equiv\ddot{\boldsymbol{r}}+\frac{\mu}{r^3}\boldsymbol{r}=0 \tag{6.2.91}$$

其中

$$\begin{cases}\boldsymbol{r}=\boldsymbol{r}_1-\boldsymbol{r}_2\\ r=|\boldsymbol{r}|\\ \mu=G(m_1+m_2)\end{cases} \tag{6.2.92}$$

这里矢量 $\boldsymbol{r}_1$、$\boldsymbol{r}_2$ 与 $\boldsymbol{r}$ 如图 6.15 所示。类似于 N 体问题，用 $\boldsymbol{r}$ 叉乘式(6.2.91)后并对时间 t 积分一次，得

$$\boldsymbol{r}\times\frac{\mathrm{d}}{\mathrm{d}t}\boldsymbol{r}\equiv\boldsymbol{r}\times\dot{\boldsymbol{r}}=\boldsymbol{c}_5 \tag{6.2.93}$$

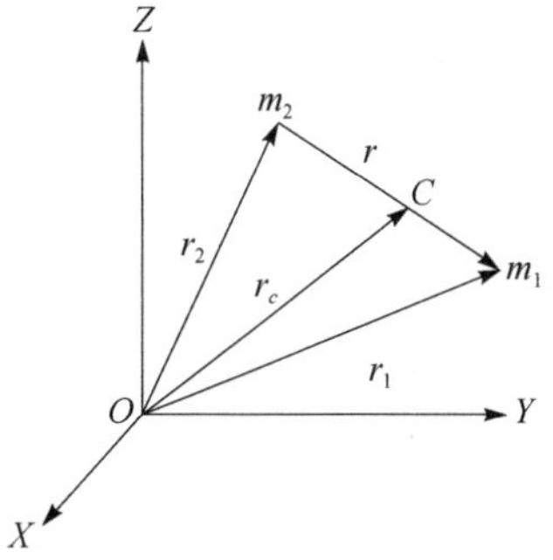

图 6.15　二体问题

式中：$\boldsymbol{c}_5$ 为积分常数，它是常矢量。可以证明，这里的 $\boldsymbol{c}_5$ 是代表单位质量的动量矩，因此式(6.2.93)表示二体系统的动量矩守恒。注意到 $\boldsymbol{c}_5$ 垂直于 $\boldsymbol{r}$ 与 $\dot{\boldsymbol{r}}$（即垂直于运动平面），因此这时的运动平面必定是惯性固定的。将式(6.2.91)与常矢量 $\boldsymbol{c}_5$ 叉乘且注意到式(6.2.93)，经适当整理后可得

$$\left(\frac{\mathrm{d}^2}{\mathrm{d}t^2}r\right)\times\boldsymbol{c}_5\equiv\ddot{\boldsymbol{r}}\times\boldsymbol{c}_5=\mu\frac{\mathrm{d}}{\mathrm{d}t}\left(\frac{\boldsymbol{r}}{r}\right) \tag{6.2.94}$$

积分式(6.2.94)，得

$$\left(\frac{\mathrm{d}}{\mathrm{d}t}\boldsymbol{r}\right)\times\boldsymbol{c}_5\equiv\dot{\boldsymbol{r}}\times\boldsymbol{c}_5=\frac{\mu}{r}(\boldsymbol{r}+r\boldsymbol{c}_6) \tag{6.2.95}$$

式中：$\boldsymbol{c}_6$ 为积分常数，它是一个常矢量。将式(6.2.95)与 $\boldsymbol{c}_5$ 点乘便

$$\boldsymbol{c}_6\cdot\boldsymbol{c}_5=0 \tag{6.2.96}$$

这表明常矢量 $\boldsymbol{c}_6$ 也位于轨道平面内。将式(6.2.95)与 $\boldsymbol{r}$ 点乘，并注意令 θ 表示在轨道平面内 $\boldsymbol{c}_6$ 与 $\boldsymbol{r}$ 间的夹角，于是可得

$$r=\frac{c_5^2}{\mu}\frac{1}{1+c_6\cos\theta} \tag{6.2.97}$$

其中

$$\begin{cases}r=|\boldsymbol{r}|,\quad c_5=|\boldsymbol{c}_5|,\quad c_6=|\boldsymbol{c}_6|\\ \cos\theta=\dfrac{1}{rc_6}\boldsymbol{r}\cdot\boldsymbol{c}_6\end{cases} \tag{6.2.98}$$

式(6.2.97)便称为二体问题的 Kepler 轨道方程(又称轨道积分)，它是位于轨

道平面内的以 r,θ 构成的极坐标形式的圆锥曲线方程。为了与通常天体动力学的书籍符号一致，将常矢量 $\boldsymbol{c}_6$ 称为偏心率矢量而将 c_6 称为圆锥曲线的偏心率并改记为 e；将 $\boldsymbol{c}_5$ 称为单位质量的动量矩（角动量）并改记为 h；借助于 e 与 h，于是式(6.2.97)改写为

$$r=\frac{h^2}{\mu}\frac{1}{1+e\cos\theta} \tag{6.2.97a}$$

显然，当 $e=0$ 时则式(6.2.97a)为圆；当 $0<e<1$ 时为椭圆；当 $e=1$ 时为抛物线；当 $e>1$ 时为双曲线。另外，将式(6.2.93)两边的矢量分别取模便容易得到如下关系：

$$h=\left|\boldsymbol{r}\times\frac{\mathrm{d}}{\mathrm{d}t}\boldsymbol{r}\right|=r^2\frac{\mathrm{d}\theta}{\mathrm{d}t}=r^2\dot{\theta} \tag{6.2.99}$$

令

$$\boldsymbol{v}=\dot{\boldsymbol{r}}=\frac{\mathrm{d}}{\mathrm{d}t}\boldsymbol{r},\quad v=|\boldsymbol{v}| \tag{6.2.100}$$

以 $2\dot{\boldsymbol{r}}$ 左侧点乘式(6.2.91)，并整理后得

$$\frac{\mathrm{d}}{\mathrm{d}t}(v^2)-2\mu\frac{\mathrm{d}}{\mathrm{d}t}\left(\frac{1}{r}\right)=0 \tag{6.2.101}$$

注意到 $\mu=\text{const}$，于是将式(6.2.101)对时间 t 积分，得

$$\frac{v^2}{2}-\frac{\mu}{r}=c_7 \tag{6.2.102}$$

式中：c_7 为积分常数，它是一个标量常数。注意到在任意 $\boldsymbol{r}$ 点，其单位质量的势能 V 为

$$V=-\frac{\mu}{r} \tag{6.2.103}$$

于是式(6.2.102)表示能量守恒。另外，还容易证明：对于椭圆轨道，积分常数 $c_7=-\frac{\mu}{2a}$（这里 a 为椭圆轨道长半轴，$a>0$）。由于 a 与 μ 都是正值，所以椭圆轨道上的空间飞行器总能量为负；对于抛物线轨道（$a\to\infty$，并且当 $r\to\infty$ 时 $\theta\to\pi$），则 $c_7=0$，它表明在抛物线轨道上各点的动能与势能的负值相等；对于双曲线轨道（相当于 $a<0$），由于这时的 a 为负值，所以 $c_7=\frac{\mu}{2a}$ 便为正值，也就是说这时总能量为正。对于抛物线轨道运行时，容易证明速度 v 满足 $v=\sqrt{2\frac{\mu}{r}}$，而圆轨道运行时，其环绕速度 v_c 满足 $v_c=\sqrt{\frac{\mu}{r}}$；显然，在相同矢径处沿抛物线飞行的飞行器其速度 v 是圆

轨道的$\sqrt{2}$倍。如果以地球半径与相应引力参数代入到抛物线轨道飞行的速度公式时便得到第二宇宙速度，其值为 11.2km/s，而代入圆轨道的飞行速度公式时便得到第一宇宙速度，其值为 7.9km/s；可以证明脱离太阳系的第三宇宙速度为 16.7km/s；对于圆轨道($a=r$)，则总能量也是负值。显然，当轨道的总能量 c_7 从负变到正时，轨道依次从圆变为椭圆、抛物线与双曲线。同样为了便于与通常天体力学的书籍符号一致将 c_7 改写为 ε，于是式(6.2.102)改写为

$$\varepsilon=\frac{v^2}{2}-\frac{\mu}{r}=\text{const} \tag{6.2.104}$$

式中：ε 为单位质量具有的总能量。下面计算沿 Kepler 轨道运动的时间历程，其方程为

$$\mathrm{d}t\equiv\sqrt{\frac{p^3}{\mu}}\frac{1}{(1+e\cos\theta)^2}\mathrm{d}\theta \tag{6.2.105}$$

其中

$$p=\frac{h^2}{\mu} \tag{6.2.106}$$

式中 h 与 μ 的定义同式(6.2.97a)。现定义偏近点角 E，如图 6.16 所示。在图 6.16 中 o 为地球中心，c 点为轨道椭圆的中心，P 为近地点，S 是航天器的当时位置。图 6.16 中内部曲线是椭圆轨道，外部曲线是该椭圆的外切圆。TSS'线垂直于椭圆的长轴。借助于偏近点角 E，轨道方程(6.2.97a)可以写为

$$r=a(1-e\cos E) \tag{6.2.107}$$

并且可以证明式(6.2.105)能变为如下形式：

$$\mathrm{d}t=\sqrt{\frac{p^3}{\mu}\frac{1}{(1-e^2)^3}}(1-e\cos E)\mathrm{d}E \tag{6.2.108}$$

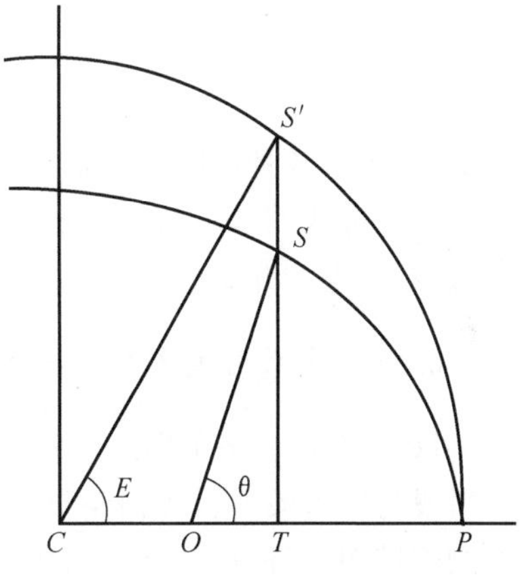

图 6.16　偏近点角 E 的定义及与角的关系

式中：p、μ、e 的定义同式(6.2.105)；E 为偏近点角。将式(6.2.108)进行定积分，左边从通过近地点的时刻 t_p 积到 t，右边从 0 积到 E，并注意引进平近点角 $\tilde{M}$，其定义为

$$\tilde{M}=\sqrt{\frac{\mu}{a^3}}(t-t_p)\equiv n(t-t_p) \tag{6.2.109}$$

其中

$$n=\sqrt{\frac{\mu}{a^3}} \tag{6.2.110}$$

于是便得到平近点角 $\tilde{M}$ 与偏近点角 E 间的关系，即

$$\tilde{M} = E - e\sin E \tag{6.2.111}$$

这就是著名的 Kepler 方程。显然，在已知平近点角 $\tilde{M}$ 时，Kepler 方程实际上为关于 E 的超越方程，需要迭代求解。

2）航天器在轨运动时的受摄运动

前面讨论的是二体问题无摄运动时的轨道方程，并且讨论了二体问题的有关积分。以近地航天器为例，在地球引力的作用下，航天器的运动可以看成二体问题。但除了地球引力外，航天器还受其他天体（如太阳、月亮等）的引力作用，这就可能会使航天器的运动偏离二体问题的轨道。在天体力学中，将这种现象称为摄动。当然，摄动都是相对于二体问题而言的。在受摄情况下，航天器运动的基本方程为

$$\frac{\mathrm{d}^2}{\mathrm{d}t^2}\boldsymbol{r} = \ddot{\boldsymbol{r}} = \boldsymbol{F}_0 + \boldsymbol{F}_\varepsilon \tag{6.2.112}$$

式中：$\boldsymbol{F}_0$ 为中心天体的质点引力，即

$$\boldsymbol{F}_0 = -\frac{\mu}{r^3}\boldsymbol{r} \tag{6.2.113}$$

而 $\boldsymbol{F}_\varepsilon$ 则包含各种影响航天器运动的力因素。在一般情况下，式(6.2.112)是不能得到有限形式的解析解的，因此只能采用数值计算或者近似解析法。这里因篇幅所限，对此不作介绍。

6. 飞行器典型发射段与再入段飞行特点的初步分析

这里以导弹与航天器为例分别扼要说明一下它们飞行的主要特点，尤其是在发射段与再入段。首先讨论导弹的飞行。图 6.17 与图 6.18 分别给出某弹道式导弹的弹道图，根据导弹在飞行中发动机与控制系统工作与否，可将其弹道划分为动力飞行段（又称主动段，即图 6.18 的 OK 段）与无动力飞行段（又称被动段，即图 6.18 的 KC 段）两个部分。另外，在被动段又根据导弹所受到空气动力的大小而分为自由飞行段（又称自由段，即图 6.18 中的 Ke 段）和再入大气层的飞行段（又称再入段，即图 6.18 中的 ec 段）。主动段是从导弹离开发射台到头体分离为止的一段弹道，在这段弹道上发动机和控制系统一直工作着。该段飞行的特点是作用在弹上的力与力矩有地球引力、空气动力、发动机推力、控制力以及它们相对于导弹质心而产生的相应力矩。推力主要用来克服地球引力与空气阻力并使导弹做加速运动；控制力则主要产生控制力矩，以便在控制系统的作用下使导弹按照给定的飞行程序飞行，确保导弹按预定的弹道稳定地飞向目标。通常，导弹在主动段的飞行时间并不长，一般约在几十秒至几百秒的范围内。

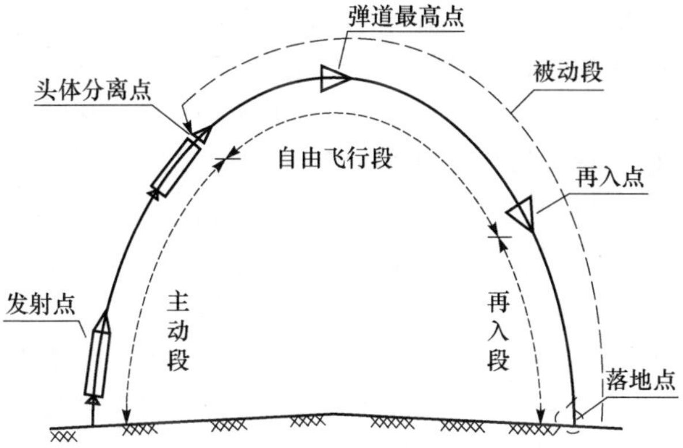

图 6.17　弹道导弹的飞行弹道

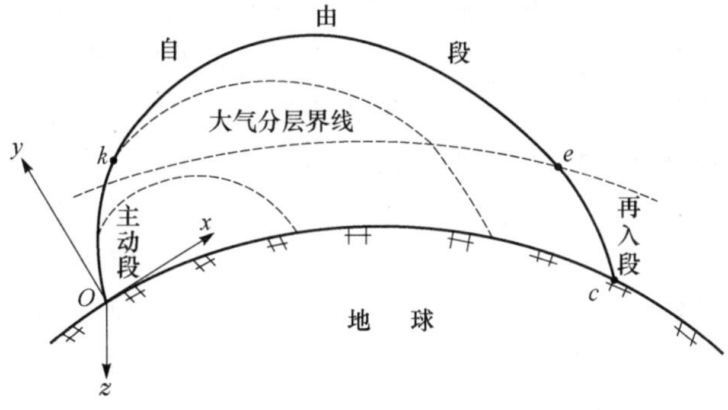

图 6.18　弹道分段示意图

从弹头与导弹的弹体分离(即图 6.18 中的 K 点)到弹头落地的一段弹道称为被动段弹道。在无控制的情况下,弹头依靠在主动段终点所获得的能量沿椭圆的轨道进行惯性飞行。尽管在该段不对弹头进行控制,但作用在它上的力是可以相当精确计量的,所以基本上可以较准确地掌握弹头的运动,以保证其在一定的射击精度要求下命中目标。如果在弹头上安装姿态控制系(即装有末制导)时,则导弹的射击精度可大大提高。从导弹的飞行总时间与航程上看,被动段所占比例是导弹全射程的 90%～95%,而且大部分时间是在稀薄空气的高空飞行。再入大气层的飞行所占时间与航程都很少,然而再入段对弹头飞行的影响很大。假如仅以导弹的射程分析,再入段的大气影响只会对全射程造成 1%的误差,好像该段的大气影响可忽略,但是再入段的大气密度变化、空气动力以及空气动力矩的影响,对分析弹头的运动特性以及弹头设计来讲是绝对不能忽视的,因此从弹头设计技术方面考虑,主要应研究被动段弹道,而且重点是再入飞行段弹道。在被动段,正如图 6.18 所示,根据弹头在运动中所受到空气动力的大小又可分成不计大气影响的自由飞行段(又称自由段,即图 6.18 中的 Ke)与计及大气影响的再入段(即图 6.18

的 ec）两个部分。由于空气密度随高度的增加而连续减小，所以不可能划出一条清晰的分界线。但是在工程分析中又需要划出一条大气边界线以便分析与考虑大气对导弹飞行参数的影响。一般说对于中近程弹道导弹通常以主动段关机点的高度作为划分自由段与再入段的标准高度（该高度在 50～70km）；对于远程导弹而言，则通常以 80～100km 高度作为大气层的计算高度。对于自由段（即图 6.18 中的 Ke）来讲，由于主动段终点高度较高，可以认为在自由段时弹头是在相当稀薄的大气中飞行的。这时作用在弹头上的空气动力远远小于其他作用力（如地球引力与地球转动惯性力等），所以这时略去空气动力项是允许的，这时可以认为弹头是在真空中飞行，故称自由段为真空段。应该指出的是，自由段的弹道是椭圆弹道的一部分，而且其弹道占全部弹道的 80％以上。对于再入段（即图 6.18 中的 ec），这时弹头重新进入稠密的大气层，因此这时大气对弹头的作用不仅会使弹头承受强烈的气动加热，出现高温，也将使弹头受到巨大的气动阻力，从而使其速度迅速减小。所以，再入段弹道与其自由段弹道有完全不同的特点。事实上，弹头在自由段飞行时，由于不再受到空气动力矩和控制力矩的作用，因而它以固定的角速度绕其质心自由地进行翻转运动。直到弹头重新进入大气层（即 ec 段）时，由于大气的阻滞作用的逐渐增大，再加之头部的气动静稳定特性或者姿态控制的作用才使其任意的翻转受到制动，并且以一定的速度稳定地冲向目标。应该指出的是，通常弹头在再入时，Mach 数高达 20 以上，导致弹头周围空气受到剧烈的扰动。由于弹头大多数都是钝头体，所以沿钝头呈现弓形脱体激波。气流通过激波后，其压强、密度、温度都发生突跃升高，而气流速度突跃下降，在弹头驻点附近气流滞止成亚声速流。压强的跃升会产生强烈的声响，激波使弹头的波阻大大增强。再入段弹头表面的温度可达 3000～4000K 以上，而弹头内部的装置及仪器仪表等必须保证在 25℃±5℃的环境中，即使是承力结构一般也只允许温度在 100～150℃，因此弹头的隔热设计（即热防护问题）变得至关重要。

烧蚀式弹头是弹头设计中常用的一种热防护弹头结构。再入大气层时，烧蚀式弹头随着防热层的不断烧蚀，弹头外形也在不断发生变化。由于弹头端头的气动加热最严重，形状变化也就最明显。端头形状的变化反过来不仅会影响气动加热，而且也将弹头的气动特性、姿态控制和着落点精度产生影响。从气动热力学与空气动力学的观点上看，烧蚀式弹头再入时其端头的形状变化过程是与端头表面边界层的流态、表面粗糙度、激波形状等多种因素密切相关，其中端头表面边界层的流动状态是影响端头烧蚀外形的主要因素。导弹端头的初始外形一般为球形，端头表面边界层为全层流时驻点热流最大，烧蚀量也最大。经烧蚀后，端头变钝，这种层流烧蚀外形多发生在 30km 以上的高空。当端头被充分发展的湍流边界层所覆盖时，转捩点已逼近驻点，声速点区域也被湍流边界层所包围，通常在湍流边界层中声速点附近的热流最高，烧蚀量最大，因此便形成凹陷外形。经过一段非稳定烧蚀过程之后便逐渐形成如图 6.19 所示的典型双锥形(又称为湍流烧蚀外形)。值得注意的是,边界层转捩的进程是与弹头表面粗糙度密切相关的。粗糙度所引起的热增量直接影响着烧蚀外形的变化。由于弹头表面粗糙的分布不均匀,因此边界层转捩位置和转捩的先后也具有不均匀性,所以导弹端头的烧蚀外形通常也是不对称的。

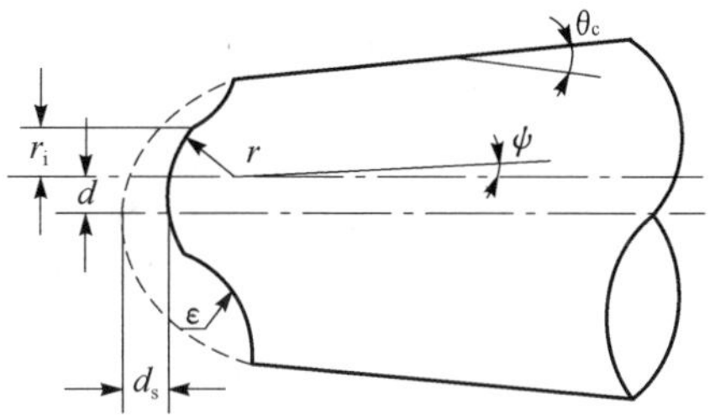

图 6.19　烧蚀式弹头的端头烧蚀外形及特征参数

需要强调的是,这种端头烧蚀外形的不对称性已被飞行试验回收得到的端头外形以及遥测的烧蚀量证实。所以,一个好的导弹弹头设计离不开空气动力学与气动热力学的理论指导,一个好的弹头热防护方案是需要流体力学与气动热力学的深厚功底作理论的支撑。

航天器(spacecraft)乃是指在地球大气层以外的宇宙空间,基本上按照天体力学规律运行的各类飞行器(例如,人造地球卫星、载人飞船、航天飞机和空间探测器等)。航天器可有多种分法,如把从地球上发射进入太空、完成任务后再返回地球大气层并且着陆在地球上的航天器称为返回式航天器(又称再入式航天器)。通常,将航天器脱离原来运行轨道,再入到地球大气层并在地面上安全着陆的技术称为航天器再入技术(又称航天器返回技术)。通常再入式航天器可分三类:

(1) 弹道式再入航天器。它又分为无升力的与有升力的两种。例如,美国第一代载人飞船“Mercury(水星)”号便属于弹道式再入这种方式。

(2) 弹道—升力式再入航天器。例如,美国第二代载人飞船“Gemini(双子星座)”号飞船首次采用了这种再入方式。

(3) 升力式再入航天器。例如,美国的航天飞机就属于此类。

图 6.20 给出飞船返回的典型过程。图 6.21 给出航天器从环绕地球的运行轨道返回地面的再入轨道示意图。在图 6.21 中,o'为航天器在运行轨道上的调姿起点,o 为制动点,p 为制动火箭的工作结束点,e 为再入到大气层的再入点,f 为开伞点,c 为着陆点。

下面分别对图 6.21 所示的各段作简明说明:

(1) 制动前的调姿段(即图 6.21 中的 o'—o 段)。再入式航天器在地球引力作用下的运行轨道通常是不与地球的稠密大气层相交的椭圆轨道或圆轨道(见图

6.22)。在运行轨道上，航天器的姿态是根据它的功能需要决定的(例如，希望保持攻角为零的状态以减小阻力，减小轨道周期的变化)。一般航天器的运行姿态并不是制动姿态，因此在 o'—o 这一飞行段要进行姿态调整使航天器在制动点 o 处时的姿态为制动姿态(即制动火箭工作时要求的姿态)。

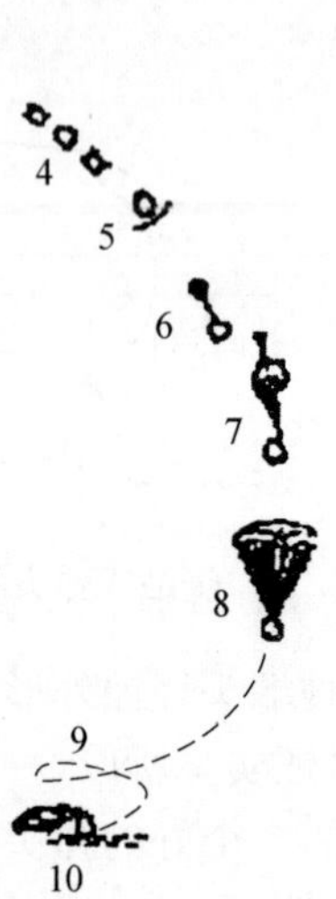

图 6.20　飞船返回的典型过程

1. 载人飞船与空间站分离；2. 制动火箭发动机点火；3. 制动火箭发动机熄火；4. 轨道舱，推进舱与返回舱分离；5. 返回舱建立再入姿态，进入大气层作升力控制再飞行；6. 开减速伞；7. 展开主伞(可控翼伞)；8. 自控(或手控)滑翔飞向目标；9. 遥控(或手控)下降；10. 定点和着陆

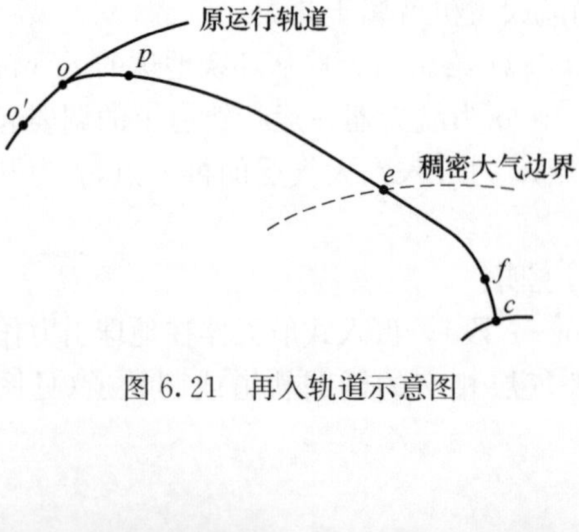

图 6.21　再入轨道示意图

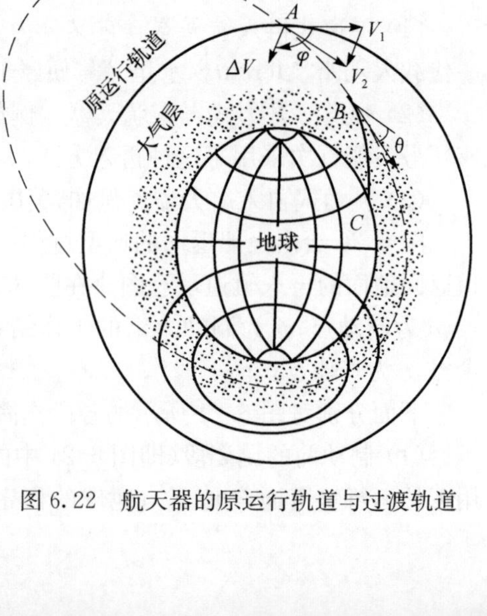

图 6.22　航天器的原运行轨道与过渡轨道

(2) 制动段(即图 6.21 中的 o—p 段)。该段也称离轨飞行段，它是由制动火箭发动机开始工作点 o(即制动点 o)到其工作的结束点 p 的那一段。在这段飞行时，航天器除受到地球引力作用外，还要受到制动火箭发动机推力的作用，从而离开原来的运行轨道进入一条引向地面的轨道(即图 6.22 所示的过渡轨道)。其实，航天器返回地面必须要用制动发动机产生的推力去减小航天器的飞行速度或者改变其速度的方向(或者同时改变速度的大小与方向)。设 $\boldsymbol{V}_0$ 与 $\boldsymbol{V}_1$ 分别为航天器原来飞行的速度与改变后的速度(见图 6.23)，于是 $\Delta\boldsymbol{V}=\boldsymbol{V}_1-\boldsymbol{V}_0$，从量值上看 $|\Delta\boldsymbol{V}|$ 比 $|\boldsymbol{V}_0|$ 小得多，$\Delta\boldsymbol{V}$ 与当地水平面组成的角 φ_z 称为制动角，而 $\Delta\boldsymbol{V}$ 称为制动速度(又称附加速度)。制动段为返回轨道中的动力飞行段，对制动段轨道设计与制导的任务就是建立制动点的位置、选定制动参数(包括制动发动机的推力以及推力方向 φ_z 和工作时间)、建立制动段关机方程并确定制动发动机的关机时刻，显然这几项任务对完成航天器的再入飞行非常重要。

(3) 过渡段(即图 6.21 中的 pe 段)。这段也称为大气层外自由飞行段，它是从制动火箭发动机工作结束点 p 开始，到再入地球大气层边界的 e 点结束的一段。所谓的大气层边界是不存在的，这里是人为划分的(一般取从地面一直到 80～120km 高度定为大气层)。在过渡段，航天器的质心轨道一般不加以控制(当然姿态还是要控制的)，航天器仅在地球引力下做自由下降飞行。过渡段轨道可由航天器在 p 点的速度、位置和在地球引力作用下自由飞行段的运动规律求得。当航天器到达 e 点时，这时速度 $\boldsymbol{V}_e$ 称为再入速度，$\boldsymbol{V}_e$ 与地面所组成的夹角 θ_e 称为再入角(见图 6.23 或图 6.24)。应当指出的是，再入点 e 的位置、再入速度 $\boldsymbol{V}_e$ 与再入角 θ_e 对航天器能否安全返回起决定性的影响。这里所谓航天器的安全返回是指再入式航天器在假定着陆系统正常工作的条件下、再入器能够在再入走廊内再入大气层，这样便可以使得通过大气层时的最大减速过载及其持续时间在规定的范围内，使得所产生的气动加热量不会损坏再入的飞行器，并使再入器能在指定的区域或地点着陆。图 6.25 给出以第一与第二宇宙速度返回的返回舱再入走廊，其下边界的徒轨主要受最大过载与气动加热最大热流率的限制；其上边界的缓轨主要受气动加热最大加热量与升阻比的约束。

对于航天飞机轨道飞行器的再入，它既不同于导弹弹头、卫星和飞船的再入，也不同于一般飞机的进场着陆。轨道器再入的核心技术是一个质量很大的轨道器所具有的巨大能量如何妥善的处置。航天器飞机轨道器的外形不同于再入弹头、卫星和飞船的返回舱。它有复杂的外形，这就给空气动力学与气动热力学带来了许多研究的新课题。另外，航天飞机轨道器的再入方式也不同于弹头、卫星与飞船的再入(通常弹头再入其弹道倾角很大，而攻角很小；卫星的返回其弹道倾角较小，而攻角不变化；载人飞船返回舱的再入是小升阻比的再入，机动范围小。总之上述的再入姿态变化小)，再入方式复杂，攻角与姿态都要变化。此外，轨道器的再入也

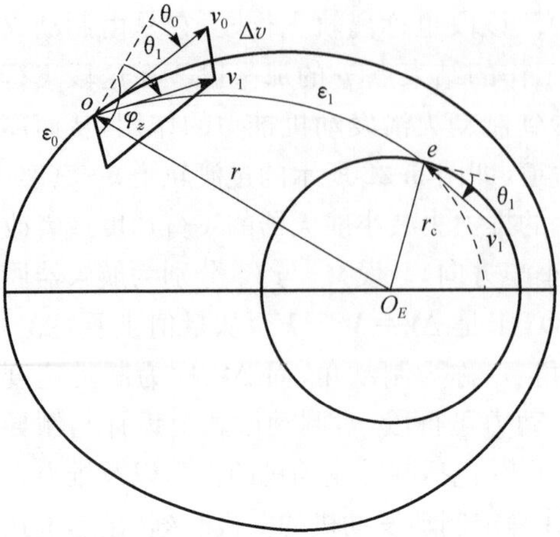

图 6.23　返回轨道的过渡段及制动速度

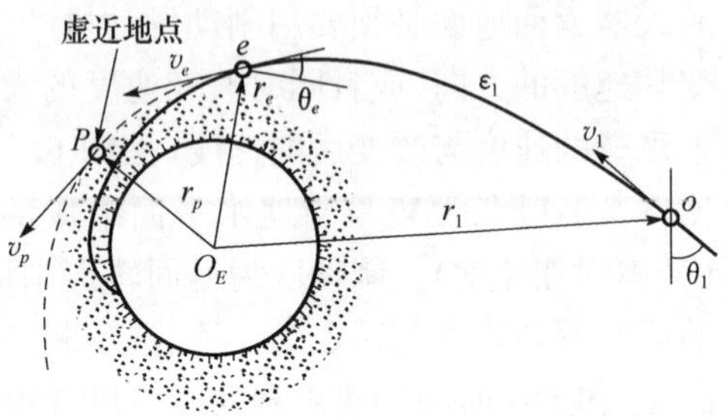

图 6.24　再入速度与再入角

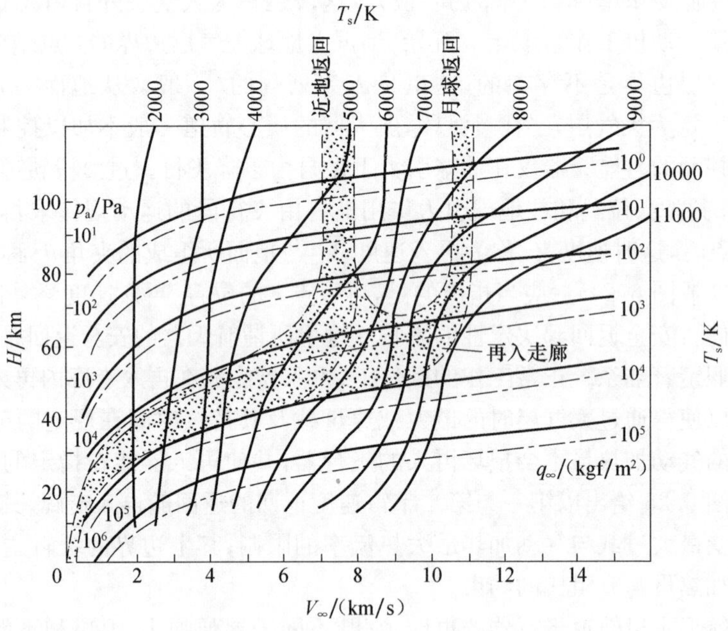

图 6.25　载人飞船返回舱的再入走廊

不同于一般的飞机着陆，它的再入速度大、飞行高度高且是无动力的再入着陆，不能复飞，所以对运动参数的要求十分严格。航天飞机轨道器的再入着陆段可分为再入段、末端能量管理段与自动着陆段。再入段从再入点（例如，飞行高度 $h=120\text{km}$，飞行速度 $v=7600\text{m/s}$）到末端能量管理段的起点（例如，飞行高度 $h=25\text{km}$，速度 $v=762\text{m/s}$，Mach 数 $Ma=2.5$）；末端能量管理段通常是从高度 $h=25\text{km}$ 降到 $h=3\text{km}$ 为止；自动着陆段的任务是引导航天飞机轨道器在跑道上安全准确着陆。航天飞机轨道器再入的特点可以从两个方面分析：一方面是空气动力学与气动热力学的气动加热方面；另一方面是飞行控制系统。从气动热力学方面看，轨道器飞行范围从 $Ma=25$ 变化到 $Ma=0.5$，经历了高超声速（$Ma=25\sim5$）、超声速（$Ma=5\sim1.2$）以及跨声速（$Ma=1.2\sim0.8$）与亚声速区（$Ma<0.8$），经历了分子流区、过渡流区、滑移流区与连续流区（在这四个流区中 Knudsen 数从 10 变化到 0.001），攻角从 40°变化到 14°，再加上其外形复杂，带有很多的控制面，因此所有这些是对空气动力学与气动热力学研究的挑战。特别要指出的是，航天飞机轨道器是利用大气减速的，是把巨大的能量（位能与动能）转换成热能，其中大部分热能散发到稠密的大气层，实际上只有少量热量（大约为 10%）被航天飞机轨道器结构或者防热层吸收。然而，即使这样少的热量也足以引起严重的气动加热问题。理论计算表明：按上述高度与速度再入，这时轨道器头锥与机翼前缘的温度达 1260～1750℃，机翼表面温度达 350～750℃，操纵面与尾翼 700～1000℃，显然这远远超过了普通材料的熔点。再如，美国 Columbia 号航天飞机沿 STS-2 的设计轨道进入大气层并以高达 26 倍声速再入时，表面温度最高可达 2000K 左右，最大热流密度为 2860kW/m^2；图 6.26 给出这时航天飞机表面峰值温度分布。还需要指出的是，对于载人飞船，其返回舱的峰值加热高度出现在 60～70km 的高空，那里大气比较稀薄，化学非平衡效应比较严重。图 6.27 给出几种物理模型下数值结果与飞行数据的比较。显然，在合理的物理模型下进行数值计算是可以得到与飞行数据较为接近的合理数值计算结果的。

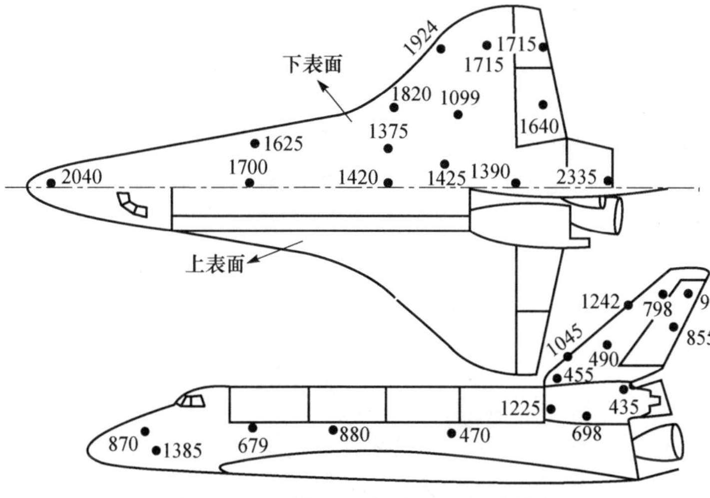

图 6.26　某航天飞机表面温度的分布

从飞行控制系统来看，控制系统所面临的对象是飞行速度范围大（如 Mach 数从 25 变到 0.5）、机动能力强（如可在几千公里范围内作机动飞行）、轨道器载人且再入飞行时间长（如飞船返回舱再入飞行时间为 400～1000s，再入弹头仅为 30～40s）；

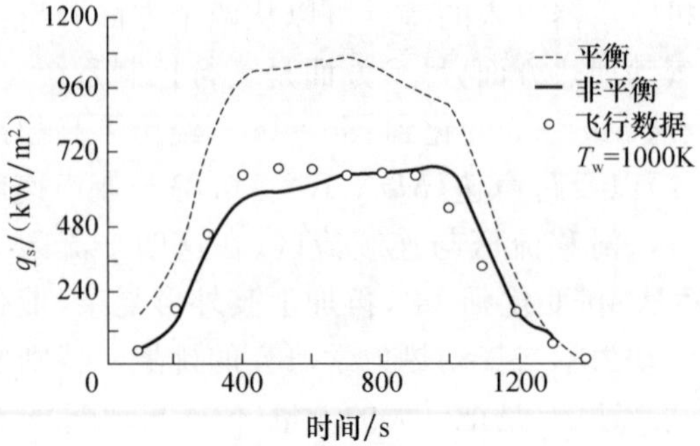

图 6.27　STS-2 航天飞机驻点热流密度与再入时间的变化历程

对过载要求严格(如美国航天飞机对轴向加速度限制为 1.5g,法向加速度为 2.5g)而且控制系统应使轨道器在飞行中不断滚动以保证机身不在一个方向上被过分气动加热。显然,航天飞机轨道器再入所使用的控制系统是非常复杂的。图 6.28 给出升力式再入航天器的再入走廊,它是由阻力加速度与相对速度组成的再入走廊,美国的航天飞机轨道飞行器使用的正是这类再入走廊。图 6.29 给出升力式再入航天器与弹道式再入航天器的再入飞行轨道,它是以离地面的高度与速度为坐标的曲线图,这张图称为速度-高度图。图 6.29 中,实线为升力再入;虚线与点别线为弹道再入;另外,图 6.29 中还引入了两个参数:一个是弹道参数(又称重阻比)β;另一个是升力参数 β_1。其定义式分别为

$$\beta \equiv \frac{W}{C_D S}, \quad \beta_1 \equiv \frac{W}{C_L S} \tag{6.2.114}$$

式中:W、S、C_D 与 C_L 分别代表重力(mg)、参考面积、阻力系数与升力系数。这里将再入飞行器看成质点在做平面运动,令 V 为其速度的模,θ 为再入角,如图 6.30 所示。假定飞行器做高超声速滑翔运动,作为初步分析,由 Newton 第二定律得到如下运动方程:

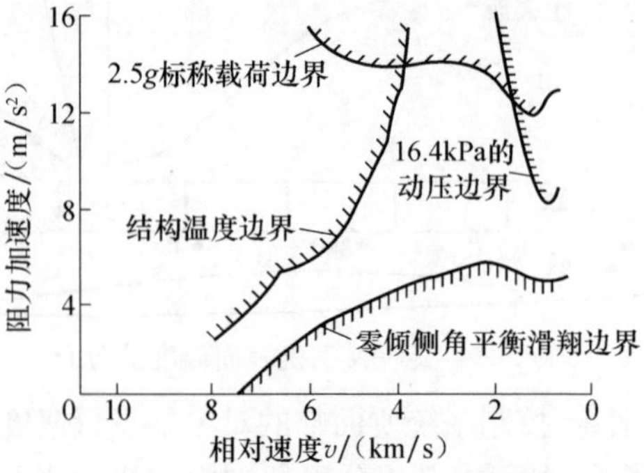

图 6.28　阻力加速度与相对速度组成的再入走廊

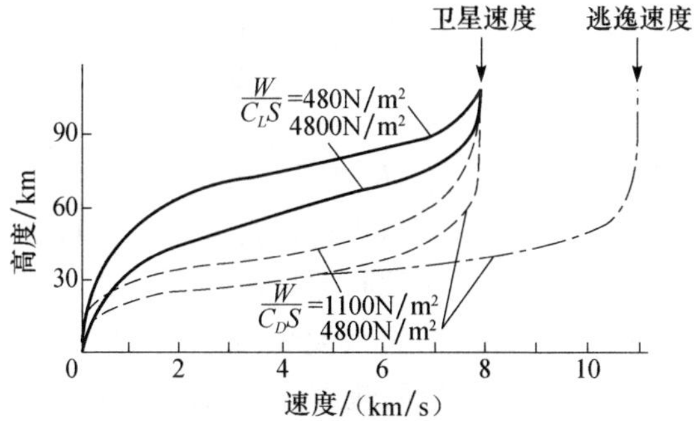

图 6.29　速度-高度图上的再入飞行轨道

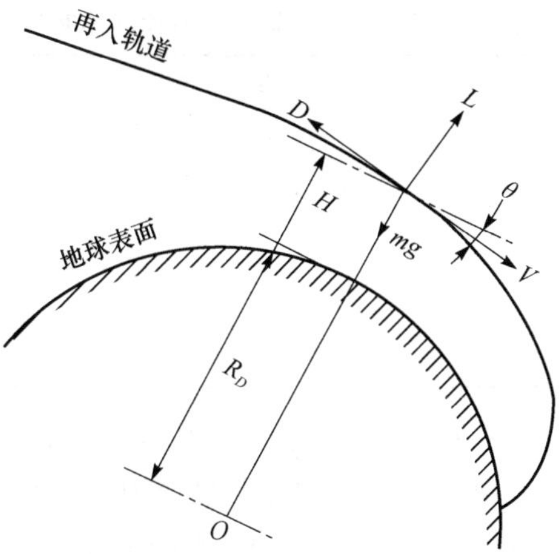

图 6.30　再入轨道和坐标系

沿飞行轨道

$$W\sin\theta - D = m\frac{\mathrm{d}V}{\mathrm{d}t} \tag{6.2.115}$$

垂直于飞行轨道

$$L - W\cos\theta = -m\frac{V^2}{R} \tag{6.2.116}$$

式中：L 与 D 分别为作用于飞行器上的升力与阻力；R 为飞行轨道的当地曲径半径。L 与 D 的定义式分别为

$$D = \frac{1}{2}\rho V^2 SC_D \tag{6.2.117}$$

$$L = \frac{1}{2}\rho V^2 SC_L \tag{6.2.118}$$

借助于式(6.2.114)，则式(6.2.115)与式(6.2.116)分别变为

$$-\frac{1}{g}\frac{\mathrm{d}V}{\mathrm{d}t}=\beta^{-1}\frac{\rho V^2}{2} \tag{6.2.119}$$

$$1-\frac{1}{g}\frac{V^2}{R}=\beta_1^{-1}\frac{\rho V^2}{2} \tag{6.2.120}$$

由式(6.2.119)与式(6.2.120)可以看出，飞行器再入时飞行轨道主要取决于弹道参数β与升力参数β_1；在图6.29中，再入飞行器分别以第一宇宙速度，(即7.9km/s)与逃逸速度(即第二宇宙速度11.2km/s)进入大气层。图6.29中参数β_1为4800N/m²的升力再入曲线接近于航天飞机的返回轨道，而参数β为4800N/m²的再入曲线接近于Apollo飞船的返回轨道。洲际弹道导弹的参数β约为9800N/m²。表6.1给出几种飞行器再入的气动加热时间。显然，导弹比飞船、卫星的受热时间短。

表6.1　几种飞行器再入的气动加热时间

项　目	再入角/(°)	再入时间/s
中程导弹	−20	25
洲际导弹	−15	35
人造地球卫星	−3	300
Mercury载人飞船	—	390
Gemini载人飞船	—	550
Apollo载人飞船	—	980

(4) 再入段(即图6.21中的ef段)。它是从再入点e到着陆工作的起始点f为止的一段轨道。再入点e是空气动力起明显作用的稠密大气层的最高点，从这点开始，空气动力对航天器运动的影响不能忽略。而f点对于采用降落伞着陆系统的垂直着陆航天器来讲，该点是降落伞着陆系统开始工作的高度，一般f点取为离地面10～12km。正如前面所分析的，再入段由于再入飞行器借助于大气减速产生大量的气动加热量，虽然这部分热能只有部分(大约10%)传给再入器，但已使得其表面温度急剧升高，因而这时热防护问题变得格外重要。这里不妨以Apollo(阿波罗)、Gemini(双子星座)和Soyuz(联盟号)载人飞船返回舱为例简要说明一下飞船返回舱外形参数以及它们相应的气动特性。图6.31给出三种飞船返回舱的最大热流$q_{0\max}$和气动总加热量Q_t随弹道参数β的变化曲线。图6.32给出最大热流$q_{0\max}$和最大过载$n_{\max}$随升阻比L/D的变化曲线。当然，飞船返回舱的设计需要统筹优化选择弹道参数、升阻比、静稳定余度、防热层质量与返回舱质量比、再入走廊等众多参数的值，关于这点十分重要。事实上，Apollo、Gemini与Soyuz飞船返回舱都属于小升阻比类的再入飞行器。图6.33给出它们的外形轮廓图。表6.2给出它们相关的外形参数数据。图6.34、图6.35与图6.36分别给出攻角$\alpha=0°\sim180°$内变化时三种飞船返回舱的法向力系数C_N、轴向力系数C_A与升力系数C_L的变化曲线。

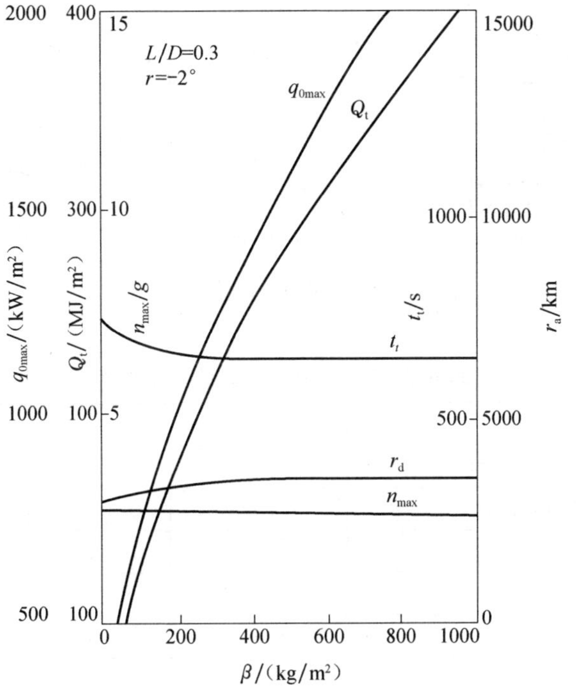

图 6.31　再入特性值随 β 的变化曲线

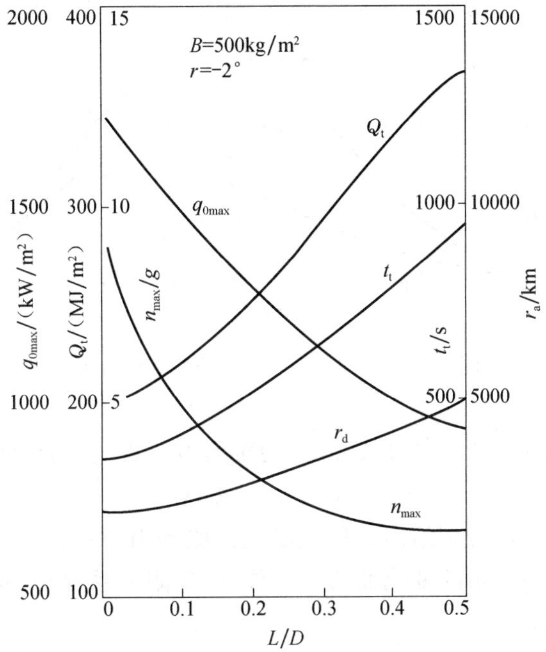

图 6.32　再入特性随升阻比的变化曲线

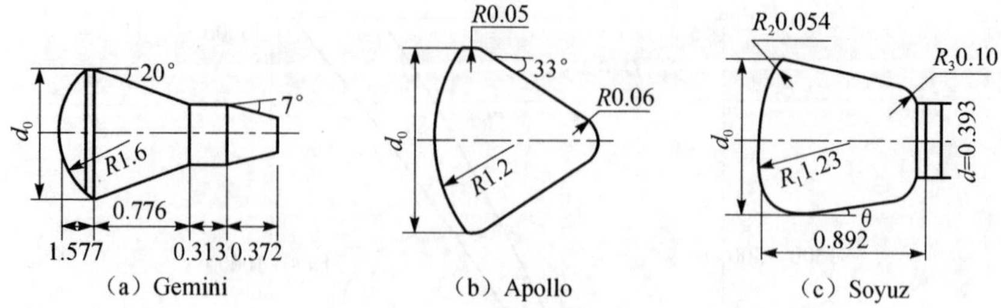

图 6.33　三种飞船返回舱的外形比较

表 6.2　三种飞船返回舱的外形参数

参数	Apollo	Gemini	Soyuz
最大直径 $d_{\max}$/mm	3912	2286	2200
航天员人数	3～5	2	2～3
球冠钝度$\overline{R_N}$	1.2	1.6	1.0
倒锥角 θ_C/(°)	33	20	7
拐角相对半径$\overline{R_C}$	0.050	—	0.023
长细比 λ	0.88	1.09	1.0

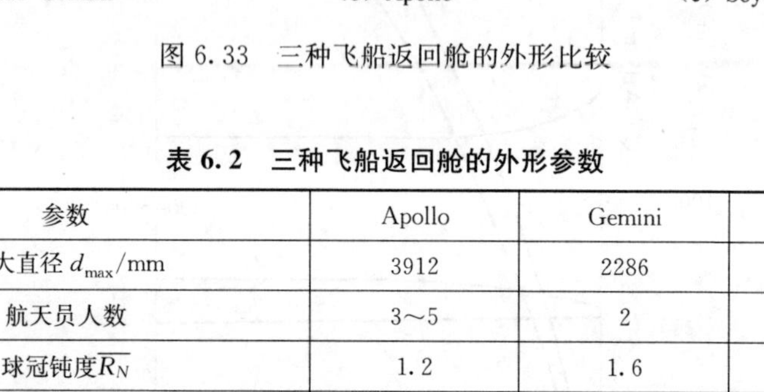

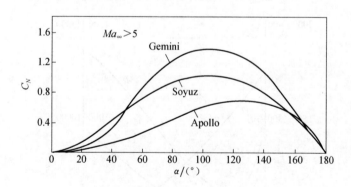

图 6.34　法向力系数随攻角的变化曲线

这里升力系数 C_L 是法向力系数 C_N 与轴向力系数 C_A 的导出量，即

$$C_L = C_N\cos\alpha - C_A\sin\alpha \tag{6.2.121}$$

图 6.37～图 6.39 分别给出三种飞船返回舱的阻力系数 C_D、升阻比 L/D、与压力中心系数 $\bar{x}_{cp}$ 随攻角的变化曲线。另外，这里阻力系数 C_D 也是导出量，它与 C_A、C_N 有如下关系：

$$C_D = C_A\cos\alpha + C_N\sin\alpha \tag{6.2.122}$$

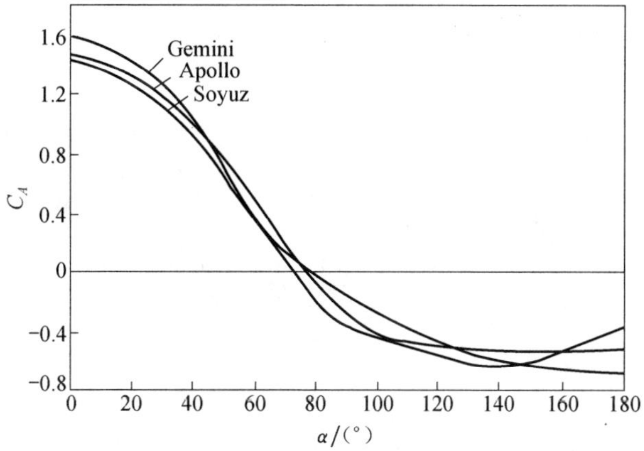

图 6.35　轴向力系数随攻角的变化曲线

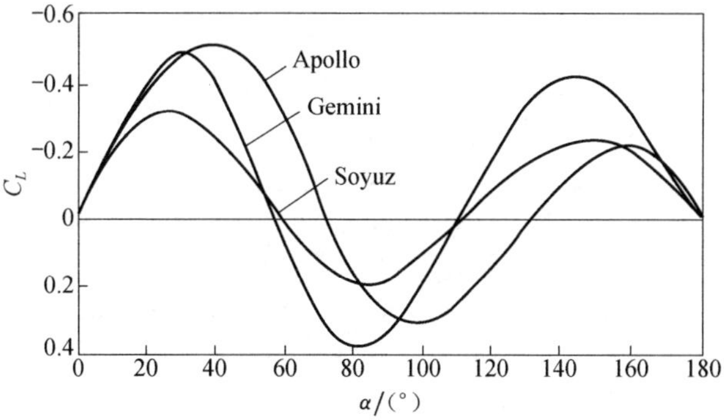

图 6.36　升力系数随攻角的变化曲线

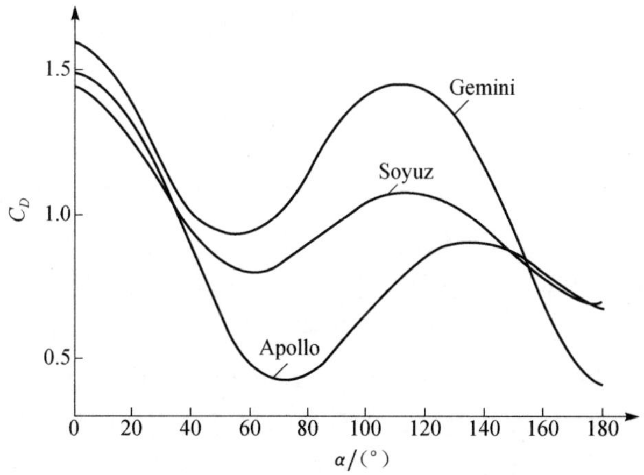

图 6.37　阻力系数随攻角的变化曲线

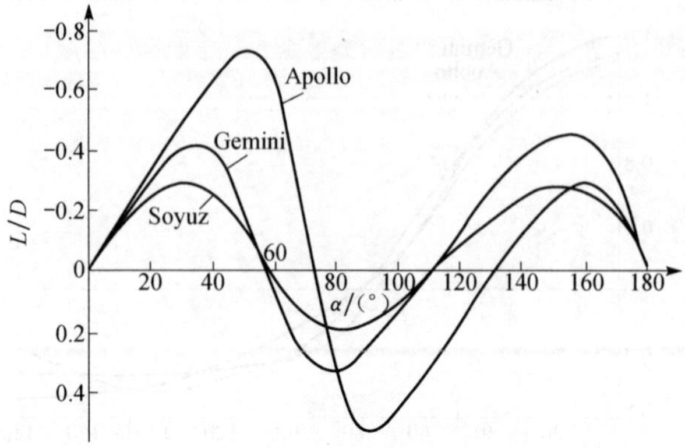

图 6.38 升阻比随攻角的变化曲线

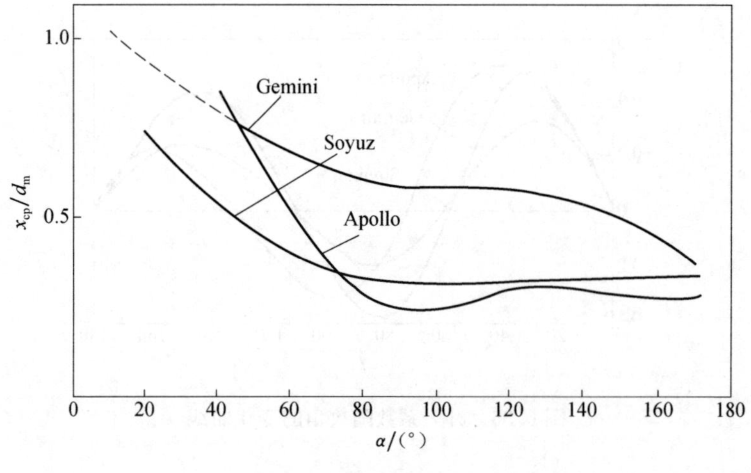

图 6.39 压力中心系数随攻角的变化曲线

式中:α 为攻角。图 6.40 给出三种返回舱对顶点的俯仰力矩系数随攻角 α 的变化曲线。

显然,图 6.34～图 6.40 所给出的这些气动特性曲线对正确认识与加深理解上述三种飞船返回舱的设计思想是十分有益的。这里还要指出的是,我们 AMME Lab 团队近 10 年来曾对 18 种国际上著名的飞行器与探测器的 242 个飞行状况进行过连续流的 Navier-Stokes 方程组或稀薄流的 DSMC 方法的流场计算与传热分析,其中包括 Apollo、Mercury、Gemini、Viking、Orion、Fire-Ⅱ以及 Huygens 等飞船或探测器,其中有 231 个飞行工况的计算结果已发表在国际会议、国内全国会议以及著名学报或杂志上,本书的第 11 章与第 12 章分别给出上述部分典型算例的细节。另外,图 6.41 还给出 Apollo、Gemini、Soyuz 和 Mercury 四种飞船返回舱的

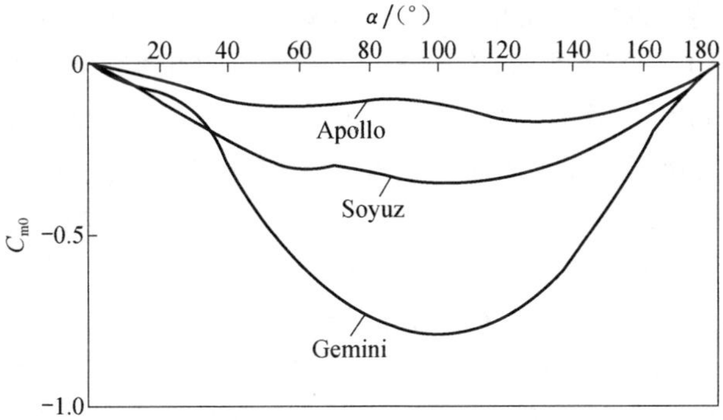

图 6.40　三种返回舱对顶点的俯仰力矩系数随攻角的变化曲线

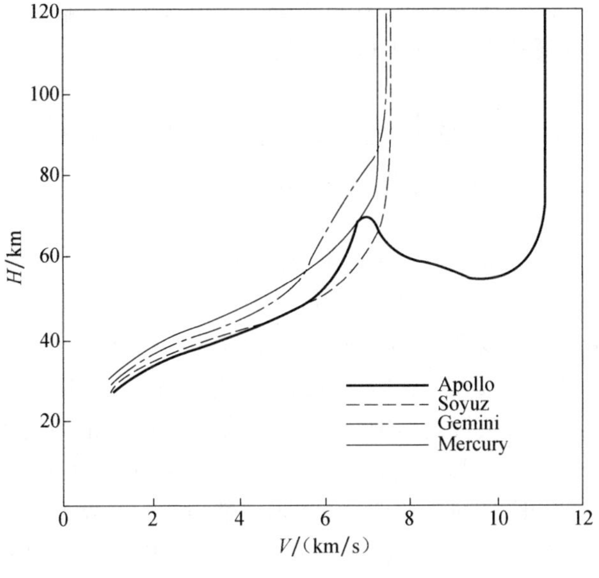

图 6.41　四种载人飞船返回舱的再入轨道

再入轨道，其中“Apollo4”是以第二宇宙速度返回的，而其余三种型号都是以第一宇宙速度从地球轨道上返回的。图 6.41 是再入段(即图 6.21 中的 ef 段)中最重要的曲线之一。

(5) 着陆段(即图 6.21 中的 fc 段)。对于弹道式再入航天器与弹道-升力式再入航天器多采用垂直着陆方式。一般再入飞行到 15km 左右的高度，其速度可减少到声速；再继续下降时，再入飞行器的速度将趋于稳定下降速度，并保持在 100～200m/s；此时如不进一步采取措施减速的话，则再入飞行器将以 100m/s 的速度冲向地面而坠毁。因此，在着陆之前还需要有一套着陆减速装置以便使再入飞行器进一步减速到安全着陆的速度，这里减速的办法多采用降落伞系统来实现。降落伞减速系统工作的过程如下：当再入飞行器下降到速度为 200m/s 左右（例如，距地面 20km 以下，Mach 数接近 0.8 左右）时，降落伞系统开始工作。首先弹出引导伞，以帮助减速伞和主伞工作。在 9km 左右的高度打开减速伞，减速伞使再入飞行器的速度由 200m/s 降低到 60m/s 左右，这为主伞创造了开伞的条件。另外，减速伞还对以亚声速运动的再入飞行器的姿态起着稳定作用，因此这时的减速伞又称为稳定伞。在 7km 左右高空打开主伞，主伞是完成最终的减速任务，使再入飞行器的下降速度小到 6m/s 左右。如果再入飞行器以这样的速度着陆，仍会产生相当大的着陆冲击过载，这对航天员或者有效载荷会造成不利影响[41]。因此对载人航天器在着陆时还需要有缓冲装置，通常多采用缓冲气囊和着陆缓冲火箭等。在离地面一定高度时，着陆缓冲火箭工作给航天器一个向上的冲量，使之接近于零（或者通常在 2m/s 左右）的速度着陆。“Voskhod”飞船与“Soyuz”飞船都已经采用了这种着陆缓冲火箭，航天员感觉效果很好。

6.3 高超声速再入过程中流场的特性以及光电的辐射与传播

高超声速飞行器再入过程中的流场十分复杂。Apollo 登月飞船指令舱以 11.2km/s 的第二宇宙速度（这时的 Mach 数高达 36）再入，Gemini 和 Soyuz 等地球轨道载人飞船返回舱以 7.9km/s 的第一宇宙速度（这时的 Mach 数为 25）再入地球大气层。返回舱再入大气层后要经过自由分子流区、过渡区、滑流区和连续流区。在高速高温的再入飞行过程中，钝头飞行器头部的弓形激波使激波后的气体温度变得很高。例如，Apollo 飞船返回舱以 Mach 数 $Ma=36$ 再入时，头部区域的气体温度高达 11 000K；再如 Gemini 飞船返回舱以 Mach 数 $Ma=25$ 再入时，头部区域的气体温度也达到 6500K。因此如此高的温度使飞船返回舱周围的空气，尤其是高温边界层内的空气发生振动、离解、电离和复合等化学物理反应[42]。本节主要从以下 5 个方面对高超声速飞行器再入过程中的流场特性做一个概括的描述，以便对不同速度、不同再入高度下的再入流场有一个整体的了解。这 5 个方面是：①再入飞行器的再入走廊以及气动相似参数；②高温边界层传热以及热力学非平衡与化学非平衡；③再入体的光辐射特性与电磁波传播特性；④再入体尾流流动以及光电特性；⑤考虑介质各向异性散射和梯度折射率时的辐射输运方程。

1. 再入飞行器的再入走廊以及气动相似参数

图 6.42 给出第一与第二宇宙速度返回舱的再入走廊，其下边界的陡轨道主要受最大过载与最大热流率的限制，而上边界的缓轨道主要受最大加热量与升阻比

的约束。另外，对于小升阻比返回舱的再入走廊，在同一速度下的高度变化范围，通常高速时的再入走廊较宽一些，而低速时的较窄一些。另外，图 6.42 中飞行器返回舱再入的驻点参数是借助于正激波关系和化学平衡流的计算获得的。由图 6.42 可以看出，再入走廊的主要部分基本上位于驻点等压线 $P_s=10^4\sim10^5$ Pa。从月球返回的 Apollo 指令舱的驻点实际最高温度达 $T_s\approx11\,000$K，而从地球低轨返回的载人飞船返回舱的驻点实际最高温度 $T_s\approx6500$K。由图 6.42 还可以看出，速度较低时，驻点化学平衡温度的等温线接近于垂直的等速线，这是由于低速低温下分子基本不离解，因此驻点温度主要是由动能转换而成；速度较高时驻点等温线呈"S"形，这时驻点温度 T_s 不仅取决于速度而且与高度有关，之所以如此是由于高空的密度较低使得分子的离解率增大，一部分动能消耗于离解能，从而使驻点温度降低。另外，图 6.42 还给出等动压线 q_∞ 的分布，它们与驻点等压力线 P_s 的分布很接近。

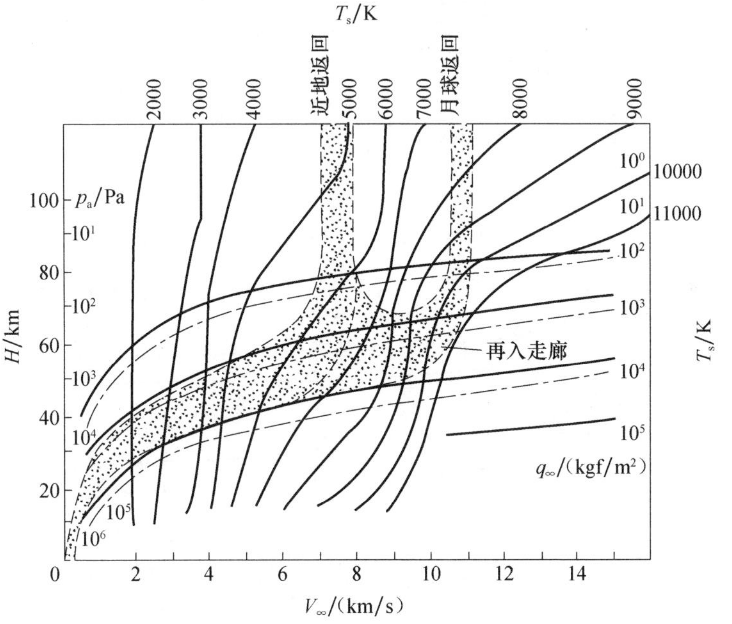

图 6.42　典型返回舱的再入走廊

图 6.43 给出来流等 Mach 线 Ma_∞ 以及飞船返回舱再入时自由来流等 Reynolds数 Re_∞ 的分布曲线，从月球返回的 Apollo 指令舱在离地球高度 $H\approx80\sim90$km，飞行速度 $V_\infty\approx11$km/s 其自由来流 Mach 数 $Ma_\infty\approx40$；从地球低轨道载人飞船返回舱再入时的最大 Mach 数 $Ma_\infty\approx27$，因此在计算载人飞船的气动性能时，高 Mach 数的效应必须考虑。此外，返回舱再入时自由来流 Reynolds

数的影响不可忽略。在图 6.43 中可以看出，在 $H=100\text{km}$ 时，$Re_\infty=10^2$ 量级，而在返回舱再入过程中，Re_∞ 最高值可达 10^7 量级，所以在进行飞船返回舱再入气动计算时必须考虑高空低 Reynolds 数时黏性的干扰效应以及低空高 Reynolds 数下的转捩与湍流特性。图 6.44 给出返回舱再入时等 Knudsen 数和化学反应数 Rs 随飞行速度 V_∞ 以及飞行高度 H 的变化曲线，其中 Kn 的定义为

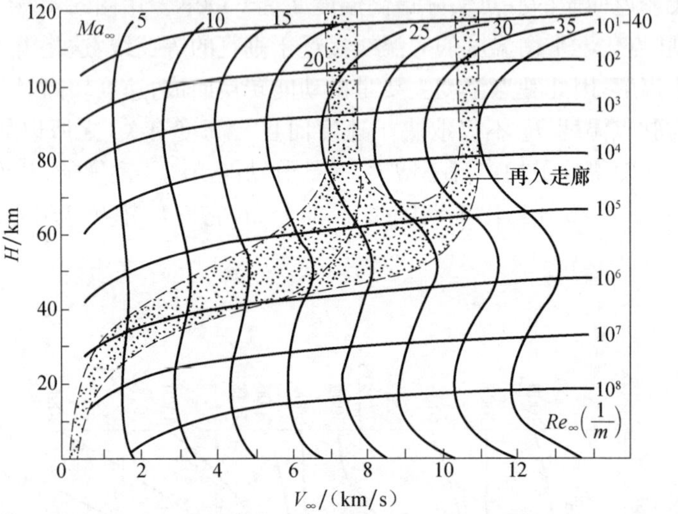

图 6.43　再入走廊以及等 Ma_∞ 数分布与等 Re_∞ 数分布

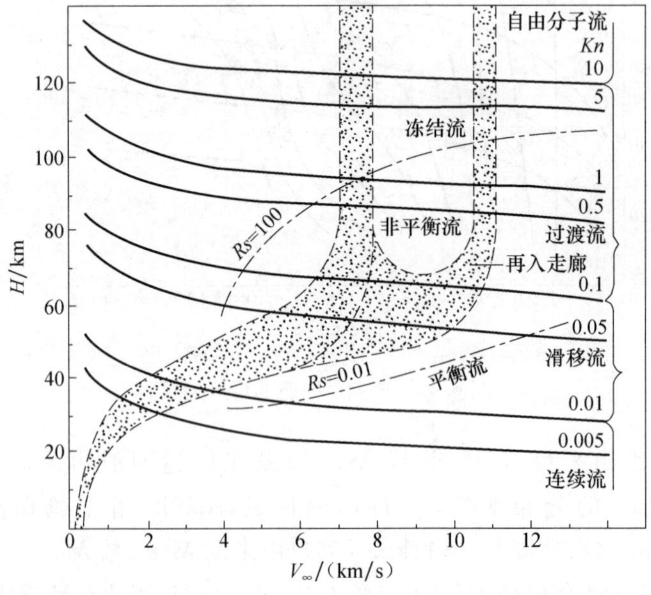

图 6.44　Kn 和 Rs 随 V_∞ 以及高度 H 的变化曲线

$$Kn = \frac{\lambda}{d_m} \approx \frac{Ma_\infty}{\sqrt{Re_\infty}} \tag{6.3.1}$$

式中：λ 为分子自由程。

表 6.3 给出通常所规定的返回舱再入时的不同流区以及与飞行高度 H 间的大致关系。

表 6.3　不同流区所处的飞行高数以及相应的 *Kn* 数

流区	Kn	飞行高度 H/km
自由分子流	≥1.0	>120
过渡流	0.2～1.0	60～120
滑移流	0.03～0.2	35～60
连续流	≤0.03	<35

在返回舱气动性能的高空计算时，应该考虑低密度效应和黏性干扰效应。化学反应数 Rs 的定义为

$$Rs = \frac{\tau V_\infty}{lr} \tag{6.3.2}$$

式中：τ 为化学反应时间；V_∞ 为自由来流速度；lr 为参考长度(这里常取飞船返回舱最大横截面直径)；按照化学动力学规定：$Rs \leqslant 0.01$ 为化学平衡流，$Rs = 0.01 \sim 100$ 为化学非平衡流，$Rs \geqslant 100$ 为化学冻结流。显然，飞船返回舱再入过程中，高空为化学冻结流、中空为化学非平衡流、低空为化学平衡流。由图 6.44 可以看出，非平衡流区占返回舱再入走廊的主要部分，因此高超声速再入问题的气动计算时考虑非平衡效应是必要的。

2. 高温边界层传热以及热化学非平衡

再入体(包括远程火箭、返回式卫星、飞船、航天飞机、空间探测器以及各种导弹、弹头等)重返大气层至落地的这一过程通常称为再入段。在再入段，飞行器受到地球引力、空气动力和空气动力矩的作用，它与周围大气的相互作用会产生一系列复杂的热、光、电等物理现象，先粗略分析一下再入体的热环境特性：这里当再入体以 7～8km/s 的速度再入大气层时，由于再入体头部激波对气流的强烈压缩以及气流与壁面的摩擦使气流的动能转化为内能，也就是说再入体将对周围的气体做相当大的阻力功，这种阻力功最终表现为热量。这里用近似方法去估量因黏性滞止传给高超声速飞行器的热量。单位时间传递给物体的热量可表示为

$$\frac{\mathrm{d}Q}{\mathrm{d}t} = \rho V(\Delta h)S(St) \tag{6.3.3}$$

式中：V 和 S 的定义分别同式(6.2.119)与式(6.2.114)；ρ 为自由来流密度；St 为

Stanton 数；Δh 为焓差，其定义为

$$\Delta h = h_s - h_w \tag{6.3.4}$$

$h_s = c_p T_\infty + \frac{1}{2}V^2$ 为滞止焓，其中 c_p 为气体的定压比热容，下标∞为来流条件；h_w 为空气在物面温度下的壁面焓，其定义为

$$h_w = \int_0^{T_w} c_p \mathrm{d}T \tag{6.3.5}$$

考虑到 T_w 与 T_∞ 为同量级，因此在高超声条件下式(6.3.4)可表示为

$$\Delta h \approx \frac{1}{2}V^2 \tag{6.3.6}$$

另外，对于传热学[43]中的 Nusselt 数、Stanton 数、Prandtl 数、Reynolds 数以及表面摩擦系数 C_f 之间有

$$Nu = \frac{C_f}{2}Re \tag{6.3.7}$$

$$St = \frac{Nu}{RePr} \tag{6.3.8}$$

于是由式(6.3.7)和式(6.3.8)得到

$$St = \frac{C_f}{2Pr} \tag{6.3.9}$$

借助于式(6.2.114)与式(6.3.9)，则式(6.3.3)变为

$$\mathrm{d}Q = -\frac{1}{2Pr}\frac{C_f}{C_D}\mathrm{d}\left(\frac{W}{2g}V^2\right) = -\frac{1}{2Pr}\frac{C_f}{C_D}\mathrm{d}\left(\frac{1}{2}mV^2\right) \tag{6.3.10}$$

假设 Pr 以及$\frac{C_f}{C_D}$均与速度无关，并且令 $V=0$ 是 $Q=0$，于是对式(6.3.10)进行积分，可得

$$Q_f = \frac{1}{2Pr}\frac{C_f}{C_D}\left(\frac{1}{2}mV_1^2\right) \tag{6.3.11}$$

式中：V_1 为再入体的初始速度；$\frac{C_f}{C_D}$为物面摩擦系数与物体总阻力系数之比；m 为再入体的质量；Q_f 为传给物体的热量。

表 6.4 给出借助于式(6.3.11)计算出的传热量随高超声速 Mach 数 Ma 的变化。表 6.4 中$\frac{Q_f}{m}$为对单位质量物体的传热量；$M=V_1/a$，在 10～80km 的高空上，空气的速度为 270～300m/s，在表 6.4 的计算时统一取 $a=300$m/s；另外，在上述计算中取 $Pr=1.0$。表 6.5 给出一些耐热材料的热熔量 Q_B。表 6.6 给出几种典型物体 C_f/C_D 值。

表 6.4　Q_f 随 Mach 数的变化

Mach 数 Ma		5	10	15	20	25	30	35
$\frac{Q_f}{m}$ /(×10³kJ/kg)	$\frac{C_f}{C_D}=0.1$	0.056	0.225	0.506	0.900	1.406	2.025	2.756
	0.33	0.186	0.743	1.671	2.970	4.641	6.683	9.096
	1.0	0.563	2.250	5.063	9.000	14.06	20.25	27.56

表 6.5　部分耐热材料的热容量 Q_B

材料	钨	锆	钼	钛	氧化硅	氧化镁	氧化铍	石墨
Q_B/(×10³kJ/kg)	4.35	6.47	8.33	8.98	16.4	23.4	31.19	66.77

表 6.6　几种典型物体的 C_f/C_D 值

物体	圆球	流线型飞机	平板
C_f/C_D	0.10	0.33	1.00

图 6.45 给出再入体头部驻点区与身部边界层区内形成的高温气体。虽然再入体整个身部流场经历由亚声速到超声速的加速与膨胀，在这个流动过程中温度在逐步下降，但由于高温边界层的影响，壁面附近的边界层内温度仍然接近驻点处的温度。在绝热壁条件下壁面焓值为

$$h_{aw} = h_e + r(h_0 - h_e) \tag{6.3.12}$$

式中：r 为温度恢复系数；h_e 为边界层外缘处焓值；h_0 为驻点焓值。

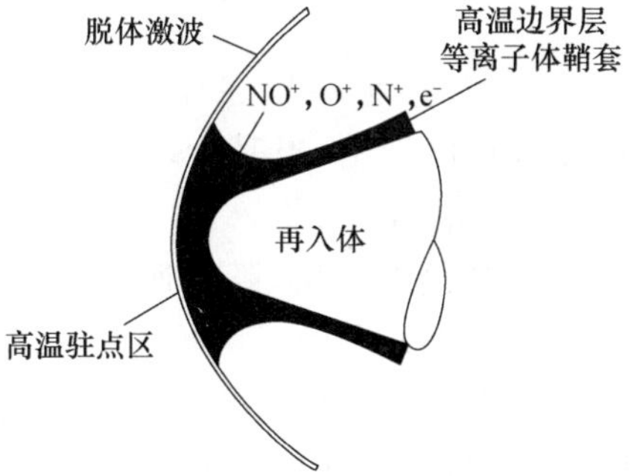

图 6.45　再入体头部流场

对于完全气体，则边界层内的绝热壁温度接近驻点温度，即

$$T_{aw} = T_e + r(T_0 - T_e) \approx \frac{r}{2}\frac{V_\infty^2}{c_p} \tag{6.3.13}$$

事实上，对于飞船返回舱的再入问题，通常会在驻点与边界层内产生离子（如 NO^+、O^+、N^+）和自由电子，所以在再入体周围形成了如图 6.45 所示的等离子鞘

套。因此，对于再入时的高速高温状态，必须考虑空气离解、电离和复合反应等真实气体效应。图 6.46 给出驻点区的氧离解度 α 与氮离解度 β 的分布，这里 α 与 β 分别定义为

$$\alpha=\frac{n(\mathrm{O})}{n(\mathrm{O})+2n(\mathrm{O_2})},\quad \beta=\frac{n(\mathrm{N})}{n(\mathrm{N})+2n(\mathrm{N_2})} \tag{6.3.14}$$

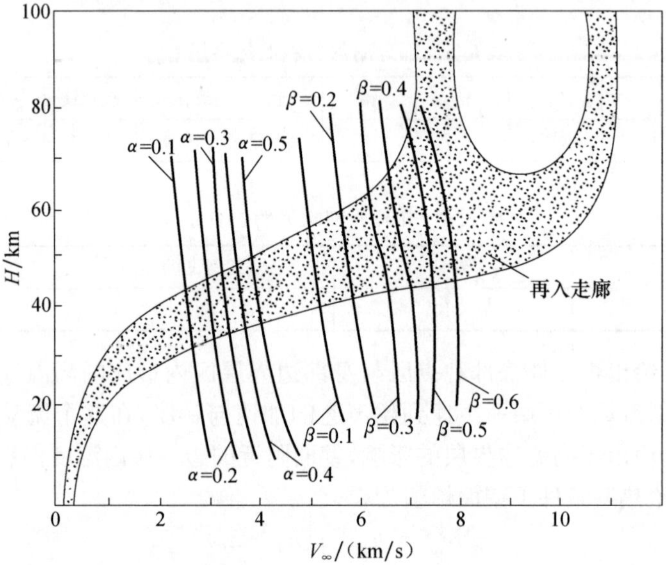

图 6.46 返回舱驻点区 α 与 β 的分布

式中：$n(\mathrm{O})$、$n(\mathrm{O_2})$、$n(\mathrm{N})$、$n(\mathrm{N_2})$ 分别为 1mol 空气的氧原子、氧分子、氮原子和氮分子的数密度。由图 6.46 可以看出，当 $V_\infty\approx2\mathrm{km/s}$ 并且 $T_\mathrm{S}\approx2000\mathrm{K}$ 时氧分子开始离解；随着 V_∞ 的增大，α 也增大，当 $V_\infty\approx5\mathrm{km/s}$ 且高度 $H\geqslant50\mathrm{km}$ 时氧基本上已完全离解，$\alpha\approx1$ 时氮才开始离解；随着速度和高度的增大，氮的离解度 β 增大，当返回舱驻点区的驻点温度 $T_\mathrm{s}\approx6500\mathrm{K}$ 时，$\beta\approx0.8$，这时大部分的氮气都离解为氮原子。图 6.47 给出返回舱驻点区的电子密度 $n_\mathrm{s}(\mathrm{e})$ 与碰撞频率 ν_s 的分布图。在返回舱的再入走廊内，$n_\mathrm{s}(\mathrm{e})\approx10^{10}\sim10^{16}\,\mathrm{cm^{-3}}$，$\nu_\mathrm{s}\approx10^8\sim10^{11}\,\mathrm{s^{-1}}$。图 6.48 给出飞行器在不同速度和高度下驻点区域空气的热化学状态。图 6.48 中 NASP 代表美国国家空天飞机，AOTV 代表气动轨道转换飞行器，RV 代表弹道导弹再入。

图 6.48 中①、②、③、④区域的化学模型以及出现的组分个数由表 6.7 作说明；图 6.48 中(A)、(B)、(C)区域的气动热化学状态由表 6.8 作进一步说明。

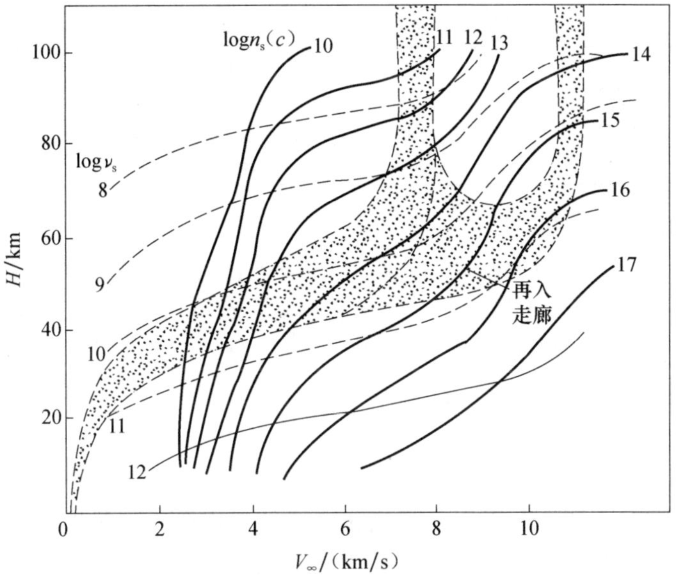

图 6.47　返回舱驻点区 $n_s(e)$ 与 υ_s 的分布

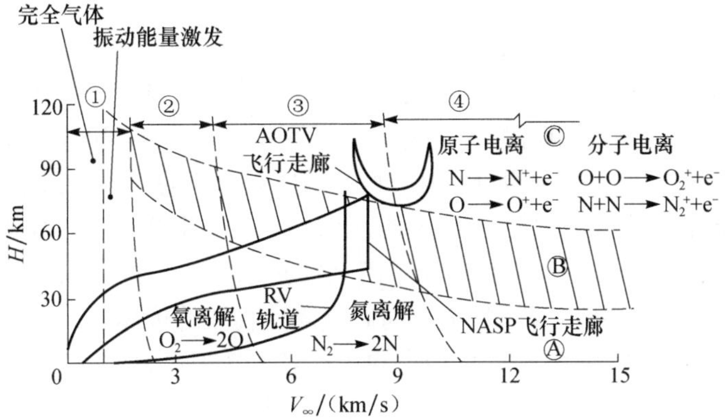

图 6.48　驻点区空气热化学状态与再入高度、速度间的关系

表 6.7　不同高度、速度下高温空气的组分

区　域	化 学 模 型	出现的组分数
①	2 组分	O_2, N_2
②	5 组分	O_2, N_2, O, N, NO
③	7 组分	O_2, N_2, O, N, NO, NO^+, e^-
④	11 组分	O_2, N_2, O, N, NO, O_2^+, N_2^+, O^+, N^+, NO^+, e^-

表 6.8 热力学与化学非平衡区域

区 域	气动热化学状态
(A)	热力学和化学平衡
(B)	热力学平衡和化学非平衡
(C)	热力学和化学非平衡

通常热化学非平衡过程包括热力学非平衡和化学非平衡两个方面。热力学非平衡状态就是指分子中的平动、振动、电离以及内能模态各自有不同的温度(如 T_{tr}、T_v、T_e)并且处于非平衡状态。化学非平衡状态是指流动特征时间与化学反应特征时间处于同一量级的流动状态。设 τ_f 与 τ_c 分别为流体流动的与化学反应的特征时间,引进 Damköhler 数,其定义为

$$Da \equiv \frac{\tau_f}{\tau_c} \tag{6.3.15}$$

当 $Da \gg 1$(即 $\tau_f \gg \tau_c$)时,由于这时沿流线运动的流体微元有足够长的滞留时间使化学反应达到局部平衡,因此这种流动为平衡流;当 $Da \ll 1$ 时,由于这时沿流线运动的流体微元滞留时间很短,以至于在 τ_f 时间内来不及发生化学反应,因此这种流动称为冻结流;当 $Da \approx 1$ 时则流动为化学非平衡流动状态。应该指出的是,通常飞船返回舱再入参数的变化范围是很大的,最大 Mach 数可达 40,单位长度 Reynolds 数 $Re_\infty = 10 \sim 10^8/\text{m}$,最大 Knudsen 数 $Kn \geq 10$,最大化学反应数 $Rs > 100$,因此流动会经历自由分子流、过渡流、滑移流和连续流四种不同的流区,而且流动会经历化学冻结流、化学非平衡流和化学平衡流几种不同的热化学状态,所以高超声速气动热力学问题所涉及的内涵是富有挑战性的[37,44]。最后简要讨论一下热防护问题:为了尽量避免向物体传入大量的热,目前多采用如下三种方法:①选用球形或者钝前缘,即减小 C_f/C_D 值,借助于式(6.3.11)与表 6.4,于是便可以看出采用这种外形可以显著地减小向高超声速物体的传热量;②采用升力飞行,增长再入时间。例如,一般无升力弹道弹头或者人造卫星,再入时间仅 1min,而采用有升力的航天飞机为 15min 左右;两者的 Q_f 值类似,但由于后者用较长的时间承受这一热量,因此单位时间内向物体传给的热流率大为减小;③采用防热保护层。例如,远程导弹或返回卫星的头部都采用主动烧蚀材料,制成防热帽;另外,航天飞机非驻点区的外表面,也常采用非烧蚀的陶瓷防热瓦等。

3. 再入体的光辐射特性与电磁波传播特性

再入体非烧蚀头部光辐射主要指的是可见光。头部驻点高温气体的各种化学组分由于处于不同的电子振动内能模态而发射不同波段的辐射。表 6.9 给出空气中一些重要分子的辐射谱带。国外还对弹道靶中的圆球模型进行了大量的红外辐射测量(即飞行速度 4～6km/s,来流压力在 79 ～1320Pa)并进行了相关的分析,认

为圆球头部小于 2～3μm 波长的辐射主要是 N_2 第一正带系与 NO 带系的贡献；大于 2～3μm 的近红外辐射主要是氮原子、氧原子受电子激发而产生的辐射；圆球头部红外辐射能量主要集中于 3μm 以内的波段。另外，火箭实验数据表明，热化学非平衡中选用单温度模型与两温模型对辐射计算的结果产生了明显的影响。图 6.49 给出火箭上升阶段脱体激波后的前向辐射飞行试验数据与选取不同温度模型时计算结果的比较。可以看到在 50～60km 高度上有较大的差别。此外，烧蚀产物对可见光和近红外光辐射有重大影响。有关试验指出，在有烧蚀的情况下，辐射强度约为纯空气的 2 倍，这是绝对不可忽略的。除了烧蚀与非烧蚀的气体产生辐射外，壁面温度也是再入过程中发射红外波辐射(2～25μm)最重要的方面。

表 6.9　重要分子光谱辐射带

分子	波段范围/nm
O_2(SR)	200～300
$N_2(2^+)$	280～400
$N_2(1^+)$	550～1000
NO(β)	200～500
NO(γ)	180～280
$N_2^+(1^-)$	320～500

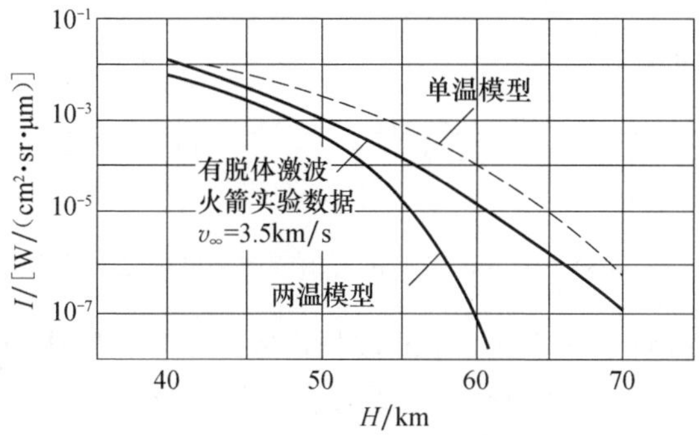

图 6.49　前向辐射亮度计算与试验的比较(λ=230nm)

国外对再入体辐射特性进行大量的试验与测量，而且还进行了相应的辐射理论计算。图 6.50 给出 15mm 铜球在 1.33kPa 和 13.3kPa 的靶室压力下，0.35～0.6μm 波长范围内头部的峰值辐射强度随来流速度 v_∞ 的变化。试验结果与利用平衡辐射理论的计算结果符合较好。进一步研究表明，靶室压力大于 1.33kPa 时在 0.2～1.0μm 波长范围内用平衡辐射理论算出的与试验结果符合较好。图 6.51 给出 0.35～0.6μm 波长范围内头部的峰值辐射强度随靶室压力的变化。由图 6.51 可以看出，当靶室压力小于 2.7kPa 时，试验结果大于利用平衡辐射理论的计

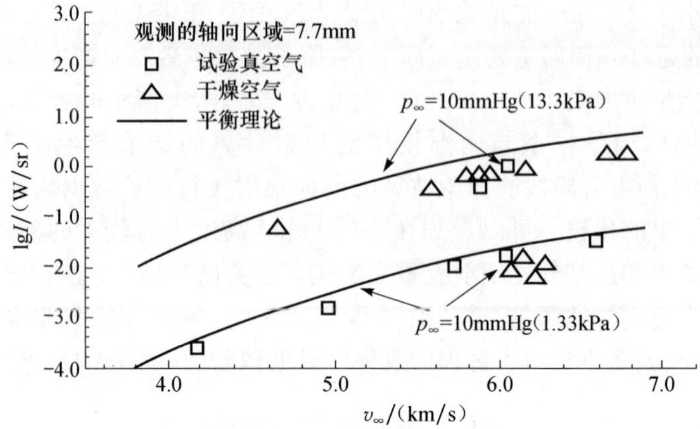

图 6.50　0.35～0.6μm 波段的峰值辐射强度随来流速度 v_∞ 的变化

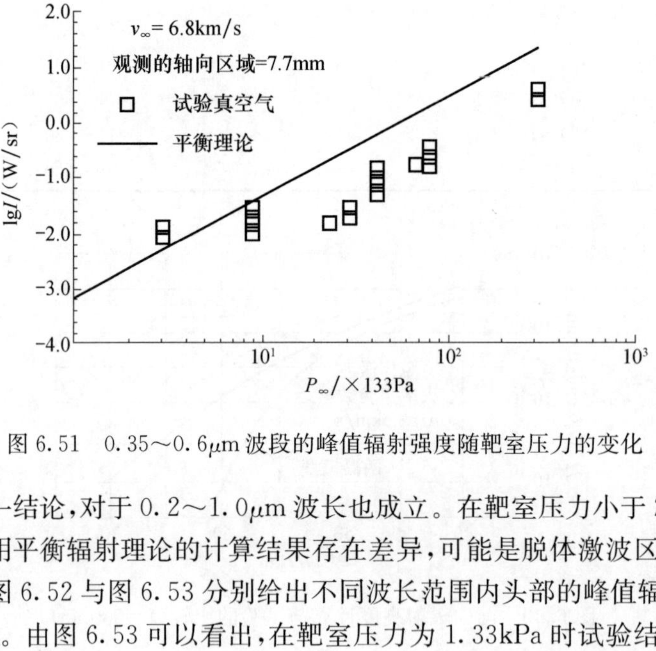

图 6.51　0.35～0.6μm 波段的峰值辐射强度随靶室压力的变化

算结果。这一结论,对于 0.2～1.0μm 波长也成立。在靶室压力小于 2.7kPa 时试验结果与利用平衡辐射理论的计算结果存在差异,可能是脱体激波区域的非平衡辐射所致。图 6.52 与图 6.53 分别给出不同波长范围内头部的峰值辐射随来流速度 v_∞ 的变化。由图 6.53 可以看出,在靶室压力为 1.33kPa 时试验结果明显大于平衡辐射理论的计算值;但随着速度 v_∞ 的增加,两者趋于一致。从图 6.52 中可以看出,当靶室压力为 13.3kPa 时,试验结果与平衡辐射理论的计算值符合较好;对于 1～5μm 波长范围内的进一步研究还表明这时的结论与前面的一致。图 6.54 给出 2～3μm 波长范围内头部的峰值辐射随靶室压力的变化。从图 6.54 中可以看到,当靶室压力小于 2.7kPa 时试验结果与利用平衡辐射理论的计算值存在较大的差异,其规律和可见光辐射是一致的。由此进一步证明了在靶室压力较低时头部脱体激波区域的辐射为非平衡辐射。

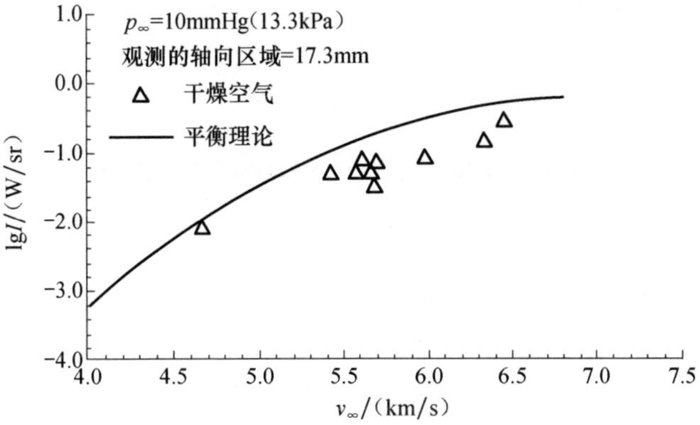

图 6.52 13.3kPa 与 0.35～0.6μm 时的峰值辐射强度随 v_∞ 的变化

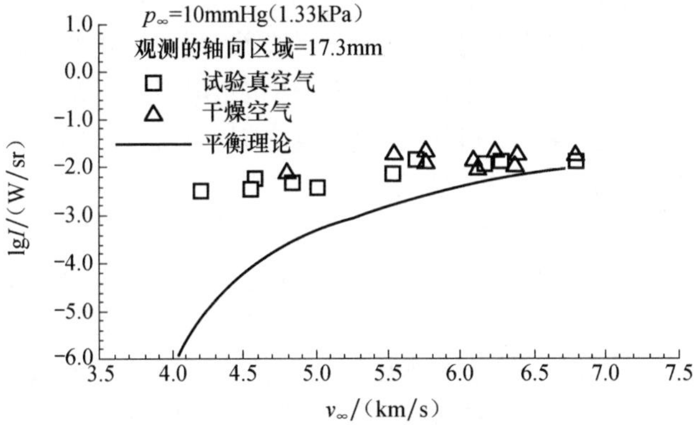

图 6.53 2～3μm 波段的峰值辐射强度随来流速度 v_∞ 的变化

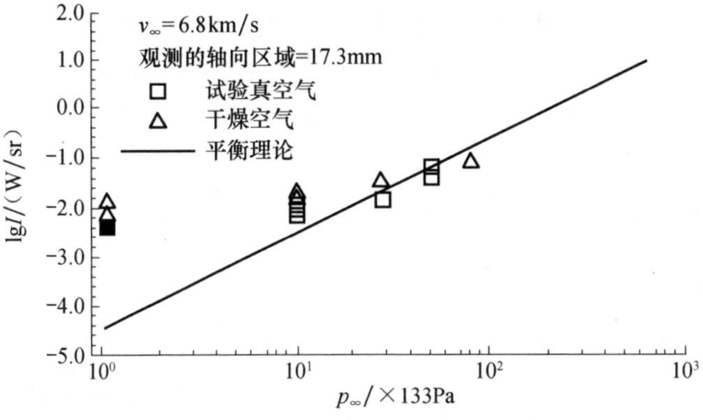

图 6.54 2～3μm 波段的峰值辐射强度随靶室压力的变化

关于锥模型光辐射,国外也进行了大量试验。表 6.10 给出直径为 7.5mm 球模型在 5.6km/s 条件下与头部半径为 1mm、半锥角为 12.5°、底部直径为 12mm 的锥模型在 5.4km/s 条件下峰值辐射强度进行了对比。由表 6.10 可以看出，球模型的峰值辐射远远大于锥模型的峰值辐射强度。

表 6.10　球模型与锥模型的峰值辐射强度对比

波长/μm	0.2～0.6	0.35～0.6	0.35～1.0	2～3	3～4	4～5
球的峰值辐射 $I_{球}$	1.6	0.25	0.24	0.214	0.113	0.0512
锥的峰值辐射 $I_{锥}$	0.009	0.0006	0.002	0.010	0.024	0.012
$I_{球}/I_{锥}$	180	400	120	21	5	4

电磁波探测是目标识别、导航信息、地面雷达站位置的确定及通信的重要手段。飞行器再入体周围等离子体流场会使电磁波传播的功率衰减，使电磁波反射、折射并大大降低机载天线的性能，情况严重时也会导致电磁波通信中断。另外，当再入体处于有攻角和滚转状态时，存在复杂的三维、瞬态变化的电磁波与等离子体相互作用的问题。宏观上呈电中性的等离子体包括电子(Ne)、离子(Ni)和中性粒子(N)三个方面，这里 Ne、Ni 和 N 分别代表它们的数密度且 $Ne=Ni$；设电离度 $\Omega=Ne/(Ne+N)$时，则根据电离度的大小可将电离气体分为两类，即一类是弱电离气体(这时 $\Omega<10^{-4}$)，另一类为强电离气体(这时 $\Omega>10^{-4}$)。通常，飞行器再入体等离子流场为弱等离子体。电磁波在再入体等离子流场中的传播主要取决于电磁波频率 ω、等离子角频率 ω_p 以及电子与中性粒子和其他粒子的碰撞频率 υ；如果 $\omega_p<\omega$，则称为亚密情况，这时电磁波在等离子体中传播无严重衰减；如果$\omega_p>\omega$，则称为过密情况，这时电磁波在等离子体中传播有严重的衰减与反射；当$\omega_p=\omega$时，则等离子体处于临界状态。事实上，在再入过程中对于较高的再入段，由于等离子体固有频率远低于入射的电磁波频率(即对应于弱电离等离子体情况)，这时等离子体的介电常数与周围大气区别不大，所以这种较弱的等离子体区域对于再入体雷达特性没有影响；对于较低的再入段，由于等离子区域内较强等离子体的变减作用，使再入体雷达特性减弱；对于更低的再入段，由于等离子体电子数密度进一步增加，使等离子体固有频率大于入射电磁波频率，这时等离子体处于过密情况。因篇幅所限，这里就不准备对再入体的电磁散射特性作更进一步的讨论。

4. 再入体的尾流流场以及光电特性

图 6.55 与图 6.56 分别给出钝头与尖头再入体尾流的流场示意图。可以看出，尾流流场可以分为两个区，即近底部区(包括颈部区域)和远尾流区。图 6.57 给出近底部流场结构的示意图。显然，近底部流场相当复杂。再入体边界层中的流体经过肩部的急速膨胀产生了自由射流剪切层和分界流线。分界流线上的流体撞击在轴线处形成后驻点，后驻点位于底部 1～2 倍底部直径的位置，因此这一点

便为尾流最高温度与压力点的位置。后驻点下游就是颈部区，分界流线以下的流动形成低速回流区。该区速度低，静压与静温都很高，因此是尾流主要光辐射和电离的来源。

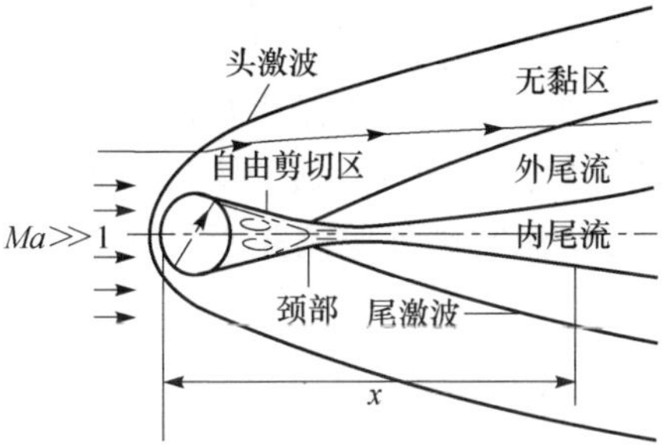

图 6.55　钝头再入体尾流流场

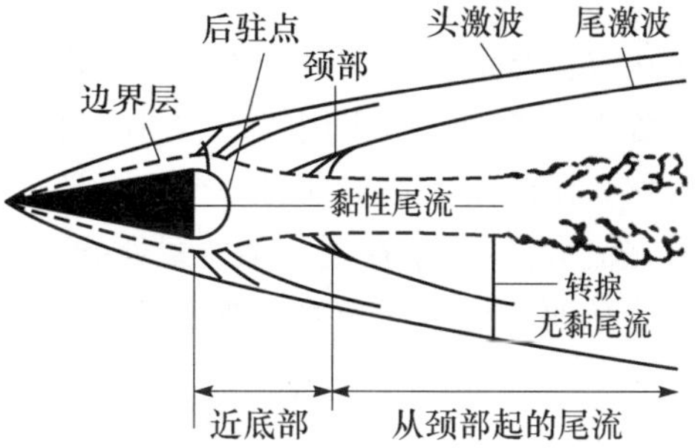

图 6.56　尖头再入体尾流流场

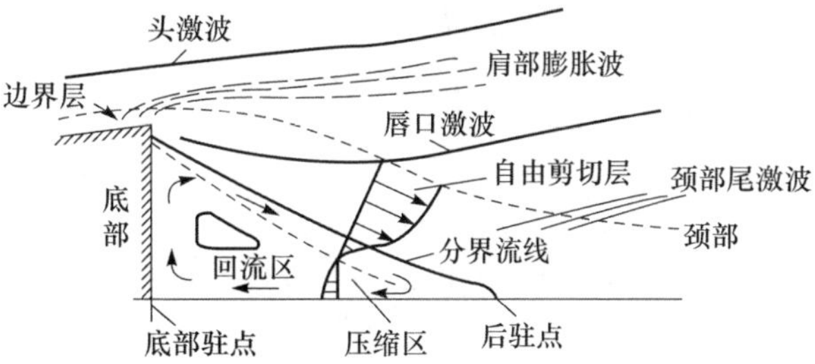

图 6.57　近底部流场结构的细致分析

另外，由图 6.55 与图 6.56 可以看出，颈部之后的远尾流可分为无黏外尾流和黏性内尾流。无黏外尾流来自于穿越头部激波和尾激波的那部分流体；内尾流来自于再入体边界层中的流体。钝头再入体除了内尾流是高温区外，外尾流区由于受到头部脱体激波和尾激波的加热，温度也相当高，它对光辐射与电子数密度仍有重要贡献；细长锥的头部激波强度低，外尾流对光辐射与电子数密度的影响要小得多，而这时高温区主要集中在黏性内尾流区。

在流场计算以及尾流辐射问题的分析中，转捩问题不可忽略。尾流在高空是层流，随着高度的降低，层流发生转捩。除了雷诺数对转捩有影响之外，不同物体的形状也会影响尾流转捩点的位置。例如，对于直径 20.3cm 的铝球以 6km/s 再入时，转捩发生在 58～59.5km 的高度；对于高速飞行器再入中典型的细长锥，在高度约为 25km 处开始由层流转捩为湍流。转捩首先发生在远尾流，当高度逐步降低时转捩点移向颈部区和身部区。值得注意的是，当尾流有层流转捩为湍流后，内尾流的高温气体强烈脉动，内尾流与低温外尾流间的掺混过程加剧当然会对尾流宽度以及它的光电特性产生影响。弹道靶中球体模型在速度为 4.48～6.7km/s，来流压力为 3.9～

28.9kPa 条件下的试验表明：球体远尾流光辐射的主要特征是可见光与红外辐射[45]。头部流场中的氧和氮原子在尾流形成复合分子，产生复合辐射或者化学发光，其主要的反应为

$$NO + O \longrightarrow NO_2^* \longrightarrow NO_2 + h\nu \tag{6.3.16}$$

式中：$h\nu$ 为光量子能量；NO_2^* 为受激态分子，它衰减到基态并产生连续辐射谱。正如图 6.58 所示，采用式(6.3.16)给出的发光机理进行计算的结果与试验值符合较好。湍流尾流辐射的另一个特点是产生穿透现象。由于内尾流的增长率比无黏外尾流大，以至于在尾流某位置处（即穿透点）内尾流突破外尾流并于周围冷空气混合从而使化学发光大大增强。

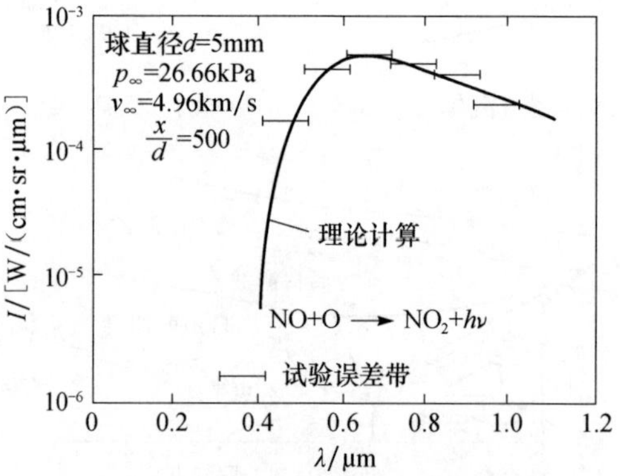

图 6.58 单位尾流长度的光谱辐射强度

尾流的电特性是指尾流的电磁散射特性。散射本质上是尾流流场中的电子在雷达波的作用下被加速而再次进行电磁辐射的过程。尾流对电磁散射的影响主要是湍流尾流，这是由于层流是平稳的，是近似光滑的流动，因而散射的能量主要集中在镜面反射方向；湍流是一种随机流动，散射特性接近于各向同性散射（对于亚密情况时）或者属于粗糙面随机散射（对于过密情况时），因而在任意方向上都可以观察到很强的回波。正是由于尾流中层流和湍流对入射电磁波的 RCS（radar cross section）特性不同，因此在飞行器再入过程中当尾流由层流转捩到湍流状态时，对于一定频率的入射波而言，RCS 将产生突增现象。图 6.59 给出美国 Trailblazer 计划飞行试验的结果，这里再入体是直径为 20.3cm 的铝球，再入速度约为 5.97km/s，雷达波频率为 420MHz 波段和 2800MHz 波段。从图 6.59 中可以看出，对 420MHz 波段从飞行高度 58～69km 开始出现突增，而 2800MHz 波段约为 50km 的高空有突增；另外，湍流脉动时使 RCS 增加了 2～3 个量级，而层流尾流的影响则很小。

为了估算尾流中湍流脉动产生的 RCS 特性，常引进亚密湍流与过密湍流的概念。令 Ne 代表湍流中电子数密度 Ne，它可作如下分解：

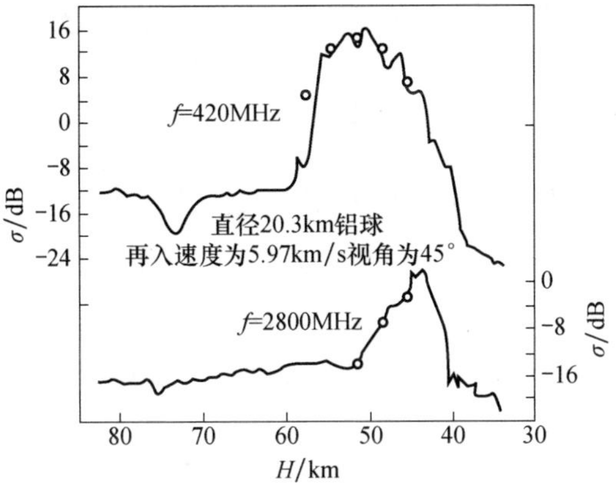

图 6.59　不同高度下尾流对雷达波的散射特性

$$Ne = \overline{Ne} + \widetilde{Ne} \tag{6.3.17}$$

式中：$\overline{Ne}$与$\widetilde{Ne}$分别为平均电子数密度与脉动电子数密度。当$\overline{Ne}/Ne_c<1$ 时的湍流为亚密湍流，而$\overline{Ne}/Ne_c>1$ 时的湍流为过密湍流，这里 Ne_c 代表临界电子数密度。对于亚密湍流，由于入射波频率 ω 远大于等离子体频率 ω_p，因此入射电磁波可以穿入等离子体内部并作用到湍流中随机分布的电子上，因而这时是一个体散射。由于尾流很长，因而具有很强的体散射作用；对于过密情况，这时入射波频率 ω 远小于等离子体频率 ω_p，因此入射波仅能透过等离子体内一个很薄的距离，而且只能形成一种粗糙面随机散射。需要指出的是，再入体尾流湍流的 RCS 问题涉及高超声速化学非平衡的湍流场结构，这是一项难度很大至今还未解决的课题。目前，再入体尾流 RCS 的湍流能量谱分析以及相关的波谱分析在很大程度上仍取决于试验结果，这是一个急需加强的研究领域。

5. 考虑介质各向异性散射与梯度折射率时的辐射输运方程

在现代航天工程中，辐射现象非常普遍[43]。在本书 9.3 节详细地讨论了平衡与非平衡状态下辐射流体力学的基本方程组，本节着重考虑介质的特性，尤其是考虑介质各向异性散射以及具有梯度折射率时的辐射输运方程。首先考虑一维吸收、发射、线性与非线性散射并且具有梯度折射率的半透明介质层，这时稳态辐射输运控制方程为

$$\frac{\mathrm{d}}{\mathrm{d}s}\left(\frac{I(s,\theta)}{n^2(s)}\right)+\beta\frac{I(s,\theta)}{n^2(s)} = k_a I_b(s) + \frac{k_s}{2n^2(s)}\int_0^\pi I(s,\theta')\Phi(\theta',\theta)\ \sin\theta'\,\mathrm{d}\theta' \tag{6.3.18}$$

式中：$I(s,\theta)$为辐射强度；s 为光线轨迹的弧长坐标；θ 为 s 坐标线与坐标轴的夹角；n 为折射率；$\beta=k_a+k_s$ 为衰减系数，k_a 与 k_s 分别为吸收系数与散射系数；$I_b(s)$为

Planck 函数；$\Phi(\theta',\theta)$为散射相函数。当考虑线性散射时为

$$\Phi(\theta',\theta)=1+b\cos\theta\cos\theta' \tag{6.3.19}$$

当考虑非线性散射时，非线性散射相函数 $\Phi(\theta',\theta)$可按 Legendre 多项式展开，即

$$\Phi(\theta',\theta)=\sum_{i=1}^{M}g_iP_i(\cos\theta)P_i(\cos\theta')=\sum_{i=0}^{M}\sum_{j=0}^{M}(A_{ij}\cos^i\theta\cos^j\theta') \tag{6.3.20}$$

式中：g_i 为散射相函数$\Phi(\theta',\theta)$的展开系数；$P_i(\cos\theta)$与 $P_i(\cos\theta')$为 i 阶 Legendre 多项式；A_{ij} 为散射相函数关于 $\cos\theta$ 与 $\cos\theta'$的二元多项式系数。

对于黑壁面边界条件，当考虑一维辐射问题时，为

$$I_0^+=\frac{n_0^2}{\pi}\sigma T_0^4,\quad I_{\mathrm{d}}^-=\frac{n_d^2}{\pi}\sigma T_{\mathrm{d}}^4 \tag{6.3.21a}$$

式中：T_0 与 T_{d} 分别为两个边界壁面的温度；n_0 与 n_{d} 分别为两壁面处的折射率；σ 为 Stefan-Boltzmann 常数；上标“+”表示辐射传递方向由下壁面指向上壁面；上标“−”表示辐射传递方向由上壁面指向下壁面。

对于漫射灰壁面边界条件，当考虑一维辐射问题时，为

$$I=(0,\theta)=\varepsilon_0n_0^2I_{\mathrm{b}}(0)+2(1-\varepsilon_0)\int_{\pi/2}^{\pi}I(0,\theta')\,|\cos\theta'|\,\sin\theta'\mathrm{d}\theta',\theta\in\left[0,\frac{\pi}{2}\right)$$

$$I=(d,\theta)=\varepsilon_dn_d^2I_{\mathrm{b}}(d)+2(1-\varepsilon_{\mathrm{d}})\int_{\pi/2}^{\pi}I(d,\theta')\,|\cos\theta'|\,\sin\theta'\mathrm{d}\theta',\theta\in\left(\frac{\pi}{2},\pi\right] \tag{6.3.21b}$$

或者

$$I_0^+=n_0^2I_{\mathrm{b}}(0)-\frac{1-\varepsilon_0}{\varepsilon_0\pi}q_0$$

$$I_d^-=n_d^2I_{\mathrm{b}}(d)+\frac{1-\varepsilon_d}{\varepsilon_d\pi}q_d \tag{6.3.21c}$$

式中：ε_0与 ε_{d}分别为两个壁面的发射率；q_0与 q_{d} 分别为两个壁面的辐射热流。特别是考虑一维、吸收、发射、均匀折射率介质内非线性散射时的稳态辐射输运方程，其表达式为

$$\frac{\mathrm{d}I(\tau,\theta)}{\mathrm{d}\tau}\cos\theta+I(\tau,\theta)=(1-\omega)I_{\mathrm{b}}(\tau)+\frac{\omega}{2}\int_{\theta'=0}^{\pi}I(\tau,\theta')\Phi(\theta',\theta)\sin\theta'\mathrm{d}\theta' \tag{6.3.22}$$

式中：ω 为散射返照率。漫反射灰壁面的边界条件为

$$I(0)=I_{\mathrm{b}}(0)-\frac{1-\varepsilon_0}{\varepsilon_0\pi}q(0)$$

$$I(\tau_{\mathrm{d}})=I_{\mathrm{b}}(d)+\frac{1-\varepsilon_{\mathrm{d}}}{\varepsilon_{\mathrm{d}}\pi}q(\tau_{\mathrm{d}}) \tag{6.3.23}$$

定义辐射强度的 m 阶矩为

$$I_m(\tau) \equiv 2\pi\int_{\theta=0}^{\pi} I(\tau,\theta)\cos^m\theta\sin\theta\mathrm{d}\theta \tag{6.3.24}$$

于是方程(6.3.22)联同边界条件(6.3.23)便构成了该问题的求解方程组。该方程组的求解多采用积分矩方法或者球谐函数法。当然，在上述辐射方程组中这时含有两个未知量，即辐射强度 I 和温度分布，为此还需要将辐射能量方程引入，因此辐射输运方程要与辐射能量方程联合求解。

下面考虑二维、非线性散射、具有梯度折射率介质内的稳态辐射输运方程，其表达式为

$$\frac{\mathrm{d}}{\mathrm{d}s}\left(\frac{I(s,\boldsymbol{\Omega})}{n^2(s)}\right)+\beta\frac{I(s,\boldsymbol{\Omega})}{n^2(s)} = k_{\mathrm{a}}I_{\mathrm{b}}(s)+\frac{k_{\mathrm{s}}}{4\pi}\int_{4\pi}\frac{I(s,\boldsymbol{\Omega}')}{n^2(s)}\Phi(s,\boldsymbol{\Omega},\boldsymbol{\Omega}')\mathrm{d}\omega' \tag{6.3.25}$$

式中：$I(s,\boldsymbol{\Omega})$为辐射强度，它是光线轨迹的弧长坐标 s 和单位方向矢量 $\boldsymbol{\Omega}$ 的函数；散射相函数 $\Phi(s,\boldsymbol{\Omega},\boldsymbol{\Omega}')$代表从入射方向 $\boldsymbol{\Omega}$ 到出射方向 $\boldsymbol{\Omega}'$的散射相函数。如果令圆周角为 φ，天顶角为 θ，单位方向矢量 $\boldsymbol{\Omega}$ 的方向余弦为 μ、ζ 与 ξ 时，则有

$$\begin{cases}\mu = \sin\theta\cos\varphi \\ \zeta = \sin\theta\sin\varphi \\ \xi = \cos\theta\end{cases} \tag{6.3.26a}$$

或者

$$\boldsymbol{\Omega} = \mu\boldsymbol{i}+\zeta\boldsymbol{j}+\xi\boldsymbol{k} \tag{6.3.26b}$$

式中：$\boldsymbol{i}$、$\boldsymbol{j}$ 与 $\boldsymbol{k}$ 分别代表 x、y 与 z 方向的单位矢量。如果介质的边界为漫射灰色壁面，这时的边界条件为

$$I_{\mathrm{w}}(s,\boldsymbol{\Omega}) = \varepsilon_0 n_{\mathrm{w}}^2(s)I_{\mathrm{b,w}}+\frac{1-\varepsilon}{\pi}\int_{\boldsymbol{n}\cdot\boldsymbol{\Omega}'<0} I_{\mathrm{w}}(s,\boldsymbol{\Omega}')\,|\boldsymbol{n}\cdot\boldsymbol{\Omega}'|\,\mathrm{d}\omega' \quad (\boldsymbol{n}\cdot\boldsymbol{\Omega}>0) \tag{6.3.27}$$

式中：$\boldsymbol{n}$ 为壁面的法矢量，方向指向介质内部；$\boldsymbol{\Omega}$ 为立体角的单位方向矢量。

对于均匀折射率介质内的稳态辐射输运方程，其表达式为

$$\frac{\mathrm{d}I(s,\boldsymbol{\Omega})}{\mathrm{d}s}+\beta I(s,\boldsymbol{\Omega}) = n^2k_{\mathrm{a}}I_{\mathrm{b}}(s)+\frac{k_{\mathrm{s}}}{4\pi}\int_{4\pi}I(s,\boldsymbol{\Omega}')\Phi(\boldsymbol{\Omega},\boldsymbol{\Omega}')\mathrm{d}\omega' \tag{6.3.28}$$

最后，我们考虑三维辐射时稳态辐射输运方程的一般形式。在半透明梯度折射率介质内，沿辐射传播路径既有介质的吸收、发射与散射所导致的辐射强度的变化，也有折射率变化引起的辐射强度的变化，因此梯度折射率介质内稳态辐射输运方程的表达式为

$$n^2\frac{\mathrm{d}}{\mathrm{d}s}\left[\frac{I(\boldsymbol{r},\boldsymbol{\Omega})}{n^2}\right]+\beta I(\boldsymbol{r},\boldsymbol{\Omega}) = n^2k_{\mathrm{a}}I_{\mathrm{b}}+\frac{k_{\mathrm{s}}}{4\pi}\int_{\Omega'=4\pi}I(\boldsymbol{r},\boldsymbol{\Omega}')\Phi(\boldsymbol{r},\boldsymbol{\Omega},\boldsymbol{\Omega}')\mathrm{d}\omega' \tag{6.3.29}$$

式中：$\boldsymbol{r}$ 为矢径。

显然，式(6.3.25)与式(6.3.29)虽有相近之处，但有本质的差别，它们分别是上述介质条件下二维与三维稳态辐射输运方程的一般表达式。如果引进如下算子：

$$\frac{\mathrm{d}}{\mathrm{d}s}=\boldsymbol{\Omega}\cdot\nabla+\frac{\mathrm{d}\theta}{\mathrm{d}s}\frac{\partial}{\partial\theta}+\frac{\mathrm{d}\varphi}{\mathrm{d}s}\frac{\partial}{\partial\varphi} \tag{6.3.30}$$

式中：θ 与 φ 的定义同式(6.3.26a)，$\boldsymbol{\Omega}$ 的定义同式(6.3.26b)；借助于式(6.3.30)，则式(6.3.29)可变为

$$\begin{aligned}&\boldsymbol{\Omega}\cdot\nabla I(\boldsymbol{r},\boldsymbol{\Omega})+\frac{1}{\sin\theta}\frac{\partial}{\partial\theta}\left\{\left[\frac{1}{2n^2}\boldsymbol{k}\cdot(\boldsymbol{\Omega}\boldsymbol{\Omega}-\boldsymbol{G})\cdot\nabla n^2\right]I(\boldsymbol{r},\boldsymbol{\Omega})\right\}\\&\quad+\frac{1}{\sin\theta}\frac{\partial}{\partial\varphi}\left[\frac{1}{2n^2}(\hat{\boldsymbol{s}}\cdot\nabla n^2]I(\boldsymbol{r},\boldsymbol{\Omega})\right]+\beta I(\boldsymbol{r},\boldsymbol{\Omega})\\&=n^2k_{\mathrm{a}}I_{\mathrm{b}}+\frac{k_{\mathrm{s}}}{4\pi}\int_{\boldsymbol{\Omega}'=4\pi}I(\boldsymbol{r},\boldsymbol{\Omega}')\Phi(\boldsymbol{r},\boldsymbol{\Omega},\boldsymbol{\Omega}')\mathrm{d}\omega'\end{aligned} \tag{6.3.31}$$

式中：单位矢量 $\boldsymbol{k}$ 的定义同式(6.3.26b)；$\boldsymbol{G}$ 为单位并矢张量；$\boldsymbol{\Omega}\boldsymbol{\Omega}$ 为二阶并矢张量。张量 $\boldsymbol{G}$ 与矢量 $\hat{\boldsymbol{s}}$ 的定义分别为

$$\boldsymbol{G}=\boldsymbol{ii}+\boldsymbol{jj}+\boldsymbol{kk} \tag{6.3.32}$$

$$\hat{\boldsymbol{s}}=\boldsymbol{j}\cos\varphi-\boldsymbol{i}\sin\varphi \tag{6.3.33}$$

在式(6.3.31)中，θ 为天顶角；φ 为圆周角，其位于 xOy 平面内，直角坐标系 $Oxyz$ 构成右手系；这里式(6.3.31)便为稳态辐射输运方程的重要通用形式，这种表达形式特别适用于采用有限体积法或者间断 Galerkin 有限元方法，这个方程在航空、航天、动力能源工程的辐射计算中广泛使用。显然，式(6.3.31)与文献[43]第 191 页上式(2)所给出的表达式等价。这个方程考虑了由于介质的组分、密度、温度的非均匀性所导致的介质折射率 n 的连续变化、非均匀分布以及所产生的折射率梯度效应，考虑了介质的吸收、发射、散射等辐射特性。在这种介质具有梯度折射率的情况下，光线将沿曲线传播，θ 与 φ 会沿着弯曲的光线轨迹 s 发生变化。

对于均匀折射率介质内的稳态辐射输运方程来讲，式(6.3.31)将退化为

$$\Omega\cdot\nabla I(\boldsymbol{r},\boldsymbol{\Omega})+\beta I(\boldsymbol{r},\boldsymbol{\Omega})=n^2k_{\mathrm{a}}I_{\mathrm{b}}+\frac{k_{\mathrm{s}}}{4\pi}\int_{\Omega'=4\pi}I(\boldsymbol{r},\boldsymbol{\Omega}')\Phi(\boldsymbol{r},\boldsymbol{\Omega},\boldsymbol{\Omega}')\mathrm{d}\omega' \tag{6.3.34}$$

显然，式(6.3.31)的求解要比式(6.3.34)难得多。这里还需要指出的是，在式(6.3.31)与式(6.3.34)中 $\mathrm{d}\omega'$ 的表达式为

$$\mathrm{d}\omega'\equiv\sin\theta'\mathrm{d}\theta'\mathrm{d}\varphi' \tag{6.3.35}$$

这是一个非常重要的关系式，它在辐射计算中极为重要。很显然，式(6.3.31)与式(6.3.34)右端的积分是关于角 θ' 与 φ' 的两重积分。值得特别注意的，在式(6.3.31)与式(6.3.34)中的 I 其实应该理解为 I_λ，即单色辐射强度(又称投射光谱

辐射强度），因此总的辐射强度应为

$$I = \int_0^{\infty} I_{\lambda} \mathrm{d}\lambda \tag{6.3.36}$$

同样，在式（6.3.31）与式（6.3.34）等号右边积分项中的 Φ 也应该理解为 Φ_{λ}。

对于瞬态辐射输运方程来讲，则式（6.3.31）与式（6.3.34）应修改为如下形式：

$$\begin{aligned}
&\frac{1}{c}\frac{\partial I_{\lambda}(\boldsymbol{r},\boldsymbol{\Omega},t)}{\partial t} + \Omega \cdot \nabla I_{\lambda}(\boldsymbol{r},\boldsymbol{\Omega},t) + \frac{1}{\sin\theta}\frac{\partial}{\partial\theta}\left\{\left[\frac{1}{2n^2}\boldsymbol{k}\cdot(\boldsymbol{\Omega\Omega}-\boldsymbol{G})\cdot\nabla n^2\right]I_{\lambda}(\boldsymbol{r},\boldsymbol{\Omega},t)\right\}\\
&+\frac{1}{\sin\theta}\frac{\partial}{\partial\varphi}\left[\frac{1}{2n^2}(\hat{\boldsymbol{s}}\cdot\nabla n^2]I_{\lambda}(\boldsymbol{r},\boldsymbol{\Omega},t)\right]+\beta I_{\lambda}(\boldsymbol{r},\boldsymbol{\Omega},t)\\
&=n^2 k_a I_{b\lambda} + \frac{k_s}{4\pi}\int_{\Omega'=4\pi} I_{\lambda}(\boldsymbol{r},\boldsymbol{\Omega}',t)\Phi_{\lambda}(\boldsymbol{r},\boldsymbol{\Omega},\boldsymbol{\Omega}')\mathrm{d}\omega'
\end{aligned} \tag{6.3.37}$$

$$\begin{aligned}
&\frac{1}{c}\frac{\partial I_{\lambda}(\boldsymbol{r},\boldsymbol{\Omega},t)}{\partial t} + \boldsymbol{\Omega}\cdot\nabla I_{\lambda}(\boldsymbol{r},\boldsymbol{\Omega},t) + \beta I_{\lambda}(\boldsymbol{r},\boldsymbol{\Omega},t)\\
&=n^2 k_a I_{b\lambda} + \frac{k_s}{4\pi}\int_{\Omega'=4\pi} I_{\lambda}(\boldsymbol{r},\boldsymbol{\Omega}',t)\Phi_{\lambda}(\boldsymbol{r},\boldsymbol{\Omega},\boldsymbol{\Omega}')\mathrm{d}\omega'
\end{aligned} \tag{6.3.38}$$

其中

$$c = \frac{c_0}{n} \tag{6.3.39}$$

式中：c_0 为真空中的光速；$I_{\lambda}(\boldsymbol{r},\boldsymbol{\Omega},t)$ 为光谱辐射强度。这里式（6.3.37）与式（6.3.38）为考虑非均匀折射率介质与均匀折射率介质下的瞬态辐射输运方程的通用形式。

6.4　高温气体中的输运现象与传热的几种方式

非均匀气体中的黏性、热传导和扩散现象[46,47]代表着气体的宏观速度、温度和组分朝向均匀化趋势的运动。分子运动论认为，这些趋势是由于分子从这一点向另一点的运动造成的，当粒子（分子或原子）由空间中某一地方运动到另一地方时，其自身携带了一定的动量、能量和质量，由此便引起了气体中粒子动量、能量和质量的传递，并分别产生了黏性、热传导和扩散输运现象。对于多组元系统的输问题，本书的 5.6 节中曾作出过系统的讨论，并且在式（5.6.41）中给出热传导系数 λ、切变黏度系数 η 以及体黏度性系数 ζ 的表达式，而本书 5.8 节还从 Liouville 方程出发，通过引入各阶约化分布函数（如 $f_1, f_2, f_3, \cdots$）导出了一组与 Liouville 方程完全等价的关于约化分布函数时间发展行为的方程——BBGKY 方程链，即方程（5.8.20）或（5.8.22）。在此基础上，本书 5.9 节进一步引进了适当假设，将方程链截断,得到多组分下的 Boltzmann 方程,即式(5.9.14)。本节从 Boltzmann 方程出发,推出输运方程与输运系数。

1. Boltzmann 方程及其他的碰撞项

为便于讨论,这里仅假定存在一种分子。对于任一时刻 t,可由其位置 $\boldsymbol{x}=(x_1,x_2,x_3)$与速度 $\boldsymbol{v}=(v_1,v_2,v_3)$表描述一个分子的状态。今引入分布函数 $f(t,\boldsymbol{x},\boldsymbol{v})$

$$f = f(t,\boldsymbol{x},\boldsymbol{v}) \tag{6.4.1}$$

于是所考察的气体在 t 时刻、$\boldsymbol{x}$ 处单位体积内的分子总数 $n(t,\boldsymbol{x})$为

$$n(t,\boldsymbol{x}) = \int f(t,\boldsymbol{x},\boldsymbol{v})\ \mathrm{d}\boldsymbol{v} \tag{6.4.2}$$

其中

$$\mathrm{d}\boldsymbol{v} \equiv \mathrm{d}v_1\mathrm{d}v_2\mathrm{d}v_3$$

所考察的气体在 t 时刻、$\boldsymbol{x}$ 处的密度 $\rho\ (t、\boldsymbol{x})$为

$$\rho(t,\boldsymbol{x}) = nM = M\int f(t,\boldsymbol{x},\boldsymbol{v})\ \mathrm{d}\boldsymbol{v} \tag{6.4.3}$$

式中:M 为分子的质量。在 t 时刻,$\boldsymbol{x}$ 处的平均速度 $\mathbf{V}(t,\boldsymbol{x})=(V_1,V_2,V_3)$为

$$\mathbf{V}(t,\boldsymbol{x}) = \frac{1}{n}\int \boldsymbol{v}f(t,\boldsymbol{x},\boldsymbol{v})\mathrm{d}\boldsymbol{v} = \frac{\int \boldsymbol{v}f(t,\boldsymbol{x},\boldsymbol{v})\mathrm{d}\boldsymbol{v}}{\int f(t,\boldsymbol{x},\boldsymbol{v})\mathrm{d}\boldsymbol{v}} \tag{6.4.4}$$

另外,在 t 时刻,$\boldsymbol{x}$ 处的温度 $T(t,\boldsymbol{x})$由

$$\frac{3}{2}nkT(t,\boldsymbol{x}) = \int \frac{1}{2}M|\boldsymbol{v}-\mathbf{V}|^2 f(t,\boldsymbol{x},\boldsymbol{v})\ \mathrm{d}\boldsymbol{v} \tag{6.4.5}$$

决定。式中 n 与 $\mathbf{V}$ 分别由式(6.4.2)与式(6.4.4)给出,M 为分子的质量,k 为 Boltzmann常量。在时刻 t,$\boldsymbol{x}$ 处的应力张量 P_{ij} 为

$$P_{ij} = -\int M(v_i - V_i)(v_j - V_j)f(t,\boldsymbol{x},\boldsymbol{v})\ \mathrm{d}\boldsymbol{v} \quad (i,j=1,2,3) \tag{6.4.6}$$

此外,在 t 时刻、$\boldsymbol{x}$ 处单位体积的总能量为

$$\int \frac{M}{2}\ |\boldsymbol{v}|^2 f(t,\boldsymbol{x},\boldsymbol{v})\ \mathrm{d}\boldsymbol{v} = \frac{1}{2}\rho|\mathbf{V}|^2 + \frac{3}{2}nkT \tag{6.4.7}$$

式中:k 为 Boltzmann 常量。注意到

$$\frac{3}{2}nkT = \frac{3}{2}\ \frac{kT}{M}\rho = e\rho \tag{6.4.8}$$

式中:e 为单位质量所具有的内能。令 $\boldsymbol{g}(t,\boldsymbol{x},\boldsymbol{v})$为作用在单个分子每单位质量上的作用力,于是在一个时间间隔 $\mathrm{d}t$ 中,设分子间不发生碰撞,因此原先在 t 时刻,处于$(\boldsymbol{x},\boldsymbol{v})$的分子,在 $t+\mathrm{d}t$ 时刻就将位于$(\boldsymbol{x}',\boldsymbol{v}')$的位置,其中

$$\begin{cases} \boldsymbol{x}' = \boldsymbol{x} + \boldsymbol{v}\mathrm{d}t \\ \boldsymbol{v}' = \boldsymbol{v} + \boldsymbol{g}\mathrm{d}t \end{cases} \tag{6.4.9}$$

相应地，在 t 时刻处于 $(\boldsymbol{x},\boldsymbol{v})$ 的体积微元 $\mathrm{d}\boldsymbol{x}\mathrm{d}\boldsymbol{v}$ 内（这点 $\mathrm{d}\boldsymbol{x}\equiv\mathrm{d}x_1\mathrm{d}x_2\mathrm{d}x_3$，$\mathrm{d}\boldsymbol{v}\equiv\mathrm{d}v_1\mathrm{d}v_2\mathrm{d}v_3$）的所有分子 $\mathrm{d}N$（这里 $\mathrm{d}N\equiv f(t,\boldsymbol{x},\boldsymbol{v})\mathrm{d}\boldsymbol{x}\mathrm{d}\boldsymbol{v}$，在 $t+\mathrm{d}t$ 时刻就会由于运动而处于 $(\boldsymbol{x}',\boldsymbol{v}')$ 体积元 $\mathrm{d}\boldsymbol{x}'\mathrm{d}\boldsymbol{v}'$ 中的所有分子 $\mathrm{d}N'$（即 $\mathrm{d}N'\equiv f(t+\mathrm{d}t,\boldsymbol{x}',\boldsymbol{v}')\mathrm{d}\boldsymbol{x}'\mathrm{d}\boldsymbol{v}'$；注意到

$$\mathrm{d}\boldsymbol{x}'\mathrm{d}\boldsymbol{v}' = \left|\det\frac{\partial(\boldsymbol{x}',\boldsymbol{v}')}{\partial(\boldsymbol{x},\boldsymbol{v})}\right|\mathrm{d}\boldsymbol{x}\mathrm{d}\boldsymbol{v} = [1+o((\mathrm{d}t)^2)]\mathrm{d}\boldsymbol{x}\mathrm{d}\boldsymbol{v} \tag{6.4.10}$$

略去高阶小量，则式(6.4.10)变为

$$\mathrm{d}\boldsymbol{x}'\mathrm{d}\boldsymbol{v}' = \mathrm{d}\boldsymbol{x}\mathrm{d}\boldsymbol{v} \tag{6.4.11}$$

如果分子间不发生相互作用(碰撞)，则有

$$\mathrm{d}N' = \mathrm{d}N \tag{6.4.12}$$

如果分子间有相互作用(碰撞)，借助于式(6.4.9)与式(6.4.10)则有

$$\begin{aligned} J\,\mathrm{d}t\mathrm{d}\boldsymbol{x}\mathrm{d}\boldsymbol{v} &= \mathrm{d}N' - \mathrm{d}N = f(t+\mathrm{d}t,\boldsymbol{x}',\boldsymbol{v}')\mathrm{d}\boldsymbol{x}\mathrm{d}\boldsymbol{v} - f(t,\boldsymbol{x},\boldsymbol{v})\mathrm{d}\boldsymbol{x}\mathrm{d}\boldsymbol{v} \\ &= \left(\frac{\partial f}{\partial t} + \boldsymbol{v}\cdot\nabla_x f + \boldsymbol{g}\cdot\nabla_v f\right)\mathrm{d}\boldsymbol{x}\mathrm{d}\boldsymbol{v}\mathrm{d}t \end{aligned} \tag{6.4.13}$$

其中

$$\begin{cases} \nabla_x = \left(\dfrac{\partial}{\partial x_1},\dfrac{\partial}{\partial x_2},\dfrac{\partial}{\partial x_3}\right) \\ \nabla_v = \left(\dfrac{\partial}{\partial v_1},\dfrac{\partial}{\partial v_2},\dfrac{\partial}{\partial v_3}\right) \end{cases} \tag{6.4.14}$$

式中：J 为碰撞项。

于是式(6.4.13)又可整理为

$$\frac{\partial f}{\partial t} + \boldsymbol{v}\cdot\nabla_x f + \boldsymbol{g}\cdot\nabla_v f = \left(\frac{\partial}{\partial t} + \boldsymbol{v}\cdot\nabla_x + \boldsymbol{g}\cdot\nabla_v\right)f(t,\boldsymbol{x},\boldsymbol{v}) = J \tag{6.4.15}$$

式中：J 为碰撞项，在二体碰撞及一些必要的假设条件下，J 可以表达为（注意这里为简单起见，在推导碰撞项的表达式时假定气体是稀薄的，因而这时仅需考虑二体碰撞而无需考虑三体及三体以上的碰撞。同时还假定分子本身的大小比起分子间的距离来讲也可以忽略。然而，对于稠密气体来讲这些假设是不成立的，对于稠密气体应采用 Enskog 理论；另外，对于过渡区即 Knudsen 数既不是很小又不是很大的区域，这时对于碰撞项的处理便应谨慎。对于过渡区中的 Boltzmann 方程与稠密气体的 Enskog 理论在本节不予讨论）

$$J = \iint[\sigma(\Omega)\ |\boldsymbol{w}-\boldsymbol{v}|\ (f(t,\boldsymbol{x},\boldsymbol{v}')f(t,\boldsymbol{x},\boldsymbol{w}') - f(t,\boldsymbol{x},\boldsymbol{v})f(t,\boldsymbol{x},\boldsymbol{w}))]\mathrm{d}\Omega\mathrm{d}\boldsymbol{w} \tag{6.4.16}$$

其中

$$\mathrm{d}\boldsymbol{w} \equiv \mathrm{d}w_1 \mathrm{d}w_2 \mathrm{d}w_3$$

式中：$\boldsymbol{v}$ 与 $\boldsymbol{w}$ 分别为两分子碰撞前的速度 $\boldsymbol{v}'$ 与 $\boldsymbol{w}'$ 分别为碰撞后的速度；$\sigma(\Omega)$为微分散射截面。对于 $\sigma(\Omega)$值可以直接通过实验测量获得，当然也可以借助于量子力学的方法通过计算得到。

2. 两个重要定理及其应用

首先定义守恒量 $\varphi(\boldsymbol{x},\boldsymbol{v})$。设 $\varphi(\boldsymbol{x},\boldsymbol{v})$是一个与位置 $\boldsymbol{x}$、速度 $\boldsymbol{v}$ 处的分子有关的量，对于在 $\boldsymbol{x}$ 处发生的任何碰撞$\{\boldsymbol{v},\boldsymbol{w}\rightarrow\boldsymbol{v}',\boldsymbol{w}'\}$，均有

$$\varphi_1 + \varphi_2 = \varphi_1' + \varphi_2' \tag{6.4.17}$$

成立，式中 $\varphi_1=\varphi(\boldsymbol{x},\boldsymbol{v})$，$\varphi_2=\varphi(\boldsymbol{x},\boldsymbol{w})$，$\varphi_1'=\varphi(\boldsymbol{x},\boldsymbol{v}')$，$\varphi_2'=\varphi(\boldsymbol{x},\boldsymbol{w}')$；则称 φ 是一个守恒量。

定理 1 对于任意守恒量 $\varphi(\boldsymbol{x},\boldsymbol{v})$，如果 $J(\boldsymbol{x},\boldsymbol{v})$为 Boltzmann 方程(6.4.15)的右端项，则恒有

$$\int \varphi(\boldsymbol{x},\boldsymbol{v}) J(\boldsymbol{x},\boldsymbol{v}) \mathrm{d}\boldsymbol{v} = 0 \tag{6.4.18}$$

其中

$$\mathrm{d}\boldsymbol{v} \equiv \mathrm{d}v_1 \mathrm{d}v_2 \mathrm{d}v_3$$

今定义 A 的平均值，即$\langle A\rangle$，其定义为

$$\langle A\rangle = \frac{\int A f \mathrm{d}\boldsymbol{v}}{\int f \mathrm{d}\boldsymbol{v}} = \frac{1}{n}\int A f \mathrm{d}\boldsymbol{v} \tag{6.4.19}$$

式中：$\mathrm{d}\boldsymbol{v}\equiv \mathrm{d}v_1 \mathrm{d}v_2 \mathrm{d}v_3$；$f\equiv f(t,\boldsymbol{x},\boldsymbol{v})$，它为 Boltzmann 方程(6.4.15)的任一解；$n=n(t,\boldsymbol{x})$为 t 时刻在 $\boldsymbol{x}$ 处单位体积气体中的分子数，因此式(6.4.19)还可写为

$$\langle nA\rangle = \int A f \mathrm{d}\boldsymbol{v} \tag{6.4.20}$$

其中

$$\mathrm{d}\boldsymbol{v} \equiv \mathrm{d}v_1 \mathrm{d}v_2 \mathrm{d}v_3$$

定理 2 对任何守恒量 $\varphi(\boldsymbol{x},\boldsymbol{v})$，则恒有

$$\frac{\partial}{\partial t}\langle n\varphi\rangle + \sum_{i=1}^{3}\frac{\partial}{\partial x_i}\langle n\varphi v_i\rangle - n\sum_{i=1}^{3}\left\langle v_i \frac{\partial \varphi}{\partial x_i}\right\rangle - n\sum_{i=1}^{3}\left\langle g_i \frac{\partial \varphi}{\partial v_i}\right\rangle - n\sum_{i=1}^{3}\left\langle \varphi \frac{\partial g_i}{\partial v_i}\right\rangle = 0 \tag{6.4.21}$$

成立。式中 $\varphi=\varphi(\boldsymbol{x},\boldsymbol{v})$，$\boldsymbol{g}=(g_1,g_2,g_3)$，$\boldsymbol{v}=(v_1,v_2,v_3)$；而$\langle\cdot\rangle$表示任意量的平均值；计算平均值时所用的 f 为 Boltzmann 方程(6.4.15)的任一解。显然，当 $\boldsymbol{g}$ 与 $\boldsymbol{v}$ 无关时则式(6.4.21)还可以进一步简化为

$$\frac{\partial}{\partial t}\langle n\varphi\rangle + \sum_{i=1}^{3}\frac{\partial}{\partial x_i}\langle n\varphi v_i\rangle - n\sum_{i=1}^{3}\left\langle v_i \frac{\partial \varphi}{\partial x_i}\right\rangle - n\sum_{i=1}^{3}\left\langle g_i \frac{\partial \varphi}{\partial v_i}\right\rangle = 0 \tag{6.4.22}$$

对于单一分子时，独立的守恒量有质量、动量以及能量，即

$$\varphi = M,\quad \varphi = M v_i\quad (i=1,2,3),\quad \varphi = \frac{1}{2}M|\boldsymbol{v}|^2 \tag{6.4.23}$$

借助于式(6.4.22)便可得到相应的独立守恒律方程。在式(6.4.22)中当取 $\varphi=M$ 时，有

$$\frac{\partial}{\partial t}\langle nM\rangle + \sum_{i=1}^{3}\frac{\partial}{\partial x_i}\langle nMv_i\rangle = 0 \tag{6.4.24}$$

注意到式(6.4.3)与式(6.4.4)，有

$$\langle nM\rangle = nM = \rho(t,\boldsymbol{x}) \tag{6.4.25}$$

$$\langle nMv_i\rangle = \rho V_i \tag{6.4.26}$$

式中：V_i 为平均速度 $\boldsymbol{V}$ 的分量，即 $\boldsymbol{V}=(V_1,V_2,V_3)$，借助于式(6.4.25)与式(6.4.26)，则式(6.4.24)可变为

$$\frac{\partial}{\partial t}\rho + \nabla\cdot(\rho\boldsymbol{V}) = 0 \tag{6.4.27}$$

这就是连续性方程。在式(6.4.22)中当 $\varphi=M v_i$ 时，则有

$$\frac{\partial}{\partial t}\langle nMv_i\rangle + \sum_{i=1}^{3}\frac{\partial}{\partial x_j}\langle nMv_iv_j\rangle - nMg_i = 0 \tag{6.4.28}$$

借助于式(6.4.25)、式(6.4.26)以及式(6.4.6)并且注意到

$$\langle\rho v_iv_j\rangle = \langle\rho(v_i-V_i)(v_j-V_j)\rangle + \rho V_iV_j \tag{6.4.29}$$

$$\begin{aligned}p_{ij} &= -\int M(v_i-V_i)(v_j-V_j)f(t,\boldsymbol{x},\boldsymbol{v})\mathrm{d}\boldsymbol{v}\\ &= \rho\langle(v_i-V_i)(v_j-V_j)\rangle\end{aligned} \tag{6.4.30}$$

于是式(6.4.28)可改写为

$$\frac{\partial}{\partial t}(\rho V_i) + \sum_{j=1}^{3}\frac{\partial}{\partial x_j}(\rho V_iV_j - p_{ij}) = \rho g_i \tag{6.4.31a}$$

即

$$\frac{\partial}{\partial t}(\rho\boldsymbol{V}) + \nabla\cdot(\rho\boldsymbol{V}\boldsymbol{V} - \boldsymbol{P}) = \rho\boldsymbol{g} \tag{6.4.31b}$$

式中：$\boldsymbol{P}=\{p_{ij}\}$为应力张量。利用连续方程(6.4.27)，则式(6.4.31)又可化简为

$$\frac{\mathrm{d}\boldsymbol{V}}{\mathrm{d}t} = \frac{1}{\rho}\nabla\cdot\boldsymbol{P} + \boldsymbol{g} \tag{6.4.32}$$

在式(6.4.22)中，当 $\varphi=\frac{1}{2}M|\boldsymbol{v}|^2$ 时，则有

$$\frac{1}{2}\frac{\partial}{\partial t}\langle nM|\boldsymbol{v}|^2\rangle + \frac{1}{2}\sum_{i=1}^{3}\frac{\partial}{\partial x_j}\langle nMv_i|\boldsymbol{v}|^2\rangle - n\sum_{i=1}^{3}\langle Mg_iv_i\rangle = 0 \tag{6.4.33}$$

注意到

$$\frac{1}{2}\langle nM|\boldsymbol{v}|^2\rangle=\rho e+\frac{1}{2}\rho|\boldsymbol{V}|^2 \tag{6.4.34}$$

$$n\sum_{i=1}^{3}\langle Mg_i v_i\rangle=\rho\,\boldsymbol{g}\cdot\boldsymbol{V} \tag{6.4.35}$$

$$\frac{1}{2}\langle nMv_i|\boldsymbol{v}|^2\rangle=\left(\rho e+\frac{1}{2}\rho|\boldsymbol{V}|^2\right)V_i+q_i-\sum_{j=1}^{3}p_{ij}V_j \tag{6.4.36}$$

式中：e 为单位质量气体所具有的内能。于是式(6.4.33)又可写为

$$\begin{aligned}&\frac{\partial}{\partial t}(\rho e+\frac{1}{2}\rho|\boldsymbol{V}|^2)+\nabla\cdot\left[(\rho e+\frac{1}{2}\rho|\boldsymbol{V}|^2)\boldsymbol{V}-\boldsymbol{P}\cdot\boldsymbol{V}\right]\\&=\rho\boldsymbol{g}\cdot\boldsymbol{V}+\nabla\cdot(\lambda\nabla T)=\rho\,\boldsymbol{g}\cdot\boldsymbol{V}-\nabla\cdot\boldsymbol{q}\end{aligned} \tag{6.4.37}$$

式中：$\boldsymbol{q}=(q_1,q_2,q_3)$，它表示热量流密度矢量$(-\lambda\nabla T)$；别外 q_i 还可表示为

$$\begin{aligned}q_i&=\int\frac{M}{2}(v_i-V_i)|\boldsymbol{v}-\boldsymbol{V}|^2f(t,\boldsymbol{x},\boldsymbol{v})\mathrm{d}\boldsymbol{v}\\&=\frac{n}{2}M\langle(v_i-V_i)|\boldsymbol{v}-\boldsymbol{V}|^2\rangle\end{aligned} \tag{6.4.38}$$

式中：$f(t,\boldsymbol{x},\boldsymbol{v})$的定义同式(6.4.19)。显然，式(6.4.37)是熟知的能量守恒方程。如果再利用连续方程(6.4.27)，则式(6.4.37)又可简化为

$$\rho\frac{\mathrm{d}}{\mathrm{d}t}(e+\frac{1}{2}|\boldsymbol{V}|^2)=\nabla\cdot(\boldsymbol{P}\cdot\boldsymbol{V})+\rho\boldsymbol{g}\cdot\boldsymbol{V}-\nabla\cdot\boldsymbol{q} \tag{6.4.39}$$

式中：$\boldsymbol{P}=\{p_{ij}\}$为应力张量，其定义同式(6.4.31)与式(6.4.37)。如果再利用式(6.4.32)并注意到$\{p_{ij}\}$的对称性，则式(6.4.39)又可以变为

$$\rho\frac{\mathrm{d}e}{\mathrm{d}t}=\sum_{i,j=1}^{3}(p_{ij}S_{ij})-\nabla\cdot\boldsymbol{q} \tag{6.4.40}$$

或者

$$\rho\frac{\mathrm{d}e}{\mathrm{d}t}=\boldsymbol{P}:\boldsymbol{S}-\nabla\cdot\boldsymbol{q} \tag{6.4.41}$$

式中符号“：”表示两个张量进行双点积运算；式(6.4.41)中 $\boldsymbol{S}=\{S_{ij}\}$为变形率张量，其定义为

$$S_{ij}=\frac{1}{2}\left(\frac{\partial V_i}{\partial x_j}+\frac{\partial V_j}{\partial x_i}\right) \tag{6.4.42}$$

它是个对称张量。

3. 分布函数的零阶近似解

假设所考虑的气体虽然并不处于平衡状态，但却与之相距不远。假定在气体中任一点的领域内分布函数均可局部地用 Maxwell-Boltzmann 分布表示，并且密

度、温度以及平均速度随时间与空间缓慢变化。对于这样的气体可作如下近似假定：

$$f(t,\boldsymbol{x},\boldsymbol{v}) \approx f^{(0)}(t,\boldsymbol{x},\boldsymbol{v}) \tag{6.4.43}$$

式中：$f^{(0)}(t,\boldsymbol{x},\boldsymbol{v})$为 Maxwell-Boltzmann 分布，即

$$f^{(0)}(t,\boldsymbol{x},\boldsymbol{v}) = n\left(\frac{M}{2\pi kT}\right)^{\frac{3}{2}}\exp\left(\frac{-M\,|\boldsymbol{v}-\boldsymbol{V}|^2}{2kT}\right) \tag{6.4.44}$$

k 为 Boltzmann 常量；n，T 与 $\boldsymbol{V}$ 是关于 t 和 $\boldsymbol{x}$ 的缓慢变化函数。注意到 n、T 以及 $\boldsymbol{V}$ 均与 $\boldsymbol{v}$ 无关，于是将式(6.4.44)代入式(6.4.16)，得

$$\begin{aligned} J = \iint\big[\sigma(\boldsymbol{\Omega})\,|\boldsymbol{w}-\boldsymbol{v}|\,(f^{(0)}(t,\boldsymbol{x},\boldsymbol{v}')f^{(0)}(t,\boldsymbol{x},\boldsymbol{w}') \\ - f^{(0)}(t,\boldsymbol{x},\boldsymbol{v})f^{(0)}(t,\boldsymbol{x},\boldsymbol{w}))\big]\mathrm{d}\boldsymbol{\Omega}\mathrm{d}\boldsymbol{w} = 0 \end{aligned} \tag{6.4.45}$$

由于 $f^{(0)}(t,\boldsymbol{x},\boldsymbol{v})$是分布函数 $f(t,\boldsymbol{x},\boldsymbol{v})$的一个好的近似，于是将式(6.4.44)分别代入式(6.4.38)与式(6.4.6)后，得

$$q_i^0 = \int \frac{M}{2}(v_i - V_i)\,|\boldsymbol{v}-\boldsymbol{V}|^2 f^{(0)}(t,\boldsymbol{x},\boldsymbol{v})\mathrm{d}\boldsymbol{v} = 0 \tag{6.4.46}$$

$$p_{ij}^0 = -\int M(v_i - V_i)(v_j - V_j) f^{(0)}(t,\boldsymbol{x},\boldsymbol{v})\mathrm{d}\boldsymbol{v} = -p\delta_{ij} \tag{6.4.47}$$

式中：p 为局部静压强，其表达式为

$$p = p(t,x) = nkT \tag{6.4.48}$$

显然，将上面确定的 q_i^0 与 p_{ij}^0 值代入动量方程(6.4.31)以及(6.4.37)，再加上连续方程(6.4.27)便得到此时相应的理想流体守恒方程组，即

$$\frac{\partial}{\partial t}\rho + \nabla\cdot(\rho\boldsymbol{V}) = 0 \tag{6.4.49}$$

$$\frac{\partial}{\partial t}(\rho\boldsymbol{V}) + \nabla\cdot(\rho\boldsymbol{V}\boldsymbol{V} + p\boldsymbol{I}) = \rho\boldsymbol{g} \tag{6.4.50}$$

$$\frac{\partial}{\partial t}\left(\rho e + \frac{1}{2}\rho|\boldsymbol{V}|^2\right) + \nabla\cdot\left[\left(\rho e + \frac{1}{2}\rho|\boldsymbol{V}|^2 + p\right)\boldsymbol{V}\right] = \rho\,\boldsymbol{g}\cdot\boldsymbol{V} \tag{6.4.51}$$

式中：$\boldsymbol{I}$ 为单位张量；$\boldsymbol{V}$ 为 t 时刻 $\boldsymbol{x}$ 处气体平均速度，即 $\boldsymbol{V}(t,\boldsymbol{x})$由式(6.4.4)所定义。状态方程为

$$p = nkT = \rho RT \tag{6.4.52}$$

式中：k 为 Boltzmann 常量，R 的定义为

$$R = \frac{k}{M} \tag{6.4.53}$$

另外，式(6.4.51)中的 e 可表示为

$$e = \frac{3}{2}\,\frac{kT}{M} = C_v T,\quad C_v = \frac{3}{2}R \tag{6.4.54}$$

式(6.4.54)表明这里所讨论的气体不但是理想气体，而且还是多方气体[3,4]。

4. Chapman-Enskog 方法

为便于说明 Chapman-Enskog 方法，这里引入两个符号：$\mathfrak{D}f$ 和 $J(f\,f_1)$，其定义分别为

$$\mathfrak{D}f \equiv \frac{\partial f}{\partial t} + \boldsymbol{v} \cdot \nabla_x f + \boldsymbol{g} \cdot \nabla_v f = \frac{\partial f}{\partial t} + \boldsymbol{v} \cdot \frac{\partial f}{\partial \boldsymbol{r}} + \boldsymbol{g} \cdot \frac{\partial f}{\partial \boldsymbol{v}} \tag{6.4.55}$$

$$\begin{aligned} J(f\,f_1) &= \iint [\sigma(\boldsymbol{\Omega})\,|\boldsymbol{w}-\boldsymbol{v}|\,(f(t,\boldsymbol{x},\boldsymbol{v}')f(t,\boldsymbol{x},\boldsymbol{w}') - f(t,\boldsymbol{x},\boldsymbol{v})f(t,\boldsymbol{x},\boldsymbol{w}))]\mathrm{d}\boldsymbol{\Omega}\mathrm{d}\boldsymbol{w} \\ &= \iint (f'f_1' - f\,f_1)\,g\sigma\mathrm{d}\boldsymbol{\Omega}\mathrm{d}\boldsymbol{w} \end{aligned} \tag{6.4.56}$$

其中

$$\mathrm{d}\boldsymbol{w} \equiv \mathrm{d}w_1\mathrm{d}w_2\mathrm{d}w_3, \quad g = |\boldsymbol{w}-\boldsymbol{v}|$$

令 ε 是一个小参量，因此求解 f 属于奇异摄动问题。

令

$$f = f^{(0)} + \varepsilon f^{(1)} + \varepsilon^2 f^{(2)} + \cdots = \sum_{r=0}^{\infty} \varepsilon^r f^{(r)} \tag{6.4.57}$$

Chapman-Enskog 方法假设 f 只是通过 $\rho, \boldsymbol{V}, T$ 与 t 发生关系，也就是说它不是 t 的显函数，即有

$$f(\boldsymbol{x},\boldsymbol{v},t) \to f(\boldsymbol{x},\boldsymbol{v};\rho,\boldsymbol{V},T) \tag{6.4.58}$$

因而有

$$\frac{\partial f}{\partial t} = \frac{\partial f}{\partial \rho}\frac{\partial \rho}{\partial t} + \frac{\partial f}{\partial \boldsymbol{V}} \cdot \frac{\partial \boldsymbol{V}}{\partial t} + \frac{\partial f}{\partial T}\frac{\partial T}{\partial t} \tag{6.4.59}$$

另外，为了表明物理量的量级，Boltzmann 方程应写为

$$\mathfrak{D}f = \frac{1}{\varepsilon} J(f\,f_1) \tag{6.4.60}$$

将式(6.4.57)代入方程(6.4.60)，得

$$\begin{aligned} &(\mathfrak{D}f)^0 + \varepsilon(\mathfrak{D}f)^1 + \varepsilon^2(\mathfrak{D}f)^2 + \cdots \\ &= \frac{1}{\varepsilon}[J(f^{(0)}f_1^{(0)}) + \varepsilon(J(f^{(0)}f_1^{(1)}) + J(f^{(1)}f_1^{(0)})) \\ &\quad + \varepsilon^2(J(f^{(0)}f_1^{(2)}) + J(f^{(1)}f_1^{(1)}) + J(f^{(2)}f_1^{(0)}) + \cdots)] \end{aligned} \tag{6.4.61}$$

也可写为

$$\sum_{r=0}^{\infty} \varepsilon^r (\mathfrak{D}f)^{(r)} = \frac{1}{\varepsilon} \sum_{r=0}^{\infty} \varepsilon^r (J(f\,f_1))^{(r)} \tag{6.4.62}$$

其中

$$(\mathfrak{D}f)^{(r)} = \frac{\partial_r f^{(0)}}{\partial t} + \cdots + \frac{\partial_0 f^{(r)}}{\partial t} + \boldsymbol{v} \cdot \nabla_x f^{(r)} + \boldsymbol{g} \cdot \nabla_v f^{(r)} \tag{6.4.63}$$

$$(J(f\,f_1))^{(r)}=J(f^{(0)}\;f_1^{(r)})+J(f^{(1)}\;f_1^{(r-1)})+\cdots+J(f^{(r-1)}\;f_1^{(1)})+J(f^{(r)}\;f_1^{(0)}) \tag{6.4.64}$$

上面两式中 $r=0,1,2,\cdots$；显然，式(6.4.62)中 ε 同幂的项应相等，得

$$J(f^{(0)}\;f_1^{(0)})=0 \tag{6.4.65}$$

$$(J(f\,f_1))^{(r)}=(\mathfrak{D}f)^{(r-1)}\quad(r=1,2,\cdots) \tag{6.4.66}$$

将式(6.4.66)改写为

$$J(f^{(0)}\;f_1^{(r)})+J(f^{(r)}\;f_1^{(0)})=(\mathfrak{D}f)^{(r-1)}-J(f^{(1)}\;f_1^{(r-1)})-J(f^{(2)}\;f_1^{(r-2)})-\cdots-J(f^{(r-2)}\;f_1^{(2)})-J(f^{(r-1)}\;f_1^{(1)})\quad(r=1,2,\cdots) \tag{6.4.67}$$

式(6.4.67)便是未知函数 $f^{(r)}$ 所满足的方程。分析式(6.4.67)可知，方程右边各项均不含 $f^{(r)}$ 项，因此在用逐级近似法求解关于 $f^{(r)}$ 的式(6.4.67)时，这时方程右边项都是已知函数。为求 $f^{(r)}$ 可令

$$f^{(r)}=f^{(0)}\psi^{(r)} \tag{6.4.68}$$

引进一个新的运算符 L，对于任意一个函数 F，则

$$L(F)\equiv\frac{1}{n^2}\iint f^{(0)}f_1^{(0)}(F+F_1-F'-F_1')g\sigma\mathrm{d}\Omega\mathrm{d}w \tag{6.4.69}$$

将式(6.4.68)代入式(6.4.67)的左边，得

$$J(f^{(0)}\;f_1^{(r)})+J(f^{(r)}\;f_1^{(0)})=-\iint f^{(0)}\;f_1^{(0)}(\psi^{(r)}+\psi_1^{(r)}-\psi^{(r)'}-\psi_1^{(r)'})g\sigma\mathrm{d}\boldsymbol{\Omega}\mathrm{d}\boldsymbol{w} \tag{6.4.70}$$

借助于式 $L(F)$ 的定义，则式(6.4.70)可改写为

$$J(f^{(0)}\;f_1^{(r)})+J(f^{(r)}\;f_1^{(0)})=-n^2L(\psi^{(r)}) \tag{6.4.71}$$

借助于式(6.4.71)的定义，则式(6.4.67)可改写为

$$-n^2L(\psi^{(r)})=(\mathfrak{D}f)^{(r-1)}-J(f^{(1)}\;f_1^{(r-1)})-J(f^{(2)}\;f_1^{(r-2)})-\cdots-J(f^{(r-1)}\;f_1^{(1)}) \tag{6.4.72}$$

通常，式(6.4.72)是关于 $\psi^{(r)}$ 的非齐次线性微分与积分方程。由数学物理方程知道，它的解应为齐次方程 $n^2L(\psi^{(r)})=0$ 的一个通解，再加上非齐次微分与积分方程的一个特解。

另外，容易证明：如果令

$$f=f^{(0)}+\varepsilon f^{(1)}+\varepsilon^2f^{(2)}+\cdots+\varepsilon^Nf^{(N)} \tag{6.4.73}$$

即只计算 ε^N 项或者说 f 取到 N 阶近似项，则可以得到相应的流体力学方程组为

$$\frac{\mathrm{d}}{\mathrm{d}t}\rho=-\rho\,\nabla\boldsymbol{\cdot}\mathbf{V} \tag{6.4.74}$$

$$\rho\frac{\mathrm{d}}{\mathrm{d}t}\mathbf{V}=\rho\boldsymbol{g}+\sum_{r=0}^{N}(\varepsilon^r\;\nabla\boldsymbol{\cdot}\boldsymbol{P}^{(r)}) \tag{6.4.75}$$

$$\rho \frac{\mathrm{d}}{\mathrm{d}t}e = \sum_{r=0}^{N}(\varepsilon^r \boldsymbol{P}^{(r)} : \nabla \boldsymbol{V}) - \sum_{r=0}^{N}(\varepsilon^r \nabla \cdot \boldsymbol{q}^{(r)}) \tag{6.4.76}$$

式中：$\boldsymbol{P}^{(r)}=\{p_{ij}^{(r)}\}$为二阶张量；$\boldsymbol{q}^{(r)}=(q_1^{(r)},q_2^{(r)},q_3^{(r)})$为一阶张量，其表达式为

$$\boldsymbol{P}^{(r)} = -\int M(\boldsymbol{v}-\boldsymbol{V})(\boldsymbol{v}-\boldsymbol{V})f^{(r)}\mathrm{d}\boldsymbol{v} = -\int M\boldsymbol{U}\boldsymbol{U}f^{(r)}\mathrm{d}\boldsymbol{v} \tag{6.4.77}$$

$$\boldsymbol{q}^{(r)} = \int \frac{1}{2}M(\boldsymbol{v}-\boldsymbol{V})|\boldsymbol{v}-\boldsymbol{V}|^2 f^{(r)}\mathrm{d}\boldsymbol{v} = \int \frac{1}{2}M\boldsymbol{U}|\boldsymbol{U}|^2 f^{(r)}\mathrm{d}\boldsymbol{v} \tag{6.4.78}$$

其中

$$\mathrm{d}\boldsymbol{v} = \mathrm{d}v_1\mathrm{d}v_2\mathrm{d}v_3, \quad \boldsymbol{U} = \boldsymbol{v}-\boldsymbol{V} \tag{6.4.79}$$

5. 分布函数的一阶近似解

这里取 $f=f^{(0)}+\varepsilon f_1^{(1)}$，在 $r=1$ 的情况下由式(6.4.67)可得到

$$J(f^{(0)}f_1^{(1)}) + J(f^{(1)}f_0^{(0)}) = (\mathfrak{D}f)^{(0)} \tag{6.4.80}$$

令 $f^{(1)}=f^{(0)}\psi^{(1)}$，并代入式(6.4.80)得

$$-n^2L(\psi^{(1)}) = (\mathfrak{D}f)^{(0)} \tag{6.4.81}$$

容易证明式(6.4.81)又可写为

$$\begin{aligned}
-n^2L(\psi^{(1)}) &= -f^{(0)}\left[\left(\frac{M|\boldsymbol{U}|^2}{2kT}-\frac{5}{2}\right)\boldsymbol{U}\cdot\nabla\ln T + \frac{M}{kT}\left(\boldsymbol{U}\boldsymbol{U}-\frac{1}{3}|\boldsymbol{U}|^2\boldsymbol{I}\right):\nabla\boldsymbol{V}\right] \\
&= -f^{(0)}\left[\left(\frac{M|\boldsymbol{U}|^2}{2kT}-\frac{5}{2}\right)\boldsymbol{U}\cdot\nabla\ln T + \frac{M}{kT}\left(\boldsymbol{U}\boldsymbol{U}-\frac{1}{3}|\boldsymbol{U}|^2\boldsymbol{I}\right):\boldsymbol{S}\right] \\
&= -f^{(0)}\left[\frac{1}{kT^2}\left(\frac{M|\boldsymbol{U}|^2}{2}-\frac{5}{2}kT\right)\boldsymbol{U}\cdot\nabla T\right. \\
&\quad \left. + \frac{M}{kT}\sum_{i,i=1}^{3}\left[\left(U_iU_j-\frac{1}{3}\delta_{ij}|\boldsymbol{U}|^2\right)S_{ij}\right]\right]
\end{aligned} \tag{6.4.82}$$

式中：k 为 Boltzmann 常量；$\boldsymbol{S}$ 为变形率张量，即 $\boldsymbol{S}=\{S_{ij}\}$；矢量 $\boldsymbol{U}$ 由式(6.4.79)定义，并且有 $\boldsymbol{U}=(U_1,U_2,U_3)$。显然式(6.4.82)是关于的 $\psi^{(1)}$ 的非齐次线性微分与积分方程。$\psi^{(1)}$ 的解应为齐次方程 $n^2L(\psi^{(1)})=0$ 的一个通解，再加上非齐次线性微分域积分方程的一个特解。考虑到 $\psi^{(1)}$ 方程中非齐次项形式，可以认为 $\psi^{(1)}$ 的特解具有如下形式：

$$\psi_1^{(1)} = -\frac{1}{n}\boldsymbol{A}\cdot\nabla\ln T - \frac{2}{n}\boldsymbol{B}:\boldsymbol{S} \tag{6.4.83}$$

式中：$\boldsymbol{A}$ 为待定矢量；$\boldsymbol{B}$ 为待定张量，它们可以为 $\boldsymbol{U}$ 的函数。令齐次方程 $L(\psi^{(1)})=0$ 的一般解为

$$\psi_2^{(1)} = \boldsymbol{\beta}^{(1)}\cdot\boldsymbol{\alpha} \tag{6.4.84}$$

式中：$\boldsymbol{\beta}^{(1)}$ 和 $\boldsymbol{\alpha}$ 为五维矢量。因此 $\psi^{(1)}$ 为

$$\psi^{(1)} = -\frac{1}{n}\boldsymbol{A}\cdot\nabla\ln T - \frac{2}{n}\boldsymbol{B}:\boldsymbol{S} + \boldsymbol{\alpha}\cdot\boldsymbol{\beta}^{(1)} \tag{6.4.85}$$

可以证明式(6.4.85)能够变为如下形式：

$$\begin{aligned}\psi^{(1)} &= -\frac{1}{n}a(|\boldsymbol{U}|)\boldsymbol{U}\cdot\nabla\ln T - \frac{2}{n}b(|\boldsymbol{U}|)\left(\boldsymbol{U}\boldsymbol{U} - \frac{1}{3}|\hat{\boldsymbol{U}}|^2\boldsymbol{I}\right):\frac{\partial\boldsymbol{V}}{\partial\boldsymbol{r}}\\ &= -\frac{1}{n}a(|\boldsymbol{U}|)\boldsymbol{U}\cdot\nabla\ln T - \frac{2}{n}b(|\boldsymbol{U}|)\left(\boldsymbol{U}\boldsymbol{U} - \frac{1}{3}|\hat{\boldsymbol{U}}|^2\boldsymbol{I}\right):\nabla\boldsymbol{V}\\ &= -\frac{1}{n}a(|\boldsymbol{U}|)\boldsymbol{U}\cdot\nabla\ln T - \frac{2}{n}b(|\boldsymbol{U}|)\left(\boldsymbol{U}\boldsymbol{U} - \frac{1}{3}|\hat{\boldsymbol{U}}|^2\boldsymbol{I}\right):\boldsymbol{S}\end{aligned} \tag{6.4.86}$$

式中：$a(|\boldsymbol{U}|)$与$b(|\boldsymbol{U}|)$分别表示关于$|\boldsymbol{U}|$的函数；$\boldsymbol{S}$为变形张量。这里$a(|\boldsymbol{U}|)$与$b(|\boldsymbol{U}|)$分别与式(6.4.85)中的矢量$\boldsymbol{A}$与张量$\boldsymbol{B}$有如下关系：

$$\boldsymbol{A} = a(|\boldsymbol{U}|)\boldsymbol{U} \tag{6.4.87}$$

$$\boldsymbol{B} = b(|\boldsymbol{U}|)\left(\hat{\boldsymbol{U}}\hat{\boldsymbol{U}} - \frac{1}{3}|\hat{\boldsymbol{U}}|^2\boldsymbol{I}\right) \tag{6.4.88}$$

式中：$\boldsymbol{I}$为单位张量；矢量$\hat{\boldsymbol{U}}$的定义为

$$\hat{\boldsymbol{U}} = \left(\frac{M}{2kT}\right)^{\frac{1}{2}}\boldsymbol{U} \tag{6.4.89}$$

这里待定的函数$a(|\boldsymbol{U}|)$与$b(|\boldsymbol{U}|)$可以通过$\boldsymbol{A}$与$\boldsymbol{B}$分别满足方程(6.4.90)与(6.4.91)求得。这两个方程为

$$nL(\boldsymbol{A}) = f^{(0)}\left(|\hat{\boldsymbol{U}}|^2 - \frac{5}{2}\right)\boldsymbol{U} \tag{6.4.90}$$

$$nL(\boldsymbol{B}) = f^{(0)}\left(\hat{\boldsymbol{U}}\hat{\boldsymbol{U}} - \frac{1}{3}|\hat{\boldsymbol{U}}|^2\boldsymbol{I}\right) \tag{6.4.91}$$

式中算符$L(\cdot)$的定义同式(6.4.69)。

6. 一阶近似时黏性系数η与热传导系数λ的计算

在速度分布函数的一阶近似以下，$\boldsymbol{P}^{(1)}$和$\boldsymbol{q}^{(1)}$分别为

$$\boldsymbol{P}^{(1)} = -\int M(\boldsymbol{v}-\boldsymbol{V})(\boldsymbol{v}-\boldsymbol{V})f^{(1)}\mathrm{d}\boldsymbol{v} = -\int M\boldsymbol{U}\boldsymbol{U}f^{(1)}\mathrm{d}\boldsymbol{v} \tag{6.4.92}$$

$$\boldsymbol{q}^{(1)} = \int\frac{1}{2}M\boldsymbol{U}\,|\boldsymbol{U}|^2 f^{(1)}\mathrm{d}\boldsymbol{v} \tag{6.4.93}$$

其中

$$\mathrm{d}\boldsymbol{v} = \mathrm{d}v_1\mathrm{d}v_2\mathrm{d}v_3$$

为便于计算，引进括号积分的概念。首先考虑单组分气体，定义

$$[F,G] = \int GL(F)\,\mathrm{d}\boldsymbol{v} \tag{6.4.94}$$

式中 $L(F)$ 由式(6.4.69)定义。注意这里[·,·]不要误认为是 Poisson 括号(显然,这里式(6.4.94)与式(2.4.3)的定义完全不同)。利用括号积分的概念,于是有

$$[\boldsymbol{B},\boldsymbol{B}] = \int \boldsymbol{B} : L(\boldsymbol{B})\ \mathrm{d}\boldsymbol{v} \tag{6.4.95}$$

式中:$\boldsymbol{B}$ 为二阶张量

$$\frac{\partial \boldsymbol{V}}{\partial \boldsymbol{r}} = \nabla\boldsymbol{V}, \quad \left(\frac{\partial \boldsymbol{V}}{\partial \boldsymbol{r}}\right)^{\mathrm{T}} = (\nabla\boldsymbol{V})_{\mathrm{c}} \tag{6.4.96}$$

$\nabla\boldsymbol{V}$ 与 $(\nabla\boldsymbol{V})_{\mathrm{c}}$ 已分别由式(1.4.26)与式(1.4.27)定义。在直角坐标系中当省略了并矢量标架并采用矩阵形式表示时,则 $\nabla\boldsymbol{V}$ 与 $(\nabla\boldsymbol{V})_{\mathrm{c}}$ 分别可表示为

$$\nabla\boldsymbol{V} = \begin{bmatrix} \dfrac{\partial V_1}{\partial x} & \dfrac{\partial V_2}{\partial x} & \dfrac{\partial V_3}{\partial x} \\ \dfrac{\partial V_1}{\partial y} & \dfrac{\partial V_2}{\partial y} & \dfrac{\partial V_3}{\partial y} \\ \dfrac{\partial V_1}{\partial z} & \dfrac{\partial V_2}{\partial z} & \dfrac{\partial V_3}{\partial z} \end{bmatrix}, \quad (\nabla\boldsymbol{V})_{\mathrm{c}} = \begin{bmatrix} \dfrac{\partial V_1}{\partial x} & \dfrac{\partial V_1}{\partial y} & \dfrac{\partial V_1}{\partial z} \\ \dfrac{\partial V_2}{\partial x} & \dfrac{\partial V_2}{\partial y} & \dfrac{\partial V_2}{\partial z} \\ \dfrac{\partial V_3}{\partial x} & \dfrac{\partial V_3}{\partial y} & \dfrac{\partial V_3}{\partial z} \end{bmatrix} \tag{6.4.97}$$

因此应变率张量 $\boldsymbol{S}$ 与剪切率张量(又称切变率张量)$\mathring{\boldsymbol{S}}$ 分别为

$$\boldsymbol{S} = \frac{1}{2}[\nabla\boldsymbol{V} + (\nabla\boldsymbol{V})_{\mathrm{c}}] \tag{6.4.98}$$

$$\mathring{\boldsymbol{S}} = \boldsymbol{S} - \frac{1}{3}\boldsymbol{I}(\nabla\cdot\boldsymbol{V}) \tag{6.4.99}$$

式中:$\boldsymbol{I}$ 为单位张量。容易证明 $\boldsymbol{P}^{(1)}$(即式(6.4.92)与 $\boldsymbol{q}^{(1)}$ 即式(6.4.93))又可以分别表示为

$$\boldsymbol{P}^{(1)} = \frac{4kT}{5}[\boldsymbol{B},\boldsymbol{B}]\mathring{\boldsymbol{S}} \tag{6.4.100}$$

$$\boldsymbol{q}^{(1)} = -\frac{k}{3}[\boldsymbol{A},\boldsymbol{A}]\ \nabla T \tag{6.4.101}$$

式中:[·,·]为括号积分。矢量 $\boldsymbol{A}$ 与张量 $\boldsymbol{B}$ 的定义分别同式(6.4.87)与式(6.4.88)。如果令

$$2\eta \equiv \frac{4kT}{5}[\boldsymbol{B},\boldsymbol{B}] \tag{6.4.102}$$

$$\lambda \equiv \frac{k}{3}[\boldsymbol{A},\boldsymbol{A}] \tag{6.4.103}$$

则有

$$\boldsymbol{P}^{(1)} = 2\eta\mathring{\boldsymbol{S}}, \quad \boldsymbol{q} = -\lambda\nabla T \tag{6.4.104}$$

在式(6.4.102)与式(6.4.103)中的张量 $\boldsymbol{B}$ 与矢量 $\boldsymbol{A}$ 分别由式(6.4.88)与式(6.4.87)定义。上述几式中的 k 为 Boltzmann 常量,η 与 λ 分别为黏性系数和热

传导系数。在一级近似中，应力张量 $\boldsymbol{P}$ 为

$$\boldsymbol{P} = \boldsymbol{P}^{(0)} + \boldsymbol{P}^{(1)} = -p\,\boldsymbol{I} + 2\eta\mathring{\boldsymbol{S}} \tag{6.4.105}$$

显然，式(6.4.105)是著名的 Newton 定律，而

$$\boldsymbol{q} = -\lambda\nabla T \tag{6.4.106}$$

为 Fourier 定律。将 $\boldsymbol{P}^{(0)}$、$\boldsymbol{P}^{(1)}$、$\boldsymbol{q}^{(0)}$ 与 $\boldsymbol{q}^{(1)}$ 代入式(6.4.74)～式(6.4.76)中，可得

$$\frac{\mathrm{d}}{\mathrm{d}t}\rho = -\rho\,\nabla\cdot\boldsymbol{V} \tag{6.4.107}$$

$$\rho\frac{\mathrm{d}}{\mathrm{d}t}\boldsymbol{V} = \rho\,\boldsymbol{g} + 2\eta\,\nabla\cdot\mathring{\boldsymbol{S}} - \nabla p \tag{6.4.108}$$

$$\rho\frac{\mathrm{d}T}{\mathrm{d}t} = -\frac{2M}{3k}\left[-\nabla\cdot(\lambda\nabla T) + p\,\nabla\cdot\boldsymbol{V} - 2\eta\mathring{\boldsymbol{S}} : \nabla\boldsymbol{V}\right] \tag{6.4.109}$$

这就是 ρ、$\boldsymbol{V}$ 与 T 所满足的 Navier-Stokes 方程组。

7. 分布函数的二阶近似解以及 Burnett 方程组

考虑到二阶近似(即 $f=f^{(0)}+\varepsilon f^{(1)}+\varepsilon^2 f^{(2)}$)，这里 $f^{(0)}$ 与 $f^{(1)}$ 认为已经求得。$f^{(2)}$ 满足的方程为

$$J(f^{(2)}\;f_1^{(0)}) + J(f^{(0)}\;f_1^{(2)}) = (\mathfrak{D}f)^{(1)} - J(f^{(1)}\;f_1^{(1)}) \tag{6.4.110}$$

如果令

$$f^{(2)} = f^{(0)}\psi^{(2)} \tag{6.4.111}$$

可得

$$-n^2L(\psi^{(2)}) = (\mathfrak{D}f)^{(1)} - J(f^{(1)}\;f_1^{(1)}) \tag{6.4.112}$$

这是关于 $\psi^{(2)}$ 的非齐次积分方程。由式(6.4.112)中求解 $\psi^{(2)}$ 的过程，与由式(6.4.81)中确定 $\psi^{(1)}$ 的过程相类似，这里因篇幅所限不予细述。在 $\psi^{(2)}$ 确定后，由式(6.4.111)则 $f^{(2)}$ 便可得到，于是张量 $\boldsymbol{P}^{(2)}$ 与矢量 $\boldsymbol{q}^{(2)}$ 便可由式(6.4.113)和式(6.4.114)确定[48]：

$$\boldsymbol{P}^{(2)} = -\int M\boldsymbol{U}\boldsymbol{U}f^{(2)}\,\mathrm{d}\boldsymbol{v} = -2p[\psi^{(2)},\boldsymbol{B}] = -2p\int\boldsymbol{B}L(\psi^{(2)})\,\mathrm{d}\boldsymbol{v} \tag{6.4.113}$$

$$\boldsymbol{q}^{(2)} = \int\frac{1}{2}M\boldsymbol{U}|\boldsymbol{U}|^2 f^{(2)}\,\mathrm{d}\boldsymbol{v} = p\left(\frac{2kT}{M}\right)^{\frac{1}{2}}[\psi^{(2)},\boldsymbol{A}] = p\left(\frac{2kT}{M}\right)^{\frac{1}{2}}\int\boldsymbol{A}L(\psi^{(2)})\,\mathrm{d}\boldsymbol{v} \tag{6.4.114}$$

式中：[· , ·]为括号积分；$\boldsymbol{A}$ 与 $\boldsymbol{B}$ 的定义分别同式(6.4.90)与式(6.4.91)；p 为静压强；k 为 Boltzmann 常量。当 f 计算到二阶近似时，张量 $\boldsymbol{P}$ 与矢量 $\boldsymbol{q}$ 分别为

$$\boldsymbol{P} = 2\eta\mathring{\boldsymbol{S}} - p\boldsymbol{I} + \boldsymbol{P}^{(2)} \tag{6.4.115}$$

$$\boldsymbol{q} = -\lambda\nabla T + \boldsymbol{q}^{(2)} \tag{6.4.116}$$

此时的流体力学方程组变为

$$\frac{\mathrm{d}}{\mathrm{d}t}\rho = -\rho \nabla \cdot \boldsymbol{V} \tag{6.4.117}$$

$$\rho \frac{\mathrm{d}}{\mathrm{d}t}\boldsymbol{V} = \rho \boldsymbol{g} + \nabla \cdot \boldsymbol{P} \tag{6.4.118}$$

$$\rho \frac{\mathrm{d}e}{\mathrm{d}t} = -\nabla \cdot \boldsymbol{q} + \boldsymbol{P} : \frac{\partial \boldsymbol{V}}{\partial \boldsymbol{r}} = \boldsymbol{P} : \nabla \boldsymbol{V} - \nabla \cdot \boldsymbol{q} \tag{6.4.119}$$

这就是著名的 Burnett 方程组。在式(6.4.119)中的 e 为单位质量气体所具有的内能。显然,上述方程组是式(6.4.74)~式(6.4.76)在 $N=2$ 是的特殊形式。

8. 混合气体的黏性系数、热传导系数以及扩散通量的计算

在分子运动论中,黏性系数 η、热传导系数 λ 以及扩散通量 D_{AB} 分别为

$$\eta = K_\eta \frac{\sqrt{T}}{\sigma} \tag{6.4.120}$$

$$\lambda = K_\lambda \frac{\sqrt{T}}{\sigma} \tag{6.4.121}$$

$$D_{AB} = K_D \frac{\sqrt{T}}{n\sigma} \tag{6.4.122}$$

式中:D_{AB}为组元 A 进入组元 B 的二元扩散系数;K_η、K_λ、K_D 为常数;$\sigma=\pi d^2$ 为碰撞截面;n 为总粒子数密度;T 为温度。对于由组元 A 和组元 B 组成的二元混合气体,令组元 A 的质量通量为 $\boldsymbol{J}_A$,则

$$\boldsymbol{J}_A = -\rho \vartheta_{AB} \nabla Y_A \tag{6.4.123}$$

这就是 Fick 定理。式中 ϑ_{AB}为二组元扩散系数,Y_A 为组元 A 的质量比数,即

$$Y_A \equiv \frac{\rho_A}{\rho} \tag{6.4.124}$$

对于多组元气体,则这时的黏性系数 η,多组元扩散系数 ϑ_{im} 分别讨论如下,对于 η 为

$$\eta = \sum_i \frac{X_i \eta_i}{\sum_j (X_j \phi_{ij})} \tag{6.4.125}$$

这就是混合气体 Wilke 半经验关系式,式中

$$\phi_{ij} = \left[8\left(1+\frac{M_i}{M_j}\right)\right]^{-\frac{1}{2}} \left[1+\left(\frac{\eta_i}{\eta_j}\right)^{\frac{1}{2}} \left(\frac{M_j}{M_i}\right)^{\frac{1}{4}}\right]^2 \tag{6.4.126}$$

式中:η 为气体混合黏性系数;η_i 为借助于式(6.4.127)计算的 i 组元的黏性系数;M_i 为 i 组元的分子量;X_i 为 i 组元的摩尔比数;下标 i 与 j 分别代表 i 组元与 j 组元。对于单组元气体,黏性系数 η 的表达式为

$$\eta = 2.6693 \times 10^{-5} \frac{\sqrt{MT}}{\dot{d}^2 \Omega_\eta} \tag{6.4.127}$$

式中：$\dot{d}$ 为分子的特征直径；Ω_η 为碰撞积分。对单原子气体，热传导系数 λ 为

$$\lambda = 1.9891 \times 10^{-4} \frac{\sqrt{T/M}}{\dot{d}^2 \Omega_\lambda} \tag{6.4.128}$$

式中：Ω_λ 为碰撞积分，它是有效碰撞直径的函数[37]。对双原子或多原子气体，可借助于计及转动、振动和电子能的 Eucken 关系式计算 λ 值：

$$\lambda = \eta\left(\frac{5}{2}C_{v1} + C_{v2} + C_{v3} + C_{v4}\right) \tag{6.4.129}$$

式中：C_{v1}、C_{v2}、C_{v3} 和 C_{v4} 分别为平动、转动、振动与电子的定容比热容。另外，对于多组元扩散问题，可引进多组元扩散系数 ϑ_{im}，它与二元扩散系数 ϑ_{ij} 间有如下近似关系：

$$\vartheta_{im} = \frac{1 + X_i}{\sum_j \frac{X_j}{\vartheta_{ij}}} \tag{6.4.130}$$

在这种情况下，混合气体中 i 组元的扩散通量 $\boldsymbol{J}_i$

$$\boldsymbol{J}_i = -\rho\vartheta_{im} \nabla Y_i \tag{6.4.131}$$

式中：Y_i 为组元 i 的质量比数。

9. 传热的几种方式以及总热传导系数的概念

热传导、对流、扩散和辐射是传热的几种主要形式。传热现象的本质是由温度差引起的热能从温度高的地方转移到温度低的地方。热传导、对流和扩散传热虽然相互之间有些差别，但是在机理上有相似之处，它们都是以分子作为热的载体。固体的热传导是由于原子的振动和电子移动；液体与气体的热传导是分子的能量转移，分子的动能从高速运动的分子通过碰撞传给低速运动的分子。热传导的能量由 Fourier 定律给出，即

$$q_\lambda = -\lambda \nabla T \tag{6.4.132}$$

对于混合气体，这时热传导系数 λ 为

$$\lambda = \sum_i \frac{X_i \lambda_i}{\sum_j (X_j \phi_{ij}^*)} \tag{6.4.133}$$

其中

$$\phi_{ij}^* = \left[8\left(1 + \frac{M_i}{M_j}\right)\right]^{-\frac{1}{2}} \left[1 + \left(\frac{\lambda_i}{\lambda_j}\right)^{\frac{1}{2}} \left(\frac{M_j}{M_i}\right)^{\frac{1}{4}}\right]^2 \tag{6.4.134}$$

对流传热是运动流体中因质点移动所引起的能量交换，在工程应用中常用

Newton 冷却公式描述这种传热，即

$$q_w = \alpha \Delta T = \alpha_h \Delta h \tag{6.4.135}$$

式中：α 与 α_h 分别为用温度差和焓差表示的传热系数。在边界层理论中，多用外缘温度与恢复温度之差表示式(6.4.135)中的 ΔT 值。在热边界层传热分析中应用较多的是 Stanton 数 St 与 Nusselt 数 Nu，其定义分别为

$$St = \frac{q_w}{\rho_1 u_1 c_p \Delta T} = \frac{q_w}{\rho_1 u_1 \Delta h} \tag{6.4.136}$$

$$Nu = \frac{q_w L}{\lambda \Delta T} = \frac{q_w c_p L}{\lambda \Delta h} \tag{6.4.137}$$

式中：下标 1 表示参考条件；L 为特征长度；Δh 为焓差。这两个量纲为一的特征系数间的关系为

$$Nu = St \cdot Pr \cdot Re \tag{6.4.138}$$

式子：Pr 与 Re 分别为 Prandtl 数与 Reynolds 数。

扩散传热是指组分 i 从某一位置扩散到另一位置时，不仅携带着自身的能量，而且还参与了当地的化学反应，这表明质量扩散流动必然伴随着热能的转移，因此这样形成的能量运输形式称为扩散传热。令化学反应混合气体组元 i 的焓 h_i 包括热焓与化学焓，即

$$h_i = \int_{T_0}^{T} c_{pi} \mathrm{d}T + h_i^0 \tag{6.4.139a}$$

式中：h_i^0 为化学焓；于是混合气体的焓为

$$h = \sum_i Y_i h_i \tag{6.4.139b}$$

令 $\boldsymbol{V}_i$ 为组元 i 的运动速度，$\boldsymbol{V}$ 为气体混合物的运动速度，$\boldsymbol{U}_i$ 为组元 i 的扩散速度，它们之间的关系为

$$\boldsymbol{V}_i = \boldsymbol{V} + \boldsymbol{U}_i \tag{6.4.140}$$

于是混合气所有组元在某一位置处的扩散能量通量(记作 $\boldsymbol{q}_D$)为

$$\boldsymbol{q}_D = \sum_i (\rho_i \boldsymbol{U}_i h_i) \tag{6.4.141}$$

或者

$$\boldsymbol{q}_D = -\rho \sum_i (\vartheta_{im} h_i \nabla Y_i) \tag{6.4.142}$$

式(6.4.141)中的 $\boldsymbol{U}_i$ 含义同式(6.4.140)。

辐射传热与热传导、对流、扩散传热在机理上有显著区别。热传导、对流与扩散传热都是以分子为载体，是通过介质实现能量的转移。热辐射是以电磁波或光子为载体，光子的运动或者电磁波的传播并不依赖于介质的存在与否。也就是说，它既可以在介质中传播，也可以在真空中传播，辐射的总能量服从 Stefen-Boltzmann 定律，即

$$q_R = \varepsilon\sigma T^4 \tag{6.4.143}$$

式中：ε 为该物体的发射率；σ 为 Stefen-Boltzmann 常数；T 为热力学温度。通常，在一般气体动力学问题中，由于温度较低，无需考虑热辐射的影响。但在高超声速气动热力学问题中，辐射传热变得重要了，尤其是航天器在真空度极高的宇宙空间里飞行时，航天器与外界环境之间的换热主要以热辐射的方式进行，因此热辐射便不可忽略。

今考虑一个有温度梯度和浓度梯度的高温化学反应气体系统，其中在某一位置处的总能量通量为

$$\boldsymbol{q} = \boldsymbol{q}_\lambda + \boldsymbol{q}_D + \boldsymbol{q}_R + \boldsymbol{q}_C = -\lambda\nabla - \rho\sum_i(\vartheta_{im}h_i\nabla Y_i) + \boldsymbol{q}_R + \boldsymbol{q}_C \tag{6.4.144}$$

式中：$\boldsymbol{q}_C$ 为对流传热时的能量通量；$\boldsymbol{q}_\lambda$、$\boldsymbol{q}_D$ 与 $\boldsymbol{q}_R$ 分别为热传导、扩散传热和热辐射时的能量通量。另外，在某些高温流动问题的分析中，常引进总热传导系数的概念。例如在高温边界层流动中，如果仅考虑垂直于物面方向（y 向）存在温度梯度与浓度梯度时，则由式(6.4.144)得到 y 向的能量通量为

$$q_y = -\lambda\frac{\partial T}{\partial y} - \rho\sum_i\left(\vartheta_{im}h_i\frac{\partial Y_i}{\partial y}\right) \tag{6.4.145}$$

假定气体处于当地化学平衡状态，则 $Y_i = f(p,T)$，于是 Y_i 的全微分为

$$\mathrm{d}Y_i = \left(\frac{\partial Y_i}{\partial T}\right)_p\mathrm{d}T + \left(\frac{\partial Y_i}{\partial p}\right)_T\mathrm{d}p \tag{6.4.146}$$

注意到在边界层中，p 沿 y 方向为常数，于是式(6.4.146)变为

$$\frac{\partial Y_i}{\partial y} = \frac{\partial Y_i}{\partial T}\frac{\partial T}{\partial y} \tag{6.4.147}$$

将式(6.4.147)代入式(6.4.145)后，得

$$q_y = -\lambda_r\frac{\partial T}{\partial y} - \rho\left[\sum_i\vartheta_{im}h_i\frac{\partial Y_i}{\partial T}\right]\frac{\partial T}{\partial y} \tag{6.4.148}$$

或者

$$q_y = -\lambda_T\frac{\partial T}{\partial y} = -(\lambda + \lambda_D)\frac{\partial T}{\partial y} \tag{6.4.149}$$

式中：λ 为热传导系数；λ_D 为反应热传导系数，它是由扩散产生的并且有

$$\lambda_D = \rho\sum_i\vartheta_{im}h_i\frac{\partial Y_i}{\partial T} \tag{6.4.150}$$

于是式(6.4.149)中的 λ_T 便称为总热传导系数，其定义为

$$\lambda_T = \lambda + \rho\sum_i\vartheta_{im}h_i\frac{\partial Y_i}{\partial T} \tag{6.4.151}$$

显然，式(6.4.151)只适用于当地处于化学平衡的流动状态。在这种状态下，$h = h(T,P)$，于是 h 的全微分为

$$\mathrm{d}h=\left(\frac{\partial h}{\partial T}\right)_p\mathrm{d}T+\left(\frac{\partial h}{\partial p}\right)_T\mathrm{d}p \tag{6.4.152}$$

由于在边界层问题中假定 p 沿 y 方向为常数并注意到$\left(\frac{\partial h}{\partial T}\right)_p=c_p$，于是由式(6.4.152)，得

$$\frac{\partial T}{\partial y}=\frac{1}{c_p}\frac{\partial h}{\partial y} \tag{6.4.153}$$

借助于式(6.4.153)，则式(6.4.149)可变为

$$q_y=-\lambda_T\frac{\partial T}{\partial y}=-\frac{\lambda_T}{c_p}\frac{\partial h}{\partial y}=-\frac{\eta}{Pr^*}\frac{\partial h}{\partial y} \tag{6.4.154}$$

式中：Pr^* 为流动处于当地化学平衡时的 Prandtl 数，简称为平衡 Prandtl 数，其定义为

$$Pr^*=\frac{\eta c_p}{\lambda_T} \tag{6.4.155}$$

式中：η 为黏性系数；λ_T 为总热传导系数；c_p 为定压比热容。

第 7 章　高温气体的热力学与化学热力学特性

正如王竹溪先生指出的，在热学理论中有两种不同的理论，即一种是热力学[9]，另一种是统计物理学[27]。这两种理论总的目标是相同的，都是研究热的现象，但采用的方法不同，热力学所根据的是自然界中的热力学第一定律、第二定律和第三定律，这些定律不是由某些实验直接证明的，而是无数经验的总结，因而热力学的推论有高度的可靠性与普遍性，但它对特殊物质的特性不能给出具体的知识，而且热力学理论不能解释涨落现象。统计物理学正好弥补了热力学的这个缺点，它可以解释涨落现象，而且在对某种特殊物质作一些简单的物质分子结构模型的假设之后，可以推论出这种物质的特性。但是统计物理学也有它的局限性，这是由于在统计物理学中对物质的分子结构模型所作的简化假设只是实际的近似代表，所以理论推出的结果有时与实际不能完全符合。本章主要用经典热力学理论讨论各热力学变量之间的关系以及高温化学反应混合气体的热力学特性，而第 8 章采用统计热力学理论对高温流动作必要的分析。应该指出的是，高温气体特别是高温空气的热力学和化学热力学理论，是气动热力学的主要基础理论。另外，统计热力学的理论对高温流动的分析也是必不可少的。

7.1　高温气体的热力学特性

1. 真实气体与完全气体

空气由分子组成，这些分子处在无规则运动中，并不断地与邻近分子发生碰撞。选定其中一个分子，通过观察可以发现，该分子的周围存在一个力场，这个力场是由分子内的电子与原子核的电磁作用产生的。一般来讲，该力场的范围大于分子的直径，并可以使邻近的分子感受到。反之，该分子也可以感受到邻近分子力场的作用。这样的力场称为分子相互作用势。令分子 A 与分子 B 相互间的作用势能为 U_{AB}，如果气体处于平衡态，由分子动力论知道具有势能为 U_{AB} 的两分子的概率正比于 Boltzmann 因子 $\exp(-U_{AB}/(kT))$，于是平均势能为 $\bar{U}_{AB}$；对于弱相互作用（即两分子大距离）情形，$|U_{AB}-\bar{U}_{AB}|\ll kT$，通常认为两分子之间的相互作用势能是随距离的增大呈负 6 次幂的形式下降的；分子之间的相互作用力可粗略划分为分子间的排斥力以及吸引力两大类。前者在小距离上（如小于 10^{-10} m 时）起作用；后者在大距离上（如大于 10^{-10} m，而小于 10^{-9} 时；当大于 10^{-9} m 时分子力可

以忽略不计)起作用。当两个分子的电子云相互搭接时,分子间的排斥力很大,这时相互作用势以指数形式随距离的增大而降低,可表为 $U_{AB}=C_1\exp(-C_2 r_{AB})$。图 7.1 给出两分子间相互作用势的示意图。图 7.2 给出两分子间相互作用力的示意图。这里需指出的是,对于复杂的分子,严格的理论分析是困难的,因此在实际应用与理论研究中多采用模型。下面给出 8 个典型模型:

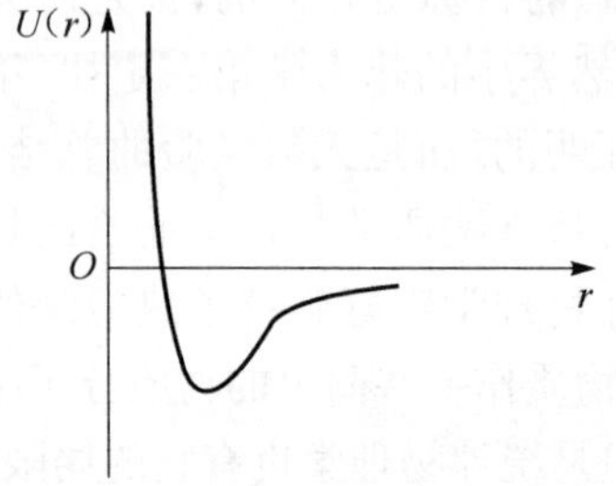

图 7.1 两分子间的相互作用势

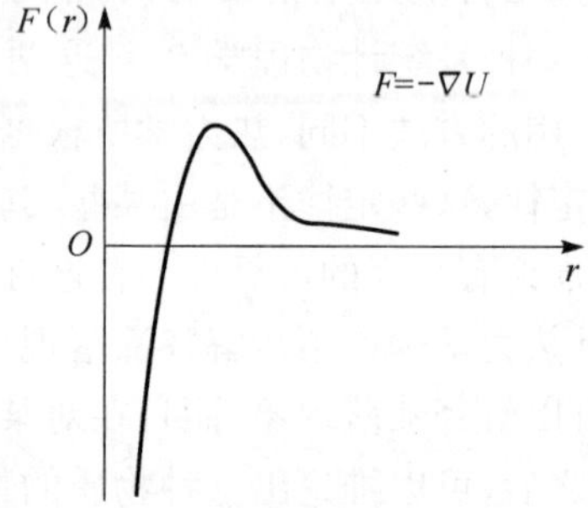

图 7.2 两分子间的相互作用力

(1) 硬球(hard sphere)模型,又称弹性球模型。该模型是将分子看成一个弹性球,令 d_A 与 d_B 分别表示两个分子 A 与 B 的直径,r 表示两分子的间距,于是它们的相互作用势 $U(r)$ 为

$$U(r)=\begin{cases}\infty & (r\leqslant d)\\ 0 & (r>d)\end{cases} \tag{7.1.1a}$$

其中

$$d=\frac{d_A+d_B}{2} \tag{7.1.1b}$$

(2) 负幂律模型,又称中心排斥模型。这一模型假定分子相互作用势按中心距离 r 的某个负 α 次幂变化,即

$$U(r)=\frac{a}{r^{\alpha}} \tag{7.1.2}$$

特别地,当 $\alpha=4$ 时,称为 Maxwell 分子。

(3) Lennard-Jones 模型,简称 L-J 模型。这一分子作用势模型不仅考虑了分子间的短程排斥作用,而且还考虑了分子间的长程吸引作用,其相互作用势为

$$U(r)=\frac{a}{r^{n}}-\frac{b}{r^{m}} \tag{7.1.3}$$

式中常数 a 与 b 由实验测定。L-J 模型与真实分子的相互作用势较为接近。在 L-J 模型中,常用 6-12 模型,其相互作用势表达式为

$$U(r)=4W_0\left[\left(\frac{d}{r}\right)^{12}-\left(\frac{d}{r}\right)^{6}\right] \tag{7.1.4}$$

(4) 12-6-4 模型。这个模型通常是描述带电离子与中性分子之间的相互作用，该模型是由 L-J 的 6-12 模型作用势以及点电荷与极化分子间的相互作用势叠加而成，其表达式为

$$U(r)=\frac{a}{r^{12}}-\frac{b}{r^{6}}-\frac{c}{r^{4}} \tag{7.1.5}$$

式中：a、b、c 为实验测定常数。在 12-6-4 模型中，用负 4 次幂势及部分负 6 次幂势去模拟点电荷与极化分子间的相互作用。图 7.3(a)～(d)分别给出硬球模型、负幂律模型、L-J 模型与 12-6-4 模型的作用势 $U(r)$ 曲线。

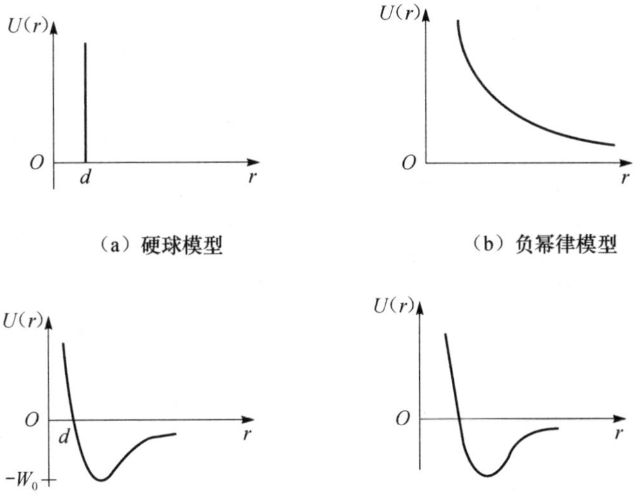

(a) 硬球模型　(b) 负幂律模型

(c) L-J模型　(d) 12-6-4模型

图 7.3　四种典型的分子模型

(5) Coulomb 势模型。这种模型通常是描述带电分子之间的相互作用，其表达式为

$$U(r)=\frac{a}{r} \tag{7.1.6}$$

由于带电分子周围存在电屏蔽现象，因此带电分子间的 Coulomb 势总是被 Debye 屏蔽半径 d 所截断，所以带电分子间的 Coulomb 势只是在 $0\sim d$ 的范围内起作用，其数学表达式为

$$U(r)=\begin{cases}\dfrac{a}{r} & (r\leqslant d)\\ 0 & (r>d)\end{cases} \tag{7.1.7}$$

式中：d 为 Debye 屏蔽半径，该值依赖于气体温度 T 以及电子数密度 Ne，即

$$d=6.9\sqrt{\frac{T}{Ne}} \tag{7.1.8}$$

(6) 方井模型。这种模型的表达式为

$$U(r)=\begin{cases}\infty & (r<d)\\ -W_0 & (d\leqslant r\leqslant d_0)\\ 0 & (r>d_0)\end{cases} \tag{7.1.9}$$

方井模型采取了硬球模型去模拟排斥力部分，采用了方井去模拟吸引力部分，其作用区域为方井宽度 d_0-d。图 7.4(b)给出该模型的相互作用势 $U(r)$。

(7) Sutherland 模型。该模型采取了硬球模型去模拟排斥力部分，而采取负幂律模型去模拟吸引力部分。这个模型相互作用势 $U(r)$的表达式为

$$U(r)=\begin{cases}\infty & (r<d)\\ \dfrac{-a}{r^n} & (r>d)\end{cases} \tag{7.1.10}$$

(8) Buckingham 模型。这个模型相互作用势 $U(r)$的表达式为

$$U(r)=a[\exp(-br)]-\frac{c}{r^6}-\frac{d}{r^8} \tag{7.1.11}$$

该模型采用指数项去模拟排斥力部分，采用模拟偶极子之间相互作用势的办法去模拟吸引力部分。图 7.4(a)～(d)分别给出 Coulomb 势模型、方井模型、Sutherland 模型与 Buckingham 模型的两分子间相互作用势 $U(r)$的图形。

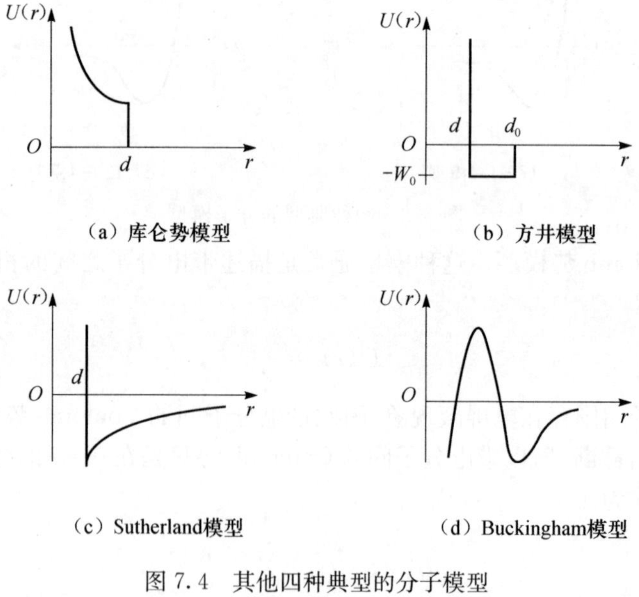

图 7.4 其他四种典型的分子模型

综上所述，上面给出的八种经验的或半经验的分子相互作用势模型，在这些模型中都包含由实验确定的拟合参数。事实上，企图直接通过仪表去测量这些参数是很困难的，因此通常人们是采用间接的实验方法确定，也就是说，在给定的相互

作用势模型的基础上通过理论方法计算出一个或更多个宏观量，然后用实验去测量这些宏观量，以便确定出现在分子相互作用势模型中的拟合参数。下面举例说明上述基本思想：今考查真实气体的状态方程

$$\frac{p\nu}{RT}=1+\frac{B_2(T)}{\nu}+\frac{B_3(T)}{\nu^2}+\cdots \tag{7.1.12}$$

式中：p、ν、T 分别为气体的压强、比容、温度，它们都是由实验测量所确定的宏观量；R 为已知的气体常量。系数 B_2、B_3…仅依赖于气体的宏观温度 T，它们可以通过改变容器中气体的温度并测定出气体的压强得以确定。另外，在给定气体分子的相互作用势模型后，便可由统计物理学或气体分子运动论中的相应方法去确定系数 B_2、B_3…对温度 T 的依赖关系。因此，比较实验与理论结果便可以确定出相互作用势中的拟合参数。类似地，在给定了分子相互作用势模型之后，也可以根据气体分子运动论中的方法去确定气体的黏性系数、热传导系数、扩散系数等输运系数。然后再通过宏观实验的方法测量出这些系数，最后再将理论结果与实验值进行比较并确定相互作用势中的拟合参数。上面提到的两种实验方法都是最常用的方法，二者的差别在于，测定真实气体状态方程的方法所确定的参数，主要是用由大尺度的吸引力起主要作用的参数；测定输运系数的方法所确定的参数，则主要取决于分子的碰撞特性。应该指出的是，以上所讨论的分子作用势模型都是球对称形式，而没有考虑分子间相对角位置影响。因此严格地说，上述模型仅适用于球对称的单原子分子情况。一般来说，复杂分子的相互作用势还应依赖于分子相对的角位置，即作用势应该具有 $U=U(r,\theta,\phi)$ 的形式，这里因篇幅所限对此不作进一步讨论。显然，分子之间的作用势直接影响着气体的宏观特性。基于上面的讨论，可将气体划分为两大类：一类是考虑分子之间作用力的气体，即真实气体（real gas）；另一种是忽略分子之间作用力的气体，即完全气体（perfect gas）。

2. 气体的热力学属性分类

如果按照气体的热力学属性来分类时又可以分成如下四类：

(1) 量热完全气体（calorically perfect gas）。这类气体的定压比热容 c_p 与定容比热容 c_V 为常数，因此这种气体的单位质量焓 h 与内能 e 便仅是温度的函数，并且有

$$h=c_pT \tag{7.1.13}$$

$$e=c_VT \tag{7.1.14}$$

它的状态方程为

$$p=\rho RT \tag{7.1.15}$$

(2) 热完全气体（theramally perfect gas）。这类气体的定压比热容 c_p 与定容比热容 c_V 都仅为温度的函数，比热比 γ 也随着温度变化，于是单位质量焓 h 和内

能 e 与温度的微分关系为

$$dh = c_p(T)dT \tag{7.1.16}$$

$$de = c_V(T)dT \tag{7.1.17}$$

这种气体的状态方程仍是式(7.1.15)，并且 R 为常量。由于这种气体的比热容随温度而变化，因此气体的整体性质也随之变化。之所以有这种变化是由于气体分子内部能态激发，如振动能的激发或者电子能的激发导致的。

(3) 化学反应完全气体混合物(chemically reacting mixture of perfect gases)。这是气动热力学研究中常采用的气体模型。在一个化学反应系统中，当系统达到平衡时，化学组分只依赖于平衡时的压强与温度；当系统处于非平衡时，则组分不仅依赖于压强和温度而且还与所经历的时间有关。因此，化学反应完全气体混合物可能处于平衡态，也可能处于非平衡态。今考虑一个压强为 p，温度为 T 的化学反应完全气体混合系统，令单位质量混合物中每种组分的粒子数分别为 $N_1, N_2, \cdots, N_n$；由于每一种组分都是完全气体，因此对任一组分 i 则它的内能 E_i 与焓 H_i 只是温度的函数，而化学反应混合物的焓 H 与内能 E 不仅与每种组分的 E_i、H_i 有关，而且还与每种组分的量有关，于是在非平衡情况下，化学反应完全气体混合物的热力学参数可表示为

$$h = \sum_i (C_i h_i) = h(T, N_1, N_2, \cdots, N_n) \tag{7.1.18}$$

$$e = \sum_i (C_i e_i) = e(T, N_1, N_2, \cdots, N_n) \tag{7.1.19}$$

$$c_p = f_1(T, N_1, N_2, \cdots, N_n) \tag{7.1.20}$$

$$c_V = f_2(T, N_1, N_2, \cdots, N_n) \tag{7.1.21}$$

$$p = \rho RT \tag{7.1.22}$$

式中：$C_1, C_2, \cdots, C_n$ 为组元的质量分数(又称质量比数)；$N_1, N_2, \cdots, N_n$ 一般取决于 p 与 T 以及气体流动的时间历程。在混合气体的状态方程(7.1.22)中，R 为一个变量，这是由于对于非平衡系统来讲 M 为变量的缘故，这里 M 与气体常量 R 间的关系为

$$R = \frac{R_0}{M} \tag{7.1.23}$$

式中：R_0 为摩尔气体常量；M 为混合气体的平均分子质量。在平衡情况下，混合气体的成分仅为 p 与 T 的函数(即 $N_1 = N_1(p,T), N_2 = N_2(p,T), \cdots, N_n = N_n(p,T)$)，于是在平衡情况下化学反应完全气体混合场的热力学参数可表示为

$$h = h(T, p) \tag{7.1.24}$$

$$e = e(T, p) \tag{7.1.25}$$

$$c_p = c_p(T, p) \tag{7.1.26}$$

$$c_V = c_V(T, p) \tag{7.1.27}$$

(4) 真实气体。气体在高压或低温的条件下,促成了分子间的力对气体宏观特性的影响。然而,在这样的条件下往往又会使气体难以产生化学反应,所以这里仅讨论无化学反应的真实气体。对考虑分子之间相互作用力的真实气体而言,这时气体的热力学参数仅为压强与温度的函数,其表达式为

$$h = h(T, p) \tag{7.1.28}$$

$$e = e(T, p) \tag{7.1.29}$$

$$c_p = c_p(T, p) \tag{7.1.30}$$

$$c_V = c_V(T, p) \tag{7.1.31}$$

对于真实气体来讲,完全气体的状态方程不再有效。真实气体的状态方程有多种形式,自 1873 年 van der Waals 提出他的状态方程以来,国际上已发表了几百个状态方程式。这些方程按用途大致可分为两类:一类是用来关联某种流体的 p、V、T 实验数据的经验方程,以提供标准数据以及绘制图表;另一类是适用于工程计算的通用性方程。这类方程一般比较简单,具有一定的准确度,而且便于微分与积分。van der Waals 方程为

$$\left(p + \frac{a}{v^2}\right)(v - b) = RT \tag{7.1.32}$$

式中:a 与 b 为常数,可通过实验测定。式(7.1.32)中 a/v^2 项考虑到分子间力的影响,而 b 考虑到气体粒子自身体积对系统体积的影响。注意到临界点的压力 p_c、温度 T_c 与 van der Waals 常数 a、b 间的关系,即

$$p_c = \frac{a}{27b^2}, \quad V_c = 3b, \quad T_c = \frac{8a}{27bR} \tag{7.1.33}$$

并注意引进量纲为一的参数 p^*、V^*、T^*,其定义为

$$p^* = \frac{p}{p_c}, \quad V^* = \frac{v}{V_c}, \quad T^* = \frac{T}{T_c} \tag{7.1.34}$$

于是式(7.1.32)又可变为 van der Waals 方程的更普遍形式,即 van der Waals 对比态方程:

$$\left(p^* + \frac{3}{V^{*2}}\right)(3V^* - 1) = 8T^* \tag{7.1.35}$$

另外,Virial 方程式按密度把压缩因子 Z 展开成幂级数表达的方程,即

$$Z \equiv \frac{p\nu}{RT} = 1 + B\rho + C\rho^2 + D\rho^3 + \cdots \tag{7.1.36}$$

或者

$$Z \equiv \frac{p\nu}{RT} = 1 + \frac{B}{\nu} + \frac{C}{\nu^2} + \frac{D}{\nu^3} + \cdots \tag{7.1.37}$$

式中:B、C、D…分别为第二 Virial 系数、第三 Virial 系数,等等。Virial 方程具有坚实的理论基础,其系数有确切的物理意义,它们与分子间的作用力有直接联系

(例如,第二维里系数与两个分子间的碰撞或相互作用有关;第三维里系数与三个分子的碰撞有关。……)借助于统计力学便可以导出各 Virial 系数与分子间位能函数的关系式,这里因篇幅所限不作详细讨论。显然,如果将式(7.1.32)变为

$$Z \equiv \frac{p\nu}{RT} = \left(1 - \frac{b}{\nu}\right)^{-1} - \frac{a}{RT}\frac{1}{\nu} \tag{7.1.38}$$

由于$\frac{b}{\nu}$是一个很小的数值,因此可以将$\left(1-\frac{b}{\nu}\right)^{-1}$展成幂级数,于是这时式(7.1.38)便可变为如下的 Virial 形式:

$$Z = 1 + \frac{b - \frac{a}{RT}}{\nu} + \frac{b^2}{\nu^2} + \frac{b^3}{\nu^3} + \cdots \tag{7.1.39}$$

其中这里的第二 Virial 系数 B、第三 Virial 系数 C 以及第四 Virial 系数 D 分别为

$$B = b - \frac{a}{RT}, \quad C = b^2, \quad D = b^3 \tag{7.1.40}$$

7.2 流体运动的热力学第一定律

当气体在流场中运动时,任取一个质量为 Δm 的微元封闭体系,热力学第一定律可用如下普遍形式表达:

$$\frac{\mathrm{d}E}{\mathrm{d}t} = \dot{Q} - \dot{L} \quad \text{或者} \quad \mathrm{d}E = \delta Q - \delta L \tag{7.2.1}$$

值得注意的是,功与热量都是跨越边界转移中的能量。尽管热量与功都是与过程有关的量(即它们都不是状态函数),但 $\delta Q - \delta L$ 确是系统状态函数的微分。另外,按照热力学惯例还规定:系统吸热为正,对外做功为正,此外,式(7.2.1)中 $\dot{Q}$ 和 $\dot{L}$ 分别表示单位时间内外界对所考察体系的传热率和该体系对外界的做功率,而 $\mathrm{d}E/\mathrm{d}t$ 则是该体系的内能对时间的导数。在具体表达式(7.2.1)中的三项时,不论观察者是否静止或观察者随体系一起运动,$\dot{Q}$ 总是表示由于所取体系的温度和外界温度之间的差别所引起的穿过体系边界的传热率,但是体系中内能的增加率和体系边界上力对外界的做功率是随观察者的不同而不同。下面分别考虑如下两种情况时 $\mathrm{d}E/\mathrm{d}t$ 和 $\dot{L}$ 的表达式。

1) 观察者静止不动

在不考虑体积力的情况下,这时观察者看到的单位质量气体对外的做功率为 $-\frac{1}{\rho}\nabla\cdot(\pi\cdot V)$,并注意到

$$\nabla\cdot(\boldsymbol{\pi}\cdot\boldsymbol{V}) = \nabla\cdot(\boldsymbol{\Pi}\cdot\boldsymbol{V}) - \nabla\cdot(p\boldsymbol{V}) \tag{7.2.2}$$

式中:$\boldsymbol{\pi}$ 与 $\boldsymbol{\Pi}$ 分别为应力张量与黏性应力张量。$\frac{1}{\rho}\nabla\cdot(p\boldsymbol{V})$代表这时观察者所观

察到的单位质量气体对外所做的压缩功率；这时观察者所看到的单位质量气体内能的增加率为$\frac{\mathrm{d}}{\mathrm{d}t}\left(e+\frac{\boldsymbol{V}\cdot\boldsymbol{V}}{2}\right)$，这里 e 为气体热力状态函数的狭义内能，$\boldsymbol{V}$ 为气体流动速度矢量。通常 $e+\frac{\boldsymbol{V}\cdot\boldsymbol{V}}{2}\equiv e_t$，并定义 e_t 为单位质量气体具有的广义内能。因此，对于单位质量的气体而言，此时式(7.2.1)便可变为

$$\frac{\mathrm{d}e_t}{\mathrm{d}t}=\frac{\dot{Q}}{\Delta m}-\frac{\dot{L}}{\Delta m}=\frac{\dot{Q}}{\Delta m}+\frac{1}{\rho}\nabla\cdot(\boldsymbol{\pi}\cdot\boldsymbol{V})=\frac{\nabla\cdot(\boldsymbol{\pi}\cdot\boldsymbol{V})}{\rho}-\frac{\nabla\cdot\boldsymbol{q}}{\rho}\tag{7.2.3}$$

式中：$\boldsymbol{q}$ 为热流矢量，

$$\boldsymbol{q}=-\lambda\nabla T$$

2）观察者随气体一起运动（即随体观察者）

在不考虑体积力的情况下，这时观察者所观察到的单位质量气体对外做功率为 $p\frac{\mathrm{d}}{\mathrm{d}t}\left(\frac{1}{\rho}\right)-\frac{\phi}{\rho}$，这里单位体积流体所具有的耗散函数 ϕ 为

$$\phi=\boldsymbol{\Pi}:\boldsymbol{D}=\boldsymbol{\Pi}:\nabla\boldsymbol{V}\tag{7.2.4}$$

式中：$\boldsymbol{D}$ 为应变速率张量。此外，$p\frac{\mathrm{d}}{\mathrm{d}t}\left(\frac{1}{\rho}\right)$项为通常热力学上所讲的单位质量气体所做的压缩功率。另外，这时观察者所看到的单位质量气体内能的增加率为$\frac{\mathrm{d}e}{\mathrm{d}t}$；对于单位质量的气体来讲，此时式(7.2.1)便被写为

$$\frac{\mathrm{d}e}{\mathrm{d}t}=\frac{\phi}{\rho}-p\frac{\mathrm{d}}{\mathrm{d}t}\left(\frac{1}{\rho}\right)-\frac{\nabla\cdot\boldsymbol{q}}{\rho}\tag{7.2.5}$$

7.3　流体运动的热力学第二定律

考虑一个单相的 k 个化学组元的单位质量均匀系统，于是热力学第二定律的基本微分方程（又称为 Gibbs 方程）为

$$T\mathrm{d}s=\mathrm{d}e+p\mathrm{d}v-\sum_{i=1}^{k}(\mu_i dc_i)\tag{7.3.1}$$

式中：e 为单位质量气体具有的内能（简称比内能）；v 为比容；s 为比熵；C_i 为组元 i 的质量分数；μ_i 为组元 i 的质量化学势。对于可逆过程，则

$$\sum_{i=1}^{k}(\mu_i\mathrm{d}c_i)=0\tag{7.3.2}$$

可逆过程仅仅对平衡系统才发生，所以在局部平衡态的假设下，流场中任意流体微团恒有

$$T\mathrm{d}s=\mathrm{d}e+p\mathrm{d}v=\mathrm{d}e+p\mathrm{d}\left(\frac{1}{\rho}\right)=\mathrm{d}h-\frac{1}{\rho}\mathrm{d}p\tag{7.3.3}$$

另外,将连续方程整理为

$$p\,\nabla\cdot\boldsymbol{V}=p\rho\,\frac{\mathrm{d}}{\mathrm{d}t}\left(\frac{1}{\rho}\right)\tag{7.3.4}$$

代入式(7.3.3)便有

$$\rho\,\frac{\mathrm{d}e}{\mathrm{d}t}+p\,\nabla\cdot\boldsymbol{V}=\rho T\,\frac{\mathrm{d}s}{\mathrm{d}t}\tag{7.3.5}$$

然后,代入式(7.2.5)便推出

$$\rho\,\frac{\mathrm{d}s}{\mathrm{d}t}=\frac{\phi}{T}-\frac{\nabla\cdot\boldsymbol{q}}{T}\tag{7.3.6}$$

注意到

$$\nabla\cdot\frac{\boldsymbol{q}}{T}=\frac{\nabla\cdot\boldsymbol{q}}{T}-\boldsymbol{q}\cdot\frac{\nabla T}{T^2}\tag{7.3.7}$$

式中:$\frac{\boldsymbol{q}}{T}$为熵通量。于是将式(7.3.7)代入式(7.3.6)后得到

$$\rho\,\frac{\mathrm{d}s}{\mathrm{d}t}+\nabla\cdot\frac{\boldsymbol{q}}{T}=\frac{\phi}{T}+\lambda\,\frac{(\nabla T)^2}{T^2}\geqslant 0\tag{7.3.8}$$

式中:s 为比熵。显然,由于式(7.3.8)中耗散函数 ϕ 与热传导系数 λ 都是正数,故式(7.3.8)右端两项之和是正的。因此式(7.3.8)是热力学第二定律在流体力学中的又一种表达形式。引进单位体积里的熵产生率 ϑ,即

$$\vartheta=\frac{1}{T}\left(\phi-\boldsymbol{q}\cdot\frac{\nabla T}{T}\right)=\frac{\phi}{T}+\lambda\,\frac{(\nabla T)^2}{T^2}\tag{7.3.9}$$

它反映不可逆过程所产生的熵。考虑到熵为广延量,用 s^* 表示一流体集合所具有的熵,于是积分式(7.3.8)并注意使用广义 Gauss 公式便得到

$$\frac{\mathrm{d}s^*}{\mathrm{d}t}=\iiint_{\tau}\vartheta\,\mathrm{d}\tau+\oint\!\!\!\oint_{\sigma}\frac{\boldsymbol{q}}{T}\cdot\boldsymbol{n}\,\mathrm{d}\sigma\tag{7.3.10}$$

显然,无论上面所考虑的流体集合内部如何进行复杂的功与热量的交换,只要在流体集合的边界上热流处处为零,那么这个给定的流体集合就是热力学的热孤立系统,这时

$$\mathrm{d}s^*\geqslant 0\tag{7.3.11}$$

即一个孤立系统的熵是永远不会减少的。

7.4　热力学函数与普遍微分关系式

考虑单位质量的气体,引进四个热力学特征函数:内能 e,焓 h,Helmholtz 自由能 f,与 Gibbs 自由焓 g,并且取 $e=e(v,s)$,$h=h(p,s)$,$f=f(T,v)$ 与 $g=g(T,p)$,其中

$$h = e + pv \tag{7.4.1}$$

$$f = e - Ts \tag{7.4.2}$$

$$g = h - Ts \tag{7.4.3}$$

对于封闭均匀系统的可逆过程，其热力学基本微分方程为

$$\begin{cases} \mathrm{d}e = T\mathrm{d}s - p\mathrm{d}v + \sum_{i=1}^{k}(\mu_i \mathrm{d}c_i) \\ \mathrm{d}h = T\mathrm{d}s + v\mathrm{d}p + \sum_{i=1}^{k}(\mu_i \mathrm{d}c_i) \\ \mathrm{d}f = -s\mathrm{d}T - p\mathrm{d}v + \sum_{i=1}^{k}(\mu_i \mathrm{d}c_i) \\ \mathrm{d}g = -s\mathrm{d}T + v\mathrm{d}p + \sum_{i=1}^{k}(\mu_i \mathrm{d}c_i) \end{cases} \tag{7.4.4}$$

为简便起见，在以下讨论中暂时先不考虑化学势的影响，于是由热力学基本微分方程的全微分条件，便可以导出下列热力学关系式：

$$\begin{cases} T = \left(\frac{\partial e}{\partial s}\right)_v = \left(\frac{\partial h}{\partial s}\right)_p \\ p = -\left(\frac{\partial e}{\partial v}\right)_s = -\left(\frac{\partial f}{\partial v}\right)_T \\ v = \left(\frac{\partial e}{\partial p}\right)_s = \left(\frac{\partial g}{\partial p}\right)_T \\ s = -\left(\frac{\partial f}{\partial T}\right)_v = -\left(\frac{\partial g}{\partial T}\right)_p \end{cases} \tag{7.4.5}$$

再利用全微分中两项交叉导数相等条件，便得到 Maxwell 关系式：

$$\begin{cases} \left(\frac{\partial T}{\partial p}\right)_s = \left(\frac{\partial v}{\partial s}\right)_p \\ \left(\frac{\partial T}{\partial v}\right)_s = -\left(\frac{\partial p}{\partial s}\right)_v \\ \left(\frac{\partial p}{\partial T}\right)_v = \left(\frac{\partial s}{\partial v}\right)_T \\ \left(\frac{\partial v}{\partial T}\right)_p = -\left(\frac{\partial s}{\partial p}\right)_T \end{cases} \tag{7.4.6}$$

因此，在不考虑化学势的情况下又可得出关于熵 s、内能 e、焓 h 以及比热容的普遍微分关系：

$$\mathrm{d}s = \frac{c_V}{T}\mathrm{d}T + \left(\frac{\partial p}{\partial T}\right)_v \mathrm{d}v = \frac{c_p}{T}\left(\frac{\partial T}{\partial v}\right)_p \mathrm{d}v + \frac{c_V}{T}\left(\frac{\partial T}{\partial p}\right)_v \mathrm{d}p = \frac{c_p}{T}\mathrm{d}T - \left(\frac{\partial v}{\partial T}\right)_p \mathrm{d}p \tag{7.4.7}$$

$$\mathrm{d}e = c_V \mathrm{d}T + \left[T\left(\frac{\partial p}{\partial T}\right)_v - p\right]\mathrm{d}v = c_V\left(\frac{\partial T}{\partial p}\right)_v \mathrm{d}p + \left[c_p\left(\frac{\partial T}{\partial v}\right)_p - p\right]\mathrm{d}v$$
$$= \left[c_p - p\left(\frac{\partial v}{\partial T}\right)_p\right]\mathrm{d}T - \left[p\left(\frac{\partial v}{\partial p}\right)_T + T\left(\frac{\partial v}{\partial T}\right)_p\right]\mathrm{d}p \tag{7.4.8}$$

$$\mathrm{d}h = \left[c_V + v\left(\frac{\partial p}{\partial T}\right)_v\right]\mathrm{d}T + \left[T\left(\frac{\partial p}{\partial T}\right)_v + v\left(\frac{\partial p}{\partial v}\right)_T\right]\mathrm{d}v$$
$$= c_p \mathrm{d}T + \left[v - T\left(\frac{\partial v}{\partial T}\right)_p\right]\mathrm{d}p = \left[v + c_V\left(\frac{\partial T}{\partial p}\right)_v\right]\mathrm{d}p + c_p\left(\frac{\partial T}{\partial v}\right)_p \mathrm{d}v \tag{7.4.9}$$

$$c_V = \left(\frac{\partial e}{\partial T}\right)_v = T\left(\frac{\partial s}{\partial T}\right)_v \tag{7.4.10}$$

$$c_p = \left(\frac{\partial h}{\partial T}\right)_p = T\left(\frac{\partial s}{\partial T}\right)_p \tag{7.4.11}$$

$$c_p - c_V = T\left(\frac{\partial p}{\partial T}\right)_v\left(\frac{\partial v}{\partial T}\right)_p = T\left(\frac{\partial s}{\partial v}\right)_T\left(\frac{\partial v}{\partial T}\right)_p \tag{7.4.12}$$

1. 三个系数

引进三个系数即压缩系数 β_T 或 β_S、弹性系数(又称压强系数)α_v 以及热膨胀系数(又称体膨胀系数)α_p,其具体定义式为

$$\beta_T = -\frac{1}{v}\left(\frac{\partial v}{\partial p}\right)_T = \frac{1}{\rho}\left(\frac{\partial \rho}{\partial p}\right)_T \tag{7.4.13}$$

$$\beta_S = -\frac{1}{v}\left(\frac{\partial v}{\partial p}\right)_S = \frac{1}{\rho}\left(\frac{\partial \rho}{\partial p}\right)_S \tag{7.4.14}$$

$$\alpha_v = \frac{1}{p}\left(\frac{\partial p}{\partial T}\right)_v \tag{7.4.15}$$

$$\alpha_p = \frac{1}{v}\left(\frac{\partial v}{\partial T}\right)_p = -\frac{1}{\rho}\left(\frac{\partial \rho}{\partial T}\right)_p \tag{7.4.16}$$

式中:β_T 和 β_S 分别为等温压缩系数与等熵压缩系数;v 与 ρ 分别为比容与密度;α_v 为定容压力温度系数或压力的温度系数;α_p 为等压热膨胀系数。显然,β_T 是体积弹性模量的倒数。引进比热比 γ,很容易证明 γ 是等温压缩系数与等熵压缩系数之比,即

$$\gamma \equiv \frac{C_p}{C_V} = \frac{\beta_T}{\beta_S} \tag{7.4.17}$$

并且这三个系数 α_p、α_v 和 β_T 之间的关系如下:

$$\alpha_p = p\beta_T\alpha_v \tag{7.4.18}$$

式(7.4.18)应用了下面的微分关系,即

$$\left(\frac{\partial v}{\partial T}\right)_p = -\left(\frac{\partial v}{\partial p}\right)_T \left(\frac{\partial p}{\partial T}\right)_v \tag{7.4.19}$$

2. 理想气体及相关的微分关系

理想气体又称完全气体，其状态方程又称 Clapeyron 方程，其表达式为

$$p = \rho RT \tag{7.4.20}$$

或者

$$pv = RT \tag{7.4.21}$$

$$\frac{\mathrm{d}p}{p} + \frac{\mathrm{d}v}{v} = \frac{\mathrm{d}T}{T} \tag{7.4.22}$$

前面给出的关于比热容 c_V 与 c_p、内能 e、焓 h 及熵 S 的普遍关系式，这时将退化为

$$e = c_V T, \quad \mathrm{d}e = c_V \mathrm{d}T \tag{7.4.23}$$

$$h = c_p T, \quad \mathrm{d}h = c_p \mathrm{d}T \tag{7.4.24}$$

$$c_p - c_V = R \tag{7.4.25}$$

$$c_V = \frac{R}{\gamma - 1} \tag{7.4.26}$$

$$c_p = \frac{\gamma R}{\gamma - 1} \tag{7.4.27}$$

$$\mathrm{d}s = c_V \frac{\mathrm{d}T}{T} + R\frac{\mathrm{d}v}{v} = c_V \frac{\mathrm{d}T}{T} - R\frac{\mathrm{d}\rho}{\rho} = c_p \frac{\mathrm{d}T}{T} - R\frac{\mathrm{d}p}{p} = c_V \frac{\mathrm{d}p}{p} + c_p \frac{\mathrm{d}v}{v} \tag{7.4.28}$$

或者

$$\begin{aligned} \mathrm{d}\left(\frac{s}{R}\right) &= \frac{1}{\gamma-1}\frac{\mathrm{d}p}{p} - \frac{\gamma}{\gamma-1}\frac{\mathrm{d}\rho}{\rho} = \frac{1}{\gamma-1}\mathrm{d}\ln p - \frac{\gamma}{\gamma-1}\mathrm{d}\ln\rho \\ &= \frac{1}{\gamma-1}\mathrm{d}\ln T - \mathrm{d}\ln\rho = \frac{\gamma}{\gamma-1}\mathrm{d}\ln T - \mathrm{d}\ln p \end{aligned} \tag{7.4.29}$$

式中：γ 为比热比；v 为气体的比容；R 为气体常量，对于不同的气体它有不同的值，其计算公式为

$$R = \frac{R_0}{M} \tag{7.4.30}$$

这里 R_0 为摩尔气体常量，它对所有气体都是同样值[$R_0 = 8314\mathrm{J/(kmol \cdot K)}$]；$M$ 为摩尔质量。对于空气的 $M = 28.95\mathrm{kg/kmol}$，而空气的 $R = 287\mathrm{J/(kg \cdot K)}$。

3. 函数行列式及其重要性质

在热力学与气动热力学的理论分析中，函数行列式是非常重要的数学工具之

一。这里分 6 个小问题对此作简要讨论：

(1) 假设三个函数 f、g、h 都是两个独立变数 x、y 的函数，则恒有

$$\left(\frac{\partial f}{\partial g}\right)_h=\frac{1}{\left(\frac{\partial g}{\partial f}\right)_h} \tag{7.4.31}$$

$$\left(\frac{\partial f}{\partial g}\right)_x=\frac{(\partial f/\partial y)_x}{(\partial g/\partial y)_x} \tag{7.4.32}$$

$$\left(\frac{\partial y}{\partial x}\right)_f=-\frac{(\partial f/\partial x)_y}{(\partial f/\partial y)_x} \tag{7.4.33}$$

$$\left(\frac{\partial f}{\partial g}\right)_h\left(\frac{\partial g}{\partial h}\right)_f\left(\frac{\partial h}{\partial f}\right)_g=-1 \tag{7.4.34}$$

$$\left(\frac{\partial f}{\partial x}\right)_g=\left(\frac{\partial f}{\partial x}\right)_y+\left(\frac{\partial f}{\partial y}\right)_x\left(\frac{\partial y}{\partial x}\right)_g \tag{7.4.35}$$

许多书中，常称式(7.4.31)为倒数关系式，称式(7.4.34)为循环关系式。

(2) 假设四个函数 f、g、h、k 都是两个独立变数 x、y 的函数，则恒有

$$\frac{\partial(f,g)}{\partial(h,k)}=\frac{\frac{\partial(f,g)}{\partial(x,y)}}{\frac{\partial(h,k)}{\partial(x,y)}} \tag{7.4.36}$$

$$\frac{\partial(f,g)}{\partial(x,y)}=\frac{1}{\frac{\partial(x,y)}{\partial(f,g)}} \tag{7.4.37}$$

$$\left(\frac{\partial f}{\partial g}\right)_h=\frac{\partial(f,h)}{\partial(g,h)} \tag{7.4.38}$$

$$\left(\frac{\partial f}{\partial g}\right)_h=\frac{\frac{\partial(f,h)}{\partial(x,y)}}{\frac{\partial(g,h)}{\partial(x,y)}} \tag{7.4.39}$$

$$\left(\frac{\partial f}{\partial x}\right)_g=\frac{\frac{\partial(f,g)}{\partial(x,y)}}{\left(\frac{\partial g}{\partial y}\right)_x} \tag{7.4.40}$$

$$\frac{\partial(f,g)}{\partial(x,y)}=\begin{vmatrix}\partial f/\partial x & \partial f/\partial y\\ \partial g/\partial x & \partial g/\partial y\end{vmatrix} \tag{7.4.41}$$

(3) 假设六个函数 f、g、h、u、v、w 都是三个独立变数 x、y、z 的函数，则恒有

$$\frac{\partial(f,g,h)}{\partial(u,v,w)}=\frac{\frac{\partial(f,g,h)}{\partial(x,y,z)}}{\frac{\partial(u,v,w)}{\partial(x,y,z)}} \tag{7.4.42}$$

$$\left(\frac{\partial f}{\partial x}\right)_{g,h}=\frac{\dfrac{\partial(f,g,h)}{\partial(x,y,z)}}{\dfrac{\partial(g,h)}{\partial(y,z)}}\tag{7.4.43}$$

$$\left(\frac{\partial f}{\partial g}\right)_{x,h}=\frac{\dfrac{\partial(f,h)}{\partial(y,z)}}{\dfrac{\partial(g,h)}{\partial(y,z)}}\tag{7.4.44}$$

$$\frac{\partial(f,g,h)}{\partial(x,y,z)}=\begin{vmatrix}\partial f/\partial x & \partial f/\partial y & \partial f/\partial z\\ \partial g/\partial x & \partial g/\partial y & \partial g/\partial z\\ \partial h/\partial x & \partial h/\partial y & \partial h/\partial z\end{vmatrix}\tag{7.4.45}$$

(4) 假设 x、y、z 三个变量之间存在一定的函数关系，如果把任一个变量视为其余两个变量的函数，则恒有

$$\left(\frac{\partial z}{\partial x}\right)_y=\frac{1}{\left(\dfrac{\partial x}{\partial z}\right)_y}\tag{7.4.46}$$

$$\left(\frac{\partial x}{\partial y}\right)_z\left(\frac{\partial y}{\partial z}\right)_x\left(\frac{\partial z}{\partial x}\right)_y=-1\tag{7.4.47}$$

在许多书中，也将上式(7.4.46)和式(7.4.47)分别称为倒数关系式与循环关系式。

(5) 假设 x、y、z、m 为四个变量，如果仅有两个独立变量，其余两个为所选变量的函数，则恒有

$$\left(\frac{\partial x}{\partial y}\right)_m\left(\frac{\partial y}{\partial z}\right)_m\left(\frac{\partial z}{\partial x}\right)_m=1\tag{7.4.48}$$

$$\left(\frac{\partial x}{\partial m}\right)_z=\left(\frac{\partial x}{\partial m}\right)_y+\left(\frac{\partial x}{\partial y}\right)_m\left(\frac{\partial y}{\partial m}\right)_z\tag{7.4.49}$$

显然，这里式(7.4.49)与式(7.4.35)有类似之处。式(7.4.48)与式(7.4.49)常被称为链式关系式。

(6) 函数行列的重要性质。

对于二阶函数行列式，有

$$\frac{\partial(f,g)}{\partial(x,y)}=-\frac{\partial(g,f)}{\partial(x,y)}=-\frac{\partial(f,g)}{\partial(y,x)}\tag{7.4.50}$$

$$\frac{\partial(f,g)}{\partial(x,y)}=\frac{\partial(g,f)}{\partial(y,x)}\tag{7.4.51}$$

$$\frac{\partial(f,y)}{\partial(x,y)}=\left(\frac{\partial f}{\partial x}\right)_y\tag{7.4.52}$$

$$\frac{\partial(h,m)}{\partial(x,y)}=\frac{1}{\dfrac{\partial(x,y)}{\partial(h,m)}}\tag{7.4.53}$$

$$\frac{\partial(f,g)}{\partial(x,y)}=\frac{\partial(f,g)}{\partial(h,m)}\frac{\partial(h,m)}{\partial(x,y)} \tag{7.4.54}$$

式中 f 与 g 均为独立变量 x,y 的函数；h 与 m 也为 x,y 的函数。

对于 n 阶函数行列式，下面从 7 个方面扼要说明它的重要性质。首先引进符号：在气动热力学与黏性流体力学的理论分析中坐标系变换是经常会遇到的。今设(t,y^1,y^2,y^3)为物理空间的坐标系统（下面称为旧坐标系统），(τ,ξ^1,ξ^2,ξ^3)为计算空间的坐标系统（下面称为新坐标系统），并假定新旧坐标系统间的变换关系为

$$\begin{cases} y^1=y^1(\xi^1,\xi^2,\xi^3,\tau) \\ y^2=y^2(\xi^1,\xi^2,\xi^3,\tau) \\ y^3=y^3(\xi^1,\xi^2,\xi^3,\tau) \\ t=t(\xi^1,\xi^2,\xi^3,\tau)=t(\tau) \end{cases} \tag{7.4.55}$$

为便于讨论，本节约定：

$$\begin{cases} y^0=t,y^j=y^j \quad (j=1,2,3) \\ \xi^0=\tau,\xi^j=\xi^j \quad (j=1,2,3) \end{cases} \tag{7.4.56}$$

引进函数行列式$\dfrac{\partial(y^0,y^1,y^2,y^3)}{\partial(\xi^0,\xi^1,\xi^2,\xi^3)}$，显然在式(7.4.56)的条件下有

$$J(y^0,y^1,y^2,y^3)=\frac{\partial(y^0,y^1,y^2,y^3)}{\partial(\xi^0,\xi^1,\xi^2,\xi^3)}=\frac{\partial(y^1,y^2,y^3)}{\partial(\xi^1,\xi^2,\xi^3)}\equiv\sqrt{g} \tag{7.4.57}$$

这里$\sqrt{g}$的定义式为

$$\frac{\partial(y^1,y^2,y^3)}{\partial(\xi^1,\xi^2,\xi^3)}=\begin{vmatrix} \dfrac{\partial y^1}{\partial\xi^1} & \dfrac{\partial y^1}{\partial\xi^2} & \dfrac{\partial y^1}{\partial\xi^3} \\ \dfrac{\partial y^2}{\partial\xi^1} & \dfrac{\partial y^2}{\partial\xi^2} & \dfrac{\partial y^2}{\partial\xi^3} \\ \dfrac{\partial y^3}{\partial\xi^1} & \dfrac{\partial y^3}{\partial\xi^2} & \dfrac{\partial y^3}{\partial\xi^3} \end{vmatrix}\equiv\sqrt{g} \tag{7.4.58}$$

注意到函数行列式的性质（对一般的 n 阶函数行列式而言）：

① 任意交换一对(ξ^i,ξ^{i+1})或者(y^i,y^{i+1})而保持其他项不变时，则 J 的符号改变。

$$\begin{cases} \dfrac{\partial(y^1,\cdots,y^i,y^{i+1},\cdots,y^n)}{\partial(\xi^1,\xi^2,\cdots,\xi^n)}=-\dfrac{\partial(y^1,\cdots,y^{i+1},y^i,\cdots,y^n)}{\partial(\xi^1,\xi^2,\cdots,\xi^n)} \\ \dfrac{\partial(y^1,y^2,\cdots,y^n)}{\partial(\xi^1,\cdots,\xi^i,\xi^{i+1},\cdots,\xi^n)}=-\dfrac{\partial(y^1,y^2,\cdots,y^n)}{\partial(\xi^1,\cdots,\xi^{i+1},\xi^i,\cdots,\xi^n)} \end{cases} \tag{7.4.59}$$

② 当 y^i 与 ξ^i 之间有公共变量时，则发生行列式的降阶，例如：

$$\frac{\partial(\xi^1,y^2,\cdots,y^n)}{\partial(\xi^1,\xi^2,\cdots,\xi^n)}=\left.\frac{\partial(y^2,\cdots,y^n)}{\partial(\xi^2,\cdots,\xi^n)}\right|_{\xi^1} \tag{7.4.60}$$

此时下标也可以省略不写，作为特例，还有

$$\frac{\partial(\xi^1,\xi^2,\cdots,\xi^{n-1},y^n)}{\partial(\xi^1,\xi^2,\cdots,\xi^{n-1},\xi^n)}=\frac{\partial y^n}{\partial \xi^n} \tag{7.4.61}$$

式(7.4.61)便为一阶的 Jacobi 行列式，也就是说它仅仅是一个普遍的一阶导数。显然，任一个偏导数都可以写成一个具有 $n-1$ 个公共变量的 n 阶 Jacobi 函数行列式。

③ 设

$$\begin{cases} y^1 = y^1(\xi^1,\xi^2,\cdots,\xi^n) \\ y^2 = y^2(\xi^1,\xi^2,\cdots,\xi^n) \\ \vdots \\ y^n = y^n(\xi^1,\xi^2,\cdots,\xi^n) \end{cases} \tag{7.4.62}$$

并令 $J=\dfrac{\partial(y^1,y^2,\cdots,y^n)}{\partial(\xi^1,\xi^2,\cdots,\xi^n)}$时，则式(7.4.62)逆变换存在的充要条件是 $J\neq 0$。

④ 函数行列式具有替换特性即

$$\frac{\partial(y^1,\cdots,y^n)}{\partial(\xi^1,\cdots,\xi^n)}=\frac{\partial(y^1,\cdots,y^n)/\partial(\zeta^1,\cdots,\zeta^n)}{\partial(\xi^1,\cdots,\xi^n)/\partial(\zeta^1,\cdots,\zeta^n)} \tag{7.4.63}$$

式中：$\zeta^1,\zeta^2,\cdots,\zeta^n$ 为中间变量。

⑤ 对于 n 阶函数行列式，当 i 与 k 均大于 1 且小于 n 时恒有

$$\frac{\partial y^i}{\partial \xi^k}=(-1)^{i+k}J(y^1,y^2,\cdots,y^n)\frac{\partial(\xi^1,\xi^2,\cdots,\xi^{k-1},\xi^{k+1},\cdots,\xi^n)}{\partial(y^1,y^2,\cdots,y^{i-1},y^{i+1},\cdots,y^n)} \tag{7.4.64}$$

$$\frac{\partial \xi^k}{\partial y^i}J(y^1,y^2,\cdots,y^n)=(-1)^{i+k}\frac{\partial(y^1,y^2,\cdots,y^{i-1},y^{i+1},\cdots,y^n)}{\partial(\xi^1,\xi^2,\cdots,\xi^{k-1},\xi^{k+1},\cdots,\xi^n)} \tag{7.4.65}$$

显然，这条性质可以使用性质④、性质②与性质①后直接得到。下面特将 $\partial(\xi^1,\xi^2,\cdots,\xi^{k-1},\xi^{k+1},\cdots,\xi^n)$简记为 ∂(不含 ξ^k)；将 $\partial(y^1,y^2,\cdots,y^{i-1},y^{i+1},\cdots,y^n)$简记为 ∂(不含 y^i)；将 $J(y^1,y^2,\cdots,y^n)$简记作 $J(y^n)$。于是式(7.4.64)与式(7.4.65)可写为

$$\frac{\partial y^i}{\partial \xi^k}=(-1)^{i+k}J(y^n)\frac{\partial(\text{不含 }\xi^k)}{\partial(\text{不含 }y^i)} \tag{7.4.66}$$

$$\frac{\partial \xi^k}{\partial y^i}J(y^n)=(-1)^{i+k}\frac{\partial(\text{不含 }y^i)}{\partial(\text{不含 }\xi^k)} \tag{7.4.67}$$

⑥ 对任意的整数 n(当然 $n\geqslant 1$)及整数 i(当然要求 $i\leqslant n$)用数学归纳法很容易证明恒有式(7.4.68)成立。

$$\sum_{k=1}^{n}\left\{(-1)^k\frac{\partial}{\partial \xi^k}\left[\frac{\partial(\text{不含 }y^i)}{\partial(\text{不含 }\xi^k)}\right]\right\}\equiv 0 \tag{7.4.68}$$

或者

$$\frac{\partial}{\partial \xi^k}\left[J(y^n)\frac{\partial \xi^k}{\partial y^i}\right]\equiv 0 \quad (\text{注意对 } k \text{ 求和}) \tag{7.4.69}$$

其中

$$J(y^n)\equiv \frac{\partial(y^1,y^2,\cdots,y^n)}{\partial(\xi^1,\xi^2,\cdots,\xi^n)}$$

⑦ 对任意大于 1 的整数及整数 i 与 k（当然要求 $i\leqslant n,k\leqslant n$），则恒有

$$\frac{\partial(\text{不含 } y^i)}{\partial(\text{不含 } y^k)}=\delta_k^i \tag{7.4.70}$$

式中：δ_k^i 为 Kronecker 符号，即当 $i\neq k$ 时 $\delta_k^i=0$，当 $i=k$ 时 $\delta_k^i=1$。应该指出的是，上述函数行列式的重要性质，在流体力学守恒型方程组的坐标系变换时要经常使用，熟悉这些性质对方程组的整理与简化十分有益。在旧坐标系（y^0,y^1,y^2,y^3）中，假设存在如下形式的守恒方程组：

$$\frac{\partial q^i}{\partial y^i}=0 \quad (i=0,1,2,3) \tag{7.4.71}$$

现在讨论在新坐标系（ξ^0,ξ^1,ξ^2,ξ^3）中式(7.4.71)的变换问题，这里新旧坐标系间满足式(7.4.55)的变换关系。今定义一个新变量 Q^k（$k=0\sim3$），其表达式为（以下均采用 Einstein 求和规约）

$$Q^k\equiv J(y^n)q^i\frac{\partial \xi^k}{\partial y^i} \tag{7.4.72}$$

将式(7.4.72)对 ξ^k 求偏导，注意对 k 作和，得

$$\frac{\partial Q^k}{\partial \xi^k}=(-1)^{i+k}q^i\frac{\partial}{\partial \xi^k}\left[\frac{\partial(\text{不含 } y^i)}{\partial(\text{不含 } \xi^k)}\right]+(-1)^{i+k}\left[\frac{\partial(\text{不含 } y^i)}{\partial(\text{不含 } \xi^k)}\right]\frac{\partial q^i}{\partial \xi^k} \tag{7.4.73}$$

首先计算式(7.4.73)右边第 2 项（简记作 R_2），为清晰说明求和的过程这里带上求和符号，这时 R_2 为

$$R_2=\sum_{k=0}^{3}\sum_{i=0}^{3}\left\{(-1)^{i+k}\left[\frac{\partial(\text{不含 } y^i)}{\partial(\text{不含 } \xi^k)}\right]\frac{\partial q^i}{\partial y^m}\frac{\partial y^m}{\partial \xi^k}\right\} \tag{7.4.74}$$

将式(7.4.66)代入式(7.4.74)并注意使用式(7.4.70)，可得

$$R_2=\sum_{k=0}^{3}\left(J(y^n)\sum_{t=0}^{3}\frac{\partial q^i}{\partial y^i}\right) \tag{7.4.75}$$

注意到将式(7.4.71)代入式(7.4.75)，于是式(7.4.75)变为

$$R_2=0 \tag{7.4.76}$$

现在计算式(7.4.73)右边第 1 项（简记作 R_1），同样，为清晰说明求和过程这里也带上求和符号，这时 R_1 为

$$R_1 = \sum_{k=0}^{3}\sum_{i=0}^{3}\left\{(-1)^{i+k}q^i \frac{\partial}{\partial \xi^k}\left[\frac{\partial(\text{不含 } y^i)}{\partial(\text{不含 } \xi^k)}\right]\right\}$$
$$= \sum_{k=0}^{3}\left\{(-1)^k \sum_{i=0}^{3}\left\{(-1)^i q^i \frac{\partial}{\partial \xi^k}\left[\frac{\partial(\text{不含 } y^i)}{\partial(\text{不含 } \xi^k)}\right]\right\}\right\}$$
$$= \sum_{i=0}^{3}\left\{(-1)^i q^i \sum_{k=0}^{3}\left\{(-1)^k \frac{\partial}{\partial \xi^k}\left[\frac{\partial(\text{不含 } y^i)}{\partial(\text{不含 } \xi^k)}\right]\right\}\right\} \tag{7.4.77}$$

将式(7.4.69)代入式(7.4.77)便得到

$$R_1 = 0 \tag{7.4.78}$$

于是将式(7.4.76)与式(7.4.78)代入式(7.4.73)便得到(这里采用 Einstein 求和规约)

$$\frac{\partial Q^k}{\partial \xi^k} = 0 \quad (k = 0,\cdots,3) \tag{7.4.79}$$

式(7.4.79)表明:如果按照式(7.4.72)定义的新变量 Q^k,那么任意一种变换关系[见式(7.4.55)],只要逆变换存在(即 $J\neq 0$),则其结果总是守恒形式的,这是一个非常重要的特点。另外,还需要指出的是,在上面的推导中并没有用到 q^i 中的元素,因此所得结果具有极大的通用性,它可以适用于满足式(7.4.80)的任何方程,只要使用式(7.4.81)所定义的变量 Q^k,那么对于任何一种逆变换存在的变换关系式(7.4.82),则所得结果总是守恒型的,即满足式(7.4.83)。式(7.4.80)～式(7.4.83)具体表达式为(这里采用 Einstein 求和规约)

$$\frac{\partial q^i}{\partial y^i} = 0 \quad (i = 1,\cdots,n) \tag{7.4.80}$$

$$Q^k = J(y^1, y^2, \cdots, y^n) q^i \frac{\partial \xi^k}{\partial y^i} \quad (i = 1,\cdots,n; k = 1,\cdots,n) \tag{7.4.81}$$

$$y^i = y^i(\xi^1, \xi^2, \cdots, \xi^n) \quad (i = 1,\cdots,n) \tag{7.4.82}$$

$$\frac{\partial Q^k}{\partial \xi^k} = 0 \quad (k = 1,\cdots,n) \tag{7.4.83}$$

式中:$J(y^1, y^2, \cdots, y^n)$为 Jacobi 函数行列式其定义为

$$J(y^1, y^2, \cdots, y^n) = \frac{\partial(y^1, y^2, \cdots, y^n)}{\partial(\xi^1, \xi^2, \cdots, \xi^n)} \tag{7.4.84}$$

作为上述理论的应用,这里考查黏性流体力学基本方程组在不同坐标系中的变换。令 Navier-Stokes 方程在(t,x,y,z)笛卡儿坐标系中具有如下的守恒形式:

$$\frac{\partial q^0}{\partial t} + \frac{\partial q^1}{\partial x} + \frac{\partial q^2}{\partial y} + \frac{\partial q^3}{\partial z} = 0 \tag{7.4.85}$$

将式(7.4.85)中的 q^0、q^1、q^2 和 q^3 写成行矩阵,为

$$[q^0,q^1,q^2,q^3]=\begin{bmatrix}\rho & \rho u & \rho v & \rho w \\ \rho u & (\rho uu+p)-\tau_{xx} & \rho vu-\tau_{xy} & \rho wu-\tau_{xz} \\ \rho v & \rho uv-\tau_{yx} & (\rho vv+p)-\tau_{yy} & \rho wv-\tau_{yz} \\ \rho w & \rho uw-\tau_{zx} & \rho vw-\tau_{zy} & (\rho ww+p)-\tau_{zz} \\ \varepsilon & (\varepsilon+p)u-a_1 & (\varepsilon+p)v-a_2 & (\varepsilon+p)w-a_3\end{bmatrix} \tag{7.4.86}$$

假设有一个新的曲线坐标系统(τ,ξ,η,ζ)，它与(t,x,y,z)间存在如下变换关系：

$$\begin{cases}t=\tau \\ x=x(\tau,\xi,\eta,\zeta) \\ y=y(\tau,\xi,\eta,\zeta) \\ z=z(\tau,\xi,\eta,\zeta)\end{cases} \tag{7.4.87}$$

现在应用上面函数行列式的性质去求式(7.4.85)在(τ,ξ,η,ζ)坐标系统下的具体形式。为此，首先借助于式(7.4.72)，引进新变量$Q^k(k=0\sim3)$，经整理后为

$$Q^0=Jq^0 \tag{7.4.88}$$

$$Q^1=J\begin{bmatrix}\rho\tilde{U} \\ (\rho u\tilde{U}+\xi_x p)-(\xi_x\tau_{xx}+\xi_y\tau_{xy}+\xi_z\tau_{xz}) \\ (\rho v\tilde{U}+\xi_y p)-(\xi_x\tau_{yx}+\xi_y\tau_{yy}+\xi_z\tau_{yz}) \\ (\rho w\tilde{U}+\xi_z p)-(\xi_x\tau_{zx}+\xi_y\tau_{zy}+\xi_z\tau_{zz}) \\ [(\varepsilon+p)\tilde{U}-\xi_t p]-(a_1\xi_x+a_2\xi_y+a_3\xi_z)\end{bmatrix} \tag{7.4.89}$$

$$Q^2=J\begin{bmatrix}\rho\tilde{V} \\ (\rho u\tilde{V}+\eta_x p)-(\eta_x\tau_{xx}+\eta_y\tau_{xy}+\eta_z\tau_{xz}) \\ (\rho v\tilde{V}+\eta_y p)-(\eta_x\tau_{yx}+\eta_y\tau_{yy}+\eta_z\tau_{yz}) \\ (\rho w\tilde{V}+\eta_z p)-(\eta_x\tau_{zx}+\eta_y\tau_{zy}+\eta_z\tau_{zz}) \\ [(\varepsilon+p)\tilde{V}-\eta_t p]-(a_1\eta_x+a_2\eta_y+a_3\eta_z)\end{bmatrix} \tag{7.4.90}$$

$$Q^3=J\begin{bmatrix}\rho\tilde{W} \\ (\rho u\tilde{W}+\zeta_x p)-(\zeta_x\tau_{xx}+\zeta_y\tau_{xy}+\zeta_z\tau_{xz}) \\ (\rho v\tilde{W}+\zeta_y p)-(\zeta_x\tau_{yx}+\zeta_y\tau_{yy}+\zeta_z\tau_{yz}) \\ (\rho w\tilde{W}+\zeta_z p)-(\zeta_x\tau_{zx}+\zeta_y\tau_{zy}+\zeta_z\tau_{zz}) \\ [(\varepsilon+p)\tilde{W}-\zeta_t p]-(a_1\zeta_x+a_2\zeta_y+a_3\zeta_z)\end{bmatrix} \tag{7.4.91}$$

式中：J 为坐标变换的 Jacobi 函数行列式；$\widetilde{U}$、$\widetilde{V}$、$\widetilde{W}$ 为广义逆变分速度，如果将它们组成列阵，其表达式为

$$[\widetilde{U},\widetilde{V},\widetilde{W}]^{\mathrm{T}}=\begin{bmatrix}\xi_t & \xi_x & \xi_y & \xi_z\\ \eta_t & \eta_x & \eta_y & \eta_z\\ \zeta_t & \zeta_x & \zeta_y & \zeta_z\end{bmatrix}\begin{bmatrix}1\\ u\\ v\\ w\end{bmatrix} \tag{7.4.92}$$

式中：ξ_t、ξ_x、ξ_y 等分别为 $\partial\xi/\partial t$、$\partial\xi/\partial x$、$\partial\xi/\partial y$ 等。在(τ,ξ,η,ζ)坐标系下，Navier-Stokes 方程变为

$$\frac{\partial Q^0}{\partial \tau}+\frac{\partial Q^1}{\partial \xi}+\frac{\partial Q^2}{\partial \eta}+\frac{\partial Q^3}{\partial \zeta}=0 \tag{7.4.93}$$

7.5　高温气体的化学热力学特性

今考虑多组元组成的封闭系统，描述从反应物到生成物变化的化学反应式的一般形式为

$$v_1'A_1+v_2'A_2+\cdots+v_k'A_k\rightarrow v_{k+1}'A_{k+1}+v_{k+2}'A_{k+2}+\cdots+v_J'A_J \tag{7.5.1}$$

或者

$$\sum_{i=1}^{J}v_iA_i=0 \tag{7.5.2}$$

式中：$A_1,A_2,\cdots,A_k$ 表示反应式中反应物；$A_{k+1},A_{k+2},\cdots,A_J$ 表示反应式中生成物；$v_1',v_2',\cdots,v_k'$为反应物的计量系数（又称化学当量数）；$v_{k+1}',v_{k+2}',\cdots,v_J'$为生成物的计量系数。对于式(7.5.2)，则规定生成物计量系数取正，反应物的计量系数取负，于是 v_i'和 v_i 间有如下关系：

$$\begin{cases}v_{k+1}=v_{k+1}', & v_{k+2}=v_{k+2}',\cdots, & v_J=v_J'\\ v_1=-v_1', & v_2=-v_2',\cdots, & v_k=-v_k'\end{cases} \tag{7.5.3}$$

在化学反应中，各组分物质的量的变化 Δn_i 正比于各自的化学计量数 v_i，于是对于一般化学反应的微分反应过程便有

$$\frac{\mathrm{d}n_1}{v_1}=\frac{\mathrm{d}n_2}{v_2}=\cdots=\frac{\mathrm{d}n_J}{v_J}=\mathrm{d}\xi \tag{7.5.4}$$

式中：ξ 为反应度（又称反应进度）；n_i为 i 组元的物质的量。式(7.5.4)又可写

$$\mathrm{d}n_i=v_i\mathrm{d}\xi\quad(i=1,2,\cdots,J) \tag{7.5.5}$$

将式(7.5.5)从初始态 $\xi=0$ 至任意态 ξ 积分，可得

$$\int_{n_{i,0}}^{n_i}\mathrm{d}n_i=v_i\int_0^{\xi}\mathrm{d}\xi \tag{7.5.6}$$

或者

$$n_i - n_{i,0} = v_i \xi \tag{7.5.7}$$

由化学热力学[49]，化学反应式(7.5.2)处于平衡的条件为

$$\sum_{i=1}^{J} v_i \mu_i = 0 \tag{7.5.8}$$

式中：μ_i 为 i 组元的质量化学势。值得注意的是，在工程上所遇到的大多数化学反应中的反应物与生成物，通常可以认为是理想气体混合物。引进 $P_i = 1.013\,25 \times 10^5\,\mathrm{Pa}$ 时的标准化学势 μ_i^*，它仅是温度的函数，于是 $\sum\limits_{i=1} v_i \mu_i^*$ 便为各化学物质均处于标准状态时一个单位反应的自由焓差，即标准反应自由焓（这里以 ΔG^* 表示）。ΔG^* 的表达式为

$$\Delta G^* = \sum_{i=1} v_i \mu_i^* \tag{7.5.9}$$

因为 μ_i^* 仅是温度的函数，因此 ΔG^* 也仅是温度的函数。注意到多组分系统中的自由焓的全微分表达式以及式(7.5.5)，则有

$$\mathrm{d}G = -s\mathrm{d}T + v\mathrm{d}p + \sum_{i=1} \mu_i \mathrm{d}n_i = -s\mathrm{d}T + v\mathrm{d}p + \sum_{i=1} v_i \mu_i \mathrm{d}\xi \tag{7.5.10}$$

式(7.5.10)表明，自由焓 G 是 T、p 和 ξ 的函数。在等温等压条件下，引进在一个单位反应时反应自由焓 ΔG 的概念便有

$$\left(\frac{\partial G}{\partial \xi}\right)_{T,p} = \sum_{i=1} v_i \mu_i = \Delta G \tag{7.5.11}$$

这里反应自由焓 ΔG 的表达式为

$$\Delta G = \sum_{i=1} v_i \mu_i^* + RT \sum_{i=1} v_i \ln \frac{p_i}{p^*} \tag{7.5.12}$$

式中：$p^* = 1.013\,25 \times 10^5\,\mathrm{Pa}$；当化学反应方程(7.5.2)所表达的反应到达平衡时，则 $\Delta G = 0$，于是这时由式(7.5.12)可得

$$\Delta G^* = -RT \sum_{i=1} v_i \ln \frac{p_i}{p^*} = \sum_{i=1} v_i \mu_i^* \tag{7.5.13}$$

引进平衡常数 K_p，其定义式为

$$\ln K_p = \sum_{i=1} v_i \ln \frac{p_i}{p^*} \tag{7.5.14}$$

于是对于式(7.5.2)的反应，则以分压力 p_i 表达的平衡常数 K_P 为

$$K_p(T) = \prod_i \left[\left(\ln \frac{p_i}{p^*} \right)^{v_i} \right] \tag{7.5.15}$$

式中：$K_p(T)$ 表示平衡常数 K_p 为温度 T 的函数。K_p 反映了系统的平衡特性，它规定了平衡时各组分的数量关系。对于同一个反应来说，K_p 越大，生成物含量越多，反应进行得越完全。当系统不能用理想气体模型来描述时，则需要引进逸度

(fugacity)的概念，这个概念是 1901 年由 Lewis 提出的并用它去表达平衡常数。对于纯净流体有

$$dG = v\mathrm{d}p - s\mathrm{d}T \tag{7.5.16}$$

对于纯净物质，化学势等于单位物质的 Gibbs 自由能(即 $\mu=g$)。因此借助于式(7.5.16)以及理想气体状态方程，在恒温条件下化学势 μ_T 的微元变化为

$$\mathrm{d}\mu_T = v\mathrm{d}p = RT\frac{\mathrm{d}p}{P} = RT\mathrm{d}(\ln p) \tag{7.5.17}$$

引进纯净流体的逸度$\tilde{f}$，其满足

$$\mathrm{d}G = RT\mathrm{d}(\ln \tilde{f}) \tag{7.5.18}$$

或者

$$\mathrm{d}\mu = RT\mathrm{d}(\ln \tilde{f}) \tag{7.5.19}$$

分别积分式(7.5.18)和式(7.5.19)，可得

$$G = G^* + RT\ln\frac{\tilde{f}}{\tilde{f}^*} \tag{7.5.20}$$

或者

$$\mu = \mu^* + RT\ln\frac{\tilde{f}}{\tilde{f}^*} \tag{7.5.21}$$

式中：G、μ 和$\tilde{f}$分别为 T、p 状态下的摩尔自由焓、化学势和逸度；G^*、μ^* 与$\tilde{f}^*$分别为在标准状态下的相应值。实际气体的标准状态常常选用理想气体的标准状态。引进逸度系数$\tilde{\phi}$，其定义为

$$\tilde{\phi} = \frac{\tilde{f}}{p} \tag{7.5.22}$$

将式(7.5.22)代入式(7.5.18)与式(7.5.19)并分别积分，得

$$G = G^* + RT\ \ln\frac{p}{p^*} + RT\ \ln\tilde{\phi} \tag{7.5.23}$$

$$\mu = \mu^* + RT\ \ln\frac{p}{p^*} + RT\ \ln\tilde{\phi} \tag{7.5.24}$$

显然，实际气体的逸度系数 $\tilde{\phi}$ 偏离 1 的程度，反映了偏离理想气体程度的大小。对于理想气体，则逸度系数等于 1。借助于上面给出的逸度概念，则对于参加反应的物质是实际气体时其化学反应的平衡方程为

$$\sum_{i=1}^{J} v_i \mu_i^* + RT \sum_{i=1}^{J} v_i \ln \frac{\tilde{f}}{\tilde{f}^*} = 0 \tag{7.5.25}$$

或者

$$\Delta G^* = \sum_{i=1}^{J} v_i \mu_i^* = -RT \ln k_{\tilde{f}} \tag{7.5.26}$$

式中：$k_{\tilde{f}}(T)$为用逸度表示的平衡常数，其表达式为

$$k_{\tilde{f}}(T) = \prod_i \left[\left(\frac{\tilde{f}}{\tilde{f}^*} \right)^{v_i} \right] \tag{7.5.27}$$

v_i是化学反应式(7.5.2)中的计量系数。

在化学热力学中，反应热是一个很重要的参数。对于式(7.5.2)所表示的一般化学反应方程而言，在参考温度 T_r 下单位物质的化学反应热 ΔH_R^* 可以表示为

$$(\Delta H_R^*) = \sum_{i=1}^{J} v_i H_{A_i}^* \tag{7.5.28}$$

式中：$H_{A_i}^*$ 为在参考温度 T_r 下式(7.5.2)中 A_i 的焓。借助于文献[50]等，可以查到相关各种反应热 ΔH_R^* 值；当然，ΔH_R^* 值也可以用统计热力学理论进行计算。最后还应该指出的是，在热力学与化学热力学的范围内，热力学特性(例如，内能 e、焓 h、熵 S、比热容 c_p 与 c_V 等)、化学热力学特性(例如，平衡常数 K_P，反应热 ΔH_R^* 等)通常从理论本身去计算是困难的，它们需要依靠实验来确定[51]。统计力学可以弥补这方面的一些不足，许多热力学特性是可以通过统计力学理论进行计算得到。

第 8 章　高温气体的统计理论与非平衡效应

统计力学是从宏观现象窥视微观规律的窗口。人类对物质的认识总是先宏观、后微观，总是借助于宏观物质的规律去认识微观物质规律的。也就是说，宏观规律是人们认识微观规律的经验基础。统计力学通常可分为经典统计力学和量子统计力学，两者的主要差别仅在于对微观运动状态的描述，而不在于统计原理。在经典统计力学中总要引入分布函数，而量子统计力学则要采用统计算符（或密度矩阵）。对此，本书第 5 章对热力学与统计物理学的一般基础已经进行了简明扼要的论述。在第 5 章中，始终以 Liouville 方程为基础，以量子统计下的统计算符与经典统计下的分布函数为主要工具，对本书所遇到的统计力学中的最基础部分进行了初步的讨论。本章则进一步结合高温气体的统计理论与非平衡效应方面相关的问题作进一步的分析与研究。

8.1　微观状态数以及 Boltzmann 关系式

由量子统计理论[52]：组成系统的粒子，其量子力学性质的不同要采用不同的统计方法。例如，对于 Bose 子，能级 ε_i 的任一简并态可以被任意一个粒子所占据，因此服从 Bose-Einstein 统计方法；对于 Fermi 子，它要遵循 Pauli 不相容原理，即一个量子能态，最多只能为一个粒子占据，故服从 Fermi-Dirac 统计法。设体积 V 内由 N 个粒子组成并且具有总能量为 E 的系统，在给定宏观条件（即热力学量 N、E、V 一定）下，如果某瞬间有 n_1 个粒子处在能量为 ε_1、简并度为 ω_1，有 n_2 个粒子处在能量为 ε_2、简并度为 ω_2，……，有 n_i 个粒子处在能量为 ε_i、简并度为 ω_i 的量子态，即能级分布为

$$\begin{cases}\text{能级：} & \varepsilon_1, \varepsilon_2, \cdots, \varepsilon_i, \cdots \\ \text{简并度：} & \omega_1, \omega_2, \cdots, \omega_i, \cdots \\ \text{粒子数：} & n_1, n_2, \cdots, n_i, \cdots\end{cases} \tag{8.1.1}$$

为描述方便，将能级分布(8.1.1)又可简写为

$$\begin{cases}\text{能级：} & \{\varepsilon_i\} \\ \text{简并度：} & \{\omega_i\} \\ \text{粒子数：} & \{n_i\}\end{cases} \tag{8.1.2}$$

1. 能级分布及其确定微观状态数的三种统计方法

为了确定对应于一个能量分布应该拥有的微观状态数，首先要注意体系中的粒子到底是属于定域子还是非定域子。对于定域子体系，其粒子可以用粒子的位置加以分辨，即该体系的粒子是可以分辨的，交换粒子便给出体系的不同微观状态；对于非定域子，其粒子是不可分辨的，这时又可分为 Bose 子和 Fermi 子两类。当然，非定域 Bose 子体系与非定域 Fermi 子体系微观状态的确定方法是不同的。定域子体系采用 Maxwell-Boltzmann 统计法；非定域 Bose 子体系与非定域 Fermi 子体系分别采用 Bose-Einstein 统计法与 Fermi-Dirac 统计法，以下就分别讨论这三种统计方法。

对于 N 个全同的 Bose 子是不可分辨的，每一个个体量子态能够容纳的粒子数不受限制。容易证明，n_i 个粒子占据能级 ε_i 上的 ω_i 个量子态的可能方式数为 $\hat{\Omega}$

$$\hat{\Omega}=\frac{(n_i+\omega_i-1)!}{n_i!(\omega_i-1)!} \tag{8.1.3}$$

因此与能级分布(8.1.2)相对应的微观状态数将是各能级的结果相乘，即得到 Bose-Einstein 统计的结果：

$$\Omega_{\mathrm{BE}}=\prod_i \frac{(n_i+\omega_i-1)!}{n_i!(\omega_i-1)!} \tag{8.1.4}$$

式中：Ω_{BE} 是 $n_1,n_2,\cdots,n_i,\cdots$ 的函数，即

$$\Omega_{\mathrm{BE}}=\Omega_{\mathrm{BE}}(n_1,n_2,\cdots,n_i,\cdots)=t_X \tag{8.1.5}$$

式(8.1.5)的下标 $X=\{n_i\}$ 代表一种能级分布。而满足 N 与 E 守恒条件

$$\sum_i n_i=N \tag{8.1.6}$$

$$\sum_i (n_i\varepsilon_i)=E \tag{8.1.7}$$

的一切能级分布所拥有的微观状态数 Ω 为

$$\Omega=\sum_X t_X=\sum_X \Omega_{\mathrm{BE}} \tag{8.1.8}$$

对于 N 个 Fermi 子体系，其粒子也是不可分辨的，但每一个个体量子态上最多能容纳一个粒子，所以 Fermi 子数 n_i 不能大于量子态数 ω_i，即 $n_i\leqslant\omega_i$。容易证明，n_i 个 Fermi 子占据能级 ε_i 上的 ω_i 个量子态的可能方式数为 $\tilde{\Omega}$

$$\tilde{\Omega}=\frac{\omega_i!}{(\omega_i-n_i)!n_i!} \tag{8.1.9}$$

因此与能级分布 $X=\{n_i\}$ 相对应的微观状态数是各能级的结果相乘，即得到 Fermi-Dirac 统计的结果为

$$t_X=\Omega_{\mathrm{FD}}=\prod_i \frac{\omega_i!}{(\omega_i-n_i)!n_i!} \tag{8.1.10}$$

而满足 N 与 E 守恒条件[即满足式(8.1.6)与式(8.1.7)]的一切能级分布所拥有的总微观状态数 Ω 为

$$\Omega = \sum_X t_X = \sum_X \Omega_{\mathrm{FD}} \tag{8.1.11}$$

对于定域子体系,其粒子可以用粒子的位置加以分辨,因此 $n_1, n_2, \cdots, n_i, \cdots$ 个编了号的粒子分别占据能级 $\varepsilon_1, \varepsilon_2, \cdots, \varepsilon_i, \cdots$ 上各量子态便共有 $\prod_i \omega_i^{n_i}$ 种方式。由于定域子体系的粒子是可以分辨的,交换粒子便给出体系的不同微观状态。很容易证明,对于定域子体系,与能级分布 $X=\{n_i\}$ 相对应的微观状态数 Ω_{MB} 为

$$\Omega_{\mathrm{MB}} = (N!) \prod_i \frac{(\omega_i)^{n_i}}{n_i!} = t_X \tag{8.1.12}$$

而满足 N 与 E 守恒条件[即满足式(8.1.6)与式(8.1.7)]的一切能级分布所拥有的总微观状态数 Ω 为

$$\Omega = \sum_X t_X = \sum_X \Omega_{\mathrm{MB}} \tag{8.1.13}$$

上面得到了三种情况下与一种能级分布相对应的微观状态数的计算公式[即式(8.1.12)、式(8.1.4)与式(8.1.10)],以及满足 N 与 E 守恒条件的一切能级分布所拥有的总微观状态数的表达式。值得注意的是,在 Bose 子或 Fermi 子体系中,如果任一能级 ε_i 上的粒子数 n_i 均远小于能级的简并度(量子态数)ω_i,即

$$n_i \ll \omega_i \quad 或者 \quad \frac{n_i}{\omega_i} \ll 1 \quad (i = 1, 2, \cdots) \tag{8.1.14}$$

则 Bose 子体系与能级分布 $\{n_i\}$ 相对应的微观状态数可近似为

$$\begin{aligned} \Omega_{\mathrm{BE}} &= \prod_i \frac{(\omega_i + n_i - 1)(\omega_i + n_i - 2)\cdots\omega_i}{(n_i)!} \\ &\approx \prod_i \frac{(\omega_i)^{n_i}}{(n_i)!} = \frac{\Omega_{\mathrm{MB}}}{N!} \end{aligned} \tag{8.1.15}$$

而 Fermi 子体系与能级分布 $\{n_i\}$ 相对应的微观状态数可近似为

$$\begin{aligned} \Omega_{\mathrm{FD}} &= \prod_i \frac{\omega_i(\omega_i - 1)\cdots(\omega_i - n_i + 1)}{(n_i)!} \\ &\approx \prod_i \frac{(\omega_i)^{n_i}}{(n_i)!} = \frac{\Omega_{\mathrm{MB}}}{N!} \end{aligned} \tag{8.1.16}$$

在理论物理中,通常将式(8.1.14)称为非简并性条件。在非简并性条件下,无论是 Bose 子体系还是 Fermi 子体系,与一个能级分布 $\{n_i\}$ 相对应的微观状态数都近似等于定域子体系的微观状态数除以 $N!$,关于这点由式(8.1.15)与式(8.1.16)已清楚表明了。应当指出的是,非简并条件在温度不太低时通常都可满足,因此常将非简并条件下的粒子称为经典粒子或者 Boltzmann 粒子。综上所述,对于特定粒子所组成的体系,在给定的宏观条件(如给定热力学量 N、E、V)下,每

个粒子的能级$\{\varepsilon_i\}$和简并度$\{\omega_i\}$可以通过求解 Schrödinger 方程去确定，然后再确定能够满足 N 与 E 守恒[即满足式(8.1.6)与式(8.1.7)]的各种能级分布$\{n_i\}$，从而可方便求得一切能级分布所拥有的总微观状态数 Ω。显然，Ω 是 N、E、V 的函数，即

$$\Omega=\Omega(N,E,V) \tag{8.1.17}$$

知道了 Ω 与 N、E、V 间的关系，则体系的一切热力学性质便可由 Ω 表达了。

2. 最概然分布以及三种统计分布律

首先引进最概然分布(又称为最可几分布、最大概率分布)的概念。容易证明：定域子体系与经典粒子体系的最概然分布为 Maxwell-Boltzmann 分布律，即

$$n_i^* = \omega_i \exp(-\alpha-\beta\varepsilon_i) \quad (i=1,2,\cdots) \tag{8.1.18}$$

其中 Lagrange 不定乘数 α 与 β 分别由下面两式确定：

$$\mathrm{e}^{-\alpha}=\frac{\boldsymbol{N}}{\sum_i \omega_i \exp(-\beta\varepsilon_i)} \tag{8.1.19}$$

$$\beta=\frac{1}{kT} \tag{8.1.20}$$

式中：k 为 Boltzmann 常量。同理，对于非定域 Bose 子体系的最概然分布为 Bose-Einstein 分布律，即

$$n_i^* = \frac{\omega_i}{\exp(\alpha+\beta\varepsilon_i)-1} \quad (i=1,2,\cdots) \tag{8.1.21}$$

而式(8.1.21)中的不定乘数 α 与 β 由式(8.1.22)确定：

$$\begin{cases} N=\sum_i \dfrac{\omega_i}{\exp(\alpha+\beta\varepsilon_i)-1} \\ E=\sum_i \left[\dfrac{\omega_i}{\exp(\alpha+\beta\varepsilon_i)-1}\varepsilon_i\right] \end{cases} \tag{8.1.22}$$

另外，对于非定域 Fermi 子体系的最概然分布为 Fermi-Dirac 分布律，即

$$n_i^* = \frac{\omega_i}{\exp(\alpha+\beta\varepsilon_i)+1} \quad (i=1,2,\cdots) \tag{8.1.23}$$

而这里式(8.1.23)中的不定乘数 α 与 β 由式(8.1.24)确定：

$$\begin{cases} N=\sum_i \dfrac{\omega_\mathrm{i}}{\exp(\alpha+\beta\varepsilon_i)+1} \\ E=\sum_i \left[\dfrac{\omega_i}{\exp(\alpha+\beta\varepsilon_i)+1}\varepsilon_i\right] \end{cases} \tag{8.1.24}$$

在非简并条件 $n_i \ll \omega_i$ 满足时，则很容易证明：Bose-Einstein 分布和 Fermi-Dirac 分布都过渡到经典的 Maxwell-Boltzmann 分布。一般说来，在温度不太低时非简并条件是能够得到满足的，因此这时 Maxwell-Boltzmann 统计分布可以应用。引进

de Broglie 物质波的概念，这时粒子热波长 λ_{dB} 定义为

$$\lambda_{dB}=\left(\frac{2\pi\hbar^2\beta}{m}\right)^{1/2}=\frac{h}{(2\pi mkT)^{1/2}} \tag{8.1.25}$$

式中：h 为 Planck 常量，并且 $h=2\pi\hbar$；$\beta=1/(kT)$，k 为 Boltzmann 常量；T 为温度；m 为粒子质量。借助于式(8.1.25)，则非简并条件可以变为

$$n\lambda_{dB}^3\ll 1 \quad 或者 \quad \frac{nh^3}{(2\pi mkT)^{3/2}}\ll 1 \tag{8.1.26}$$

式中：n 为气体的数密度。由式(8.1.26)可以看出，温度越高、数密度越小，则气体的量子效应就越不显著。应当指出的是，($n\lambda_{dB}^3$)不仅是判断气体简并性的重要参数，而且还在分析弱简并气体(即量子体系)的热力学性质时，常用($n\lambda_{dB}^3$)幂级数展开去研究弱简并气体与经典体系的偏离。正是由于这个原因，在研究($n\lambda_{dB}^3$)很小但又不可忽略的那种量子气体时，其热力学函数的表达式中常含有($n\lambda_{dB}^3$)项。但是在更多的情况下，高温和低密度的气体能够满足式(8.1.26)，因此在这种情况下，便没有必要用量子力学的方法去描述这种气体分子的行为[53]。

3. Boltzmann 关系式

对于孤立的平衡系统，人们通常都认为不管是经典系统，还是量子系统，等概率假设总是成立的。一旦假定等概率假设成立，并且能够计算各种宏观状态对应的微观状态的数目，那么就可以找出出现概率最大的宏观状态，即最概然的宏观态。当然，最概然分布只是一个特殊的出现概率最大的分布。可以证明：当 $N\to\infty$时，最概然分布将趋于真实分布。令最概然分布 $X^*=\{n_i^*\}$，则当 $N\to\infty$时体系总的微观状态数完全可以用最概然分布所拥有的微观状态数取而代之，即

$$\Omega(N,V,E)=\sum_X t_X\approx t_{X^*}=(N!)\prod_i\frac{(\omega_i)^{n_i^*}}{(n_i^*)!} \tag{8.1.27}$$

熵的概念在热力学中是为描述宏观过程的不可逆性引入的。按照热力学第二定律，孤立系统的熵总是增加的，直到系统达到平衡态，熵值达到极大值。从微观的角度来说，一个孤立的宏观系统的某种宏观状态出现的概率正比于该种宏观状态所对应的微观状态的数目，即正比于该种状态的热力学概率。因此，不可逆性是宏观系统从热力学概率较小的状态向热力学概率较大的状态发展的一种体现。不可逆性伴随着熵的增加，又伴随着热力学概率的增加，因此在熵的增加与热力学概率的增加之间应该存在某种联系。Boltzmann 首先注意到这种联系并给出如下关系：

$$S=k\ln\Omega+b \tag{8.1.28}$$

式中：k 与 b 是两个常数。其后 Planck 根据 Nernst 热定理(又称热力学第三定律)的要求，定出常数 b 等于零。按照热力学中熵定义，熵是一个广延量，系统的总熵

等于系统各部分熵的和(即满足可加性)。根据概率论中概率的运算法则,系统总的热力学概率等于各部分热力学概率之积(即满足乘法法则)。容易验证:如果式(8.1.28)中的 b 不等于零,则该式所定义的熵便不满足上述广延性和概率运算的法则,因此 b 必须等于零,于是式(8.1.28)这时变为

$$S = k\ln\Omega \tag{8.1.29}$$

式中:k 为 Boltzmann 常量。式(8.1.29)就是著名的 Boltzmann 关系式,它表明了熵只与体系总的微观状态数有关。它沟通了统计力学与热力学之间的联系,为导出各种热力学量的统计表达式奠定了基础。

最后,在结束本节讨论之前,对本节核心内容作一简要回顾。本节主要利用等概率假设和最概然方法导出了粒子在各能级之间的最概然分布,其中包括 Boltzmann 分布、Bose-Einstein 分布以及 Fermi-Dirac 分布。另外,还借助于 Boltzmann 关系式沟通了统计力学与热力学间的联系。但需要指出的是,在推导上面结论的过程中假定了系统中总的粒子数 N 和总的能量 E 都是守恒量,并且还假定了系统中粒子之间的相互作用可以忽略,也就是说,这时所讨论的系统属于独立粒子系统,至少是近独立粒子系统。事实上,能量和粒子数守恒的系统属于孤立系统,而粒子间无相互作用的系统相当于理想气体,因此由最概然方法得出的结论仅适用于孤立的理想气体系统。对于粒子间的相互作用不可忽略的非独立粒子系统,单个粒子的能量没有确切的意义,这时单个粒子的状态不能与整个系统的状态相分离,所以也就不能用单个粒子的状态去表征整个系统的状态。为了处理这类粒子系统,Gibbs 提出了系综方法。当然,系综方法比最概然方法有更广泛的适用范围,关于这一点可参阅本书第 5 章中对 Gibbs 统计系综基本理论的有关讨论。

8.2 微正则系综的分布函数以及热力学函数

在经典统计力学中,一方面为了描述单个粒子的运动状态,通常要引入 μ 空间(又称为 μ 相宇)的概念,于是单个粒子在某时刻 t 的力学运动状态 $\{q_i(t), p_i(t)\}$ 就可以用 μ 空间中的一个点表示。因此,μ 空间中的点就是粒子运动状态的代表点(又称相点)。另外,粒子按照 Hamilton 方程运动时,相点在 μ 空间中所走的连续轨迹常称为相轨道。另一方面,为了描述体系的微观运动状态,通常要引入 Γ 空间。这里假设体系由 m 种粒子组成,并且令第 i 种粒子的自由度为 γ_i,于是体系的自由度 a 为

$$a = \sum_{i=1}^{m}(n_i\gamma_i) \tag{8.2.1}$$

式中:n_i 为第 i 种粒子的粒子数。按照经典力学,要决定体系的微观运动状态,就要决定体系中所包含的所有粒子的微观状态,也就是要决定如下这 a 个广义坐标

与 a 个广义动量，即 $\{q,p\}$。

$$\{q,p\} \equiv \{q_1,q_2,\cdots,q_a;p_1,p_2,\cdots,p_a\} \tag{8.2.2}$$

设体系的 Hamilton 函数为

$$H = \sum_{i=1}^{a} \frac{p_i^2}{2m_i} + U(q_1,q_2,\cdots,q_a) \tag{8.2.3}$$

式中：m_i 为 i 粒子的质量；$U(q_1,q_2,\cdots,q_a)$ 为粒子之间的相互作用能。由式(8.2.3)，可得到 Hamilton 正则方程，即

$$\begin{cases} \dfrac{\partial H}{\partial p_i} = \dfrac{p_i}{m_i} = \dot{q}_i \\ \dfrac{\partial H}{\partial q_i} = \dfrac{\partial U}{\partial q_i} = -\dot{p}_i \end{cases} \quad (i = 1,2,\cdots,a) \tag{8.2.4}$$

引进 Γ 空间的概念，即定义一个由体系的全部坐标与全部广义动量为基底而构成的相空间(即 Γ 空间)，它是一个 $2a$ 维的空间。显然，在 Γ 空间中代表点代表着体系的一个微观运动状态而不代表一个体系，而且体系微观运动状态随时间的变化代表着代表点运动的轨迹。对于保守力学体系，有

$$H(q_1,q_2,\cdots,q_a;p_1,p_2,\cdots,p_a) = E = \text{const} \tag{8.2.5}$$

因此保守力学体系的代表点只能处在满足式(8.2.5)的 $2a$ 维空间中的$(2a-1)$维能量曲面上。上面我们讨论了单个粒子以及体系的经典描述，下面讨论系综的概念。系综是大量性质完全相同的力学体系的集合，这些力学体系各自处在不同的运动状态之中。令 $\langle u\rangle_e$ 表示力学量 u 的系综平均，令 $f\mathrm{d}\Omega$ 表示系综的代表点在 Γ 空间体积元 $\mathrm{d}\Omega$ 中出现的概率，于是有

$$\langle u\rangle_e = \int uf\,\mathrm{d}\Omega \tag{8.2.6}$$

并且

$$\int f\,\mathrm{d}\Omega = 1 \tag{8.2.7}$$

令 $\langle u\rangle_t$ 表示力学量 u 的时间平均值，引进 Gibbs 统计方法的第一个基本假设(即力学量的时间平均值等于系综平均值)，于是有

$$\bar{u} = \langle u\rangle_t = \langle u\rangle_e = \int uf\,\mathrm{d}\Omega \tag{8.2.8}$$

引进 Gibbs 的第二个基本假设：对于由孤立系集合组成的微正则系综，f 采取的形式为

$$f = \begin{cases} c & (E \leqslant H \leqslant E+\Delta E) \\ 0 & (E > H, H > E+\Delta E) \end{cases} \qquad \Delta E \to 0 \tag{8.2.9}$$

应注意的是，式(8.2.9)是 Gibbs 统计方法的一个根本性的统计假设。在这种假定下，它认为在同一等能面上各不同轨道上的 f 都相等并且均为 c(即假定 $c_1=c_2=$

$\cdots = c$），这里 c 可由归一化条件得出。因此认为：满足式(8.2.9)的分布函数便称为微正则分布。这里式中的 c 可由如下形式的归一化条件确定：

$$c = \frac{1}{\int_{\Delta E} \mathrm{d}\Omega} = \frac{1}{\Omega(E+\Delta E)-\Omega(E)} \tag{8.2.10}$$

其中

$$\Omega(E) = \int_{H \leqslant E} \mathrm{d}\Omega \tag{8.2.11}$$

它表示等能面 $H(q_1, q_2, \cdots, q_a; p_1, p_2, \cdots, p_a) = E$ 所包围的 Γ 空间的体积，并且在 Γ 空间中体积元 $\mathrm{d}\Omega$ 为

$$\mathrm{d}\Omega = \mathrm{d}q_1 \mathrm{d}q_2 \cdots \mathrm{d}q_a \mathrm{d}p_1 \mathrm{d}p_2 \cdots \mathrm{d}p_a = \prod_{i=1}^{a} \mathrm{d}q_i \mathrm{d}p_i \tag{8.2.12}$$

通常可以将式(8.2.12)中的 Ω 称为统计权重，显然在经典统计力学中，对 Ω 的这一称呼是合适的。正因如此，在本书的5.1节中也采用了这一说法。一旦求出了 Ω 值，便可借助于 Boltzmann 关系式得到体系的熵 s。注意到 s 是以 N、E、V 为状态变量的特性函数，因此采取特性函数法便可得出体系的所有热力学函数，如这时温度 T、压强 p 与化学势 μ 的表达式分别为

$$T = \frac{1}{\left(\frac{\partial s}{\partial E}\right)_{N,V}}, \quad p = T\left(\frac{\partial s}{\partial V}\right)_{N,E}, \quad \mu = -T\left(\frac{\partial s}{\partial N}\right)_{E,V} \tag{8.2.13}$$

注意在获得式(8.2.13)时使用了如下熟知的热力学基本方程：

$$\mathrm{d}s = \frac{1}{T}\mathrm{d}E + \frac{p}{T}\mathrm{d}V - \frac{\mu}{T}\mathrm{d}N \tag{8.2.14}$$

式中：E、V 与 μ 分别为内能、体积与化学势。

8.3 正则系综的分布函数以及热力学函数

对于量子统计，如果以 E_i $(i=1,2,\cdots)$ 表示体系的能级，以 ω_i 表示能级 E_i 的简并度，以 ρ_i 表示正则系综的能级分布函数，其表达式为

$$\rho_i = \frac{1}{\theta}\omega_i \exp(-\beta E_i) \tag{8.3.1}$$

$$Q = \sum_i \omega_i \exp(-\beta E_i) \tag{8.3.2}$$

式中：Q 为体系的配分函数。

对于经典统计，引进正则系综里的经典配分函数 $\tilde{Q}$，其定义式为

$$\tilde{Q} = \int \cdots \int \exp[-\beta E(q_1, q_2, \cdots, q_a; p_1, p_2, \cdots, p_a)] \mathrm{d}q_1 \cdots \mathrm{d}q_a \mathrm{d}p_1 \cdots \mathrm{d}p_a \tag{8.3.3}$$

或者简写为

$$\tilde{Q} = \int \exp(-\beta E)\mathrm{d}\Omega \tag{8.3.4}$$

其中：

$$\beta = \frac{1}{kT} \tag{8.3.5}$$

式中：$\mathrm{d}\Omega$ 为体积元；在 Γ 空间中，$\mathrm{d}\Omega$ 的定义同式(8.2.12)；k 为 Boltzmann 常量。正则系综的经典统计分布函数 f 为

$$f(q_1, q_2, \cdots, q_a; p_1, p_2, \cdots, p_a) = \frac{1}{\tilde{Q}}\exp[-\beta E(q_1, q_2, \cdots, q_a; p_1, p_2, \cdots, p_a)] \tag{8.3.6}$$

或者简写为

$$f(q, p) = \frac{1}{\tilde{Q}}\exp[-\beta E(q, p)] \tag{8.3.7}$$

在经典统计或量子统计中，一旦有了配分函数 $\tilde{Q}$ 或 Q 后，则热力学函数便可用 $\tilde{Q}$ 或 Q 表出，如 Helmholtz 自由能 F、内能 E、外界对体系的广义力 Y_i、熵 S 的表达式分别为

$$F = E - TS = \frac{-1}{\beta}\ln Q = -kT\ln Q \tag{8.3.8}$$

$$E = -\left(\frac{\partial \ln Q}{\partial \beta}\right)_{y_i} \tag{8.3.9}$$

$$Y_i = \frac{-1}{\beta}\left(\frac{\partial \ln Q}{\partial y_i}\right)_{\beta, y_{j\neq i}} \tag{8.3.10}$$

$$S = k\left[\ln Q - \beta\left(\frac{\partial \ln Q}{\partial \beta}\right)_{y_i}\right] \tag{8.3.11}$$

应指出的是，在获得上述几个表达式时，注意使用如下关系：

$$\mathrm{d}\ln Q = \left(\frac{\partial \ln Q}{\partial \beta}\right)_{y_i}\mathrm{d}\beta + \sum_i\left[\left(\frac{\partial \ln Q}{\partial y_i}\right)_{\beta, y_{j\neq i}}\mathrm{d}y_i\right] \tag{8.3.12}$$

$$\mathrm{d}E - \sum_i(Y_i\mathrm{d}y_i) - \mu\mathrm{d}N = T\mathrm{d}s \tag{8.3.13}$$

式中：$\mathrm{d}y_i$ 为外参考量 y_i 的广义位移；Y_i 为相应于外参量 y_i 的外界对体系的广义作用力；μ 为化学势。

8.4　巨正则系综的分布函数以及热力学函数

对于量子统计，若以 $E_i(i=1,2,\cdots)$ 表示体系的能级，以 ω_i 表示能级 E_i 的简并度，则体系处在 N、E_i 上的概率为

$$\rho_{N,i} = \frac{\omega_i}{Q}\exp(-\alpha N - \beta E_i) \tag{8.4.1}$$

式中：Q 为量子统计下巨正系综的配分函数，其定义为

$$Q = \sum_{N=0}^{\infty}\sum_{i}[\omega_i \exp(-\alpha N - \beta E_i)] \tag{8.4.2}$$

式中：$\sum_{i}$ 表示对体系的能级求和。另外式(8.4.1)与式(8.4.2)中的 α 与 β 分别定义为

$$\alpha = -\frac{\mu}{kT}, \quad \beta = \frac{1}{kT} \tag{8.4.3}$$

式中：μ 为化学势；k 为 Boltzmann 常量。

对于经典统计，巨正则系综的经典分布律为

$$f_N(q,p)\mathrm{d}q\mathrm{d}p = \frac{1}{\tilde{Q}(\theta,\mu,V)}\exp\left(\frac{\mu N - E(q,p)}{\theta}\right)\mathrm{d}q\mathrm{d}p \tag{8.4.4}$$

式中：μ 为化学势；$\tilde{Q}(\theta,\mu,V)$ 为经典统计下巨正则系综的配分函数，它是通过 $f_N(q,p)$ 满足归一化条件(8.4.5)

$$\sum_{N\geqslant 0}\left[\frac{1}{(N!)(h)^{3N}}\int(f_N(q,p)\mathrm{d}q_1\mathrm{d}p_1\cdots\mathrm{d}q_N\mathrm{d}p_N)\right] = 1 \tag{8.4.5}$$

时所确定的巨正则系综的配分函数，其具体表达式为

$$\tilde{Q}(\theta,\mu,V) = \sum_{n\geqslant 0}\left[\int\exp\left(\frac{\mu N - E(q,p)}{\theta}\right)\mathrm{d}\Gamma_N\right] \tag{8.4.6}$$

其中

$$\mathrm{d}\Gamma_N = \frac{\mathrm{d}q_1\mathrm{d}p_1\cdots\mathrm{d}q_N\mathrm{d}p_N}{(N!)(h)^{3N}} \tag{8.4.7}$$

式中：h 为 Planck 常量。

应当指出的是，这里在经典统计下巨正则系综的配分函数与正则系综的配分函数虽然都用同一个字母 $\tilde{Q}$ 表示，但它们在不同的系综中具有不同的表达式，所以并不会造成混淆。同样，在经典统计或量子统计中一旦有了配分函数 $\tilde{Q}$ 或 Q 后，则热力学函数便可用 $\tilde{Q}$ 或 Q 表达，如体系的内能 E、熵 S 的表达式为

$$E = -\frac{\partial}{\partial\beta}(\ln Q) \tag{8.4.8}$$

$$S = k\left[\ln Q - \alpha\frac{\partial(\ln Q)}{\partial\alpha} - \beta\frac{\partial(\ln Q)}{\partial\beta}\right] \tag{8.4.9}$$

式中：α 与 β 的定义与式(8.4.1)中相同；k 为 Boltzmann 常量。

8.5 配分函数的分解定理及应用

在统计力学中，配分函数起着特性函数的作用，一切热力学函数都可由配分函

数求出。

首先引入配分函数的分解定理，该定理表明：若分子的平动(t)、转动(r)、振动(v)、电子运动(e)、各个核运动($n_1,n_2,\cdots$)彼此独立，则分子配分函数 q 便可分解为这些运动形式的配分函数之乘积，即

$$q = q_t q_r q_v q_e \prod_{n_i} q_{n_i} \tag{8.5.1}$$

或者

$$\ln q = \ln q_t + \ln q_r + \ln q_v + \ln q_e + \sum_i (\ln q_{n_i}) \tag{8.5.2}$$

另外，配分函数分解定理的一个重要推论是：如果分布在分子能级 ε_i 上的最概然分子数为

$$n_i = \frac{N}{q}\omega_i \exp\left(\frac{-\varepsilon_i}{kT}\right) \tag{8.5.3}$$

假设分子的平动、转动、振动、电子和核运动都彼此独立，此时则有

能级：$\varepsilon_i = \varepsilon_{i(t)} + \varepsilon_{i(r)} + \varepsilon_{i(v)} + \varepsilon_{i(e)} + \varepsilon_{i(n_1)} + \varepsilon_{i(n_2)}$　　(8.5.4)

简并度：$\omega_i = \omega_{i(t)}\omega_{i(r)}\omega_{i(v)}\omega_{i(e)}\omega_{i(n_1)}\omega_{i(n_2)}$　　(8.5.5)

配分函数：$q = q_t q_r q_v q_e q_{n_1} q_{n_2} = \sum_i \left[\omega_i \exp\left(\frac{\varepsilon_i}{kT}\right)\right]$　　(8.5.6)

并且可以推出分子分布在 ε_i 能级上的最概然分数等于分布在各独立运动形式能级上最概然分数的乘积，即

$$\frac{n_i}{N} = \frac{n_t}{N}\frac{n_r}{N}\frac{n_v}{N}\frac{n_e}{N}\frac{n_{n_1}}{N}\frac{n_{n_2}}{N} \tag{8.5.7}$$

其中

$$n_t = \frac{N}{q_t}\omega_{i(t)} \exp\left(\frac{-\varepsilon_{i(t)}}{kT}\right) \tag{8.5.8}$$

$$n_r = \frac{N}{q_r}\omega_{i(r)} \exp\left(\frac{-\varepsilon_{i(r)}}{kT}\right) \tag{8.5.9}$$

$$n_v = \frac{N}{q_v}\omega_{i(v)} \exp\left(\frac{-\varepsilon_{i(v)}}{kT}\right) \tag{8.5.10}$$

$$n_e = \frac{N}{q_e}\omega_{i(e)} \exp\left(\frac{-\varepsilon_{i(e)}}{kT}\right) \tag{8.5.11}$$

$$n_{n_1} = \frac{N}{q_{n_1}}\omega_{i(n_1)} \exp\left(\frac{-\varepsilon_{i(n_1)}}{kT}\right) \tag{8.5.12}$$

$$n_{n_2} = \frac{N}{q_{n_2}}\omega_{i(n_2)} \exp\left(\frac{-\varepsilon_{i(n_2)}}{kT}\right) \tag{8.5.13}$$

显然，配分函数的分解定理使我们看到将平动子、转动子、谐振子、电子等作为独立对象进行研究的意义。对于平动子、转动子、谐振子等的配分函数，这里因篇幅所

限不再给出。

在结束本节讨论之前，扼要说明一下利用配分函数求热力学函数的大致过程，通常分为三步：原则上对于平衡态统计问题，只要知道系统的总能量（Hamilton量）便可以通过求解量子力学方程（如 Schrödinger 方程）或者经典力学方程（如 Hamilton 正则运动方程）来获得平衡系统的能谱，这认为是第一步计算。例如，通过解定态 Schrödinger 方程：

$$H\psi_i = E_i\psi_i \tag{8.5.14}$$

求得 E_i 的各种取值以及相应的态函波和能级简并度。第二步是将能谱求和，计算配分函数。对于由独立粒子组成的孤立系统，计算分子配分函数 q，其表达式为

$$q = \sum_i \exp\left(\frac{-\varepsilon_i}{kT}\right) \tag{8.5.15}$$

对于与大热源接触的封闭系统，计算正则配分函数 $Q(T,V,N)$，即

$$Q(T,V,N) = \sum_i \exp\left(\frac{-E_i}{kT}\right) \tag{8.5.16}$$

对于与大热源以及粒子源接触的开放系统，计算巨正则配分函数 $Q(T,V,\mu)$，其表达式为

$$Q(T,V,\mu) = \sum_{i,j} \exp\left(\frac{\mu N_j - E_i}{kT}\right) \tag{8.5.17}$$

值得强调的是，式(8.5.15)中的 ε_i 以及式(8.5.16)、式(8.5.17)中 E_i 的含义是不同的。前者是对单个粒子而言的能量；后者是对整个系统而言的能量。还需要说明一点的是，这里求和号是对状态求和，并非对能级求和，不能混淆。如果对能级求和，则必须在相应的 Boltzmann 因子之前加上能级的简并度。第三步是建立配分函数与热力学量间的联系。实际上就是将配分函数中的指数项求和换成单个指数项，例如：

$$Q = \sum_i \exp\left(\frac{-E_i}{kT}\right) = \exp\left(\frac{-F}{kT}\right) \tag{8.5.18}$$

式中：F 为在定容条件下的 Helmholtz 自由能。有了自由能函数 F，则利用熟知的热力学关系，通过各种微分运算，就可以求得其他各种热力学函数，例如：

$$S = -\left(\frac{\partial F}{\partial T}\right)_V \tag{8.5.19}$$

$$p = -\left(\frac{\partial F}{\partial V}\right)_T \tag{8.5.20}$$

应当指出的是，在上述三步计算中，第一步求解能谱的困难有时很大，特别是对于多粒子系统，Schrödinger 方程的求解较为困难。不过这些困难的根子在力学而并不在统计物理。其次第二步将能谱求和时要遇到对几乎无穷多项的指数项求和，当然在数学上也有一定难度。但这一困难通常是设法去寻找适当的近似方法

解决。第三步建立配分函数与热力学量的联系，要进行一些微分运算，通常这不会遇到什么困难。

8.6　化学平衡反应混合气体的热力学特性

1. 单一组元气体的热力学特性

令单位质量气体的内能为 e，它由分子的平动能(e_t)、转动能(e_r)，振动能(e_v)和电子能(e_e)组成，即

$$e = e_t + e_r + e_v + e_e \tag{8.6.1}$$

注意到单位质量的内能 e 以及平动配分函数 Q_t 分别为

$$e = \frac{kT^2}{m}\left(\frac{\partial \ln Q}{\partial T}\right)_v = RT^2\left(\frac{\partial \ln Q}{\partial T}\right)_v \tag{8.6.2}$$

$$Q_t = \left(\frac{2\pi mkT}{h^2}\right)^{3/2} V \tag{8.6.3}$$

式中：V 为系统的体积。于是有

$$\left(\frac{\partial \ln Q_t}{\partial T}\right)_v = \frac{3}{2}\frac{1}{T},\quad e_t = \frac{3}{2}RT \tag{8.6.4}$$

注意到转动配分函数 Q_r 为

$$Q_r = \frac{8\pi^2 IkT}{h^2} \tag{8.6.5}$$

式中：h、k 与 I 分别为 Planck 常量、Boltzmann 常量与分子的惯性矩。借助于式(8.6.5)与式(8.6.2)，便有

$$\frac{\partial \ln Q_r}{\partial T} = \frac{1}{T},\quad e_r = RT \tag{8.6.6}$$

注意到振动配函数 Q_v 为

$$Q_v = \frac{1}{1 - \exp\left(\frac{-h\nu}{kT}\right)} \tag{8.6.7}$$

式中：ν 为分子的振动频率；h 为 Planck 常量。借助于式(8.6.7)与式(8.6.2)，振动能可表示为

$$e_v = \frac{\frac{h\nu}{kT}}{\exp\left(\frac{h\nu}{kT}\right) - 1}RT \tag{8.6.8}$$

综上所述，对于单原子与双原子分子的气体，它们单位质量的可感内能 e 分别有以下表示式。

(1) 对于单原子气体，则内能 e 为平动能与电子能之和，即

$$e = \frac{3}{2}RT + e_e \tag{8.6.9}$$

(2) 对于双原子分子的气体，则内能 e 为平动能、转动能、振动能与电子能之和，即

$$e = \frac{3}{2}RT + RT + \frac{\frac{h\nu}{kT}}{\exp\left(\frac{h\nu}{kT}\right) - 1}RT + e_e \tag{8.6.10}$$

注意到定容比热容 c_V 定义：

$$c_V = \left(\frac{\partial e}{\partial T}\right)_v \tag{8.6.11}$$

于是单原子气体与双原子分子气体的 c_V 分别为

单原子：
$$c_V = \frac{3}{2}R + \frac{\partial e_e}{\partial T} \tag{8.6.12}$$

双原子：
$$c_V = \frac{3}{2}R + R + \frac{\left(\frac{h\nu}{kT}\right)^2 \exp\left(\frac{h\nu}{kT}\right)}{\left[\exp\left(\frac{h\nu}{kT}\right) - 1\right]^2}R + \frac{\partial e_e}{\partial T} \tag{8.6.13}$$

显然，对于只有平动与转动能的气体，则 c_V 值为

$$c_V = \frac{3}{2}R \quad （对单原子气体） \tag{8.6.14}$$

$$c_V = \frac{5}{2}R \quad （对双原子分子气体） \tag{8.6.15}$$

于是这时的气体属于量热完全气体。图 8.1 给出双原子气体的定容比热随温度的变化曲线。在极低温度(即 1K 以下)时，只有平动被完全激发，因此 $c_V = \frac{3}{2}R$；在 1～3K 时，转动能开始起作用；在 3K 以上，平动和转动完全激发，这时 $c_V = \frac{5}{2}R$；在 600K 以上，振动能开始起作用，在 600～2000K 内 c_V 由式(8.6.13)确定，并且 c_V 为变量；在 2000K 以上时开始出现化学反应，这时的 c_V 会有较大的变化。因此通常人们认为：在常温以下空气基本上是量热完全气体；从室温到 800K，空气仍作为量热完全气体；当温度在 800～2500K 内，空气为热完全气体；当温度大于 2500K 以后，这时出现化学反应，空气变成化学反应完全气体的混合物。

最后，还应指出的是，式(8.6.9)与式(8.6.10)给出的仅是可感内能(sensible energe)，而那里没有考虑零点能(zero-point energy)。但对于化学反应气体来讲，零点能是非常重要的基本概念。事实上，绝对焓应等于可感焓与零点能之和。可感焓可由统计热力学求得，而零点能通常需要通过查相关的数据表间接得到，关于这方面的讨论这里不再展开。

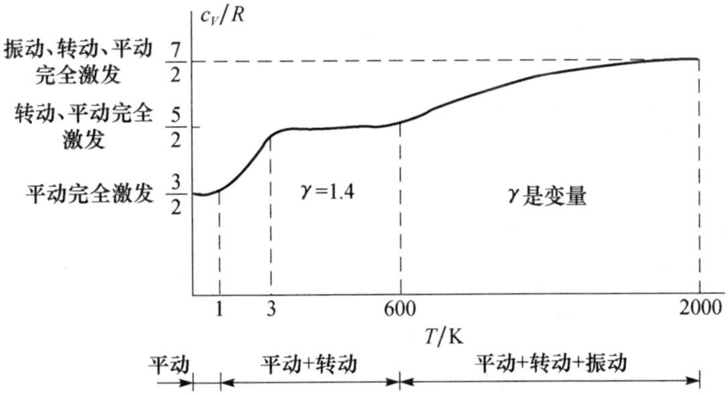

图 8.1　双原子气体的 c_V 随温度的变化曲线

2. 两种能量标度下，分子配分函数与热力学函数之间的关系

注意到 0K 时平动、转动、振动、电子都处于基态，因此选取分子的基态能量为零作为能量的一种标度；另外，也可以选取反应体系中各分子公共能量零点（即体系的能量零点）作为能量的一种标度。其实，前一种能量标度便于测量，容易得到可感焓或可感内能等；后一种能量标度容易得到能量绝对值。今考虑一个由 A_1、A_2、A_3、A_4 分子组成的理想混合气体。设体系是能量 E 与体积 V 守恒的孤立系统，其中能发生下列化学反应：

$$v_1' A_1 + v_2' A_2 \longrightarrow v_3' A_3 + v_4' A_4 \tag{8.6.16}$$

体系平衡时，分子 A_1、A_2、A_3、A_4 的数目用 N_{A_1}、N_{A_2}、N_{A_3}、N_{A_4} 表示。当 N_{A_1}、N_{A_2}、N_{A_3}、N_{A_4} 很大时，体系的总微观状态数 Ω 近似等于最概然分布的微观状态 t^*，并且容易证明有如下关系：

$$\ln\Omega = \sum_{i=1}^{4}\left(N_{A_i}\ln\frac{f_{A_i}}{N_{A_i}} + N_{A_i}\right) + \frac{E}{kT} \tag{8.6.17}$$

式中：f_{A_i} $(i=1\sim4)$ 为相应于体系公共能量零点的 A_i 分子的配分函数。化学反应达到平衡时，可以推出这时 N_{A_1}、N_{A_2}、N_{A_3}、N_{A_4} 满足如下关系：

$$v_1'\ln\frac{f_{A_1}}{N_{A_1}} + v_2'\ln\frac{f_{A_2}}{N_{A_2}} = v_3'\ln\frac{f_{A_3}}{N_{A_3}} + v_4'\ln\frac{f_{A_4}}{N_{A_4}} \tag{8.6.18}$$

这就是化学平衡条件。式(8.6.18)又可用化学势表示为

$$v_1'\mu_{A_1} + v_2'\mu_{A_2} = v_3'\mu_{A_3} + v_4'\mu_{A_4} \tag{8.6.19}$$

令生成物的计量系数为正号，反应物的计量系数为负号，于是有

$$v_1 = -v_1',\quad v_2 = -v_2',\quad v_3 = v_3',\quad v_4 = v_4' \tag{8.6.20}$$

于是式(8.6.16)可写为

$$\sum_{i=1}^{4}(v_i A_i) = 0 \tag{8.6.21}$$

令

$$\mu_1=\mu_{A_1},\quad \mu_2=\mu_{A_2},\quad \mu_3=\mu_{A_3},\quad \mu_4=\mu_{A_4} \tag{8.6.22}$$

这时化学平衡条件(8.6.19)可改写为

$$\sum_{i=1}^{4}(v_i\mu_i)=0 \tag{8.6.23}$$

显然,由统计力学推出的式(8.6.23)与热力学的结果式(7.5.8)相一致。另外,应该指出的是,要使化学平衡条件(8.6.18)与式(8.6.19)有意义,就必须选择公共的能量零点。因为能量零点不同会导致分子的能值不同,分子的配分函数的数值也就不同,进而有些热力学函数值也将随着不同。对此下面将作进一步分析。

令化学反应式(8.6.16)中各个反应物与产物分子基态相对于公共能量零点的能值为

$$(\varepsilon_0)_L=\{(\varepsilon_0)_{A_1},(\varepsilon_0)_{A_2},(\varepsilon_0)_{A_3},(\varepsilon_0)_{A_4}\} \tag{8.6.24}$$

另外,如果选各个分子的基态(即 0K 的态)作为能量零点,则各个反应物与产物分子的能级将分别为

$$(\varepsilon_L)_j=\{(\varepsilon_{A_1})_j,(\varepsilon_{A_2})_j,(\varepsilon_{A_3})_j,(\varepsilon_{A_4})_j\} \tag{8.6.25}$$

而且规定$(\varepsilon_L)_0=0$,即

$$(\varepsilon_{A_1})_0=0,\quad (\varepsilon_{A_2})_0=0,\quad (\varepsilon_{A_3})_0=0,\quad (\varepsilon_{A_4})_0=0 \tag{8.6.26}$$

于是各分子以公共能量零点所标度的能级便为

$$(\varepsilon)_{Lj}\equiv(\varepsilon_0)_L+(\varepsilon_L)_j\quad (L=A_1,A_2,A_3,A_4;j=1,2,3,\cdots) \tag{8.6.27}$$

令选分子基态为能量零点时,分子 L 的配分函数为 q_L,并令选公共能量零点标度时分子 L 的配分函数为 f_L,于是 q_L 与 f_L 的表达式为

$$q_L=\sum_j\left[(\omega_L)_j\exp\left(\frac{-(\varepsilon_L)_j}{kT}\right)\right]\quad (L=A_1,A_2,A_3,A_4) \tag{8.6.28}$$

$$f_L=\sum_j\left[(\omega_L)_j\exp\left(\frac{-(\varepsilon_0)_L-(\varepsilon_L)_j}{kT}\right)\right]\quad (L=A_1,A_2,A_3,A_4) \tag{8.6.29}$$

式中:$(\omega_L)_j$ 为简并度,显然,由式(8.6.28)与式(8.6.29)可直接得到两种能量标度下分子配分函数之间的关系为

$$f_L=q_L\exp\left(\frac{-(\varepsilon_0)_L}{kT}\right)\qquad (L=A_1,A_2,A_3,A_4) \tag{8.6.30}$$

或者

$$\ln f_L=\ln q_L-\frac{(\varepsilon_0)_L}{kT} \tag{8.6.31}$$

容易推出在两种能量标度的分子配分函数下内能 U、熵 S、Helmholtz 自由能 F、化学势 μ 以及压力 p 的表达式分别为

$$U=\sum_L\left[N_LkT^2\left(\frac{\partial\ln f_L}{\partial T}\right)_v\right]=\sum_L\left[N_LkT^2\left(\frac{\partial\ln q_L}{\partial T}\right)_v\right]+E_0 \tag{8.6.32}$$

$$S=\sum_L N_L k\ln\frac{ef_L}{N_L}+\sum_L N_L kT\left(\frac{\partial\ln f_L}{\partial T}\right)_v \tag{8.6.33}$$

$$S=\sum_L N_L k\ln\frac{eq_L}{N_L}+\sum_L N_L kT\left(\frac{\partial\ln q_L}{\partial T}\right)_v \tag{8.6.34}$$

$$F=-\sum_L N_L k\ln\frac{ef_L}{N_L}=-\sum_L N_L k\ln\frac{eq_L}{N_L}+E_0 \tag{8.6.35}$$

$$\mu_L=-kT\ln\frac{f_L}{N_L}=-kT\ln\frac{q_L}{N_L}+(\varepsilon_0)_L \tag{8.6.36}$$

$$p=\sum_L N_L kT\left(\frac{\partial\ln f_L}{\partial V}\right)_T=\sum_L N_L kT\left(\frac{\partial\ln q_L}{\partial V}\right)_T \tag{8.6.37}$$

式中：k 为 Boltzmann 常量。另外，式中的 e 是由于采用 Stirling 公式之后引入的，这里 Stirling 公式为

$$N!\approx\left(\frac{N}{e}\right)^N \tag{8.6.38}$$

注意使用式(8.6.38)的条件是 N 值足够大。

综上所述，若分别用 f_L 与 q_L 求解热力学函数时，对于熵、压力、定容比热容，两者所得的结果相同，而其他热力学函数如内能 U、焓 H、Helmholtz 自由能 F、Gibbs 自由焓 G 以及化学势，两者所得结果就不同了，这时要差一个 0K(即基态)时的能量常量项 E_0。E_0 的表达式为

$$E_0=\sum_L[N_L(\varepsilon_0)_L] \tag{8.6.39}$$

另外，对于化学反应方程(8.6.21)而言，利用配分函数很容易得到平衡常数 $k_p(T)$ 的表达式，即

$$k_p(T)=\prod_i(p_i)^{v_i}=\left(\frac{kT}{V}\right)^{\sum v_i}\exp\left(\frac{-\Delta\varepsilon_0}{kT}\right)\prod_i Q_i \tag{8.6.40}$$

式中：Q_i 为组元 i 的配分函数；$\Delta\varepsilon_0$ 为因化学反应而引起的零点能的变化，对于式(8.6.16)而言，这时的 $\Delta\varepsilon_0$ 为

$$\Delta\varepsilon_0=(\varepsilon_0)_{A_3}+(\varepsilon_0)_{A_4}-(\varepsilon_0)_{A_1}-(\varepsilon_0)_{A_2} \tag{8.6.41}$$

即生成物的零点能与反应物的零点能之差。

3. 化学平衡时多组元反应混合气体的焓值计算

这里主要讨论混合气体的焓值。令组元 i 的质量分数、单位质量焓、摩尔质量分数与单位摩尔焓分别记为 Y_i、h_i、η_i 与 H_i，于是单位质量混合气的焓 h 与混合气的单位摩尔焓 H 分别为

$$h=\sum_i Y_i h_i=\sum_i \eta_i H_i \tag{8.6.42}$$

$$H = \sum_i X_i H_i \tag{8.6.43}$$

式中：X_i 为组元 i 的摩尔分数；H_i 可表示为

$$H_i = (H_s)_i + (E_0)_i \tag{8.6.44}$$

H_i 是组元 i 的单位摩尔绝对焓；$(H_s)_i$ 与 $(E_0)_i$ 分别为组元 i 的单位摩尔可感焓与单位摩尔的零点能。注意到式(8.6.10)，于是对组元 i 来说，单位摩尔的可感焓 $(H_s)_i$ 为

$$(H_s)_i = \frac{3}{2}R_0T + R_0T + \frac{\frac{h\nu}{kT}}{\exp\left(\frac{h\nu}{kT}\right)-1}R_0T + R_0T + \text{电子能} \tag{8.6.45}$$

借助于式(8.6.44)与式(8.6.45)，则式(8.6.42)变为

$$h = \sum_i \eta_i (H_s)_i + \sum_i \eta_i (E_0)_i \equiv h_s + e_0 \tag{8.6.46}$$

式(8.6.46)右边第一项为混合气体的可感焓，第二项为混合气体的零点能。设流场中两个不同位置 1 与 2 处的焓值分别为 h_1 与 h_2，于是焓的变化 (h_2-h_1) 为

$$h_2 - h_1 = ((h_s)_2 - (h_s)_1) + ((e_0)_2 - (e_0)_1) \tag{8.6.47}$$

或

$$\Delta h = \Delta h_s + \Delta e_0 \tag{8.6.48}$$

即焓的变化等于可感焓的变化再加上零点能的变化。在式(8.6.47)和(8.6.48)中，下注脚 s 代表可感焓项。

8.7 理想离解气体及热状态方程

在高超声速气动热力学的问题中，离解前的空气主要是 O_2 与 N_2 的混合物，因此研究对称双原子分子气体在考虑离解度时的热状态方程便很有必要。令 B_2 为对称双原子分子气体，今考虑它的离解-复合反应：

$$B + B \rightleftharpoons B_2 \tag{8.7.1}$$

考虑 N_B 个 B 粒子组成的体系，粒子可能以 B 原子或者 B_2 分子的形式出现。假定每一个 B 原子可能占据的许可能态为 $\varepsilon_1^b, \varepsilon_2^b, \cdots, \varepsilon_i^b, \cdots$；每一个 B_2 分子可能占据的许可能态为 $\varepsilon_1^{bb}, \varepsilon_2^{bb}, \cdots \varepsilon_i^{bb} \cdots$。正如本章 8.1 节所分析的，如果把能态划分为群 j，在每一个群中的原子数目或分子数目由分布数 N_j^b 或 N_j^{bb} 来表示（而 8.1 节中用 $X=\{n_i\}$ 代表一种能级分布）。于是体系微观状态的总数目为

$$\Omega = \sum (W^b(N_j^b) \times W^{bb}(N_j^{bb})) \tag{8.7.2}$$

式中 $W(N_j)$ 可由式(8.7.3)决定：

$$W(N_j) = \Omega_{BE} \tag{8.7.3a}$$

$$W(N_j) = \Omega_{\mathrm{FD}} \tag{8.7.3b}$$

$$W(N_j) = \Omega_{\mathrm{MB}} \tag{8.7.3c}$$

这里 Ω_{BE}、Ω_{FD} 与 Ω_{MB} 的表达式分别由式(8.1.4)、式(8.1.10)与式(8.1.12)给出。另外,式(8.7.2)中的 $\sum$ 是对所有可能的组合(这里是关于分布数 N_j^b 与 N_j^{bb} 的组合)求和。分布数 N_j^b 与 N_j^{bb} 的可能组合满足如下原子守恒和能量方程:

$$\sum_j N_j^b + 2\sum_j N_j^{bb} = N_{\mathrm{B}} \tag{8.7.4}$$

$$\sum_j (N_j^b \varepsilon_j^b) + \sum_j [N_j^{bb}(\varepsilon_j^{bb} - D)] = E \tag{8.7.5}$$

式中:D 为离解能。令 $W(N_j^b, N_j^{bb})$ 为

$$W(N_j^b, N_j^{bb}) = W^b(N_j^b) \times W^{bb}(N_j^{bb}) \tag{8.7.6}$$

于是可以很方便地求得使 $\ln W$ 取最大值的分布数的数值,其表达式为

$$(N_j^b)^* = (N^b)^* \frac{\omega_j^b \exp\left(\frac{-\varepsilon_j^b}{kT}\right)}{Q^b} \tag{8.7.7}$$

$$(N_j^{bb})^* = (N^{bb})^* \frac{\omega_j^{bb} \exp\left(\frac{-\varepsilon_j^{bb}}{kT}\right)}{Q^{bb}} \tag{8.7.8}$$

式中:ω_j^b 为 B 原子的 ω_j,ω_j 为简并度;Q^b 与 Q^{bb} 分别为 B 原子与 B_2 分子的配分函数。$(N^b)^*$ 与 $(N^{bb})^*$ 应由式(8.7.9)与式(8.7.10)联立解出:

$$\frac{(N^{bb})^*}{[(N^b)^*]^2} = \frac{Q^{bb}}{(Q^b)^2} \exp\left(\frac{D}{kT}\right) \tag{8.7.9}$$

$$(N^b)^* + 2(N^{bb})^* = N_{\mathrm{B}} \tag{8.7.10}$$

引进离解度 α,其定义为

$$\alpha \equiv \frac{N^\alpha}{N_{\mathrm{B}}} = \frac{mN^\alpha}{mN_{\mathrm{B}}} = \frac{\text{离解的 B 原子质量}}{\text{气体总质量}} \tag{8.7.11}$$

式中:m 为 B 原子的质量;N^α 为离解度为 α 时离解的 B 原子的个数。另外,借助于式(8.7.11)以及式(8.7.10),于是由式(8.7.9)可以得到平衡时的离解度 α^*,它由式(8.7.12)与式(8.7.13)定出,即

$$\frac{1-\alpha^*}{(\alpha^*)^2} \frac{1}{2N_{\mathrm{B}}} = \frac{Q^{bb}}{(Q^b)^2} \exp\left(\frac{D}{kT}\right) \tag{8.7.12}$$

或者

$$\frac{(\alpha^*)^2}{1-\alpha^*} = \frac{m}{2\rho V} \frac{(Q^b)^2}{Q^{bb}} \exp\left(\frac{-\theta_{\mathrm{d}}}{T}\right) \tag{8.7.13}$$

式中:θ_{d} 为离解特征温度,即 $\theta_{\mathrm{d}} = D/K$;$\rho$ 为气体混合物的质量密度,它与 N_{B} 间关系为

$$N_{\mathrm{B}} = \frac{\rho V}{m} \tag{8.7.14}$$

另外，借助于现在体系下的 Gibbs 方程、Helmholtz 自由能 F 以及配分函数 Q，即

$$dS = \frac{1}{T}(dE + pdV - \tilde{\mu}^{b}dN^{b} - \tilde{\mu}^{bb}dN^{bb}) \tag{8.7.15}$$

$$F = -kT\left\{(N^{b})^{*}\left[\ln\frac{Q^{b}}{(N^{b})^{*}}+1\right]+(N^{bb})^{*}\left[\ln\frac{Q^{bb}}{(N^{bb})^{*}}+1\right]\right\}-(N^{bb})^{*}D \tag{8.7.16}$$

$$Q = Q_{t}Q_{r}Q_{v}Q_{e} = Q_{t}\prod_{\text{int}}Q_{\text{int}} = V\left(\frac{2\pi mkT}{h^{2}}\right)^{\frac{3}{2}}\prod_{\text{int}}Q_{\text{int}} \tag{8.7.17}$$

于是有

$$\left(\frac{\partial S}{\partial E}\right)_{V,N^{b},N^{bb}} = \frac{1}{T} \tag{8.7.18}$$

$$\left(\frac{\partial(\ln Q)}{\partial V}\right)_{T,N^{b},N^{bb}} = \frac{1}{V} \tag{8.7.19}$$

$$p = -\left(\frac{\partial F}{\partial V}\right)_{T,N^{b},N^{bb}} \tag{8.7.20}$$

将式(8.7.16)代入式(8.7.20)并注意到式(8.7.19)后可得

$$pV = [(N^{b})^{*} + (N^{bb})^{*}]kT \tag{8.7.21}$$

对于对称双原子气体，借助于式(8.7.11)，则式(8.7.21)可以变为如下形式的热状态方程：

$$\frac{p}{\rho} = (1+\alpha^{*})R_{B2}T \tag{8.7.22}$$

其中

$$R_{B2} = \frac{k}{2m} \tag{8.7.23}$$

此外，容易推出这时的比内能 e 为

$$e = \frac{E}{\rho V} = R_{B2}T^{2}\left[2\alpha^{*}\frac{\partial}{\partial T}(\ln Q^{b}) + (1-\alpha^{*})\frac{\partial}{\partial T}(\ln Q^{bb})\right] - (1-\alpha^{*})R_{B2}\theta_{d} \tag{8.7.24}$$

至此得到用式(8.7.22)～式(8.7.24)以及配分函数表示的对称双原子气体的一些性质，对此 Lighthill 对上述模型进行了简化并于 1957 年提出了一个理想离解气体模型。简化是从质量作用定律 (8.7.13)开始的，理想离解气体的质量作用定律为

$$\frac{(\alpha^{*})^{2}}{1-\alpha^{*}} = \frac{\rho_{d}}{\rho}\exp\left(\frac{-\theta_{d}}{T}\right) \tag{8.7.25}$$

式中：ρ_{d} 为离解特征密度，并且有

$$\frac{m(Q^{b})^{2}}{2VQ^{bb}} = \rho_{d} = \text{常数} \tag{8.7.26}$$

将式(8.7.26)两边微分，便得

$$\frac{\partial}{\partial T}(\ln Q^{bb}) = 2\frac{\partial}{\partial T}(\ln Q^{b}) \tag{8.7.27}$$

借助于式(8.7.27),则式(8.7.24)变为

$$e = 2R_{B2}T^2\frac{\partial}{\partial T}(\ln Q^{b}) - (1-\alpha^*)R_{B2}\theta_d \tag{8.7.28}$$

注意到在感兴趣的 1000～7000K 内,Q^b 的变化几乎完全由 Q^b_t 决定,而 Q^b_e 的贡献可以忽略,因此可令 $Q^b_e=1$,这时配分函数可写为

$$Q^b = Q^b_t \tag{8.7.29}$$

并且有

$$\frac{\partial}{\partial T}(\ln Q^{b}) = \frac{3}{2}\times\frac{1}{T} \tag{8.7.30}$$

借助于式(8.7.30),则式(8.7.28)可简化为

$$e = R_{B2}[3T-(1-\alpha^*)\theta_d] \tag{8.7.31}$$

显然使用起来它要比式 (8.7.24)方便得多。

8.8　电离平衡以及 Saha 方程

在足够高的温度下,一个原子或者分子可以损失一个或者更多的电子而成为电离态。所产生的电子、离子和中性粒子的混合物的平衡性质能够用质量作用定律来分析。今考虑简单的一个电离反应

$$\mathrm{e} + \mathrm{A}^+ \rightleftharpoons \mathrm{A} \tag{8.8.1}$$

式中:A 以及 A^+分别代表中性原子或中性分子以及相应的单个电离的粒子;e 是一个电子。这时,其质量作用定律的表达式为

$$\frac{N^{\mathrm{A}}}{N^{\mathrm{e}}N^{\mathrm{A}^+}} = \frac{Q^{\mathrm{A}}}{Q^{\mathrm{e}}Q^{\mathrm{A}^+}}\exp\left(\frac{\tilde{I}}{kT}\right) \tag{8.8.2}$$

式中:$\tilde{I}$ 为电离能。另外还有如下两个守恒方程:

$$N^{\mathrm{A}} + N^{\mathrm{A}^+} = 常数 \tag{8.8.3}$$

$$N^{\mathrm{A}} + N^{\mathrm{e}} = 常数 \tag{8.8.4}$$

如果用$()_0$ 来表示低温状态,则有$(N^{\mathrm{A}^+})_0=0$,$(N^{\mathrm{e}})_0=0$;于是式(8.8.3)与式(8.8.4)又可变为

$$N^{\mathrm{A}} + N^{\mathrm{A}^+} = (N^{\mathrm{A}})_0 \tag{8.8.5}$$

$$N^{\mathrm{e}} + N^{\mathrm{A}} = (N^{\mathrm{A}})_0 \tag{8.8.6}$$

将式(8.8.5)与式(8.8.6)相减,便有

$$N^{\mathrm{A}^+} = N^{\mathrm{e}} \tag{8.8.7}$$

令电离度为 φ,其表达式为

$$\varphi \equiv \frac{N^{A^+}}{(N^A)_0} \tag{8.8.8}$$

于是式(8.8.2)可以变为

$$\frac{\varphi^2}{1-\varphi} = \frac{m_A}{\rho V}\frac{Q^e Q^{A^+}}{Q^A}\exp\left(\frac{-\theta_i}{T}\right) \tag{8.8.9}$$

式中：m_A 为粒子 A 的质量；θ_i 为电离特征温度，其定义为

$$\theta_i \equiv \frac{\tilde{I}}{k} \tag{8.8.10}$$

注意到关于配分函数的如下几个关系式：

$$\begin{cases} Q^e = Q_t^e \prod\limits_{\text{int}} Q_{\text{int}}^e, & Q^{A^+} = Q_t^{A^+} \prod\limits_{\text{int}} Q_{\text{int}}^{A^+} \\ Q^A = Q_t^A \prod\limits_{\text{int}} Q_{\text{int}}^A, & \prod\limits_{\text{int}} Q_{\text{int}}^e = 2, \quad Q_t^{A^+} \approx Q_t^A \end{cases} \tag{8.8.11}$$

于是式(8.8.9)可变为

$$\frac{\varphi^2}{1-\varphi} = \frac{m_A}{\rho}\left(\frac{2\pi m_e kT}{h^2}\right)^{3/2} \frac{2\prod\limits_{\text{int}} Q_{\text{int}}^{A^+}}{\prod\limits_{\text{int}} Q_{\text{int}}^A}\exp\left(\frac{-\theta_i}{T}\right) \tag{8.8.12}$$

式中：m_e 为电子的质量。显然，方程(8.8.12)表明了 $\varphi=\varphi(\rho,T)$ 的函数关系。另外由这时的气体热状态方程：

$$pV = (N^A + N^e + N^{A^+})kT \tag{8.8.13}$$

借助于式(8.8.8)，则式(8.8.13)可变为

$$\frac{p}{\rho} = (1+\varphi)\frac{k}{m_A}T \tag{8.8.14}$$

式中：k 为 Boltzmann 常量；m_A 为粒子 A 的质量。由式(8.8.12)与式(8.8.14)消去密度 ρ 后便得到用压强 p 表达的 Saha 方程：

$$\frac{\varphi^2}{1-\varphi^2} = \frac{1}{p}\left(\frac{2\pi m_e}{h^2}\right)^{3/2}(kT)^{5/2} \frac{2\prod\limits_{\text{int}} Q_{\text{int}}^{A^+}}{\prod\limits_{\text{int}} Q_{\text{int}}^A}\exp\left(\frac{-\theta_i}{T}\right) \tag{8.8.15}$$

式中：m_e 为电子的质量。方程(8.8.12)与(8.8.15)分别是关于 ρ 与 p 的 Saha 方程。

8.9 高温空气平衡态热力学特性的计算

在常温常压下，空气的化学成分近似为 79%的 N_2、20%的 O_2 与 1%的微量组元。在忽略微量组元的影响时，可以认为空气主要由 N_2 与 O_2 两个组元组成。在高温下，如 2500K＜T＜9000K 时，N_2 与 O_2 之间将出现五类 16 种化学反应，对此

作如下简要讨论。

1. 碰撞离解反应

常温下，空气粒子基本上是双原子分子，因此当它们被加热后碰撞离解是首先发生的反应，这些反应主要有如下三种：

$$(1)\ O_2+M+5.12\text{eV}\underset{K_b}{\overset{K_f}{\rightleftharpoons}}2O+M \tag{8.9.1}$$

$$(2)\ N_2+M+9.76\text{eV}\rightleftharpoons 2N+M \tag{8.9.2}$$

$$(3)\ NO+M+6.49\text{eV}\rightleftharpoons N+O+M \tag{8.9.3}$$

式中：M 为可能存在的碰撞粒子（它可以是任意原子或分子）；K_f 与 K_b 分别为反应式中正向反应速率常数与逆向反应速率常数。上面三个反应所需的能量分别为 494J/mol，991J/mol 与 628J/mol。在这三个反应中，氧的离解所需要的能量最少。另外，对第(3)种反应来说，它对 NO 的浓度还有要求。上述三种反应的逆反应是重要的复合反应，在边界层问题的分析时常会遇到。

2. 置换反应

对于空气组元一旦原子产生后，原子与分子之间的反应变得重要起来，这里常发生的置换反应有如下三种：

$$(4)\ NO+O+1.37\text{eV}\rightleftharpoons O_2+N \tag{8.9.4}$$

$$(5)\ N_2+O+3.27\text{eV}\rightleftharpoons NO+N \tag{8.9.5}$$

$$(6)\ N_2+O_2+1.90\text{eV}\rightleftharpoons 2NO \tag{8.9.6}$$

第(4)种与第(5)种反应是重要的氮离解反应，它们在氧原子生成后才起重要作用。第(4)种的逆反应很快，这是一种消耗氮原子的反应。另外，第(6)种反应相对于第(4)与第(5)种来讲并不太重要，而且它的逆反应也不太重要。

3. 缔合电离反应

对高温空气组元来讲，形成离子的主要反应是缔合电离和碰撞电离。重要的缔合电离反应有如下三种：

$$(7)\ N+O+2.76\text{eV}\rightleftharpoons NO^+ +e^- \tag{8.9.7}$$

$$(8)\ N+N+5.82\text{eV}\rightleftharpoons N_2^+ +e^- \tag{8.9.8}$$

$$(9)\ O+O+6.96\text{eV}\rightleftharpoons O_2^+ +e^- \tag{8.9.9}$$

缔合电离反应所需要的能量比其他形式电离反应所需的能量低。在 8000K 以下，第(7)种是产生离子的重要反应。另外，第(7)种、第(8)种和第(9)种的逆反应还是重要的电荷中和反应。

4. 碰撞电离反应

高温空气组元中,发生直接碰撞电离需要很高的能量。重要的碰撞电离反应有如下五种:

(10) $NO+M+9.25eV \rightleftharpoons NO^{+}+e^{-}+M$ (8.9.10)

(11) $O+M+13.61eV \rightleftharpoons O^{+}+e^{-}+M$ (8.9.11)

(12) $N+M+14.54eV \rightleftharpoons N^{+}+e^{-}+M$ (8.9.12)

(13) $O_2+M+12.08eV \rightleftharpoons O_2^{+}+e^{-}+M$ (8.9.13)

(14) $N_2+M+15.58eV \rightleftharpoons N_2^{+}+e^{-}+M$ (8.9.14)

式中碰撞粒子 M 可以是原子、分子、离子或者自由电子。

5. 附着反应

附着反应,对电子密度有较大的影响。主要的附着反应有如下两种:

(15) $O+e^{-}+M-1.46eV \rightleftharpoons O^{-}+M$ (8.9.15)

(16) $O_2+e^{-}+M-0.44eV \rightleftharpoons O_2^{-}+M$ (8.9.16)

综上所述,前面讨论了 16 种化学反应,并讨论了这些化学反应的特点。应该指出的是,在气动热力学中,根据实际的温度范围选择相应的化学反应是十分重要的。例如,在 1000~8000K 内,前 7 种反应是重要的,而其他反应并不太重要或者不起作用;而在 8000K 以上时,后 9 种反应应该考虑。

6. 高温平衡空气的组分计算方法

今以 7 组元 4 种主要反应的高温空气为例,讨论化学反应平衡时各组元的计算。这里取 2500~9000K,四种主要反应为

(1) $O_2 \rightleftharpoons 2O$ (8.9.17)

(2) $N_2 \rightleftharpoons 2N$ (8.9.18)

(3) $N+O \rightleftharpoons NO$ (8.9.19)

(4) $N+O \rightleftharpoons NO^{+}+e^{-}$ (8.9.20)

显然,这里高温空气中共含有 O_2、N_2、O、N、NO、NO^{+} 以及 e^{-},这 7 个组元。借助于统计力学的方法或者热力学测量,可以计算出上述 4 个反应式的平衡常数 K_p,于是在压力 p、温度 T 给定且上述 4 个反应式的平衡常数 K_p 已知的情况下,7 个组元的分压可由如下方程组求得:

$$p = p_{O_2} + p_{N_2} + p_O + p_N + p_{NO} + p_{NO^+} + p_{e^-} \tag{8.9.21}$$

$$\frac{(p_O)^2}{p_{O_2}} = K_{p1} \tag{8.9.22}$$

$$\frac{(p_N)^2}{p_{N_2}} = K_{p2} \tag{8.9.23}$$

$$\frac{p_{NO}}{p_N p_O} = K_{p3} \tag{8.9.24}$$

$$\frac{(p_{NO^+})p_{e^-}}{p_N p_O} = K_{p4} \tag{8.9.25}$$

$$\frac{N_O}{N_N} = \frac{2p_{O_2} + p_O + p_{NO} + p_{NO^+}}{2p_{N_2} + p_N + p_{NO} + p_{NO^+}} \tag{8.9.26}$$

$$p_{NO^+} = p_{e^-} \tag{8.9.27}$$

方程(8.9.21)为 Dalton 分压定律；方程(8.9.22)～(8.9.25)为关于 4 个平衡常数的计算式，注意这里 K_p 是 T 的函数，即 $K_p = K_p(T)$；方程(8.9.26)是元素守恒方程(即单位质量空气混合物中氧元素的数目 N_O 与氮元素的数目 N_N 之比为常数)，它又称为质量平衡方程。式中 N_O/N_N 值可以近似取为 0.25；方程(8.9.27)是关于电子变化的守恒方程，应该有

$$\eta_{NO^+} = \eta_{e^-} \tag{8.9.28}$$

取 i 为 NO^+ 或 e^-，于是 η_i 为组元 i 的摩尔质量分数。注意到状态方程：

$$\eta_i = p_i \frac{v}{R_0 T} \tag{8.9.29}$$

式中 R_0 的定义同式(7.1.22)，为摩尔气体常量。于是将式(8.9.29)代入式(8.9.28)便可得到式(8.9.27)。图 8.2 给出当 $p = 1\text{atm}$ 时，由方程(8.9.21)～(8.9.27)解得的摩尔质量分数 η_i 随温度的变化曲线。由图 8.2 可以看出：

(1) O_2 在 2000K 时开始离解，超过 4000K 以后几乎完全离解。

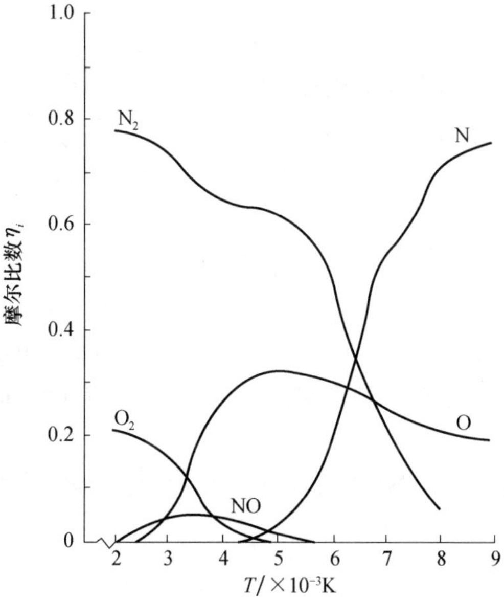

图 8.2　高温平衡空气的组分随温度的变化曲线($p = 1\text{atm}$ 时)

(2) N_2 在 3000K 时开始离解，在接近 9000K 时完全离解。

(3) NO 存在于 2000～6000K 内，在 3500K 时出现峰值。

(4) O 在 5000K 时出现峰值；在 5000～9000K 的变化范围内其摩尔质量分数随温度的升高而下降。

最后应指出的是，上述给出的计算高温空气组分的方法适用于任何化学平衡混合气体。一般来讲，如果混合气体有 n_1 个组元与 n_2 个元素时，则有 (n_1-n_2) 个独立的化学反应方程式以及相应的平衡常数，其余的方程可以由 Dalton 分压定律以及质量平衡方程作补充。应该指出的是，求解平衡化学反应气体时，到底求解哪些组元是件慎重选择的事，它直接关系到结果的可靠性。

7. 高温平衡空气特性计算的多项式方法

这里主要讨论 Tannehill 与 Mugge 给出的多项式方法，只给出以下两种形式。

(1) 将压力 p 作为内能 e 与密度 ρ 的函数(即 $p=p(e,\rho)$)，引进多项式 $\tilde{\gamma}$，其表达式为

$$\tilde{\gamma}=a_1+a_2Y+a_3Z+a_4YZ+a_5Y^2+a_6Z^2+a_7YZ^2+a_8Z^3+c_1 \tag{8.9.30}$$

式中：a_1～a_8 为系数；c_1 代表着多项式 $\tilde{\gamma}$ 中关于 a_9～a_{16} 的项，这里系数 a_1～a_{16} 的取值可参阅文献[54]中表 11.1；式中变量 Y 与 Z 的定义分别为

$$Y=\lg\frac{\rho}{1.292},\quad Z=\lg\frac{e}{78408.4} \tag{8.9.31}$$

这里 p 与 $\tilde{\gamma}$ 间的关系为

$$p=\rho e(\tilde{\gamma}-1) \tag{8.9.32}$$

(2) 将温度 T 作为压力 p 与密度 ρ 的函数(即 $T=T(p,\rho)$)，

$$\lg\frac{T}{T_0}=d_1+d_2Y+d_3Z+d_4YZ+d_5Z^2+c_2 \tag{8.9.33}$$

其中

$$T_0=288.16K,\quad Y=\lg\frac{\rho}{1.225},\quad X=\lg\frac{p}{1.0134\times10^5}$$

并且有 $Z=X-Y$；c_2 代表着多项式(8.9.33)中关于 d_6～d_{12} 的项；系数 d_1～d_{12} 的取值可参阅文献[54]中表 11.4。大量的数值计算表明：使用这里的 Tannehill 与 Mugge 关系式进行计算能较好符合采用统计热力学计算时所得结果。

8.10 高温气体的振动松弛与化学非平衡的计算

1. 振动速率方程

今考虑一个"谐振子"系统。由量子力学可知，许可能态由如下关系给出：

$$\varepsilon_i = \left(i + \frac{1}{2}\right)h\nu \quad (i = 0,1,2,\cdots) \tag{8.10.1}$$

式中：ν 为频率。令 N_i 表示处于能级 ε_i 的分子数，令 $K_{i,i\pm1}$ 表示在单位时间内，由 i 能级向 $i\pm1$ 能级的跃迁数(即从一个能级向邻近一个能级跃迁的速率常数)。($N_iK_{i,i\pm1}$)则表示每秒钟从 i 能级跃迁至 $i\pm1$ 能级的振子总数。于是 i 能级振子数目的变化速率为

$$\frac{\mathrm{d}N_i}{\mathrm{d}t} = -K_{i,i+1}N_i + K_{i+1,i}N_{i+1} - K_{i,i-1}N_i + K_{i-1,i}N_{i-1} \tag{8.10.2}$$

式(8.10.2)为基本的振动松弛方程。引入细致平衡原理，在任何两个相邻的能级之间净的相互变化必须各自为零，于是有

$$K_{i-1,i}N_{i-1}^* - K_{i,i-1}N_i^* = 0 \tag{8.10.3}$$

或者

$$K_{i-1,i} = K_{i,i-1}\frac{N_i^*}{N_{i-1}^*} \tag{8.10.4}$$

注意到当振子系统处于平衡状态时，在各能级上振子的分布由 Boltzmann 分布给出，即

$$N_i^* = N\frac{\exp\left(\frac{-\varepsilon_i}{kT}\right)}{\sum_i \exp\left(\frac{-\varepsilon_i}{kT}\right)} \tag{8.10.5}$$

借助式(8.10.5)以及式(8.10.1)，则式(8.10.4)变为

$$K_{i-1,i} = K_{i,i-1}\exp\left(\frac{-h\nu}{kT}\right) \tag{8.10.6}$$

式(8.10.6)是速率常数之间的互换关系，它适用于平衡条件，也适用于非平衡条件[55]。另外，由量子力学对谐振子跃迁概率的研究还可以得到 $K_{i,i-1}$ 与 $K_{1,0}$ 间的关系，即

$$K_{i,i-1} = iK_{1,0} \tag{8.10.7}$$

或者

$$K_{i+1,i} = (i+1)K_{1,0} \tag{8.10.8}$$

代入式(8.10.6)，得

$$K_{i-1,i} = iK_{1,0}\exp\left(\frac{-h\nu}{kT}\right) \tag{8.10.9}$$

同样，对于 $K_{i,i+1}$ 便有

$$K_{i,i+1} = (i+1)K_{1,0}\exp\left(\frac{-h\nu}{kT}\right) \tag{8.10.10}$$

借助于式(8.10.7)～式(8.10.10)，则式(8.10.2)变为

$$\frac{\mathrm{d}N_i}{\mathrm{d}t} = K_{1,0}\left\{-iN_i + (i+1)N_{i+1} + [-(i+1)N_i + iN_{i-1}]\exp\left(\frac{-\theta_v}{T}\right)\right\} \tag{8.10.11}$$

式中：θ_ν 为振动特征温度，其定义为

$$\theta_\nu \equiv \frac{h\nu}{k} \tag{8.10.12}$$

式中：k 与 h 分别为 Boltzmann 常量与 Planck 常量；ν 为频率。

方程(8.10.11)是由平动与转动之间的能量交换推出的；对于振动与振动之间的碰撞交换以及辐射交换也可以得到类似于式(8.10.11)的形式，这里因篇幅所限不予讨论。在气动热力学中，关心的不是反映粒子在能级上分布的 N_i 而是振子系统的总振动能量 E_ν。注意到

$$E_\nu = \sum_{i=0}^{\infty}(\varepsilon_i N_i) = h\nu \sum_{i=1}^{\infty}(iN_i) \tag{8.10.13}$$

容易由式(8.10.11)推得

$$\frac{\mathrm{d}E_\nu}{\mathrm{d}t} = K_{1,0}\left[1-\exp\left(\frac{-\theta_v}{T}\right)\right]\left[\frac{h\nu N}{\exp\left(\frac{\theta_v}{T}\right)-1} - \mathrm{E}_\nu\right] \tag{8.10.14}$$

其中

$$h\nu N = mNR\theta_v \tag{8.10.15}$$

$$N = \sum_{i=0}^{\infty} N_i$$

式中：m 为一个振子分子的质量；θ_v 为振动特征温度。令 E_ν^* 表示平衡振动能，其表达式为

$$E_\nu^* = \frac{h\nu N}{\exp\left(\frac{\theta_v}{T}\right)-1} \tag{8.10.16}$$

并且令 τ 为

$$\tau \equiv \frac{1}{K_{1,0}\left[1-\exp\left(\frac{-\theta_v}{T}\right)\right]} \tag{8.10.17}$$

于是式(8.10.14)变为

$$\frac{\mathrm{d}E_\nu}{\mathrm{d}t} = \frac{E_\nu^* - E_\nu}{\tau} \tag{8.10.18}$$

这就是振动速率方程。式中 τ 由式(8.10.17)定义，称为松弛时间。

2. 化学反应净速率方程以及 Arrhenius 方程

今考虑由 n 个组元组成的化学反应混合气体系统，系统中基元反应的一般表达式为

$$\sum_{i=1}^{n}(\nu_i' Z_i) \underset{K_\mathrm{b}}{\overset{K_\mathrm{f}}{\rightleftharpoons}} \sum_{i=1}^{n}(\nu''_i Z_i) \tag{8.10.19}$$

式中：Z_i 为系统中的任一组元，ν_i' 与 ν_i'' 分别为反应物与生成物的计量系数。由化学

动力学中的质量作用定律可知，式(8.10.19)的正向与逆向反应速率分别为

正向

$$\frac{\mathrm{d}[Z_i]}{\mathrm{d}t}=(\nu''_i-\nu'_i)K_\mathrm{f}\prod_i[Z_i]^{\nu'_i} \tag{8.10.20}$$

反向

$$\frac{\mathrm{d}[Z_i]}{\mathrm{d}t}=-(\nu''_i-\nu'_i)K_\mathrm{b}\prod_i[Z_i]^{\nu''_i} \tag{8.10.21}$$

任一组元 Z_i 的净生成率为

$$\frac{\mathrm{d}[Z_i]}{\mathrm{d}t}=(\nu''_i-\nu'_i)\left(K_\mathrm{f}\prod_i[Z_i]^{\nu'_i}-K_\mathrm{b}\prod_i[Z_i]^{\nu''_i}\right) \tag{8.10.22}$$

这就是化学反应净速率方程的一般形式。在式(8.10.20)～式(8.10.22)中，用方括号[·]表示摩尔密度。注意到压力平衡常数 K_p 与摩尔密度平衡常数 K_α 的定义及它们之间的相互关系，即

$$K_p=\frac{\prod_i[p_i^*]^{\nu''_i}}{\prod_i[p_i^*]^{\nu'_i}} \tag{8.10.23}$$

$$K_\alpha=\frac{\prod_i[Z_i^*]^{\nu''_i}}{\prod_i[Z_i^*]^{\nu'_i}} \tag{8.10.24}$$

$$K_\alpha=K_p\left(\frac{1}{R_0T}\right)^{\sum_i(\nu''_i-\nu'_i)} \tag{8.10.25}$$

$$K_\alpha=\frac{K_\mathrm{f}}{K_\mathrm{b}} \tag{8.10.26}$$

式中：R_0 为摩尔气体常量；K_f 与 K_b 分别为反应式中正向速率常数与逆向速率常数。式(8.10.23)与式(8.10.24)中的上标“$*$”号表示系统达到平衡时的热力学变量。在通常情况下，化学反应的正向速率常数 K_f 可由实验测定，于是由式(8.10.26)就可以得到 K_b 值。应该指出的是，这里 K_f、K_b、K_α 与 K_p 通常都是温度的函数。虽然借助于分子运动论或气体动理论可以计算出化学速率常数，但计算值与实验值有时会相差几个量级。正因如此，计算速率常数多采用 Arrhenius 方程，它是一个基于大量实验结果的经验公式，其表达式为

$$K_\mathrm{A}=c_1\exp\left(\frac{-E'_\alpha}{kT}\right) \tag{8.10.27}$$

式中：c_1 为频率因子，其值通常为常数；E'_α 为 Arrhenius 活化能，它是温度的函数。对式(8.10.27)的改进形式为

$$K_\mathrm{A}=c_2T^\eta\exp\left(\frac{-E_\alpha}{kT}\right) \tag{8.10.28}$$

这里系数 c_2、指数 η 以及能量 E_α 可以从相关的实验资料中找到；另外，在式(8.10.28)中，k 为 Boltzmann 常量。

对于同时存在多个反应的复杂体系，例如该体系由 n 个组元且有 r 个基元反应组成时，其反应方程为

$$\sum_{i=1}^{n} \nu_i'^{(j)} Z_i \rightleftharpoons \sum_{i=1}^{n} \nu_i''^{(j)} Z_i \quad (j=1,2,\cdots,r) \tag{8.10.29}$$

则组元 i 的净生成率应为它在每一个基元反应中的净生成率之和，即

$$\frac{\mathrm{d}[z_i]}{\mathrm{d}t} = \sum_{j=1}^{r} \frac{\mathrm{d}[Z_i]_j}{\mathrm{d}t} = \sum_{j=1}^{r} [(\nu_i''^{(j)} - \nu_i'^{(j)})(K_\mathrm{f}^{(j)} \prod_i [Z_i]^{\nu_i'} - K_\mathrm{b}^{(j)} \prod_i [Z_i]^{\nu''_i})]_j \tag{8.10.30}$$

为便于书写，式(8.10.30)又可简写为

$$\begin{aligned} \frac{\mathrm{d}[Z_i]}{\mathrm{d}t} &= \sum_{j=1}^{r} \frac{\mathrm{d}[Z_i]_j}{\mathrm{d}t} \\ &= \sum_{j=1}^{r} [(\nu_i'' - \nu_i')(K_\mathrm{f} \prod_i [Z_i]^{\nu'_i} - K_\mathrm{b} \prod_i [Z_i]^{\nu_i''})]_j \quad (j=1,2,3,\cdots,r) \end{aligned} \tag{8.10.31}$$

在气动热力学中，组元成分一般不用摩尔密度 α_i 表示而是用组元的质量密度 ρ_i 或者质量分数 Y_i 表示，三者之间的关系式为

$$\rho_i = \rho Y_i = M_i \alpha_i \tag{8.10.32}$$

式中：M_i 为组元 i 的摩尔质量。于是组元 i 的质量生成率 $\dot{\omega}_i$ 为

$$\dot{\omega}_i \equiv \frac{\mathrm{d}\rho_i}{\mathrm{d}t} = \rho \frac{\mathrm{d}Y_i}{\mathrm{d}t} = M_i \frac{\mathrm{d}[Z_i]}{\mathrm{d}t} \tag{8.10.33}$$

式中：$[Z_i]$为组元 Z_i 的摩尔密度。

3. 高温空气的化学非平衡

对于非平衡高温空气的气动热力学问题，在 9000K 以下时常选择下列 7 个主要的基元反应：

$$O_2 + M \underset{K_\mathrm{b}^{(1)}}{\overset{K_\mathrm{f}^{(1)}}{\rightleftharpoons}} 2O + M \tag{8.10.34a}$$

$$N_2 + M \underset{K_\mathrm{b}^{(2)}}{\overset{K_\mathrm{f}^{(2)}}{\rightleftharpoons}} 2N + M \tag{8.10.34b}$$

$$NO + M \underset{K_\mathrm{b}^{(3)}}{\overset{K_\mathrm{f}^{(3)}}{\rightleftharpoons}} N + O + M \tag{8.10.34c}$$

$$O_2 + N \underset{K_\mathrm{b}^{(4)}}{\overset{K_\mathrm{f}^{(4)}}{\rightleftharpoons}} NO + O \tag{8.10.34d}$$

$$N_2 + O \underset{K_\mathrm{b}^{(5)}}{\overset{K_\mathrm{f}^{(5)}}{\rightleftharpoons}} NO + N \tag{8.10.34e}$$

$$N_2 + O_2 \underset{K_b^{(6)}}{\overset{K_f^{(6)}}{\rightleftharpoons}} 2NO \tag{8.10.34f}$$

$$N + O \underset{K_b^{(7)}}{\overset{K_f^{(7)}}{\rightleftharpoons}} NO^+ + e^- \tag{8.10.34g}$$

式中:M 为可能存在的碰撞粒子(它可以是任意原子或分子)。显然,这里式(8.10.34a)～式(8.10.34c)为离解反应;式(8.10.34d)与式(8.10.34e)为置换反应,在空气中这两个反应是形成 NO 的主要反应;而式(8.10.34g)为电离-复合反应,注意这里离子 NO^+ 与电子 e^- 复合并不是生成 NO 而是生成 N 原子与 O 原子。另外,上述这些反应式并非全部独立的[例如,这里式(8.10.34f)可由式(8.10.34e)与式(8.10.34d)相加而得],对于非平衡反应而言,化学反应方程无须独立。这是由于化学动力学的反应机制可能包含大量的基元化学反应,而其中的一些反应并不一定要独立。对于任何一个非平衡问题进行分析时,它包含所有可能的基元化学反应,而其中的一些反应并不一定要独立。分析任何一个非平衡问题时,所有有可能发生的基元反应,重要的与可能影响反应速率过程的反应都要予以考虑。显然,这里的处理与 8.9 节计算高温空气平衡成分时的处理方法不同。

借助于上述 7 个反应式以及式(8.10.30)便可以写出每一个组元的净生成率。这里不妨以 NO 的净生成率为例,由于在式(8.10.34c)～式(8.10.34f)中包含有 NO 的生成或者消失的化学反应,再加上上述式中 M 的定义,因此仅式(8.10.34c)便可以包含以下 7 个反应式:

$$NO + O_2 \underset{K_{ba}^{(3)}}{\overset{K_{fa}^{(3)}}{\rightleftharpoons}} N + O + O_2 \tag{8.10.35a}$$

$$NO + N_2 \underset{K_{bb}^{(3)}}{\overset{K_{fb}^{(3)}}{\rightleftharpoons}} N + O + N_2 \tag{8.10.35b}$$

$$NO + NO \underset{K_{bc}^{(3)}}{\overset{K_{fc}^{(3)}}{\rightleftharpoons}} N + O + NO \tag{8.10.35c}$$

$$NO + O \underset{K_{bd}^{(3)}}{\overset{K_{fd}^{(3)}}{\rightleftharpoons}} N + O + O \tag{8.10.35d}$$

$$NO + N \underset{K_{be}^{(3)}}{\overset{K_{fe}^{(3)}}{\rightleftharpoons}} N + O + N \tag{8.10.35e}$$

$$NO + NO^+ \underset{K_{bf}^{(3)}}{\overset{K_{ff}^{(3)}}{\rightleftharpoons}} N + O + NO^+ \tag{8.10.35f}$$

$$NO + e^- \underset{K_{bg}^{(3)}}{\overset{K_{fg}^{(3)}}{\rightleftharpoons}} N + O + e^- \tag{8.10.35g}$$

综上所述,NO 的化学反应速率方程便可表示为

$$\frac{d[NO]}{dt} = -K_{fa}^{(3)}[NO][O_2] + K_{ba}^{(3)}[N][O][O_2] - K_{fb}^{(3)}[NO][N_2] + K_{bb}^{(3)}[N][O][N_2]$$

$$
\begin{aligned}
&-K_{\mathrm{fc}}^{(3)}[\mathrm{NO}]^2+K_{\mathrm{bc}}^{(3)}[\mathrm{N}][\mathrm{O}][\mathrm{NO}]-K_{\mathrm{fd}}^{(3)}[\mathrm{NO}][\mathrm{O}]+K_{\mathrm{bd}}^{(3)}[\mathrm{N}][\mathrm{O}]^2\\
&-K_{\mathrm{fe}}^{(3)}[\mathrm{NO}][\mathrm{N}]+K_{\mathrm{be}}^{(3)}[\mathrm{N}]^2[\mathrm{O}]-K_{\mathrm{ff}}^{(3)}[\mathrm{NO}][\mathrm{NO}^+]+K_{\mathrm{bf}}^{(3)}[\mathrm{N}][\mathrm{O}][\mathrm{NO}^+]\\
&-K_{\mathrm{fg}}^{(3)}[\mathrm{NO}][\mathrm{e}^-]+K_{\mathrm{bg}}^{(3)}[\mathrm{N}][\mathrm{O}][\mathrm{e}^-]-K_{\mathrm{f}}^{(4)}[\mathrm{O}_2][\mathrm{N}]+K_{\mathrm{b}}^{(4)}[\mathrm{NO}][\mathrm{O}]\\
&-K_{\mathrm{f}}^{(5)}[\mathrm{N}_2][\mathrm{O}]+K_{\mathrm{b}}^{(5)}[\mathrm{NO}][\mathrm{N}]-2K_{\mathrm{f}}^{(6)}[\mathrm{N}_2][\mathrm{O}_2]+2K_{\mathrm{b}}^{(6)}[\mathrm{NO}]^2
\end{aligned}
\tag{8.10.36}
$$

类似地，便可得到其他 6 个组元（即 O_2、N_2、O、N、NO^+ 与 e^-）的化学反应速率方程。应指出的是，目前在许多情况下采用分子运动论去精确求得反应速率常数还有一定困难，所以任何一个非平衡问题的分析是否精确便取决于现有速率常数的精确程度。文献[56]给出了一种计算高温空气中反应速率常数的近似表达式：

$$
K_{\mathrm{f}}^{*}=C_{\mathrm{f}}T^{\eta_{\mathrm{f}}}\exp\left(\frac{-K_{\mathrm{f}}}{\tilde{R}T}\right)
\tag{8.10.37}
$$

式中：K_{f}^{*} 为借助于式(8.10.37)计算出的化学反应速率常数；$\tilde{R}$ 为常数；系数 C_{f}、η_{f} 以及 K_{f} 可参阅相应的文献，这里不再列出。

8.11　高温化学反应气体的非平衡理论概述

1. 非平衡统计理论中 BBGKY 方程链以及约化分布函数的回顾

目前，对于高温气体所构成的复杂系统的宏观行为其研究大体上也可以分为两种方法：一种是从宏观行为的直接观测入手，从大量实验观测结果中总结归纳出宏观行为的基本规则，再把这些基本规则应用于具体的体系，这就是热力学所采用的方法。热力学三大定律是从大量实验观测总结中归纳出来的关于热现象的基本规则。与力学（包括经典力学和量子力学）中那种首先把研究对象分解为大量的结构单元（粒子）而后再分别研究它们的处理办法不同，热力学采用了综合的方法，它抓住了宏观现象的一个共同特点，即它们都由大量的结构单元组成，而不管这些结构单元的细节，也不管这些结构单元的运动状态用什么力学（例如，采用经典力学或者采用量子力学）来描述。因此，这种研究办法可用于高温气体所构成的复杂系统所具有的宏观系统行为的研究。但应该指出的是，尽管从热力学得到的结论具有高度的可靠性和普适性，但它对特殊物质的特性给不出具体的信息。热力学本身不能对它的结论给予更本质的解释。另外，热力学所讨论的只是系统的平均行为，而系统的实际行为与它的平均行为总是存在偏差（即涨落）。显然，这种偏差行为也是热力学理论不能解释和预言的。

研究高温气体所构成的复杂系统宏观行为的另一种方法是统计力学的办法，它从系统由大量的结构单元组成这一事实出发，把宏观行为看成微观行为的统计平均结果，对此本书第 5 章与第 8 章的前 5 小节给出过有关的分析与讨论。与热力学方法相似,统计力学采用的也是综合办法。它紧紧抓住宏观系统具有大量自由度中"大量"这一事实,而不注重物质结构的层次。系统的微观模型(即系统的微观结构与粒子间的相互作用)是统计力学方法的出发点,一旦微观模型确定之后,原则上便可以采用力学的方法知道系统有可能处于什么样的微观状态。而后再通过分析这些微观状态和宏观状态之间的对应关系,引入适当的假设,得到表征系统特性的分布函数,因此便可以去讨论系统的宏观平均特性以及平均值与实际值之间的偏差(即涨落的特性)等。另外,用统计力学还可以预言特殊物质的特殊性质,并且能够对热力学的结果给予更本质的解释。

按照微观模型的不同特点,统计力学研究的对象与方法又有不同的分类。首先,按单个粒子所遵循的力学规律可划分为经典统计方法(又称经典统计力学)与量子统计方法(又称量子统计力学)。应指出的是,量子统计力学与经典统计力学的主要差别仅在于对微观运动状态的描述,而不在于统计原理;其次,按粒子之间的相互作用情况把统计系统划分为独立粒子系统与非独立粒子系统(又称相依粒子系统)。相应地发展了计算独立粒子系统的最概率方法与处理相依粒子系统的 Gibbs 方法;另外,按粒子系统是否处于平衡态又可把统计系统划分成平衡系统与非平衡系统。相应地把统计力学划分为平衡态统计力学与非平衡态统计力学。

平衡态统计力学研究的是平衡系统的统计规律,应该讲这一方面的研究目前已有比较成熟的理论。非平衡态统计力学问题的提出几乎与平衡问题的提出有同样悠久的历史,但由于非平衡问题实在是太复杂了,因此理论研究进展仍在发展中,尤其是高温且具有化学反应的非平衡态系统。应指出的是,化学现象本质上属于非平衡态现象。只有非平衡条件下,才会有宏观的化学变化,因此从这个意义上讲,高温化学反应的统计理论必须包括非平衡态的统计理论。

与平衡态统计力学一样,非平衡态统计力学的基本方法也是通过对微观量进行平均去求宏观量,因此其关键也是求分布函数,并且其基本出发点还是微观粒子所遵循的一组运动方程。所不同的仅在于,平衡统计只关心与时间无关的平衡解,而非平衡统计关心的是与时间有关的分布函数。只有从与时间有关的分布函数出发,才能求得与时间有关的宏观物理量。正因为如此,本书第 5 章在扼要回顾非平衡态统计力学基础以及从量子统计到经典统计的极限过渡等重要内容时,始终以 Liouville 方程作为统计力学中最基本、最重要的方程之一。从 Liouville 方程出发,通过引入各阶约化分布函数[例如,本书式(5.8.7)所定义的那样],便可导出一组关于约化分布函数的 BBGKY 方程链[例如,本书式(5.8.20)所示],使它与 Liouville 方程完全等价。然而这个方程链是不封闭的,只有在引入适当的近似条件(又称"辅助条件")下将这个方程链截断,才可求得约化分布函数。另外,可以证明,Boltzmann 方程、Landau 方程和 Vlasov 方程分别是 BBGKY 方程链在某些"辅助条件"下获得的具体形式。此外,从 Boltzmann 方程出发,采用 Chapman-Enskog 展开还可以得到 Burnett 方程与 Navier-Stokes 方程。关于上述这些方程的详细讨论与推导过程，可参阅本书的 5.8 节、5.9 节以及 6.4 节，这里不再赘述。

2. 微偏离平衡态的非平衡过程

当一个孤立系统处于非平衡态时，H 函数的负值或熵总是随时间而增加，系统有自发趋于平衡态的倾向。因此，如果对一个本来处于平衡态的系统施加某种短暂的扰动，并且在施加这种扰动以后系统所处的环境继续保持扰动前的宏观条件，在这种情况下系统经过一段时间后会自动重新回到平衡状态，这类过程就是通常所讲的弛豫(relaxation)过程。弛豫过程是一种典型的非平衡过程，有关这方面的讨论可参阅本书 5.7 节，这里不再赘述。如果不是给系统施加短暂的扰动，而是给系统施加持续的外力，使得系统不能回复到平衡态，则系统对所加外力的响应便会产生持续不断的“流(flux)”。例如，维持电位差会产生电荷的流动——电流；维持浓度梯度会导致物质的流动——扩散流；维持温度梯度会引起热流。其中电位差引起电流的推动力，浓度梯度(更确切地讲应为化学势梯度)便会引起扩散流的推动力，而温度梯度会引起热流的推动力。这些推动力可广义地称为“力(force)”，而电流、扩散流和热流的速率可统称为“流”。通常将力产生流的现象称为输运现象(transport phenomena)，它是一种典型的非平衡现象。

如果系统偏离平衡的程度比较弱，实验表明：“流”与“力”的大小是成比例的，其比例系数为唯象系数(又称输运系数)。例如，电阻率、扩散系数和热导系数分别是电导过程、扩散过程和热传导过程的输运系数。这些系数是描述非平衡输运过程的重要特征参数，它们本身又都是物质的宏观参数。弛豫、输运和涨落是平衡态附近的主要非平衡过程，都是由趋向平衡这一总的倾向决定的，因此有着深刻的内在联系。在过去半个多世纪的非平衡态研究中，非平衡统计力学的重大进展主要表现在如下两个方面：一是利用 Einstein 涨落理论和微观可逆性原理证明了在近平衡条件下 Onsager 倒易关系的存在；二是发现了非平衡的输运特性与平衡态的涨落特性之间满足涨落-耗散定理，这个定理把体系在平衡态时的涨落行为与当它受到某种外力而偏离平衡态时发生的耗散行为(输运特性)联系起来。关于这两个定理的证明，可参阅相关文献(如文献[53]等)，这里不再给出。

3. 非平衡态热力学的线性区

根据热力学“力”与热力学“流”之间的不同关系，热力学的研究大体上可划分为三个主要领域，它们相当于热力学发展中的三个阶段。热力学研究的第一阶段是研究热力学“力”与热力学“流”均为零的情况，这就是平衡态热力学(又称可逆过程热力学或经典热力学)。它主要研究孤立体系或封闭体系。

对于开放体系，当边界条件迫使体系离开平衡态时，宏观不可逆过程随即开始，这时热力学“力”与热力学“流”均不为零。注意到热力学“力”（下文用 X 表示）是产生热力学“流”（下文用 J 表示）的原因，不妨认为 J 是 X 的某种函数。假定这种函数关系存在且连续，并以平衡态（这里令“力”与“流”均为零的状态为平衡态）作为参考态时进行 Taylor 展开，有

$$J = J(X) = J_0(X_0) + \left(\frac{\partial J}{\partial X}\right)_0 (X - X_0) + \frac{1}{2}\left(\frac{\partial^2 J}{\partial X^2}\right)_0 (X - X_0)^2 + \cdots \tag{8.11.1}$$

注意到

$$X_0 = 0, \quad J_0 = 0 \tag{8.11.2}$$

于是借助于式(8.11.2)，则式(8.11.1)可变为

$$J = LX + \frac{1}{2}\left(\frac{\partial^2 J}{\partial X^2}\right)_0 X^2 + \cdots \tag{8.11.3}$$

其中

$$L \equiv \left(\frac{\partial J}{\partial X}\right)_0 \tag{8.11.4}$$

当热力学“力”很弱（即体系的状态偏离平衡态很小）时，如果式(8.11.3)中包含力 X 的高次幂项比第一项小得多时，则式(8.11.3)可以省略这些高次幂的项后被简化为

$$J = LX \tag{8.11.5}$$

式(8.11.5)表明热力学“力”与热力学“流”之间满足线性关系。通常将满足这种线性关系的非平衡态叫非平衡态的线性区，将研究线性区特性的热力学称为线性非平衡态热力学（又称线性不可逆过程热力学）。研究线性区的非平衡态热力学是热力学发展的第二阶段。更一般来说，如果一种“流”J_k 是体系中各种“力”($X_1, \cdots, X_m$)（这里简记为$\{X_m\}$）的函数，类似于式(8.11.1)的 Taylor 展开，便有

$$\begin{aligned} J_k(\{X_m\}) = {} & J_k(\{X_m\}_0) + \sum_{n=1}^{m}\left[\left(\frac{\partial J_k}{\partial X_n}\right)_0 X_n\right] \\ & + \frac{1}{2}\sum_{i,n}\left[\left(\frac{\partial^2 J_k}{\partial X_i \partial X_n}\right)_0 X_i X_n\right] + \cdots \end{aligned} \tag{8.11.6}$$

如果体系中所有不可逆过程都十分接近于平衡，所有的过程推动力($X_1, \cdots X_i, \cdots, X_n, \cdots, X_m$)都足够弱，以至于可以忽略展开式(8.11.6)中所有关于力的高次幂项，只保留其线性项，并注意到

$$\{X_m\} = 0, \quad J_k(\{X_m\}_0) = 0 \tag{8.11.7}$$

则可得到线性唯象关系

$$J_k = \sum_{n=1}^{m}(L_{kn} X_n) \tag{8.11.8}$$

其中线性唯象系数（简称为唯象系数）L_{kn} 定义为

$$L_{kn}=\left(\frac{\partial J_k}{\partial X_n}\right)_0 \tag{8.11.9}$$

由 Onsager 倒易关系有

$$L_{kn}=L_{nk} \tag{8.11.10}$$

应指出的是:线性非平衡过程热力学的近代理论完全是建立在 Onsager 倒易关系基础上的,它具有很强的普适性,并且已得到许多实验事实的支持。

线性非平衡态热力学的另一个重要结果是 Prigogine 于 1945 年提出的最小熵产生原理。按照这个原理,在接近平衡的条件下,与外界强加的限制相适应的非平衡定态的熵产生(entropy production)具有最小值。根据这一原理便可推出在非平衡态热力学的线性区,非平衡定态是稳定的结论。另外,最小熵产生原理保证了这样的定态稳定性,因此便可作出结论,在非平衡热力学的线性区或者说在平衡态附近,不会自发形成时空有序的结构,并且即使由初始条件强加一个有序的结构,但随着时间的推移,体系也发展到一个无序的定态,任何初始的有序结构将会消失。换句话说,在线性区自发过程总是趋于破坏任何有序、增加无序。

4. 非平衡态热力学的非线性区

热力学发展的第三阶段是研究非线性区的非平衡态热力学。多年来,人们一直力求把最小熵产生原理推广应用于非平衡态热力学的非线性区。但最后发现,这种推广是不可能的。当体系远离平衡时,虽然体系仍可发展到某个不随时间变化的定态,但这个远离平衡的定态的熵产生不一定取最小值。更一般地说,远离平衡的定态不再总能像平衡态或者接近平衡的非平衡定态那样用某个适当的热力学位函数(例如,平衡态的熵或者自由能;近平衡的非平衡定态的熵产生)来表征。由于在远离平衡时缺乏任何热力学位函数,因此一个远离平衡的体系随时间发展到哪个极限状态便取决于动力学过程的详细行为。在非平衡态的非线性区,人们同样关心体系的稳定性。但是在非平衡态的非线性区,熵(或者自由能)并不具有极值行为,最小熵产生原理不再有效,体系的稳定性也就不能再从熵函数或者熵产生的行为来判断。换句话说,在非线性区熵或熵产生不再具有热力学势函数的行为。如果想继续从热力学的角度来探索非线性区稳定特性的话,则必须寻找一个函数,借助于这个函数的行为可以判断非线性区的稳定特性。在寻找这样一个函数的时候,Lyapounov 建立的微分方程解的稳定性理论提供了一条有效途径。相应地,面对大量的实际工程问题,寻找一个相应的与定态相关的 Lyapounov 函数便成为人们高度关注的问题之一。

大量的研究发现,在非平衡态热力学的整个范围内,熵产生是正定的,而在非平衡态的线性区,熵产生的全导数是负定的,因此熵产生可以看成体系在线性区的一个 Lyapounov 函数,它完全决定了体系在线性区的稳定性与发展方向。应该指出的是，对于大多数实际遇到的非线性偏微分方程组来说，要寻找一个与定态相关的 Lyapounov 函数并不是一件容易的事，因此在定性分析时人们常常不是去讨论定态对于有限大的小扰动的稳定性，而是讨论定态对于无限小扰动的稳定性。处理这样的稳定性问题的一个极简便办法是进行线性稳定性分析。这里所谓线性稳定性分析是指利用线性稳定原理来研究一个非线性方程解的稳定性的过程。靠非线性方程组

$$\frac{\partial X_i}{\partial t} = f_i(\{X_j\},\lambda) + D_i \nabla^2 X_i \quad (i,j = 1,2,\cdots) \tag{8.11.11}$$

的某组特解$\{X_i\}_0$，以及如下的线性化方程组：

$$\frac{\partial u_i}{\partial t} = \sum_j \left[\left(\frac{\partial f_i}{\partial X_j}\right)_0 u_j\right] + D_i \nabla^2 u_i \quad (i,j = 1,2,\cdots) \tag{8.11.12}$$

式中：λ 为一控制参量。如果式(8.11.12)的零解是渐近稳定的，那么参考态$\{X_i\}_0$是非线性方程组(8.11.12)的一个渐近稳定解；如果式(8.11.12)的零解是不稳定的，那么$\{X_i\}_0$便是不稳定的。这就是线性稳定性定理。从这个定理可知，当一个线性化方程组的零解是渐近稳定的或者不稳定的时候，那么该零解与它对应的非线性方程组的特解有相同的稳定性。换句话说，在上述情况下，可以从线性化方程组的零解的稳定性去确定非线性方程组特解的稳定性。但是上述定理并没有回答当线性化方程组的零解虽在 Lyapounov 意义上是稳定的但并不是渐近稳定的时候与其对应的非线性方程组的特解是否稳定这样一个问题。为了回答这个问题必须研究非线性动力学方程组本身，它将涉及分叉(bifurcation)现象。应指出的是，分叉是非线性动力系统的一种内禀特性[57,58]。

设体系所受到的外界的或者内部动力学的控制可以用某个(或一组)控制参数 λ 来表征[如式(8.11.11)中的参量 λ]，令 λ 的值可以衡量体系的实际状态偏离热力学平衡的距离（这里不妨约定：当 λ 的值偏离 λ_0 时，体系将偏离平衡态，并且当 λ 偏离 λ_0 的程度越大则体系偏离平衡态的程度也越大）。研究表明：①当体系的状态接近于平衡态时，即在非平衡的线性区(也就是说，当控制参数 λ 的值接近于 λ_0)时，最小熵产生原理将保证非平衡定态的稳定性。自发过程总是使体系回到与外界条件相适应的定态(在孤立体系的条件下为平衡态)。在空间均匀以及不随时间变化的边界条件下，这样的非平衡态通常都具有与平衡态相似的定性行为(例如，保证空间均匀性、时间不变性以及对各种扰动的稳定性)。因此，在这种条件下体系中不可能自发产生任何时空有序结构。②当体系远离热力学平衡时，即在非平衡态的非线性区，这时当控制参数 λ 值超过某一个临界值 λ_c(也就是说，当体系偏离平衡态超过某个临界距离)时，非平衡参考定态有可能失去稳定性。因此，对该参考定态的一个很小的扰动可使体系越来越偏离这个状态而发展到一个新的状态。这个新的状态可能保持那个不稳定的扰动的时空定性行为，于是这个由参考

定态失稳而导致的新状态可以对应于某种时空有序结构，即耗散结构。上述情况可借助于图 8.3 来说明。令图 8.3 中 $\| X_i \|$ 表示体系某组分的平均浓度，λ 为控制参数。图 8.3 给出 $\| X_i \|$ 随 λ 的变化曲线。假设在 $\lambda=\lambda_0$ 时体系的极限状态是平衡态，其组分的平衡浓度为 $\| X_i^0 \|$；随着 λ 偏离 λ_0，与 λ 的值相应的极限状态（非平衡定态）的浓度 $\| X_i \|$ 会随之偏离 $\| X_i^0 \|$；在到达 $\lambda=\lambda_c$ 之前（即定态保持渐近稳定性时），浓度 $\| X_i \|$ 随 λ 的变化 是连续的、平滑的［这里不妨用图 8.3 中的曲线(a)来描述。在曲线(a)上的每一点所对应的状态的行为很类似于平衡态的行为，它们可以看成热力学平衡态的自然延伸，如曲线(a)所示］。当 $\lambda \geqslant \lambda_c$ 时，曲线(b)变得不稳定［这里曲线(b)为曲线(a)的延续］，在这种情况下一个很小的扰动便可强迫体系离开原来的曲线而跳跃到另外某一个稳定的分支（c_1 曲线或 c_2 曲线）。这里 c_1 分支或 c_2 分支上的每一个点可能对应于某种时空有序状态。因为这样的有序状态只有在 λ 值偏离 λ_0 足够大（即体系离开平衡态的距离足够远），换句话说，只有在不可逆耗散过程足够强烈时才有可能出现，而且又是以突变的方式产生，因此它们的行为与热力学平衡态有本质的差别。这样的有序属于耗散结构，分支 c_1 与分支 c_2 叫做耗散结构分支。在 $\lambda=\lambda_c$ 的点附近，几个分支组成的图案很像一把叉子，因此这类现象称为分叉现象或称分支现象。$\lambda=\lambda_c$ 的这个点称为分叉点或分支点。在分支点之前，热力学分支［如图 8.3 的曲线(a)］上每点对应的状态保持空间的均匀性与时间不变性，因而具有高度的时空对称性；超过分支点 λ_c 以后，耗散结构分支上每一点可能对应于某种时空有序状态，这就可能破坏了体系原来的对称性；因而这类现象又常称为对称性破缺不稳定性（symmetry breaking instability）现象。综上所述，从前面的讨论中可以看出，在平衡态附近，发展过程主要表现为趋向平衡态或者与平衡态有类似行为的非平衡定态，并且总是伴随着无序的增加与宏观结构的破坏。在远离平衡的条件下，非平衡定态可以变得不稳定，发展过程可以经受突变，并导致宏观结构的形成与宏观有序的增加。显然，上述这些认识与分析便为高温空气化学反应过程的非平衡态认识指明了方向，提供了有益的启示。此外，还应指出的是，当体系远离热力学平衡并且体系内部包含适当的非线性动力学过程时，利用热力学分析在原则上可以预测有无可能发生分支（bifurcation）现象；利用动力学方程的线性稳定性分析可以发现可能发生分支现象的具体条件。但是，热力学分析与动力学方程的线性稳定性分析并不能确定在一定控制条件下分支解的个数、分支解的稳定性以及分支解的详细行为（如数学表达式）。要解决后面这些问题就必须去求解非线性动力学方程本身。另外，由于分支现象只能发生在非线性动力学体系，研究分支理论属于非线性数学（即非线性微分方程）的范畴，因此这里因篇幅所限就不再深入讨论。③当体系足够远离平衡时，随着高级分支的发生，体系中将允许出现越来越多的振荡频率，它们对应于各种不稳定的涨落分量，这些涨落分量的相互作用最终可能引起巨大的涨落，在分支图上将

出现所谓的混沌区(chaotic region),在那里体系的行为完全是随机的,体系的瞬时状态是不可预测的。

为了更清楚地说明体系偏离平衡态过程中的变化,这里引入相平面(或相空间)的概念。在接近平衡的时候,在相平面(或者相空间)中,从各种不同初始条件所对应的点出发的轨线总是到达一个孤立的极限点,这就是相应的唯一的定态点,随着偏离平衡的程度的增加,极限点的数目可以增加,如果出现几个孤立的点时,这时即出现了多定态现象;如果许多极限点形成一条封闭的线,这便是极限环的情况。当偏离平衡态程度再进一步增加的时候,极限点或极限环线的数目可无止境地增加,最后产生一个奇异吸引子(strange attractor),即导致混沌态的出现。

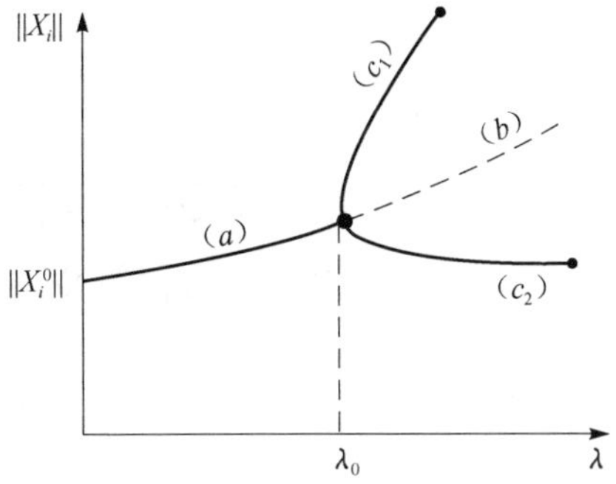

图 8.3　$\|X_i\|$ 随 λ 的变化曲线

最后在结束本节讨论时还应该指出:在上述非平衡态非线性区的讨论中,出现了多定态现象、体系的振荡现象(例如,化学反应与热效应耦合引起的振荡现象)、时空有序现象、多定态间的跃迁现象以及高级分叉现象、混沌现象,等等,这些奇特的现象将极大丰富了人们对非平衡态非线性区的认识,促使非平衡态非线性区理论的建立与完善。同时,它也为高温空气化学反应非平衡理论的建立与完善起推动与发展作用。从这个意义上讲,耗散结构[59]、分支理论、自组织理论、协同学、突变论、系统演变的理论[60~62]以及 von Bertalanffy[63]、钱学森先生倡导的系统学思想和 Laszlo 的系统哲学(systems philosophy)等都是建立与完善高温气体化学反应非平衡机理时的重要理论基础与支撑。显然,深入研究上述这些思想与理论是十分必要的。另外,Prigogine 等在文献[60]中着重强调了经典热力学与现代热力学的重大差异:经典热力学仅适用于平衡态,属于非耦合体系(uncoupling system)的热力学,它强调体系的正熵产生和体系的无序化,是研究退化的热力学;而现代热力学是研究非平衡态的,它研究耦合体系(可以包含多个不可逆过程的耦合体系,也包括生命体系),强调体系的负熵产生(negative entropy production)过程和体系中的有序化进程,是研究进化的热力学。这里 Prigogine 一方面强调了现代热力学的内涵;另一方面更加凸显了研究非平衡态过程的重要性。显然,这种理念非常重要。

第 9 章　高超声速高温连续流的非平衡广义 Navier-Stokes 方程组

由第 6 和第 8 章的分析可知，航天器以高超声速(例如，速度为 7～8km/s)再入大气层(如某星球大气层)的飞行过程中，随着飞行高度和再入速度的不断变化，飞行器头部脱体激波后区域空气离解电离程度、化学反应以及气体热力学非平衡的程度都在变化，本章前 3 节从气动热力学基本控制方程组的侧面上进行了简明扼要的讨论，而第 4 节给出边界条件提法以及壁表面温度的确定方法。显然，这些内容是高超声速气动热力学中所关注的热点。

9.1　高超声速高温热力学非平衡流与化学非平衡流动的基本方程

9.1.1　组元 s 的连续方程

令 $\boldsymbol{V}_s$ 与 $\boldsymbol{U}_s$ 分别为组元 s 的运动速度与扩散速度，$\boldsymbol{V}$ 为气体混合物的运动速度，于是有[4]

$$\boldsymbol{V}_s = \boldsymbol{V} + \boldsymbol{U}_s \tag{9.1.1}$$

令 $\dot{\omega}_s$ 为组元 s 的单位体积化学生成率，因此组元 s 的连续方程为

$$\frac{\partial}{\partial t}\iiint_{\Omega}\rho_s \mathrm{d}\Omega + \oint\!\!\!\oint_{\sigma}\rho_s \boldsymbol{V}_s \cdot \boldsymbol{n}\mathrm{d}\sigma = \iiint_{\Omega}\dot{\omega}_s \mathrm{d}\Omega \tag{9.1.2}$$

将式(9.1.1)代入式(9.1.2)后，其微分形式为

$$\frac{\partial \rho_s}{\partial t} + \nabla\cdot(\rho_s \boldsymbol{V}) + \nabla\cdot \boldsymbol{J}_s = \dot{\omega}_s \tag{9.1.3}$$

或者

$$\frac{\partial \rho_s}{\partial t} + \nabla\cdot(\rho_s \boldsymbol{V} + \rho_s \boldsymbol{U}_s) = \dot{\omega}_s \tag{9.1.4}$$

也可写为

$$\frac{\partial \rho_s}{\partial t} + \nabla\cdot(\rho_s \boldsymbol{V}_s) = \dot{\omega}_s \tag{9.1.5}$$

式中：$\boldsymbol{J}_s$ 为组元 s 的质量扩散流矢，其表达式为

$$\boldsymbol{J}_s = \rho_s \boldsymbol{U}_s = f\left(\nabla(\ln T), \sum_j \left(\nabla\left(\overline{M}\frac{Y_s}{M_j}\right)\right), \nabla(\ln p)\right) \tag{9.1.6}$$

这里忽略了外力对质量扩散的影响。在式(9.1.6)中,M_j 与 $\overline{M}$ 分别为组元 j 的分子质量与混合气体的平均分子质量;Y_s 为质量比数,即

$$Y_s = \frac{\rho_s}{\rho} \tag{9.1.7}$$

借助于式(9.1.7),则式(9.1.5)变为[3,4]

$$\rho \frac{\mathrm{d}Y_s}{\mathrm{d}t} + \nabla\cdot(\rho_s \boldsymbol{U}_s) = \dot{\omega}_s \tag{9.1.8}$$

其中

$$\frac{\mathrm{d}}{\mathrm{d}t} \equiv \frac{\partial}{\partial t} + \boldsymbol{V}\cdot\nabla \tag{9.1.9}$$

通常,将温度梯度对热扩散的影响称为 Soret 效应,将浓度梯度引起的热流现象称为 Dufour 效应。在忽略了外力以及压强梯度项之后,并且仅考虑二元扩散时,则式(9.1.6)式便可简化为

$$\boldsymbol{J}_s = \rho_s \boldsymbol{U}_s = -\rho D_s \nabla Y_s - D_s^T \nabla(\ln T) \tag{9.1.10}$$

式中:D_s 与 D_s^T 分别为组元 s 的二元扩散系数与组元 s 的热扩散系数。通常 D_s^T 是很小的,因此省略了温度梯度项后,则式(9.1.10)可变为

$$\boldsymbol{J}_s = \rho_s \boldsymbol{U}_s = -\rho D_s \nabla Y_s \tag{9.1.11}$$

将式(9.1.11)代入式(9.1.4)后变为

$$\frac{\partial \rho_s}{\partial t} + \nabla\cdot(\rho_s \boldsymbol{V}) - \nabla\cdot(\rho D_s \nabla Y_s) = \dot{\omega}_s \tag{9.1.12}$$

或者

$$\rho \frac{\mathrm{d}Y_s}{\mathrm{d}t} - \nabla\cdot(\rho D_s \nabla Y_s) = \dot{\omega}_s \tag{9.1.13}$$

考虑到

$$\sum_s Y_s = 1,\quad \sum_s \rho_s = \rho,\quad \sum_s \dot{\omega}_s = 0 \tag{9.1.14}$$

$$\sum_s \rho_s \boldsymbol{U}_s = 0 \tag{9.1.15}$$

于是混合气的连续方程为

$$\frac{\partial \rho}{\partial t} + \nabla\cdot(\rho \boldsymbol{V}) = 0 \tag{9.1.16}$$

式(9.1.16)又称为总的连续方程。

9.1.2　组元 s 的动量方程

通常组元 s 的动量方程可以简化为

$$\frac{\partial(\rho_s \boldsymbol{V}_s)}{\partial t} + \nabla\cdot(\rho_s \boldsymbol{V}_s \boldsymbol{V}_s) + \nabla p_s - \nabla\cdot \boldsymbol{\Pi}_s = \boldsymbol{F}_{s,\mathrm{coll}} \tag{9.1.17}$$

式中：$\boldsymbol{F}_{s,\mathrm{coll}}$为对应于组元 s 的碰撞体积力矢量项。借助于式(9.1.15)并注意到

$$\sum_s \frac{\partial}{\partial t}(\rho_s \boldsymbol{U}_s) = \frac{\partial}{\partial t}(\rho \boldsymbol{V}), \quad \sum_s \nabla\cdot(\rho_s \boldsymbol{V}_s \boldsymbol{V}_s) \approx \nabla\cdot(\rho \boldsymbol{V}\boldsymbol{V}) \tag{9.1.18a}$$

$$\sum_s \nabla p_s = \nabla p, \quad \sum_s \nabla\cdot \boldsymbol{\Pi}_s = \nabla\cdot \boldsymbol{\Pi}, \quad \sum_s \boldsymbol{F}_{s,\mathrm{coll}} = 0 \tag{9.1.18b}$$

以及

$$\frac{\partial}{\partial t}(\rho \boldsymbol{V}) + \nabla\cdot(\rho \boldsymbol{V}\boldsymbol{V}) = \rho \frac{\mathrm{d}\boldsymbol{V}}{\mathrm{d}t} \tag{9.1.19a}$$

$$\frac{\partial}{\partial t}(\rho_s \boldsymbol{V}_s) + \nabla\cdot(\rho_s \boldsymbol{V}_s \boldsymbol{V}_s) = \rho_s \frac{\mathrm{d}\boldsymbol{V}_s}{\mathrm{d}t} + \dot{\omega}_s \boldsymbol{V}_s \tag{9.1.19b}$$

$$\nabla \boldsymbol{V} = (\nabla \boldsymbol{V})^{\mathrm{s}} + (\nabla \boldsymbol{V})^{\mathrm{a}} \tag{9.1.20}$$

注意式(9.1.20)等号右端第一项的上标“s”在这里并不代表组元 s，而是代表矢量梯度的对称部分；类似地，上标“a”代表矢量梯度的反对称部分。因此，总的动量方程便为

$$\rho \frac{\mathrm{d}\boldsymbol{V}}{\mathrm{d}t} = -\nabla p + \nabla\cdot \boldsymbol{\Pi} \tag{9.1.21}$$

或者

$$\begin{aligned}\rho \frac{\mathrm{d}\boldsymbol{V}}{\mathrm{d}t} =& -\nabla p - \nabla\cdot[2\eta(\nabla \boldsymbol{V})^{\mathrm{s}}] + \nabla\left[\left(\eta_{\mathrm{v}} - \frac{2}{3}\eta\right)\nabla\cdot \boldsymbol{V}\right] \\ & + \nabla\times[\eta_{\mathrm{r}}(2\boldsymbol{\omega} - \nabla\times \boldsymbol{V})] \\ =& -\nabla p + \eta \Delta \boldsymbol{V} + \left(\frac{1}{3}\eta + \eta_{\mathrm{v}}\right)\nabla(\nabla\cdot \boldsymbol{V}) + 2(\nabla \boldsymbol{V})^{\mathrm{s}}\cdot(\nabla \eta) \\ & + \eta_{\mathrm{r}}\nabla\times(2\boldsymbol{\omega} - \nabla\times \boldsymbol{V}) + (\nabla\cdot \boldsymbol{V})\nabla\left(\eta_{\mathrm{v}} - \frac{2}{3}\eta\right) - (2\boldsymbol{\omega} - \nabla\times \boldsymbol{V})\times(\nabla \eta_{\mathrm{r}})\end{aligned} \tag{9.1.22}$$

式中：$\Delta \equiv \nabla\cdot\nabla = \nabla^2$；$\boldsymbol{\omega}$ 为流体中组元粒子的平均角速度；η、η_{v} 与 η_{r} 分别为普通(或切变)黏性系数、体积黏性系数与转动黏性系数；有时也将$\left(\eta_{\mathrm{v}} - \frac{2}{3}\eta\right)$定义为第2黏性系数。假设黏性系数不明显地依赖于空间坐标时，则式(9.1.22)可化为

$$\rho \frac{\mathrm{d}\boldsymbol{V}}{\mathrm{d}t} = -\nabla p + \eta \Delta \boldsymbol{V} + \left(\frac{1}{3}\eta + \eta_{\mathrm{v}}\right)\nabla(\nabla\cdot \boldsymbol{V}) + \eta_{\mathrm{r}}\nabla\times(2\boldsymbol{\omega} - \nabla\times \boldsymbol{V}) \tag{9.1.23}$$

另外，$\boldsymbol{\omega}$ 与 $\boldsymbol{V}$ 间通常还有如下关系成立：

$$\frac{\mathrm{d}\boldsymbol{\omega}}{\mathrm{d}t} = \frac{-2\eta_{\mathrm{r}}}{\rho \widetilde{H}}(2\boldsymbol{\omega} - \nabla\times \boldsymbol{V}) \tag{9.1.24}$$

式中：$\widetilde{H}$ 为组元粒子的每单位质量的平均惯性矩。如果省略式(9.1.23)右端的最后一项，则式(9.1.23)又简化为

$$\rho\frac{\mathrm{d}\boldsymbol{V}}{\mathrm{d}t}=-\nabla p+\eta\Delta\boldsymbol{V}+\left(\frac{1}{3}\eta+\eta_{\mathrm{v}}\right)\nabla(\nabla\cdot\boldsymbol{V})\tag{9.1.25}$$

对于较稀薄的连续流，常令 $\eta_{\mathrm{v}}=0$，于是式(9.1.25)又可简化为

$$\rho\frac{\mathrm{d}\boldsymbol{V}}{\mathrm{d}t}=-\nabla p+\eta\Delta\boldsymbol{V}+\frac{1}{3}\eta\nabla(\nabla\cdot\boldsymbol{V})\tag{9.1.26}$$

对于气体处于弱电离状态，组元 s 的动量方程(9.1.17)此时应改为

$$\frac{\partial(\rho_s\boldsymbol{V}_s)}{\partial t}+\nabla\cdot(\rho_s\boldsymbol{V}_s\boldsymbol{V}_s+p_s\boldsymbol{I}-\boldsymbol{\Pi}_s)=\boldsymbol{F}_{s,\mathrm{ele}}+\boldsymbol{F}_{s,\mathrm{ela}}\tag{9.1.27}$$

式中：$\boldsymbol{I}$ 为单位张量；$\boldsymbol{F}_{s,\mathrm{ele}}$ 与 $\boldsymbol{F}_{s,\mathrm{ela}}$ 分别为关于组元 s 的电场作用力与弹性相互作用力；通常 $\boldsymbol{F}_{s,\mathrm{ele}}$ 可由式(9.1.28)近似算出，即

$$\boldsymbol{F}_{s,\mathrm{ele}}\approx n_s e z_s\boldsymbol{E}\tag{9.1.28}$$

式中：n_s 为组元 s 的粒子数密度；e 为电子电荷；$\boldsymbol{E}$ 为电场强度；z_s 为组元 s 的电离电荷数。相应地，总的动量方程为

$$\frac{\partial(\rho\boldsymbol{V})}{\partial t}+\nabla\cdot(\rho\boldsymbol{V}\boldsymbol{V}+p\boldsymbol{I}-\boldsymbol{\Pi})=\sum_s(n_s e z_s\boldsymbol{E})\tag{9.1.29}$$

9.1.3　组元 s 的能量方程

热力学非平衡过程，通常可由 3 个温度(即平动温度 T、振动温度 T_{v} 以及电子温度 T_{e})来描述，为此需要给出 3 个能量方程。为便于描述与表达，这里需要给出组分 s 的振动能量方程、电子与电子激发能量方程以及总的能量方程。组元 s 的能量方程为

$$\frac{\partial(\rho_s E_{\mathrm{t},s})}{\partial t}+\nabla\cdot[\rho_s\boldsymbol{V}_s E_{\mathrm{t},s}-(\boldsymbol{\Pi}_s-p_s\boldsymbol{I})\cdot\boldsymbol{V}_s+\boldsymbol{q}_s]=\dot{Q}_s-Q_{\mathrm{R},s}\tag{9.1.30}$$

式中：$E_{\mathrm{t},s}$ 为组元 s 的广义内能；$\boldsymbol{q}_s$ 为组元 s 的热流矢量；$\dot{Q}_s$ 为由于碰撞等原因而导致的能量生成；$Q_{\mathrm{R},s}$ 为辐射能量的损失；$\boldsymbol{I}$ 为单位张量。$\boldsymbol{q}_s$ 的表达式为

$$\boldsymbol{q}_s=-\eta_s\nabla T_s-\eta_{\mathrm{v},s}\nabla T_{\mathrm{v},s}-\eta_{\mathrm{e},s}\nabla T_{\mathrm{e},s}\tag{9.1.31}$$

$$\dot{Q}_s=\dot{Q}_{s,\mathrm{f}}+\dot{Q}_{s,\mathrm{coll}}\tag{9.1.32}$$

注意到

$$\sum_s\rho_s E_{\mathrm{t},s}=\rho E_{\mathrm{t}}\tag{9.1.33a}$$

$$\sum_s(\rho_s\boldsymbol{V}_s E_{\mathrm{t},s})=\rho\boldsymbol{V}E_{\mathrm{t}}+\sum_s(\rho_s\boldsymbol{U}_s E_s)\tag{9.1.33b}$$

$$\sum_s(\boldsymbol{\pi}\cdot\boldsymbol{V}_s)=\boldsymbol{\pi}\cdot\boldsymbol{V}-\sum_s(p_s\boldsymbol{U}_s)\tag{9.1.33c}$$

$$\dot{Q}_{\mathrm{f}}=\sum_s\dot{Q}_{s,\mathrm{f}}\tag{9.1.33d}$$

$$Q_{\mathrm{R}} = \sum_{s} Q_{\mathrm{R},s} \tag{9.1.33e}$$

$$\boldsymbol{\pi} = \boldsymbol{\Pi} - p\boldsymbol{I} \tag{9.1.34}$$

于是由式(9.1.30)很容易得到总的能量方程：

$$\frac{\partial(\rho E_{\mathrm{t}})}{\partial t} + \nabla\cdot\left(\rho \boldsymbol{V} E_{\mathrm{t}} - \boldsymbol{\pi}\cdot\boldsymbol{V} + \sum_{s}\boldsymbol{q}_{s}\right) = \dot{Q}_{\mathrm{f}} - Q_{\mathrm{R}} - \sum_{s}\nabla\cdot(\rho_{s}\boldsymbol{U}_{s}h_{s}) \tag{9.1.35}$$

式中：h_s 为组元 s 的静焓。注意到

$$-\sum_{s}\nabla\cdot(\rho_{s}\boldsymbol{U}_{s}h_{s}) = \nabla\cdot\left[\rho\sum_{s}(h_{s}D_{s}\nabla Y_{s})\right] \tag{9.1.36}$$

$$\boldsymbol{q} = \sum_{s}\boldsymbol{q}_{s} = -\eta\nabla T - \eta_{\mathrm{v}}\nabla T_{\mathrm{v}} - \eta_{\mathrm{e}}\nabla T_{\mathrm{e}} \tag{9.1.37}$$

引进总焓 H，于是式(9.1.35)可变为

$$\frac{\partial(\rho E_{\mathrm{t}})}{\partial t} + \nabla\cdot(\rho H\boldsymbol{V} + \boldsymbol{q} - \boldsymbol{\Pi}\cdot\boldsymbol{V}) = \dot{Q}_{\mathrm{f}} - Q_{\mathrm{R}} + \nabla\cdot\left[\rho\sum_{s}(h_{s}D_{s}\nabla Y_{s})\right] \tag{9.1.38}$$

或者

$$\frac{\rho \mathrm{d}H}{\mathrm{d}t} - \frac{\mathrm{d}p}{\mathrm{d}t} - p\nabla\cdot\boldsymbol{V} = -\sum_{s}\nabla\cdot\boldsymbol{q}_{s} + \nabla\cdot(\boldsymbol{\pi}\cdot\boldsymbol{V}) - \sum_{s}\nabla\cdot(\rho_{s}\boldsymbol{U}_{s}h_{s}) - Q_{\mathrm{R}} \tag{9.1.39a}$$

以及

$$\frac{\rho \mathrm{d}H}{\mathrm{d}t} - \frac{\partial p}{\partial t} - \nabla\cdot(\boldsymbol{\Pi}\cdot\boldsymbol{V}) = -\sum_{s}\nabla\cdot\boldsymbol{q}_{s} - \sum_{s}\nabla\cdot(\rho_{s}\boldsymbol{U}_{s}h_{s}) - Q_{\mathrm{R}} \tag{9.1.39b}$$

或者

$$\frac{\partial(\rho E_{\mathrm{t}})}{\partial t} + \nabla\cdot\left[(\rho E_{\mathrm{t}} + p)\boldsymbol{V} + \boldsymbol{q} - \boldsymbol{\Pi}\cdot\boldsymbol{V}\right] = \nabla\cdot\left[\rho\sum_{s}(h_{s}D_{s}\nabla Y_{s})\right] + \dot{Q}_{\mathrm{f}} - Q_{\mathrm{R}} \tag{9.1.40}$$

9.1.4 振动能量方程

组分 s 的振动能量守恒方程为

$$\begin{aligned}\frac{\partial(\rho_{s}e_{\mathrm{v},s})}{\partial t} + \nabla\cdot(\rho_{s}e_{\mathrm{v},s}\boldsymbol{V}_{s} + \boldsymbol{q}_{\mathrm{v},s}) &= (\dot{Q}_{s}^{\mathrm{t\text{-}v}} + \dot{Q}_{s}^{\mathrm{v\text{-}v}} + \dot{Q}_{s}^{\mathrm{e\text{-}v}}) + \dot{\omega}_{s}e_{\mathrm{v},s}\\ &= \dot{Q}_{\mathrm{v},s} + \dot{\omega}_{s}\hat{D}_{s}\end{aligned} \tag{9.1.41a}$$

或者

$$\frac{\partial(\rho_{s}e_{\mathrm{v},s})}{\partial t} + \nabla\cdot(\rho_{s}e_{\mathrm{v},s}\boldsymbol{V} + \rho_{s}e_{\mathrm{v},s}\boldsymbol{U}_{s} + \boldsymbol{q}_{\mathrm{v},s}) = \dot{Q}_{\mathrm{v},s} + \dot{\omega}_{s}\hat{D}_{s} \tag{9.1.41b}$$

因此，总的振动能量方程为

$$\frac{\partial(\rho e_{\mathrm{v}})}{\partial t}+\nabla\cdot\left[\rho\boldsymbol{V}e_{\mathrm{v}}-\eta_{\mathrm{v}}\nabla T_{\mathrm{v}}-\rho\sum_{s}(h_{\mathrm{v},s}D_{s}\nabla Y_{s})\right]$$
$$=\sum_{s}\left[\rho_{s}\frac{e_{\mathrm{v},s}^{*}(T)-e_{\mathrm{v},s}}{\tau_{s}}\right]+\sum_{s}\left[\rho_{s}\frac{e_{\mathrm{v},s}^{**}(T_{\mathrm{e}})-e_{\mathrm{v},s}}{\tau_{\mathrm{e},s}}\right]+\sum_{s}(\dot{\omega}_{s}\hat{D}_{s})\tag{9.1.42}$$

式中：$e_{\mathrm{v},s}$为组元 s 每单位质量所具有的振动能，它是温度 T_{v} 的函数；$e_{\mathrm{v},s}^{*}(T)$为组元 s 在平动-转动温度（即温度 T）下的振动能；$e_{\mathrm{v},s}^{**}(T_{\mathrm{e}})$为组元 s 在电子温度 T_{e} 下的振动能；τ_{s} 为平动-振动能量转换时的特征松弛时间；$\tau_{\mathrm{e},s}$为电子-振动能量转换的特征松弛时间；$\boldsymbol{q}_{\mathrm{v},s}$为组元 s 借助于振动传热的热流矢量，其表达式为

$$\boldsymbol{q}_{\mathrm{v},s}=-\eta_{\mathrm{v},s}\nabla T_{\mathrm{v},s}\tag{9.1.43}$$

并且有

$$\boldsymbol{q}_{\mathrm{v}}=\sum_{s}\boldsymbol{q}_{\mathrm{v},s}=\eta_{\mathrm{v}}\nabla T_{\mathrm{v}}\tag{9.1.44}$$

9.1.5　电子与电子激发能量方程

类似地可得到总的电子与电子激发能量守恒方程的近似表达式为

$$\frac{\partial(\rho e_{\mathrm{e}})}{\partial t}+\nabla\cdot[(\rho e_{\mathrm{e}}+p_{\mathrm{e}})\boldsymbol{V}]+\nabla\cdot\left[\sum_{s}(\rho_{s}e_{\mathrm{e},s}\boldsymbol{U}_{s})\right]+\nabla\cdot\boldsymbol{q}_{\mathrm{e}}$$
$$=\boldsymbol{V}\cdot\nabla p_{\mathrm{e}}+\dot{Q}^{\mathrm{t\text{-}e}}-\dot{Q}^{\mathrm{e\text{-}v}}-Q_{\mathrm{R}}\tag{9.1.45}$$

或者

$$\frac{\partial(\rho e_{\mathrm{e}})}{\partial t}+\nabla\cdot[(\rho e_{\mathrm{e}}+p_{\mathrm{e}})\boldsymbol{V}]-\nabla\cdot\left[\eta_{\mathrm{e}}\nabla T_{\mathrm{e}}+\rho\sum_{s}(h_{\mathrm{e},s}D_{s}\nabla Y_{s})\right]$$
$$=\boldsymbol{V}\cdot\nabla p_{\mathrm{e}}+\dot{Q}^{\mathrm{t\text{-}e}}-\dot{Q}^{\mathrm{e\text{-}v}}-Q_{\mathrm{R}}\tag{9.1.46}$$

式中：$e_{\mathrm{e},s}$为组元 s 每单位质量的电子能，显然它是电子温度 T_{e} 的函数；$h_{\mathrm{e},s}$为组元 s 每单位质量的电子静焓，同样它也是 T_{e} 的函数；p_{e} 代表电子压强；综上所述，组元 s 的连续方程(9.1.4)或者(9.1.12)、动量方程(9.1.29)、能量方程(9.1.40)、振动能量方程(9.1.42)以及电子与电子激发能量方程(9.1.46)便构成以 ρ_{s}、$\boldsymbol{V}$、T、T_{v} 与 T_{e} 为未知量，高超声速高温流动状态下热力学非平衡、化学非平衡的广义 Navier-Stokes 方程组，它可以有效描述高超声速再入飞行时采用三温度（即 T、T_{v} 与 T_{e}）模型的气动热力学问题。

9.1.6　双温度模型中的振动-电子能量守恒方程

气体中原子与分子之间，在平动能、转动能、振动能和电子能之间的能量分配可以借助于上述三个温度来描述，并且服从相应地能量与温度间的热力学关系。为了简化上述计算，并注意重粒子平动能与转动能可以比较快地达到平衡，因此 Park 提出了双温度模型[64]，用 T 描述重粒子平动能与转动能的温度分布，用 T_{v} 描述振动能与电子能的温度分布，于是便假定

$$T_v = T_e = T_{ve} \tag{9.1.47}$$

借助于上述去合并振动能量方程以及电子与电子激发能量方程，得到如下形式的振动-电子能量守恒方程：

$$\begin{aligned}\frac{\partial(\rho e_{ve})}{\partial t} + \nabla\cdot(\rho \boldsymbol{V} e_{ve}) &= \nabla\cdot[(\eta_v + \eta_e)\nabla T_{ve}] - p_e \nabla\cdot \boldsymbol{V} \\ &+ \nabla\cdot\left[\rho \sum_s (h_{ve,s} D_s \nabla Y_s)\right] + \sum_s \left(\rho_s \frac{e^*_{v,s} - e_{v,s}}{\tau_s}\right) \\ &+ \sum_s \dot{\omega}_s \hat{D}_s - Q_R + Q_{II}\end{aligned} \tag{9.1.48}$$

其中：

$$Q_{II} = 2\rho_e \frac{3}{2}\bar{R}(T - T_{ve})\sum_s \frac{v_{e,s}}{M_s} - \sum_s \dot{n}_{e,s}\hat{I}_s \tag{9.1.49}$$

式中：Q_R 为辐射能量的交换率；Q_{II} 为电子与重粒子之间的弹性碰撞引起的能量转换以及电子撞击离子产生组元 s 所损失的能量之和；$v_{e,s}$ 为电子与重粒子之间的有效碰撞频率；$\bar{R}$ 为摩尔气体常量；$\hat{I}_s$ 为当电子撞击离子产生组元 s 所引起损失的每单位摩尔的能量；$\dot{n}_{e,s}$ 为由于电子撞击离子引起组元 s 的摩尔生成速率。另外 e_{ve} 与 $h_{ve,s}$ 的表达式分别为

$$e_{ve} = e_v + e_e \tag{9.1.50}$$

$$h_{ve,s} = h_{v,s} + h_{e,s} \tag{9.1.51}$$

9.2　高超声速电磁流体力学的基本方程组

本节仅讨论 4 个小问题：①非极化体系下电磁流体力学基本方程；②极化体系下电磁流体力学基本方程；③电磁场中多组元流体模型的基本方程；④磁流体力学基本方程组。显然，这些问题十分重要，它们是研究高超声速再入飞行中的气动热力学问题以及天体物理问题的重要基础性方程之一。

9.2.1　非极化体系中的基本方程

考虑处于电磁场中的 n 种组元且假定为无化学反应发生的混合物。令 $\boldsymbol{E}$ 与 $\boldsymbol{B}$ 分别为电场强度与磁感应强度，$\boldsymbol{D}$ 与 $\boldsymbol{H}$ 分别为电感应强度（或电位移矢量）与磁场强度，$\boldsymbol{I}$ 与 z 分别表示总的电流密度与体系每单位质量的电荷。因为这里假设极化现象可以忽略，因此可认为场 $\boldsymbol{D}$ 与 $\boldsymbol{E}$ 一致，同样场 $\boldsymbol{B}$ 与 $\boldsymbol{H}$ 也一致。组元 k 的质量守恒方程为

$$\frac{\rho \mathrm{d}Y_k}{\mathrm{d}t} = -\nabla\cdot \boldsymbol{J}_k \tag{9.2.1}$$

电荷守恒定律为

$$\rho \frac{\mathrm{d}z}{\mathrm{d}t} = -\nabla \cdot \boldsymbol{i} \tag{9.2.2}$$

上述两式中 $\boldsymbol{i}$ 与 $\boldsymbol{J}_k$ 定义分别为

$$\boldsymbol{i} = \sum_{k=1}^{n} (z_k \boldsymbol{J}_k) \tag{9.2.3}$$

$$\boldsymbol{J}_k = \rho_k (\boldsymbol{V}_k - \boldsymbol{V}) \tag{9.2.4}$$

总的电流密度 $\boldsymbol{I}$ 与由于各组元扩散而引起的电流密度 $\boldsymbol{i}$ 间有如下关系式:

$$\boldsymbol{I} = \boldsymbol{i} + \rho z \boldsymbol{V} \tag{9.2.5}$$

而 z 的表达式为

$$z = \sum_{k=1}^{n} (z_k Y_k) \tag{9.2.6}$$

处于电磁场中(非极化)物质体系的动量守恒方程为

$$\frac{\partial}{\partial t}(\rho \boldsymbol{V} + \boldsymbol{E} \times \boldsymbol{H}) = -\nabla \cdot (\rho \boldsymbol{V}\boldsymbol{V} - \boldsymbol{\pi}_{\mathrm{f}} - \boldsymbol{\pi}_{\mathrm{em}}) \tag{9.2.7}$$

式中:$\boldsymbol{\pi}_{\mathrm{f}}$ 与 $\boldsymbol{\pi}_{\mathrm{em}}$ 分别为流场中流体的应力张量与电磁场应力张量,其中 $\boldsymbol{\pi}_{\mathrm{f}}$ 的定义同式(9.1.34)中的 $\boldsymbol{\pi}$,而这时电磁场应力张量 $\boldsymbol{\pi}_{\mathrm{em}}$ 的定义为

$$\boldsymbol{\pi}_{\mathrm{em}} = (\boldsymbol{E}\boldsymbol{D} + \boldsymbol{H}\boldsymbol{B}) - \frac{1}{2}(\boldsymbol{E} \cdot \boldsymbol{D} + \boldsymbol{H} \cdot \boldsymbol{B})\boldsymbol{I}^* \tag{9.2.8}$$

式中:$\boldsymbol{I}^*$ 为单位张量。借助于电磁场的 Maxwell 方程组[7]

$$\begin{cases} \nabla \cdot \boldsymbol{D} = \rho z \\ \nabla \cdot \boldsymbol{B} = 0 \\ \nabla \times \boldsymbol{H} = \dfrac{\partial \boldsymbol{D}}{\partial t} + \boldsymbol{I} \\ \nabla \times \boldsymbol{E} = \dfrac{-\partial \boldsymbol{B}}{\partial t} \end{cases} \tag{9.2.9}$$

这里矢量 $\boldsymbol{I}$ 的含义同式(9.2.5)。于是式(9.2.7)可变为

$$\frac{\partial (\rho \boldsymbol{V})}{\partial t} = -\nabla \cdot (\rho \boldsymbol{V}\boldsymbol{V} - \boldsymbol{\pi}_{\mathrm{f}}) + \rho z \boldsymbol{E} + \boldsymbol{I} \times \boldsymbol{B} \tag{9.2.10}$$

或者

$$\rho \frac{\mathrm{d}\boldsymbol{V}}{\mathrm{d}t} = \nabla \cdot \boldsymbol{\pi}_{\mathrm{f}} + \sum_{k=1}^{n} [\rho_k z_k (\boldsymbol{E} + \boldsymbol{V}_k \times \boldsymbol{B})] \tag{9.2.11}$$

或者

$$\rho \frac{\mathrm{d}\boldsymbol{V}}{\mathrm{d}t} = \nabla \cdot \boldsymbol{\pi}_{\mathrm{f}} + \rho z (\boldsymbol{E} + \boldsymbol{V} \times \boldsymbol{B}) + \boldsymbol{i} \times \boldsymbol{B} \tag{9.2.12}$$

式中 z 与 $\boldsymbol{i}$ 的定义分别同式(9.2.6)与式(9.2.3)。式(9.2.12)又可写为

$$\frac{\partial (\rho \boldsymbol{V})}{\partial t} + \nabla \cdot (\rho \boldsymbol{V}\boldsymbol{V}) = \nabla \cdot \boldsymbol{\pi}_{\mathrm{f}} + \boldsymbol{f}_{\mathrm{em}} \tag{9.2.13}$$

式中：$\boldsymbol{f}_{\mathrm{em}}$为电磁力。处于电磁场中(非极化)物质体系的能量守恒方程为

$$\frac{\partial}{\partial t}\left[\frac{1}{2}(\rho\boldsymbol{V}\cdot\boldsymbol{V}+\boldsymbol{E}\cdot\boldsymbol{E}+\boldsymbol{B}\cdot\boldsymbol{B})\right]=-\nabla\cdot\left[\frac{1}{2}(\rho\boldsymbol{V}\cdot\boldsymbol{V})\boldsymbol{V}-\boldsymbol{\pi}_{\mathrm{f}}\cdot\boldsymbol{V}+\boldsymbol{E}\times\boldsymbol{B}\right]$$
$$-\boldsymbol{\pi}_{\mathrm{f}}:\nabla\boldsymbol{V}-\boldsymbol{i}\cdot(\boldsymbol{E}+\boldsymbol{V}\times\boldsymbol{B})\qquad(9.2.14)$$

注意在推导式(9.2.14)时已用了式(9.2.5)。令 e_{t} 代表总能量密度，$\boldsymbol{J}_{\mathrm{e}}$ 与 $\boldsymbol{J}_{\mathrm{q}}$ 分别为总能量流与热流，于是能量守恒方程为

$$\frac{\partial e_{\mathrm{t}}}{\partial t}=-\nabla\cdot\boldsymbol{J}_{\mathrm{e}}\qquad(9.2.15\mathrm{a})$$

引入内能密度 $\rho\tilde{e}$，即

$$\rho\tilde{e}=e_{\mathrm{t}}-\frac{1}{2}(\rho\boldsymbol{V}\cdot\boldsymbol{V}+\boldsymbol{E}\cdot\boldsymbol{E}+\boldsymbol{B}\cdot\boldsymbol{B})\qquad(9.2.16)$$

类似地用

$$\boldsymbol{J}_{\mathrm{q}}=\boldsymbol{J}_{\mathrm{e}}-\left[\frac{1}{2}(\rho\boldsymbol{V}\cdot\boldsymbol{V})\boldsymbol{V}+\rho\tilde{e}\boldsymbol{V}-\boldsymbol{\pi}_{\mathrm{f}}\cdot\boldsymbol{V}+\boldsymbol{E}\times\boldsymbol{B}\right]\qquad(9.2.17)$$

去定义热流 $\boldsymbol{J}_{\mathrm{q}}$，于是式(9.2.15)又可变为

$$\rho\frac{\mathrm{d}\tilde{e}}{\mathrm{d}t}=-\nabla\cdot\boldsymbol{J}_{\mathrm{q}}+\boldsymbol{\pi}_{\mathrm{f}}:\nabla\boldsymbol{V}+\boldsymbol{i}\cdot(\boldsymbol{E}+\boldsymbol{V}\times\boldsymbol{B})\qquad(9.2.18)$$

或者

$$\frac{\mathrm{d}\tilde{e}}{\mathrm{d}t}=-\frac{1}{\rho}\nabla\cdot\boldsymbol{J}_{\mathrm{q}}-p\frac{\mathrm{d}\frac{1}{\rho}}{\mathrm{d}t}+\frac{\boldsymbol{\Pi}_{\mathrm{f}}:\nabla\boldsymbol{V}+\boldsymbol{i}\cdot(\boldsymbol{E}+\boldsymbol{V}\times\boldsymbol{B})}{\rho}\qquad(9.2.19)$$

式(9.2.19)中等号右端最后一项代表了由电磁能转变成内能的数量。另外，借助于 $\tilde{e}$、$\boldsymbol{J}_{\mathrm{q}}$，则式(9.2.15a)还可以表示为

$$\frac{\partial}{\partial t}\left[\rho\left(\tilde{e}+\frac{1}{2}\boldsymbol{V}\cdot\boldsymbol{V}\right)+(\boldsymbol{E}\cdot\boldsymbol{E}+\boldsymbol{B}\cdot\boldsymbol{B})\right]$$
$$=-\nabla\cdot\left[\rho\boldsymbol{V}\left(\tilde{e}+\frac{1}{2}\boldsymbol{V}\cdot\boldsymbol{V}\right)+\boldsymbol{J}_{\mathrm{q}}-\boldsymbol{\pi}_{\mathrm{f}}\cdot\boldsymbol{V}+\boldsymbol{E}\times\boldsymbol{B}\right]\qquad(9.2.15\mathrm{b})$$

9.2.2 极化体系中的基本方程

考虑处于电磁场中的 n 种组元且假设为无化学反应发生的混合物，这里假定所考虑的体系可以被电磁极化。显然，这时质量守恒方程仍可用式(9.2.1)表达，但这时动量方程与能量方程都必须加以修改。令 $\boldsymbol{P}$ 与 $\boldsymbol{M}$ 分别表示电极化强度与磁极化强度，于是处于电磁场中可极化体系的动量守恒方程为

$$\frac{\partial}{\partial t}(\rho\boldsymbol{V}+\boldsymbol{E}\times\boldsymbol{H})=-\nabla\cdot(\rho\boldsymbol{V}\boldsymbol{V}-\boldsymbol{\pi}_{\mathrm{f}}-\boldsymbol{\pi}_{\mathrm{em}})\qquad(9.2.20)$$

或者

$$\frac{\partial}{\partial t}(\boldsymbol{E}\times\boldsymbol{H})=(\nabla\cdot\boldsymbol{\pi}_{\mathrm{em}})-\boldsymbol{F}\qquad(9.2.21)$$

式中：$\boldsymbol{E}\times\boldsymbol{H}$ 为电磁能流密度矢量，又称 Poynting 矢量，常记作 $\boldsymbol{S}$，即

$$\boldsymbol{S}\equiv\boldsymbol{E}\times\boldsymbol{H} \tag{9.2.22}$$

另外，由式(9.2.20)与式(9.2.21)又可推出

$$\rho\frac{\mathrm{d}\boldsymbol{V}}{\mathrm{d}t}=(\nabla\cdot\boldsymbol{\pi}_{\mathrm{f}})+\boldsymbol{F} \tag{9.2.23}$$

式(9.2.20)和式(9.2.21)中二阶张量 $\boldsymbol{\pi}_{\mathrm{em}}$ 与矢量 $\boldsymbol{F}$ 的表达式分别为

$$\begin{aligned}\boldsymbol{\pi}_{\mathrm{em}}=&\boldsymbol{DE}+\boldsymbol{BH}+\boldsymbol{V}(\boldsymbol{P}\times\boldsymbol{B})-\boldsymbol{V}(\boldsymbol{M}\times\boldsymbol{E})\\&-\left(\frac{1}{2}\boldsymbol{E}\cdot\boldsymbol{E}+\frac{1}{2}\boldsymbol{B}\cdot\boldsymbol{B}-\boldsymbol{M}\cdot\boldsymbol{B}\right)\boldsymbol{I}^{*}\end{aligned} \tag{9.2.24}$$

$$\begin{aligned}\boldsymbol{F}=&\rho z\boldsymbol{E}+\boldsymbol{I}\times\boldsymbol{B}+(\nabla\boldsymbol{E})\cdot\boldsymbol{P}+(\nabla\boldsymbol{B})\cdot\boldsymbol{M}\\&+\rho\frac{\mathrm{d}}{\mathrm{d}t}(\boldsymbol{P}\times\boldsymbol{B})-\rho\frac{\mathrm{d}}{\mathrm{d}t}(\boldsymbol{m}\times\boldsymbol{E})\end{aligned} \tag{9.2.25}$$

式中：$\boldsymbol{m}$ 为每单位质量的磁化强度；$\boldsymbol{I}^{*}$ 为二阶单位张量；$\boldsymbol{\pi}_{\mathrm{em}}$ 与 $\boldsymbol{F}$ 分别为极化体系中的 Maxwell 应力张量与作用于极化体系的每单位体积上的力。

处于电磁场中可极化体系的能量守恒方程，其推导完全类似于非极化体系的能量方程(9.2.19)的推导过程。首先引入内能密度 $\rho\tilde{e}$ 的概念，定义为

$$\begin{aligned}\rho\tilde{e}=&e_{\mathrm{t}}-\Big[\frac{1}{2}\rho\boldsymbol{V}\cdot\boldsymbol{V}+\frac{1}{2}\boldsymbol{D}'\cdot\boldsymbol{E}'+\frac{1}{2}\boldsymbol{B}'\cdot\boldsymbol{H}'-\frac{1}{2}\boldsymbol{P}'\cdot\boldsymbol{E}'\\&-\frac{1}{2}\boldsymbol{M}'\cdot\boldsymbol{B}'+2\boldsymbol{V}\cdot(\boldsymbol{E}'\times\boldsymbol{H}')\Big]\\=&e_{t}-\Big[\frac{1}{2}\rho\boldsymbol{V}\cdot\boldsymbol{V}+\frac{1}{2}\boldsymbol{E}\cdot\boldsymbol{E}+\frac{1}{2}\boldsymbol{B}\cdot\boldsymbol{B}-\boldsymbol{M}'\cdot\boldsymbol{B}+\boldsymbol{E}'\cdot(\boldsymbol{V}\times\boldsymbol{M}')\Big]\end{aligned} \tag{9.2.26}$$

式中使用了 $\boldsymbol{E}'$、$\boldsymbol{D}'$、$\boldsymbol{B}'$、$\boldsymbol{H}'$、$\boldsymbol{P}'$ 与 $\boldsymbol{M}'$，它们分别表示相对于介质以速度 $\boldsymbol{V}$ 运动的观察者所测量到的场量 $\boldsymbol{E}'$、$\boldsymbol{D}'$、$\boldsymbol{B}'$、$\boldsymbol{H}'$ 以及相应的电极化强度 $\boldsymbol{P}'$ 与磁化强度 $\boldsymbol{M}'$，它们的表达式为

$$\boldsymbol{D}=\boldsymbol{D}'-\boldsymbol{V}\times\boldsymbol{H}' \tag{9.2.27a}$$

$$\boldsymbol{E}=\boldsymbol{E}'-\boldsymbol{V}\times\boldsymbol{B}' \tag{9.2.27b}$$

$$\boldsymbol{P}=\boldsymbol{P}'+\boldsymbol{V}\times\boldsymbol{M}' \tag{9.2.27c}$$

$$\boldsymbol{H}=\boldsymbol{H}'+\boldsymbol{V}\times\boldsymbol{D}' \tag{9.2.27d}$$

$$\boldsymbol{B}=\boldsymbol{B}'+\boldsymbol{V}\times\boldsymbol{E}' \tag{9.2.27e}$$

$$\boldsymbol{M}=\boldsymbol{M}'-\boldsymbol{V}\times\boldsymbol{P}' \tag{9.2.27f}$$

引入热流 $\boldsymbol{J}_{\mathrm{q}}$，其定义式为

$$\boldsymbol{J}_{\mathrm{q}}=\boldsymbol{J}_{\mathrm{e}}-\Big[\frac{1}{2}(\rho\boldsymbol{V}\cdot\boldsymbol{V})\boldsymbol{V}+\rho\tilde{e}\boldsymbol{V}-\boldsymbol{\pi}_{\mathrm{f}}\cdot\boldsymbol{V}-(\boldsymbol{P}'\cdot\boldsymbol{E}+\boldsymbol{M}'\cdot\boldsymbol{B})\boldsymbol{V}+(\boldsymbol{E}\times\boldsymbol{H})\Big] \tag{9.2.28}$$

式中：$\boldsymbol{J}_{\mathrm{e}}$ 为总能量流，它与极化体系下的总能量密度 e_{t} 间满足如下的总能量守恒

关系：

$$\frac{\partial e_{\mathrm{t}}}{\partial t}=-\nabla\cdot\boldsymbol{J}_{\mathrm{e}} \tag{9.2.29}$$

于是内能方程为

$$\rho\frac{\mathrm{d}\tilde{e}}{\mathrm{d}t}=-\nabla\cdot\boldsymbol{J}_{\mathrm{q}}+\boldsymbol{\pi}_{\mathrm{f}}^{\mathrm{T}}:\nabla\boldsymbol{V}+\boldsymbol{i}\cdot\boldsymbol{E}'+\rho\boldsymbol{E}'\cdot\frac{\mathrm{d}\boldsymbol{p}'}{\mathrm{d}t}+\rho\boldsymbol{B}'\cdot\frac{\mathrm{d}\boldsymbol{m}'}{\mathrm{d}t} \tag{9.2.30}$$

式中：$\boldsymbol{p}'$与$\boldsymbol{m}'$分别为每单位质量的电极化强度与磁化强度。显然，式(9.2.30)是式(9.2.19)在极化体系下的推广。另外，类似于式(9.2.15b)的推导办法，也可将这种情况下的$\tilde{e}$与$\boldsymbol{J}_{\mathrm{q}}$代入式(9.2.29)，便能整理为与式(9.2.15b)相类似形式的能量方程，这里因篇幅所限，具体表达式不再给出。

9.2.3　电磁场中多组元流体模型的基本方程

在电磁场中，这里研究多组元流体力学的模型，为方便讨论，先假设组元之间没有质量交换，即每个组元的质量生成率为零，于是组元k的质量守恒方程与动量守恒方程分别为

$$\frac{\partial\rho_k}{\partial t}+\nabla\cdot(\rho_k\boldsymbol{V}_k)=0 \tag{9.2.31}$$

$$\frac{\partial(\rho_k\boldsymbol{V}_k)}{\partial t}+\nabla\cdot(\rho_k\boldsymbol{V}_k\boldsymbol{V}_k)=e_kz_kn_k(\boldsymbol{E}+\boldsymbol{V}_k\times\boldsymbol{B})+\nabla\cdot\boldsymbol{\pi}_k-\sum_{m\neq k}\boldsymbol{P}_{km} \tag{9.2.32}$$

式中：$\boldsymbol{\pi}_k$为组元k的应力张量；$\boldsymbol{P}_{km}$为组元k与组元m之间的动量交换率；z_k为组元k粒子的电荷数目；n_k为组元k的平均数密度。注意到

$$\boldsymbol{V}_k=\boldsymbol{V}+\boldsymbol{U}_k \tag{9.2.33}$$

$$\boldsymbol{P}_{km}=-\boldsymbol{P}_{mk} \tag{9.2.34}$$

因此，总的动量方程为

$$\begin{aligned}\frac{\partial(\rho\boldsymbol{V})}{\partial t}+\nabla\cdot(\rho\boldsymbol{V}\boldsymbol{V})&=\nabla\cdot\boldsymbol{\pi}+\boldsymbol{j}\times\boldsymbol{B}+\boldsymbol{f}_*\\&=-\nabla p+\nabla\cdot\boldsymbol{\Pi}+\boldsymbol{j}\times\boldsymbol{B}+\boldsymbol{f}_*\end{aligned} \tag{9.2.35}$$

式中：$\boldsymbol{f}_*$为除电磁力以外的体积力；$\boldsymbol{\pi}$与$\boldsymbol{\Pi}$分别为应力张量与黏性应力张量；$\boldsymbol{j}\times\boldsymbol{B}$与$\boldsymbol{\pi}$的表达式为

$$\boldsymbol{j}\times\boldsymbol{B}=\sum_k[e_kz_kn_k(\boldsymbol{E}+\boldsymbol{V}_k\times\boldsymbol{B})] \tag{9.2.36}$$

$$\boldsymbol{\pi}=\sum_k[\boldsymbol{\pi}_k+\rho_k\boldsymbol{U}_k\boldsymbol{U}_k] \tag{9.2.37}$$

类似于式(9.2.30)的推导过程，于是组元k的能量方程为

$$\frac{\partial(\rho_k E_{t,k})}{\partial t} + \nabla\cdot(\rho_k \boldsymbol{V}_k E_{t,k} - \boldsymbol{\pi}_k \cdot \boldsymbol{V}_k + \boldsymbol{q}_k)$$
$$= \dot{Q}_{k,f} + \dot{Q}_{k,coll} - Q_{R,k} = \dot{Q}_k - Q_{R,k} \tag{9.2.38}$$

其中

$$\dot{Q}_k = \dot{Q}_{k,f} + \dot{Q}_{k,coll} \tag{9.2.39}$$

式中：$\dot{Q}_{k,f}$为针对组元 k 而言，由电流密度和外电场所产生的热能；$\dot{Q}_{k,coll}$为针对组元 k 而言，由于碰撞而产生的能量交换率。将式(9.2.38)对所有组元求和，便可得到总的能量方程：

$$\frac{\partial(\rho\tilde{e})}{\partial t} + \nabla\cdot(\rho\boldsymbol{V}\tilde{e}) = -\nabla\cdot\boldsymbol{q} + \boldsymbol{\pi} : \nabla\boldsymbol{V} + Q \tag{9.2.40}$$

或者

$$\frac{\partial(\rho e_t)}{\partial t} + \nabla\cdot(\rho e_t \boldsymbol{V}) = \nabla\cdot(\boldsymbol{\pi}\cdot\boldsymbol{V}) - \nabla\cdot\boldsymbol{q} + Q + \boldsymbol{V}\cdot\boldsymbol{f}_* + \boldsymbol{E}\cdot\boldsymbol{j} \tag{9.2.41}$$

式中：$\tilde{e}$ 为内能；e_t 为广义内能；$\boldsymbol{\pi}$ 为组元混合物流体的应力张量；$\boldsymbol{f}_*$ 为除电磁力以外的体积力；$\boldsymbol{E}\cdot\boldsymbol{j}$ 为 Lorentz 力所做的功；Q 为外热源；对于导电流体而言，Q 应包括 Joule 热耗散，这里 Joule 热耗散的表达式为

$$Q_J = \sigma(\boldsymbol{E} + \boldsymbol{V}\times\boldsymbol{B})^2 \tag{9.2.42}$$

考虑高超声速再入飞行过程时，外热源 Q 还应包括辐射热源。对于电流密度 $\boldsymbol{j}$，其表达式通常可用如下形式：

$$\boldsymbol{j} = \rho_e \boldsymbol{V} + \sigma(\boldsymbol{E} + \boldsymbol{V}\times\boldsymbol{B} + \boldsymbol{E}^*) \tag{9.2.43}$$

式中：ρ_e、σ 与 $\boldsymbol{E}^*$ 分别为电荷密度、电导率与其他的感应电场。方程(9.2.43)常称为运动介质的 Ohm 定律。

9.2.4　磁流体力学基本方程组

在磁流体力学方程组中，连续方程不包含电磁量，而且在动量方程与能量方程中只包含有磁场 H，为此将 Maxwell 方程组与 Ohm 定律相结合，消去电流 $\boldsymbol{j}$ 并在磁流体力学的近似下，得到磁感应方程

$$\frac{\partial\boldsymbol{B}}{\partial t} = \nabla\times(\boldsymbol{V}\times\boldsymbol{B}) - \nabla\times(\eta_m \nabla\times\boldsymbol{B}) \tag{9.2.44}$$

式中：η_m 为磁黏性系数。当 η_m 为常数时，式(9.2.44)可变为

$$\frac{\partial\boldsymbol{B}}{\partial t} = \nabla\times(\boldsymbol{V}\times\boldsymbol{B}) + \eta_m \nabla^2\boldsymbol{B} \tag{9.2.45}$$

其中：

$$\nabla^2 = \nabla\cdot\nabla$$

因此，磁流体力学(简称 MHD)方程组便整理为[65,66]

$$\frac{\partial \rho}{\partial t}+\nabla\cdot(\rho \boldsymbol{V})=0 \tag{9.2.46a}$$

$$\rho\frac{\mathrm{d}\boldsymbol{V}}{\mathrm{d}t}=-\nabla p+\left(\frac{1}{3}\eta+\eta'\right)\nabla(\nabla\cdot\boldsymbol{V})+\eta\nabla^2\boldsymbol{V}+(\nabla\times\boldsymbol{H})\times\boldsymbol{B}+\boldsymbol{f}_*$$

(9.2.46b)

$$\rho\frac{\mathrm{d}\tilde{e}}{\mathrm{d}t}=-\nabla\cdot\boldsymbol{q}-p\,\nabla\cdot\boldsymbol{V}+\phi+\eta_{\mathrm{m}}(\nabla\times\boldsymbol{H})^2+\boldsymbol{Q}_* \tag{9.2.46c}$$

$$\frac{\partial \boldsymbol{B}}{\partial t}=\nabla\times(\boldsymbol{V}\times\boldsymbol{B})+\eta_{\mathrm{m}}\nabla^2\boldsymbol{B} \tag{9.2.46d}$$

$$\nabla\cdot\boldsymbol{B}=0 \tag{9.2.46e}$$

$$p=p(\rho,T) \tag{9.2.46f}$$

式中假设所有的输运系数均为常数；ϕ 为耗散函数；$\boldsymbol{Q}_*$ 为非电磁热源，对于高超速再入问题而言，$\boldsymbol{Q}_*$ 应包括辐射热源；$\boldsymbol{f}_*$ 为除电磁力以外的体积力。在磁流体力学中，选取未知量为 ρ、p、T、$\boldsymbol{V}$ 与 $\boldsymbol{B}$，而式(9.2.46)也共给出相应的 5 个方程和一个补充条件式(9.2.46e)，因此问题的提法是完备的。

9.3 平衡与非平衡状态下辐射流体力学的基本方程组

在航天工程与天体物理中，辐射问题十分重要，为此，在本书 6.3 节曾进行过一些讨论。本节主要讨论两个问题：①中性粒子以及光子的辐射输运方程；②考虑辐射时平衡与非平衡态的流体力学方程。这里需要强调的是，在高超声速再入飞行中，辐射传热计算是绝对不可忽视的，它直接影响到飞行器热防护设计的质量与合理性。

9.3.1 中性粒子以及光子的辐射输运方程

在高超声速高温流场中，热辐射是光子与电子、原子以及离子之间的相互作用，其微观作用过程可归纳为光子的吸收、发射、感应和散射这四个过程，这些作用在光子输运方程中起着产生光子和消失光子的作用，这些过程涉及量子电动力学、量子碰撞理论、原子结构以及光谱学等几大基础学科，涉及光电效应、韧致效应、谱线效应和散射等微观过程，涉及对光子输运有贡献的 4 个微观过程：①束缚原子(和分子)态之间的跃迁，称为束缚-束缚跃迁；②从原子或分子的束缚态到连续态的跃迁，称为束缚-自由跃迁；③自由态之间的跃迁，称为自由-自由跃迁；④光子的散射，包括 Compton 散射、Reyleigh 散射和 Raman 散射。光子的输运方程是粒子输运方程的一个特例，这里首先给出中性粒子的输运方程，其表达式为

$$\frac{\partial f}{\partial t}+\boldsymbol{V}\cdot\nabla f+\frac{\boldsymbol{F}}{m}\cdot\frac{\partial f}{\partial \boldsymbol{V}}=\left(\frac{\partial f}{\partial t}\right)_{\mathrm{c}}+\left(\frac{\partial f}{\partial t}\right)_{\mathrm{s}} \tag{9.3.1}$$

或者简写为

$$\mathscr{D}f = J(ff_1) + S^* \tag{9.3.2}$$

式中：$\mathscr{D}$ 为 Boltzmann 微分算子，其定义为

$$\mathscr{D} \equiv \frac{\partial}{\partial t} + \boldsymbol{V} \cdot \nabla + \frac{\boldsymbol{F}}{m} \cdot \nabla_{\mathrm{v}} \tag{9.3.3}$$

$J(ff_1)$为碰撞项，即 $J(ff_1) \equiv (\partial f/\partial t)_{\mathrm{c}}$；$S^*$ 为外源项，即 $S^* = (\partial f/\partial t)_{\mathrm{s}}$；$f$ 与 $\boldsymbol{V}$ 分别为分布函数与粒子速度 ；$\boldsymbol{F}$ 与 m 分别为作用在粒子上的外力以及粒子的质量；$(\partial f/\partial t)_{\mathrm{c}}$ 为碰撞项，$(\partial f/\partial t)_{\mathrm{s}}$ 为源项。分布函数 f 的定义式为

$$f \equiv f(\boldsymbol{r}, E, \boldsymbol{\Omega}, t) \tag{9.3.4a}$$

式中：t 为时间；$\boldsymbol{r}$、E 和 $\boldsymbol{\Omega}$ 分别为坐标点矢量，粒子在 $\boldsymbol{r}$ 处时的能量和粒子运动方向上的单位矢量；定义微分散射截面 $\mathrm{d}\sigma_{\mathrm{s}}(\boldsymbol{r}, E \to E', \boldsymbol{\Omega} \to \boldsymbol{\Omega}', t)$，因此表达式

$$\mathrm{d}\sigma_{\mathrm{s}}(\boldsymbol{r}, E \to E', \boldsymbol{\Omega} \to \boldsymbol{\Omega}', t)\mathrm{d}E\mathrm{d}\Omega\mathrm{d}s \tag{9.3.4b}$$

便表示 t 时刻 r 点处一个粒子在穿行 $\mathrm{d}s$ 距离、能量间隔 $\mathrm{d}E$ 内从能量 E 散射到 E'、$\mathrm{d}\Omega$ 内方向由 $\boldsymbol{\Omega}$ 变化到 $\boldsymbol{\Omega}'$ 的概率。所谓碰撞项是指系统内粒子与物质的相互作用项，粒子与物质间的基本相互作用是吸收和散射[67]，于是$(\partial f/\partial t)_{\mathrm{c}}$ 项具体可写为

$$\begin{aligned}\left(\frac{\partial f}{\partial t}\right)_{\mathrm{c}} = \iint [&V'\mathrm{d}\sigma_{\mathrm{s}}(\boldsymbol{r}, E' \to E, \boldsymbol{\Omega}' \to \boldsymbol{\Omega}, t) f(\boldsymbol{r}, E', \boldsymbol{\Omega}', t) \\ &- V\mathrm{d}\sigma_{\mathrm{s}}(\boldsymbol{r}, E \to E', \boldsymbol{\Omega} \to \boldsymbol{\Omega}', t) f(\boldsymbol{r}, E, \boldsymbol{\Omega}, t)]\mathrm{d}E'\mathrm{d}\boldsymbol{\Omega}' \\ &- V\sigma_{\mathrm{a}}(\boldsymbol{r}, E, t) f(\boldsymbol{r}, E, \boldsymbol{\Omega}, t)\end{aligned} \tag{9.3.5}$$

式中：V 与 V'分别为速度 $\mathbf{V}$ 与 $\mathbf{V}'$的模；$\sigma_{\mathrm{a}}(\boldsymbol{r}, E, t)$为介质的宏观吸收截面，又称吸收系数。在输运理论中习惯用强度，因此令

$$\psi(\boldsymbol{r}, E, \boldsymbol{\Omega}, t) = Vf(\boldsymbol{r}, E, \boldsymbol{\Omega}, t) \tag{9.3.6}$$

因此在略去变量 $\boldsymbol{r}$ 和 t 后，碰撞项式(9.3.5)可简写为

$$\begin{aligned}\left(\frac{\partial f}{\partial t}\right)_{\mathrm{c}} = \iint [&\psi(E', \boldsymbol{\Omega}')\mathrm{d}\sigma_{\mathrm{s}}(E' \to E, \boldsymbol{\Omega}' \to \boldsymbol{\Omega}) \\ &- \psi(E, \boldsymbol{\Omega})\mathrm{d}\sigma_{\mathrm{s}}(E \to E', \boldsymbol{\Omega} \to \boldsymbol{\Omega}')]\mathrm{d}E'\mathrm{d}\boldsymbol{\Omega}' \\ &- \sigma_{\mathrm{a}}(E)\psi(E, \boldsymbol{\Omega})\end{aligned} \tag{9.3.7}$$

如果散射仅与散射角有关，则这时的微分散射截面可写为 $\mathrm{d}\sigma_{\mathrm{s}}(E \to E', \boldsymbol{\Omega} \cdot \boldsymbol{\Omega}')$，因此式(9.3.7)可改写为

$$\begin{aligned}\left(\frac{\partial f}{\partial t}\right)_{\mathrm{c}} = \iint [&\psi(E', \boldsymbol{\Omega}')\mathrm{d}\sigma_{\mathrm{s}}(E' \to E, \boldsymbol{\Omega}' \cdot \boldsymbol{\Omega}) \\ &- \psi(E, \boldsymbol{\Omega})\mathrm{d}\sigma_{\mathrm{s}}(E \to E', \boldsymbol{\Omega} \cdot \boldsymbol{\Omega}')]\mathrm{d}E'\mathrm{d}\boldsymbol{\Omega}' \\ &- \sigma_{\mathrm{a}}(E)\psi(E, \boldsymbol{\Omega})\end{aligned} \tag{9.3.8}$$

这里式(9.3.8)便为中性粒子输运问题碰撞项的通用表达式。对于光子输运问题，习惯上用光子频率 υ 取代能量 E($E = h\upsilon$，这里 h 代表 Planck 常量)，分布函数这时用 $f(\boldsymbol{r}, \upsilon, \boldsymbol{\Omega}, t)$来表示，并引进辐射强度 $I(\boldsymbol{r}, \upsilon, \boldsymbol{\Omega}, t)$，即

$$I(\boldsymbol{r},\upsilon,\boldsymbol{\Omega},t)=c\upsilon hf(\boldsymbol{r},\upsilon,\boldsymbol{\Omega},t) \tag{9.3.9}$$

式中：c 为光速。于是借助于式(9.3.1)与式(9.3.5)，并注意省略 I、$\mathrm{d}\sigma_{\mathrm{s}}$、$\sigma_{\mathrm{a}}$ 与 S^* 中的变量 $\boldsymbol{r}$ 与 t 后可得到光子的输运方程：

$$\begin{aligned}\frac{1}{c}\frac{\partial I(\upsilon,\boldsymbol{\Omega})}{\partial t}+\boldsymbol{\Omega}\cdot\nabla I(\upsilon,\boldsymbol{\Omega})=&\upsilon hs^*(\upsilon)+\iint\Big[\frac{\upsilon}{\upsilon'}I(\upsilon',\boldsymbol{\Omega}')\mathrm{d}\sigma_{\mathrm{s}}(\upsilon'\to\upsilon,\boldsymbol{\Omega}\cdot\boldsymbol{\Omega}')\\&-I(\upsilon,\boldsymbol{\Omega})\mathrm{d}\sigma_{\mathrm{s}}(\upsilon\to\upsilon',\boldsymbol{\Omega}\cdot\boldsymbol{\Omega}')\Big]\mathrm{d}\upsilon'\mathrm{d}\boldsymbol{\Omega}'\\&-\sigma_{\mathrm{a}}(\upsilon)I(\upsilon,\boldsymbol{\Omega})\end{aligned} \tag{9.3.10}$$

式中省略了外场力 $\boldsymbol{F}$ 项。式(9.3.10)便为光子的输运方程，它是经典的线性辐射迁移方程，该方程考虑了光子的吸收、发射和散射过程。光子是 Bose 粒子，但在式(9.3.10)中并没有去考虑感应效应（又称诱导效应）。考虑感应项后，光子的辐射迁移方程将变成非线性的微分-积分方程，其表达式为式(9.3.12)。注意在式(9.3.10)中，$\mathrm{d}\boldsymbol{\Omega}$ 可以定义为

$$\mathrm{d}\boldsymbol{\Omega}\equiv\sin\theta\mathrm{d}\theta\mathrm{d}\varphi \tag{9.3.11}$$

式中：θ 为天顶角（又称纬度角）；φ 为圆周角（又称经度角）。如果引进局域热力学平衡(local thermodynamics equilibrium，LTE)的假定且考虑诱导效应，则这时的辐射输运方程为

$$\begin{aligned}\frac{1}{c}\frac{\partial I(\upsilon,\boldsymbol{\Omega})}{\partial t}+\boldsymbol{\Omega}\cdot\nabla I(\upsilon,\boldsymbol{\Omega})=&\sigma_{\mathrm{a}}^*(\upsilon)[B(\upsilon,T)-I(\upsilon,\boldsymbol{\Omega})]\\&+\iint\Big[\frac{\upsilon}{\upsilon'}I(\upsilon',\boldsymbol{\Omega}')\Big(1+\frac{c^2I(\upsilon,\boldsymbol{\Omega})}{2h\upsilon^3}\Big)\mathrm{d}\sigma_{\mathrm{s}}(\upsilon'\to\upsilon,\boldsymbol{\Omega}'\cdot\boldsymbol{\Omega})\\&-I(\upsilon,\boldsymbol{\Omega})\Big(1+\frac{c^2I(\upsilon',\boldsymbol{\Omega}')}{2h(\upsilon')^3}\Big)\mathrm{d}\sigma_{\mathrm{s}}(\upsilon\to\upsilon',\boldsymbol{\Omega}\cdot\boldsymbol{\Omega}')\Big]\mathrm{d}\upsilon'\mathrm{d}\boldsymbol{\Omega}'\end{aligned} \tag{9.3.12}$$

其中

$$\sigma_{\mathrm{a}}^*(\upsilon)=\sigma_{\mathrm{a}}(\upsilon)\Big[1-\exp\Big(\frac{-h\upsilon}{kT}\Big)\Big] \tag{9.3.13}$$

$$B(\upsilon,T)=\frac{2h\upsilon^3}{c^2}\frac{1}{\exp\Big(\dfrac{h\upsilon}{kT}\Big)-1} \tag{9.3.14}$$

式中：$B(\upsilon,T)$ 为黑体辐射强度；$\sigma_{\mathrm{a}}^*(\upsilon)$ 为在局域热平衡时考虑感应效应修正后的吸收系数；h 为 Planck 常量；k 为 Boltzmann 常量；c 为光速；T 为温度。最后还要说明的是，式(9.3.12)中的 I 是含 $\boldsymbol{r}$、υ、$\boldsymbol{\Omega}$ 与 t 的函数，即 $I(\boldsymbol{r},\upsilon,\boldsymbol{\Omega},t)$，这里仅是为了书写方便式(9.3.12)省略了中变量 $\boldsymbol{r}$ 与 t；注意，式(9.3.12)的求解需要采用计算流体力学中的数值解法，如何对它进行高效的求解仍是一个待研究的课题。

9.3.2 考虑辐射时平衡与非平衡态的流体力学方程

考虑辐射场影响的流体力学常称为辐射流体力学，在高超声速再入飞行中，热

辐射的重要性是随着温度的升高而增大，当激波后温度达几千摄氏度甚至上万摄氏度以上时，辐射传热就不能忽略了，就必须同时考虑流体力学和热辐射所起的作用，即需要求解辐射流体力学方程组，其表达式为

连续方程

$$\rho\frac{\mathrm{d}}{\mathrm{d}t}\left(\frac{1}{\rho}\right)-\nabla\cdot\boldsymbol{V}=0 \tag{9.3.15a}$$

或者

$$\frac{\partial\rho}{\partial t}+\nabla\cdot(\rho\boldsymbol{V})=0 \tag{9.3.15b}$$

动量方程

$$\frac{\partial}{\partial t}\left(\rho\boldsymbol{V}+\frac{\boldsymbol{F}_{\mathrm{r}}}{c^2}\right)+\nabla\cdot(\rho\boldsymbol{V}\boldsymbol{V}-\boldsymbol{\pi}_{\mathrm{f}}+\boldsymbol{\pi}_{\mathrm{r}})=\rho\boldsymbol{f} \tag{9.3.16}$$

式中：$\boldsymbol{\pi}_{\mathrm{r}}$ 为光子场动量通量张量；$\boldsymbol{F}_{\mathrm{r}}$ 为光子场能量通量。

能量方程

$$\frac{\partial}{\partial t}\left(\rho\frac{\boldsymbol{V}\cdot\boldsymbol{V}}{2}+E_{\mathrm{m}}+E_{\mathrm{r}}\right)+\nabla\cdot\left[\boldsymbol{V}\left(\rho\frac{\boldsymbol{V}\cdot\boldsymbol{V}}{2}+E_{\mathrm{m}}\right)-\boldsymbol{\pi}_{\mathrm{f}}\cdot\boldsymbol{V}+\boldsymbol{F}_{\mathrm{r}}+\boldsymbol{q}\right]=\rho\boldsymbol{V}\cdot\boldsymbol{f} \tag{9.3.17a}$$

或者

$$\frac{\partial}{\partial t}\left(\rho\frac{\boldsymbol{V}\cdot\boldsymbol{V}}{2}+E_{\mathrm{m}}+E_{\mathrm{r}}\right)+\nabla\cdot\left[\boldsymbol{V}\left(\rho\frac{\boldsymbol{V}\cdot\boldsymbol{V}}{2}+E_{\mathrm{m}}+p_{\mathrm{m}}\right)-\boldsymbol{\Pi}_{\mathrm{f}}\cdot\boldsymbol{V}+\boldsymbol{F}_{\mathrm{r}}+\boldsymbol{q}\right]=\rho\boldsymbol{V}\cdot\boldsymbol{f} \tag{9.3.17b}$$

式中：p_{m} 为流体介质压强；E_{m} 为流体介质内能；E_{r} 为光子场能量密度；$\boldsymbol{\pi}_{\mathrm{f}}$ 与 $\boldsymbol{\Pi}_{\mathrm{f}}$ 分别为流体介质的应力张量与黏性应力张量；$\boldsymbol{q}$ 为热流矢；$\boldsymbol{f}$ 为体积力。$\boldsymbol{\pi}_{\mathrm{f}}$ 的表达式为

$$\boldsymbol{\pi}_{\mathrm{f}}=\boldsymbol{\Pi}_{\mathrm{f}}-p_{\mathrm{m}}\boldsymbol{I} \tag{9.3.18}$$

为了便于说明 $\boldsymbol{F}_{\mathrm{r}}$ 与 $\boldsymbol{\pi}_{\mathrm{r}}$ 的表达式，这里选用了柱坐标系(r,θ,z)，于是有

$$(\boldsymbol{F}_{\mathrm{r}})_i\equiv[\boldsymbol{F}_{\mathrm{r}}(r,\theta,z,t)]_i=\iint\Omega_i I(r,\theta,z,\upsilon,\boldsymbol{\Omega},t)\mathrm{d}\upsilon\mathrm{d}\boldsymbol{\Omega} \tag{9.3.19}$$

$$(\boldsymbol{\pi}_{\mathrm{r}})_{ij}=[\boldsymbol{\pi}_{\mathrm{r}}(r,\theta,z,t)]_{ij}=\frac{1}{c}\iint\Omega_i\Omega_j I(r,\theta,z,\upsilon,\boldsymbol{\Omega},t)\mathrm{d}\upsilon\mathrm{d}\boldsymbol{\Omega} \tag{9.3.20}$$

式中 $i,j=r,\theta,z$；当然辐射通量矢量(又称辐射能流矢量)$\boldsymbol{F}_{\mathrm{r}}$ 也可表示为

$$\boldsymbol{F}_{\mathrm{r}}=\iint\boldsymbol{\Omega}I(r,\theta,z,\upsilon,\boldsymbol{\Omega},t)\mathrm{d}\upsilon\mathrm{d}\Omega \tag{9.3.21}$$

显然，方程(9.3.15)～(9.3.17)连同光子输运方程(9.3.10)便构成一套完整的基本方程组，可以用于辐射气体动力学的数值计算。为便于讨论，以下仅以忽略黏性但考虑辐射场影响的流体力学问题为例分三种情况进一步去讨论上述基本方程组的简化形式与求解。

1. 热力学平衡状态下辐射流体力学方程组的求解

在热力学平衡的状态下，如忽略黏性应力只考虑辐射场的影响，这时整个系统有统一的温度，即 $T_i = T_e = T_r = T$，辐射能量密度 $E_r = \alpha T^4$，束缚电子布居服从 Fermi-Dirac 分布，光子能量服从 Planck 分布，这时基本方程组可简化为

连续方程

$$\frac{\partial \rho}{\partial t} + \nabla \cdot (\rho \boldsymbol{V}) = 0 \tag{9.3.22a}$$

动量方程

$$\frac{\mathrm{d}\boldsymbol{V}}{\mathrm{d}t} = \frac{1}{\rho} \nabla \left(p_m + \frac{1}{3} \alpha T^4 \right) \tag{9.3.22b}$$

能量方程

$$\rho \frac{\mathrm{d}}{\mathrm{d}t} \left(\tilde{e} + \frac{\alpha T^4}{\rho} \right) + \left(p_m + \frac{1}{3} \alpha T^4 \right) \nabla \cdot \boldsymbol{V} - \nabla \cdot \left(\frac{\alpha c \lambda^R}{3} \nabla T^4 \right) = 0 \tag{9.3.22c}$$

式中：$\tilde{e}$ 为流体的内能；λ^R 为 Rosseland 平均不透明度；α 为辐射常数；c 为光速。显然，上述方程组(9.3.22)比由式(9.3.15)～式(9.3.17)所构成的基本方程相比易于求解。

2. 非定常、三温、辐射流体力学方程组及其求解

所谓三温是指电子、离子和光子的温度（即 T_e、T_i 和 T_r）彼此不同。为方便讨论，这里假定电子、离子和光子分别达到各自的热力学平衡的温度所处的状态，它们本身均服从 Maxwell-Boltzmann 分布，各有一个动平衡的温度（即 T_e、T_i 和 T_r），但电子与离子、电子与光子之间存在剧烈的碰撞和能量交换。在上述情况下忽略黏性但考虑辐射影响的基本方程组可简化为

连续方程

$$\frac{\partial \rho}{\partial t} + \nabla \cdot (\rho \boldsymbol{V}) = 0 \tag{9.3.23a}$$

动量方程

$$\frac{\partial (\rho \boldsymbol{V})}{\partial t} + \nabla \cdot (\rho \boldsymbol{V}\boldsymbol{V}) + \nabla p = 0 \tag{9.3.23b}$$

电子能量守恒方程

$$\begin{aligned} &\frac{\partial}{\partial t}(\rho \varepsilon_e) + \nabla \cdot (\rho \boldsymbol{V} \varepsilon_e) + p_e \nabla \cdot \boldsymbol{V} + \nabla \cdot \boldsymbol{F}_e \\ &= \rho \omega_{ei}(T_i - T_e) + \rho \omega_{er}(T_r - T_e) + \rho W_e \end{aligned} \tag{9.3.23c}$$

离子能量守恒方程

$$\frac{\partial}{\partial t}(\rho\varepsilon_{\mathrm{i}}) + \nabla\cdot(\rho \boldsymbol{V}\varepsilon_{\mathrm{i}}) + p_{\mathrm{i}}\,\nabla\cdot \boldsymbol{V} + \nabla\cdot \boldsymbol{F}_{\mathrm{i}} = \rho\omega_{\mathrm{ei}}(T_{\mathrm{i}} - T_{\mathrm{e}}) + \rho W_{\mathrm{i}} \tag{9.3.23d}$$

光子能量守恒方程

$$\frac{\partial}{\partial t}(\rho\varepsilon_{\mathrm{r}}) + \nabla\cdot(\rho \boldsymbol{V}\varepsilon_{\mathrm{r}}) + p_{\mathrm{r}}\,\nabla\cdot \boldsymbol{V} + \nabla\cdot \boldsymbol{F}_{\mathrm{r}} = \rho\omega_{\mathrm{er}}(T_{\mathrm{e}} - T_{\mathrm{r}}) \tag{9.3.23e}$$

式中：ρ 为介质的密度；p_{e}、p_{i} 和 p_{r} 分别为电子、离子和光子压强；$p=p_{\mathrm{e}}+p_{\mathrm{i}}+p_{\mathrm{r}}$ 为总压强；ω_{ei}和 ω_{er}分别为电子与离子以及电子与光子的能量交换系数；$\boldsymbol{F}_{\mathrm{e}}$、$\boldsymbol{F}_{\mathrm{i}}$ 和 $\boldsymbol{F}_{\mathrm{r}}$ 分别为电子、离子以及光子的能量通量矢量；W_{e} 与 W_{i} 分别为单位时间单位质量中电子与离子从能源中所吸收的能量；ε_{e}、ε_{i} 与 ε_{r} 分别为电子、离子与光子的内能。除了上述方程组外，还需要给出状态方程、原子能级以及粒子数布居方程等，另外还需给定方程的初、边值条件，这样才能构成完整的辐射流体力学方程组。显然，这一方程组的求解要比式(9.3.22)困难些。

3. 非平衡态、非定常、辐射流体力学基本方程组

为简便起见、这里假定电子和离子本身是平衡的，它们服从 Maxwell-Boltzmann 分布，各有一个动平衡的温度 T_{e} 与 T_{i}，而这里假定光子辐射强度不等于黑体辐射强度，因此不能用一个温度去定义它。之所以作上述这样的假定，一是由于电子和离子本身平衡的时间较短，而光子的平衡需要通过与电子以及离子的相互作用来达到，故需要较长的时间；另一方面也是由于这样假设使问题变得相对简单，也有一定的实际价值。在上述假设下非平衡态辐射流体力学基本方程组可以简化为

连续方程

$$\frac{\partial \rho}{\partial t} + \nabla\cdot(\rho \boldsymbol{V}) = 0 \tag{9.3.24a}$$

动量方程

$$\frac{\partial(\rho \boldsymbol{V})}{\partial t} + \nabla\cdot(\rho \boldsymbol{V}\boldsymbol{V}) + \nabla(p_{\mathrm{m}} + p_{\mathrm{r}}) = 0 \tag{9.3.24b}$$

电子能量守恒方程

$$\rho\frac{\mathrm{d}\varepsilon_{\mathrm{e}}}{\mathrm{d}t} = -p_{\mathrm{e}}\,\nabla\cdot \boldsymbol{V} + \nabla\cdot(k_{\mathrm{e}}\,\nabla T_{\mathrm{e}}) + \rho\omega_{\mathrm{ie}}(T_{\mathrm{e}} - T_{\mathrm{i}}) + R_{\mathrm{e}} + C_{\mathrm{e}} \tag{9.3.24c}$$

离子能量守恒方程

$$\rho\frac{\mathrm{d}\varepsilon_{\mathrm{i}}}{\mathrm{d}t} = -p_{\mathrm{i}}\,\nabla\cdot \boldsymbol{V} + \nabla\cdot(k_{\mathrm{i}}\,\nabla T_{\mathrm{i}}) + \rho\omega_{\mathrm{ie}}(T_{\mathrm{e}} - T_{\mathrm{i}}) + R_{\mathrm{i}} + C_{\mathrm{i}} \tag{9.3.24d}$$

光子输运方程(略去散射项)

$$\frac{1}{c}\frac{\partial I(\upsilon,\boldsymbol{\Omega})}{\partial t}+\boldsymbol{\Omega}\cdot\nabla I(\upsilon,\boldsymbol{\Omega})=\upsilon hs^{*}(\upsilon)-\sigma_{\mathrm{a}}(\upsilon)I(\upsilon,\boldsymbol{\Omega}) \tag{9.3.24e}$$

离子数布居速率方程

$$\rho\frac{\mathrm{d}}{\mathrm{d}t}\left(\frac{n_j^q}{\rho}\right)=(\text{谱线跃迁速率})+(\text{碰撞激发和退激发速率})+\cdots \tag{9.3.24f}$$

式中:ε_{e} 与 ε_{i} 分别为电子与离子的内能;p_{r} 为光子场压强;k_{e} 与 k_{i} 分别为电子与离子的热传导系数;$s^{*}(\upsilon)$的含义同式(9.3.10);n_j^q 为 q 度电离的离子处于 j 态的粒子数密度;T_{e} 与 T_{i} 分别为电子与离子的温度;R_{e} 为电子与光子作用的能量获得和损失;R_{i} 为离子与光子作用的能量获得和损失;C_{e} 为电子与离子发生非弹性碰撞所损失的能量;C_{i} 为离子非弹性碰撞所损失的能量。显然,这里 R_{e}、C_{e}、R_{i} 和 C_{i} 的值均由光子、电子和离子间的作用过程来决定,以下分 11 种过程略作说明:

(1) 光电游离

$$A(z,j)+h\upsilon\rightarrow A(z+1,0)+\mathrm{e}^{-} \tag{9.3.25}$$

能量为 $h\upsilon$ 的光子作用到电荷为 z 的离子第 j 个能级的束缚电子上,光子的一部分能量给予离子。

(2) 光电复合

$$A(z+1,0)+\mathrm{e}\rightarrow A(z,j)+h\upsilon \tag{9.3.26}$$

在光电复合时,自由电子失去了能量,离子增加了内能。

(3) 碰撞游离

$$A(z,j)+\mathrm{e}\rightarrow A(z+1,0)+2\mathrm{e} \tag{9.3.27}$$

自由电子与离子碰撞后,使 j 能级上的电子游离。

(4) 三体复合碰撞

$$A(z,0)+\mathrm{e}^{-}+\mathrm{e}^{-}\rightarrow A(z-1,j)+\mathrm{e}^{-} \tag{9.3.28}$$

两个电子在离子场内相碰撞后,一个电子剩下的能量不足以逃脱出离子场的结果。

(5) 碰撞激发

$$A(z,j)+\mathrm{e}\rightarrow A(z,f)+\mathrm{e} \tag{9.3.29}$$

自由电子对 j 能级的束缚电子激发到 f 能级。

(6) 碰撞去激发

$$A(z,f)+\mathrm{e}\rightarrow A(z,j)+\mathrm{e} \tag{9.3.30}$$

自由电子获得了能量,离子贡献出部分能量。

(7) 谱线发射

$$A(z,j)\rightarrow A(z,f)+h\upsilon_{jf} \tag{9.3.31}$$

在光子作用下，导致 j 能级上的电子跨迁到 f 能级上，同时放出一个能量为 $h\upsilon_{jf}$ 的光子。

(8) 谱线吸收

$$A(z,f)+h\upsilon_{fj}\rightarrow A(z,j) \tag{9.3.32}$$

在光子作用下，导致 f 能级上的电子吸收一个能量为 $h\upsilon_{fj}$ 的光子。

(9) 韧致吸收

$$h\upsilon+\mathrm{e}+A(z,f)\rightarrow \mathrm{e}+A(z,f) \tag{9.3.33}$$

自由电子得到能量，光子失去能量，离子能量不变。

(10) 韧致发射

$$\mathrm{e}+A(z,f)\rightarrow h\upsilon+\mathrm{e}+A(z,f) \tag{9.3.34}$$

自由电子损失能量，光子得到能量，离子能量不变。

(11) Compton 散射

Compton 散射时高能光子与静止的自由电子之间的碰撞。Compton 散射充分证明了光量子理论的正确性，而且还证明了微观粒子相互作用过程也遵循动量守恒定律和能量守恒定律。在非平衡辐射输运问题中，电子的 Compton 散射对能量迁移来讲是很重要的机制。另外，对于其他作用过程（如对离子的散射、多光子过程、离子碰撞激发、直接重激发等过程），这里因篇幅所限均从略。考虑上述 11 种作用过程，便可以得到 R_e、C_e、R_i 与 C_i 的计算式，这里因篇幅所限，其表达式从略。综上所述，式(9.3.24)给出非平衡状态下辐射流体力学的主要方程，如果再加上电子以及离子的状态方程，这样方程组就封闭了。当然，还需要给出作用过程的微观截面以及跃迁概率的表达式，另外还必须加上初、边值条件，这样该问题便可以进行数值求解了。这里应指出的是，在高超速再入飞行中，对于非平衡状态下的非定常、辐射流体力学方程组的数值求解，是一项非常前沿、有待深入开展的课题，值得进一步去深入的研究与发展。

9.4　定解条件的提法以及飞行器壁表面温度的确定

在本章前 3 节的讨论中可以发现：高超声速气动热力学所遇到的方程，往往需要考虑多组元、黏性流动，有时要考虑热力学非平衡与化学反应非平衡流动，有时还要考虑电磁场的影响以及热辐射、辐射热传导的效应，因此不同的飞行工况（包括飞行速度、飞行高度等）和飞行环境下，所考虑的主要因素是不相同的，其相应的基本方程组的形式也就有所不同。以考虑热辐射和辐射热传导效应的电磁流体力学方程组为例，其表达式为

$$\frac{\partial\rho}{\partial t}+\nabla\cdot(\rho\boldsymbol{V})=0 \tag{9.4.1a}$$

$$\frac{\partial}{\partial t}(\rho \boldsymbol{V}+\boldsymbol{E}\times\boldsymbol{H})=-\nabla\cdot[\rho\boldsymbol{V}\boldsymbol{V}-\boldsymbol{\Pi}_{\mathrm{f}}-\boldsymbol{\pi}_{\mathrm{em}}+(p+p_{\mathrm{r}})\boldsymbol{I}^{*}]+\boldsymbol{f}^{*} \tag{9.4.1b}$$

$$\begin{aligned}&\frac{\partial}{\partial t}\left[\rho\left(\tilde{e}+\frac{1}{2}\boldsymbol{V}\cdot\boldsymbol{V}\right)+Q_{\mathrm{r}}+(\boldsymbol{H}\cdot\boldsymbol{B}+\boldsymbol{E}\cdot\boldsymbol{D})\right]\\&=-\nabla\cdot\left[\rho\boldsymbol{V}\left(\tilde{e}+\frac{1}{2}\boldsymbol{V}\cdot\boldsymbol{V}\right)+\boldsymbol{V}Q_{r}-(\lambda+\lambda_{\mathrm{r}})\nabla T-\boldsymbol{\Pi}_{\mathrm{f}}\cdot\boldsymbol{V}+(p+p_{\mathrm{r}})\boldsymbol{V}+\boldsymbol{E}\times\boldsymbol{H}\right]\\&\quad+\boldsymbol{f}^{*}\cdot\boldsymbol{V}+Q^{*}\end{aligned} \tag{9.4.1c}$$

式中：$\boldsymbol{\Pi}_{\mathrm{f}}$ 为流体介质的黏性应力张量；Q_{r} 为辐射能量密度；p_{r} 为辐射压强；λ_{r} 为辐射热传导系数，λ 为流体介质的热传导系数；$\tilde{e}$ 为流体的内能；$\boldsymbol{f}^{*}$ 为除电磁力以外的体积力；Q^{*} 为非电磁热源；$\boldsymbol{I}^{*}$ 为单位张量，其他含义符号含义同式(9.2.15b)。另外，为了简化计算，Q_{r} 与 p_{r} 常可以分别用平衡辐射的总密度与平衡辐射压强来近似表示，即这时有

$$Q_{\mathrm{r}}=\sigma T^{4} \tag{9.4.2}$$

$$p_{\mathrm{r}}=\frac{Q_{\mathrm{r}}}{3}=\frac{\sigma T^{4}}{3} \tag{9.4.3}$$

对于非平衡态问题，还需要求解辐射输运方程去获得辐射强度，而后再去计算 Q_{r} 与 p_{r} 的值。显然，当忽略辐射并认为所考虑的体系为非极化时，则式(9.4.1c)便可退化为与式(9.2.15b)相等价的形式。如果忽略热辐射以及电磁场的作用时，则式(9.4.1)式便退化为普通流体力学中常用的 Navier-Stokes 方程式，其表达式为

$$\frac{\partial\rho}{\partial t}+\nabla\cdot(\rho\boldsymbol{V})=0 \tag{9.4.4a}$$

$$\frac{\partial}{\partial t}(\rho\boldsymbol{V})+\nabla\cdot[\rho\boldsymbol{V}\boldsymbol{V}-\boldsymbol{\Pi}+p\boldsymbol{I}^{*}]=\boldsymbol{f}^{*} \tag{9.4.4b}$$

$$\frac{\partial}{\partial t}\left[\rho\left(\tilde{e}+\frac{1}{2}\boldsymbol{V}\cdot\boldsymbol{V}\right)\right]+\nabla\cdot\left[\rho\boldsymbol{V}\left(\tilde{e}+\frac{1}{2}\boldsymbol{V}\cdot\boldsymbol{V}\right)-\boldsymbol{\Pi}\cdot\boldsymbol{V}+p\boldsymbol{V}-\lambda\nabla T\right]=\boldsymbol{f}^{*}\cdot\boldsymbol{V} \tag{9.4.4c}$$

如果省略了式(9.4.4)中流体的黏性项，则式(9.4.4)便退化为通常的 Euler 方程组，即

$$\frac{\partial\rho}{\partial t}+\nabla\cdot(\rho\boldsymbol{V})=0 \tag{9.4.5a}$$

$$\frac{\partial}{\partial t}(\rho\boldsymbol{V})+\nabla\cdot[\rho\boldsymbol{V}\boldsymbol{V}+p\boldsymbol{I}^{*}]=\boldsymbol{f}^{*} \tag{9.4.5b}$$

$$\frac{\partial}{\partial t}\left[\rho\left(\tilde{e}+\frac{1}{2}\boldsymbol{V}\cdot\boldsymbol{V}\right)\right]+\nabla\cdot\left[\rho\boldsymbol{V}\left(\tilde{e}+\frac{1}{2}\boldsymbol{V}\cdot\boldsymbol{V}\right)+p\boldsymbol{V}-\lambda\nabla T\right]=\boldsymbol{f}^{*}\cdot\boldsymbol{V} \tag{9.4.5c}$$

因此,笼统的去讨论高超声速气动热力学问题定解条件的提法的确是件不容易回答的事。这里分 4 个小问题讨论本节内容:①一般流体力学问题定解条件的提法;②磁流体力学的边界条件;③热力学非平衡与化学非平衡流动的边界条件;④高超声速飞行器壁表面温度的确定。显然,这 4 个问题在进行高超声速再入问题的流场数值求解时是非常重要的。

9.4.1　一般流体力学问题定解条件的提法

在求解 Navier-Stokes 方程组时必须要给定合适的定解条件。正确的定解条件应该要保证所研究的偏微分方程组的定解问题是适定的,即方程组的解存在、唯一,并且应该连续依赖于定解条件。这里应该指出的是,对于普遍的一阶拟线性偏微分方程组,其定解条件的正确提法仍然是一个没有完全解决的问题。定解条件通常要包括初始条件与边界条件,而且初始条件与边界条件必须满足相容性条件。今考察如下形式的方程:

$$W_t + AW_x = Q(x,t) \quad (t \geqslant 0; x \geqslant 0) \tag{9.4.6}$$

与初始条件为

$$W(x,0) = W_0(x) \quad (x \geqslant 0) \tag{9.4.7}$$

如果式(9.4.6)只含有一次微分,并假定这里 A 为常数,因此相应的边界条件为 Dirichlet 型,不妨将这时的边界条件记为

$$LW(0,t) = g(x) \quad (t \geqslant 0) \tag{9.4.8}$$

显然,这里初始条件式(9.4.7)与边界条件(9.4.8)两者必须是相容的,即要满足:

$$LW_0(0) = g(0) \tag{9.4.9}$$

式中:算子 $\boldsymbol{L}$ 为 $l \times m$ 矩阵,l 为边界条件的个数。可以证明[68] l 应等于矩阵 $\boldsymbol{A}$ 正特征值的个数。文献[4]的 4.4 节详细讨论了双曲型微分方程组初、边值问题提法的一般性原则,并详细讨论了单向波动方程以及一维非定常 Euler 方程组的初、边值问题,这里因篇幅所限,只扼要地给出抛物型方程以及椭圆型方程的定解问题。

对于抛物型方程,这里考虑单个一维扩散方程,其表达式为

$$\frac{\partial u}{\partial t} = \frac{\partial^2 u}{\partial x^2} \tag{9.4.10}$$

为便于分析,引入 $\varepsilon \to 0$,将上述原方程变为

$$\begin{cases} \dfrac{\partial v}{\partial x} - \varepsilon^2 \dfrac{\partial w}{\partial t} = w \\ \dfrac{\partial w}{\partial x} - \dfrac{\partial v}{\partial t} = 0 \end{cases} \tag{9.4.11}$$

其中

$$v=\frac{\partial u}{\partial x},\quad w=\frac{\partial u}{\partial t}$$

当 $\varepsilon\to0$ 时上述方程组退化为原方程。将式(9.4.11)写为矢量形式便为

$$\boldsymbol{A}\cdot\frac{\partial \boldsymbol{f}}{\partial x}+\boldsymbol{B}\cdot\frac{\partial \boldsymbol{f}}{\partial t}=\boldsymbol{Q} \tag{9.4.12a}$$

其中

$$\boldsymbol{f}=\begin{bmatrix}v\\w\end{bmatrix},\quad \boldsymbol{A}=\begin{bmatrix}1&0\\0&1\end{bmatrix},\quad \boldsymbol{B}=\begin{bmatrix}0&-\varepsilon^2\\-1&0\end{bmatrix},\quad \boldsymbol{Q}=\begin{bmatrix}w\\0\end{bmatrix} \tag{9.4.12b}$$

系数矩阵 $\boldsymbol{A}$、$\boldsymbol{B}$ 的特征值为

$$\lambda=\frac{\mathrm{d}x}{\mathrm{d}t}=\pm\varepsilon \tag{9.4.13}$$

显然,当方程组(9.4.12)的 $\varepsilon\to0$ 时,无论 $\mathrm{d}x$ 取任何的正值还是负值,特征值 λ 总为零。因此,在求解抛物型方程(9.4.10)时应该给出初始条件以及全部进出口的边界条件。对于式(9.4.10)来讲,初始条件:

$$u(x,0)=f(x) \tag{9.4.14}$$

而边界条件也可有三种典型的提法:

(1) Dirichlet 条件,即第 1 类边界条件,其表达式为

$$u\,|_{\Gamma}=g(x,t) \tag{9.4.15a}$$

(2) Neumann 条件,即第 2 类边界条件,其表达式为

$$\left(\frac{\partial u}{\partial n}\right)_{\Gamma}=g(x,t) \tag{9.4.15b}$$

(3) Robin 条件,即第 3 类边界条件,其表达式为

$$k\,\frac{\partial u}{\partial n}+hu=g(x,t) \tag{9.4.15c}$$

式中:n 为边界线 Γ 的法线方向;f、g、k 以及 h 都是已知函数。

对于椭圆型方程,这里给出单个椭圆型 Laplace 方程或者 Poisson 方程,其表达式为

$$\frac{\partial^2 u}{\partial x^2}+\frac{\partial^2 u}{\partial y^2}=0\quad((x,y)\in\sigma) \tag{9.4.16}$$

或者

$$\frac{\partial^2 u}{\partial x^2}+\frac{\partial^2 u}{\partial y^2}=f(x,y)\quad((x,y)\in\sigma) \tag{9.4.17}$$

对于椭圆型方程,不需要给初始条件,但要在它的所有边界上给出相应的边界条件。同样,这些边界上的边界条件也有如同式(9.4.15)那样的三种提法。

黏性流体力学的 Navier-Stokes 方程属于拟线性的对称双曲-抛物型耦合方程

组[4]，对于它的定解条件文献[4]已作过较详细的讨论，因此这里不再赘述。

9.4.2　磁流体力学的边界条件

在通常情况下，磁流体力学方程组为

$$\frac{\partial \boldsymbol{H}}{\partial t} - \nabla\times(\boldsymbol{V}\times\boldsymbol{H}) = \frac{1}{\sigma\mu_0}\nabla^2\boldsymbol{H} \tag{9.4.18a}$$

$$\nabla\cdot\boldsymbol{H} = 0 \tag{9.4.18b}$$

$$\frac{\partial\rho}{\partial t} + \nabla\cdot(\rho\boldsymbol{V}) = 0 \tag{9.4.18c}$$

$$\frac{\partial}{\partial t}(\rho\boldsymbol{V}) + \nabla\cdot[\rho\boldsymbol{V}\boldsymbol{V} - \boldsymbol{\pi}] - \mu_0\nabla\times(\boldsymbol{H}\times\boldsymbol{H}) = \rho\hat{\boldsymbol{f}}^* \tag{9.4.18d}$$

$$\begin{aligned}&\frac{\partial}{\partial t}\left(\rho\tilde{e} + \frac{1}{2}\rho\boldsymbol{V}\cdot\boldsymbol{V} + \frac{1}{2}\mu_0\boldsymbol{H}\cdot\boldsymbol{H}\right) + \nabla\cdot\left[\left(\rho\tilde{e} + \frac{1}{2}\rho\boldsymbol{V}\cdot\boldsymbol{V}\right)\boldsymbol{V} - \boldsymbol{\pi}\cdot\boldsymbol{V}\right]\\&\quad + \nabla\cdot\left[\left(\frac{1}{\sigma}\nabla\times(\boldsymbol{H}\times\boldsymbol{H})\right) - \mu_0(\boldsymbol{V}\times\boldsymbol{H})\times\boldsymbol{H}\right]\\&= \nabla\cdot(\lambda\nabla T) + \rho\hat{\boldsymbol{f}}^*\cdot\boldsymbol{V}\end{aligned} \tag{9.4.18e}$$

式中：λ 为热传导系数；μ_0 为真空中的磁导率；σ 为介质的电导率；$\hat{\boldsymbol{f}}^*$ 为体积力。对于理想磁流体力学，则式(9.4.18)可变为

$$\frac{\partial\rho}{\partial t} + \nabla\cdot(\rho\boldsymbol{V}) = 0 \tag{9.4.19a}$$

$$\frac{\partial}{\partial t}(\rho\boldsymbol{V}) + \nabla\cdot[\rho\boldsymbol{V}\boldsymbol{V} - p\boldsymbol{I}^*] - \mu_0\nabla\times(\boldsymbol{H}\times\boldsymbol{H}) = \rho\hat{f}^* \tag{9.4.19b}$$

$$\begin{aligned}&\frac{\partial}{\partial t}\left(\rho\tilde{e} + \frac{1}{2}\rho\boldsymbol{V}\cdot\boldsymbol{V} + \frac{1}{2}\mu_0\boldsymbol{H}\cdot\boldsymbol{H}\right) + \nabla\cdot\left[\left(\rho\tilde{e} + \frac{1}{2}\rho\boldsymbol{V}\cdot\boldsymbol{V}\right)\boldsymbol{V} - p\boldsymbol{V}\right]\\&\quad - \nabla\cdot[\mu_0(\boldsymbol{V}\times\boldsymbol{H})\times\boldsymbol{H}] = \rho\hat{f}^*\cdot\boldsymbol{V}\end{aligned} \tag{9.4.19c}$$

$$\frac{\partial\boldsymbol{H}}{\partial t} - \nabla\times(\boldsymbol{V}\times\boldsymbol{H}) = 0 \tag{9.4.19d}$$

$$\nabla\cdot\boldsymbol{H} = 0 \tag{9.4.19e}$$

式中：$\boldsymbol{I}^*$ 为单位张量。容易证明，磁流体力学方程(9.4.18)属于拟线性对称双曲-抛物型耦合方程组。对式(9.4.18b)来讲，可以转化为如下形式的初值问题，即若有初始条件

$$t = 0:\boldsymbol{H} = \boldsymbol{H}_0(x)$$

并且要求$\nabla\cdot\boldsymbol{H}_0=0$；同样，式(9.4.19e)也可以化为对初值的提法。

令 $\boldsymbol{n}$、$\boldsymbol{\tau}$ 和 $\boldsymbol{k}$ 分别为边界面的主法向、切向和垂直于这两个方向的方向(即 $\boldsymbol{n}$、$\boldsymbol{\tau}$、$\boldsymbol{k}$ 构成右手坐标系)，于是磁流体力学的边界条件为

$$\{\boldsymbol{H}_\tau\} = \boldsymbol{i}\times\boldsymbol{n} \tag{9.4.20a}$$

$$\{\boldsymbol{E}_\tau\} = |\boldsymbol{U}_n| \{\boldsymbol{B}_\tau \times \boldsymbol{n}\} \tag{9.4.20b}$$

$$\{D_n\} = \sigma_e \tag{9.4.20c}$$

$$\{B_n\} = 0 \tag{9.4.20d}$$

$$\{\rho(V_n - U_n)\} = 0 \tag{9.4.20e}$$

$$\{\rho(V_n - U_n)\boldsymbol{V} + p\boldsymbol{n} - \boldsymbol{\Pi}\cdot\boldsymbol{n} - \boldsymbol{\pi}_{em}\cdot\boldsymbol{n}\} = 0 \tag{9.4.20f}$$

$$\{\rho(V_n - U_n)\left(\tilde{e} + \frac{1}{2}\boldsymbol{V}\cdot\boldsymbol{V}\right) + pV_n + q_n - \boldsymbol{\Pi}:\boldsymbol{V}\boldsymbol{n} + \{[\boldsymbol{E} + U_n(\boldsymbol{n}\times\boldsymbol{B})]\times\boldsymbol{B}\}\cdot\boldsymbol{n}\} = 0 \tag{9.4.20g}$$

其中

$$D_n = \boldsymbol{n}\cdot(\boldsymbol{D}_2 - \boldsymbol{D}_1),\quad B_n = \boldsymbol{n}\cdot(\boldsymbol{B}_2 - \boldsymbol{B}_1)$$

$$q_n = \boldsymbol{q}\cdot\boldsymbol{n}$$

式中:σ_e 为边界面上的面电荷密度;$\boldsymbol{i}$ 为边界面的线电流密度;$|\boldsymbol{U}_n|$为边界面的法向运动速度模(或者记为 U_n);$\boldsymbol{\Pi}$ 与 $\boldsymbol{\pi}_{em}$分别为流体的黏性应力张量与电磁场应力张量;$\boldsymbol{q}$ 为热流矢量。在式(9.4.20)中{ · }代表边界两边的差值,例如:

$$\{H_\tau\} \equiv H_{\tau1} - H_{\tau2} \tag{9.4.21}$$

式中:下标 1 与 2 分别表示边界面两边沿法向 $\boldsymbol{n}$ 与反法向 $\boldsymbol{n}$ 的值。这里应指出的是:式(9.4.20)中前四个式子反映了电磁场的边界条件,后 3 个式子反映了流体力学的边界条件。当然,这里给出的是磁流体力学的一般边界条件。对于求解具体的问题,那时可以将边界条件进行必要的进一步简化[66],这里因篇幅所限,对此不再举例说明。

9.4.3 热力学非平衡与化学非平衡流动的边界条件

对于来流 Mach 数低于 5 时一般流动的 Navier-Stokes 方程组以及 Euler 方程组的边界条件,这里不再赘述,本小节着重讨论高超声速飞行器壁面边界条件的提法。由于第 9.1 节的基本方程组中包含组元的连续方程(9.1.12),因此必须要补充组元的壁面条件。另外,如果将能量方程(9.1.38)整理为如下的形式:

$$\rho\frac{\mathrm{d}\left(\tilde{e} + \frac{1}{2}\boldsymbol{V}\cdot\boldsymbol{V}\right)}{\mathrm{d}t} = -\nabla\cdot\boldsymbol{q}^* - \nabla\cdot(p\boldsymbol{V}) + \nabla\cdot(\boldsymbol{\Pi}\cdot\boldsymbol{V}) \tag{9.4.22}$$

其中

$$\boldsymbol{q}^* = -\eta_*\nabla T + \sum_j \rho_j h_j \boldsymbol{U}_j + \boldsymbol{q}_R \tag{9.4.23}$$

式中:$\boldsymbol{U}_j$ 为组元 j 的扩散速度;h_j 为组元 j 的静焓;另外还有

$$Q_R = \nabla\cdot\boldsymbol{q}_R \tag{9.4.24}$$

$$\boldsymbol{q} = -\eta_*\nabla T = -\eta\nabla T - \eta_V\nabla T_V - \eta_e\nabla T_e \tag{9.4.25}$$

$\boldsymbol{q}^*$ 可称为广义热通量矢量,由式(9.4.23)可知,它是热传导、扩散和辐射之和。在高超声速飞行器壁面处,气体与表面材料之间相互作用,必须服从质量守恒和能量守恒，因此可得到表面质量与能量的相容关系。假设用 D_j 代表关于组元 j 的双组元扩散系数，则壁表面处组元 j 的质量相容条件为

$$(\boldsymbol{n}\cdot\rho Y_j\boldsymbol{V}_j)_{\mathrm{w}}=(\boldsymbol{n}\cdot\rho Y_j\boldsymbol{V})_{\mathrm{w}}+(\boldsymbol{n}\cdot\rho_j\boldsymbol{U}_j)_{\mathrm{w}} \tag{9.4.26a}$$

或者

$$(\boldsymbol{n}\cdot\rho_j\boldsymbol{V}_j)_{\mathrm{w}}=(\boldsymbol{n}\cdot\rho\boldsymbol{V}Y_j)_{\mathrm{w}}+(\boldsymbol{n}\cdot\rho_j\boldsymbol{U}_j)_{\mathrm{w}} \tag{9.4.26b}$$

$$(\boldsymbol{n}\cdot\rho_j\boldsymbol{V}_j)_{\mathrm{w}}=(\boldsymbol{n}\cdot\rho_j\boldsymbol{V})_{\mathrm{w}}-(\boldsymbol{n}\cdot\rho D_j\nabla Y_j)_{\mathrm{w}} \tag{9.4.26c}$$

$$\dot{m}_{j,\mathrm{w}}=\dot{m}_{\mathrm{w}}Y_{j,\mathrm{w}}+(\boldsymbol{n}\cdot\boldsymbol{J}_j)_{\mathrm{w}} \tag{9.4.26d}$$

其中

$$\dot{m}_{j,\mathrm{w}}\equiv(\boldsymbol{n}\cdot\rho_j\boldsymbol{V}_j)_{\mathrm{w}} \tag{9.4.27}$$

$$\dot{m}_{\mathrm{w}}\equiv\sum_j\dot{m}_{j,\mathrm{w}}=(\rho\boldsymbol{V}\cdot\boldsymbol{n})_{\mathrm{w}} \tag{9.4.28}$$

$$\boldsymbol{J}_j=-\rho D_j\nabla Y_j \tag{9.4.29}$$

对于有化学反应以及质量引射的高超声速飞行器的壁表面，则壁表面处对于组元 j 的质量相容条件应将式(9.4.26)改写为

$$(\boldsymbol{n}\cdot\boldsymbol{J}_j^*)_{\mathrm{w}}=\dot{m}_{\mathrm{w}}Y_{j,\mathrm{w}}-\dot{m}_{\mathrm{g}}Y_{\mathrm{g},j}+(\boldsymbol{n}\cdot\boldsymbol{J}_j)_{\mathrm{w}} \tag{9.4.30}$$

式中：$\boldsymbol{J}_j^*$ 为组元 j 的净质量流速率矢量，显然这时有

$$(\boldsymbol{n}\cdot\boldsymbol{J}_j^*)_{\mathrm{w}}=\int_{-0}^{+0}\dot{\omega}_j\,\mathrm{d}n \tag{9.4.31}$$

式中令 0 截面为壁表面，−0 截面与 +0 截面分别为仅靠 0 截面的位于固体一侧与位于气体一侧的两个计算截面且这两个面垂直于壁面的法线；$\boldsymbol{n}$ 为壁表面的单位法矢量；$\dot{\omega}_j$ 为单位时间、单位体积中组元 j 的质量生成速率；$\dot{m}_{\mathrm{g}}$ 为从物体内部引射出的气体质量速率；$\dot{m}_{\mathrm{w}}$ 为物面总的质量烧蚀速率或者质量引射速率；$Y_{\mathrm{g},j}$ 为引射(或者塑料热解)气体中组元 j 的质量比数；$Y_{j,\mathrm{w}}$ 为物面处气体组元 j 的质量比数。令

$$\tilde{f}\equiv\frac{\dot{m}_{\mathrm{g}}}{\dot{m}_{\mathrm{w}}} \tag{9.4.32}$$

$$\boldsymbol{J}_j^*\equiv\boldsymbol{J}_{\mathrm{h},j}^*+\boldsymbol{J}_{\mathrm{g},j}^* \tag{9.4.33}$$

式中：$\boldsymbol{J}_{\mathrm{h},j}^*$ 为气相与固相反应、升华或者蒸发的组元 j 的质量流；$\boldsymbol{J}_{\mathrm{g},j}^*$ 为气相之间反应产生的质量流。借助于式(9.4.32)与式(9.4.33)，则式(9.4.30)便可写为

$$(\boldsymbol{n}\cdot\boldsymbol{J}_j)_{\mathrm{w}}+\dot{m}_{\mathrm{w}}(Y_{j,\mathrm{w}}-Y_{\mathrm{g},j}f)=[\boldsymbol{n}\cdot(\boldsymbol{J}_{\mathrm{h},j}^*+\boldsymbol{J}_{\mathrm{g},j}^*)]_{\mathrm{w}} \tag{9.4.34}$$

式(9.4.34)便为壁表面处组元 j 的质量相容条件的最一般形式，它适用于有化学反应以及质量引射时的物面边界条件的提法。

下面分三种情况进一步阐明式(9.4.34)的物理含义。

1) 非烧蚀时物面边界条件

这里将式(9.4.34)表示为

$$\dot{m}_{\mathrm{w}}(Y_{j,\mathrm{w}}-fY_{\mathrm{g},j})-(\boldsymbol{n}\cdot\rho D_j\nabla Y_j)_{\mathrm{w}}=[\boldsymbol{n}\cdot(\boldsymbol{J}_{\mathrm{h},j}^*+\boldsymbol{J}_{\mathrm{g},j}^*)]_{\mathrm{w}} \tag{9.4.35}$$

在物面不发生烧蚀或者无质量引射时，$\dot{m}_{\mathrm{w}}=0$；另外，物面不存在气相与固相化学反应时，$\boldsymbol{J}_{\mathrm{h},j}^{*}=0$；此外，$\boldsymbol{J}_{\mathrm{g},j}^{*}$ 项代表气相化学反应所产生的组元 j 的质量流矢；它与质量生成速率 $\dot{\omega}_j$ 有关。令考虑有 N_s 个组元和 N_r 个化学反应式组成的化学反应混合气体系统，其基元反应的一般表达式为

$$\sum_{i=1}^{N_j}(\alpha_{i,r}Z_i)\underset{\kappa_{\mathrm{b},r}}{\overset{\kappa_{\mathrm{f},r}}{\rightleftharpoons}}\sum_{i=1}^{N_j}(\beta_{i,r}Z_i) \tag{9.4.36}$$

式中：下标 r 为化学反应式的序号，这里 $r=1,2,\cdots,N_r$；符号 $\alpha_{i,r}$ 与 $\beta_{i,r}$ 分别代表第 r 个化学反应式的正向与逆向反应当量比系数；$\kappa_{\mathrm{f},r}$ 与 $\kappa_{\mathrm{b},r}$ 分别代表第 r 个反应式的正向与逆向反应速率系数；符号 Z_i 代表组元 i 的成分或催化体。因此，任一组元 i 的净生成率为

$$\frac{\mathrm{d}[Z_i]}{\mathrm{d}t}=\sum_{r=1}^{N_r}\frac{\mathrm{d}[Z_i]_r}{\mathrm{d}t}=\sum_{r=1}^{N_r}[(\beta_{i,r}-\alpha_{i,r})(R_{\mathrm{f},r}-R_{\mathrm{b},r})] \tag{9.4.37}$$

其中

$$R_{\mathrm{f},r}\equiv\kappa_{\mathrm{f},r}\prod_{j=1}^{N_j}(\gamma_j\rho)^{\alpha_{j,r}} \tag{9.4.38a}$$

$$R_{\mathrm{b},r}\equiv\kappa_{\mathrm{b},r}\prod_{j=1}^{N_j}(\gamma_j\rho)^{\beta_{j,r}} \tag{9.4.38b}$$

式中：$[Z_i]$代表 Z_i 的浓度（摩尔密度）；γ_j 为摩尔质量比，对于气体组元来讲，其定义为

$$\gamma_j=\frac{Y_j}{M_j}\quad(j=1,2,\cdots,N_s) \tag{9.4.39}$$

M_j 为组元 j 的分子量；对于催化体，则 γ_j 依赖于所考虑的化学反应式。显然，式(9.4.37)就是化学动力学中质量作用定理的最一般形式，借助于式(9.4.37)，则 $\dot{\omega}_i$ 可表示为

$$\dot{\omega}_i=\rho\frac{\mathrm{d}Y_i}{\mathrm{d}t}=M_i\frac{\mathrm{d}[Z_i]}{\mathrm{d}t}=M_i\sum_{r=1}^{N_r}[(\beta_{i,r}-\alpha_{i,r})(R_{\mathrm{f},r}-R_{\mathrm{b},r})] \tag{9.4.40}$$

其中

$$Y_i=\frac{M_i}{\rho}[Z_i] \tag{9.4.41}$$

令 κ_{c} 为

$$\kappa_{\mathrm{c}}\equiv\frac{\kappa_{\mathrm{f},r}}{\kappa_{\mathrm{b},r}} \tag{9.4.42}$$

于是式(9.4.40)可写为

$$\dot{\omega}_i=M_i\sum_{r=1}^{N_r}\left\{\kappa_{\mathrm{f},r}(\beta_{i,r}-\alpha_{i,r})\left[\prod_{j=1}^{N_j}\left(\frac{\rho}{M_j}Y_j\right)^{\alpha_{j,r}}-\frac{1}{\kappa_{\mathrm{c}}}\prod_{j=1}^{N_j}\left(\frac{\rho}{M_j}Y_j\right)^{\beta_{j,r}}\right]\right\} \tag{9.4.43}$$

对于非催化壁，因 $\kappa_{\mathrm{f},r}\to 0$，对组元 i 来讲，由式(9.4.35)与式(9.4.43)可以给出

$$(\boldsymbol{n}\cdot\nabla Y_i)_{\mathrm{w}}=0 \tag{9.4.44}$$

对于完全催化壁，因 $\kappa_{\mathrm{f},r}\to\infty$，方程(9.4.35)左端所表示的扩散质量流为有限值，于是由式(9.4.43)，此时应有

$$\prod_{j=1}^{N_j}\left(\frac{\rho}{M_j}Y_j\right)^{\alpha_{j,r}}-\frac{1}{\kappa_{\mathrm{c}}}\prod_{j=1}^{N_j}\left(\frac{\rho}{M_j}Y_j\right)^{\beta_{j,r}}=0 \tag{9.4.45}$$

或者

$$\kappa_{\mathrm{c}}=\frac{\prod_{j=1}^{N_j}\left(\frac{\rho}{M_j}Y_j\right)^{\beta_{j,r}}}{\prod_{j=1}^{N_j}\left(\frac{\rho}{M_j}Y_j\right)^{\alpha_{j,r}}} \tag{9.4.46}$$

2) 质量引射或发汗冷却时物面边界条件

当考虑物面有质量引射或者发汗冷却时，如果不考虑气体与多孔壁之间的复相化学反应，于是 $\boldsymbol{J}^*_{\mathrm{h},j}=0$，同时 $\dot{m}_{\mathrm{w}}=\dot{m}_{\mathrm{g}}$，方程(9.4.35)可变为

$$\dot{m}_{\mathrm{w}}(Y_{j,\mathrm{w}}-fY_{\mathrm{g},j})-(\boldsymbol{n}\cdot\rho D_j\nabla Y_j)_{\mathrm{w}}=\boldsymbol{n}\cdot(\boldsymbol{J}^*_{\mathrm{g},j})_{\mathrm{w}} \tag{9.4.47}$$

对于非催化壁，因 $\kappa_{\mathrm{f},r}\to 0$，$\boldsymbol{J}^*_{\mathrm{h},j}=0$，于是式(9.4.47)变为

$$(\boldsymbol{n}\cdot\rho D_j\nabla Y_j)_{\mathrm{w}}=\dot{m}_{\mathrm{w}}(Y_{j,\mathrm{w}}-fY_{\mathrm{g},j}) \tag{9.4.48}$$

对于完全催化壁，则与前面式(9.4.46)所讨论的相类似，这里就不再赘述。

3) 烧蚀物面的边界条件

首先要指出的是，在化学反应气体中，尽管每个组元的浓度在变化，但这个变化要受到化学反应的制约，关于这一点可以从组元连续方程中的化学生成项 $\dot{\omega}_i$ 看出。在不发生核反应的情况下，化学反应气体中各个化学元素的质量浓度是不会改变的。通常，在化学反应系统中，组元浓度 Y_j(更准确地讲应为 $Y_{j(i)}$)与元素浓度 $\widetilde{Y}_i$ 间的关系为

$$\widetilde{Y}_i=\sum_j\gamma_{i,j}Y_{j(i)}=\mathrm{const} \tag{9.4.49}$$

对式(9.4.49)取微分，便有

$$\mathrm{d}\widetilde{Y}_i=\sum_j(\gamma_{i,j}\mathrm{d}Y_{j(i)})=0 \tag{9.4.50}$$

同样，组元化学生成率 $\dot{\omega}_j$(更准确地讲应为 $\dot{\omega}_{j(i)}$)与元素生成率$\dot{\widetilde{\omega}}_i$ 之间的关系式为

$$\dot{\widetilde{\omega}}_i=\sum_j(\gamma_{i,j}\dot{\omega}_{j(i)})=0 \tag{9.4.51}$$

在式(9.4.49)～式(9.4.51)中 $\gamma_{i,j}$ 定义为

$$\gamma_{i,j}=\frac{\nu_i M_i}{\nu_j M_j} \tag{9.4.52}$$

式中：ν_i 与 ν_j 均为相应化学动力学中的计量系数；M_i 与 M_j 均为分子质量。显然，

元素质量比数 $\widetilde{Y}_i$ 满足如下扩散方程(这里忽略了热扩散项):

$$\boldsymbol{V}\cdot\nabla\widetilde{Y}_i=\nabla\cdot(\rho D_i\,\nabla\widetilde{Y}_i) \tag{9.4.53}$$

这是一个非常重要的关于 $\widetilde{Y}_i$ 的表达式。在壁表面处,除表面材料所含的化学元素外,无论化学反应是否发生,则任何化学元素垂直于表面方向上的净质量流必须等于零。如果假定气体为有效二元扩散的混合物,则由式(9.4.53),对空气中的元素在壁表面处便可推出如下关系式:

$$(\rho\boldsymbol{V}\cdot\boldsymbol{n}\widetilde{Y}_i)_{\mathrm{w}}-(\boldsymbol{n}\cdot\rho D_i\,\nabla\widetilde{Y}_i)_{\mathrm{w}}=0 \tag{9.4.54}$$

式中:$\boldsymbol{n}$ 为壁表面的单位法矢量。注意如果 i 取为表面材料时,则式(9.4.54)要修改为如下形式:

$$(\rho\boldsymbol{V}\cdot\boldsymbol{n})_{\mathrm{w}}=(\rho\boldsymbol{V}\cdot\boldsymbol{n}\widetilde{Y}_i)_{\mathrm{w}}-(\boldsymbol{n}\cdot\rho D_i\,\nabla\widetilde{Y}_i)_{\mathrm{w}} \tag{9.4.55}$$

方程(9.4.54)与(9.4.55)便为烧蚀物面处的质量相容条件。

9.4.4　高超声速飞行器壁表面温度的确定

高超声速飞行器壁表面的温度是不能由人为去给定的,而必须服从壁表面上的能量平衡关系,其表达式为

$$\tilde{q}_{\mathrm{b}}=-\tilde{q}_{\mathrm{w}}-(\boldsymbol{n}\cdot\rho\boldsymbol{V})_{\mathrm{w}}h_{\mathrm{w,g}}-(\boldsymbol{n}\cdot\rho\boldsymbol{V})_{\mathrm{w}}h_{\mathrm{w,E}} \tag{9.4.56}$$

如果再计入壁面处的辐射热时,则式(9.4.56)可变为

$$\tilde{q}_{\mathrm{b}}=-\tilde{q}_{\mathrm{w}}-(\rho\boldsymbol{n}\cdot\boldsymbol{V})_{\mathrm{w}}h_{\mathrm{w,g}}+(\rho\boldsymbol{n}\cdot\boldsymbol{V})_{\mathrm{w}}h_{\mathrm{w,E}}-\tilde{q}_{\mathrm{Rw}}+\alpha\tilde{q}_{\mathrm{R}} \tag{9.4.57a}$$

或者

$$\tilde{q}_{\mathrm{b}}=-\tilde{q}_{\mathrm{w}}-\dot{m}_{\mathrm{w}}h_{\mathrm{w,g}}+\dot{m}_{\mathrm{w}}h_{\mathrm{w,E}}+\alpha\tilde{q}_{\mathrm{R}}-\tilde{q}_{\mathrm{Rw}} \tag{9.4.57b}$$

方程(9.4.56)与(9.4.57)就是壁表面处所遵循的能量平衡关系式,由它可以去决定壁表面的温度 T_{w} 值。在式(9.4.57)中,$\tilde{q}_{\mathrm{b}}$ 代表传给固体内部的热通量;$\dot{m}_{\mathrm{w}}h_{\mathrm{w,g}}$ 代表引射质量从交界面带走的能流;$\dot{m}_{\mathrm{w}}h_{\mathrm{w,E}}$ 代表由于表面反应从固体进入交界面的能量;$-\tilde{q}_{\mathrm{w}}$ 代表从气体边界层传入交界面的热通量;$\alpha\tilde{q}_{\mathrm{R}}$ 代表高温气体辐射传递给壁表面的辐射热流;$\tilde{q}_{\mathrm{Rw}}$ 代表从壁表面向外辐射所损失的能量;$h_{\mathrm{w,g}}$ 与 $h_{\mathrm{w,E}}$ 分别为壁表面处气体的混合焓与固体焓;系数 α、ε 和 σ 分别为壁表面材料的吸收系数、辐射系数和 Stefan-Boltzmann 常数;$\tilde{q}_{\mathrm{Rw}}$ 以及 $\tilde{q}_{\mathrm{R}}$ 的表达式分别为

$$\tilde{q}_{\mathrm{Rw}}=\varepsilon\sigma T_{\mathrm{w}}^4 \tag{9.4.58}$$

$$\tilde{q}_{\mathrm{R}}=\boldsymbol{n}\cdot\boldsymbol{q}_{\mathrm{R}} \tag{9.4.59}$$

这里 $\boldsymbol{q}_{\mathrm{R}}$ 满足如下关系:

$$\nabla\cdot\boldsymbol{q}_{\mathrm{R}}=\iint\frac{\mathrm{d}\boldsymbol{I}(\upsilon,\boldsymbol{\Omega})}{\mathrm{d}S}\mathrm{d}\upsilon\mathrm{d}\boldsymbol{\Omega} \tag{9.4.60}$$

式中 $\boldsymbol{I}(\upsilon,\boldsymbol{\Omega})$、$\upsilon$ 与 $\boldsymbol{\Omega}$ 的含义同式(9.3.10)。这里特别要指出的是,$\tilde{q}_{\mathrm{b}}$ 值的计算要依赖于材料内部的传热过程,这里给出材料内部能量传递的瞬态热传导方程

$$\nabla\cdot(\lambda_{\mathrm{s}}\,\nabla T)=\tilde{\rho}_{\mathrm{s}}\widetilde{C}_{\mathrm{s}}\frac{\partial T}{\partial t} \tag{9.4.61}$$

为了讨论方便，将壁面假定为大厚度平板，这里仅考虑沿大厚度平板内部的传热，令 $\boldsymbol{n}$ 为平板的法线方向，于是热传导方程可简化为

$$\tilde{\rho}_s \widetilde{C}_s \frac{\partial T}{\partial t} = \frac{\partial}{\partial n}\left(\lambda_s \frac{\partial T}{\partial n}\right) \tag{9.4.62}$$

如果在壁面处取 y 轴垂直于平板，并且 y 的正方向指向板内部，于是上述热传导方程可写为

$$\tilde{\rho}_s \widetilde{C}_s \frac{\partial T}{\partial t} = \frac{\partial}{\partial y}\left(\lambda_s \frac{\partial T}{\partial y}\right) \tag{9.4.63}$$

这个方程的边界条件为

$$y = 0: \qquad T = T_w, \quad -\lambda_s \frac{\partial T}{\partial y} = \tilde{q}_b \tag{9.4.64a}$$

$$y = L: \qquad T = T_0, \quad -\lambda_s \frac{\partial T}{\partial y} = 0 \tag{9.4.64b}$$

在式(9.4.61)～式(9.4.64)中，λ_s、$\tilde{\rho}_s$ 和 $\widetilde{C}_s$ 分别为材料的热传导系数、密度和比热容；T 与 t 分别为材料的温度与时间；$\tilde{q}_b$ 的含义同式(9.4.57)；通常，对于材料表面非定常烧蚀过程的精确数值计算原则上可以从方程(9.4.63)出发，并注意与边界条件式(9.4.64)联立求解，便能够获得该方程的解。然而，现在的问题是想建立起 T_w 与 $\tilde{q}_b$ 间的直接关系式，对于研究固体表面的烧蚀问题来讲，这种关系的近似表达式可写为

$$\tilde{q}_b = \frac{\tilde{\rho}_s \widetilde{C}_s \dot{S}}{\widetilde{D}_s}(T_w - T_0) \tag{9.4.65}$$

式中：T_w 与 T_0 的含义同式(9.4.64)；$\widetilde{D}_s$ 为非定常烧蚀因子，$\dot{S}$ 为表面烧蚀速度。因此，将式(9.4.65)代入式(9.4.57)便得到关于壁表面温度 T_w 的关系式，由它去确定壁面温度。

在结束本章讨论之前，这里需要对高超声速飞行器壁表面的边界条件问题作一个小结：飞行器在进行高超声速飞行，尤其是再入飞行过程时，其流场计算十分困难、非常复杂，目前仍然是一个有待进一步深入研究的重要课题之一，而壁表面边界条件的提法便是这个问题中最为困难的一个部分。壁表面处既要满足质量相容条件[如式(9.4.54)与式(9.4.55)]，又要满足壁表面能量的平衡关系[如式(9.4.57)]，因此这两个条件都是十分重要的，而且是普通流体力学数值计算中所未遇到的新问题。另外，壁表面温度的确定直接涉及飞行器的热防护设计、涉及飞行器的热安全问题，因此它的准确确定更为重要[69]。此外，辐射加热在高超声速再入飞行中是不可忽视的，“Apollo 11 号”飞船再入地球大气层时，其辐射传热已占总加热率的 30%左右，“Pioneer 10 号”空间探测器进入木星大气层以及 Magellan 探测器进入金星大气层时，辐射热都占总加热率的 95%以上，因此为得到较准确的壁表面温度，则辐射输运方程(即式(9.3.10))必须与 Navier-Stokes 联立求

解。显然,将广义 Navier-Stokes 方程与热辐射输运方程联立,并且考虑飞行器壁表面质量相容条件与表面能量的平衡关系,于是这样所构成的高超声速飞行器气动热力学问题的求解便成为一个急待深入研究的课题,它尽管很难,但人类要探索浩瀚的宇宙,要飞往其他星球的大气层时需要求解这样的气动热力学方程组,因而需要更多人的关注与投入。

第 10 章　高超声速高温稀薄流的 Boltzmann 方程

遵照 Bogolyubov 提出的三个标度的思想，在非平衡态统计物理中存在三种不同层次的描述，即微观力学层次的描述、动理学(kinetics)层次的描述以及流体动力学层次的描述，它们相应的标度称为力学标度、动理学标度和流体力学标度。在力学标度上，分布函数随时间有急剧的变化，系统需要有多粒子的分布函数描述；在动理学标度上，系统的分布函数迅速开始"同步"化，这时多粒子函数可表示为单粒子分布函数的泛函，也就是说仅用单粒子分布函数就可以描述系统的行为；在流体力学标度上，则仅需用分布函数若干个矩就可以描述系统的行为变化(更准确地说，对于非平衡问题，这时要引入 Zubarev 所定义的系统非平衡统计算符，用它去取代分布函数)。上面所提到的 Bogolyubov 的三个标度是指时间标度(即在空间尺度上，粒子之间作用的力程对应于动力学标度，粒子的自由程对应于动理学标度，系统的特征尺度对应于流体力学标度。如果把三个尺度用各自相应的特征速度去除，就得到三个相应的时间标度)，在具体应用中到底选择哪一层次的描述，主要取决于所研究现象的类型，如研究非弹性中子散射或等离子体的散射时，要用微观层次的描述；要研究中子在介质中的迁移或光子与气体的散射，要用动理学层次的描述；研究一般流动问题，采用流体动力学层次描述就足够了。这里应该指出的是，上面所讲的非平衡统计物理中三种层次的描述，只涉及描述状态所用的函数和相应函数所应满足的方程：微观力学层次上采用描述系统空间中系综分布函数 $\rho(\Gamma_N, t)$，它满足 Liouville 方程；动理学层次上采用了描述粒子相空间中单粒子分布函数 $f(\boldsymbol{r}, \boldsymbol{v}, t)$，它满足输运方程；流体动力学层次上采用了描述流体密度、速度和热力学内能分布的函数，它们满足流体力学方程组。当然，要做到完整的数学描述，还必须为这些方程规定适当的定解条件。

本章主要针对高超声速再入飞行过程中所遇到的高温稀薄流问题，讨论这种流动在动理学层次上的描述，其中所遇到的输运方程就是 Boltzmann 方程。本章主要分 5 节：①单组分、单原子分子的 Boltzmann 方程以及 H 定理；②多组分、单原子分子的 Boltzmann 方程；③单组分、多原子分子、考虑内部量子数的 Boltzmann 方程；④多组分、多原子分子、考虑量子数与简并度的 Boltzmann 方程；⑤Boltzmann 方程的微观基础以及稠密气体理论的概述。显然，这些内容是弄清楚稀薄流的非平衡输运过程、弄清所遵循的输运行为与方程时必须要具备的重要基础理论。

高超声速飞行器再入大气层的过程中，通常会遇到四个流区(即自由分子流区、过渡区、滑流区和连续介质区)，这里流动区域的划分采用 Anderson 于 1984 年所提出的建议:判断这些不同区域的相似参数是 Knudsen 数，它是分子的平均自由程与飞行器的特征长度的比值。当 $Kn \geqslant 1.0$ 时为自由分子流区；当 $0.03 < Kn < 1.0$ 时为过渡区；当 $Kn = 0.03 \sim 0.2$ 变化时，可以使用 Navier-Stokes 方程计算但必须考虑滑移效应(其中包括速度滑移与温度跳跃)，这个区称为滑流区；当 $Kn \leqslant 0.03$ 时为连续介质区。另外，我们采用 Boltzmann 方程或者广义 Boltzmann 方程(generalized Boltzmann equation，GBE)的计算实践表明:用 GBE 求解自由分子流区与过渡区域的流动是可行的；对于 $Kn \leqslant 0.2$ 的流动区域，采用 Navier-Stokes 方程是方便的。这意味着高超声速飞行器再入飞行过程中所遇到的四个流区中的流场，原则上只要用 Boltzmann 方程与 Navier-Stokes 这两个方程便能完成上述流场的计算，而这两个方程又都属于 Liouville 方程在某些"辅助条件"下的特殊形式，因此将 Liouville 方程作为这四个流区流动所服从的统一方程有坚实的理论基础。

10.1　单组分、单原子分子的 Boltzmann 方程以及 H 定理

在经典力学的框架下，单组分、单原子分子的 Boltzmann 方程已由式(5.9.10)给出，这里为简洁起见，将 $\bar{f}$ 简写为 f，其表达式为

$$\left(\frac{\partial}{\partial t} + \boldsymbol{v} \cdot \nabla_{\mathrm{r}} + \boldsymbol{F} \cdot \nabla_{\mathrm{v}}\right) f = c(f, f_1) \tag{10.1.1a}$$

或者

$$\left(\frac{\partial}{\partial t} + \boldsymbol{v} \cdot \frac{\partial}{\partial \boldsymbol{r}} + \boldsymbol{F} \cdot \frac{\partial}{\partial \boldsymbol{v}}\right) f = c(f, f_1) \tag{10.1.1b}$$

在式(10.1.1a)中∇_{r}与∇_{v}分别表示关于 $\boldsymbol{r}$ 与 $\boldsymbol{v}$ 的梯度算子；另外在上述两式中，f 为分布函数，即 $f \equiv f(\boldsymbol{v}, \boldsymbol{r}, t)$；碰撞项 $c(f, f_1)$的表达式为

$$\begin{aligned} c(f, f_1) &= \iint |\boldsymbol{v} - \boldsymbol{v}_1| (f' f'_1 - f f_1) \mathrm{d}\sigma(\boldsymbol{v}, \boldsymbol{v}_1 \rightarrow \boldsymbol{v}', \boldsymbol{v}'_1) \mathrm{d}\boldsymbol{v}_1 \\ &= \iint g (f' f'_1 - f f_1) \mathrm{d}\sigma(\boldsymbol{v}, \boldsymbol{v}_1 \rightarrow \boldsymbol{v}', \boldsymbol{v}'_1) \mathrm{d}\boldsymbol{v}_1 \end{aligned} \tag{10.1.2}$$

式中:$\mathrm{d}\sigma(\boldsymbol{v}, \boldsymbol{v}_1 \rightarrow \boldsymbol{v}', \boldsymbol{v}'_1)$为微分散射截面，它表示速度为 $\boldsymbol{v}$ 与 $\boldsymbol{v}_1$ 的两个没有内部自由度的简单分子散射到速度为 $\boldsymbol{v}'$ 与 $\boldsymbol{v}'_1$的微分截面；式中符号 g 代表两个简单分子的相对速度的模，其表达式为

$$g = |\boldsymbol{v} - \boldsymbol{v}_1| \tag{10.1.3}$$

另外，在式(10.1.1)与式(10.1.2)中，f, f_1 与 f', f'_1的定义为

$$f = f(\boldsymbol{v}, \boldsymbol{r}, t), \quad f_1 = f(\boldsymbol{v}_1, \boldsymbol{r}, t) \tag{10.1.4a}$$

$$f' = f(\boldsymbol{v}', \boldsymbol{r}, t), \quad f'_1 = f(\boldsymbol{v}'_1, \boldsymbol{r}, t) \tag{10.1.4b}$$

令 θ 与 φ 分别表示天顶角与圆周角，并将微分散射截面 $\mathrm{d}\sigma(\boldsymbol{v}_i,\boldsymbol{v}_j\to\boldsymbol{v}_i',\boldsymbol{v}_j')$ 记为

$$\mathrm{d}\sigma(\boldsymbol{v}_i,\boldsymbol{v}_j\to\boldsymbol{v}_i',\boldsymbol{v}_j')=\tilde{\sigma}(g,\theta)\mathrm{d}\boldsymbol{\Omega} \tag{10.1.5a}$$

或者

$$\mathrm{d}\sigma(\boldsymbol{v}_i,\boldsymbol{v}_j\to\boldsymbol{v}_i',\boldsymbol{v}_j')=\tilde{\sigma}(\boldsymbol{K}_{ij}\to\boldsymbol{K}_{ij}';g)\mathrm{d}\boldsymbol{K}_{ij}' \tag{10.1.5b}$$

式中：$\boldsymbol{K}_{ij}$ 为碰撞前相对速度 $\boldsymbol{v}_i-\boldsymbol{v}_j$ 方向上的单位矢量；$\boldsymbol{K}_{ij}'$ 表示碰撞后相对速度 $\boldsymbol{v}_i'-\boldsymbol{v}_j'$ 方向上的单位矢量；$\tilde{\sigma}(\boldsymbol{K}_{ij}\to\boldsymbol{K}_{ij}';g)$ 也可称为将相对速度 $\boldsymbol{v}_i-\boldsymbol{v}_j$ 的方向从 $\boldsymbol{K}_{ij}$ 改变到 $\boldsymbol{K}_{ij}'$ 的“截面”。另外，在式(10.1.5a)中 $\mathrm{d}\Omega$ 定义为

$$\mathrm{d}\boldsymbol{\Omega}\equiv\sin\theta\mathrm{d}\theta\mathrm{d}\varphi \tag{10.1.6}$$

将式(10.1.5a)代入式(10.1.2)后，得

$$\begin{aligned}c(f,f_1)&=\iint g(f'f_1'-ff_1)\tilde{\sigma}(g,\theta)\mathrm{d}\boldsymbol{\Omega}\mathrm{d}\boldsymbol{v}_1\\&=\iiint g(f'f_1'-ff_1)\tilde{\sigma}(g,\theta)\sin\theta\mathrm{d}\theta\mathrm{d}\varphi\mathrm{d}\boldsymbol{v}_1\end{aligned} \tag{10.1.7}$$

如果引进碰撞参数 b，于是有

$$\tilde{\sigma}(g,\theta)\mathrm{d}\boldsymbol{\Omega}=b(\mathrm{d}b)(\mathrm{d}\varphi) \tag{10.1.8}$$

将式(10.1.8)代入式(10.1.8)后，得

$$c(f,f_1)=\iiint g(f'f_1'-ff_1)b\mathrm{d}b\mathrm{d}\varphi\mathrm{d}\boldsymbol{v}_1 \tag{10.1.9}$$

将式(10.1.9)代入式(10.1.1b)后，得

$$\left(\frac{\partial}{\partial t}+\boldsymbol{v}\cdot\frac{\partial}{\partial\boldsymbol{r}}+\boldsymbol{F}\cdot\frac{\partial}{\partial\boldsymbol{v}}\right)f=\iiint(f'f_1'-ff_1)gb\,\mathrm{d}b\mathrm{d}\varphi\mathrm{d}\boldsymbol{v}_1 \tag{10.1.10}$$

这就是单组分、单原子分子的 Boltzmann 方程常用形式之一。显然，它是非线性的微分积分型方程，方程的右端为 5 重积分。

10.1.1　Boltzmann 方程的守恒性质

对于在 $\boldsymbol{r}$ 处发生的碰撞 $\{\boldsymbol{v},\boldsymbol{v}_1\}\to\{\boldsymbol{v}',\boldsymbol{v}_1'\}$，如果有物理量 $\phi(\boldsymbol{r},\boldsymbol{v})$ 与 $\phi_1(\boldsymbol{r},\boldsymbol{v}_1)$ 满足

$$\phi+\phi_1=\phi'+\phi_1' \tag{10.1.11}$$

则称 ϕ 为碰撞守恒量。容易证明：对于碰撞守恒量存在如下关系：

$$\int\phi(\boldsymbol{r},\boldsymbol{v})c(f,f_1)\mathrm{d}\boldsymbol{v}=0 \tag{10.1.12}$$

式中：$c(f,f_1)$ 为 Boltzmann 方程的碰撞项[见式(10.1.7)]；引进 Boltzmann 微分算符 $\mathscr{D}$，其定义为

$$\mathscr{D}=\frac{\partial}{\partial t}+\boldsymbol{v}\cdot\nabla_r+\boldsymbol{F}\cdot\nabla\boldsymbol{v} \tag{10.1.13}$$

于是便有如下关系式：

$$\int\phi(\boldsymbol{r},\boldsymbol{v})\mathscr{D}f\,\mathrm{d}\boldsymbol{v}=0 \tag{10.1.14}$$

注意到

$$1, M\boldsymbol{v}, \frac{1}{2}M|\boldsymbol{v}-\boldsymbol{V}(\boldsymbol{r},t)|^2 \tag{10.1.15}$$

均为碰撞守恒量，这里 M 为分子质量，于是将式(10.1.15)中的三项分别去取代式(10.1.14)中的 $\phi(\boldsymbol{r},\boldsymbol{v})$ 之后，便可得到如下方程组：

$$\frac{\partial}{\partial t}\rho + \nabla\cdot(\rho\boldsymbol{V}) = 0 \tag{10.1.16a}$$

$$\frac{\partial}{\partial t}(\rho\boldsymbol{V}) + \frac{\partial}{\partial \boldsymbol{r}}\cdot[\rho\boldsymbol{V}\boldsymbol{V}+\boldsymbol{P}] = \rho\boldsymbol{F} \tag{10.1.16b}$$

$$\frac{\partial}{\partial t}\left(\rho e + \frac{1}{2}\rho\boldsymbol{V}\cdot\boldsymbol{V}\right) + \frac{\partial}{\partial \boldsymbol{r}}\cdot\left[\left(\rho e + \frac{1}{2}\rho\boldsymbol{V}\cdot\boldsymbol{V}\right)\boldsymbol{V} + \boldsymbol{P}\cdot\boldsymbol{V} + \boldsymbol{q}\right] = \rho\boldsymbol{F}\cdot\boldsymbol{V} \tag{10.1.16c}$$

式中：$\boldsymbol{P}$ 为二阶张量；e 为单位气体质量的内能；$\boldsymbol{q}$ 为热量流密度矢量，它们的表达式分别为

$$\boldsymbol{P} \equiv \rho\langle(\boldsymbol{v}-\boldsymbol{V})(\boldsymbol{v}-\boldsymbol{V})\rangle \tag{10.1.17a}$$

$$\boldsymbol{q} \equiv \frac{1}{2}\rho M\langle(\boldsymbol{v}-\boldsymbol{V})|\boldsymbol{v}-\boldsymbol{V}|^2\rangle \tag{10.1.17b}$$

$$\rho e + \frac{1}{2}\rho\boldsymbol{V}\cdot\boldsymbol{V} = \frac{1}{2}\langle nM|\boldsymbol{v}|^2\rangle \tag{10.1.17c}$$

式中 $\langle\cdot\rangle$ 为平均值，对于一个与 $\boldsymbol{v}$ 有关的任意量 A，则有

$$\langle A\rangle \equiv \frac{1}{n}\int Af\,\mathrm{d}\boldsymbol{v}, \quad n = \int f\,\mathrm{d}\boldsymbol{v} \tag{10.1.18}$$

式中：$f=f(\boldsymbol{v},\boldsymbol{r},t)$ 为 Boltzmann 方程(10.1.1)的任一解。另外，由能量方程(10.1.16c)还易推出它的另一种形式：

$$\frac{\partial}{\partial t}(\rho e) + \frac{\partial}{\partial \boldsymbol{r}}\cdot(\rho e\boldsymbol{V}+\boldsymbol{q}) + \boldsymbol{P}:\frac{\partial}{\partial \boldsymbol{r}}\boldsymbol{V} = 0 \tag{10.1.16d}$$

或者

$$\rho\frac{\mathrm{d}e}{\mathrm{d}t} = -(\nabla\cdot\boldsymbol{q} + \boldsymbol{P}:\nabla\boldsymbol{V}) \tag{10.1.16e}$$

显然，式(10.1.16)就是流体力学中理想流体的 Euler 方程式。

10.1.2 Boltzmann 的 H 定理

在动理学(又称动理论)中，Boltzmann 定义了一个函数 $H(t)$：

$$H(t) \equiv \iint f(\boldsymbol{v},\boldsymbol{r},t)\ln f(\boldsymbol{v},\boldsymbol{r},t)\,\mathrm{d}\boldsymbol{v}\mathrm{d}\boldsymbol{r} \tag{10.1.19}$$

其中 $f(\boldsymbol{v},\boldsymbol{r},t)$ 满足 Boltzmann 方程。先将式(10.1.19)两边对时间求导，得

$$\frac{\partial}{\partial t}H(t) = \iint \frac{\partial f}{\partial t}(\ln f + 1)\,\mathrm{d}\boldsymbol{v}\mathrm{d}\boldsymbol{r} \tag{10.1.20}$$

再将式(10.1.10)代入式(10.1.20)，容易推出

$$\frac{\partial}{\partial t}H(t) \leqslant 0 \tag{10.1.21}$$

显然，$H(t)$随时间单调下降的性质反映了自然界中普遍存在的不可逆特征。如果把非平衡系统中单位体积的熵 $S(t)$定义为

$$S(t) \equiv -k_B H(t) + 常数 \tag{10.1.22}$$

那么由式(10.1.21)便可得到热力学中的熵增加原理

$$\frac{\partial}{\partial t}S(t) \geqslant 0 \tag{10.1.23}$$

式中：k_B 为 Boltzmann 常数。

10.2　多组分、单原子分子的 Boltzmann 方程

在经典力学的框架下，多组分、单原子分子、无化学反应时的 Boltzmann 方程为

$$\frac{\partial}{\partial t}f_i + \boldsymbol{v}_i \cdot \frac{\partial}{\partial \boldsymbol{r}}f_i + \boldsymbol{F} \cdot \frac{\partial}{\partial \boldsymbol{v}_i}f_i = \sum_{j=1}^{m} c(f_i, f_j) \tag{10.2.1}$$

式中：f_i 为组分 i 的分布函数($i=1,2,\cdots,m$)；$c(f_i,f_j)$为组分 i 分子被组分 j 分子散射的碰撞积分，如果将组分 i 的分布函数记为

$$f_i \equiv f(i, \boldsymbol{v}_i, \boldsymbol{r}, t) \tag{10.2.2}$$

时，则参照式(10.1.7)与式(10.1.2)的推导思路，便有

$$c(f_i,f_j) = \iint g_{ij}\tilde{\sigma}(\boldsymbol{K}_{ij} \to \boldsymbol{K}'_{ij}; g_{ij})[f_i(i,\boldsymbol{v}'_i,\boldsymbol{r},t)f_j(j,\boldsymbol{v}'_j,\boldsymbol{r},t) - f_i(i,\boldsymbol{v}_i,\boldsymbol{r},t)f_j(j,\boldsymbol{v}_j,\boldsymbol{r},t)]\mathrm{d}\boldsymbol{K}'_{ij}\mathrm{d}\boldsymbol{v}_j \tag{10.2.3a}$$

或者

$$c(f_i,f_j) = \iint g_{ij}[f_i(i,\boldsymbol{v}'_i,\boldsymbol{r},t)f_j(j,\boldsymbol{v}'_j,\boldsymbol{r},t) - f_i(i,\boldsymbol{v}_i,\boldsymbol{r},t)f_j(j,\boldsymbol{v}_j,\boldsymbol{r},t)]\mathrm{d}\sigma_{ij}(\boldsymbol{v}_i,\boldsymbol{v}_j \to \boldsymbol{v}'_i,\boldsymbol{v}'_j)\mathrm{d}\boldsymbol{v}_j \tag{10.2.4a}$$

式中：$\mathrm{d}\sigma_{ij}(\boldsymbol{v}_i,\boldsymbol{v}_j \to \boldsymbol{v}'_i,\boldsymbol{v}'_j)$为微分散射截面；$g_{ij}$ 为相对速度的模，其定义式为

$$g_{ij} = |\boldsymbol{v}_i - \boldsymbol{v}_j| \tag{10.2.5}$$

在式(10.2.3a)中，矢量 $\boldsymbol{K}_{ij}$ 与 $\boldsymbol{K}'_{ij}$ 分别代表沿着碰撞前与碰撞后的相对速度方向的单位矢量，符号 $\tilde{\sigma}(\boldsymbol{K}_{ij} \to \boldsymbol{K}'_{ij}; g_{ij})$代表将相对速度 g_{ij} 的方向由 $\boldsymbol{K}_{ij}$ 改变到 $\boldsymbol{K}'_{ij}$ 的“截面”。如果将矢量 $\boldsymbol{K}_{ij}$ 与 $\boldsymbol{K}'_{ij}$ 间的夹角记作 $\tilde{\theta}_{ij}$，则 $\tilde{\sigma}(\boldsymbol{K}_{ij} \to \boldsymbol{K}'_{ij}; g_{ij})$便可以用 $\tilde{\sigma}(\tilde{\theta}_{ij}; g_{ij})$表示，这里 $\tilde{\theta}_{ij}$ 为散射角。为书写简洁起见，下面可以将式(10.2.3a)与式(10.2.4a)中 $f_i(i,\boldsymbol{v}'_i,\boldsymbol{r},t)$与 $f_j(j,\boldsymbol{v}_j,r,t)$分别简记作 $f_i(\boldsymbol{v}'_i)$与 $f_j(\boldsymbol{v}_j)$，于是这时式(10.2.3a)与式(10.2.4a)可写为

$$c(f_i, f_j) = \iint g_{ij}\tilde{\sigma}(\boldsymbol{K}_{ij} \to \boldsymbol{K}'_{ij}; g_{ij})[f_i(\boldsymbol{v}'_i)f_j(\boldsymbol{v}'_j) - f_i(\boldsymbol{v}_i)f_j(\boldsymbol{v}_j)]\mathrm{d}\boldsymbol{K}'_{ij}\mathrm{d}\boldsymbol{v}_j \tag{10.2.3b}$$

或者

$$c(f_i, f_j) = \iint g_{ij}[f_i(\boldsymbol{v}'_i)f_j(\boldsymbol{v}'_j) - f_i(\boldsymbol{v}_i)f_j(\boldsymbol{v}_j)]\mathrm{d}\sigma_{ij}(\boldsymbol{v}_i, \boldsymbol{v}_j \to \boldsymbol{v}'_i, \boldsymbol{v}'_j)\mathrm{d}\boldsymbol{v}_j \tag{10.2.4b}$$

10.3 单组分、多原子分子、考虑量子数的 Boltzmann 方程

单组分、多原子分子、考虑内部分子自由度的量子数以及简并度时，Boltzmann 方程的表达式是非常复杂的，尤其是非弹性碰撞项的计算，因此本节采用一种半经典的方法，即平动运动仍用经典力学描述，而转动与内部振动则用量子态描述。显然，这样的处理办法要比完全用量子理论的处理更简单。换句话讲，这种半经典的方法可以考虑非弹性碰撞的散射截面，可以考虑分子内部态的简并度。今考虑两股分子的流动，其粒子对的分子数密度分别为 $f_\alpha \mathrm{d}\boldsymbol{v}_\alpha$ 与 $f_\beta \mathrm{d}\boldsymbol{v}_\beta$，初始的相对速度为 $\boldsymbol{g}_{\alpha\beta}$，碰撞后的相对速度为 $\boldsymbol{g}'_{\gamma\delta}$，并且在 $\boldsymbol{g}_{\alpha\beta}$ 所占的空间角 $\sin\theta\mathrm{d}\theta\mathrm{d}\varphi$ 中进行，而粒子对的内能状态从初态的 α、β 变成末态的 γ、δ，因此，内能状态从 α、β 变成 γ、δ 的单位时间单位体积内的平均碰撞数为

$$f_\alpha f_\beta \tilde{\sigma}(\boldsymbol{g}_{\alpha\beta}; \boldsymbol{g}'_{\gamma\delta})\sin\theta\mathrm{d}\theta\mathrm{d}\varphi\mathrm{d}\boldsymbol{v}_\alpha\mathrm{d}\boldsymbol{v}_\beta \tag{10.3.1}$$

式中：$\tilde{\sigma}(\boldsymbol{g}_{\alpha\beta}; \boldsymbol{g}'_{\gamma\delta})$ 代表非弹性碰撞的散射截面，它可以由碰撞的量子力学理论来确定，更重要的是，在不考虑简并态的情况下，由微观可逆性原理的量子力学相似可推出

$$|\boldsymbol{g}_{\alpha\beta}|\,\tilde{\sigma}(\boldsymbol{g}_{\alpha\beta}; \boldsymbol{g}'_{\gamma\delta})\mathrm{d}\boldsymbol{v}_\alpha\mathrm{d}\boldsymbol{v}_\beta = |\boldsymbol{g}_{\gamma\delta}|\,\tilde{\sigma}(\boldsymbol{g}'_{\gamma\delta}; \boldsymbol{g}_{\alpha\beta})\mathrm{d}\boldsymbol{v}_\gamma\mathrm{d}\boldsymbol{v}_\delta \tag{10.3.2}$$

将 f_α、f_β、f_γ、f_δ、$\boldsymbol{g}_{\alpha\beta}$、$\boldsymbol{g}_{\gamma\delta}$ 分别定义为

$$f_\alpha \equiv f(\boldsymbol{v}_\alpha, \alpha, \boldsymbol{r}, t),\quad f_\beta \equiv f(\boldsymbol{v}_\beta, \beta, \boldsymbol{r}, t) \tag{10.3.3a}$$

$$f_\gamma \equiv f(\boldsymbol{v}_\gamma, \gamma, \boldsymbol{r}, t),\quad f_\delta \equiv f(\boldsymbol{v}_\delta, \delta, \boldsymbol{r}, t) \tag{10.3.3b}$$

$$\boldsymbol{g}_{\alpha\beta} = \boldsymbol{v}_\alpha - \boldsymbol{v}_\beta,\quad \boldsymbol{g}_{\gamma\delta} = \boldsymbol{v}_\gamma - \boldsymbol{v}_\delta \tag{10.3.3c}$$

式中：α 与 β 分别为粒子对初态内部分子自由度(转动、振动和电子态)的量子数；γ 与 δ 分别为粒子对末态内部分子自由度的量子数，在式(10.3.1)中角 θ 与角 φ 分别为天顶角与圆周角，它们与立体角 $\mathrm{d}\boldsymbol{\Omega}$ 有如下关系：

$$\int_0^{4\pi}\mathrm{d}\boldsymbol{\Omega} = \int_0^{2\pi}\int_0^{\pi}\sin\theta\mathrm{d}\theta\mathrm{d}\varphi,\quad \mathrm{d}\boldsymbol{\Omega} = \sin\theta\mathrm{d}\theta\mathrm{d}\varphi \tag{10.3.4}$$

借助于式(10.3.2)，则 Boltzmann 方程的碰撞项这时可以写为

$$c(f, f_1) \equiv \sum_\beta\sum_\gamma\sum_\delta\iiint_{\boldsymbol{v}_\beta\,\theta\,\varphi}(f_\gamma f_\delta - f_\alpha f_\beta)\,|\boldsymbol{g}_{\alpha\beta}|\,\tilde{\sigma}(\boldsymbol{g}_{\alpha\beta}; \boldsymbol{g}_{\gamma\delta})\sin\theta\mathrm{d}\theta\mathrm{d}\varphi\mathrm{d}\boldsymbol{v}_\beta \tag{10.3.5a}$$

或者

$$c(f,f_1)\equiv\sum_{\beta}\sum_{\gamma}\sum_{\delta}\iint_{v_\beta\boldsymbol{\Omega}}(f_\gamma f_\delta-f_\alpha f_\beta)\ |\boldsymbol{g}_{\alpha\beta}|\ \mathrm{d}\sigma(\boldsymbol{v}_\alpha,\boldsymbol{v}_\beta\rightarrow\boldsymbol{v}_\gamma,\boldsymbol{v}_\delta)\mathrm{d}\boldsymbol{v}_\beta \tag{10.3.5b}$$

或者

$$c(f,f_1)\equiv\sum_{\beta}\sum_{\gamma}\sum_{\delta}\iint_{v_\beta\boldsymbol{\Omega}}(f_\gamma f_\delta-f_\alpha f_\beta)\ |\boldsymbol{g}_{\alpha\beta}|\ \tilde{\sigma}(\boldsymbol{g}_{\alpha\beta};\boldsymbol{g}_{\gamma\delta})\ \mathrm{d}\boldsymbol{\Omega}\mathrm{d}\boldsymbol{v}_\beta \tag{10.3.5c}$$

借助于式(10.3.5)，则单组分、多原子分子、考虑分子内部量子数、不考虑简并度的 Boltzmann 方程为

$$\frac{\partial f_\alpha}{\partial t}+\boldsymbol{v}_\alpha\cdot\frac{\partial f_\alpha}{\partial \boldsymbol{r}}+\boldsymbol{F}_\alpha\cdot\frac{\partial f_\alpha}{\partial \boldsymbol{v}_\alpha}=\sum_{\beta}\sum_{\gamma}\sum_{\delta}\iint_{v_\beta\boldsymbol{\Omega}}(f_\gamma f_\delta-f_\alpha f_\beta)\ |\boldsymbol{g}_{\alpha\beta}|\ \tilde{\sigma}^{\gamma\delta}_{\alpha\beta}\ \mathrm{d}\boldsymbol{\Omega}\mathrm{d}\boldsymbol{v}_\beta \tag{10.3.6}$$

注意，这里等号左侧部分对 α 不求和。式中符号 $\sum\limits_{\beta}\sum\limits_{\gamma}\sum\limits_{\delta}$ 与 $\tilde{\sigma}^{\gamma\delta}_{\alpha\beta}$ 分别为

$$\sum_{\beta}\sum_{\gamma}\sum_{\delta}=\sum_{\beta,\gamma,\delta} \tag{10.3.7a}$$

$$\tilde{\sigma}^{\gamma\delta}_{\alpha\beta}=\tilde{\sigma}(\boldsymbol{g}_{\alpha\beta};\boldsymbol{g}_{\gamma\delta}) \tag{10.3.7b}$$

式(10.3.6)就是著名的 Wang Chang-Uhlenbeck 方程，该方程是王承书(1912～1994)、Uhlenbeck 以及 de Boer 教授他(她)们首先提出的[70]。对于单组分、多原子分子、考虑量子数以及简并度时，令 q_α、q_β、q_γ 与 q_δ 分别表示对应于 α、β、γ 与 δ 的简并度，引进跃迁概率 $P^{\gamma\delta}_{\alpha\beta}$ 的概念，其定义式为

$$P^{\gamma\delta}_{\alpha\beta}\equiv\frac{\tilde{\sigma}^{\gamma\delta}_{\alpha\beta}}{\tilde{\sigma}_{\alpha\beta}},\quad \tilde{\sigma}_{\alpha\beta}\equiv\sum_{\gamma}\sum_{\delta}\tilde{\sigma}^{\gamma\delta}_{\alpha\beta} \tag{10.3.8}$$

如果假设 $\tilde{\sigma}_{\alpha\beta}$ 独立于分子内部态，并且认为它等于弹性碰撞截面 $\tilde{\sigma}_0$，于是单组分、多原子分子、考虑分子内部量子数与简并度的 Boltzmann 方程可表示为

$$\frac{\partial f_\alpha}{\partial t}+\boldsymbol{v}_\alpha\cdot\frac{\partial f_\alpha}{\partial \boldsymbol{r}}+\boldsymbol{F}_\alpha\cdot\frac{\partial f_\alpha}{\partial \boldsymbol{v}_\alpha}=\tilde{\sigma}_0\sum_{\beta}\sum_{\gamma}\sum_{\delta}\iint_{v_\beta\boldsymbol{\Omega}}(q_\alpha q_\beta f_\gamma f_\delta-q_\gamma q_\delta f_\alpha f_\beta)\,|\boldsymbol{g}_{\alpha\beta}|\,P^{\gamma\delta}_{\alpha\beta}\ \mathrm{d}\boldsymbol{\Omega}\mathrm{d}\boldsymbol{v}_\beta \tag{10.3.9a}$$

或者

$$\frac{\partial f_\alpha}{\partial t}+\boldsymbol{v}_\alpha\cdot\frac{\partial f_\alpha}{\partial \boldsymbol{r}}+\boldsymbol{F}_\alpha\cdot\frac{\partial f_\alpha}{\partial \boldsymbol{v}_\alpha}=\sum_{\beta}\sum_{\gamma}\sum_{\delta}\iiint(f_\gamma f_\delta\omega^{\gamma\delta}_{\alpha\beta}-f_\alpha f_\beta)\,|\boldsymbol{g}_{\alpha\beta}|\,P^{\gamma\delta}_{\alpha\beta}\ b\,\mathrm{d}b\mathrm{d}\varphi\mathrm{d}\boldsymbol{v}_\beta \tag{10.3.9b}$$

其中

$$\omega^{\gamma\delta}_{\alpha\beta}=\frac{q_\gamma q_\delta}{q_\alpha q_\beta} \tag{10.3.10}$$

式中：b 为碰撞参数；$P_{\alpha\beta}^{\gamma\delta}$ 为跃迁概率，其定义式已由式(10.3.8)给出，如将 $P_{\alpha\beta}^{\gamma\delta}$ 含义写更详细些便为

$$P_{\alpha\beta}^{\gamma\delta} \equiv P_{\alpha\beta}^{\gamma\delta}(\boldsymbol{g}_{\alpha\beta};\boldsymbol{g}_{\gamma\delta}) \tag{10.3.11}$$

10.4 多组分、多原子分子、考虑量子数与简并度的 Boltzmann 方程

考虑多组分、多原子分子，考虑分子内部量子数以及简并度时的分布函数 $f_{i,\alpha}$ 为

$$f_{i,\alpha} \equiv f(i,\boldsymbol{v}_{i,\alpha},\alpha,\boldsymbol{r},t) \tag{10.4.1}$$

式中：i 与 α 分别为组元(或称组分)与分子内部态的量子数。令组分 i、内部态 α 的粒子与组分 j、内部态 β 的粒子构成所考虑碰撞的粒子对，碰撞后粒子对变成组分 i、内部态 γ 的粒子与组分 j、内部态 δ 的粒子，其过程的微分散射截面可记为

$$\mathrm{d}\sigma(\boldsymbol{v}_{i,\alpha},\boldsymbol{v}_{j,\beta} \rightarrow \boldsymbol{v}'_{i,\gamma},\boldsymbol{v}'_{j,\delta}) \tag{10.4.2}$$

相应的跃迁概率 $P_{i,\alpha\beta}^{j,\gamma\delta}$ 为

$$P_{i,\alpha\beta}^{j,\gamma\delta} \equiv P_{i,\alpha\beta}^{j,\gamma\delta}(\boldsymbol{g}_{\alpha\beta}^{ij};\boldsymbol{g}_{\gamma\delta}^{ij}) \tag{10.4.3}$$

其中

$$\boldsymbol{g}_{\alpha\beta}^{ij} = \boldsymbol{v}_{i,\alpha} - \boldsymbol{v}_{j,\beta},\quad \boldsymbol{g}_{\gamma\delta}^{ij} = \boldsymbol{v}_{i,\gamma} - \boldsymbol{v}_{j,\delta} \tag{10.4.4}$$

在下面省略 $\boldsymbol{g}_{\alpha\beta}^{ij}$ 与 $\boldsymbol{g}_{\gamma\delta}^{ij}$ 的上角标 ij 而记作 $\boldsymbol{g}_{\alpha\beta}$ 与 $\boldsymbol{g}_{\gamma\delta}$；当外力 F 忽略后，则多组分、多原子分子、考虑分子内部量子数以及简并度的 Boltzmann 方程为

$$\frac{\partial f_{i,\alpha}}{\partial t} + \boldsymbol{v}_{i,\alpha}\cdot\frac{\partial f_{i,\alpha}}{\partial \boldsymbol{r}} = \sum_j \sum_{\beta,\gamma,\delta} \iiint (f_{i,\gamma}f_{j,\delta}\omega_{\alpha\beta}^{\gamma\delta} - f_{i,\alpha}f_{j,\beta})\, P_{i,\alpha\beta}^{j,\gamma\delta}\,|\boldsymbol{g}_{\alpha\beta}|\,b\mathrm{d}b\mathrm{d}\varphi\mathrm{d}\boldsymbol{v}_{j,\beta} \tag{10.4.5}$$

引入粒子的动量 $\boldsymbol{p}_{i,\alpha}$ 与质量 M_i 之后，则式(10.4.5)又可变为

$$\frac{\partial f_{i,\alpha}}{\partial t} + \frac{\boldsymbol{p}_{i,\alpha}}{M_i}\cdot\frac{\partial f_{i,\alpha}}{\partial \boldsymbol{r}} = \sum_j \sum_{\beta,\gamma,\delta} \iiint (f_{i,\gamma}f_{j,\delta}\omega_{\alpha\beta}^{\gamma\delta} - f_{i,\alpha}f_{j,\beta})\, P_{i,\alpha\beta}^{j,\gamma\delta}\,|\boldsymbol{g}_{\alpha\beta}|\frac{b}{M_j}\,\mathrm{d}b\mathrm{d}\varphi\mathrm{d}\boldsymbol{p}_{j,\beta} \tag{10.4.6}$$

令

$$c(f_{i,\alpha},f_{j,\beta}) \equiv \iiint (f_{i,\gamma}f_{j,\delta}\omega_{\alpha\beta}^{\gamma\delta} - f_{i,\alpha}f_{j,\beta})\, P_{i,\alpha\beta}^{j,\gamma\delta}\,|\boldsymbol{g}_{\alpha\beta}|\,b\mathrm{d}b\mathrm{d}\varphi\mathrm{d}\boldsymbol{v}_{j,\beta} \tag{10.4.7a}$$

$$c_{i,\alpha}(f\,f) \equiv \sum_j \sum_{\beta,\gamma,\delta} c(f_{i,\alpha},f_{j,\beta}) \tag{10.4.7b}$$

$$\mathscr{D}f_{i,\alpha} \equiv \frac{\partial f_{i,\alpha}}{\partial t} + \boldsymbol{v}_{i,\alpha}\cdot\frac{\partial f_{i,\alpha}}{\partial \boldsymbol{r}} + \boldsymbol{F}_{i,\alpha}\cdot\frac{\partial f_{i,\alpha}}{\partial \boldsymbol{v}_{i,\alpha}} \tag{10.4.7c}$$

于是这时的 Boltzmann 方程(10.4.5)便可简记为

$$\mathscr{D}f_{i,\alpha} = c_{i,\alpha}(f,f) \tag{10.4.8}$$

显然,式(10.4.8)就是多组分、多原子分子、考虑分子内部量子数以及简并度时 Boltzmann 方程最一般的形式。另外,在本书 12.3 节的结尾中,我们还简单介绍了 AMME Lab 团队在求解式(10.4.8)方面的一些进展,这是一个亟待进一步发展与研究的新领域。

10.5　Boltzmann 方程的微观基础及稠密气体理论的概述

本节主要讨论 3 个小问题:①Boltzmann 方程的微观基础;②关联的动力学分量和非动力学分量的演化方程;③稠密气体理论的概述。以 Liouville 方程为出发点的 BBGKY 方程链的出现,促进了关联动力学的新发展,在关联动力学的框架下,详细讨论动力学演化方程显然已超出了本书的范围,因此这里仅对相关的内容略作概述。

10.5.1　Boltzmann 方程的微观基础

Liouville 方程是微观动理学方程,它具有时间反演不变性以及微观熵的守恒性,并且该方程所描述的过程属于 Markoff 类型。从 Liouville 方程和 s 粒子的约化分布函数 f_s 出发,导出约化分布函数所满足的动理学方程即 BBGKY 方程链。这个方程链与 Liouville 方程等价,而且也属于 Markoff 过程,但这个方程与 Liouville 方程还是有很大的差别。Liouville 方程是线性的封闭方程,具有时间反演对称性;BBGKY 方程链尽管也是线性方程,而且也具有时间反演对称性,但它是不封闭的,也就是说,由于相互作用使 s 粒子的约化分布函数 f_s 的演化方程出现了 f_{s+1}项。因此,除非用某种技术把方程链切断,否则从这个方程链同样无法得到关于 f_s 的明确结果。Boltzmann 方程实质上是对稀薄气体的宏观描述;分布函数 $f(\boldsymbol{v},r,t)$是一个宏观量,是关于 $\boldsymbol{r}$ 以及 $\boldsymbol{v}$ 的连续平滑函数,它并不包括微观的细致结构。$\mathrm{d}\boldsymbol{r}$ 与 $\mathrm{d}\boldsymbol{v}$ 都应该取成微观大而宏观小的区域,这里所谓微观大而宏观小是指其中必须包含足够多的粒子:

$$f\mathrm{d}\boldsymbol{r}\mathrm{d}\boldsymbol{v} \gg 1 \tag{10.5.1}$$

通常描述气体微观状态的方法是在 $6N$ 维相空间($\{\boldsymbol{r}_i,\boldsymbol{v}_i\}_{i=1,2,\cdots,N}$,这里 N 是总粒子数)中引入分布函数 $f_N(\boldsymbol{r}_1,\cdots,\boldsymbol{r}_N;\boldsymbol{v}_1,\cdots,\boldsymbol{v}_N,t)$,由此可定义单粒子分布函数:

$$f_1(\boldsymbol{r},\boldsymbol{v},t) = \iint \delta(\boldsymbol{r}-\boldsymbol{r}_1)\delta(\boldsymbol{v}-\boldsymbol{v}_1)f_N(\boldsymbol{r}^N,\boldsymbol{v}^N,t)\mathrm{d}\boldsymbol{r}^N\mathrm{d}\boldsymbol{v}^N \tag{10.5.2}$$

这样得到的单粒子分布函数 f_1 便包含粒子运动的所有微观过程。在 t、$\boldsymbol{r}$ 及 $\boldsymbol{v}$ 变化了一个微观尺度后,f_1 便可能有很大的变化。因此,Boltzmann 方程中的 f 绝对不是 BBGKY 方程链中的 f_1(这里 f_1 已由式(10.5.2)定义),而是其在宏观尺度内平滑后的结果。另外,Boltzmann 方程所描述的现象,实质上是体系微观运动的平均行为，是在一个宏观小但微观充分长的时间间隔 Δt 上平滑化的结果。Boltzmann 方程中的 $\mathrm{d}t$ 就是这样一个“宏观小量”Δt，它至少要远大于碰撞持续时间 τ_0，这里绝不能把它理解成多体运动方程中的 $\mathrm{d}t$（这里代表微观时间尺度）。用输运方程描述的线性碰撞过程和用 Boltzmann 方程描述的非线性碰撞过程在性质上是很不相同的。当散射中心不固定时，气体粒子被介质粒子散射，动量不守恒；但如果散射中心是固定的，则散射前后粒子能量相同；因此如果初始时刻粒子按能量的分布偏离 Maxwell 分布，则以后也不会变成 Maxwell 分布。而 Boltzmann 方程描述的两体散射，虽然散射过程总能量不变，但能量可以在两个粒子之间重新分配，因而总是趋于 Maxwell 分布。此外，Boltzmann 方程的 H 定理正是该方程不满足时间反演不变性的结果，从严格意义上讲，H 定理只有宏观意义。如果一定要引入微观 H 函数（这里最好用 $\widetilde{H}$ 代表，也可以写为 H_{mic}），可定义为

$$\widetilde{H}=\int f_N(\boldsymbol{r}^N,\boldsymbol{v}^N,t)\ln f_N(\boldsymbol{r}^N,\boldsymbol{v}^N,t)\mathrm{d}\boldsymbol{v}^N \tag{10.5.3}$$

式中：f_N 表示在 $6N$ 维相空间中 N 粒子分布函数，由 Liouville 定理可得

$$\frac{\mathrm{d}}{\mathrm{d}t}H_{\mathrm{mic}}=0 \tag{10.5.4}$$

式(10.5.4)中的 $\mathrm{d}t$ 已经是微观时间间隔了。至此不妨归纳一下 Boltzmann 方程成立的条件，主要有两条：

(1) 假设完成一次散射过程所需要的时间（即碰撞持续时间）$\tau_0\approx l_0/\bar{v}_T$（这里 l_0 为力程，$\bar{v}_T$ 为平均热速度），两次散射时间的时间间隔为 τ_{coll}（差不多是达到宏观局部平衡所需要的弛豫时间），则 Boltzmann 方程成立的必要条件为

$$\tau_{\mathrm{coll}}\gg\tau_0 \tag{10.5.5a}$$

即要求粒子绝大部分时间内是在自由运动，散射是瞬时完成的。

(2) 考虑量子效应后，如果要求定义分布函数时，则粒子的能级宽度应该远远小于能量分布宽度，即要求

$$\frac{\hbar}{\tau_{\mathrm{coll}}}\ll k_{\mathrm{B}}T \tag{10.5.5b}$$

式中：$\hbar$ 为 Planck 常量；k_{B} 为 Boltzmann 常量；T 为热力学温度。对于 Fermi 分布，此条件可放宽为

$$\frac{\hbar}{\tau_{\mathrm{coll}}}\ll E_{\mathrm{F}} \tag{10.5.5c}$$

式中：E_{F} 为 Fermi 能量。

趋向平衡是宏观世界的基本规律，趋向平衡实际上就是热力学第二定律。体系的力学运动由 Liouville 方程描述，它满足时间反演不变性，它使微观熵 S_{mic} 守恒。力学规律满足时间反演不变，对任意一个解或者过程，都存在一个与之相对应的时间反演解或过程；两个过程行进方向相反，但遵守同一规律。两种过程不一定

能在同一条件下存在，或者整个过程并不一定能自动逆转，但至少在原则上讲，两者是可以通过适当选择边界条件与初始条件使之分别实现的。从另一种角度讲，定态解(能量是实数)本身是满足时间反演不变的；对非定态解，时间反演变换有可能从一个解出发转变为另一个解，这样的两个解合起来满足时间反演不变，形成时间反演群的二维表示。在任一给定的条件下，只能存在一个解(或过程)，如果不改变这一条件，此过程就继续延续下去。因而从此过程本身来看，似乎破坏了时间反演不变，但这种“破坏”不是本来意义下的破坏，也就是说不是运动规律破坏了时间反演不变。时间反演不变或过程可逆，意味着对任一过程都存在一个与之遵守同一规律的时间反演过程；在实验上有可能从一个过程转变到另一个过程，或者至少两者都能实现。所谓宏观不可逆性，其要点在于这时基本运动规律(指宏观量的)本身就破坏了时间反演不变，因此封闭体系中的过程总是熵增加的。von Hove 分析了多体系统的长时间渐进行为，他在对体系的相互作用性质及初始条件作了一些假设并取热力学极限之后，得到密度矩阵所满足的 Master 方程，并证明了体系是趋向平衡的。这里必须指出的是，Boltzmann 方程破坏了时间反演不变性，当然不能简单地由 Liouville 方程(它因为具有时间反演的不变性)推出，而应该弄清楚在什么地方，引进了什么样的统计假设之后才能从 Liouville 方程得到 Boltzmann 方程，显然 Bogolyubov 关于时间尺度的思想可以回答上述问题的疑难。Bogolyubov 强调指出：存在两个相差很大的时间尺度(即宏观时间尺度与微观时间尺度)，宏观量相对于微观时间尺度来讲是慢变的，这两个时间尺度之比可以作为展开的小参数，于是借助于如下两个假设便从 BBGKY 方程链得到 Boltzmann 方程，这两个假设是：

(1) 碰撞过程的持续时间 τ_0 远小于两次碰撞之间的间隔时间 τ_{coll}，即要求所研究气体是稀薄的且具有短程相互作用。

(2) 在经过初始很短的一段时间后，双粒子分布函数 $f(x_1, x_2, t)$便可以看成是单粒子分布函数 $f_1(x, t)$的泛函。

于是引进经典 Liouville 算子 L 和约化分布函数 f_s，由 Liouville 方程可得到 BBGKY 方程链：

$$\frac{\partial}{\partial t} f_s(x^s, t) = -i\left[L_s f_s(x^s, t) + n\int L_{s,s+1} f_{s+1}(x^{s+1}, t)\,\mathrm{d}x_{s+1}\right] \tag{10.5.6}$$

式中：n 为粒子数密度。算子 L_s、$L_{s,s+1}$ 与 Liouville 算子有关，其关系式为

$$L = L_s + L_{N-s} + L_{s,N-s} \tag{10.5.7a}$$

式中：L_s 为由标号为 $1, 2, \cdots, s$ 的粒子所构成的子系上的 Liouville 算子；L_{N-s}为只作用到由 $s+1, s+2, \cdots, N$ 这些粒子构成的子系上的算子；$L_{s,N-s}$为跨 s 个粒子及其他 $N-s$ 个粒子间相互作用的算子。当然，BBGKY 方程链与 Liouville 方程是等价的。前面所假定的短程力相互作用以及气体稀薄性的假设给理论描述带来哪

些便利呢？这样的假设可以忽略三体的碰撞：短程力表示两个粒子从走向相碰到离开相碰的时间间隔很短，如分子的平均速度 $\bar{v}=10^5\,\text{cm/s}$，分子之间的平均间距为 $10^{-6}\sim10^{-5}\,\text{cm}$，则分子经受两次碰撞之间的自由运动时间为 $10^{-11}\sim10^{-10}\,\text{s}$，而改变速度方向的碰撞只是占用 $\tau_0\approx\dfrac{r_0}{\bar{v}}=10^{-13}\sim10^{-12}\,\text{s}$，因此碰撞持续时间只占自由运动时间的 $10^{-2}\sim10^{-3}$，即分子有 99%以上的时间是自由运动的，这说明两个分子以上共同相碰在一起的概率不大于 10^{-3}，所以忽略三体相遇的可能性是合理的，因此 BBGKY 方程链中 f_3 以上的约化分布函数都不出现即 $f_3\equiv0$（当 $S>3$ 时）。另外，由于相互作用势为短程势，令相互作用势为 U，于是当 $r>r_0$ 时，则 $U(r)\equiv0$，并且有

$$f_2(x_1,x_2)=f_1(x_1)f_1(x_2) \tag{10.5.7b}$$

此时粒子间没关联。因此只要讨论 BBGKY 方程链在 $r\ll r_0$ 内的解即可。令 r_0 为作用力程，τ_r 为弛豫时间（对于稀薄气体，τ_r 在 $10^{-9}\sim10^{-8}\,\text{s}$），$\tau_0$ 为碰撞持续时间（相互作用的持续时间在 $10^{-13}\sim10^{-12}\,\text{s}$），令 Δt 为时间间隔，于是有

$$\tau_0\ll\tau_{\mathrm{r}} \tag{10.5.8a}$$

$$\tau_0<\Delta t<\tau_{\mathrm{r}} \tag{10.5.8b}$$

因此，r_0 越小，τ_0 越小，Boltzmann 方程的这种平滑化近似就越有效。那么，为什么 BBGKY 方程链作了忽略三体关联和粗粒描述之后，就使原来具有时间反演对称性的可逆行为变成不可逆呢？方程链也由非封闭变成封闭的非线性动力学方程呢？其重要原因是，这里是用碰撞过程的动力学细节信息的失去换取了上述结果，而且所付出的代价是使方程变成非线性。宏观的矩方程链与 BBGKY 方程链有两点根本的差别：①矩方程是由同一个微观动力学函数经某些算子的多次作用得到的，而 BBGKY 方程链则是由 Liouville 方程得来的；②矩方程链属于宏观物理学的范畴，它与动理学理论无直接关系，因此可以借助于流体力学的方法，通过唯象假设近似来切断，而 BBGKY 方程链，则需要依靠于某些特殊的相互作用机制来切断。碰撞是创造熵的唯一根源，而流动项以及平均场的联合作用并不创造熵，因此碰撞以及流动与平均场对分布函数的演化具有本质上不同的作用。相互作用的存在只是产生不可逆性的必要条件，但不是充分条件。碰撞在耗散型的不可逆过程中起重要作用，碰撞过程使粒子在空间上趋向均匀分布，速度按 Maxwell 分布，过程的长短由弛豫时间来描述，过程中伴随着熵的产生。系统空间的不均匀程度可用一个特征长度 L_{m} 表描述，相应的特征时间用 τ_{m}，其表达式为

$$\tau_{\mathrm{m}}=\frac{L_{\mathrm{m}}}{\bar{v}} \tag{10.5.9}$$

式中：$\bar{v}$ 为气体分子的平均热速度。Boltzmann 方程成立的条件之一就是

$$\tau_{\mathrm{m}}\gg\tau_0 \tag{10.5.10}$$

式中：τ_0 为碰撞持续时间。至此，可以有三个空间尺度，即 L_0、L_r 与 L_m，它们之间的不等式关系为

$$L_0 \ll L_r \ll L_m \tag{10.5.11}$$

其中 L_0 正比于相互作用力程 r_0；L_r 则正比于分子的平均自由程；L_m 表示空间的不均匀线度。相应地时间尺度也有以下不等式关系，即

$$\tau_0 \ll \tau_r \ll \tau_m \tag{10.5.12}$$

例如在常温常压条件下，对于氢气则有

$$\begin{cases} L_m \sim 1\text{cm}, & \tau_m \sim 5\times 10^{-6}\text{s} \\ L_r \sim 10^{-5}\text{cm}, & \tau_r \sim 5\times 10^{-11}\text{s} \\ L_0 \sim 10^{-8}\text{cm}, & \tau_0 \sim 5\times 10^{-14}\text{s} \end{cases} \tag{10.5.13}$$

为了对 Bogolyubov 的三个时间标度思想有更多的了解，这里考虑一个由稀薄气体构成的系统（如氦气）。设在 $t=0$ 时刻给系统加上一个外界扰动，则系统马上会对这个扰动产生响应，并趋向于这个外加约束相容的宏观状态。这个响应过程的初始阶段称为瞬变阶段或力学阶段，其时标为碰撞持续时间 $\tau_0=\dfrac{r_0}{\bar{v}}$，这里 r_0 为原子之间两体作用的力程，$\bar{v}$ 为原子的平均热速度，对于标准状态下的 He，这时 $\tau_0\approx 2.5\times 10^{-13}s$。对系统力学阶段的描述，在本书第一篇物理力学基础中已有扼要的说明，在这个阶段由初始任意分布 ρ_N 决定的 s 粒子分布函数 $f_s(\xi_1,\xi_2,\cdots,\xi_s,t)(s\geqslant 2)$ 在 τ_0 标度内迅速变化，只有 $f_1(\xi,t)$ 在缓慢变化。当气体分子平均发生一到二次碰撞时，响应进入第二阶段，即动理学阶段。这个阶段的时标为两次碰撞之间自由飞行的时间 $\tau_{\text{coll}}\approx 10^{-10}\,\text{s}$，Bogolyubov 认为在动理学阶段可以将多体分布函数表示为单粒子分布函数的泛函，在 τ_0 量级的时间之后，气体的发展行为由 f_1 决定，它的变化的时标为 τ_{coll}。对于任意初始分布，f_s 只通过 f_1 依赖于时间，因此可得到闭合形式的 f_1 的动理学方程

$$\frac{\partial}{\partial t} f_1 = A(\xi, f_1) \tag{10.5.14}$$

这时初始包含在 $\rho_N(q,p,0)$ 中的大部分信息在 τ_0 时间后都消失了。对一全同粒子系统，如果系统的 Hamilton 函数为

$$H_N = \sum_{i=1}^{N}\left(\frac{P_i^2}{2m}+V(\boldsymbol{r}_i)\right)+\sum_{1\leqslant i\leqslant j\leqslant N} V_{ij} \tag{10.5.15}$$

式中：$V(\boldsymbol{r}_i)$ 为外势；$V_{ij}=V(\boldsymbol{r}_i,\boldsymbol{r}_j)$ 为两个粒子相互作用势。引入 BBGKY 方程链

$$\frac{\partial}{\partial t} f_s = [H_s, f_s] + \frac{N-s}{\tilde{v}}\int \sum_{i=1}^{s} (\nabla_{\boldsymbol{r}_i} V_{i,s+1})\cdot(\nabla_{\boldsymbol{p}_i} f_{s+1})\,\mathrm{d}^6\xi_{s+1} \tag{10.5.16}$$

式中：$\tilde{v}$ 为系统的体积；$\xi_{s+1}\equiv(\boldsymbol{r}_{s+1},\boldsymbol{p}_{s+1})$；$[\,*\,,\,*\,]$为 Poisson 括号；$f_s$ 为约化的 s 粒子分布函数，$f_s\equiv f_s(\xi_1,\xi_2,\cdots,\xi_s,t)$。对一全同粒子系统，对任意选择的 s 个粒子，f_s 是 ξ_i 的对称函数。显然，式(10.5.16)给出 f_s 与 f_{s+1} 的关系。这里应强调

的是：导出式(10.5.16)时没作任何近似，故它与 Liouville 方程等价。对于低密度气体，考虑到 $N\to\infty$，$\tilde{v}\to\infty$但 $c=\dfrac{N}{\tilde{v}}=\text{const}$ 的情况，于是式(10.5.16)可变为

$$\frac{\partial}{\partial t}f_s=[H_s,f_s]+c\int\sum_{i=1}^{s}(\nabla_{\boldsymbol{r}_i}V_{i,s+1})\cdot(\nabla_{p_i}f_{s+1})\mathrm{d}^6\xi_{s+1}\qquad(10.5.17)$$

假设式(10.5.14)可展开为

$$\frac{\partial}{\partial t}f_1=A_0(\xi_1,f_1)+cA_1(\xi_1,f_1)+c^2A_2(\xi_1,f_1)+\cdots\qquad(10.5.18)$$

现考虑低密度气体，由式(10.5.17)，于是便得到式(10.5.18)中的 $A_0,A_1,\cdots$为

$$A_0(\xi_1,f_1)=[H_1,f_1]\qquad(10.5.19\text{a})$$

$$A_1(\xi_1,f_1)=\int[V_{12},f_2^0(\xi_1,\xi_2,f_1)]\mathrm{d}^6\xi_2\qquad(10.5.19\text{b})$$

$$A_r(\xi_1,f_1)=\int[V_{12},f_2^{(r-1)}(\xi_1,\xi_2,f_1)]\mathrm{d}^6\xi_2\qquad(10.5.19\text{c})$$

为了求得 f_2 的高阶修正 $f_2^{(r)}$，需要有高阶的分布函数 f_{r+2}；对式(10.5.17)，如果只取到 c 的一次项，则经整理便可得到

$$\begin{aligned}\frac{\partial}{\partial t}f_1(\boldsymbol{r},\boldsymbol{p},t)=&[H_1,f_1]\\&+c\int\frac{1}{m}|\boldsymbol{p}-\boldsymbol{p}_1|\sigma(|\boldsymbol{p}-\boldsymbol{p}_1|,\theta)(f_1(\boldsymbol{r},\boldsymbol{p}',t)f_1(\boldsymbol{r},\boldsymbol{p}_1',t)\\&-f_1(\boldsymbol{r},\boldsymbol{p}_1,t)f_1(\boldsymbol{r},\boldsymbol{p}_1,t))\mathrm{d}^3\boldsymbol{p}_1\mathrm{d}\Omega\end{aligned}\qquad(10.5.20)$$

式中：σ 为微分截面；θ 为散射角；取粒子对初态动量为$(\boldsymbol{p},\boldsymbol{p}_1)$，末态动量为$(\boldsymbol{p}',\boldsymbol{p}_1')$；式(10.5.20)变成 Boltzmann 方程形式时，它又可写为

$$\begin{aligned}&\frac{\partial}{\partial t}f_1+\frac{p}{m}\cdot\nabla_{\mathrm{r}}f_1-(\nabla_{\mathrm{r}}V^*)\cdot\nabla_{\mathrm{p}}f_1=c\int\frac{1}{m}|\boldsymbol{p}-\boldsymbol{p}_1|\\&\sigma(|\boldsymbol{p}-\boldsymbol{p}_1|,\theta)(f_1(\boldsymbol{r},\boldsymbol{p}',t)f_1(\boldsymbol{r},\boldsymbol{p}_1',t)-f_1(\boldsymbol{r},\boldsymbol{p},t)f_1(\boldsymbol{r},\boldsymbol{p}_1,t))\mathrm{d}^3p_1\mathrm{d}\Omega\end{aligned}\qquad(10.5.21)$$

式中：V^* 为作用势。显然，在导出上述形式的 Boltzmann 方程时，所作的近似与假设为以下两点：①这里仅考虑 c 的一次项，这相当于忽略了三体以及三体以上的碰撞，因此 Boltzmann 方程仅适用于具有短程相互作用的稀薄气体；②将 f_2 表示成 f_1 时作了相当于分子混沌的假设，这表现在关系 $f_2=f_1f_1$ 以及对空间在 r_0 标度上的粗粒化与对时间在 τ_0 标度上的粗粒化，因此后一次碰撞与前一次碰撞是完全无关的。总之，Boltzmann 方程只对动理学阶段给出粗粒化-光滑化的描述。这里需指出的是，在导出 Boltzmann 方程时所作的那些近似与假设，事实上在那里已引入了时间的方向性。在那里只考虑二体碰撞，且假设二粒子碰撞前的分布函数是没有联系的，而碰撞后分布函数的变化取决于碰撞过程，这就引入了时间箭头，而且著名的 H 定理也表明 Boltzmann 方程的这一性质。宇宙是演化的、带有时间箭

头，不可逆性是宏观系统的基本性质。但事实上，系统的不可逆性起源于系统本身，在于它的不可积性。系统趋向局部平衡的时间为 τ_{coll} 量级，它是一个很短的时间，但趋向系统的整体平衡则需要长时间才可达到，而且趋向整体平衡的过程与边界条件或者环境有密切的关系。总之，弄清楚 Boltzmann 方程的微观基础是十分重要的，一方面有助于正确的使用这个方程去解决实际问题，另一方面更重要的是有助于改进与完善这个方程的功能。最后，当 $t \gg \tau_{coll}$ 时，每个粒子都已经过了多次碰撞，它们之间已建立起了新的局部平衡，这最后阶段称为流体力学阶段，对这个阶段可采用流体力学描述。在流体力学阶段，系统存在宏观上的空间不均匀性，这时相应的时间标度 τ_m 要比建立局部 Gibbs 分布的时间 τ_r 大得多，即 $\tau_m \gg \tau_r$，这个性质便使流体力学阶段的描述大大简化。

10.5.2　关联的动力学分量和非动力学分量的演化过程

Prigogine 首先提出了关联动力学的概念，使用关联动力学理论框架，由可逆的 Liouville 方程出发，引入分布矢量 $\boldsymbol{f}(t)$，将其分解为一个动力学分量 $\overline{\boldsymbol{f}}(t)$ 和一个非动力学分量 $\hat{\boldsymbol{f}}(t)$，即

$$\boldsymbol{f}(t) = \overline{\boldsymbol{f}}(t) + \hat{\boldsymbol{f}}(t) \tag{10.5.22}$$

引进投影算子 V 与 C，它们满足下述条件：

$$V + C = I \tag{10.5.23a}$$

$$V^2 = V,\quad C^2 = C,\quad VC = 0,\quad CV = 0 \tag{10.5.23b}$$

式中：I 为恒等算子。

另外引入两个投影算子Π与$\hat{\Pi}$，它们具有如下特性：$\bar{u}(t)$为传播算子，它们具有如下特性：

$$\Pi + \hat{\Pi} = I \tag{10.5.24a}$$

$$\Pi^2 = \Pi,\quad \hat{\Pi}^2 = \hat{\Pi},\quad \Pi\hat{\Pi} = 0,\quad \hat{\Pi}\Pi = 0 \tag{10.5.24b}$$

$$\Pi\,\bar{u}(t) = \bar{u}(t)\Pi \tag{10.5.24c}$$

在无相互作用时

$$\Pi \to V,\quad \hat{\Pi} \to C \tag{10.5.24d}$$

$\Pi\,\boldsymbol{f}(t)$与$\hat{\Pi}\,\boldsymbol{f}(t)$的演化方程互补且彼此之间没有交叠。

令 L^0、L^F 与 L'分别代表广义自由 Liouville 算子、外场作用的 Liouville 算子与相互作用的 Liouville 算子，于是广义的 Liouville 算子 L 为

$$L = L^0 + L^F + L' \tag{10.5.25}$$

这时约化分布矢量 $\boldsymbol{f}$ 的运动方程便为

$$\frac{\partial}{\partial t}\boldsymbol{f}(t) = L\boldsymbol{f}(t) \tag{10.5.26}$$

1961 年 Prigogine 和 Resibois 推导出了关于 $V\boldsymbol{f}(t)$的主方程，即

$$\frac{\partial}{\partial t}V\boldsymbol{f}(t)=L^0V\boldsymbol{f}(t)+\int_0^t V\varepsilon(\tau)V\boldsymbol{f}(t-\tau)\mathrm{d}\tau+\int_0^t V\varepsilon(\tau)\tilde{u}^0(t-\tau)C\boldsymbol{f}(0) \tag{10.5.27}$$

这是统计物理学中极为重要的方程，它是一个精确的方程，是一个关于 $V\boldsymbol{f}(t)$ 的微分积分型方程，是封闭的方程，但这个方程所描述的是非 Markoff 过程。在推导这个方程的过程中没有作任何近似。在式(10.5.27)中，$\varepsilon(\tau)$ 是不可约演化算子 $\tilde{\varepsilon}(z)$ 的原函数，符号 $\tilde{u}^0(*)$ 为传播算子。由式(10.5.27)可知，它的初值问题除了与 $V\boldsymbol{f}(0)$ 有关之外还与 $C\boldsymbol{f}(0)$ 有关。

真正的动力学方程是单粒子分布函数的封闭 Markoff 型方程，也就是说 t 时刻的函数的变化率只取决于同时刻的函数值及其导数；另外，演化方程也必须明确地描述不可逆地朝着热平衡的状态进行，为此，借助于投影算子 Π 与 $\hat{\Pi}$，于是 $\boldsymbol{f}(t)$ 分解为

$$\boldsymbol{f}(t)=\bar{\boldsymbol{f}}(t)+\hat{\boldsymbol{f}}(t)=\Pi\,\boldsymbol{f}(t)+\hat{\Pi}\,\boldsymbol{f}(t) \tag{10.5.28}$$

$\bar{\boldsymbol{f}}(t)$ 的动力学方程为

$$\frac{\partial\bar{\boldsymbol{f}}(t)}{\partial t}=(L^0+L')\bar{\boldsymbol{f}}(t) \tag{10.5.29}$$

相应的关于 $V\bar{\boldsymbol{f}}(t)$ 的封闭方程为

$$\frac{\partial}{\partial t}V\bar{\boldsymbol{f}}(t)=V(L^0+L')V\bar{\boldsymbol{f}}(t)+\int_0^\infty V\tilde{g}(\tau)V\bar{\boldsymbol{f}}(t-\tau)\mathrm{d}\tau \tag{10.5.30}$$

式中：$\tilde{g}(\tau)$ 为一个特定的算子。注意这里式(10.5.30)并不是真正的动力学方程。这里要特别强调的是，$\bar{\boldsymbol{f}}$ 与 $\boldsymbol{f}$ 在时间演化特性上相差甚远，更重要的是 $\bar{\boldsymbol{f}}$ 可以单独给定，它不受 $\hat{\boldsymbol{f}}$ 的制约。另外，许多重要的可观测量可以由 $\bar{\boldsymbol{f}}$ 决定。因篇幅所限，非动力学部分 $\hat{\boldsymbol{f}}$ 的演化方程，这里不再给出。可以证明，从 Liouville 方程以及 BBGKY 方程链出发，用关联动力学理论去推导 Boltzmann 方程时并不需要引入混沌性假设，而 Boltzmann 的混沌性假设恰恰就是关联动力学里子空间中动力学演化的真实特性。另外，系统所具有的这种不可逆属性也正是多体系统动力学演化的必然结果，它是决定性的运动方程在随机初始条件下所得出解的必然结果。对于这方面的详细论述可以去参阅 Prigogine、Brout、Balescu 等布鲁塞尔学派关于耗散结构理论以及 Haken 学派关于协同学原理方面的相关著作。还需说明的是：通常粒子的相互作用可以用两种基本微观过程来概述，一种是粒子间的弹性碰撞，这将导致局部平衡以及扩散等现象；另一种是非弹性碰撞，其中包括散射以及化学反应过程等。与之相联系的便存在两个时间尺度，即一个是粒子在相继两次弹性碰撞间所经历的（平均）时间 τ_c，这也就是通常讲的“平均自由时间”，另一个是粒子在参与化学反应前所经历的（平均）时间 τ_r'（化学反应时间）。如果粒子平均热速度是 v_T，则可定义

平均自由程

$$l_c = v_T \tau_c \tag{10.5.31a}$$

反应自由程

$$l'_r = v_T \tau'_r \tag{10.5.31b}$$

如果密度不均匀的尺度为 l_n，则通常有

$$l_n \gg l'_r \gg l_c \tag{10.5.32a}$$

或者

$$\frac{n_i}{\left|\dfrac{d}{dt}n_i\right|} \gg \tau'_r \gg \tau_c \tag{10.5.32b}$$

式中：τ_c 是趋向局部平衡的时间尺度，对化学反应来讲则 $\tau'_r \gg \tau_c$ 便保证了体系总是局部平衡的；n_i 为体系各组分的粒子数密度。最后还要指出的是，体系运动不可积（仅有五个运动积分）是宏观体系趋向平衡的必要条件；在所有趋向平衡的条件中，这是唯一与体系内禀性质有关的条件。宏观的耗散和微观过程的可逆是两个不同性质的过程，两者差别很大，其根本差别是：对于微观过程（如散射及衰变），由不同初始状态出发的渐近行为是不相同的，并且对于一个过程及其逆过程在原则上都是可以实现的；然而，宏观体系的耗散性则要求无论（宏观）初始状态如何，最后都逼近于唯一的平衡态。因此，如果将上述宏观耗散与微观过程可逆两者相混淆，则会从根本上掩盖了耗散性的实质。

10.5.3　稠密气体理论概述

对于稠密气体，分子较靠近，从而使分子间力起重要作用，因此仅用单分子的分布函数便不能正确反映流体的行为；两分子的分布函数也不能简单地取作单分子分布函数的乘积，而必须要考虑到关联效应，因此，从 Liouville 方程出发，以 BBGKY 方程链为基础是发展稠密气体理论的重要途径。这里首先考虑 BBGKY 方程链的最初两个方程：

$$\frac{\partial F_1}{\partial t} + \frac{p_1}{m} \cdot \frac{\partial F_1}{\partial r_1} + m\widetilde{X}_1 \cdot \frac{\partial F_1}{\partial \boldsymbol{p}_1} = N\int \theta_{12} F_2 \mathrm{d}\boldsymbol{x}_2 \tag{10.5.33a}$$

$$\frac{\partial F_2}{\partial t} + \frac{\boldsymbol{p}_1}{m} \cdot \frac{\partial F_2}{\partial \boldsymbol{r}_1} + \frac{\boldsymbol{p}_2}{m} \cdot \frac{\partial F_2}{\partial \boldsymbol{r}_2} + m\widetilde{X}_1 \cdot \frac{\partial F_2}{\partial \boldsymbol{p}_1} + m\widetilde{X}_2 \cdot \frac{\partial F_2}{\partial \boldsymbol{p}_2} - \theta_{12} F_2$$

$$= N\int (\theta_{13} + \theta_{23}) F_3(\boldsymbol{x}_1, \boldsymbol{x}_2, \boldsymbol{x}_3, t) \mathrm{d}\boldsymbol{x}_3 \tag{10.5.33b}$$

其中

$$\mathrm{d}\boldsymbol{x}_i \equiv \mathrm{d}\boldsymbol{r}_i \mathrm{d}\boldsymbol{p}_i \quad (i = 1, 2, \cdots, N) \tag{10.5.34}$$

$$F_1 \equiv F_1(\boldsymbol{x}_1, t) = \int F_N(\boldsymbol{x}_1, \boldsymbol{x}_2, \cdots, \boldsymbol{x}_N, t) \mathrm{d}\boldsymbol{x}_2 \mathrm{d}\boldsymbol{x}_3 \cdots \mathrm{d}\boldsymbol{x}_N \tag{10.5.35a}$$

$$F_2 \equiv F_2(\boldsymbol{x}_1, \boldsymbol{x}_2, t) = \int F_N(\boldsymbol{x}_1, \boldsymbol{x}_2, \cdots, \boldsymbol{x}_N, t) \mathrm{d}\boldsymbol{x}_3 \mathrm{d}\boldsymbol{x}_4 \cdots \mathrm{d}\boldsymbol{x}_N \tag{10.5.35b}$$

式中：$\widetilde{\boldsymbol{X}}_1$ 与 $\widetilde{\boldsymbol{X}}_2$ 为作用在分子上的作用力；F_1 与 F_2 分别代表一个粒子约化分布函

数与两个粒子约化分布函数。

速度分布函数 f_1 与约化分布函数 F_1 以及 f_2 与 F_2 的关系分别为

$$f_1(\boldsymbol{r},\boldsymbol{v},t)\mathrm{d}\boldsymbol{v} = NF_1(\boldsymbol{r},\boldsymbol{p},t)\mathrm{d}\boldsymbol{p} \tag{10.5.36a}$$

$$f_2(\boldsymbol{r}_1,\boldsymbol{v}_1,\boldsymbol{r}_2,\boldsymbol{v}_2,t)\mathrm{d}\boldsymbol{v}_1\mathrm{d}\boldsymbol{v}_2 = N^2F_2(\boldsymbol{x}_1,\boldsymbol{x}_2,t)\mathrm{d}\boldsymbol{p}_1\mathrm{d}\boldsymbol{p}_2 \tag{10.5.36b}$$

在式(10.5.33)中,θ_{ij} 代表分子间相互作用算子,其定义为

$$\theta_{ij} \equiv \frac{\partial\varphi_{ij}}{\partial\,\boldsymbol{r}_i}\cdot\frac{\partial}{\partial\,\boldsymbol{p}_j} + \frac{\partial\varphi_{ij}}{\partial\,\boldsymbol{r}_j}\cdot\frac{\partial}{\partial\,\boldsymbol{p}_i} \tag{10.5.37a}$$

其中

$$\varphi_{ij} = \varphi(|\boldsymbol{r}_i - \boldsymbol{r}_j|) \tag{10.5.37b}$$

而 $\varphi(|\boldsymbol{r}_i-\boldsymbol{r}_j|)$ 是分子间作用的位势,它是两个粒子相对坐标的函数。借助于式(10.5.36),则 BBGKY 方程链变为

$$\left(\frac{\partial}{\partial t} + \boldsymbol{v}\cdot\frac{\partial}{\partial\boldsymbol{r}} + \widetilde{X}\cdot\frac{\partial}{\partial\boldsymbol{v}}\right)f_1(\boldsymbol{r},\boldsymbol{v},t) = \iint\theta_{12}f_2(\boldsymbol{r}_1,\boldsymbol{v}_1,\boldsymbol{r}_2,\boldsymbol{v}_2,t)\mathrm{d}\boldsymbol{r}_2\mathrm{d}\boldsymbol{v}_2\big|_{\boldsymbol{r}_1=\boldsymbol{r}} \tag{10.5.38a}$$

$$\left(\frac{\partial}{\partial t} + \boldsymbol{v}_1\cdot\frac{\partial}{\partial\boldsymbol{r}_1} + \boldsymbol{v}_2\cdot\frac{\partial}{\partial\boldsymbol{r}_2} + \widetilde{X}_1\cdot\frac{\partial}{\partial\boldsymbol{v}_1} + \widetilde{X}_2\cdot\frac{\partial}{\partial\boldsymbol{v}_2} - \theta_{12}\right)f_2(\boldsymbol{r}_1,\boldsymbol{v}_1,\boldsymbol{r}_2,\boldsymbol{v}_2,t)$$
$$= \iint(\theta_{13}+\theta_{23})f_3(\boldsymbol{r}_1,\boldsymbol{v}_1,\boldsymbol{r}_2,\boldsymbol{v}_2,\boldsymbol{r}_3,\boldsymbol{v}_3,t)\mathrm{d}\boldsymbol{r}_3\mathrm{d}\boldsymbol{v}_3 \tag{10.5.38b}$$

描述稠密气体的宏观量有分子数密度 n,宏观速度 $\boldsymbol{V}$ 和单位质量的内能 e,这些量与 f_1 以及 f_2 的关系为

$$n(\boldsymbol{r},t) = \int f_1(\boldsymbol{r},\boldsymbol{v},t)\mathrm{d}\boldsymbol{v} \tag{10.5.39a}$$

$$\rho\boldsymbol{V} = \int m\boldsymbol{v}f_1(\boldsymbol{r},\boldsymbol{v},t)\mathrm{d}\boldsymbol{v} \tag{10.5.39b}$$

$$e = e_k + e_\varphi \tag{10.5.39c}$$

式中:m 为粒子的质量;e_k 与 e_φ 分别为平动能部分与分子间位能部分的内能,其中 e_φ 表达式为

$$\rho e_\varphi = \frac{1}{2}\int\varphi(\boldsymbol{r}_{12})n_2(\boldsymbol{r}_1,\boldsymbol{r}_2,t)\mathrm{d}\boldsymbol{r}_2\big|_{\boldsymbol{r}_1=\boldsymbol{r}} \tag{10.5.40}$$

式中:$\boldsymbol{r}_{12}$ 为 $\boldsymbol{r}_1$ 与 $\boldsymbol{r}_2$ 两分子间的距离,$\boldsymbol{r}_{12}=\boldsymbol{r}_1-\boldsymbol{r}_2$;$\varphi(\boldsymbol{r}_{12})$ 是分子间作用的位能;n_2 定义为

$$n_2(\boldsymbol{r}_1,\boldsymbol{r}_2,t) = \iint f_2(\boldsymbol{r}_1,\boldsymbol{v}_1,\boldsymbol{r}_2,\boldsymbol{v}_2,t)\mathrm{d}\boldsymbol{v}_1\mathrm{d}\boldsymbol{v}_2 \tag{10.5.41}$$

如果将式(10.5.38a)分别乘以 m、$m\boldsymbol{v}$ 以及 $\frac{1}{2}m|\boldsymbol{v}-\boldsymbol{V}|^2$ 并且对 $\boldsymbol{v}$ 积分便得如下方程组:

$$\frac{1}{\rho}\frac{\mathrm{d}}{\mathrm{d}t}\rho = -\frac{\partial}{\partial\boldsymbol{r}}\cdot\boldsymbol{V} \tag{10.5.42a}$$

$$\rho \frac{\mathrm{d}}{\mathrm{d}t}\boldsymbol{V} = \rho\widetilde{X} - \frac{\partial}{\partial \boldsymbol{r}} \cdot \boldsymbol{P} \tag{10.5.42b}$$

$$\rho \frac{\mathrm{d}}{\mathrm{d}t}e = -\left(\frac{\partial}{\partial \boldsymbol{r}} \cdot \boldsymbol{q} + \boldsymbol{P} : \frac{\partial}{\partial \boldsymbol{r}}\boldsymbol{V}\right) \tag{10.5.42c}$$

上述这三个方程在形式上与通常的流体力学方程组相同，然而这里压强张量是 $\boldsymbol{P}$ 和热流矢量 $\boldsymbol{q}$ 都有所变化，即

$$\boldsymbol{P} = \boldsymbol{P}_k + \boldsymbol{P}_\varphi \tag{10.5.43a}$$

$$\boldsymbol{q} = \boldsymbol{q}_k + \boldsymbol{q}_\varphi = \boldsymbol{q}_k + \boldsymbol{q}_{\varphi 1} + \boldsymbol{q}_{\varphi 2} \tag{10.5.43b}$$

式中：$\boldsymbol{P}_k$ 为平动部分的贡献；$\boldsymbol{P}_\varphi$ 是对于稠密气体而言遵照 Enskog 做法所得到的碰撞输运部分的扩展；$\boldsymbol{q}_k$ 是平动能部分的贡献，$\boldsymbol{q}_{\varphi_2}$ 为对应于 q 项而言，按照 Enskog 做法算出的输运部分的扩展项，而 $\boldsymbol{q}_{\varphi_1}$ 的表达式为

$$\boldsymbol{q}_{\Phi 1}(\boldsymbol{r},t) = \frac{1}{2}\int \varphi(\boldsymbol{r}_{12})\iint (\boldsymbol{v}_1 - \boldsymbol{V}_1) f_2(\boldsymbol{r}_1, \boldsymbol{v}_1, \boldsymbol{r}_2, \boldsymbol{v}_2, t)\mathrm{d}\boldsymbol{v}_1 \mathrm{d}\boldsymbol{v}_2 \mathrm{d}\boldsymbol{r}_2 \big|_{\boldsymbol{r}_1 = \boldsymbol{r}} \tag{10.5.44}$$

如果将 f_1 与 f_2 作级数展开，可得 f_1 的方程为

$$\frac{\partial}{\partial t}f_1 + \boldsymbol{v} \cdot \frac{\partial}{\partial \boldsymbol{r}}f_1 = J_2(f_1 f_1) + J_3(f_1 f_1 f_1) + \cdots \tag{10.5.45}$$

式中：J_2 为由两体碰撞所产生的关于 f_1 的变化率；J_3 为三体碰撞关于 f_1 的变化率。在一级近似中，有

$$J_2 = J_2{}^{(0)} + J_2{}^{(1)} \tag{10.5.46}$$

式中：$J_2{}^{(0)}$ 为通常 Boltzmann 方程的右端碰撞项；$J_2^{(1)}$ 为由于二体碰撞的两个分子的中心位置不重合而产生的效应。另外，在一级近似中 $J_3(f_1 f_1 f_1)$ 项只算到 $J_3^{(0)}$ 项。通常，对于中等稠密的气体来讲，则计算只算到一级近似即可；对于更稠密的气体，这时则需要考虑四体碰撞时的 J_4 项。

最后，对本书第 9 章和第 10 章内容作一个小结：在高超声速再入飞行中，飞行器经常要经历四个流区，因此探索微观力学与宏观力学的相互沟通，兼顾微观物理与宏观力学相结合，搭建求解四个流区气动热力学问题的一个整体框架是十分必要的。借助于本书第 9 章与第 10 章中对连续流与稀薄流动的基本分析，便形成如下六点处理四个流区流动问题的统一理论框架：

(1) 四个流区（即自由分子流区、过渡区、滑流区和连续介质区）的统一力学方程为 Liouville 方程，它具有时间反演的不变性以及微观熵的守恒性，它描述的过程属于 Markoff 类型，它是真正的动力学方程，而且是线性的封闭方程，但它在求解时较困难。

(2) 从 Liouville 方程和 s 个粒子的约化分布函数出发，所获得的 BBGKY 方程链与 Liouville 方程等价。虽然 BBGKY 方程链也具有时间反演对称性、方程也是线性的，但它是不封闭的。

(3) 从 Liouville 方程出发,以 BBGKY 方程链为基础所发展的稠密气体普遍理论可以有效地处理三体碰撞时速度分布函数的变化率,可以导出相应的流体力学方程组。对于中等稠密气体,如采用 f_1 与 f_2 两个速度分布函数时,只算到一级近似便可以得到与实验数据较为贴近的黏性系数和热传导系数;对于更加稠密的气体,则可采用流体力学的方法,即直接求解 Navier-Stokes 方程组。

(4) 对于稀薄气体,从 Liouville 方程出发,以 BBGKY 方程链为基础,在忽略了三体碰撞和引入混沌性假设的情况下可以直接导出 Boltzmann 方程;如果采用 Prigogine 的关联动力学理论,则在导出 Boltzmann 方程时可以不必引进混沌性假设,对于这点需要格外注意。Boltzmann 方程虽然破坏了时间反演的对称性,而且方程本身又是非线性的,但它是封闭的。Boltzmann 方程实质上是对稀薄气体的宏观描述,它给出的仅是体系微观运动的平均行为,而且 Boltzmann 方程的 H 定理只具有宏观意义。另外,本章 10.3 节与 10.4 节讨论的广义 Boltzmann 方程(即 GBE)属于半经典的方法,它丰富了普通 Boltzmann 方程的内容,同时也反映了我们团队最新的研究成果,这方面的内容目前在国际上备受关注。

(5) 在建立微观量与宏观量的联系上,突出了一个统计系综(即 Gibbs 统计系综理论);在认识高超声速气动热力学的基本思想方法上,立足于非平衡是物质运动的一种普遍形态。趋向平衡是宏观世界变化的规律,趋向平衡实际上就是热力学第二定律。

(6) 借助于广义 Boltzmann 方程与广义 Navier-Stokes 方程可以描述与数值求解高超声速再入飞行中所遇到的四个流区的各种流动问题,而且上述两个方程的根基是同一个,它就是 Liouville 方程,是四个流区的流动都应服从的唯一的力学方程,对于这一点在本书 12.3 节中将作进一步说明。

第三篇　高超声速高温流场的数值方法及其典型算例

在卞荫贵先生和吴仲华先生的直接指导下，我们进行了长达35年气动热力学外流与内流数值方法的研究，深感学无止境、自强不息做学问的道理。以外流高速气动热力学研究为例，在卞荫贵先生长达27年，即1978～2005年的精心培养与直接指导下，我们渐渐懂得了 Aerothermodynamics 一词的含义。在经过20多年一丝不苟、辛勤耕耘的知识储备之后，近10年来我们 AMME Lab 对18种国际著名航天器与探测器的气动热力学问题进行了深入探讨。多年来，我们一直围绕着气动热力学的基本内容并注意了与人机环境系统工程的思想[71,72]相结合，在计算流体力学内流与外流流场的数值计算、机翼与叶栅的气动设计优化以及飞行器热防护、人机环境系统工程（其中包括人的数学模型及应用、机的数学模型及应用、人机环境系统总体性能评价及应用）、气动热力学等方面，尤其是高速飞行器再入飞行中飞行器热环境及壁面热流的分析与计算[73～102]，取得了一系列创新性成果[73～238]，为此《科学中国人》、《中国科技成果》以及《航空动力学报》官方网页等重要杂志和网站都详细报道了 AMME Lab 的学术进展以及所取得的丰硕成果[239,240]。另外，2011年10月22日在北京召开的"隆重纪念伟大科学家钱学森诞辰100周年暨人-机-环境系统工程创立30周年大会"上，作为特邀大会报告介绍了 AMME Lab 近年来的工作，大会授予王保国教授终身成就奖并颁发证书（本次全国大会两名获奖人之一）。这些成果反映了钱学森先生系统学的思想以及卞荫贵和吴仲华先生所提倡的大力开展气动热力学研究的策略[37,241～244]，将微观物理与宏观力学相结合[245,246]，的确是发展高超声速再入问题的一条重要途径。当然，地面风洞试验以及空中试飞测量获取大量的飞行数据也是非常非常重要的。只有这样才能进一步校核理论分析的结果，才能进一步改进、完善与发展新理论。近10年来，AMME Lab 对18种国外著名飞行器或探测器高超声速再入时的气动热力学问题进行了研究，详细地用广义 Navier-Stokes 方程与 DSMC 方法计算和分析了242个飞行工况，其中231个飞行工况已发表在国内外有关国际会议、国内会议以及著名学报与杂志上[73～102,218～220,238]。计算中再入飞行所涉及的主要有地球大气层、火星大气层、土卫六大气层以及木星大气层，我们所计算的18种飞行器或探测器是：①Apollo Mission AS-202 返回舱；②Orion Crew Module；③ARD（ESA'S Atmospheric Reentry Demonstrator）；④OREX（日本的 Orbital Reentry Experiments）；⑤Strardust

SRC (Stardust Sample Return Capsule); ⑥CAV(Common Aero Vehicle)/Hypersonic Waveriders; ⑦RAM-CII(Radio Attenuation Measurement CII); ⑧USERS(日本的 USERS Vehicle)飞行器的 READ(Reentry Environment Advanced Diagnostics)飞行试验; ⑨Mars Microprobe; ⑩Mars Pathfinder; ⑪Mars Viking Lander; ⑫人类第一枚成功到达火星上空的 Fire-II 航天器(reentry vehicle); ⑬ESA-MARSENT 探测器; ⑭Titan Huygens 探测器; ⑮Galileo 探测器; ⑯美国第一代载人飞船 Mercury; ⑰美国第二代载人飞船 Gemini; ⑱Ballute(balloon+parachute)星际飞行变轨用减速气球。另外,对巡航导弹(它具有丰富的风洞实验数据,来流 Mach 数从 0.5 变到 2.86)进行了 20 种工况的计算。在上述这 18 种飞行器中,其中前 8 种是再入地球大气层,第⑨～⑬种是进入火星大气层,第⑭种是进入土卫六大气层,第⑮种是进入木星大气层,第⑯与⑰种是世界上两个著名宇宙飞船,对于这两个算例在我们的计算中都是以高超声速再入地球大气层为背景进行计算的。第⑱种是国际上非常重视的星际飞行时变轨用气动制动装置(即变轨减速气球),我们分别以再入地球大气层与进入火星大气层为背景,按照不同的 Knudsen 数分别采取了广义 Navier-Stokes 方程或者 DSMC 方法进行数值计算[97]。另外,为了检验我们自己编制的广义 Navier-Stokes 方程源程序和 DSMC 源程序,除了大量使用上述 18 种国外著名航天飞行器的飞行数据进行对照核算之外,还用地面风洞的四种典型实验结果进行对照,所使用的地面风洞实验数据是:①著名的 Lobb 球头柱(M_∞=7.1 和 15.3);②Biconics 实验(对于 Ma_∞=9.9 工况时考虑了 6 种攻角以及对于 M_∞=10.2 工况时考虑了 6 种攻角);③PAET(Planetary Atmosphere Experiments Test,简称 PAET,其中实验的 Ma_∞=15,含 5 种攻角);④MESUR(Mars Environmental Survey,MESUR,它主要研究进入火星大气层时的气动热问题,实验分两组:Ma_∞=14.9 时取 3 种来流攻角;Ma_∞=18.0 时也取 3 种攻角进行实验)。使用上述丰富的风洞实验数据,进行了大量计算以便校核我们的源程序。大量的计算算例表明[73～102]:使用我们自己编制的广义 Navier-Stokes 方程源程序和 DSMC 源程序能够为地球大气层、土卫六大气层和火星大气层的再入飞行(当飞行速度为 5～9km/s)问题提供飞行器热防护以及空间变轨控制所需要的气动力与气动热数据。

面对几十年来我们积累的如此丰富的数值结果,这的确为本书第三篇准备了很好的素材。然而,本书篇幅有限,只能从上述大量丰富的材料中[73～102,117～187,218～220,226,228]抽取最基础、最重要、最关键的问题,为此归纳出如下九点:

(1) 小波探测技术及其高精度、高分辨率差分离散格式。

(2) 有限体积法中黏性项的计算及其高效率快速算法。

(3) 高精度、高分辨率 RKDG 有限元方法。

(4) 结构/非结构混合网格的快速生成及其自适应网格法。

(5) 非结构网格下模拟分子的追踪方法。

(6) 6 种热力学碰撞传能的处理。

(7) 8 种化学反应类型的处理。

(8) 描述热力学与化学反应非平衡的无量纲数。

(9) 再入飞行中的小 Knudsen 数特征区。

这里将上面前 4 个问题放到第 11 章，后 5 个问题归到第 12 章。另外，两章的例题均以高超声速再入地球大气层、进入火星大气层和土卫六大气层的气动热力学问题为主，所选算例少而精，以说明计算方法为基本原则。

第 11 章　高精度高分辨率格式的构造方法以及数值耗散的控制

11.1　小波探测技术及高精度高分辨率有限差分离散格式

本节讨论 5 个小问题：①TVD 的概念以及 Harten 的二阶格式；②高精度 ENO 和加权 ENO 格式；③紧致格式与强紧致高精度格式；④关于保持色散关系的问题；⑤基于小波奇异分析的高精度高分辨率方法。

11.1.1　TVD 的概念以及 Harten 的二阶 TVD 格式

Harten 1983 年在《计算物理》上首次提出 TVD(total variation diminishing)概念以及相关的限制器算子，为差分方程的理论与构造开拓了一个崭新的方向[247]，Osher、van Leer、Chakravarthy、Engquist、Roe、Yee、Shu 和李德元、黄敦、刘儒勋、王汝权、邬华谟、李松波、张涵信、沈孟育、应隆安、王保国、傅德薰等在进一步改进、完善和发展 TVD 方面做了许多工作。这里仅十分简要讨论一下 Harten 的二阶 TVD 格式，首先考虑非线性标量模型方程

$$\frac{\partial u}{\partial t}+\frac{\partial f(u)}{\partial x}=0 \tag{11.1.1}$$

这里对它构造 TVD 格式。令 TVD 格式的一般形式为

$$u_i^{n+1}=u_i^n-\frac{\Delta t}{\Delta x}(\widetilde{f}_{i+\frac{1}{2}}-\widetilde{f}_{i-\frac{1}{2}}) \tag{11.1.2}$$

或者

$$u_i^{n+1}=u_i^n-C_{i-\frac{1}{2}}(u_i^n-u_{i-1}^n)+D_{i+\frac{1}{2}}(u_{i+1}^n-u_i^n) \tag{11.1.3}$$

式中：$\widetilde{f}_{i\pm\frac{1}{2}}$ 为数值通量，对于一般节点模板来讲，数值通量的形式为

$$\widetilde{f}_{i+\frac{1}{2}}\equiv\widetilde{f}(u_{i-l},u_{i-l+1},\cdots,u_i,u_{i+1},\cdots,u_{i+k})\quad(k,l\geqslant 0) \tag{11.1.4}$$

并要求 $\widetilde{f}$ 满足 Lipschitz 连续条件和相容性条件，即

$$\widetilde{f}(u,u,\cdots,u,u,\cdots,u)=\widetilde{f}_{i+\frac{1}{2}}(u)=f(u) \tag{11.1.5}$$

通常选取的节点模板都较小，如取 $l=0,k=1$ 即三节点模板，这时式(11.1.4)所表达的数值通量 $\widetilde{f}_{i+\frac{1}{2}}$ 变为

$$\tilde{f}_{i+\frac{1}{2}} = \tilde{f}(u_i, u_{i+1}) \tag{11.1.6}$$

按照 Harten 提出的总变差概念定义总变差为

$$TV(u^n) \equiv \Delta x \sum_i |u_{i+1}^n - u_i^n|$$

所谓 TVD 即要求满足

$$TV(u^{n+1}) \leqslant TV(u^n) \tag{11.1.7}$$

或者

$$\sum_i |u_{i+1}^{n+1} - u_i^{n+1}| \leqslant \sum_i |u_{i+1}^n - u_i^n| \tag{11.1.8}$$

可以证明,式(11.1.3)为 TVD 的一个充分条件是对于任意的整数 i,式(11.1.3)中的系数 C、D 都满足

$$\begin{cases} C_{i+\frac{1}{2}} \geqslant 0, \quad D_{i+\frac{1}{2}} \geqslant 0 \\ 0 \leqslant C_{i+\frac{1}{2}} + D_{i+\frac{1}{2}} \leqslant 1 \end{cases} \tag{11.1.9}$$

为了构造二阶精度的 TVD 格式,Harten 将单个守恒律方程(11.1.1)的一阶 TVD 格式(它是三节点模板的一阶格式),即

$$u_i^{n+1} = u_i^n - \lambda(\hat{f}_{i+\frac{1}{2}} - \hat{f}_{i-\frac{1}{2}}), \quad \lambda \equiv \frac{\Delta t}{\Delta x} \tag{11.1.10}$$

$$\hat{f}_{i+\frac{1}{2}} = \frac{1}{2}\left[f(u_i^n) + f(u_{i+1}^n) - \frac{1}{\lambda}Q(\lambda\alpha_{i+\frac{1}{2}})(u_{i+1}^n - u_i^n)\right] \tag{11.1.11}$$

用于修正通量后的单个守恒律方程,即

$$\frac{\partial u}{\partial t} + \frac{\partial f^M(u)}{\partial x} = 0, \quad f^M(u) \equiv f(u) + \frac{1}{\lambda}g(u) \tag{11.1.12}$$

并且选择适当的修正量 g(它具有某种反扩散项的意义)使得所得到的差分格式为

$$u_i^{n+1} = u_i^n - \lambda(\hat{f}_{i+\frac{1}{2}}^M - \hat{f}_{i-\frac{1}{2}}^M) \tag{11.1.13}$$

$$\begin{aligned} \hat{f}_{i+\frac{1}{2}}^M = \frac{1}{2}\Big[&\Big(f(u_i^n) + \frac{1}{\lambda}g(u_i^n)\Big) + \Big(f(u_{i+1}^n) + \frac{1}{\lambda}g(u_{i+1}^n)\Big) \\ &- \frac{1}{\lambda}Q(\lambda\alpha_{i+\frac{1}{2}} + \gamma_{i+\frac{1}{2}})(u_{i+1}^n - u_i^n)\Big] \end{aligned} \tag{11.1.14}$$

对于修正通量的守恒律方程(11.1.12)来讲,式(11.1.13)虽然仍是一阶 TVD 格式,但差分格式(11.1.13)对于原守恒律方程(11.1.1)却是二阶的 TVD 格式。为此,取修正项 g 具有如下形式:

$$\begin{cases} g_i \equiv \min\ \mathrm{mod}(\tilde{g}_{i+\frac{1}{2}}, \tilde{g}_{i-\frac{1}{2}}) \\ \tilde{g}_{i+\frac{1}{2}} \equiv \frac{1}{2}[Q(\lambda\alpha_{i+\frac{1}{2}}) - (\lambda\alpha_{i+\frac{1}{2}})^2](u_{i+1}^n - u_i^n) \end{cases} \tag{11.1.15}$$

另外,上面式中 $\alpha_{i+\frac{1}{2}}$、$\gamma_{i+\frac{1}{2}}$、$Q(Z)$、$\min\ \mathrm{mod}(a,b)$ 的定义分别为

$$\alpha_{i+\frac{1}{2}} \equiv \begin{cases} \dfrac{f(u_{i+1}^n) - f(u_i^n)}{u_{i+1}^n - u_i^n} & (u_{i+1}^n - u_i^n \neq 0) \\ \left.\dfrac{\partial f}{\partial u}\right|_{u_i^n} & (u_{i+1}^n = u_i^n) \end{cases} \tag{11.1.16a}$$

$$\gamma_{i+\frac{1}{2}} \equiv \begin{cases} \dfrac{g_{i+1} - g_i}{u_{i+1}^n - u_i^n} & (u_{i+1}^n - u_i^n \neq 0) \\ 0 & (u_{i+1}^n = u_i^n) \end{cases} \tag{11.1.16b}$$

$$Q(Z) \equiv \begin{cases} |Z| & (|Z| \geqslant \varepsilon) \\ \dfrac{1}{2\varepsilon}(Z^2 + \varepsilon^2) & (|Z| < \varepsilon) \end{cases} \tag{11.1.17}$$

$$\min\ \mathrm{mod}(a,b) \equiv \begin{cases} [\mathrm{sgn}(a)]\min(|a|,\ |b|) & (ab > 0) \\ 0 & (ab \leqslant 0) \end{cases} \tag{11.1.18}$$

由于引进了辅助通量 $g_i = g(u_{i-1}, u_i, u_{i+1})$，$\hat{f}^M_{i+\frac{1}{2}}$ 已包含$(u_{i-1}, u_i, u_{i+1}, u_{i+2})$这四个节点，也就是说差分格式(11.1.13)的节点模板已经扩展为$(u_{i-2}, u_{i-1}, u_i, u_{i+1}, u_{i+2})$这五个节点。这里还应该指出的是，通常高阶精度的 TVD 格式仅仅是在光滑区域中才能达到。事实上，激波间断附近，如不进行适当处理则上述格式的精度仍然会降为一阶。对于 TVD 格式，可以有下面的定理成立：所有的 TVD 格式，在函数的极值点附近要降至一阶精度[2]。

11.1.2　高精度 ENO 和加权 ENO 格式

文献[248]指出，TVD 格式的精度最多只能达到二阶，并且一般说来 TVD 格式的精度全场不是一致的，在个别点(极值点)处精度只有一阶。为了进一步提高格式精度并改善格式在极值点处的性态，1986 年 Harten 首先提出了无振荡格式(non-oscillatory)的概念，然后于 1987 年提出了本质无振荡(essentially non-oscillatory，ENO)格式的方案和方法。于是在守恒律方程的高阶和高分辨率数值方法的设计上找到了一条统一而且有效的途径。这类格式是守恒的，从实质上讲它是一种高阶精度的广义 Godunov 格式。这种格式全场具有一致的高精度，并且基本上是 TVD 的，即

$$TV(u^{(n)}) \leqslant C \cdot TV(u^{(o)}) \tag{11.1.19}$$

式中：C 为与空间步长 Δx、时间步长 Δt 无关的常数。式(11.1.19)表明，ENO 格式是总变差有界的。比较式(11.1.7)与式(11.1.19)，显然 ENO 比 TVD 的确放松了对总变差施加的约束，但由此换来了进一步提高格式的精度以及全场具有一致高阶精度的可喜效果。下面首先扼要地讨论一下一维标量方程的有限体积型 ENO 格式，然后再讨论加权 ENO 格式。

考虑一维标量守恒律方程

$$\begin{cases}\dfrac{\partial u}{\partial t}+\dfrac{\partial f(u)}{\partial x}=0 & (x\in(a,b),t>0)\\ u(x,0)=u_0(x) & (x\in[a,b])\end{cases} \tag{11.1.20}$$

设网格剖分为

$$a=x_{\frac{1}{2}}<x_{\frac{3}{2}}<\cdots<x_{N-\frac{1}{2}}<x_{N+\frac{1}{2}}=b \tag{11.1.21}$$

单元 $I_i=[x_{i-\frac{1}{2}},x_{i+\frac{1}{2}}]$,单元中点 $x_i=(x_{i-\frac{1}{2}}+x_{i+\frac{1}{2}})/2$,步长 $\Delta x_i=x_{i+\frac{1}{2}}-x_{i-\frac{1}{2}}$,这里 $i=1,2,\cdots,N$;并且定义

$$\Delta x\equiv\max_{1\leqslant i\leqslant N}\Delta x_i \tag{11.1.22}$$

将式(11.1.20)在单元区间 I_i 上积分并整理为

$$\frac{\mathrm{d}}{\mathrm{d}t}\bar{u}_i+\frac{1}{\Delta x_i}[f(u_{i+\frac{1}{2}},t)-f(u_{i-\frac{1}{2}},t)]=0 \tag{11.1.23}$$

其中

$$\bar{u}_i(t)=\frac{1}{\Delta x_i}\int_{\xi=x_{i-\frac{1}{2}}}^{x_{i+\frac{1}{2}}}u(\xi,t)\mathrm{d}\xi\quad(i=1,2,\cdots,N) \tag{11.1.24}$$

下面分两个小问题进行讨论:

1) 在选定的模板上构造插值多项式 $p(x)$

这里所谓选定的节点模板,又可以称为固定模板(fix stencil)。取定一个模板,如取包括三个单元的模板 $S=\{I_{i-1},I_i,I_{i+1}\}$,构造一个多项式 $p(x)$,使其满足

$$\frac{1}{\Delta x_j}\int_{\xi=x_{j-\frac{1}{2}}}^{x_{j+\frac{1}{2}}}p(\xi)\mathrm{d}\xi=\bar{u}_j\quad(j=i-1,i,i+1) \tag{11.1.25a}$$

$$p(x)=\tilde{p}(\zeta)=a_0+a_1\zeta+a_2\zeta^2,\quad \zeta=\frac{x-x_i}{\Delta x_i} \tag{11.1.25b}$$

其中

$$\begin{cases}a_0=\bar{u}_i-\dfrac{1}{24}\delta^2\bar{u}_i, & a_2=\dfrac{1}{2}\delta^2\bar{u}_i\\ a_1=\dfrac{1}{2}(\bar{u}_{i+1}-\bar{u}_{i-1}), & \delta^2\bar{u}_i\equiv\bar{u}_{i+1}-2\bar{u}_i+\bar{u}_{i-1}\end{cases} \tag{11.1.26}$$

令

$$u_{i+\frac{1}{2}}=p(x_{i+\frac{1}{2}}) \tag{11.1.27}$$

于是将式(11.1.26)代入式(11.1.25)后并注意到式(11.1.27)便得

$$u_{i+\frac{1}{2}}=-\frac{1}{6}\bar{u}_{i-1}+\frac{5}{6}\bar{u}_i+\frac{1}{3}\bar{u}_{i+1} \tag{11.1.28a}$$

选择不同的模板,可得不同系数的组合,如选 $S=\{I_{i-2},I_{i-1},I_i\}$时,则

$$u_{i+\frac{1}{2}}=\frac{1}{3}\bar{u}_{i-2}-\frac{7}{6}\bar{u}_{i-1}+\frac{11}{6}\bar{u}_i \tag{11.1.28b}$$

如果 $S=\{I_i, I_{i+1}, I_{i+2}\}$，则

$$u_{i+\frac{1}{2}}=\frac{1}{3}\bar{u}_i+\frac{5}{6}\bar{u}_{i+1}-\frac{1}{6}\bar{u}_{i+2} \tag{11.1.28c}$$

在一般情况下，如果模板包含 $r+g+1=k$ 个单元，即

$$S(i)\equiv\{I_{i-r},\cdots,I_{i+g}\}\quad(g\equiv k-r-1;r=0,\cdots,k-1) \tag{11.1.29}$$

则这时利用模板 S 可以构造$(k-1)$次插值多项式(例如，Newton 多项式或者 Lagrange 多项式)$p_i(x)$，它在单元 I_i 区间逼近函数 $u(x)$满足下列条件：

$$p_i(x)=u(x)+O(\Delta x^k)\quad(x\in I_i, i=1,2,\cdots,N) \tag{11.1.30}$$

同样，类似于式(11.1.28)还可得到

$$u_{i+\frac{1}{2}}=\sum_{j=0}^{k-1}(C_{rj}\bar{u}_{i-r+j}) \tag{11.1.31}$$

其中

$$C_{rj}=(\Delta x_{i-r+j})\sum_{m=j+1}^{k}\left\{\frac{\sum\limits_{\substack{l=0\\l\neq m}}^{k}\left[\prod\limits_{\substack{q=0\\q\neq m,l}}^{k}(x_{i+\frac{1}{2}}-x_{i-r+q-\frac{1}{2}})\right]}{\prod\limits_{\substack{l=0\\l\neq m}}^{k}(x_{i-r+m-\frac{1}{2}}-x_{i-r+l-\frac{1}{2}})}\right\} \tag{11.1.32}$$

这里 $0\leqslant i\leqslant N, -1\leqslant r\leqslant k-1, 0\leqslant j\leqslant k-1$；显然式(11.1.32)是采用 Lagrange 多项式时得到的结果。如果网格是均匀的即 $\Delta x_i=\Delta x$ 时，则式(11.1.32)便退化为

$$C_{rj}=\sum_{m=j+1}^{k}\left\{\frac{\sum\limits_{\substack{l=0\\l\neq m}}^{k}\left[\prod\limits_{\substack{q=0\\q\neq m,l}}^{k}(r-q+1)\right]}{\prod\limits_{\substack{l=0\\l\neq m}}^{k}(m-l)}\right\} \tag{11.1.33a}$$

显然，令 $k=3, r=1$ 时，则由式(11.1.33a)便直接得到

$$c_{10}=-\frac{1}{6},\quad c_{11}=\frac{5}{6},\quad c_{12}=\frac{1}{3} \tag{11.1.33b}$$

将式(11.1.33b)代入式(11.1.31)便得到式(11.1.28a)；再如令 $k=6, r=5$ 时，则由式(11.1.33a)计算出 c_{rj} 值并且代入式(11.1.31)得到

$$u_{i+\frac{1}{2}}=-\frac{1}{6}\bar{u}_{i-5}+\frac{31}{30}\bar{u}_{i-4}-\frac{163}{60}\bar{u}_{i-3}+\frac{79}{20}\bar{u}_{i-2}-\frac{71}{20}\bar{u}_{i-1}+\frac{49}{20}\bar{u}_i+O(\Delta x^6) \tag{11.1.34}$$

2) 逐次扩展节点模板的优化过程

为了提高格式的分辨率，避免数值结果出现 Gibbs 振荡现象，我们自然会想到利用可调节模板(adaptive stencil)代替固定模板，尽量避免在所选择的模板中包含间断，也就是说 ENO 采用了差商极小化的方式去扩展模板节点的优化过程，以便实现“本质无振荡”的效果。以一维为例，要扩张节点模板，始终有两种可能，即

由当前基准点向左扩展一点，或者向右扩展一点。令

$$S_{1L}=\{x_{i-1},x_i\},\quad S_{1R}=\{x_i,x_{i+1}\} \tag{11.1.35}$$

相应的阶梯函数值为$\{(\bar{u})^n_{i-1},(\bar{u})^n_i\}$与$\{(\bar{u})^n_i,(\bar{u})^n_{i+1}\}$。图 11.1 给出 $t^{(n)}$（简记为 t^n）时间层上的阶梯函数分布图。这里到底是选择 S_{1L} 作为 S_1，还是选择 S_{1R} 作为 S_1，这需要比较它们的斜率之后才能决定，即由一阶 Newton 差商

$$N_{1L}=\frac{(\bar{u})^n_i-(\bar{u})^n_{i-1}}{x_i-x_{i-1}},\quad N_{1R}=\frac{(\bar{u})^n_{i+1}-(\bar{u})^n_i}{x_{i+1}-x_i} \tag{11.1.36}$$

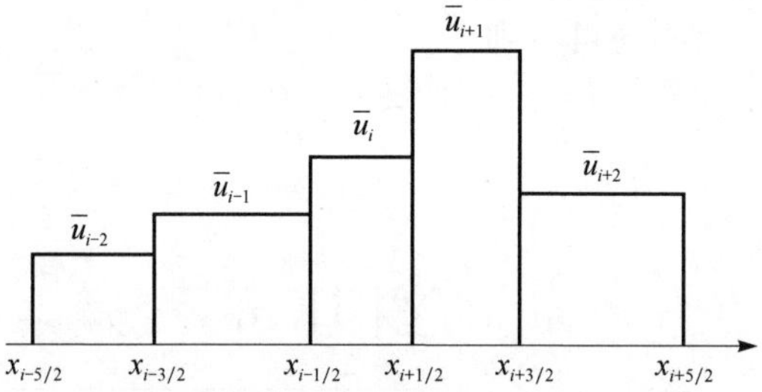

图 11.1 时间层 $t^{(n)}$ 上阶梯函数的分布

取式(11.1.36)的绝对值较小者作为扩展后的两节点模板 S_1；也就是说，如果

$$|N_{1L}|\leqslant|N_{1R}|$$

时则取 S_{1L} 作为 S_1，并且

$$u_{i+\frac{1}{2}}=(\bar{u})^n_i+N_{1L}(x-x_i)|_{x_{i+\frac{1}{2}}}$$

否则取 S_{1R} 作 S_1，且

$$u_{i+\frac{1}{2}}=(\bar{u})^n_i+N_{1R}(x-x_{i+1})|_{x_{i+\frac{1}{2}}}$$

然后在 S_1 模板的基础上用类似的办法去构造 S_2 模板，即向左增加一个节点记作 S_{2L} 或者向右增加一个节点记作 S_{2R}；比较它们的二阶 Newton 差商；如果 $|N_{2L}|\leqslant|N_{2R}|$，则选择 S_{2L} 作为 S_2 并且作出二阶的 Newton 插值公式，生成相应的 $u_{i+\frac{1}{2}}$ 值；否则选择 S_{2R} 作为 S_2，也有类似的过程。一般来讲，如果上述的过程一直进行下去可得到 $S_{(j-1)}$ 模板。在 $S_{(j-1)}$ 模板的边界上，向左增加一个节点记作 S_{jL} 或者向右增加一个节点记为 S_{jR}，这时要比较它们的 j 阶 Newton 差商，如果 $|N_{jL}|\leqslant|N_{jR}|$ 时则取 S_{jL} 作为 S_j，否则取 S_{jR} 作为 S_j，并且算出 j 阶的 Newton 插值公式，生成相应的 $u_{i+\frac{1}{2}}$ 值，进而得到边界点处的近似值

$$u^L_{i+\frac{1}{2}}=p_i(x_{i+\frac{1}{2}}),\quad u^R_{i-\frac{1}{2}}=p_i(x_{i-\frac{1}{2}}) \tag{11.1.37}$$

因此，对于所讨论的守恒律方程组的积分形式(11.1.23)，便可得到如下的守恒格式：

$$\frac{\mathrm{d}}{\mathrm{d}t}\bar{u}_i+\frac{1}{\Delta x_i}(\hat{f}(u^L_{i+\frac{1}{2}},u^R_{i+\frac{1}{2}})-\hat{f}(u^L_{i-\frac{1}{2}},u^R_{i-\frac{1}{2}}))=0 \tag{11.1.38}$$

式中：$\hat{f}(u^L,u^R)$ 为 ENO 方法的数值通量，它满足如下三点性质：①$\hat{f}(\cdot,\cdot)$是

Lipschitz 连续；②具有相容性，即 $\hat{f}(u,u)=f(u)$；③具有单调性 $\hat{f}(\uparrow,\downarrow)$，即对第一个变量非减，对第二变量非增。

通常有两类重要类型的 ENO 格式：一类是 MUSCL 型的 ENO 格式；另一类是非 MUSCL 型的 ENO 格式。所谓 MUSCL 型的 ENO 格式，简单来说它是规定以某种方式由网格中心处的原始变量值来确定网格界面处的原始变量值，然后借助于界面处的原始变量值算出网格界面处通量的一种计算格式。所谓非 MUSCL 型的 ENO 格式，简单地说它是直接规定以某种方式由网格中心处的通量值来确定网格界面处通量值的一种计算格式。可以证明，对于非线性的守恒律方程，高于二阶精度的 MUSCL 型格式是不存在的。因此，人们为了获得高于二阶精度的 ENO 格式，多去构造非 MUSCL 型的 ENO 格式。这里首先讨论一下数值通量的一种直接构造方法，然后再讨论 Runge-Kutta 型时间离散格式。考虑守恒律方程

$$\frac{\partial u}{\partial t}+\frac{\partial f(u)}{\partial x}=0 \tag{11.1.39}$$

它的半离散守恒型格式为

$$\frac{\mathrm{d}u_i(t)}{\mathrm{d}t}+\frac{1}{\Delta x_i}(\hat{f}_{i+\frac{1}{2}}-\hat{f}_{i-\frac{1}{2}})=0 \tag{11.1.40}$$

这里半离散格式中的 $u_i(t)$ 可以看成关于 $u(x_i,t)$ 的某种形式的近似值。另外，如果

$$\frac{1}{\Delta x}(\hat{f}_{i+\frac{1}{2}}-\hat{f}_{i-\frac{1}{2}})=\left(\frac{\partial f}{\partial x}\right)\bigg|_{x=x_i}+O(\Delta x^r) \tag{11.1.41}$$

则方程(11.1.39)的半离散守恒格式(11.1.40)对空间变量具有 r 阶精度。如果令 $\hat{f}_{i+\frac{1}{2}}$ 为数值通量且有

$$\hat{f}_{i+\frac{1}{2}}=f(x_{i+\frac{1}{2}})+\sum_{l=1}^{m-1}\left[a_{2l}(\Delta x)^{2l}\left(\frac{\partial^{2l}f}{\partial x^{2l}}\right)\bigg|_{x=x_{i+\frac{1}{2}}}\right]+O(\Delta x^{2m+1}) \tag{11.1.42}$$

注意到将 $f(x_{i+\frac{1}{2}})$ 与 $f(x_{i-\frac{1}{2}})$ 在 x_i 处展为 Taylor 级数，于是有

$$f(x_{i+\frac{1}{2}})-f(x_{i-\frac{1}{2}})=\sum_{l=0}^{m-1}\left[\frac{(\Delta x)^{2l+1}}{2^{2l}(2l+1)!}\left(\frac{\partial^{2l+1}f}{\partial x^{2l+1}}\right)_i\right]+O(\Delta x^{2m+1}) \tag{11.1.43}$$

借助于式(11.1.43)与式(11.1.42)并令 $a_0=1$，便有

$$\hat{f}_{i+\frac{1}{2}}-\hat{f}_{i-\frac{1}{2}}=\sum_{k=0}^{m-1}\sum_{l=0}^{k}\left[\frac{a_{2l}(\Delta x)^{2k+1}}{2^{2k-2l}(2k-2l+1)!}\left(\frac{\partial^{2k+1}f}{\partial x^{2k+1}}\right)_i\right]+O(\Delta x^{2m+1}) \tag{11.1.44}$$

显然，如果 $a_2,a_4,\cdots,a_{2m-2}$ 满足如下方程组：

$$\sum_{l=0}^{k}\left[\frac{a_{2l}}{2^{2k-2l}(2k-2l+1)!}\right]=0\quad(k=1,2,\cdots,m-1) \tag{11.1.45}$$

则式(11.1.44)变为

$$\hat{f}_{i+\frac{1}{2}} - \hat{f}_{i-\frac{1}{2}} = (\Delta x)\left(\frac{\partial f}{\partial x}\right)_{x=x_i} + O(\Delta x^{2m+1}) \tag{11.1.46}$$

由式(11.1.45),用递推法容易求得

$$a_2 = -\frac{1}{24},\quad a_4 = \frac{7}{5760},\quad a_6 = -\frac{31}{967\,680},\quad \cdots \tag{11.1.47}$$

至此,满足式(11.1.42)数值通量 $\hat{f}_{i+\frac{1}{2}}$ 与 $\hat{f}_{i-\frac{1}{2}}$ 的构造问题就变成计算 $\left[\frac{\partial^{2l} f}{\partial x^{2l}}\right]_{i+\frac{1}{2}}$ 项的问题,这里 $l=1,2,\cdots,m-1$;该项的计算,可以用紧致格式或者强紧致格式得出,也可以用构造插值多项式,然后再借助于插值多项式求偶次导数项的办法去逼近 $\partial^{2l} f/\partial x^{2l}$ 项。例如,常可以采用 ENO-LF 算法或者其他方法得到数值通量;对于构造符合高精度要求的插值多项式,通常最有效的办法之一是借助于 ENO 格式中可调节模板(又称移动模板)的思想。

下面扼要讨论一下具有 TVD 保持性质的 Runge-Kutta 法。首先将式(11.1.39)改写为

$$\frac{\mathrm{d}u}{\mathrm{d}t} = L(u) \tag{11.1.48}$$

式中:$L(u)$是逼近 $\partial f/\partial x$ 的离散算子。可以证明,具有 TVD 保持性质最优的二阶精度 Runge-Kutta 格式为

$$\begin{cases} u^{(1)} = u^n + (\Delta t)L(u^n) \\ u^{n+1} = \dfrac{1}{2}u^n + \dfrac{1}{2}u^{(1)} + \dfrac{1}{2}(\Delta t)L(u^{(1)}) \end{cases} \tag{11.1.49}$$

这里 CFL 数取为 1;可以证明,具有 TVD 保持性质最优的三阶精度 Runge-Kutta 格式为

$$\begin{cases} u^{(1)} = u^n + (\Delta t)L(u^n) \\ u^{(2)} = \dfrac{3}{4}u^n + \dfrac{1}{4}u^{(1)} + \dfrac{1}{4}(\Delta t)L(u^{(1)}) \\ u^{n+1} = \dfrac{1}{3}u^n + \dfrac{2}{3}u^{(2)} + \dfrac{2}{3}(\Delta t)L(u^{(2)}) \end{cases} \tag{11.1.50}$$

这里 CFL 数取为 1。文献[3]给出四阶时间精度的 Runge-Kutta 格式。

ENO 格式的主要思想是在若干个可能的插值单元区域中选择一个最光滑的插值区域,用它来进行插值计算以便高精度地逼近网格界面处的通量,并且同时可避免激波附近的虚假振荡。也就是说,ENO 是通过比较差商的绝对值大小自适应的选择模板。当然,对于这样一种重构方法,还有很多地方有待改进。例如,解及其导数在零点附近产生的舍入误差可能会改变模板的选择;在进行模板选择时,为了得到 k 阶精度的格式需要 k 个单元,于是总体上便覆盖了$(2k-1)$个单元,然而在最终计算时却仅能有一种形式的模板被使用。如果覆盖的$(2k-1)$个单元都利

用上，则在光滑区域可得到$(2k-1)$阶精度；另外，在 ENO 模板选择的源程序中使用了许多逻辑语句，因此就不便于进行并行运算。加权 ENO 方法以 ENO 方法为基础，同时消除了上面几点不足。其主要思想是：将原来 ENO 格式中仅用一个最光滑的插值区域去提供网格界面处数值通量的近似做法改成将每一个可能的插值区域所提供的网格界面处的数值通量作加权平均。也就是说，它不是选择其中的一种节点模板，而是利用所谓模板的凸组合。具体来讲，假定 k 个参选的模板为

$$S_r(i)=\{x_{i-r},x_{i-r+1},\cdots,x_{i-r+k-1}\}\quad(r=0,1,\cdots,k-1)\tag{11.1.51}$$

在 $x=x_{i+\frac{1}{2}}$ 处可以得到 k 个不同重构方式的 $u_{i+\frac{1}{2}}$ 值，即

$$u_{i+\frac{1}{2}}^{(r)}=\sum_{j=0}^{k-1}(c_{rj}\bar{u}_{i-r+j})\quad(r=0,1,\cdots,k-1)\tag{11.1.52}$$

加权 ENO(又可记作 WENO)格式是利用所有 $u_{i+\frac{1}{2}}^{(r)}$ 值的凸组合去计算 $u(x_{i+\frac{1}{2}})$，即

$$u_{i+\frac{1}{2}}=\sum_{r=0}^{k-1}(\omega_r u_{i+\frac{1}{2}}^{(r)})\tag{11.1.53}$$

为了满足稳定性和相容性，还要求

$$\omega_r\geqslant 0,\quad \sum_{r=0}^{k-1}\omega_r=1\tag{11.1.54}$$

另外，如果函数 $u(x)$在所有的模板中是光滑函数，则存在常数 c_r^* 使得

$$u_{i+\frac{1}{2}}=\sum_{r=0}^{k-1}(c_r^* u_{i+\frac{1}{2}}^{(r)})=u(x_{i+\frac{1}{2}})+O(\Delta x^{2k-1})\tag{11.1.55}$$

例如，若 $k=1$ 时，则 $c_0^*=1$；若 $k=2$ 时，则 $c_0^*=\frac{2}{3}$，$c_1^*=2$；若 $k=3$ 时，则 $c_0^*=\frac{3}{10}$，$c_1^*=\frac{3}{5}$，$c_2^*=\frac{1}{10}$；在 WENO 格式中，权函数应该光滑，并且当模板包含间断时，ω_r 应该取为零。通常取如下形式的权函数[3,4]：

$$\omega_r=\frac{\alpha_r}{\sum\limits_{j=0}^{k-1}\alpha_j}\quad(r=0,1,\cdots,k-1)\tag{11.1.56a}$$

$$\alpha_r=\frac{c_r^*}{(\varepsilon+\beta_r)^2}\tag{11.1.56b}$$

式中 $\varepsilon>0$ 的引入是为避免分母为零，这里可以取 $\varepsilon=10^{-6}$；β_r 称为“光滑因子”。假设模板 $S_r(i)$上的重构多项式为 $p_r(x)$，则大量的数值计算证实 β_r 可以按式(11.1.57)选择：

$$\beta_r=\sum_{l=1}^{k-1}\left[\int_{x_{i-\frac{1}{2}}}^{x_{i+\frac{1}{2}}}(\Delta x)^{2l-1}\left(\frac{\partial^l p_r(x)}{\partial x^l}\right)^2\mathrm{d}x\right]\quad(r=0,1,\cdots,k-1)\tag{11.1.57}$$

例如，当 $k=2$ 时，则

$$\beta_0=(\bar{u}_{i+1}-\bar{u}_i)^2,\quad \beta_1=(\bar{u}_i-\bar{u}_{i-1})^2 \tag{11.1.58a}$$

当 $k=3$ 时，则

$$\begin{cases}\beta_0=\dfrac{13}{12}(\bar{u}_i-2\bar{u}_{i+1}+\bar{u}_{i+2})^2+\dfrac{1}{4}(3\bar{u}_i-4\bar{u}_{i+1}+\bar{u}_{i+2})^2\\ \beta_1=\dfrac{13}{12}(\bar{u}_{i-1}-2\bar{u}_i+\bar{u}_{i+1})^2+\dfrac{1}{4}(\bar{u}_{i-1}-\bar{u}_{i+1})^2\\ \beta_2=\dfrac{13}{12}(\bar{u}_{i-2}-2\bar{u}_{i-1}+\bar{u}_i)^2+\dfrac{1}{4}(\bar{u}_{i-2}-4\bar{u}_{i-1}+3\bar{u}_i)^2\end{cases} \tag{11.1.58b}$$

作为一个典型算例，文献[2]中详细研究了在非结构网格下一类三阶加权高分辨率格式的构造过程；另外，文献[249]中给出了更多的结果，可供感兴趣者参考。

11.1.3 紧致格式、强紧致高精度格式以及优化的 WENO 格式

紧致格式的深入研究与应用是当前高精度格式研究的主要方向之一，它以精度高且格式所用点数少的特点而受到重视。20 世纪 90 年代以来，紧致格式有了新发展，文献[250]给出不限于三点的对称紧致格式如五点的六阶精度格式、七点的十阶精度格式等，并给出高阶导数的紧致逼近公式，同时也对这些逼近格式所能正确模拟的波数做了近似分析。应该看到，这些紧致格式（又称 Hermitian compact scheme）仍有不足之处即格式涉及的点数还嫌多，它会导致在边界上及在邻近边界的内点上处理边界问题的困难，为此文献[251]对上述紧致格式进行了改进，提出了迎风紧致以及超紧致的思想，然而上述文献未给出混合导数的处理过程以及边界点上如何具体进行高精度处理的措施。文献[4,186]在紧致格式的基础上，在三点模板的框架下，给出构造各奇次偏导数与偶次偏导数以及混合偏导数的高精度差分逼近通用公式，并给出内点及边界点上高精度处理的具体方法。文献[186,4]称这种格式为强紧致格式（strongly compact schemes，SC），又称为广义紧致格式（generalized compact schemes，GC）。因此，下面主要讨论强紧致格式。首先考虑针对 Euler 与 N-S 方程的模型方程

$$\frac{\partial u}{\partial t}+\frac{\partial f}{\partial x}=0,\quad f=au,\quad a=\text{const} \tag{11.1.59}$$

$$\frac{\partial u}{\partial t}+\frac{\partial f}{\partial x}=\mu\frac{\partial^2 u}{\partial x^2},\quad \mu=\text{const},\quad f=au,\quad a=\text{const} \tag{11.1.60}$$

令 G 为任意函数，引进差分逼近式 $G^{\langle j\rangle}$，注意这里上标〈$*$〉具有式(11.1.61)所赋予的特殊含义，即对于在 i 点处的任意函数 G 来讲，$G_i^{\langle j\rangle}$ 的定义式为

$$G_i^{\langle j\rangle}\equiv(\Delta x)^j G_i^{(j)}\equiv(\Delta x)^j\frac{\partial^j G_i}{\partial x^j} \tag{11.1.61}$$

如果用 G 代替模型方程(11.1.59)与(11.1.60)中的 u，则它们的半离散化差分逼

近式为

$$\frac{\partial G_i}{\partial t}+\frac{a}{\Delta x}G_i^{\langle 1\rangle}=0, \tag{11.1.62}$$

$$\frac{\partial G_i}{\partial t}+\frac{a}{\Delta x}G_i^{\langle 1\rangle}=\frac{\mu}{(\Delta x)^2}G_i^{\langle 2\rangle} \tag{11.1.63}$$

1) 构造奇次导数的 $2N$ 阶精度差分逼近

下面分三个小问题进行讨论：

(1) 对于内点。引进两个中心差分算子 δ_x^0 与 δ_x^2，其作用于 G_i 时分别为

$$\delta_x^0 G_i=\frac{1}{2}(\delta_x^+ +\delta_x^-)G_i=\frac{1}{2}(G_{i+1}-G_{i-1}) \tag{11.1.64}$$

$$\delta_x^2 G_i=\delta_x^+\delta_x^- G_i=(G_{i+1}-2G_i+G_{i-1}) \tag{11.1.65}$$

式中 δ_x^+，δ_x^- 的定义与目前计算流体力学书中所采用的定义相同，即

$$\delta_x^+ G_i\equiv G_{i+1}-G_i,\quad \delta_x^- G_i\equiv G_i-G_{i-1} \tag{11.1.66}$$

将式(11.1.65)在 i 点作 Taylor 级数展开，各项分别用算子 $(\Delta x)^{2r-1}\dfrac{\partial^{(2r-1)}}{\partial x^{(2r-1)}}$ 作用，并注意式(11.1.61)的定义，得到

$$\frac{1}{2}\left[G_{i+1}^{\langle 2r-1\rangle}-2G_i^{\langle 2r-1\rangle}+G_{i-1}^{\langle 2r-1\rangle}\right]=\sum_{s=1}^{N-r}\left[\frac{1}{(2s)!}G_i^{\langle 2r+2s-1\rangle}\right]$$
$$+O((\Delta x)^{(2N+1)})\quad (r=1,2,\cdots,N-1) \tag{11.1.67}$$

当 $r=N-1$ 时，式(11.1.67)变为

$$\delta_x^2 G_i^{\langle 2N-3\rangle}=G_i^{\langle 2N-1\rangle}+O((\Delta x)^{(2N+1)}) \tag{11.1.68}$$

将式(11.1.68)代入式(11.1.67)得到

$$\sum_{s=1}^{N-r-1}\left[\frac{1}{(2s)!}G_i^{\langle 2r+2s-1\rangle}\right]-\frac{1}{2}\delta_x^2 G_i^{\langle 2r-1\rangle}+\frac{1}{[2(N-r)]!}\delta_x^2 G_i^{\langle 2N-3\rangle}$$
$$+O((\Delta x)^{(2N+1)})=0\quad (r=1,2,\cdots,N-2) \tag{11.1.69}$$

另外，将式(11.1.64)在 i 点作 Taylor 级数展开并注意到式(11.1.61)与式(11.1.68)，得到

$$\sum_{s=1}^{N-1}\left[\frac{1}{(2s-1)!}G_i^{\langle 2s-1\rangle}\right]+\frac{1}{(2N-1)!}\delta_x^2 G_i^{\langle 2N-3\rangle}+O((\Delta x)^{(2N+1)})=\delta_x^0 G_i \tag{11.1.70}$$

显然，式(11.1.70)与式(11.1.69)中共含有 $(N-1)$ 个未知函数，即 $G^{\langle 1\rangle}$，$G^{\langle 3\rangle}$，…，$G^{\langle 2N-3\rangle}$，而且式(11.1.69)与式(11.1.70)也共有 $(N-1)$ 个方程，因而该问题可以统一求解，它们反映了内点格式的强紧致特性。

(2) 对于左边界点。现针对左边界点讨论构造奇次导数 $2N$ 阶精度差分逼近的具体过程。引进向前差分算子 δ_x^+：

$$\delta_x^+ G_i=G_{i+1}-G_i \tag{11.1.71}$$

将式(11.1.71)在 i 点作 Taylor 级数展开，并注意用算子 $(\Delta x)^{(2r-1)}\dfrac{\partial^{(2r-1)}}{\partial x^{(2r-1)}}$ 作用各项，得到

$$\sum_{s=1}^{N-r}\left[\frac{1}{(2s)!}G_i^{\langle 2r+2s-1\rangle}\right]-\delta_x^+G_i^{\langle 2r-1\rangle}=O((\Delta x)^{(2N+1)})-C_r\quad(r=1,2,\cdots,N-1)\tag{11.1.72}$$

其中

$$C_r=\sum_{s=1}^{N-r+1}\left[\frac{1}{(2s-1)!}G_i^{\langle 2r+2s-2\rangle}\right]\tag{11.1.73}$$

特别是当 $r=N-1$ 时，式(11.1.72)变为

$$\delta_x^+G_i^{\langle 2N-3\rangle}=\frac{1}{2}G_i^{\langle 2N-1\rangle}+C_{N-1}-O((\Delta x)^{(2N+1)})\tag{11.1.74}$$

将式(11.1.71)在 i 点作 Taylor 级数展开，并注意到式(11.1.74)，又可得到

$$\begin{aligned}&\sum_{s=1}^{N-1}\left[\frac{1}{(2s-1)!}G_i^{\langle 2s-1\rangle}\right]+\frac{2}{(2N-1)!}\delta_x^+G_i^{\langle 2N-3\rangle}\\&=\delta_x^+G_i+b_1+\frac{2}{(2N-1)!}C_{N-1}-O((\Delta x)^{(2N+1)})\end{aligned}\tag{11.1.75}$$

其中

$$b_1=-\sum_{s=1}^{N}\left[\frac{1}{(2s)!}G_i^{\langle 2s\rangle}\right]\tag{11.1.76}$$

将式(11.1.74)代入式(11.1.72)，得到

$$\begin{aligned}&\sum_{s=1}^{N-r-1}\left[\frac{1}{(2s)!}G_i^{\langle 2r+2s-1\rangle}\right]+\frac{2}{[2(N-r)]!}\delta_x^+G_i^{\langle 2N-3\rangle}-\delta_x^+G_i^{\langle 2r-1\rangle}\\&=\frac{2C_{N-1}}{[2(N-r)]!}-C_r+O((\Delta x)^{(2N+1)})\quad(r=1,2,\cdots,N-2)\end{aligned}\tag{11.1.77}$$

显然，式(11.1.75)与式(11.1.77)中共含有$(N-1)$个未知函数，即 $G^{\langle 1\rangle},G^{\langle 3\rangle},\cdots,G^{\langle 2N-3\rangle}$，而且式(11.1.75)与式 (11.1.77)共含有$(N-1)$个方程，它们构成了对左边界点上奇次导数 $2N$ 阶精度的差分逼近。

(3) 对于右边界点。引进向后差分算子 δ_x^-，其作用于 G_i 时有

$$\delta_x^-G_i=G_i-G_{i-1}\tag{11.1.78}$$

类似于左边界点的推导过程可以得到下面的公式：

$$\begin{aligned}&\sum_{s=1}^{N-1}\left[\frac{1}{(2s-1)!}G_i^{\langle 2s-1\rangle}\right]-\frac{2}{(2N-1)!}\delta_x^-G_i^{\langle 2N-3\rangle}\\&=\delta_x^-G_i-b_1-\frac{2C_{N-1}}{(2N-1)!}-O((\Delta x)^{(2N+1)})\quad(r=1,2,\cdots,N-2)\end{aligned}\tag{11.1.79}$$

$$\sum_{s=1}^{N-r-1}\left[\frac{1}{(2s)!}G_i^{\langle 2r+2s-1\rangle}\right]-\frac{2}{[2(N-r)]!}\delta_x^- G_i^{\langle 2N-3\rangle}+\delta_x^- G_i^{\langle 2r-1\rangle}$$
$$=C_r-\frac{2C_{N-1}}{[2(N-r)]!}+O((\Delta x)^{(2N+1)})\quad (r=1,2,\cdots,N-2)$$
(11.1.80)

符号 b_1、C_r 与 C_{N-1}的定义同前。显然,式(11.1.79)与式(11.1.80)共含有$(N-1)$个未知函数,即 $G^{\langle 1\rangle},G^{\langle 3\rangle},\cdots,G^{\langle 2N-3\rangle}$,并且式(11.1.79)与式(11.1.80)共有$(N-1)$个方程,同样它们的确定也依赖于方程组的统一求解。式(11.1.69)、式(11.1.70)、式(11.1.75)、式(11.1.77)、式(11.1.79)、式(11.1.80)构成了针对奇次导数的高精度强紧致三点差分逼近格式,并且它们对内点具有 $2N$ 阶精度,对边界点也具有 $2N$ 阶精度。另外,以 $G^{\langle 1\rangle},G^{\langle 3\rangle},\cdots,G^{\langle 2N-3\rangle}$ 为未知函数的方程组,其系数矩阵具有典型的块三对角阵特征,它的每一个块元素均为$(N-1)\times(N-1)$的小矩阵,因此 $G^{\langle 1\rangle},G^{\langle 3\rangle},\cdots,G^{\langle 2N-3\rangle}$ 的求解可用 Chakravarthy 发展的块三对角阵追赶法进行快速求解。

2) 构造偶次导数的 $2N$ 阶精度差分逼近

(1) 对于内点。引进算子 δ_x^2,其作用于 G_i 时为

$$\delta_x^2 G_i=G_{i+1}-2G_i+G_{i-1}$$

将上式在 i 点作 Taylor 级数展开:

$$\sum_{s=1}^{N}\left[\frac{1}{(2s)!}G_i^{\langle 2s\rangle}\right]+O((\Delta x)^{2(N+1)})=\frac{1}{2}\delta_x^2 G_i \tag{11.1.81}$$

将式(11.1.81)用算子$(\Delta x)^{2r}\dfrac{\partial^{2r}}{\partial x^{2r}}$作用后得

$$\sum_{s=1}^{N-r}\left[\frac{1}{(2s)!}G_i^{\langle 2r+2s\rangle}\right]+O((\Delta x)^{2(N+1)})=\frac{1}{2}\delta_x^2 G_i^{\langle 2r\rangle}\quad (r=1,2,\cdots,N-1)$$
(11.1.82)

当 $r=N-1$ 时,式(11.1.82)变为

$$G_i^{\langle 2N\rangle}=\delta_x^2 G_i^{\langle 2(N-1)\rangle}-O((\Delta x)^{2(N+1)}) \tag{11.1.83}$$

将式(11.1.83)代入式(11.1.82)中得

$$\sum_{s=1}^{N-r-1}\left[\frac{1}{(2s)!}G_i^{\langle 2r+2s\rangle}\right]-\frac{1}{2}\delta_x^2 G_i^{\langle 2r\rangle}+\frac{1}{[2(N-r)]!}\delta_x^2 G_i^{\langle 2N-2\rangle}$$
$$+O((\Delta x)^{2(N+1)})=0\quad (r=1,2,\cdots,N-2) \tag{11.1.84}$$

将式(11.1.83)代入式(11.1.81)得

$$\sum_{s=1}^{N-1}\left[\frac{1}{(2s)!}G_i^{\langle 2s\rangle}\right]+\frac{1}{(2N)!}\delta_x^2 G_i^{\langle 2N-2\rangle}+O((\Delta x)^{2(N+1)})=\frac{1}{2}\delta_x^2 G_i$$
(11.1.85)

显然,式(11.1.84)与式(11.1.85)共含有$(N-1)$个未知函数,即 $G^{\langle 2\rangle},G^{\langle 4\rangle},\cdots,$

$G^{\langle 2N-2\rangle}$，而且式(11.1.84)与式(11.1.85)也含有$(N-1)$个方程，故内点问题适定。

(2)对左边界点的处理。引进向前差分算子 δ_x^+，

$$\delta_x^+ G_i = G_{i+1} - G_i \tag{11.1.86}$$

将式(11.1.86)在 i 点作 Taylor 级数展开，并用算子$(\Delta x)^{2r}\dfrac{\partial^{2r}}{\partial x^{2r}}$作用各项，可得

$$\sum_{s=1}^{N-r}\left[\frac{1}{(2s)!}G_i^{\langle 2r+2s\rangle}\right]-\delta_x^+ G_i^{\langle 2r\rangle} = e_r + O((\Delta x)^{2(N+1)}) \quad (r=1,2,\cdots,N-1) \tag{11.1.87}$$

其中

$$e_r = -\sum_{s=1}^{N-r}\left[\frac{1}{(2s-1)!}G_i^{\langle 2r+2s-1\rangle}\right] \tag{11.1.88}$$

当 $r=N-1$ 时，式(11.1.87)变为

$$\frac{1}{2}G_i^{\langle 2N\rangle} = \delta_x^+ G_i^{\langle 2N-2\rangle} + e_{N-1} + O((\Delta x)^{2N+1}) \tag{11.1.89}$$

将式(11.1.89)代入式(11.1.87)，得到

$$\begin{aligned}&\sum_{s=1}^{N-r-1}\left[\frac{1}{(2s)!}G_i^{\langle 2r+2s\rangle}\right]+\frac{2}{[2(N-r)]!}\delta_x^+ G_i^{\langle 2N-2\rangle} - \delta_x^+ G_i^{\langle 2r\rangle}\\ &= e_r - \frac{2}{[2(N-r)]!}e_{N-1} + O((\Delta x)^{2N+1}) \quad (r=1,2,\cdots,N-2)\end{aligned} \tag{11.1.90}$$

另外，将式(11.1.86)在 i 点作 Taylor 级数展开，并注意到式(11.1.89)，又可得

$$\begin{aligned}&\sum_{s=1}^{N-1}\left[\frac{1}{(2s)!}G_i^{\langle 2s\rangle}\right]+\frac{2}{(2N)!}\delta_x^+ G_i^{\langle 2N-2\rangle}\\ &= \delta_x^+ G_i + b_2 - \frac{2}{(2N)!}e_{N-1} + O((\Delta x)^{2N+1})\end{aligned} \tag{11.1.91}$$

其中

$$b_2 = -\sum_{s=1}^{N}\left[\frac{1}{(2s-1)!}G_i^{\langle 2s-1\rangle}\right] \tag{11.1.92}$$

显然，式(11.1.90)与式(11.1.91)含有$(N-1)$个未知函数，即 $G^{\langle 2\rangle}, G^{\langle 4\rangle}, \cdots, G^{\langle 2N-2\rangle}$，而式(11.1.90)与式(11.1.91)也共有$(N-1)$个方程，它们构成了对左边界点上针对偶次导数 $2N$ 阶精度的差分逼近。

(3) 右边界点的处理。引进后差分算子 δ_x^-，作用于 G_i 有

$$\delta_x^- G_i = G_i - G_{i-1}$$

类似于左边界点的推导过程，可得到如下两个方程：

$$\sum_{s=1}^{N-1}\left[\frac{1}{(2s)!}G_i^{\langle 2s\rangle}\right]-\frac{1}{(2N)!}\delta_x^- G_i^{\langle 2N-2\rangle}$$

$$=-\delta_x^- G_i - b_2 + \frac{2}{(2N)!}e_{N-1} + O((\Delta x)^{2N+1}) \tag{11.1.93}$$

$$\sum_{s=1}^{N-r-1}\left[\frac{1}{(2s)!}G_i^{\langle 2r+2s\rangle}\right] - \frac{2}{[2(N-r)]!}\delta_x^- G_i^{\langle 2N-2\rangle} + \delta_x^- G_i^{\langle 2r\rangle}$$

$$=\frac{2}{[2(N-r)]!}e_{N-1} - e_r + O((\Delta x)^{2N+1}) \quad (r=1,2,\cdots,N-2) \tag{11.1.94}$$

方程(11.1.93)与(11.1.94)含有($N-1$)个未知函数,即 $G^{\langle 2\rangle},G^{\langle 4\rangle},\cdots,G^{\langle 2N-2\rangle}$,而且式(11.1.93)与式(11.1.94)由($N-1$) 个方程组成,因此右边界点问题也适定。至此,式(11.1.84)、式(11.1.85)、式(11.1.90)、式(11.1.91)、式(11.1.94)与式(11.1.93)构成了针对偶次导数的高精度强紧致三点差分逼近格式。它们对内点具有($2N+1$)阶精度,对边界点具有 $2N$ 阶精度。另外,以 $G^{\langle 2\rangle},G^{\langle 4\rangle},\cdots,G^{\langle 2N-2\rangle}$ 为未知函数的方程组的系数矩阵也属于块三角阵,它的每个块元素也均为$(N-1)\times(N-1)$的小矩阵,也可以用 Chakravarthy 算法快速求解。

3) 构造混合导数的 $2N$ 阶精度差分逼近

假设 G 为任意函数,为了得到混合导数$\dfrac{\partial^2 G}{\partial x\partial y}$的高精度差分逼近,首先要获得混合导数的高阶精度三点强紧致格式,文献[4,186]中提出了如下两步措施:第 1 步,采用 11.1 节中给出的关于构造奇次导数 $2N$ 阶精度差分逼近的办法在 x 方向上构造强紧致 $2N$ 阶精度的差分逼近,得到$\left(\dfrac{\partial G}{\partial x}\right)_i$;第 2 步,以$(\Delta x)\left(\dfrac{\partial G}{\partial x}\right)$取代第 1 步中的任意函数 G,并且在 y 方向上构造强紧致 $2N$ 阶精度的差分逼近,便得到$\dfrac{\partial^2 G}{\partial x\partial y}$的高精度强紧致格式。下面以内点为例具体说明上述过程:为简便起见,令 $\Delta x=\Delta y=h$,引进中心算子 δ_y^0 与 δ_y^2,它们作用于 G_j 时分别为

$$\delta_y^0 G_j = \frac{1}{2}(\delta_y^+ + \delta_y^-)G_j = \frac{1}{2}(G_{j+1} - G_{j-1}) \tag{11.1.95}$$

$$\delta_y^2 G_j = \delta_y^+\delta_y^- G_j = G_{j+1} - 2G_j + G_{j-1} \tag{11.1.96}$$

以$\left(h\dfrac{\partial G}{\partial x}\right)_{i,j}$代替式(11.1.96)中的 G 之后,将其在 j 点作 Taylor 级数展开,并用算子 $h^{(2r-1)}\dfrac{\partial^{(2r-1)}}{\partial y^{(2r-1)}}$作用各项,可得

$$\sum_{s=1}^{N-r}\left[\frac{h^{2(r+s)}\partial^{2(r+s)}G}{(2s)!\partial x\partial y^{(2r+2s-1)}}\right]_{i,j} - \frac{1}{2}B_r + O(h^{2N+1}) = 0 \tag{11.1.97}$$

$$B_r = \left[h^{2r}\frac{\partial^{2r}G}{\partial x\partial y^{(2r-1)}}\right]_{i,j+1} - 2\left[h^{2r}\frac{\partial^{2r}G}{\partial x\partial y^{(2r-1)}}\right]_{i,j} + \left[h^{2r}\frac{\partial^{2r}G}{\partial x\partial y^{(2r-1)}}\right]_{i,j-1}$$

$$=\delta_y^2\left[h^{2r}\frac{\partial^{2r}G}{\partial x\partial y^{(2r-1)}}\right]_{i,j} \quad (r=1,2,\cdots,N-1) \tag{11.1.98}$$

当 $r=N-1$ 时,式(11.1.97)变为

$$\left[h^{2N}\frac{\partial^{2N}G}{\partial x\partial y^{(2N-1)}}\right]_{i,j}+O(h^{2N+1})=B_{N-1} \tag{11.1.99}$$

将式(11.1.99)代入式(11.1.97)后得到

$$\sum_{s=1}^{N-r-1}\left[\frac{h^{2(r+s)}}{(2s)!}\frac{\partial^{2(r+s)}G}{\partial x\partial y^{(2r+2s-1)}}\right]_{i,j}+\frac{1}{[2(N-r)]!}B_{N-1}-\frac{1}{2}B_r$$
$$+O(h^{2N+1})=0\quad(r=1,2,\cdots,N-2) \tag{11.1.100}$$

以 $\left(h\dfrac{\partial G}{\partial x}\right)_{i,j}$ 代替式(11.1.95)中的 G_j 之后,将其在 j 点作 Taylor 级数展开,并注意使用式(11.1.99),可得到

$$\sum_{s=1}^{N-1}\left[\frac{h^{2s}}{(2s-1)!}\frac{\partial^{2s}G}{\partial x\partial y^{(2s-1)}}\right]_{i,j}+\frac{1}{(2N-1)!}B_{N-1}+O(h^{2N+1})=\delta_y^0\left(h\frac{\partial G}{\partial x}\right)_{i,j} \tag{11.1.101}$$

式(11.1.100)与式(11.1.101)共含有 $\dfrac{\partial^2 G}{\partial x\partial y},\dfrac{\partial^4 G}{\partial x\partial y^3},\cdots,\dfrac{\partial^{(2N-2)}G}{\partial x\partial y^{(2N-3)}}$ 这($N-1$)个未知函数,而且式(11.1.100)与式(11.1.101)也恰巧有($N-1$)个方程,因此内点的混合导数问题是适定的,于是式(11.1.100)与式(11.1.101)便构成内点上混合导数的 $2N$ 阶精度强紧致三点差分逼近格式。

这里不妨对上述强紧致格式作一下小结:强紧致差分与普通差分相比,它能更好地模拟小尺度物理量,因此它更适用于复杂的湍流流场和气动声学场的计算;它与通用的紧致格式相比,它克服了通用紧致格式在临近边界的内点处格式精度下降的缺点,关于这个优点非常重要。如果用 $\dot{f}$ 与 $\ddot{f}$ 分别代表 f 的一阶与二阶导数时,则一般紧致格式的通用形式为

$$\sum_s(\alpha_s\dot{f}_{i+s})=\sum_s[\beta_s(f_{i+s+1}+f_{i+s})] \tag{11.1.102}$$

$$\sum_s(\tilde{\alpha}_s\ddot{f}_{i+s})=\sum_s[\tilde{\beta}_s(f_{i+s+1}-2f_{i+s}+f_{i+s-1})] \tag{11.1.103}$$

而对于强紧致(或广义紧致)格式,则含有 $f^{(1)},f^{(2)},\cdots,f^{(m)}$ 的一般通用格式为

$$F(x_i,f_i,f_i^{(1)},f_i^{(2)},\cdots,f_i^{(m)})=0\quad(i=1,2,\cdots,N) \tag{11.1.104a}$$

式中:上标 m 为构造强紧致格式而引进的导数最高阶数;$f^{(1)},f^{(2)},\cdots\cdots,f^{(m)}$ 分别为在 $x=x_i$ 处 f 对 x 的一阶、二阶、……、m 阶导数;N 为网格总的点数。这里注意要引进如下 m 个线性无关的且都是 p 阶精度的补充关系式:

$$\sum_{s=s_1}^{s_2}\sum_{j=0}^{m}[\alpha_{s,j}^{l}(\Delta x)^j f_{i+s}^{(j)}]=0\quad(l=1,2,\cdots,m) \tag{11.1.104b}$$

从式(11.1.104b)中任取一个补充关系式,即

$$\sum_{s=s_1}^{s_2}\sum_{j=0}^{m}[\alpha_{s,j}(\Delta x)^j f_{i+s}^{(j)}]=0 \tag{11.1.105}$$

它具有 p 阶精度。因希望这个补充关系式具有 p 阶精度，于是将式(11.1.105)展开时它的第 0,1,…,p 阶导数项的系数必然为零，从而可得到关于系数 $\alpha_{s,j}$ 的约束方程组，即

$$\begin{cases}\sum_{s=s_1}^{s_2}\alpha_{s,0}=0\\ \sum_{s=s_1}^{s_2}(s\alpha_{s,0}+\alpha_{s,1})=0\\ \vdots\\ \sum_{s=s_1}^{s_2}\left(\frac{s^P}{p!}\alpha_{s,0}+\frac{s^{P-1}}{(p-1)!}\alpha_{s,1}+\cdots+\alpha_{s,p}\right)=0\end{cases}\tag{11.1.106}$$

式(11.1.106)为$(p+1)$个方程构成的齐次方程组。为了保证这个齐次方程组有非零解，就必须满足$(p+1)<(m+1)(S_2-S_1+1)$；另外，为了能从式(11.1.106)中获得 m 组彼此线性无关的补充关系式的系数，必须在 $\alpha_{s,j}$ 中取 m 个作为自由参数，于是 $\alpha_{s,j}$ 中独立系数的个数便为

$$Q=(m+1)(S_2-S_1+1)-m=(m+1)(S_2-S_1)+1\tag{11.1.107}$$

如果$(p+1)<Q$ 时，即约束方程的个数少于独立待定系数的个数时，这表明还可再增加约束；如果$(p+1)>Q$ 时，即约束方程的个数多于独立待定系数的个数时，则无解，此时只有减少约束方程的个数。综上分析可知：强紧致格式(11.1.104)能达到的最高精度为

$$p_{\max}=(S_2-S_1)(m+1)\tag{11.1.108}$$

对于三点强紧致格式来讲，如果取 $S_1=-1$，$S_2=1$ 时，则这时的 $p_{\max}$ 为

$$p_{\max}=2(m+1)\tag{11.1.109}$$

另外还应指出的是，因为由同样三个网格点(如 $i-1,i,i+1$)所构造的中心三点格式与偏心三点格式之间是线性相关的，为了避免这种情况，于是可以在边界处增加一个格式点而得到与内点有同样精度的补充关系式，或者是不增加格式点而得到比内点低一阶精度的补充关系式。例如，文献[185]在构造强紧致六阶格式时，在边界点处便采用了上面所讲的两种措施，这里仅给出采用降低一阶精度(即内点六阶而边界点五阶)时在左边界与右边界的补充关系式为

左边界：

$$f_1-2f_2+f_3+\frac{1}{6}(\Delta x)[f_1^{(1)}-f_3^{(1)}]-\frac{1}{36}(\Delta x)^2[f_1^{(2)}+22f_2^{(2)}+f_3^{(2)}]=0\tag{11.1.110a}$$

$$f_1-f_2+\frac{1}{15}(\Delta x)[7f_1^{(1)}+8f_2^{(1)}]$$

$$+\frac{1}{360}(\Delta x)^2[25f_1^{(2)}-38f_2^{(2)}+f_3^{(2)}]=0 \qquad (11.1.110b)$$

右边界：

$$f_{N-2}-2f_{N-1}+f_N+\frac{1}{6}(\Delta x)[f_{N-2}^{(1)}-f_N^{(1)}]$$

$$-\frac{1}{36}(\Delta x)^2[f_{N-2}^{(2)}+22f_{N-1}^{(2)}+f_N^{(2)}]=0 \qquad (11.1.110c)$$

$$f_{N-2}-f_{N-1}+\frac{1}{15}(\Delta x)[7f_{N-2}^{(1)}+8f_{N-1}^{(1)}]$$

$$+\frac{1}{360}(\Delta x)^2[25f_{N-2}^{(2)}-38f_{N-1}^{(2)}+f_N^{(2)}]=0 \qquad (11.1.110d)$$

此外,更为重要的是,在强隐式格式中所引进的未知量的导数值具有显式的关系式(如式(11.1.113)那样)。以引进的未知量导数最高阶数 $m=2$ 时为例,这时在每个网格点(其中包括内点与边界点)上都有两个补充关系式,令

$$\{\boldsymbol{f}\}\equiv[f_1,f_2,\cdots,f_N]^{\mathrm{T}} \qquad (11.1.111a)$$

$$\{\boldsymbol{f}^{(1)}\}\equiv[f_1^{(1)},f_2^{(1)},f_3^{(1)},\cdots,f_N^{(1)}]^{\mathrm{T}} \qquad (11.1.111b)$$

$$\{\boldsymbol{f}^{(2)}\}\equiv[f_1^{(2)},f_2^{(2)},f_3^{(2)},\cdots,f_N^{(2)}]^{\mathrm{T}} \qquad (11.1.111c)$$

式中:N 为网格总的点数。将所有网格点上的补充关系式整理为如下代数方程式:

$$\boldsymbol{A}_1\cdot\{\boldsymbol{f}^{(1)}\}+\boldsymbol{A}_2\cdot\{\boldsymbol{f}^{(2)}\}+\boldsymbol{A}_3\cdot\{\boldsymbol{f}\}=0 \qquad (11.1.112a)$$

$$\boldsymbol{B}_1\cdot\{\boldsymbol{f}^{(1)}\}+\boldsymbol{B}_2\cdot\{\boldsymbol{f}^{(2)}\}+\boldsymbol{B}_3\cdot\{\boldsymbol{f}\}=0 \qquad (11.1.112b)$$

式中:$\boldsymbol{A}_1$、$\boldsymbol{A}_2$ 与 $\boldsymbol{A}_3$ 均是由 $\alpha_{s,j}^{l}(\Delta x)^j$ 为元素所构成的矩阵;$\boldsymbol{B}_1$、$\boldsymbol{B}_2$ 与 $\boldsymbol{B}_3$ 均是由 $\alpha_{s,j}^{2}(\Delta x)^j$ 为元素所构成的矩阵。由式(11.1.112)又可得

$$\{\boldsymbol{f}^{(1)}\}=(\boldsymbol{A}_2^{-1}\cdot\boldsymbol{A}_1-\boldsymbol{B}_2^{-1}\cdot\boldsymbol{B}_1)^{-1}\cdot(\boldsymbol{B}_2^{-1}\cdot\boldsymbol{B}_3-\boldsymbol{A}_2^{-1}\cdot\boldsymbol{A}_3)\cdot\{\boldsymbol{f}\}=\widetilde{\boldsymbol{A}}\cdot\{\boldsymbol{f}\} \qquad (11.1.113a)$$

$$\{\boldsymbol{f}^{(2)}\}=(\boldsymbol{A}_1^{-1}\cdot\boldsymbol{A}_2-\boldsymbol{B}_1^{-1}\cdot\boldsymbol{B}_2)^{-1}\cdot(\boldsymbol{B}_1^{-1}\cdot\boldsymbol{B}_3-\boldsymbol{A}_1^{-1}\cdot\boldsymbol{A}_3)\cdot\{\boldsymbol{f}\}=\widetilde{\boldsymbol{B}}\cdot\{\boldsymbol{f}\} \qquad (11.1.113b)$$

其中

$$\widetilde{\boldsymbol{A}}\equiv(\boldsymbol{A}_2^{-1}\cdot\boldsymbol{A}_1-\boldsymbol{B}_2^{-1}\cdot\boldsymbol{B}_1)^{-1}\cdot(\boldsymbol{B}_2^{-1}\cdot\boldsymbol{B}_3-\boldsymbol{A}_2^{-1}\cdot\boldsymbol{A}_3) \qquad (11.1.114a)$$

$$\widetilde{\boldsymbol{B}}\equiv(\boldsymbol{A}_1^{-1}\cdot\boldsymbol{A}_2-\boldsymbol{B}_1^{-1}\cdot\boldsymbol{B}_2)^{-1}\cdot(\boldsymbol{B}_1^{-1}\cdot\boldsymbol{B}_3-\boldsymbol{A}_1^{-1}\cdot\boldsymbol{A}_3) \qquad (11.1.114b)$$

显然,对于已经划分好的确定网格来讲,矩阵 $\widetilde{\boldsymbol{A}}$ 与 $\widetilde{\boldsymbol{B}}$ 只需计算一次便可以在流场迭代计算中反复使用。换句话说,所引进的那些未知量导数在每次迭代计算过程中仅需完成一次矩阵相乘运算[如式(11.1.113)那样],而不需要每次迭代都去重复求解内点与边界点的补充关系式所构成的大型代数方程组,因此在强紧致格式中由于引入未知量的导数所增加的计算量并不大。

4）单元体表面中心处数值通量的重构

对于有限差分问题，在高精度、高分辨率数值格式中，单元体表面中心处数值通量的重构一直是众多 CFD 工作者关注的热点问题，邬华谟等提出了 UENO 格式[252]，Osher 和舒其望等提出并发展了 WENO 格式[253,254]，这两个格式虽然会随着精度阶数的提高，格式中所含格点数相应增加，都会导致在临近边界的内点处精度不得不下降的现象，然而如果将它们与强紧致格式导出的导数计算关系式[如式(11.1.113)那样]相结合，便能有效地弥补在临近边界的内点处精度下降的缺憾。对此，下面仅十分简明扼要的讨论如下：

(1) UENO-SC 格式。

文献[252]指出，对于真正非线性的守恒律方程，高于二阶精度的 MUSCL 型格式是不存在的。因此，为获得高于二阶的 ENO 格式只能去考虑非 MUSCL 型格式的构造。考虑守恒律方程(11.1.39)，在已知$\{f_i^{\pm}\}$的分布时去构造 $x=x_{i+\frac{1}{2}}$ 附近的插值多项式 $P_{i+\frac{1}{2}}^{\pm}(x)$，使得

$$P_{i+\frac{1}{2}}^{\pm}(x)=f^{\pm}(x)+o((\Delta x)^{r+1})\quad(|x-x_{i+\frac{1}{2}}|\leqslant\Delta x)\tag{11.1.115}$$

令

$$f_i^{\pm}\equiv f^{\pm}(u_i)=f^{\pm}(u_i(x_i))=f^{\pm}(x_i)\tag{11.1.116}$$

于是具有 r 阶精度时的数值通量 $\hat{f}_{i+\frac{1}{2}}$ 的表达式：

$$\hat{f}_{i+\frac{1}{2}}=P_{i+\frac{1}{2}}^{\pm}(x)_{i+\frac{1}{2}}+\sum_{l=1}^{\left[\frac{t-1}{2}\right]}\left[a_{2l}(\Delta x)^{2l}\left(\frac{\partial^{2l}P_{i+\frac{1}{2}}^{\pm}}{\partial x^{2l}}\right)_{i+\frac{1}{2}}\right]+o((\Delta x)^{r+1})\tag{11.1.117}$$

式中求和符号的上标$\left[\frac{t-1}{2}\right]$代表 t 是不大于 r 的最大奇数；系数 a_{2l} 满足关系式(11.1.45)，并且其中 $a_0=1$；这里满足式(11.1.115)的插值多项式并不是唯一的，下面仅给出如下几种迎风方式：

$$P_{i+\frac{1}{2}}^{+}(x)=\sum_{k=0}^{r}\left[\frac{(x-x_i)^k}{k!(\Delta x)^k}D_i^{+(k)}\right]\tag{11.1.118a}$$

$$P_{i+\frac{1}{2}}^{-}(x)=\sum_{k=0}^{r}\left[\frac{(x-x_{i+1})^k}{k!(\Delta x)^k}D_{i+1}^{-(k)}\right]\tag{11.1.118b}$$

式中算子 $D_i^{+(k)}$ 与 $D_{i+1}^{-(k)}$ 应该满足如下关系式：

$$D_i^{+(k)}=(\Delta x)^k\left(\frac{\partial^k f^+}{\partial x^k}\right)_i+o((\Delta x)^{r+1})\tag{11.1.119a}$$

$$D_{i+1}^{-(k)}=(\Delta x)^k\left(\frac{\partial^k f^-}{\partial x^k}\right)_{i+1}+o((\Delta x)^{r+1})\quad(k=0,1,\cdots,r)\tag{11.1.119b}$$

以 $r=3$ 为例，满足式(11.1.119)的算子 $D_i^{+(k)}$ 与 $D_{i+1}^{-(k)}$ 可以写为

$$D_i^{\pm(3)} \equiv \frac{1}{2}(D_{i+\frac{1}{2}}^{\pm(3)} + D_{i-\frac{1}{2}}^{\pm(3)}) \tag{11.1.120a}$$

$$D_{i+\frac{1}{2}}^{\pm(3)} \equiv ms[(\Delta x)^3 f_{i+1}^{\pm(3)}, (\Delta x)^3 f_i^{\pm(3)}] \tag{11.1.120b}$$

$$D_i^{\pm(2)} \equiv \frac{1}{2}(D_{i+\frac{1}{2}}^{\pm(2)} + D_{i-\frac{1}{2}}^{\pm(2)}) \tag{11.1.120c}$$

$$D_{i+\frac{1}{2}}^{\pm(2)} \equiv ms\left[(\Delta x)^2 f_{i+1}^{\pm(2)} - \frac{1}{2}D_{i+\frac{1}{2}}^{\pm(3)}, (\Delta x)^2 f_i^{\pm(2)} + \frac{1}{2}D_{i+\frac{1}{2}}^{\pm(3)}\right] \tag{11.1.120d}$$

$$D_i^{\pm(1)} \equiv \frac{1}{2}(D_{i+\frac{1}{2}}^{\pm(1)} + D_{i-\frac{1}{2}}^{\pm(1)}) - \frac{1}{8}D_i^{\pm(3)} \tag{11.1.120e}$$

$$D_{i+\frac{1}{2}}^{\pm(1)} \equiv ms\left[(\Delta x) f_{i+1}^{\pm(1)} - \frac{1}{2}D_{i+\frac{1}{2}}^{\pm(2)} - \frac{1}{8}D_{i+\frac{1}{2}}^{\pm(3)}, (\Delta x) f_i^{\pm(1)} + \frac{1}{2}D_{i-\frac{1}{2}}^{\pm(2)} - \frac{1}{8}D_{i+\frac{1}{2}}^{\pm(3)}\right] \tag{11.1.120f}$$

$$D_i^{\pm(0)} \equiv f_i^{\pm} \tag{11.1.120g}$$

式中：$ms(x,y)$为限制函数，其定义是

$$ms(x,y) = \begin{cases} x & (|x|<|y|) \\ y & (|y|<|x|) \\ x & (|x|=|y| \text{ 且 } xy>0) \\ 0 & (|x|=|y| \text{ 且 } xy \leqslant 0) \end{cases} \tag{11.1.121}$$

所谓 UENO-SC 就是用强紧致格式求出的 $f_i^{(k)}$ 并将它作通量分裂再去取代式(11.1.120)中的 $f_i^{(k)}$ 项。

(2) WENO-SC 格式。

考虑守恒律方程(11.1.39)，于是具有 r 阶精度的半离散 WENO 格式已由式(11.1.40)给出，式中具有 r 阶精度的数值通量 $\hat{f}_{i+\frac{1}{2}}$ 与 $\hat{f}_{i-\frac{1}{2}}$ 可定义为

$$\hat{f}_{i+\frac{1}{2}} \equiv \hat{f}_{i+\frac{1}{2}}^{+} + \hat{f}_{i+\frac{1}{2}}^{-}, \quad \hat{f}_{i-\frac{1}{2}} \equiv \hat{f}_{i-\frac{1}{2}}^{+} + \hat{f}_{i-\frac{1}{2}}^{-} \tag{11.1.122}$$

$$\hat{f}_{i+\frac{1}{2}}^{+} = \sum_{s=-1}^{1} (\omega_s^{+} q_{i+s}^{+}(x_{i+\frac{1}{2}})) \tag{11.1.123}$$

在式(11.1.122)中将数值通量进行了分裂。另外，在式(11.1.123)中，$q_{i+s}^{+}(x_{i+\frac{1}{2}})$ 具有 r 阶精度，其表达式为

$$q_{i+s}^{+}(x) = P_{i+s}^{+}(x) + \sum_{l=1}^{\left[\frac{r-1}{2}\right]} \left[a_{2l}(\Delta x)^{2l}\left(\frac{\partial^{2l} P_{i+s}^{+}(x)}{\partial x^{2l}}\right)\right] + o((\Delta x)^{r+1}) \tag{11.1.124}$$

并且有

$$P_{i+s}^{+}(x) = \sum_{k=0}^{r-1}\left[\frac{1}{k!}\left(\frac{\partial^k f^{+}}{\partial x^k}\right)_{i+s}(x - x_{i+s})^k\right] \tag{11.1.125}$$

式中 $s=-1,0,1$；借助于式(11.1.125)，则式(11.1.124)又可写为

$$q_{i+s}^{+}(x)=\sum_{k=0}^{r-1}\left[\frac{1}{k!}\left(\frac{\partial^k f^k}{\partial x^k}\right)_{i+s}(x-x_{i+s})^k\right] + \sum_{l=1}^{\left[\frac{t-1}{2}\right]}\left\{a_{2l}\,(\Delta x)^{2l}\sum_{k=2l}^{r-1}\left[\frac{1}{(k-2l)!}\left(\frac{\partial^k f^+}{\partial x^k}\right)_{i+s}(x-x_{i+s})^{k-2l}\right]\right\} \tag{11.1.126}$$

在式(11.1.123)中权函数 ω_s^+ 的表达式类似于式(11.1.56)，即

$$\omega_s^+=\frac{\alpha_s^+}{\alpha_{-1}^+ + \alpha_0^+ + \alpha_{-1}^+} \tag{11.1.127a}$$

$$\alpha_s^+=\frac{c_s^*}{(\varepsilon+\beta_s^+)^2} \tag{11.1.127b}$$

式中符号 c_s^* 的定义同式(11.1.56)；β_s^+ 代表光滑因子；对于三阶精度格式，即 $r=3$，相应地 $S=-1,0,1$ 时，β_s^+ 的表达式为

$$\beta_{-1}^+=\frac{13}{12}(\Delta x)^4(f_{i-1}^{+(2)})^2+[(\Delta x)^2 f_{i-1}^{+(2)}+(\Delta x)f_{i-1}^{+(1)}]^2 \tag{11.1.128a}$$

$$\beta_0^+=\frac{13}{12}(\Delta x)^4(f_i^{+(2)})^2+[(\Delta x)f_i^{+(1)}]^2 \tag{11.1.128b}$$

$$\beta_1^+=\frac{13}{12}(\Delta x)^4(f_{i+1}^{+(2)})^2+[(\Delta x)^2 f_{i+1}^{+(2)}-(\Delta x)f_{i+1}^{+(1)}]^2 \tag{11.1.128c}$$

显然，数值通量 $\hat{f}_{i+\frac{1}{2}}^{+}$ 由 $i-1$、i 与 $i+1$ 这三个网格点处的 f^+、$f^{+(1)}$ 以及 $f^{+(2)}$ 所确定；类似地 $\hat{f}_{i+\frac{1}{2}}^{-}$ 也可由 $i-1$、i 与 $i+1$ 上的 f^-、$f^{-(1)}$ 以及 $f^{-(2)}$ 所确定；同样 $\hat{f}_{i-\frac{1}{2}}^{+}$ 和 $\hat{f}_{i-\frac{1}{2}}^{-}$ 也是由 $i-1$、i 与 $i+1$ 三个网格点处的信息所确定的。所谓 WENO-SC 格式就是借助于由强紧致格式求出的 $f_i^{(k)}$ 并将它作通量分裂，再去取代式(11.1.126)以及式(11.1.128)中的 $f_i^{\pm(k)}$ 项。

在结束这个问题的讨论之前还有一点是需要指出的，沈孟育先生在文献[255，256]中非常强调在构造紧致格式时要满足“抑制波动原则”、“稳定性原则”以及“熵增原则”等，显然这一强调是十分必要而且非常重要的，因此如何更进一步地改进与完善紧致格式以及高分辨率高精度格式仍是一项有待深入进行的创新性工作。另外，这里还想扼要说明一下对于可压缩湍流的直接数值模拟(DNS)与大涡模拟(LES)计算时对数值格式的要求。一方面为了捕捉小尺度流动结构以及复杂的湍流结构需要高阶的无耗散的数值格式，过大的数值耗散会抹平湍流的小尺度结构，会使脉动能量过度衰减，导致计算结果的失真。大量数值试验表明：高精度的保单调(monotonicity-preserving，MP)格式对于小尺度流动结构的模拟性能明显优于同阶的 WENO 格式。基于 MP 格式的基本思想，舒其望教授在 2000 年提出了 MPWENO 格式，计算表明：这种格式的稳定性与计算效率都要比原始 WENO 格

式高;另一方面通常高阶激波捕捉格式的有效带宽(effective bandwidth)仍然较低,它无法高效地对湍流问题进行 DNS 或者 LES 计算,因此发展"带宽耗散优化"(bandwidth dissipation optimization method,BDOM)策略是提高激波捕捉格式对湍流模拟的效率、提高数值格式对小尺度脉动结构捕捉能力的重要途径。换句话说,借助于 BDOM 策略可以实现可调的数值耗散,从而使 DNS 与 LES 的计算效率与稳定性都得以提高。因此,发展优化的 WENO(optimized WENO,OWENO)格式是发展多尺度、可压缩湍流计算的重要方向之一。近年来,国际计算流体力学界对此十分重视,发表了多篇这方面的文章(例如,Yee 于 1999 年与 2007 年在《计算物理》第 150 卷与第 225 卷上发表的有关低耗散高阶激波捕捉格式方面的两篇文章以及 Pirozzoli 在 2003 年与 2011 年在相关杂志上发表的两篇文章)。当然,上面所提到的发展优化 WENO 格式应该包括保单调(MP)与低耗散(low dissipation,LD)以及带宽耗散优化(BDOM)等策略。数值计算的实践已显示:采用优化的 WENO 格式为 DNS 或者 LES 提供了高效的数值计算平台,它主要表现在小尺度流动结构的捕捉、湍流涡旋结构的模拟、湍流能量的保持、湍流脉动能谱的刻画、有效带宽等方面与常规的高阶激波捕捉格式相比有显著的优势。数值方法的发展大大促进了人们对近壁湍流结构以及作用机理的认识(例如,2010 年 Marusic 等发表在 *Science* 第 329 卷上他们所提出的有关内外层相互作用模式方面的文章),这方面的发展有助于人们对多尺度、复杂可压缩湍流流场的预测与分析,有助于人们对高超声速湍流绕航天器流动问题的数值模拟与航天器壁面热防护问题的分析。有关 DNS 与 LES 数值计算方面更多的讨论将在本章 11.5 节中进行,这里不再赘述。

11.1.4 关于保持色散关系的问题

在通常流体力学计算中,对满足色散关系似乎并不太重视,但对于计算声学以及波动力学来讲它是非常重要的。正如文献[257]所指出的,波包和能量的传播均以群速度进行,波形以相速度传播,寄生振荡则是由于不同的波数有不同的传播速度,因而引起散射而导致的后果;色散误差是全局性的、积累性的误差;一旦选定了一种差分格式,它便相应地决定了一种数值色散关系 $\omega^*=\omega^*(k^*)$(这里 ω^* 与 k^* 分别为数值频率与数值波数),计算气动声学(CAA)所希望选择的差分格式能够较好地逼近物理色散关系 $\omega=\omega(k)$,换句话说,它能够在频-谱空间去逼近原物理问题。因此,所谓优化差分格式的过程也正是要寻找上述这样一种较满意的差分格式的过程。因篇幅所限,对于优化差分格式问题,这里仅能就其中所涉及的重要概念和某些措施分成几个小问题讨论如下:

1. 耗散项、色散项以及数值波数与数值相速度

考虑模型方程

$$\frac{\partial u}{\partial t}+a\frac{\partial u}{\partial x}=0 \quad 或者 \quad \frac{\partial u}{\partial t}+\frac{\partial f}{\partial x}=0 \quad (a>0, a=\text{const}, f=au) \tag{11.1.129}$$

该方程的理论解为

$$u(x,t)=B(t)\exp(\mathrm{i}kx)=\exp(\alpha t)\exp[\mathrm{i}(kx-\omega t)], \quad B(t)=\exp[(\alpha-\omega i)t] \tag{11.1.130a}$$

式中:ω 与 k 分别为频率与波数;α 反映了系数的耗散。将式(11.1.130a)代到模型方程中便有

$$\alpha+\mathrm{i}(ka-\omega)=0 \tag{11.1.130b}$$

于是模型方程(11.1.129)的色散关系为

$$\omega=ak \tag{11.1.130c}$$

耗散关系为

$$\alpha=0 \tag{11.1.130d}$$

相速度 V_p 为

$$V_p=\frac{\omega}{k}=a \tag{11.1.130e}$$

群速度 V_g 为

$$V_g=\frac{\mathrm{d}\omega}{\mathrm{d}k}=a \tag{11.1.130f}$$

对于模型方程(11.1.129),如果采用 FTBS(即时间向前差分,空间向后差分)格式,则方程(11.1.129)被离散为

$$u_j^{n+1}=u_j^n-\sigma(u_j^n-i_{j-1}^n) \tag{11.1.131}$$

其中

$$\sigma=a\frac{\Delta t}{\Delta x} \tag{11.1.132}$$

对式(11.1.131)作 von Neumann 误差分析。设 ε 是数值解的舍入误差,考虑到方程的线性性质,因此 ε 也满足式(11.1.131),即

$$\varepsilon_j^{n+1}=\varepsilon_j^n-\sigma(\varepsilon_j^n-\varepsilon_{j-1}^n) \tag{11.1.133}$$

设 $\varepsilon(x,t)$ 可表示为

$$\varepsilon(x,t)=\sum_m[b_m(t)\exp(\mathrm{i}k_m x)] \tag{11.1.134}$$

式(11.1.134)表明,误差函数 $\varepsilon(x,t)$ 中包含多种频率的波,k_m 是第 m 种成分的波数,$b_m(t)$ 是其振幅。由于式(11.1.133)是线性方程,由叠加原理,故可分别研究单个成分的增长规律,即研究如下形式:

$$\varepsilon=b_m(t)\exp(\mathrm{i}k_m x) \tag{11.1.135}$$

的解。注意到

$$\begin{cases}\varepsilon_j^{n+1}=b_m(t^{n+1})\exp(\mathrm{i}k_m x_j), \quad \varepsilon_j^n=b_m(t^n)\exp(\mathrm{i}k_m x_j)\\ \varepsilon_{j-1}^n=\varepsilon_j^n\exp(-\mathrm{i}k_m\Delta x)\end{cases} \tag{11.1.136}$$

将式(11.1.136)代入式(11.1.133)便得到放大因子 g,它是振幅的增长倍数。这里 g 为放大因子,其表达式为

$$g = 1 - \sigma(1 - \exp(-\mathrm{i}k_m\Delta x)) = 1 - \sigma[1 - \cos(k_m\Delta x)] - \mathrm{i}\sigma\sin(k_m\Delta x)$$

于是放大因子的模平方为

$$|g|^2 = 1 - 2\sigma(1-\sigma)[1 - \cos(k_m\Delta x)]$$

因此,差分格式的稳定性条件要求

$$|g| \leqslant 1 \tag{11.1.137}$$

也就是要求

$$\sigma \equiv \frac{a\Delta t}{\Delta x} \leqslant 1 \tag{11.1.138}$$

这就是格式(11.1.131)应该满足的稳定性条件,常称它为 Courant-Friedrichs-Lewy(CFL)准则,即 σ 称为 CFL 数或者 Courant 数。引进 PPW(points per wavelength)数的概念并定义

$$\mathrm{PPW} = \frac{2\pi}{k_m\Delta x} \tag{11.1.139}$$

因此放大因子 g 是 CFL 数 σ 与 PPW 的函数(对于多维问题,放大因子还与波的运动方向角有关,这时要涉及波矢的概念)。差分格式的理论研究表明:式(11.1.129)的差分格式总可以用如下形式的修正方程(Modified PDE)来描述:

$$\begin{aligned}\frac{\partial u}{\partial t} + a\frac{\partial u}{\partial x} &= \sum_{n=2}^{\infty}\left[v_n(\Delta x)^{n-1}\frac{\partial^n u}{\partial x^n}\right] \\ &= \sum_{m=1}^{\infty}\left(\mu_{2m}\frac{\partial^{2m}u}{\partial x^{2m}}\right) + \sum_{m=1}^{\infty}\left(\mu_{2m+1}\frac{\partial^{2m+1}u}{\partial x^{2m+1}}\right)\end{aligned} \tag{11.1.140}$$

其中

$$\begin{cases}\mu_{2m} \equiv \dfrac{(\Delta x)^{2m}}{\Delta t}P_m\left(a^2\left(\dfrac{\Delta t}{\Delta x}\right)^2\right) = \dfrac{(\Delta x)^{2m}}{\Delta t}P_m(\sigma^2) \\ \mu_{2m+1} \equiv \dfrac{(\Delta x)^{2m+1}}{\Delta t}\left(a\dfrac{\Delta t}{\Delta x}\right)Q_m\left(a^2\left(\dfrac{\Delta t}{\Delta x}\right)^2\right) = \sigma\dfrac{(\Delta x)^{2m+1}}{\Delta t}Q_m(\sigma^2)\end{cases} \tag{11.1.141}$$

式中:$P_m(Z)$ 与 $Q_m(Z)$ 是 Z 的 m 次多项式。当差分格式与微分方程无条件相容时,则 P_m 与 Q_m 的常数项为零;当它们为条件相容时,则 P_m 与 Q_m 的常数项不为零。设修正方程式的解是单一的 Fourier 分量,即

$$u(x,t) = u_0\exp[-\mu(k)t + \mathrm{i}(kx - \omega(k)t)] \tag{11.1.142}$$

式中:$\mu(k)$ 为耗散系数,它只影响波的振幅($\mu(k) > 0$ 称为正耗散,$\mu(k) < 0$ 称为负耗散,$\mu(k) = 0$ 称为零耗散);$\omega(k)$ 为波的频率(又称为色散系数),k 称为波数;u_0 是方程(11.1.129)的初值,即

$$u(x,0) = u_0(x) \tag{11.1.143}$$

将式(11.1.142)代入式(11.1.140)便可得到修正方程的色散关系式：

$$-\mu(k)-\mathrm{i}[\omega(k)-ak]=\sum_{m=1}^{\infty}[(-1)^m k^{2m}\mu_{2m}]+\mathrm{i}\sum_{m=1}^{\infty}[(-1)^m k^{2m+1}\mu_{2m+1}] \tag{11.1.144}$$

比较式(11.1.144)两边的实部与虚部，便得到

$$\mu(k)=\sum_{m=1}^{\infty}[(-1)^{m+1}k^{2m}\mu_{2m}] \tag{11.1.145}$$

$$\omega(k)=ak+\sum_{m=1}^{\infty}[(-1)^{m+1}k^{2m+1}\mu_{2m+1}] \tag{11.1.146}$$

式(11.1.145)和式(11.1.146)表明，波型的耗散系数只依赖于修正方程右端的偶次导数项，而与奇次导数项的系数无关。相反，波型的频率只依赖于奇次导数的系数，而与偶次导数项的系数无关。因此，式(11.1.140)右端第一个求和式常称为耗散误差项，第二个求和式称为色散(或称弥散，也称为频散)误差项。前者涉及差分格式的稳定性，影响到波的幅值；后者涉及差分格式的相位误差或者频率的变化。下面以 $u=\exp(\mathrm{i}kx)$ 为例，说明不同的差分格式将导致不同的数值波数 k^* 和不同的数值相速度 a^*；首先令 $u=\exp(\mathrm{i}kx)$，并计算 u 的精确一阶导数

$$\frac{\partial\exp(\mathrm{i}kx)}{\partial x}=\mathrm{i}k\exp(\mathrm{i}kx) \tag{11.1.147}$$

如果采用二阶中心差分算子 $(\delta_x u)_j$ 去逼近 $(\partial u/\partial x)_j$，这时 $(\delta_x u)_j$ 为

$$\begin{aligned}(\delta_x u)_j&=\frac{u_{j+1}-u_{j-1}}{2\Delta x}=\frac{\exp[\mathrm{i}(j+1)k\Delta x]-\exp[\mathrm{i}(j-1)k\Delta x]}{2\Delta x}\\&=\mathrm{i}\frac{\sin(k\Delta x)}{\Delta x}\exp(\mathrm{i}kx)=\mathrm{i}k^*\exp(\mathrm{i}kx)\end{aligned} \tag{11.1.148}$$

这里数值波数 k^* 为

$$k^*=\frac{\sin(k\Delta x)}{\Delta x}\approx k-\frac{k^3\Delta x^2}{6}+\cdots \tag{11.1.149}$$

通常，差分算子总可以写为如下的形式：

$$(\delta_x)_j=(\delta_x^a)_j+(\delta_x^s)_j \tag{11.1.150}$$

式中：$(\delta_x^a)_j$ 与 $(\delta_x^s)_j$ 分别为反对称算子与对称算子，例如：

$$(\delta_x^a u)_j=\frac{1}{\Delta x}[a_1(u_{j+1}-u_{j-1})+a_2(u_{j+2}-u_{j-2})+a_3(u_{j+3}-u_{j-3})] \tag{11.1.151a}$$

$$(\delta_x^s u)_j=\frac{1}{\Delta x}[b_0u_j+b_1(u_{j+1}+u_{j-1})+b_2(u_{j+2}+u_{j-2})+b_3(u_{j+3}+u_{j-2})] \tag{11.1.151b}$$

借助于式(11.1.151a)与式(11.1.151b)，则式(11.1.150)表达的算子作用于 $\exp(\mathrm{i}kx)$ 后得到这时相应的 $\mathrm{i}k^*\exp(\mathrm{i}kx)$ 值，这里数值波数 k^* 为

$$\mathrm{i}k^* = \frac{1}{\Delta x}[b_0 + 2(b_1\cos\xi + b_2\cos2\xi + b_3\cos3\xi) + 2\mathrm{i}(a_1\sin\xi + a_2\sin2\xi + a_3\sin3\xi)] \tag{11.1.152}$$

其中

$$\xi \equiv k\Delta x$$

当采用四阶 Pade 格式，即

$$(\delta_x u)_{j-1} + 4(\delta_x u)_j + (\delta_x u)_{j+1} = \frac{3}{\Delta x}(u_{j+1} - u_{j-1}) \tag{11.1.153}$$

这时数值波数 k^* 满足式(11.1.154)，即

$$\mathrm{i}k^*\exp(-\mathrm{i}k\Delta x) + 4\mathrm{i}k^* + \mathrm{i}k^*\exp(\mathrm{i}k\Delta x) = \frac{3}{\Delta x}[\exp(\mathrm{i}k\Delta x) - \exp(-\mathrm{i}k\Delta x)] \tag{11.1.154}$$

其中

$$\mathrm{i}k^* = \frac{\mathrm{i}(3\sin\xi)}{(2+\cos\xi)\Delta x},\quad \xi \equiv k\Delta x \tag{11.1.155}$$

图 11.2 给出几种差分格式下 k 与 k^* 之间的关系曲线。显然，不同的差分格式有不同的数值波数 k^* 的表达式。下面讨论数值相速度。令方程(11.1.129)具有如下形式的解：

$$u(x,t) = f(t)\exp(\mathrm{i}kx) \tag{11.1.156}$$

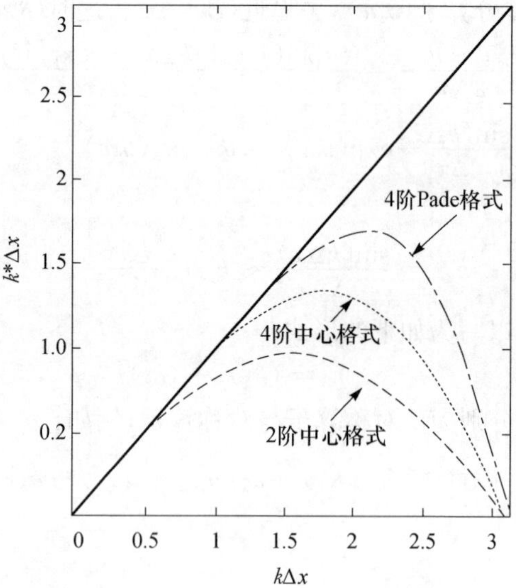

图 11.2　几种差分格式下的数值波数

其中 $f(t)$ 满足如下的微分方程：

$$\frac{\mathrm{d}f}{\mathrm{d}t} = -\mathrm{i}akf \tag{11.1.157}$$

由式(11.1.157)精确的解出 f 并代入式(11.1.156)后，得到

$$u(x,t)=f(0)\exp[\mathrm{i}k(x-at)] \tag{11.1.158}$$

如果用二阶中心差分格式逼近空间导数项[依照式(11.1.148)]，可得到如下形式关于 $f(t)$ 的常微分方程：

$$\frac{\mathrm{d}f}{\mathrm{d}t}=-\mathrm{i}a\frac{\sin(k\Delta x)}{\Delta x}f=-\mathrm{i}ak^{*}f \tag{11.1.159}$$

由式(11.1.159)精确的解出 f 并注意代到式(11.1.156)，于是便得到 u 的数值解并记作 $u_{\text{num}}(x,t)$，即

$$u_{\text{num}}(x,t)=f(0)\exp[\mathrm{i}k(x-a^{*}t)] \tag{11.1.160}$$

式中：a^{*} 为数值相速度，它满足

$$\frac{a^{*}}{a}=\frac{k^{*}}{k} \tag{11.1.161}$$

对于上面的例子，则有

$$\frac{a^{*}}{a}=\frac{\sin(k\Delta x)}{k\Delta x} \tag{11.1.162}$$

图 11.3 给出上面二阶中心差分格式的 a^{*}/a 随着($k\Delta x$)的变化曲线。显然，对于二阶中心差分格式来讲，如果欲使相速度的误差小于 0.1%时，则要求 PPW=80(即每个波长要有 80 个网格点)；如果采取 5 点四阶中心差分格式，也达到上述相速度的误差时，则要求 PPW=15；如果采用四阶 Pade 格式，则要求 PPW=10；从上面列举的几个简单差分格式的例子可以看出，发展高精度算法，并进行格式优化还是十分必要的。

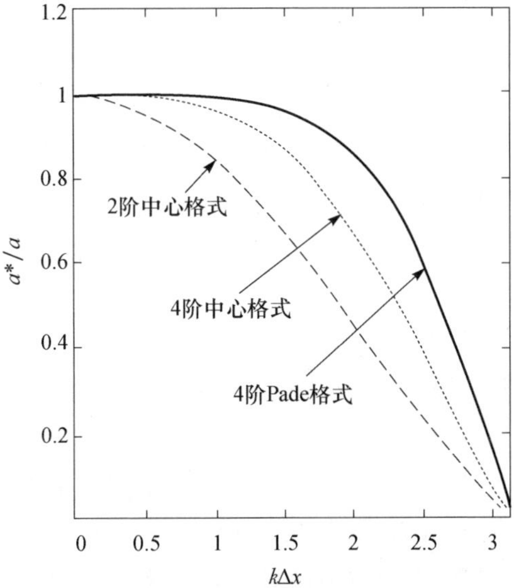

图 11.3　几种差分格式下的数值相速度

下面在未进一步讨论高精度对数值解行为的影响之前，首先介绍几个紧致格式，然后再根据数值解的群速度特点定义了三种类型的格式，最后对这三种类型格式数值解的行为作进一步分析。现在介绍几个紧致格式，首先引进符号 F，使它具有特有的含义，这里定义为

$$F \equiv G^{\langle 1\rangle} \tag{11.1.163}$$

式中 $G^{\langle 1\rangle}$ 的定义同式(11.1.61)中 $j=1$ 时的情况。在前面的叙述中 G 代表任何函数，但这里考虑到所讨论的方程仍是式(11.1.129)，因此在下面的讨论中便将 G 定义为 u；通常，紧致格式的一般表达式为

$$\begin{cases} \sum\limits_m (\alpha_m F_{j+m}) = \sum\limits_m [b_m(u_{j+m+1} - u_{j+m})] \\ \sum\limits_m \alpha_m = \sum\limits_m b_m \quad (\text{相容性条件}) \end{cases} \tag{11.1.164}$$

可以证明，具有三阶精度的迎风紧致格式为

$$\frac{2}{3}F_j^+ + \frac{1}{3}F_{j-1}^+ = \left(\frac{5}{6}\delta_x^- + \frac{1}{6}\delta_x^+\right)u_j \quad (a>0) \tag{11.1.165}$$

$$\frac{2}{3}F_j^- + \frac{1}{3}F_{j+1}^- = \left(\frac{5}{6}\delta_x^+ + \frac{1}{6}\delta_x^-\right)u_j \quad (a<0) \tag{11.1.166}$$

具有五阶精度的迎风紧致格式为

$$\frac{3}{5}F_j^+ + \frac{2}{5}F_{j-1}^+ = \frac{1}{60}\delta_x^-(-u_{j+2} + 11u_{j+1} + 47u_j + 3u_{j-1}) \quad (a>0) \tag{11.1.167}$$

$$\frac{3}{5}F_j^- + \frac{2}{5}F_{j+1}^- = \frac{1}{60}\delta_x^+(-u_{j-2} + 11u_{j-1} + 47u_j + 3u_{j+1}) \quad (a<0) \tag{11.1.168}$$

具有四阶精度的紧致格式为

$$\frac{1}{6}F_{j+1} + \frac{2}{3}F_j + \frac{1}{6}F_{j-1} = \delta_x^0 u_j \tag{11.1.169}$$

具有六阶精度的紧致格式为

$$\frac{1}{6}F_{j+1} + \frac{2}{3}F_j + \frac{1}{6}F_{j-1} + \frac{1}{30}\delta_x^2 F_j = \delta_x^0 u_j - \frac{1}{15}\left[\delta_x^0 u_j - \frac{1}{4}(u_{j+2} - u_{j-2})\right] \tag{11.1.170}$$

可以采用文献[250]中所使用的办法，在 Fourier 空间讨论上述差分格式的耗散特性。这时可令 $u_j = \hat{u}(t)\exp(\mathrm{i}kx_j)$，$F_j = k^*\hat{u}(t)\exp(\mathrm{i}kx_j)$，代入上述差分格式中便可得到相应的 k^* 值，注意 k^* 为数值波数。这里 k^* 为复数，它的实部为 k_r^*，虚部为 k_i^*。例如，与式(11.1.165)相对应的 k_r^* 与 k_i^* 分别为

$$k_r^* = \frac{(1-\cos\xi)^2}{5+4\cos\xi}, \quad k_i^* = \frac{(8+\cos\xi)\sin\xi}{5+4\cos\xi} \tag{11.1.171}$$

其中

$$\xi = k\Delta x$$

注意这里 k_r^* 反映了格式的耗散性，k_i^* 则反映了格式的色散性。图 11.4(a)与(b)分别给出六种差分格式的 k_i^* 与 k_r^* 随 ξ 变化的曲线。图 11.4(a)中 0 号曲线为 $k_i^* = \xi$ 的曲线，它对应于微分方程的精确解。1 号曲线是一阶精度的两点迎风格式，2 号曲线是二阶精度的三点迎风格式，3 号是三阶精度的四点迎风格式，4 号是五阶精度的六点迎风格式，5 号是三阶精度的三点迎风紧致格式，6 号曲线是五阶精度的五点迎风紧致格式。从图 11.4 中可以看出，对于低波分量，各种格式都能较好逼近精确解。从图 11.4 中还可以看出，与低阶精度相比，高精度格式在逼近中高波分量时有较好的模拟能力。比较曲线 3 号与 5 号以及 4 号与 6 号曲线时可以发现，对于同阶精度的差分格式，紧致格式比传统的差分对高波分量有更高的模拟能力。图 11.4(b)反映了格式的耗散性。可以看出高精度格式有更宽的低耗散波段，而且对于同阶精度的格式，紧致格式的低耗散波段更宽。

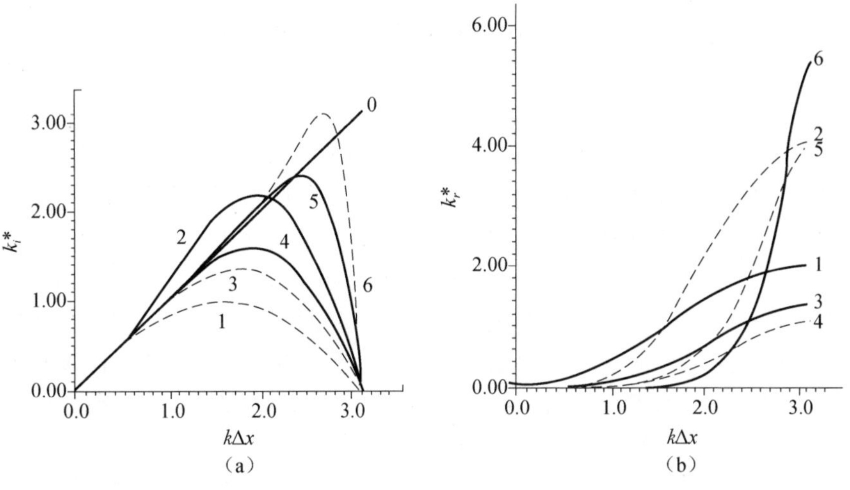

图 11.4　几种差分格式的 k_r^* 及 k_i^* 值随 ξ 的变化

考虑线性标量方程(11.1.129)，令其解为

$$u(x,t) = \exp[\mathrm{i}(kx-\omega t)]$$

令色散关系为

$$\omega = \omega(k) \tag{11.1.172a}$$

群速度的定义为

$$V_g \equiv \frac{\mathrm{d}\omega(k)}{\mathrm{d}k} \tag{11.1.172b}$$

式中：V_g 为群速度。按照数值群速度的大小，差分格式通常可以分为三种类型：一种是快型格式(FST)；一种是慢型格式(SLW)；一种是混合型格式(MXD)。正如前面所述，在低波段上面三种格式数值解的群速度通常还能逼近物理的群速度。在高波段上，FST 型格式通常是数值群速度大于物理上的群速度，SLW 型格式通常是数值群速度小于物理上的群速度；MXD 型格式情况稍复杂，它在较低的高波分量范围内，其数值群速度大于物理上的群速度；在较高的高波分量范围内，其数值群速度小于物理上的群速度。为了说明上述概念并分析这些差分格式数值解的行为。

下面首先介绍以下五个格式。

① 二阶精度的 Pade 格式，它属于 FST 型格式：

$$\frac{1}{2}(F_j + F_{j+1}) = u_j - u_{j-1} \tag{11.1.173}$$

② 二阶精度的中心格式，它属于 SLW 型格式：

$$F_j = \delta_x^0 u_j \tag{11.1.174}$$

③ 二阶精度的迎风格式，它属于 MXD 型格式：

$$F_i = \frac{1}{2}\delta_x^-(3u_j - u_{j-1}) \tag{11.1.175}$$

④ 二阶精度宽网格模板的中心格式，它属于 SLW 型格式：

$$F_j = \frac{1}{4}(u_{j+2} - u_{j-2}) \tag{11.1.176}$$

⑤ 五阶精度的迎风紧致格式，即式(11.1.167)，它属于 MXD 型格式。

利用上面的五种格式，并且取式(11.1.129)中的 $a=1$，取初值分布为

$$\begin{aligned} u(x,0) = &\exp(-16x^2)\sin(\alpha_0 x) + \{\exp[-16(x-1.5)^2] \\ &+ \exp[-16(x+1.5)^2]\}\sin(\alpha_1 x) \end{aligned} \tag{11.1.177}$$

而且对于每一种差分格式都分别计算了 $\alpha_1=25$ 而 $\alpha_0=100,157,197$ 时的情况。图 11.5 给出 $\alpha_1=25$，$\alpha_0=157$，$t=0.5$ 时刻的计算结果，图中还给出在该时刻下微分方程的精确解。值得注意的是：③号差分格式的高频波基本上已耗散掉，也就是说该格式对高频波有很强的衰减效应；④号差分格式的高频波基本上停在原地。显然，在上述情况下⑤号差分格式能够较好模拟高频波的运动规律。如果上述算例的初值分布取为

$$u(x,0) = \sin(kx)\exp[-16(x-0.5)^2] \tag{11.1.178}$$

而差分格式采用 Leap-Frog(蛙跳)格式

$$u_j^{n+1} - u_j^{n-1} = -\frac{\Delta t}{\Delta x}(u_{j+1}^n - u_{j-1}^n) \tag{11.1.179}$$

计算时选取的计算域为[0,3]，$\Delta x=1/160$，如果要在一个波长中选取 8 个计算点的话，则由 $\xi=k\Delta x=2\pi/8\approx 0.79$ 的关系便推出波数 $k=125.7$。图 11.6 给出 $t=0$ 与 $t=2$ 时刻函数 u 的分布。在 $t=2$ 时，理论上波包的中心应在 $x=2.5$ 处，而采

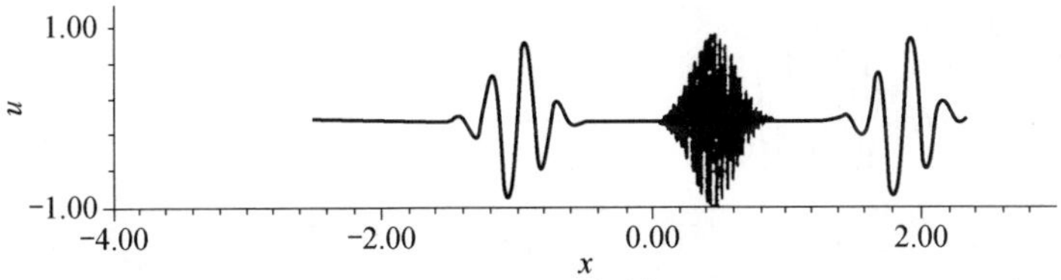

（a）精确解

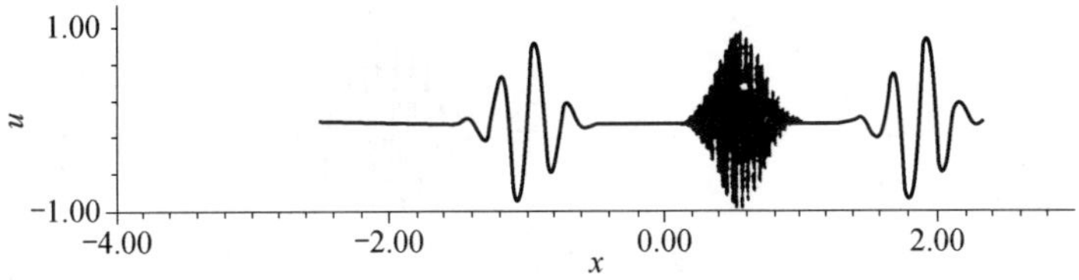

（b）二阶Pade

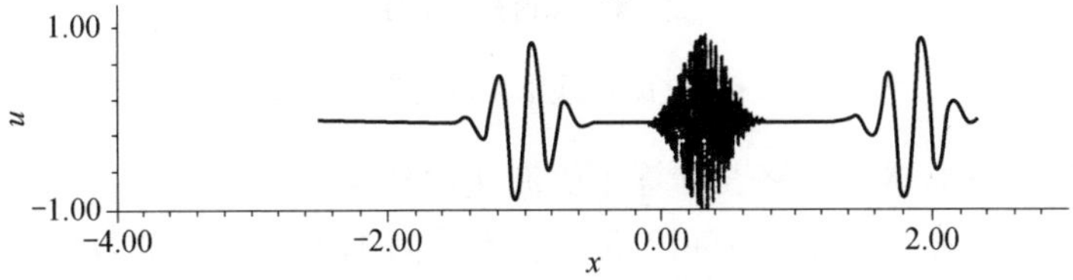

（c）二阶中心

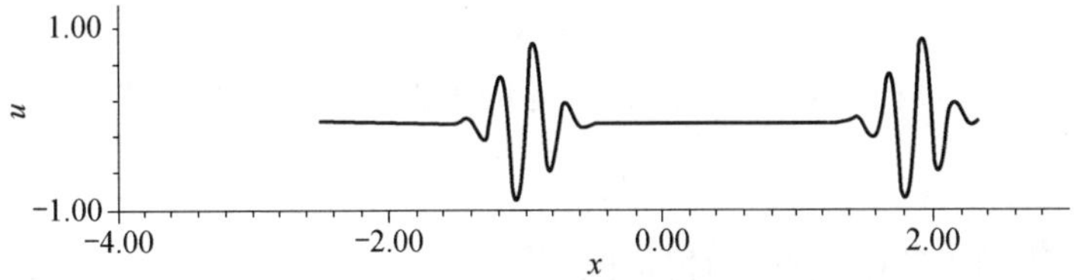

（d）二阶迎风

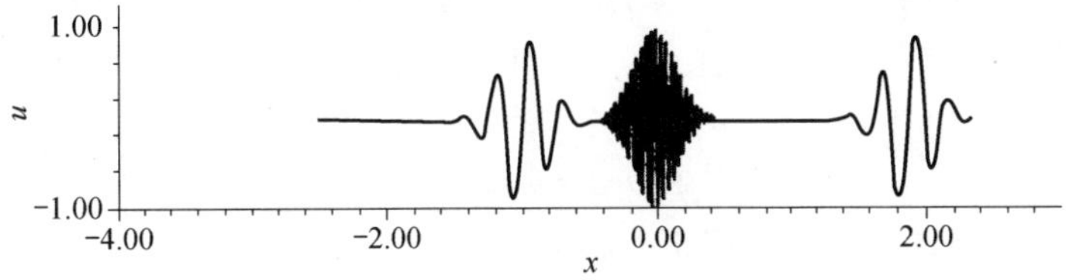

（e）二阶宽网格

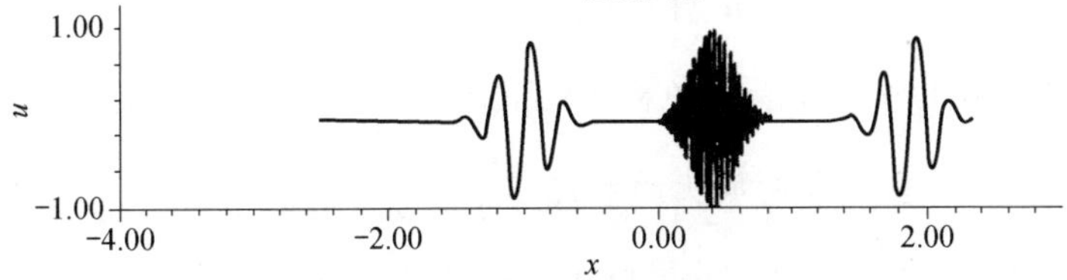

（f）五阶紧致

图 11.5　不同差分格式下数值解中波的传播($t=0.5$ 时刻)

用式(11.1.179)的差分格式计算出的波包中心在 $x=1.97$ 处(当 $t=2$ 时刻)。理论上微分方程(11.1.129)的解以 1 的速度向右传播，而在 $t=2$ 时刻时计算出的波

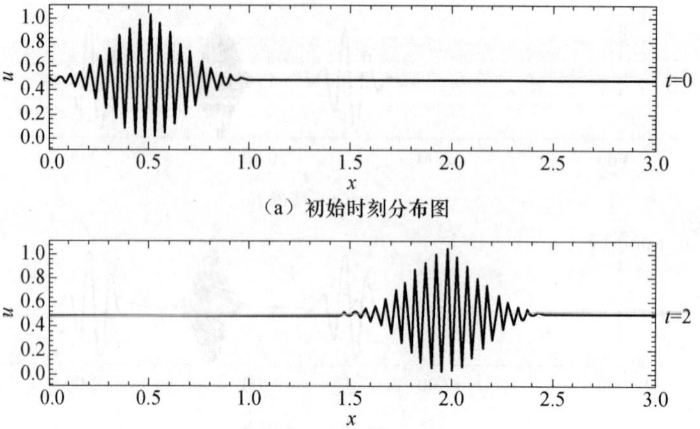

（a）初始时刻分布图

（b）t=2时刻分布图

图 11.6　蛙跳格式下不同时刻 u 的分布

速大约为 0.735；显然用该格式计算出的波速比理论值小。

下面简单讨论一下由于时间离散而引入的附加色耗与耗散效应问题。例如，当时间方向采用一阶精度的显式差分逼近式，即

$$u^{n+1} = u^n + (\Delta t) L_h(u^n) \tag{11.1.180}$$

时，这将主要引入负耗散效应，这是由于这时的修正方程可整理为

$$\frac{\partial u}{\partial t} = L_h(u^n) - \frac{\Delta t}{2} a^2 \frac{\partial^2 u}{\partial x^2} + \cdots \tag{11.1.181}$$

而时间方向采用一阶隐式格式时，可以证明时间离散将引入正耗散，显然这对格式的稳定性有益。如果时间方向上采用二阶差分逼近，如采用二步时间离散

$$\begin{cases} u^{n+\frac{1}{2}} = u^n + \dfrac{1}{2}(\Delta t) L_h(u^n) \\ u^{n+1} = u^n + (\Delta t) L_h(u^{n+\frac{1}{2}}) \end{cases} \tag{11.1.182}$$

可以证明，上述格式所对应的修正方程为

$$\frac{\partial u}{\partial t} = L_h(u) + \frac{a^3 (\Delta t)^2}{6} \frac{\partial^3 u}{\partial x^3} + \cdots + O(\Delta t^3) \tag{11.1.183}$$

也就是说，上述过程引进了新的色耗和耗散误差，并且其主导项是色散效应。

2. *差分格式在空间与时间上的优化*

为了说明差分格式在空间与时间上的优化问题，以下分三个小方面进行讨论：

1）空间导数差分逼近的优化问题

考虑模型方程

$$\frac{\partial u}{\partial t} + \frac{\partial u}{\partial x} = 0 \tag{11.1.184}$$

如果空间导数的逼近采用下面形式的三点迎风紧致格式：

$$F_j + \alpha F_{j-1} = b_1 \Delta u_{j-\frac{1}{2}} + b_2 \Delta u_{j+\frac{1}{2}} \tag{11.1.185}$$

其中

$$\Delta u_{j+\frac{1}{2}} = u_{j+1} - u_j, \quad \Delta u_{j-\frac{1}{2}} = u_j - u_{j-1} \tag{11.1.186}$$

显然，对于空间一阶精度，应满足

$$\alpha + 1 = b_1 + b_2 \tag{11.1.187}$$

对于空间二阶精度，应满足

$$\begin{cases} \alpha + 1 = b_1 + b_2 \\ 2\alpha = b_1 - b_2 \end{cases} \tag{11.1.188}$$

对于空间三阶精度，应满足

$$\begin{cases} \alpha + 1 = b_1 + b_2 \\ 2\alpha = b_1 - b_2 \\ 3\alpha = b_1 + b_2 \end{cases} \tag{11.1.189}$$

假设只需要满足二阶精度，这时可以选取 α 为自由参数，因此，对含 α 的这类二阶三点迎风紧致格式便可以进行优化，使之满足某一个规定的目标函数的要求。因此，很容易求出这类二阶三点迎风紧致格式的数值波数 k^*，它满足

$$k^* \Delta x = \frac{(1+\alpha)\sin(k\Delta x) + 2\alpha \mathrm{i}[1 - \cos(k\Delta x)]}{1 + \alpha\cos(k\Delta x) + \mathrm{i}\alpha\sin(k\Delta x)} \tag{11.1.190}$$

其中

$$\mathrm{i} = \sqrt{-1}, \quad k^* = k_r^* + \mathrm{i}k_\mathrm{i}^*$$

式中：下标 r 表示复数的实部；下标 i 表示复数的虚部。显然，α 的变化将引起 k_r^* 与 k_i^* 的相应变化。目标函数可以取为

$$I = (\Delta x)\int_0^{k_{\max}} \left| \frac{k^*}{k} - 1 \right| \mathrm{d}k \tag{11.1.191}$$

因此格式优化的问题就变成借助于 $\partial I/\partial\alpha = 0$ 的关系式去寻求 α 的最佳值以达到使 I 值最小。显然，上述过程可采用数值搜索的方法得到。如果选取优化的范围为$[0,(k\Delta x)_{\max}]$（这里$(k\Delta x)_{\max} = 1.1$）时，由

$$(k\Delta x)_{\max} = \frac{2\pi}{\mathrm{PPW}_{\min}} \tag{11.1.192}$$

可得到 $\mathrm{PPW}_{\min} \approx 5.7$，最佳的 α 值为 $\alpha_{\mathrm{opt}} = 0.488\,48$，此时 $I_{\min} = 3.781 \times 10^{-4}$；当然，上述方法原则上也可以推广到一般高精度格式的优化问题。

2）时间导数差分逼近的优化问题

考虑常微方程

$$\frac{\mathrm{d}u}{\mathrm{d}t} = R(u,t) \tag{11.1.193}$$

采用时间上三阶精度显式的 Runge-Kutta 格式，即

$$\begin{cases} u^{(1)} = u^n + (\Delta t)(bR^n) \\ u^{(2)} = u^n + (\Delta t)(sR^n + (r-s)R^1) \\ u^{n+1} = u^n + (\Delta t)(a_1R^n + a_2R^1 + a_3R^2) \end{cases} \tag{11.1.194}$$

其中

$$R^n \equiv R(u^n, t^n), \quad R^1 \equiv R(u^{(1)}, t^n), \quad R^2 \equiv R(u^{(2)}, t^n) \tag{11.1.195}$$

常用的有两种三阶 R-K 格式，其系数为

$$a_1 = \frac{1}{6}, \quad a_3 = \frac{1}{6}, \quad a_2 = \frac{2}{3}, \quad b = \frac{1}{2}, \quad r = 1, \quad s = -1 \tag{11.1.196}$$

$$a_1 = \frac{1}{4}, \quad a_3 = \frac{3}{4}, \quad a_2 = 0, \quad b = \frac{8}{15}, \quad r = \frac{2}{3}, \quad s = \frac{1}{4} \tag{11.1.197}$$

具有 TVD 保持性的三阶 R-K 最优格式为

$$\begin{cases} u^{(1)} = u^n + (\Delta t)R(u^n, t^n) \\ u^{(2)} = \dfrac{3}{4}u^n + \dfrac{1}{4}u^{(1)} + \dfrac{1}{4}(\Delta t)R(u^{(1)}, t^n) \\ u^{n+1} = \dfrac{1}{3}u^n + \dfrac{2}{3}u^{(2)} + \dfrac{2}{3}(\Delta t)R(u^{(2)}, t^n) \end{cases} \tag{11.1.198}$$

如果将式(11.1.194)以及式(11.1,193)与式(11.1.129)采用 von Neumann 误差分析便可得到该问题的放大因子为

$$g = |g| \exp(\mathrm{i}\phi) = (a_1 + a_2 + a_3)\lambda(\Delta t) + (a_2b + a_3r)(\lambda\Delta t)^2 + a_3b(r-s)(\lambda\Delta t)^3 \tag{11.1.199}$$

其中

$$\lambda = \mathrm{i}ak^*$$

式中：k^* 为数值波数。

如果空间离散采用二阶三点迎风紧致格式时，则 k^* 便由式(11.1.190)给出。因此，当空间离散采用二阶三点迎风紧致格式而时间离散采用三阶 R-K 格式时，该问题放大因子的幅值误差以及相位误差与($k\Delta x$)的变化曲线是随不同的 σ 值而发生变化的，如图 11.7(a)与(b)所示，这里 σ 为 CFL 数，它可由式(11.1.138)定义。而 k^* 中的 α 值可取最佳的 α_{opt} 值，该值可将式(11.1.191)求最佳值得到。图 11.7 中给出 σ=0.2，0.3，0.4，0.5，0.6，0.7 时的变化曲线。在本问题中，由于 α 的优化使数值波的幅值误差与相位误差均有改善。由于图 11.7 是在最佳的 α 下得到的结果，是在这种情况下考察 σ 的不同取值所导致的曲线变化，所以上述计算结果表明：格式优化是必要的，而且为了节省计算时间，对上述问题允许采用较大的 CFL 数。最后应该指出的是，上面所给出的例子其格式的空间精度选取的较

低,下面将要介绍的空间格式精度较高。另外,结合下面介绍有限体积法中常用的恢复函数三阶迎风紧致格式(简称为 PFDD3)和五阶迎风紧致格式(简称为 PFDD5),也想扼要介绍一下这类格式的优化问题。

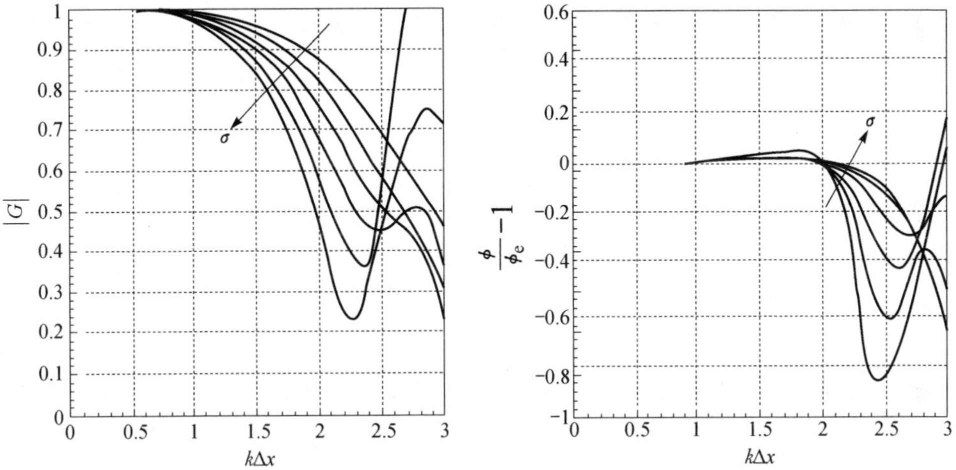

(a) 幅值误差随$k\Delta x$的变化　(b) 相位误差随$k\Delta x$的变化

图 11.7　不同 σ 下放大因子的幅值误差、相位误差随$(k\Delta x)$的变化曲线

3) 恢复函数的迎风紧致格式及其优化

在有限体积法的高精度格式构造时,恢复函数是一个经常使用的重要概念。考虑单波方程(11.1.129),在 t 时刻将方程在 j 单元$[x_{j-\frac{1}{2}},x_{j+\frac{1}{2}}]$内对空间积分便得到如下的常微方程:

$$\frac{\partial(\bar{u}_j\Delta x_j)}{\partial t}+\left[f(u(x_{j+\frac{1}{2}},t))-f(u(x_{j-\frac{1}{2}},t))\right]=0 \qquad (11.1.200)$$

式中:$\bar{u}_j$ 是单元 j 对于 u 的平均值,即

$$\bar{u}_j=\frac{1}{\Delta x_j}\int_{x_{j-\frac{1}{2}}}^{x_{j+\frac{1}{2}}}u\mathrm{d}x \qquad (11.1.201)$$

假设 $\tilde{u}_j(x)$在单元 j 内是满足 u 平均值的分段光滑函数,定义原函数(primitive function)$w(x)$,即

$$w(x)=\int_{x_{j_0-\frac{1}{2}}}^{x}\tilde{u}_j(x)\mathrm{d}x \qquad (11.1.202)$$

式中:j_0 为任意参考点。显然,原函数 $w(x)$在单元边界处满足

$$w_{j+\frac{1}{2}}=w(x_{j+\frac{1}{2}})=\sum_{i=j_0}^{j_0+j}(\bar{u}_i\Delta x_i) \qquad (11.1.203)$$

因此重构函数(又称恢复函数)$\tilde{u}_j(x)$便可由原函数 $w(x)$的导数来获得,即

$$\tilde{u}(x)=\frac{\mathrm{d}w(x)}{\mathrm{d}x}\equiv w'(x) \tag{11.1.204}$$

由 Riemann 问题近似解的概念，因此半点处状态变量（或者通量）的数据重构问题就转化为求原函数在半点处的导数逼近问题，以 $w'(x_{j+\frac{1}{2}})^{\mathrm{L}}$ 与 $w'(x_{j+\frac{1}{2}})^{\mathrm{R}}$ 的逼近为例（这里上标 L 与 R 分别表示左与右两侧状态），如采用三阶迎分紧致格式，则有

$$\beta w'(x_{j-\frac{1}{2}})^{\mathrm{L}}+w'(x_{j+\frac{1}{2}})^{\mathrm{L}}=a_1\frac{w(x_{j+\frac{1}{2}})-w(x_{j-\frac{1}{2}})}{(\Delta x)_j}+b_1\frac{w(x_{j+\frac{3}{2}})-w(x_{j+\frac{1}{2}})}{(\Delta x)_{j+1}} \tag{11.1.205}$$

$$w'(x_{j+\frac{1}{2}})^{\mathrm{R}}+\gamma w'(x_{j+\frac{3}{2}})^{\mathrm{R}}=a_2\frac{w(x_{j+\frac{1}{2}})-w(x_{j-\frac{1}{2}})}{(\Delta x)_j}+b_2\frac{w(x_{j+\frac{3}{2}})-w(x_{j+\frac{1}{2}})}{(\Delta x)_{j+1}} \tag{11.1.206}$$

其中

$$(\Delta x)_j\equiv x_{j+\frac{1}{2}}-x_{j-\frac{1}{2}} \tag{11.1.207}$$

注意到式(11.1.202)与式(11.1.204)，则式(11.1.205)和式(11.1.206)可改写为

$$\beta\tilde{u}(x_{j-\frac{1}{2}})^{\mathrm{L}}+\tilde{u}(x_{j+\frac{1}{2}})^{\mathrm{L}}=a_1\bar{u}(x_j)+b_1\bar{u}(x_{j+1})=(a_1+b_1)\bar{u}_j+b_1[\Delta_{j+\frac{1}{2}}\bar{u}] \tag{11.1.208}$$

$$\tilde{u}(x_{j+\frac{1}{2}})^{\mathrm{R}}+\gamma\tilde{u}(x_{j+\frac{3}{2}})^{\mathrm{R}}=a_2\bar{u}(x_j)+b_2\bar{u}(x_{j+1})=(a_2+b_2)\bar{u}_j+b_2[\Delta_{j+\frac{1}{2}}\bar{u}] \tag{11.1.209}$$

其中

$$\Delta_{j+\frac{1}{2}}\bar{u}\equiv\bar{u}_{j+1}-\bar{u}_j \tag{11.1.210}$$

为了提高捕捉激波的分辨率，抑制激波附近的非物理振荡，对式(11.1.208)与式(11.1.209)右端最后一项即$[\Delta_{j+\frac{1}{2}}\bar{u}]$进行了限制，因限于篇幅，此处不给出限制的具体表达式，感兴趣者可参见文献[2]。为了方便下面的讨论，将式(11.1.208)与式(11.1.209)简单地概括为

$$\beta\tilde{u}_{j-\frac{1}{2}}+\tilde{u}_{j+\frac{1}{2}}=a_1\bar{u}_j+b_1\bar{u}_{j+1} \tag{11.1.211}$$

可以证明：当 $\beta=\dfrac{1}{2}$，$a_1=\dfrac{5}{4}$，$b_1=\dfrac{1}{4}$时，差分格式(11.1.211)具有三阶精度。仿照上面的过程，可以得到有限体积法的迎风紧致五阶格式，即

$$\beta\tilde{u}_{j-\frac{1}{2}}+\tilde{u}_{j+\frac{1}{2}}=a_1\bar{u}_{j-1}+a_2\bar{u}_j+a_3\bar{u}_{j+1}+a_4\bar{u}_{j+2} \tag{11.1.212}$$

当

$$\begin{cases}a_1=\dfrac{1}{12}(3\beta-1)\\[2mm] a_2=\dfrac{1}{12}(13\beta+7)\\[2mm] a_3=\dfrac{1}{12}(7-5\beta)\\[2mm] a_4=\dfrac{1}{12}(\beta-1)\end{cases} \tag{11.1.213}$$

时，格式(11.1.212)具有四阶精度，这里 β 作为调节参数。当 $\beta=\frac{2}{3}$ 时，格式(11.1.212)具有五阶精度。在进行格式优化时，目标函数仍可以取为式(11.1.191)，这时 β 可作为调节参数。通过优化，使 I 值达到最小以便得到最佳的 β 值。大量的数值实验表明：调整 β 值对色散误差和耗散误差都会带来影响，但相比之下色散误差对 β 的变化更敏感。

11.1.5　基于小波奇异分析的高精度高分辨率方法

随着各类飞行器以及高性能高负荷叶轮机械的飞速发展，叶轮机内以及高速气流绕过各类飞行器的三维流动越来越复杂，湍流与激波间的相互作用、各种涡系之间的相互作用越来越严重，多尺度物理流动问题已成为现代流场计算时必须考虑的主要因素之一。对于流场中多尺度问题的求解，近 20 年发展起来的小波分析方法[220]具有独特的优势；对于捕捉激波间断以及滑移面问题，TVD、ENO、WENO 以及优化的 WENO 等高分辨率格式已在复杂流场的计算中发挥了重要作用；对于湍流的计算问题，无论是采用 RANS，还是 DNS 或者 LES 方法，采用高精度格式都显得格外重要。然而，无论是采用高分辨率格式，还是采用高精度格式，计算时都会占用较多的 CPU(central processing unit)时间，因此如何提高计算效率便成为一个迫切要解决的难题。这里提出了一种新的流场计算方法，它从小波多分辨奇异分析出发，将高阶 WENO 格式与高阶中心差分格式巧妙地结合起来，一系列典型的数值算例都显示了这里所提出的新方法的有效性与可行性。

1. 小波多分辨奇异分析的理论基础

1) 在多维空间中 Hölder 指数的计算

在复杂流场中，为了分析空间各点任意一个物理量的奇异性，常引进 Hölder 指数(也可用 Lipschitz 指数)[220]。以二维空间为例，令流场中任意一物理量可以用函数 $f(x,y)$ 表达，并在 (x_0,y_0) 具有局部 Hölder 指数 α，即

$$|f(x_0+h,y_0+k)-f(x_0,y_0)|\leqslant A(h^2+k^2)^{\alpha/2} \tag{11.1.214}$$

式中：$\sqrt{h^2+k^2}$ 是点 (x_0,y_0) 邻域内的一个小量；A 为常数。注意到小波变换系数的模 $Mf(s,x,y)$ 与函数 $f(x,y)$ 的 Hölder 指数 α 间的关系：

$$|Mf(s,x,y)|\leqslant \widetilde{K}s^{\alpha} \tag{11.1.215}$$

式中：$Mf(s,x,y)$ 为小波变换系数的模；s 为伸缩因子；$\widetilde{K}$ 为常数。这里应指出的是，直接利用式(11.1.215)去确定 Hölder 指数 α 并不是件容易的事，为此引进小波变换模极大值 $r_{i,j}^{k}$ 的概念，令以二进小波进行离散，即伸缩因子 s 取为 2^k，并令 $x=i\Delta x$，$y=j\Delta y$，为方便下面的叙述，将离散后小波变换系数的模简记为

$Mf(2^k,i,j)$，于是小波变换模极大值为

$$r_{i,j}^k = \max_{\substack{i-2^k p\leqslant m\leqslant i+2^k q\\ j-2^k p'\leqslant n\leqslant j+2^k q'}} |Mf(2^k,m,n)| \leqslant \widetilde{K}2^{k\alpha} \tag{11.1.216}$$

或者

$$\mathrm{lb} r_{i,j}^k \leqslant k\alpha + \mathrm{lb}\widetilde{K} \tag{11.1.217}$$

式中：k 为与伸缩因子有关的参数；$[-p,q]\times[-p',q']$为母小波函数的紧支集。式(11.1.217)便为计算 Hölder 指数 α 的主要表达式。

2) 二维张量积小波分析

在二维空间中考虑多分辨分析$\{V_k^2\}_{k\in\mathbb{Z}}$，这里闭子空间 V_k^2 的分辨率为 2^k；由于 $V_k^2\subset V_{k-1}^2$，令 W_k^2 是 V_k^2 在 V_{k-1}^2空间上的正交补空间，于是二维张量积小波的多分辨分析便可由下面的张量积组成：

$$\begin{aligned}\boldsymbol{V}_k^2 &= \boldsymbol{V}_k \otimes \boldsymbol{V}_k \\ \boldsymbol{W}_k^2 &= (\boldsymbol{V}_k \otimes \boldsymbol{W}_k) \oplus (\boldsymbol{W}_k \otimes \boldsymbol{V}_k) \oplus (\boldsymbol{W}_k \otimes \boldsymbol{W}_k)\end{aligned} \tag{11.1.218}$$

显然，式(11.1.218)表明小波空间 W_k^2 是由如下三个小波基构成：

$$\begin{cases}\psi^1(x,y) = \varphi(x)\psi(y)\\ \psi^2(x,y) = \psi(x)\varphi(y)\\ \psi^3(x,y) = \psi(x)\psi(y)\end{cases} \tag{11.1.219}$$

或者

$$\begin{cases}\psi_{i,j}^{1;k}(x,y) = 2^{-k}\varphi(2^{-k}x-i)\psi(2^{-k}y-j)\\ \psi_{i,j}^{2;k}(x,y) = 2^{-k}\psi(2^{-k}x-i)\varphi(2^{-k}y-j)\\ \psi_{i,j}^{3;k}(x,y) = 2^{-k}\psi(2^{-k}x-i)\psi(2^{-k}y-j)\end{cases} \tag{11.1.220}$$

式中：$\varphi(x)$和 $\psi(x)$分别为一维空间中小波的尺度函数和小波函数，如文献[218, 219]给出 Daubechies 小波的构造形式。令 ψ^1，ψ^2 和 ψ^3 分别代表相关的小波函数，如果令 $W^{\psi^1}f(s,x,y)$、$W^{\psi^2}f(s,x,y)$和 $W^{\psi^3}f(s,x,y)$分别代表对函数 $f(x,y)$和相应的小波进行变换，其表达式为

$$\begin{cases}W^{\psi^1}f(s,x,y) \equiv (f*\psi_s^1) = \dfrac{1}{s}\displaystyle\iint f(\widetilde{u},\widetilde{v})\ \psi^1\left(\frac{x-\widetilde{u}}{s},\frac{y-\widetilde{v}}{s}\right)\mathrm{d}\widetilde{u}\,\mathrm{d}\widetilde{v}\\ W^{\psi^2}f(s,x,y) \equiv (f*\psi_s^2) = \dfrac{1}{s}\displaystyle\iint f(\widetilde{u},\widetilde{v})\psi^2\left(\frac{x-\widetilde{u}}{s},\frac{y-\widetilde{v}}{s}\right)\mathrm{d}\widetilde{u}\,\mathrm{d}\widetilde{v}\\ W^{\psi^3}f(s,x,y) \equiv (f*\psi_s^3) = \dfrac{1}{s}\displaystyle\iint f(\widetilde{u},\widetilde{v})\ \psi^3\left(\frac{x-\widetilde{u}}{s},\frac{y-\widetilde{v}}{s}\right)\mathrm{d}\widetilde{u}\,\mathrm{d}\widetilde{v}\end{cases} \tag{11.1.221}$$

而这时上述小波变换系数的模为

$$Mf(s,x,y) \equiv \sqrt{|W^{\psi^1}f(s,x,y)|^2 + |W^{\psi^2}f(s,x,y)|^2 + |W^{\psi^3}f(s,x,y)|^2} \tag{11.1.222}$$

注意式(11.1.221)中符号 $f*\psi_s^1$，$f*\psi_s^2$ 和 $f*\psi_s^3$ 表示相应的卷积，而式(11.1.222)中 $|W^{\psi^1}f(s,x,y)|$ 表示 $W^{\psi^1}f(s,x,y)$ 的模。将 s 取为 2^k，以二进小波进行离散，并将离散后的小波变换系数和小波变换系数的模分别简记为 $W^{\psi^1}f(2^k,i,j)$ 和 $Mf(2^k,i,j)$，因此这时二维张量积小波变换系数的递推关系式以及小波变换系数模的表达式为

$$
\begin{cases}
W^{\Phi}f(2^k,i,j)=\sum\limits_{m}\sum\limits_{n}(h_m h_n W^{\Phi}f(2^{k-1},i+2^{k-1}m,j+2^{k-1}n))\\
W^{\psi^1}f(2^k,i,j)=\sum\limits_{m}\sum\limits_{n}(h_m g_n W^{\Phi}f(2^{k-1},i+2^{k-1}m,j+2^{k-1}n))\\
W^{\psi^2}f(2^k,i,j)=\sum\limits_{m}\sum\limits_{n}(g_m h_n W^{\Phi}f(2^{k-1},i+2^{k-1}m,j+2^{k-1}n))\\
W^{\psi^3}f(2^k,i,j)=\sum\limits_{m}\sum\limits_{n}(g_m g_n W^{\Phi}f(2^{k-1},i+2^{k-1}m,j+2^{k-1}n))\\
Mf(2^k,i,j)=\sqrt{|W^{\psi^1}f(2^k,i,j)|^2+|W^{\psi^2}f(2^k,i,j)|^2+|W^{\psi^3}f(2^k,i,j)|^2}
\end{cases}
\tag{11.1.223}
$$

式中：h_m 和 g_m 分别表示一维情况下的低通小波滤波器系数和高通小波滤波器系数；Φ 为二维空间中的尺度函数。

3）三维张量积小波分析

在三维空间中考虑多分辨分析 $\{V_k^3\}_{k\in\mathbb{Z}}$，这里闭子空间 V_k^3 的分辨率为 2^k；由于 $V_k^3\subset V_{k-1}^3$，令 W_k^3 是 V_k^3 在 V_{k-1}^3 空间上的正交补空间，于是三维张量积小波的多分辨分析便可由下面的张量积组成：

$$
\begin{aligned}
\boldsymbol{V}_k^3&=\boldsymbol{V}_k\otimes\boldsymbol{V}_k\otimes\boldsymbol{V}_k\\
\boldsymbol{W}_k^3&=(\boldsymbol{V}_k\otimes\boldsymbol{V}_k\otimes\boldsymbol{W}_k)\oplus(\boldsymbol{V}_k\otimes\boldsymbol{W}_k\otimes\boldsymbol{V}_k)\oplus\\
&\quad(\boldsymbol{V}_k\otimes\boldsymbol{W}_k\otimes\boldsymbol{W}_k)\oplus(\boldsymbol{W}_k\otimes\boldsymbol{V}_k\otimes\boldsymbol{V}_k)\oplus\\
&\quad(\boldsymbol{W}_k\otimes\boldsymbol{V}_k\otimes\boldsymbol{W}_k)\oplus(\boldsymbol{W}_k\otimes\boldsymbol{W}_k\otimes\boldsymbol{V}_k)\oplus(\boldsymbol{W}_k\otimes\boldsymbol{W}_k\otimes\boldsymbol{W}_k)
\end{aligned}
\tag{11.1.224}
$$

显然，式(11.1.224)表明小波空间 W_k^3 是由如下七个小波基构成：

$$
\begin{cases}
\psi^1(x,y,z)=\varphi(x)\varphi(y)\psi(z)\\
\psi^2(x,y,z)=\varphi(x)\psi(y)\varphi(z)\\
\psi^3(x,y,z)=\varphi(x)\psi(y)\psi(z)\\
\psi^4(x,y,z)=\psi(x)\varphi(y)\varphi(z)\\
\psi^5(x,y,z)=\psi(x)\varphi(y)\psi(z)\\
\psi^6(x,y,z)=\psi(x)\psi(y)\varphi(z)\\
\psi^7(x,y,z)=\psi(x)\psi(y)\psi(z)
\end{cases}
\tag{11.1.225}
$$

或者

$$\begin{cases}\psi^{1,k}_{i_1,i_2,i_3}(x,y,z)=2^{-3k/2}\varphi(2^{-k}x-i_1)\varphi(2^{-k}y-i_2)\psi(2^{-k}z-i_3)\\ \psi^{2,k}_{i_1,i_2,i_3}(x,y,z)=2^{-3k/2}\varphi(2^{-k}x-i_1)\psi(2^{-k}y-i_2)\varphi(2^{-k}z-i_3)\\ \psi^{3,k}_{i_1,i_2,i_3}(x,y,z)=2^{-3k/2}\varphi(2^{-k}x-i_1)\psi(2^{-k}y-i_2)\psi(2^{-k}z-i_3)\\ \psi^{4,k}_{i_1,i_2,i_3}(x,y,z)=2^{-3k/2}\psi(2^{-k}x-i_1)\varphi(2^{-k}y-i_2)\varphi(2^{-k}z-i_3)\\ \psi^{5,k}_{i_1,i_2,i_3}(x,y,z)=2^{-3k/2}\psi(2^{-k}x-i_1)\varphi(2^{-k}y-i_2)\psi(2^{-k}z-i_3)\\ \psi^{6,k}_{i_1,i_2,i_3}(x,y,z)=2^{-3k/2}\psi(2^{-k}x-i_1)\psi(2^{-k}y-i_2)\varphi(2^{-k}z-i_3)\\ \psi^{7,k}_{i_1,i_2,i_3}(x,y,z)=2^{-3k/2}\psi(2^{-k}x-i_1)\psi(2^{-k}y-i_2)\psi(2^{-k}z-i_3)\end{cases}\tag{11.1.226}$$

式中：$\varphi(x)$和$\psi(x)$分别为一维空间的小波尺度函数和小波函数。令$\psi^1,\cdots,\psi^7$分别代表相关的小波函数，$W^{\psi^1}f(s,x,y,z),\cdots,W^{\psi^7}f(s,x,y,z)$分别代表对函数$f(x,y,z)$和相应的小波进行变换，其表达式为

$$\begin{aligned}
W^{\psi^1}f(s,x,y,z)&\equiv(f*\psi^1_s)=\frac{1}{s^{3/2}}\iiint f(\tilde u,\tilde v,\tilde t)\,\psi^1\left(\frac{x-\tilde u}{s},\frac{y-\tilde v}{s},\frac{z-\tilde t}{s}\right)\mathrm{d}\tilde u\,\mathrm{d}\tilde v\,\mathrm{d}\tilde t\\
W^{\psi^2}f(s,x,y,z)&\equiv(f*\psi^2_s)=\frac{1}{s^{3/2}}\iiint f(\tilde u,\tilde v,\tilde t)\,\psi^2\left(\frac{x-\tilde u}{s},\frac{y-\tilde v}{s},\frac{z-\tilde t}{s}\right)\mathrm{d}\tilde u\,\mathrm{d}\tilde v\,\mathrm{d}\tilde t\\
W^{\psi^3}f(s,x,y,z)&\equiv(f*\psi^3_s)=\frac{1}{s^{3/2}}\iiint f(\tilde u,\tilde v,\tilde t)\,\psi^3\left(\frac{x-\tilde u}{s},\frac{y-\tilde v}{s},\frac{z-\tilde t}{s}\right)\mathrm{d}\tilde u\,\mathrm{d}\tilde v\,\mathrm{d}\tilde t\\
W^{\psi^4}f(s,x,y,z)&\equiv(f*\psi^4_s)=\frac{1}{s^{3/2}}\iiint f(\tilde u,\tilde v,\tilde t)\,\psi^4\left(\frac{x-\tilde u}{s},\frac{y-\tilde v}{s},\frac{z-\tilde t}{s}\right)\mathrm{d}\tilde u\,\mathrm{d}\tilde v\,\mathrm{d}\tilde t\\
W^{\psi^5}f(s,x,y,z)&\equiv(f*\psi^5_s)=\frac{1}{s^{3/2}}\iiint f(\tilde u,\tilde v,\tilde t)\,\psi^5\left(\frac{x-\tilde u}{s},\frac{y-\tilde v}{s},\frac{z-\tilde t}{s}\right)\mathrm{d}\tilde u\,\mathrm{d}\tilde v\,\mathrm{d}\tilde t\\
W^{\psi^6}f(s,x,y,z)&\equiv(f*\psi^6_s)=\frac{1}{s^{3/2}}\iiint f(\tilde u,\tilde v,\tilde t)\,\psi^6\left(\frac{x-\tilde u}{s},\frac{y-\tilde v}{s},\frac{z-\tilde t}{s}\right)\mathrm{d}\tilde u\,\mathrm{d}\tilde v\,\mathrm{d}\tilde t\\
W^{\psi^7}f(s,x,y,z)&\equiv(f*\psi^7_s)=\frac{1}{s^{3/2}}\iiint f(\tilde u,\tilde v,\tilde t)\,\psi^7\left(\frac{x-\tilde u}{s},\frac{y-\tilde v}{s},\frac{z-\tilde t}{s}\right)\mathrm{d}\tilde u\,\mathrm{d}\tilde v\,\mathrm{d}\tilde t
\end{aligned}\tag{11.1.227}$$

同二维情况类似，这时小波变换系数的模为

$$Mf(s,x,y,z)\equiv\sqrt{|W^{\psi^1}f(s,x,y,z)|^2+\cdots+|W^{\psi^7}f(s,x,y,z)|^2}\tag{11.1.228}$$

注意式(11.1.227)中符号$f*\psi^1_s,\cdots,f*\psi^7_s$表示卷积，而式(11.1.228)中$|W^{\psi^1}f(s,x,y,z)|$表示$W^{\psi^1}f(s,x,y,z)$的模。仍然以二进小波进行离散，即伸缩因子$s$取为$2^k$，并令$x=i_1\Delta x,y=i_2\Delta y,z=i_3\Delta z$，为方便下面的叙述，仍然将$W^{\psi^1}f(s,x,y,z)$简记为$W^{\psi^1}f(2^k,i_1,i_2,i_3)$，$Mf(s,x,y,z)$简记为$Mf(2^k,i_1,i_2,i_3)$，此时三维张量

积小波变换系数的递推关系式以及小波变换系数模的表达式为

$$\begin{cases}W^{\Phi}f(2^k,i_1,i_2,i_3)=\sum\limits_{l}\sum\limits_{m}\sum\limits_{n}(h_l h_m h_n W^{\Phi}f(2^{k-1},i_1+2^{k-1}l,i_2+2^{k-1}m,i_3+2^{k-1}n))\\ W^{\psi^1}f(2^k,i_1,i_2,i_3)=\sum\limits_{l}\sum\limits_{m}\sum\limits_{n}(h_l h_m g_n W^{\Phi}f(2^{k-1},i_1+2^{k-1}l,i_2+2^{k-1}m,i_3+2^{k-1}n))\\ W^{\psi^2}f(2^k,i_1,i_2,i_3)=\sum\limits_{l}\sum\limits_{m}\sum\limits_{n}(h_l g_m h_n W^{\Phi}f(2^{k-1},i_1+2^{k-1}l,i_2+2^{k-1}m,i_3+2^{k-1}n))\\ W^{\psi^3}f(2^k,i_1,i_2,i_3)=\sum\limits_{l}\sum\limits_{m}\sum\limits_{n}(h_l g_m g_n W^{\Phi}f(2^{k-1},i_1+2^{k-1}l,i_2+2^{k-1}m,i_3+2^{k-1}n))\\ W^{\psi^4}f(2^k,i_1,i_2,i_3)=\sum\limits_{l}\sum\limits_{m}\sum\limits_{n}(g_l h_m h_n W^{\Phi}f(2^{k-1},i_1+2^{k-1}l,i_2+2^{k-1}m,i_3+2^{k-1}n))\\ W^{\psi^5}f(2^k,i_1,i_2,i_3)=\sum\limits_{l}\sum\limits_{m}\sum\limits_{n}(g_l h_m g_n W^{\Phi}f(2^{k-1},i_1+2^{k-1}l,i_2+2^{k-1}m,i_3+2^{k-1}n))\\ W^{\psi^6}f(2^k,i_1,i_2,i_3)=\sum\limits_{l}\sum\limits_{m}\sum\limits_{n}(g_l g_m h_n W^{\Phi}f(2^{k-1},i_1+2^{k-1}l,i_2+2^{k-1}m,i_3+2^{k-1}n))\\ W^{\psi^7}f(2^k,i_1,i_2,i_3)=\sum\limits_{l}\sum\limits_{m}\sum\limits_{n}(g_l g_m g_n W^{\Phi}f(2^{k-1},i_1+2^{k-1}l,i_2+2^{k-1}m,i_3+2^{k-1}n))\\ Mf(2^k,i_1,i_2,i_3)=\sqrt{|W^{\psi^1}f(2^k,i_1,i_2,i_3)|^2+\cdots+|W^{\psi^7}f(2^k,i_1,i_2,i_3)|^2}\end{cases}\tag{11.1.229}$$

式中：h_m 和 g_m 分别表示一维情况下的低通小波滤波器系数和高通小波滤波器系数；Φ 为三维空间中的尺度函数。

4）Hölder 指数计算的具体实施过程

以二维空间中的函数 $f(x,y)$ 为例，这里扼要给出 Hölder 指数 α 的具体实施步骤，在下面叙述中，以二进小波进行离散，即伸缩因子 s 取为 2^k，并令 $x=i\Delta x$，$y=j\Delta y$，为方便下面的叙述，将 $f(x,y)$ 简记为 $f(i,j)$；另外离散后的小波变换系数和小波变换系数的模分别简记为 $W^{\psi^1}f(2^k,i,j)$ 和 $Mf(2^k,i,j)$。此时 Hölder 指数 α 的具体实施步骤为：

（1）输入离散函数值：

$$\{f(0,0),f(0,1),\cdots,f(Nx,Ny)\}$$

（2）借助于式(11.1.223)分别计算出离散后的 3 个小波变换系数，即

$$\{W^{\psi^1}f(2^k,0,0),W^{\psi^1}f(2^k,0,1),\cdots,W^{\psi^1}f(2^k,Nx,Ny)\}$$
$$\{W^{\psi^2}f(2^k,0,0),W^{\psi^2}f(2^k,0,1),\cdots,W^{\psi^2}f(2^k,Nx,Ny)\}$$
$$\{W^{\psi^3}f(2^k,0,0),W^{\psi^3}f(2^k,0,1),\cdots,W^{\psi^3}f(2^k,Nx,Ny)\}$$
$$(k=1,2,3)$$

（3）借助于式(11.1.222)计算小波变换系数的模 $Mf(2^k,i,j)$。

（4）借助于式(11.1.216)确定小波变换模极大值 $r_{i,j}^k$。

（5）借助于式(11.1.217)，便可以获得在(i,j)点处关于 Hölder 指数 $\alpha_{i,j}$ 的近

似表达式，即

$$\alpha_{i,j} \approx \frac{1}{2}\mathrm{lb}(r_{i,j}^{3}/r_{i,j}^{1}) \quad (0 \leqslant i \leqslant Nx, 0 \leqslant j \leqslant Ny) \tag{11.1.230}$$

2. 小波多分辨奇异分析的流场计算新方法

为了实施这里提出的小波多分辨奇异分析的流场计算新方法，首先要利用小波多分辨分析技术对计算结果（这里指计算过程中每一次迭代的中间结果）进行分析，得到整个计算域中当前解的奇异性，然后进行下一个时间步迭代时便可利用上一步的小波分析的结果，去选择合适的差分格式，以便构造出一种计算效率高而且能够保证计算精度的混合算法。应指出的是，这里新方法能够很方便地加入到原有的计算源程序中，加入小波多分辨奇异分析后的程序总框图如图 11.8 所示。

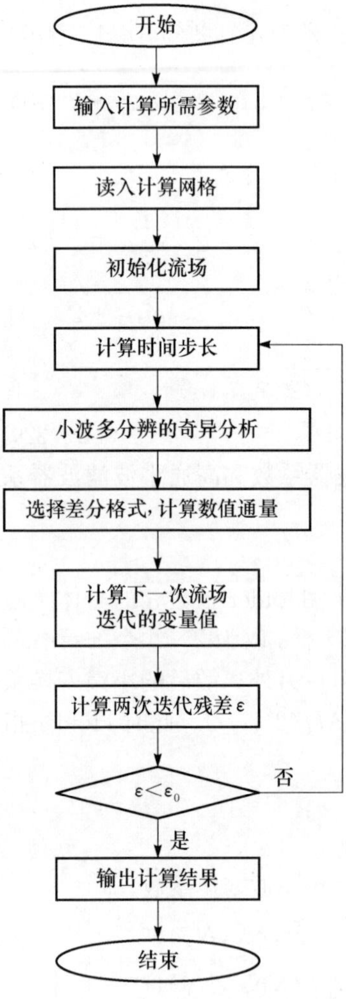

图 11.8 加入小波多分辨奇异分析后的求解过程图

为了保证时间积分的精度，采用具有 TVD 性质的三步 Runge-Kutta 方法（下面简记为 R-K），并将空间导数离散，于是控制方程便可半离散化为

$$\boldsymbol{U}_t = L(\boldsymbol{U}) \tag{11.1.231}$$

式中：$\boldsymbol{U}=[\rho,\rho u,\rho v,\rho we]^{\mathrm{T}}$ 为守恒变量，相应时间积分的 TVD 三步 Runge-Kutta 格式为

$$\begin{aligned}
\boldsymbol{U}^{(1)} &= \boldsymbol{U}^{n} + \Delta t L(\boldsymbol{U}^{n}) \\
\boldsymbol{U}^{(2)} &= \frac{3}{4}\boldsymbol{U}^{n} + \frac{1}{4}\boldsymbol{U}^{(1)} + \frac{1}{4}\Delta t L(\boldsymbol{U}^{(1)}) \\
\boldsymbol{U}^{n+1} &= \frac{1}{3}\boldsymbol{U}^{n} + \frac{2}{3}\boldsymbol{U}^{(2)} + \frac{2}{3}\Delta t L(\boldsymbol{U}^{(2)})
\end{aligned} \tag{11.1.232}$$

今对任一物理变量 ξ 进行小波多分辨的奇异分析，则小波分析的加入方法有两种：如图 11.9 所示，一种方法是在一个完整的时间步后进行一次小波多分辨奇异分析，并将分析的结果用于下一个时间步的每一个 Runge-Kutta 步（以下简称 R-K 步）数值通量的计算，这种方法的示意图如图 11.9(a)所示；另一种方法则是在每完成一个 R-K 步后就进行小波分析，并将分析的结果用于下一个 R-K 步的计算，这种方法的示意图如图 11.9(b)所示。当利用小波多分辨奇异分析结果后，便可有效

选择差分格式去计算数值通量。例如，在光滑区域采用无耗散的中心差分格式（其数值通量记作$\hat{\boldsymbol{F}}^{\mathrm{CTR}}$），在奇异区域采用无振荡的 TVD 格式（其数值通量记作$\hat{\boldsymbol{F}}^{\mathrm{TVD}}$），该过程见图 11.10，其中 $\hat{\boldsymbol{F}}$ 为无黏数值通量。

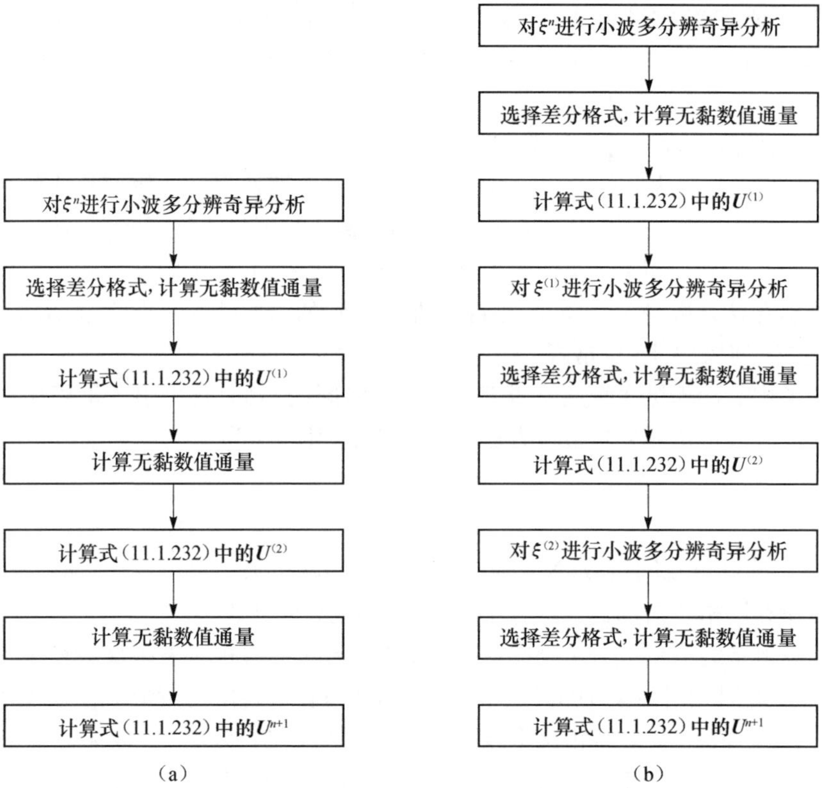

图 11.9　两种加入小波高分辨率奇异分析方法的示意图

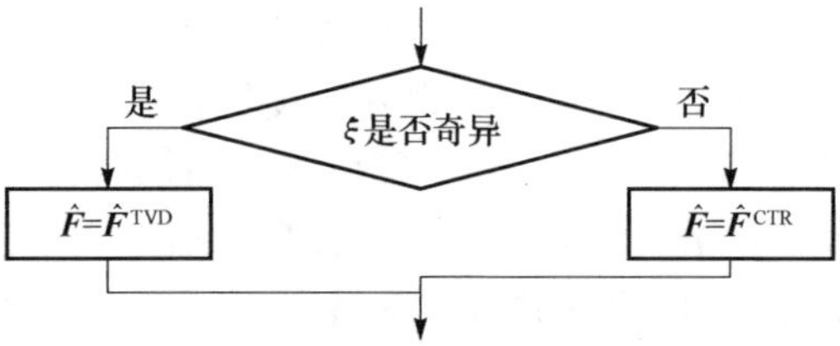

图 11.10　小波多分辨奇异分析自适应选择数值通量示意图

3. 典型的几个算例及分析

对于上面提出的新方法，这里可以方便地加入到原有的 CFD 源程序中。在我们已有 CFD 源程序[150,151,188,238,220]的基础上，给出流场小波多分辨奇异分析新方法的具体实施过程，并对典型算例进行计算。在下面进行小波奇异分析的过程中，采用消失矩 N 为 2 的 Daubechies 小波进行计算；另外，在对流场控制方程的离散过程中，光滑区域采用四阶中心差分格式，奇异区域采用 Harten-Yee 的二阶迎风型 TVD 格式或五阶 WENO 格式；此外，在对式(11.1.232)求解的过程中，每完成一个 R-K 步后便进行小波多分辨奇异分析，下面扼要给出几个典型算例。

1）二维前台阶算例的 Euler 流

进口 Mach 数为 3 的前台阶算例是一个检验激波捕捉高分辨率格式的一个常用算例。计算采用二维 Euler 方程模型，相关输入数据见文献[220]。计算中采用 480×160 网格进行计算，取 CFL 数为 0.8，$\varepsilon=1.0\times10^{-3}$，选用气体的密度作为小波多分辨奇异分析时的变量 ξ，并将分析后得到的奇异点分布区域采用 Harten-Yee 的二阶迎风型 TVD 格式。

为了排除计算机本身性能所带来的计算时间的不同，这里引入压缩比 μ 作为衡量小波多分辨奇异分析数值方法的计算效率，其定义为

$$\mu = \frac{N_{\text{Tol}}}{N_{\text{Reg}}} \tag{11.1.233}$$

式中：N_{Tol} 为计算总网格数；N_{Reg} 为奇异点所在的网格数。可以看出，压缩比越大，奇异点所在网格所占的比例就越小，计算效率提高的就越多。

该算例最终会变成一个稳态流动，那时流场的结构相对来讲比较简单。而当时间 $t=4.0$ 时刻时流动仍处于非稳定阶段，此时在前台阶附近形成一道脱体弓形激波，这道激波与上壁面相交形成反射波，当激波比较强时，形成 λ 波(即 Mach 杆)，由上壁面反射出来的波再次碰到前台阶的上表面，于是又产生了新的一道反射波。随着时间的逐渐增长，整个流场复杂激波系也逐渐变化，最终形成一个基本稳定的脱体激波流场，当 $t=15$ 以后流场基本达到稳定。图 11.11 为 480×160 网格下不同时刻(即 $t=0.5\sim10.0$)时密度等值线的分布图，图中的密度是相对值(无单位)。图 11.12 给出上述不同时刻时对密度进行小波多分辨奇异分析后得到的奇异点所在网格分布图。由图 11.12 可以清晰地看到，在不同时刻小波多分辨奇异分析都能较为准确的分析出各种间断的位置，从而可以较为合理地选择数值通量的计算方法。表 11.1 给出不同时刻下对密度进行小波多分辨奇异分析时所得到的奇异点网格数(这里用 N_{WENO} 表示对奇异点的网格均采用 WENO 格式时网格的个数)。由表 11.1 可以看出，随着计算时间的增加，压缩比 μ 先减小然后又增加，这是由于流场结构先变复杂，最后趋于稳定，因此流场结构又变得相对简单的缘故。

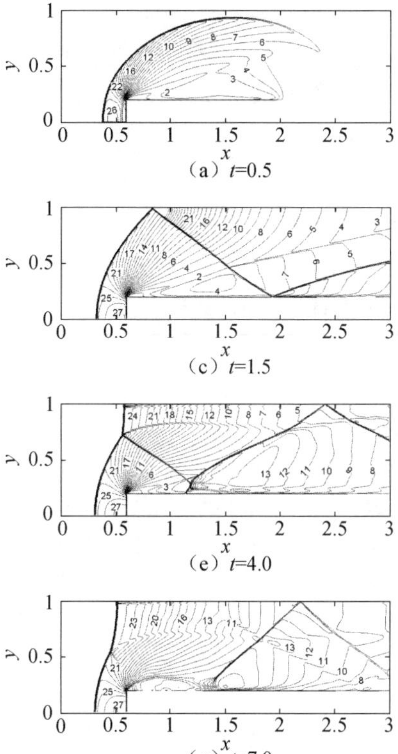

(a) t=0.5　(c) t=1.5　(e) t=4.0　(g) t=7.0

标号	相对密度
30	6.5000
29	6.2931
28	6.0862
27	5.8793
26	5.6724
25	5.4655
24	5.2586
23	5.0517
22	4.8448
21	4.6379
20	4.4310
19	4.2241
18	4.0172
17	3.8103
16	3.6034
15	3.3966
14	3.1897
13	2.9828
12	2.7759
11	2.5690
10	2.3621
9	2.1552
8	1.9483
7	1.7414
6	1.5345
5	0.3276
4	0.1207
3	0.9138
2	0.7069
1	0.5000

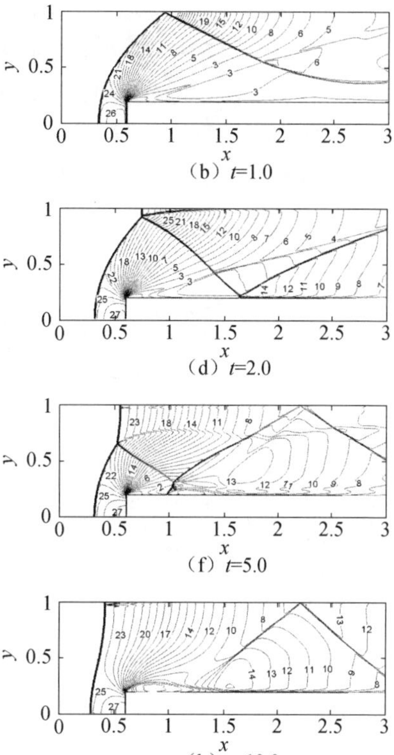

(b) t=1.0　(d) t=2.0　(f) t=5.0　(h) t=10.0

图 11.11　前台阶算例不同时刻等密度线分布

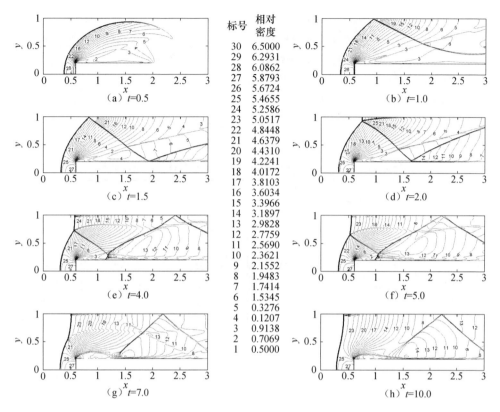

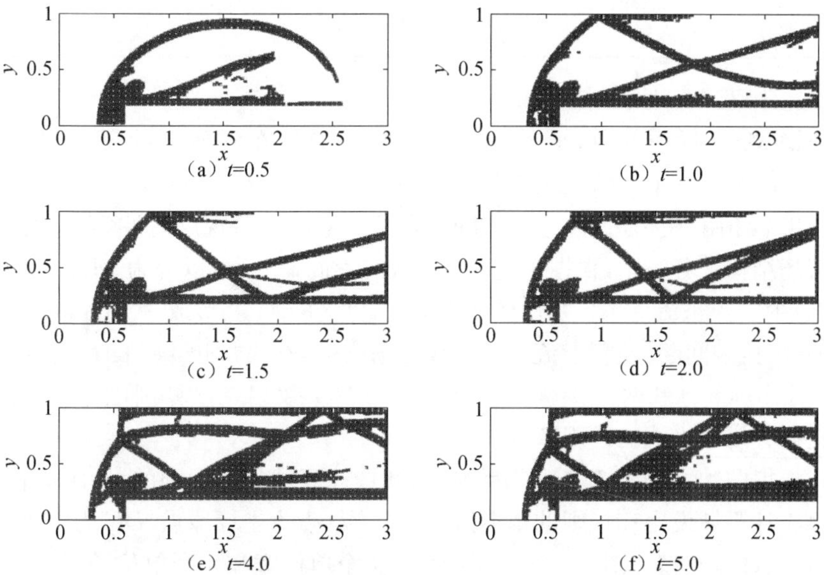

(a) t=0.5　(b) t=1.0　(c) t=1.5　(d) t=2.0　(e) t=4.0　(f) t=5.0

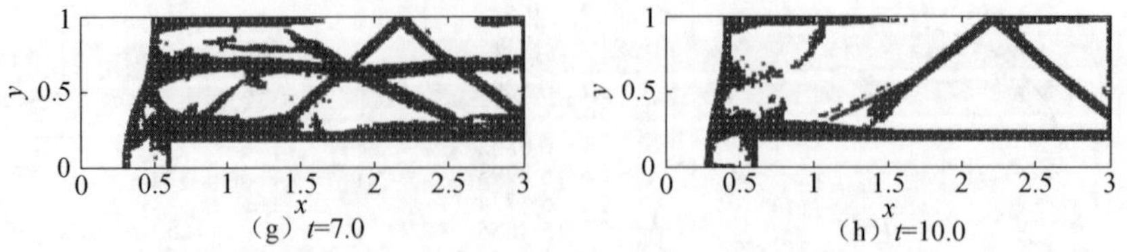

图 11.12　对密度进行小波奇异分析所得的奇异点网格分布

表 11.1　前台阶算例对密度进行小波多分辨奇异分析的结果

项　目	N_{WENO}	μ	项　目	N_{WENO}	μ
t=0.5	14 598	5.26	t=8.0	25 899	2.97
t=1.0	19 921	3.86	t=8.5	23 864	3.22
t=1.5	20 355	3.77	t=9.0	21 930	3.50
t=2.0	21 911	3.51	t=9.5	20 919	3.67
t=2.5	24 960	3.08	t=10.0	19 140	4.01
t=3.0	26 567	2.89	t=10.5	18 208	4.22
t=3.5	28 937	2.65	t=11.0	20 186	3.80
t=4.0	30 674	2.50	t=11.5	18 790	4.09
t=4.5	32 085	2.39	t=12.0	18 031	4.26
t=5.0	32 510	2.36	t=12.5	18 951	4.05
t=5.5	32 953	2.33	t=13.0	19 102	4.02
t=6.0	33 277	2.31	t=13.5	18 929	4.06
t=6.5	34 314	2.24	t=14.0	18 707	4.11
t=7.0	30 489	2.52	t=14.5	18 273	4.20
t=7.5	28 297	2.71	t=15.0	18 985	4.05

2) 二维双 Mach 反射的 Euler 流动

所谓 Mach 反射问题，原始的模型是模拟激波在斜面上的反射问题，如图 11.13(a)所示。一个平面正激波从左往右运动，该激波运动到 D 点以后，与楔形边 DC 相互作用，楔形边 DC 为固壁面，在 DC 壁面上出现反射波，在反射波区域附近流场结构十分复杂，根据来流 Mach 数的不同，一般可以分为 Mach 反射和双 Mach 反射。当来流 Mach 数比较小时，在楔形边 DC 上形成一个 Mach 杆(即 λ 波)和一个接触间断，随着来流 Mach 数逐渐增大，在楔形边 DC 的反射区附近将形成两个 Mach 杆和两个接触间断，称为双 Mach 反射。该算例也是一个检验激波捕捉高分辨率格式的常用算例之一。

在模拟图 11.13(a)双 Mach 反射问题时，计算域是不规则的，为了简化模型，本算例将计算域设定在规则的矩形区域，即以 D 点为坐标原点，DC 为 x 轴建立坐标系，这时计算模型如图 11.13(b)所示，取 1 个单位宽和 4 个单位长，计算域大小为：[0,4]×[0,1]，反射壁面处于计算域的底部 DC，一个 Mach 数为 10 的斜强激波放置在 $x=1/6$，$y=0$ 处，并与 x 轴成 60°，计算域记为 $O'A'B'CO'$，其中，$O'A'$、$A'B'$、$B'C$、CO' 为计算边界，相关的计算参数见文献[220]。

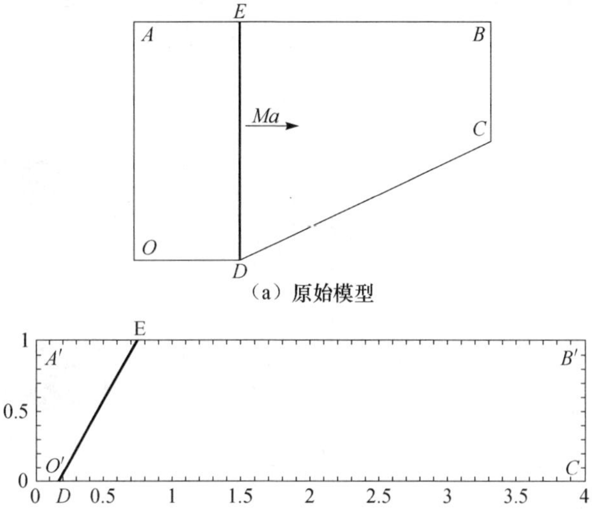

(a) 原始模型

(b) 计算模型

图 11.13　双 Mach 反射算例计算域示意图

计算中采用 640×160，1280×320 和 1920×480 三种不同网格进行计算，取 CFL 数为 0.8，$\varepsilon=0.001$，仍然选用密度作为小波多分辨奇异分析时的变量，得到流场的 Hölder 指数 α；因此在方程离散中，光滑区域采用四阶中心差分格式，奇异区域采用五阶 WENO 格式，计算的最终时间 t 取为 0.2；另外，对压缩比 μ 仍用式(11.1.233)算出。

图 11.14(a)、(c)、(e)分别为 $t=0.2$ 时 640×160、1280×320 以及 1920×480 网格下计算所得的等密度线分布图(图中的密度是相对值，无单位)，而图 11.14(b)，(d)和(f)分别为 640×160、1280×320 以及 1920×480 网格下对密度进行小波多分辨奇异分析时所获得的奇异点所在网格的分布图。表 11.2 给出在不同网格下，不同计算时刻对密度进行小波多分辨奇异分析时得到的奇异点所在网格数以及相应的压缩比 μ。分析所得到的计算结果可以发现：当 $t=0.2$ 时的流场结构是较为复杂的，在斜激波与下壁面的反射点附近的流动区域内形成了两个 Mach 杆(或 λ 波)和两个滑移线(即接触间断)，尤其是第二个滑移线，它很靠近下壁面，在网格比较粗的时候，格式很难捕捉到，只有当网格比较细的时候，该滑移线才比较明显。从计算结果来看，网格较粗时，滑移线上的剪切涡完全被抹掉了，只有当网格比较细的时候，滑移线上的剪切涡才能被捕捉到，这种现象应值得我们关注。

总的看来，小波多分辨奇异分析数值新方法保持了 WENO 格式对激波捕捉的高分辨率特性，而且没有出现振荡，格式也基本上是稳定的。再来分析计算效率，图 11.14(b)、(d)和(f)给出不同网格下对密度进行小波多分辨奇异分析时所获得的奇异点所在网格的分布图。表 11.2 给出不同时刻下压缩比的变化情况。显然，由于这时流场结构非常复杂，因此采用较密的网格是需要的。

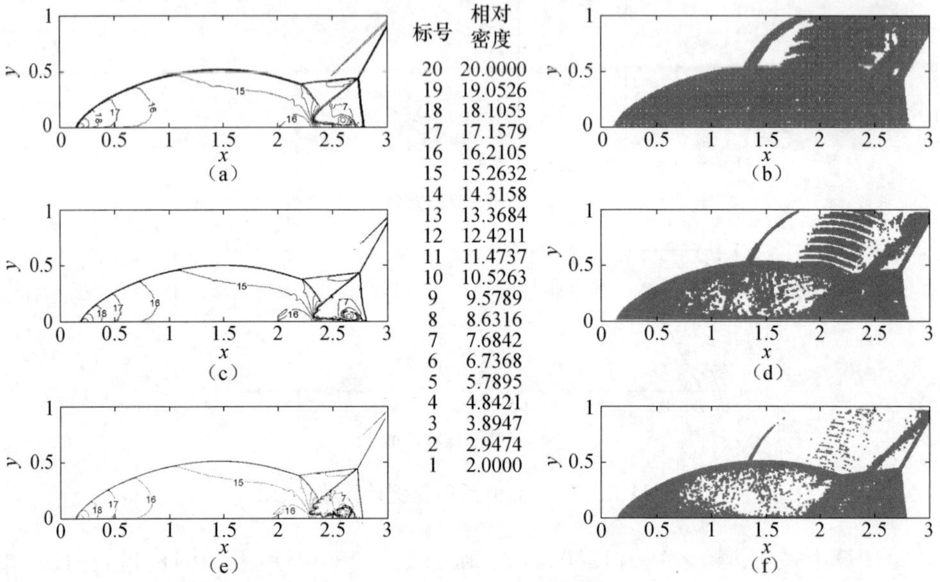

图 11.14　双 Mach 反射算例在不同网格下的计算结果

表 11.2　双 Mach 反射算例小波多分辨奇异分析的结果

项　目	640×160		1280×320		1920×480	
	N_{weno}	μ	N_{weno}	μ	N_{weno}	μ
t=0.02	6 378	16.06	20 452	20.03	42 103	21.89
t=0.04	10 437	9.81	36 405	11.25	74 223	12.42
t=0.06	14 695	6.97	51 250	7.99	97 843	9.42
t=0.08	19 085	5.37	63 201	6.48	120 784	7.63
t=0.10	23 532	4.35	76 080	5.38	139 499	6.61
t=0.12	27 781	3.69	89 800	4.56	152 574	6.04
t=0.14	32 009	3.20	101 574	4.03	162 225	5.68
t=0.16	36 588	2.80	111 606	3.67	164 332	5.61
t=0.18	41 726	2.45	120 841	3.39	166 616	5.53
t=0.20	47 049	2.18	130 804	3.13	181 136	5.09

3）著名的二维 Riemann 初值问题

二维 Riemann 初值问题的计算情况十分复杂，计算仍然采用二维 Euler 方程，计算域如图 11.15 所示，初始时刻四个区域 1,2,3,4 内气体的状态各不相同，根据初始状态的差异可以出现很多复杂的现象，包括运动激波、稀疏波、滑移线（接触间断）等基本现象。

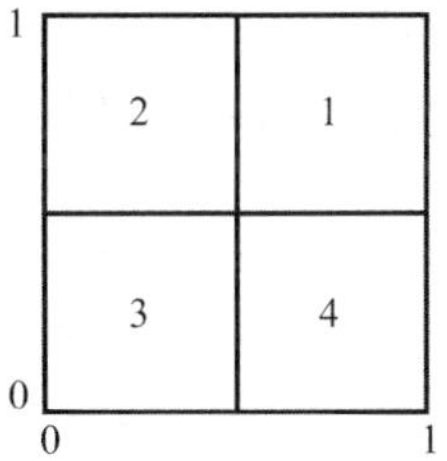

图 11.15　二维 Riemann 初值问题示意图

对于多变气体，Lax 将二维 Riemann 初值问题划分为 6 大类 19 种情况[258]，即四稀疏波结构 2 种情况、四激波结构 2 种情况、四滑移线结构 2 种情况、双滑移线双稀疏波结构 4 种情况、双滑移线双激波结构 4 种情况以及双滑移线单稀疏波单激波结构 5 种情况。这里仅选取其中的 3 个典型算例进行计算，相应的初值条件见表 11.3。

表 11.3　二维 Riemann 初值问题的 3 个典型算例以及初始状态

算例	$[\rho_1, u_1, v_1, p_1]$	$[\rho_2, u_2, v_2, p_2]$	$[\rho_3, u_3, v_3, p_3]$	$[\rho_4, u_4, v_4, p_4]$
算例 1	(1.0000,0.7500,−0.5000,1.0000)	(2.0000,0.7500,0.5000,1.0000)	(1.0000,−0.7500,0.5000,1.0000)	(3.0000,−0.7500,−0.5000,1.0000)
算例 2	(1.0000,0.1000,0.0000,1.0000)	(0.5313,0.8276,0.0000,0.4000)	(0.8000,0.1000,0.0000,0.4000)	(0.5313,0.1000,0.7276,0.4000)
算例 3	(0.5313.0.1000,0.1000,0.4000)	(1.0222,−0.6179,0.1000,1.0000)	(0.8000,0.1000,0.1000,1.0000)	(1.0000,0.1000,0.8276,1.0000)

计算中在光滑区域采用四阶中心差分格式，奇异区域采用五阶 WENO 格式进行离散。需要说明的是，由于有些情况的初始时刻密度是连续的，而压力或速度出现了间断，为了确保计算能够进行，计算中对式(11.1.231)中的 4 个守恒量分别进行小波奇异性分析，得到各个守恒量的相应 Hölder 指数 α，其表达式为

$$\alpha_{i,j} = \min[\alpha_{i,j}(\rho), \alpha_{i,j}(\rho u), \alpha_{i,j}(\rho v), \alpha_{i,j}(e)] \tag{11.1.234}$$

计算中采用 480×480 计算网格，小波多分辨奇异分析的截断阈值 $\varepsilon = 1.0\times10^{-3}$。

3 个算例的计算结果见图 11.16。算例 1 在 4 个子区域间断面上形成 4 个滑移线，算例 2 在 4 个子区域间断面上形成 2 个滑移线和 2 个激波，算例 3 在 4 个子区域间断面上形成 2 个滑移线、1 个稀疏波和 1 个激波。图 11.16 为 3 个典型算例在奇异区域采用五阶 WENO 格式的计算结果。图 11.16(a)为算例 1 在 $t=0.2$ 时刻等密度线分布图，图 11.16(b)为算例 1 在 $t=0.2$ 时刻对流场进行小波多分辨奇异分析得到的奇异点网格分布图，图 11.16(c)为算例 2 在 $t=0.3$ 时刻等密度线分布图，图 11.16(d)为算例 2 在 $t=0.3$ 时刻对流场进行小波多分辨奇异分析得到的奇异点网格分布图，图 11.16(e)为算例 3 在 $t=0.2$ 时刻等密度线分布图，图 11.16(f)为算例 3 在 $t=0.2$ 时刻对流场进行小波多分辨奇异分析得到的奇异点

网格分布图。表 11.4 列出 3 个算例不同时刻对流场小波多分辨奇异分析得到的奇异点网格数以及压缩比。

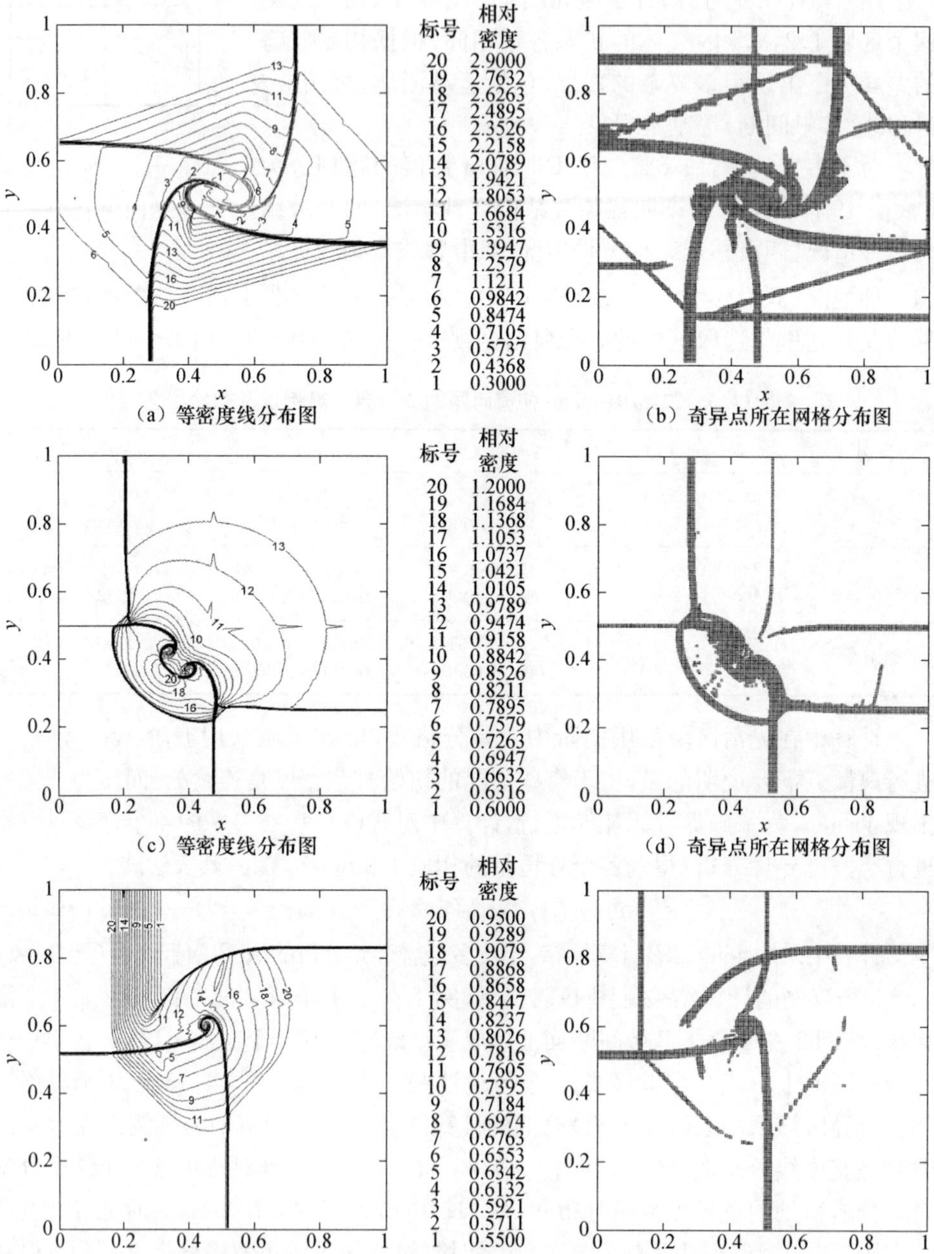

图 11.16 二维 Riemann 初值问题 3 个典型算例的计算结果

表 11.4　二维 Riemann 初值问题的 3 个典型算例奇异分析的结果

项　目		N_{tvd}	μ	N_{weno}	μ
算例 1	t=0.10	46 386	4.97	51 110	4.51
	t=0.20	55 925	4.12	51 348	4.48
算例 2	t=0.15	16 163	14.25	16 774	13.74
	t=0.30	23 217	9.92	21 131	10.90
算例 3	t=0.10	17 757	12.98	19 512	11.81
	t=0.20	24 005	9.60	18 362	12.55

4）跨声速 RAE2822 翼型的二维绕流问题

RAE2822 是一个典型的二维跨声速绕流流动的经典算例，文献[220]给出该翼型的具体尺寸以及相关实验数据，计算的参数设置如下：来流 Mach 数为 0.729，攻角为 2.31°，基于弦长的雷诺数为 6.5×10^6。

计算时采用 C 形网格，网格数为 369×65。计算过程中对 Mach 数进行小波多分辨奇异分析，截断阈值取 $\varepsilon=1.0\times10^{-2}$；在方程离散中，对奇异区域采用五阶 WENO 格式计算无黏数值通量，在光滑区域则采用四阶中心差分格式计算无黏数值通量，黏性项采用二阶或四阶中心差分离散。计算所得的表面压力系数分布与实验值吻合较好。图 11.17(a)给出等 Mach 线分布图，图 11.17(b)给出对 Mach 数进行小波多分辨奇异分析时得到的奇异点所在网格的分布图。从计算结果可以看出，小波多分辨奇异分析能够准确捕捉到上表面的激波，新方法所得的计算结果是令人满意的，而该算例在趋于收敛时奇异网格点数为 2988，压缩比为 8.03。

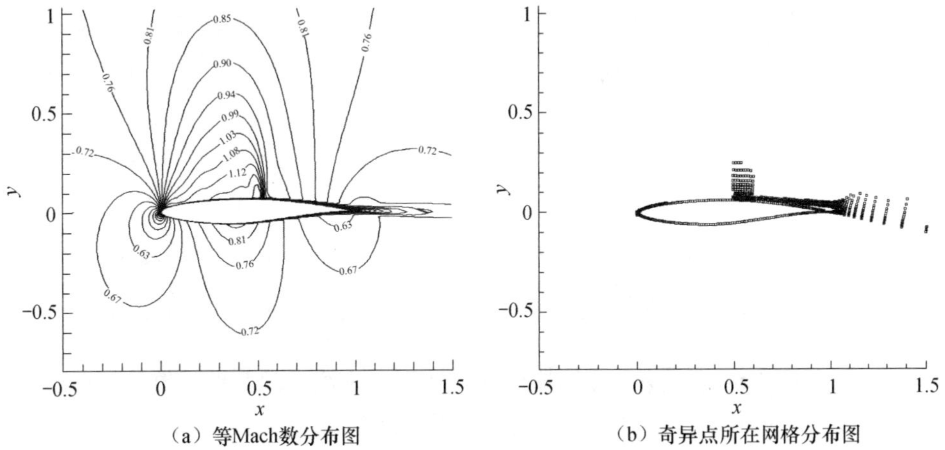

（a）等Mach数分布图　　（b）奇异点所在网格分布图

图 11.17　RAE2822 二维跨声速绕流流动算例计算结果

5）二维跨声速 VKI-LS59 涡轮叶栅的绕流计算

VKI-LS59 叶栅是个大头、大弯曲、有攻角的平面涡轮叶栅，文献[220]给出叶型参数及相关实验数据，计算的参数设置如下：进口总压为 2.3×10^5 Pa，进口总温为 280K，进口气流角 30°，出口静压为 1.2×10^5 Pa。

计算网格取为 160×32，计算过程中对 Mach 数进行小波多分辨奇异分析，截断阈值取 $\varepsilon=1.0\times10^{-2}$；在方程离散中，在奇异区域采用五阶 WENO 格式计算无黏数值通量，在光滑区域则采用四阶中心差分格式计算无黏数值通量，黏性项采用二阶或四阶中心差分离散。

图 11.18(a)为叶栅通道内的等 Mach 线分布图，图 11.18 (b)为对 Mach 数进行小波奇异分析时得到的奇异点网格分布图。可以看到，新格式能很好地捕捉到斜切口(叶栅喉部以后的通道区域)处的激波，通过小波奇异分析方法得到了奇异点的网格分布，为选取高分辨率格式奠定了基础。图 11.19(a)为叶栅通道内的等熵线分布图，图 11.19(b)为等压强线分布图。该算例在趋于收敛时奇异网格点数为 471，压缩比为 10.87。

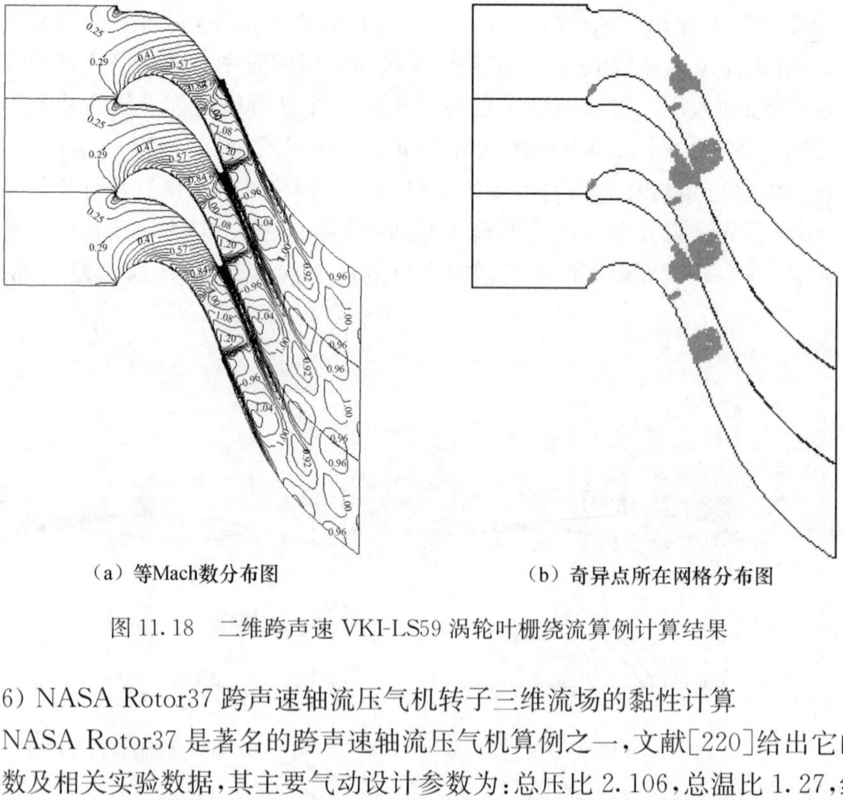

（a）等Mach数分布图　　　　（b）奇异点所在网格分布图

图 11.18　二维跨声速 VKI-LS59 涡轮叶栅绕流算例计算结果

6）NASA Rotor37 跨声速轴流压气机转子三维流场的黏性计算

NASA Rotor37 是著名的跨声速轴流压气机算例之一，文献[220]给出它的叶型参数及相关实验数据，其主要气动设计参数为：总压比 2.106，总温比 1.27，绝热效率 0.877，转子转速 17 188.7r/min，叶尖速度 454.136m/s，径高比 0.7，展弦比 1.19，转子叶片数 36，设计流量为 20.19kg/s，轴向进气。本节计算采用的进出口参数为：进口总压 101 325Pa，进口总温 288.2K，出口静压 9×10^4 Pa。

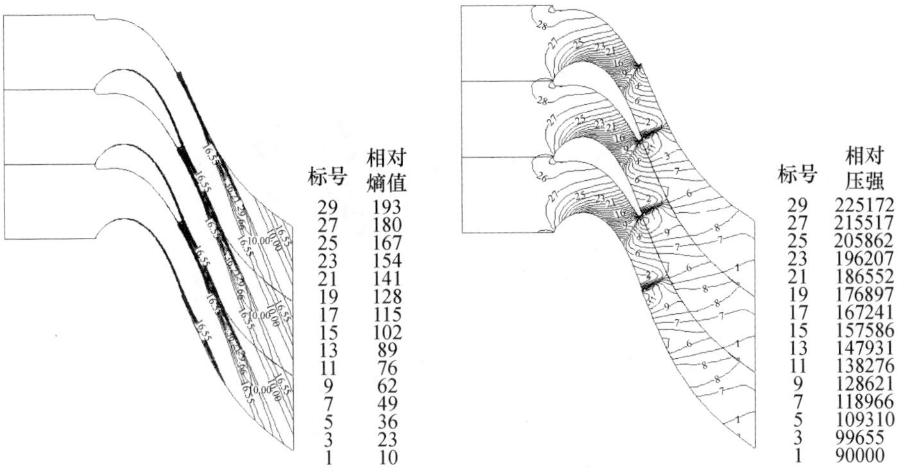

（a）等熵线分布图　　（b）等压强线分布图

图 11.19　二维跨声速 VKI-LS59 涡轮叶栅绕流算例计算结果

计算采用 160×64×48 的 H 形网格，计算过程中对 Mach 数进行小波多分辨奇异分析，截断阈值取 $\varepsilon=1.0\times10^{-2}$；在方程离散中，奇异区域采用五阶 WENO 格式计算无黏数值通量，在光滑区域则采用四阶中心差分格式计算无黏数值通量，黏性项采用二阶或者四阶中心差分离散。

图 11.20 为 30%叶高处 S_1 流面上的计算结果。其中图 11.20(a)为相对 Mach 数等值线分布图，图 11.20(b)为对相对 Mach 数进行小波多分辨奇异分析

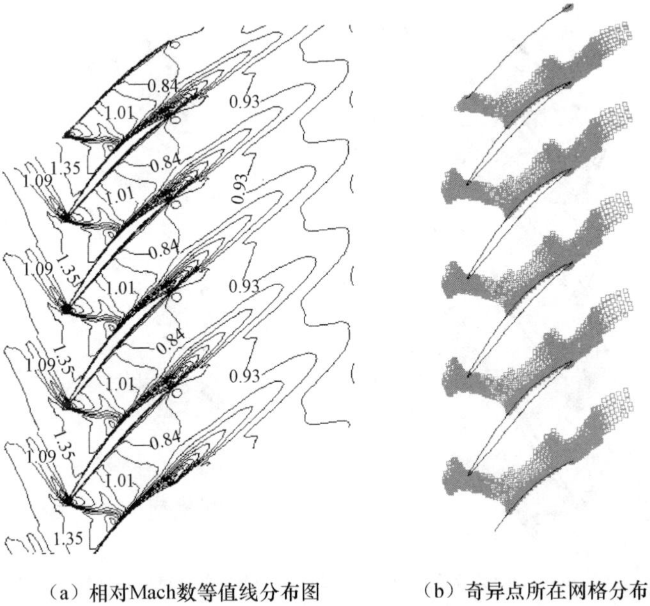

（a）相对Mach数等值线分布图　　（b）奇异点所在网格分布图

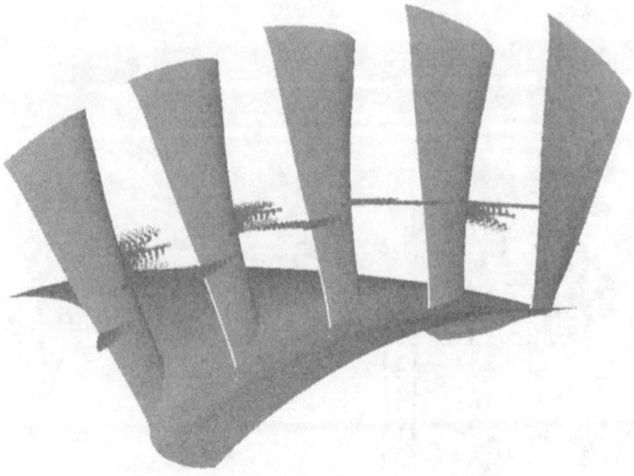

（c）奇异点所在网格的三维轴测图

图 11.20 NASA Rotor37 跨声速轴流压气机转子算例 30%叶高 S_1 流面计算结果

得到的奇异点所在网格的分布图，图 11.20(c)为奇异点所在网格的三维轴测图。

图 11.21 为 70%叶高处 S_1 流面上的计算结果。其中图 11.21(a)为相对 Mach 数等值线分布图，图 11.21(b)为对相对 Mach 数进行小波多分辨奇异分析得到的奇异点所在网格的分布图，图 11.21(c)为奇异点所在网格的三维轴测图。

图 11.22 为压力面附近 S_2 流面上的计算结果。其中图 11.22(a)为相对 Mach 数等值线分布图，图 11.22(b)为对相对 Mach 数进行小波多分辨奇异分析得到的奇异点所在网格的分布图，图 11.22(c)为奇异点所在网格的三维轴测图，紧靠叶片的第一层网格的 y^+ 在 2～29 内，图 11.22 中取的是靠近压力面的第 5 层网格（y^+ 的定义见文献[259,260]）。

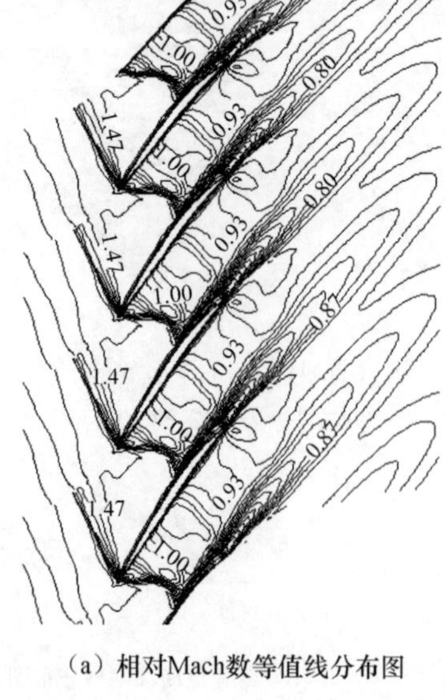

（a）相对Mach数等值线分布图

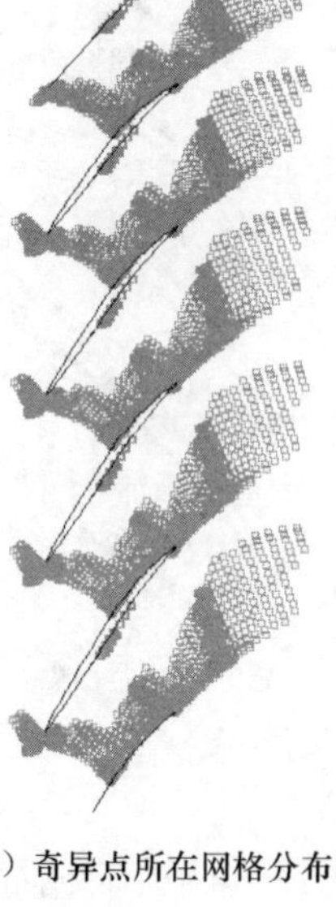

（b）奇异点所在网格分布图

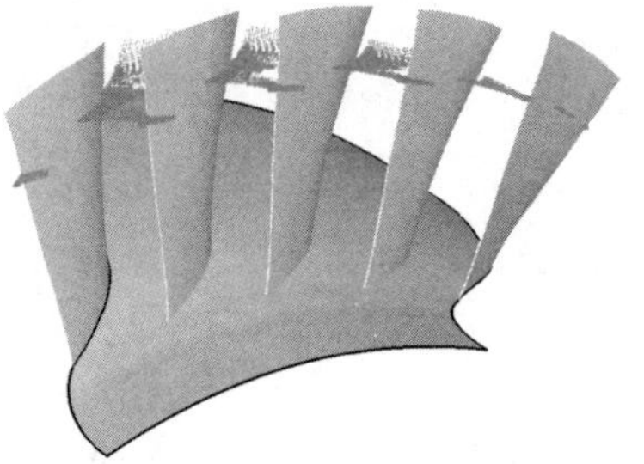

（c）奇异点所在网格的三维轴测图

图 11.21　NASA Rotor 37 跨声速轴流压气机转子算例 70%叶高 S_1 流面计算结果

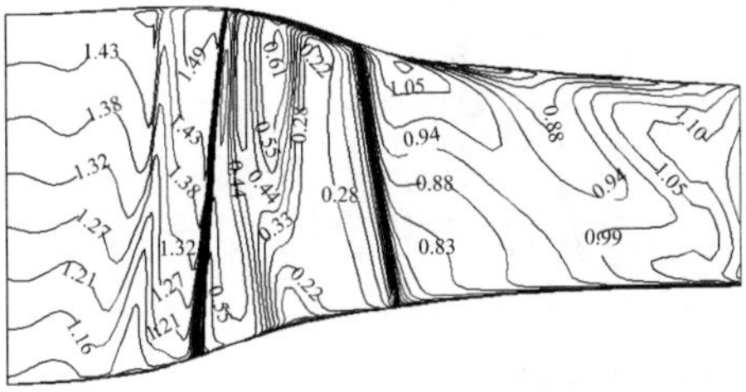

（a）相对Mach数等值线分布图

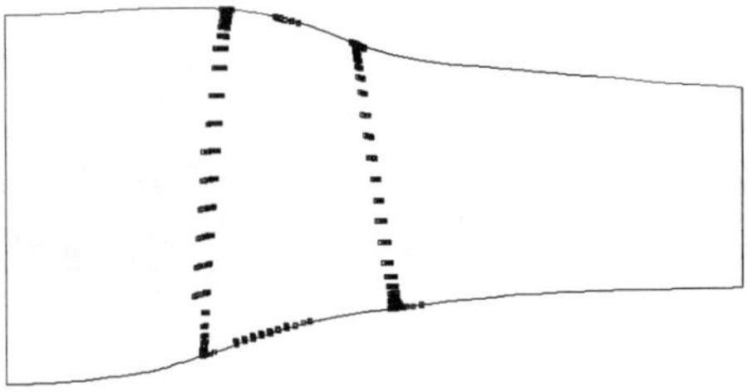

（b）奇异点所在网格分布图

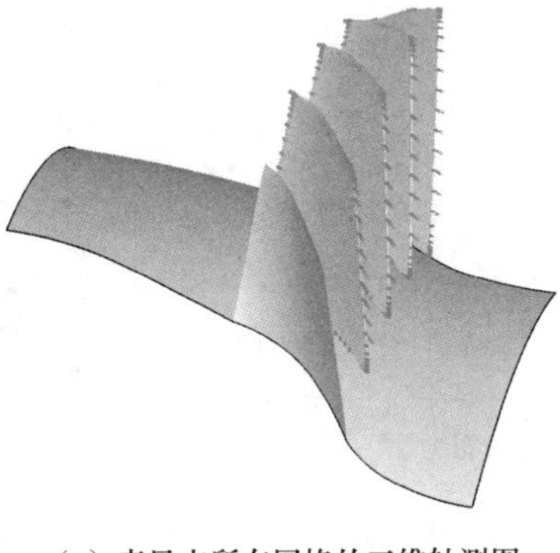

（c）奇异点所在网格的三维轴测图

图 11.22　NASA Rotor37 跨声速轴流压气机转子算例压力面附近 S_2 流面计算结果

图 11.23 为中心 S_2 流面上的计算结果。其中图 11.23(a)为相对 Mach 数等值线分布图，图 11.23(b)为对相对 Mach 数进行小波多分辨奇异分析得到的奇异点所在网格的分布图，图 11.23(c)为奇异点所在网格的三维轴测图。

图 11.24 为吸力面附近 S_2 流面上的计算结果。其中图 11.24(a)为相对 Mach 数等值线分布图，图 11.24(b)为对相对 Mach 数进行小波多分辨奇异分析得到的奇异点所在网格的分布图，图 11.24(c)为奇异点所在网格的三维轴测图，紧靠叶片的第一层网格的 y^+ 在 2～32 内，图 11.24 中取的是靠近吸力面的第 5 层网格。

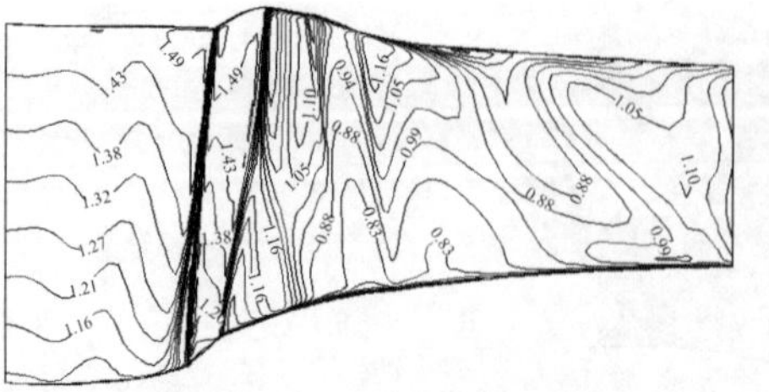

（a）相对Mach数等值线分布图

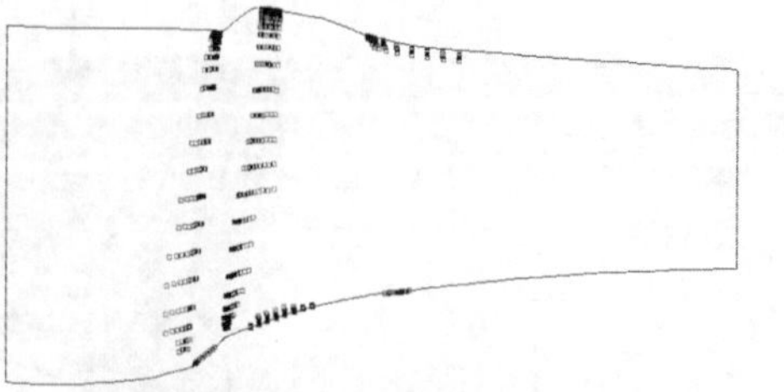

（b）奇异点所在网格分布图

（c）奇异点所在网格的三维轴测图

图 11.23　NASA Rotor37 跨声速轴流压气机转子算例中心 S_2 流面计算结果

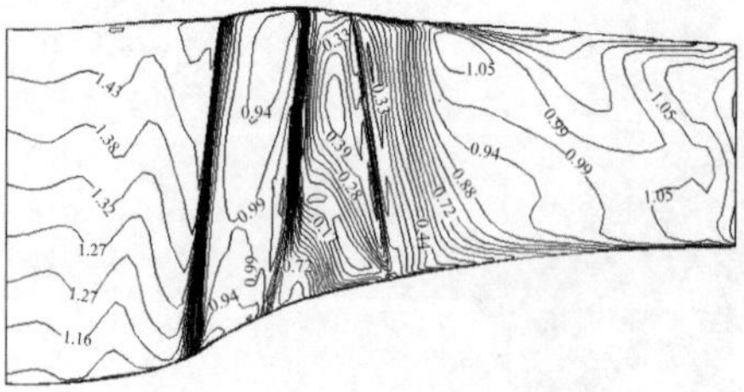

（a）相对Mach数等值线分布图

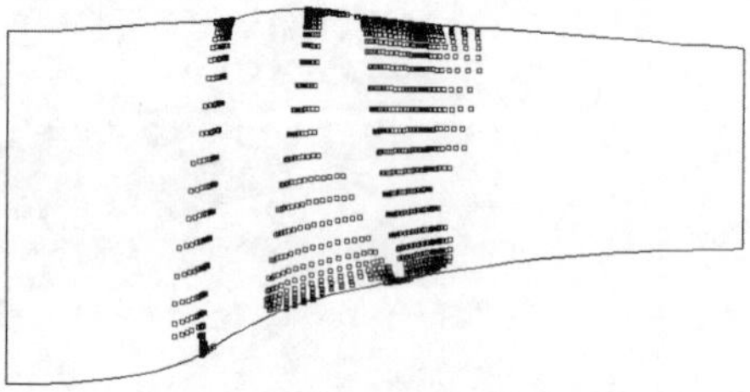

（b）奇异点所在网格分布图

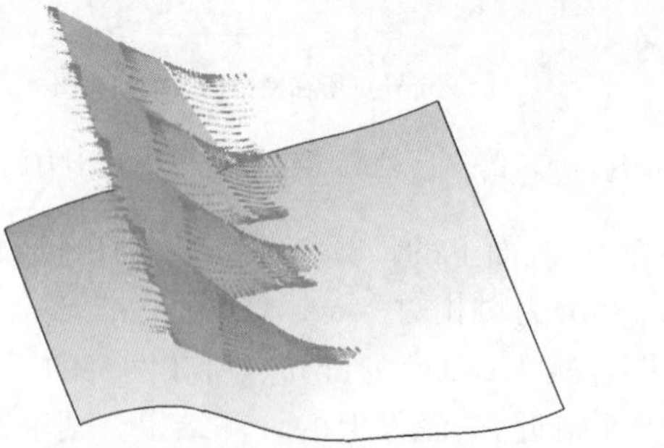

（c）奇异点所在网格的三维轴测图

图 11.24　NASA Rotor37 跨声速轴流压气机转子算例吸力面附近 S_2 流面计算结果

对于跨声速压气机的计算来讲，能否准确捕捉到流场激波的形状与分布是有效进行气动设计的重要依据，由图 11.20～图 11.24 可以清楚地看到采用小波多分辨奇异分析方法有利于捕捉到这些复杂波系的位置。该算例在趋于计算收敛时所得到的奇异点所在网格数为 71 945，这时的压缩比为 6.83，显然这对提高计算效率是非常有利的。

7）NASA Rotor67 跨声速风扇转子三维流场的黏性计算

Rotor67 是 NASA 公布的又一个著名的跨声速轴流风扇算例，文献[220]给出它的叶型参数及相关实验数据，其主要气动设计参数为：设计压比是 1.63，设计流量是 33.25kg/s。叶尖相对 Mach 数为 1.38，相应线速度是 429m/s，设计转速 16 043r/min。整个转子共有 22 个叶片，叶片的展弦比为 1.58。轴向进气。这里计算采用的进出口参数为：进口总压为 101 325Pa，进口总温为 288.2K，出口静压为 1×10^5Pa。

针对进口区、叶片区与出口区的特点，这里采用 HOH 型网格，这 3 个区的网格数分别为 16×64×64、256×64×24 和 40×64×64；计算过程中对 Mach 数进行小波多分辨奇异分析，截断阈值取 $\varepsilon=1.0\times10^{-2}$，在方程的离散中，奇异区域采用五阶 WENO 格式计算无黏数值通量，光滑区域则采用四阶中心差分格式计算无黏数值通量，黏性项采用二阶或四阶中心差分离散。

图 11.25 为 70%叶高处 S_1 流面上的计算结果。其中图 11.25(a)为相对 Mach 数等值线分布图，图 11.25(b)为根据实验值绘出的 Mach 数等值线分析图，图 11.25(c)为对相对 Mach 数进行小波多分辨奇异分析得到的奇异点所在网格的分布图，图 11.25(d)为奇异点所在网格的三维轴测图。

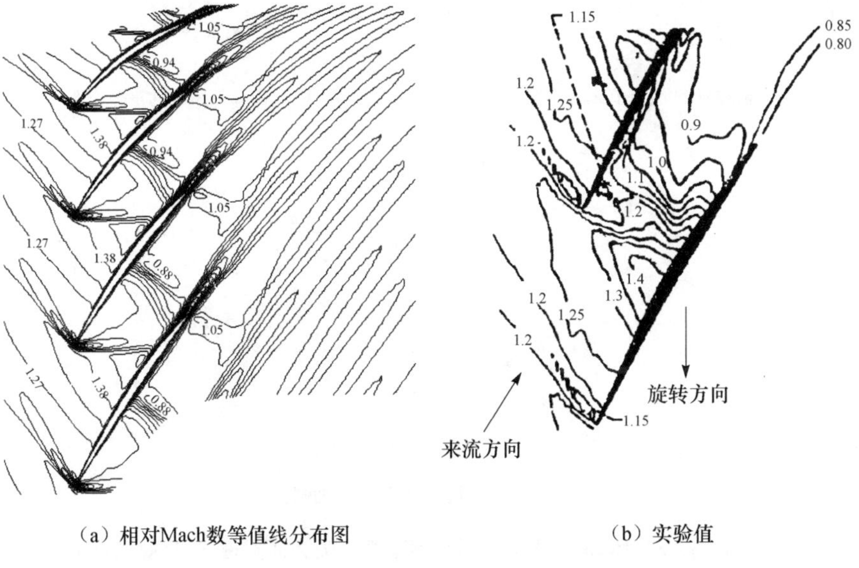

（a）相对Mach数等值线分布图　　（b）实验值

(c) 奇异点所在网格分布图

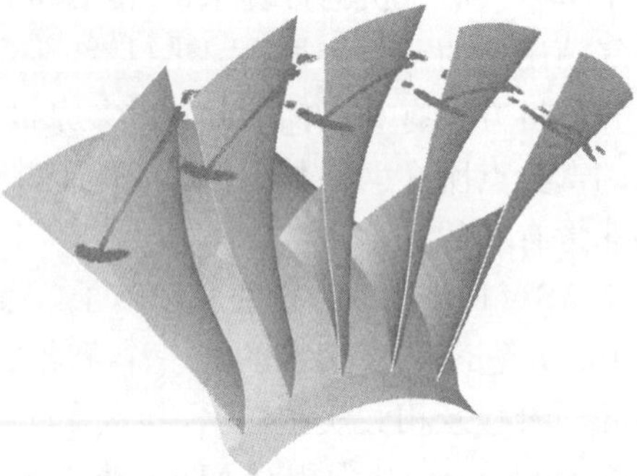

(d) 奇异点所在网格的三维轴测图

图 11.25　NASA Rotor67 跨声速轴流风扇算例 70%叶高处 S_1 流面计算结果

图 11.26 为吸力面附近 S_2 流面上的计算结果。其中图 11.26(a)为相对 Mach 数等值线分布图，图 11.26(b)为对相对 Mach 数进行小波多分辨奇异分析得到的奇异点网格分布图，图 11.26(c)为奇异点所在网格分布的三维轴测图，紧

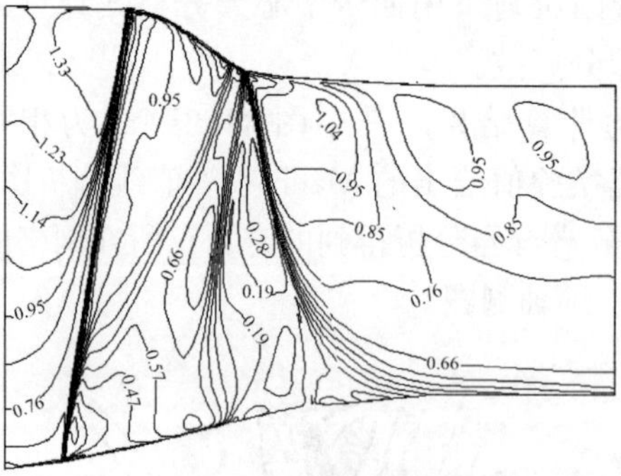

(a) 相对Mach数等值线分布图

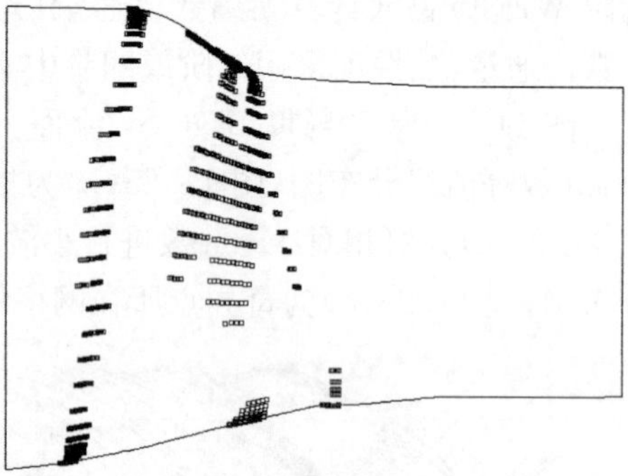

(b) 奇异点所在网格分布图

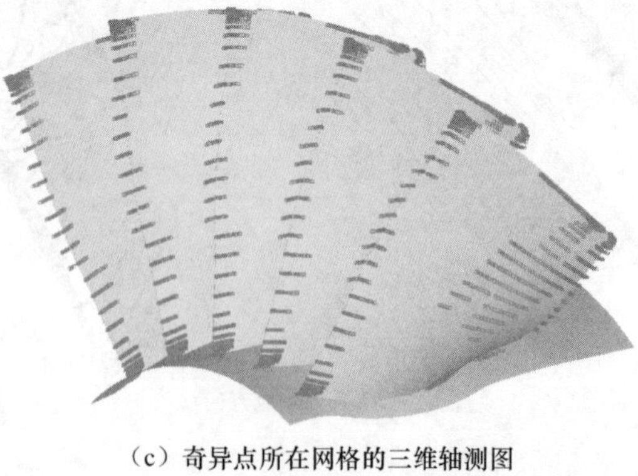

(c) 奇异点所在网格的三维轴测图

图 11.26　NASA Rotor67 跨声速轴流风扇算例吸力面附近 S_2 流面计算结果

靠叶片的第一层网格的 y^+ 在 2.5～25 内，图 11.26 中取的是靠近吸力面的第 5 层网格。

由图 11.25 和图 11.26 可以清楚地看到叶片通道中存在复杂的激波结构与涡系分布，使用本节的方法能够有效捕捉到这些流场信息。该算例在趋于计算收敛时奇异点所在网格数为 72 901，这时的压缩比为 8.54，显然采用小波多分辨奇异分析方法对提高整个流场的计算效率是非常有利的。

这里对小波奇异分析技术做一个总结，主要给出如下四点结论：

(1) 在我们 AMME Lab 已有的 CFD 源程序[150,151,188,220,238]的基础上，完成了二维与三维小波多分辨奇异分析数值新方法的源程序编写工作，并使用该程序对前台阶问题、双 Mach 反射问题、二维 Riemann 初值问题、跨声速 RAE2822 翼型的二维绕流问题、VKI-LS59 涡轮二维叶栅的跨声速绕流问题、NASA Rotor37 与 NASA Rotor67 的三维黏性流场进行了计算，典型算例显示了所编程序的可行性与有效性。

(2) 典型算例的数值结果表明，小波多分辨奇异分析可以准确捕捉到流场中的激波、滑移线以及稀疏波(稀疏波只在波头和波尾的局部区域判断为间断)；新方法能够有效地对各种内外流场进行数值计算，能捕捉到流场中的各种间断以及复杂的涡系结构，计算结果中并没有出现振荡现象。

(3) 给出的大量数值结果还表明，小波多分辨奇异分析数值新方法既能保持 TVD、WENO 格式在间断上的高分辨率性质，又能较大程度地提高流场计算的效率，这从完成的前台阶问题、双 Mach 反射问题以及二维 Riemann 初值问题上都说明了这一点。另外，新格式的计算效率比传统的 TVD 格式或 WENO 格式有较大的提高(能够提高 3～5 倍)，从这里所完成的 RAE2822 翼型绕流问题、VKI-LS59 涡轮叶栅的绕流问题、NASA Rotor37 与 NASA Rotor67 的三维黏性流场算例也可以说明这点，当上述 4 个算例的流场在趋于计算收敛时，其相应的压缩比 μ 分别为 8.03、10.87、6.83 和 8.54，显然压缩比越高，对提高流场的计算效率越有利，因此它充分显示了小波多分辨奇异分析这种新算法的高效率。

(4) 借助于小波奇异分析技术，将流场的奇异点区域与光滑区域分开，因此便可以在流场的奇异点区域采用高精度的 WENO 格式(例如，这里算例均采用了五阶的 WENO 格式进行计算)，在流场的光滑区域采用高精度的中心差分格式(例如，这里的算例均采用了四阶的中心差分格式；如果流场计算需要的话，还可以采用更高形式的强紧致格式以便更细致的刻画与分析流场的涡系结构)。大量数值计算的经验表明，提高格式精度可以放宽对网格雷诺数的限制，而且采用高精度格式，对于刻画与分析流场的细致涡系结构是非常必要的，它要比常规的二阶精度流场计算给出更多、更丰富、更细致、更准确的流场信息。在保证局部网格雷诺数应该满足的限制条件下，可以有效地降低网格划分的数量。高精度格式的上述这些特点,对高超声速飞行器复杂绕流问题中的气动力气动热以及热防护分析、对叶轮机械中跨声速复杂流场的计算以及跨声速压气机转子叶尖间隙流动的分析都显得格外重要。

11.2 有限体积法中黏性项的计算及其高效率快速算法

在任意曲线坐标系中,对 Navier-Stokes 方程组中的动量方程选取什么样的三个方向写出动量方程的具体表达式,是直接影响着 N-S 方程中项数多少以及计算量大小的重要问题,文献[2,12,89,117,150]曾对不同的展开方式以及展开后方程的具体形式进行过细致的分析。文献[89]明确指出,如果令 Descartes 坐标系(y^1,y^2,y^3)的单位矢量为 $\boldsymbol{i},\boldsymbol{j},\boldsymbol{k}$;令贴体曲线坐标系$(x^1,x^2,x^3)$的基矢量为 $\boldsymbol{e}_1,\boldsymbol{e}_2,\boldsymbol{e}_3$ 时,将 N-S 方程组中的动量方程沿 $\boldsymbol{i},\boldsymbol{j},\boldsymbol{k}$ 方向展开,并且采用有限体积法的离散技巧,通过对单元体的积分使微分方程组的阶数降低,使得原来为二阶导数的黏性项将为一阶,这就有效减轻了计算量;再加上引入两个辅助对称矩阵 $\hat{\boldsymbol{A}}$ 与 $\hat{\boldsymbol{B}}$,使得黏性项的计算十分简捷,近 20 年来数值计算的大量实践表明:文献[89]给出的处理方法非常成功,十分有效。

11.2.1 有限体积法中黏性项与传热项的计算

这里给出两种流动下的 N-S 方程组:一种是外流计算中常用的绝对坐标系中的方程组[3],这里绝对速度用 $\boldsymbol{V}$ 表示;另一种是内流中,尤其是叶轮机械中常取固连于叶轮上的转动坐标系(又称相对坐标系)中的方程组[2],这里用 $\boldsymbol{V}$ 与 $\boldsymbol{W}$ 分别代表绝对速度与相对速度,用 $\tilde{\boldsymbol{\omega}}$ 代表坐标系的转动角速度矢量,这两组 N-S 方程的表达式为[2,4]

外流:

$$\frac{\partial}{\partial t}\iiint_{\Omega}\begin{bmatrix}\rho\\ \rho\boldsymbol{V}\\ e\end{bmatrix}\mathrm{d}\Omega+\oiint_{\partial\Omega}\boldsymbol{n}\cdot\begin{bmatrix}\rho\boldsymbol{V}\\ \rho\boldsymbol{V}\boldsymbol{V}-\boldsymbol{\pi}\\ e\boldsymbol{V}-\boldsymbol{\pi}\cdot\boldsymbol{V}-\lambda\,\nabla T\end{bmatrix}\mathrm{d}s=0 \tag{11.2.1}$$

叶轮机械中的相对坐标系:

$$\frac{\partial_R\rho}{\partial t}+\nabla_R\cdot(\rho\boldsymbol{W})=0 \tag{11.2.2a}$$

$$\frac{\partial_R(\rho\boldsymbol{V})}{\partial t}+\nabla_R\cdot(\rho\boldsymbol{W}\boldsymbol{V})=\nabla_R\cdot\boldsymbol{\pi}-\rho\tilde{\boldsymbol{\omega}}\times\boldsymbol{V} \tag{11.2.2b}$$

$$\frac{\partial_R e}{\partial t}+\nabla_R\cdot(e\boldsymbol{W})=\nabla_R\cdot(\boldsymbol{\pi}\cdot\boldsymbol{V})+\nabla_R\cdot(\lambda\,\nabla_R T) \tag{11.2.2c}$$

或者

$$\frac{\partial_R}{\partial t}\iiint_{\Omega}\begin{bmatrix}\rho\\ \rho\boldsymbol{V}\\ e\end{bmatrix}\mathrm{d}\Omega+\oiint_{\partial\Omega}\boldsymbol{n}\cdot\begin{bmatrix}\rho\boldsymbol{W}\\ \rho\boldsymbol{W}\boldsymbol{V}-\boldsymbol{\pi}\\ e\boldsymbol{W}-\boldsymbol{\pi}\cdot\boldsymbol{V}-\lambda\nabla T\end{bmatrix}\mathrm{d}s=-\iiint_{\Omega}\begin{bmatrix}0\\ \rho\tilde{\boldsymbol{\omega}}\times\boldsymbol{V}\\ 0\end{bmatrix}\mathrm{d}\Omega \tag{11.2.3}$$

在式(11.2.1)～式(11.2.3)中$\frac{\partial_R}{\partial t}$代表在相对坐标系中对时间求偏导，$\nabla_R$代表在相对坐标系中完成算子$\nabla$的计算，$\boldsymbol{\pi}$ 代表应力张量，e 代表单位体积气体所具有的广义内能，$\boldsymbol{V}$ 与 $\boldsymbol{W}$ 分别为绝对速度与相对速度，T 与 λ 分别为温度与热传导系数。$\boldsymbol{\pi}$ 与 e 的表达式分别为

$$\boldsymbol{\pi}\equiv\mu[\nabla\boldsymbol{V}+(\nabla\boldsymbol{V})_c]-\left(p+\frac{2}{3}\mu\nabla\cdot\boldsymbol{V}\right)\boldsymbol{I} \tag{11.2.4a}$$

$$e\equiv\rho\left(C_vT+\frac{1}{2}\boldsymbol{V}\cdot\boldsymbol{V}\right) \tag{11.2.4b}$$

$$\boldsymbol{V}\equiv u\boldsymbol{i}+v\boldsymbol{j}+w\boldsymbol{k}=u_1\boldsymbol{i}+u_2\boldsymbol{j}+u_3\boldsymbol{k} \tag{11.2.4c}$$

式中：$\boldsymbol{I}$ 为单位张量；p 为压强；u、v 与 w 分别为在直角 Descartes 坐标系下的分速度。$\boldsymbol{V}$ 与 $\boldsymbol{W}$ 间的关系为

$$\boldsymbol{V}\equiv\boldsymbol{W}+\tilde{\boldsymbol{\omega}}\times\boldsymbol{r}_R \tag{11.2.4d}$$

式中：$\boldsymbol{r}_R$ 为矢径。显然，式(11.2.2)与式(11.2.3)所给出的形式十分有利于相对坐标系与绝对坐标系间的相互转换，有利于源程序的编制，使之既可计算叶轮机械中的静叶排绕流，又可计算动叶排的绕流问题。为此，在下面的讨论中仅以式(11.2.1)为主。取体心为(α,δ,γ)的单元体(这里不妨假定为六面体，并且约定：如果体心的坐标为(α,δ,γ)时，则包含该体心的单元体也成为(α,δ,γ)，相应的这个单元体的体积记作 $\Omega_{\alpha\delta\gamma}$)；将式(11.2.1)用于单元体$(\alpha,\delta,\gamma)$时，便有

$$\frac{\partial}{\partial t}\iiint_{\Omega}\begin{bmatrix}\rho\\ \rho\boldsymbol{V}\\ e\end{bmatrix}\mathrm{d}\Omega+\sum_{\beta=1}^{6}\begin{bmatrix}\rho\boldsymbol{S}\cdot\boldsymbol{V}\\ \rho\boldsymbol{S}\cdot\boldsymbol{V}\boldsymbol{V}+p\boldsymbol{S}\\ (e+p)\boldsymbol{S}\cdot\boldsymbol{V}\end{bmatrix}_{\beta}-\sum_{\beta=1}^{6}\begin{bmatrix}0\\ \boldsymbol{S}\cdot\boldsymbol{\Pi}\\ \boldsymbol{S}\cdot\boldsymbol{\Pi}\cdot\boldsymbol{V}+\lambda\boldsymbol{S}\cdot\nabla T\end{bmatrix}_{\beta}=0 \tag{11.2.5}$$

式中：$\boldsymbol{\Pi}$ 为黏性应力张量；$\boldsymbol{S}$ 代表单元体表面的外法矢，即

$$\boldsymbol{S}\equiv S\boldsymbol{n}=S_1\boldsymbol{i}+S_2\boldsymbol{j}+S_3\boldsymbol{k} \tag{11.2.6}$$

S 为单元体的表面面积。下面分三个方面说明式(11.2.5)中黏性项计算的技巧。

先讨论$\sum_{\beta=1}^{6}(\boldsymbol{S}\cdot\boldsymbol{\Pi})_{\beta}$ 项的计算[89]：

$$\sum_{\beta=1}^{6}(\boldsymbol{S}\cdot\boldsymbol{\Pi})_{\beta}=\sum_{\beta=1}^{6}\left\{\mu\boldsymbol{S}\cdot[\nabla\boldsymbol{V}+(\nabla\boldsymbol{V})_c]-\frac{2}{3}\mu\boldsymbol{S}(\nabla\cdot\boldsymbol{V})\right\}_{\beta} \tag{11.2.7}$$

注意到

$$\begin{cases} \nabla \boldsymbol{V} = (\nabla u)\boldsymbol{i} + (\nabla v)\boldsymbol{j} + (\nabla w)\boldsymbol{k} \\ (\nabla \boldsymbol{V})_{\text{c}} = \boldsymbol{i}(\nabla u) + \boldsymbol{j}(\nabla v) + \boldsymbol{k}(\nabla w) \end{cases} \tag{11.2.8}$$

在单元体体心处的 $\boldsymbol{V}$ 知道后，如何计算单元体表面 β 上的 $\boldsymbol{V}$，这属于数据重构问题(对此问题，已在 11.1 节中讨论了)。假设单元体表面 β 处的 $\boldsymbol{V}$ 得到了，则单元体体心处的 $(\nabla u)|_{体心}$ 便可由梯度的基本定义得到，即

$$(\nabla u)|_{体心} = \lim_{\Omega \to 0} \frac{\oiint_{\partial\Omega} u\boldsymbol{n}\,\mathrm{d}s}{\Omega} = \left[\frac{1}{\Omega}\sum_{\beta=1}^{6}(uS_1)_\beta\right]\boldsymbol{i} + \left[\frac{1}{\Omega}\sum_{\beta=1}^{6}(uS_2)_\beta\right]\boldsymbol{j} + \left[\frac{1}{\Omega}\sum_{\beta=1}^{6}(uS_3)_\beta\right]\boldsymbol{k} \tag{11.2.9}$$

同样对于 $\nabla v|_{体心}$ 与 $\nabla w|_{体心}$ 来讲，也会有类似的关系式。引进定义在体心上的符号 $\bar{b}_{ij}$，即

$$\bar{b}_{ij}|_{体心} = \frac{1}{\Omega}\sum_{\beta=1}^{6}(u_i S_j + u_j S_i)_\beta \tag{11.2.10}$$

于是由式(11.2.10)为矩阵元素所构成的矩阵 $\bar{\boldsymbol{B}}$ 是个对称阵。类似的，在各个单元体体心上的 $\bar{\boldsymbol{B}}$ 矩阵得到后，利用某种方式的数据重构又可得到单元体表面上的 $\hat{\boldsymbol{B}}$ 矩阵，即

$$\hat{\boldsymbol{B}} = \begin{bmatrix} \hat{b}_{11} & \hat{b}_{12} & \hat{b}_{13} \\ \hat{b}_{21} & \hat{b}_{22} & \hat{b}_{23} \\ \hat{b}_{31} & \hat{b}_{32} & \hat{b}_{33} \end{bmatrix} \tag{11.2.11}$$

它也是一个对称阵，称为辅助矩阵。注意这里 $\hat{\boldsymbol{B}}$ 的任一元素 $\hat{b}_{ij}$ 都定义在单元体的表面上。借助于对称的辅助矩阵 $\hat{\boldsymbol{B}}$，则式(11.2.7)可写为

$$\sum_{\beta=1}^{6}(\boldsymbol{S}\cdot\boldsymbol{\Pi})_\beta = \sum_{\beta=1}^{6}\left[\mu[S_1, S_2, S_3]\cdot\hat{\boldsymbol{B}}\cdot[\boldsymbol{i},\boldsymbol{j},\boldsymbol{k}]^{\mathrm{T}} - \frac{2}{3}\mu(\nabla\cdot\boldsymbol{V})\boldsymbol{S}\right]_\beta \tag{11.2.12}$$

其中

$$(\nabla\cdot\boldsymbol{V})_\beta = \frac{1}{2}(\hat{b}_{11} + \hat{b}_{22} + \hat{b}_{33})_\beta \tag{11.2.13}$$

相应地，还有

$$(\nabla\cdot\boldsymbol{V})|_{体心} = \frac{1}{\Omega}\sum_{\beta=1}^{6}(uS_1 + vS_2 + wS_3)_\beta = \frac{1}{2}(\tilde{b}_{11} + \tilde{b}_{22} + \tilde{b}_{33})_{体心} \tag{11.2.14}$$

再讨论 $\sum_{\beta=1}^{6}(\boldsymbol{S}\cdot\boldsymbol{\Pi}\cdot\boldsymbol{V})_\beta$ 项的计算，借助于式(11.2.12)，有

$$\sum_{\beta=1}^{6}(\boldsymbol{S}\cdot\boldsymbol{\Pi}\cdot\boldsymbol{V})_{\beta}=\sum_{\beta=1}^{6}\left[(\mu[S_1,S_2,S_3]\cdot\hat{\boldsymbol{B}}\cdot[\boldsymbol{i},\boldsymbol{j},\boldsymbol{k}]^{\mathrm{T}})\cdot\boldsymbol{V}-\frac{2}{3}\mu(\nabla\cdot\boldsymbol{V})\boldsymbol{S}\cdot\boldsymbol{V}\right] \tag{11.2.15}$$

引进定义在单元体 β 面上的符号 $\hat{a}_{ij}$，其表达式为

$$\hat{a}_{ij}|_{\beta面}\equiv(u_iS_j+u_jS_i) \tag{11.2.16}$$

显然，由 $\hat{a}_{ij}$ 所构成的矩阵 $\hat{\boldsymbol{A}}$ 也是对称阵，它也称为辅助矩阵，于是式(12.2.15)可写为

$$\sum_{\beta=1}^{6}(\boldsymbol{S}\cdot\boldsymbol{\Pi}\cdot\boldsymbol{V})_{\beta}=\sum_{\beta=1}^{6}\left[\frac{\mu}{6}[\hat{a}_{11},\hat{a}_{22},\hat{a}_{33}]\boldsymbol{E}\begin{bmatrix}\hat{b}_{11}\\ \hat{b}_{22}\\ \hat{b}_{33}\end{bmatrix}^{\mathrm{T}}+\mu(\hat{a}_{12}\hat{b}_{12}+\hat{a}_{13}\hat{b}_{13}+\hat{a}_{23}\hat{b}_{23})\right] \tag{11.2.17}$$

式中矩阵 $\boldsymbol{E}$ 定义为

$$\boldsymbol{E}=\begin{bmatrix}2 & -1 & -1\\ -1 & 2 & -1\\ -1 & -1 & 2\end{bmatrix} \tag{11.2.18}$$

最后，计算 $\sum\limits_{\beta=1}^{6}(\boldsymbol{S}\cdot\lambda\nabla T)_{\beta}$ 项，它属于传热项。由式(11.2.4b)得

$$p=(\gamma-1)\left(e-\frac{1}{2}\rho\boldsymbol{V}\cdot\boldsymbol{V}\right) \tag{11.2.19}$$

式中：γ 为比热比。因此在迭代计算中，一旦得到了 ρ 与 e 值便可直接获得 p 值；有了 ρ 与 p，则由 $T=p/(\rho R)$ 便可得到温度 T 值。另外，注意在体心上定义 $\bar{C}_i$，其表达式为

$$\bar{C}_i|_{体心}=\frac{1}{\Omega}\sum_{\beta=1}^{6}\left(\frac{p}{\rho}S_i\right)_{\beta} \tag{11.2.20}$$

于是在单元体体心上 $\nabla\left(\frac{p}{\rho}\right)$ 为

$$\nabla\left(\frac{p}{\rho}\right)\bigg|_{体心}=\bar{C}_1\boldsymbol{i}+\bar{C}_2\boldsymbol{j}+\bar{C}_3\boldsymbol{k} \tag{11.2.21}$$

相应地，在 β 面上的 $\hat{C}_i$ 值也可借助于某种方式的数值重构得到，于是便有

$$\sum_{\beta=1}^{6}(\boldsymbol{S}\cdot\lambda\,\nabla T)_{\beta}=\sum_{\beta=1}^{6}\left(\frac{\lambda}{R}S_1\hat{C}_1+S_2\hat{C}_2+S_3\hat{C}_3\right)_{\beta} \tag{11.2.22}$$

式中：R 为气体常量。

综上所述，借助于式(11.2.12)、式(11.2.17)和式(11.2.22)中的黏性项与热传导项是十分方便的，它极大地减少了计算的工作量，而且便于编程和完成三维流

场的数值计算。

11.2.2 有限体积法中的高效率 LU 以及 Gauss-Seidel 算法

引进 Favre 平均，则在直角 Descartes 坐标系下连续方程、动量方程和能量方程分别为[3,4,41,43]

$$\frac{\partial\bar{\rho}}{\partial t}+\frac{\partial(\bar{\rho}\tilde{u}_i)}{\partial x_i}=0 \tag{11.2.23a}$$

$$\frac{\partial(\bar{\rho}\tilde{u}_j)}{\partial t}+\frac{\partial(\bar{\rho}\tilde{u}_i\tilde{u}_j)}{\partial x_i}+\frac{\partial\bar{p}}{\partial x_j}-\frac{\partial}{\partial x_i}(\tau_{ij}^{(l)}+\bar{\rho}\tau_{ij}^{(t)}) \tag{11.2.23b}$$

$$\frac{\partial}{\partial t}\left[\bar{\rho}\left(C_v\tilde{T}+\frac{1}{2}\tilde{u}_i\tilde{u}_i+K\right)\right]+\frac{\partial}{\partial x_j}\left[\bar{\rho}\tilde{u}_j\left(\tilde{h}+\frac{1}{2}\tilde{u}_i\tilde{u}_i+K\right)\right]$$
$$=\frac{\partial}{\partial x_j}\left\{[-(q_L)_j-(q_t)_j]+\left(\overline{\tau_{ij}^{(l)}u_i''-\rho u_j''\frac{1}{2}u_i''u_i''}\right)\right\}+\frac{\partial}{\partial x_j}[\tilde{u}_i(\tau_{ij}^{(l)}+\bar{\rho}\tau_{ij}^{(t)})] \tag{11.2.23c}$$

或者将式(11.2.23)用矢量与张量表达为

$$\frac{\partial\bar{\rho}}{\partial t}+\nabla\cdot(\bar{\rho}\tilde{\boldsymbol{V}})=0 \tag{11.2.24a}$$

$$\frac{\partial(\bar{\rho}\tilde{\boldsymbol{V}})}{\partial t}+\nabla\cdot\left[\bar{\rho}\tilde{\boldsymbol{V}}\tilde{\boldsymbol{V}}+\left(\bar{p}+\frac{2}{3}\bar{\rho}K\right)\boldsymbol{I}\right]-\nabla\cdot(\boldsymbol{\tau}^{(l)}+\bar{\rho}\boldsymbol{\tau}_1^{(t)})=0 \tag{11.2.24b}$$

$$\frac{\partial}{\partial t}\left(\bar{\rho}C_v\tilde{T}+\frac{1}{2}\bar{\rho}\tilde{\boldsymbol{V}}\cdot\tilde{\boldsymbol{V}}+\bar{\rho}K\right)+\nabla\cdot\left\{\left[\left(\bar{\rho}C_v\tilde{T}+\frac{1}{2}\bar{\rho}\tilde{\boldsymbol{V}}\cdot\tilde{\boldsymbol{V}}+\bar{\rho}K\right)+\bar{p}+\frac{2}{3}\bar{\rho}K\right]\tilde{\boldsymbol{V}}\right\}$$
$$-\nabla\cdot[(\boldsymbol{\tau}^{(l)}+\bar{\rho}\boldsymbol{\tau}_1^{(t)})\cdot\tilde{\boldsymbol{V}}]-\nabla\cdot[(\lambda_l+\lambda_t)\nabla\tilde{T}]-\nabla\cdot\left[\left(\mu_l+\frac{\mu_t}{\sigma_t}\right)\nabla K\right]=0 \tag{11.2.24c}$$

在式(11.2.23)与式(11.2.24)中，有

$$\tilde{\boldsymbol{V}}\equiv\boldsymbol{i}\tilde{u}_1+\boldsymbol{j}\tilde{u}_2+\boldsymbol{k}\tilde{u}_3 \tag{11.2.25a}$$

$$\tau_{ij}^{(l)}\equiv\mu_l\left(\frac{\partial\tilde{u}_i}{\partial x_j}+\frac{\partial\tilde{u}_j}{\partial x_i}\right)+\left(\mu_l'-\frac{2}{3}\mu_l\right)\frac{\partial\tilde{u}_\alpha}{\partial x_\alpha}\delta_{ij} \tag{11.2.25b}$$

$$\bar{\rho}\tau_{ij}^{(t)}\equiv-\overline{\rho u_i''u_j''}=\mu_t\left(\frac{\partial\tilde{u}_i}{\partial x_j}+\frac{\partial\tilde{u}_j}{\partial x_i}\right)+\left(\mu_t'-\frac{2}{3}\mu_t\right)\frac{\partial\tilde{u}_\alpha}{\partial x_\alpha}\delta_{ij}-\frac{2}{3}\bar{\rho}K\delta_{ij} \tag{11.2.25c}$$

或者

$$\tau_{ij}^{(l)}+\bar{\rho}\tau_{ij}^{(t)}=(\mu_l+\mu_t)\left(\frac{\partial\tilde{u}_i}{\partial x_j}+\frac{\partial\tilde{u}_j}{\partial x_i}\right)$$
$$+\left[\left(\mu_l'-\frac{2}{3}\mu_l\right)+\left(\mu_t'-\frac{2}{3}\mu_t\right)\right]\frac{\partial\tilde{u}_\alpha}{\partial x_\alpha}\delta_{ij}-\frac{2}{3}\bar{\rho}K\delta_{ij} \tag{11.2.25d}$$

$$\bar{\rho}K \equiv \frac{1}{2}\overline{\rho u''_i u''_j} \tag{11.2.25e}$$

$$\bar{p} = \bar{\rho}R\widetilde{T} \tag{11.2.25f}$$

$$(q_L)_j \equiv -\lambda_l \frac{\partial \widetilde{T}}{\partial x_j}, \quad (q_t)_j \equiv \overline{\rho u''_j h''} = -\lambda_t \frac{\partial \widetilde{T}}{\partial x_j} \tag{11.2.25g}$$

$$\overline{-\rho u''_i u''_i u''_j} = \frac{\mu_t}{\sigma_k}\frac{\partial K}{\partial x_j}, \quad \overline{\tau^{(l)}_{ij} u''_i} = \mu_l \frac{\partial K}{\partial x_j} \tag{11.2.25h}$$

$$\begin{aligned}\bar{\rho}\boldsymbol{\tau}^{(t)} &\equiv \mu_t[\nabla\widetilde{\boldsymbol{V}} + (\nabla\widetilde{\boldsymbol{V}})_c] + \left(\mu'_t - \frac{2}{3}\mu_t\right)(\nabla\cdot\widetilde{\boldsymbol{V}})\boldsymbol{I} - \frac{2}{3}\bar{\rho}K\boldsymbol{I} \\ &= \bar{\rho}\boldsymbol{\tau}^{(t)}_1 - \frac{2}{3}\bar{\rho}K\boldsymbol{I}\end{aligned} \tag{11.2.25i}$$

$$\boldsymbol{\tau}^{(l)} \equiv \mu_l[\nabla\widetilde{\boldsymbol{V}} + (\nabla\widetilde{\boldsymbol{V}})_c] + \left(\mu'_l - \frac{2}{3}\mu_l\right)(\nabla\cdot\widetilde{\boldsymbol{V}})\boldsymbol{I} \tag{11.2.25j}$$

$$\boldsymbol{V} \equiv \widetilde{\boldsymbol{V}} + \boldsymbol{V}'', \quad T \equiv \widetilde{T} + T'' \tag{11.2.25k}$$

在式(11.2.23)与式(11.2.24)中,K 代表湍流脉动动能;在很多情况下,湍流脉动动能 K 与湍流能量耗散率 ε 的影响是需要考虑的,K 与 ε 通常满足各自的输运方程。这里 ε 的定义为[3,4]

$$\varepsilon = \nu\overline{\left(\frac{\partial u''_i}{\partial x_j} + \frac{\partial u''_j}{\partial x_i}\right)\left(\frac{\partial u''_i}{\partial x_j} + \frac{\partial u''_j}{\partial x_i}\right)} \tag{11.2.26}$$

式中:ν 为气体的运动黏性系数。

在高超声速再入飞行的许多状况下,气流处于湍流流动,因此那里的流动在不考虑化学反应与热力学非平衡问题时应服从式(11.2.23)或者式(11.2.24)。在本节下面讨论计算方法的过程中,为突出算法与方便叙述,因此暂不引入湍流模式问题而仍以讨论方程(11.2.1)为主。以下主要讨论 3 个小问题。

1. 结构网格下有限体积的高效率 LU 算法

为便于下面的讨论,这里省略黏性项于是式(11.2.1)退化为 Euler 方程并整理为

$$\frac{\partial}{\partial t}\iiint_{\Omega}\boldsymbol{U}\mathrm{d}\Omega + \oiint_{\partial\Omega}\boldsymbol{n}\cdot(\boldsymbol{iE} + \boldsymbol{jG} + \boldsymbol{kH})\mathrm{d}S = 0 \tag{11.2.27}$$

令

$$\boldsymbol{F} \equiv \boldsymbol{S}\cdot(\boldsymbol{iE} + \boldsymbol{jG} + \boldsymbol{kH}) = \boldsymbol{F}(\boldsymbol{U}) \tag{11.2.28}$$

$$\boldsymbol{A} \equiv \frac{\partial \boldsymbol{F}}{\partial \boldsymbol{U}} = \boldsymbol{S}\cdot(\boldsymbol{iB}_1 + \boldsymbol{jB}_2 + \boldsymbol{kB}_3) = S_1\boldsymbol{B}_1 + S_2\boldsymbol{B}_2 + S_3\boldsymbol{B}_3 = \boldsymbol{A}(\boldsymbol{U}) \tag{11.2.29}$$

式中:$\boldsymbol{B}_1$、$\boldsymbol{B}_2$ 与 $\boldsymbol{B}_3$ 分别代表 $\boldsymbol{E}$、$\boldsymbol{G}$ 与 $\boldsymbol{H}$ 对的 Jacobi 矩阵,其定义为

$$\boldsymbol{B}_1 \equiv \frac{\partial \boldsymbol{E}}{\partial \boldsymbol{U}}, \quad \boldsymbol{B}_2 \equiv \frac{\partial \boldsymbol{G}}{\partial \boldsymbol{U}}, \quad \boldsymbol{B}_3 \equiv \frac{\partial \boldsymbol{H}}{\partial \boldsymbol{U}} \tag{11.2.30}$$

引进符号 $\boldsymbol{F}(\boldsymbol{U}_P)|_{S_{i+\frac{1}{2}}}$ 与 $\boldsymbol{A}(\boldsymbol{U}_P)|_{S_{i+\frac{1}{2}}}$，其定义为

$$\boldsymbol{F}(\boldsymbol{U}_P)|_{S_{i+\frac{1}{2}}} \equiv \boldsymbol{S}_{i+\frac{1}{2}} \cdot (\boldsymbol{i}\boldsymbol{E}(\boldsymbol{U}_p) + \boldsymbol{j}\boldsymbol{G}(\boldsymbol{U}_p) + \boldsymbol{k}\boldsymbol{H}(\boldsymbol{U}_p)) \tag{11.2.31}$$

$$\boldsymbol{A}(\boldsymbol{U}_P)|_{S_{i+\frac{1}{2}}} \equiv \boldsymbol{S}_{i+\frac{1}{2}} \cdot (\boldsymbol{i}\boldsymbol{B}_1(\boldsymbol{U}_p) + \boldsymbol{j}\boldsymbol{B}_2(\boldsymbol{U}_p) + \boldsymbol{k}\boldsymbol{B}_3(\boldsymbol{U}_p)) \tag{11.2.32}$$

式中：$\boldsymbol{S}_{i+\frac{1}{2}}$ 为单元体(i,j,k)与单元体$(i+1,j,k)$间所夹那个面的面矢量。在本节下面的讨论中还约定，当点 P 取在面 $\boldsymbol{S}_{i+\frac{1}{2}}$ 的面心处时则省略面的标号直接用 $\boldsymbol{F}_{i+\frac{1}{2}}$ 与 $\boldsymbol{A}_{i+\frac{1}{2}}$ 去代替 $\boldsymbol{F}(\boldsymbol{U}_{i+\frac{1}{2}})|_{S_{i+\frac{1}{2}}}$ 与 $\boldsymbol{A}(\boldsymbol{U}_{i+\frac{1}{2}})|_{S_{i+\frac{1}{2}}}$；另外，下面还约定用 $\widetilde{\boldsymbol{F}}$ 表示 $\boldsymbol{F}$ 的数值通量。借助 Harten 的 TVD 格式中构造数值通量的类似办法，这里可构造出 $\widetilde{\boldsymbol{F}}$ 的表达式[2]，即

$$\widetilde{\boldsymbol{F}}_{i+\frac{1}{2}} = \boldsymbol{F}^+(\boldsymbol{U}_i)|_{S_{i+\frac{1}{2}}} + \boldsymbol{F}^-(\boldsymbol{U}_{i+1})|_{S_{i+\frac{1}{2}}} + \frac{1}{2}\boldsymbol{R}_{i+\frac{1}{2}} \cdot (\boldsymbol{\Phi}^+ + \boldsymbol{\Phi}^-)_{i+\frac{1}{2}} \tag{11.2.33}$$

式中：$\boldsymbol{\Phi}^+$ 与 $\boldsymbol{\Phi}^-$ 为列阵；$\boldsymbol{R}$ 为矩阵 $\boldsymbol{A}$ 的右特征向量矩阵，即

$$\boldsymbol{A} = \boldsymbol{R} \cdot \boldsymbol{\Lambda} \cdot \boldsymbol{R}^{-1} \tag{11.2.34}$$

$\boldsymbol{\Lambda}$ 为 $\boldsymbol{A}$ 的特征值所构成的对角阵。式(11.2.33)中 $\boldsymbol{F}^+$、$\boldsymbol{F}^-$、$\boldsymbol{\Phi}^+$ 与 $\boldsymbol{\Phi}^-$ 的定义分别为

$$\boldsymbol{F}^+(\boldsymbol{U}_i)|_{S_{i+\frac{1}{2}}} \equiv m_{i+\frac{1}{2}}(\boldsymbol{F}(\boldsymbol{U}_i)|_{S_{i+\frac{1}{2}}} + \gamma_{i+\frac{1}{2}}\boldsymbol{U}_i) \tag{11.2.35a}$$

$$\boldsymbol{F}^-(\boldsymbol{U}_{i+1})|_{S_{i+\frac{1}{2}}} \equiv (1 - m_{i+\frac{1}{2}})(\boldsymbol{F}(\boldsymbol{U}_{i+1})|_{S_{i+\frac{1}{2}}} - l_{i+\frac{1}{2}}\boldsymbol{U}_{i+1}) \tag{11.2.35b}$$

$$\boldsymbol{\Phi}^+_{i+\frac{1}{2}} \equiv \boldsymbol{\Lambda}^+_{i+\frac{1}{2}} \cdot [\min\operatorname{mod}(\boldsymbol{R}^{-1}_{i+\frac{1}{2}} \cdot \Delta_{i-\frac{1}{2}}\boldsymbol{U}, \boldsymbol{R}^{-1}_{i+\frac{1}{2}} \cdot \Delta_{i+\frac{1}{2}}\boldsymbol{U})] \tag{11.2.35c}$$

$$\boldsymbol{\Phi}^-_{i+\frac{1}{2}} \equiv -\boldsymbol{\Lambda}^-_{i+\frac{1}{2}} \cdot [\min\operatorname{mod}(\boldsymbol{R}^{-1}_{i+\frac{1}{2}} \cdot \Delta_{i+\frac{1}{2}}\boldsymbol{U}, \boldsymbol{R}^{-1}_{i+\frac{1}{2}} \cdot \Delta_{i+\frac{3}{2}}\boldsymbol{U})] \tag{11.2.35d}$$

其中

$$\boldsymbol{\Lambda}^+_{i+\frac{1}{2}} \equiv m_{i+\frac{1}{2}}(\boldsymbol{\Lambda}_{i+\frac{1}{2}} + \gamma_{i+\frac{1}{2}}\boldsymbol{I}), \quad \boldsymbol{\Lambda}^-_{i+\frac{1}{2}} \equiv (1 - m_{i+\frac{1}{2}})(\boldsymbol{\Lambda}_{i+\frac{1}{2}} - l_{i+\frac{1}{2}}\boldsymbol{I}) \tag{11.2.35e}$$

$$\boldsymbol{\Lambda} = \boldsymbol{\Lambda}^+ + \boldsymbol{\Lambda}^-, \quad \boldsymbol{R}^{-1} \cdot \boldsymbol{A} \cdot \boldsymbol{R} = \boldsymbol{\Lambda} \tag{11.2.35f}$$

$$\Delta_{i+\frac{1}{2}}\boldsymbol{U} \equiv \boldsymbol{U}_{i+1} + \boldsymbol{U}_i \tag{11.2.35g}$$

式中：$\boldsymbol{I}$ 为单位矩阵；m、l 与 γ 间满足

$$m_{i+\frac{1}{2}} = \left(\frac{l}{\gamma + l}\right)_{i+\frac{1}{2}} \tag{11.2.35h}$$

对于式(11.2.27)，采用有限体积离散的隐格式时，其表达式为[2]

$$\frac{\Omega_{ijk}}{\Delta t}\delta\boldsymbol{U}^{(n)}_{ijk} + [\boldsymbol{F}_{i+\frac{1}{2}} + \boldsymbol{F}_{i-\frac{1}{2}} + \boldsymbol{F}_{j+\frac{1}{2}} + \boldsymbol{F}_{j-\frac{1}{2}} + \boldsymbol{F}_{k+\frac{1}{2}} + \boldsymbol{F}_{k-\frac{1}{2}}]^{(n+1)} = 0 \tag{11.2.36}$$

式中：Ω_{ijk} 为单元体$(\boldsymbol{i},\boldsymbol{j},\boldsymbol{k})$的体积；$\delta\boldsymbol{U}_{ijk}^{(n)}$ 的定义为

$$\delta\boldsymbol{U}_{ijk}^{(n)} \equiv \boldsymbol{U}_{ijk}^{(n+1)} - \boldsymbol{U}_{ijk}^{(n)} \tag{11.2.37}$$

上标(n)与$(n+1)$代表第(n)次与第$(n+1)$次的迭代，又称为第(n)与第$(n+1)$时间层。为了求解式(11.2.36)，需要对 $\boldsymbol{F}^{(n+1)}$ 进行线化处理，采用

$$\boldsymbol{F}_{i+\frac{1}{2}}^{(n+1)} \approx \boldsymbol{F}_{i+\frac{1}{2}}^{(n)} + \boldsymbol{A}_{i+\frac{1}{2}}^{+,(n)} \cdot \delta\boldsymbol{U}_{ijk}^{(n)} + \boldsymbol{A}_{i+\frac{1}{2}}^{-,(n)} \cdot \delta\boldsymbol{U}_{i+1,j,k}^{(n)} \tag{11.2.38}$$

其中

$$\boldsymbol{A}_{i+\frac{1}{2}}^{+} = m_{i+\frac{1}{2}}(\boldsymbol{A}_{i+\frac{1}{2}} + \gamma_{i+\frac{1}{2}}\boldsymbol{I}) \tag{11.2.39a}$$

$$\boldsymbol{A}_{i+\frac{1}{2}}^{-} = (1 - m_{i+\frac{1}{2}})(\boldsymbol{A}_{i+\frac{1}{2}} - l_{i+\frac{1}{2}}\boldsymbol{I}) \tag{11.2.39b}$$

于是主方程(11.2.36)经线化处理后变为

$$\begin{aligned}
&\delta\boldsymbol{U}_{ijk}^{(n)} + \Delta\tau(\boldsymbol{A}_{i+\frac{1}{2}}^{+} \cdot \delta\boldsymbol{U}_{ijk}^{(n)} + \boldsymbol{A}_{i+\frac{1}{2}}^{-} \cdot \delta\boldsymbol{U}_{i+1}^{(n)} + \boldsymbol{A}_{j+\frac{1}{2}}^{+} \cdot \delta\boldsymbol{U}_{ijk}^{(n)} + \boldsymbol{A}_{j+\frac{1}{2}}^{-} \cdot \delta\boldsymbol{U}_{j+1}^{(n)} \\
&\quad + \boldsymbol{A}_{k+\frac{1}{2}}^{+} \cdot \delta\boldsymbol{U}_{ijk}^{(n)} + \boldsymbol{A}_{k+\frac{1}{2}}^{-} \cdot \delta\boldsymbol{U}_{k+1}^{(n)} + \boldsymbol{A}_{i-\frac{1}{2}}^{+} \cdot \delta\boldsymbol{U}_{i-1}^{(n)} + \boldsymbol{A}_{i-\frac{1}{2}}^{-} \cdot \delta\boldsymbol{U}_{ijk}^{(n)} + \boldsymbol{A}_{j-\frac{1}{2}}^{+} \cdot \delta\boldsymbol{U}_{j-1}^{(n)} \\
&\quad + \boldsymbol{A}_{j-\frac{1}{2}}^{-} \cdot \delta\boldsymbol{U}_{ijk}^{(n)} + \boldsymbol{A}_{k-\frac{1}{2}}^{+} \cdot \delta\boldsymbol{U}_{k-1}^{(n)} + \boldsymbol{A}_{k-\frac{1}{2}}^{-} \cdot \delta\boldsymbol{U}_{ijk}^{(n)}) = -(\Delta\tau)\boldsymbol{R}_{ijk}^{*,(n)}
\end{aligned} \tag{11.2.40}$$

这里 $\delta\boldsymbol{U}_{i+1}^{(n)}$ 与 $\delta\boldsymbol{U}_{k-1}^{(n)}$ 分别省略了下标 j,k 与 i,j；对于 $\delta\boldsymbol{U}_{i-1}^{(n)}$、$\delta\boldsymbol{U}_{k+1}^{(n)}$、…也相应地省略了相应的下标；符号 $\Delta\tau$ 与 $\boldsymbol{R}^{*,(n)}$ 残差的定义为

$$\Delta\tau = \frac{\Delta t}{\Omega_{ijk}} \tag{11.2.41a}$$

$$\boldsymbol{R}^{*,(n)} = (\boldsymbol{F}_{i+\frac{1}{2}} + \boldsymbol{F}_{i-\frac{1}{2}} + \boldsymbol{F}_{j+\frac{1}{2}} + \boldsymbol{F}_{j-\frac{1}{2}} + \boldsymbol{F}_{k+\frac{1}{2}} + \boldsymbol{F}_{k-\frac{1}{2}})^{(n)} \tag{11.2.41b}$$

将式(11.2.40)的左端作 LU 分解，便得到下面两个方程组[2,86,90]。

L 算子：

$$\begin{aligned}
&[\boldsymbol{I} + \Delta\tau(\boldsymbol{A}_{i+\frac{1}{2}}^{+} + \boldsymbol{A}_{j+\frac{1}{2}}^{+} + \boldsymbol{A}_{k+\frac{1}{2}}^{+})] \cdot \delta\widetilde{\boldsymbol{U}}_{ijk}^{(n)} \\
&= -(\Delta\tau)\boldsymbol{R}_{ijk}^{*,(n)} - (\Delta\tau)(\boldsymbol{A}_{i-\frac{1}{2}}^{+} \cdot \delta\boldsymbol{U}_{i-1}^{(n)} + \boldsymbol{A}_{j-\frac{1}{2}}^{+} \cdot \delta\boldsymbol{U}_{j-1}^{(n)} + \boldsymbol{A}_{k-\frac{1}{2}}^{+} \cdot \delta\boldsymbol{U}_{k-1}^{(n)})
\end{aligned} \tag{11.2.42a}$$

U 算子：

$$\begin{aligned}
&[\boldsymbol{I} + \Delta\tau(\boldsymbol{A}_{i-\frac{1}{2}}^{-} + \boldsymbol{A}_{j-\frac{1}{2}}^{-} + \boldsymbol{A}_{k-\frac{1}{2}}^{-})] \cdot \delta\widetilde{\boldsymbol{U}}_{ijk}^{(n)} \\
&= \delta\widetilde{\boldsymbol{U}}_{ijk}^{(n)} - (\Delta\tau)(\boldsymbol{A}_{i+\frac{1}{2}}^{-} \cdot \delta\boldsymbol{U}_{i+1}^{(n)} + \boldsymbol{A}_{j+\frac{1}{2}}^{-} \cdot \delta\boldsymbol{U}_{j+1}^{(n)} + \boldsymbol{A}_{k+\frac{1}{2}}^{-} \cdot \delta\boldsymbol{U}_{k+1}^{(n)})
\end{aligned} \tag{11.4.42b}$$

显然，它们均可逐点推进，计算起来十分方便。在 Euler 方程的数值求解中，为了避开引入人工黏性，文献[88]引进了杂交格式的思想，将式(11.2.42a)等号右端第一项修改为$-(\Delta\tau)\widetilde{\boldsymbol{R}}_{ijk}^{(n)}$，其中$\widetilde{\boldsymbol{R}}_{ijk}^{(n)}$定义为

$$\widetilde{\boldsymbol{R}}_{ijk}^{(n)} = (\widetilde{\boldsymbol{F}}_{i+\frac{1}{2}} + \widetilde{\boldsymbol{F}}_{i-\frac{1}{2}} + \widetilde{\boldsymbol{F}}_{j+\frac{1}{2}} + \widetilde{\boldsymbol{F}}_{j-\frac{1}{2}} + \widetilde{\boldsymbol{F}}_{k+\frac{1}{2}} + \widetilde{\boldsymbol{F}}_{k-\frac{1}{2}})^{(n)} \tag{11.2.43}$$

这里$\widetilde{\boldsymbol{F}}_{i+\frac{1}{2}}$的定义已由式(11.2.33)给出；其他如$\widetilde{\boldsymbol{F}}_{j+\frac{1}{2}}$等也可相应地给出。借助于式(11.2.43)，则式(11.2.42a)变为

$$[\boldsymbol{I} + \Delta\tau(\boldsymbol{A}_{i+\frac{1}{2}}^{+} + \boldsymbol{A}_{j+\frac{1}{2}}^{+} + \boldsymbol{A}_{k+\frac{1}{2}}^{+})] \cdot \delta\widetilde{\boldsymbol{U}}_{ijk}^{(n)}$$

$$=-(\Delta\tau)\widetilde{\boldsymbol{R}}_{ijk}^{(n)}-(\Delta\tau)(\boldsymbol{A}_{i-\frac{1}{2}}^{+}\cdot\delta\widetilde{\boldsymbol{U}}_{i-1}^{(n)}+\boldsymbol{A}_{j-\frac{1}{2}}^{+}\cdot\delta\widetilde{\boldsymbol{U}}_{j-1}^{(n)}+\boldsymbol{A}_{k-\frac{1}{2}}^{+}\cdot\delta\widetilde{\boldsymbol{U}}_{k-1}^{(n)}) \tag{11.2.44}$$

于是式(11.2.44)与式(11.2.42b)便构成了三维 Euler 方程组 LU-TVD 杂交格式,它具有高效率、高分辨率的特征,是 Jameson 提出的 LU-SGS 格式[261]的进一步发展。这里还应指出的是,在高超声速气动热力学计算中,有限体积法在采用结构网格时易于纳入高精度格式,更重要的是它在壁面热流计算中具有优势,因此我们课题组所编制的源程序[90,150,156]就是以式(11.2.44)为出发点。另外,国外的许多优秀的 CFD 软件也都广泛采用有限体积法。

2. 非结构网格下有限体积的 Gauss-Seidel 迭代法

在非结构网格下,考虑积分型 Navier-Stokes 方程组[2,4]:

$$\frac{\partial}{\partial t}\iiint_{\Omega}\boldsymbol{U}\mathrm{d}\Omega+\oint\!\!\!\oint_{\partial\Omega}\boldsymbol{n}\cdot[\boldsymbol{i}(\boldsymbol{E}_{\mathrm{I}}+\boldsymbol{E}_{\mathrm{V}})+\boldsymbol{j}(\boldsymbol{G}_{\mathrm{I}}+\boldsymbol{G}_{\mathrm{V}})+\boldsymbol{k}(\boldsymbol{H}_{\mathrm{I}}+\boldsymbol{H}_{\mathrm{V}})]\mathrm{d}S=0 \tag{11.2.45}$$

式中:$\boldsymbol{E}_{\mathrm{I}}$、$\boldsymbol{G}_{\mathrm{I}}$ 与 $\boldsymbol{H}_{\mathrm{I}}$ 分别为沿 x、y 与 z 方向上的无黏矢通量;$\boldsymbol{E}_{\mathrm{V}}$、$\boldsymbol{G}_{\mathrm{V}}$ 与 $\boldsymbol{H}_{\mathrm{V}}$ 分别为沿 x、y 与 z 方向上的黏性及热传导所引起的矢通量项;$\boldsymbol{i}$、$\boldsymbol{j}$ 与 $\boldsymbol{k}$ 分别为沿 x,y 与 z 方向上的单位矢量。引入广义并矢张量 $\boldsymbol{f}$,其定义为

$$\boldsymbol{f}\equiv\boldsymbol{i}(\boldsymbol{E}_{\mathrm{I}}+\boldsymbol{E}_{\mathrm{V}})+\boldsymbol{j}(\boldsymbol{G}_{\mathrm{I}}+\boldsymbol{G}_{\mathrm{V}})+\boldsymbol{k}(\boldsymbol{H}_{\mathrm{I}}+\boldsymbol{H}_{\mathrm{V}}) \tag{11.2.46}$$

考察选定的网格单元体 i,并将物理量置于网格单元体中心,于是将式(11.2.45)用于网格单元体 i 便得到主方程的半离散形式,即

$$\Omega_i\frac{\partial\boldsymbol{U}_i}{\partial t}+\sum_{j=nb(i)}[(\boldsymbol{n}_{i,j}\cdot\boldsymbol{f}_{i,j})S_{i,j}]=0 \tag{11.2.47}$$

式中:$nb(i)$为单元 i 的相邻单元;下标(i,j)代表单元体 i 与单元体 j 的交界面;$\boldsymbol{f}_{i,j}$ 为界面(i,j)处的广义并矢张量,$\boldsymbol{n}_{i,j}$ 为界面(i,j)的外法向单位矢量;$S_{i,j}$ 为界面(i,j)的面积;Ω_i 为单元体 i 的体积。引入 $\boldsymbol{F}_{i,j}^{\mathrm{I}}$ 与 $\boldsymbol{F}_{i,j}^{\mathrm{V}}$,其定义式为

$$\boldsymbol{F}_{i,j}^{\mathrm{I}}\equiv\boldsymbol{n}_{i,j}\cdot(\boldsymbol{i}\boldsymbol{E}_{\mathrm{I}}+\boldsymbol{j}\boldsymbol{G}_{\mathrm{I}}+\boldsymbol{k}\boldsymbol{H}_{\mathrm{I}})_{i,j} \tag{11.2.48a}$$

$$\boldsymbol{F}_{i,j}^{\mathrm{V}}\equiv\boldsymbol{n}_{i,j}\cdot(\boldsymbol{i}\boldsymbol{E}_{\mathrm{V}}+\boldsymbol{j}\boldsymbol{G}_{\mathrm{V}}+\boldsymbol{k}\boldsymbol{H}_{\mathrm{V}})_{i,j} \tag{11.2.48b}$$

显然,有

$$\boldsymbol{F}_{i,j}^{\mathrm{I}}+\boldsymbol{F}_{i,j}^{\mathrm{V}}=\boldsymbol{n}_{i,j}\cdot\boldsymbol{f}_{i,j} \tag{11.2.49}$$

这里 $\boldsymbol{F}_{i,j}^{\mathrm{I}}$ 由对流项构成,称为无黏通量;$\boldsymbol{F}_{i,j}^{\mathrm{V}}$ 由黏性项与热传导项构成,常简称为黏性通量;对于(i,j)面上无黏通量 $\boldsymbol{F}_{i,j}^{\mathrm{I}}$ 的计算如采用 Roe 的矢通量差分分裂,即

$$\begin{aligned}\widetilde{\boldsymbol{F}}_{i,j}^{\mathrm{I}}&=\frac{1}{2}[\boldsymbol{F}_{\mathrm{L}}^{\mathrm{I}}+\boldsymbol{F}_{\mathrm{R}}^{\mathrm{I}}-|\boldsymbol{A}_{\mathrm{Roe}}|\cdot(\boldsymbol{U}_{\mathrm{R}}-\boldsymbol{U}_{\mathrm{L}})]_{i,j}\\&=\frac{1}{2}[\boldsymbol{F}^{\mathrm{I}}(\boldsymbol{U}_{i,j}^{\mathrm{L}})+\boldsymbol{F}^{\mathrm{I}}(\boldsymbol{U}_{i,j}^{\mathrm{R}})-|\boldsymbol{A}_{\mathrm{Roe}}|\cdot(\boldsymbol{U}_{i,j}^{\mathrm{R}}-\boldsymbol{U}_{i,j}^{\mathrm{L}})]\end{aligned} \tag{11.2.50}$$

式中：下标 L 与 R 为边界左、右的物理状态；$\boldsymbol{A}_{\mathrm{Roe}}$ 为在 Roe 平均下无黏通量 Jacobi 阵 $\partial\widetilde{\boldsymbol{F}}^{\mathrm{I}}_{i,j}/\partial\boldsymbol{U}$；注意这里

$$|\boldsymbol{A}_{\mathrm{Roe}}| = \boldsymbol{R}_A \cdot |\boldsymbol{\Lambda}_A| \cdot \boldsymbol{R}_A^{-1} \tag{11.2.51}$$

对于半离散方程(11.2.47)，如果在时间方向上取 Euler 后向差分，则有

$$\frac{\Omega_i}{\Delta t}(\boldsymbol{U}_i^{(n+1)} - \boldsymbol{U}_i^{(n)}) + (\boldsymbol{R}_i^*)^{(n+1)} = 0 \tag{11.2.52}$$

式中：残差 $\boldsymbol{R}_i^*$ 定义为

$$\boldsymbol{R}_i^* \equiv \sum_{j=nb(i)} [(\boldsymbol{F}^{\mathrm{I}}_{i,j} + \boldsymbol{F}^{\mathrm{V}}_{i,j})S_{i,j}] \tag{11.2.53}$$

将$(\boldsymbol{R}_i^*)^{(n+1)}$进行局部线化，有

$$(\boldsymbol{R}_i^*)^{(n+1)} = (\boldsymbol{R}_i^*)^{(n)} + \sum_{j=nb(i)} \left\{\left[\left(\frac{\partial}{\partial\boldsymbol{U}}\boldsymbol{F}^{\mathrm{I}}_{i,j}\right)^{(n)} + \left(\frac{\partial}{\partial\boldsymbol{U}}\boldsymbol{F}^{\mathrm{V}}_{i,j}\right)^{(n)}\right]S_{i,j} \cdot \delta\boldsymbol{U}_{i,j}^{(n)}\right\} \tag{11.2.54}$$

如果用$\widetilde{\boldsymbol{F}}^{\mathrm{I}}_{i,j}$代替式(11.2.54)中的$\boldsymbol{F}^{\mathrm{I}}_{i,j}$，于是$\boldsymbol{R}_i^*$ 变为$\widetilde{\boldsymbol{R}}_i$，则有

$$(\widetilde{\boldsymbol{R}}_i)^{(n+1)} = (\widetilde{\boldsymbol{R}}_i)^{(n)} + \sum_{j=nb(i)} [(\boldsymbol{A}^{\mathrm{I}}_{ij,L} + \boldsymbol{A}^{\mathrm{I}}_{ij,R} + \boldsymbol{A}^{\mathrm{V}}_{ij})^{(n)} S_{ij} \cdot \delta\boldsymbol{U}_{i,j}^{(n)}] \tag{11.2.55}$$

式中：矩阵 $\boldsymbol{A}^{\mathrm{I}}_{ij,L}$、$\boldsymbol{A}^{\mathrm{I}}_{ij,R}$与 $\boldsymbol{A}^{\mathrm{V}}_{ij}$ 均为 Jacobi 阵，其定义为

$$\boldsymbol{A}^{\mathrm{I}}_{ij,L} \equiv \frac{\partial}{\partial\boldsymbol{U}}\boldsymbol{F}^{\mathrm{I}}_{ij,L},\quad \boldsymbol{A}^{\mathrm{I}}_{ij,R} \equiv \frac{\partial}{\partial\boldsymbol{U}}\boldsymbol{F}^{\mathrm{I}}_{ij,R} \tag{11.2.56a}$$

$$\boldsymbol{A}^{\mathrm{V}}_{ij} \equiv \frac{\partial}{\partial\boldsymbol{U}}\boldsymbol{F}^{\mathrm{V}}_{ij} \tag{11.2.56b}$$

为了便于求解，这里将式(11.2.55)近似为

$$\begin{aligned}(\widetilde{\boldsymbol{R}}_i)^{(n+1)} = &(\widetilde{\boldsymbol{R}}_i)^{(n)} + \sum_{j=nb(i)} [(\boldsymbol{A}^{\mathrm{I}}_{i,ij} + \boldsymbol{A}^{\mathrm{V}}_{i,ij})^{(n)} S_{ij} \cdot \delta\boldsymbol{U}_i^{(n)}] \\ &+ \sum_{j=nb(i)} [(\boldsymbol{A}^{\mathrm{I}}_{j,ij} + \boldsymbol{A}^{\mathrm{V}}_{j,ij})^{(n)} S_{ij} \cdot \delta\boldsymbol{U}_j^{(n)}]\end{aligned} \tag{11.2.57}$$

其中

$$\boldsymbol{A}^{\mathrm{I}}_{i,ij} \equiv \frac{\partial}{\partial U}\boldsymbol{F}^{\mathrm{I}}_{i,ij} = \frac{\partial}{\partial\boldsymbol{U}}[\boldsymbol{n}_{i,j} \cdot (\boldsymbol{i}\boldsymbol{E}_{\mathrm{I}} + \boldsymbol{j}\boldsymbol{G}_{\mathrm{I}} + \boldsymbol{k}\boldsymbol{H}_{\mathrm{I}})_i] \tag{11.5.58a}$$

$$\boldsymbol{A}^{\mathrm{I}}_{j,ij} \equiv \frac{\partial}{\partial\boldsymbol{U}}\boldsymbol{F}^{\mathrm{I}}_{j,ij} = \frac{\partial}{\partial\boldsymbol{U}}[\boldsymbol{n}_{i,j} \cdot (\boldsymbol{i}\boldsymbol{E}_{\mathrm{I}} + \boldsymbol{j}\boldsymbol{G}_{\mathrm{I}} + \boldsymbol{k}\boldsymbol{H}_{\mathrm{I}})_j] \tag{11.5.58b}$$

$$\boldsymbol{A}^{\mathrm{V}}_{i,ij} \equiv \frac{\partial\boldsymbol{f}_2(\boldsymbol{U}_i,\boldsymbol{U}_j)}{\partial\boldsymbol{U}_i} \tag{11.5.58c}$$

$$\boldsymbol{A}^{\mathrm{V}}_{j,ij} \equiv \frac{\partial\boldsymbol{f}_2(\boldsymbol{U}_i,\boldsymbol{U}_j)}{\partial\boldsymbol{U}_j} \tag{11.5.58d}$$

$$\boldsymbol{f}_2(\boldsymbol{U}_i,\boldsymbol{U}_j) \approx \mu\boldsymbol{I}_{\mathrm{V}} \cdot (\boldsymbol{q}_i^{\mathrm{V}} - \boldsymbol{q}_j^{\mathrm{V}})\frac{\boldsymbol{r}_{i,j} \cdot \boldsymbol{n}}{\boldsymbol{r}_{i,j} \cdot \boldsymbol{r}_{i,j}} \tag{11.5.58e}$$

$$\boldsymbol{I}_{\mathrm{V}} \equiv \mathrm{diag}\left[0,1,1,1,\frac{1}{(\gamma-1)Pr}\right] \tag{11.5.58f}$$

$$\boldsymbol{q}^{\mathrm{V}} \equiv \left[0,u,v,w,\gamma\frac{p}{\rho}\right] \tag{11.5.58g}$$

式中：γ 与 Pr 分别为气体的比热比与 Prandtl 数；p 与 ρ 分别为气体的压强与密度；$\boldsymbol{r}_{i,j}$ 为由单元体 i 的中心点到单元体 j 的中心点的矢量。显然，这里在计算 $\boldsymbol{A}^{\mathrm{V}}_{i,ij}$ 与 $\boldsymbol{A}^{\mathrm{V}}_{j,ij}$ 时，没去直接计算 $\boldsymbol{F}^{\mathrm{V}}_{i,j}$ 而是采用了上述近似的办法。大量的计算证实：上述这种处理是有效的、可行的[2]。借助于式(11.2.57)，则式(11.2.52)最后可整理为

$$\left\{\frac{\boldsymbol{I}}{(\Delta t)_i}\Omega_i + \beta\sum_{j=nb(i)}\left[S_{ij}(\boldsymbol{A}^{\mathrm{I}}_{i,ij}+\boldsymbol{A}^{\mathrm{V}}_{i,ij})\right]\right\}\cdot\delta\boldsymbol{U}_i^{(n)}$$
$$= -(\widetilde{\boldsymbol{R}}_i)^{(n)} - \beta\sum_{j=nb(i)}\left[S_{ij}(\boldsymbol{A}^{\mathrm{I}}_{j,ij}+\boldsymbol{A}^{\mathrm{V}}_{j,ij})\cdot\delta\boldsymbol{U}_j^{(n)}\right] \tag{11.2.59}$$

式中：$\boldsymbol{I}$ 为单位矩阵；β 为格式开关函数，当 $\beta=1$ 时为隐格式，当 $\beta=0$ 时为显格式。对于隐格式，则式(11.2.59)可用 Gauss-Seidel 点迭代进行求解。

3. 非结构网格下有限体积法的双时间步长迭代格式

对于非定常流动问题，常采用 Jameson 提出的双时间步(dual-time-step)的求解方法[262]，当时 Jameson 是用于结构网格的流体力学问题，这里将它用到非结构网格下且采用有限体积法求解流场。首先考虑非结构网格下半离散形式的 Navier-Stokes 方程

$$\frac{\partial \boldsymbol{U}_i}{\partial t} + \frac{\boldsymbol{R}_i}{\Omega_i} = 0 \tag{11.2.60}$$

引进伪时间项，则式(11.2.60)变为

$$\frac{\partial \boldsymbol{U}_i}{\partial \tau} + \frac{\partial \boldsymbol{U}_i}{\partial t} + \frac{\boldsymbol{R}_i}{\Omega_i} = 0 \tag{11.2.61}$$

式中：τ 为伪时间；t 为物理时间。

对物理时间项采用二阶逼近，而伪时间项用一阶逼近时则式(11.2.61)变为[4,187,194]

$$\frac{\boldsymbol{U}_i^{(n),(k+1)} - \boldsymbol{U}_i^{(n),(k)}}{\Delta\tau} + \left\{\frac{3\boldsymbol{U}_i^{(n),(k+1)} - 4\boldsymbol{U}_i^{(n)} + \boldsymbol{U}_i^{(n-1)}}{2\Delta t} + \frac{\boldsymbol{R}_i^{(n),(k)}}{\Omega_i}\right.$$
$$+\frac{1}{\Omega_i}\sum_{j=nb(i)}\left[(\boldsymbol{A}^{\mathrm{I}}_{i,ij}+\boldsymbol{A}^{\mathrm{V}}_{i,ij})^{(n),(k)}\cdot S_{ij}\,\delta\boldsymbol{U}_i^{(n),(k)}\right]$$
$$\left.+\frac{1}{\Omega_i}\sum_{j=nb(i)}\left[(\boldsymbol{A}^{\mathrm{I}}_{j,ij}+\boldsymbol{A}^{\mathrm{V}}_{j,ij})^{(n),(k)}\cdot S_{ij}\,\delta\boldsymbol{U}_j^{(n),(k)}\right]\right\} = 0 \tag{11.2.62}$$

式中：S_{ij} 为单元体 i 与单元体 j 的交界面的面积；上标(n)代表物理时间层；(k)代表伪时间层；这里上标(k)表示内迭代，上标(n)表示外迭代。符号 $\delta\boldsymbol{U}_i^{(n),(k)}$ 的定义为

$$\delta\boldsymbol{U}_i^{(n),(k)} \equiv \boldsymbol{U}_i^{(n),(k+1)} - \boldsymbol{U}_i^{(n),(k)} \tag{11.2.63}$$

对上标(k)进行迭代,当迭代收敛时,$\boldsymbol{U}^{(n),(k)} \to \boldsymbol{U}^{(n),(k+1)}$,于是这时有

$$\boldsymbol{U}^{(n+1)} := \boldsymbol{U}^{(n),(k+1)} \tag{11.2.64}$$

这就是说通过内迭代获得了$(n+1)$物理时间层上的$\boldsymbol{U}$值。这里内迭代的收敛标准可取为

$$\frac{\|\boldsymbol{U}^{(n),(k+1)} - \boldsymbol{U}^{(n),(k)}\|_2}{\|\boldsymbol{U}^{(n),(k+1)} - \boldsymbol{U}^{(n)}\|_2} \leqslant \varepsilon_1 \tag{11.2.65}$$

这里ε_1可在$10^{-3} \sim 10^{-2}$内取值。将式(11.2.62)整理后,又可得

$$\begin{aligned}&\left\{\Omega_i\left(\frac{1}{\Delta\tau} + \frac{3}{2\Delta t}\right)\boldsymbol{I} + \sum_{j=nb(i)}\left[(\boldsymbol{A}^{\mathrm{I}}_{i,ij} + \boldsymbol{A}^{\mathrm{V}}_{i,ij})^{(n),(k)} S_{ij}\right]\right\} \cdot \delta\boldsymbol{U}_i^{(n),(k)} \\ &= -\boldsymbol{R}_i^{(n),(k)} + \frac{\boldsymbol{U}_i^{(n)} - \boldsymbol{U}_i^{(n-1)}}{2\Delta t}\Omega_i - \sum_{j=nb(i)}\left[(\boldsymbol{A}^{\mathrm{I}}_{j,ij} + \boldsymbol{A}^{\mathrm{V}}_{j,ij})^{(n),(k)} S_{ij} \cdot \delta\boldsymbol{U}_j^{(n),(k)}\right]\end{aligned} \tag{11.2.66}$$

由式(11.2.66),借助于 Gauss-Seidel 点迭代便可解出$\delta\boldsymbol{U}_i^{(n),(k)}$值。

11.3　高精度高分辨率 RKDG 有限元方法

20 世纪 90 年代以来,以 Cockburn 和舒其望教授为代表的 RKDG 有限元方法[263]引人注目,RKDG 在许多方面显示出很好的效能。RKDG(Runge-Kutta discontinuous Galerkin)方法是指在空间采用 DG(discontinuous Galerkin)离散,结合显式 Runge-Kutta 时间积分进行求解的一类方法,它完全继承了间断 Galerkin 有限元方法的诸多优点,既保持了有限元法(FEM)与有限体积法(FVM)的优点,又克服了 FEM 与 FVM 它们各自的不足;DG 方法与连续的 Galerkin 有限元方法(又称传统 Galerkin 有限元)相比,它不要求全局定义的基函数(即试探函数),也不要求残差与全局定义的近似空间垂直,而是利用完全间断的局部分片多项式空间作为近似解和试探函数空间,具有显式离散特性;与一般有限体积法相比,它也允许单元体边界处的解存在间断,但在实现高阶精度离散时并不需要通过扩大网格点模板上的数据重构来实现,具有更强的局部性与灵活性。正由于该方法是通过提高单元插值多项式的次数来构造高阶格式,因此理论上可以构造任意高阶精度的计算格式而不需要增加节点模板,这就克服了有限体积法构造高阶格式时需要扩大节点模板的缺点,DG 方法所具有的这一特点非常重要。另外,DG 方法对网格的正交性和光滑性的要求不高,既可用于结构网格也可用于非结构网格,而且不需要像一般有限元方法那样去考虑连续性的限制,因此可以对网格进行灵活加密或者减疏处理,有利于自适应网格的形成。此外,该方法建立在单元体内方程余量加权积分式为零的基础上,这就避免了求解大型稀疏矩阵的问题,有利于提高计算效率;再者,DG 方法数学形式简洁、与显式 Runge-Kutta 方法相结合时

程序执行简单、稳定性好，而且有利于并行算法的实现，因此该方法近年来深受重视，发展很快。

三维 Navier-Stokes 方程为

$$\frac{\partial U}{\partial t} + \nabla \cdot \boldsymbol{F}^{\mathrm{I}}(U) = \nabla \cdot \boldsymbol{F}^{\mathrm{v}}(U, \nabla U) \tag{11.3.1}$$

式中：$\boldsymbol{F}^{\mathrm{I}}(U)$ 与 $\boldsymbol{F}^{\mathrm{v}}(U,\nabla U)$ 分别简记为 $\boldsymbol{F}^{\mathrm{I}}$ 与 $\boldsymbol{F}^{\mathrm{v}}$，注意这里 $\boldsymbol{F}^{\mathrm{I}}$ 与 $\boldsymbol{F}^{\mathrm{v}}$ 的定义与式(11.2.48)不同，它们的定义为

$$\boldsymbol{F}^{\mathrm{I}} = \boldsymbol{F}^{\mathrm{I}}(U) \equiv \boldsymbol{i}F_1^{\mathrm{I}} + \boldsymbol{j}F_2^{\mathrm{I}} + \boldsymbol{k}F_3^{\mathrm{I}} \tag{11.3.2a}$$

$$\boldsymbol{F}^{\mathrm{v}} = \boldsymbol{F}^{\mathrm{v}}(U, \nabla U) \equiv \boldsymbol{i}F_1^{\mathrm{V}} + \boldsymbol{j}F_2^{\mathrm{V}} + \boldsymbol{k}F_3^{\mathrm{V}} \tag{11.3.2b}$$

这里 U、F_1^{I}、F_2^{I}、F_3^{I}、F_1^{V}、F_2^{V} 与 F_3^{V} 均为 5×1 的列矩阵，因下面的讨论中不想引入复杂的广义并矢张量的概念，为了避免概念上的混淆，对上述 7 个列矩阵不用黑体表示。显然，$\boldsymbol{F}^{\mathrm{I}}$ 的分量与无黏通量相关，$\boldsymbol{F}^{\mathrm{v}}$ 的分量还与黏性项以及热传导项相关。引进张量 $\boldsymbol{D}$，其表达式为

$$\boldsymbol{D} = \boldsymbol{e}^{\alpha}\boldsymbol{e}^{\beta}D_{\alpha\beta} \tag{11.3.3}$$

式中：$D_{\alpha\beta}$ 为 5×5 的矩阵，同样，为避免概念的混淆，$D_{\alpha\beta}$ 也不用黑体表示。这里 $\boldsymbol{D}$ 与 $\boldsymbol{F}^{\mathrm{v}}$ 有如下关系：

$$\boldsymbol{F}^{\mathrm{v}} = \boldsymbol{D} \cdot \nabla U = \boldsymbol{e}^{i}D_{ij}\frac{\partial U}{\partial x^{j}} \tag{11.3.4}$$

式中：$\boldsymbol{e}^{i}$ 为曲线坐标系(x^1, x^2, x^3)中的逆变基矢量[2,12,117]。下面分 5 个小问题扼要讨论 RKDG 方法中的几项关键技术。

1) 间断 Galerkin 有限元空间离散

为便于表述、突出算法的本身特点，故以三维 Euler 方程为出发点，其表达式为

$$\frac{\partial U}{\partial t} + \nabla \cdot \boldsymbol{F} = 0 \tag{11.3.5}$$

这里为书写简洁，式(11.3.1)中的 $\boldsymbol{F}^{I}$ 省略了上标 I 后直接记作 $\boldsymbol{F}$，并且有

$$\frac{\partial \boldsymbol{F}}{\partial U} = \boldsymbol{i}\frac{\partial F_1}{\partial U} + \boldsymbol{j}\frac{\partial F_2}{\partial U} + \boldsymbol{k}\frac{\partial F_3}{\partial U} = \boldsymbol{i}A + \boldsymbol{j}B + \boldsymbol{k}C \tag{11.3.6}$$

同样，这里矩阵 A、B 与 C 也不用黑体表示。在式(11.3.5)中 U 是随时间以及空间位置变化的未知量，即 $U=U(\boldsymbol{x},t)$；DG 离散首先将原来连续的计算域 Ω 剖分成许多小的、互不重叠的单元体 Ω_k，即 $\Omega=\bigcup\limits_{k=1}^{Ne}\Omega_k$；在单元体 Ω_k 上选取合适的基函数序列$\{\varphi_k^l\}_{l=1,\cdots,N}$；在 DG 空间离散中这些基函数仅仅与空间坐标有关，而与时间无关。令 N 为 Ω_k 上近似解的自由度，它与方程的空间维度 d 以及空间离散的精度有关。在单元 Ω_k 上的近似解函数 U_h 可以表示成基函数序列的展开，即

$$U_h(\boldsymbol{x},t)\big|_{\Omega_k} = \sum_{l=1}^{N} C_k^{(l)}(t)\varphi_l^{(k)}(\boldsymbol{x}) \tag{11.3.7}$$

式中：$C_k^{(l)}(t) = \{C_1^{(l)}, C_2^{(l)}, \cdots, C_m^{(l)}\}_k^{\mathrm{T}}$ 为展开系数，它只与时间有关，m 为方程

(11. 3. 5)的分量个数。通常人们将采用 p 阶多项式基函数的 DG 离散称为具有 $p+1$ 阶精度的 DG 方法，在下面讨论中也沿用了这种说法。将 U_h 代入式(11. 3. 5)便得到在单元体 Ω_k 上的残差 $R_h(\boldsymbol{x},t)$，即

$$R_h(\boldsymbol{x},t)=\frac{\partial U_h^k}{\partial t}+\nabla\cdot\boldsymbol{F}(U_h^k)\tag{11.3.8}$$

在 Galerkin 加权余量法中，方程残差(又称余量)要求分别与权函数正交。换句话说，它们的内积为 0；在 Galerkin 方法(又称 Bubnov-Galerkin 方法)中权函数取作基函数，于是要求内积为零就意味着有

$$\int_{\Omega_k}R_h(\boldsymbol{x},t)\varphi_{l'}^{(k)}\mathrm{d}\boldsymbol{x}=0\quad(1\leqslant l'\leqslant N)\tag{11.3.9}$$

即得到单元体 Ω_k 上的积分方程

$$\int_{\Omega_k}\varphi_{l'}^{(k)}\left(\frac{\partial U_h^k}{\partial t}+\nabla\cdot\boldsymbol{F}(U_h^k)\right)\mathrm{d}\boldsymbol{x}=0\quad(1\leqslant l'\leqslant N)\tag{11.3.10}$$

将式(11. 3. 10)进行分部积分变换和注意使用 Green 公式，可得

$$\int_{\Omega_k}\varphi_{l'}^{(k)}\frac{\partial U_h^k}{\partial t}\mathrm{d}\boldsymbol{x}+\oint_{\partial\Omega_k}\varphi_{l'}^{(k)}\boldsymbol{F}^{\mathrm{R}}\cdot\boldsymbol{n}\mathrm{d}s-\int_{\Omega_k}\boldsymbol{F}\cdot\nabla\varphi_{l'}^{(k)}\mathrm{d}\boldsymbol{x}=0\quad(1\leqslant l'\leqslant N)\tag{11.3.11}$$

式中：$\partial\Omega_k$ 为单元体 Ω_k 的边界；$\boldsymbol{F}^{\mathrm{R}}$ 为 $\boldsymbol{F}$ 的某种近似。

因为在 DG 方法中单元交界处允许间断的存在，因此在计算域内部单元交界处往往存在两个近似解：一个是本单元的近似函数在边界处的值，这里用 U_{L} 表示；另一个是相邻单元上的近似函数在该边界处的值，用 U_{R} 表示，这样便构成典型的 Riemann 问题。为了正确描述该边界处相邻两单元的数值行为，方程(11. 3. 11)中的 $\boldsymbol{F}^{\mathrm{R}}\cdot\boldsymbol{n}$ 需要采用某种近似计算得到，这些近似方法可概括如下：

$$\boldsymbol{F}^{\mathrm{R}}\cdot\boldsymbol{n}=H(U_{\mathrm{L}},U_{\mathrm{R}},\boldsymbol{n})\tag{11.3.12}$$

式中：$\boldsymbol{n}$ 为本单元体边界的外法向单位矢量。

如果将式(11. 3. 7)代入式(11. 3. 11)并注意到展开系数 $C_k^{(l)}$ 与空间位置无关，因此可以移到积分号之外，得

$$\sum_{l=1}^{N}\left[\left(\frac{\partial C_k^{(l)}}{\partial t}\right)\int_{\Omega_k}\varphi_{l'}^{(k)}\varphi_{l}^{(k)}\mathrm{d}\boldsymbol{x}\right]+\oint_{\partial\Omega_k}\varphi_{l'}^{(k)}\boldsymbol{F}^{\mathrm{R}}\cdot\boldsymbol{n}\mathrm{d}s-\int_{\Omega_k}\boldsymbol{F}\cdot\nabla\varphi_{l'}^{(k)}\mathrm{d}\boldsymbol{x}=0\quad(1\leqslant l'\leqslant N)\tag{11.3.13}$$

引进质量矩阵 $\boldsymbol{M}_k$ 以及与展开系数相关的列阵 $\boldsymbol{C}_k$，其表达式为

$$\boldsymbol{M}_k\equiv\begin{bmatrix}m_{11}&m_{12}&\cdots&m_{1N}\\m_{21}&m_{22}&\cdots&m_{2N}\\\vdots&\vdots&&\vdots\\m_{N1}&m_{N2}&\cdots&m_{NN}\end{bmatrix},\quad\boldsymbol{C}_k\equiv\begin{bmatrix}C_k^{(1)}\\C_k^{(2)}\\\vdots\\C_k^{(N)}\end{bmatrix},\quad\boldsymbol{m}_{l'}^{(k)}\equiv\begin{bmatrix}m_{l'1}^{(k)}\\m_{l'2}^{(k)}\\\vdots\\m_{l'N}^{(k)}\end{bmatrix}^{\mathrm{T}}\tag{11.3.14a}$$

其中

$$m_{l'l}^{(k)} = \int_{\Omega_k} \varphi_{l'}^{(k)} \varphi_l^{(k)} \mathrm{d}\boldsymbol{x} \tag{11.3.14b}$$

借助于式(13.3.14),则式(11.3.13)又可写为如下形式的半离散格式:

$$\boldsymbol{m}_{l'}^{(k)} \cdot \frac{\mathrm{d}\boldsymbol{C}_k}{\mathrm{d}t} + \oint_{\partial\Omega_k} \varphi_{l'}^{(k)} \boldsymbol{F}^{\mathrm{R}} \cdot \boldsymbol{n} \mathrm{d}s - \int_{\Omega_k} \boldsymbol{F} \cdot \nabla \varphi_{l'}^{(k)} \mathrm{d}\boldsymbol{x} = 0 \quad (1 \leqslant l' \leqslant N) \tag{11.3.15}$$

显然,一旦求出全场各单元体的 $C_k^{(l)}$,则由式(11.3.7)便可得到全场各单元的 U 值。

2) 基函数的选取以及局部空间坐标系

基函数的选取与单元体的形状有一定的关系,如对四面体单元,其基函数可以由体积坐标来构造,因此也就不需要进行坐标变换(也就是说,没有必要由(x,y,z)整体坐标系(又称全局坐标系)转变为(ξ,η,ς)局部坐标系)。对于三棱柱单元或者任意形状的六面体单元,则必须进行由(x,y,z)变为(ξ,η,ς)的变换,以便得到基函数序列。对于单元 Ω_k,引进局部坐标与全局坐标间的变换矩阵

$$\boldsymbol{J}_k \equiv \left[\frac{\partial(x,y,z)}{\partial(\xi,\eta,\varsigma)}\right], \quad J_k = |\boldsymbol{J}_k| \tag{11.3.16}$$

于是式(11.3.11)可变为

$$J_k \int_{\Omega_k} \varphi_{l'}^{(k)} \frac{\partial U_h^k}{\partial t} \mathrm{d}\boldsymbol{\xi} + \oint_{\partial\Omega_k} \varphi_{l'}^{(k)} H(U_h^k, U_h^{k'}, \boldsymbol{n}) \mathrm{d}s - J_k \int_{\Omega_k} \boldsymbol{F}^{\mathrm{T}} \cdot [\boldsymbol{J}_k^{-1} \cdot (\nabla_{\xi} \varphi_{l'}^{(k)})] \mathrm{d}\boldsymbol{\xi} = 0 \tag{11.3.17}$$

其中

$$\mathrm{d}\boldsymbol{\xi} \equiv \mathrm{d}\xi \mathrm{d}\eta \mathrm{d}\varsigma, \quad \mathrm{d}\boldsymbol{x} = \mathrm{d}x\mathrm{d}y\mathrm{d}z \tag{11.3.18a}$$

$$\mathrm{d}x\mathrm{d}y\mathrm{d}z = \left|\frac{\partial(x,y,z)}{\partial(\xi,\eta,\varsigma)}\right| \mathrm{d}\xi\mathrm{d}\eta\mathrm{d}\varsigma \tag{11.3.18b}$$

关于坐标变换后面元的相应表达式,这里不再给出,感兴趣者可参阅华罗庚先生的著作[8]。在有限元方法中,通常选取离散单元上的局部坐标系(ξ,η,ς),并构造多项式序列作为基函数[264]。多项式序列所包含的元素个数 N 与解的近似精度$(p+1)$以及所研究问题的空间维度 d 有关,即 $N=N(p,d)$。例如,对于三维问题有

$$N = \frac{(p+1)(p+2)(p+3)}{3!} \tag{11.3.19}$$

式中:p 为多项式的精度;$p+1$ 为计算求解的精度;N 为三维空间中 p 次多项式函数空间中的基函数个数。DG 离散中常用的基函数形式有,指数幂单项式(monomial polynomials)、Lagrange 插值多项式、Legendre 正交多项式、Chebychev 正交

多项式等，具体基函数的表达形式因篇幅所限不再给出。

在式(11.3.17)中第一项与第三项体积分的计算采用了 Gauss 积分，根据不同的精度，借助于各类单元体相应的 Gauss 积分点位置与权函数去完成体积分的计算，有关计算细节可参阅华罗庚和王元先生的著作[265]，这里不再赘述。

3) 数值通量的近似计算

在方程(11.3.12)中，$\boldsymbol{F}^{\mathrm{R}}\cdot\boldsymbol{n}$ 的计算非常重要。另外，在 DG 方法中常使用的计算数值通量近似方法有很多[266]，如 Roe 的近似 Riemann 数值通量、Godunov 数值通量近似、Harten-Lax-van Leer 的数值通量近似(简称 HLL flux)、基于特征值的通量近似(the characteristics based flux)、Engquist-Osher 数值通量近似、保熵的 Roe 数值通量近似、Lax-Friedrichs 数值通量近似等，这里仅讨论 Lax-Friedrichs 近似，它计算量较小、构造也最简单，但精度不是太高。为了便于叙述与简洁起见，今考虑一维 Euler 方程

$$\frac{\partial \boldsymbol{U}}{\partial t}+\frac{\partial \boldsymbol{F}(\boldsymbol{U})}{\partial x}=0 \tag{11.3.20}$$

注意到

$$\boldsymbol{F}=\mathbf{A}(\boldsymbol{x})\cdot\boldsymbol{U},\quad \mathbf{A}=\frac{\partial \boldsymbol{F}}{\partial \boldsymbol{U}} \tag{11.3.21a}$$

$$\boldsymbol{F}^{\mathrm{R}}=\mathbf{A}_{\mathrm{L}}\cdot\boldsymbol{U}_{\mathrm{L}}+\mathbf{A}_{\mathrm{R}}\cdot\boldsymbol{U}_{\mathrm{R}} \tag{11.3.21b}$$

基于特征值的数值通量近似为

$$\mathbf{A}_{\mathrm{L}}=\frac{\mathbf{A}+\theta\,|\mathbf{A}|}{2},\quad \mathbf{A}_{\mathrm{R}}=\frac{\mathbf{A}-\theta\,|\mathbf{A}|}{2} \tag{11.3.21c}$$

而$|\mathbf{A}|$可通过下列关系确定：

$$|\mathbf{A}|\equiv\boldsymbol{R}_A\cdot|\boldsymbol{\Lambda}_A|\cdot\boldsymbol{R}_A^{-1} \tag{11.3.21d}$$

其中$|\boldsymbol{\Lambda}|$为

$$|\boldsymbol{\Lambda}|\equiv\begin{bmatrix}|\lambda_1| & 0 & 0\\ 0 & |\lambda_2| & 0\\ 0 & 0 & |\lambda_3|\end{bmatrix} \tag{11.3.21e}$$

如果取

$$\boldsymbol{\Lambda}^{+}=\mathrm{diag}(\lambda_i^{+}),\quad \lambda_i^{+}=\frac{1}{2}(\lambda_i+\theta\,|\lambda_i|) \tag{11.3.21f}$$

$$\boldsymbol{\Lambda}^{-}=\mathrm{diag}(\lambda_i^{-}),\quad \lambda_i^{-}=\frac{1}{2}(\lambda_i-\theta\,|\lambda_i|) \tag{11.3.21g}$$

式中：θ 为迎风参数；λ_i 为 $\mathbf{A}$ 的特征值。Lax-Friedrichs 数值通量近似为

$$\mathbf{A}_{\mathrm{L}}=\frac{\mathbf{A}+\theta\lambda_{\max}\boldsymbol{I}}{2},\quad \mathbf{A}_{\mathrm{R}}=\frac{\mathbf{A}-\theta\lambda_{\max}\boldsymbol{I}}{2} \tag{11.3.21h}$$

式中：$\boldsymbol{I}$ 为单位矩阵；$\lambda_{\max}$取 $\mathbf{A}$ 的特征值中绝对值最大的。

4）间断探测器与限制器

DG 方法通过提高单元体内的插值精度很容易实现高阶精度的数值格式且不需扩展节点模板，但在间断附近会产生非物理的虚假振荡，导致数值解的不稳定（尤其是采用高阶精度时），因此采用限制器去抑制振荡是非常必要的。然而，目前很多方法采用限制器后就要降低求解精度，这就失去了采用高阶格式的意义，如何构建一个高效的、高精度的限制器现在仍是一项有待解决的课题。目前，常使用的限制器有许多种，如 min mod 斜率限制器、van Leer 限制器、superbee 限制器、van Albada 限制器、Barth-Jesperson 限制器、Moment 限制器以及 Hermite WENO 限制器等。采用 Hermite 插值代替 Lagrange 插值，这就使得每个重构多项式所需要的单元个数大大减少，而且这种插值是基于单元的平均值和单元的导数值。在我们课题组的 DG 方法计算中，多采用 Barth-Jesperson 限制器与 Hermite WENO 限制器。

如何构建间断探测器，是完成程序编制和实现高精度计算的关键环节之一，在这方面文献[220]做了非常细致的工作，大量的数值实践表明[267]：基于小波奇异分析的探测技术是非常有效的，文献[220]中提出的 Hölder 指数 α 深刻的度量了奇异点区的特征，这里因篇幅所限相关内容不再展开讨论。

5）Runge-Kutta 时间积分问题

方程(11.3.15)是给出单元体为 Ω_k、指标为 l'、关于展开系数为 $\boldsymbol{C}_k$ 时的半离散方程。对于这个半离散方程的求解有两类方法：一类是仅在单元体 Ω_k 中对式(11.3.15)进行时间积分；另一类是汇集所有单元体（即 $\bigcup_{k=1}^{Ne}\Omega_k=\Omega$）对方程(11.3.22)进行时间积分，这里仅讨论第 2 类方法。集合所有的单元体，便可构成一个关于时间微分的常微分方程组，它可概括地写为

$$\boldsymbol{M}\cdot\frac{\mathrm{d}}{\mathrm{d}t}\begin{bmatrix}\boldsymbol{C}_1\\ \boldsymbol{C}_2\\ \vdots\\ \boldsymbol{C}_{Ne}\end{bmatrix}=\boldsymbol{R}^*(\boldsymbol{U})=\widetilde{\boldsymbol{R}}(\boldsymbol{C}) \tag{11.3.22}$$

或者

$$\frac{\mathrm{d}\boldsymbol{C}}{\mathrm{d}t}=\boldsymbol{G}(\boldsymbol{C}) \tag{11.3.23}$$

式中：$\boldsymbol{M}$ 为计算域所有单元体所组成的质量矩阵；$\boldsymbol{C}$ 为列向量，它的元素由 $\boldsymbol{C}_k$ 组成，这里 $k=1\sim Ne$，符号 Ne 代表计算域单元体的总数；$\widetilde{\boldsymbol{R}}(\boldsymbol{C})$ 为右端项；$\boldsymbol{G}(\boldsymbol{C})$ 的表达式为

$$\boldsymbol{G}(\boldsymbol{C})\equiv\boldsymbol{M}^{-1}\cdot\widetilde{\boldsymbol{R}}(\boldsymbol{C}) \tag{11.3.24}$$

对于方程(11.3.23)而言，显式 p 阶 Runge-Kutta 时间积分格式可表示为

$$
\begin{cases}
\widetilde{\boldsymbol{G}}_1 = \boldsymbol{G}(\boldsymbol{C}^{(n)}) \\
\widetilde{\boldsymbol{G}}_2 = \boldsymbol{G}(\boldsymbol{C}^{(n)} + (\Delta t) a_{21} \widetilde{\boldsymbol{G}}_1) \\
\vdots \\
\widetilde{\boldsymbol{G}}_p = \boldsymbol{G}(\boldsymbol{C}^{(n)} + (\Delta t)(a_{p1} \widetilde{\boldsymbol{G}}_1 + a_{p2} \widetilde{\boldsymbol{G}}_2 + \cdots + a_{pp-1} \widetilde{\boldsymbol{G}}_{p-1})) \\
\boldsymbol{C}^{(n+1)} = \boldsymbol{C}^{(n)} + (\Delta t) \sum_{i=1}^{p} (b_i \widetilde{\boldsymbol{G}}_i)
\end{cases}
\tag{11.3.25}
$$

式中：$\boldsymbol{C}^{(n)}$ 与 $\boldsymbol{C}^{(n+1)}$ 分别为时间层 $t_n = n\Delta t$ 与 $t_{n+1} = (n+1)\Delta t$ 上的 $\boldsymbol{C}$ 值；$\widetilde{\boldsymbol{G}}_i$ 为第 i 阶 Runge-Kutta 格式计算所需要的中间变量；Δt 为时间步长。文献[3,4]分别给了三阶与四阶时间精度下 Runge-Kutta 格式的具体表达式。显然，为了保证显式积分的稳定性，Δt 必须满足相应积分格式的 CFL 条件。通常，为了保证整流场的时间同步性，整场网格的各步积分经常是采用一致的时间步长，因此按稳定性条件，则时间步长必须由整场的最小网格尺寸决定。如果时间步长这样选取的话，有时还可能导致计算时间过长的现象，如何进一步提高显式 Runge-Kutta 方法中时间积分的计算效率，这是一个有待进一步深入研究的课题。

11.4　结构与非结构混合网格的快速生成及其自适应算法

计算网格的合理设计和网格品质的好坏是关系到 CFD 计算的重要前提条件之一，为此 NASA 在 1986～1998 年曾相继开过六届国际网格生成会议，我国在 1997 年也召开了全国第一届计算网格生成方法研讨会。计算网格按网格点之间的邻接关系可分为结构网格、非结构网格和混合网格三类。著名的 TTM（即 Thompson，Thames 和 Mastin 于 1974 年提出的）方法[268]是用椭圆型微分方程生成贴体结构网格的典型代表[3,44]，Steger 等在 1980 年和 1985 年相继提出用双曲型微分方程来生成二维与三维结构网格的方法。文献[269]中所生成的高速进气道三维流场的复杂贴体网格，就是使用我们自己用 Fortran 语言编制的网格生成程序完成的。非结构网格是在 20 世纪 80 年代末和 90 年代初得到迅速发展的，其生成方法大致上可归为两大类[2]，即一类是 Delaunay 三角化方法，另一类是推进阵面法。混合网格种类很多，这里不作讨论。在生成网格方面，我们曾做过大量工作[163,166,175,183]，面对如此丰富的内容，本小节仅针对非结构网格生成讨论 3 个小问题：①非结构网格生成的 Bowyer-Watson 方法；②三维空间中四面体非结构网格生成方法；③一种快速生成五面体非结构网格的方法。

11.4.1　非结构网格生成的 Bowyer-Watson 方法

文献[2]给出一种生成非结构网格的办法，这里分 8 点扼要说明如下：

1）二维非结构网格生成原理

从非结构网格的特点来看，其生成主要有两个环节：①如何在计算域内合理分布网格点；②如何将网格点有效连接，形成三角形网格单元。目前非结构网格的生成方法较多，但绝大部分都出自于Bowyer-Watson 原理。如图 11.27 所示，考虑空间任意一组点 $P_1, P_2, \cdots, P_n$，对每个点 P_i 定义一个包围该点的多边形 V_i，该多边形 V_i 的每个顶点与点 P_i 距离小于或等于其他任意点 P_k 与该顶点的距离。可以证明，这样构成的多边形具有凸性，且互不重叠完整地覆盖由 $P_1, P_2, \cdots, P_n$ 所构成的网格空间。设 V_j 与 V_k 是具有公共边地两个相邻凸多边形，并且它们分别包含点 P_j 与点 P_k，连接 P_jP_k 便得到三角形单元的一条边。如此便能得到一系列的三角形单元，这样得到的三角形叫 Delaunay 三角形。它具有一重要性质：每个三角形单元的外接圆内不包含其他任何网格点。这就是非结构三角网格生成的出发原理。

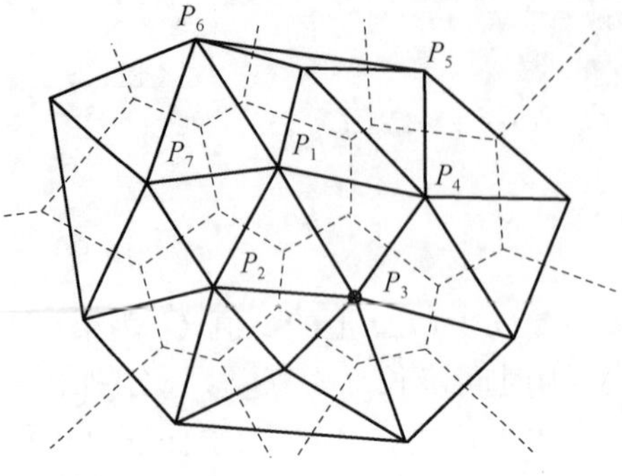

图 11.27　Delaunay 三角形示意图

考虑已经存在一个初始的网格，该网格符合 Bowyer-Watson 原理，现在需要在该网格上新增加一个网格点。显然，原有的连接方式将被打破。由 Bowyer-Watson 原理，凡是外接圆内包含新增加点的三角形便都需要重新连接。可以证明，被破坏的三角形组成的区域为一个封闭的凸多边形，如图 11.28 所示，P 为新增加点，$A_1, A_2, \cdots, A_m$ 为凸多边形顶点，连接 PA_i，新增加的三角形仍符合 Bowyer-Watson 原理，这样就得到含新增点 P 的新网格。

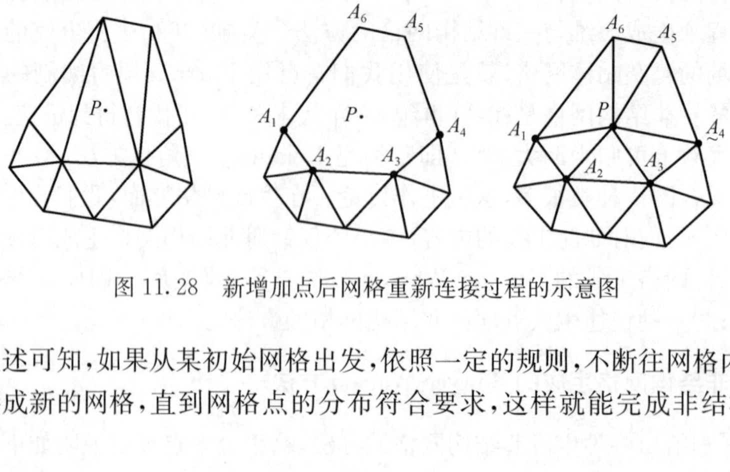

图 11.28　新增加点后网格重新连接过程的示意图

由上述可知，如果从某初始网格出发，依照一定的规则，不断往网格内加点，并重新连接成新的网格，直到网格点的分布符合要求，这样就能完成非结构网格的生成。

2）初始网格的生成

进行网格生成时，总要规定计算域的边界，一般可通过给定边界点的方法给出边界。如图 11.29 所示，设 $P_1, P_2, \cdots, P_n, P_n$ 为边界点，设 $ABCD$ 为包含所有边界点的一个矩形，则可设 ABD、CBD 为初始的三角形，显然，这符合 Bowyer-Watson 原理，然后通过上面的方法，逐一加入 $P_1, P_2, \cdots, P_n$，最终可得到一扩大的网络，在该网格中，部分三角形不属于计算域，应去掉。对简单的凸单连通域，删除与 A、B、C、D 任一相连的三角形即可；对多连通域或凹域，应该根据边界的外法线方向来消除多余的三角形。图 11.29(c)给出删除后的图形。

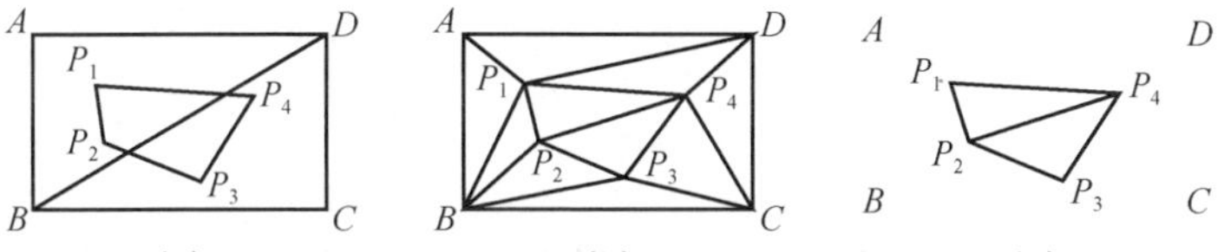

图 11.29　初始网格生成示意图

3）网格单元的分类

衡量网格的质量，一般通过检查网格的每个单元是否满足事先给定的某种尺度要求。在非结构网格中，大都采用单元面积、单元外接圆半径等作为衡量的尺度。这里采用单元外接圆半径作为单元判断的尺度。设单元外接圆中心为 O_i，半径为 r_i，对于 O_i 点的尺度函数为 $\omega(O_i)$。

如果某三角形单元满足：

$$\frac{r_i}{\omega(O_i)} \leqslant \delta \quad (\delta = 1.0 \sim 1.5) \tag{11.4.1}$$

则定义该三角形单元为好三角形，否则为坏三角形。δ 为大于 1 的常数，为保证网格的光滑性较好，δ 不宜过大，一般可取 $\delta=1.3$。如果在已有的网格中所有三角形单元均为好三角形，则可认为网格生成结束。

4）新增加点位置的确定

在网格生成中，需要在不符合要求的三角形，即坏三角形所在的区域加入新的网格点，以改善该区域内的网格单元。因此，增加网格点总是针对坏三角形进行的。通常，把坏三角形进一步分为两类：一类为其相邻三角形全部为坏三角形，这里称为非活动三角形；另一类为相邻三角形中存在好三角形或某一边为边界，则称为活动三角形。显然，加点应该选择活动三角形来进行。通常，活动三角形不止一个，一般选择活动三角形中外接圆半径最大者。如图 11.30 所示，设 ABC 为最后选取的活动三角形。新增加点位置确定的方法较多，一种简单方法是，新增加点设置在 ABC 中心，这种给法计算量小，但网格质量不好。下面给出另一种较好的方法。

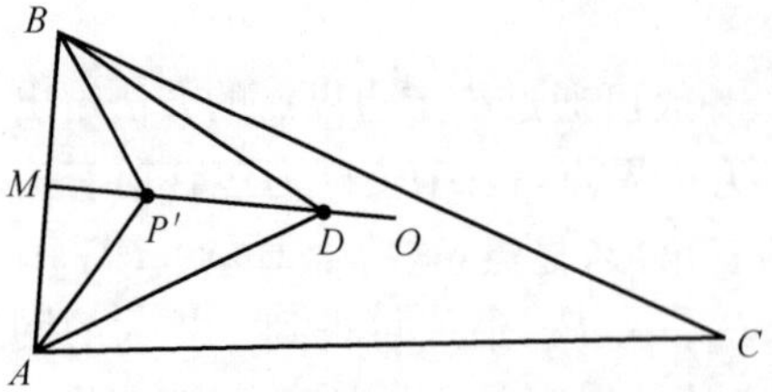

图 11.30　新增点位置的确定

如图 11.30 所示，设边 AB 为三角形 ABC 与相邻好三角形的公共边，设

$$a=\frac{1}{2}|AB|,\quad q=|OM|,\quad \rho_M=\omega(M) \tag{11.4.2a}$$

式中：M 为 AB 边中点；O 为 ABC 外接圆圆心。为保证网格质量，假设新加入的点 D，满足 $|DA|=|DB|$。设 DAB 的外接圆圆心为 P' 点，半径为 ρ_0，它可由式(11.4.2b)确定：

$$\rho_0=\min\left[\max(a,\rho_M),\frac{a^2+q^2}{2q}\right] \tag{11.4.2b}$$

5）网格尺度分布函数的确定

从上面的网格生成过程可以看到，网格尺度分布函数 $\omega(O_i)$ 关系到网格的疏密质量，因此如何合理地给出网格尺度分布函数 $\omega(O_i)$ 是一件重要的事情。这里我们给出一种通过求解 Poisson 方程来确定 $\omega(O_i)$ 值的方法。

设 $\omega(O_i)$ 的倒数为 Ω，且 Ω 满足 Poisson 方程，即

$$\nabla^2\Omega=\Phi(x,y) \tag{11.4.3a}$$

式中：$\Phi(x,y)$ 为一空间分布函数，若 $\Phi=0$，则代表均匀网格。方程(11.4.3a)为椭圆型方程，需要给定边界上 Ω 的分布。由于边界点是预先给定的，因此可取

$$\Omega_i|_\Gamma=\frac{1}{r_j} \tag{11.4.3b}$$

式中：Γ 为边界；r_j 为以第 j 个边界段为边长的正三角形的外接圆半径。于是由式(11.4.3a)与式(11.4.3b)便可得到 Ω 的分布，进而也就得到了网格尺度分布函数 ω 的值。在上述计算中，网格的疏密可以通过两个方面来控制：一是给定边界点的分布；一是给定 Φ 的分布规律。对于 $\Phi>0$ 的区域，则网格密集；反之，网格较疏。如果给定的 Φ 为点源或线源形式，则网格将在局部或一条线附近加密。

6）网格贴体性能的改进

为改善网格的贴体性能，这里提出了网格层次的概念，并规定：如果某一合理网格与壁面相连，则其层次定义为 0；如果某一合理网格有两边与层次为 n 的网格相连，则其层次定义为 $n+1$；做了这样的规定后，活动单元的选取总是以层次小的优先。这样网格的生成总是从边界面出发并逐步向计算域内扩展，显然该原理实施起来较为简便。

7）新增加点后三角形破坏域的搜索

如何搜索新增加点后三角形的破坏域是关系到网格生成速度的重要环节。这里把搜索破坏域的工作分为以下两步。

(1) 需要搜索到一个起始的被破坏三角形。这可通过下述方法来加速搜索。如图 11.31 所示,设 ABC 为所考察与搜索的三角形,P 为新增加点,I 为 ABC 外接圆。点 O 为其圆心。如果点 P 在 I 内,则$\triangle ABC$ 即为满足条件的三角形;否则,我们通过判断点 P 位于角$\angle BOA$、角$\angle AOC$ 还是角$\angle COB$ 来确定下一个需要搜索的三角形。不妨设点 P 位于角$\angle BOA$ 内,则选择$\triangle ABC$ 在 AB 边的相邻三角形为下一个需要搜索的三角形。

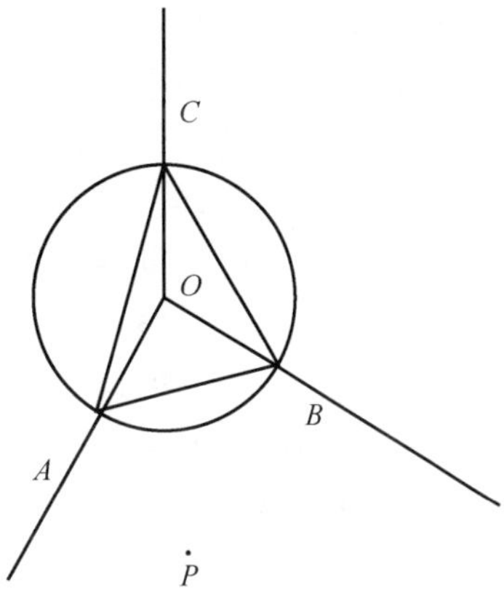

图 11.31　搜索域的示意图

(2) 从一个起始的被破坏三角形出发,搜索破坏域的外边界,这是一个较复杂的过程。但从递归的角度来描述就相对简单了。从起始的破坏三角形出发,如果一个三角形将破坏,则判断其每一个对应的相邻三角形的特性,如果该边为边界或其对应的相邻三角形外接圆内不再包含新增加点,则该边为破坏域的一边界,否则该对应的相邻三角形需被破坏,并要进行下一层次的搜索。

8) 黏性 O 形网格的生成与剖分

从上面描述的网格生成方法中可以看到:该方法产生的网格都是接近正三角形的网格,而且没有方向性,适合 Euler 方程的求解。但对于黏流的 N-S 方程,在固体壁面附近,即黏性区域,要求网格在法向的密集程度远远大于切向。要满足这一要求,采用上述方法是不行的。因此,我们采用分区的方法。对固体壁面,采用局部的正交贴体坐标系,即在其附近生成一较薄的非均匀 O 形结构网格,然后再将其剖分为三角形网格;对其他区域,仍然沿用上面的非结构网格的生成方法。实际应用表明,这样生成的网格对湍流的计算将带来很大的优越性[2]。

11.4.2　三维空间中四面体非结构网格生成方法

将二维 Bowyer-Watson 原理推广到三维空间便得到如下原则:要求每个四面体单元的外接球内不包含其他任意空间网格点,这就是四面体网格单元生成的出发原理。

三维域下四面体网格的生成其整个过程也可以归纳为下面的三大步骤。

(1) 生成初始网格。

(2) 网格单元质量的判断。

(3) 新增加点位置的确定及网格优化。

下面扼要讨论新增加点的计算方法。

在网格生成过程中,需要在不符合要求的四面体单元,即坏四面体所在的区域内加入新的网格点,以改善区域内的网格质量,因此增加网格点总是针对坏四面体来进行的。我们把坏四面体进一步分为两类:一类为其相邻四面体全部为坏四面体,称为非活动四面体;另一类为其相邻四面体中存在好四面体或某一面为边界面,称为活动四面体。显然,加点应选择活动四面体来进行。通常,活动四面体不止一个,一般选择活动四面体中外接球半径最大者来进行加点。在活动四面体中进行加点的方法有许多种。我们曾采用这样一种方法,即将新增点取在四面体外接球的球心上。这种方法比较简单,计算量较小,但是网格的质量不是很高。

使用上述原则,文献[2]编制了源程序,并完成了大量算例。近 20 年的数值计算实践表明:这种生成非结构网格的源程序是非常有效的。

11.4.3 一种快速生成五面体非结构网格的方法

这里提出一种快速生成五面体非结构网格的生成方法。该方法只需在任意选定的一个拟 S_1 面上生成非结构网格,而其他拟 S_1 面上的网格是通过空间映射完成的。在拟 S_1 面上生成网格时,采用了分区生成技术,即在近壁面区生成以 O 形为基础的三角形单元,在远离壁面区则采用这里发展的一种高效快速生成非结构网格的方法。该方法改进了 Bowyer-Watson 算法,通过合理的配置网格尺度分布函数来保证整个拟 S_1 面上非结构网格生成的质量,并且在拟 S_1 面上网格生成时采用了一种堆栈搜索技术,从而大大提高了计算效率。整个三维网格生成程序用 Fortran 语言编制,大量的数值计算表明[2]:使用这个程序能够得到较为满意的五面体非结构网格并且具有快速高效的特点。下面分 4 个小问题详细讨论有关内容。

1) 拟 S_1 面上非结构网格的生成技术

拟 S_1 面上非结构网格的生成过程,大体上可以分成如下五个步骤:

第一步是根据边界上给定的网格点坐标构造一个能包含所有边界点的参考网格系即矩形域,并形成两个初始三角形。

第二步是在上述网格系中逐个加入边界上给定的网格点并借助于 Bowyer-Watson 方法删除多余三角形并得到满足 Delaunay 准则的初始网格系。

第三步是对网格系中的所有单元进行检查与分类。单元可分为好三角形与坏三角形。对坏三角形又可分为两类,即活动三角形和非活动三角形。当网格系中所有单元均为好三角形时,则表明该网格生成过程结束。

如果网格单元中有坏三角形,则进行第四步工作,即从活动三角形中,选择当前需要加点的那个三角形,并计算出加点位置。

第五步是将新增加的网格点加入原网格系中,于是便得到一个新的网格系,而后就需要再去重复第三步工作,一直到全部单元均为好三角形为止。

对于拟 S_1 面上非结构网格的生成过程中,网格尺度分布函数 ω(或者 $1/\Omega$)的确定、网格单元好坏的判断和网格层次的划分以及计算新增加点位置的方法等都与本章 11.4.1 节中所述的内容相类似，因此这里不再重述，下面仅详细讨论一下三角形破坏域的堆栈搜索方法。

2）搜索破坏域的堆栈方法

在拟 S_1 面上生成非结构网格的程序设计中有一个重要的难点就是如何搜索破坏域的问题。在以前用 C 语言编制的程序中采用了递归技术[171,175]。但是这种处理不同程度地增大了计算机内存消耗，降低了计算速度，影响了计算的效率。因此这里发展了一种用堆栈模拟递归过程的处理技巧[2,181]。

(1) 堆栈模拟递归过程。栈是一种特殊的线性表，它限定于仅在表尾进行插入和删除运算。递归过程是一个通过一系列的过程调用语句直接或间接调用自己的过程。

下面给出一种利用基本语句模拟递归实现的转化方法，原则上它对任意递归程序都适用。

假设 p 是一个递归过程，它含有 m 个形式参数 $p_1,p_2,\cdots,p_m$，其中前 k 个 $p_1\sim p_k$ 为变参(若 p 为函数过程，则函数名 p 也作为变参处理)。它还有 n 个局部变量 $p_{m+1}\sim p_{m+n}$。又假设 p 过程中有 t 个递归调用 p 的语句，则可通过如下步骤来消除递归：

① 增设 S 为存放工作记录的工作栈，每个工作记录包含 $m+n+1$ 个数据项 $(p_0,p_1,\cdots,p_{m+n})$，其中 p_0 为返回语句标号，$p_1\sim p_m$ 为实参，$p_{m+1}\sim p_{m+n}$ 为局部变量。

② 增设 $t+2$ 个语句标号 $0,1,2,\cdots,t+1$。除了“0”设在过程体的第一个语句上，“$t+1$”设在过程体的结束处(即 END 语句之前)之外，其余 t 个标号均为 t 个调用过程语句的返回地址。

③ 在过程体的第一个语句之前增加两个语句：

SETNULL(s)；{堆栈初始化}

PUSH($s,t+1,p_1,\cdots,p_{m+n}$)；{当前参量进栈}

④ 假设 CALL $p(a_1,a_2,\cdots,a_m)$是第 i 个调用过程语句，则用以下三个语句替换：

PUSH($s,i,a_1,a_2,\cdots,a_m$)；　　　{下一层实参进栈}

GOTO 0；　　　{转向过程体的第一个语句}

i:$(v_1,v_2,\cdots,v_k)$:=$POP(s)$；{将栈顶的 k 个变量 $p_1\sim p_k$ 分别赋给变量 $v_1\sim v_k$}

如果调用过程语句是包含在另一个语句的内部，则需要加以适当处理使之成为独立的语句组，因为 GOTO 语句不能转向一个语句的内部。

⑤ 在所有过程体的出口增加语句：

GOTO $TOP(s,p_0)$；　{转向栈顶的返回语句标号}

在过程体的END语句之前增加一个标号为$t+1$的语句：

$t+1:(v_1,v_2,\cdots,v_k):=POP(s)$；

(2)实现方式。在程序设计中采用数组构造堆栈的技术，设计思路是：

① 原过程体中所有的参变量和局部变量都是以栈顶工作记录中相应的数据项代替。

② n初始化为0，设flag是第一个被搜索的单元，对其三个相邻单元判断。

③ 假设第一个相邻单元nb12搜索通过，而第二个nb23未通过。

④ 把flag压入表11.5中的a(1)，并对对应的b(1)赋值为2，然后把nb23的值赋予flag，n的值加1(因为是第一次，此时$n=1$)。

⑤ 把表11.5中a(n)的值弹出给flag，根据b(n)的值决定在何处继续搜索(如果b(n)=1，则继续搜索nb23，nb31；如果b(n)=2，则继续搜索nb31；b(n)=3，则重复步骤第⑤步，n的值减1。

⑥ 重复步骤③～⑤，直到n值又恢复到0。

表11.5 用数组构造堆栈的说明简表

变　量	功　能
数组a(1：1000)	压入堆栈的单元
Flag	当前操作的单元
数组b(1：1000)	对应数组a，记录该单元搜索阶段
整数n	堆栈的深度

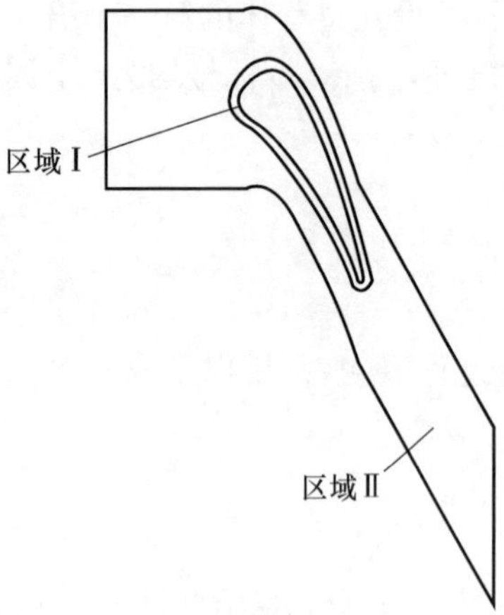

图11.32 叶栅计算与分区示意图

3）拟S_1面上网格的分区处理

将计算域分为近叶面区(记该区域为区域Ⅰ)与远离叶面区(记该区域为区域Ⅱ)，如图11.32所示。区域Ⅰ中网格则用下面方法生成：将叶片边界线沿其外法线方向扩张相同距离，便得到两个区域的分界线。沿着壁面网格点出发作法线，在每条法线上从壁面出发按如下指数形式分布网格点：

$$l=l_0\frac{1-\alpha^{c-1}}{1-\alpha^{b-1}} \tag{11.4.4}$$

式中：l为该点离壁面的距离；l_0为层数最大的点离壁面的距离；c为该点离壁面的层数；b为区域I的总层数；α为网格的扩张比。通常b在10～15，α在1.1～1.5。于是将上述得到的相应网格点相连便得到包围叶型表面的一圈O形网格。

4）关于网格点的空间映射

对于叶轮机械的三维流场，其网格的生成可以按如下的办法进行：选定中心拟 S_1 面（即 50%叶高截面所构成的拟 S_1 面）作为基础面，仅在这个面上生成非结构网格，并将该面上任一网格点的坐标记为(x, y, z)，今考察任意一个拟 S_1 面，并将基础面上的点(x, y, z)映射到所考察的拟 S_1 面上，并令该点的直角坐标为(ξ, η, ζ)。为了保证点映射的对应性与网格线的光滑性，假定点与点之间的映射遵循如下 Laplace 方程：

$$\begin{cases}\dfrac{\partial^2 \xi}{\partial x^2}+\dfrac{\partial^2 \xi}{\partial y^2}+\dfrac{\partial^2 \xi}{\partial z^2}=0 \\ \dfrac{\partial^2 \eta}{\partial x^2}+\dfrac{\partial^2 \eta}{\partial y^2}+\dfrac{\partial^2 \eta}{\partial z^2}=0 \\ \dfrac{\partial^2 \zeta}{\partial x^2}+\dfrac{\partial^2 \zeta}{\partial y^2}+\dfrac{\partial^2 \zeta}{\partial z^2}=0\end{cases} \tag{11.4.5}$$

方程(11.4.5)的边界条件是通过规定基础面与各拟 S_1 面边界点之间的对应关系确定的。使用上述方法，文献[2]完成了大量算例，这里因篇幅所限不再给出。

11.5　可压缩湍流的 RANS 与 LES 组合杂交方法

本章的前四节主要从数值离散的方法、格式精度以及网格生成几个方面探讨高超声速流场的数值求解问题，本节扼要讨论一下可压缩湍流的数值模拟。目前，湍流数值模拟主要有 3 种方法，即直接数值模拟（direct numerical simulation，DNS）、大涡数值模拟（large eddy simulation，LES）和 Reynolds 平均 N-S 方程组数值模拟（Reynolds averaged Navier-Stokes simulation，RANS）。直接数值模拟不需要对湍流建立模型，而是采用数值计算的方法直接去求解流动问题所服从的 N-S 控制方程组。由于湍流属于多尺度的不规则流动，要获得所有尺度的流动信息便需要很高的空间与时间的分辨率，换句话说便是需要巨大的计算机内存和耗时很大的计算量。目前这种方法只能用于计算槽道或圆管之类的低雷诺数简单湍流流动，它还不能作为预测复杂湍流流动的普遍方法。在工程计算中广泛采用的是 Reynolds 平均 N-S 数值模拟方法，这种方法是将流动的质量、动量和能量方程进行统计平均后建立模型，因此这种方法是从 Reynolds 平均方程或密度加权平均 N-S 方程出发，结合具体湍流问题的边界条件进行求解。对于 RANS 中的不封闭项，可通过给定合适的湍流模型使之封闭。这种方法通常不需要计算各种尺度的湍流脉动，它只计算平均运动，对空间分辨率的要求较低，计算工作量也比较小。大涡数值模拟是 20 世纪 70 年代提出的一种湍流数值模拟的新方法，其基本思想是采用滤波方法将湍流流场中的脉动运动分解为大尺度（低波数区）脉动和小尺度

(高波数区)脉动的运动;大尺度涡的行为强烈地依赖于边界条件,而且大涡是各向异性的。小尺度涡的结构具有共同的特征,它们受边界条件的影响较小,在统计上小涡是各向同性的。不同尺度的旋涡之间还存在能量级串(energy cascade)现象。在湍流中,大尺度涡会把能量逐级传递给小尺度涡,最后在某一最小尺度(即 Kolmogorov 尺度)上被耗散掉。大尺度湍流脉动直接由 N-S 控制方程使用数值求解,仅对小尺度湍流脉动建立模型。显然,该方法对空间分辨率的要求远小于直接数值模拟方法。比较 LES 与 RANS 两种方法可以发现:Reynolds 平均的湍流涡黏模型主要适用于平衡湍流(即湍动能生成项等于湍动能耗散项)或者接近平衡湍流的流动,这时它可以预测出湍流边界层和它的分离,但这种方法在预测大规模分离流动方面仍存在困难;大涡数值模拟则适用于非平衡的复杂湍流流动。LES 可以成功地预测分离流动,并且具有很好的精确度,但对于高 Reynolds 数的流动,使用这种方法计算量过大(例如,以飞机机翼为例,令 Reynolds 数为 7×10^7,则 LES 所需要的计算量要在超过10^{11}的网格点与接近10^7 的推进步上完成计算,显然这样大的计算量目前计算机的发展水平还很难实现)。认真分析一下 LES 在高 Reynolds 数下的计算量问题会发现,这里计算量主要用在边界层的模拟,而边界层外区域的计算量相对有限且不是太大。另外,从工程应用的角度上讲,LES 方法往往并不需要应用于流场的所有区域,如翼型绕流问题,一个翼型的前缘或压力面的这些区域用 RANS 方法就足够了。在复杂流动中,并非处处是非平衡的复杂湍流,在接近平衡的湍流区域(如不分离的顺压梯度边界层)便可采用 RANS 模型;而在非平衡的湍流区(如分离再附区和钝体尾迹的涡脱落区)就可采用 LES 模型[270~275]。显然,这种将流场分成相应的 RANS 模拟区域与 LES 模拟区域的思想,既保证了计算的准确性,又可以大幅度节省计算资源。这种做法在工程应用上极具优势,文献[276]正是具体体现了这一思想。对此,本节分 7 个小问题进行扼要讨论。

11.5.1 数值解的精度与耗散、色散行为间的关系

随着 Reynolds 数的增加,湍流尺度的范围增加得很快,在高 Reynolds 数的可压缩湍流场中,最大尺度的物理量与最小尺度的物理量之比经常大于 10^6,因此要模拟多尺度复杂的湍流流动,一方面要求网格要有足够的密集,另一方面还要求数值方法要有较高的逼近精度,尤其是对控制方程中对流项的逼近精度。Pope 曾分别给出采用 DNS 计算时网格数量 N_1 与 Reynolds 数以及数值模拟在时间上的推进步数 N_2 与 Reynolds 数之间的关系为

$$N_1^3 \sim 4.4Re_L^{9/4} \sim 0.06Re_\lambda^{9/2} \tag{11.5.1a}$$

$$N_2 \approx 9.2Re_\lambda^{3/2} \tag{11.5.1b}$$

式中:Re_L 与 Re_λ 分别为基于湍流场积分尺度 L 的 Reynolds 数与基于 Taylor 微

尺度 λ 的 Reynolds 数。显然，由式(11.5.1)可知，对于高 Reynolds 数流动问题采用 DNS 计算所需要的计算资源是非常巨大的。另外，当离散方程的数值格式和迭代推进的步长选定后，所能够正确模拟的波数范围也就确定了，超过这个范围的更高波数的数值模拟结果，往往是非物理的。差分格式的精度分析多是讨论数值方法对所感兴趣小尺度物理量的刻画能力，而高波效应的分析则是讨论在数值解中那些不能正确模拟物理量的高波分量对于数值结果可能带来的影响。这种影响主要反映在对数值解的耗散特性与色散特性的影响。通常，高精度差分格式所带来的耗散特性与色散特性在数值解中表现为小尺度量的各向异性效应，而这种各向异性效应既反映在波的传播特性方面，也表现在波的幅值变化上，因此差分格式所带来的这些效应便可能成为对所感兴趣小尺度物理量的污染源。在数值解中的耗散特性可能去影响小尺度量(即高波数分量)在流动过程中的幅值变化，而色散特性又可能影响小尺度量的流动结构。因此，为保证在数值结果中对所感兴趣的物理量能得到正确的刻画，就必须对高波数效应加以控制。

对于多维问题，这种高波数效应还表现为色散与耗散效应在空间的各向异性特性，尤其是在捕捉激波时，这时高波数效应表现得更为明显。在数值计算中，低阶精度的耗散型数值格式使激波厚度抹得过厚，高阶精度格式由于色散效应使得数值解中高波分量错位而导致激波附近的非物理的数值振荡，因此如何选取格式精度，并对非物理的行为加以控制，是项有待深入开展的课题之一。

11.5.2　物理尺度与网格尺度、激波厚度与湍流结构

对 N-S 方程进行离散时，黏性项和对流项的离散都会产生误差。为了使物理黏性不被数值黏性所污染，对网格 Reynolds 数加以限制是需要的。这里对网格 Reynolds 数的限制应当理解为对于局部网格 Reynolds 数的限制，而局部网格 Reynolds 数是基于局部速度与局部黏性来定义的，显然在黏性流的边界层内，特别是在物面附近，局部 Reynolds 数要比来流处的小得多。特别应指出的是，通常一些文献中要求满足：

$$\mu \frac{\Delta t}{(\Delta x)^2} \leqslant \frac{1}{2}, \quad Re_{\Delta x} \leqslant 2 \tag{11.5.1c}$$

作为黏性流计算的一个条件。其实，式(11.5.1c)这个限制是针对线性 Burgers 方程采用二阶精度中心差分格式离散时所得到的关系式，它并不能代表普遍情况下的一般关系式。把 $Re_{\Delta x} \leqslant 2$ 作为黏性计算的一个条件，这是一个非常苛刻的条件(因为通常高速黏性流 Reynolds 数都非常大)。对模型方程进行数值分析可以发现：随着格式精度的提高，可以大大放宽对网格 Reynolds 数的限制。另外，对于同阶的格式精度而言，采用紧致型格式或强紧致型格式时对网格 Reynolds 数的限制也会更加宽松些。

在数值模拟一个具体的物理问题时，需要对感兴趣的物理尺度有所了解，这样才能正确选择数值方法和划分计算网格，如对于多尺度复杂流动的可压缩流场中的激波，就不能都看成无厚度的间断面。在可压缩流的湍流中，那里的激波厚度与湍流流场中的最小流动结构的尺度是同量级的。由于可压缩湍流场中的激波往往是非定常的，甚至是随机的，因此便要求选用较高精度的数值格式，并能够很好地捕捉到所感兴趣的各种不同尺度的物理量，也就是说要求所选用的数值方法对激波有高的分辨能力，在激波附近能抑制非物理的高频振荡，而且所感兴趣的不同尺度的物理量穿过激波时又不能被污染。所以，网格尺度的确定是件非常困难的事，对此还没有成熟的理论处理办法。目前仅能通过一些对黏性项与对流项进行一些简单的 Fourier 分析给以启示。另外，在取定计算误差的情况下，采用较高的格式精度可以使捕捉到的波数范围变得更宽，并且还可以放大空间步长，显然这对提高计算效率非常有益。

对于超声速和高超声速湍流流场，流场中的涡运动总是与声波的传播相互联系、相互干扰。当湍流场中有激波存在时，将产生局部强耗散区，并将改变湍流场内部的间歇特征；湍流中的激波经常是具有大纵横比的结构：它们的厚度很薄，具有小尺度特征，但在展向存在随机的长波纹，即展向具有大尺度特征，因此激波与湍流的干扰将产生很强的内在压缩性效应，其表现为湍流中的强脉动压力梯度以及湍流与激波的相互干扰。强压力梯度可以导致壁面摩擦阻力与热流的增加，导致壁面压力脉动与热传导的脉动明显增强。另外，在壁湍流中，很可能会导致物面热结构的破坏。今讨论来流 Mach 数为 10，取边界层动量厚度为特征长度对应的 Reynolds 数为 14 608，介质为氢气时的一个可压缩边界层流动问题的实验结果表明：这时壁面温度与边界层外缘温度之比约为 30∶1。因此，在高超声速再入飞行中湍流场的内在压缩效应绝对不容忽视；为了正确计算出高超声速下的可压缩湍流流场，故要求数值方法既能分辨湍流场中的最小尺度，又能正确分辨非定常激波束、间断面以及流场中存在的滑移面，因此发展高精度、高分辨率的 WENO 格式和高效率的多步 Runge-Kutta 方法以及双时间步（dual-time-step）的隐式时间离散方法是非常必要的。

11.5.3　基于 Favre 平均的可压缩湍流方程组

为简单起见，在 Descartes 直角坐标系中给出如下形式以瞬态量表达的 Navier-Stokes 方程组：

$$\frac{\partial \rho}{\partial t}+\frac{\partial(\rho u_j)}{\partial x_j}=0 \tag{11.5.2a}$$

$$\frac{\partial(\rho u_i)}{\partial t}+\frac{\partial(\rho u_i u_j)}{\partial x_j}=-\frac{\partial p}{\partial x_i}+\frac{\partial \tau_{ij}}{\partial x_j} \tag{11.5.2b}$$

$$\frac{\partial(\rho e)}{\partial t}+\frac{\partial(e\rho u_j)}{\partial x_j}=\frac{\partial}{\partial x_j}\left(\lambda\frac{\partial T}{\partial x_j}\right)-p\frac{\partial u_j}{\partial x_j}+\Phi \tag{11.5.2c}$$

式中：ρ 与 u_i 分别为气体的密度与分速度；e,T,λ 分别为气体内能、温度、气体的导热系数；τ_{ij} 为黏性应力张量的分量；Φ 为黏性耗散函数；p 为压强；e、p、τ_{ij} 与 Φ 分别表示如下：

$$e=c_vT \tag{11.5.3}$$

$$p=\rho RT \tag{11.5.4}$$

$$\tau_{ij}=\mu\left(\frac{\partial u_i}{\partial x_j}+\frac{\partial u_j}{\partial x_i}\right)-\frac{2}{3}\mu\frac{\partial u_k}{\partial x_k}\delta_{ij} \tag{11.5.5}$$

$$\Phi=\tau_{ij}\frac{\partial u_i}{\partial x_j} \tag{11.5.6}$$

这里采用了 Einstein 求和约定。在式(11.5.5)中，速度梯度张量可分解为应变率张量 S 与旋转率张量 R 之和，其分量表达式为

$$\frac{\partial u_i}{\partial x_j}=S_{ij}+R_{ij} \tag{11.5.7}$$

$$S_{ij}=\frac{1}{2}\left(\frac{\partial u_i}{\partial x_j}+\frac{\partial u_j}{\partial x_i}\right) \tag{11.5.8a}$$

$$R_{ij}=\frac{1}{2}\left(\frac{\partial u_i}{\partial x_j}-\frac{\partial u_j}{\partial x_i}\right) \tag{11.5.8b}$$

将方程组(11.5.2)中各个变量采用系综平均法分解，并定义如下一个行向量：

$$\boldsymbol{f}=\bar{\boldsymbol{f}}+\boldsymbol{f}' \tag{11.5.9}$$

其中

$$\boldsymbol{f}=[\rho,u_i,p,e,T,\tau_{ij},\Phi] \tag{11.5.10a}$$

$$\bar{\boldsymbol{f}}=[\bar{\rho},\overline{u_i},\bar{p},\bar{e},\bar{T},\overline{\tau_{ij}},\overline{\Phi}] \tag{11.5.10b}$$

$$\boldsymbol{f}'=[\rho',u_i',p',e',T',\tau_{ij}',\Phi'] \tag{11.5.10c}$$

将式(11.5.2)做密度加权平均，并注意到各态遍历定理(即时间平稳态过程中随机量的系综平均等于随机过程的时间平均，也就是说这时的系综平均与 Reynolds 时间平均相等)，于是得到密度加权平均方程[4,41]：

$$\frac{\partial\bar{\rho}}{\partial t}+\frac{\partial}{\partial x_j}(\bar{\rho}\tilde{u}_j)=0 \tag{11.5.11a}$$

$$\frac{\partial}{\partial t}(\bar{\rho}\tilde{u}_i)+\frac{\partial}{\partial x_j}(\bar{\rho}\tilde{u}_i\tilde{u}_j)=-\frac{\partial\bar{p}}{\partial x_i}+\frac{\partial}{\partial x_j}(\overline{\tau_{ij}}-\overline{\rho u_i''u_j''}) \tag{11.5.11b}$$

$$\begin{aligned}\frac{\partial}{\partial t}(\bar{\rho}e^*)+\frac{\partial}{\partial x_j}(\bar{\rho}\tilde{u}_jH)=&\frac{\partial}{\partial x_j}\left[-(q_{Lj}+q_{Tj})+\overline{\tau_{ij}u_i''}-\frac{1}{2}\overline{\rho u_j''u_i''u_i''}\right]\\&+\frac{\partial}{\partial x_j}[\tilde{u}_i(\overline{\tau_{ij}}-\overline{\rho u_i''u_j''})]\end{aligned} \tag{11.5.11c}$$

另外,式(11.5.11c)又可写为

$$\frac{\partial}{\partial t}(\bar{\rho}\tilde{h}_0)+\frac{\partial}{\partial x_j}(\bar{\rho}\tilde{u}_j\tilde{h}_0)=\frac{\partial\bar{p}}{\partial t}-\frac{\partial}{\partial x_j}(\bar{q}_j+\overline{\rho u''_j h''})$$
$$+\frac{\partial}{\partial x_j}\Big(\tilde{u}_i\bar{\tau}_{ij}+\overline{u''_i\tau_{ij}}-\frac{1}{2}\overline{\rho u''_j}\,\frac{\overline{\rho u''_i u''_i}}{\bar{\rho}}$$
$$-\tilde{u}_i\overline{\rho u''_i u''_j}-\frac{1}{2}\overline{\rho u''_i u''_i u''_j}\Big) \tag{11.5.11d}$$

在式(11.5.11)中,变量 e^*、$\tilde{h}_0$、k 以及层流热流 q_{Lj} 与湍流热流 q_{Tj} 的定义式分别为

$$e^*\equiv\tilde{e}+\frac{1}{2}\tilde{u}_i\tilde{u}_i+k \tag{11.5.12a}$$

$$\tilde{h}_0\equiv\tilde{h}+\frac{1}{2}\tilde{u}_i\tilde{u}_i+\frac{1}{2}\,\frac{\overline{\rho u''_i u''_i}}{\bar{\rho}} \tag{11.5.12b}$$

$$k\equiv\frac{1}{2}\,\frac{\overline{\rho u''_i u''_i}}{\bar{\rho}} \tag{11.5.12c}$$

$$q_{Lj}=\lambda\frac{\partial\tilde{T}}{\partial x_j},\quad q_{Tj}=\overline{\rho u''_j h''} \tag{11.5.12d}$$

另外,总焓 h_0 与静焓 h 以及热流矢量 $\boldsymbol{q}$ 分别为

$$h_0\equiv h+\frac{1}{2}u_i u_i \tag{11.5.12e}$$

$$\boldsymbol{q}=-\lambda\nabla T,\quad h\equiv e+\frac{p}{\rho} \tag{11.5.12f}$$

在本小节中若没有特殊说明,则上标"—"表示 Reynolds 平均,上标"～"表示密度加权平均(即 Favre 平均)。这里要特别指出的是,在高超声速流动中,压强脉动以及密度脉动都很大,可压缩效应直接影响着湍流的衰减时间,而且当脉动速度的散度足够大时,则湍流的耗散不再与湍流的生成平衡,在这种情况下在边界层流动中,至少在近壁区,流动特征被某种局部 Mach 数(如摩擦 Mach 数)所控制,因此在 Morkovin 假设下湍流场的特征尺度分析对于高超声速边界层的流动就不再适用。毫无疑问,在高 Mach 数下湍流边界层流动中所出现湍流脉动量所表征的内在压缩性效应及其对转捩以及湍流特征的影响,应该是人们必须弄清楚的主要问题之一。另外,对于高超声速钝体绕流问题,来流的小扰动与弓形激波的干扰对边界层流动的感受性以及转捩特征都有很强的影响。对于可压缩流动,如果将扰动波分为声波、熵波和涡波时,DNS 的数值计算表明:来流扰动波与弓形激波干扰在激波后仍会形成声波、熵波和涡波这三种模态。另外,在边界层中,感受到的主要是压力扰动波(即声波扰动),更为重要的是这时边界层内感受到的涡波扰动要比声波扰动小一个量级,所感受到的熵波扰动更小,它要比声波扰动小四五个量级,显然这一结果对深刻理解高超声速边界层的流动问题是有益的。此外,在高超

声速绕流中，壁面温度条件对边界层流动的稳定性也有重大的影响。DNS 的数值计算表明：在冷壁和绝热壁条件下，边界层有不同的稳定性机制，它将直接影响着边界层转捩位置的正确确定。因此，如何快速有效地预测高超声速边界层的转捩问题仍是一个有待深入研究的课题之一，它直接影响到飞行器气动力与气动热的正确预测、影响到航天器的热防护设计问题[203,275-277]，所以对于这个问题的研究便格外重要。

11.5.4　可压缩湍流的大涡数值模拟及其控制方程组

可压缩湍流的大涡数值模拟控制方程可以将式(11.5.2)做密度加权过滤(即 Favre 过滤)得到，其表达式为

$$\frac{\partial\hat{\rho}}{\partial t}+\frac{\partial}{\partial x_j}(\hat{\rho}\widehat{u}_j)=0 \tag{11.5.13a}$$

$$\frac{\partial}{\partial t}(\hat{\rho}\widehat{u}_i)+\frac{\partial}{\partial x_j}(\hat{\rho}\widehat{u}_i\widehat{u}_j)=-\frac{\partial}{\partial x_i}\hat{p}+\frac{\partial}{\partial x_j}(\tau_{ij}^*+\tau_{ij}^s)+\frac{\partial}{\partial x_j}(\hat{\tau}_{ij}-\tau_{ij}^*) \tag{11.5.13b}$$

$$\frac{\partial\left(\hat{\rho}\widehat{e}+\frac{1}{2}\hat{\rho}\widehat{u}_i\widehat{u}_i\right)}{\partial t}+\frac{\partial\left[\left(\hat{\rho}\widehat{e}+\frac{1}{2}\hat{\rho}\widehat{u}_i\widehat{u}_i+\hat{p}\right)\widehat{u}_j\right]}{\partial x_j}=\frac{\partial(\tau_{ij}^*\widehat{u})}{\partial x_j}+\frac{\partial q_j^*}{\partial x_j}+B^* \tag{11.5.13c}$$

其中

$$\tau_{ij}^s=\hat{\rho}(\widehat{u}_i\widehat{u}_j-\widehat{u_iu_j}) \tag{11.5.14a}$$

$$\tau_{ij}^*=\mu(\widehat{T})\left(\frac{\partial\widehat{u}_i}{\partial x_j}+\frac{\partial\widehat{u}_j}{\partial x_i}\right) \tag{11.5.14b}$$

$$\hat{\tau}_{ij}=\mu(\hat{T})\left(\frac{\partial\hat{u}_i}{\partial x_j}+\frac{\partial\hat{u}_j}{\partial x_i}\right) \tag{11.5.14c}$$

式中：上标“ˆ”表示大涡模拟方法中的过滤运算；上标“⌢”表示密度加权过滤运算(即 Favre 过滤运算)；τ_{ij}^s 为亚格子应力张量分量；τ_{ij}^* 为以密度加权过滤后的速度、温度为参数的分子黏性所对应的黏性应力张量分量，$\hat{\tau}_{ij}$ 为过滤后的分子黏性所对应的黏性应力张量分量。

在式(11.5.13c)中 q_j^* 与 B^* 的表达式分别为

$$q_j^*=-\lambda(\widehat{T})\frac{\partial\widehat{T}}{\partial x_j} \tag{11.5.14d}$$

$$B^*=-b_1-b_2-b_3+b_4+b_5+b_6 \tag{11.5.14e}$$

其中

$$b_1=-\widehat{u}_i\frac{\partial\tau_{ij}^s}{\partial x_j} \tag{11.5.15a}$$

$$b_2 = \frac{\partial}{\partial x_j}(\hat{c}_j - \hat{e}\widehat{u}_j), \quad c_j \equiv eu_j \tag{11.5.15b}$$

$$b_3 = \hat{a}_j - \hat{p}\frac{\partial \widehat{u}_j}{\partial x_j}, \quad a_j \equiv p\frac{\partial u_j}{\partial x_j} \tag{11.5.15c}$$

$$b_4 = \hat{m} - \hat{\tau}_{ij}\frac{\partial \widehat{u}_i}{\partial x_j}, \quad m \equiv \tau_{ij}\frac{\partial u_i}{\partial x_j} \tag{11.5.15d}$$

$$b_5 = \frac{\partial}{\partial x_j}(\hat{\tau}_{ij}\widehat{u}_i - \tau_{ij}^{*}\widehat{u}_i) \tag{11.5.15e}$$

$$b_6 = \frac{\partial}{\partial x_j}(\hat{q}_j - q_j^{*}) \tag{11.5.15f}$$

由式(11.5.15)可知,除了式(11.5.15a)中的 b_1 不需要附加模式外,其余五个式中的 $b_2 \sim b_6$ 则都需要附加亚格子模式。另外,大涡模拟的方程组还可以整理为式(11.5.16)的形式。在 Descartes 直角坐标系下,针对可压缩湍流给出 Favre 过滤后的连续方程、动量方程以及几种形式的能量方程:

$$\frac{\partial \hat{\rho}}{\partial t} + \frac{\partial}{\partial x_j}(\hat{\rho}\widehat{u}_j) = 0 \tag{11.5.16a}$$

$$\frac{\partial}{\partial t}(\hat{\rho}\widehat{u}_i) + \frac{\partial}{\partial x_j}(\hat{\rho}\widehat{u}_i\widehat{u}_j + \hat{p}\delta_{ij} - \widehat{\tau}_{ij}) = \frac{\partial}{\partial x_j}\tau_{ij}^{s} \tag{11.5.16b}$$

$$\frac{\partial(\hat{\rho}\widehat{e})}{\partial t} + \frac{\partial(\hat{\rho}\widehat{u}_j\widehat{e})}{\partial x_j} + \frac{\partial}{\partial x_j}\widehat{q}_j + \hat{p}\widehat{s}_{kk} - \widehat{\tau}_{ij}\widehat{s}_{ij} = -c_v\frac{\partial Q_j}{\partial x_j} - \Pi_d + \varepsilon_v \tag{11.5.16c}$$

$$\frac{\partial(\hat{\rho}\widehat{h})}{\partial t} + \frac{\partial(\hat{\rho}\widehat{u}_j\widehat{h})}{\partial x_j} + \frac{\partial}{\partial x_j}\widehat{q}_j - \frac{\partial \hat{p}}{\partial t} - \widehat{u}_j\frac{\partial \hat{p}}{\partial x_j} - \widehat{\tau}_{ij}\widehat{s}_{ij} = -c_v\frac{\partial Q_j}{\partial x_j} - \Pi_d + \varepsilon_v \tag{11.5.16d}$$

$$\frac{\partial(\hat{\rho}\widehat{E})}{\partial t} + \frac{\partial[(\hat{\rho}\widehat{E} + \hat{p})\widehat{u}_j + \widehat{q}_j - \widehat{\tau}_{ij}\widehat{u}_i]}{\partial x_j} = -\frac{\partial}{\partial x_j}\left(\gamma c_v Q_j + \frac{1}{2}J_j - D_j\right) \tag{11.5.16e}$$

其中

$$\widehat{\tau}_{ij} = 2\widehat{\mu}\widehat{s}_{ij} - \frac{2}{3}\widehat{\mu}\delta_{ij}\widehat{s}_{kk}, \quad \widehat{q}_j = -\widehat{\lambda}\frac{\partial}{\partial x_j}\widehat{T} \tag{11.5.17a}$$

$$\tau_{ij}^{s} = \hat{\rho}(\widehat{u}_i\widehat{u}_j - \widehat{u_i u_j}) \tag{11.5.17b}$$

$$Q_j = \hat{\rho}(\widehat{m}_j - \widehat{u}_j\widehat{T}), \quad m_j = u_j T \tag{11.5.17c}$$

$$\Pi_d = \hat{n}_{kk} - \hat{p}\widehat{s}_{kk}, \quad n_{kk} = p s_{kk} \tag{11.5.17d}$$

$$\varepsilon_v = \widehat{b} - \widehat{\tau}_{ij}\widehat{s}_{ij}, \quad b = \tau_{ij}s_{ij} \tag{11.5.17e}$$

$$J_j = \hat{\rho}(\widehat{a}_j - \widehat{u}_j\widehat{u_k u_k}), \quad a_j = u_j u_k u_k \tag{11.5.17f}$$

$$D_j = \widehat{c}_j - \widehat{\tau}_{ij}\widehat{u}_i, \quad c_j = \tau_{ij}u_i \tag{11.5.17g}$$

$$h = e + \frac{p}{\rho}, \quad E = e + \frac{1}{2}u_i u_i, \quad e = c_v T \tag{11.5.17h}$$

$$s_{ij} = \frac{1}{2}\left(\frac{\partial u_i}{\partial x_j} + \frac{\partial u_j}{\partial x_i}\right) \tag{11.5.17i}$$

以上是可压缩湍流大涡模拟方法的主要方程。对于上述动量方程以及能量方程的右端项都需要引进湍流模型。显然，可压缩湍流的大涡数值模拟要比不可压缩湍流的大涡模拟困难得多。另外，还应该指出的是，如果令 $u(\boldsymbol{x},t)$代表湍流运动的瞬时速度，则 $\hat{u}(\boldsymbol{x},t)$表示过滤后的大尺度速度；$\overline{u}(\boldsymbol{x},t)$是系综平均速度，而 $u'(\boldsymbol{x},t)=u(\boldsymbol{x},t)-\overline{u}(\boldsymbol{x},t)$表示包含所有尺度的脉动速度的量，其中 $u(\boldsymbol{x},t)-\hat{u}(\boldsymbol{x},t)$代表着 $u'(\boldsymbol{x},t)$中的大尺度脉动的量。另外，将 Reynolds 应力张量（这里用 $\boldsymbol{\tau}_{\text{RANS}}$表示）与亚格子应力张量（这里用 $\boldsymbol{\tau}_{\text{SGS}}$表示，在密度加权过滤运算下它的分量表达式为式(11.5.14a)中的 τ_{ij}^{s}），其并矢张量的表达式分别为

$$\boldsymbol{\tau}_{\text{RANS}} = -\overline{\rho \boldsymbol{u}''\boldsymbol{u}''} \tag{11.5.18}$$

$$\boldsymbol{\tau}_{\text{SGS}} = \hat{\rho}(\widehat{\boldsymbol{u}}\,\widehat{\boldsymbol{u}} - \widehat{\boldsymbol{u}\boldsymbol{u}}) \tag{11.5.19}$$

显然，上面两个应力张量的物理含义大不相同。因此，弄清 RANS 中 Reynolds 平均与 LES 中的过滤运算（又称滤波操作）以及 $\boldsymbol{\tau}_{\text{RANS}}$与 $\boldsymbol{\tau}_{\text{SGS}}$这几个重要概念是十分必要的。

11.5.5　RANS 与 LES 组合杂交方法的概述

湍流脉动具有多尺度的性质，高 Reynolds 数湍流包含很宽的尺度范围，大涡模拟方法就是借助于过滤技术在物理空间中将大尺度脉动与其余的小尺度脉动分离，即通过对湍流运动的过滤将湍流分解为可解尺度湍流（即包含大尺度脉动）与不可解尺度湍流运动（也就是说包含所有小尺度脉动）；对于可解尺度湍流的运动则使用大涡数值模拟的控制方程组直接求解，而小尺度湍流脉动的质量、动量和能量的输运及其对大尺度运动的作用则采用亚格子模型的方法，从而使可解尺度的运动方程封闭。一般来讲，LES 方法能获得比 RANS 方法更为精确的结果，但 LES 的计算量要比 RANS 大得多。LES 特别适用于有分离的非平衡复杂湍流，而 RANS 多用于平衡湍流（即湍动能生成等于湍动能的耗散）或者接近平衡的湍流区域。在高速飞行器的绕流流场中，并非处处是非平衡的复杂湍流流动，因此发展将 RANS 与 LES 相互组合杂交的方法是非常需要的。

通常 RANS 与 LES 组合杂交方法可分为两大类：一类为全局组合杂交方法(global hybrid RANS/LES)，它要对 RANS/LES 的界面进行连续处理，即不需要专门在界面处进行湍流脉动的重构，因此也称之为弱耦合方法（weak RANS/LES coupling)；另一类是分区组合方法（zonal hybrid RANS/LES)，它要在界面上重构湍流脉动，因此称之为强耦合方法（strong RANS/LES coupling)。在目前工程计

算中,第一类方法应用较广,以下讨论的分离涡模型(detached eddy simulation, DES)便属于全局组合杂交方法的一种。分离涡模型方法的基本思想是用统一的涡黏输运方程(例如,选取 1992 年 Spalart 和 Allmaras 提出的 S-A 涡黏模式),以网格分辨尺度去区分 RANS 和 LES 的计算模式。这里,为突出 DES 方法的基本要点,又不使叙述过于繁长,于是便给出如下形式的流动控制方程组:

$$\frac{\partial \bar{u}_i}{\partial t}+\frac{\partial \bar{u}_i\bar{u}_j}{\partial x_j}=-\frac{\partial \bar{p}}{\partial x_i}+\frac{1}{\mathrm{Re}}\frac{\partial^2 \bar{u}_i}{\partial x_j\partial x_j}+\frac{\partial \bar{\tau}_{ij}}{\partial x_j} \tag{11.5.20a}$$

$$\frac{\partial \bar{u}_i}{\partial x_i}=0 \tag{11.5.20b}$$

$$\bar{\tau}_{ij}-\frac{2}{3}\bar{\tau}_{kk}\delta_{ij}=2\nu_t\bar{s}_{ij} \tag{11.5.20c}$$

$$\bar{s}_{ij}=\frac{1}{2}\left(\frac{\partial \bar{u}_i}{\partial x_j}+\frac{\partial \bar{u}_j}{\partial x_i}\right) \tag{11.5.21}$$

涡黏系数方程采用 Spalart-Allmaras 模式(也可以参阅文献[276]中的式(3)):

$$\frac{\partial \nu^*}{\partial t}+u_j\frac{\partial \nu^*}{\partial x_j}=c_{b1}s_1\nu^*-c_{w1}f_w\left(\frac{\nu^*}{d^*}\right)^2+\frac{1}{\sigma}\left\{\frac{\partial}{\partial x_j}\left[(\nu+\nu^*)\frac{\partial \nu^*}{\partial x_j}\right]+c_{b2}\left(\frac{\partial \nu^*}{\partial x_j}\frac{\partial \nu^*}{\partial x_j}\right)\right\} \tag{11.5.22a}$$

显然,上述流动控制方程组与 Spalart-Allmaras 模式是针对不可压缩湍流流动而言的,对于可压缩湍流流动,则式(11.5.22a)可改写为

$$\frac{\mathrm{d}(\rho\nu^*)}{\mathrm{d}t}=c_{b1}\rho s_1\nu^*-c_{w1}\rho f_w\left(\frac{\nu^*}{d^*}\right)^2+\frac{1}{\sigma}\left\{\frac{\partial}{\partial x_j}\left[(\mu+\rho\nu^*)\frac{\partial \nu^*}{\partial x_j}\right]+c_{b2}\rho\left(\frac{\partial \nu^*}{\partial x_j}\frac{\partial \nu^*}{\partial x_j}\right)\right\} \tag{11.5.22b}$$

式中:μ 为分子黏性。

在式(11.5.22)中符号 f_w、s_1 等的表达式为

$$\nu_t=\nu^*f_{v1},\quad f_{v1}=\frac{\vartheta^3}{\vartheta^3+c_{v1}^3},\quad \vartheta=\frac{\nu^*}{\nu},\quad f_{v3}=1 \tag{11.5.23a}$$

$$f_w=g\left(\frac{1+c_{w3}^6}{g^6+c_{w3}^6}\right)^{\frac{1}{6}},\quad g=r+c_{w2}(r^6-r) \tag{11.5.23b}$$

$$r=\frac{\nu^*}{s_1k_1^2(d^*)^2},\quad s_1=f_{v3}\sqrt{2\Omega_{ij}\Omega_{ij}}+\frac{\nu^*}{k_1^2(d^*)^2}f_{v2} \tag{11.5.23c}$$

$$f_{v2}=1-\frac{\vartheta}{1+\vartheta f_{v1}},\quad \Omega_{ij}=\frac{1}{2}\left(\frac{\partial \bar{u}_i}{\partial x_j}-\frac{\partial \bar{u}_j}{\partial x_i}\right) \tag{11.5.23d}$$

对于式(11.5.23c)中的 s_1 量,也可以引入其他进一步的修正表达式,于是便可得到相应修正的 Spalart-Allmaras 模型。在式(11.5.20)与式(11.5.21)中,系数 c_{b1}、σ、c_{b2}、k_1、c_{w1}、c_{w2}、c_{w3}、c_{v1} 分别为

$$c_{b1} = 0.1355, \quad \sigma = \frac{2}{3}, \quad c_{b2} = 0.622, \quad k_1 = 0.41 \tag{11.5.23e}$$

$$c_{w1} = \frac{c_{b1}}{k_1^2} + \frac{1 + c_{b2}}{\sigma}, \quad c_{w2} = 0.3, \quad c_{w3} = 2.0, \quad c_{v1} = 7.1 \tag{11.5.23f}$$

在式(11.5.22)与式(11.5.23)中，d^* 是 RANS 与 LES 的分辨尺度，其值为：

$$d^* = \min(d_{\mathrm{RANS}}, d_{\mathrm{LES}}) \tag{11.5.24a}$$

$$d_{\mathrm{RANS}} = Y, \quad d_{\mathrm{LES}} = c_{\mathrm{DES}}\Delta \tag{11.5.24b}$$

式中：Y 为网格点与壁面间的垂直距离；Δ 为网格尺度，对于非均匀网格则有

$$\Delta = \max(\Delta x, \Delta y, \Delta z) \tag{11.5.24c}$$

系数 $c_{\mathrm{DES}}=0.65$。值得注意的是：RANS 与 LES 的分辨尺度 d^* 是一个非常重要的参数，如何合理的定义它，一直是近些年来 RANS 与 LES 组合杂交方法研究的核心问题之一，其中美国的 Spalart 团队、法国的 Sagaut 团队等在这方面都做了大量的非常细致的研究工作。文献[276]采纳了 Spalart 团队在 2008 年提出的 Improved DDES 方法中的分辨尺度，并成功地提出将全场 RANS 与局部 DES 分析相结合，产生了一个高效率的工程新算法，计算了第一代载人飞船 Mercury[278]、第二代载人飞船 Gemimi[279]、人类第一枚成功到达火星上空的 Fire-II 探测器、具有丰富风洞实验数据(来流 Mach 数从 0.5 变到 2.86)的 NASA 巡航导弹、具有高升阻比的 Waverider(乘波体)以及具有大容积效率与高升阻比的 CAV(Common Aero Vehicle)等 6 种国际上著名飞行器的流场，完成上述 6 个典型飞行器的 63 个工况的数值计算。计算结果表明：这样获得的数值结果(其中包括气动力和气动热)与相关风洞实验数据或飞行测量数据较贴近且流场的计算效率较高，因此全场 RANS 计算与局部 DES 分析相结合的算法是流场计算与工程设计分析中值得推荐的快速方法。对于分辨尺度的选取，这里式(11.5.24a)仅仅给出一种选择方式，它可以有多种方式，关于这个问题目前仍处于探索中。

11.5.6　关于 RANS、DES 以及 LES 方法中 ν_T 的计算

为了说明 RANS 与 LES 方程在表达结构形式上的相似特点，这里给出无量纲不可压缩湍流动量方程的 RANS 与 LES 的表达式，它们分别为

$$\frac{\partial \bar{u}_i}{\partial t} + \frac{\partial}{\partial x_j}(\bar{u}_i \bar{u}_j) + \frac{\partial \bar{p}}{\partial x_i} = \frac{1}{Re}\frac{\partial}{\partial x_j}\left(\nu \frac{\partial}{\partial x_j}\bar{u}_i\right) + \frac{\partial}{\partial x_j}\tau_{ij}^{\mathrm{RANS}} \tag{11.5.25}$$

$$\frac{\partial \hat{u}_i}{\partial t} + \frac{\partial}{\partial x_j}(\hat{u}_i \hat{u}_j) + \frac{\partial \hat{p}}{\partial x_i} = \frac{1}{Re}\frac{\partial}{\partial x_j}\left(\nu \frac{\partial}{\partial x_j}\hat{u}_i\right) + \frac{\partial}{\partial x_j}\tau_{ij}^{\mathrm{LES}} \tag{11.5.26}$$

式中：上标“—”代表 Reynolds 平均“^”代表过滤运算(或称滤波操作)。下面将式(11.5.25)和式(11.5.26)统一写为

$$\frac{\partial \bar{u}_i}{\partial t}+\frac{\partial}{\partial x_j}(\bar{u}_i\bar{u}_j)=-\frac{\partial}{\partial x_i}\bar{p}+\frac{1}{Re}\frac{\partial}{\partial x_j}\tau_{ij}^{\mathrm{mol}}+\frac{\partial}{\partial x_j}\tau_{ij}^{\mathrm{turb}} \tag{11.5.27}$$

其中

$$\tau_{ij}^{\mathrm{mol}}=2\nu\bar{s}_{ij},\quad \bar{s}_{ij}=\frac{1}{2}\left(\frac{\partial \bar{u}_i}{\partial x_j}+\frac{\partial \bar{u}_j}{\partial x_i}\right) \tag{11.5.28}$$

这里必须说明的是,在式(11.5.27)中,对于 LES 来讲则这时上标"—"代表滤波操作;对于 RANS 来讲则这时上标"—"代表 Reynolds 平均。另外,对于 DES 和 RANS 来讲,可以用 S-A 湍流模型使控制方程组封闭。引入涡黏系数 ν_T,有

$$\tau_{ij}^{\mathrm{turb}}+\frac{1}{3}\delta_{ij}\tau_{kk}^{\mathrm{turb}}=2\nu_T\bar{s}_{ij} \tag{11.5.29}$$

这里 ν_T 可以借助于式(11.5.22)得到 ν_T^*,然后再由式(11.5.23a)得到 ν_T;对于 LES,可引入 Smagorinsky 模型,有

$$\nu_T=l^2\,|\bar{s}_{ij}| \tag{11.5.30a}$$

$$l=c_{\mathrm{S}}\Delta\left[1-\exp\left(\frac{-y^+}{A^+}\right)^3\right]^{0.5} \tag{11.5.30b}$$

$$\Delta=(\Delta x\Delta y\Delta z)^{\frac{1}{3}},\quad y^+=\frac{yu_\tau}{\nu} \tag{11.5.30c}$$

$$u_\tau=\sqrt{\frac{\tau_w}{\rho}},\quad A^+=25 \tag{11.5.30d}$$

式中:c_{S} 为 Smagorinsky 常数。因此,对于 LES 来讲,由式(11.5.30a)得到 ν_T,便可得到式(11.5.29)所需要的 $\tau_{ij}^{\mathrm{turb}}$ 值。

11.5.7 可压缩湍流中的 *k*-*ω* 模型

由流体力学基本方程组可以获得基于 Reynolds 平均和 Favre 平均的湍动能 k 方程以及比耗散率 ω(令耗散率为 ε,则 $\omega=\varepsilon/k$,称为比耗散率)的方程,即

$$\frac{\partial}{\partial t}(\bar{\rho}k)+\frac{\partial}{\partial x_j}(\bar{\rho}\tilde{u}_jk)$$
$$=-\overline{\rho u''_iu''_j}\frac{\partial \tilde{u}_i}{\partial x_j}+\frac{\partial}{\partial x_j}\left(\overline{\tau_{ij}u''_i}-\frac{1}{2}\overline{\rho u''_ju''_iu''_i}-\overline{p'u''_j}\right)-\bar{\rho}\varepsilon-\overline{u''_i}\frac{\partial\bar{p}}{\partial x_i}+\overline{p'\frac{\partial u''_i}{\partial x_i}} \tag{11.5.31}$$

$$\frac{\partial}{\partial t}(\bar{\rho}\omega)+\frac{\partial}{\partial x_j}(\bar{\rho}\tilde{u}_j\omega)=\frac{\partial}{\partial x_j}\left[(\mu_l+\sigma\mu_t)\frac{\partial\omega}{\partial x_j}\right]+\alpha\frac{\omega}{k}P_k-\bar{\rho}\beta_\omega^*\omega^2 \tag{11.5.32}$$

对式(11.5.31)和式(11.5.32)进行模化后,最后得到引入湍流 Mach 数 M_{t} 并考虑了可压缩性修正的 k-ω 两方程湍流模式,其形式为

$$\frac{\partial}{\partial t}(\bar{\rho}k)+\frac{\partial}{\partial x_j}(\bar{\rho}\tilde{u}_jk)$$

$$=-\overline{\rho u''_i u''_j}\frac{\partial \widetilde{u}_i}{\partial x_j}(1+\alpha_2 M_t)+\frac{\partial}{\partial x_j}\left[(\mu_l+\mu_t\sigma^*)\frac{\partial k}{\partial x_j}\right]$$

$$-\bar{\rho}k\omega\beta_k^*-\frac{1}{\sigma_\rho}\frac{\mu_t}{(\bar{\rho})^2}\frac{\partial\bar{\rho}}{\partial x_i}\frac{\partial\bar{p}}{\partial x_i} \tag{11.5.33}$$

$$\frac{\partial}{\partial t}(\bar{\rho}\omega)+\frac{\partial}{\partial x_j}(\bar{\rho}\widetilde{u}_j\omega)=\frac{\partial}{\partial x_j}\left[(\mu_l+\sigma\mu_t)\frac{\partial \omega}{\partial x_j}\right]-\bar{\rho}\omega^2\beta_\omega^*+\alpha\frac{\omega}{k}P_k \tag{11.5.34}$$

式中：上标“—”表示 Reynolds 平均；“～”表示 Favre 平均；P_k 代表湍动能的生成项；符号 α_2、σ^*、σ、σ_ρ、β_k、β_ω 以及 α 均为相关系数；湍流 Mach 数 M_t 以及 β_ω^*、β_k^* 和 τ_{ij} 等的定义分别为

$$M_t\equiv\frac{\overline{[(\boldsymbol{V}')^2]^{\frac{1}{2}}}}{\bar{a}} \tag{11.5.35a}$$

$$\boldsymbol{V}'\equiv u'\boldsymbol{i}+v'\boldsymbol{j}+w'\boldsymbol{k} \tag{11.5.35b}$$

$$\beta_\omega^*\equiv\beta_\omega-1.5\beta_k F(M_t) \tag{11.5.35c}$$

$$\beta_k^*\equiv\beta_k(1+1.5F(M_t)-\alpha_3 M_t^2) \tag{11.5.35d}$$

$$\tau_{ij}\equiv(\tau_l)_{ij}+(\tau_t)_{ij} \tag{11.5.36a}$$

$$(\tau_l)_{ij}\equiv\mu_l\left(\frac{\partial u_i}{\partial x_j}+\frac{\partial u_j}{\partial x_i}-\frac{2}{3}\frac{\partial u_k}{\partial x_k}\delta_{ij}\right) \tag{11.5.36b}$$

$$(\tau_t)_{ij}\equiv-\frac{2}{3}\rho k\delta_{ij}+\mu_t\left(\frac{\partial u_i}{\partial x_j}+\frac{\partial u_j}{\partial x_i}-\frac{2}{3}\frac{\partial u_k}{\partial x_k}\delta_{ij}\right) \tag{11.5.36c}$$

$$\overline{\tau_{ij}u''_i}-\frac{1}{2}\overline{\rho u''_j u''_i u''_i}=\left(\mu_l+\frac{\mu_t}{\sigma_k}\right)\frac{\partial k}{\partial x_j} \tag{11.5.36d}$$

$$P_k=-\overline{\rho u''_i u''_j}\frac{\partial \widetilde{u}_i}{\partial x_j} \tag{11.5.36e}$$

式中：$F(M_t)$代表关于 M_t 的函数。另外，又可将式(11.5.33)等号右端最后两项记为 Q_k^*，即

$$Q_k^*\equiv-\bar{\rho}k\omega\beta_k^*-\frac{1}{\sigma_\rho}\frac{\mu_t}{(\bar{\rho})^2}\frac{\partial\bar{\rho}}{\partial x_i}\frac{\partial\bar{p}}{\partial x_i} \tag{11.5.37}$$

借助于式(11.5.37)，则式(11.5.33)可改写为

$$\frac{\partial}{\partial t}(\bar{\rho}k)+\frac{\partial}{\partial x_j}(\bar{\rho}\widetilde{u}_j k)=-\overline{\rho u''_i u''_j}\frac{\partial \widetilde{u}_i}{\partial x_j}(1+\alpha_2 M_t)+\frac{\partial}{\partial x_j}\left[(\mu_l+\sigma^*\mu_t)\frac{\partial k}{\partial x_j}\right]+Q_k^* \tag{11.5.38}$$

因此式(11.5.38)与式(11.5.34)便构成通常考虑湍流 Mach 数修正的 k-ω 两方程湍流模式。

最后需要指出的是，k-ω 模型也可用于 DES 方法中，便得到 k-ω 模型的 DES 方法。这种方法与基于 S-A 模型的 DES 方法一样，在复杂湍流流场的计算中都

有广泛的应用。另外,在湍流计算中,多尺度、多分辨率计算是湍流计算的重要特征[280],因此小波分析与小波奇异分析技术[220]等在湍流计算中是绝对不可忽视的;发展高阶精度、低耗散、低色散、提高有效带宽(effective bandwidth)、注意格式的保单调(montonicity-preserving,MP)、发展优化的 WENO 格式以及紧致与强紧致格式[4]等已成为目前人们选用数值格式的主要方向。对于湍流模型,我们 AMME Lab 团队常使用 Baldwin-Lomax 零方程模型、Spalart-Allmaras 一方程模型和 k-ω 两方程模型;对于转捩模型,我们多使用 Abu-Ghannam & Shaw (即 AGS)模型和 Menter & Langtry (即 M-L)模型;目前已有一些用于高超声速流动的新转捩模型(如文献[276]中的参考文献[34]等),但应当指出的是:可压缩流的转捩模型,目前仍是一个急需进一步研究与完善的课题;转捩位置对非定常分离流的特性有很大的影响,因此对非定常流计算时转捩问题更应该认真考虑。

在高超声速流场计算中,激波与湍流边界层之间的干涉是一个普遍存在的重要物理现象。激波对边界层的干涉导致了边界层内湍流的动量输运与热量输运呈现出强烈的非平衡特征,并且使得边界层的湍流脉动能量显著增大,使得边界层外层大尺度湍流结构与边界层内层小尺度脉动结构之间相互作用以及非线性调制(modulation)作用进一步增强,这种非线性的调制作用对壁湍流的恢复有促进作用,使得激波与湍流边界层干涉的恢复区往往出现较高的壁面剪切力,因此在对高超声速流场分析时也应格外注意。此外,当湍流场中出现非定常激波束时,高波数谱范围增加,湍流场中的物理量的尺度范围也就明显增大,这时对数值方法的空间分辨率提出了更高的要求,也就是说这里必须考虑对非定常、非稳定激波以及激波-湍涡干扰能力的分辨,显然,这是个有待进一步研究与完善的课题。随着航天事业的发展,对高超声速再入飞行过程中广义 Navier-Stokes 方程的湍流数值求解将会促进这项课题的研究与发展。

另外,在结束 11.5 节讨论之前,还需要特别简述一下黄伟光教授在 RANS 计算方面的工作。他主要涉及两大方面:一方面是外流计算,主要研究高超声速飞行器的三维绕流问题。他作为特聘教授主要在 AMME Lab 指导博士生,对 18 种著名飞行器的高超声速绕流开展三维数值模拟。另一方面是内流研究,主要是叶轮机械气动热力学。这里主要介绍他所领导的中国科学院工程热物理研究所团队在内流方面,尤其是求解叶轮机械内部流动时,采用可压缩湍流 RANS 算法上所取得的重大进展[281~300]。中国科学院工程热物理研究所是吴仲华先生亲自创建的、以发展工程热力学、叶轮机械气动热力学、传热传质学、燃烧学等基础学科为主,与航空航天、动力机械、能源利用、环境洁净技术等密切结合的国家级研究机构,研究所的前身是成立于 1956 年的中国科学院动力研究室。吴仲华先生为该研究所第一任所长,黄伟光教授为第五任所长(1998~2006 年)。在航空叶轮机械中,失速问题的研究一直是制约跨声速压气机发展的瓶颈。20 世纪 50 年代以来，对失速现象机理的模型主要有 3 个：①1955 年 Emmons 提出的旋转失速模型，它属于二维定常模型，该模型认为气流的分离和堵塞是导致旋转失速发生的主要原因。②1986 年由 Moore 和 Greitzer 从系统动力学的角度建立的压气机气动稳定性与沿着压气机周向传播的失速先兆波之间的关联，人们常称这个模型为 M-G 失速模型。③2005 年 Vo 与 Greitzer 等针对低速轴流压气机转子提出了触发突尖型失速先兆的两个必要条件：一个是顶部泄漏流和进口来流之间的交界面与转子叶片前缘平齐；另一个是来自邻近叶片通道的顶部泄漏流在叶片尾缘处出现倒流。另外，2006 年 Hah 针对某型跨声速转子的三维流场，进行了三维非定常、整圈流场计算，给出跨声速转子失速先兆出现前压气机转子尖部流场结构的变化过程：随着流量减小并逐渐靠近失速点，首先激波脱体，泄漏涡轨迹向叶片前缘移动，之后泄漏流从前缘界面溢出，尾缘出现了倒流。显然，无论是低速还是高速压气机，其失速先兆的必要条件都是叶顶泄漏流的前缘溢出以及叶片尾缘处出现倒流。那么，上述这两个必要条件形成的主要原因是什么呢？对于这个问题，黄伟光教授的团队一直在研究中。早在 20 世纪 90 年代初，他们便开展了这方面的数值计算与实验研究工作[282～288]。1994 年，陈乃兴先生与黄伟光代表中科院参加了国际燃气轮机会议（这是国际上非常重要的一类会议，会议的规模很大）组织的“NASA Rotor 37 单转子压气机三维黏性流场的盲题计算验证”，当时全世界仅有 11 人给大会提交了计算结果，陈乃兴与黄伟光的计算结果被大会评为优秀，这表明：我国在叶轮机械三维黏性流动计算方法上已达到了国际先进水平，他们为祖国赢得了荣誉[281]。为了进行大型计算，2001 年他们团队便自主搭建了并行计算平台，将 30 多台双 CPU 计算机组建成并行计算系统，他率先进行了跨声速转子三维、非定常、整圈流场计算[290]，计算结果得到了国内外同行们的高度认可。另外，他曾组织了几届博士生对失速先兆的机理进行了系统的研究与分析[289,291,292,296～300]。在大量实验与计算的基础上，他们已经基本弄清楚了泄漏流与主流交界面位置前移直至溢出前缘的原因，主要是由于泄漏流与主流的轴向动量比随着流量的减小而不断增大［见图 11.33(a)，图中 R_{amr} 代表间隙区域泄漏流与主流轴向动量之比，其中给出 R_{amr} 随质量流量的变化曲线］，因此导致泄漏流与主流交界面不断向前移动［见图 11.33(b)，图中 X_{zs}/C_{ax} 表示泄漏流与主流交界面的无量纲轴向位置，当 $X_{zs}/C_{ax}=0$ 时表示泄漏流与主流的交界面位于叶片前缘；图 11.33(b) 给出 X_{zs}/C_{ax} 随质量流量的变化曲线］，并最终在叶片的前缘溢出。因此，如果设法减小泄漏流与主流的动量比 R_{amr}，便可以推迟交界面轴向位置向叶片前缘移动的过程，进而达到扩稳的目的，这就为当今航空叶轮机械领域中十分关注的压气机转子叶顶微喷气技术以及压气机机匣处理的扩稳控制策略找到一个恰当的、物理机制上的解释。

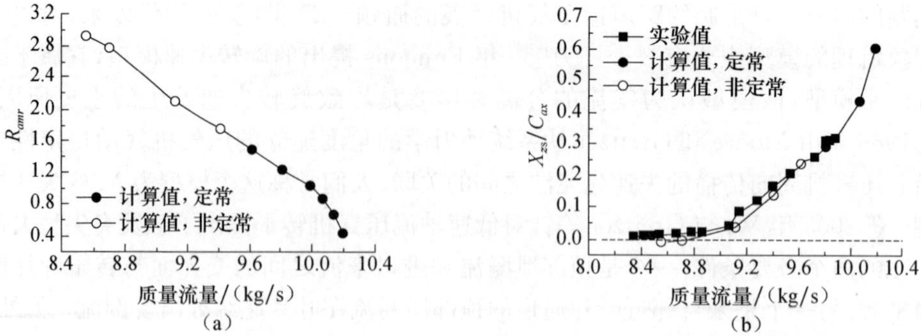

图 11.33　泄露流与主流交界面的前移机理图

另外，他率领团队成功完成了“热功转换过程中非定常流动机制的研究”（它属于中国科学院知识创新工程重大项目）、“非定常流动机理的实验和理论研究”（属于国家自然科学重点基金项目）、“高效洁净能源的动力系统及热—功转换过程内部流动的研究”（属于国家重点基础研究发展计划项目）、“煤气化发电与甲醇联产系统关键技术的研发与示范”（属于国家“十五”863 课题）以及“燃气轮机的高性能热—功转换科学技术问题的研究”（属于 973 计划项目）等。对时序效应（clocking effect）、涡轮与压气机三维复杂流场的旋涡结构（例如，通道涡、叶尖泄漏涡、角区旋涡、刮削涡以及上游导叶尾涡等）、尾迹动静叶干涉现象、对转技术（即 counter-rotating technique，其中包括对转压气机、对转涡轮以及对转风扇等）、转子叶尖微喷技术、机匣处理扩稳技术、大小叶片技术（splitter blade）、串列叶片技术（tandem blade）以及压气机失速问题机理的研究等重要新概念、新探索以及新领域的问题都给出了新的理解、新的解决办法，取得了新的成果。对叶轮机械中的反问题（即叶片设计问题），发展了一套行之有效的快速三维气动设计方法[293~295]，与采用能量耗散泛函为目标函数的最优控制理论的办法相比，黄伟光团队提出的办法快捷、高效、更贴近于工程实用。更为重要的是他们抓住了基于联产/IGCC（integrated gasification combined cycle，整体煤气化联合循环）系统的洁净煤技术，从能量转化的源头开始去研究能量高效转换与环境负荷最小化问题的最佳解决方案，努力以较小代价去实现 CO_2 的有效减排。他们把这些原创性的研究成果与产业化的工程示范相结合，使燃气轮机的 IGCC 以及油电联产的系统分析与优化集成相结合，形成了具有自主知识产权的煤炭联产系统优化集成软件平台，使多联产系统的关键技术获得了重大突破。因此，黄伟光教授分别获得了 2002 年国家自然科学奖二等奖、2001 年国家科学技术进步奖二等奖和 2009 年国家科学技术进步奖二等奖。这里必须指出的是，这些成果的获得与他们团队具有深厚的流体力学与气动热力学功底有直接关系，与他们一直致力于发展与完善 RANS 算法并用于解决实际工程问题的策略密不可分，这里因篇幅所限，对此不再赘述。

11.6　用 N-S 方程求解再入地球、火星及土卫六大气层的典型算例

近 10 年来，我们 AMME Lab 主要计算与分析了 18 种国际上著名高超声速飞行器或者探测器的 242 个飞行工况的气动热与气动力问题(其中 231 个工况的结果已经公开发表)，再入飞行所涉及的主要有地球大气层、火星大气层和土卫六大气层，其中 Apollo AS-202 返回舱、Orion、ARD、OREX、Stardust SRC、RAM-CII、USERS 等都是再入地球大气层的，Mars Microprobe、Mars Pathfinder、Viking、Fire-II、ESA-MARSENT 都是进入火星大气层的，Huygens 是进入土卫六大气层的。另外，文献[276]还采用 RANS 与 DES 组合算法计算了第一代载人飞船 Mercury、第二代载人飞船 Gemini、人类第一枚成功到达火星上空的 Fire-II 探测器、具有丰富风洞实验数据(来流 Mach 数从 0.50 变到 2.86)的巡航导弹、高升阻比的 Waverider(乘波体)以及具有大容积效率与高升阻比的通用大气飞行器 CAV (Common Aero Vehicle)等 6 种国际上著名飞行器绕流的 63 个典型工况。在采用 Navier-Stokes 方程计算连续流区的流场时，主要考虑了热力学非平衡与化学非平衡，下面分 4 个小问题扼要介绍我们所完成的典型算例。

1. 连续流区高温高速流场流动的物理模型

三维高超声速流动的数值计算起源于 20 世纪 80 年代，较细致地考虑激波后高温高速流场中的化学反应机制、分子振动离解、壁面催化以及气体输运特性等影响的守恒型 Navier-Stokes 方程组仅是近十年间的事[37,74,75]。本小节从多组分、考虑非平衡态气体的振动激发与化学反应过程的守恒积分型 Navier-Stokes 方程组出发，对壁面采用热辐射平衡条件，想以此去探讨不同飞行工况下飞行器头部弓形脱体激波后高温高速流场中的壁面热流密度值，壁面温度分布及热力学非平衡态等传热问题，从而为热防护与传热设计提供理论依据。

1) 守恒积分型 N-S 方程组

对于三维高超声速流动，这里采用双温模型的控制方程组，并由多组元连续方程、动量方程、能量方程以及振动能方程组成了 N-S 方程组，其表达式如下：

$$\frac{\partial}{\partial t}\iiint_{\Omega}\boldsymbol{U}\mathrm{d}\Omega+\oiint_{\partial\Omega}(\boldsymbol{F}-\boldsymbol{F}_V)n_x\mathrm{d}S+\oiint_{\partial\Omega}(\boldsymbol{G}-\boldsymbol{G}_V)n_y\mathrm{d}S+\oiint_{\partial\Omega}(\boldsymbol{H}-\boldsymbol{H}_V)n_z\mathrm{d}S=\iiint_{\Omega}\boldsymbol{W}\mathrm{d}\Omega \tag{11.6.1}$$

式中：Ω 和 $\partial\Omega$ 分别为控制体的体积及其表面积；$\boldsymbol{U}$ 为基本变量；$\boldsymbol{F}$、$\boldsymbol{G}$、$\boldsymbol{H}$ 为无黏通量；$\boldsymbol{F}_V$、$\boldsymbol{G}_V$、$\boldsymbol{H}_V$ 为黏性通量；$\boldsymbol{W}$ 为源项。

2) 热化学非平衡流动模型

对于地球大气层，化学反应机制选取 5 组元（N_2、O_2、NO、N 和 O）、17 个基元反应模型（见表 11.6），其中 M 为反应碰撞单元。对于土卫六大气层，化学反应机制选取如表 11.7 所示的 13 组元（C、C_2、H、H_2、N、N_2、CH、CH_2、CH_3、CH_4、CN、HCN 和 Ar）、143 个基元反应模型（见表 11.7），其中 M 为反应碰撞单元。

表 11.6　地球大气层化学反应机制及其速率系数

序号	化学反应	C_f/[m³/(mol·s)]	η	θ_d/K
1	$N_2+M \rightleftharpoons N+N+M$			
	$M=N_2,O_2,NO,$	7.00×10^{15}	−1.60	113 200
	N,O	3.00×10^{16}	−1.60	113 200
2	$O_2+M \rightleftharpoons O+O+M$			
	$M=N_2,O_2,NO,$	2.00×10^{15}	−1.50	59 750
	N,O	1.00×10^{16}	−1.50	59 750
3	$NO+M \rightleftharpoons N+O+M$			
	$M=N_2,O_2,NO,$	5.00×10^{9}	0	75 500
	N,O	1.10×10^{11}	0	75 500
4	$NO+O \rightleftharpoons N+O_2$	8.40×10^{6}	0	19 450
5	$N_2+O \rightleftharpoons NO+N$	5.69×10^{6}	0.42	42 938

表 11.7　土卫六大气层化学反应机制及其速率系数

序号	化学反应	C_f/[m³/(mol·s)]	η	θ_d/K
1	$N_2+M \rightleftharpoons N+N+M$ $M=Ar,N_2,C_2,H_2,$ $CH,CH_2,CH_3,$ CH_4,CN,HCN	7.00×10^{15}	−1.60	11 3200
	$M=H,C,N$	3.00×10^{16}	−1.60	113 200
2	$CH_4+M \rightleftharpoons CH_3+H+M$	4.70×10^{41}	−8.20	59 200
3	$CH_3+M \rightleftharpoons CH_2+H+M$	1.02×10^{10}	0	45 600
4	$CH_3+M \rightleftharpoons CH+H_2+M$	5.00×10^{9}	0	42 800
5	$CH_2+M \rightleftharpoons CH+H+M$	4.00×10^{9}	0	41 800
6	$CH_2+M \rightleftharpoons C+H_2+M$	1.30×10^{8}	0	29 700
7	$CH+M \rightleftharpoons C+H+M$	1.90×10^{8}	0	33 700
8	$C_2+M \rightleftharpoons C+C+M$	1.50×10^{10}	0	71 600
9	$H_2+M \rightleftharpoons H+H+M$	2.23×10^{8}	0	48 350
10	$NH+M \rightleftharpoons N+H+M$	1.80×10^{8}	0	37 600
11	$HCN+M \rightleftharpoons H+CN+M$	3.57×10^{20}	−2.60	62 845

正向反应速率 $K_f(T_a)$ 为

$$K_{\mathrm{f}}(T_{\mathrm{a}}) = C_{\mathrm{f}} T_{\mathrm{a}}^{\eta} \exp\left(\frac{\theta_{\mathrm{d}}}{T_{\mathrm{a}}}\right) \tag{11.6.2}$$

其中对于表 11.6 所示的 1 至 3 的离解反应，则有

$$T_{\mathrm{a}} = T^{0.5} T_V^{0.5} \tag{11.6.3}$$

对于表 11.6 所示的 4 至 5 的置换反应，则有

$$T_{\mathrm{a}} = T \tag{11.6.4}$$

式中 C_{f}、η 和 θ_{d} 的数值采用 Park 给出的结果。在本小节的计算中，逆向反应速率 $K_{\mathrm{b}}(T)$ 的形式为

$$K_{\mathrm{b}}(T) = \frac{K_{\mathrm{f}}(T)}{K_{\mathrm{eq}}(T)} \tag{11.6.5}$$

其中

$$K_{\mathrm{eq}} = \left(\frac{p_0}{R_{\mathrm{u}} T}\right)^{\sum\limits_{s=1}^{ns}(v_s''-v_s')} \exp\left[\frac{\sum\limits_{s=1}^{ns}(v_s''-v_s')(H_s - TS_s)}{R_{\mathrm{u}} T}\right] \tag{11.6.6}$$

式中：ν_s' 和 ν_s'' 分别是每一个特定基元反应中组元 s 作为反应物和生成物的系数；H_s 和 S_s 是组元 s 的焓值与熵值。对于每种组元：

$$\frac{H_s}{R_{\mathrm{u}} T} = a_1 + a_2 \frac{T}{2} + a_3 \frac{T^2}{3} + a_4 \frac{T^3}{4} + a_5 \frac{T^4}{5} + a_6 \tag{11.6.7}$$

$$\frac{S_s}{R_{\mathrm{u}}} = a_1 \ln T + a_2 T + a_3 \frac{T^2}{2} + a_4 \frac{T^3}{3} + a_5 \frac{T^4}{4} + a_7 \tag{11.6.8}$$

每一种组元均对应一组不同的 a_1、a_2、a_3、a_4、a_5、a_6 和 a_7 值。

3）高温流场中的能量传递模型

对于气体分子组元 s，其平动能和振动能的传递速率为

$$Q_{\mathrm{t\text{-}v},s,\mathrm{LT}} = \rho_s \frac{e_{\mathrm{v},s}^*(T) - e_{\mathrm{v},s}}{\langle \tau_{s,\mathrm{LT}} \rangle} \left| \frac{T_{shk} - T_{\mathrm{v},s}}{T_{shk} - T_{\mathrm{v},s,shk}} \right|^{S_s - 1} \tag{11.6.9}$$

式中：$e_{\mathrm{v},s}$ 是单位质量气体分子组元 s 所具有的振动能；$e_{\mathrm{v},s}^*(T)$ 是在平动温度 T 下处于热力学平衡态时单位质量气体分子组元 s 所具有的振动能；$\langle \tau_{s,\mathrm{LT}} \rangle$ 是组元 s 平动能与振动能的摩尔平均 Landau-Teller 特征松弛时间。

4）高温流场的输运模型

对混合气体，采用 Wilke 半经验混合律去计算其黏性系数 μ，平动热传导系数 K_{tr} 和振动热传导系数 K_{vib} 等；对所有组元，其 Schmidt 数均取为 0.5。

5）壁面热平衡边界条件

在不同飞行工况下，壁面的温度值是变化的，并且即使是在同一个工况下，飞行器表面不同位置处的温度值也是不同的，因此通常许多文献中所采用等温壁边界条件的假设是不准确的。为了准确计算出不同来流工况下飞行器壁面的温度与热流密度值，这里采用辐射热平衡边界条件[74]：

$$\sigma\varepsilon T_{\mathrm{w}}^{4}-\frac{(K_{\mathrm{tr}}+K_{\mathrm{vib}})(T_{\mathrm{tr,cl}}+T_{\mathrm{w}})}{\Delta n}=0 \tag{11.6.10}$$

式中：T_{w} 为壁面温度值；$T_{\mathrm{tr,cl}}$ 为紧靠物面第一层网格单元体心处的温度；ε 为壁面发射率常数；$\sigma=5.6687\times10^{-8}[\mathrm{W/(m^2\cdot K^4)}]$，是 Stefan-Boltzmann 常数。

2. 数值方法以及源程序

数值方法采用了高分辨率的 TVD 格式[188]，在化学反应源项的处理上采用了点隐式处理的技巧[79]，并对壁面采用热辐射平衡条件。为完成三维非平衡态流场的计算，首先将文献[79]所发展的二维化学非平衡、热力学平衡态流场的计算程序作了进一步的拓展与完善，并将其发展为三维化学非平衡、热力学非平衡态流场的计算程序，使用我们的程序完成了 Apollo 与 Huygens 两个典型算例。

3. 典型算例与计算结果分析

1) Apollo AS-202 算例

Apollo 11 号飞船于 1969 年 7 月 16 日升空，7 月 20 日 3 名宇航员首次登月，7 月 24 日以接近 11.2km/s 的速度返回地球，飞船在 53km 高空时其 Mach 数为 32.5。我们这里计算的是“AS-202”飞行任务的返回舱，Apollo AS-202 返回舱的几何外形如文献[74]的图 1(a)所示，计算的三维网格如文献[74]的图 1(b)所示，其中 $z=0$ 平面为流动对称面。计算选取了海拔由 77.2km 降至 54.6km 的 6 个飞行工况点，其飞行 Mach 数在 22.63～15.52 内变化，具体来流条件如表 11.8 所示。壁面的发射率常数 $\varepsilon=0.85$。

表 11.8　AS-202 返回舱飞行工况

飞行时间/s	海拔/km	飞行速率/(m/s)	来流温度/K	攻角/(°)
4700	77.2	6490	203	18.5
4750	74.5	6390	210	18.4
4800	67.3	6210	227	18.4
4825	62.9	5970	239	18.3
4850	58.2	5620	252	18.3
4875	54.6	5070	262	18.4

使用文献[74]所编的源程序，完成了本算例 6 个工况流场的数值计算。流场平动-转动温度 T 的分布如图 11.34 所示，再入过程中头部区域高温区的温度在 4700s 工况下已达到 13 361.9K。随着流动向两个肩部低速流动，温度缓慢降低，在两个肩部端点 a 点和 b 点后方，由于几何外形的因素，存在较大的压力梯度，流动

增速减压的现象十分显著，从而导致 T 的数值迅速降低。随着飞行时间的增加，飞行的 Mach 数也逐渐降低，头部高温区的温度也逐渐降低到最后的 7364.2K。

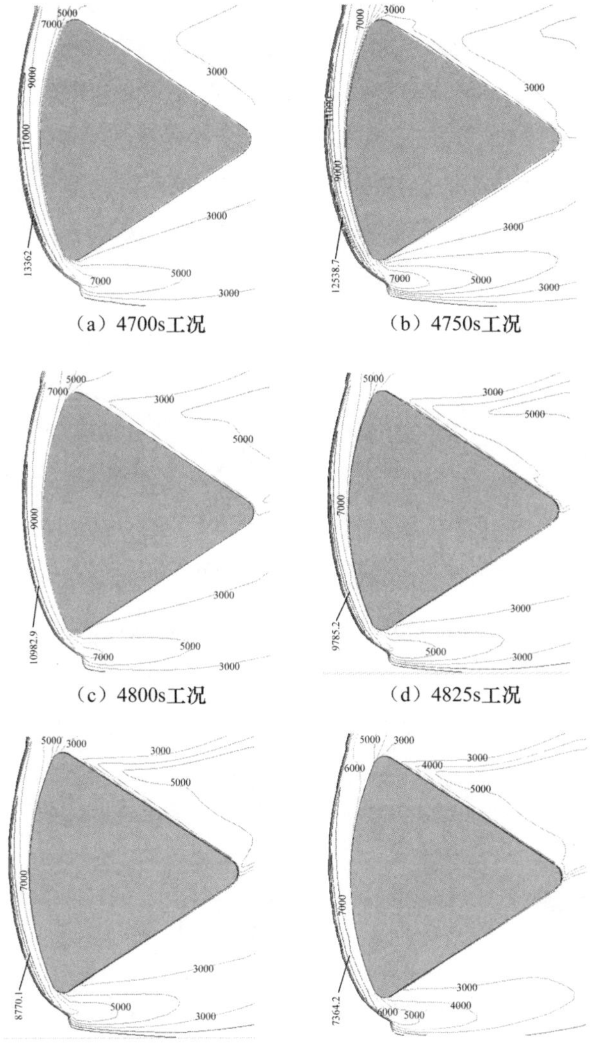

(a) 4700s工况　(b) 4750s工况

(c) 4800s工况　(d) 4825s工况

(e) 4850s工况　(f) 4875s工况

图 11.34　流场平动温度等值线分布

选取再入飞行数据中的第 4700s、4750s、4800s、4825s、4850s 和 4875s 作为这里计算的 6 个工况。6 个工况点下流场 Mach 数的分布如图 11.35 所示。激波层在迎风面处被压缩得很明显，在头部区域，亚声速区紧贴壁面，并偏向于迎风面肩部的 b 点，声速线紧贴着壁面 b-c；而在被风面肩部 a 点后方，亚声速区分布在壁面 a-c 附近的一块较大的区域。

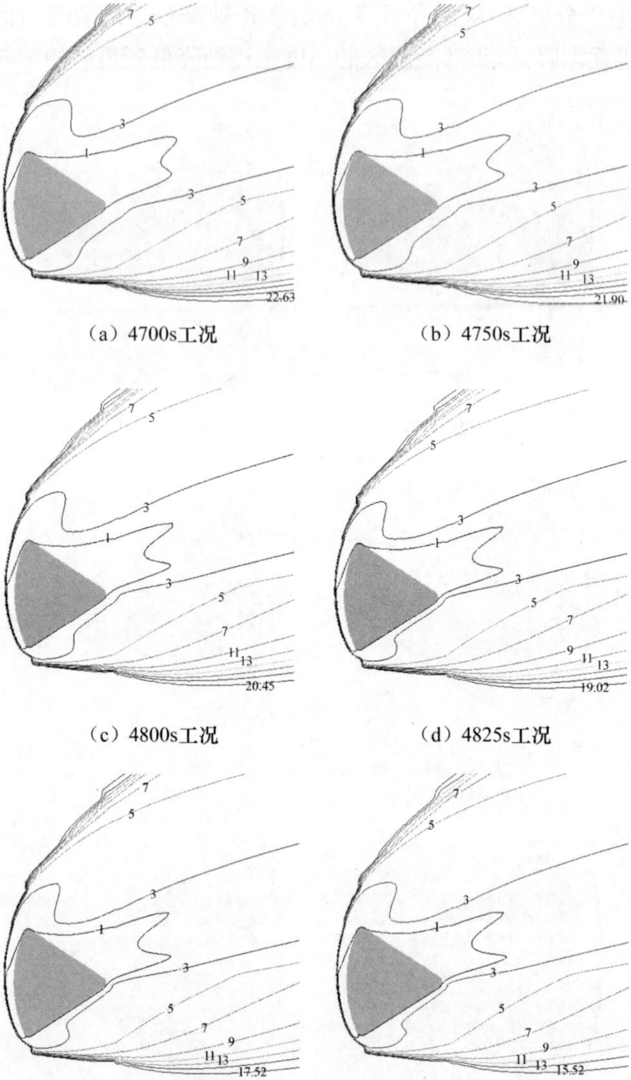

（a）4700s工况　（b）4750s工况

（c）4800s工况　（d）4825s工况

（e）4850s工况　（f）4875s工况

图 11.35　流场等 Mach 数线分布

流场内气体分子的振动温度 T_v的分布如图 11.36 所示。在飞行的最初阶段，由于 Mach 数已达到 22.63，头部高温区的分子振动温度已达到 10 413.8K，分子的热振动十分显著；随着 Mach 数的降低，头部区域的分子热振动的程度也逐渐降低，高温区内分子的振动温度最后降低到了 6554.4K。与头部区域相比，在肩部后方渐远的区域和回流区域内，热力学激发态较弱。在肩部后方的区域，T_v的分布特性与 T 差别较大，受飞行器外形因素影响较小，振动温度在肩部的后方温度的

降低趋势没有 T 体现的明显，在回流区内，T_v的数值达到最低，并且振动温度的分布具有十分明显的分层特性。这可能是由于气体分子的热力学松弛速率较小，松弛时间较大的原因，从而使振动温度的变化滞后于流动的变化。

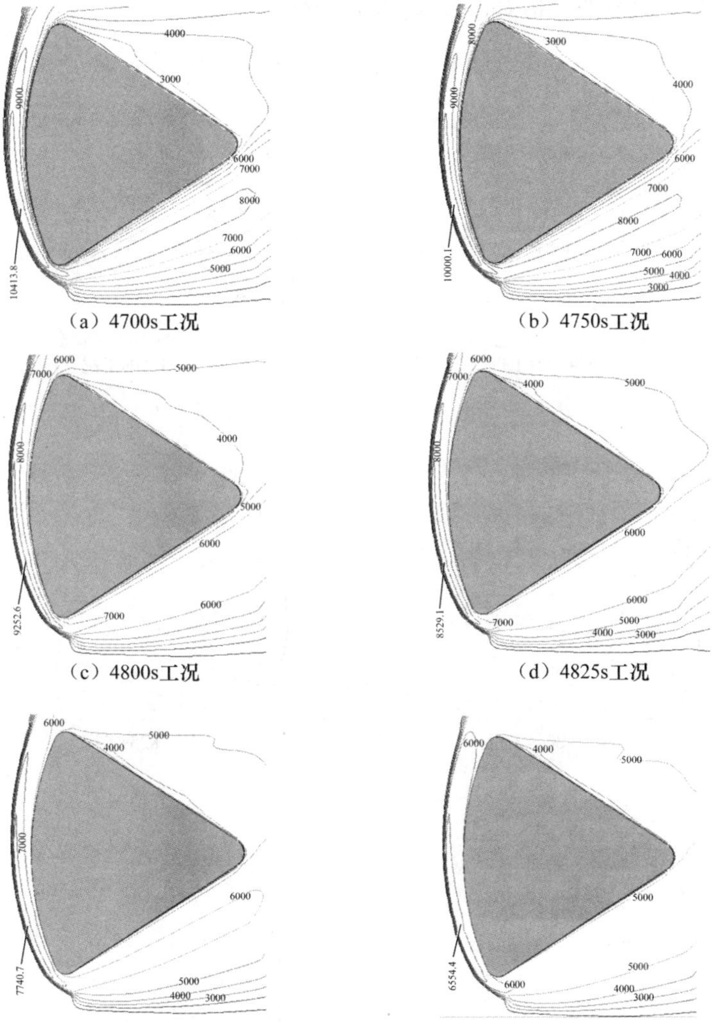

（a）4700s工况　（b）4750s工况

（c）4800s工况　（d）4825s工况

（e）4850s工况　（f）4875s工况

图 11.36　流场振动温度等值线分布(单位:K)

为反映流场的热力学特性，图 11.37 给出无量纲数 $|T-T_v|/T$ 的等值线分布。可以看出，由于在头部高温区内平动-转动温度 T 与分子振动温度 T_v 的数值较为接近，AS202 返回舱头部激波后流场内的大部分区域都是处于热力学平衡态，只是在紧贴着激波后方的薄层区域内出现了较为微弱的热力学非平衡态现象；肩部两个端点 a、b 点后方与回流区之间的区域内，由于分子振动温度 T_v的变化速

率远低于平动温度 T 降低的速率，在该区域内，T_v 的数值很显著地高于 T，热力学非平衡态现象十分明显，在 4750s 工况下 $|T-T_v|/T$ 的值达到了 1.8272，随着飞行 Mach 数的降低，肩部后方平动温度与分子振动温度的数值都有明显的降低，二者间的差值也减小，非平衡态的程度也随之减弱。

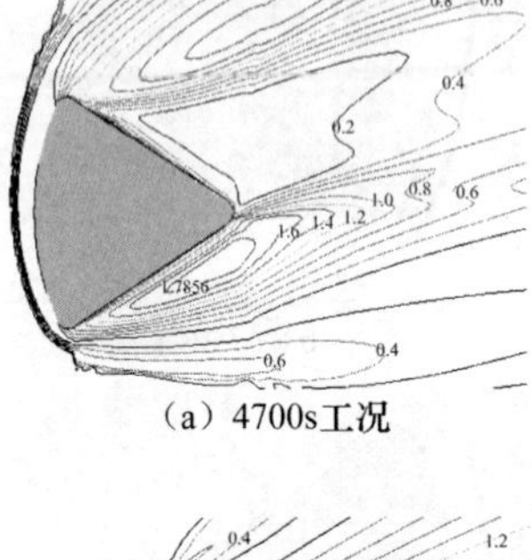

（a）4700s工况

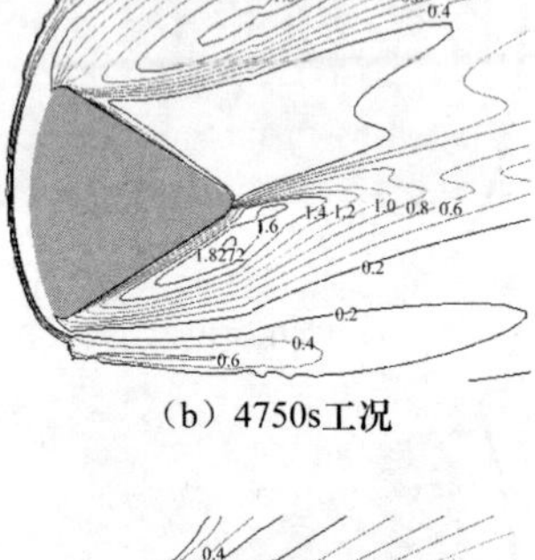

（b）4750s工况

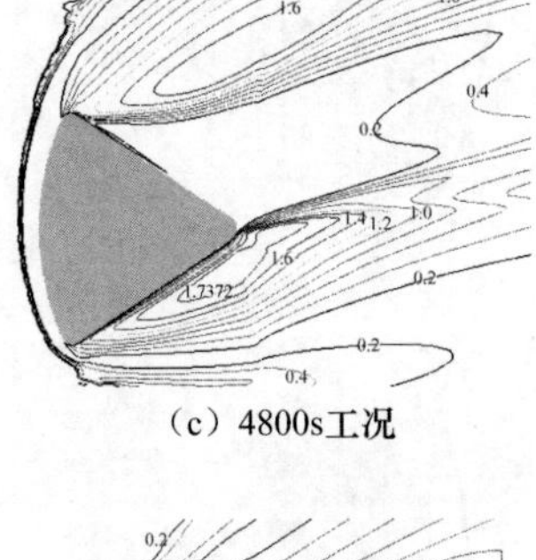

（c）4800s工况

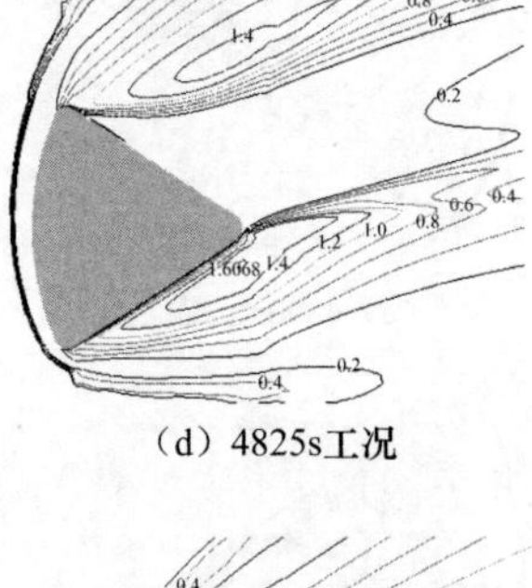

（d）4825s工况

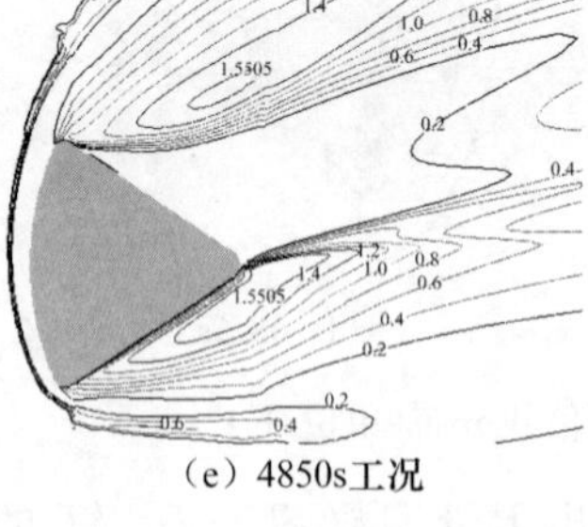

（e）4850s工况

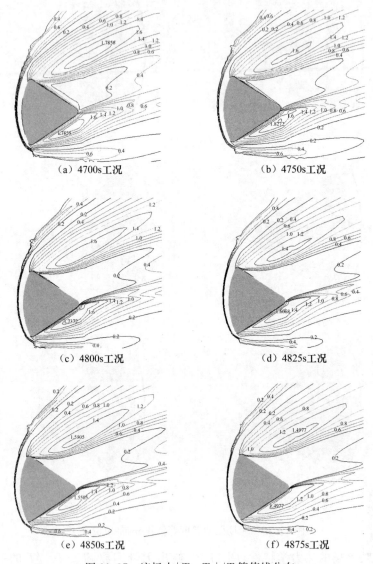

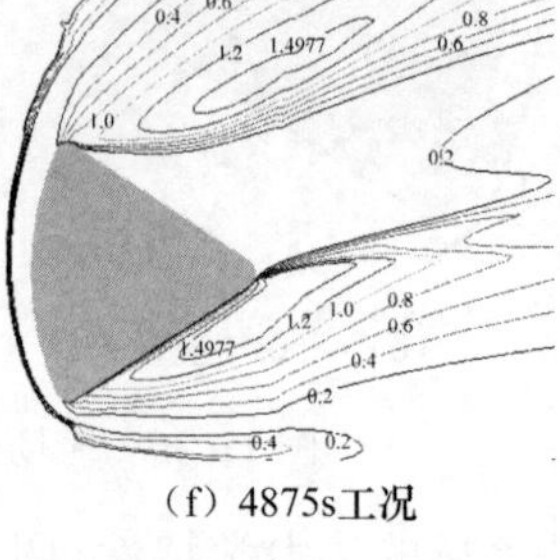

（f）4875s工况

图 11.37　流场中 $|T-T_v|/T$ 等值线分布

显然，在上述 6 个工况点下，激波层后温度均在 4000K 以上，因此激波层内 O_2 以基本全部离解为 O 原子。图 11.38 给出流场中 NO 分子的质量分数分布。与 O 原子的分布特性不同，NO 分子主要分布在激波层后紧贴激波的薄层区域内，并且在肩部附近的区域内达到最大值，在 4875s 工况下，NO 质量分数在肩部区域达到最大值 0.0771。

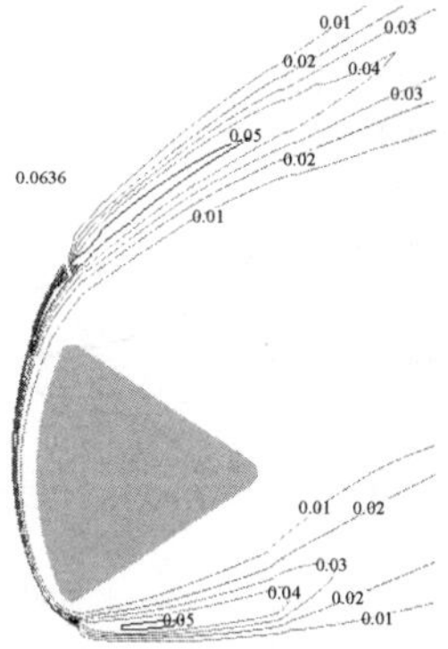

（a）4700s工况

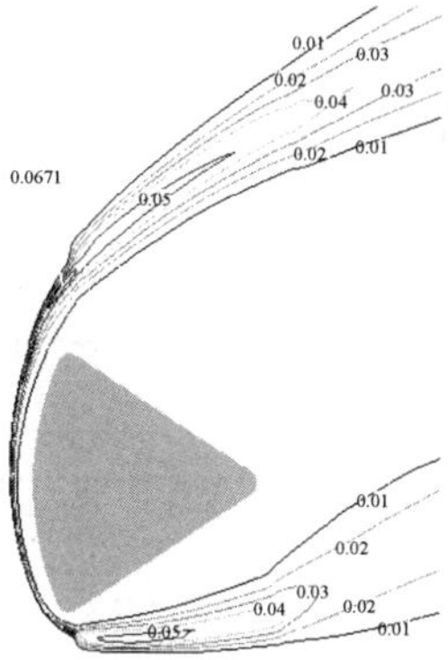

（b）4750s工况

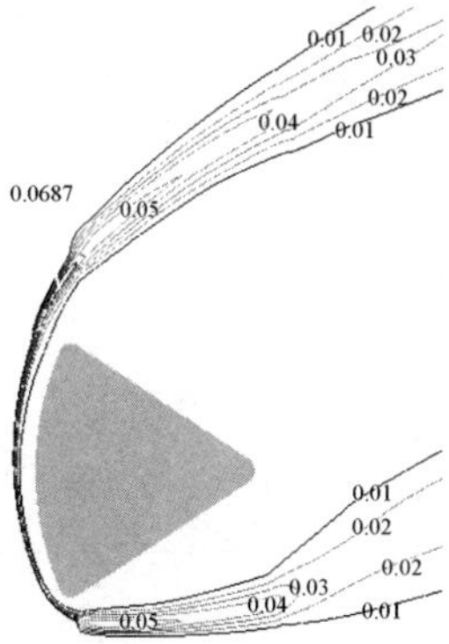

（c）4800s工况

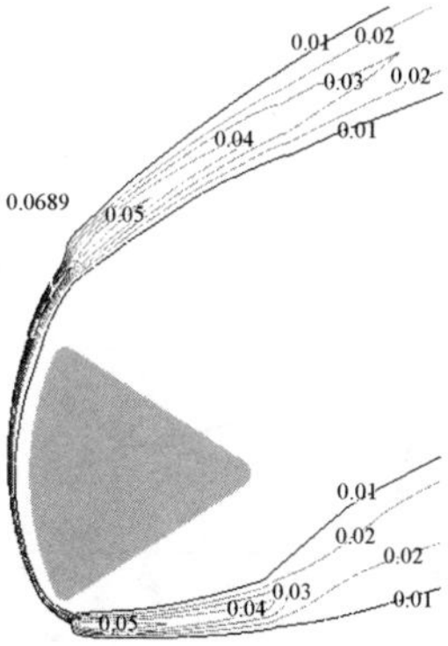

（d）4825s工况

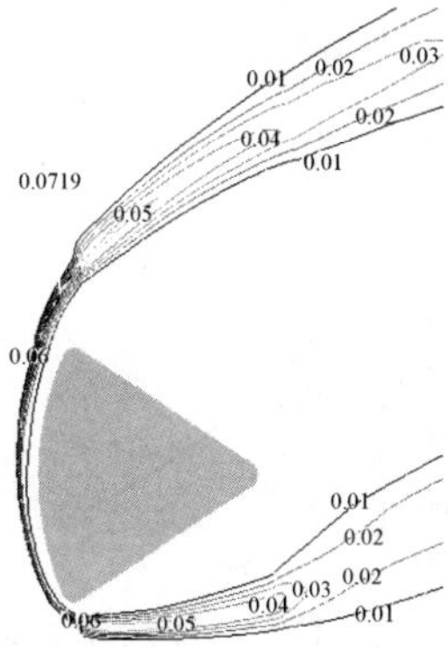

（e）4850s工况

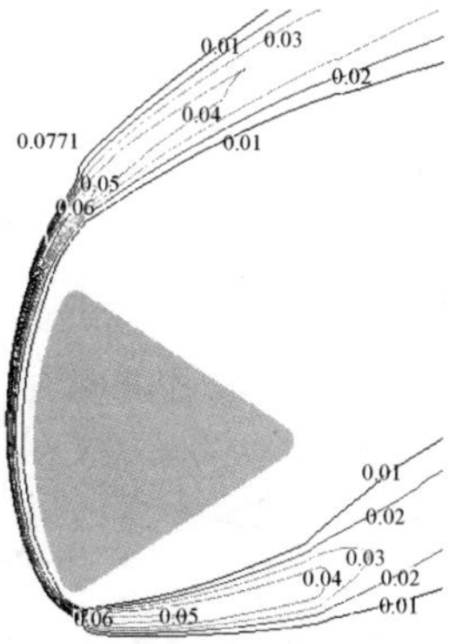

（f）4875s工况

图 11.38　流场 NO 分子质量分数等值线分布

图 11.39 给出上述 6 个工况下，计算得到的壁面温度 T_w 沿壁面中心线 o-a-c-b-o

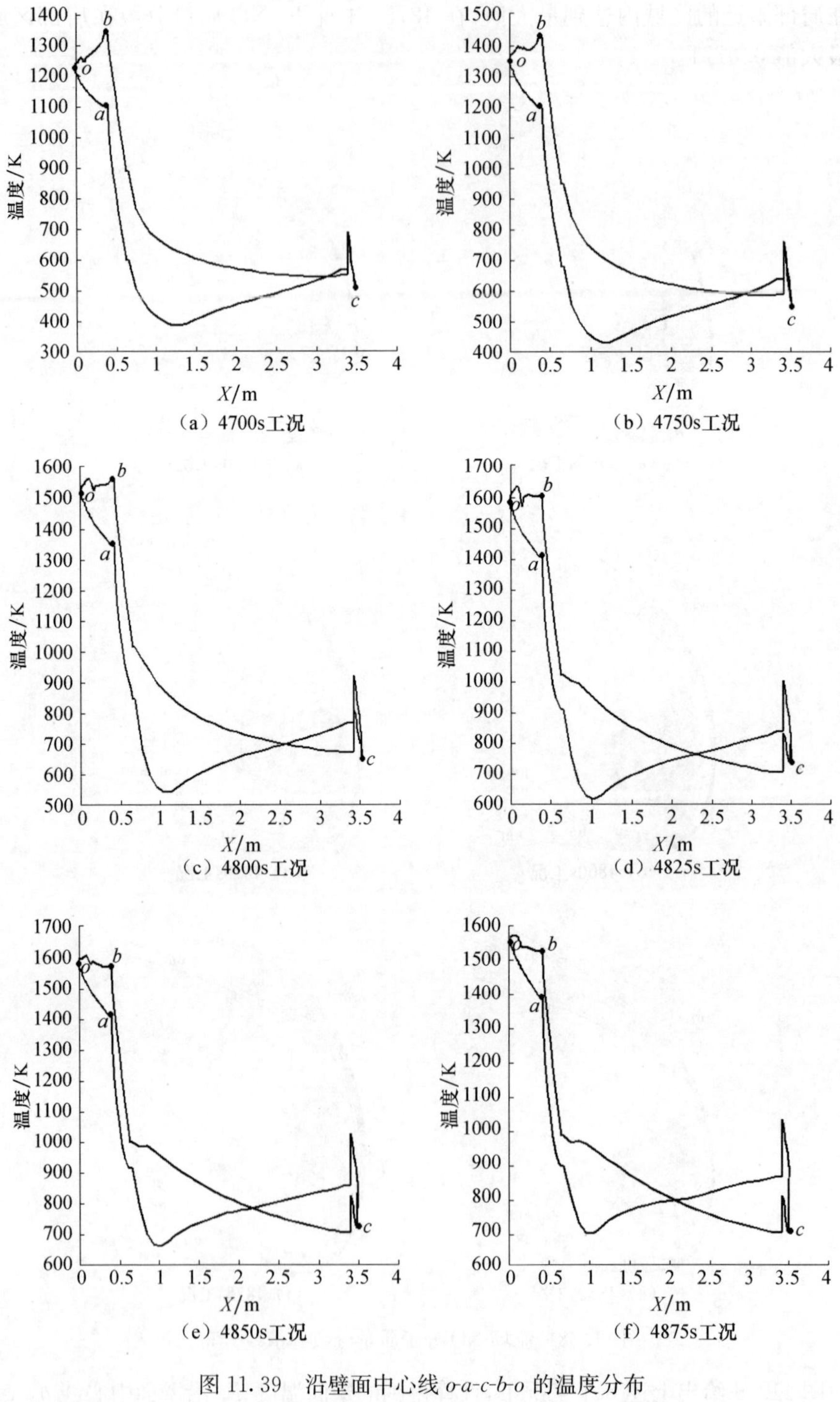

（a）4700s工况　（b）4750s工况

（c）4800s工况　（d）4825s工况

（e）4850s工况　（f）4875s工况

图 11.39　沿壁面中心线 *o-a-c-b-o* 的温度分布

的分布，壁面温度值在 o-b 段壁面达到最高值，在肩部端点 a 与 b 点后方则逐渐降低。o-b 段壁面温度值均在 1200K 以上，其中在 4825s 工况下，在 o 点与 b 点间的壁面驻点处温度达到了最高值 1642K。而在尾部端点 c 处，壁面温度已降至 700～800K 内。这里的计算表明：在实际的高超声速飞行中，飞行器的壁面温度沿着壁面的变化是较为显著的。这个数值结果对于指导高超声速再入飞行时流场的广义 N-S 方程求解与边界条件的提法，具有重要的实际价值。

图 11.40 给出了 6 个工况下，计算得到的壁面热流密度 q_w 沿壁面中心线 o-a-c-b-o 的分布，与壁面温度值的分布类似，热流密度值也在 o-b 段壁面达到最高值，在肩部端点 a 与 b 点后方则逐渐降低。其中在 4825s 工况下，在 o 点与 b 点间的壁面驻点处热流密度达到了最高值 347 300W/m^2。而在尾部端点 c 处，壁面热流密度已降至 10 000～20 000W/m^2。

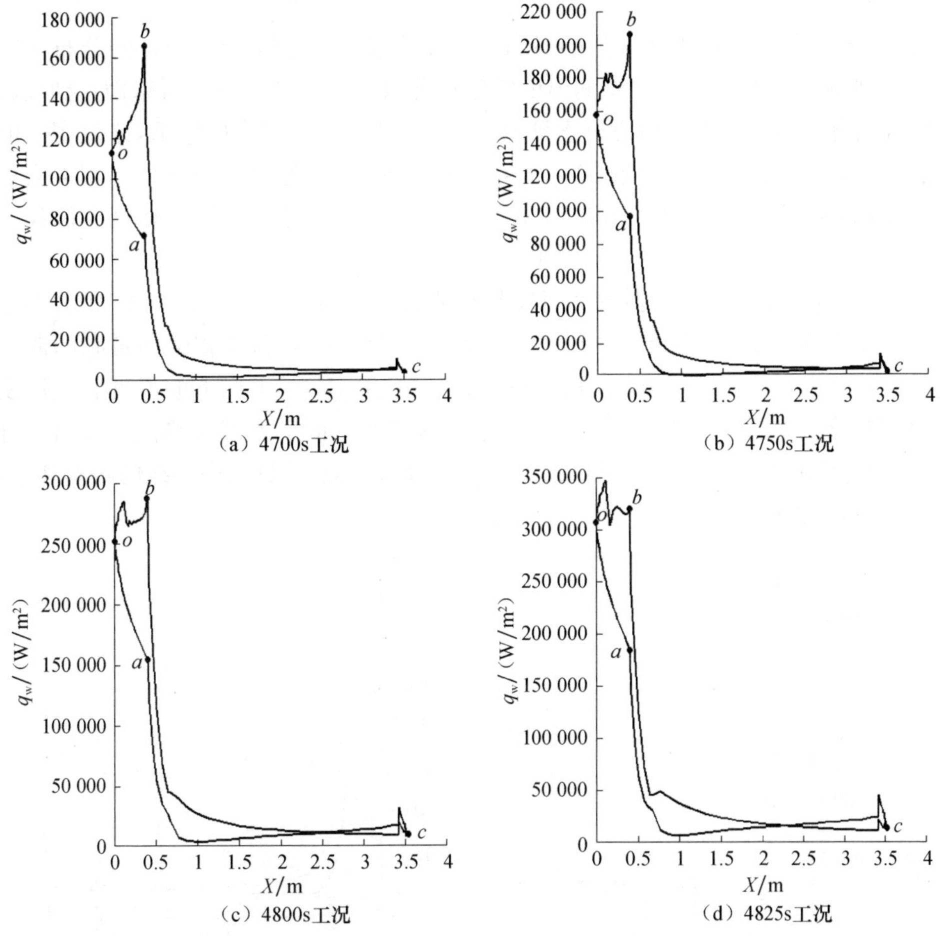

(a) 4700s工况

(b) 4750s工况

(c) 4800s工况

(d) 4825s工况

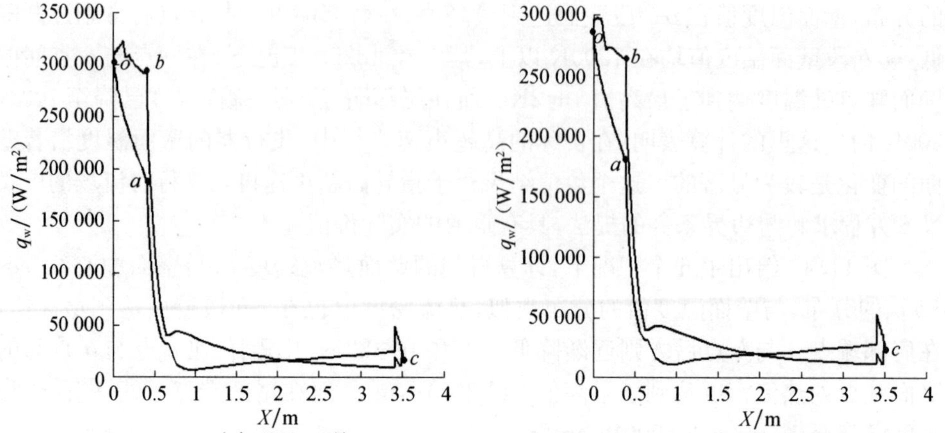

（e）4850s工况　　　　（f）4875s工况

图 11.40　沿壁面中心线 *o-a-c-b-o* 的热流密度分布

上述 6 个工况下计算得到的 Stanton 数沿壁面中心线 *o-a-c-b-o* 的分布如图 11.41 所示。与热流密度和壁面温度的分布类似，同样也是在 *o-b* 段壁面达到最高值，在肩部端点 *a* 与 *b* 点后方则逐渐降低；并且随着飞行速度的降低，来流密度的增大，Stanton 数也逐渐降低，在 4700s 工况下，Stanton 数在端点 *b* 处达到最大值 0.053；而在 4875s 工况下，Stanton 数在头部顶点 *o* 处附近的驻点处最大值仅为 0.0083。

为了进一步说明飞行器壁面温度与热流密度分布特性，在图 11.42 中分别给出 $z=-0.5$m，$z=-1.0$m 和 $z=-1.5$m 平面与飞行器壁面相交而得到的曲线 o_1-a_1-c_1-b_1-o_1，o_2-a_2-c_2-b_2-o_2 和 o_3-a_3-c_3-b_3-o_3 在 4750s 工况下的温度和热流密度分布，分别如图 11.43 和图 11.44 所示。这三个壁面上温度与热流密度值的分布规律与中心线 *o-a-c-b-o*［见图 11.33(a)］的分布类似，并且离中心线的距离越远，温度和热流密度值越低。

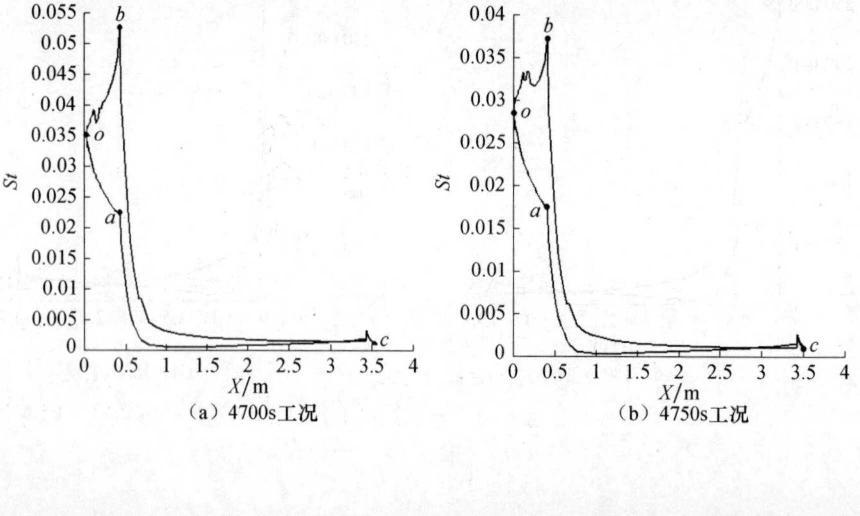

（a）4700s工况　　　　（b）4750s工况

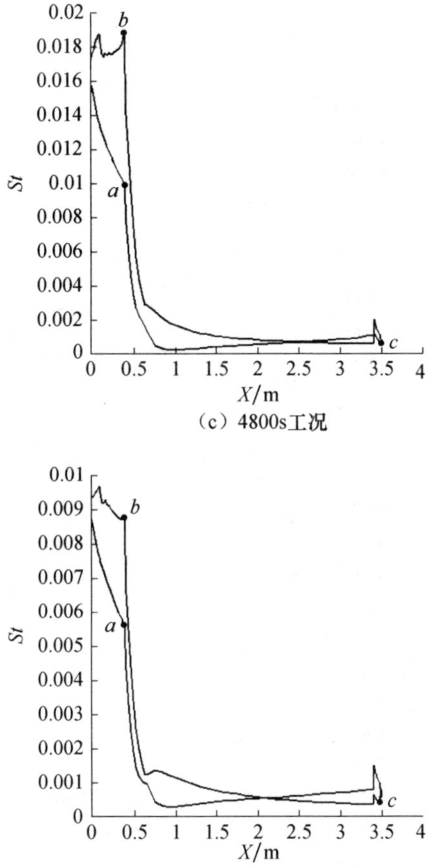

(c) 4800s工况　(d) 4825s工况

(e) 4850s工况　(f) 4875s工况

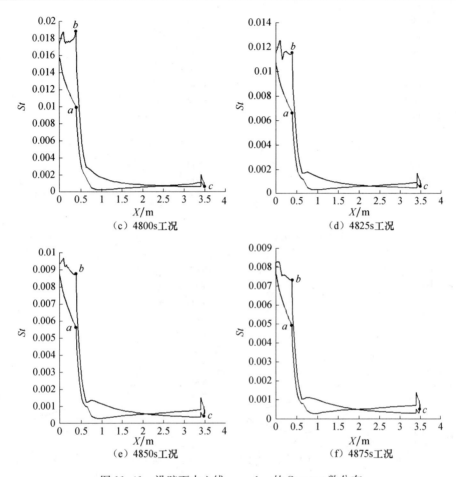

图 11.41　沿壁面中心线 o-a-c-b-o 的 Stanton 数分布

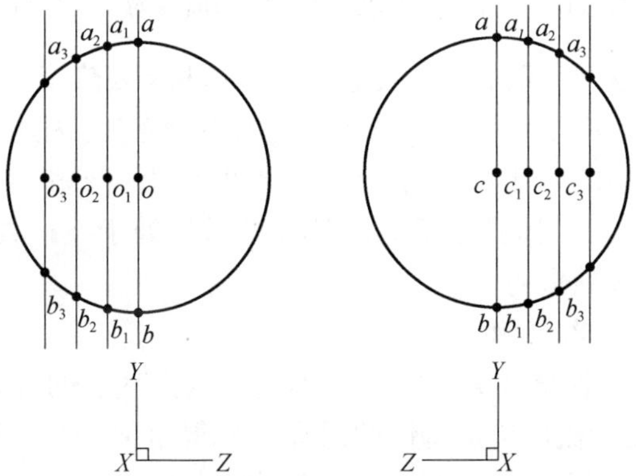

图 11.42　返回舱沿 x 轴的前视与后视图

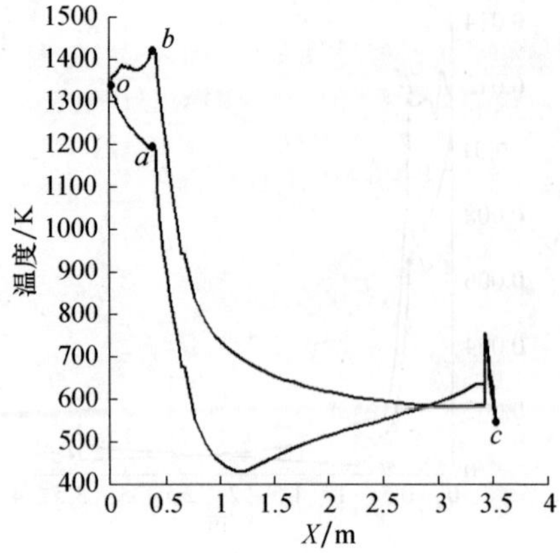

(a) 沿o-a-c-b-o线

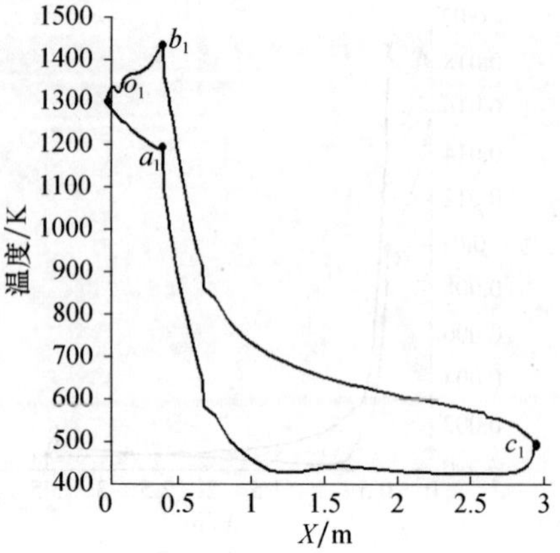

(b) 沿o_1-a_1-c_1-b_1-o_1线

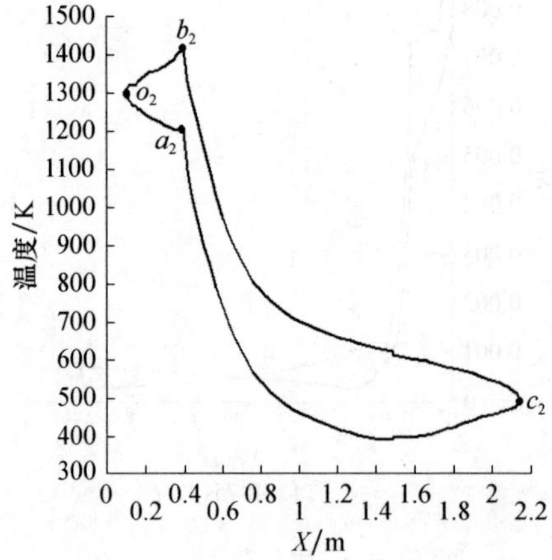

(c) 沿o_2-a_2-c_2-b_2-o_2线

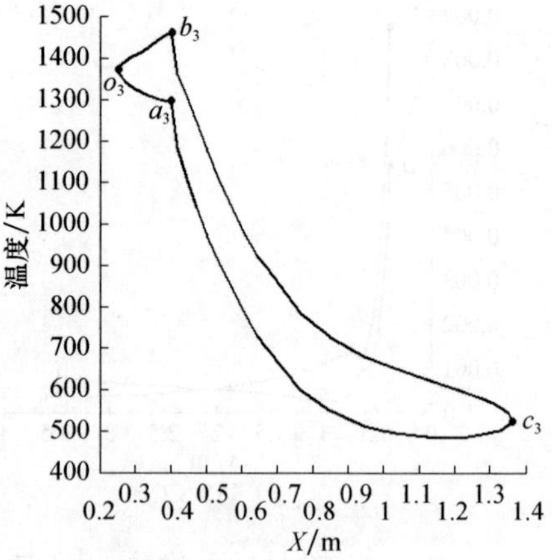

(d) 沿o_3-a_3-c_3-b_3-o_3线

图 11.43　4750s 工况下沿不同壁面处的温度分布

图 11.45 给出返回舱壁面 4 个传感器 a、c、d 和 s 处热流密度的飞行数据与我们计算结果的比较。由于飞行数据具有一定的不确定度，因此给出的飞行数据是在一定的区间范围内的。计算表明：除了 a 点处在 4800s 和 4825s 工况段内热流密度高出飞行数据 15%外，其他工况的计算结果均处于飞行数据的区间内，这表明我们的计算是令人满意的。

2）Huygens 飞行器算例

由于 Huygens 探测器在高超声速进入土卫六大气层的过程中气动加热十分显著，因此对其激波后流场传热特性的研究就显得至关重要。Huygens 号探测器的外形如图 11.46(a)所示，二维轴对称计算网格如图 11.46(b)所示。

土卫六大气层其主要气体组分的质量分数：N_2 为 97%，CH_4 为 2.3%，Ar 为

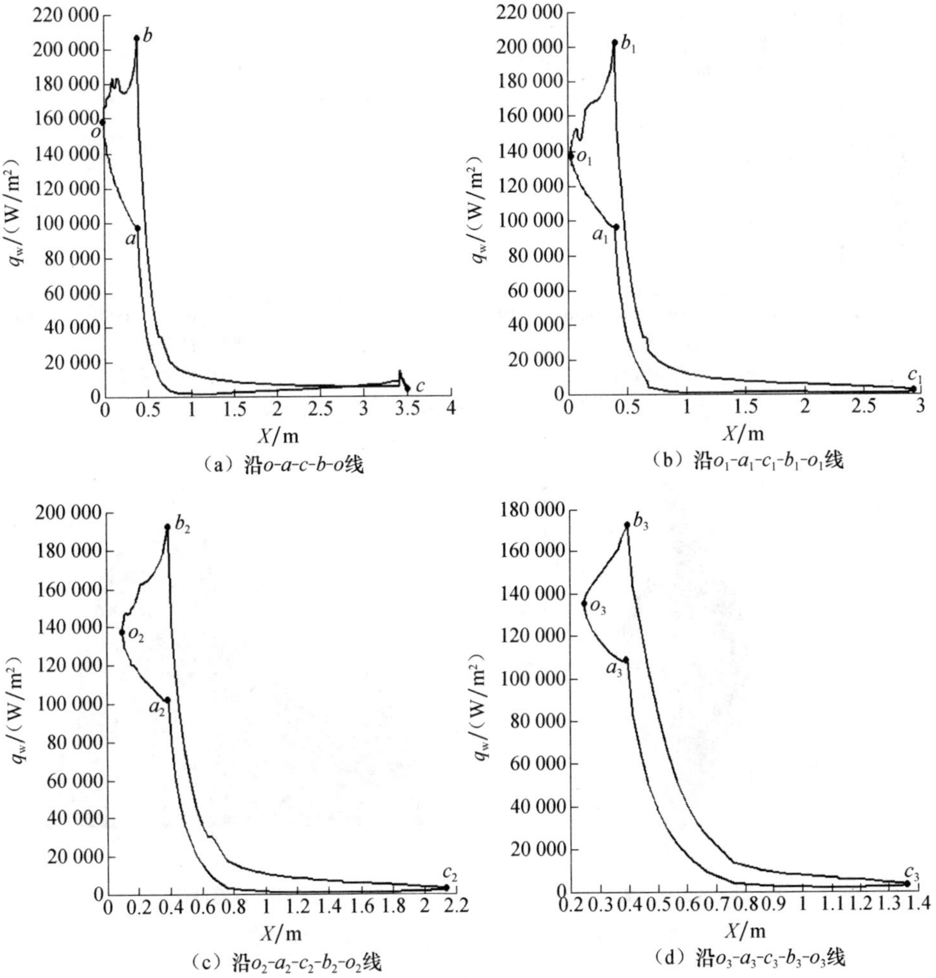

q_w/(W/m²)
X/m
(a) 沿o-a-c-b-o线
(b) 沿o_1-a_1-c_1-b_1-o_1线
(c) 沿o_2-a_2-c_2-b_2-o_2线
(d) 沿o_3-a_3-c_3-b_3-o_3线

图 11.44　4750s 工况下沿不同壁面的热流密度分布

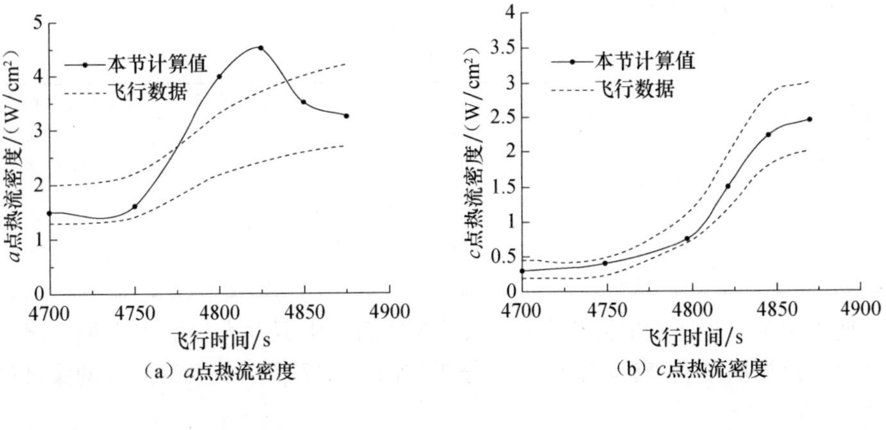

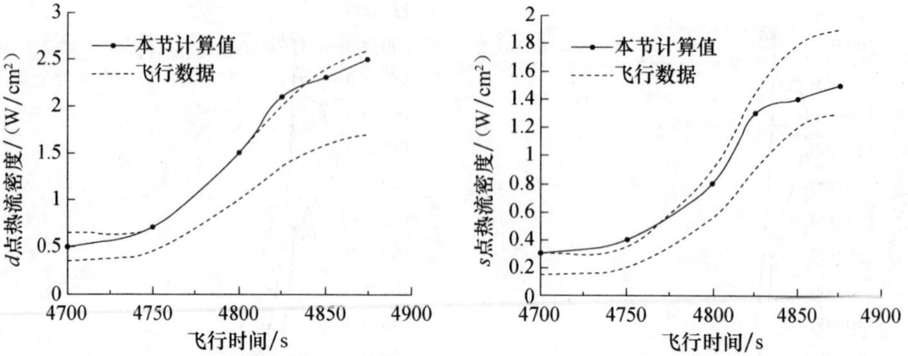

(c) d点热流密度　　(d) s点热流密度

图 11.45　AS202 返回舱壁面传感器处的热流密度

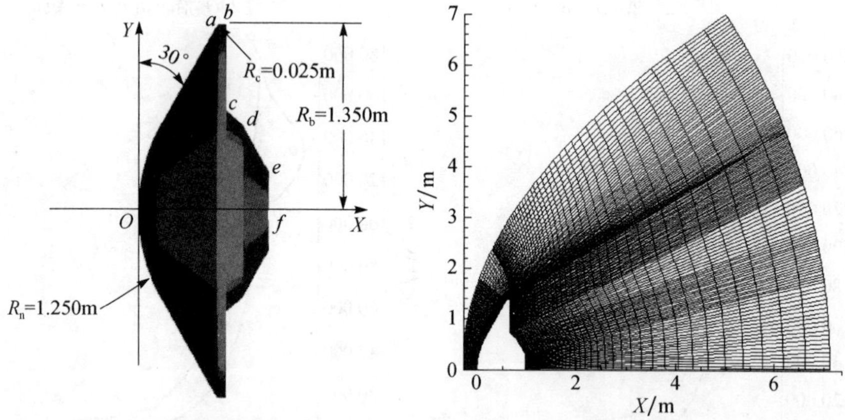

(a) Huygens探测器外形　　(b) 计算网格

图 11.46　Huygens 探测器外形及计算网格

0.7%。计算选取了进入土卫六大气过程中 169.02s 至 201.02s 时间段内 6 个典型高超声速工况点，其飞行 Mach 数在 24.47～17.29 内变化，其来流条件如表 11.9 所示。飞行器壁面的发射率常数 $\varepsilon=0.9$。

表 11.9　Huygens 飞行工况

飞行时间/s	海拔高度/km	飞行速度/(m/s)	来流温度/K	来流密度/(kg/m³)
151.02	460.2	6166.6	150.8	6.22×10^{-6}
169.02	367.9	6048.8	171.3	3.64×10^{-5}
177.02	328.5	5886.3	175.8	7.20×10^{-5}
185.02	291.1	5489.6	177.0	1.83×10^{-4}
189.17	273.2	5126.3	176.6	2.96×10^{-4}
193.02	257.8	4705.2	175.8	3.79×10^{-4}

使用文献[74]所编的源程序，完成了本算例在土卫六大气层中 6 种工况流场的计算。流场的平动-转动温度 T 的分布如图 11.47 所示。激波后方的头部区域

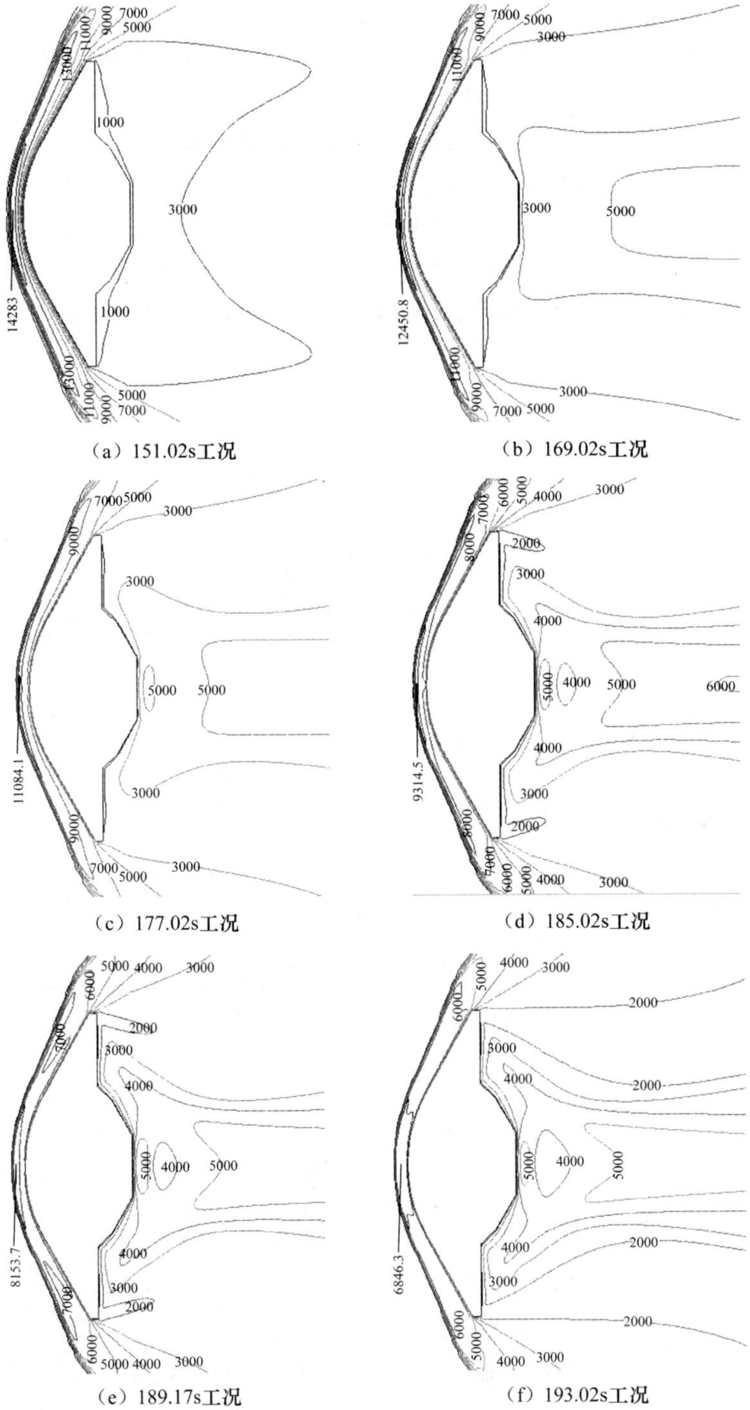

(a) 151.02s工况　　(b) 169.02s工况

(c) 177.02s工况　　(d) 185.02s工况

(e) 189.17s工况　　(f) 193.02s工况

图 11.47　流场平动温度等值线分布(单位:K)

内存在非常显著的高温区，在 151.02s 工况点下，最高温度以达到 14 283K，高温效应非常明显；随着飞行速度的降低，在最后一个工况点下，最高温度已经低到 6846.3K。T 的分布受飞行器外形的影响较为显著，在肩部端点的后方区域内，由于加速减压的趋势很明显，平动温度也随着流动而迅速降低。

图 11.48 给出流场 Mach 数及流线的分布。在 151.02s 工况点下，Mach 数最大值达到了 24.47，随着飞行速度的不断降低，来流 Mach 数也随之减小，在 193.02s 工况下，已降为 17.29；激波后，流动在肩部端点后方存在明显的加速趋势，并且在肩部后方贴近壁面的尾部区域内，由于回流的存在，大部分区域是处于亚声速的流动。

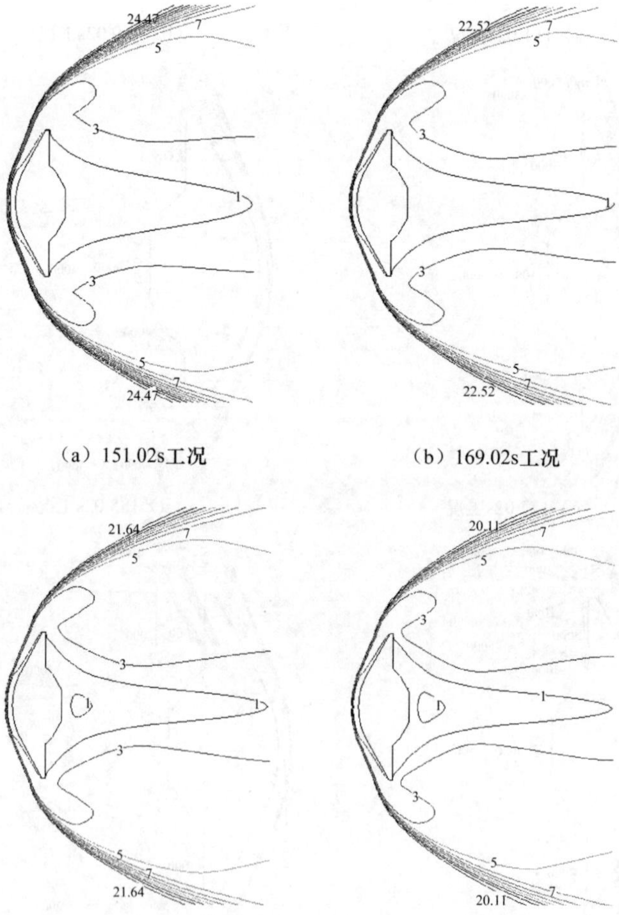

(a) 151.02s工况　　(b) 169.02s工况

(c) 177.02s工况　　(d) 185.02s工况

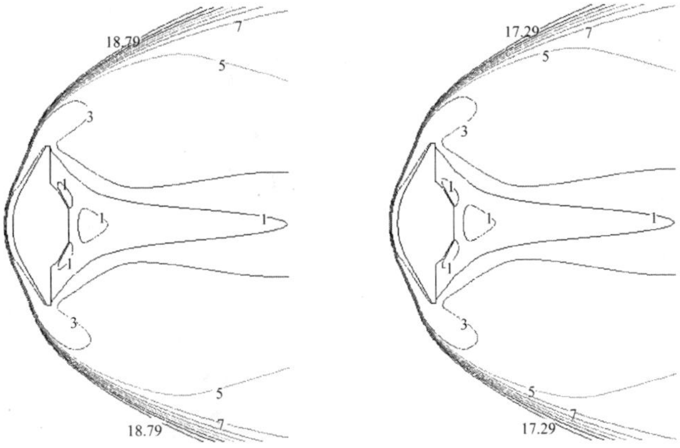

（e）189.17s工况　　（f）193.02s工况

图 11.48　流场等 Mach 数线分布

计算出的流场内气体分子的振动温度 T_v 的分布如图 11.49 所示。在再入飞行的最初阶段，由于 Mach 数很高，头部高温区的分子振动温度已达到 9046.68K，分子的热振动十分显著，并且在 169.02s 工况下达到了最大值 9363.9K；随着 Mach 数的降低，头部区域的分子热振动的程度也逐渐降低，高温区内分子的振动温度最后降低到了 6402.4K。与头部区域相比，在肩部后方渐远的区域和回流区域内，热力学激发态较弱。在肩部后方的区域，T_v 的分布特性与 T 差别较大，受飞行器外形因素影响较小，振动温度在肩部的后方温度的降低趋势没有 T 体现得明显且振动温度的分布具有十分明显的分层特性。

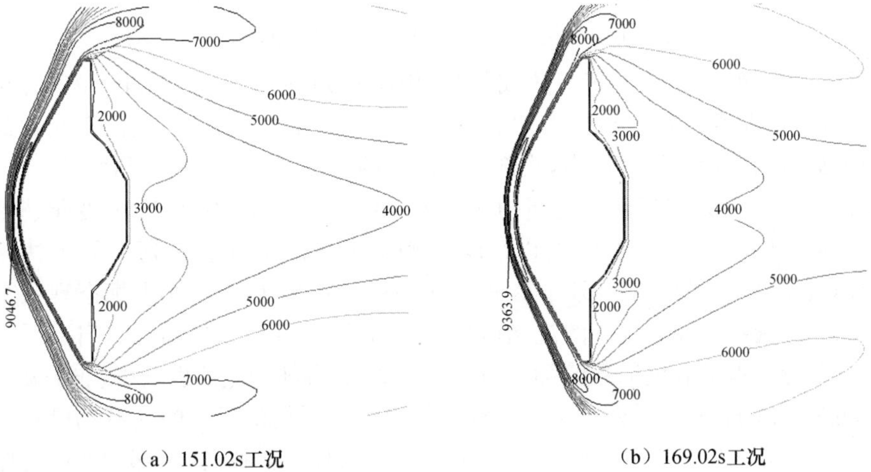

（a）151.02s工况　　（b）169.02s工况

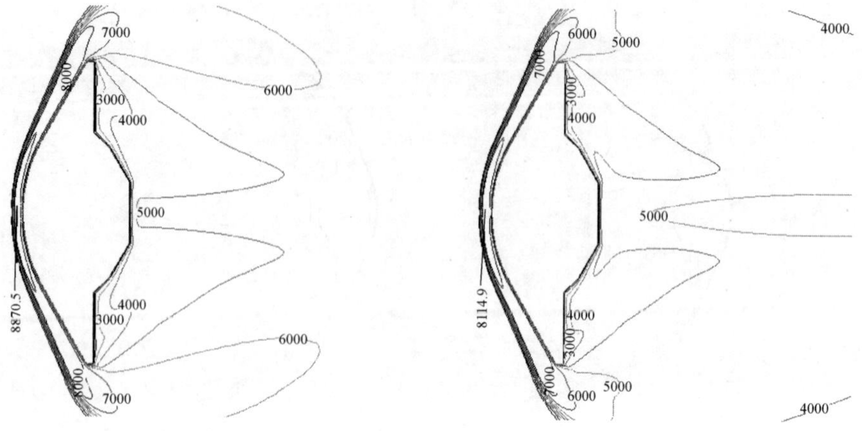

(c) 177.02s工况　　(d) 185.02s工况

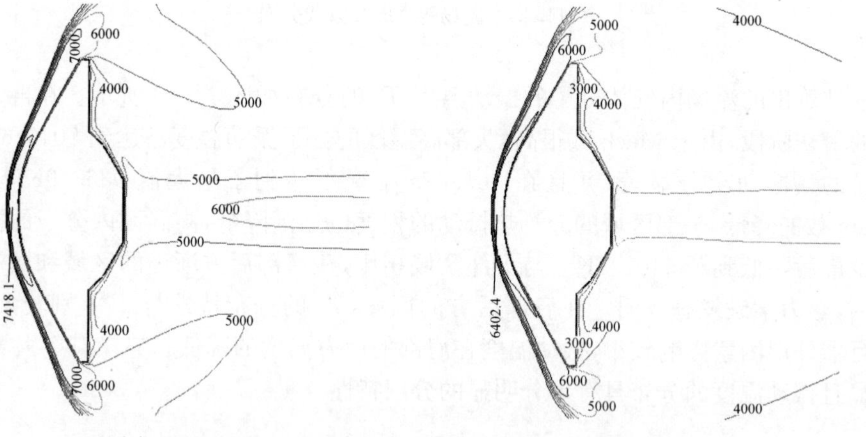

(e) 189.17s工况　　(f) 193.02s工况

图 11.49　流场振动温度等值线分布(单位:K)

计算得到的$|T-T_v|/T$等值线分布如图 11.50 所示。可以看出,由于在头部高温区内,最大值仅为 0.8,热力学非平衡态现象不是太显著,并且仅存在头部紧贴激波后方的一段薄层区域内,头部壁面附近的区域基本上是处于热力学平衡态。肩部两个端点后方与回流区之间的区域内,由于分子振动温度 T_v 的变化速率远低于平动温度 T 降低的速率,所以在该区域内,T_v 的数值很显著高于 T,热力学非平衡态现象十分明显。在 151.02s 和 169.02s 工况下,热力学非平衡态现象最显著的地方出现在壁面 c 点处的流场区域。随着飞行 Mach 数的降低,肩部后方平动温度与分子振动温度的数值都有明显的降低,二者间的差值也减小,非平衡态的程度也随之减弱,并且后四种工况下流动热力学非平衡最显著的区域均已移至远离 c 点的后方区域。在 151.02s 工况点下,由于气体十分稀薄,头部激波层的厚度最大,并且由于分子的碰撞频率极低,激波本身的厚度也远高于其他工况点的值,

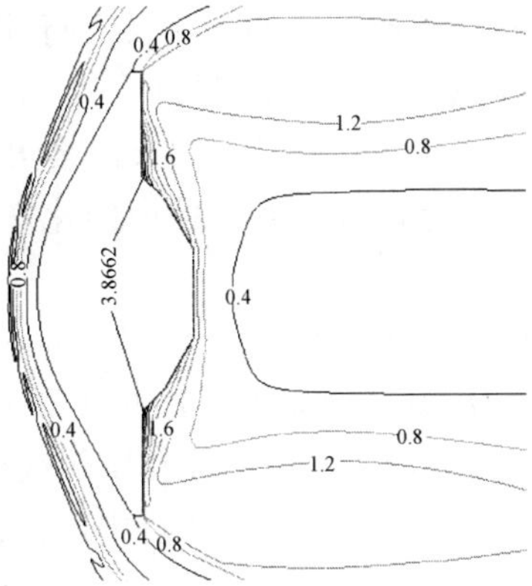

(a) 151.02s工况

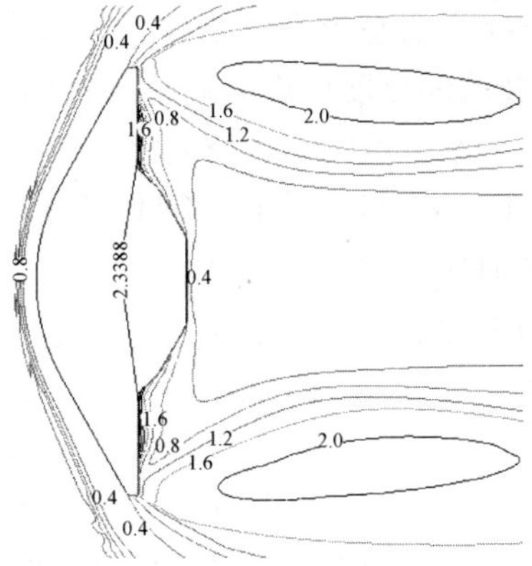

(b) 169.02s工况

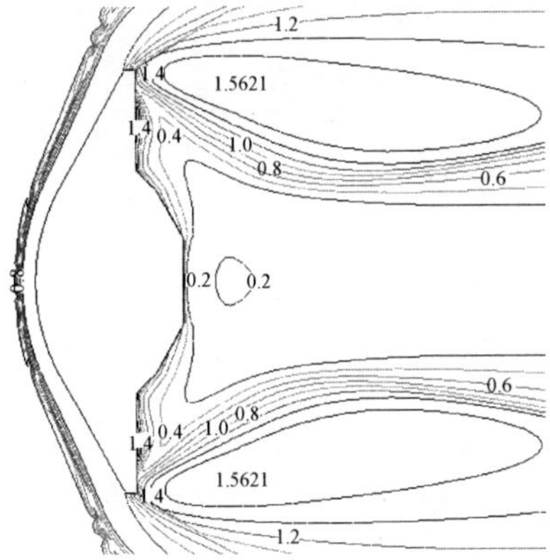

(c) 177.02s工况

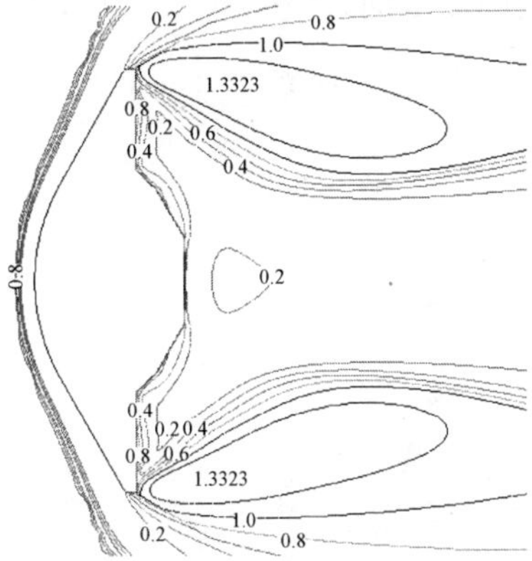

(d) 185.02s工况

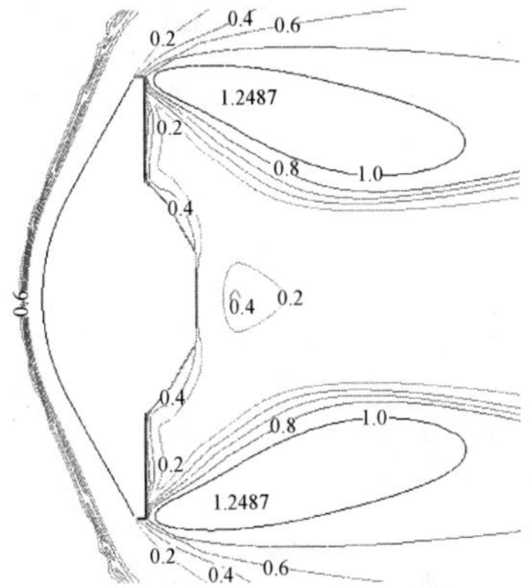

(e) 189.17s工况

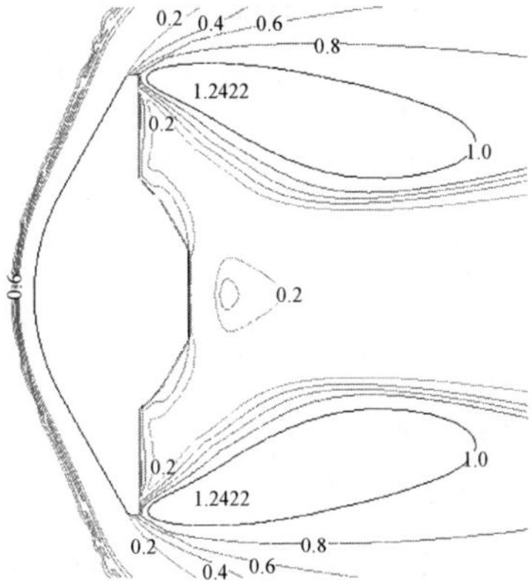

(f) 193.02s工况

图 11.50　流场中 $|T-T_v|/T$ 等值线分布

热力学非平衡态较为明显，且区域也较大。随着来流密度的增大及飞行速度的降低，激波层的厚度也逐渐减小，热力学非平衡态现象也逐渐减弱。

由于激波后流场区域内温度非常高，化学反应也很剧烈，图 11.51 给出流场中组元 CH_4 质量分数分布。CH_4 组元在激波后方的肩部流动区域内因化学反应已基本被消耗完。

图 11.52 给出上述 6 个工况下，计算得到的壁面温度 T_w 沿壁面 o-a-b-c-d-e-f 的分布，壁面温度值在端点 a 处达到最高值，o-b 段壁面温度值均在 1000K 以上，其中在 185.02s 工况下，端点 a 处温度达到了最高值 1923K。而在尾部端点 f 处，壁面温度已降至 700～900K 内。这说明在 Huygens 飞行器的飞行中，飞行器的壁面温度沿着壁面的变化也是较显著的。

在第 185.02s 工况下全流场中流线分布如图 11.53(a)所示，在 o-a 段壁面处，流线紧贴着壁面，而在 a-b 段之后，流线则迅速向后方扩散，并且在 b-c-d-e-f 壁面

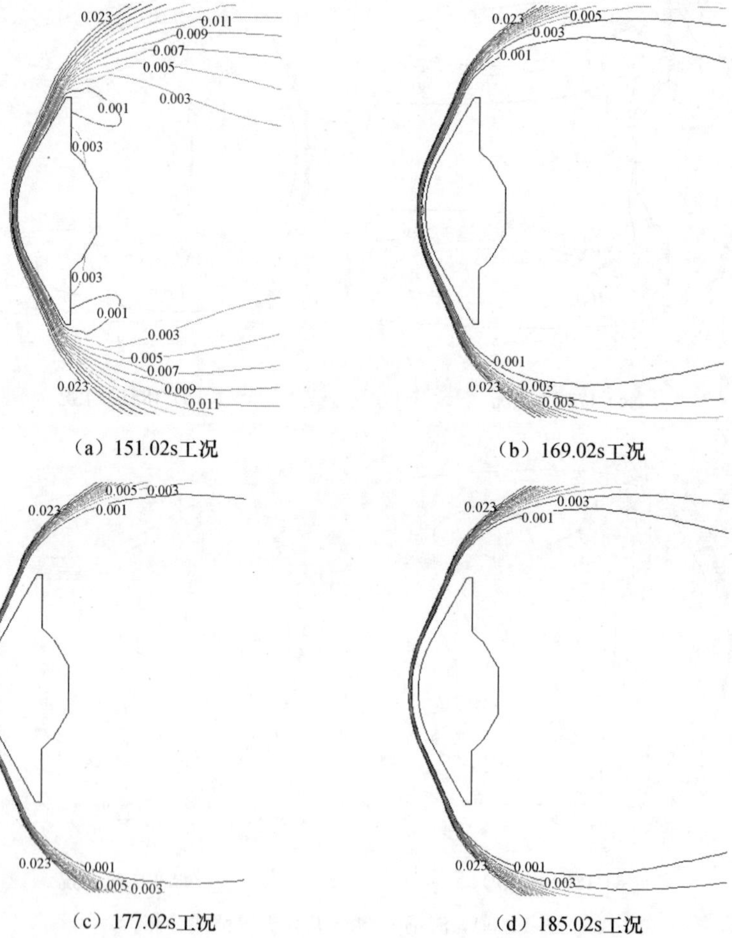

(a) 151.02s工况　　(b) 169.02s工况

(c) 177.02s工况　　(d) 185.02s工况

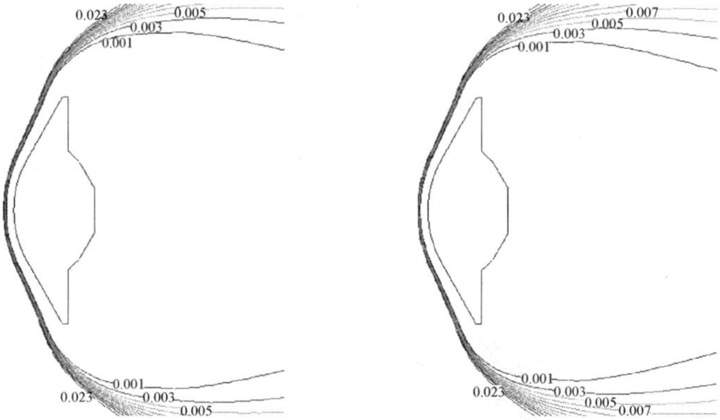

（e）189.17s工况　　（f）193.02s工况

图 11.51　流场 CH_4 分子质量分数等值线分布

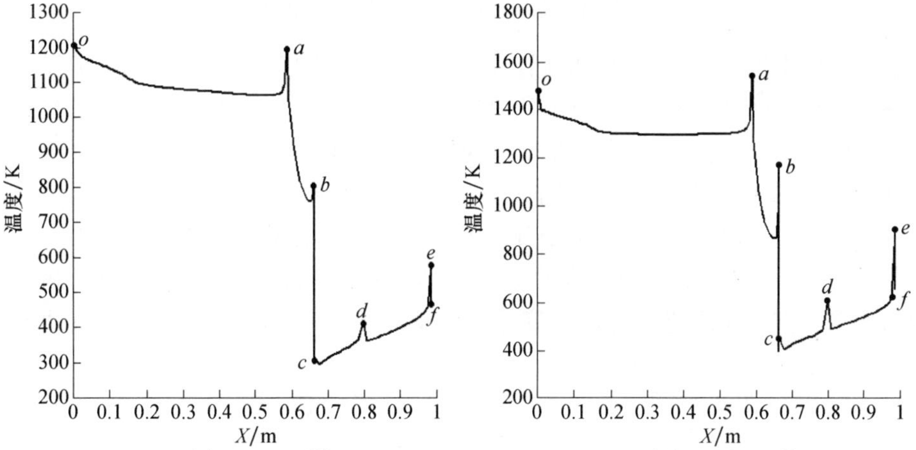

（a）151.02s工况　　（b）169.02s工况

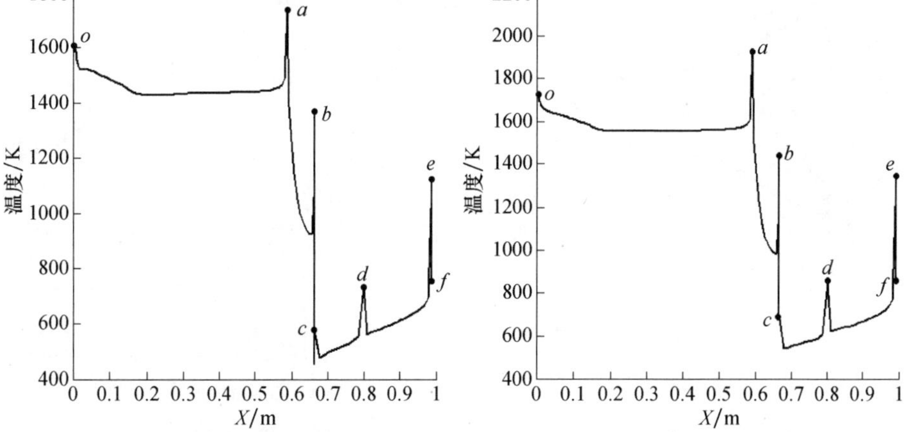

（c）177.02s工况　　（d）185.02s工况

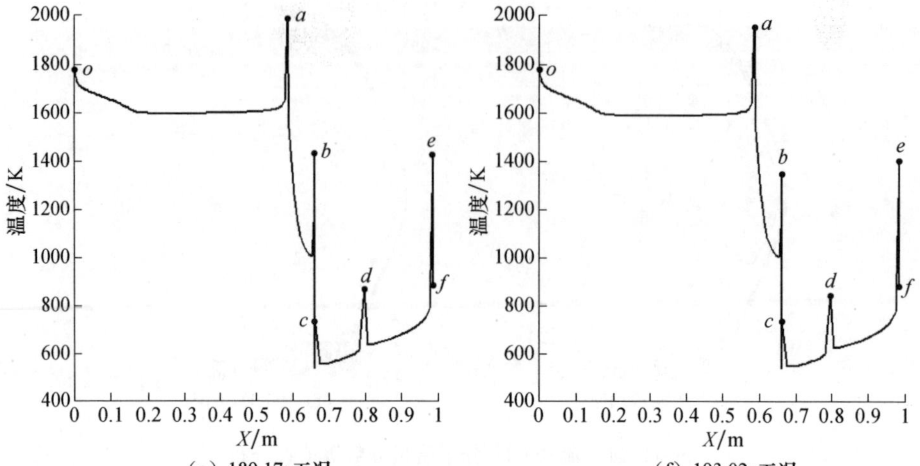

(e) 189.17s工况

(f) 193.02s工况

图 11.52 沿壁面中心线 o-a-b-c-d-e-f 的温度分布

附近的流场中出现了非常明显的涡。由图 11.53(b)可以看出，在 b-c-d-e-f 壁面处存在很明显的回流现象，并且由于几何外形的因素，在 d 点和 e 点处，流动受到一定程度的阻碍，d 点和 e 点处的温度出现了一定程度的跳跃。在上述六个工况点下，壁面 o-a 段热流密度沿 y 轴方向的热流密度分布如图 11.54 所示，并且与 Hollis 等使用 NASA 研究中心的 LAURA 程序所得到的计算结果进行了比对。可以看出，我们这里得到的热流密度的分布趋势与 LAURA 的结果基本一致，热流密度值均在驻点 o 处达到最大值，随后沿着壁面不断下降，并且在端点 a 处又出现了

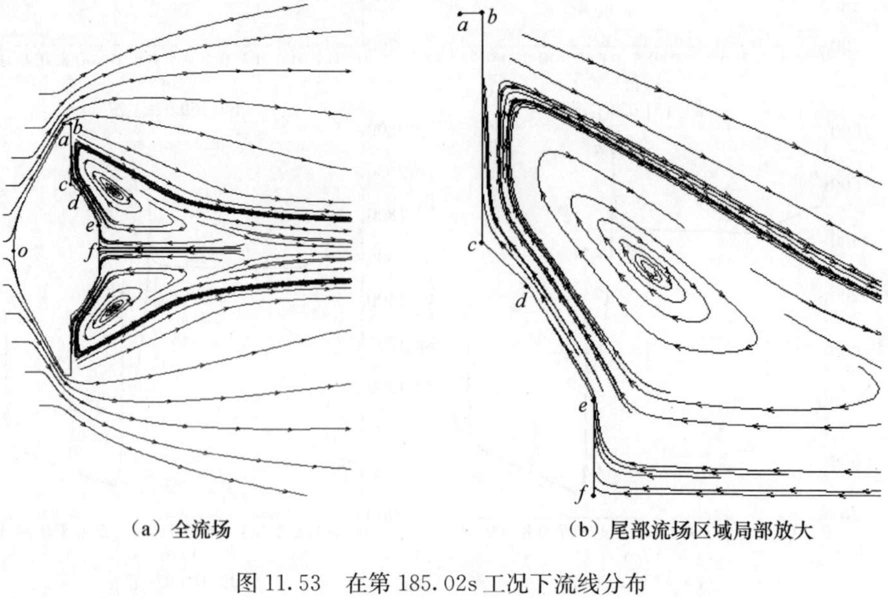

(a) 全流场

(b) 尾部流场区域局部放大

图 11.53 在第 185.02s 工况下流线分布

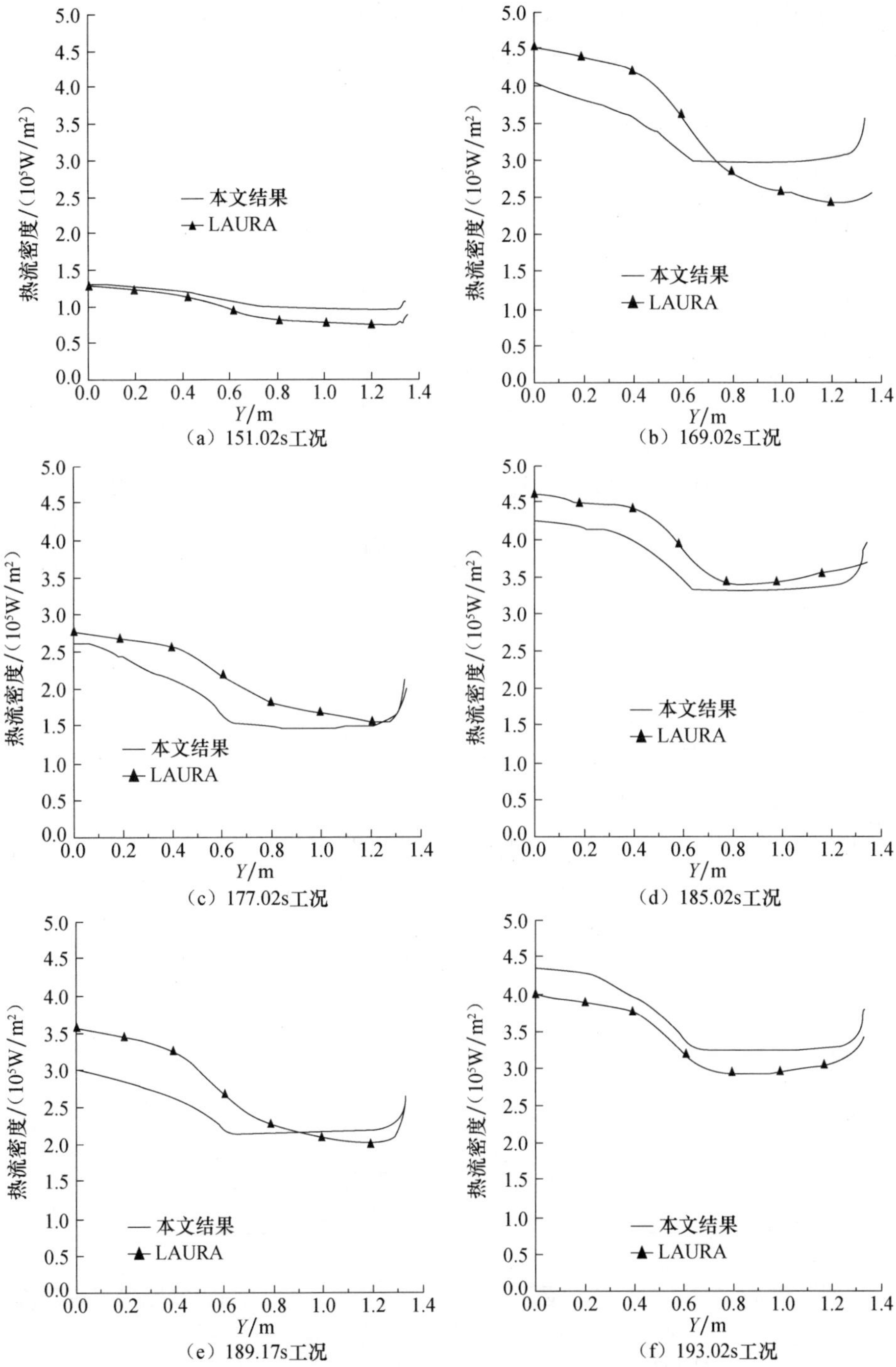

(a) 151.02s工况　(b) 169.02s工况

(c) 177.02s工况　(d) 185.02s工况

(e) 189.17s工况　(f) 193.02s工况

图 11.54　壁面热流密度的分布

明显的上升趋势；在数值上，二者之间的差值基本上是在 10％以内。

在上述 6 个工况下计算得到的 Stanton 数沿壁面 *a*-*b*-*c*-*d*-*e*-*f* 的分布如图 11.55

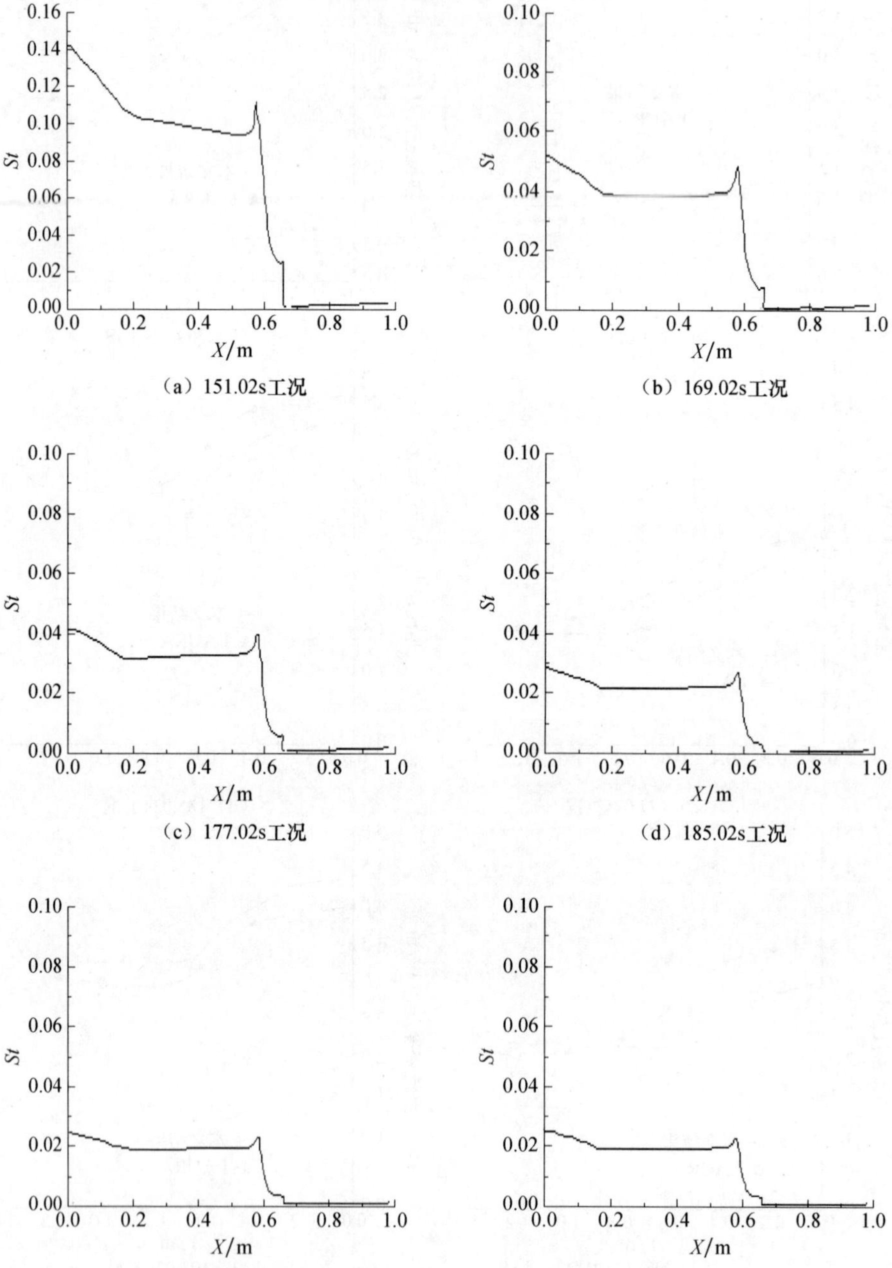

(a) 151.02s工况　(b) 169.02s工况

(c) 177.02s工况　(d) 185.02s工况

(e) 189.17s工况　(f) 193.02s工况

图 11.55　Huygens 飞行器壁面 Stanton 数的分布

所示。在驻点 o 处与肩部端点 a 处达到最高值,在 a 点后方则逐渐降低。随着飞行速度的降低,来流密度的增大,Stanton 数也逐渐降低,在 151.02s 工况下,Stanton 数在驻点 o 处达到最大值 0.142;而在 193.02s 工况下,Stanton 数在头部顶点 o 处附近的驻点处最大值仅为 0.025。

4. 结论

(1) 这里将文献[79]所发展的二维流动化学非平衡、热力学平衡态流场的计算程序作了进一步拓展,并将其发展为三维流动化学非平衡、热力学非平衡态流场计算的源程序[74],详细介绍了使用文献[74]这个源程序所完成的两个典型算例(本小节共计算了 12 个工况,其中飞行 Mach 数在 15.52～24.47 内变化)的流场分析;计算结果与 NASA 飞行数据及其计算结果吻合较好,初步显示了这里所编程序的可行性与有效性。

(2) 数值计算表明:在所讨论的 12 个工况中,高超声速飞行器的头部高温区内都发生了剧烈的化学反应以及分子热振动;计算发现,对于地球大气层,在其海拔 50km 以上时热力学非平衡态区域很大,这种现象十分显著;对于土卫六大气层,在其海拔 250km 以上时热力学非平衡态区域很大;另外,对于 Apollo AS-202 返回舱返回地球大气层的 6 个工况,计算得到的激波后气流最高温度从 13 361.9K 变化到 7364.3K,相应的飞行器壁面最高温度由 1360K 变化到 1642K,显然在所考查的激波后流动区域内温度的梯度变化是非常剧烈的。此外,对于 Huygens 飞行器再入土卫六大气层的 6 个工况,计算得到的激波后气流最高温度从14 283K 变化到 6846.3K,相应的飞行器壁面最高温度由 1209K 变化到 1943K,显然在所考查的激波后流动区域内温度的梯度变化也是非常剧烈的。计算中还发现:高超声速飞行器壁面的温度分布并不是常数,头部和肩部壁面处的温度较高,这些地方在热防护设计与传热分析[43,203,260]时应该格外注意。

(3) 数值计算还表明:高超声速飞行器再入飞行过程中,头部顶点和迎风面肩部端点处的热流密度值很高,如对于 AS-202 算例,在再入飞行时间 $t=4850$s,来流速度为 5620m/s,Mach 数为 17.52 工况下,迎风面肩部端点 b 处的热流密度值已达到 $3.2\times10^5\,W/m^2$;如对于 Huygens 飞行器算例,在飞行时间 $t=185.02$s,来流速度为 5489.6m/s,Mach 数为 20.11 工况下,头部驻点 o 处的热流密度值已达到 $4.63\times10^5\,W/m^2$,显然这些位置是热防护设计与传热分析中必须要关注的部位。

在结束本章讨论之前,这里想从具体计算的侧面对高超声速再入问题的整体框架进行一些归纳与总结,这里从以下 7 个方面详细给出飞行器高超声速再入飞行整个过程中飞越各个流区时数值计算的总体框架:①高超声速飞行通常要穿越稀薄流区、过渡区与连续流区,另外还存在“小 Knudsen 数特征区”[73],因此采用

DSMC 方法、广义 Navier-Stokes 方程方法以及 DSMC 与广义 Navier-Stokes 组合方法便可以完成再入飞行整个过程中各个流区的数值计算。②在 DSMC 方法的研究中，开展模拟内能松弛、热力学非平衡以及化学反应非平衡现象的研究是必要的。③在研究广义 Navier-Stokes 方程的表达式以及方程求解的过程中，开展多组分、考虑非平衡态气体的振动以及热化学非平衡态效应的守恒积分型广义 Navier-Stokes 基本方程的高分辨率、高效率、高精度算法研究是非常必要的；对于某些飞行工况，考虑辐射以及弱电离气体的影响也是需要的；对于高超声速流来讲，湍流模式应当考虑可压缩的湍流 Mach 数的修正；对于转捩应当考虑文献[276]所推荐的适合高超声速流动的转捩模型；对于流场中存在严重大分离的区域，首先应采用全场 RANS 计算，而后再进行局部 DES 分析[228,276]，应当讲对于某些复杂的高超声速流动，这种快速计算措施是十分必要的。④在 DSMC 与广义 Navier-Stokes 组合方法的研究中，针对再入飞行过程中存在“小 Knudsen 数特征区”，因此在该区可以用局部 Kn_{gl}（即 the gradient-length Knudsen number）作为当地流场计算选用 DSMC 模型或者广义 Navier-Stokes 模型时的依据。⑤在广义 Navier-Stokes 方程数值方法的研究中，在非结构与结构网格的框架下，发展 WENO、优化的 WENO、小波奇异分析[220]以及 Runge-Kutta 间断 Galerkin 方法都是必要的；在开展非定常流场的数值计算中，采用显式多步 Runge-Kutta 法以及 Jameson 的隐式双时间步方法都是值得推荐的优秀方法。另外，文献[203]中也给出了大量非定常气体动力学中的计算结果。⑥高超声速飞行器的热防护是再入飞行中必然会涉及的关键问题，开展流场与飞行器壁面间的耦合计算是准确预测飞行器壁面热流分布与温度分布的关键措施，因此发展气固耦合算法（其中包括强耦合与弱耦合）是十分必要的。⑦如何量化高超声速非平衡流动现象一直是人们研究高超声速流动问题时十分关注的问题，我们提出用 $|T-T_v|/T$ 描述流场的热力学非平衡、用 Damköhler 数描述化学反应过程的非平衡，用沿壁面的 Stanton 数或者壁面热流系数 C_h 描述壁面的传热效果。大量的数值计算表明：采用上述 3 个无量纲数可以细致而深入地刻画流场的非平衡现象，这种做法很值得推广。

显然，上述这七个方面进一步落实与丰富了卞荫贵先生倡导的气动热力学（即 Aerothermodynamics）领域[37,42]中关于高超声速再入飞行问题的具体内容与深刻含义，同时也从侧面总结与展示了本书给出的整体框架的主要特征与特色。对于高超声速飞行器气动力与气动热特性的一些工程近似计算方法（例如，面元上的气动力、力矩及其静、动导数；法向、轴向和侧向力系数；法向、轴向和侧向力的导数；俯仰、偏航和滚转力矩系数以及俯仰、偏航和滚转阻尼导数、压力中心系数；俯仰、偏航和滚转力矩的导数，有攻角驻点热流的经验公式；Eckert 参考焓工程方法、Reynolds 比拟方法；基于轴对称比拟概念的质量平衡流动方法以及高温气体变熵边界层的近似处理方法等；我们完全同意文献[69]作者们的看法：气动力、力矩、压心、气动配平、稳定性和控制面控制等对飞行器的适飞性至关重要)，因篇幅所限这里不作介绍，可参见本书 6.2 节与 6.3 节的内容。这里应当指出的是，对于“小 Knudsen 数特征区”，发展 GBE(又称 Wang-Chang Uhlenbeck Equation，简记为 WC-UE)的直接数值解法是一项很有意义的创新性工作，在这方面我们 AMME Lab 团队已与美国 Washington 大学的 Agarwal 教授合作开展了许多探索性研究工作并发表了多篇重要学术论文，感兴趣者可参阅近几年 AIAA Aerospace Sciences Meeting(例如，这个国际会议的第 49 届、50 届和 51 届)上发表的 AIAA Paper 以及 *Propulsion and Power Research* 2012 年第 1 卷第 1 期第 48～57 页与《航空动力学报》第 25～27 卷上刊出的我们的文章。此外，我们 AMME Lab 团队还用 Fortran 95 语言编制了多组元混合气体热力学非平衡问题，同时考虑转动-平动以及振动-平动非平衡的广义 Boltzmann 方程(GBE)的源程序，成功地完成了一维激波管问题、二维钝头体绕流以及二维双锥体绕流三个典型算例的 48 个工况计算，对此在本书 12.3 节中还将作进一步说明。用广义 Boltzmann 方程求解多组分混合气、同时考虑转动与振动影响的二维流动问题，目前在国际上我们 AMME Lab 团队所完成的相关工作应属首次。

第 12 章　求解高超声速稀薄流的 DSMC 方法及其应用

近 10 年来，我们 AMME Lab 团队使用自己编制的二维与三维 DSMC 源程序成功地完成了再入地球大气层、进入火星大气层、土卫六大气层等一系列国际上著名的 18 种航天器的高超声速绕流问题，完成了 242 个典型算例[73,91,92,97~100]的流场计算，取得了十分可喜的成绩，这里仅从大量算例中抽取几个典型问题进行讨论。下面分 3 小节叙述：①高超声速高温稀薄流的二维 DSMC 算法与典型算例分析；②四种高超声速探测器绕流的三维 DSMC 计算与传热分析；③再入飞行中 DSMC 与 Navier-Stokes 两种模型的计算与分析。大量的算例表明：我们编制的 DSMC 源程序能够完成飞行速度在 5～9km/s 内再入飞行时稀薄流场的数值计算，可以为高超声速飞行器提供气动热与气动力的相关数据，为飞行器的热防护设计以及空中变轨控制问题提供必要的基础数据。另外，对于广义 Boltzmann 方程的数值求解问题，本书不准备详细讨论，仅在 12.3 节略作概述。

12.1　高超声速高温稀薄流的二维 DSMC 算法与典型算例分析

现代航空航天动力装置的姿态控制以及飞行器的热防护技术对气动热力学环境提出了越来越严格的要求，尤其是近年来高空气动力辅助变轨技术（其中包括气动力俘获技术）的飞速发展，需要较准确地确定稀薄气体环境中气动力与气动热的分布，因此近年来稀薄气体动力学的计算引起了国内外学者们的普遍重视[301,302]。多年来对于稀薄气体动力学的求解发展了许多有效的方法，如 Bhatnagar-Gross-Krook(BGK)法、矩方法以及 Monte-Carlo 法等，其中以 Bird 提出与发展的直接模拟 Monte-Carlo(DSMC)方法[39]应用最为广泛。DSMC 方法直接模拟流动的物理过程，与 Boltzmann 方法[303]相比，它更能较方便地从物理的角度去处理高速高温环境下气体的热力学非平衡与化学非平衡现象；从程序编制与实现的角度来看，它避免了对 5 重积分碰撞项的处理。

在 DSMC 方法中，网格主要用于对流场宏观量进行抽样统计以及对可能的碰撞对进行选取，因此合理的网格分布对完成流场的计算有重要作用。目前，网格的划分有两类：一类为结构网格；另一类为非结构网格。对于复杂外形的流场计算采取非结构网格要比结构网格更为有效。当前，非结构网格的生成技术主要有两种：一种是 Delaunay 方法；另一种是阵面推进法。这两种方法各有长处且在流场计算中都有广泛的应用[2]。相对国外，国内在 DSMC 方法中使用非结构网格的较少。

在高温、高空环境下，流场的热力学状态十分复杂，热力学非平衡现象普遍存在，再加上高温下分子碰撞将发生各种复杂的化学反应，因此如何有效地用数值方法模拟出流场中存在的热力学非平衡与化学非平衡现象便成为稀薄气体力学计算的重要内容。

在非结构网格下，本节将讨论热力学碰撞传能的 6 种方式和化学反应的 8 种类型，将详细给出上述碰撞传能和化学反应碰撞类型的子程序计算框图。另外，本节还将讨论地球大气环境下高超声速高温流场内 5 组元 17 基元反应的机理以及火星大气环境下 8 组元 44 基元反应机理的计算过程；在可变硬球(VHS)分子模型、Borgnakke-Larsen 唯象模型、Bird 的化学反应概率模型以及壁面 CLL(Cercignani-Lampis-Lord)反射模式的基础上，用 Fortran 语言编制了能够模拟内能松弛、热力学非平衡和化学非平衡的稀薄气体 DSMC(direct simulation Monte-Carlo)源程序，在地球大气层和火星大气层中完成了 Ballute 减速装置的 8 个工况计算(其中 Knudsen 数从 0.05 变到 30.0，飞行 Mach 数从 26.3 变到 11.2)，并与 NASA Langley 研究中心 Moss 先生于 2007 年发表的计算结果作了比较，这里的结果令人满意。另外，我们提出了用 $|T-T_v|/T$ 去分析热力学非平衡，用 Damköhler 数去分析化学反应非平衡，用 Stanton 数去分析飞行器壁面的传热效果的量化措施，所有这些分析对高温部件的热防护设计十分有益。

12.1.1　非结构网格下模拟分子的追踪办法

对于非结构网格的生成，这里采用了阵面推进方法(advancing front method)，以平面问题为例，对计算域进行非结构三角形剖分，得到了计算区域内三角网格的节点和网格坐标。

在 DSMC 方法中，如何正确并快速地追踪到模拟分子的运动轨迹，是决定流场模拟算法可行性的关键。与结构网格相比，非结构网格无法以给定的坐标去确定该坐标所在网格的编号。为解决这个困难，这里应用一组二维数组来预先设置流场中网格-网格、网格-壁面相互位置，从而减少了模拟分子运动过程中追踪模拟分子的计算量，并能迅速判断模拟分子是否与壁面发生碰撞，从而减少分子运动过程中追踪模拟分子的计算量。

图 12.1 和图 12.2 分别给出非结构网格中模拟分子运动子程序的框图和描述分子在网格中运动轨迹的示意图。可以看出，这里在对于分子运动轨迹的追踪方面采用了如下三个步骤：

(1) 先确定模拟分子的起始位置 P_1 以及所在网格①的编号。在无碰撞的假设下，采取匀速直线运动求出模拟分子以各自速度在 Δt 时间内运动的距离，确定模拟分子新的位置 P_2。判断点 P_2 是否在原始网格①内，如果在原网格内则存储模拟分子新的坐标并追踪下一个模拟分子。

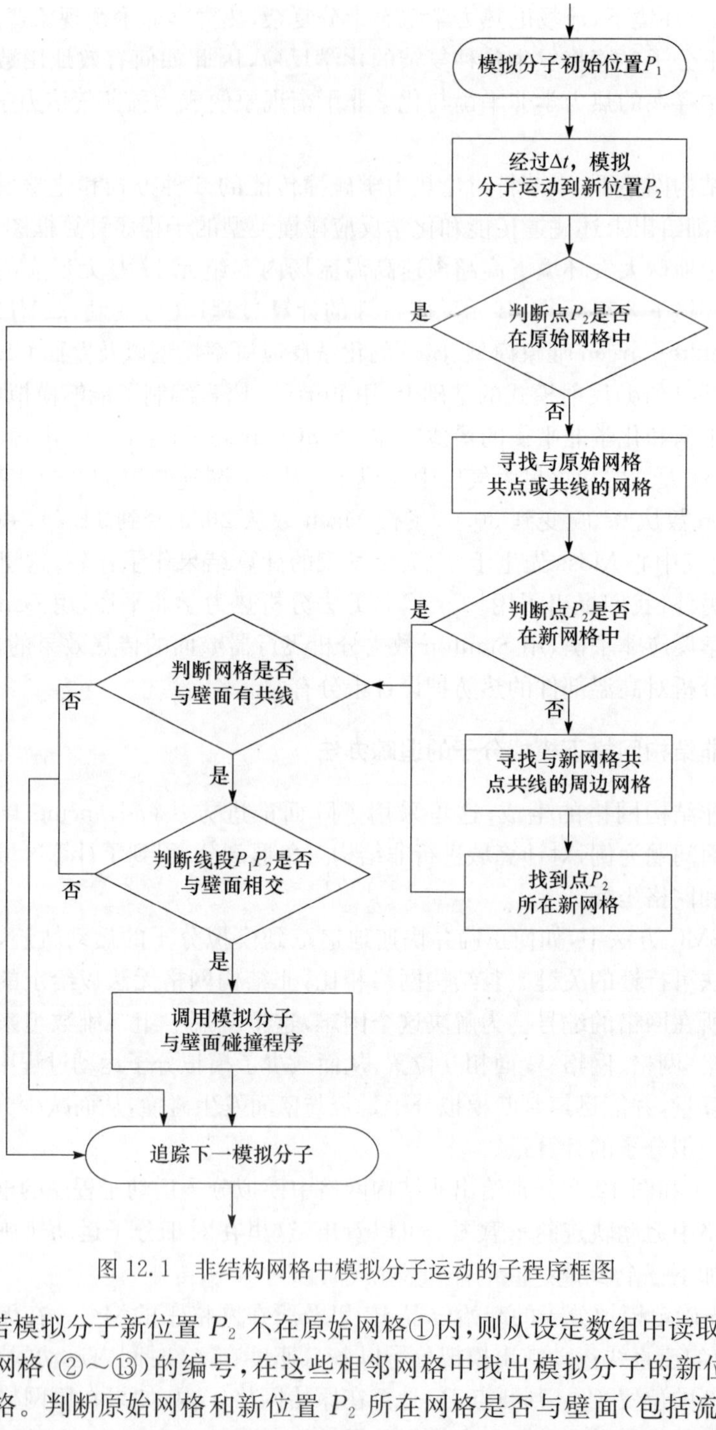

图 12.1　非结构网格中模拟分子运动的子程序框图

(2) 若模拟分子新位置 P_2 不在原始网格①内，则从设定数组中读取原始网格所有相邻网格(②～⑬)的编号，在这些相邻网格中找出模拟分子的新位置 P_2 所对应的网格。判断原始网格和新位置 P_2 所在网格是否与壁面(包括流场边界壁面和物体壁面)共线，若无共线则存储模拟分子新的坐标和所在网格编号，并追踪下一个模拟分子。

(3) 若所在网格有边在壁面上，则需要判断分子是否与壁面发生碰撞。假设已知网格有边 AB 在壁面上，连接模拟分子原始位置 P_1 和新位置 P_2。通过几何算法判断共边 AB 和线段 P_1P_2 是否有交点，若无交点则存储模拟分子新的坐标以及所在网格编号，并追踪下一个模拟分子。若有交点则模拟分子和壁面发生碰撞，这时可调用模拟分子与壁面碰撞的子程序进行模拟分子碰撞的处理。然后从碰撞点出发，模拟分子继续完成 Δt 剩余时间的运动，并找到新的位置 P_2，而后存储模拟分子新的坐标和所在网格的编号，并追踪下一个模拟分子。

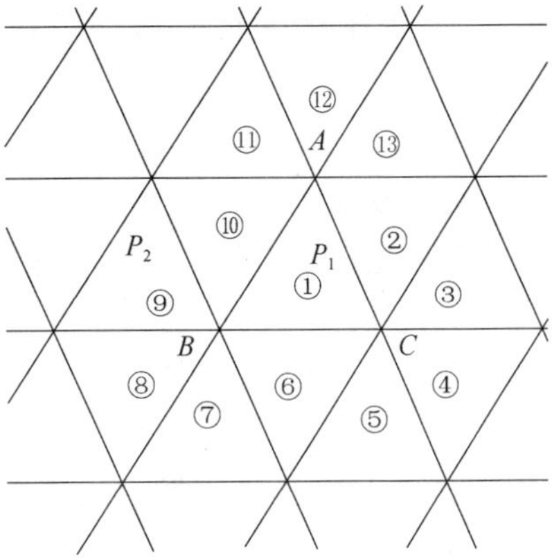

图 12.2　模拟分子在网格中的运动轨迹示意图

对于不同工况下大气的组分，计算时应考虑工况的飞行高度，大气层的种类(这里分别考虑了两种大气层:一种为地球大气层;另一种为火星大气层)。模拟分子采用了变径硬球模型(VHS)，模拟分子与壁面的碰撞分别采用了漫反射碰撞模型和 CLL 反射模型。壁面采用 CLL 壁面反射模型后，使得模拟分子在壁面上很好地满足了互易性定理。假定流场左边界和上下边界属于流动区域，进入边界的分子热运动的速度分量按 Maxwell 速度分布函数产生，而后再叠加各方向的宏观速度便得到进入计算区域模拟分子的各速度分量。对于新进入流场的模拟分子，则认为均匀随机分布在来流边界的网格面上，其运动时间为 $\Delta t \cdot R_f$，这里 R_f 为随机数。

当分子运动到右出口边界，因为流场中沿 X 方向的速度远远超过热运动速度，所以可以认为右边界基本上没有模拟分子从外部进入计算边界，将该边界处理为“真空”边界。

12.1.2　热力学碰撞传能的 6 种类型及 8 种化学反应类型

气体分子之间的热力学碰撞传能，通常包括 6 种类型，即分子平动能与分子平动能之间的能量交换(简称为 T-T 传能，也就是通常说的弹性碰撞传能)、分子平动能与分子转动能之间的能量交换(简称为 T-R 传能，即分子转动弹性碰撞)、分子转动能与分子转动能之间的能量交换(简称为 R-R 传能，注意它仅发生在双原子分子之间)、分子振动能与分子振动能之间的能量交换(简称为 V-V 传能，注意当 $T<4000$K 时 V-V 传能决定了气体分子振动能的松弛过程)、分子平动能与分子振动能之间的能量交换(简称为 T-V 传能，注意当 $T>4000$K 时 T-V 传能决定了气体分子振动能的松弛过程)以及转动能与分子振动能之间的能量交换(简称为

R-V 传能，注意在 R-V 传能过程中，碰撞分子各自由度上的平动能保持着守恒性质）。

图 12.3 给出热力学碰撞传能的子程序框图。应当指出的是，热力学碰撞传能是一类不改变碰撞分子组分也不改变碰撞分子结构的二元碰撞，但当碰撞分子的热力学总能量大于化学反应活化能 E_a 时，便可能发生化学反应碰撞。一旦这类碰撞发生，它使得参与碰撞的分子成分或者分子结构发生了改变，这里不妨以高超声速飞行器再入大气层为例扼要说明常见的 8 种化学反应的碰撞类型：①离解反应；②单原子的复合反应；③交换原子反应（又称置换反应）；④单原子的缔合电离反应；⑤离子与电子之间发生的离解式复合反应；⑥由电子所激发的电离反应；⑦离子与电子间发生的三体复合反应；⑧电荷交换反应。为了在 DSMC 方法中细致地描述上述 8 类化学反应的碰撞过程，因此图 12.4 给出了这时化学反应的子程序框图。

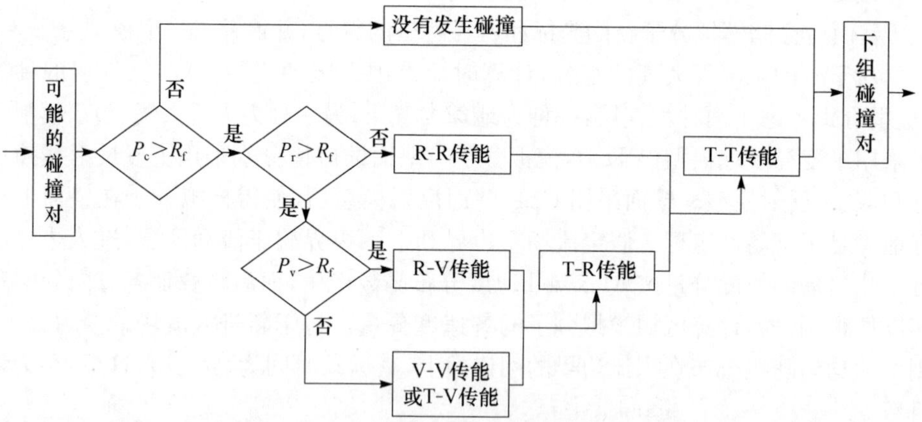

图 12.3　热力学碰撞传能的子程序框图

R_f 为随机数；P_c、P_r 与 P_v 分别代表碰撞概率、转动能松弛概率与振动能松弛概率

在这里的计算中，模拟分子碰撞后的平动能、转动能和振动能分配采用了 Borgnakke-Larsen 的唯象模型。因此在 DSMC 计算中弹性碰撞次数、转动非弹性碰撞次数与振动非弹性碰撞次数之比为 $\left(1-\frac{1}{Z_r}-\frac{1}{Z_v}\right):\left(\frac{1}{Z_r}\right):\left(\frac{1}{Z_v}\right)$，这里 Z_r 为转动松弛碰撞数，Z_v 为振动松弛碰撞数，通常可取 $Z_r=5$，而 Z_v 采用了 Bird 给出的表达式，即

$$Z_v=\frac{C_1}{T^{\omega}}\exp(C_2T^{-1/3}) \tag{12.1.1}$$

式中：C_1 和 C_2 分别为根据气体的不同组分对应的常数；ω 为黏性指数；T 为分子碰撞的有效温度。

在上述计算中，对于非弹性碰撞中能量的分配采取了平动能 E_t 和振动能 E_v

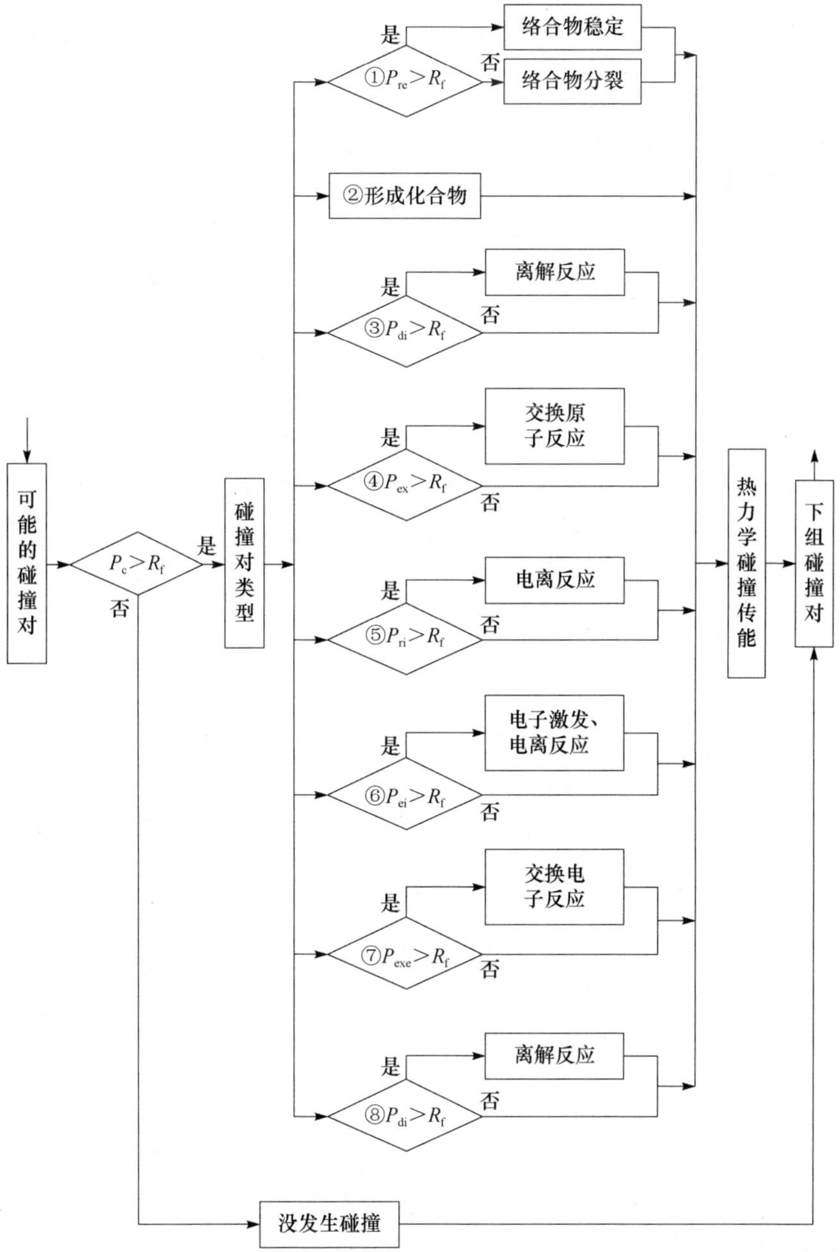

图 12.4　化学反应碰撞过程的子程序框图

R_f 为随机数；P_c 为碰撞概率；P_{re}、P_{di}、P_{ex}、P_{ri}、P_{ei} 与 P_{exe} 分别代表有关化学反应的抽样概率函数

以及转动能 E_r 分别进行分配的办法。当振动能被激发，令 $E'_v=R_fE'_c$，其中 R_f 是 0～1 的随机数。而振动能的最大值占总能量的概率为

$$P_{\max} = \left(1 - \frac{E'_{\mathrm{v}}}{E_{\mathrm{t}} + E_{\mathrm{v}}}\right)^{\frac{3}{2} - \omega_{12}} \tag{12.1.2}$$

式中：ω_{12} 是气体黏性系数的温度幂指数。若 $R_{\mathrm{f}} < P_{\max}$，则碰撞后的振动能 $E_{\mathrm{v}}^{*} = E_{\mathrm{v}}$，否则重新选择随机数 R_{f}，直到满足 $R_{\mathrm{f}} < P_{\max}$ 为止。

当转动能被激发，碰撞后的转动能为

$$E_{\mathrm{r}}^{*} = (1 - R_{\mathrm{f}}^{\frac{5}{2} - \omega_{12}})(E_{\mathrm{t}} + E_{\mathrm{r}}) \tag{12.1.3}$$

对于化学反应，采用了 Bird 的化学反应概率模型（又称化学反应的位阻因子法）。在这种模型中，碰撞分子发生化学反应的概率由化学反应速率推出，在我们的计算中，考虑了飞行器再入的两种大气层中的化学反应，即一种是再入地球大气层时所发生的 5 组元 17 基元反应，另一种是再入火星大气层时所发生的 8 组元 44 基元反应。对于地球大气，化学反应机制选取如表 12.1 所示的 5 组元（N_2、O_2、NO、N 和 O）、17 基元反应模型，其中 M 为反应碰撞单元。

表 12.1　地球大气化学反应机制

序　号	化学反应	反应碰撞单元 M
1	$N_2 + M \rightleftharpoons N + N + M$	N_2, O_2, NO, N, O
2	$O_2 + M \rightleftharpoons O + O + M$	N_2, O_2, NO, N, O
3	$NO + M \rightleftharpoons N + O + M$	N_2, O_2, NO, N, O
4	$NO + O \rightleftharpoons N + O_2$	无
5	$N_2 + O \rightleftharpoons NO + N$	无

当组分 A 的分子与组分 B 的分子碰撞时，以一定的概率发生化学反应，通常引入反应截面 σ_{r} 与总碰撞截面 σ_{t} 之比来代表由于碰撞所导致的化学反应发生的概率。借助于 Bird 的唯象化学反应模型，这时 $\frac{\sigma_{\mathrm{r}}}{\sigma_{\mathrm{t}}}$ 的表达式为

$$\frac{\sigma_{\mathrm{r}}}{\sigma_{\mathrm{t}}} = \frac{\varepsilon a \pi^{1/2} T_{\mathrm{ref}}^{b}}{2\sigma_{\mathrm{ref}} (kT_{\mathrm{ref}})^{b-1+\omega_{\mathrm{AB}}}} \frac{\Gamma\left(\bar{\zeta} + \frac{5}{2} - \omega_{\mathrm{AB}}\right)}{\Gamma\left(\bar{\zeta} + b + \frac{3}{2}\right)} \left(\frac{m_{\mathrm{r}}}{2kT_{\mathrm{ref}}}\right)^{1/2} \frac{(E_{\mathrm{c}} - E_{\mathrm{a}})^{b+\bar{\zeta}+\frac{1}{2}}}{E_{\mathrm{c}}^{\bar{\zeta}+\frac{3}{2}-\omega_{\mathrm{AB}}}} \tag{12.1.4}$$

式中：ε 为对称因子，对于不同类分子则取 $\varepsilon = 1$，对同类分子则取 $\varepsilon = 2$；$\bar{\zeta}$ 为内自由度的平均值；ω_{AB} 是气体黏性系数的温度幂指数；E_{a} 和 E_{c} 分别为活化能与碰撞的总能量；m_{r} 为折合质量；$\Gamma(*)$ 为 Gamma 函数；a 和 b 分别是化学反应速率公式中的常数，这里表达式为

$$k(T) = aT^{b}\exp\left(\frac{-E_{\mathrm{a}}}{kT}\right) \tag{12.1.5}$$

式中：E_{a} 为活化能；$k(T)$ 为化学反应速率。注意式（12.1.5）等号右边的 k 代表 Boltzmann 常量。图 12.5 给出我们给出的一种简化处理热力学传能与化学反应碰撞过程的子程序框图，并用它完成了一些工况下的流场计算，获得了一些可喜的结果。

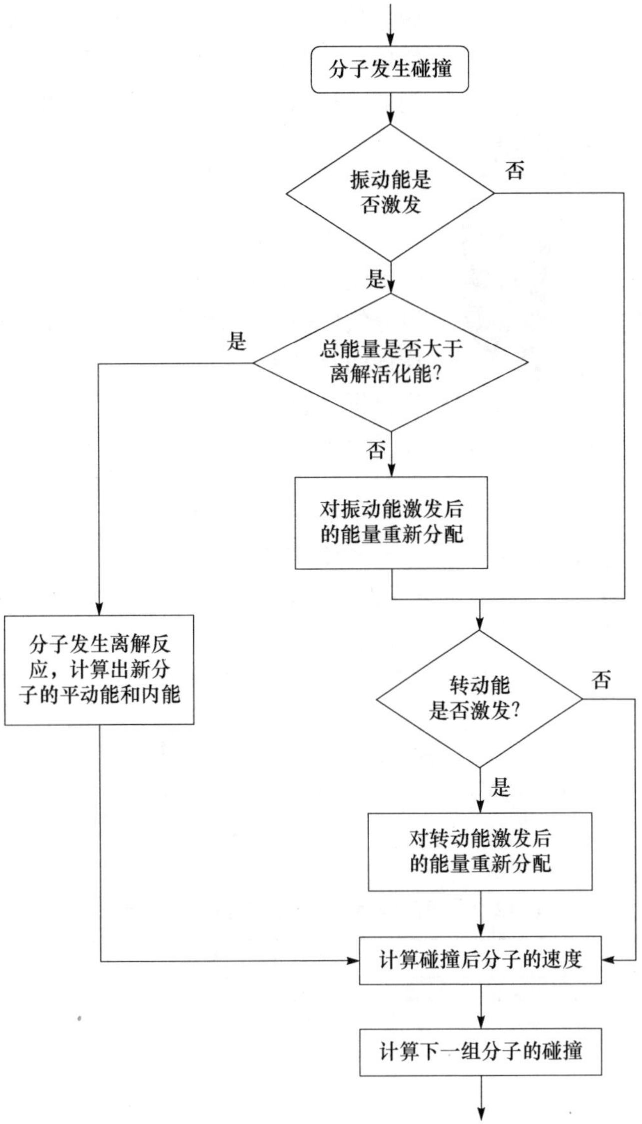

图 12.5　一种简化的处理两类碰撞的子程序框图

12.1.3　典型算例计算及传热学分析

1. Ballute 减速问题

Ballute 减速装置是目前飞行器进入目标星球飞行轨道的一种新型空中变轨技术的关键装置，该装置由探测器与环形气球组成。由图 12.6 给出进入火星轨道探测器(Mars Pathfinder)与环形气球的示意图。该气球总体直径 $D=52.0\text{m}$，气

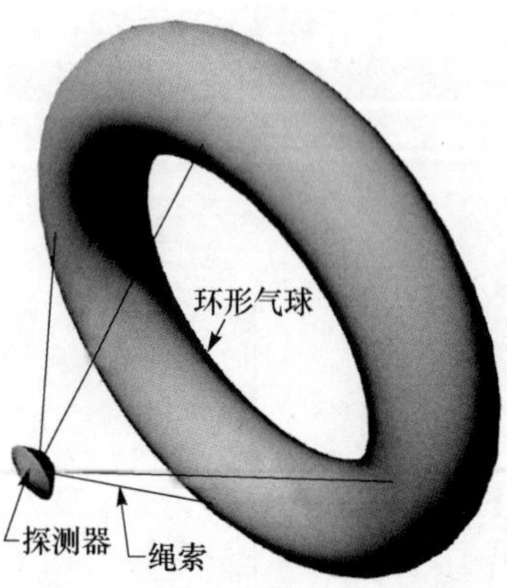

图 12.6 探测器和环形气球示意图

球圆环截面直径 $D_{cs}=13.0m$，探测器尾部和环形气球中心距离是 28.46m。图 12.7 仅给出火星探测器的结构尺寸图，详细几何数据见文献[97]。

2. 在地球大气层运动时 5 种工况的数值计算

表 12.2 给出距离地球表面 110km 到 200km 时来流分子的自由程 λ_∞、数密度 n_∞、温度 T_∞、各组分气体所占比例和气球特征长度(这里取为气球截面直径 D_{cs})所对应的 Knudsen 数，为方便讨论分析，这里来流速度统一取 8.55km/s，我们计算了表 12.2 中所给出的 5 种工况的稀薄流场。

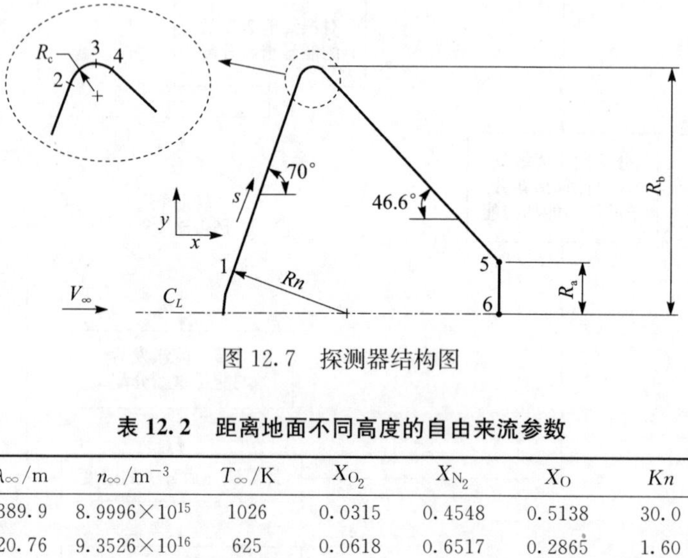

图 12.7 探测器结构图

表 12.2 距离地面不同高度的自由来流参数

高度/km	λ_∞/m	n_∞/m^{-3}	T_∞/K	X_{O_2}	X_{N_2}	X_O	Kn	Ma
200	389.9	8.9996×10^{15}	1026	0.0315	0.4548	0.5138	30.0	11.2
140	20.76	9.3526×10^{16}	625	0.0618	0.6517	0.2865	1.60	15.8
120	3.03	5.2128×10^{17}	368	0.0845	0.7327	0.1828	0.23	21.2
115	1.59	9.8565×10^{17}	305	0.0978	0.7539	0.1483	0.12	23.4
110	0.64	2.1246×10^{18}	247	0.1232	0.7704	0.1064	0.05	26.3

5 种工况下流场平动-转动温度 T 的分布如图 12.8(a)～(e)所示。温度最高值出现在探测器和气球的头部驻点区域内，并且随着海拔的增加，峰值逐渐由 26 000K 降低到 17 000K。探测器头部与气球头部各自的脱体激波间相互作用使得在探测器的尾部后方存在一个高温区，该区域的温度值均在 12 000K 以上。

由探测器与气球头部温度等值线的分布可以看出，在稀薄大气空间内，随着海拔的上升，Knudsen 数由 0.05 增大到 30，激波层的厚度也有显著增加。在 110km 处，由于 Knudsen 数较小，气体分子间的碰撞频率较大，温度的等值线分布得较

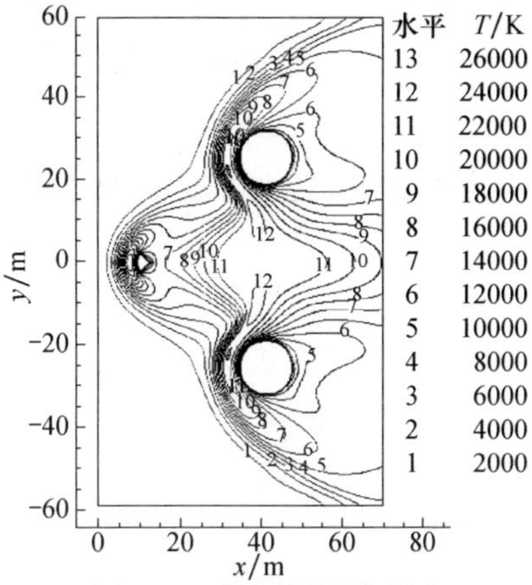

(a) 110km高度的温度分布图

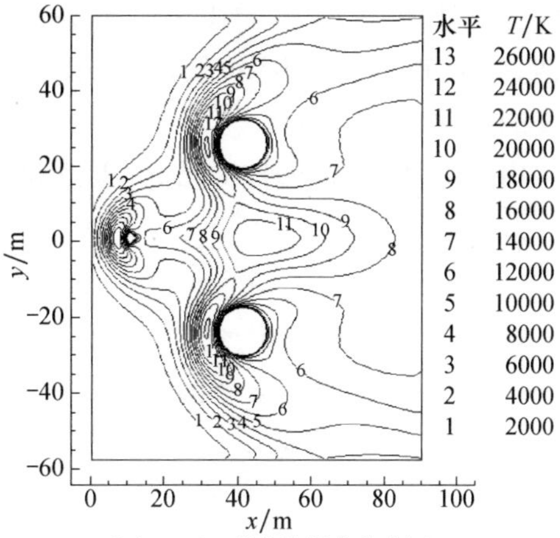

(b) 115km高度的温度分布图

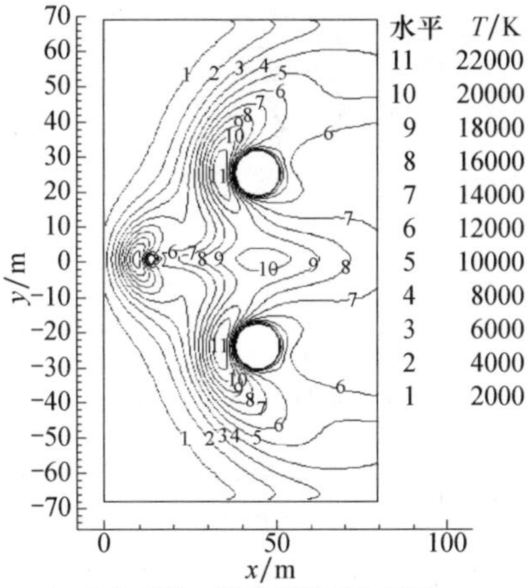

(c) 120km高度的温度分布图

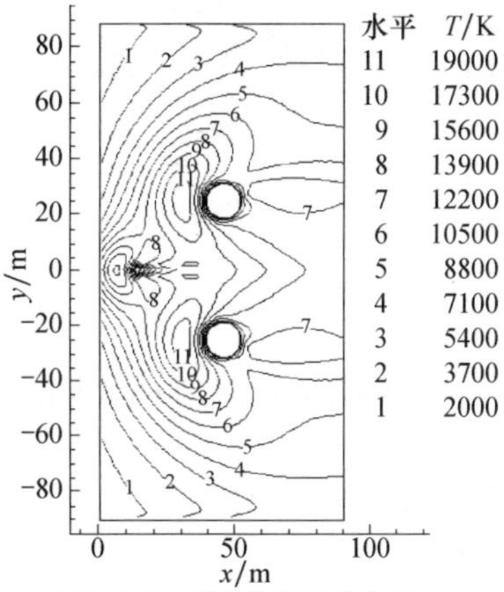

(d) 140km高度的温度分布图

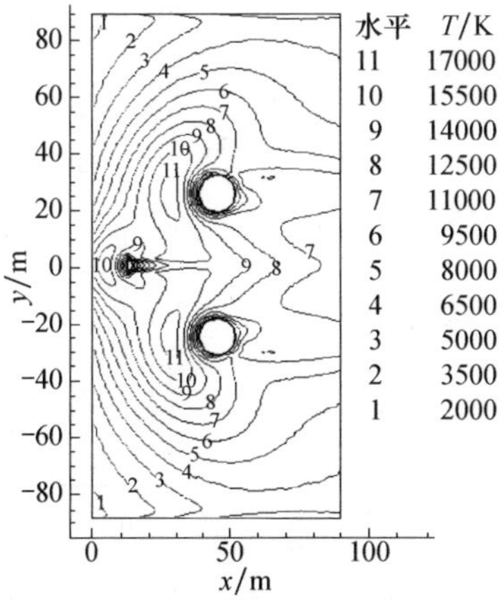

(e) 200km高度的温度分布图

图 12.8　地球大气中 5 个高度处的温度等值线的分布图

密,激波层厚度较小;在海拔 200km 处,此时 Knudsen 数为 30,这时大气已经极其稀薄,分子间的碰撞频率很低,激波本身的厚度已非常大,等值线的分布十分稀疏,温度的变化梯度很小。

由图 12.9 可知,四种工况下气球头部驻点区域内平动-转动温度 T 的值相比探

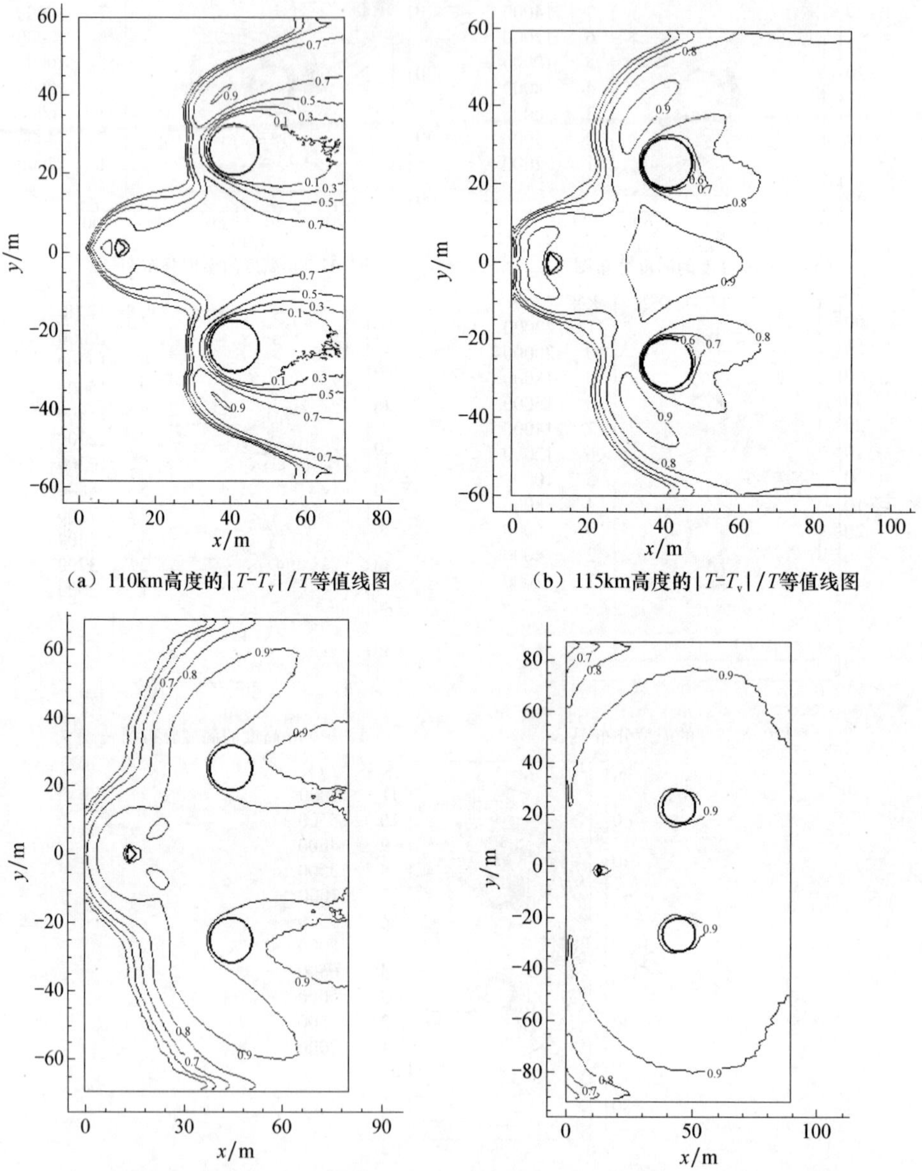

(a) 110km高度的 $|T-T_v|/T$ 等值线图　(b) 115km高度的 $|T-T_v|/T$ 等值线图

(c) 120km高度的 $|T-T_v|/T$ 等值线图　(d) 140km高度的 $|T-T_v|/T$ 等值线图

图 12.9　地球大气中 4 种工况时流场 $|T-T_v|/T$ 等值线的分布

测器头部驻点区域的值较大。在同一工况下，气球头部的驻点区域中$|T-T_v|/T$的值较小，表明热力学非平衡态现象较弱，这是由于气球头部的驻点区域中，气体密度要大得多，分子碰撞频率较大，使得 T_v 的数值与 T 较为接近。另外，相比之下探测器头部驻点区域内$|T-T_v|/T$ 的值大于气球头部区域的值，表明该处热力学非平衡态现象比气球的头部要强，这是由于气体密度较小，分子的碰撞频率较低，使得分子的热振动较弱，振动温度 T_v 的值较低的缘故。

从图 12.9 中可以看出，随着海拔的上升，整个流场区域内气体的分子平均自由程增大，分子间的碰撞频率减小，使得分子的热激发程度降低，分子的振动温度 T_v 很小，从而导致全流场内分子的振动温度均远小于平动-转动温度，即$|T-T_v|/T$ 的值很大，流场内热力学非平衡态的剧烈程度和区域都逐渐增大，在海拔 140km 处，绝大部分流场内$|T-T_v|/T$ 的值已达到 0.9。

图 12.10 分别给出距地面不同高度时环形气球表面热流密度沿表面圆周长 s

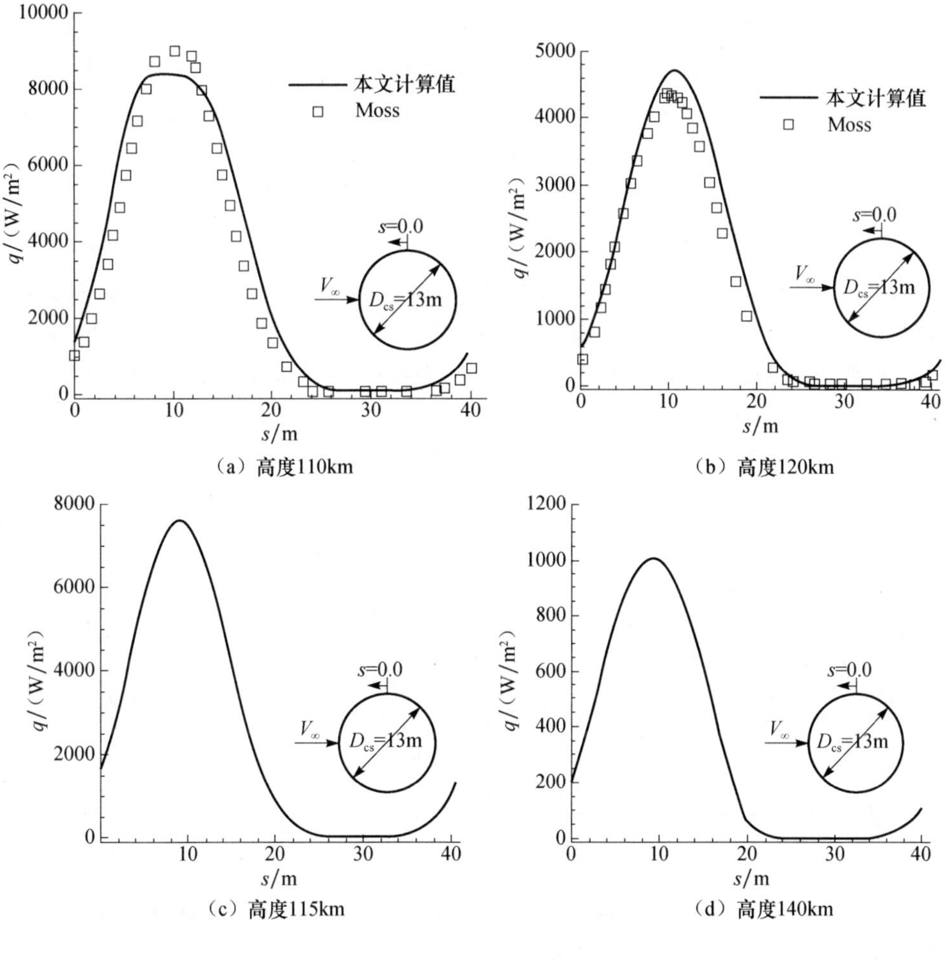

(a) 高度110km　(b) 高度120km

(c) 高度115km　(d) 高度140km

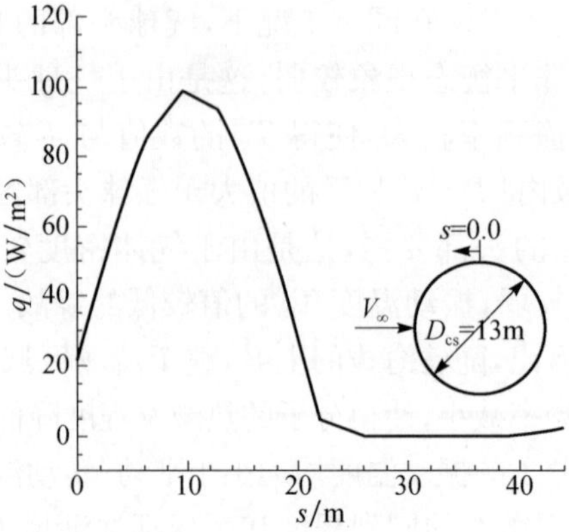

（e）高度200km

图 12.10　地球大气中 5 种工况时气球表面热流密度沿圆周 s 分布图

的分布。将我们得到的高度为 110km 和 120km 时两种工况的数值结果与文献[304]比较，二者吻合较好。从图 12.10 所给出的 5 种工况来看，气球表面热流密度开始随着 s 的增大而逐渐增大，在驻点处达到最大值；过了驻点后热流密度又逐渐降低，在气球后部热流密度值很小；受稀薄程度的影响较大，随着高度的变化，热流密度峰值从海拔 110km 处的 8406W/m^2 降低到 200km 处的 98W/m^2。

对于 Stanton 数的概念，文献[259,260]已给出定义。图 12.11 给出上述 5 种工况时计算出的 Stanton 数沿壁面的分布。显然，这时的分布与热流密度的分布很类似，气球表面 Stanton 数开始随着 s 的增大而逐渐增大，在驻点处达到最大值。过了驻点后 Stanton 数又逐渐降低，在气球后部 Stanton 数很小。受稀薄程度的影响较大，随着高度的增加，来流密度减小，Stanton 数逐渐增大，Stanton 数的峰值从 0.285 增大到 0.839。

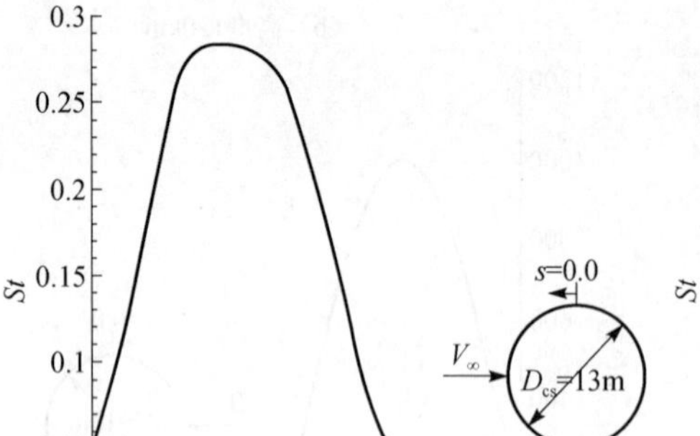

（a）高度110km

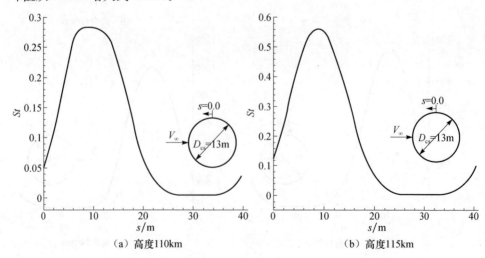

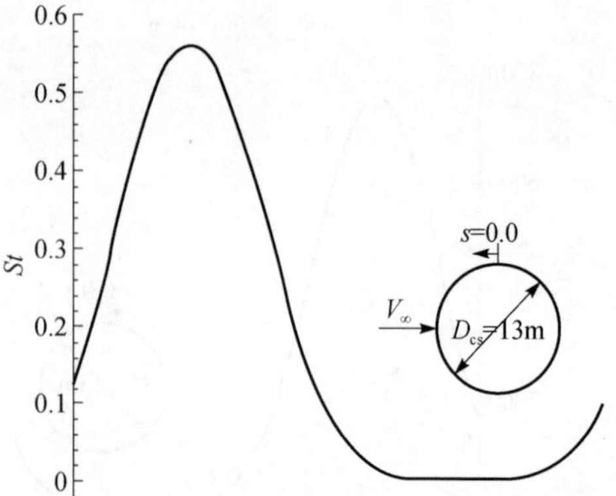

（b）高度115km

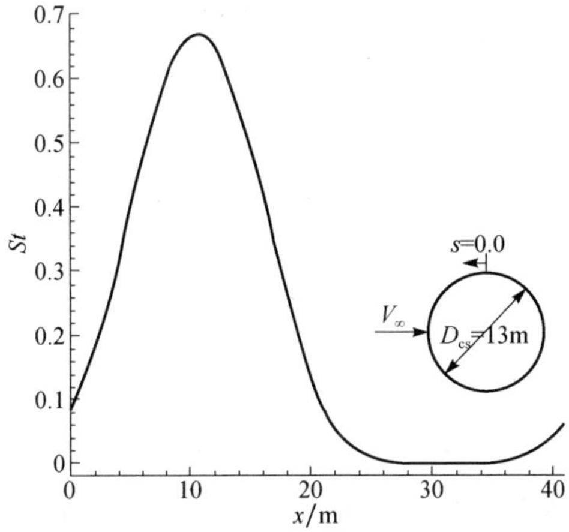

（c）高度120km

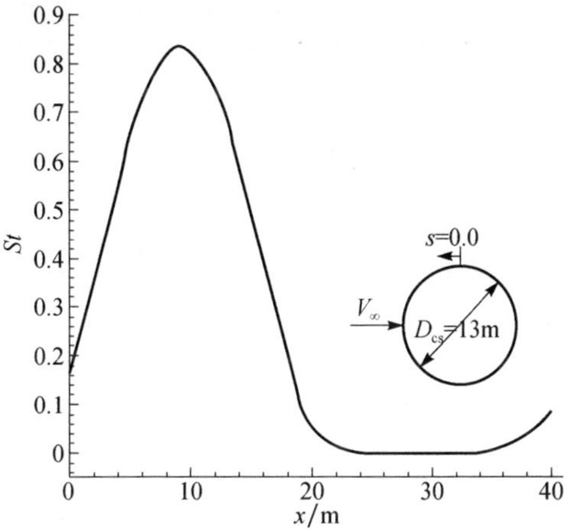

（d）高度140km

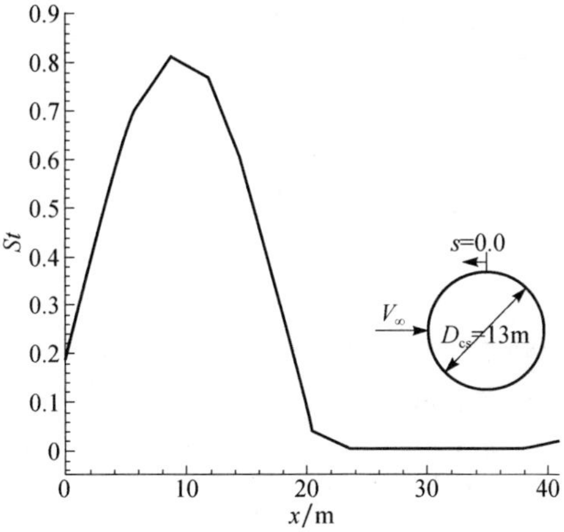

（e）高度200km

图 12.11　地球大气中 5 种工况处沿气球表面 Stanton 数分布

将壁面气热流密度的模拟结果无量纲化，还可以得到壁面热流系数 C_h

$$C_h = \frac{q}{\frac{1}{2}\rho_\infty U_\infty^3} \tag{12.1.6}$$

式中：q 为热流密度；ρ_∞ 和 U_∞ 分别为自由来流的密度和速度。

表 12.3 给出相同来流速度 8.55km/s，不同高度（即 110～200km）下，环形气球表面的气球壁面热流密度与热流密系数的峰值。从表 12.3 中可以看出，壁面热流密度和热流系数受稀薄程度的影响较大，随着高度的变化，热流密度峰值从 8406W/m^2 降低到 98W/m^2，与其相对应的热流系数峰值从 0.280 变化到 0.961。将我们的数值结果与文献[304]的结果相比，显然两者基本一致。

表 12.3　不同高度时气球表面热流密度、热流密系数的峰值

高度/km	出　处	$q/(\mathrm{W/m^2})$	C_h
110	文献[97]	8406	0.280
	Moss	9300	0.310
120	文献[97]	4705	0.628
	Moss	4400	0.622
140	文献[97]	1013	0.841
	Moss	1020	0.847
200	文献[97]	98	0.961
	Moss	100	0.975

图 12.12(a)给出 110km 高空时沿气球头部驻点线组分的摩尔分数的分布图。

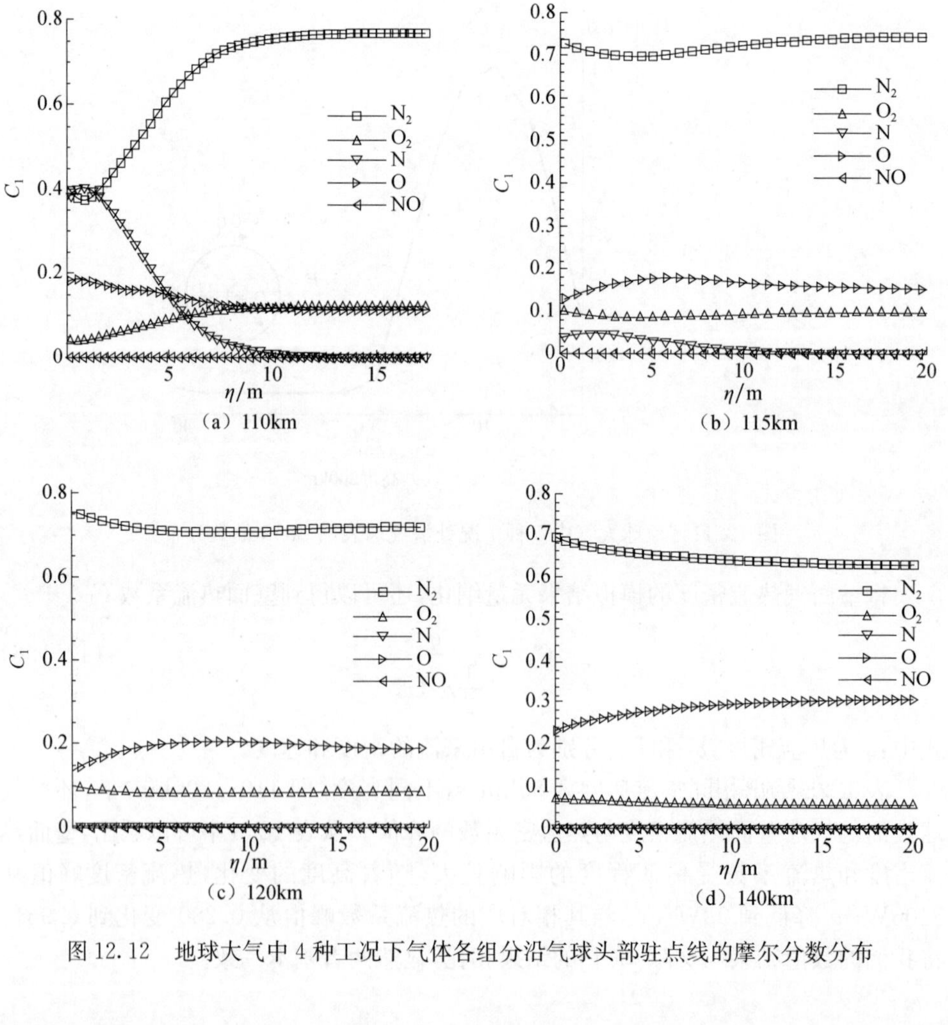

图 12.12　地球大气中 4 种工况下气体各组分沿气球头部驻点线的摩尔分数分布

可以看出，激波后接近壁面的位置，由于气体分子密度增大，碰撞数目增大，气体分子化学反应最强烈。越靠近壁面，分子碰撞频率会逐渐增加，由于离解反应、置换反应和复合反应的发生，可以看出氮气与氧气组分逐渐降低，而氮原子和氧原子逐渐升高。值得注意的是，靠近壁面这时因冷壁效应导致了氮气与氧气组分略有升高，氮原子与氧原子略有降低。图 12.12 中给出距离地面 110km、115km、120km 和 140km 高度下不同组分气体中所占的摩尔分数，可以看出整个流场的化学反应的变化过程。

另外，由图 12.12 还可以看出，随着高度从 110km 增加到 140km，气体稀薄程度增加，N_2 和 O_2 分子的分解趋势减弱，这表明流场中的化学反应程度降低。当飞行高度达到 140km 时，N_2 和 O_2 分子基本上没有离解反应发生，流场化学反应已经变得很微弱，所以可以得出飞行器表面的化学反应程度随高度的增加而减弱，当气体稀薄程度接近于自由分子区时，化学反应对流场的影响将十分有限。这主要是因为随着来流密度减少导致分子的碰撞频率减小，分子间化学反应发生主要是通过分子碰撞来实现的，对应的气体的化学反应程度减弱。

为了更有效地定量描述流场中的化学非平衡态，引进 Damköhler 数（它是流动特征时间与化学反应特征松弛时间的比），并用 Da 来表示。对于同一反应，Da 数越大，则流场中的化学反应越强烈。对于 N_2 分子来讲，它在流场中的化学反应的程度用 $Da(N_2)$ 来表示，其表达式为

$$Da(N_2)=\frac{L}{U_\infty}\frac{k_{f,N_2}\rho_{N_2}}{M_{N_2}} \tag{12.1.7}$$

式中：L 是气球特征长度；U_∞ 是来流速度；k_{f,N_2}、ρ_{N_2}、M_{N_2} 分别是 N_2 分子分解的速率、密度和分子质量。

图 12.13 给出流场中 N_2 分子离解反应时对应的 Da 数的分布图。从图 12.13(a)中给出的流场 Da 数等值线的分布图可以看出，等值线主要集中在气球头部区域，这表明，在气球头部局域化学反应较显著，相比而讲，探测器头部的化学反应较弱，因此图 12.13(b)～(d)只给出气球部分的 Da 数等值线的分布图。在距离地面 4 种高度（分别为 110km、115km、120km 和 140km）时，Da 数的最大值分别为 4.2×10^{-2}、6.5×10^{-4}、2.0×10^{-6}、4.5×10^{-9}。可见，随着来流稀薄程度的增加，Da 数值降低很快，这说明流场内的化学反应程度减弱。当高度达 140km 时，化学反应已基本不发生，这与前面的分析是一致的。

表 12.4 给出我们在完成上述 5 种工况计算时所选用的 N_S、N_T 等值，这里 N_S 为额定取样数，N_T 为总循环数。表 12.4 中的“机时”表示完成计算所占用的 CPU 时间（本计算是在 AMME Lab 的双 CPU，Intel(R) Xeon(TM) 双核处理器，主频 2.66Hz，内存 2G 的计算机上进行的）。

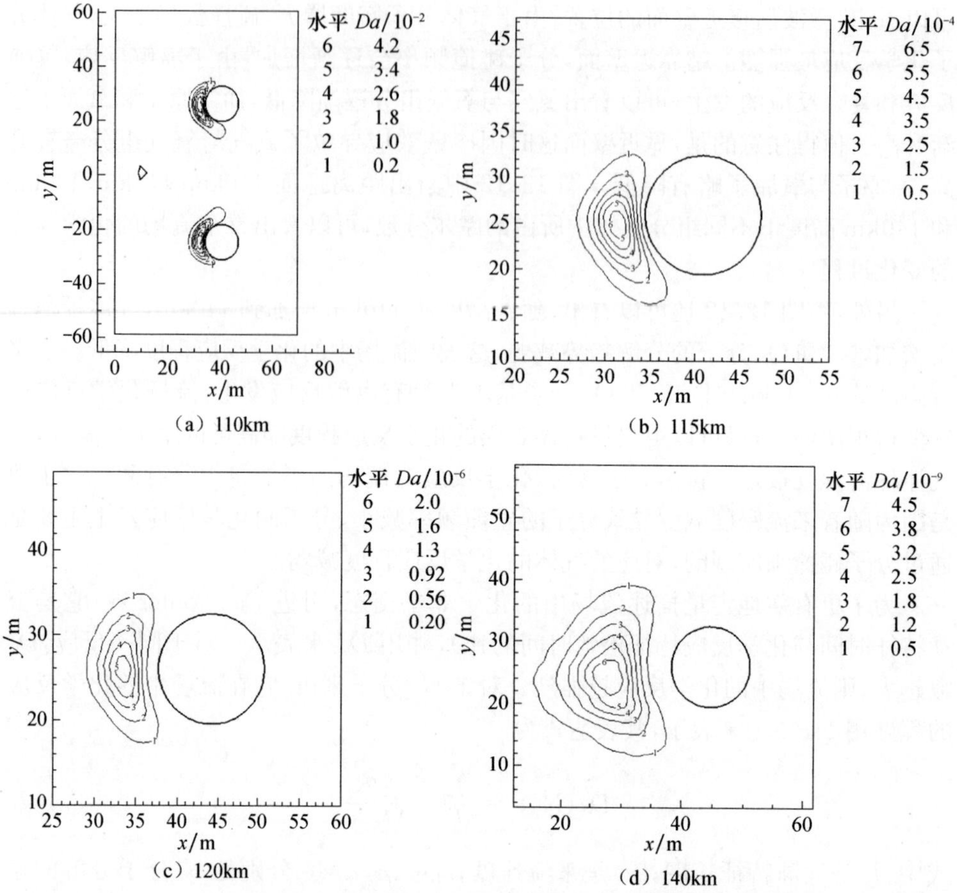

图 12.13　地球大气中 4 个工况 N_2 离解反应时流场 Da 数等值线的分布

表 12.4　程序中所选用的部分参数以及计算所占用的 CPU 时间

高度/km	N_S	N_T	机时/h
110	100	250	67
115	100	250	32
120	100	250	18
140	100	300	9
200	100	500	5

3. 在火星大气层运动时 3 种不同工况下的数值计算

火星是人类未来星际探索的重要目标之一。火星大气与地球大气相比，它要稀薄得多，而且火星大气中 95% 是 CO_2。表 12.5 给出距离火星表面 100～130km

高度处来流分子的自由程 λ_∞、数密度 n_∞、各组分气体所占比例以及对应气球特征长度(取气球直径 D_{cs})的 Knudsen 数。为方便分析，这里将来流速度统一取 8.55km/s。

表 12.5　火星环境下不同高度处的来流参数

高度/km	λ_∞/m	n_∞/m^{-3}	X_{CO_2}	X_{N_2}	Kn
130	44.3	1.61×10^{16}	0.954	0.046	3.41
110	2.83	2.52×10^{17}	0.954	0.046	0.22
100	0.74	9.60×10^{17}	0.954	0.046	0.057

Ballute 装置在火星大气中运动时，在探测器的头部和环形气球的迎风面头部都将产生激波，激波后气体温度升高并将发生化学反应，其反应模型可用包含 C、O、N、N_2、CO、CO_2、NO 和 O_2 在内的 8 组元 44 个基元反应的模型来描述。令 M 为反应碰撞单元(这里 M 为 C、O、N、N_2、CO、CO_2、NO 和 O_2 的任意一个)。表 12.6 给出在火星大气层作高超声速飞行时所发生化学反应的模型。

表 12.6　火星大气层中所发生的化学反应机制模型

序　号	化学反应	反应碰撞单元
1	$CO_2+M \rightleftharpoons CO+O+M$	M=N_2,O_2,NO,CO_2,CO,N,O,C
2	$CO+M \rightleftharpoons C+O+M$	M=N_2,O_2,NO,CO_2,CO,N,O,C
3	$N_2+M \rightleftharpoons N+N+M$	M=N_2,O_2,NO,CO_2,CO,N,O,C
4	$O_2+M \rightleftharpoons O+O+M$	M=N_2,O_2,NO,CO_2,CO,N,O,C
5	$NO+M \rightleftharpoons N+O+M$	M=N_2,O_2,CO,N,O,C,NO,CO_2
6	$NO+O \rightleftharpoons N+O_2$	—
7	$N_2+O \rightleftharpoons NO+N$	—
8	$CO+O \rightleftharpoons C+O_2$	—
9	$CO_2+O \rightleftharpoons CO+O_2$	—

为了比较 Ballute 装置在地球与火星两种大气层中的运动，我们对火星大气层进行了数值计算。图 12.14 给出距离火星表面 100km 和距离地球表面 110km 的温度等值线。两者的自由来流速度相同(都取为 8.55km/s)，这时两者的 Knudsen 数较为接近。从计算结果上可以看出，火星大气层的气球前沿部分的激波层厚度明显大于地球大气层的结果。对于火星大气层，其温度峰值达到了 30 000K，而对于地球大气层为 26 000K，显然两者具有很明显的差异。之所以这样是由于分子自由程的计算采用了硬球模型：

$$\lambda = \frac{1}{\sqrt{2}\pi d^2 n} \tag{12.1.8}$$

可以看出，对相同的分子自由程，数密度 n 和分子直径 d 的平方成反比。火星

大气的主要组分是 CO_2 的分子直径 $d=5.62\times10^{-10}$m，而地球大气的主要组分 N_2 分子(分子直径 $d=4.17\times10^{-10}$m)和 O_2 分子(分子直径 $d=4.07\times10^{-10}$m)相比 CO_2 的分子直径要小，对应的数密度就相对较大。所以在相同的 Knudsen 数下，火星大气相比地球大气更加稀薄。另外，流场的平动温度的计算公式为

$$T=\frac{m\overline{c'^2}}{3k} \tag{12.1.9}$$

式中：m 为分子质量；$\overline{c'^2}$ 为网格内分子相对速度的平方；k 为 Boltzmann 常量。

由式(12.1.9)可以看出平动温度 T 和分子质量成正比。火星大气的主要组分是 CO_2 的分子质量($m=7.31\times10^{-26}$kg)，大于地球大气的主要组分 N_2 分子($m=4.65\times10^{-26}$kg)和 O_2 分子($m=4.65\times10^{-26}$kg)的分子质量，所以相同来流速度和相同 Knudsen 数情况下，火星大气工况下的总温要比地球大气的高。

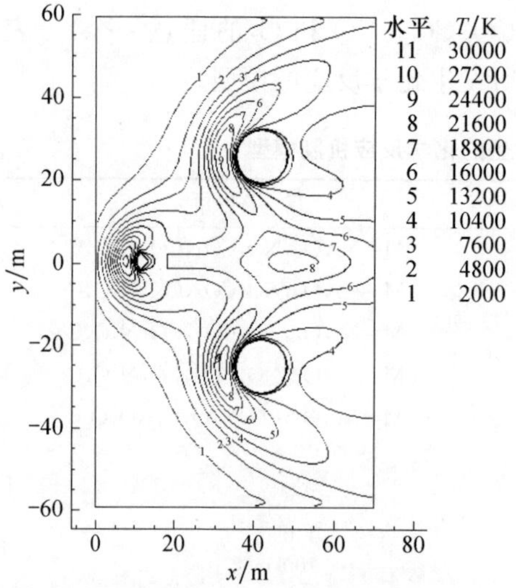

(a) 距离火星表面100km处

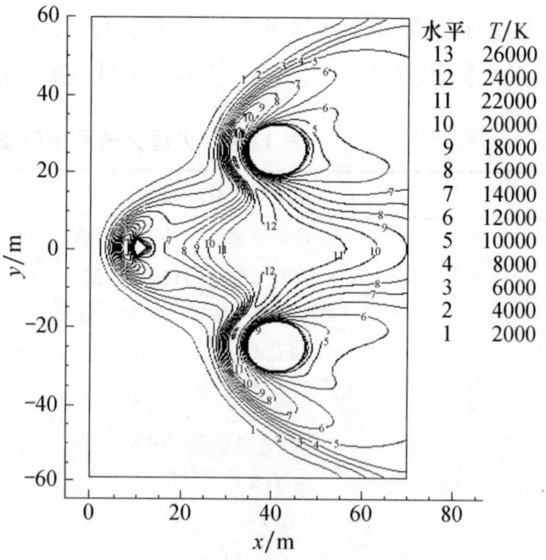

(b) 距离地球表面110km处

图 12.14 距离火星表面 100km 和距离地球表面 110km 处的温度等值线分布

图 12.15 给出来流速度统一取 8.55km/s，距离火星表面 110km 和 130km 高度下的计算得到的探测器和环形气球的温度分布图。可以看出，其分布特性与地球大气环境中的数值模拟结果相类似，随着距离火星表面高度的增加(当从 100km 变到 130km 时)，大气稀薄程度增加，对应的 Knudsen 数从 0.057 增加 3.41。另外，从 100km 和 110km 工况时的温度图可以发现激波相互作用的物理现象，这种现象是由于探测器的激波和环形气球的激波相互作用的结果，因此在探测器尾部区域和环形气球间的区域内存在一个很明显的高温区，其最高温度为 21 600K。

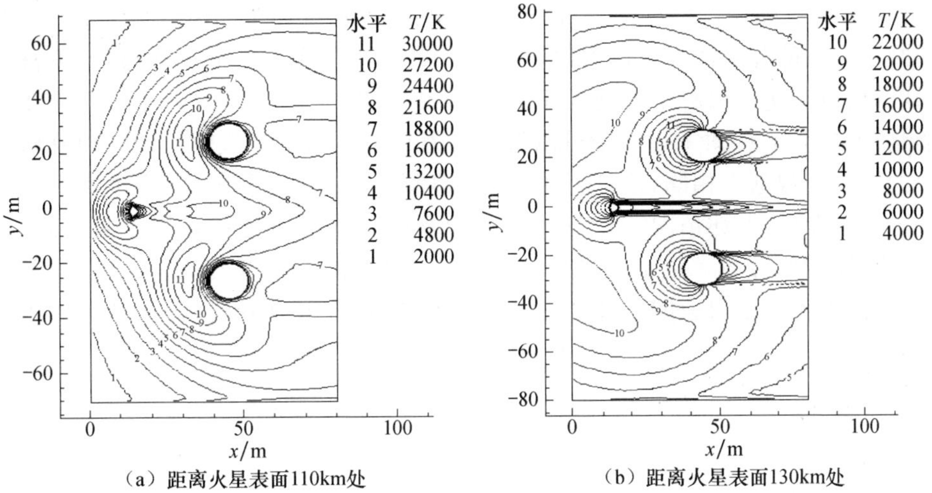

图 12.15　Ballute 装置在距离火星表面 110km 和 130km 高度处的温度分布

在距离火星表面 130km 处，稀薄程度接近自由分子区，探测器与气球的头部激波厚度增大，而且相应温度的峰值也有些降低(见图 12.15)。

图 12.16 给出火星大气环境中，不同高度三种工况时环形气球表面的热流密系数 C_h 沿壁面的分布图。可以看出，随着高度的降低，热流系数受稀薄程度的影响较大，其热流系数峰值从 0.45 增加到 0.91。

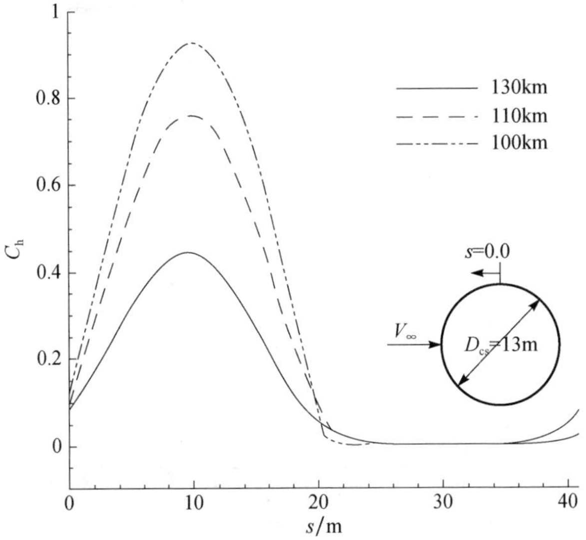

图 12.16　在火星大气中 3 个高度处沿环形气球壁面的热流系数分布

图 12.17(a)给出距离火星表面 110km 高度处，气体不同组分分子沿驻点线的摩尔分数的分布图。可以看出，由于 CO_2 分子的离解温度远远低于 N_2 的离解温度，所以 CO_2 的离解率远远大于 N_2 的值。另外，火星大气中的主要反应生成物是 O、N、CO，从图 12.17 中可以看出作为 CO_2 分解的生成物 O 和 CO 在流场中的摩尔分数基本相同，这是表明 CO 的离解温度很高，导致了 CO 的离解率很低。可以看出，上述情况与地球大气中流场的化学反应趋势基本上是一致的，CO_2 与 N_2 的组分越靠近壁面越低，而 O、N、CO 的组分逐渐升高。此外，当靠近壁面时，由于冷壁效应的存在导致了 CO_2 与 N_2 组分略有升高，O、N、CO 的组分略有降低。

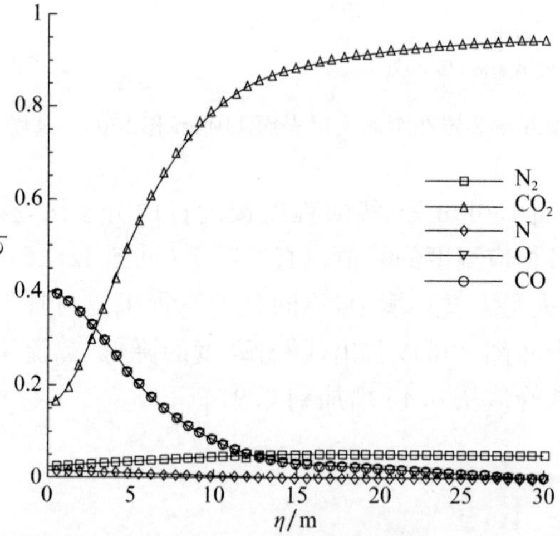

(a) 100km

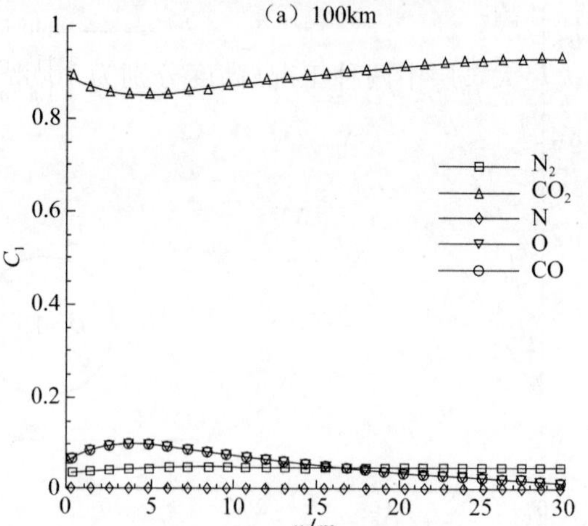

(b) 110km

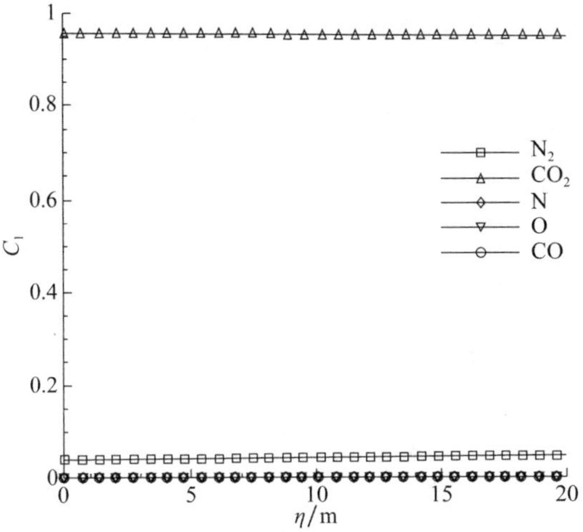

(c) 130km

图 12.17　在火星大气中 3 个工况时气体各组分气球头部驻点线的摩尔分数分布

对比图 12.17 中的三种工况时气体的各组分分子沿驻点线的摩尔分数分布图还可以看出，在距离火星表面 100km 高度处 CO_2 的离解率最高，CO_2 所占的摩尔分数从来流的 95%下降到了接近壁面附近的 15%，流场中的化学反应很强烈；在距离火星表面 110km 处 CO_2 从来流的 95%下降到了接近壁面附近的 85%，距离火星表面 130km 处 CO_2 的摩尔分数基本不发生变化，流场中化学反应效果并不明显。由图 12.17 还可以看出，在火星大气中所发生的化学反应与地球大气中的反应有共同之处，它们都是随着来流密度的减少，分子的碰撞频率减小，因此对应的气体化学反应程度便减弱。

图 12.18 给出火星大气层中两种工况(高度分别为 100km 和 110km)下流场的 $|T-T_v|/T$ 值的等值线分布图。可以看出，这里在火星大气层中 $|T-T_v|/T$ 值的等值线分布图与地球大气层中相应的结果类似，都是在同一工况下，气球头部的驻点区域中 $|T-T_v|/T$ 的值较小，表明热力学非平衡态现象较弱。另外，相比之下探测器头部驻点区域内 $|T-T_v|/T$ 的值大于气球头部区域的值，表明该处热力学非平衡态现象比气球的头部要强。此外，由图 12.18(a)可知，$|T-T_v|/T$ 值从 0.1 变化到 0.7；由图 12.18(b)可知，$|T-T_v|/T$ 值从 0.5 变化到 0.9。还需说明的是，对于 130km 高度的工况时流场的 $|T-T_v|/T$ 值的等值线分布图，由于它与图 12.18(b)相类似，这里因篇幅所限不再给出。

图 12.19 给出 100km、110km 和 130km 高空处 3 种工况时的 Stanton 数沿壁面的分布。很显然，这里在火星大气层中的分布与图 12.11 在地球大气层的结果相类似，其规律都是气球表面 Stanton 数开始随着物面弧长参数 s 的增大而逐渐

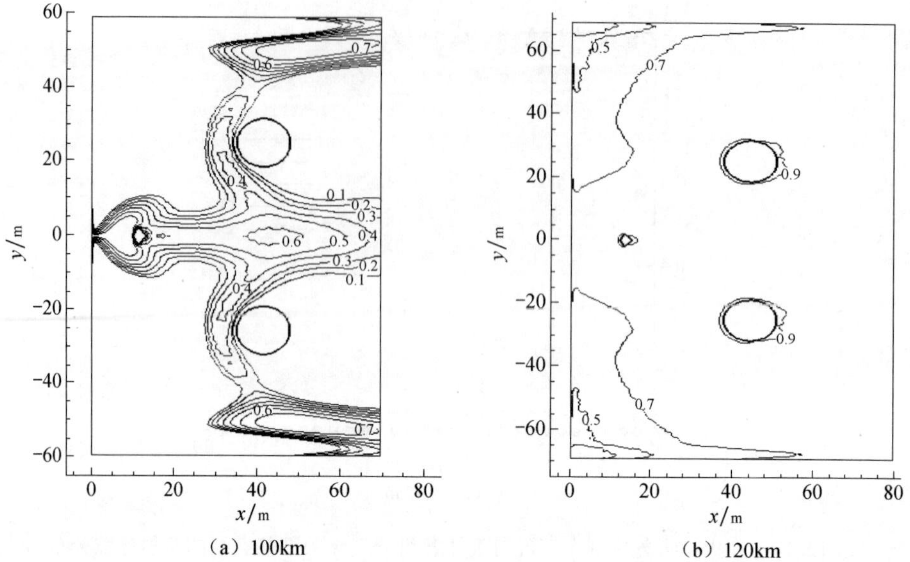

图 12.18 在火星大气层中 2 个高度处流场 $|T-T_v|/T$ 等值线的分布

增大，在驻点处达到最大值。过了驻点后 Stanton 数又逐渐降低，在气球后部 Stanton 数很小。受稀薄程度的影响较大，随着高度的增加，来流密度减小，Stanton 数逐渐增大。Stanton 数的峰值从 0.451 增大到 0.932。

表 12.7 给出在火星大气环境下完成上述 3 种工况计算时所选取的 N_S 与 N_T 值，以及完成计算所需用的计算时间。该计算也是在 AMME Lab 的双 CPU，Intel (R) Xeon(TM) 双核处理器，主频 2.66Hz，内存 2G 的计算机上进行的。

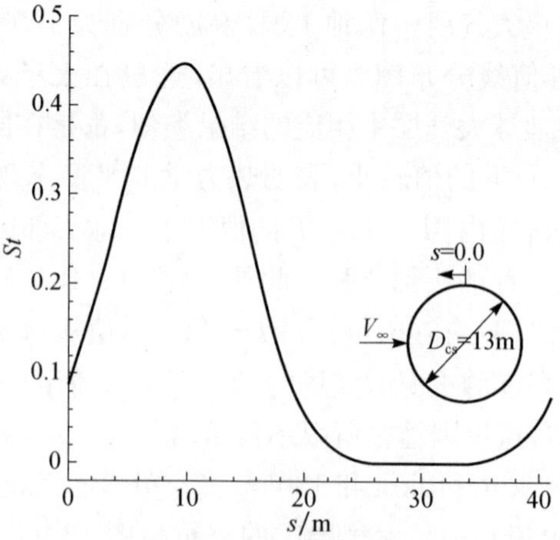

(a) 高度100km

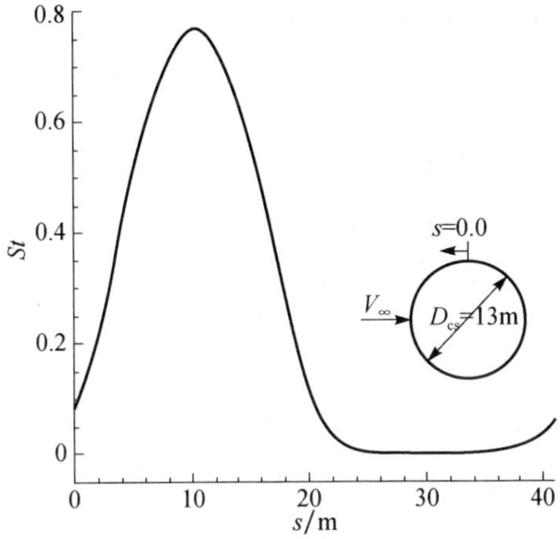

(b) 高度110km

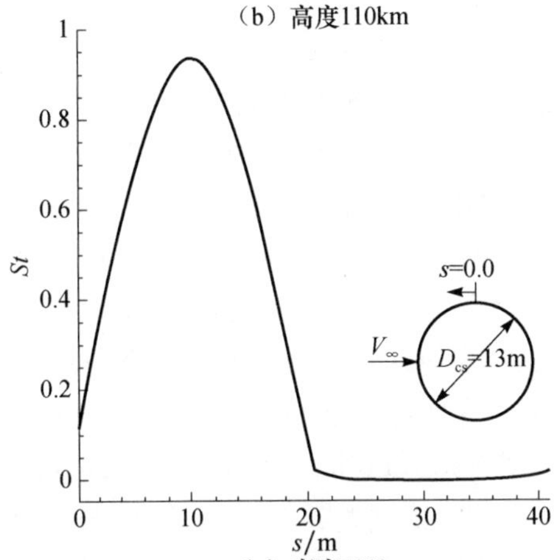

(c) 高度130km

图 12.19　火星大气层中 3 个高度处沿气球表面 Stanton 数分布图

表 12.7　程序中的部分参数和计算时间

高度/km	N_S	N_T	机时/h
100	100	250	55
110	100	250	28
130	100	300	10

12.1.4　小结

(1) 本节详细讨论了稀薄气体流场计算的 DSMC 算法,给出热力学碰撞传能的 6 种方式和化学反应的 8 种碰撞过程,详细给出了相关的计算子程序框图。在非结构网格下,在可变硬球(VHS)分子模型、Borgnakke-Larsen 唯象模型、Bird 的化学反应概率模型以及壁面 CLL 反射模型的基础上，我们用 Fortran 语言编制了能够模拟内能松弛、热力学非平衡和化学非平衡的稀薄气体 DSMC 源程序，在地球大气层和火星大气层中完成了 8 种工况的数值模拟计算，并与美国 NASA Langley 研究中心 Moss 先生在 2007 年发表的计算结果[304]进行比较，结果令人满意，从而初步显示了所编程序的可行性与有效性。

(2) 以 Ballute 减速装置(其中包括探测器与环形气球)为典型算例，完成了在两种大气环境下的数值计算：①在地球大气环境(高度从 200km 降到 110km，Knudsen 从 30.0 变到 0.05，飞行 Mach 数从 11.2 增加到 26.3)时 5 种飞行工况的 DSMC 计算；②在火星大气环境(高度从 130km 降到 100km，Knudsen 从 3.41 变到 0.057，来流速度为 8.55km/s)时 3 种飞行工况的 DSMC 计算[97]。分别得到了 8 种工况下壁面热流密度和 Stanton 数的分布，这给飞行器的热防护以及 Ballute 减速装置的热防护设计提供了有效的分析工具。

(3) 在高温稀薄流场的热力学分析与传热学分析方面，注意了用 $|T-T_v|/T$ 去分析热力学非平衡，用 Damköhler 数去分析化学反应的非平衡，用壁面的 Stanton 数分布去分析壁面的传热效果，显然，这些分析对高温部件的热防护分析与设计提供了坚实的理论分析基础。另外以图 12.20 为例，该图给出流场中 N_2 分子离解反应时对应的 Da 数的分布图。从图 12.20 所给的 Da 数等值线的分布图可以看出，这里的结果与图 12.13 地球大气层中的结果有相似之处，即等值线都主要集中在气球头部区域，这表明在气球头部局部化学反应较显著。在图 12.20 中，3 种工况(即飞行高度分别为 100km、110km、130km)时，Da 数的最大值分别为 7.5×10^{-4}、2.6×10^{-4}、2.0×10^{-7}。从这些结果可以看出，随着来流稀薄程度的增加，Da 数的值降低得很快，这说明随着高度的增大流场内的化学反应程度逐渐变弱。显然，用 Da 数去分析化学反应的非平衡程度是十分有益的。

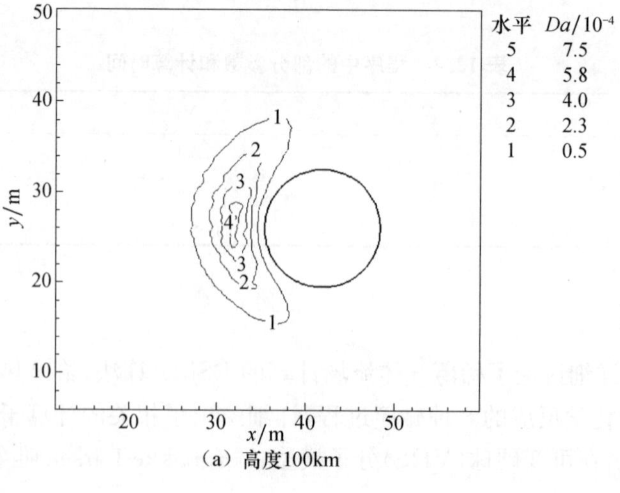

(a) 高度100km

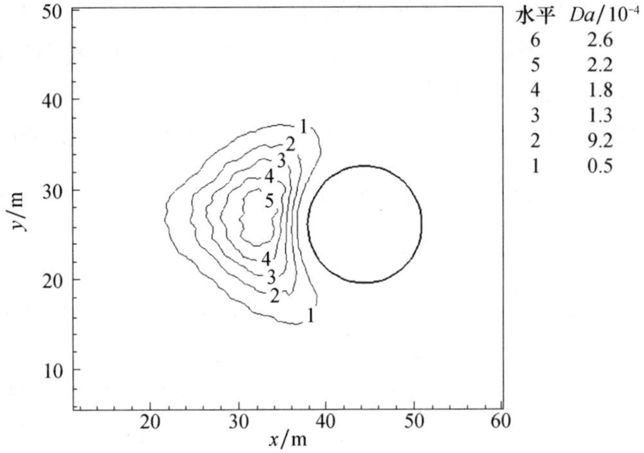

（b）高度110km

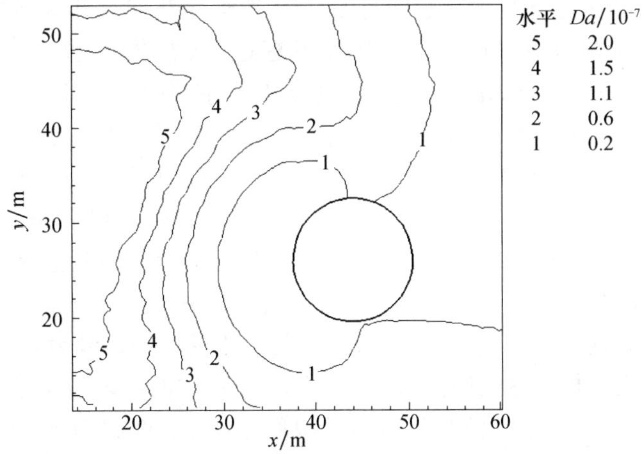

（c）高度130km

图 12.20　火星大气层中 3 个高度处流场 Damkölher 数分布图

12.2　四种高超声速探测器绕流的三维 DSMC 计算与传热分析

在地球大气层与火星大气层中，使用我们自己编制的三维 DSMC 源程序完成了四种飞行器（即 Apollo、Orion、Mars Pathfinder 以及 Mars Microprobe）高超声速穿越稀薄气体时的三维绕流计算，给出上述飞行器 42 个典型飞行工况（其中包括在地球大气层中，飞行高度从 250km 变到 90km，飞行攻角从 45°变到 −45°，Knudsen 数从 111.0 变到 0.0057，飞行速度从 7.6km/s 变到 9.6km/s；在火星大气层中，飞行高度从 141.8km 变到 80.28km，飞行攻角从 45°变到 0°，Knudsen 数从 100.0 变到 0.0546，飞行速度从 7.47km/s 变到 6.908km/s）时详细气动力与气动热的数值结果,并与国外的飞行数据以及美国 NASA Langley 研究中心发表的计算结果进行了比较,所得结果令人满意。在本节的计算中,我们采用了三种无量纲参数刻画这四种典型飞行器绕流流动的热力学非平衡、化学反应非平衡以及壁面热流分布的特征,这些结果对于指导空间飞行器的热防护气动设计十分有益。

12.2.1　三维 DSMC 算法以及源程序总框图

随着国际上航空航天事业的飞速发展,飞向各大星球的着陆器和探测器不断涌现[305,306]。对于周围有大气层存在的星体来讲,航天器进入该星球大气层时气动热的精确计算显得格外重要,它直接影响着飞行器热防护的气动设计问题。另外,对于高空气动力辅助变轨问题来讲,飞行器穿越稀薄气体的绕流计算(其中包括气动力与气动热)更为重要,它的准确性直接涉及变轨控制的精确度。我们针对国际上常用的 4 种典型飞行器(即 Apollo,Orion,Mars Pathfinder 以及 Mars Microprobe)挑选了国际已有飞行数据的 42 个工况使用我们自己编制的源程序进行了 DSMC 三维流场计算,所得结果与国外相关飞行数据吻合较好。在此基础上,我们又进行了热力学非平衡、化学反应非平衡以及壁面热流分布的计算与分析。另外,还利用沿壁面的热流系数 C_h 分布对壁面传热问题进行了相关的分析与讨论。

正如文献[97]所分析的那样,DSMC 方法是通过模拟真实的物理过程而不是直接求解 Boltzmann 方程或者 Wang Chang-Uhlenbeck 方程[307]的一种直接模拟方法。它是用若干个模拟分子代替真实气体的分子(注意,这里通常一个模拟分子代表巨大数目的真实分子),并在计算机上存储每一个模拟分子的位置坐标、速度分量以及内能。这些量是随着分子的运动、与边界的碰撞以及分子之间的碰撞而不断随时间改变。模拟中的时间参数应与真实流动中的物理时间等同。上述所有的计算都是非定常的,定常流是长时间模拟后稳定状态的统计平均结果。DMSC 方法的关键是在时间步长 Δt 内将分子的运动与分子间的碰撞解耦[39,97]。另外,文献[97]分别从非结构网格的生成、模拟分子追踪的方法、来流参数的设定、热力学碰撞传能 6 种类型的计算以及 8 种化学反应类型的实现等 5 个方面对 DSMC 算法进行了详细讨论,因此这里仅给出我们实现三维 DSMC 方法时程序的总框图(见图 12.21),其中 I 是当前循环数,J 是模拟分子运动次数相关的循环变数,N_S 是额定取样数,N_T 是总循环数。从图 12.21 中可以看出 DSMC 数值模拟过程大致可以分为以下 7 个步骤:

(1) 读入参数并对流场计算域进行初始化。读入的参数主要包括来流速度、大气参数、混合气体各组元的摩尔分数和各组元分子的特征量、化学反应模型参数以及各种参考量等。计算域初始化的内容有生成网格和确定计算域边界、将飞行器壁面所在网格定位、根据总的模拟分子数在每个网格中均匀随机分布若干模拟分子并记录每个模拟分子的初始状态(位置和速度)最后将计算中所需的变量设置初值。

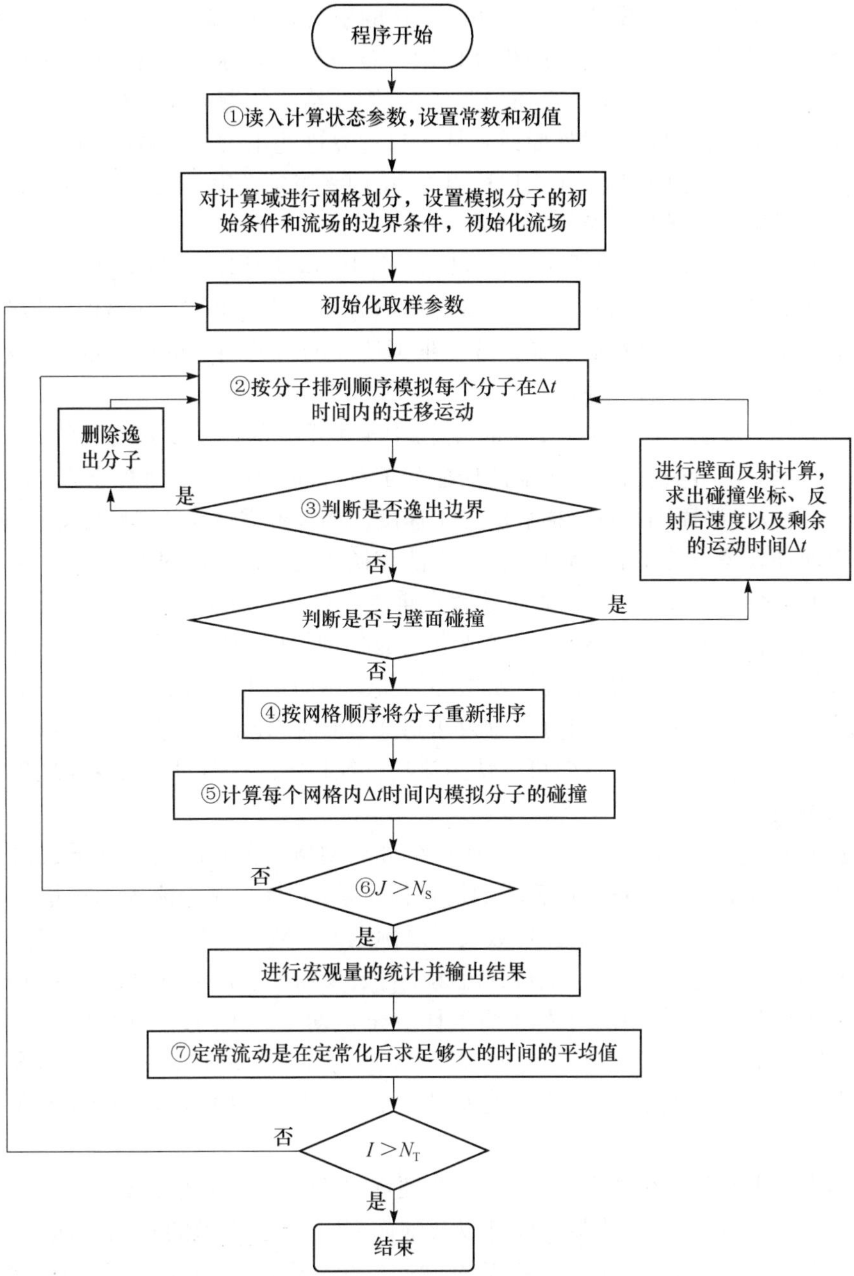

图 12.21　DSMC 计算的总框图

(2) 分子的运动模拟和追踪。在无碰撞假设下，按照匀速直线运动求出各模拟分子以各自速度在 Δt 时间内运动的距离，确定模拟分子新的位置坐标。

(3) 边界的处理。模拟分子运动后到达的新位置可能超越所设定的边界，此时必须计算模拟分子与边界间的相互作用。若边界为对称面，模拟分子在对称面上做镜面反射；若模拟分子与物面相互作用，则按给定的壁面反射模型进行计算；若模拟分子运动到出口边界外面或者从入口边界逃逸出去，则将模拟分子做逸出处理，并删除该分子的编号；在入口边界处，按照来流条件确定在时间步长 Δt 内进入计算区域的新分子数以及它们的运动状态。

(4) 重新给模拟分子编号。在经过 Δt 时间的运动后，模拟分子到达新位置有可能处于新的网格，还有新进入计算域的模拟分子以及逸出计算区域的模拟分子，此时必须重新对处于计算域的模拟分子根据所在的新的网格按顺序重新编号，并记录新编号分子的位置和速度。

(5) 分子碰撞计算。这是 DSMC 方法中至关重要的一个步骤，根据选用的碰撞抽样方法，在子网格内选取可能的碰撞分子对，根据碰撞概率判断分子对是否发生碰撞，若发生碰撞则计算碰撞后的分子速度。如果考虑气体的热化学非平衡，碰撞计算时还要考虑分子的非弹性碰撞、内能交换和化学反应过程等。

(6) 按照步骤(2)～(5)的做法让程序重复运行 N 个时间步长后，判断计算时间是否达到抽样时间($J>N_S$)，如果成立则对各网格内的模拟分子开始进行参数统计，求得流场各宏观物理量在网格中心的值。流动是否达到稳定状态，一般根据流场中的分子总数来判断，当分子总数达到某个值时，分子总数会在这个值上下小幅度波动，不会变化很大，这时可以认为流场已经稳定。这时对各宏观物理量在网格中心的值进行存储。

(7) 由于受计算机内存的限制，在每个计算网格中分布的模拟分子数目是比较少的。因而必须采取重复运算增加统计样本数的方法，减少流场物理量的统计涨落，提高计算精度。若当前循环数大于总额定循环数($I>N_T$)，将每个网格多次统计存储的结果进行平均后，就得到流场中各宏观物理量在网格中心位置的分布。

在 DSMC 方法中，采用了如下将气体分子运动与分子间碰撞解耦的方法，即认为分子间碰撞是瞬时完成的，它不改变气体分子的运动轨迹，而在相邻两次碰撞之间的分子做匀速直线运动，这就大大提高了 DSMC 方法的计算效率，实现了对流动的模拟。

本节在非结构网格的框架下，在可变硬球(VHS)分子模型、Borgnakke-Larse 唯象模型、Bird 的化学反应概率模型以及壁面 CLL 反射模型的基础上，进一步完善了文献[97]中用 Fortran 语言编制的 DSMC 源程序，该程序可以模拟内能松弛、热力学非平衡以及化学反应非平衡现象，可以计算高超声速流动时稀薄气体的二维与三维流场。在文献[97]中，我们使用当时的源程序完成了 35 个典型二维流动算例，在本节我们将文献[97]的程序进行了修改，产生了文献[91]的源程序，并使用这个源程序完成国际上常用的 4 种典型飞行器(即 Apollo，Orion，Mars Pathfinder 和 Mars Microprobe)绕流(这里主要计算了 42 个典型飞行工况)的三维流动算例,并将计算结果与国外的飞行数据以及 NASA 发表的计算结果进行比较。

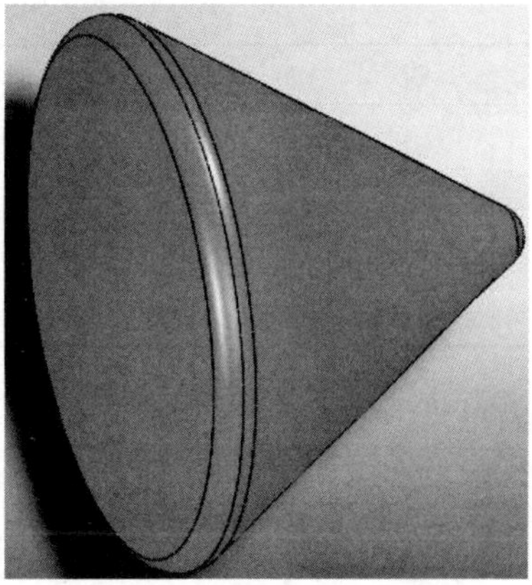

图 12.22　Apollo 的三维外形

12.2.2　地球大气层中 Apollo 绕流的三维计算与分析

Apollo capsule 的外形及主要尺寸如图 12.22 与图 12.23 所示。文献[91]对该外形的稀薄绕流问题进行了数值计算。我们计算时选取的来流参数以及大气组分与当地 Knudsen 数分别由表 12.8 与表 12.9 给出。

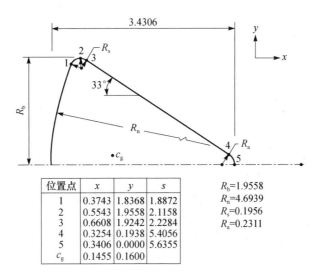

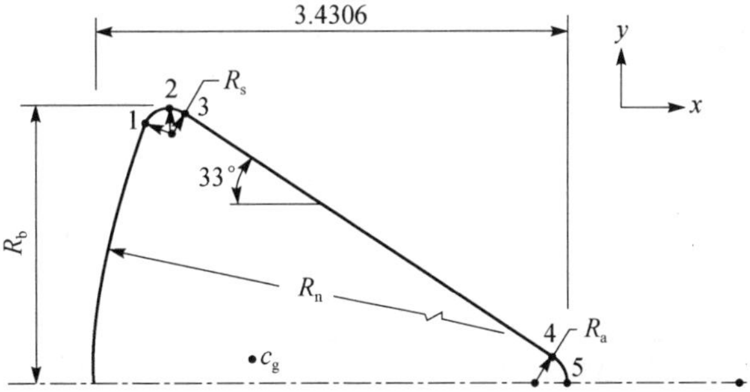

位置点	x	y	s
1	0.3743	1.8368	1.8872
2	0.5543	1.9558	2.1158
3	0.6608	1.9242	2.2284
4	0.3254	0.1938	5.4056
5	0.3406	0.0000	5.6355
c_g	0.1455	0.1600	

R_b=1.9558
R_n=4.6939
R_s=0.1956
R_a=0.2311

图 12.23　Apollo 的主要尺寸数据(单位:m)

表 12.8　Apollo 的来流参数

工　况	h/km	n_∞/m^{-3}	ρ_∞/(kg/m^3)	T_∞/K	T_w/K	α_∞/(°)
1	200	8.9996×10^{15}	3.2829×10^{-10}	1026	234	−25
2	170	2.2702×10^{16}	8.7777×10^{-10}	892	300	−25
3	150	5.3055×10^{16}	2.1383×10^{-9}	733	373	−25
4	135	1.3149×10^{17}	5.4862×10^{-9}	564	474	−25
5	125	3.0598×10^{17}	1.3100×10^{-8}	433	589	−25
6	115	9.8562×10^{17}	4.3575×10^{-8}	304	795	−25

续表

工 况	h/km	n_∞/m^{-3}	ρ_∞/(kg/m^3)	T_∞/K	T_w/K	α_∞/(°)
7	105	5.0947×10^{18}	2.3640×10^{-7}	208	1029	0
8	105	5.0947×10^{18}	2.3640×10^{-7}	208	1029	10
9	105	5.0947×10^{18}	2.3640×10^{-7}	208	1029	45
10	100	1.1898×10^{19}	5.5824×10^{-7}	194	1146	−25
11	90	7.0755×10^{19}	3.3848×10^{-6}	188	1436	−25

注：h 和 n_∞、ρ_∞、T_∞、α_∞ 分别代表飞行高度和来流数密度、来流密度、来流温度、来流攻角；T_w 为壁面温度。

表 12.9　Apollo 再入地球大气层的组成以及 *Kn* 数

工 况	h/km	Kn_∞	X_{O_2}	X_{N_2}	X_O
1	200	44.74	0.031 46	0.454 76	0.513 78
2	170	17.74	0.043 54	0.548 20	0.408 26
3	150	7.59	0.054 61	0.615 57	0.329 82
4	135	3.06	0.065 93	0.671 58	0.262 48
5	125	1.32	0.076 79	0.711 71	0.211 50
6	115	0.408	0.097 79	0.753 86	0.148 35
7	105	0.081	0.158 08	0.783 19	0.058 73
8	105	0.081	0.158 08	0.783 19	0.058 73
9	105	0.081	0.158 08	0.783 19	0.058 73
10	100	0.0338	0.176 83	0.784 40	0.038 77
11	90	0.0057	0.209 05	0.787 48	0.003 47

注：h 为飞行高度，Kn_∞ 为来流的 Knudsen 数；X_{O_2}、X_{N_2}、X_O 分别代表 O_2、N_2 与 O 在地球大气中所占的比例。

这里计算时所选取的 Apollo 来流速度是 9.6km/s，表 12.8 给出本算例计算所选用的 11 个飞行工况时的来流条件，表 12.9 给出相应飞行工况下的 Knudsen 数。考虑到 Apollo 的飞行环境是在地球大气层中，因此化学反应仍采用了文献[97]中所选取的 5 组元（即 N_2、O_2、NO、N 和 O）17 基元反应模型，但本节计算时的基元反应取为 23 个，其反应式为

$$\left\{\begin{array}{l} N_2+M \rightleftharpoons N+N+M \\ O_2+M \rightleftharpoons O+O+M \\ NO+M \rightleftharpoons N+O+M \\ N_2+O \rightleftharpoons NO+N \\ NO+O \rightleftharpoons N+O_2 \\ O+O \rightleftharpoons O_2 \\ N+N+N_2 \rightleftharpoons N_2+N_2 \\ N+N+O \rightleftharpoons N_2+O \\ N+N+O \rightleftharpoons N+NO \end{array}\right. \tag{12.2.1}$$

式中:M 代表反应碰撞单元,这里 M=N_2,O_2,NO,N,O。显然,这里与文献[97]的做法相比,本节除考虑组元间发生的离解反应与置换反应之外还考虑了复合反应。图 12.24(a)~(k)分别给出 11 个飞行工况下子午面(即 $z=0$ 的截面)上总的(overall)动理学温度 T 等值线分布图。

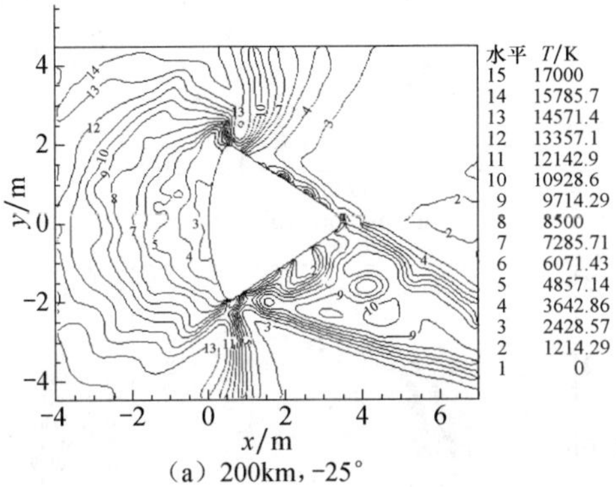

(a) 200km, -25°

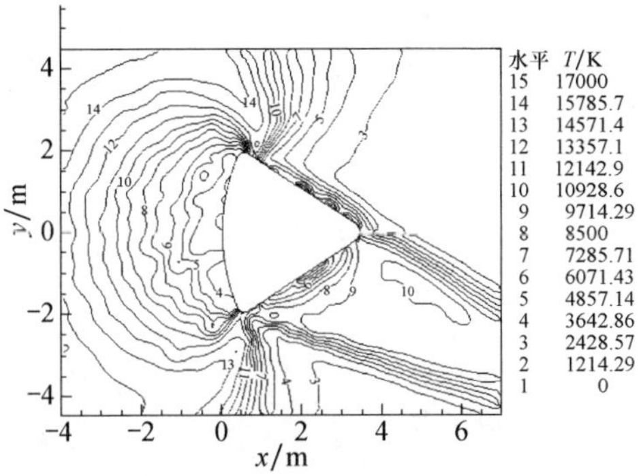

(b) 170km, -25°

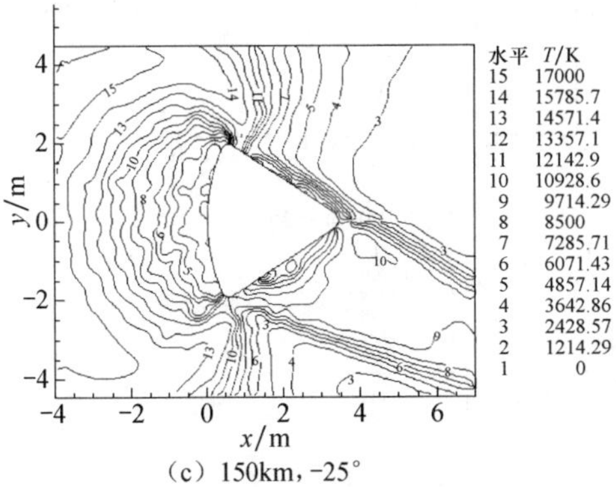

(c) 150km, -25°

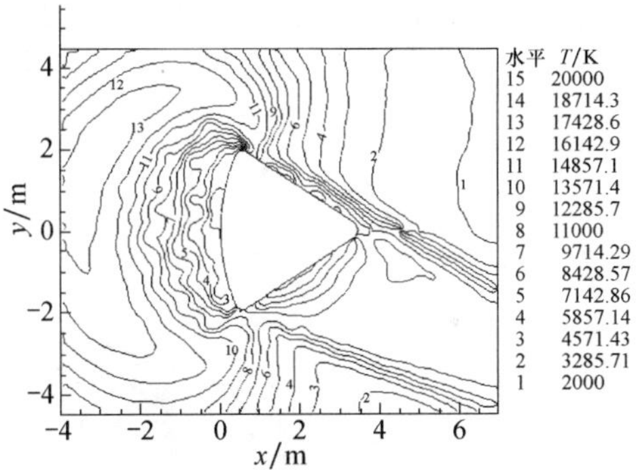

(d) 135km, -25°

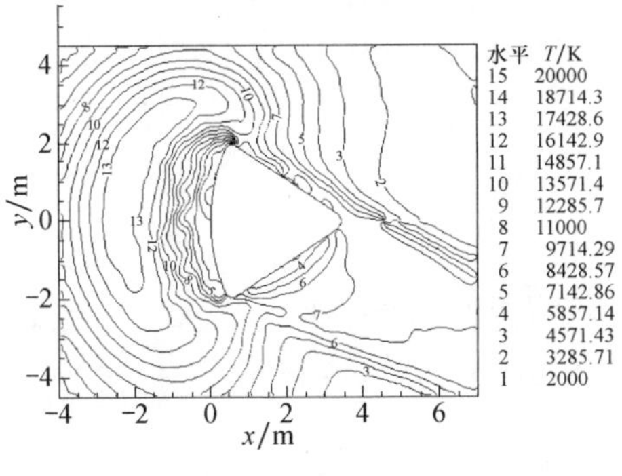

(e) 125km, -25°

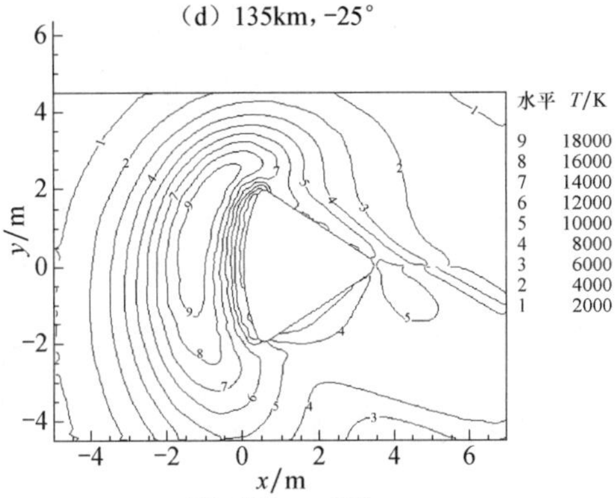

(f) 115km, -25°

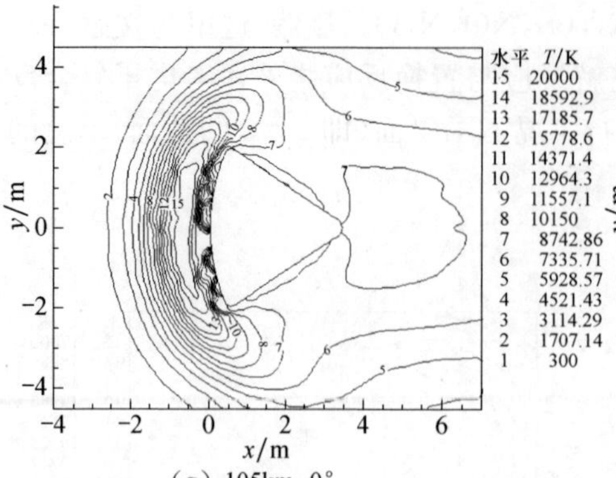

(g) 105km, 0°

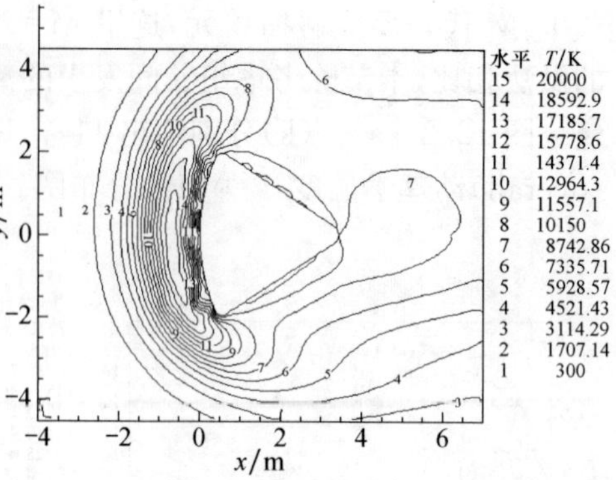

(h) 105km, 10°

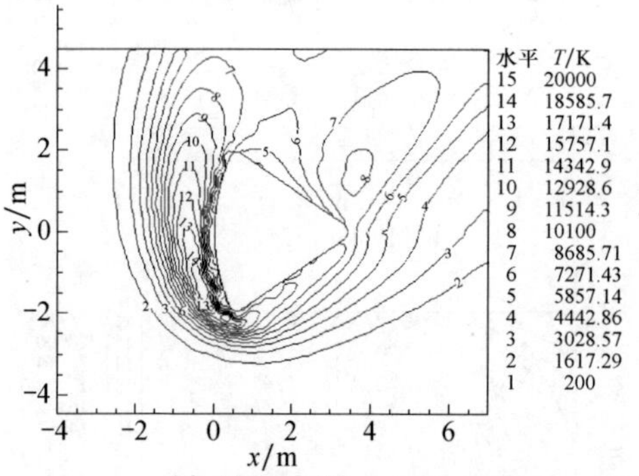

(i) 105km, 45°

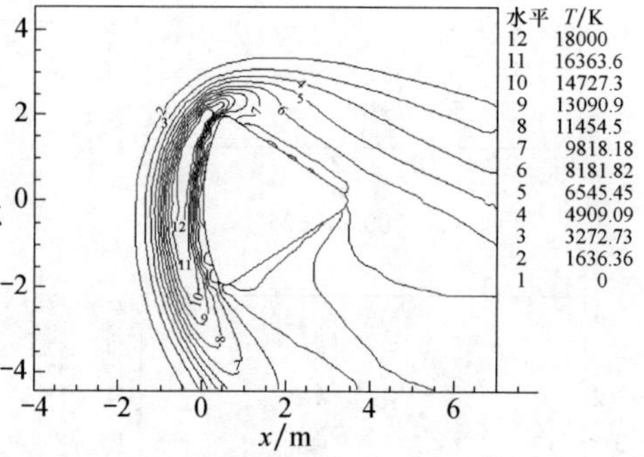

(j) 100km, -25°

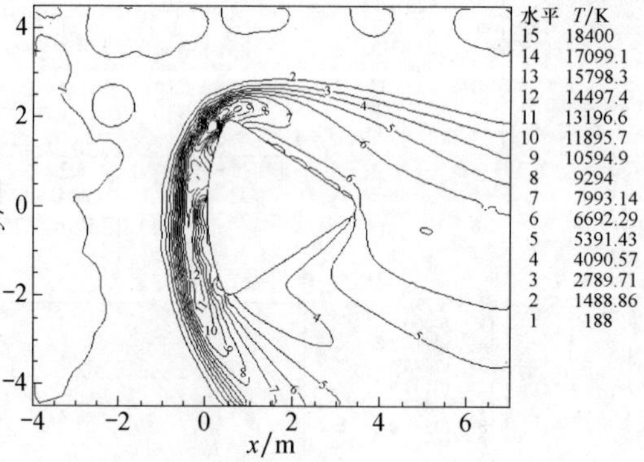

(k) 90km, -25°

图 12.24　不同飞行工况下总的温度 T 等值线分布

图 12.24 中 T 的定义为

$$T=\frac{3T_{\mathrm{tr}}+\xi_{\mathrm{r}}T_{\mathrm{r}}+\xi_{\mathrm{v}}T_{\mathrm{v}}}{3+\xi_{\mathrm{r}}+\xi_{\mathrm{v}}} \tag{12.2.2}$$

式中：T_{tr}、T_{r} 和 T_{v} 分别为平动动理学温度、转动动理学温度和振动动理学温度；ξ_{r} 与 ξ_{v} 分别为转动自由度与振动自由度。

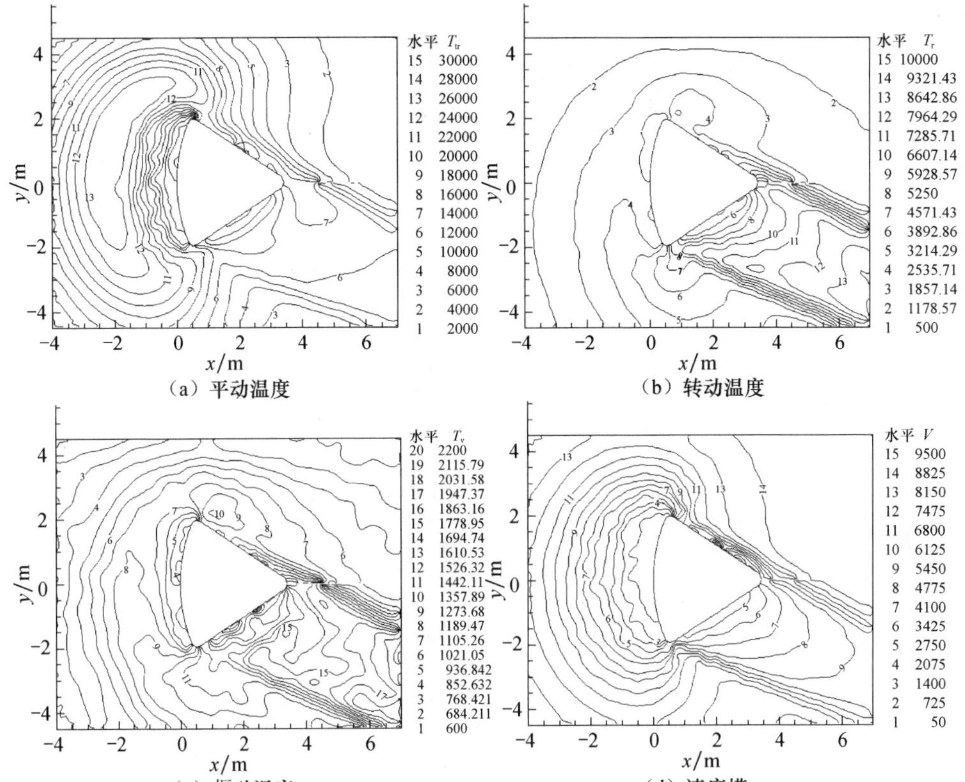

(a) 平动温度　(b) 转动温度

(c) 振动温度　(d) 速度模

图 12.25　高度 125km、攻角 −25°工况时 T_{tr}、T_r、T_v 与速度模等值线分布

图 12.25(a)～(c)分别给出高度为 125km、飞行攻角为 −25°工况时平动温度 T_{tr}、转动温度 T_r 和振动温度 T_v 等值线的分布图，图 12.25(d)给出 Apollo 算例在该工况时速度模等值线的分布图。

12.2.3　地球大气层中 Orion 绕流的三维计算与分析

Orion Crew Module 的外形以及主要尺寸如图 12.26 与图 12.27 所示。计算时选取的来流参数以及地球大气组分与当地 Knudsen 数分别由表 12.10 与表 12.11 给出。

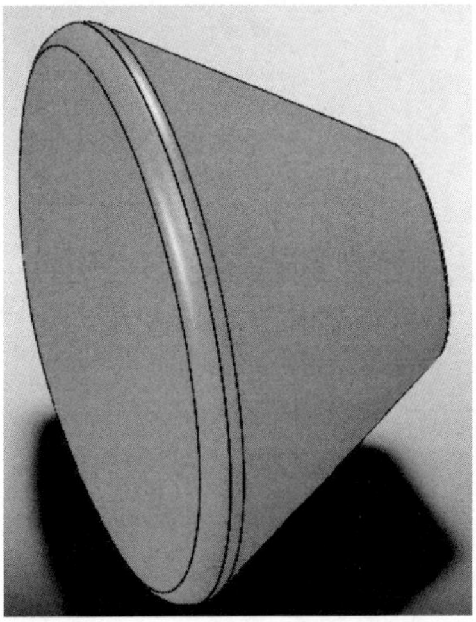

图 12.26　Orion 的三维外形

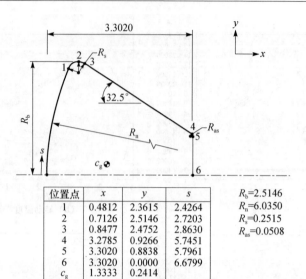

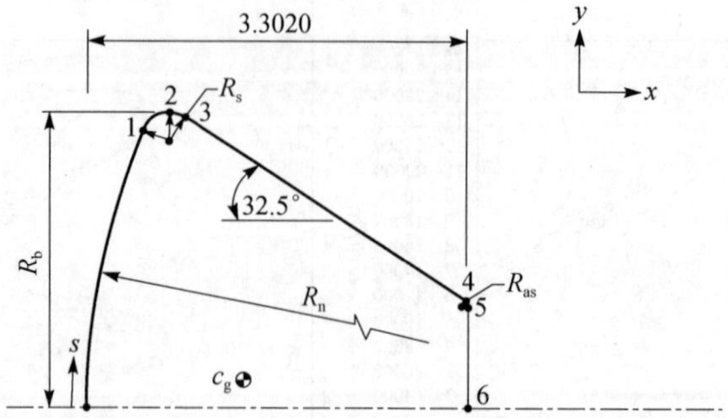

位置点	x	y	s
1	0.4812	2.3615	2.4264
2	0.7126	2.5146	2.7203
3	0.8477	2.4752	2.8630
4	3.2785	0.9266	5.7451
5	3.3020	0.8838	5.7961
6	3.3020	0.0000	6.6799
c_g	1.3333	0.2414	

R_b=2.5146
R_n=6.0350
R_s=0.2515
R_{as}=0.0508

图 12.27　Orion 的主要尺寸数据(单位:m)

表 12.10　Orion 的来流参数

工　况	h/km	n_∞/m^{-3}	ρ_∞/(kg/m^3)	T_∞/K	T_w/K	α_∞/(°)
12	250	2.8210×10^{15}	9.4248×10^{-11}	1124	144	0
13	250	2.8210×10^{15}	9.4248×10^{-11}	1124	144	−26
14	220	5.4532×10^{15}	1.9180×10^{-10}	1077	172	−26
15	200	8.9996×10^{15}	3.2829×10^{-10}	1026	197	−26
16	180	1.6146×10^{16}	6.1220×10^{-10}	947	230	−26
17	160	3.3470×10^{16}	1.3207×10^{-9}	822	278	−26
18	140	9.3526×10^{16}	3.8548×10^{-9}	625	364	−26
19	125	3.0598×10^{17}	1.3100×10^{-8}	433	494	−26
20	115	9.8562×10^{17}	4.3575×10^{-8}	304	618	−26
21	105	4.9759×10^{18}	2.3004×10^{-7}	211	760	0
22	105	4.9759×10^{18}	2.3004×10^{-7}	211	760	−26
23	105	4.9759×10^{18}	2.3004×10^{-7}	211	760	−45
24	100	1.1898×10^{19}	5.5824×10^{-7}	194	849	−26

注:h、n_∞、ρ_∞、T_∞、T_w、α_∞的含义同表 12.8。

表 12.11　Orion 再入地球大气层的组成以及 *Kn* 数

工　况	h/km	Kn_∞	X_{O_2}	X_{N_2}	X_O
12	250	111.0	0.018 01	0.318 86	0.663 13
13	250	111.0	0.018 01	0.318 86	0.663 13
14	220	57.44	0.025 26	0.397 51	0.577 23
15	200	34.80	0.031 46	0.454 76	0.513 78
16	180	19.40	0.039 08	0.516 35	0.444 57

续表

工　况	h/km	Kn_∞	X_{O_2}	X_{N_2}	X_O
17	160	9.36	0.048 68	0.581 21	0.370 11
18	140	3.35	0.061 81	0.651 73	0.286 46
19	125	1.02	0.076 79	0.711 71	0.211 50
20	115	0.318	0.097 79	0.753 86	0.148 35
21	105	0.0629	0.152 80	0.781 87	0.065 33
22	105	0.0629	0.152 80	0.781 87	0.065 33
23	105	0.0629	0.152 80	0.781 87	0.065 33
24	100	0.0263	0.176 82	0.784 40	0.038 77

注：h、Kn_∞、X_{O_2}、X_{N_2}、X_O 的含义同表 12.9。

这里计算时所选取的 Orion 来流速度是 7.6km/s，表 12.10 给出算例计算所选用的 13 个飞行工况下的来流条件。表 12.11 给出相应飞行工况下的 Knudsen 数。计算时选用的 5 组元 23 个基元反应的方程式由式(12.2.1)给出。图 12.28(a)～(m)分别给出该算例 13 个飞行工况时子午面(即 $z=0$ 的截面)上总的动理学温度 T 等值线分布图，图中 T 的定义同式(12.2.2)。

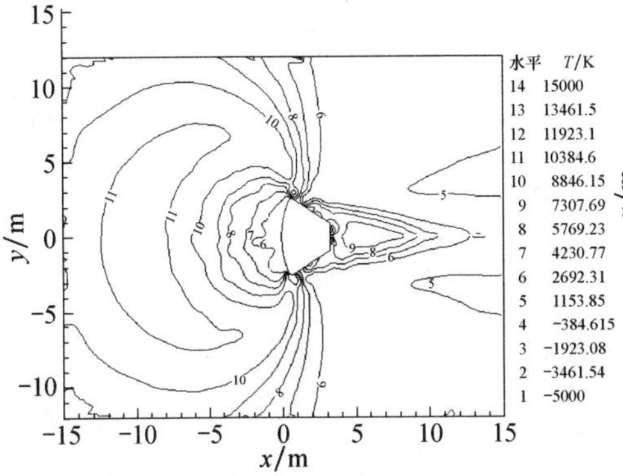

(a) 250km, 0°

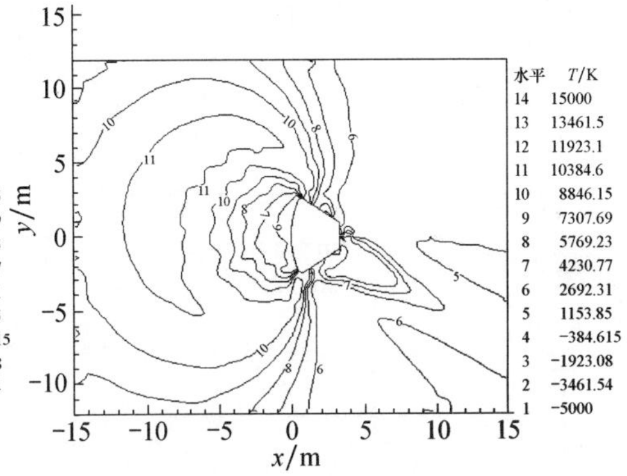

(b) 250km, -26°

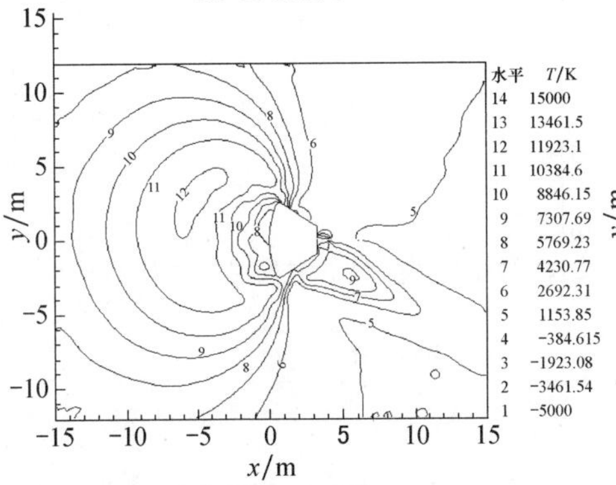

(c) 220km, -26°

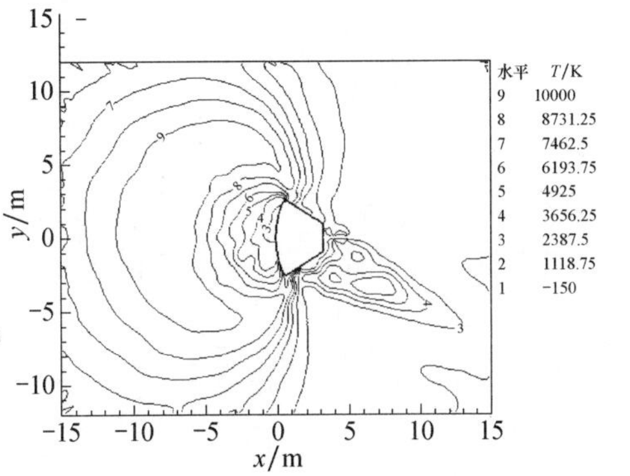

(d) 200km, -26°

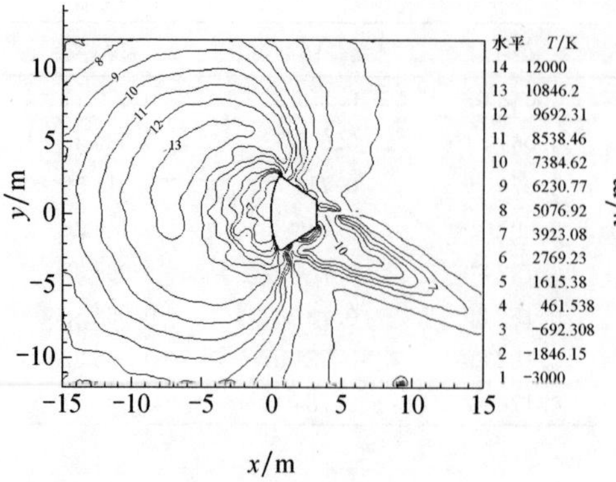

(e) 180km, -26°

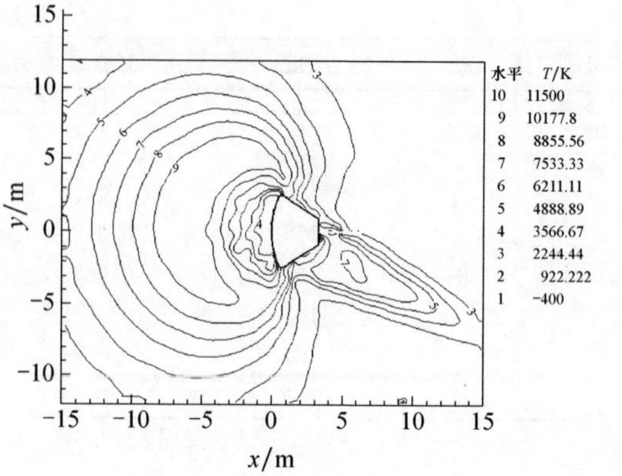

(f) 160km, -26°

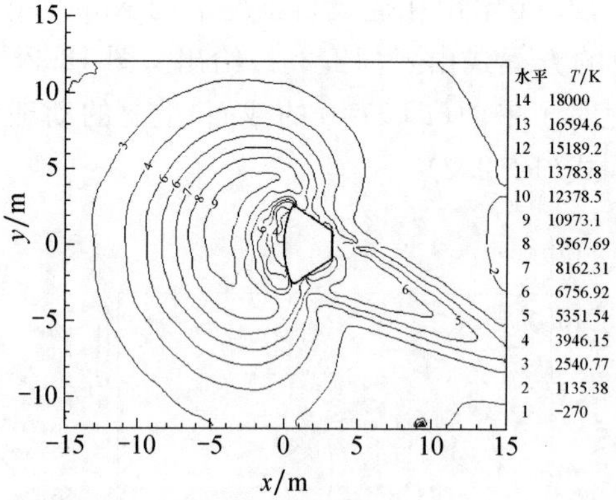

(g) 140km, -26°

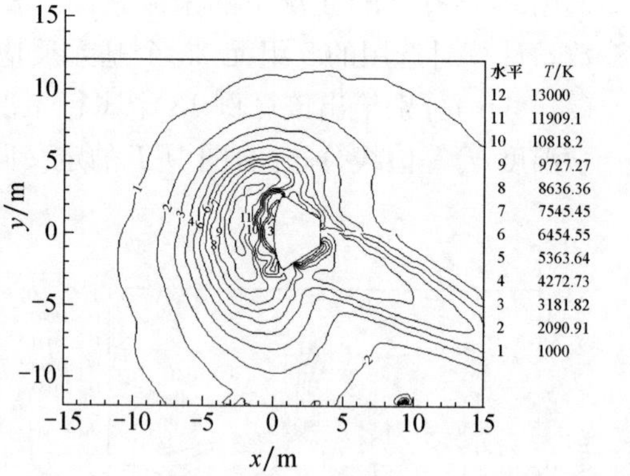

(h) 125km, -26°

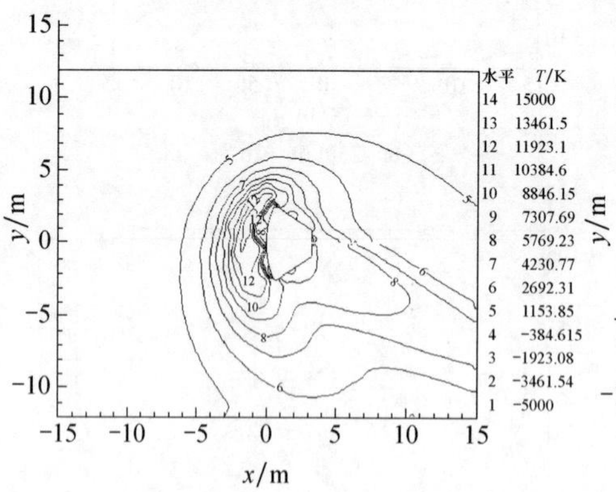

(i) 115km, -26°

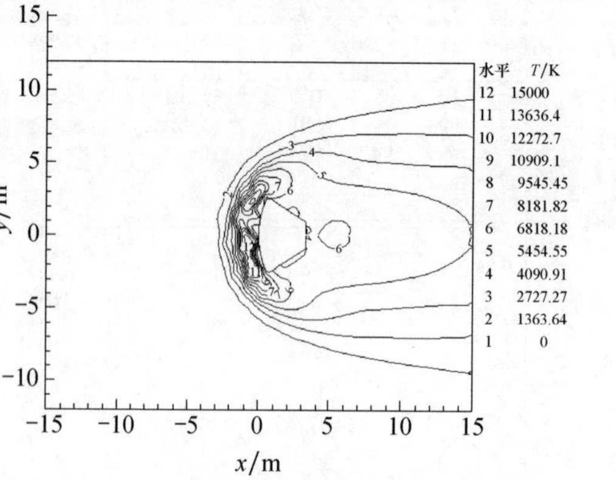

(j) 105km, 0°

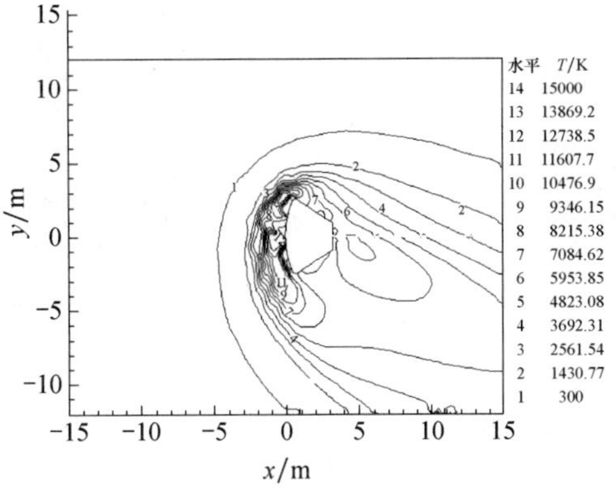

（k）105km，-26°

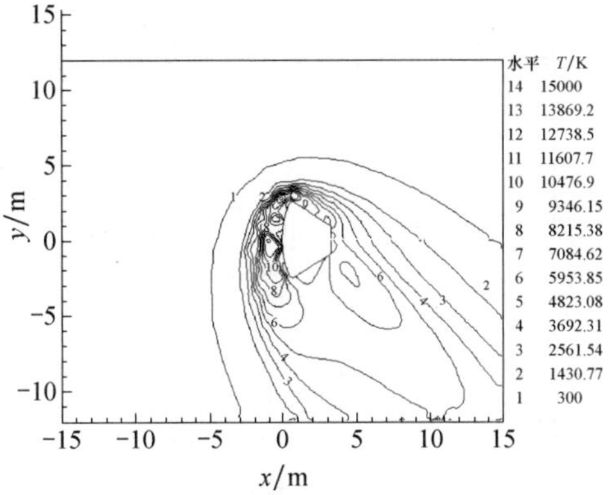

（l）105km，-45°

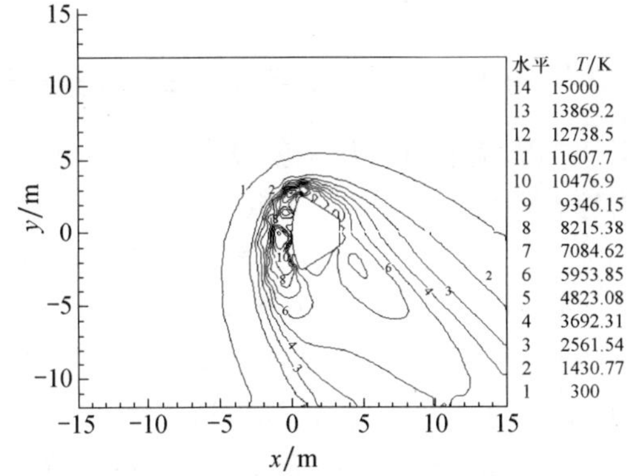

（m）100km，-26°

图 12.28　不同飞行工况下总的温度 T 等值线分布

图 12.29(a)～(c)分别给出高度为 140km、飞行攻角为 $-26°$工况时平动温度 T_{tr}、转动温度 T_r 和振动温度 T_v 等值线的分布图，图 12.29(d)给出 Orion 算例在该工况时速度模等值线的分布图。

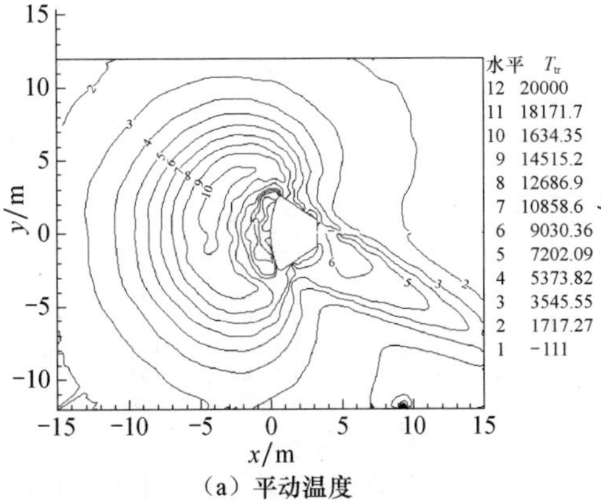

（a）平动温度

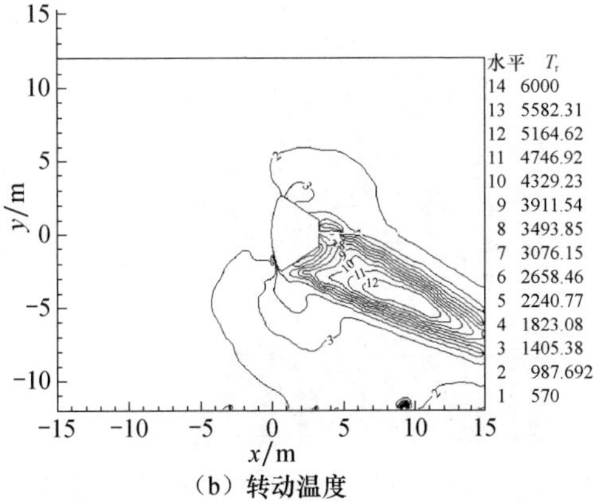

（b）转动温度

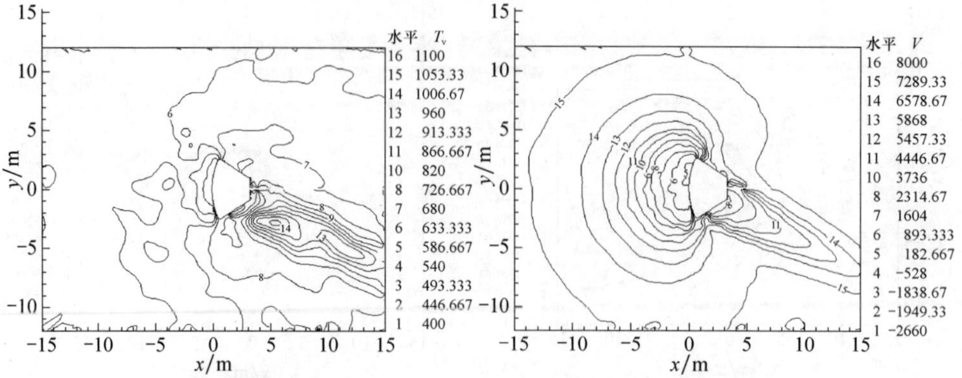

(c) 振动温度　　(d) 速度模

图 12.29　高度 140km、攻角 −26°工况时 T_{tr}、T_r、T_v 与速度模等值线分布

12.2.4　火星大气层中 Mars Pathfinder 绕流的三维计算与分析

人类探索宇宙、飞向太空的脚步从来就没有停止过，尤其是 20 世纪 60 年代以来人类飞向太空的欲望渐渐变为现实。文献[36]中第 174 页与第 175 页专门介绍了 Pioneer 10 号、Pioneer 11 号、Voyager 1 号以及 Voyager 2 号四个航天探测器的飞行史，高度赞扬了科研人员竟花费 30 多年时间跟踪一个航天探测器飞行过程的敬业与奉献精神。火星是人类关注的星球，文献[276]介绍了 1964 年以来人类向火星发射的航天探测器的飞行情况，尤其报道了 2011 年 8 月 5 日 Juno 号木星探测器发射升空的消息，它将于 2016 年 7 月抵达木星轨道。Mars Pathfinder capsule 是登陆火星的一种航天飞行器，它的外形以及主要尺寸如图 12.30 与图 12.31 所示，计算时选取的来流参数以及当地 Knudsen 数由表 12.12 给出。

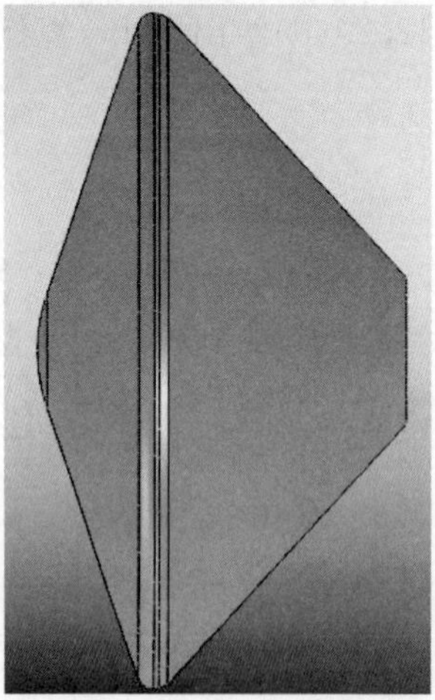

图 12.30　Mars Pathfinder 的三维外形

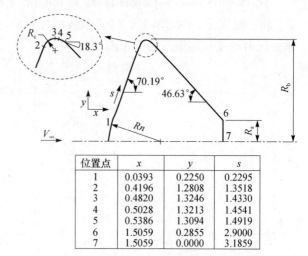

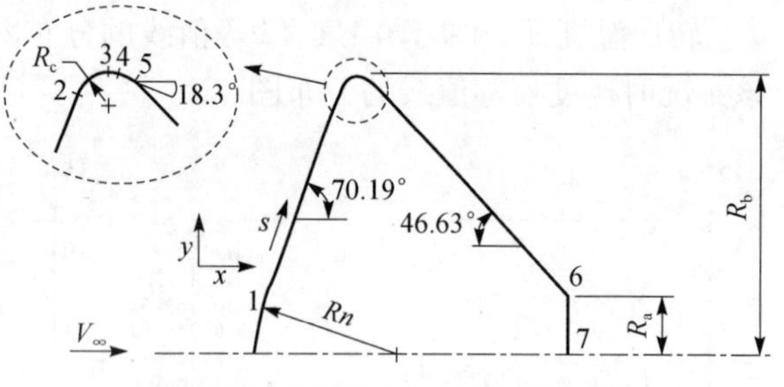

位置点	x	y	s
1	0.0393	0.2250	0.2295
2	0.4196	1.2808	1.3518
3	0.4820	1.3246	1.4330
4	0.5028	1.3213	1.4541
5	0.5386	1.3094	1.4919
6	1.5059	0.2855	2.9000
7	1.5059	0.0000	3.1859

图 12.31　Mars Pathfinder 的主要尺寸数据(单位:m)

表 12.12　Mars Pathfinder 的来流参数

工　况	h/km	ρ_∞/(kg/m³)	T_w/K	Kn_∞	Re_∞	α_∞/(°)	V_∞/(m/s)
25	141.8	2.8351×10^{-10}	300	1.0×10^{2}	1	0	7463.1
26	141.8	2.8351×10^{-10}	300	1.0×10^{2}	1	10	7463.1
27	141.8	2.8351×10^{-10}	300	1.0×10^{2}	1	15	7463.1
28	119.0	5.6344×10^{-9}	470	5.03×10^{0}	16	0	7468.6
29	119.0	5.6344×10^{-9}	470	5.03×10^{0}	16	10	7468.6
30	119.0	5.6344×10^{-9}	470	5.03×10^{0}	16	15	7468.6
31	95.0	1.3759×10^{-7}	750	2.06×10^{-1}	390	0	7479.5
32	95.0	1.3759×10^{-7}	750	2.06×10^{-1}	390	10	7479.5
33	95.0	1.3759×10^{-7}	750	2.06×10^{-1}	390	15	7479.5

注：ρ_∞、T_w、Kn_∞、Re_∞、α_∞、V_∞分别代表来流密度、壁面温度、来流 Knudsen 数、来流 Reynolds 数、来流攻角和来流速度。

需要特别指出的是，表 12.12 中 Kn_∞ 数是基于 Mars Pathfinder 的最大直径定义的。对于火星大气层，其主要成分是 CO_2 和 N_2，所占的比例分别是 0.9537 和 0.0463。这里计算时所选取的 Mars Pathfinder 来流速度随飞行高度的不同略有不同，大致都在 7.46km/s 左右。表 12.12 给出本算例计算所选用的 9 个飞行工况下的来流条件以及相应飞行工况下的 Knudsen 数。考虑到 Mars Pathfinder 的飞行环境是在火星大气层中，本书选用了 9 组元(即 N_2、O_2、NO、CO_2、CO、N、O、C 和 Ar)59 基元反应，其反应式为

$$\begin{cases} CO_2+M \rightleftharpoons CO+O+M \\ CO+M \rightleftharpoons C+O+M \\ N_2+M \rightleftharpoons N+N+M \\ O_2+M \rightleftharpoons O+O+M \\ NO+M \rightleftharpoons N+O+M \\ CO+O \rightleftharpoons C+O_2 \\ CO+N \rightleftharpoons NO+C \\ CO+CO \rightleftharpoons CO_2+C \\ NO+O \rightleftharpoons N+O_2 \\ NO+CO \rightleftharpoons CO_2+N \\ N_2+O \rightleftharpoons NO+N \\ CO_2+O \rightleftharpoons O_2+CO \end{cases} \tag{12.2.3}$$

式中：M 代表反应碰撞单元，这里 M=N_2，O_2，NO，CO_2，CO，N，O，C，Ar。显然，与文献[97]的 8 组元 44 基元反应模型相比这里多考虑了一个组元 Ar，而且置换反应方程的个数也比文献[97]多。图 12.32(a)～(i)分别给出该算例 9 个飞行工况时子午面(即 $z=0$ 的截面)上总的动理学温度 T 等值线分布图，这里 T 的定义同式(12.2.2)。

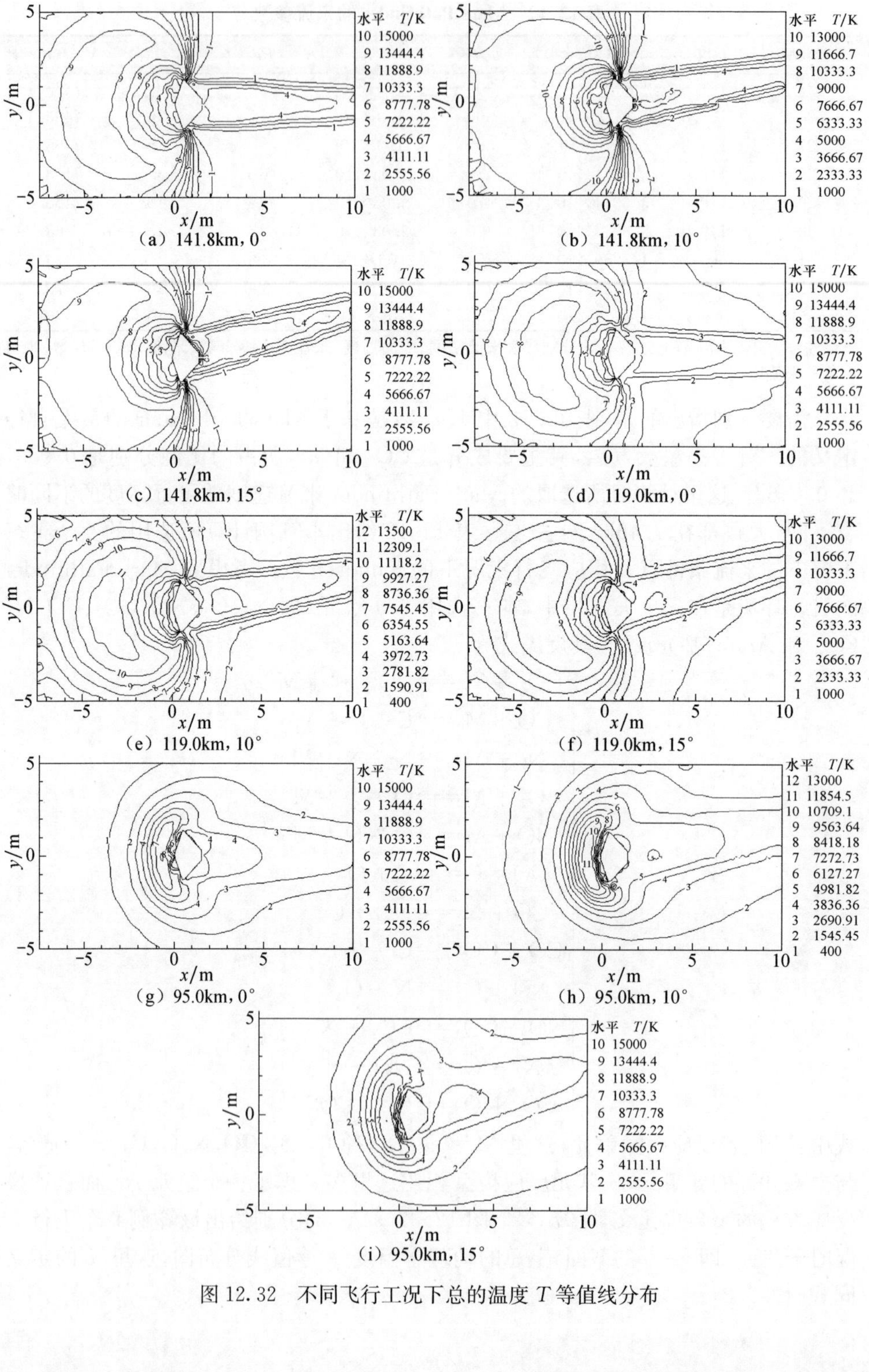

(a) 141.8km, 0°　(b) 141.8km, 10°

(c) 141.8km, 15°　(d) 119.0km, 0°

(e) 119.0km, 10°　(f) 119.0km, 15°

(g) 95.0km, 0°　(h) 95.0km, 10°

(i) 95.0km, 15°

图 12.32　不同飞行工况下总的温度 T 等值线分布

图 12.33(a)～(c)分别给出高度为 95km、飞行攻角为 0°工况时平动温度 T_{tr}、转动温度 T_r 和振动温度 T_v 等值线的分布图，图 12.33(d)给出 Mars Pathfinder 算例在该工况下速度模等值线的分布图。

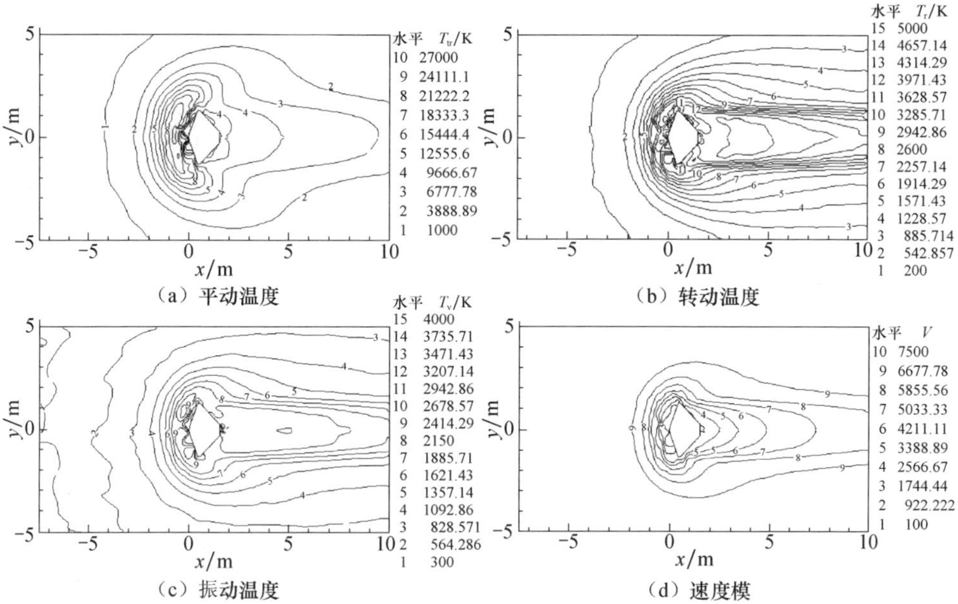

(a) 平动温度　(b) 转动温度　(c) 振动温度　(d) 速度模

图 12.33　高度 95km、攻角 0°工况时 T_{tr}、T_r、T_v 与速度模等值线分布

12.2.5 火星大气中 Mars Microprobe 绕流的三维计算与分析

Mars Microprobe 的外形以及主要尺寸如图 12.34 与图 12.35 所示，计算时选取的来流参数以及大气组分与当地 Knudsen 数由表 12.13 给出。

这里计算时所选取的 Mars Microprobe 来流为 6.909km/s，表 12.13 给出本算例计算所选用的 9 个飞行工况下的来流参数。计算时采用了 9 组元 59 个基元反应，其方程式由式(12.2.3)给出。图 12.36(a)～(i)分别给出该算例 9 个飞行工况时子午面(即 $z=0$ 的截面)上总的动理学温度 T 等值线分布图，这里 T 的定义同式(12.2.2)。

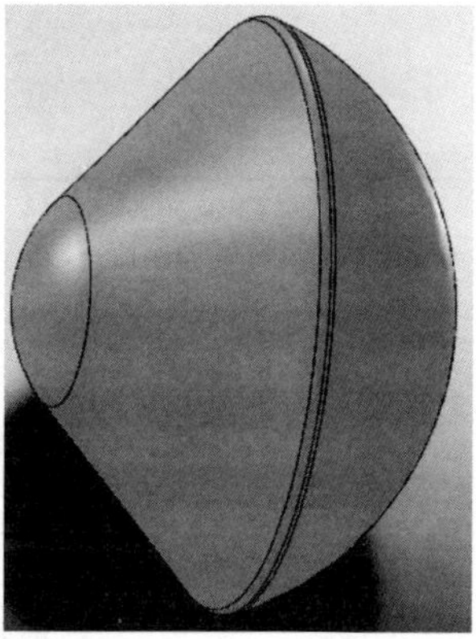

图 12.34　Mars Microprobe 的三维外形

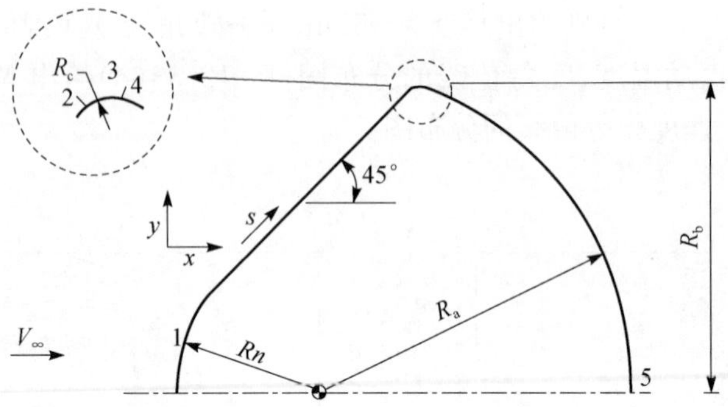

位置点	x	y	s
1	0.02563	0.61872	0.06872
2	0.13619	0.17244	0.22509
3	0.14238	0.17500	0.23196
4	0.14528	0.17450	0.23492
5	0.26890	0.00000	0.46294

图 12.35　Mars Microprobe 的主要尺寸数据(单位:m)

表 12.13　Mars Microprobe 的来流参数

工　况	h/km	ρ_∞/(kg/m³)	T_∞/K	T_w/K	Kn_∞	α_∞/(°)	V_∞/(m/s)
34	126.69	2.1000×10^{-9}	171.3	300	7.95×10^{1}	0	6909
35	126.69	2.1000×10^{-9}	171.3	300	7.95×10^{1}	30	6909
36	126.69	2.1000×10^{-9}	171.3	300	7.95×10^{1}	45	6909
37	100.61	1.7066×10^{-7}	138.7	500	1.26×10^{0}	0	6921
38	100.61	1.7066×10^{-7}	138.7	500	1.26×10^{0}	30	6921
39	100.61	1.7066×10^{-7}	138.7	500	1.26×10^{0}	45	6921
40	80.28	3.9287×10^{-6}	134.3	900	5.46×10^{-2}	0	6908
41	80.28	3.9287×10^{-6}	134.3	900	5.46×10^{-2}	30	6908
42	80.28	3.9287×10^{-6}	134.3	900	5.46×10^{-2}	45	6908

注:ρ_∞、T_∞、T_w、Kn_∞、α_∞、V_∞分别代表来流密度、来流温度、壁面温度、来流 Knudsen 数、来流攻角和来流速度。需要特别指出的是,这里的 Kn_∞ 数是基于 Mars Microprobe 的最大直径定义的。

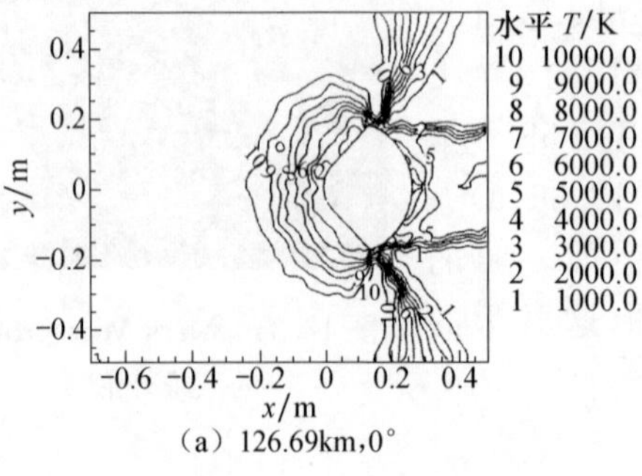

(a) 126.69km,0°

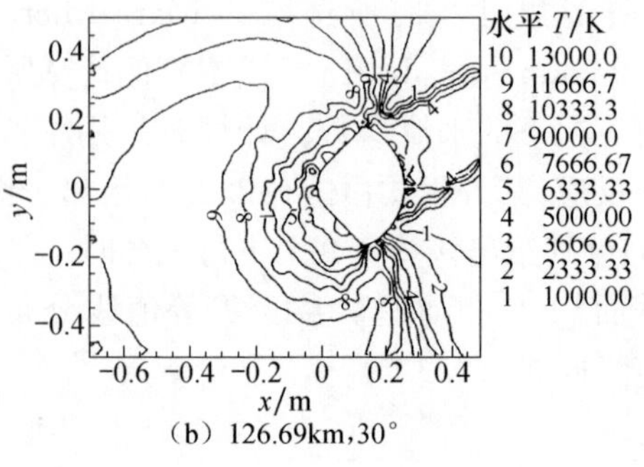

(b) 126.69km,30°

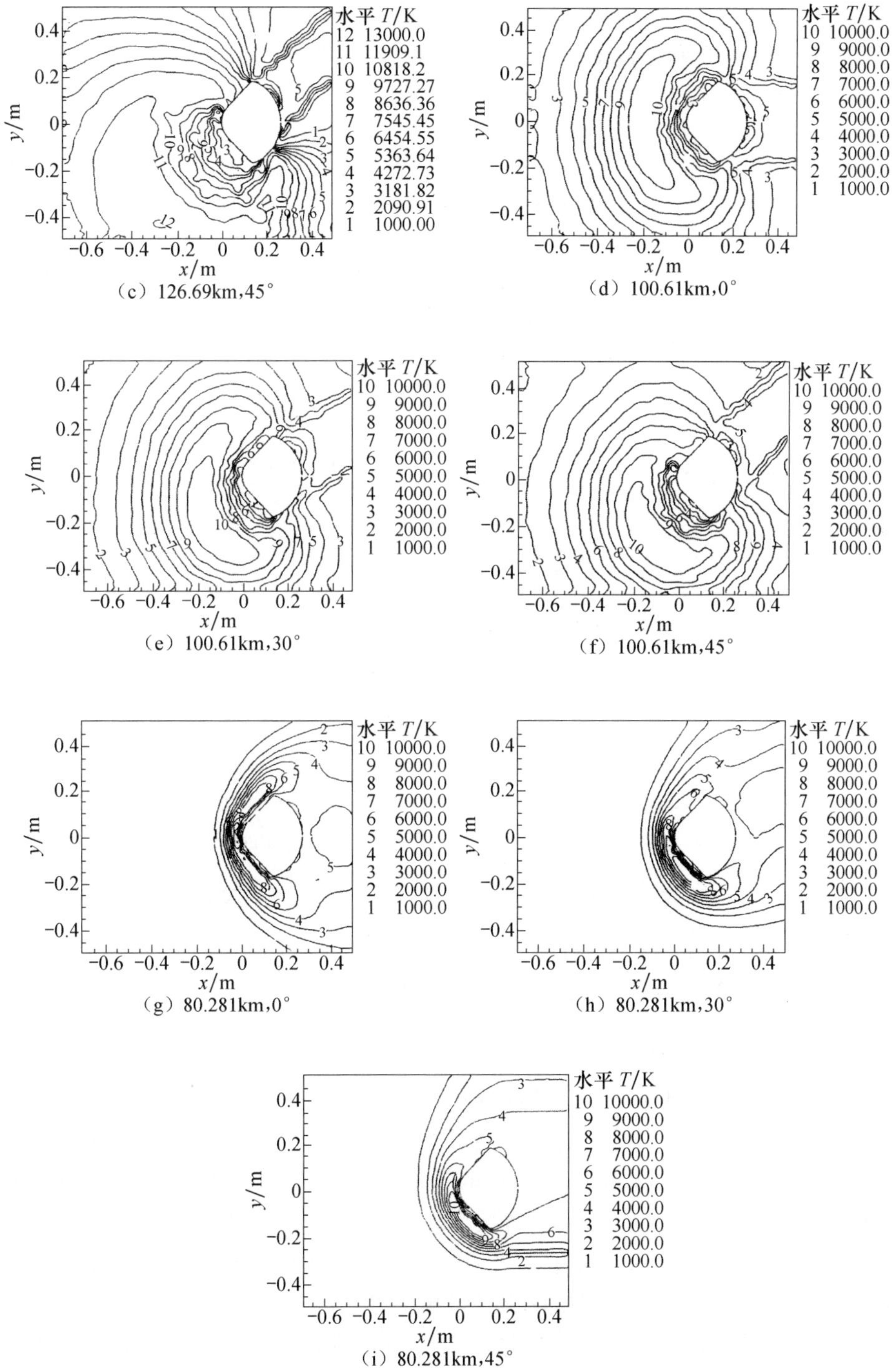

（c）126.69km,45°　（d）100.61km,0°

（e）100.61km,30°　（f）100.61km,45°

（g）80.281km,0°　（h）80.281km,30°

（i）80.281km,45°

图 12.36　不同飞行工况下总的温度 T 等值线分布

图 12.37(a)～(c)分别给出高度为 100.61km、飞行攻角为 45°工况时平动温度 T_{tr}、转动温度 T_r 和振动温度 T_v 等值线的分布，图 12.37(d)给出 Mars Microprobe 算例在该工况时速度模等值线的分布图。

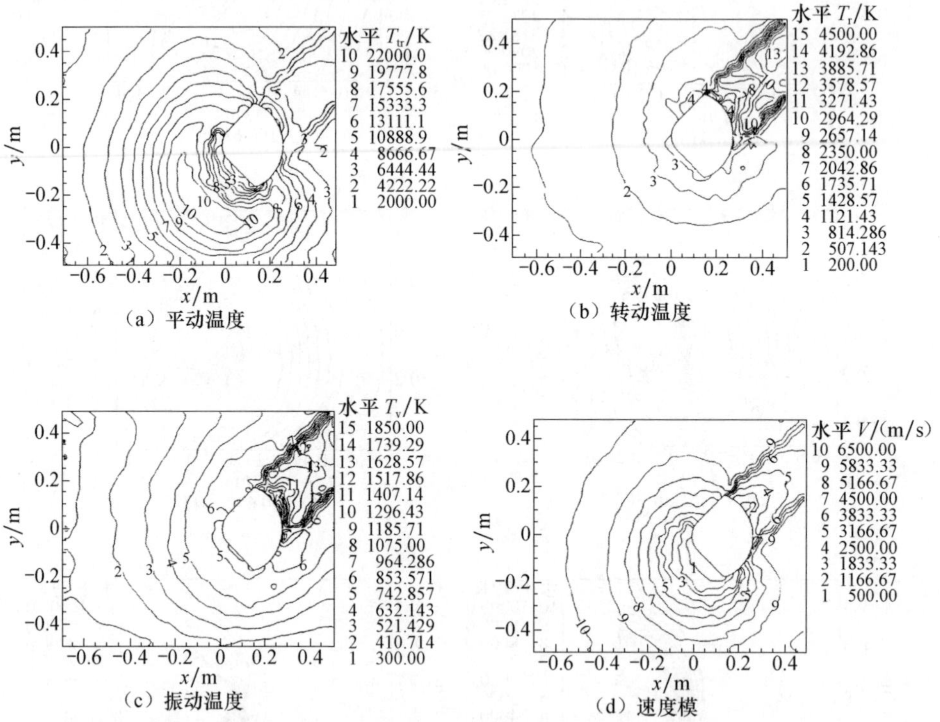

(a) 平动温度　(b) 转动温度　(c) 振动温度　(d) 速度模

图 12.37　高度 100.61km、攻角 45°工况时 T_{tr}、T_r、T_v 与速度模等值线分布

12.2.6　典型工况非平衡现象的分析与传热分析

在流体力学与传热学中，非平衡现象普遍存在[37,38,42,259,260,308～314]；在高超声速稀薄流场中，非平衡现象始终是关注的热点。

图 12.38 给出 Apollo 在工况 6(即 115km 高度，−25°攻角)时三种无量纲数(即 $|T-T_v|/T$, C_h 和 Damköhler 数)的等值线分布图，其中图 12.38(c)与(d)分别给出了 O_2 离解反应以及 N_2 离解反应所对应的 Damköhler 数。图 12.39 给出 Apollo 在工况 11(即 90km 高度，−25°攻角)时沿壁面热流系数 C_h 的分布图，图中最高值已接近 2.0，显然它与图 12.38(b)相比要大得多。

图 12.40 给出 Orion 在工况 21(即 105km 高度，0°攻角)采用三种量纲为一的数时的等值线。

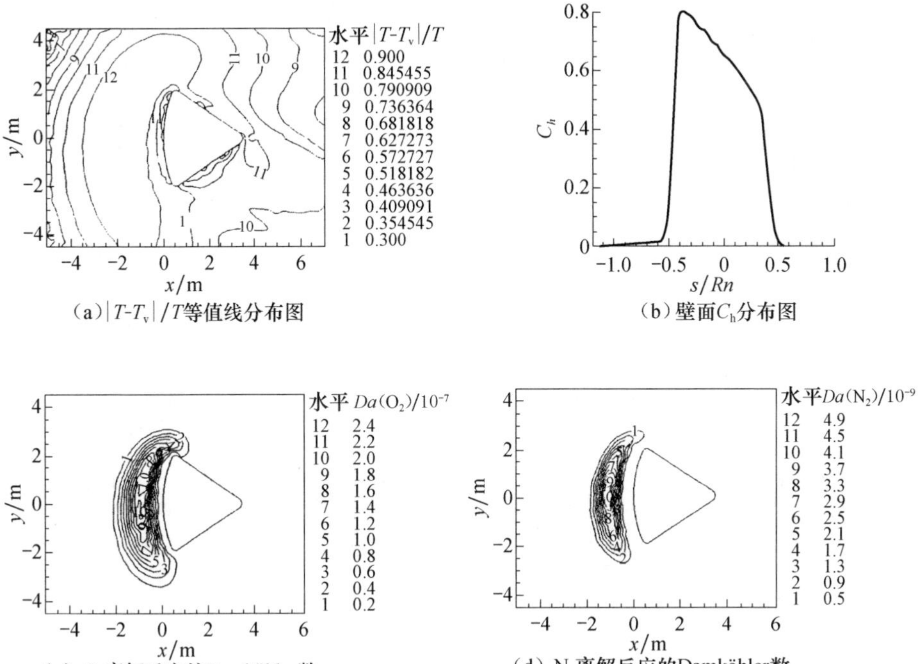

(a) $|T\text{-}T_v|/T$ 等值线分布图　　(b) 壁面 C_h 分布图

(c) O_2 离解反应的Damköhler数　　(d) N_2 离解反应的Damköhler数

图 12.38　Apollo 在工况 6 时的等值线分布

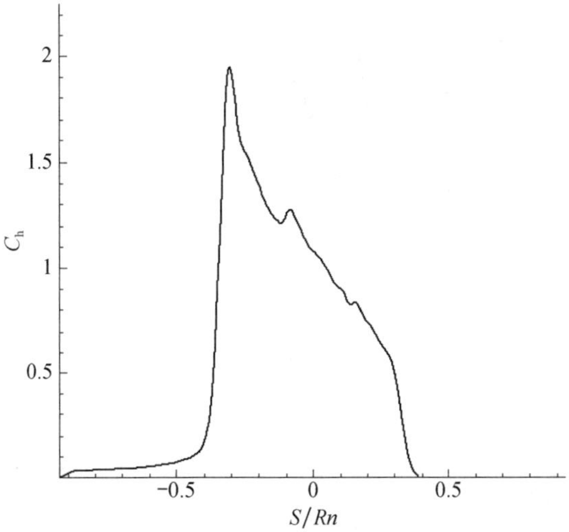

图 12.39　Apollo 在工况 11 时热流系数 C_h 的分布

图 12.41 和图 12.42 分别给出 Mars Pathfinder 在工况 30(即 119km 高度，15°攻角)以及 Mars Microprobe 在工况 36(即 126.69km 高度，45°攻角)时的相应

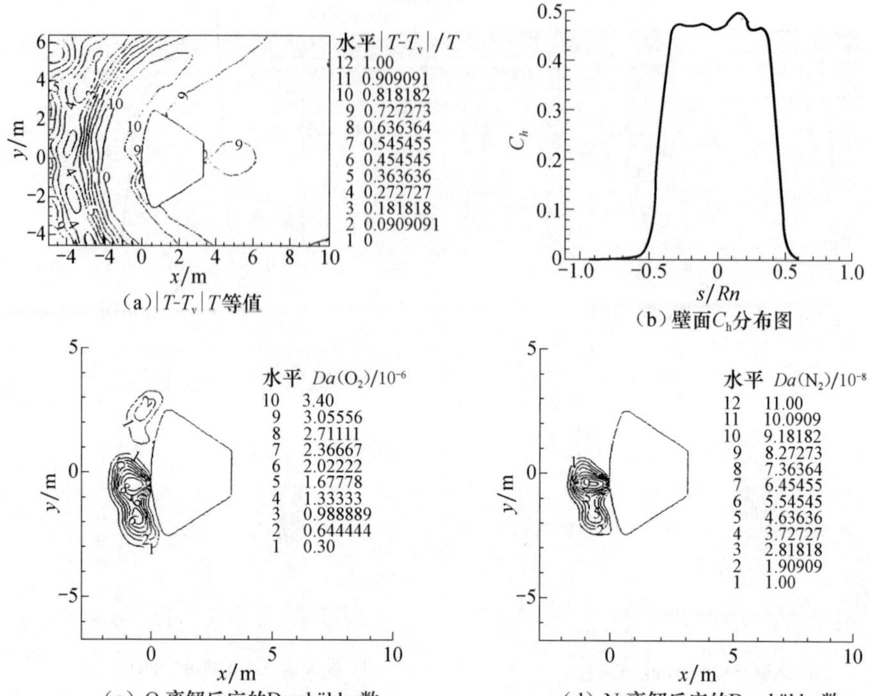

(a) $|T-T_v|/T$ 等值　　(b) 壁面 C_h 分布图

(c) O_2 离解反应的Damköhler数　　(d) N_2 离解反应的Damköhler数

图 12.40　Orion 在工况 21 时的等值线分布

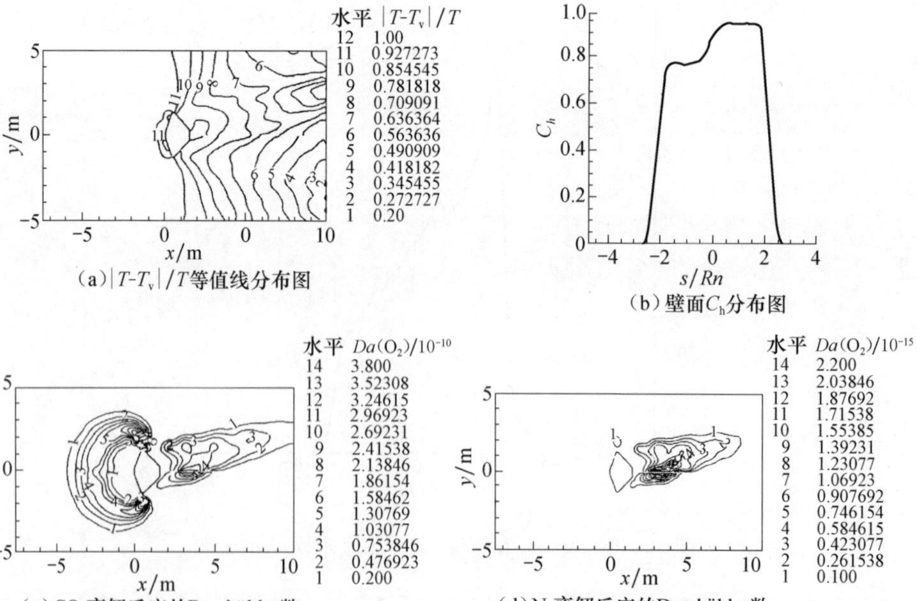

(a) $|T-T_v|/T$ 等值线分布图　　(b) 壁面 C_h 分布图

(c) CO_2 离解反应的Damköhler数　　(d) N_2 离解反应的Damköhler数

图 12.41　Mars Pathfinder 在工况 30 时的等值线分布

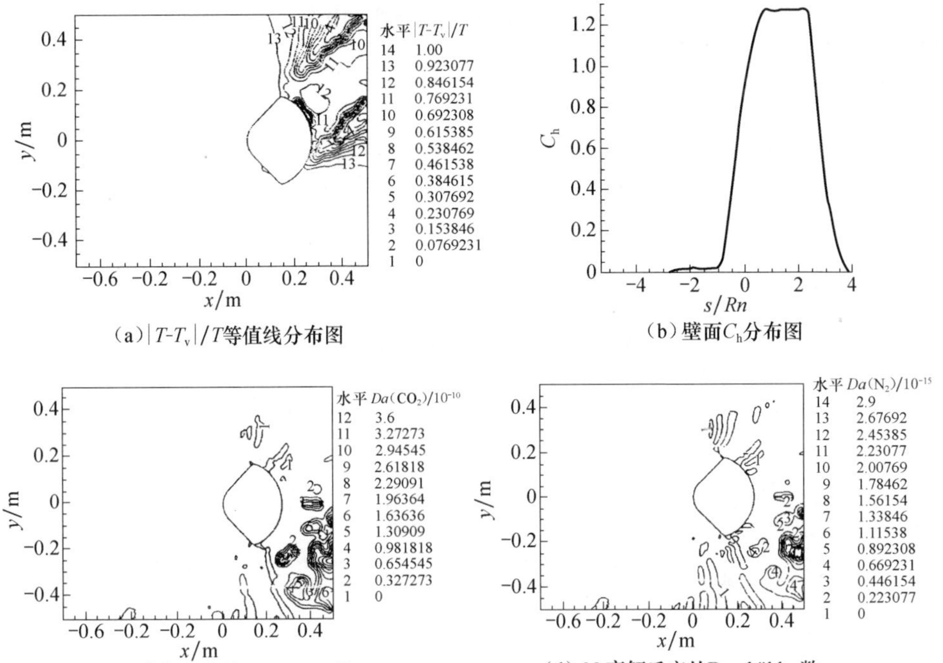

(a) $|T-T_v|/T$ 等值线分布图　(b) 壁面 C_h 分布图

(c) CO_2 离解反应的Damköhler数　(d) N_2 离解反应的Damköhler数

图 12.42　Mars Microprobe 在工况 36 时的等值线分布

等值线分布图。在火星大气中工况 30 时，流场中总的温度最高[见图 12.32(f)]为 13 080K。而 Apollo 在地球大气层中进行工况 11 飞行时，流场中总的温度最高[见图 12.24(k)]为 20 822K，这就意味着 Apollo 在 90km 高空、以 −25°攻角再入飞行时，它所处的热环境更加严峻。因此这时的热防护更需精心设计。

从图 12.38～图 12.42 所给出的计算结果可以看出，上述工况时流场的热力学非平衡和化学非平衡都普遍存在着，因此用 $|T-T_v|/T$，C_h 数以及 Damköhler 数去刻画上述流场的复杂变化是合适的。

另外，在高超声速飞行器的再入飞行中，沿飞行器壁面热流系数的分布直接涉及飞行器的热防护问题，因此热流系数的计算以及相关的传热分析便是一件十分重要的事情。

最后看一下本节我们的计算结果与美国 NASA Langley 研究中心 Moss 先生结果的比较(因篇幅所限，这里仅列出 14 种工况)：令符号 C_A、C_N 和 $C_{m,0}$ 分别代表轴向力系数、法向力系数和俯仰力矩系数。表 12.14～表 12.17 分别给出本书的计算与 Moss 先生的计算结果。对于工况 12，本书计算的 C_A、C_N 和 $C_{m,0}$ 分别 2.083、0.0 和 0.0，而 Moss 先生没有公布此工况的数据。从上述给出的 14 种工况的比较数据可以看出：两者结果较为贴近，而且基本趋势是一致的。

表 12.14　Apollo 计算结果的比较

工　况	计算比较	C_A	C_N
7	文献[91]	1.7655	0.0
	Moss	1.775	0.0
8	文献[91]	1.724	0.157
	Moss	1.734	0.154
9	文献[91]	1.082	0.6458
	Moss	1.077	0.639

表 12.15　Orion 计算结果的比较

工　况	计算比较	C_A	C_N	$C_{m,0}$
12	文献[91]	2.083	0.0	0.0
	Moss	—	—	—
13	文献[91]	1.708	−0.8883	0.1294
	Moss	1.714	−0.798	0.117
14	文献[91]	1.7863	−0.7994	0.1192
	Moss	1.711	−0.793	0.117
22	文献[91]	1.5075	−0.4163	0.1202
	Moss	1.465	−0.327	0.114
23	文献[91]	1.081	−0.6561	0.1901
	Moss	1.051	−0.558	0.182

表 12.16　Mars Pathfinder 计算结果的比较

工　况	计算比较	C_A	C_N
31	文献[91]	1.9313	0.0
	Moss	1.883	0.0
32	文献[91]	1.8747	0.236
	Moss	1.830	0.207
33	文献[91]	1.8192	0.347
	Moss	1.771	0.307

表 12.17　Mars Microprobe 计算结果的比较

工　况	计算比较	C_A	C_N	$C_{m,0}$
40	文献[91]	1.6319	0.0	0.0
	Moss	1.536	0.001	0.0013
41	文献[91]	1.2458	0.6376	0.2960
	Moss	1.180	0.607	0.2838
42	文献[91]	0.9471	0.7822	0.3705
	Moss	0.904	0.734	0.3525

12.2.7　小结

(1) 在文献[97]工作的基础上，本小节进一步完善了 DSMC 源程序中的化学反应子程序，我们将地球大气层中 5 组元 17 基元反应发展为 5 组元 23 基元反应；将火星大气中 8 组元 44 基元反应发展为 9 组元 59 基元反应。修改后的化学反应子程序[91]可以更有效地反映相应飞行工况时高温稀薄气体的热化学非平衡流动现象。

(2) 完成了 4 种典型高超声速飞行器(即 Apollo，Orion，Mars Pathfinder 和 Mars Microprobe) 42 个飞行工况绕流的三维 DSMC 计算，所得结果与 NASA Langley 研究中心发表的计算结果较为贴近，我们的这些结果已发表在文献[91]中。另外，连同文献[97]中所完成的 35 个算例以及文献[91]发表的 42 个工况，于是通过上述这 77 个不同飞行工况不同飞行器二维与三维 DSMC 的计算初步显示了所编的源程序的可行性与有效性。使用该程序可以完成飞行速度在 7～9km/s 时稀薄流场的二维与三维 DSMC 计算，它能为相应飞行工况下飞行器的热防护气动设计提供理论计算数据。

(3) 文献[97]中提出的用 $|T-T_v|/T$ 分析热力学非平衡、用 Damköhler 数分析化学反应的非平衡、用沿壁面的 Stanton 数或壁面热流系数 C_h 分析壁面的传热效果的办法可以有效刻画稀薄气体流场中的非平衡现象，值得推广。

(4) 从文献[91]与文献[97]所计算的 77 个工况以及文献[74，75]的 23 个工况(其中飞行 Mach 数为 15.52～24.47)中发现：根据飞行器再入时 Knudsen 数的大小，稀薄区采用 DSMC 方法，连续区采用多组分、考虑非平衡态气体振动与热化学非平衡态效应的广义 Navier-Stokes 方程，而过渡区仍使用 DSMC 方法。采用这套措施后，能够完成飞行器以 5～9km/s 的速度再入飞行，穿过稀薄区、过渡区与连续区时三维绕流流场的气动力与气动热计算。使用我们自己编制的两个源程序(即文献[74]与文献[91]的程序)能为地球大气层、土卫六大气层和火星大气层中的再入飞行(当飞行速度在 5～9km/s)问题提供飞行器热防护以及空间变轨控制所需的必要数据。另外，这里还需指出：①对于连续流区域的源程序(即文献[74，75])，在化学反应源项的处理上采用了点隐式处理的技巧，并对壁面采用了热辐射平衡条件。数值计算的实践表明，这种处理措施非常必要。②对于连续流区为高超声速流动时是否采用高精度格式问题，目前在文献[74]的源程序中没加入三阶及三阶以上的高精度格式模块，但在文献[276]中的 RANS 与 DES 相组合的新算法中引进了高阶精度模块。我们认为：高超声速再入飞行中热化学非平衡问题已经十分复杂，通常采用文献[74]的源程序可以得到工程上满意的气动力分布；计算出的气动热与实验数据或者飞行数据相比，有时虽然有误差，但仍然能有效指导飞行器的热防护设计。仅在飞行 Mach 数很高，流场中的大分离现象严重、需要更细致地考虑飞行器壁面热流分布时，才引进高精度模块并在局部大分离的那些区域采用文献[276]推荐的 DES 分析技术。③对于连续流区为超声速、跨声速和亚声速复杂湍流流动时，文献[4,194,238]中给出大量的高精度计算算例，尤其是文献[220]首次提出了三维小波奇异性分析的概念，将流场划分为奇异点区与光滑点区后分别采用五阶 WENO(Weighted Essential Non-Oscillatory)格式与四阶中心差分格式，捕捉到了流场的复杂涡系结构。④对于稀薄流区的数值求解，我们 AMME Lab 团队主要发展了两类方法，即一类是 DSMC 方法，另一类是直接求解 Wang Chang-Uhlenbeck 主方程(即广义 Boltzmann 方程)。前一类方法是我们独立开展的；后一类方法我们已经与美国 Washington 大学的 Agarwal 教授合作，开展多组分混合气体广义 Boltzmann 方程算法上的研究和源程序的编写工作，并取得一些初步的成果[323]。显然，这两类方法难度都很大，都是高超声速稀薄流计算中急需的数值方法。

12.3 再入飞行中 DSMC 与 Navier-Stokes 两种模型的计算与分析

文献[73]首次提出了再入飞行过程中“小 Knudsen 数特征区(即[$Kn1$,$Kn2$]域)”的概念，这是个非常重要的概念，它奠定了高超声速飞行器整个再入飞行过程的理论基础，即可以仅仅使用 DSMC 模型与广义 Navier-Stokes 模型便能够完成再入飞行过程中所有工况的计算。另外，整个再入飞行过程也可以仅仅使用广义 Boltzmann 方程模型与广义 Navier-Stokes 方程模型来完成。这时两个方程都来源于同一个力学方程——Liouville 方程，它是整个再入飞行全过程的统一控制方程，因此 Liouville 方程是最基本的方程，是本书讨论的主方程。数值计算表明：采用我们自己编制的 DSMC 源程序和求解多组分、考虑热力学非平衡以及化学反应非平衡、弱守恒型的广义 Navier-Stokes 方程组源程序均可以完成在特征区域的流动计算，而且采用这两个源程序计算上述特征区内的同一工况时所得流场气动参数的分布趋势大体上基本一致，对应点处相应参数的值相差较小。计算中发现：采用 DSMC 程序计算时，当来流工况的 Knudsen 数越小、越接近 Kn_1 时则计算所需的时间越长，使用该程序可以得到[$Kn1$,$Kn2$]域的下边界 Kn_1 值，其值近似为 0.0019；采用广义 Navier-Stokes 程序时，当来流工况的 Knudsen 数越大、越接近 Kn_2 时则计算越不易收敛，使用该程序能够得到这个域的上边界 Kn_2 值，其值近似为 0.0125 左右。计算中还发现：在流场计算过程中，分别采用 DSMC 与广义 Navier-Stokes 源程序，其对应的来流工况 Knudsen 数取值分别越接近 Kn_1 与 Kn_2 时，均会出现收敛速度明显变慢的现象。为此，本小节给出加速流场计算收敛的 3 种措施。正是由于小 Knudsen 数特征区的存在，因此整个再入过程的所有飞行工况可以通过适当选用 DSMC 与广义 Navier-Stokes 程序完成。显然，文献[73]给出的这个结论对再入飞行过程中的数值计算来讲是非常有用的。

12.3.1　再入飞行过程中高超声速流动的两类物理模型及其源程序

航天飞行器的再入飞行，通常要涉及四个流区（即自由分子流区、过渡流区、滑移流区和连续介质流动区），因此相应流区中流场的数值计算一直是气动热力学领域的热点问题之一。在稀薄气体动力学（又称分子气体动力学）中，DSMC 方法和求解 Boltzmann 方程是两种最常用的方法。尽管 DSMC 方法是通过与 Boltzmann 方程相同的物理推理获得的，但由于 DSMC 方法直接模拟的是单个分子的行为，因此比较容易把分子间的碰撞和分子与表面之间碰撞的复杂物理过程加以模拟，显然在这方面 DSMC 方法要比 Boltzmann 方程中右端碰撞项的数学表达方便得多（事实上，对 Boltzmann 方程来讲，右端碰撞项的数学表达一直较为困难，尤其是高温、高速、带有复杂化学反应时的流动更是如此）。正是由于 DSMC 方法所具有的分子模拟特性，它在许多方面显示出优于直接求解 Boltzmann 方程之处。采用 DSMC 方法计算出的具有复杂外形航天飞机的升阻比与飞行测量数据吻合得非常好[315]。近年来广义 Boltzmann 方程也得到迅速发展，Cheremisin 和 Agarwal 等都做出了出色的工作。在再入过程的连续介质流区，考虑热力学非平衡以及化学反应非平衡的多组分、弱守恒的广义 Navier-Stokes 方程组为其控制方程，它的数值求解一直是高超声速流体力学和气动热力学领域中的主攻方向。另外，Bird，Park 和 Moss，Boyd，Yamamoto，Candler 和 Gnoffo 等在高超声速气动热力学计算方面做了大量工作。近 20 多年来，在卞荫贵教授的直接指导下，我们 AMME Lab 在 Navier-Stokes 方程组的通用形式[12]、方程组特征分析[117]、方程的离散与求解[118～194]、超声速和高超声速进气道内外流场的计算[82～88]以及高超速飞行器（例如，Apollo、Orion、Mars Pathfinder、Mars Microprobe[91]、Apollo AS -202 返回舱、Huygens[74]、PAET 返回舱[75]、Stardust SRC[81]、MESUR[76]、Galileo、Viking、European ARD[102]、RAM-C II[77]、70°圆锥体行星探测器[101]，日本的 ORV[78]，高超声速双锥体绕流问题[80]，以及空中变轨问题中著名的 Ballute 减速气球[97]等）再入飞行中的气动力与气动热分布进行了一系列理论计算与分析[73～75,79,98～100]，其中包括再入地球大气层，土卫六大气层以及火星大气层的飞行工况。在我们 AMME Lab 已完成的 242 个飞行工况的计算中，采用 DSMC 模型计算的有 83 个工况，采用广义 Navier-Stokes 模型计算的有 159 个工况。在已完成的 242 个计算工况中，231 个工况的数值结果已在文献[73～75，91，97，276]中作了详细发表，并且还与国外相关飞行数据以及相关的实验进行了比较。大量数值结果初步表明：我们 AMME Lab 团队所编制的 DSMC 源程序以及用于高超声速的广义 Navier-Stokes 源程序基本上可以完成飞行器以 5～9km/s 的速度再入地球大气层、土卫六大气

层或者火星大气层时气动力与气动热的计算,可以初步预测出飞行器以上述范围内的速度再入飞行时其周围的热环境问题,可以为飞行器的热防护提供理论上的数据,也可以为高超声速流场的热力学非平衡与化学反应非平衡问题的研究提供出 3 种量纲为一的参数(即 $|T-T_v|/T$ 数、Damköhler 数以及沿壁面热流系数或者沿壁面的 Stanton 数)的等值线分布图。

对高超声速飞行器再入飞行进行计算与分析的过程中,为了便于讨论与分析,通常是按再入的不同时刻或者相应的飞行高度去计算出相应来流的 Knudsen 数以此作为区分不同来流计算工况的界限,如文献[74]在计算 Apollo 工程 AS-202 返回舱再入地球大气层以及 Huygens 探测器再入土卫六大气层的飞行过程中,就是按再入飞行的不同时刻各分成了 6 个工况(可参见文献[74]的表 3 与表 4)进行计算的。上述两个飞行器在所选的 12 个工况下,相应的来流 Knudsen 数都符合连续介质流动的条件,因此便采用了广义 Navier-Stokes 模型进行计算。在上述计算的 6 种工况下,AS-202 返回舱再入地球大气层的飞行 Mach 数在 15.52～22.63 内,而 Huygens 再入土卫六大气层的飞行 Mach 数为 17.29～24.47。再如文献[91]计算 Orion 再入地球大气层和 Mars Pathfinder 再入火星大气层时分别选取了 13 个和 9 个计算工况,在上述工况时 Orion 再入高度从 250km 降到 100km,相应来流工况的 Knudsen 数从 111.0 变到 0.0263,而 Mars Pathfinder 再入高度从 141.8km 降到 95.0km,来流攻角从 0°变到 15°,相应来流工况时的 Knudsen 数从 100.0 变到 0.206,显然上面选取的 22 个计算工况都符合稀薄气体流动的条件,故可采用 DSMC 模型进行求解。然而,对于一个高超声速飞行器的再入飞行过程,通常要涉及四个流区,因此用数值计算的办法去摸索出 DSMC 程序与广义 Navier-Stokes 程序的大致适用范围应当讲是件十分重要的事,我们这里正是针对这个问题展开讨论的。

正如文献[74]和文献[91]所讨论的,飞行器再入过程中流场的计算主要涉及两类物理模型,即一类是广义 Navier-Stokes 模型,一类是 DSMC 模型。下面对此作十分简要的介绍。

1. 广义 Navier-Stokes 模型及其源程序

对于三维高超声速处于高温、离解电离状态的空气多为多组元、带有化学反应的混合气体,因此流场中存在质量交换、动量交换和能量交换的过程,存在热化学非平衡效应(即存在转动非平衡、振动非平衡、化学非平衡和电离非平衡),存在振动/离解耦合效应(V-D)、自由电子/振动耦合效应(E-V)、平动/振动耦合效应(T-V)、自由电子/平动耦合效应(E-T)、非平衡辐射效应以及气体组分中束缚电子激发效应等。在热化学非平衡效应中,通常会涉及三温度模型(即平动温度 T_{tr}、振动温度 T_v 和电子温度 T_e)或者双温度模型(即平动温度 T_{tr} 和振动温度 T_v)的概念，这里选用广义 Navier-Stokes 方程时，选用了双温度模型。另外，在广义 Navier-Stokes 方程组中，能量方程通常有 3 个（即振动能量守恒方程、电子和电子激发能量守恒方程、总的能量守恒方程），而对于双温度模型，能量方程则只需要 2 个（即振动-电子和电子激发能量守恒方程、总的能量守恒方程）。因此这里在选用双温度模型时广义 Navier-Stokes 方程组的弱守恒形式为

$$\frac{\partial}{\partial t}\iiint_{\Omega}\boldsymbol{U}\mathrm{d}\Omega+\oiint_{\partial\Omega}(\boldsymbol{F}-\boldsymbol{F}_{\mathrm{V}})n_x\mathrm{d}S+\oiint_{\partial\Omega}(\boldsymbol{G}-\boldsymbol{G}_{\mathrm{V}})n_y\mathrm{d}S$$

$$+\oiint_{\partial\Omega}(\boldsymbol{H}-\boldsymbol{H}_{\mathrm{V}})n_z\mathrm{d}S=\iiint_{\Omega}\widetilde{\boldsymbol{W}}\mathrm{d}\Omega \tag{12.3.1}$$

式中：Ω 与 $\partial\Omega$ 分别代表控制体与控制表面；$\boldsymbol{U}$ 为方程组所对应的守恒型基本变量、它为列向量；$\boldsymbol{F}$、$\boldsymbol{G}$ 和 $\boldsymbol{H}$ 为无黏通量，它们均为列向量；$\boldsymbol{F}_{\mathrm{V}}$、$\boldsymbol{G}_{\mathrm{V}}$ 和 $\boldsymbol{H}_{\mathrm{V}}$ 为黏性通量；$\widetilde{\boldsymbol{W}}$ 代表方程组的右端源项，它们的具体表达式为

$$[\boldsymbol{U}\quad\boldsymbol{F}\quad\boldsymbol{G}\quad\boldsymbol{H}\quad\widetilde{\boldsymbol{W}}]=\begin{bmatrix}\rho & \rho_1 u & \rho_1 v & \rho_1 w & \omega_1\\ \vdots & \vdots & \vdots & \vdots & \vdots\\ \rho_s & \rho_s u & \rho_s v & \rho_s w & \omega_s\\ \rho u & \rho u^2+p & \rho uv & \rho uw & 0\\ \rho v & \rho uv & \rho v^2+p & \rho vw & 0\\ \rho w & \rho uw & \rho vw & \rho w^2+p & 0\\ E_t & (E_t+p)u & (E_t+p)v & (E_t+p)w & 0\\ E_{\mathrm{v}} & E_{\mathrm{v}}u & E_{\mathrm{v}}v & E_{\mathrm{v}}w & \omega_{\mathrm{v}}\end{bmatrix} \tag{12.3.2a}$$

$$\boldsymbol{F}_{\mathrm{V}}=\begin{bmatrix}-\rho_1\tilde{u}_1\\ \vdots\\ -\rho_s\tilde{u}_s\\ \tau_{xx}\\ \tau_{yx}\\ \tau_{zx}\\ k\dfrac{\partial T}{\partial x}+k_{\mathrm{vib}}\dfrac{\partial T_{\mathrm{V}}}{\partial x}-\sum\rho_s h_s\tilde{u}_s+u\tau_{xx}+v\tau_{yx}+w\tau_{zx}\\ k_{\mathrm{vib}}\dfrac{\partial T_{\mathrm{V}}}{\partial x}-\sum\rho_s e_{\mathrm{v},s}\tilde{u}_s\end{bmatrix} \tag{12.3.2b}$$

另外，$\boldsymbol{G}_{\mathrm{V}}$ 与 $\boldsymbol{H}_{\mathrm{V}}$ 在形式上与 $\boldsymbol{F}_{\mathrm{V}}$ 相类似。注意式(12.3.2)中 ρ_s、$\tilde{u}_s$、ω_s、h_s 和 $e_{\mathrm{v},s}$ 分别代表第 s 个组元气体的分密度、x 方向上的扩散速度、单位体积化学反应质量生成率、单位质量的焓值和单位质量的振动能。对于边界条件提法的问题可见文献[74]，这里就不再给出。还需要特别强调的是，在高超声速广义 Navier-Stokes 方

程的求解中，壁面条件的处理非常重要，在我们这里的计算中仍采用壁面辐射热平衡边界条件。

化学反应模型因飞行器再入不同的大气层、不同的飞行高度以及不同的再入速度而有所不同。在这里进行广义 Navier-Stokes 方程计算时，对于再入地球大气层采用了 5 组元（N_2、O_2、NO、N 和 O）、17 基元反应模型（具体反应机制及其反应速率系数可见文献[74]的表 1）；对于进入土卫六大气层则采用 13 组元（C、C_2、H、H_2、N、N_2、CH、CH_2、CH_3、CH_4、CN、HCN 和 Ar）、143 基元反应模型（其反应机制与相关反应速率系数见文献[74]的表 2）；对于进入火星大气层采用了 8 组元（C、O、N、N_2、CO、CO_2、NO 和 O_2）、44 基元反应模型（其具体反应机制及其反应速率系数可见文献[97]的表 6）。我们这里所选用的进入三种大气层时飞行 Mach 数的范围是 7.1～32.81，显然在这个范围时流场的热化学非平衡特性是需要认真考虑的。

对于能量方程，这里仅给出振动-电子和电子激发能项的表达式，即

$$\omega_{\mathrm{v}} = -p_{\mathrm{e}} \nabla \cdot \boldsymbol{V} + \sum_{s=mol} (\omega_s \hat{D}_s) - \sum_{s=ion} (\dot{n}_{\mathrm{e},s} \tilde{I}_s) + Q_{\mathrm{t\text{-}v}} + Q_{\mathrm{t\text{-}e}} \tag{12.3.3}$$

式中等式右端第 1 项代表电子压强梯度所产生的电场力对电子所做的功；右端第 2 项反映了分子各组元由于化学反应而导致的振动能的获得（借助于复合反应）与丢失（借助于离解反应）；右端第 3 项反映了正离子由于电子碰撞电离反应而导致的能量丢失；等式右端最后两项 $Q_{\mathrm{t\text{-}v}}$ 以及 $Q_{\mathrm{t\text{-}e}}$ 项分别代表平动能与振动能之间的能量传递速率以及由于弹性碰撞而产生的重粒子与电子间的能量传递速率，文献[74,75]分别给出了它们的表达式。

高温混合气体输运特性的计算主要有两种模型：一种是使用 Blottner 曲线以及 Eucken 关系式分别计算出每一组元的黏性系数、平动热传导系数以及振动热传导系数等，之后使用 Wilke 混合律进而得到混合气体的相关输运系数；另一种是 Gupta 碰撞截面模型，在我们这里的计算中采用了前者的模型。

2. DSMC 的基本算法以及源程序总框图

在质点 Monte-Carlo 方法的基础上，1957 年 Alder 和 Wainwright 提出了适用于求解过渡流区的分子动力学方法（molecular dynamics method，简称 MD 方法）。作为对分子动力学方法的某种改进，1963 年 Bird 教授首先提出了 DSMC 方法，之后分别于 1976 年、1994 年、1999 年和 2006 年进行了多次改进与完善；从 1963 年到 2006 年长达 43 年的时间里，Bird 教授一直致力于 DSMC 方法的研究，他提出了用有限个模拟分子代替真实气体分子、用对网格内的模拟分子运动状态进行统计平均以实现求解真实流动的目的。DSMC 方法与分子动力学方法的本质区别

是 DSMC 方法可以在较小的时间间隔内将模拟分子的运动与模拟分子之间的碰撞解除耦合。文献[97]中的图 1 给出非结构网格下模拟分子运动的子程序框图；文献[91]给出三维 DSMC 算法的 7 个具体步骤，该文献的图 1 给出 DSMC 计算的总框图。

如何正确地构造出反映物理化学本质的反应抽样概率函数以及反应后的碰撞计算是非平衡态化学反应过程中 DSMC 方法的核心问题。现象学方法符合微观方法与宏观方法相统一的哲学原理，所以它能得到正确的宏观量以及反应系统过程的集体表现。1981 年 Bird 首先提出了可变硬球(variable hard sphere，VHS)的概念以及通过输运系数去确定碰撞截面的现象学方法，改进了由无结构分子组成的气体流动的碰撞对抽样概率函数。另外，在实现热力学非平衡流动的 DSMC 方法中，其关键技术是构造反映物理本质且适用于 DSMC 方法的气体分子内能松弛抽样概率函数并确定传能之后各碰撞分子所具有的能量。为此，文献[91]与文献[97]中都采用了 1975 年 Borgnakke 和 Larsen 提出的现象学模型(即 B-L 模型)。B-L 模型实质上是根据能量守恒原理将碰撞分子对能量按照平衡态分布的方式重新分配给碰撞后各分子而实现碰撞计算的，因此该模型正确地反映了分子碰撞过程的物理本质。对于高温化学反应气体流动的 DSMC 方法，首先需要应用现象学方法导出高温气体中发生各种化学反应的抽样概率函数，并注意用化学反应细致平衡原理去确定出现在抽样概率函数中的待定常数。最后再根据能量守恒原理以及化学反应能细致平衡原理去构造符合物理本质并且适合 DSMC 方法的反应碰撞计算模型。在文献[97]中详细讨论了热力学碰撞传能的 6 种类型以及化学反应碰撞过程的 8 种类型，并且该文献中的图 3 与图 4 给出实现热力学碰撞传能与化学反应碰撞过程的子程序框图。这里还必须指出的是，基元反应的个数是与化学反应过程的组元数以及再入飞行的大气层性质、飞行速度等有密切关系。在文献[91]中就曾将再入地球大气层中的 5 组元 17 基元反应发展为 5 组元 23 基元反应，将进入火星大气层中的 8 组元 44 基元反应发展为 9 组元 59 基元反应，以便使源程序更有效地反映飞行 Mach 数较高时热化学非平衡的流动现象。

12.3.2　小 Knudsen 数特征区及其典型工况流场的计算与分析

1. RAM-C II 算例——选用广义 Navier-Stokes 模型

RAM-C II 是 20 世纪 60 年代进行的接近第一宇宙速度飞行的试验[316]。飞行器的外形为头部半径为 0.1524m，半锥角为 9°，总长度为 1.295m，飞行高度为 81km，自由来流条件如表 12.18 所示。壁面假定为等温壁，壁温 T_w=1500K，并且认为是非催化壁。自由来流组分的质量分数：N_2 为 79%，O_2 为 21%。

表 12.18　RAM-C II 的飞行工况

h/km	V_∞/(m/s)	P_∞/Pa	T_∞/K	T_w/K
81	7650	1.50	181	1500
71	7658	4.764	216	1500
61	7636	19.85	254	1500

这里给出飞行高度 h=81km 时的全部计算结果，这时来流 Kn_∞=0.0125；对于飞行高度为 71km 和 61km 时的工况，这里仅给出部分计算结果，更多的结果可见文献[77]。这里应该说明的是，对于地球大气层来讲，高空大气密度是随着离地面高度的增大而降低的，相应的分子平均自由程由海平面处的约 0.07×10^{-6}m 增加到 70km 高空处时约为 1mm，而在 85km 高空处时约为 1cm，在 100km 高空处时约为 10cm，因此这时稀薄气体效应显著起来。图 12.43 给出平动温度与分子振动温度沿驻点线的分布。由平动-转动温度的分布可以看出，当飞行高度为 81km（通常认为高度 H=55～80km 为黏性干扰区，高度 H=83～177km 为非连续流区；另外，高度在 83～96km 时可以认为 N-S 方程近似成立，但物面附近的边界条件需要适当修正；因此 H=81km 则介于黏性干扰区和非连续流区之间），采用广义 N-S 方程可以完成流场计算，其结果为：沿驻点线，激波后的区域内，平动-转动温度持续下降，除了壁面的临近区域，流场全部为化学非平衡态区域，化学非平衡态现象十分明显。气体分子的振动能被很明显地激发，除了在壁面临近区域外，整个头部流场区域平动-转动温度和分子振动温度的差值也非常明显，热力学非平衡态十分显著。

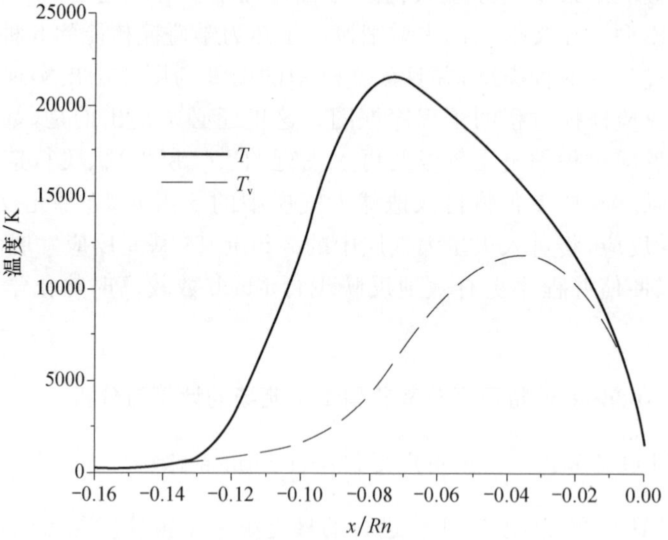

图 12.43　温度沿驻点线的分布(h=81km)

图 12.44 和图 12.45 分别给出头部区域流场的平动-转动温度和分子振动温度等值线的分布。由于该工况点下再入速度较高，激波后头部驻点区域的气动加

热效应十分剧烈，平动-转动温度峰值已达到 21 600.9K，分子振动温度峰值为 12 983.7K。

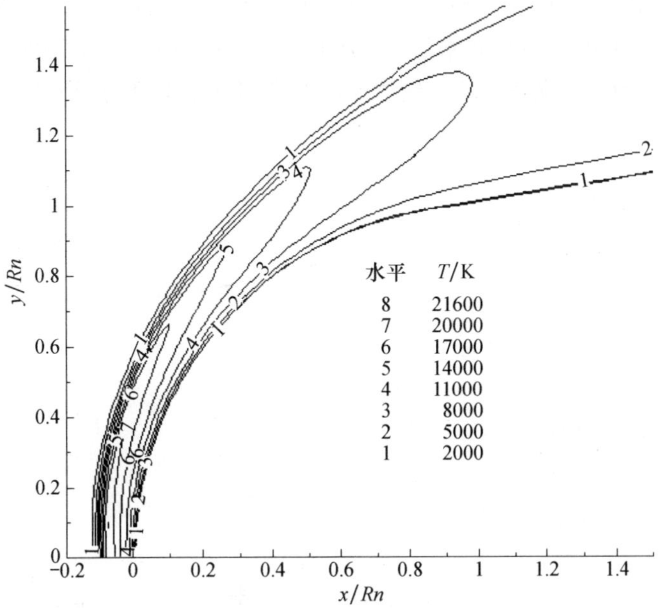

图 12.44　平动-转动温度等值线的分布(h=81km)

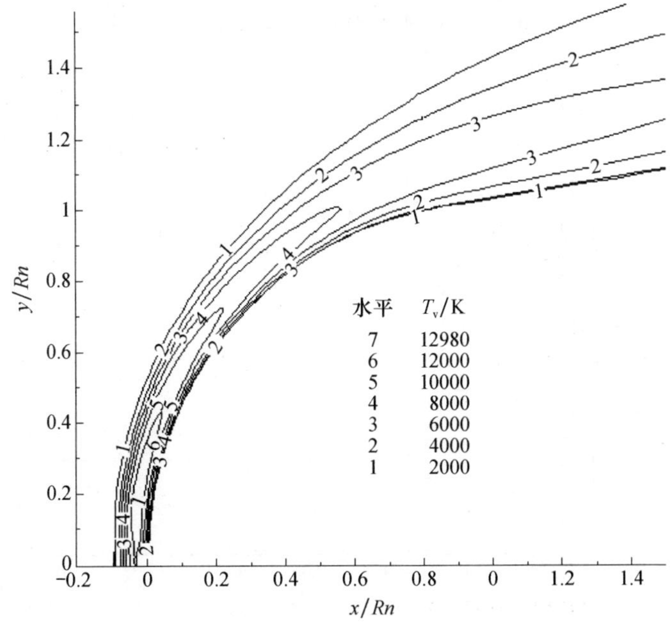

图 12.45　振动温度等值线的分布(h=81km)

图 12.46～图 12.48 分别给出 3 个飞行高度时 5 种气体组分质量分数 Y_s 沿驻点线分布的曲线。由于反应所需的活化能较小，O_2 分子已基本离解为 O 原子；N_2 分子只有一小部分离解为 N 原子。由于气体较稀薄，并且由于化学非平衡态效应较明显，N_2 分子离解的总量非常低，N_2 分子的最低值以及 N 原子的峰值的位置都更远离激波，与驻点的距离很近，化学反应的剧烈程度下降得很明显。

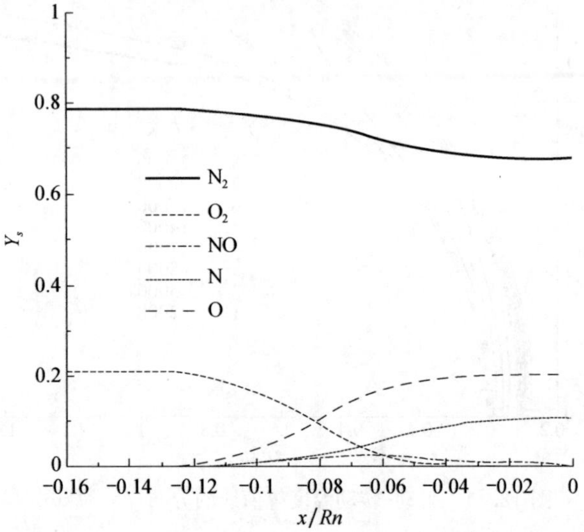

图 12.46　组分质量分数沿驻点线的分布(h=81km)

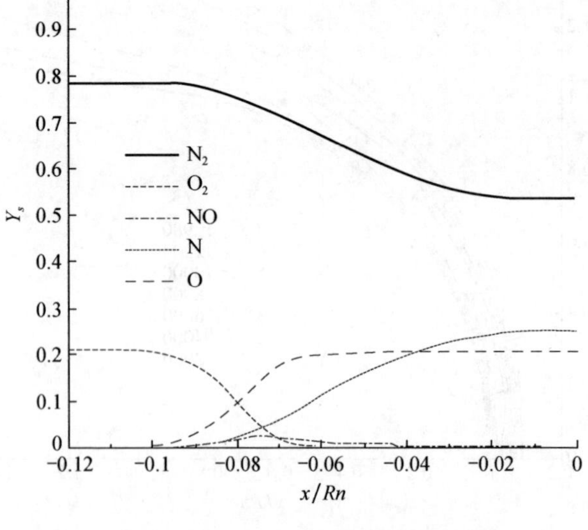

图 12.47　组分质量分数沿驻点线的分布(h=71km)

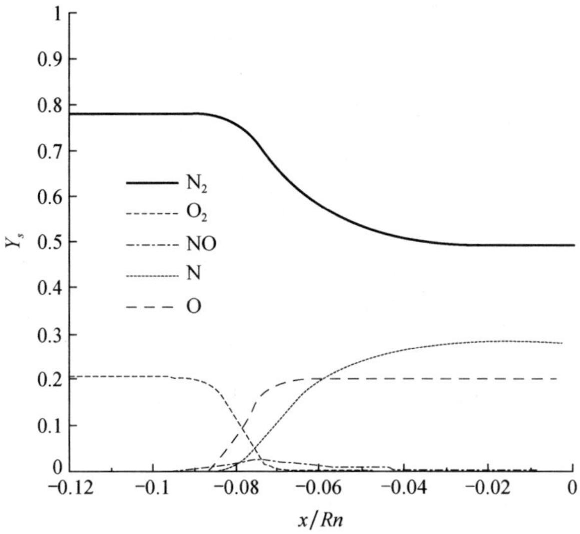

图 12.48　组分质量分数沿驻点线的分布(h=61km)

图 12.49～图 12.53 分别给出头部区域 5 种组分质量分数 Y_s 的等值线分布图。N_2分子质量分数最小离解到 0.666,而 O_2分子已基本全部离解,作为离解产物的 N 原子和 O 原子质量分数最大值分别为 0.119 和 0.207。NO 分子质量分数峰值为 0.037。

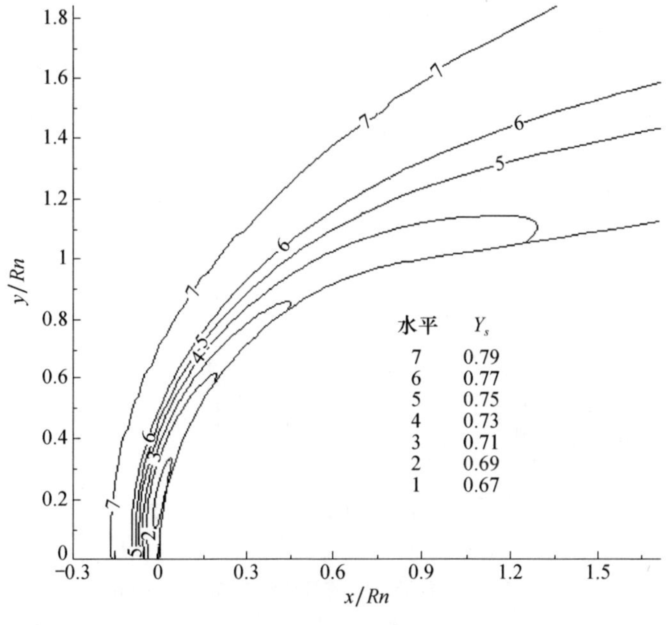

图 12.49　N_2 质量分数等值线的分布(h=81km)

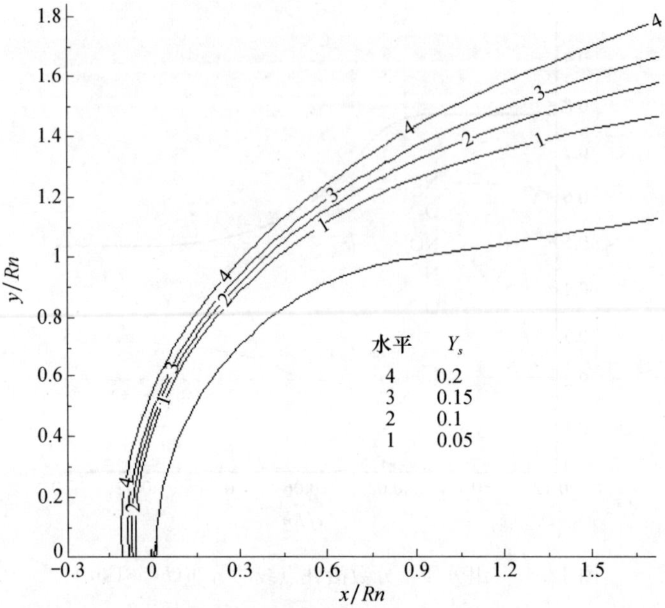

图 12.50　O_2 质量分数的等值线分布(h=81km)

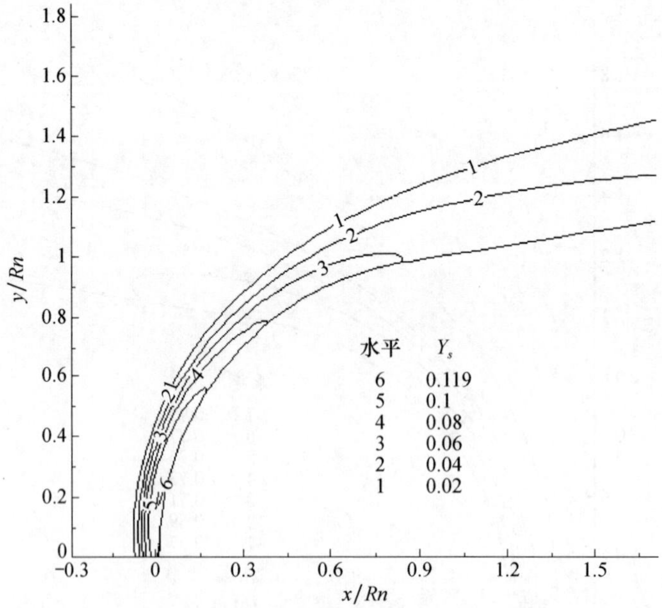

图 12.51　N 质量分数的等值线分布(h=81km)

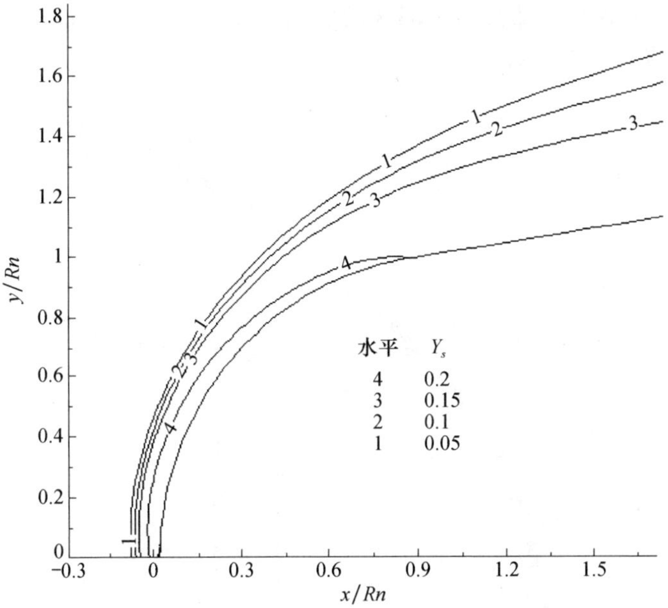

图 12.52　O 质量分数的等值线分布(h=81km)

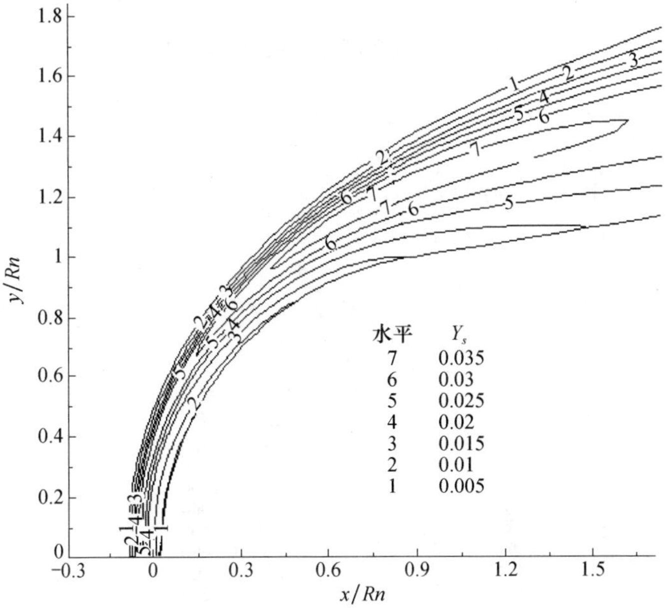

图 12.53　NO 质量分数的等值线分布(h=81km)

激波后头部区域 Mach 数等值线的分布如图 12.54 所示。来流 Mach 数为 28.27,激波后流动速度显著降低;激波后的亚声速流场主要分布在声速线与壁面之间的头部驻点区域。激波后头部区域流场压强等值线的分布如图 12.55 所示，在驻点处峰值为 1585.71Pa。

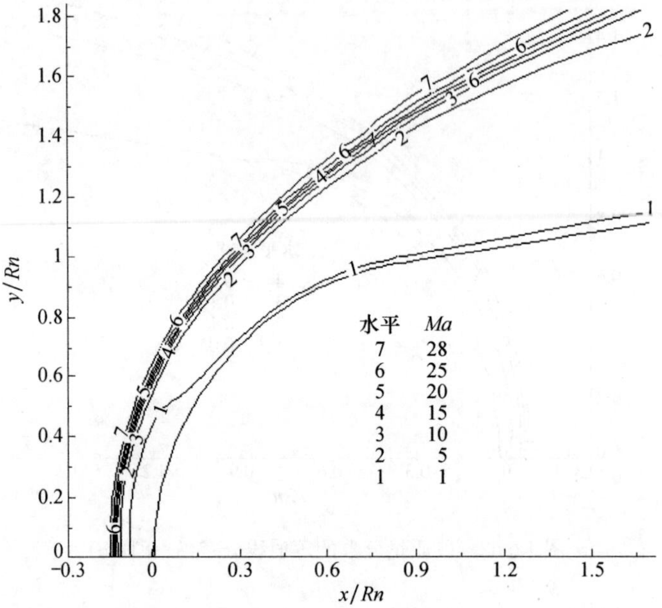

图 12.54 Mach 数等值线的分布($h=81$km)

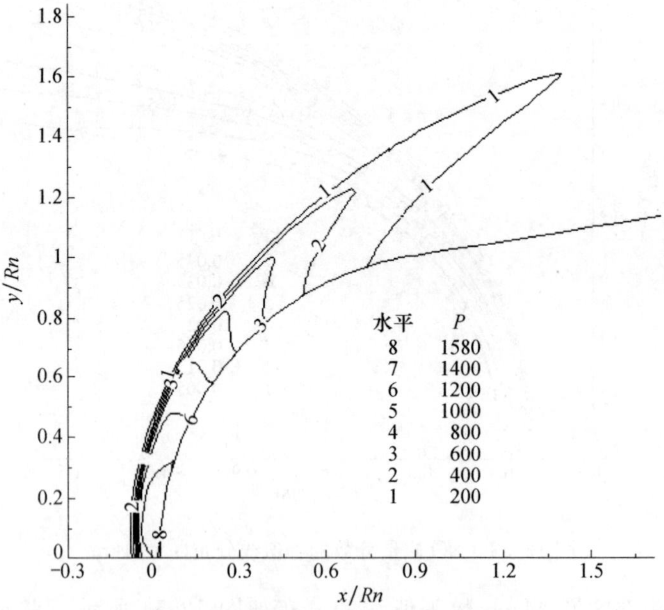

图 12.55 压强等值线的分布($h=81$km)

头部弧面区域壁面热流密度的分布如图 12.56 所示，在驻点处热流密度的值最大，过驻点后沿着壁面逐渐降低。壁面压力系数的分布如图 12.57 所示，在驻点处压力系数的最大值为 1.85。

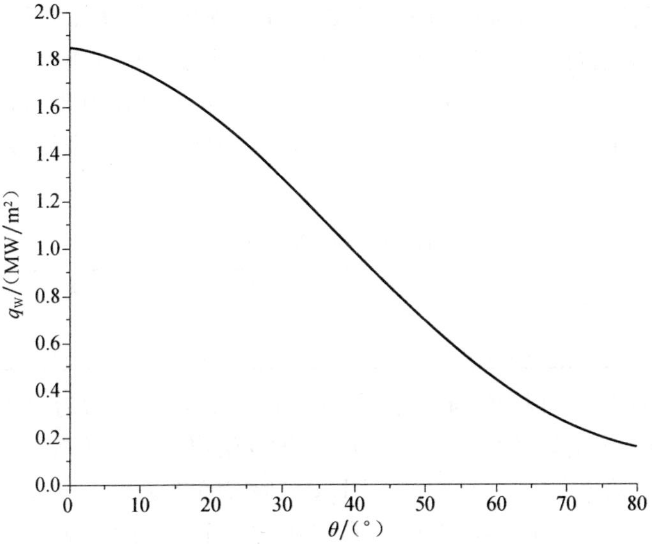

图 12.56　壁面热流密度的分布(h=81km)

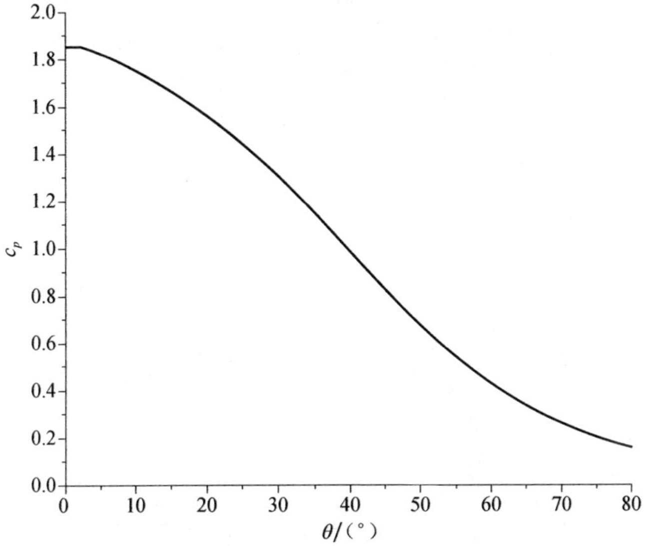

图 12.57　壁面压强系数的分布(h=81km)

2. OREX 算例——选用广义 Navier-Stokes 模型

日本国家空间发展中心(NASDA)与日本国家宇航实验室(NAL)于 1994 年开展了轨道再入实验(OREX)[317],轨道再入飞行器(ORV)由新型 H-II 运载系统送入地球空间轨道,该实验是为了获取典型几何外形的钝头体飞行器在重返大气层过程时,不同飞行高度下壁面热流密度与壁面压强分布等相关的实验数据。该飞行器的头部半锥角为 50°,头部半径为 1.35m,底部直径为 3.4m。我们这里的计算选取了 2 个飞行高度(即 96.77km 与 92.82km),具体来流条件如表 12.19 所示。

表 12.19　OREX 的飞行工况

h/km	V_∞/(m/s)	T_∞/K	T_w/K	ρ_∞/(kg/m^3)	Kn
96.77	7454.1	192	485	9.3644×10^{-7}	0.0102
92.82	7454.1	189	586	1.0953×10^{-5}	0.0086

对于 OREX 算例来讲,当飞行高度为 96.77km 时,Kn 数为 0.0102,因篇幅所限,对于这种工况的计算结果不再给出,这里仅给出飞行高度为 92.82km 的计算结果。这里必须说明的是,日本在 OREX 试验飞行中进行了许多气动热、气动力以及再入物理方面的试验,其中包括对 90km 以上高空的非平衡问题,日本的科学家也曾采用过三温模型或两温模型去计算电子数密度的分布。另外,美国 NASA 的研究人员也曾在飞行试验中验证过 90km 以上高空使用三维非平衡 CFD 程序时的计算效果。上述实验与验证,对我们完成 OREX 算例帮助很大。图 12.58 和

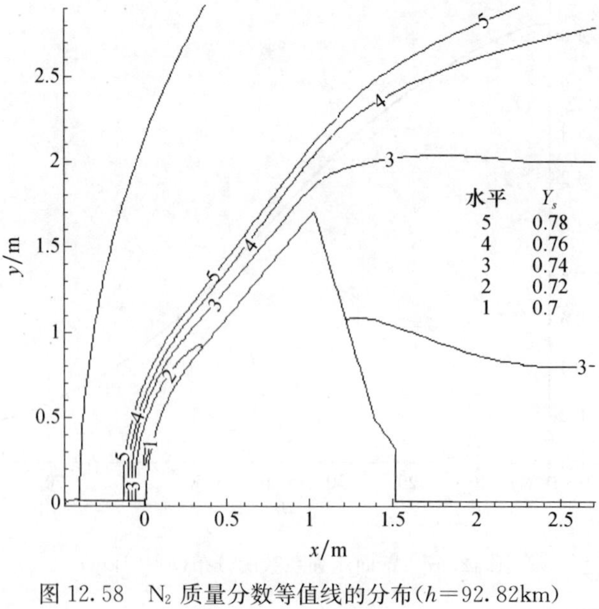

图 12.58　N_2 质量分数等值线的分布(h=92.82km)

图 12.59 分别给出流场中 N_2 和 O_2 质量分数 Y_s 等值线的分布图，N_2 分子质量分数最小值离解到 0.7，而 O_2 分子已基本全部离解。

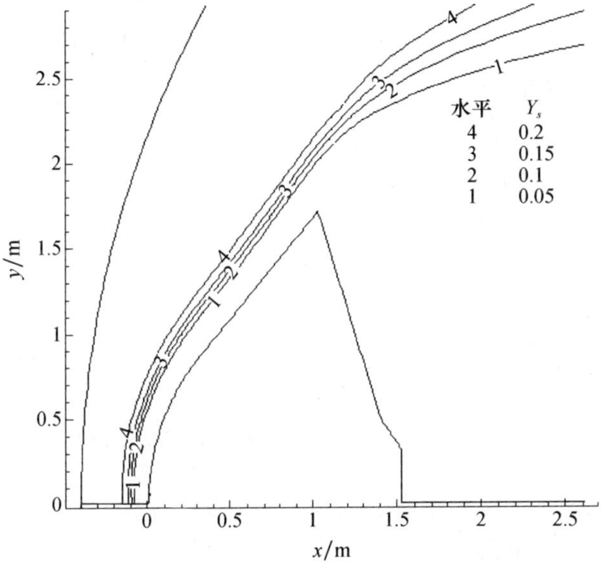

图 12.59　O_2 质量分数等值线的分布(h=92.82km)

激波后流场 Mach 数等值线的分布如图 12.60 所示，来流 Mach 数为 26.95，激波后流动速度显著降低；激波后的亚声速流场主要分布在声速线与壁面之间的头部驻点区域。激波后流场压强等值线分布如图 12.61 所示，在驻点处峰值为 157.24Pa。

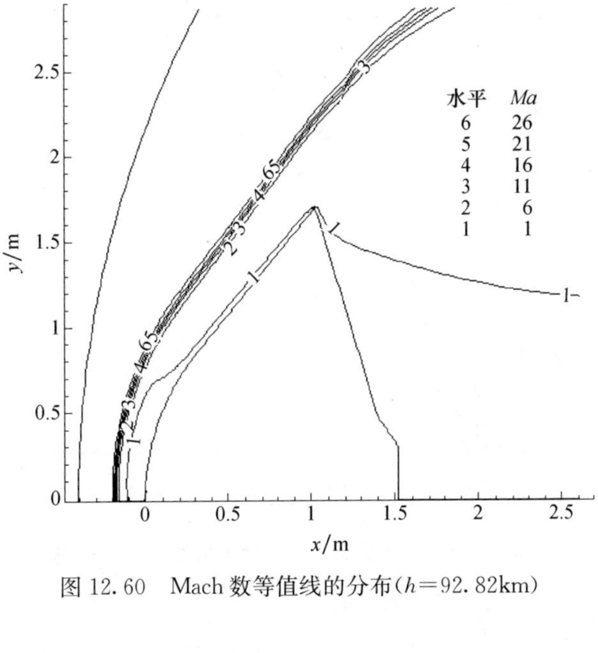

图 12.60　Mach 数等值线的分布(h=92.82km)

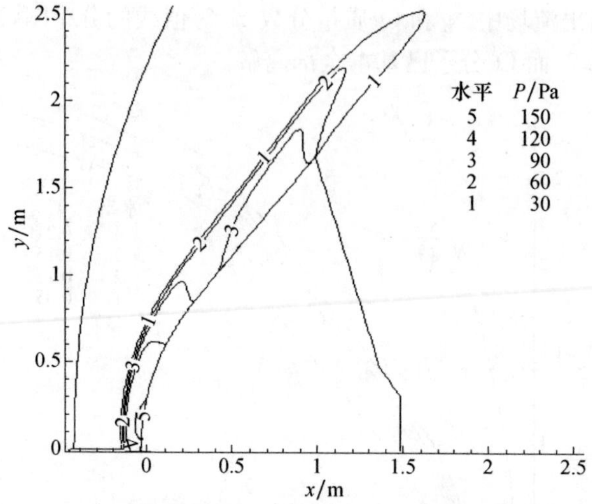

图 12.61　压强等值线的分布(h=92.82km)

图 12.62 和图 12.63 分别给出流场的平动-转动温度和分子振动温度等值线的分布。由于该工况下再入飞行速度较高,头部驻点区域激波后流场的气动加热效应十分剧烈,平动-转动温度峰值已达到 21 380.9K,分子振动温度峰值为 12 010.9K。

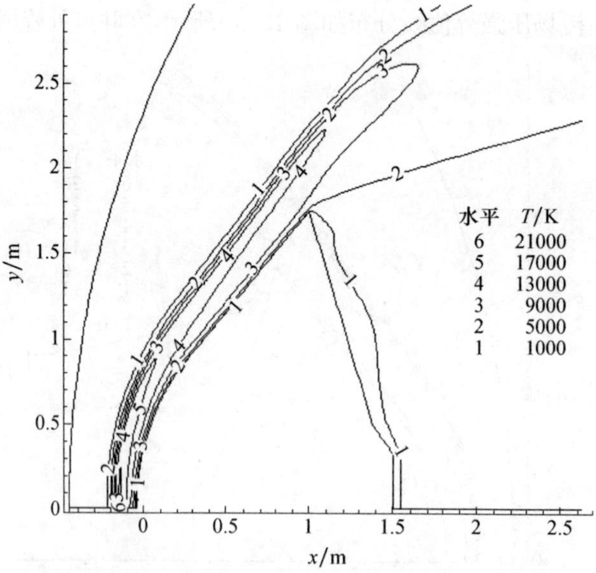

图 12.62　平动-转动温度等值线的分布(h=92.82km)

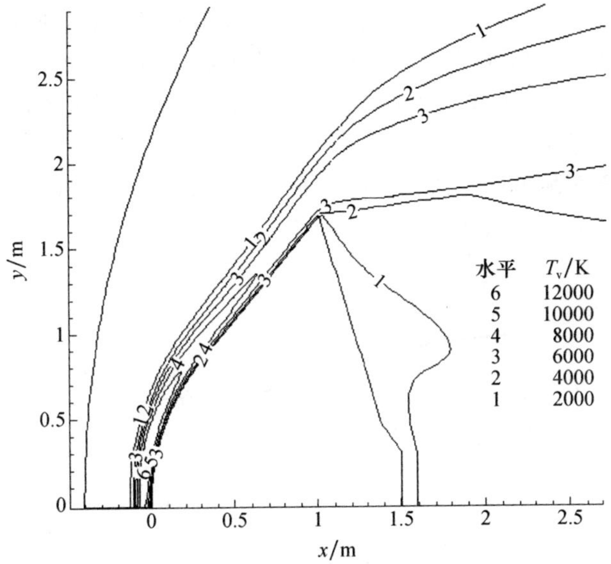

图 12.63　振动温度等值线的分布(h=92.82km)

图 12.64 给出平动温度与分子振动温度沿驻点线的分布。由平动-转动温度分布的这张图可以看出，在飞行高度为 92.82km 时，这时气体分子的平均自由程较大，碰撞的频率较低，激波本身的厚度变得较大。激波后沿驻点线的区域内，平

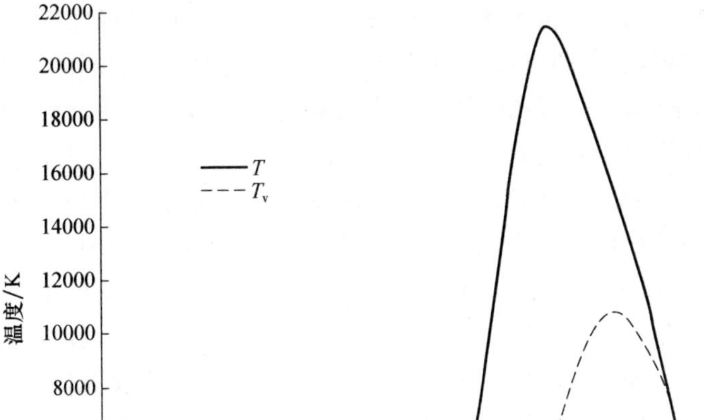

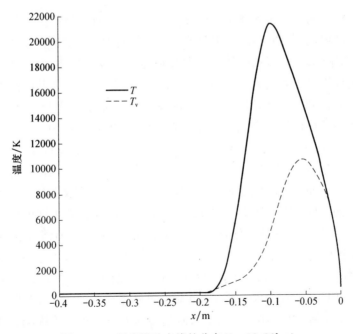

图 12.64　温度沿驻点线的分布(h=92.82km)

动-转动温度持续下降,除了壁面的临近区域,流场全部为化学非平衡区域,化学非平衡现象十分明显。另外,气体分子的振动能也被很明显地激发,除了在壁面临近区域外,整个头部流场区域的平动-转动温度和分子振动温度差值非常明显,热力学非平衡态的现象十分显著。

沿头部弧面区域壁面热流密度的分布如图 12.65 所示,在驻点处热流密度的最大值为 8.6W/cm^2,并沿着壁面逐渐降低。

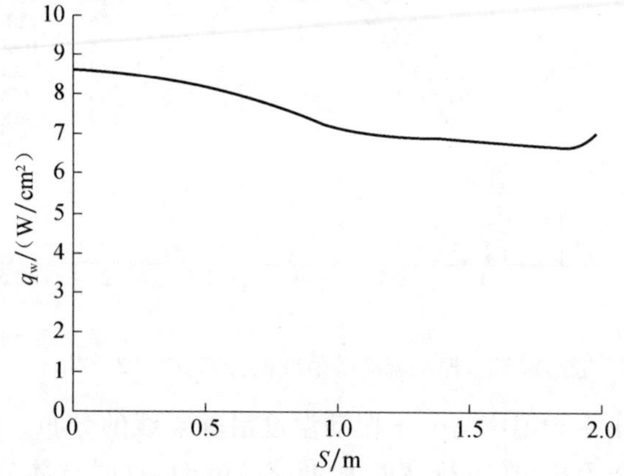

图 12.65　壁面热流密度的分布(h=92.82km)

最后简单说明一下再入体尾流流场的结构特点。在远程导弹飞行过程中,飞行体的雷达散射截面(RCS)计算主要关心再入体周围形成的等离子体区域的状态(如亚密等离子体、过密等离子体等),尤其是尾流区域。此外,再入体流场尾流区的光辐射的计算也受到一定的关注。在通常情况下高超声速飞行器再入大气层时,飞行器的头部形成弓形激波,波后气流发生电离与离解,电离气体向下游发展,在尾部形成一条很长的电离尾流。在一般情况下,再入体在 70km 以上处于层流状态,在 70km 以下的某一高度,尾流会出现转捩(如有的飞行工况发生在 58～59.5km 处),飞行器在更低的再入高度飞行时,如 30km 左右尾流可能全部变成湍流,在我们进行 OREX 算例时注意了上述流动的特征。在文献[276]里 Fire-II 火星探测器流场计算中曾采用 DES 方法对来流 Mach 数为 16 工况的尾流区进行过细致分析,计算出的壁面热流分布与飞行数据吻合较好。因篇幅所限,对于 OREX 算例的尾迹区的详细结果不再给出。对于再入过程中某个高度范围内出现通信中断问题(例如,1969 年 11 月 Apollo 返回舱通信中断 189s;1981 年 4 月 12 日 Columbia 航天飞机首航在 80km 到 55km 高空处通信中断达 900s;苏联 Soyuz 飞船返回时在 95km 到 40km 高空处通信中断达 400s),这与返回舱周围形成一个高温高压电离气体层即等离子鞘中的电子密度有直接关系。对于各工况下电子密度的分布与相关分析以及通信中断的预估与减轻通信中断的措施等，可见本书6.3节的内容，这里也不再给出。

3. Orion算例——选用广义Navier-Stokes模型

Orion是国际上著名的探测器之一，文献[91]对飞行高度由250km变到100km的13个飞行工况进行了DSMC模型的计算，我们这里选取h=85km的飞行工况进行广义Navier-Stokes模型的计算，其具体来流条件如表12.20所示。

表12.20　Orion的飞行工况

h/km	Kn_∞	T_∞/K	T_w/K	ρ_∞/(kg/m³)
95	0.0108	189	951	1.380×10^{-6}
85	0.0019	181	1184	7.955×10^{-6}

图12.66给出飞行高度为85km工况时压强沿驻点流线的分布曲线。图12.67给出上述飞行工况下热流密度沿壁面的分布图。

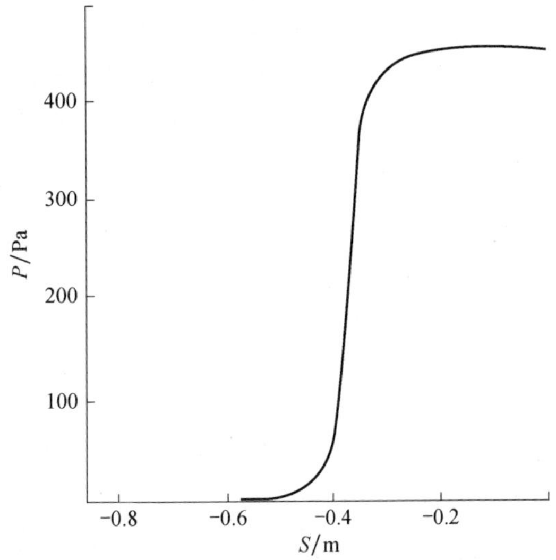

图12.66　压强沿驻点流线的分布(h=85km)

4. RAM-C Ⅱ算例——选用DSMC模型

在没有讨论RAM-C Ⅱ算例前，先回顾一下地球大气层中Kn随高度变化的情况：对于长度为1m的物体来讲，在地面处，Kn数为10^{-7}量级；在70km高空，

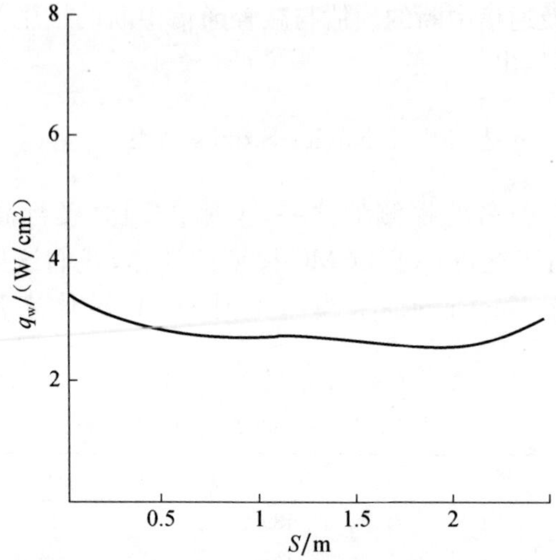

图 12.67　热流密度沿驻点流线的分布(h=85km)

Kn 数为 0.001 量级;在 85km 高空,Kn 数为 0.01 量级;在 100km 高空,Kn 数为 0.15 量级。现在我们采用 DSMC 模型完成 RAM-C II 算例,图 12.68 分别给出飞行高度为 71km 与 81km 时沿驻点线各种温度的分布曲线。由图 12.68 所给出的平动温度、转动温度和振动温度的变化曲线可以很清楚地看出这里气体处于热力学非平衡的状态。另外,这里总的温度是借助于平动温度和转动温度振动温度的加权平均得到的。

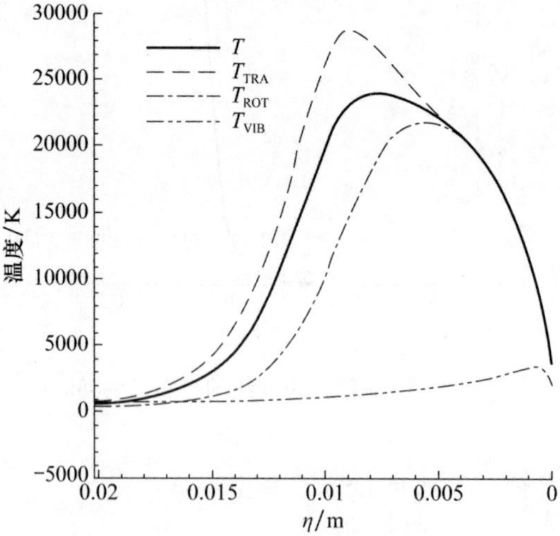

(a) h=71km

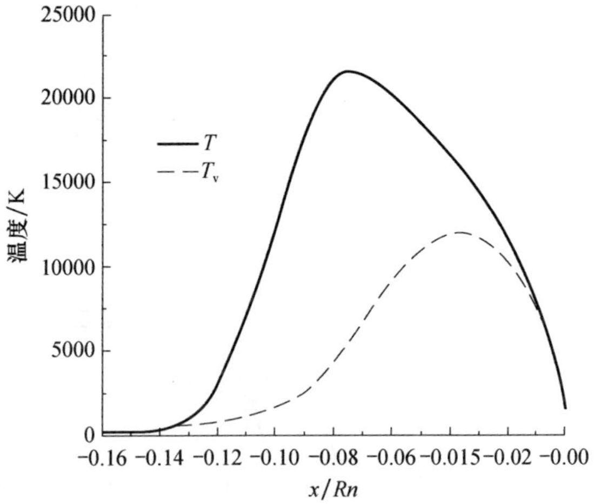

（b）h=81km

图 12.68　温度沿驻点线的分布

如果用理想气体的能量守恒关系式去计算驻点温度 T_0 时，其表达式为

$$T_0 = T + \frac{U_\infty^2}{2c_p} = T\left(1 + \frac{\gamma - 1}{2}M^2\right) \tag{12.3.4}$$

取比热比 $\gamma=1.4$，并且取 $U=7.65\text{km/s}$、来流静温 $T=181\text{K}$ 时，计算出的 T_0 将远远大于 DSMC 模拟得到的总温值，因此这种工况下必须考虑真实气体效应。从温度分布图可以看出，平动温度远在转动温度与振动温度前开始上升，而且上升得很快，这主要是因为平动能松弛速率要高于内能松弛速率的原因。随着流动靠近壁面，气体分子密度逐渐增加，碰撞平动能与内能模式之间的能量交换加快，从而使气体温度趋于平衡。由于气体分子振动的松弛时间远大于平动和转动的松弛时间，气体内分子的振动平衡需要更多的分子碰撞时间，因此激波附近气体的振动温度明显低于气体平动温度和转动温度。

图 12.69 给出头部区域流场总温度等值线的分布曲线。由于该工况下再入速度较高，激波后头部驻点区域的气动加热效应十分剧烈，总温度的峰值已达到 24 000K。

图 12.70 给出 71km 高空处沿驻点线各组分摩尔分数 C_i 的变化曲线。可以看出，气体穿过激波之后被剧烈压缩，气体分子密度增大，碰撞数目增大，气体分子化学反应非常剧烈。随着流动进一步靠近壁面，由于离解反应、置换反应和复合反应的发生，可以看出氮气与氧气组分逐渐降低，而氮原子与氧原子逐渐升高的现象。另外还需指出的是，由于冷壁效应的存在，在靠近壁面的区域还会有氮气与氧气组分略有升高，氮原子与氧原子略有降低的现象发生。

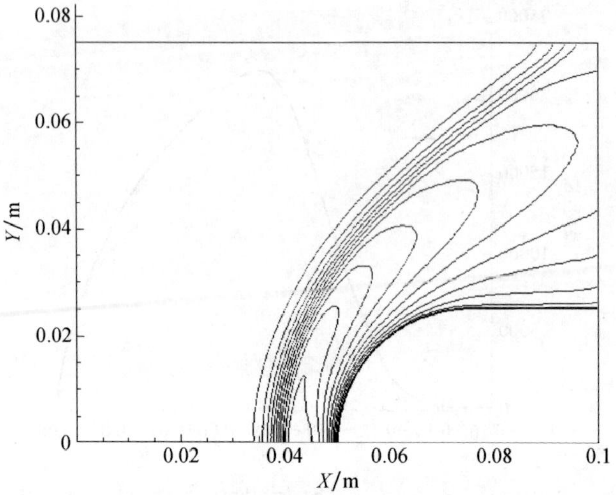

图 12.69　温度等值线的分布(h=71km)

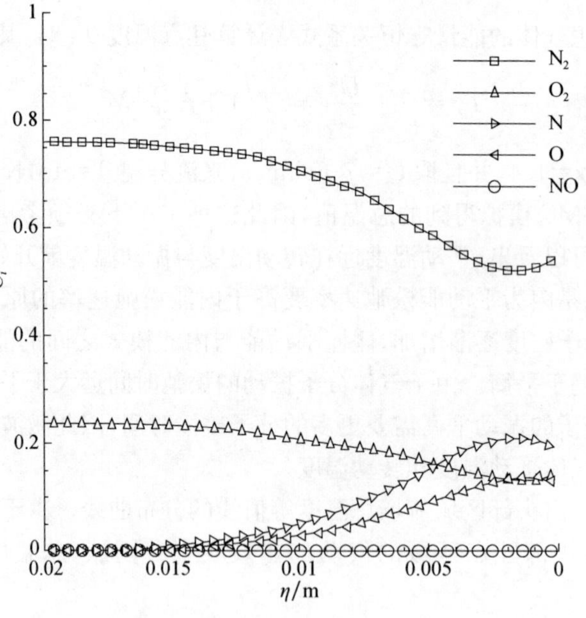

图 12.70　组分质量分数沿驻点线的分布(h=71km)

5. OREX 算例——选用 DSMC 模型

这里对 OREX 典型算例采用 DSMC 模型进行计算，图 12.71 给出飞行高度为 92.82 km 时由流场平动温度和分子振动温度而得到总的(overall)动理学温度[91]

等值线的分布曲线。由于该工况下再入速度较高，激波后头部驻点区域的气动加热效应已十分剧烈。图 12.72 给出该工况下压强等值线的分布曲线图。

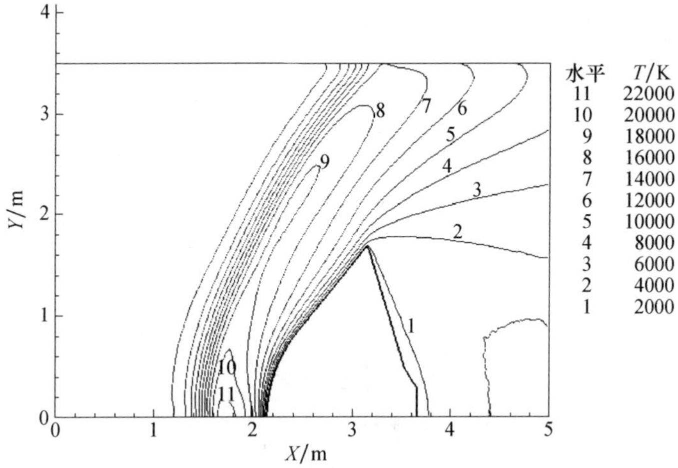

图 12.71　总的温度等值线的分布(h=92.82km)

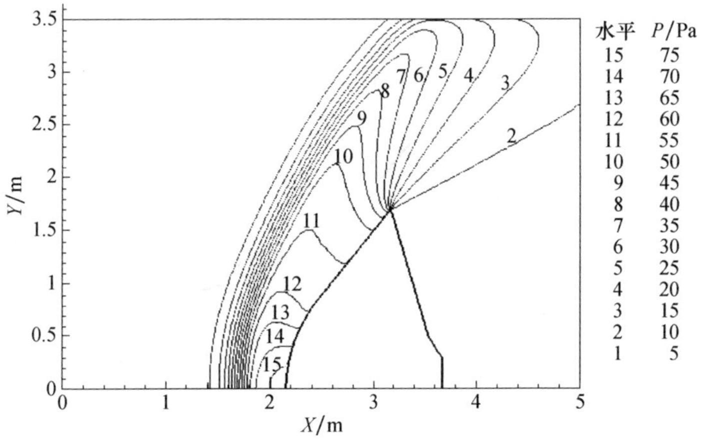

图 12.72　压强等值线的分布(h=92.82km)

图 12.73 给出沿驻点线气体组分摩尔分数 C_i 的分布曲线。图 12.74 给出热流密度沿壁面的分布图。显然，这里图 12.74 给出的结果与图 12.65 的分布曲线尽管对应点在数值上有差别，但在变化趋势上是基本一致的。

6. Orion 算例——选用 DSMC 模型

对于 Orion 算例，当飞行高度为 85km 时，Kn 数为 0.0019，这里用 DSMC 模

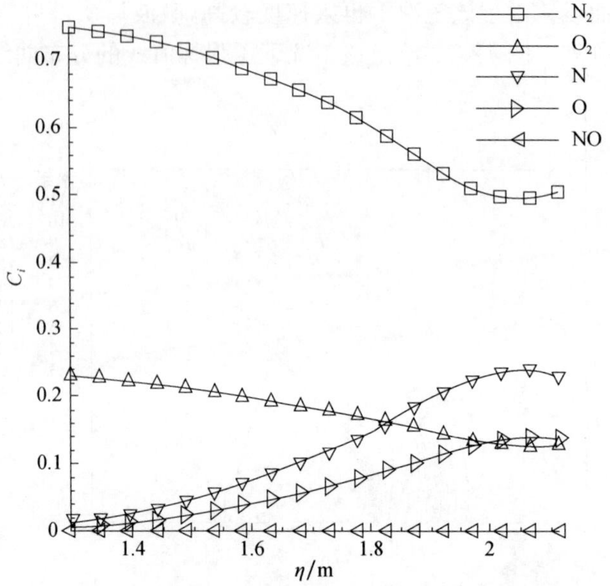

图 12.73　组分质量分数沿驻点线的分布(h=92.82km)

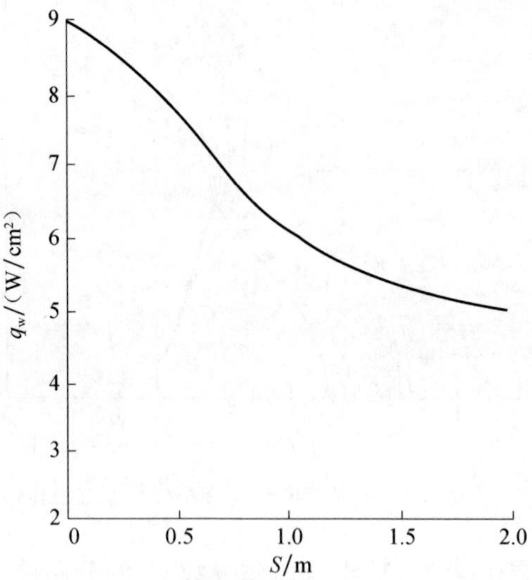

图 12.74　壁面热流密度的分布(h=92.82km)

型计算这种工况。计算中相关来流参数由表 12.20 给出。图 12.75 给出该工况下压强沿驻点线的分布曲线。图 12.76 给出该工况下热流密度沿壁面的分布图。

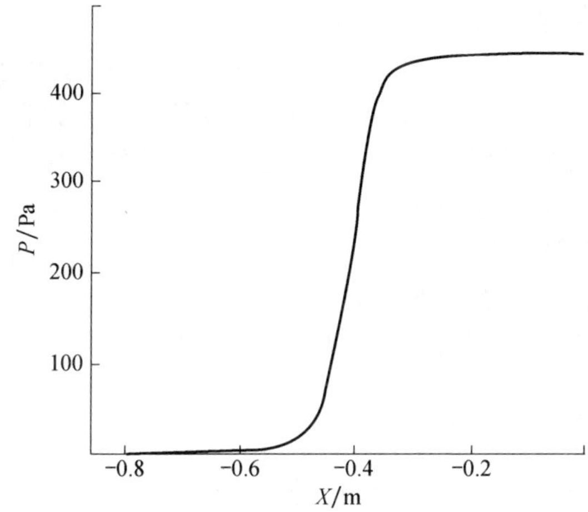

图 12.75　压强沿驻点流线的分布(h=85km)

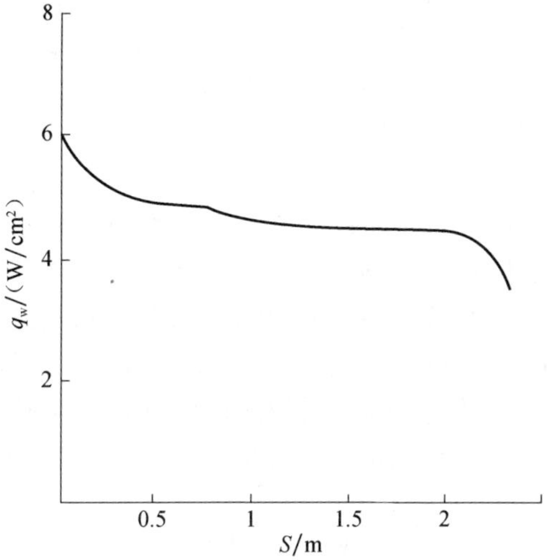

图 12.76　壁面热流密度的分布(h=85km)

7. 小 Knudsen 数特征区及其重要特征

由前面给出的几个典型算例可以发现:采用 DSMC 源程序计算时,当来流工况的 Knudsen 数越小,则流场计算所需的时间越长,在上述几个算例中使用现在我们的 DSMC 源程序能够计算的来流工况最小 Knudsen 数(这里记作 Kn_1)为 0.0019;采用广义 Navier-Stokes 程序计算时,当来流工况的 Knudsen 数越大,则流场计算越不易收敛,在上述几个算例中使用现在我们的广义 Navier-Stokes 方程源程序能够计算的来流工况最大 Knudsen 数(这里记作 Kn_2)为 0.0125;如果采用广义 Navier-Stokes 方程再加上物面处滑移条件,则 Kn_2 最大可取到 0.2;因此我们便可以称[Kn_1,Kn_2]为再入飞行过程中的小 Knudsen 数特征区的区间范围。另外还需要说明的是,因篇幅所限,对于上述各算例流场计算的详细收敛过程与曲线本书不再给出。正是由于再入过程中存在小 Knudsen 数特征区,因此原则上只要两个源程序(即 DSMC 源程序程序和广义 Navier-Stokes 程序)便可以完成整个再入飞行过程中所有工况的流场计算;也正是由于小 Knudsen 数特征区的存在,它使得整个再入飞行过程服从同一个力学方程,即 Liouville 方程。

12.3.3　加速收敛的三点措施

针对在小 Knudsen 数特征区进行流场计算的特点,在来流工况的 Knudsen 接近 Kn_1(当采用 DSMC 程序)或者 Kn_2(当采用广义 Navier-Stokes 程序)时可以采取如下三种加速计算收敛的办法:

(1) 发展上述两个源程序的高效算法,进一步提高两个源程序本身的计算效率。这里需要指出的是,对于广义 Navier-Stokes 方程的快速求解来讲,可供借鉴的算法很多[2,203,318],但对于 DSMC 方法如何再进一步提高它的计算效率乃是一个需要进一步深入研究的新课题。

(2) 在选用广义 Navier-Stokes 源程序求解再入飞行流场的情况下,当计算来流 Knudsen 数接近 Kn_2 的高 Mach 数飞行工况时,可以采用来流 Mach 数逐渐爬升的办法去解决计算不易收敛的困难。大量的数值计算表明:这个办法十分有效。

(3) 在进一步探讨 DSMC 高效算法的同时还应该开展对广义 Boltzmann(即 Wang Chang-Uhlenbeck)方程的求解。广义 Boltzmann 方程是一个微分积分型方程,对于三维流动问题来讲这个方程右端的积分项为 5 重积分,对于单组分、多原子分子、考虑分子内部量子数但不考虑简并度的 Boltzmann 方程的表达式为

$$\frac{\partial f_i}{\partial t}+\boldsymbol{\xi}\cdot\frac{\partial f_i}{\partial \boldsymbol{r}}+\tilde{\boldsymbol{g}}\cdot\frac{\partial f_i}{\partial \boldsymbol{\xi}}=\sum_{j,k,l}\int_{-\infty}^{\infty}\int_{\Omega}(f_k f_l-f_i f_j)g\sigma_{ij}^{kl}\,\mathrm{d}\Omega\mathrm{d}\boldsymbol{\xi}_j \tag{12.3.5}$$

式中:f_i 为分布函数。对于方程(12.3.5),可以考虑分子内部量子数,但这里没有考虑简并度;可以考虑弹性与非弹性碰撞;可以考虑化学反应;也可以考虑气体的离解、电离问题。对此方程,文献[92]中有详细描述,这里因篇幅所限不再进行说明与讨论。显然,对方程(12.3.5)的数值求解来讲,计算流体力学书上许多加速收敛的办法[2,4,318,319]是可以采用的,而且这个方程所包含的物理信息要比 BGK(即以 Bhatnagar、Gross 和 Krook 三人的姓氏所命名)方程丰富得多。

12.3.4　主要结论

(1) 首次提出了高超声速再入飞行过程中"小 Knudsen 数特征区(即[Kn_1,

Kn_2)”的概念,并采用数值计算的办法确定了该区域的边界值;详细研究了在这个特征区域中采用两种模型进行同一个工况数值计算时的一些特点,并提出了加速计算收敛的措施。另外,我们针对小 Knudsen 数特征区分别用广义 Navier-Stokes 模型与 DSMC 模型完成了多个典型算例,而且还将两种模型的计算结果进行了比较。可以发现:采用广义 Navier-Stokes 模型得到的值与 DSMC 的有差别,但差别不大,而且两个结果的变化趋势大体上一致。

(2) 我们对 18 种国际著名航天器与探测器所进行的 242 个典型飞行工况的数值计算表明:对于每一个计算工况来讲,恰当地选取 DSMC 模型或者广义 Navier-Stokes 模型(必要时对严重的大分离区域加入局部的 DES 分析技术[276]),可以完成每一个工况的计算,因此合理地选取 DSMC 模型与广义 Navier-Stokes 模型可以完成整个再入过程中所有飞行工况(当飞行速度在 5～9km/s 时)的数值计算。显然,这个结论对再入飞行过程中的数值计算来说是非常重要的。另外,文献[276]与文献[73]还给出高超声速再入飞行问题的整体计算框架与主要步骤,可供读者进一步参阅。

(3) 开展对 Wang Chang-Uhlenbeck(即广义 Boltzmann)方程数值算法的研究与求解是十分必要的。这个方程可以考虑分子内部量子数以及简并度,可以考虑弹性与非弹性碰撞,可以考虑化学反应,也可以考虑气体的离解与电离方面的问题。因此,广义 Boltzmann 方程与 BGK 方程相比可以更多地反映物理过程的相关信息,而且与 DSMC 方法相比也更有利于发展数值求解的高效算法。为此,我们 AMME Lab 团队在这一方向上抓住了两个方面的研究:一方面与美国 Washington 大学 Agarwal 教授合作开展广义 Boltzmann 方程直接数值求解的探索研究与源程序的编写工作[320～322],发表了多篇重要的学术论文(例如,在第 49～51 届 AIAA Aerospace Sciences Meeting 上的文章以及 *Propulsion and Power Research* 2012 年第 1 卷第 1 期上刊出的文章[323])。在开展高超声速流动研究时,广义 Boltzmann 方程的直接数值求解对“小 Knudsen 数特征区”来讲更有意义,它要比微尺度下低速流动的格子 Boltzmann 方法更有挑战性;另一方面,针对高超声速再入飞行过程中出现的稀薄流区、过渡流区、连续流区所表现出的在时间上与空间上均具有的多尺度特征,我们在抓住广义 Boltzmann 方程直接数值求解的同时,又开展了 UFS(Unified Flow Solver)方法的研究,这是一个重要的新方法。对此,Aristov 和 Kolobov 等做了许多有益的工作。

(4) 飞行器以高超声速再入地球大气层、进入火星大气层、土卫六大气层的飞行过程中,根据我们 AMME Lab 团队的计算经验可以初步认为(以下以再入地球大气层问题为例):当 $Kn \geqslant 1$ 时为自由分子流区;当 $0.03 < Kn < 1.0$ 时为过渡区;当 $Kn \leqslant 0.03$ 时为连续流区;在过渡区,当 $Kn > 0.03$ 时必须考虑滑移效应,其中 $0.03 < Kn \leqslant 0.2$ 时可以用 Navier-Stokes 方程加上滑移条件求解;当 $Kn < 0.03$ 时

使用广义 Navier-Stokes 方程且不需要加滑移条件便能完成计算。根据本节提出的“小 Knudsen 数特征区”的概念，使用 DSMC 计算时，Kn 数的下限为 Kn_1，目前使用我们 DSMC 程序得到的 Kn_1 值最小值为 0.0019；使用 Navier-Stokes 计算时，Kn 数的上限为 Kn_2，目前使用我们自己编制的三维广义 Navier-Stokes 程序不加滑移条件 Kn_2 最大可算到 0.0125；加上滑移条件，Kn_2 最大可取为 0.2。此外，我们还编制了多组分混合气体的广义 Boltzmann 方程的源程序，该程序在求解过程中同时考虑转动-平动以及振动-平动的热力学非平衡问题，并且成功地完成了一维激波管问题[320]、二维钝头体绕流与二维双锥体绕流[321]的 48 个工况的计算。在完成的算例中，Knudsen 数的变化范围从 0.001 到 10.0，所计算的 Mach 数变化范围从 2 到 25，所得计算结果与相关实验数据以及广义 Navier-Stokes 方程或者 DSMC 方法数值结果进行了对比验证，初步显示了所编程序的可行性、有效性、通用性与鲁棒性，尤其展示了其在描述复杂流动与细节上所具有的能力。这里必须指出的是：我们采用广义 Boltzmann 方程求解多组分，同时考虑转动与振动影响的混合气体的二维流动问题[323]，这是一项难度很高的数值求解问题，目前在国际上应属首次。至此，连同用广义 Navier-Stokes 方程与 DSMC 方法计算的 242 个工况[73,276]，我们 AMME Lab 团队近 10 年来成功地完成了 290 个典型工况的数值计算。35 年来，我们在气动热力学外流与内流数值方法的潜心研究是取得上述成果的基础，更是卞荫贵教授与吴仲华教授长期精心培养与抚育的结果。这部专著了却了两位老前辈生前对我们的期望，同时也是我们两位后生献给两位老先生的一份长达 35 年的答卷。

最后，还有一点需要特别说明：本小节提出一个重要概念、提出一种选择流场计算模型的办法，并对整个再入飞行过程提出一个初步可行的计算方案，即高超声速飞行器再入飞行过程中通常会存在一个“小 Knudsen 数特征区”，在该区可以用来流的 Kn 数作为初步选取流场计算模型时的依据，进行流场计算。另外，由这里的分析可知，整个再入飞行的全部过程可以通过一系列飞行计算工况来完成；对于每个工况可以通过适当地选取 DSMC 或者广义 Navier-Stokes 计算模型来实现。当然，这样初步选取流场计算模型的办法有时会使流场计算的效率不高。一个更为有效的办法是以流场局部 Kn 数或者局部的 Kn_{GL}（即 the gradient-length Knudsen number）作为当地流场计算选用模型的依据，这时在完成流场的某一工况计算时可能会出现局部区域采用广义 Navier-Stokes 模型、局部区域采用 DSMC 模型的情景，对于这种复杂的计算情况本书不作赘述。此外，再入飞行的过程也可以通过适当选用广义 Boltzmann 方程模型与广义 Navier-Stokes 方程模型来完成，这两个方程模型的共同基础都是 Liouville 方程，因此将 Liouville 方程作为本书的最基础、最重要的力学方程是恰当的、合理的、准确的。

正如本书“前言”中回忆近代理论物理的最新进展与验证时所列举的大量实例

那样，人类正处在一个科学大发展的美好年代：道路的前方看不到尽头，探索的步伐从未停留！2010 年 6 月 13 日英国 *The Sunday Times* 刊登了 Jonathan Leake 撰写的“我们可能永远无法理解宇宙”一文，文中引用了英国皇家学会主席、剑桥大学宇宙学、天体物理学教授 Martin Rees 爵士关于如何协调解释宇宙活动的理论和现代微观世界定律之间统一的论述。Rees 爵士指出，Einstein 利用 19 世纪早期的数学理论在 1915 年提出了广义相对论，认为是引力在控制行星和恒星的活动；而 Dirac 等 20 世纪的物理学家则利用 20 世纪的数学工具提出了量子理论，从亚原子层面解释了宇宙运作的方式。后人面临的问题是，这两种理论在很多方面并不协调，有许多对立的方面，用什么数学物理方法(例如，张量分析、纤维丛拓扑学、弦拓扑分析、仿射微分几何、微分流形以及苏步青先生所著的计算几何[324]等)使二者结合为统一理论仍然任重道远。Martin Rees 爵士的深邃分析与见解恰恰可以激励我们后人努力奋进。事实上，我们中国古代人民将观察到的自然界中各种对立又相联系的大自然现象(如天地、昼夜、寒暑、男女等)，以哲学思想方式，归纳出了“阴阳”的概念，我国古代有了《易经》，但遗憾的是，三千年来易学的研究发展始终没有发展出与现代西方数学相契合的能够表达阴阳变化的数学公式。宇宙从何而来，又向何处去？我们人类从何而来？生命的奥秘又是怎么回事？无数求真务实的科学家们为了对我们赖以生存的宇宙做出一个完整的描述奋斗了终生！与此同时，物理学家、化学家、宇宙学家、生物学家等各相关领域中科学家们的共同努力，也促进与丰富了哲学家研究工作的展开，更重要的是也促进了各国法律工作者的参与，使人类更加关爱地球，更加珍惜地球这样一个浩瀚宇宙间的小家园，使地球上的人类更加清醒地认识到契合宇宙自然规律的重要性。20 世纪 70 年代以来，人类抓住了太空与地面两大方面的观测分析与实验研究，抓住了天体物理、宇宙探测[325]、粒子物理(包括它的相关理论[326~336])以及与亚原子世界探测的结合。以美国 NASA 20 世纪 70 年代间发射的 Pioneer 10 号、Pioneer 11 号、Voyager 1 号、Voyager 2 号四艘太空飞船为例，在经历了 30 多年的飞行之后，它们都飞出了太阳系，飞到银河系去为人类探测宇宙的奥秘[36]。人类不会永远地被束缚在地球上，当 1969 年 7 月 20 日 Armstrong 乘 Apollo 11 号踏上月球的表面时便标志着地球上的人类已将足迹留在另一个星球上。这里需要说明的是，1940 年毕业于哈佛大学的美国第 35 任总统 John F. Kennedy(肯尼迪，1917～1963)于 1961 年 5 月 25 日宣布月球登陆计划到 1969 年 7 月 16 日 3 名宇航员乘 Apollo 飞船驶向月球并成功登月总共才用了 8 年的时间，应当讲当时的电子通信与控制技术远不如今天这样先进。但人类的太空活动——登月仅仅是一个侧面，而空间站与航天飞机的建造更显得格外重要。空间站与航天飞机是 20 世纪 80 年代间人类进行太空活动的两大标志性成果，是人类向太空进军的重要里程碑。在空间站上，一方面科学家们可以在太空做各种科学实验，另一方面空间站可作为人类去其他星球探测时的中转站或临时居住所。从 1973 年 5 月 14 日美国发射第一座空间站,1984 年 Ronald Reagan(里根,1911～2004)总统提议建立多个国家共同参与的空间站项目,之后美国、苏联、加拿大、欧洲宇航局 11 国、巴西和日本等 16 国参加的国际空间站(ISS)于 1998 年 12 月开始在轨组装,到 2006 年 12 月 31 日国际空间站上可居住空间已达到 $425m^3$、高度为 27.5m、从"命运号"实验舱到"星辰号"服务舱的长度为 44.5m;空间站的乘员通常由"联盟"号飞船或航天飞机负责运送,第一批常驻乘员已于 2000 年 11 月到达国际空间站。在航天飞机研制方面,以美国航天飞机 30 年的发展为例,从 1972 年 1 月 5 日 Richard M. Nixon(尼克松,1913～1994)总统宣布美国将发展航天飞机到 1981 年航天飞机首飞也只有 9 年的时间,之后美国先后建造了 Columbia(哥伦比亚)号、Challenger(挑战者)号、Discovery(发现)号、Atlantis(亚特兰蒂斯)号、Endeavour(奋进)号等航天飞机,从 1981 年 4 月 12 日 Columbia 号航天飞机首次升空到 2006 年 Discovery 号航天飞机对国际空间站实施 STS-121 任务,美国航天飞机总共完成 121 次飞行任务。事实上,航天飞机已成为 20 世纪地球上最伟大的发明。航天飞机外形复杂、飞行高度从 0km 变到 500km、飞行 Mach 数从 0 变到 30、飞行攻角从 0°变到 40°、飞行 Reynolds 数在 10^4～10^8 内变化、飞行 Knudsen 数从 0.001 变到 40,甚至更大,这类飞行器重复使用可达上千次。因此,航天飞机几乎涵盖了大型飞机、运载火箭、宇宙飞船等所涉及的流体力学与气动热力学中所有关键问题。对于这样十分复杂飞行器的研制,NASA 做了十分细致的理论分析与实验研究工作,这里仅以航天飞机气动特性研究过程中所占用的风洞试验为例。在美国航天飞机的研制中,总计占用风洞时间约 9 万 h,使用试验模型 113 个,耗资近 9550 万美元,这在世界飞行器的研究历史上都是极为罕见的。我们完全有理由认为:航天飞机气动设计是流体力学与气动热力学研究中最典型的范例。

在广袤浩瀚的宇宙间,高等生命形式的迁移不可能仅有地球人类的登月事件。事实上,如同许多外空生物学家所说的那样,在宇宙长达 137 亿年的历史中,高等生命形式在不同星球之间的迁移是各大星系内部经常发生的现象[337]。现在,科学家们初步确定:在距离地球 1.37×10^{23}km 处才接近宇宙的边缘。对于如此广袤的宇宙,有太阳系、银河系、河外星系、致密星(如白矮星、中子星、脉冲星)、黑洞等;宇宙中有暗物质、暗能量,有奇观,有危险,又有许多尚未揭开的奥秘,科学家们正在借助于现代航天技术和当代高科技技术,努力在其他星球寻找各种生命形式。在外空生物学中,人们广泛使用缩略语"SETI(即 search for extraterrestrial intelligence)",人们普遍认为 1959 年 Couoni 和 Monison 在 *Nature* 上发表的"寻求星际间的交流"一文是现代 SETI 的开山之作。另外,Carl Sagan(1934～1996)一生都在致力于探索与搜寻外星智慧生命,它是 SETI 项目的重要代表人物之一,他一生都在尝试着回答人类至少思索了两千年的一个重要哲学问题:人类是否孤独地存在于宇宙中？随着当代航天技术和高超声速飞行器的不断发展，宇宙既是人类太空旅行的目的地，又是人类命运的最终归宿。因此，为了人类共同的利益，关注地球、爱护地球环境、寻找太阳系或银河系中适宜居住的星球、保护宇宙空间不被污染是人人应担负的责任，也是人类发展航天技术应该遵循的最基本原则。人们已逐渐认识到：爱护地球家园、保护宇宙环境刻不容缓[338]；只有地球上的人类社会与太阳系、银河系乃至广袤的宇宙更加和谐、更加契合大自然的规律，人类的生存才有希望、人类才会有幸福。大哲学家 Sokrates（苏格拉底，公元前 468～前 400 年，雅典人）说过："人类必须超越地球，到达大气层的顶端或更远的地方。因为只有这样，人类才能够充分地理解他所生活的那个世界。"面对茫茫的宇宙，人类在宇宙中仅仅处于平凡的地位，地球仅是太阳系中的一颗很普通的小行星，太阳又是银河系中几千亿颗恒星中的一员；在银河系以外还有河外星系，而星系（galaxies）又是星系团的成员，目前已经发现了上万个星系团（如 Virgo 星系团、Coma 星系团等）。许多星系团组合在一起形成了超星系团（如本星系群（local group of galaxies）等）；总星系又是比超星系团更高一级的天体层次；对于宇宙演化简史可归纳为如下八点：①现今的宇宙学常以广义相对论为基础，并认为经典宇宙是由量子宇宙转化来的。引入 Planck 能量（即 1.2211×10^{19}GeV）与 Planck 时间（即 5.3904×10^{-44}s），因此经典宇宙的膨胀是从 Planck 时间后开始的，它的起始温度低于 Planck 温度。对于 10^{-44}s 之前的物理，可以理解为引力是量子化的。②在 10^{-35}s 时，该时间标志着大统一理论的终结，标志着强核力与弱电力分离。③到 10^{-32}s 时，标志着暴胀（inflation）结束。④在 10^{-12}s 时，标志着弱核力与电磁力分离。这里必须指出的是：从 10^{-43}s 到 10^{-4}s，这时宇宙的温度从 10^{19}GeV 降到 0.1GeV，因此最早阶段的宇宙气体是由夸克、轻子和规范粒子等组成。约在时间 $t=10^{-4}$ s 时，宇宙介质中完成了从夸克到强子的相变，此后的宇宙气体中便有质子和中子，再往后便发生了原子核的合成。在时间 $t>1$s 并且温度降至 1MeV（即 10^{10} K）以下时，宇宙进入了核物理的能量范围。⑤在 $10^2\sim10^3$s 内，为宇宙原初元素合成期（又称宇宙原初核合成或称 big bang nucleosynthesis，BBN）；更确切地说，原初的核合成主要在 $t=3\sim30$min 内发生，这个过程结束，宇宙便开始有化学元素（这里主要是氢、氘与氦等）。⑥在 10^{11}s 时，标志着光子和重子退耦，退耦则伴随有自由电子与核结合形成原子，在此之后宇宙以物质为主。另外，从时间 $t=10^{12}$ s 开始，宇宙温度降到 10eV 以下，这时宇宙进入了原子物理的能量范围。约在温度降至 0.3eV 时，原子核和自由电子开始结合成中性原子，于是宇宙介质成为普通的中性原子气体。此外，原来存在的热光子从此失去了热碰撞对象，作为背景光子存留下来。按照 1989 年升空的宇宙背景探测者（COBE）卫星的测量和 1996 年正式公布的结果：宇宙微波背景辐射温度为（2.728 ± 0.004）K。这里还应说明的是，粒子的退耦温度 $T_d\approx1$MeV，此后中微子与其他组分已没有热耦合，而成为无碰撞组分。⑦在

10^{16}s 时，标志着星系、恒星和行星开始形成。事实上，在宇宙中证实有大量非重子存在的证据一直到 2000 年才得到，因此在讨论宇宙大尺度结构形成模型时，这里仅讨论以非重子暗物质为主的模型。其中包括：描述热暗物质为主的宇宙结构模型和描述冷暗物质为主的宇宙结构模型。这里必须说明的是，在宇宙进入实物为主时，由于重子与光子的强烈耦合，于是重子物质的 Jeans 质量仍然很大，而非重子物质（如中微子），它不与光子耦合，因此非重子物质的 Jeans 质量很快降低，混合气体的结团时间提前。另外，非重子暗物质根据其退耦时的运动速度可以分为热暗物质与冷暗物质。如采用以热暗物质为主的宇宙结构模型时，则先形成超团，而后逐级破碎成星系团和星系，整个结构形成过程是从大到小完成的。如采用以冷暗物质为主的宇宙结构模型时，则先形成星系，而后通过引力作用逐级成团，形成星系团和超团，整个结构形成过程是从小到大完成的。对于上述这两种关于宇宙结构形成的模型，目前相关的科学家们仍在继续研究中。⑧自 10^{18}s 时开始，随着时间的流逝，星系继续退离，Hubble（哈勃）常量在减少，宇宙温度继续下降，膨胀将延续下去。这就是目前我们所能观测到的宇宙：它的典型尺度为 137 亿光年，宇宙年龄约 137 亿年。此外，自 1914 年 Slipher 发现星系谱线红移以来，科学家们已经证实了宇宙在膨胀着。人类为了探索宇宙，除了需用各种大型太空巡天高端望远镜（其中包括光学望远镜、红外线望远镜、射电望远镜、Keck 干涉仪、射频望远镜等）、引力透镜（gravitational lens）以及相关粒子物理方面的测试仪器设备外，高超声速飞行器便成为目前人类进行上述科学研究和实现人类梦想时最为关心的运输工具。人们永远不会忘记发展火箭技术的两位先驱：一位是德裔美国人 von Braun（1912～1977）；另一位是苏联 Korolev（1907～1966），更不会忘记 3 位航天大师 Tsiolkovsky（1857～1935）、Goddard（1882～1945）和 Oberth（1894～1989）；此外，也不会忘记世界各国为实现全人类飞天梦想而日夜奋斗的科学家们以及制造、施工、发射、控制、观测的工程技术人员以及航天员。这里特别需要指出的是，在航天学理论的 3 位创始人中，只有 Oberth 亲眼看到了他们的一些开创性设想变成现实。这些设想包括：①航天时代的来临（1957 年）；②人类首次环绕地球飞行（1961 年）；③人类首次登上月球（1969 年）；④创建第一个空间站（1971 年）；⑤航天飞机首次太空飞行（1981 年）。如今，现代火箭技术已从中国古老的火药火箭（注意：该技术已在 14 世纪便传到了西欧）发展到联盟号（Soyuz）运载火箭、质子号（Proton）运载火箭、阿丽亚娜（Ariane）运载火箭、土星（Saturn）运载火箭、德尔它（Delta）运载火箭、宇宙神（Atlas）运载火箭等，火箭技术已经走过了一段很长的路，可以讲当今的火箭技术已经十分成熟。事实上，21 世纪火箭与推进技术的持续进步主要表现在：①热核火箭技术，它将会成为火星探索所选用的行星际航行推进系统。这里应指出的是，核裂变（fission）与核聚变（fusion）是两个不同的概念，聚变是大自然为宇宙供给能量的最佳方法。然而，人类试图把氢气加热到数千万摄氏度直到质子融合形成氦气并释放大量能量，这并不是一件容易做到的事。另外，普通的聚变反应堆也不能产生驱动星际飞船的能量。此外，美国在1959～1973年实施“漫游者”计划(Rover)所研究的“火箭运载器用核发动机(NERVA)”，对于这样一个技术在人类21世纪火星探索中能否发挥较大的作用，应当讲还是一件有待分析的事。②电推进技术(其中包括核电推进NEP与太阳能推进SEP)。③激光推进技术，其最大优势是能量来自陆基系统，激光火箭不携带任何燃料，1997年纽约Rensselaer工学院已经建立了这种火箭的实用样机。④太阳帆、等离子帆技术；2010年5月日本太空开发署成功地发射了IKAROS(伊卡洛斯)太阳帆，它是利用太阳帆技术在星际空间成功发射的第一艘宇宙飞船，该飞船利用太阳帆推进系统正在向金星飞去。另外，日本还准备发射一艘飞向木星的太阳帆宇宙飞船。此外，美国宇航局科学家Les Johnson说，他们正在建造一个太阳帆，能够使探测器的速度达到光速的0.1%(即300km/s的速度)；俄罗斯也曾于2001年7月20日成功发射“宇宙1号”太阳帆航天器。应该讲，未来的星际太空船依靠太阳帆来航行是项很有希望的做法。⑤星际冲压式喷气发动机，它是用氢气作为反应堆的燃料，而反应堆的输出(如高速的氦原子)则提供飞船的推力。⑥反物质火箭。到目前为止，人们已经能够制造反电子、反质子和反氢原子，欧洲核子研究中心(CERN)和美国费米国家加速器实验室(Fermilab)都完全可以做到这一点。另一种获取反物质的方案是在外太空中寻找反物质，如2006年发射的欧洲卫星“PAMELA”其任务就在于寻找外太空中自然生成的反物质。⑦纳米飞船。目前这个项目已得到美国国防高级研究规划局(DARPA)的资助。纳米飞船的最大优势是需要非常少的燃料，不需要使用大型助推火箭，也不需要使用大能量的能源，仅利用普通的电场便能够以接近光速的速度发射亚原子粒子。Cornell大学的Mason Peck设计了一个太空探测器的微芯片，尺寸只有1cm，质量仅有1g，可以被加速到光速的1%～10%(即$3\times10^3\sim3\times10^4$ km/s的速度)。这里应当指出的是，这个项目从1998年至2007年一直得到NASA的资助。⑧太空气动力俘获辅助变轨技术等。这些技术的实现将大大推动人类对太阳系的科学探测，有助于对地外生命的搜寻，有助于将首批人类探险者送往火星或更远的星球。应该看到，到达火星要比到达月球困难得多，到达月球只需3天，而到达火星则需要6个月到1年的时间；如果飞往木星，需要的时间会更长，大约需要1000天的时间。但这里需要说明的是：Viking 1号与Viking 2号探测器早在1976年7月20日与同年9月3日就曾在火星表面软着陆，Mars Odyssey飞行器也于2001年10月24日达到火星，成功实现了围绕火星的飞行，并发现了火星地下有水冰的证据。此外，1962年苏联也曾发射过一系列“火星”探测器，尤其是“火星”2号探测器也曾在1971年11月27日进入环绕火星的轨道，但在火星上着陆后却失去了联系。另外，1998年日本也发射了“行星”B火星探测器，成了继美、苏之后第三个探测火星的国家。2009

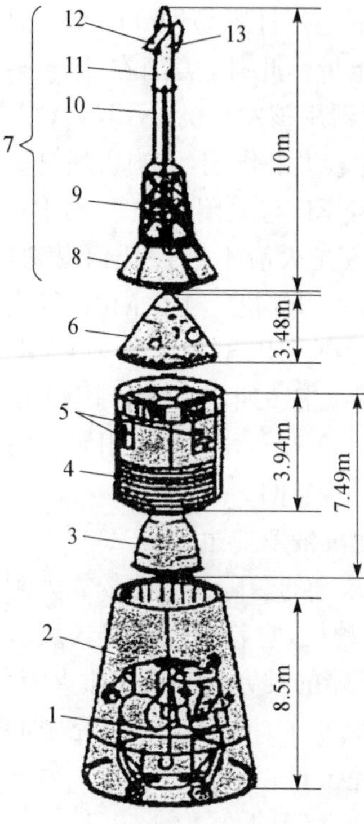

图 12.77 Apollo 登月飞船简图
1. 登月舱；2. 登月舱的过渡段；3. 服务舱主发动机；4. 服务舱；5. 姿态控制和稳定系统的发动机组；6. 指挥舱；7. 发射逃逸系统；8. 防热罩；9. 发射逃逸塔；10. 逃逸发动机；11. 分离用发动机；12. 空气舵；13. 辅助发动机

年 7 月美国宇航局的科学家们给出了实现火星任务的时间表：宇航员将用大约 6 个月或更多的时间抵达火星，然后在火星上度过 18 个月，最后再用 6 个月的时间返回地球。人们期待着 2030 年以前把人类送上火星去探险，虽然现在我们还不知道那时用的载人航天器到底是哪种方式，因此这里只能给出 1969 年 Apollo 载人登月飞船的简图(见图 12.77)供大家去进一步畅想与构思、去设计和创新。

现在人类已清楚地知道：在银河系中，即使是距离最近的两颗恒星之间也要相隔好几光年，为了实现人类恒星际航行的梦想、发展以脉冲核裂变发动机、脉冲核聚变发动机、恒星际冲压喷气发动机以及光子火箭为动力的恒星际飞船是必要的[203]。因此，为了实现人类对宇宙的探索，高超声速气动热力学便是人们最为关注的方向之一，它难度大、涉及学科多，为不畏险阻的勇士们准备了广阔的创新空间。人们已经清醒地认识到：科学是一把双刃剑，它总是解决了一些问题，但在一个更高的层次上又引起了一些新的问题；科学赞美了人类的创新精神，同时也放大了人们明显的缺陷，关键是要找到挥舞这把科学之剑的智慧。大哲学家 Immanuel Kant(康德，1724～1804)说过“科学是系统化的知识，智慧乃是有组织的生活”。另外，Laszlo 在《系统哲学引论》一书中也多次强调人类要注意开发智慧潜能。智慧是一种能力，它能够确定这个时代的关键问题。在现代社会中最珍贵的是智慧，没有智慧与洞察力，人们将会失去奋斗的目标。我们生活在一个激动人心的时代，科学技术为我们打开了广阔的视野，我们衷心地希望有更多的人加盟到这个队列，做一个明智而充满怜悯地使用这把科学之剑的人，为钱学森先生多年来一直倡导的系统学的发展[224,227,339]，为高超声速气动热力学的发展与完善共同努力奋进。

参考文献

［1］ Truesdell C，Toupin R. The Classical Field Theories// Flugge S ed. Handbuch der Physik，Vol 3. Part 1. Berlin：Springer-Verlag，1959.

［2］ 王保国，黄虹宾. 叶轮机械跨声速及亚声速流场的计算方法. 北京：国防工业出版社，2000.

［3］ 王保国，蒋洪德，马晖扬，等. 工程流体力学(上册，下册). 北京：科学出版社，2011.

［4］ 王保国，刘淑艳，黄伟光. 气体动力学. 北京：北京理工大学出版社，北京航空航天大学出版社，西北工业大学出版社，哈尔滨工程大学出版社，哈尔滨工业大学出版社，2005.

［5］ 王保国. N-S方程组的通用形式及近似因式分解. 应用数学和力学，1988，9(2)：165－172.

［6］ 钱学森. 气体动力学诸方程. 徐华舫译. 北京：科学出版社，1966.

［7］ 彭桓武，徐锡申. 理论物理基础. 北京：北京大学出版社，1998.

［8］ 华罗庚. 高等数学引论(第一卷第二分册). 北京：科学出版社，1979.

［9］ 王竹溪. 热力学. 第2版. 北京：人民教育出版社，1960.

［10］ 李政道. 物理学中的数学方法. 吴顺唐译. 南京：江苏科学技术出版社，1980.

［11］ 王竹溪，郭敦仁. 特殊函数概论. 北京：科学出版社，1965.

［12］ Wang B G. On general form of Navier-Stokes equations and implicit factored scheme. Applied Mathematics and Mechanics，1988，19(2)：179－188.

［13］ Landau L D，Lifshitz E M. Mechanics. Oxford：Pergamun Press，1976.

［14］ Moore E N. Theoretical Mechanics. New York：John Wiley & Sons，1983.

［15］ Landau L D，Lifshitz E M. Statistical Physics. Oxford：Butterworth-Heinemann，2000.

［16］ Friedrichs K O. Symmetric hyperbolic linear differential equations. Comm. Pure Appl. Math.，1954，7：345－392.

［17］ 谷超豪. 正对称型方程组理论的一些发展和应用. 数学论文集. 上海：复旦大学数学研究所，1964：42－58.

［18］ Smythe W R. Static and Dynamic Electricity. New York：McGraw-Hill，1968.

［19］ Landau L D，Lifshitz E M. Electrodynamics of Continuous Media. Oxford：Pergamon Press，1984.

［20］ Goldston R J，Rutherford P H. Introduction to Plasma Physics. Bristol：Institute of Physics Publishing，1995.

［21］ Goedbloed J P，Poedts S. Principles of Magnetohydrodynamics. Cambridge：Cambridge University Press，2004.

［22］ Moller C. The Theory of Relativity. London：Oxford University Press，1972.

［23］ Lions P L，DiPerna R. Global Solutions of Vlasov-Maxwell System. Comm. Pure Appl. Math.，1989，42：729－757.

［24］ 李政道. 对称、不对称和粒子世界. 北京：北京大学出版社，1992.

［25］ Ludwig G. Foundations of Quantum Mechanics II. Berlin：Springer-Verlag，1985.

［26］ Joachain C J. Quantum Collision Theory. Amsterdam：North-Holland Publishing Company，1973.

［27］ 王竹溪. 统计物理学导论. 第 2 版. 北京：人民教育出版社，1965.

［28］ Neumann von J. Mathematical Foundations of Quantum Mechanics. NJ：Princeton，1955.

［29］ Bogolyubov N N. Lectures on Quantum Statistics. New York：Gordon and Breach，1987.

［30］ Kubo R. Lectures in Theoretical Physics 1. New York：Interscience，1959.

［31］ Prigogine I. Non-Equilibrium Statistical Mechanics. New York：Interscience Publishing，1962.

［32］ Balescu R. Equilibrium and Nonequilibrium Statistical Mechanics. New York：John Wiley & Sons，1975.

［33］ deGroot S，Mazur P. Non-Equilibrium Thermodynamics. New York：Dover，1984.

［34］ Resibois P. Many Particle Physics. New York：Gordon and Breach，1967.

［35］ 钱学森. 物理力学讲义. 北京：科学出版社，1962.

［36］ 王保国，刘淑艳，王新泉，等. 流体力学. 北京：机械工业出版社，2012.

［37］ 卞荫贵，徐立功. 气动热力学. 合肥：中国科学技术大学出版社，1997.

［38］ Bertin J J. Hypersonic Aerothermodynamics. Washington：AIAA Inc. ，1994.

［39］ Bird G A. Molecular Gas Dynamics and the Direct Simulation of Gas Flows. Oxford：Clarendon Press，1994.

［40］ Cook M V. Flight Dynamics Principles. London：Edward Amold，1997.

［41］ 王保国，王新泉，刘淑艳，等. 安全人机工程学. 北京：机械工业出版社，2007.

［42］ 卞荫贵，钟家康. 高温边界层传热. 北京：科学出版社，1986.

［43］ 王保国，刘淑艳，王新泉，等. 传热学. 北京：机械工业出版社，2009.

［44］ 王保国，刘淑艳，刘艳明，等. 空气动力学基础. 北京：国防工业出版社，2009.

［45］ Zeldovich Y B，Raizer Y P. Physics of Shock Waves and High Temperature Hydrodynamic Phenomena. New York：Dover Publications，Inc. ，2002.

［46］ Chapman S，Cowling T G. The Mathematical Theory of Non-Uniform Gases. 3rd ed. Cambridge：Cambridge University Press，1970.

［47］ Hirschfelder J O，Curtiss C F，Bird R B. The Molecular Theory of Gases and Liquids. New York：John Wiley & Sons，1954.

［48］ Wang Chang C S，Uhlenbeck G E. On the transport phenomena in rarefied gases//Boer J de，Uhlenbeck G E eds. Studies in Statistical Mechanics. Vol. 5. Amsterdam：North Holland，1970.

［49］ Smith E B. Basic Chemical Thermodynamics. 3rd ed. Oxford：Clarendon，1982.

［50］ McBride B J，Heimel S，Ehlers J G，Gordon S. Thermodynamic Properties to 6000K for 210 Substances Involving the First 18 Elements. NASA SP 3001，1963.

［51］ 黄祖洽，丁鄂江. 输运理论. 第 2 版. 北京：科学出版社，2008.

［52］ Grandy W T Jr. Foundations of Statistical Mechanics. Vol. I. ，Dordrecht：Reidel，1987.

[53] Kubo R, Toda M, Hashitsume N. Statistical Mechanics II. New York: Springer-Verlag, 1985.
[54] Anderson J D Jr. Hypersonic and High Temperature Gas Dynamics. New York: McGraw-Hill, 1989.
[55] Vincenti W G, Kruger C H Jr. Introduction to Physical Gas Dynamics. New York: John Wiley & Sons, 1965.
[56] Dunn M G, Kang S W. Theoretical and Experimental Studies of Reentry Plasmas. NASA CR-2232, 1973.
[57] Sattinger D H. Topics in Stability and Bifurcation Theory. Berlin: Springer-Verlag, 1973.
[58] Drazin P G. Introduction to Hydrodynamic Stability. Cambridge: Cambridge University Press, 2002.
[59] Glansdorff P, Prigogine I. Thermodynamic Theory of Structure, Stability and Fluctuations. New York: Wiley-Interscience, 1971.
[60] Kondepudi D, Prigogine I. Modern Thermodynamics-From Heat Engines to Dissipative Structures. New York: John Wiley & Sons, 1998.
[61] Prigogine I. Thermodynamics of Irreversible Processes. New York: Interscience, 1961.
[62] Sone Y. Kinetic Theory and Fluid Dynamics. Boston: Birkhauser, 2002.
[63] von Bertalanffy L. General Systems Theory. New York: George Braziller, 1968.
[64] Park C. Nonequilibrium Hypersonic Aerothermodynamics. New York: John Wiley & Sons, 1990.
[65] Boyd T J M, Sanderson J J. The Physics of Plasmas. Cambridge: Cambridge University Press, 2003.
[66] Moreau R. Magnetohydrodynamics. Boston: Kluwer Academic Pub., 1990.
[67] Plawsky J L. Transport Phenomena Fundamentals. New York: Marcel Dekker, 2001.
[68] Kreiss H T and Lorenz J. Initial Boundary Value Problems and the Navier-Stokes Equations. New York: Academic Press, 1989.
[69] Hirschel E H, Weiland C. Selected Aerothermodynamic Design Problems of Hypersonic Flight Vehicles. New York: Springer-Verlag, 2009.
[70] de Boer J, G E Uhlenbeck. Studies in Statistical Mechanics. Volume 2. Amsterdam: North-Holland, 1964.
[71] 龙升照. 钱学森与人-机-环境系统工程. 钱学森系统科学思想研究. 上海:上海交通大学出版社, 2007: 146—153.
[72] 龙升照. 为世界科学技术的进步而努力奋斗——纪念人-机-环境系统工程创立 30 周年// 龙升照, Dhillon B S 主编. 第 11 届人-机-环境系统工程大会论文集. 纽约:美国科研出版社, 2011: 1—4.
[73] 王保国, 黄伟光, 钱耕. 再入飞行中 DSMC 与 Navier-Stokes 两种模型的计算与分析. 航空动力学报, 2011, 26(5): 961—976.
[74] 王保国, 李翔, 黄伟光. 激波后高温高速流场中的传热特性研究. 航空动力学报, 2010, 25

(5):963－980.

[75] 王保国,李翔.多工况下高超声速飞行器再入时流场的计算.西安交通大学学报,2010,44(1):71－76.

[76] Li X,Wang B G. CFD Prediction of Hypersonic Blunt-cone Configurations of Multiple Cases. AIAA Paper 2009-7385,2009.

[77] Qian G,Wang B G. A Comparative Study of Navier-Stokes and DSMC Simulation of Hypersonic Flow Fields. AIAA Paper 2011-765,2011.

[78] 李翔,王保国.轨道再入飞行器气动热力学环境研究.科技导报,2010,28(9):73－75.

[79] 王保国,刘淑艳,姜国义.高超声速化学非平衡流动的数值计算.气体物理:理论与应用,2007,2(2):150－153.

[80] 钱耕,王保国.高超声速双锥体绕流的数值计算与流场分析.科技导报,2010,28(14):49－55.

[81] 李翔,王保国.高超声速飞行器气动热力学环境的研究//龙升照,Dhillon B S主编.第10届人-机-环境系统工程大会论文集.纽约:美国科研出版社,2010:294－298.

[82] 王保国,卞荫贵.超声速和高超声速进气道的数值模拟.力学进展,1992,22(3):318－323.

[83] Wang B G,Liu Q S,Bian Y G. A high resolution hybrid scheme for solving three dimensional Euler equations of high speed inlet flows. Journal of Thermal Science,1996,5(3):164－167.

[84] Wang B G,Liu Q S,Bian Y G. Numerical Simulation of High Speed Inlets Using 3D Reynolds Averaged Navier-Stokes Equations and SIP Finite Volume Scheme // First Asian Computational Fluid Dynamics Conference. Hong Kong: Hong Kong University Press,1995,Volume 3:1061－1066.

[85] Wang B G, Guo Y H. High order accurate and high resolution implicit upwind finite volume scheme for solving Euler/Reynolds averaged Navier-Stokes equations. Tsinghua Science and Technology,2000,5(1):47－53.

[86] Wang B G,Bian Y G. A LU-TVD finite volume scheme for solving 3D Reynolds averaged Navier-Stokes equations of high speed inlet flows// First Asian Computational Fluid Dynamics Conference. Hong Kong: Hong Kong University Press, 1995, Volume 3: 1055－1060.

[87] 王保国,刘秋生,卞荫贵.三维Euler方程的两种高效分高辨率算法及其在高速进气道中的应用.应用基础与工程科学学报,1994,2(4):360－370.

[88] 王保国.新的解跨音速Euler方程的隐式杂交方法.航空学报,1989,10(7):309－315.

[89] 王保国,卞荫贵.关于三维Navier-Stokes方程的黏性项计算.空气动力学学报,1994,12(4):375－382.

[90] 王保国,卞荫贵.求解三维欧拉流的隐-显式格式及改进的三维LU算法.计算物理,1992,9(4):423－425.

[91] 王保国,李耀华,钱耕.四种飞行器绕流的三维DSMC计算与传热分析.航空动力学报,

2011,26(1):1—20.

[92] 王保国,刘淑艳.稀薄气体动力学计算.北京:北京航空航天大学出版社,2013.

[93] 孙成海,王保国,沈孟育.完全气体格子 Boltzmann 热模型.清华大学学报,2000,40(4):51—54.

[94] Sun C H, Wang B G, Shen M Y. Adaptive Lattice Boltzmann models for compressible flow. Tsinghua Science and Technology,2000,5(1):43—46.

[95] Sun C H,Wang B G,Shen M Y. Lattice Boltzmann models for heat transfer. Communications in Nonlinear Science and Numerical Simulation,1997,2(4):212—216.

[96] 孙成海,王保国,沈孟育.格子 Boltzmann 方法的质量扩散模型.计算物理,1997,14(4):671—673.

[97] 王保国,李学东,刘淑艳.高温高速稀薄流的 DSMC 算法与流场传热分析.航空动力学报,2010,25(6): 1203—1220.

[98] 李学东,王保国.稀薄气体高超声速流动的非结构 DSMC 并行化算法.科技导报,2010,28(4):64—67.

[99] 李学东,王保国.非结构化网格下二维钝头体绕流 DSMC 数值模拟.兵工学报,2010,31(Suppl. 1):47—50.

[100] 李学东,王保国.稀薄气体高超声速流动的热环境研究//龙升照,Dhillon B S 主编.第 10 届人-机-环境系统工程大会论文集.纽约:美国科研出版社,2010:203—206.

[101] 钱耕,王保国. 70°圆锥体行星探测器绕流热化学非平衡流场的 Navier-Stokes 方程解与热环境分析//龙升照,Dhillon B S 主编.第 10 届人-机-环境系统工程大会论文集.纽约:美国科研出版社,2010:306—310.

[102] 王保国,孙业萍,钱耕.两类典型高速飞行器壁面热流的工程算法//龙升照,Dhillon B S 主编.第 10 届人-机-环境系统工程大会论文集.纽约:美国科研出版社,2010:299—305.

[103] 王保国.近 20 年 AMME Lab 在人-机-环境系统工程中的研究与进展//龙升照,B S Dhillon 主编.第 11 届人-机-环境系统工程大会论文集.纽约:美国科研出版社,2011:393—401.

[104] Wang B G,Wang X Q,Liu S Y. Effect of McRuer pilot parameters change on performance and quality of man-machine system//Proceedings of the 17th World Congress on Ergonomics,International Ergonomics Association (IEA) 2009:171—179.

[105] Wang B G,Liu S Y,Lin H. Two methods of evaluating human thermal comfort based on non-uniform environment. International Journal of Man-Machine-Environment System Engineering,2007,1(2):99—111.

[106] Wang B G,Huang W G,Wang K Q. Evaluation method of thermal comfort in human environment system during no clothing and clothing conditions//Proceedings of the 17th World Congress on Ergonomics,International Ergonomics Association (IEA) 2009,79—88.

[107] 王保国.一个改进的可拓评价单级方法及其应用//中国百名专家论安全(中国职业安全健康协会编).北京:煤炭工业出版社,2008:483—491.

[108] 王保国,刘淑艳,姜黎黎. 交通安全中驾驶员可靠性的灰色关联聚类分析计算//第 8 届人-机-环境系统工程大会论文集,北京:电子工业出版社,2007:84－91.

[109] 袁兴莲,王保国. 影响生物安全柜安全性的主要因素分析//第 9 届人-机-环境系统工程大会论文集,纽约:美国科研出版社,2009:221－224.

[110] 安二,王保国. 基于小波神经网络的人机闭环系统数学模型与飞行品质预测//第 11 届人-机-环境系统工程大会论文集,纽约:美国科研出版社,2011:345－348.

[111] 王保国,钱耕. 一种基于七参数 SD 经验公式的着装人体热舒适评价模型//第 10 届人-机-环境系统工程大会论文集,纽约:美国科研出版社,2010:276－279.

[112] 王保国,刘淑艳,钱耕,等. 一种小波神经网络与遗传算法结合的优化方法. 航空动力学报,2008,23(11):1953－1960.

[113] 林欢,刘淑艳,王保国. 非均匀热环境下热舒适评价的两种方法及其关键技术. 中国安全科学学报,2007,17(8):47－53.

[114] 郭宇航,王保国. 两类新型神经网络及其在安全评价中的应用. 中国安全科学学报,2008,18(7):29－33.

[115] 王保国,吴俊宏,刘淑艳. 流场特性预测的两类高效方法. 航空动力学报,2010,25(8):1763－1767.

[116] 王保国,刘淑艳,李翔. 基于 Nash-Pareto 策略的两种改进算法及应用. 航空动力学报,2008,23(2):374－382.

[117] 王保国. 叶栅流基本方程组特征分析及矢通量分裂. 中国科学院研究生院学报,1987,4(2):54－65.

[118] Wu C H, Wang B G. Matrix solution of compressible flow on S_1 surface through a turbomachine blade row with splitter vanes or tandem blades. Transactions of the ASME Journal of Engineering for Gas Turbines and Power, 1984, 106:449－454.

[119] Wang B G, Chen N X. An improved SIP scheme for numerical solutions of transonic stream-function equation. International Journal for Numerical Methods in Fluids, 1990, 10(5):591－602.

[120] Wang B G. An iterative algorithm between stream function and density for transonic cascade flow. AIAA Journal of Propulsion and Power, 1986, 2(3):259－265.

[121] Wang B G. Stability analysis and numerical experiments for viscous-inviscid interation in transonic flow. Chinese Journal of Engineering Thermophysics, 1990, 2(2):157－163.

[122] Wu C H, Wu W Q, Wang B G, et al. Transonic cascade flow with given shock shape solved by separate subsonic and supersonic computations//Computational Method in Turbomachinery. Birmingham: University of Birmingham Publishers, 1984:133－140.

[123] Wang B G and Chen N X. A New High-resolution shock-capturing hybrid scheme of flux-vector splitting-harten's TVD. Acta Mechanica Sinica. 1990, 6(3):204－213.

[124] Zhu G, Shen M Y, Wang B G, et al. Anisotropic multistage finite element method for two dimensional viscous transonic flow in turbomachinery. Acta Mechanica Sinica, 1995, 11(1):15－19.

[125] Zhu G, Shen M Y, Wang B G, et al. Construction of modified Taylor-Galerkin finite elements and Its application in compressible flow computation. Applied Mathematics and Mechanics, 1996, 17(4): 319—325.

[126] Zhu G, Shen M Y, Wang B G, et al. Tensor universal serendipity elements and unsteady taylor-galerkin finite element methods. Acta Mechanica Sinica, 1996, 12(1): 15—23.

[127] Wang B G, Liu Q S, Shen M Y. High-order accurate and high-resolution upwind finite volume scheme for solving Euler/Reynolds-averaged Navier-Stokes equations // The Third International Symposium on Experimental and Computational Aerothermodynamics of Internal Flows. Beijing, China. 1996: 382—394.

[128] Wang B G, Chen N X. A new, high-resolution hybrid scheme for homogeneous and non-homogeneous hyperbolic conservation laws // The 1st International Symposium on Experimental and Computational Aerothermodynamics of Internal Flows. Beijing, China. 1990: 93—101.

[129] Wang B G. New iterative algorithm between stream function and density for transonic flow. AIAA Paper 85-1594, 1985: 1—8.

[130] Wu C H, Wang B G. Matrix solution of compressible flow on S_1 surface through a turbomachine blade row with splitter vanes or tandem blades. ASME paper 83-GT-10, 1983.

[131] Wang B G and Bian Y G. A high-resolution hybrid scheme for solving three dimensional euler equations of high speed inlet flows // The Sixth Asian Congress of Fluid Mechanic. Singapore, 1995, Volume I: 489—492.

[132] Wang B G, Hua Y N, Wu C H, et al. Transonic flow along arbitrary stream filament of revolution solved by separate computations with shock fitting. ASME paper 86-GT-30, 1986.

[133] Hua Y N, Wang B G. The prediction of boundary layers with rotation and variation of stream filament thickness. ASME paper 89-GT-227, 1989.

[134] Wang B G, Hua Y N. An improved method of transonic stream-function/density iteration and calculation of total pressure loss // Tokyo International Gas Turbine Congress, No. 87-TOKYO-IGTC-37, Japan, 1987: 281—285.

[135] Hua Y N, Wang B G. The effect of boundary layer on transonic cascade flow. USA 1st National Fluid Dynamics Congress, 1988, AIAA paper 88-3782.

[136] Liu Q S, Zeng Y N, Wang B G, et al. Fast generation of 2-D and 3-D body-fitted grids with automatic clustering technique // The 5th International Conference on Numerical Grid Generation in Computational Fluid Dynamics and Related Fields. Mississippi State University, Starkville, Mississippi. 1996: 1—10.

[137] Wang B G, Bian Y G. An efficient implicit hybrid scheme for hyperbolic conservation laws in curvilinear coordinates // The 1st Chinese-Soviet Workshop on Complex Fields of Gas Flow. Beijing, China. 1991: 1—8.

[138] Zhuang P, Wang B G, Chen N X, et al. Experimental investigations on the subsonic and

transonic flow in small tunnel // The 1st International Symposium on Experimental and Computational Aerothermodynamics of Internal Flows. Beijing, China. 1990: 277—282.
[139] Zhu G, Shen M Y, Wang B G, et al. Finite element analysis of axisymmetrical transonic flow in SF6 circuit breaker // Proc. of The 6th International Symposium of CFD, USA. 1995.
[140] Guo Y H, Wang B G and Shen M Y, et al. An implicit multigrid algorithm for 3-D compressible N-S equations // The First Asian Computational Fluid Dynamics Conference. Vol. 2, Hong Kong. 1995: 779—784.
[141] Guo Y H, Shen M Y, Wang B G. Numerical study of topological structure of 3-D transonic viscous flow field inside turbine cascade. Chinese Journal of Aeronautics, 1997, 10 (3): 174—181.
[142] Wang B G, Guo Y H, Liu Q S, Shen M Y, et al. High-order accurate and high-resolution upwind finite volume scheme for solving Euler/Reynolds-averaged Navier-Stokes equations. Acta Mechanica Sinica. 1998, 14(1): 10—17.
[143] Wang B G, Wang D, Liu Q S. Efficient hybrid method for oldroyd-B fluid flow computations. Tsinghua Science and Technology. 1998, 3(2): 986—990.
[144] Wang B G, Guo Y H, Shen M Y, et al. High-order accurate and high-resolution implicit upwind finite volume scheme for solving Euler/Reynolds-averaged Navier-Stokes equations. Tsinghua Science and Technology. 2000, 5(1): 47—53.
[145] Wang B G, Sun C H, Zhao L S, et al. Numerical simulation of planar 4:1 contraction flow of a viscoelastic fluid using a higher-order upwind finite volume method. Tsinghua Science and Technology. 2000, 5(1): 54—59.
[146] 王保国. 跨声速流函数方程强隐式解及确定密度场的新方案. 计算物理, 1985, 2(4): 474—481.
[147] 王保国. 数值分析跨声速主流与边界层迭代. 空气动力学学报, 1990, 8(2): 202—206.
[148] 王保国, 吴仲华. 含分流叶栅或串列叶栅的 S_1 流面上可压缩流动矩阵解. 工程热物理学报, 1984, 5(1): 18—26.
[149] 王保国, 陈乃兴. 计算流体中一个改进的强隐式格式及迭代的收敛性. 计算物理, 1989, 6 (4): 431—440.
[150] 王保国, 卞荫贵. 转动坐标系中三维跨声欧拉流的有限体积-TVD 格式. 空气动力学学报, 1992, 10(4): 472—481.
[151] 王保国, 沈孟育. 高速黏性内流的高分辨率高精度迎风型杂交格式. 空气动力学学报, 1995, 13(4): 365—373.
[152] 王保国. 跨声速主流与边界层迭代的稳定性分析与数值实验. 工程热物理学报, 1989, 10 (4): 379—382.
[153] 王保国, 华耀南, 黄小燕. 跨声速任意回转面叶栅流分区计算. 工程热物理学报, 1986, 7 (4): 320—325.
[154] 王保国. 跨声流函数方程的多层网格-强隐式解法. 计算物理, 1987, 4(1): 71—78.

[155] 吴仲华,华耀南,王保国,等.跨声速叶栅流的激波捕获-分区计算法.工程热物理学报,1986,7(2):112—119.

[156] 王保国,刘秋生,卞荫贵.三维湍流高速进气道内外流场的高效高分辨率解.空气动力学学报,1996,14(2):168—178.

[157] 郭延虎,王保国,沈孟育,等.隐式多重网格法求解叶轮机械三维跨声速湍流流场.空气动力学学报,1995,13(4):468—473.

[158] 王保国,陈乃兴.一个高分辨率的矢通量分裂-TVD杂交新格式.应用力学学报,1990,7(2):83—89.

[159] 华耀南,王保国.有旋转效应和流片厚度变化的叶轮机械边界层的积分方程求解法.工程热物理学报,1988,9(4):327—330.

[160] 王保国,陈乃兴.矢通量分裂-TVD杂交新格式及其应用.航空动力学报,1989,4(3):237—240.

[161] 高书春,王保国.用LU分解格式及FAS型多层网格法计算流体力学Euler方程.计算物理,1990,7(1):39—44.

[162] 刘秋生,沈孟育,王保国,濮存斌.旋翼三维非定常跨音速绕流的数值模拟.航空学报,1996,17(5):582—585.

[163] 曾燕农,居鸿宾,王保国.二维及三维网格生成中疏密和正交性的控制技术.应用基础与工程科学学报,1996,4(2):183—190.

[164] 刘秋生,王保国,沈孟育.改进的强隐式格式及其在三维Euler与N-S方程中的应用.清华大学学报,1996,36(3):29—35.

[165] 华耀南,王保国.跨声速叶栅流计算中边界层的影响.工程热物理学报,1987,8(4):343—345.

[166] 沈孟育,曾扬兵,王保国,等.非结构网格下Euler方程的高分辨率高精度解.航空学报,1996,17(6):658—662.

[167] 曾扬兵,沈孟育,王保国,等.N-S方程在非结构网格下的求解.力学学报,1996,28(6):641—650.

[168] 吴仲华,吴文权,王保国,等.给定激波模型的叶栅跨声速流的计算.工程热物理学报,1984,5(3):256—262.

[169] 沈孟育,郭延虎,王保国,等.跨声速压气机转子中的三维湍流流场计算及涡系分析.航空学报,1996,17(6):719—722.

[170] 郭延虎,王保国,沈孟育.考虑顶隙的压气机单转子内三维跨音速黏性流场结构的数值模拟.航空动力学报,1998,13(1):13—18.

[171] 曾扬兵,沈孟育,王保国.非结构网格在平面叶栅内湍流流动数值模拟中的应用.工程热物理学报,1997,18(2):173—176.

[172] 王保国,王栋,武弘峨.数值模拟二维槽道内Oldroyd-B流体的流动.计算物理,1997,14(2):171—178.

[173] 王保国,郭延虎,沈孟育.恢复函数的三点迎风紧致格式构造方法及应用.计算物理,1997,14(4):666—668.

[174] 居鸿宾,沈孟育,王保国. 原函数导数逼近数据重构的通量差分分裂方法. 清华大学学报,1997,37(11):65－68.

[175] 曾扬兵,沈孟育,王保国,等. 非结构网格生成 Bowyer-Watson 方法的改进. 计算物理,1997,14(2):179－184.

[176] 朱刚,沈孟育,王保国,等. 透平叶栅跨音速流动计算中的新型有限元方法. 应用力学学报,1997,14(2):37－40.

[177] 么石磊,王保国,沈孟育. 一种新型多维通量函数在求解平面叶型跨音速流动的应用. 航空动力学报,1998,13(1):19－22.

[178] 居鸿宾,沈孟育,王保国. 大攻角叶栅绕流的高效算法. 数值计算与计算机应用,1998,19(3):203－211.

[179] 王保国,郭延虎,沈孟育. 贴体曲线坐标系中恢复函数的一种构造方法及应用. 空气动力学学报,1999,17(1):117－122.

[180] 王保国,李荣先,孙成海,等. 黏弹流体中 Giesekus 模式和 Oldroyd 模式的改进. 清华大学学报,1999,39(8):96－99.

[181] 王保国,孙成海,李荣先,等. 快速生成三维非结构网格的一种方法. 清华大学学报,1999,39(8):91－95.

[182] 王保国,李荣先,马智明,等. 非结构网格下含冷却孔的涡轮转子三维流场计算. 航空动力学报,2001,16(3):224－231.

[183] 王保国,李荣先,马智明,等. 非结构网格生成方法的改进及气膜冷却三维静子流场的求解. 航空动力学报,2001,16(3):232－237.

[184] 朱刚,沈孟育,王保国,等. 跨音速黏流计算的多级广义有限元法. 航空学报,1996,17(2):144－148.

[185] 王保国,刘淑艳,潘美霞,等. 强紧致六阶格式的构造及应用. 工程热物理学报,2003,24,(5):761－763.

[186] 王保国,刘淑艳、闫为革,等. 高精度强紧致三点格式的构造及边界条件的处理. 北京理工大学学报,2003,23,(1):13－18.

[187] 王保国,刘淑艳,杨英俊,等. 非结构网格下涡轮级三维非定常 N-S 方程的数值解. 工程热物理学报,2004,25(6):940－942.

[188] 王保国,刘淑艳,张雅. 双时间步长加权 ENO-强紧致高分辨率格式及在叶轮机械非定常流动中的应用. 航空动力学报,2005,20(4):534－539.

[189] 张雅,刘淑艳,王保国. 雷诺应力模型在三维湍流流场计算中的应用. 航空动力学报,2005,20(4):572－576.

[190] 朱刚,沈孟育,王保国,等. 平面跨音速叶栅的广义有限元法. 计算物理,1996,13(1):119－123.

[191] 刘秋生,沈孟育,王保国,等. 求解平面翼型亚跨声速绕流的一种新方法. 空气动力学学报,1996,14(3):329－334.

[192] 朱刚,沈孟育,王保国,等. 修正 Taylor-Galerkin 有限元法的构造及其在可压缩流场计算中的应用. 应用数学和力学,1996,17(4):319－325.

[193] 刘淑艳,张雅,王保国.用RSM模型模拟旋风分离器内的三维湍流流场.北京理工大学学报,2005,25(5):377－383.

[194] 王保国,刘淑艳,张雅.非结构网格下非定常流场的双时间步长的加权ENO-强紧致杂交高分辨率格式.工程热物理学报,2005,26(6):941－943.

[195] 靳艳梅,王保国,刘淑艳.车室内人体热舒适性的计算模型.人类工效学,2005,11(2):16－19.

[196] 张雅,刘淑艳,王保国.使用RSM模型对旋风除尘器内湍流各向异性的数值模拟.工程热物理学报,2005,26(S):41－44.

[197] 王保国,刘淑艳,于勇,等.三点强紧致加权高分辨率高阶格式及其应用.工程热物理学报,2006,27(6):929－932.

[198] 靳艳梅,王保国,刘淑艳,等.载人车室内人体热舒适问题的数值模拟//人-机-环境系统工程研究进展(第七卷).北京:海洋出版社,2005:170－174.

[199] 姜黎黎,王保国,刘淑艳,等.人的可靠性研究中的定量分析方法及其评价//人-机-环境系统工程研究进展(第七卷).北京:海洋出版社,2005:82－86.

[200] 王保国,王宇.影响车辆人-机环境系统可靠性的主要因素分析//人-机-环境系统工程研究进展(第七卷).北京:海洋出版社,2005:308－312.

[201] 闫巍,王保国,刘淑艳,等.汽车车室内影响人体热舒适性的几个主要因素//人-机-环境系统工程研究进展(第七卷).北京:海洋出版社,2005:265－270.

[202] 王宇,王保国.汽车人-机-环境系统可靠性分析//人-机-环境系统工程研究进展(第七卷).北京:海洋出版社,2005:449－453.

[203] 王保国,高歌,黄伟光,等.非定常气体动力学.北京:北京理工大学出版社,2013.

[204] 朱刚,沈孟育,王保国,等.跨音叶栅流动的多级有限元分析.航空动力学报,1995,10(3):253－255.

[205] 常会叶,刘淑艳,王保国.可拓检测技术在人车路与环境系统中的应用研究//第八届中国人-机-环境系统工程大会论文集.北京:电子工业出版社,2007:319－325.

[206] 赵金龙,王保国.基于模糊贴近度的FFTA分析计算//第八届中国人-机-环境系统工程大会论文集.北京:电子工业出版社,2007:410－417.

[207] 王慧,王保国,刘淑艳.基于汽车行驶安全智能驾驶模型的研究//第八届中国人-机-环境系统工程.北京:电子工业出版社,2007:326－331.

[208] 张峰,刘淑艳,王保国.射流元件复杂湍流场的高分辨率高精度解.机械工程学报,2008,44(2):16－21.

[209] 刘艳明,王保国,刘淑艳.大功率合成射流激励器设计及其流场特性研究.推进技术,2008,29(5):552－556.

[210] 刘艳明,钟兢军,王保国,等.具有不同翼刀压气机叶栅的二次流结构分析.航空动力学报,2008,23(7):1240－1245.

[211] Yu Y,Zhou L X,Wang B G. A USM-Θ two-phase turbulence model for simulating dense gas-particle flows. Acta Mechanica Sinica,2005,21(3):228－234.

[212] Ji X L,Liu S Y,Wang B G,et al. Evaluation of human thermal sensation under sweating//

Progress in Safety Science and Technology, 4, Part A. Beijing: Science Press, 2004: 1171—1176.

[213] Liu Y M, Wang B G, Liu S Y. Numerical simulation of high-power synthetic jet actuator flow field and its influence on mixing control. Journal of Thermal Science, 2008, 17(3): 207—211.

[214] Yu Y, Zhou L X, Wang B G. Modeling of fluid turbulence modification using two-time-scale dissipation models and accounting for the particle wake effect. Chinese Journal of Chemical Engineering, 2006, 14(3): 314—320.

[215] Liu Y M, Sun T, Wang B G, et al. The influence of synthetic jet excitation on secondary flow in compressor cascade. Journal of Thermal Science, 2010, 19(6): 500—504.

[216] Wang B G, Liu S Y, Zhao J L. Analysis and calculation on driver reliability based on grey incidence clustering and fuzzy evaluation. International Journal of Man-Machine-Environment System Engineering, 2007, 1(1): 13—21.

[217] Liu Y M, Wang B G, Liu S Y. Numerical investigation of controlling mixing control in co-axial jets using synthetic jet actuator arrays. ASME Paper MNHT-52278, 2008 or Proceedings of the Micro/Nanoscale Heat Transfer International Conference Vol. A and Vol. B, 2008: 1203—1210.

[218] Wang B G, Wu J H. Construction of daubechies wavelet and its application in shock capturing// The 9th International Symposium on Experimental and Computational Aerothermodynamics of Internal Flows (ISAIF), 2009-3D-1, 2009.

[219] Wu J H, Wang B G. A new numerical method based on wavelet detection and its application// The 9th International Symposium on Experimental and Computational Aerothermodynamics of Internal Flows (ISAIF), 2009-2D-3, 2009.

[220] 王保国,吴俊宏,朱俊强. 基于小波奇异分析的流场计算方法及应用. 航空动力学报, 2010, 25(12): 2728—2747.

[221] 刘淑艳,王保国,林欢. 非均匀热环境下人体热舒适的计算与边界条件. 北京理工大学学报, 2010, 30(1): 14—18.

[222] 刘艳明,王保国,刘淑艳,等. 合成射流激励器阵列对共轴射流掺混的影响. 航空动力学报, 2009, 24(3): 566—572.

[223] 林欢,王保国. 着装人体热舒适问题的一种热感觉综合评价方法//第 9 届人-机-环境系统工程大会论文集. 纽约:美国科研出版社, 2009: 213—216.

[224] 王保国,王伟,张伟,徐燕骥. 人机系统方法学. 北京:清华大学出版社, 2013.

[225] 何厚锋,王保国. 基于 Levenberg-Marquardt 算法的 BP 神经网络及其在评价分析中应用//龙升照, Dhillon B S 主编. 第 9 届人-机-环境系统工程大会论文集. 纽约:美国科研出版社, 2009: 266—270.

[226] 王保国,徐燕骥,安二,等. 基于小波尺度函数的 WSK-SV 算法及其气动性能预测. 航空动力学报, 2011, 26(10): 2161—2166.

[227] 王保国,黄伟光,王凯全,等. 人机环境安全工程原理. 北京:中国石化出版社, 2013.

[228] 王保国,朱俊强.高精度算法与小波多分辨分析.北京:国防工业出版社,2013.
[229] 林欢,王保国.人体皮肤温度的耦合计算以及 EHT 评价//龙升照,Dhillon B S 主编.第9届人-机-环境系统工程大会论文集.纽约:美国科研出版社,2009:213—216.
[230] 刘淑艳,王保国,吴俊宏.可拓多级评价与灰色综合评价间的比较及应用//龙升照,Dhillon B S 主编.第 9 届人-机-环境系统工程大会论文集.纽约:美国科研出版社,2009:260—265.
[231] 王保国,靳艳梅,刘淑艳.车室内热环境的计算模型与数值模拟.人类工效学,2005,11(1):1—4.
[232] 王保国,钱耕.描述函数法及其在非线性人机系统中的应用.人类工效学,2009,15(2):35—39.
[233] 王保国,林欢,安二.灰色多层次综合评价方法及其应用//龙升照,Dhillon B S 主编.第11 届人-机-环境系统工程大会论文集.纽约:美国科研出版社,2011:349—351.
[234] 刘艳明,关朝斌,王保国,等.合成射流激励对压气机叶栅气动性能的影响.工程热物理学报,2011,32(5):750—754.
[235] 顾翠,王保国.小波神经网络在飞行员/航天员控制数学模型建模中的应用//龙升照,Dhillon B S 主编.第 9 届人-机-环境系统工程大会论文集.纽约:美国科研出版社,2009:76—80.
[236] Wang B G,Liu S Y,Jin Y M. Simulation and analysis of human thermal comfort. International Journal of Man-Machine-Environment System Engineering,2007,1(1):39—48.
[237] Liu Y M,Wang B G,Liu S Y. Investigation of phase excitation effect on mixing control in coaxial jets. Journal of Thermal Science,2009,18(4):364—369.
[238] 王保国,刘淑艳,姜国义,等.高阶格式及其在内外流场计算中的应用.航空动力学报,2008,23(1):55—63.
[239] 孙继文,刘之灵.博学笃志、锐意进取:著名气动热力学专家王保国教授.科学中国人,2008,6:86—90.
[240] 林瑞青.精勤不倦、求真拓新:记我国著名气动热力学专家王保国教授.中国科技成果,2009,10(20):78—79.
[241] 吴仲华.静止与运动坐标下的气动热力学基本方程——黏性力的作用与黏性项的物理意义.机械工程学报,1965,13(4):40—67.
[242] 吴仲华.燃气和空气的变比热超声速膨胀与压缩过程.机械工程学报,1962,10(4):1—44.
[243] 吴仲华.燃气的热力性质表(增订版).北京:科学出版社,1959.
[244] 《吴仲华论文选集》编辑委员会.吴仲华论文选集.北京:机械工业出版社,2002.
[245] Francoise J P,Naber G L,Tsun T S. Equilibrium Statistical Mechanics and Nonequilibrium Statistical Mechanics (Encyclopedia of Mathematical Physics,Volume 8). New York:Elsevier Inc.,2007.
[246] Landau L D,Lifshitz E M. Fluid Mechanics. 2nd ed. Oxford:Butterworth-Heinemann,1987.

[247] Harten A. High resolution schemes for hyperbolic conservation laws. Journal of Computational Physics, 1983, 49: 357－393.

[248] Harten A, Osher S. Uniformly high order accurate essentially non-oscillatory schemes I. SIAM Journal on Numerical Analysis, 1987, 24(2): 279－309.

[249] Shu C W. Essentially Non-oscillatory and Weighted Essentially Nonoscillatory Schemes for Hyperbolic Conservation Laws. NASA CR 97-206253, 1997.

[250] Lele S K. Compact finite difference scheme with spectral-like resolution. Journal of Computational Physics, 1992, 103: 16－42.

[251] Ma Y W, Fu D X. Super compact finite difference method with uniform and nonuniform grid system//Proceedings of the Sixth International Symposium on Computational Fluid Dynamics. Lake Tahoe, Nevada. 1995: 1435－1440.

[252] Wu H M, Wang L. Non-existence of third-order accurate semi-discrete MUSCL-type schemes for nonlinear conservation laws and unified construction of high accurate ENO schemes//Proceedings of the Sixth International of Symposium on Computational Fluid Dynamics. Lake Tahoe, Nevada. 1995: 1381－1386.

[253] Liu X D, Osher S, Chan T. Weighted essentially non-oscillatory schemes. Journal of Computational Physics, 1994, 115: 200－212.

[254] Jiang G S, Shu C W. Efficient implementation of weighted ENO schemes. Journal of Computational Physics, 1996, 126: 202－228.

[255] Shen M Y, Zhang Z B, Niu X L. Some advances in study of high order accuracy and high resolution finite difference schemes//Dubois F and Wu H M eds. New Advances in Computational Fluid Dynamics-Theory, Methods and Applications. Beijing: Higher Education Press, 2001: 111－145.

[256] 张涵信，沈孟育. 计算流体力学——差分方法的原理和应用. 国防工业出版社，2003.

[257] Trefethen L N. Group velocity in finite difference scheme. SIAM Review, 1982, 24(2).

[258] Lax P D, Liu X D. Solution of two-dimensional riemann problems of gas dynamics by positive scheme. SIAM J. Scientific Computing, 1998, 19(2): 319－340.

[259] 陈懋章. 黏性流体动力学基础. 北京：高等教育出版社，2002.

[260] 陶文铨. 传热与流动问题的多尺度数值模拟——方法与应用. 北京：科学出版社，2009.

[261] Jameson A, Yoon S. Lower-upper implicit schemes with multiple grids for the euler equations. AIAA Journal, 1987, 25(7): 929－935.

[262] Jameson A. Time dependent calculations using multigrid with applications to unsteady flows past airfoils and wings. AIAA Paper 91-1596, 1991.

[263] Cockburn B, Shu C W. The local discontinuous galerkin finite element method for convection-diffusion systems. SIAM J Numer. Anal., 1998, 35: 2440－2463.

[264] Zienkiewicz O C, Taylor R L. The Finite Element Method. 5th ed. New York: Elsevier, 2000.

[265] 华罗庚，王元. 数值积分及其应用. 北京：科学出版社，1963.

[266] 刘儒勋,舒其望. 计算流体力学的若干新方法. 北京:科学出版社,2003.
[267] 吴俊宏,王保国. 新型高分辨率格式及其在CFD的应用. 科技导报,2010,28(13):40—46.
[268] Thomson J F,Thames F C,Mastin C W. Boundary fitted curvilinear coordinate systems for solution of partial differential equations containing any number of arbitrary two dimensional bodies. Journal of Computational Physics,1974,15:299—319.
[269] 王保国,卞荫贵. 高速进气道三维Euler流场的两种高效算法//全国博士后科研流动站管理协调委员会、中国博士后科学基金会编. 中国博士后首届学术大会论文集. 北京:国防工业出版社,1993:974—977.
[270] Haase W,Braza M,Revell A. DESider-A European Effort on Hybrid RANS-LES Modelling. Berlin:Springer-Verlag,2009.
[271] Drikakis D,Geurts B J. Turbulent Flow Computation. New York:Kluwer Academic Publishers,2002.
[272] Lesieur M. Turbulence in Fluid. Berlin:Springer-Verlag,2008.
[273] Pope S B. Turbulent Flows. Cambridge:Cambridge University Press,2000.
[274] Berselli L C,Iliescu T,Layton W J. Mathematics of Large Eddy Simulation of Turbulent Flows. Berlin:Springer-Verlag,2006.
[275] Wilcox D C. Turbulence Modeling for CFD. La Canada:DCW Industries Inc. ,2000.
[276] 王保国,郭洪福,孙拓,等. 6种典型飞行器的RANS计算及大分离区域的DES分析. 航空动力学报,2012,27(3):481—495.
[277] Wright M J,Milos F S,Tran P. Survey of afterbody aeroheating flight data for planetary probe thermal protection system design. AIAA 2005-4815,2005.
[278] Stephens E. Afterbody heating data obtained from an atlas boosted mercury configuration in a free body reentry. NASA TM X-493,1961.
[279] Raper R M. Heat transfer and pressure measurements obtained during launch and reentry of the first four gemini-titan missions and some comparisons with wind tunnel data. NASA TM X-1407,1967.
[280] Sagaut P,Deck S,Terracol M. Multiscale and Multiresolution Approaches in Turbulence. London:Imperial College Press,2006.
[281] Chen N X. Aerothermodynamics of Turbomachinery—Analysis and Design. Singapore: John Wiley & Sons,2010.
[282] Huang W G and Chen N X. Numerical computation of compressible viscous internal flows. Journal of Thermal Science,1992,1(2):83—89.
[283] 黄伟光,陈乃兴,山崎伸彦,等. 叶轮机械动静叶片排非定常气动干涉的数值模拟. 工程热物理学报,1999,20(3):294—298.
[284] 陈乃兴,黄伟光,周倩. 跨音速单转子压气机三维湍流流场的数值计算. 航空动力学报,1995,10(2):109—112.
[285] Chen N X,Zheng X Q,Huang W G,et al. Application of advanced numerical methods to

turbomachinery aerodynamics calculations-time marching methods//The 1st Asian Computational Fluid Dynamics Conference Proceedings. Hong Kong,China. 1995:211－219.

[286] Xu Y J,Chen N X,Huang W G. Three dimensional calculation of the turbulent flow in a single rotor transonic compressor//Proceeding of the 9th International Symposium on Transport Phenomena in Thermal-Fluids Engineering. Singapore. 1996:1221－1226.

[287] 黄伟光,陈乃兴. 透平叶栅气膜冷却效果的数值研究. 工程热物理学报,1997,18(6):677－682.

[288] 黄伟光,刘建军. 两种 TVD 格式在跨音速叶栅流场计算中的应用. 工程热物理学报,1995,16(3):309－312.

[289] Huang W G,Geng S J,Zhu J Q,et al. Numerical simulation of rotating stall in a centrifugal compressor with vaned diffuser. Journal of Thermal Science,2007,16(2):115－120.

[290] 蒋康涛,徐纲,黄伟光,等. 单级跨音压气机整圈三维动静叶干涉的数值模拟. 航空动力学报,2002,17(5):549－555.

[291] 张宏武,徐燕骥,黄伟光,等. 跨音透平级动叶顶部间隙流动的数值模拟. 工程热物理学报,2002,23(4):441－444.

[292] 徐纲,聂超群,黄伟光,等. 低速轴流压气机顶部微量喷气控制失速机理的数值模拟. 工程热物理学报,2004,25(1):37－40.

[293] 陈乃兴,徐燕骥,黄伟光,等. 单转子风扇的三维反问题气动设计. 航空动力学报,2002,17(1):23－28.

[294] 陈乃兴,徐燕骥,黄伟光,等. 多级轴流压气机三维气动设计的一种快速方法. 工程热物理学报,2003,24(4):583－585.

[295] Chen N X,Xu Y J,Huang W G. Blade parameterization and aerodynamic design optimization for a 3D transonic compressor rotor. Journal of Thermal Science,2007,16(2):105－114.

[296] Nie C Q,Tong Z T,Huang W G,et al. Experimental investigations of micro air injection to control rotating stall. Journal of Thermal Science,2007,16(1):1－6.

[297] Nan X,Lin F,Huang W G,et al. Effects of casing groove depth and width on the stability and efficiency improvement for a transonic axial rotor//Proceedings of the 10th International Symposium on Experimental Computational Aerothermodynamics of Internal Flows. Brussels,Belgium. ISAIF Paper 2010-054. 2011.

[298] 王沛,朱俊强,黄伟光. 间隙流触发压气机内部流动失稳机制及周向槽扩稳机理. 航空动力学报,2008,23(6):1067－1071.

[299] 杜娟,林峰,黄伟光,等. 某跨音速轴流压气机转子叶顶泄漏流的非定常特征. 工程热物理学报,2009,30(5):749－752.

[300] 耿少娟,陈静宜,黄伟光,等. 跨音速轴流压气机叶顶间隙泄漏流对微喷气的非定常响应机制和扩稳效果研究. 工程热物理学报,2009,30(12):2103－2106.

[301] Shen C. Rarefied Gas Dynamics: Fundamentals, Simulations and Micro Flows. Berlin: Springer-Verlag,2005.

[302] Aristov V V. Direct Methods for Solving the Boltzmann Equation and Study of Nonequilibrium Flows. New York:Kluwer Academic Publishers,2001.

[303] Cercignani C. The Boltzmann Equation and its Applications. New York:Springer-Verlag, 1988.

[304] Moss J N. Direct simulation Monte Carlo simulations of ballute aerothermodynamics under hypersonic rarefied conditions. Journal of Spacecraft and Rockets,2007,44(2):289—298.

[305] Ball A J,Garry J R,Lorenz R D,et al. Planetary Landers and Entry Probes. Cambridge: Cambridge University Press,2007.

[306] Siddiqi A A. Deep Space Chronicle:A Chronology of Deep Space and Planetery Probes, 1958-2000. Washington:NASA SP 2002-4524,2002.

[307] Cheremisin F G. Solution of the Wang Chang-Uhlenbeck master equation. Doklady Physics, 2002,47(12):872—875.

[308] 范绪箕. 气动加热与热防护系统. 北京:科学出版社,2004.

[309] 曹玉璋,陶智,徐国强,等. 航空发动机传热学. 北京:北京航空航天大学出版社,2005.

[310] 黄志澄. 高超声速飞行器空气动力学. 北京:国防工业出版社,1995.

[311] 赵梦熊. 载人飞船空气动力学. 北京:国防工业出版社,2000.

[312] 乐嘉陵. 再入物理. 北京:国防工业出版社,2005.

[313] 张志成. 高超声速气动热和热防护. 北京:国防工业出版社,2003.

[314] 姜贵庆,刘连元. 高速气流传热与烧蚀热防护. 北京:国防工业出版社,2003.

[315] Bird G A. Application of the DSMC method to the full shuttle geometry. AIAA Paper 90—1692,1990.

[316] Grantham W L. Flight results of 25000 foot per second reentry experiment using microwave reflectometers to measure plasma electron density and standoff distance. NASA TN D-6062,1970.

[317] Inouye Y. OREX flingt-quick report and lessons learned. //The Second European Symposium on Aerothermodynamics of Space Vehicles,ESTEC,1994.

[318] Tannehill J C,Anderson D A,Pletcher R H. Computational Fluid Dynamics and Heat Transfer. 2nd ed. London:Taylor & Francis,1997.

[319] Wesseling P. Principles of Computational Fluid Dynamics. New York:Springer-Verlag, 2001.

[320] 钱耕,王保国. 热力学非平衡流广义 Boltzmann 方程的一维解. 航空动力学报,2013,28(9).

[321] 钱耕,王保国. 二维广义 Boltzmann 方程的求解与应用. 航空动力学报,2013,28(10).

[322] Qian G,Wang B G,R. K. Agarwal. computation of hypersonic flow past a blunt body in an inert binary gas mixture in rotational non-equilibrium using the generalized Boltzmann equation//The 51th AIAA Aerospace Sciences Meeting including the New Horizons Forum and Aero-space Exposition,Texas. 2013.

[323] Wang B G, Qian G, Agarwal R K, et al. Generalized Boltzmann solution for non-equilibrium flows and the compution of flow fields of binary gas mixture. Propulsion and Power Research, 2012, 1(1): 48−57.

[324] 苏步青, 刘鼎元. 计算几何. 上海: 上海科学技术出版社, 1981.

[325] Biswas S. Cosmic Perspectives in Space Physics. New York: Kluwer Academic Publisher, 2000.

[326] 戴元本. 相互作用的规范理论. 第 2 版. 北京: 科学出版社, 2005.

[327] 周培源. 论 Einstein 引力理论中坐标的物理意义和场方程的解. 中国科学(A 辑), 1982(4): 334.

[328] Chandrasekhar S. The Mathematical Theory of Black Hole. Oxford: Charendon Press, 1983.

[329] Hawking S W, Ellis G F R. The Large Scale Structure of Space-time. Cambridge: Cambrige University Press, 1973.

[330] Cox A N. Allen's Astrophysical Quantities. 4th ed. New York: Springer-Verlag, 1999.

[331] Zeldovich Y A B, Novikov I D. Relativistic Astrophysics I. Chicago: The University of Chicago Press, 1971.

[332] Dirac P A M. General Theory of Relativity. New York: John Wiley & Sons, 1975.

[333] Fock V. The Theory of Space, Time, and Gravitation. 2nd ed. New York: Macmillan, 1964.

[334] Eddington A S. The Mathematical Theory of Relativity. Cambridge: Cambridge University Press, 1960.

[335] Muta T. Foundation of Quantum Chromodynamics. 2nd ed. New York: World Scientific, 1998.

[336] Weinberg S. Gravitation and Cosmology. New York: John Wiley & Sons, 1972.

[337] Angelo J A. Frontiers in Space-Life in the Universe. New York: Facts on File, 2007.

[338] 王伟. 大气环境与宇宙空间科学中的几个法律问题//龙升照, Dhillon B S 主编. 第 12 届人-机-环境系统工程大会论文集. 纽约: 美国科研出版社, 2012: 308−314.

[339] 王伟. 钱学森系统学的哲学基础//龙升照, Dhillon B S 主编. 第 12 届人-机-环境系统工程大会论文集. 纽约: 美国科研出版社, 2012: 315−320.